국토교통부 [illegible]
담지 못한 법령조항들을 [illegible]

항공 법규

남명관 지음

BM (주)도서출판 성안당

도서 A/S 안내

성안당에서 발행하는 모든 도서는 저자와 출판사, 그리고 독자가 함께 만들어 나갑니다.

좋은 책을 펴내기 위해 많은 노력을 기울이고 있습니다. 혹시라도 내용상의 오류나 오탈자 등이 발견되면 **"좋은 책은 나라의 보배"**로서 우리 모두가 함께 만들어 간다는 마음으로 연락주시기 바랍니다. 수정 보완하여 더 나은 책이 되도록 최선을 다하겠습니다.

성안당은 늘 독자 여러분들의 소중한 의견을 기다리고 있습니다. 좋은 의견을 보내주시는 분께는 성안당 쇼핑몰의 포인트(3,000포인트)를 적립해 드립니다.

잘못 만들어진 책이나 부록 등이 파손된 경우에는 교환해 드립니다.

저자 문의 e-mail : mknam1903@gmail.com(남명관)
본서 기획자 e-mail : coh@cyber.co.kr(최옥현)
홈페이지 : http://www.cyber.co.kr   전화 : 031) 950-6300

이 책을 펴내며

"어렵습니다."

"아니요, 어렵지 않습니다."

항공법령이 전면 개정되어 항공안전법으로 모습이 바뀌면서 항공관련 업무 종사자들과 예비종사자들에게 쉽게 풀어쓴 법령책이 필요하겠다는 생각에서 이 책의 집필을 결심하게 되었습니다.

항공정비사는 항공안전법으로부터 자유로울 수 없다는 사실을 최근에야 실감하게 되었습니다. 항공정비사로 현장에서 20년 넘게 활동하면서도 국가로부터 항공정비사 업무정지 처벌을 받을 수 있다는 사실을 인지하지 못하고 있었습니다. 그런데 최근 중국에서의 이벤트와 지방공항에서의 불시점검 등으로 인해 함께 일하던 동료들이 업무정지 명령을 받았으며, 관련 기업은 과징금 처분을 받기도 했습니다.

이러한 사례로 인해 항공기 운항 현장에 작은 변화가 왔습니다. 업무 관련 종사자들은 좀 더 세심하게 항공기를 살피고 업무에 임하게 되었습니다. 지금껏 법제처의 법령집으로만 여겼던 항공안전법을 현장에서도 중요하게 여기게 된 것입니다.

양벌규정으로 인해 항공종사자에게는 벌칙이 주어지고, 항공운송사업체는 대중에게 불편함을 주게 되면 과징금을 부과 받게 된다는 사실을 인식할 필요성이 절실한 상황입니다. 여기서 오해하지 말아야 할 것은, 항공법령의 제정 목적이 앞서 이야기했던 정비현장이나 조종사들의 업무환경을 단속하기 위한 것이 아니라, 안전한 비행의 확보에 있다는 것입니다.

한 걸음 물러서서 항공안전법을 들여다보면, 항공안전법은 항공기를 이용하는 승객과 항공기가 안전하게 운행할 수 있도록 국가가 법령을 통해 관리해 주는 것에 초점을 맞추고 있습니다. 항공기를 만들기 위한 설계를 시작으로 제작과정, 수리 · 개조 등을 포함하는 정비활동, 운용하던 항공기가 나이 들어 사막에 버려질 때까지 안전하게 그 역할을 다할 수 있도록 관리하는 방법을 법령 조항들로 꼼꼼하게 정한 것입니다.

학생들은 항공법을 공부하는 것이 어렵다고 합니다. 교수님들도 마찬가지로 항공법을 강의하기가 어려운 과목 중 하나라고 합니다.

"아닙니다, 절대 어렵지 않습니다."

지금까지 항공법 교재는 제1조 목적을 시작으로 하여 시행규칙의 별표로 마무리되는 3단 법령집 형태를 취하고 있습니다. 학생들은 알고 싶은 법령이 생기면 책 한 권을 다 뒤져야 찾을 수 있거나, 인터넷에서 법제처를 방문하는 것이 일반적이었습니다. 수업을 진행하는 교수 입장에서도 두꺼운 법령집을 15주 분량으로 어떻게 나누어야 할지 고민이 앞서게 됩니다. 이러하니 항공법이 어렵다고 여기는 것이 아닐까요?

그래서 두 가지 고려사항을 토대로 마인드맵을 그려보았습니다.

첫째, 정비현장에서 마주하게 되는 항공법령 조항은 무엇인가?
둘째, 한국교통안전공단에서 다루고 있는 항공법령 키워드는 무엇인가?

우선 정비현장에서 모르면 업무진행이 어렵거나 항공종사자에게 책임을 물을 수 있는 법령을 중심으로 마인드맵을 확장해 나갔습니다. 그런 다음 가지치기를 통해 확대된 항공기기술기준, 운항기술기준, 항공사업법, 공항시설법, 항공보안법 및 철도항공사고조사법의 법령들을 추출해냈습니다. 필요한 것은 사진을 첨부하고, 현장과 관련성이 높은 것은 핵심내용으로 노출시켜서 학습자들로 하여금 시각적으로 집중할 수 있도록 구성하였습니다.

기초교육, 기종교육 등 항공기 정비현장에서 접하게 되는 제한사항들의 근거가 항공안전법 법령 조항마다 근거하고 있다는 사실을 발견하게 될 것입니다. 찾고 싶은 법령의 키워드가 생겼을 때 목차를 들여다보면 한곳에 모여 있는 하위 법령까지를 쉽게 찾아낼 수도 있습니다.

이 책은 국토교통부 표준교재 항공법을 근거로 삼았습니다. 함께 표준교재 집필에 참여했던 故 이구희 박사의 역작인 국제항공법 내용 일부를 인용하였고, 표준교재에 담지 못한 주요 법령 조항을 문구 그대로 담아냈습니다. 추려낸 법령 이외의 조항이 필요할 경우 스마트 환경을 100% 활용할 수 있도록 QR code를 각 장의 관계법령 첫머리에 수록하였습니다.

"창조는 완전하게 새로운 것을 만들어내는 것이 아니라, 기존 것의 불편한 점을 개선하고 새로이 해석하는 것"이라는 말처럼, 현장에 몸담고 있는 항공종사자, 항공종사자를 꿈꾸는 인재를 양성하는 교수자, 그리고 꿈을 이루기 위해 차근차근 준비하는 학습자 모두가 지금까지보다 조금은 편하게 학습할 수 있는 창조활동을 시도해봤습니다.

이러한 창조활동에 참여해 준 기리네 김영길 대표, 문항을 검토하는 데 도움을 준 김광민, 이현우 군에게 감사한 마음을 전합니다. 아울러 이 책을 펴내는 데 많은 도움을 주신 출판사 관계자 여러분께도 감사드립니다.

저자 남명관

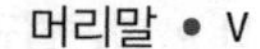

차례

항공법령의 정의

1.1 법령의 종류 ········· 3

1.2 항공법령의 정의 ········· 4

1.3 국내항공법령 현황 ········· 6

1.4 국제항공법원 ········· 7

1.5 항공공법과 항공사법 ········· 8

항공법의 발달

2.1 국제항공법의 발달 ········· 13

2.1.1 국제항공공법 ········· 13

2.1.2 국제항공사법 ········· 17

2.2 국내항공법의 발달 ········· 21

2.2.1 법령 입안의 기본 원칙 ········· 21

2.2.2 국내항공법령 현황 ········· 22

2.2.3 항공안전법의 구조 ········· 23

시카고협약과 국제민간항공기구

3.1 시카고협약 및 부속서 ········· 27

3.1.1 시카고협약 ········· 27

3.1.2 시카고협약 부속서 ········· 31

3.1.3 표준 및 권고방식 ········· 34

항공안전법

4.1 항공안전법의 목적 ······ 39
4.2 용어 정의 ······ 39
4.2.1 항공기의 기준 ······ 45
4.2.2 항공기준사고의 범위 ······ 47
4.2.3 항공안전장애의 범위 ······ 48
4.3 항공안전법의 주요 내용 ······ 52
4.4 적용 특례 ······ 54
4.4.1 군용항공기 등의 적용 특례 ······ 54
4.4.2 국가기관등항공기의 적용 특례 ······ 54
4.5 항공기 등록 ······ 55
4.5.1 항공기의 등록 ······ 55
4.5.2 항공기 등록의 종류 ······ 58
4.5.3 항공기 등록기호표의 부착 ······ 59
4.5.4 항공기 등록부호의 표시 ······ 60
4.6 항공기기술기준 및 형식증명 등 ······ 62
4.6.1 항공기기술기준(KAS, Korean Airworthiness Standards) ······ 62
4.6.2 형식증명 ······ 62
4.6.3 형식증명승인 ······ 65
4.6.4 제작증명 ······ 68
4.6.5 감항증명 및 감항성 유지 ······ 69
4.6.6 감항성개선 명령(AD, Airworthiness Directive) ······ 76
4.6.7 감항승인 ······ 77
4.6.8 소음기준적합증명 ······ 78
4.6.9 기술표준품형식승인 ······ 81
4.6.10 부품등제작자증명 ······ 82
4.6.11 수리 · 개조승인 ······ 84
4.6.12 항공기등의 정비등의 확인 ······ 85
4.6.13 고장, 결함 또는 기능장애 보고 의무 ······ 86

4.7 항공종사자 등 ··· 88
4.7.1 항공종사자 자격증명 등 ··· 88
4.7.2 항공정비사 응시경력 ··· 89
4.7.3 자격증명의 한정 ··· 91
4.7.4 자격시험의 면제 ··· 92
4.7.5 자격증명의 취소 등 ··· 95
4.7.6 전문교육기관의 지정 ··· 97
4.8 항공기의 운항 ··· 100
4.8.1 무선설비의 설치 ··· 100
4.8.2 항공계기 등의 설치 탑재 및 운용 등(항공일지, 사고예방장치, 구급용구, 항공기 탑재서류) ··· 103
4.8.3 항공기의 연료 ··· 120
4.8.4 항공기의 등불 ··· 124
4.8.5 주류등의 섭취, 사용 제한 ··· 125
4.8.6 항공안전프로그램 등 ··· 127
4.8.7 항공안전 의무보고 ··· 131
4.8.8 항공안전 자율보고 ··· 133
4.8.9 항공기 이륙 · 착륙 장소 ··· 137
4.8.10 항공기의 비행규칙 (항공기의 지상 이동, 통행의 우선원칙, 수신호 등) ··· 137
4.8.11 항공기 비행 중 금지행위 등 ··· 164
4.8.12 긴급항공기의 지정 등 ··· 165
4.8.13 위험물 운송 등 ··· 167
4.8.14 전자기기의 사용제한 ··· 168
4.8.15 회항시간 연장 운항 (EDTO, Extended Diversion Time Operation) ··· 169
4.8.16 수직분리축소공역 등에서의 항공기 운항 (RVSM, Reduced Vertical Separation Minimum) · 171
4.8.17 운항기술기준 ··· 173
4.9 공역 및 항공교통업무 등 ··· 174
4.9.1 공역의 설정 기준(비행정보구역 등) ··· 174

4.9.2 항공교통업무의 제공 ···· 177
4.9.3 비행장 내에서의 사람 및 차량에 대한 통제 등 ···· 183
4.9.4 항공정보업무
(AIS, Aeronautical Information Service) ···· 185

4.10 항공운송사업자 등에 대한 안전관리 ···· 191
4.10.1 운항증명 ···· 191
4.10.2 운항증명 취소 ···· 199
4.10.3 운항규정, 정비규정의 인가 ···· 203
4.10.4 항공기정비업자에 대한 안전관리 ···· 214
4.10.5 정비조직인증의 취소 등 ···· 215

4.11 외국항공기 ···· 218
4.11.1 외국항공기의 항행 ···· 218
4.11.2 외국 국적 항공기 증명서의 인정 ···· 220
4.11.3 외국인국제항공운송사업자에 대한 운항증명승인 ···· 221
4.11.4 외국인국제항공운송사업자의 준수사항 ···· 222

4.12 경량항공기 ···· 223
4.12.1 경량항공기 안전성인증 ···· 223
4.12.2 경량항공기의 정비 확인 ···· 226

4.13 초경량비행장치 ···· 227
4.13.1 초경량비행장치의 신고 및 안전성인증 ···· 227
4.13.2 무인비행장치 ···· 233

4.14 보칙 ···· 234
4.14.1 항공안전 활동 ···· 234
4.14.2 항공기의 운항정지 및 항공종사자의 업무정지 ···· 237

4.15 벌칙 ···· 237
4.15.1 항행 중 항공기 위험 발생의 죄 ···· 237
4.15.2 항공상 위험 발생 등의 죄 ···· 238
4.15.3 기장 등의 탑승자 권리행사 방해의 죄 ···· 238
4.15.4 감항증명을 받지 아니한 항공기 사용 등의 죄 ···· 238
4.15.5 운항증명 등의 위반에 관한 죄 ···· 239

4.15.6 주류 섭취 등의 죄 ······ 239
4.15.7 무자격자의 항공업무 종사 등의 죄 ······ 240
4.15.8 항공기 내 흡연의 죄 ······ 241
4.15.9 수직분리축소공역 등에서 승인 없이 운항한 죄 ······ 241
4.15.10 항공운송사업자 등의 업무 등에 관한 죄 ······ 242
4.15.11 기장 등의 보고의무 등의 위반에 관한 죄 ······ 243

항공기기술기준(Korean Airworthiness Standards)

5.1 총칙(General) ······ 247
5.1.1 항공기기술기준의 적용 ······ 247
5.1.2 용어 정의 ······ 248
5.1.3 항공기기술기준이 요구하는 인적요소 ······ 261
5.1.4 비상위치지시용 무선표지설비(ELT) ······ 261
5.1.5 공중충돌경고장치(ACAS) ······ 261
5.2 인증절차(Part 21, 항공기 등, 장비품 및 부품 인증절차) ······ 261
5.2.1 인증절차의 적용 ······ 261
5.2.2 형식증명(Part 21, Subpart B) ······ 263
5.2.3 부가형식증명(Part 21, Subpart E) ······ 266
5.2.4 제작증명(Part 21, Subpart G) ······ 266
5.2.5 감항증명(Part 21, Subpart H) ······ 267
5.2.6 항공운송사업자용 정비프로그램 기준(부록 C) (감항성 책임, 필수검사항목, CASS 등) ······ 272
5.2.7 정비기록유지 시스템 ······ 281
5.2.8 계약 정비(contract maintenance) ······ 283
5.2.9 항공종사자 교육훈련 ······ 284
5.2.10 지속적 분석 및 감시 시스템(CASS, Continuing Analysis and Surveillance System) ······ 286
5.2.11 항공기 검사프로그램 기준(부록 D) ······ 288

5.3 수송(T)류 비행기
(Part 25, 감항분류가 수송(T)류인 비행기에 대한 기술기준) … 290
5.3.1 적용 … 290
5.3.2 Subpart B－비행(중량중심) … 290
5.3.3 Subpart D－설계 및 구조
(항공기 각각의 system 설계 시 적용 기준) … 291
5.3.4 Subpart E－동력장치(engine 설계 시 적용 기준) … 302
5.3.5 Subpart F－장비 … 308
5.3.6 Subpart H－전선연결시스템(EWIS) … 312

고정익항공기를 위한 운항기술기준

6.1 총칙(general) … 317
6.1.1 고정익항공기를 위한 운항기술기준의 목적 … 317
6.1.2 적용 … 317
6.1.3 용어 정의(MEL 등) … 318
6.1.4 시험, 자격증명서 및 기타 증명서와 관련한
일반 행정규정 … 332
6.1.5 항공안전감독관의 긴급보고 등 … 332
6.2 자격증명 … 333
6.2.1 자격증명의 정의 … 333
6.2.2 자격증명의 한정 … 334
6.2.3 항공정비사 기량, 업무 범위 … 335
6.3 항공기 등록 및 등록부호 표시
(aircraft registration and marking) … 336
6.3.1 적용 … 336
6.3.2 항공기 등록의 적합성(registration eligibility) … 336
6.4 항공기 감항성(airworthiness) … 337
6.4.1 용어 정의(개조, 오버홀, 필수검사항목 등) … 337
6.4.2 비인가부품(상호항공안전협정 BASA 등) … 339

6.4.3 지속적인 감항성 유지[감항성개선지시(AD) 등] ………… 341
6.5 정비조직의 인증 ………… 348
6.5.1 적용(AMO, Approved Maintenance Organization) ‥ 348
6.5.2 용어 정의 ………… 348
6.5.3 정비 등의 수행기준 ………… 349
6.6 항공기 계기 및 장비 ………… 351
6.6.1 용어 정의 ………… 351
6.6.2 최소 비행 및 항법 계기 ………… 351
6.6.3 파괴위치 표시 ………… 352
6.6.4 지상접근경고장치 ………… 353
6.7 항공기 운항(operations) ………… 354
6.7.1 적용 ………… 354
6.7.2 항공기 정비요건(승객이 기내에 있거나 승·하기 중일 때 연료보급 절차 등) ………… 354
6.8 항공운송사업의 운항증명 및 관리 ………… 356
6.8.1 적용 ………… 356
6.8.2 용어 정의 ………… 356
6.8.3 탑재용 항공일지 ………… 359
6.8.4 탑재용 항공일지 정비기록 ………… 359

항공사업법

7.1 항공사업법의 목적 ………… 365
7.2 항공사업법의 구성 ………… 365
7.3 용어 정의 ………… 366
7.4 항공운송사업 ………… 371
7.4.1 국내항공운송사업과 국제항공운송사업 ………… 371
7.4.2 국내항공운송사업과 국제항공운송사업 면허의 기준 ………… 371

7.4.3 항공운송사업 면허의 결격사유 등 ········· 372
7.4.4 항공기사고 시 지원계획 ········· 373
7.5 항공기사용사업 등 ········· 375
7.5.1 항공기사용사업 ········· 375
7.5.2 보증보험 등의 가입 ········· 376
7.5.3 항공기정비업 ········· 377
7.5.4 초경량비행장치사용사업 ········· 378
7.6 외국인 국제항공운송사업 ········· 379
7.6.1 외국인 국제운송사업의 허가 ········· 379
7.6.2 외국항공기의 유상운송 ········· 380
7.7 항공교통이용자 보호 ········· 381
7.7.1 항공교통이용자 보호 등 ········· 381
7.7.2 항공교통이용자의 피해유형 등 ········· 383
7.8 항공사업의 진흥 ········· 384
7.8.1 항공사업자에 대한 재정지원 ········· 384
7.8.2 항공 관련 기관 · 단체 및 항공산업의 육성 ········· 385
7.9 보칙 ········· 385
7.9.1 항공보험 등의 가입의무 ········· 385
7.9.2 보고, 출입 및 검사 등 ········· 386

공항시설법

8.1 공항시설법의 목적 ········· 391
8.2 공항시설법의 구성 ········· 391
8.2.1 공항시설법의 구성 ········· 391
8.3 용어 정의 ········· 392
8.4 공항 및 비행장의 관리 · 운영 ········· 399
8.4.1 공항시설관리권 ········· 399

8.4.2 항공장애 표시등의 설치 등 ······ 400
8.4.3 시설의 관리기준(Hangar 내 금지행위 등) ······ 402
8.4.4 공항증명 등 ······ 405

8.5 항행안전시설 ······ 406
8.5.1 항행안전시설의 설치 ······ 406
8.5.2 항행안전시설의 비행검사 ······ 407

8.6 보칙 ······ 407
8.6.1 금지행위 ······ 407
8.6.2 과징금의 부과 ······ 411

항공보안법

9.1 항공보안법의 목적 ······ 415

9.2 항공보안법의 구성 ······ 415

9.3 용어 정의 ······ 416
9.3.1 용어 정의(불법방해행위 등) ······ 416

9.4 공항 · 항공기 등의 보안 ······ 418
9.4.1 승객의 안전 및 항공기의 보안 ······ 418
9.4.2 승객 등의 검색 등 ······ 421

9.5 항공기 내의 보안 ······ 423
9.5.1 위해물품 휴대 금지 및 검색시스템 구축 · 운영 ······ 423
9.5.2 승객의 협조 의무 ······ 424

항공·철도 사고조사에 관한 법률 (약칭: 항공철도사고조사법)

10.1 항공철도사고조사법의 목적 ······ 429

10.2 항공철도사고조사법의 구성 ······ 429

10.3 용어 정의 ······ 430

10.3.1 용어 정의(항공기사고, 항공기준사고 등) ······ 430

10.4 항공철도사고조사법의 적용범위 ······ 431

10.5 사고조사 ······ 432

10.5.1 항공사고 발생 통보 ······ 432

10.5.2 항공종사자와 관계인의 범위 ······ 432

10.5.3 항공 · 철도사고등의 발생 통보 시 포함되어야 할 사항 ······ 432

10.6 벌칙 ······ 433

10.6.1 사고조사 방해의 죄 ······ 433

10.6.2 사고발생 통보 위반의 죄 ······ 434

10.6.3 양벌규정 ······ 434

10.6.4 과태료 ······ 434

적중 예상문제

CHAPTER 02 | 항공법의 발달 ······ 439

CHAPTER 03 | 시카고협약과 국제민간항공기구 ······ 441

CHAPTER 04 | 항공안전법 ······ 443

CHAPTER 05 | 항공기기술기준 ······ 586

CHAPTER 06 | 고정익항공기를 위한 운항기술기준 ······ 593

CHAPTER 07 | 항공사업법 ······ 601

CHAPTER 08 | 공항시설법 ······ 617

CHAPTER 10 | 항공 · 철도 사고조사에 관한 법률 ······ 639

실전 모의고사

제1회 | 실전 모의고사 ········ 643

제2회 | 실전 모의고사 ········ 647

제3회 | 실전 모의고사 ········ 651

제4회 | 실전 모의고사 ········ 655

제5회 | 실전 모의고사 ········ 659

제6회 | 실전 모의고사 ········ 663

제7회 | 실전 모의고사 ········ 667

제8회 | 실전 모의고사 ········ 671

제1회 | 실전 모의고사 정답 및 해설 ········ 675

제2회 | 실전 모의고사 정답 및 해설 ········ 678

제3회 | 실전 모의고사 정답 및 해설 ········ 681

제4회 | 실전 모의고사 정답 및 해설 ········ 684

제5회 | 실전 모의고사 정답 및 해설 ········ 687

제6회 | 실전 모의고사 정답 및 해설 ········ 692

제7회 | 실전 모의고사 정답 및 해설 ········ 697

제8회 | 실전 모의고사 정답 및 해설 ········ 701

chapter 01 항공법령의 정의

section 1.1 | 법령의 종류
section 1.2 | 항공법령의 정의
section 1.3 | 국내항공법령 현황
section 1.4 | 국제항공법원
section 1.5 | 항공공법과 항공사법

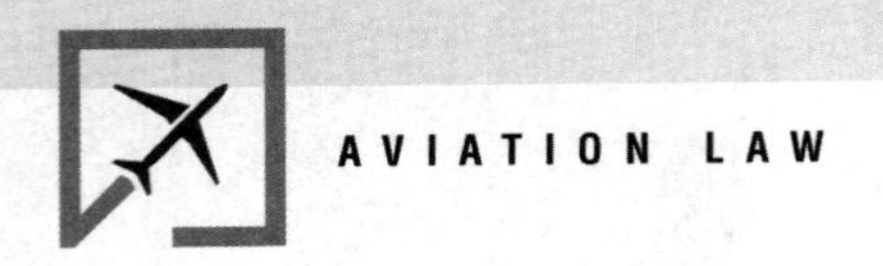

항공정비 현장에서 필요한 항공법령 키워드

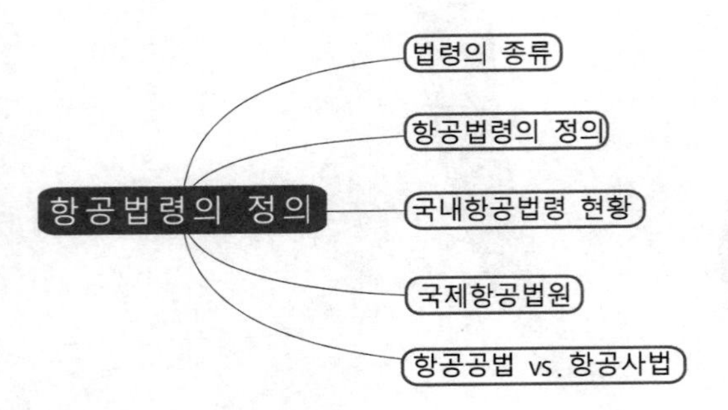

1.1 | 법령의 종류[1)]

법령은 국민의 기본적인 권리와 의무를 정하고 국가기관을 구성하는 근거로 사용되며, 행정관청이 국민을 위해 일하도록 가이드 역할을 한다. 또한 권리 구제를 위한 재판의 근거가 되며 그 기능과 효력에 있어 일정한 체계를 가지고 있다.

법은 국회에서 만드는 법률을 가리키지만 국민의 일상생활에 법률 못지않게 중요한 영향을 미치는 규범에는 헌법, 조약, 행정부에서 법률을 집행하기 위해 만드는 대통령령, 총리령 · 부령, 지방자치단체가 제정하는 조례 · 규칙 등이 있으며 이 모두를 포함하여 법령이라 정의한다.

헌법은 한 나라에서 최상위의 법 규범으로 국민의 권리 · 의무 등 기본권에 관한 내용과 국가기관 등 통치기구의 구성에 대한 내용을 담고 있으며, 모든 법령의 기준과 근거가 된다. 따라서 법령은 헌법 정신과 이념에 따라야 하고, 헌법이 보장하고 있는 국민의 기본권을 침해하지 않아야 한다.

헌법은 대통령이 다른 국가와 맺은 조약에 대하여 국제법상 효력뿐만 아니라 국내법적 효력을 인정하고 있으며, 외국과 맺은 조약이 국민의 권리 · 의무에 관한 사항이나 국가안보에 관한 사항을 담고 있으면 법률과 동등한 효력을 갖고 있다고 본다.

법률은 헌법에 비해 보다 구체적으로 국민의 권리 · 의무에 관한 사항을 규율하며, 행정의 근거로 작용하고 있기 때문에 법체계상 가장 중요한 근간을 이루고 있으며, 국민의 권리 · 의무에 관한 사항은 법률에 규정해야 한다. 그러나 법률에서 그에 관한 모든 사항을 정하는 것이 아니라, 국민의 권리 · 의무에 관한 기본적인 사항만을 정하고 그에 관한 구체적인 내용은 국가 정책을 집행하고 담당하는 중앙행정기관에서 정할 수 있도록 위임해 주고 있다. 이처럼 법률에서 위임한 사항을 정하는 하위규범에 대통령령, 총리령, 부령이 해당된다.

헌법에서도 법률에서 위임한 사항과 법률의 집행에 필요한 사항을 대통령령으로 정하거나, 총리령과 부령으로 정할 수 있도록 하고 있으며, 항공관련 법령도 해당 기관인 국토교통부에 위임하여 시행규칙을 정하고 있다.

---

1) 법령의 종류, 법제처_온라인법제교육

핵심 POINT 제정형식에 따른 분류

[헌법]
- 최고위법으로 헌법에 배치되는 어떠한 내용도 효력을 발생할 수 없음
- 전문과 총강(總綱), 국민의 권리와 의무, 국회, 정부, 법원, 헌법재판소, 선거관리, 지방자치, 경제, 헌법개정의 10장으로 나누어진 전문 130조와 부칙으로 구성

[법률]
- 국회에서 제정하고 대통령이 발포(發布), 일반인들이 알고 있는 대부분의 법
- 육법(六法): 민법, 형법, 상법, 민사소송법, 형사소송법 + 헌법

[명령]
- 각 행정 주체들이 자신의 분야에 관한 규정들을 정하는 것. 발령권자들에 따라 대통령령, 총리령, 각(各)부령이 있음
- 대통령령은 시행령이고 나머지는 시행규칙

1.2 | 항공법령의 정의

'항공법령'이란 항공기에 의하여 발생하는 법적 관계를 규율하기 위한 법규의 총체로서 공중의 비행뿐 아니라 비행과 관련되어 발생한 상황으로 인해 지상에 미치는 영향, 항공기 이용 등을 모두 포함하고 있다. 항공분야의 특수성을 고려하여 항공활동 또는 동 활동에 의하여 파생되어 나오는 법적 관계와 제도를 규율하는 원칙과 규범의 총체라고 말할 수 있다.

항공법령의 분류는 적용 국가를 기준으로 자국을 중심으로 한 국내항공법과 국제항공법으로 구분하고, 통상적인 법률의 분류 개념에 따라 항공공법(public air law)과 항공사법(private air law)으로 구분한다. 이와 같은 항공법령의 분류방법은 명확한 기준이 있는 것은 아니지만 항공분야에 대한 전반적인 법의 이해 및 적용과 관련하여 일반화되어 있다.

실생활에서도 마주하는 항공안전법
기리네
x x 에어쇼 현장
우아 ~~~
오 ~~~
앗!
저 소형물체는 뭐지?
윙-
앗!
드론이다!
관제탑
금일 에어쇼는
드론의 돌발출현으로 인해
비행의 안전에 문제가
있어 취소되었음을
알려드립니다.
너! 비행허가
받았어?
아니...ㅠ
초경량비행장치라도 '항공안전법'에 따라
비행금지구역과 비행제한구역이 있어요.

1.3 | 국내항공법령 현황

국내항공법령의 구성은 항공기를 제작하고 비행에 활용하며 지속적인 감항성을 확보하기 위한 정비 활동 등 항공기 운용을 위한 법적 토대인 항공안전법을 중심으로 항공사업법, 공항시설법, 항공보안법, 항공철도사고조사법, 인천국제공항공사법, 한국공항공사법, 항공안전기술원법, 공항소음방지법, 교통안전공단법, 국가통합교통체계효율화법, 교통약자의이동편의증진법, 상법, 검역법, 제조물책임법, 항공우주산업개발촉진법, 우주개발진흥법, 우주손해배상법, 군용항공기비행안전성인증에관한법률, 공군항공과학고등학교설치법 등 다양한 법령을 포함하고 있다.

범위가 넓은 국내항공법령 중 항공종사자가 항공산업현장에서 활동하면서 접하게 되는 법령으로는 항공안전법, 항공사업법, 공항시설법, 항공철도사고조사법, 항공보안법과 항공기 제작 · 운용을 위한 항공기기술기준, 운항기술기준 등을 들 수 있다.

1961년 제정된 「항공법」은 항공사업, 항공안전, 공항시설 등 항공 관련 분야를 망라하고 있어 국제기준 변화에 신속히 대응하는 데 부족한 부분이 있었고, 여러 차례의 개정으로 인해 법체계가 복잡해져 국민이 이해하기에 어려움이 있었다. 이러한 이유에서 항공 관련 법규의 체계와 내용을 알기 쉽고, 편리하게 사용할 수 있도록 2016년 「항공법」을 「항공사업법」, 「항공안전법」 및 「공항시설법」으로 분리하여 국제기준 변화에 탄력적으로 대응하고, 국민이 이해하기 쉽도록 하기 위한 분법을 실시하였다.

새롭게 분법된 「항공안전법」에서는 항공기의 등록 · 안전성인증, 항공기운항규칙 등 항공안전에 관한 사항을 규정하고, 국제민간항공기구(ICAO, International Civil Aviation Organization)의 국제기준 개정에 따른 안전기준을 반영하며, 항공안전관리시스템의 도입 대상을 확대하는 등 현행 제도의 운영상 나타난 일부 미비점을 개선 · 보완하려는 목적으로 2016년 2월 2일 제정, 분법 개정을 통하여 2017년 3월 30일부터 시행하고 있다.

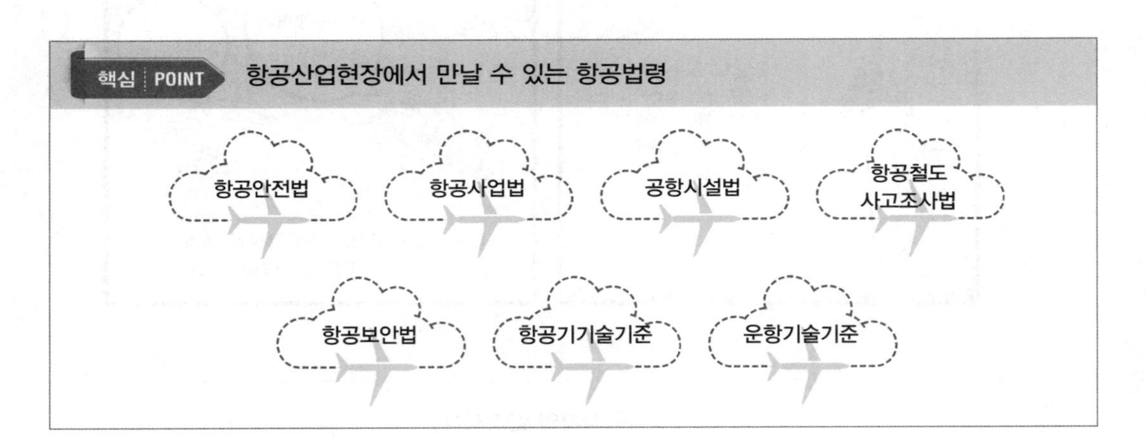

1.4 | 국제항공법원[2)]

항공기가 각국의 영공을 넘나들며 비행하기 때문에 여러 가지 문제가 발생하였고, 발생하는 문제를 해결하기 위한 국제항공법의 필요성이 대두되었다.

국제항공법은 국제민간항공에서 적용되는 국가 간 항공법령 사이의 충돌과 불편을 제거하는 것을 목적으로 한다. 각 국가가 자국의 이익을 중심으로 국내항공법을 정하면 국제법과 충돌하는 상황이 발생하게 된다. 따라서 항공기 운항 등과 관련하여 법 적용상의 혼선이 발생하지 않도록 항공분야에 있어서 국내법은 다양한 국제법상의 틀을 준수하고 있으며, 우리나라의 「항공안전법」에서도 국제민간항공협약 및 같은 협약의 부속서에서 채택된 표준과 권고되는 방식을 따를 것을 명시하고 있다.

국제항공법을 구성하는 가장 중요한 골격은 시카고협약과 같은 다자조약에 근거하고 있으며, 이러한 이유로 항공법령은 법령을 만들 때부터 국제성을 띠고 있다. 또한, 항공법령은 대부분 성문법(written law)으로만 존재하고 있는데 그 사례에 해당하는 국제항공법 법원(source of law)은 다자조약, 양자협정, 국제법의 일반원칙, 국내법, 법원 판결, 지역적 합의내용(European Union, 즉 유럽연합에서 적용되는 법률 등), IATA(International Air Transport Association) 등 국제 민간기구의 규정, 항공사들 간의 계약, 항공사와 승객 간의 계약, 기타 항공운송과 항행에 관련한 관계 당사자들 간의 계약 등으로 이루어져 있다.

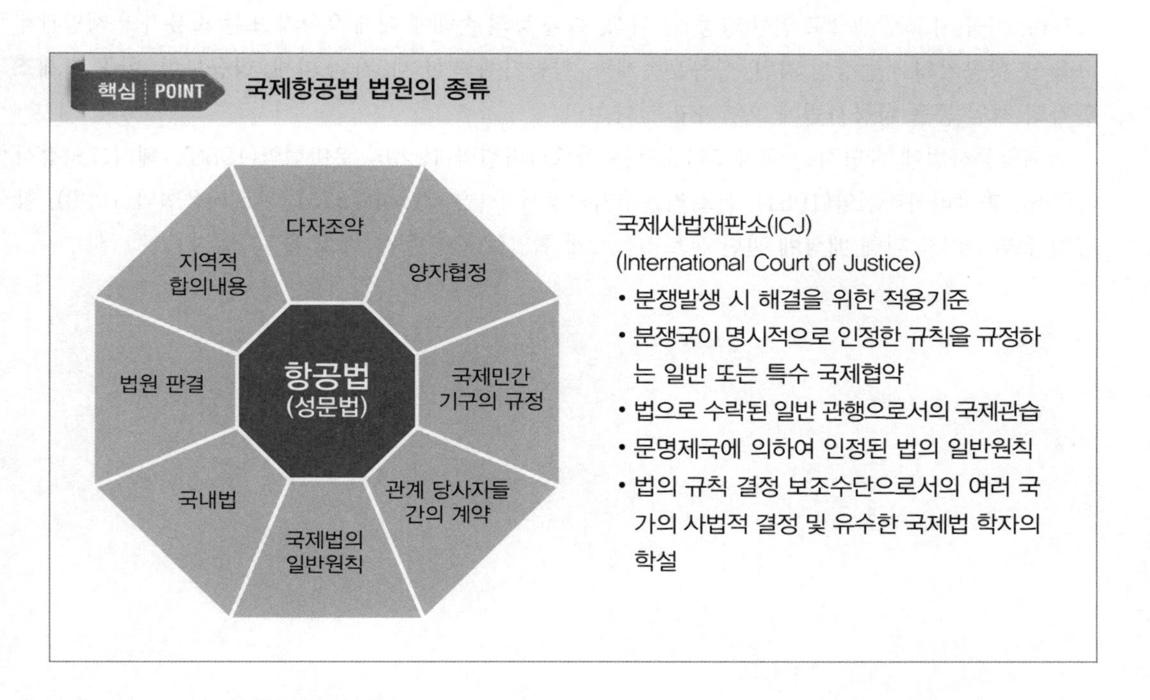

2) 국제항공법원, 국토교통부 항공정비사 표준교재_항공법규

1.5 | 항공공법과 항공사법[3)]

항공공법은 항공기 및 항공기 운항과 관련된 법률분야 중 공법상의 법률관계를 정한 법규의 총체를 말하며, 국가가 주체인 항공법령 대부분은 항공공법에 해당하며, 일반적으로 항공공법은 항공사법에 관한 사항보다 광범위한 내용을 규율한다.

국제항공공법은 국제협정에 의하여 사법규칙을 통일 또는 조정할 뿐만 아니라 ICAO와 같은 특정 국제기구가 '표준'(standards)과 '권고방식'(recommended practices)을 통하여 국제 민간항공의 발전과 안전을 촉진하기 위하여 제반 기준을 규율할 수 있도록 하고 있다.

항공공법은 비행허가, 노선개설허가, 항공안전 및 보안을 위한 국가 간 협정, 사고조사, 항공기업의 감독에 관한 각종 법규, 항공범죄 처벌 등 해당 범위가 넓으며, 국내항공법 중 항공안전법, 항공보안법, 항공 · 철도사고조사에관한법률, 항공안전기술원법, 항공기등록령 등이 항공공법에 해당한다.

국제적으로는 타국의 영공을 통과함에 따라 발생하는 공역주권 및 항행관련 기준 등을 규율한 파리협약(1919), 하바나협약(1928), 시카고협약(1944) 등과 항공기 운항상 안전을 위하여 체결된 형사법적 성격의 국제조약인 동경협약(1963), 헤이그협약(1970), 몬트리올협약(1971), 북경협약(2010) 등이 항공공법에 해당한다.

항공사법은 항공기 및 항공기 운항과 관련된 법률분야 중 사법상의 법률관계를 정한 법규의 총체를 말하며, 항공 사고 발생으로 인한 항공기, 여객, 화물 등의 손해에 대해 운항자 또는 소유자의 책임관계 규율 및 항공기의 사법상의 지위, 항공운송계약, 항공기에 의한 제3자의 피해, 항공보험, 항공기 제조업자의 책임 등을 항공사법에 포함하고 있다.

국제항공사법에 해당하는 국제조약으로는 바르샤바협약(1929), 로마협약(1933), 헤이그의정서(1955), 과달라하라협약(1961), 몬트리올추가의정서 1 · 2 · 3 · 4(1975), 몬트리올협약(1999), 항공기 유발 제3자 피해 배상에 관한 몬트리올 2개 협약(2009) 등을 예로 들 수 있다.

---

3) 항공공법과 항공사법, 국토교통부 항공정비사 표준교재_항공법규

핵심 POINT **항공공법과 항공사법의 분류**

항공공법	항공사법
광범위한 내용을 규율	사법상의 법률관계 규율
국가가 주체	사고 시의 손해 배상
비행허가	소유주의 책임관계
노선개설허가	항공기의 사법상의 지위
항공안전 및 보안을 위한 국가 간 협정	항공운송계약
사고조사	항공보험
항공기업의 감독에 관한 각종 법규	항공기 제조업자의 책임
항공범죄 처벌	
국내항공관계공법	**국내항공관계사법**
항공안전법	항공운송계약
공항시설법	항공기에 의한 제3자의 피해
항공사업법	항공보험
항공보안법	항공기 제조업자의 책임 등
항공 · 철도 사고조사에 관한 법률	
항공기등록령 등	

AVIATION LAW

chapter 02 항공법의 발달

section 2.1 | 국제항공법의 발달
section 2.2 | 국내항공법의 발달

항공정비 현장에서 필요한 항공법령 키워드

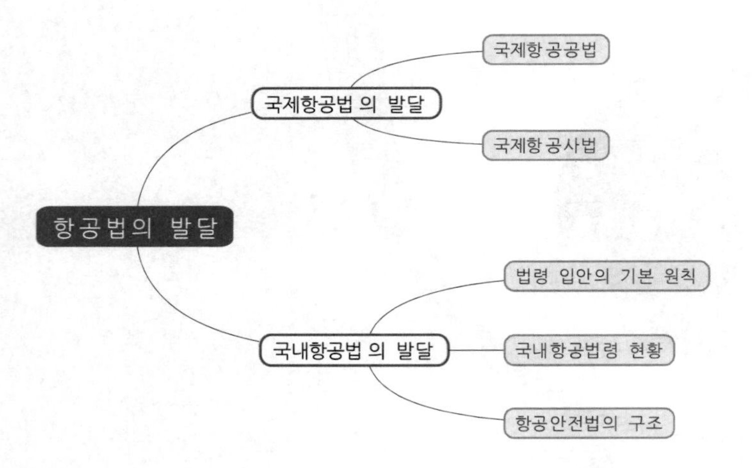

2.1 | 국제항공법의 발달

2.1.1 국제항공공법

1) 항공안전관련 국제항공공법[4)]

1783년 몽골피에가 기구(balloon)를 이용하여 비행한 이후 유럽 각국에서는 기구의 제작과 비행이 확산되었으며, 기구의 비행은 국내뿐만 아니라 국제적으로 규제의 필요성이 대두되었다. 기구의 운항에 대한 내용이 1880년 국제법협회(ILA)의 의제로 채택되었으며, 이는 1889년 파리에서 최초의 국제항공회의가 개최되는 계기를 제공하였다.

이후 1899년 제1차 헤이그 국제평화회의에서 항공기구로부터 총포류의 발사금지 선언이 채택되었고, 1913년에는 프랑스와 독일이 월경 항공기에 대한 규제에 동의하는 각서를 교환하였다. 이 동의 각서는 항공과 관련된 최초의 '국가 간 주권 원칙'을 인정한 사례로 볼 수 있으며, 이러한 일련의 사례들이 국제항공법의 초기 형태를 이루었다.

제1차 세계대전 이후, 항공규칙 통일을 위하여 1919년 전쟁 승전국 위주의 협약인 파리협약이 채택되었는데, 이 파리협약의 내용이 시카고협약의 모델이 되었다.

파리협약에서는 제1조 영공의 절대적 주권 명시, 제27조 외국 항공기의 사진촬영기구 부착 비행 금지, 제34조 국제항행위위원회(ICAN) 설치 등을 규정하고 있었으나, 미국이 상원의 비준 거부로 협약 당사국이 되지 못하여 국제적으로 큰 힘을 발휘하지 못하였다. 파리협약 이후 자국 영공 제한 또는 금지 등 영공국의 권한이 강화되었으며, 협약은 무인항공기가 영공국의 허가 없이 비행하는 것을 금지하는 내용을 포함하였다.

전쟁 승전국 중심의 파리협약 이후, 1926년 중립국인 스페인 중심의 마드리드협약과 1928년 미국 및 중남미 국가 중심의 하바나협약이 채택되어 각각 세력 확장을 꾀하였으나, 제2차 세계대전 이후 1944년 시카고협약을 채택하여 전 세계 국가가 명실상부한 통일 기준을 적용하는 계기가 되었다.

시카고협약은 국제민간항공의 질서와 발전에 있어서 가장 기본이 되는 국제조약으로, 협약에 의해 설립된 ICAO는 항공안전기준과 관련하여 부속서를 채택하고 있으며, 각 체약국은 시카고협약 및 같은 협약 부속서에서 정한 SARPs(Standards and Recommended Practices)에 따라 항공법규를 제정하여 운영하고 있다.

4) 국제항공공법 항공안전, 국토교통부 항공정비사 표준교재_항공법규

핵심 POINT 항공안전과 관련된 국제항공법의 발달

1880년	1913년	1919년	1944년
국제법 협회, 기구(balloon)의 운항 등 항공안전 제기	프랑스 · 독일 월경(국경을 넘은) 항공기에 대한 규제(최초의 주권 원칙)	파리협약, 영공의 절대적 주권 명시	시카고협약, 통일기준 적용 → ICAO 설립(SARPs 제정)

2) 항공범죄관련 국제항공공법[5)]

항공산업의 발달과 규모가 커짐에 따라 항공범죄가 점차 다양한 형태로 발생하게 되었고, 이러한 항공범죄를 규율하기 위해 국제조약도 이러한 상황에 따라 진화해왔으며, 항공범죄와 관련하여 통일적 적용을 위한 주요 국제조약이 이루어졌다.

① 항공기 내에서 행하여진 범죄 및 기타 행위에 관한 협약(1963 동경협약, Convention on Offenses and Certain Other Acts Committed on Board Aircraft)

② 항공기의 불법 납치 억제를 위한 협약(1970 헤이그협약, Convention for the Suppression of Unlawful Seizure of Aircraft)

③ 민간항공의 안전에 대한 불법적 행위의 억제를 위한 협약(1971 몬트리올협약, Convention for the Suppression of Unlawful Acts against the Safety of Civil Aviation)

④ 1971년 9월 23일 몬트리올에서 채택된 민간항공의 안전에 대한 불법적 행위의 억제를 위한 협약을 보충하는 국제민간항공에 사용되는 공항에서의 불법적 폭력행위의 억제를 위한 의정서(1971 국제민간항공의 공항에서의 불법적 행위 억제에 관한 의정서, Protocol for the Suppression of Unlawful Acts of Violence at Airports Serving International Civil Aviation, Supplementary to the Convention for the Suppression of Unlawful Acts against the Safety of Civil Aviation, done at Montreal on 23 September 1971)

⑤ 탐색목적의 플라스틱 폭발물의 표지에 관한 협약(1991 플라스틱 폭발물 표지협약, Convention on the Marking of Plastic Explosives for the Purpose of Detection)

⑥ 국제민간항공에 관한 불법행위 억제를 위한 협약(2010 북경협약, Convention on the Suppression of Unlawful Acts Relating to International Civil Aviation)

⑦ 항공기의 불법 납치 억제를 위한 협약 보충의정서(2010 북경의정서, Protocol Supplementary to the Convention for the Suppression of Unlawful Seizure of Aircraft Done)

⑧ 항공기 내에서 행하여진 범죄 및 기타 행위에 관한 협약에 관한 개정 의정서(2014 몬트리올의정서, Protocol to amend the convention on offences and certain other acts committed on board aircraft)

5) 국제항공공법 항공범죄, 국토교통부 항공정비사 표준교재_항공법규

⑨ 국제민간항공협약 부속서 17 항공보안[Convention on International Civil Aviation(Annex 17 Security)]

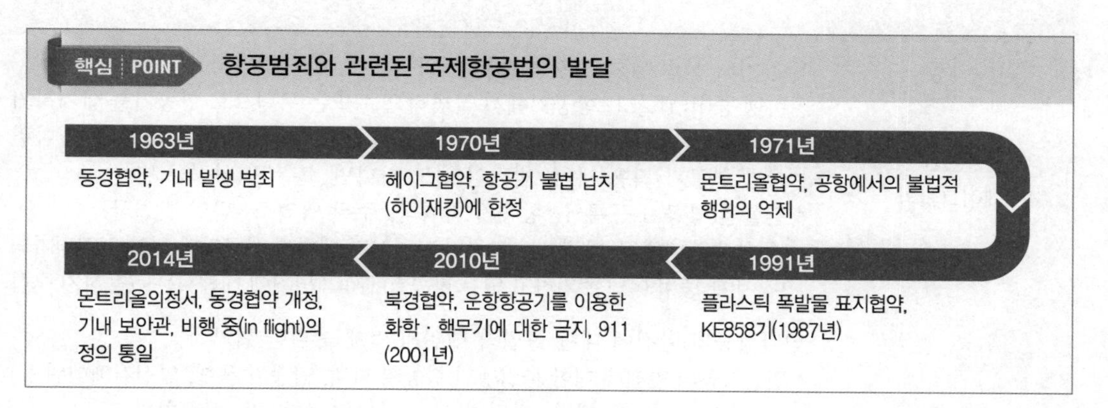

항공범죄에 대한 상기 조약 중 2010 북경협약, 2010 북경의정서 및 2014 몬트리올의정서를 제외한 모든 조약은 기 발효된 조약으로 대한민국도 당사국의 위치에 있어, 항공보안에 관한 국제법 및 국내법 체계의 근간이 되고 있다. 반면, 2010 북경협약, 2010 북경의정서의 경우 발효요건을 충족하기까지는 장기간 소요될 것으로 예상된다.

한편 대한민국은 「항공보안법」에 대한민국이 당사국이면서 현재 발효된 조약을 명시하여 준수의 의무를 공고히 하고 있다. 상기 조약 이외에 국제연합 총회 및 안전보장이사회 결의와 UN 주도하의 정상회의를 통한 선언 등이 항공보안과 관련하여 중대한 영향을 미치고 있으며, 항공보안 및 항공범죄와 관련한 상기 조약에 관한 주요 내용은 다음과 같다.

[표 2－1] 항공보안 및 항공범죄 관련 주요 국제항공조약

국제조약	내 용
1963 동경협약	항공기 내에서 행한 범죄 및 기타 행위에 관한 협약 • 비행 중(in flight) 기내의 범죄 행위에 대한 기장의 권리와 의무를 명확히 함 • 국가항공기(군용 · 세관용 · 경찰용 항공기)는 적용 대상에서 제외 • 관할권(등록국에게 형사 관할권 부여) • 기장(aircraft commander)의 권한과 의무 부여 －비행 중(in flight) 항공기 안전운항 최종적 책임 －기내의 인명 및 재산의 안전 보장 －기내의 질서와 규율의 유지 －범죄자 감금 및 관계 당국에 인도 또는 하기 조치 권한 • 범죄혐의자에 대하여 기장, 승무원, 승객이 취한 조치에 대한 면책 • 본 협약은 항공범죄를 규율하기 위한 최초의 국제조약이라는 의의를 가지나, 범죄를 구체적으로 정의하지 않음

[표 2-1] 항공보안 및 항공범죄 관련 주요 국제항공조약(계속)

국제조약	내 용
1970 헤이그협약	항공기의 불법 납치 억제를 위한 협약 • 비행 중(in flight) 항공기에서 불법적으로 또는 무력으로 항공기를 납치하거나 기도한 자 또는 공범자를 범죄로 규정함으로써 하이재킹 처벌 근거 마련 • 국가 항공기 적용 제외, 범죄인 인도 아니면 소추 및 엄정 처벌 • 관할권(항공기 등록국, 항공기 착륙국, 주된 영업소, 범인 발견국) • 본 협약은 비행 중 발생하는 항공기 납치사건 대처에 성공적인 협약으로 평가되나, 비행 중이 아닌 주기하고 있는 항공기에서의 범죄에 대해서는 규율하지 못함
1971 몬트리올협약	민간항공의 안전에 대한 불법적 행위의 억제를 위한 협약 • 민간항공의 안전에 대한 불법행위(항공기 파괴, 탑승자 폭행, 안전저해행위 등) • 국가 항공기 적용 제외, 범죄인 인도 아니면 소추 및 엄정 처벌 • 비행 중(in flight) 뿐 아니라 서비스 중(in service) 발생한 범죄로 범죄 적용 범위를 확대 • 본 협약은 범죄 적용 범위를 서비스 중으로 확대하였으나, 항공기를 무기로 이용하는 범죄 등에 대해서는 규율하지 못함
1988 몬트리올의정서	국제민간항공의 공항에서의 불법적 행위방지에 관한 의정서 (1971년 9월 23일 몬트리올에서 채택된 민간항공기 안전에 대한 불법적 행위의 억제를 위한 협약을 보충하는, 국제민간항공에 사용되는 공항에서의 불법적 폭력행위의 억제를 위한 의정서) • 국제공항에서의 폭력행사행위와 파괴행위를 범죄행위에 포함
1991 플라스틱 폭발물 표지협약	탐색목적의 플라스틱 폭발물의 표지에 관한 협약 • 1987년 11월 29일 대한항공 858편 보잉707 미얀마 인접 상공 폭발사건, 1988년 12월 21일 팬암103편 보잉747 영국 스코틀랜드 로커비 상공 폭발사건을 계기로 플라스틱 폭약 탐지의 어려움을 방지하기 위하여, 플라스틱 폭약 탐지가 가능하도록 플라스틱 폭약에 표지(marking) 의무화
2010 북경협약	국제민간항공에 관한 불법행위 억제를 위한 협약 • 1971년의 몬트리올협약과 1988년의 몬트리올의정서를 재정한 조약 • 운항 항공기를 이용한 범죄, 생물학 · 화학 · 핵무기(BCN) 투하 및 사상을 목적으로 하는 불법 항공운송 등을 범죄에 포함 • 국가 항공기 적용 제외, 범죄인 인도 아니면 소추 및 엄정 처벌 • 범죄인 인도 요청을 접수할 경우 관련자는 정치인 범죄로 간주하지 않음 • 헤이그협약 및 몬트리올협약상 4개 관할권 이외에 3개의 관할권 추가(자국민에 의한 범죄, 자국민에 대한 범죄, 자국 상주 무국적자에 대한 범죄) • 생물학 · 화학 · 핵무기에 대한 금지 및 운항항공기를 이용한 범죄 등을 추가함으로써 9.11 사태와 같은 항공기를 무기로 이용한 테러행위도 규율대상임

[표 2-1] 항공보안 및 항공범죄 관련 주요 국제항공조약 (계속)

국제조약	내 용
2010 북경의정서	항공기의 불법 납치 억제를 위한 협약 보충의정서 • 1970년의 헤이그협약을 개정한 의정서 • 헤이그협약 대비 범죄 구성요소 확대 • 헤이그협약 및 몬트리올협약상의 관할권 이외에 관할권 추가(자국영토상 범죄, 자국민에 의한 범죄, 자국민 피해 범죄, 무국적자 범죄일 경우 동 무국적자 상주국)
2014 몬트리올의정서	항공기 내에서 행하여진 범죄 및 기타 행위에 관한 협약에 관한 개정 의정서(1963년의 동경협약을 개정한 의정서) • 비행 중(in flight)의 정의 통일 • 재판 관할권을 착륙국 및 운영국으로 확대 • 기내 보안관 도입을 선택적으로 하되 기내 보안관의 지위는 승객과 동일하게 함

2.1.2 국제항공사법

1) 국제항공운송인의 책임과 관련된 국제항공사법[6)]

항공운송인의 책임은 항공기 운항자로서 계약관계에 있는 탑승객 등에 대한 손해배상책임과 항공기 추락 사고에 의한 지상 피해자 등 제3자에 대해 발생시킨 손해배상책임을 들 수 있다.

항공기가 국경을 넘어 2개 국가 이상을 비행하면서 국가 간에 적용할 통일된 규범이 필요하였고, 제1차 세계대전 후인 1920년대 항공운송산업이 발전하기 위해서 사법의 통일이 절대적으로 필요하다고 인식하게 되었다. 그 결과 국제항공법전문위원회(CITEJA)의 노력에 힘입어 1929년 10월 21일 폴란드 바르샤바에서 열린 제2회 국제항공사법회의에서 오늘날 항공운송인의 책임에 관한 대헌장으로 일컬어지는 바르샤바협약(Warsaw Convention, 1929)이 탄생하였다.

이후 바르샤바협약은 항공운송사업의 급속한 발달로 인해 여러 차례 개정되었으며, 이들 협약을 총칭하여 바르샤뱌체제(Warsaw System or Warsaw Regime)라 한다. 이 바르샤바체제는 국제항공운송책임에 대한 기준을 통합한 1999년 몬트리올협약이 발효되기 전까지 항공운송인의 책임에 대해 통일된 기준을 제공한 국제항공사법이다.

항공운송인의 책임과 관련하여 국제적으로 통일적 적용을 위한 주요 국제조약은 다음과 같다.

① 국제항공운송에 있어서의 일부 규칙의 통일에 관한 협약(1929 바르샤바협약, Convention for the Unification of Certain Rules Relating to International Carriage by Air)

6) 국제항공사법 국제항공운송인의 책임, 국토교통부 항공정비사 표준교재_항공법규

② 1929년 바르샤바협약을 개정하기 위한 의정서(1955 헤이그의정서, Protocol to Amend the Convention for the Unification of Certain Rules Relating to International Carriage by Air, Signed at Warsaw on 12 October 1929, Done at the Hague on 28 September 1955)

③ 계약당사자가 아닌 운송인이 행한 국제항공운송과 관련된 일부 규칙의 통일을 위한 바르샤바협약을 보충하는 협약(1961 과달라하라협약, Convention Supplementary to the Warsaw Convention for Unification of Certain Rules Relating to International Carriage by Air Performed by a Person Other than the Contracting Carrier)

④ 1966 몬트리올협정

⑤ 1955년 9월 28일에 헤이그에서 작성된 의정서에 의하여 개정된 1929년 10월 13일 바르샤바에서 서명한 국제항공운송에 대한 규칙의 통일에 관한 협약의 개정 의정서(1971 과테말라의정서, Signed at Guatemala City Protocol th Amend the Convention for th Unification of Certain Rules Relating to International Carriage by Air Signed at Warsaw on 12 October 1929 as Amended by the Protocol Done at The Hague on 28 September 1955)

⑥ 몬트리올 제1, 제2, 제3 추가의정서 및 제4의정서(1975 몬트리올추가의정서, Montreal Additional Protocol No. 1, No. 2, No. 3 and Montreal Protocol No. 4)

⑦ 국제항공운송에 관한 일부 규칙의 통일에 관한 협약(1999 몬트리올협약, Convention for the Unification for Certain Rules for International Carriage by Air)

'1999 몬트리올협약'은 1929년 바르샤바협약 이후 개정된 다수의 국제협약으로 인해 각 국가 간 적용되는 협약의 내용이 상이하고 바르샤바협약상 배상액이 현실적으로 너무 적은 문제점과 바르샤바 협약의 본래 제정목적을 달성하기 위해 국제항공운송의 책임원칙을 통일해야 할 필요성이 제기됨에 따라 그간 바르샤바 체제의 조약 개정을 방관하던 ICAO가 정상적인 조약 준비 및 승인절차까지 일탈하여 투명성이 결여된 채 급조된 협약이다. 그러나 몬트리올협약은 과거 70여 년간 적용되었던 바르샤바 체제의 내용이 여러 조약과 항공사 간의 협정으로 분산 규율되어 있는 것을 하나로 통합하면서, 배상상한 인상 등을 현대화하였으며, 주요 항공대국의 순조로운 비준과 가입으로 바르샤바체제를 대체하고 있다.

[표 2-2] 바르샤바협약과 몬트리올협약 비교

구분	바르샤바협약 (Warsaw Convention)	몬트리올협약 (Montreal Convention)
채택	1929년	1999년
발효	1933년	2003년
당사국 현황	152개국(2018. 6.)	120개국(2018. 6.)

[표 2-2] 바르샤바협약과 몬트리올협약 비교 (계속)

구분		바르샤바협약 (Warsaw Convention)	몬트리올협약 (Montreal Convention)
목적		• 국제항공운송에 관한 통일법 제정 • 항공산업 보호 · 육성 차원에서 운송인의 책임제한을 통한 국제항공운송산업 발전 도모	• 바르샤바협약의 책임원칙의 현대화 및 현실화 • 소비자이익의 보호원칙 및 실제 손해배상의 원칙 반영
책임원칙		• 운송인의 유한책임주의 • 운송인의 과실책임주의 (과실추정주의) • 고의에 상당하다고 인정되는 행위(willful misconduct)로 인한 손해가 발생한 경우 운송인은 무한책임	• 여객: 2단계 책임제도 (2 tier liability system) – 10만 SDR 이하: 절대책임주의 – 10만 SDR 초과: 과실추정주의 • 화물의 경우 유한절대책임주의
책임경감, 면제사유		• 피해자 기여과실 • 운송인 무과실 • 불가항력 등	• 승객의 기여과실 • 승객의 10만 SDR 초과배상 시 운송인의 무과실 항변 • 지연 시 운송인의 무과실 항변 등
책임 제한액	여객(PAX)	• FRF 125,000(USD 10,000)	• 승객사상 시 무한책임 • 승객연착 시 SDR 4,150
	수하물	• 휴대수하물(PAX): FRF 5,000(USD 400) • 위탁수하물(KG): FRF 250(USD 400)	• 수하물 파손, 분실, 연착: SDR 1,000(승객당)
	화물(kg)	• FRF 250(USD 20)	• SDR 17(kg당)
	한도액 조정	–	• 매 5년 조정검토
관할권		• 4개 관할권 ① 운송인의 주소지, ② 운송인의 주된 영업소 소재지, ③ 운송인이 계약을 체결한 영업소 소재지, ④ 도착지	• 5개 관할권 인정 ① 운송인의 주소지, ② 운송인의 주된 영업소 소재지, ③ 운송인이 계약을 체결한 영업소 소재지, ④ 도착지, ⑤ 승객의 영구적인 주(거)소지
선급금		–	• 국내법 의거 지급
징벌적 손해배상		• 해석상 부인	• 명시적 배제
항공보험		–	• 가입 강제

2) 제3자 손해에 대한 책임과 관련된 국제항공사법[7)]

항공운송인의 책임은 항공기 운항자로서 계약관계에 있는 탑승객 등에 대한 손해배상책임과 제3자에게 발생시킨 손해배상책임을 들 수 있다. 항공기 운항자로서 제3자에게 발생시킨 손해배상책임에 대한 최초 국제조약은 1933년 로마협약이다. 로마협약체제는 바르샤바협약체제와 함께 운송인의 책임에 대한 두 축 중 한 축을 담당해 왔다. 1933년 로마협약은 여러 번 개정되었으나 배상금에 대한 시각차가 커서 바르샤바체제에서만큼의 지지를 받지 못했다. 또한, 항공 선진국들이 협약을 비준하지 않아 실질적으로 오랫동안 국제협약으로서의 역할을 수행하지 못했다. 그러던 중 2001년 9월 11일 오사마 빈 라덴이 주도하여 미국을 공격한 9.11 테러가 발생하고 1999년 몬트리올협약이 발효되면서 제3자에 대한 손해배상 현대화의 필요성도 강력히 제기되었다. 이후 2009년 일반위험배상협약과 불법방해배상협약이 동시에 채택되었지만 얼마만큼 각 국가의 지지를 얻을 수 있을지 의문이다. 제3자 손해에 대한 책임과 관련하여 국제적으로 통일된 적용을 위한 주요 국제조약은 다음과 같다.

① 항공기에 의한 지상 제3자의 손해에 관한 규칙의 통일을 위한 협약(1933 로마협약, Rome Convention on Surface Damage)

② 외국항공기가 지상 제3자에 가한 손해에 관한 규칙의 통일을 위한 협약(1952 로마협약, Convention on Damage Caused by Foreign Aircraft to Third Parties on the Surface)

③ 1952년 로마협약을 개정하는 몬트리올의정서(1978 몬트리올의정서, Protocol to Amend the Convention on Damage Caused by Foreign Aircraft to Third Parties on the Surface Signed at Rome on 7 October 1952)

④ 항공기 유발 제3자 피해 배상에 관한 협약(2009 일반위험협약, Convention on Compensation for Damage Caused by Aircraft to Third Parties)

⑤ 항공기 사용 불법방해로 인한 제3자 피해 배상에 관한 협약(2009 불법방해 배상협약, Convention on Compensation for Damage to Third Parties, Resulting from Acts of Unlawful Interference Involving Aircraft)

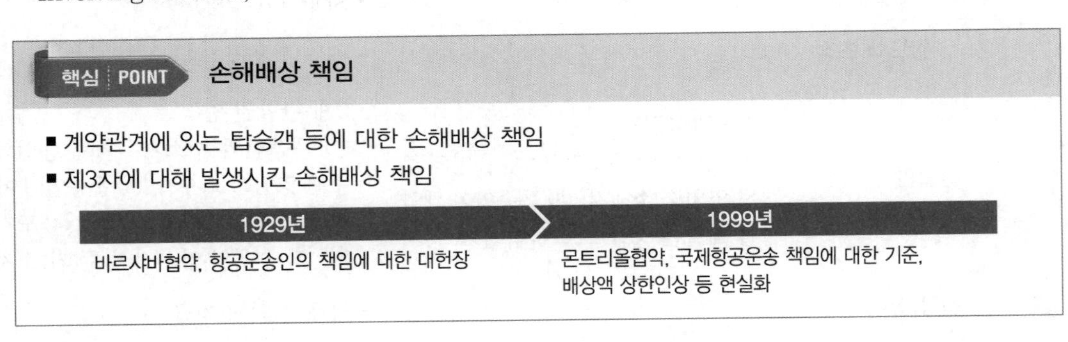

7) 국제항공사법 제3자 손해에 대한 책임, 국토교통부 항공정비사 표준교재_항공법규

3) 항공기 권리와 관련된 국제항공사법

항공과 관련하여 국제적으로 통일적 적용을 위한 국제조약 중 시카고협약 체결 이후 항공기의 권리와 관련한 주요 국제조약은 다음과 같다.

① 항공기에 대한 국제적 권리 인정에 관한 협약(1948 제네바협약, Convention on the International Recognition of Rights in Aircraft)

② 이동 장비에 대한 국제권리/국제담보권에 관한 협약(2001 케이프타운협약, Convention on International Interests in Mobile Equipments)

2.2 | 국내항공법의 발달

2.2.1 법령 입안의 기본 원칙[8)]

대한민국의 법령체계는 최고 규범인 헌법을 정점으로 그 헌법이념을 구현하기 위하여 국회에서 의결하는 법률을 중심으로 하면서, 헌법이념과 법률의 입법취지에 따라 법률을 효과적으로 시행하기 위하여 그 위임사항과 집행에 관하여 필요한 사항을 정한 대통령령과 총리령 · 부령 등 행정상의 입법으로 체계화되어 있다.

한 국가의 법은 사회질서를 유지하기 위한 규범으로서 통일된 국가의사를 표현해야 하므로 보편타당한 것이어야 하며, 모든 법령은 통일된 법체계로서의 질서가 있어야 하고, 상호 간에 충돌이 발생하지 않아야 한다. 이를 구현하기 위한 대한민국의 기본적인 법령체계는 헌법(Constitution), 법률(Act)과 조약(Treaty), 시행령(Enforcement Decree)으로 통칭되는 대통령령(Presidential Decree), 시행규칙(Enforcement Rule)으로 통칭되는 총리령(Ordinance of the Prime Minister) · 부령(Ordinance of the Ministry of 각 부), 조례(Municipal Ordinance) · 규칙(Municipal Rule), 행정규칙(Administrative Rule)순으로 구조화되어 있다.

법령 입안을 위해 입법조치의 필요성과 타당성, 입법내용의 정당성과 법 적합성, 입법내용의 체계성 · 통일성과 조화성, 표현의 명료성과 평이성을 기본 원칙으로 삼고 있다.

8) 법령 입안의 기본 원칙, 국토교통부 항공정비사 표준교재_항공법규

핵심 POINT 법령 입안의 기본 원칙

- 입법조치의 필요성과 타당성
- 입법내용의 정당성과 법 적합성
- 입법내용의 체계성 · 통일성과 조화성
- 표현의 명료성과 평이성

2.2.2 국내항공법령 현황[9]

1944년 시카고협약이 채택된 후 1947년에 발효되었지만 1948년에 수립된 대한민국 정부가 이러한 조약에 관심을 가질 형편은 아니었다. 1948년 정부수립과 동시에 제정된 대한민국 헌법은 "비준 공포된 국제조약과 일반적으로 승인된 국제법규는 국내법과 동일한 효력을 가진다."라고 규정하면서 국제적 지원하에 탄생된 우리 정부의 대외적 인식을 표명함과 동시에 신생 독립국인 대한민국이 국제조약에 참여할 경우 바로 대한민국 내에도 적용되도록 하였다.

조약 등 국제법을 국내법으로 수용하는 방식은 나라마다 다르다. 대한민국은 국제법을 국내법과 동일한 효력을 갖는 것으로 헌법에 규정하였기 때문에 조약 등 국제법이 그대로 국내법으로 적용되지만, 국내 적용을 위하여 중요한 내용이나 국내 적용을 위하여서 국내 입법이 필요하거나 생소한 내용을 적용하기 위해서는 관련 국내법을 제정하기도 한다. 항공법이 그러한 부문에 해당되어 우리 정부는 관련 국내법을 제정할 필요성을 인식하였고 이에 따라 1961년 3월 7일 법률 제591호로 「항공법」을 제정하였다.

대한민국 정부 수립 이전에 적용된 국내항공법은 1927년 조선총독부령에 의해 제정되었으며 해방 후 독자 법령이 준비되기 전까지는 1945년의 미군정청령에 의거 기존 제 법령이 유지되었다. 이후 1952년에 ICAO시카고협약에 가입하면서 독자적인 국내항공법의 제정 필요성이 대두되었고, 1958년 미국 연방항공청(FAA)의 항공법전문가를 초청하여 국내항공법 제정 방안을 검토하는 등 자체적인 준비과정을 거친 후 국내법체계를 고려한 항공법이 마련되었으며, 입법절차를 거친 후 1961년에 항공법이 공포됨으로써 우리나라 민간항공에 적용하는 기본법으로서의 독자적인 항공법이 1961년 6월 7일부터 시행되었다.

9) 국내항공법령 현황, 국토교통부 항공정비사 표준교재_항공법규

항공법은 제정된 후 항공산업의 발전과 기술에 부응하는 한편 지속적으로 개정하면서 '항공보안'과 '항공기 사고조사'에 관한 내용 등은 별도의 국내법으로 분화시키는 작업을 하였다.

2018년 현재 국내항공관련 법으로는 항공사업법, 항공안전법, 공항시설법, 항공보안법, 항공철도사고조사법, 인천국제공항공사법, 한국공항공사법, 항공안전기술원법, 공항소음방지법, 교통안전공단법, 국가통합교통체계효율화법, 교통약자의이동편의증진법, 상법(제6편 항공운송), 검역법, 제조물책임법, 항공우주산업개발촉진법, 군용항공기비행안전성인증에 관한법률, 군용항공기운용등에관한법률 등이 있다.

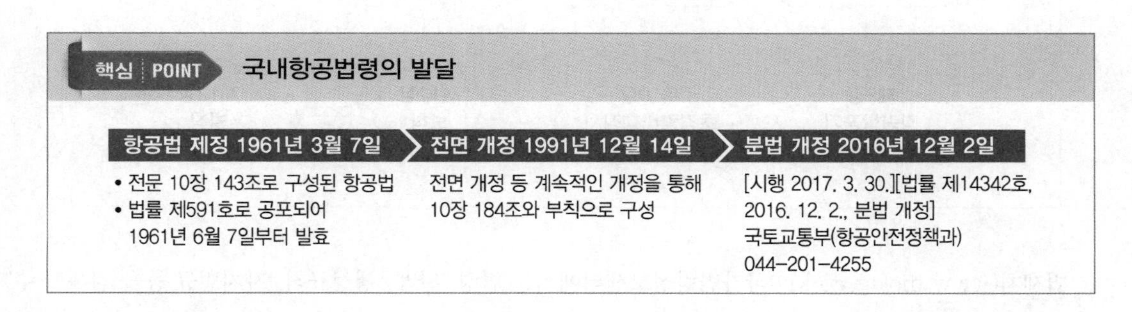

2.2.3 항공안전법의 구조

「항공안전법」은 1961년 제정된 「항공법」 중 안전에 관련된 부분을 2016년 분법한 것으로서, 항공기의 등록 · 안전성 인증, 항공종사자의 자격 증명, 그리고 국토교통부장관 이외의 사람이 항공교통업무를 제공하는 경우 항공교통업무 증명을 받도록 하는 한편 항공운송사업자에게 운항증명을 받도록 하는 등 항공안전에 관한 내용으로 제정되었다.

항공기, 경량항공기 또는 초경량비행장치가 안전하게 항행하기 위한 방법을 정함으로써 생명과 재산을 보호하고, 항공기술 발전에 이바지함을 목적으로 하는 「항공안전법」은 국내항공법의 기본으로서 제1장 총칙, 제2장 항공기 등록, 제3장 항공기기술기준 및 형식증명 등, 제4장 항공종사자 등, 제5장 항공기의 운항, 제6장 공역 및 항공교통업무 등, 제7장 항공운송사업자 등에 대한 안전관리, 제8장 외국항공기, 제9장 경량항공기, 제10장 초경량비행장치, 제11장 보칙, 제12장 벌칙 등으로 구성되어 있다.

핵심 POINT 항공안전법의 구성

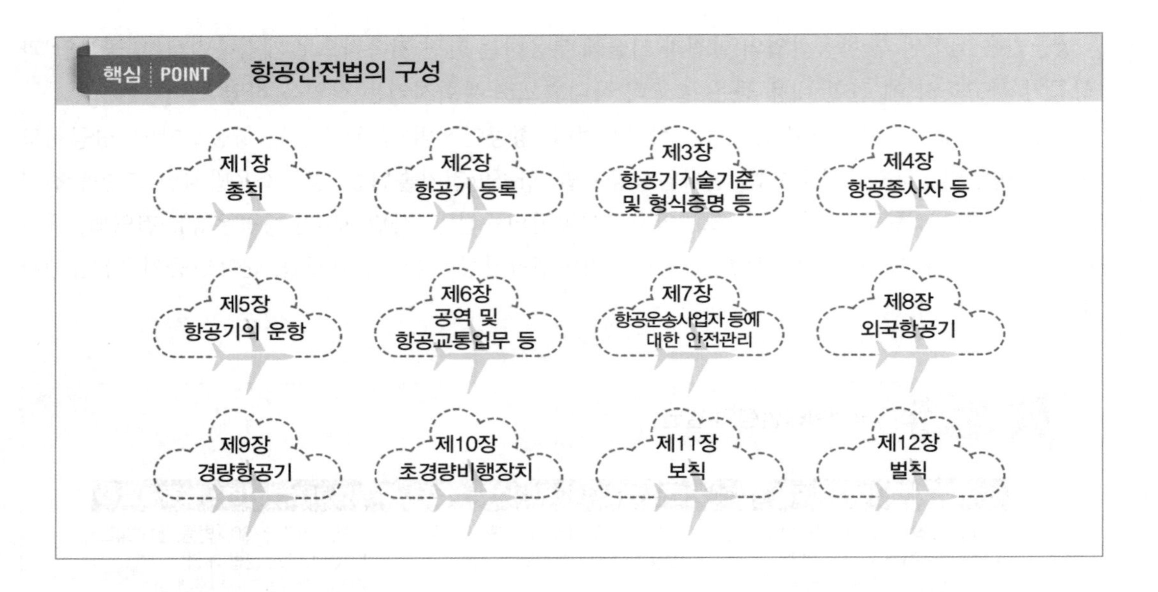

법제처(www.moleg.go.kr) 국가법령정보센터에서는 법령, 판례, 행정규칙, 자치법규 등을 검색할 수 있으며, 해당 법의 법령에서부터 시행규칙까지 한눈에 볼 수 있도록 3단비교 보기 기능을 제공하고 있다.

핵심 POINT 국가법령정보센터 법령 보기

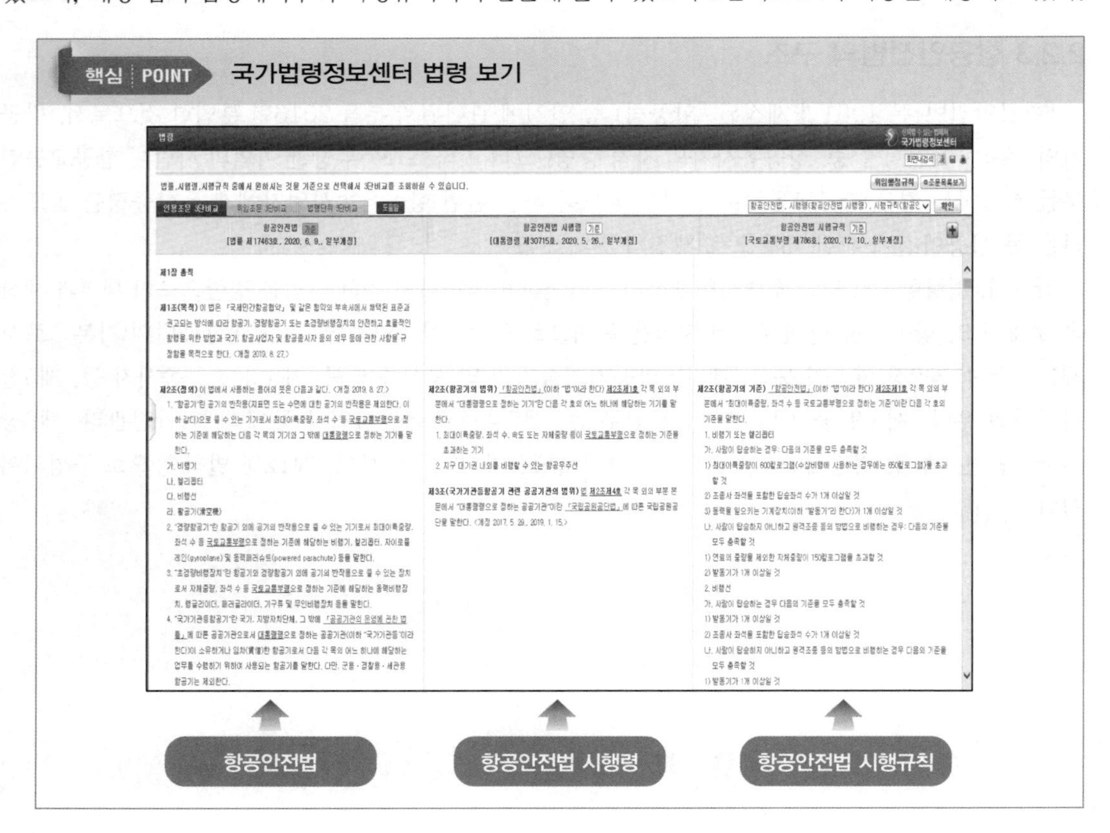

chapter 03 시카고협약과 국제민간항공기구

section 3.1 | 시카고협약 및 부속서

항공정비 현장에서 필요한 항공법령 키워드

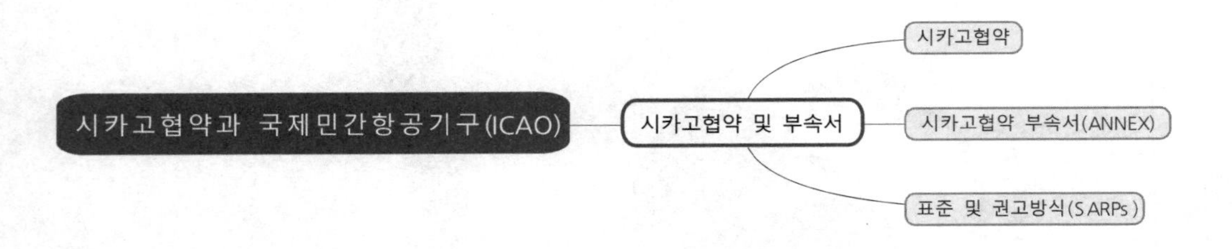

3.1 | 시카고협약 및 부속서

시카고협약은 협약 본문과 부속서로 구성되어 있으며, 협약의 기본 원칙은 협약 본문에서 규정하고, 과학기술의 발전과 실제 적용을 바탕으로 수시 개정될 수 있는 내용들은 협약 부속서에 규정하고 있다. 이는 1919년의 파리협약의 단점 및 1928년의 하바나협약의 장점을 반영한 것으로 과학기술 발달 등으로 인한 기술적 사항의 수시 개정을 용이하게 하고 있다.

3.1.1 시카고협약

시카고협약은 1944년 11월 1일부터 12월 7일까지 계속된 시카고 회의 결과 채택되었으며, 국제민간항공의 항공안전기준 수립과 질서정연한 발전을 위해 적용하는 가장 근원이 되는 국제조약이다. 현재 본 협약은 협약 본문 이외에 부속서를 채택하여 적용하고 있으며 부속서는 총 19개 부속서가 있고, 각 부문별 표준 및 권고방식(Standards and Recommended Practices, SARPs)을 포함하고 있다.

1944년 시카고 회의 참석자들은 협약에 전후 민간항공업무를 전담할 상설기구로서 국제민간항공기구(International Civil Aviation Organization, ICAO)를 설치하는 데 동의하였으며, 시카고협약은 ICAO의 설립헌장일 뿐 아니라 추후 체약 당사국 간 국제항공운송에 관한 다자협약을 채택할 법적 근거도 마련하여 주었다.

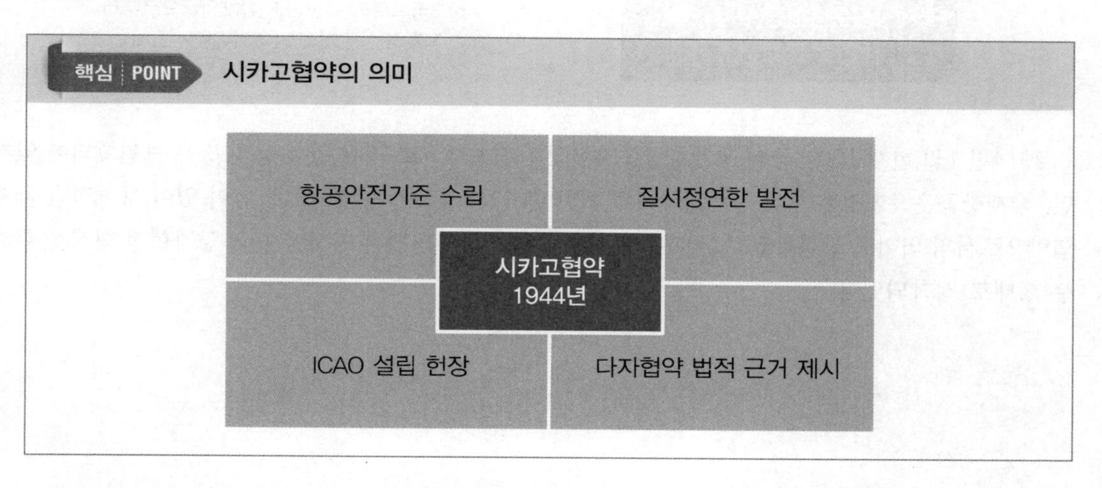

시카고협약은 국제항공운송을 정기와 비정기로 엄격히 구분하여 비정기로 운항되는 국제항공운송에 대해서는 타 체약 당사국의 영공을 통과 또는 이 · 착륙하도록 특정한 권리를 부여(제5조)하나 정기 국제 민간항공에 대해서는 특정한 권리에 해당하는 하늘의 자유를 허용하지 않고 있다(제6조). 국제민간항공기의 통과 및 이 · 착륙의 권리를 상호 인정할 것인지에 대하여 회의 참석자들은 의견 대립을 보였고, 회의는 동 권리를 인정하지 않는 내용으로 시카고협약을 채택하였다. 반면에 통과 및 단순한

이 · 착륙의 권리는 '국제항공통과협정'에서, 승객 및 화물의 운송을 위한 이 · 착륙에 관한 권리는 '국제항공운송협정'에서 따로 규율하여 이를 원하는 국가들 사이에서만 서명 · 채택되도록 하였다.

다자간 협정의 실패로 당사국 양국 간의 협정 형태가 형성되었으며, 1946년 미국과 영국이 버뮤다(Bermuda)에서 표준방식을 따라 양국 간의 노선지정, 운항횟수 등 항공기 운항의 권익에 대한 사항을 결정하는 협정을 맺었고 이는 양국 간 항공협정의 기본 모델이 되었다.

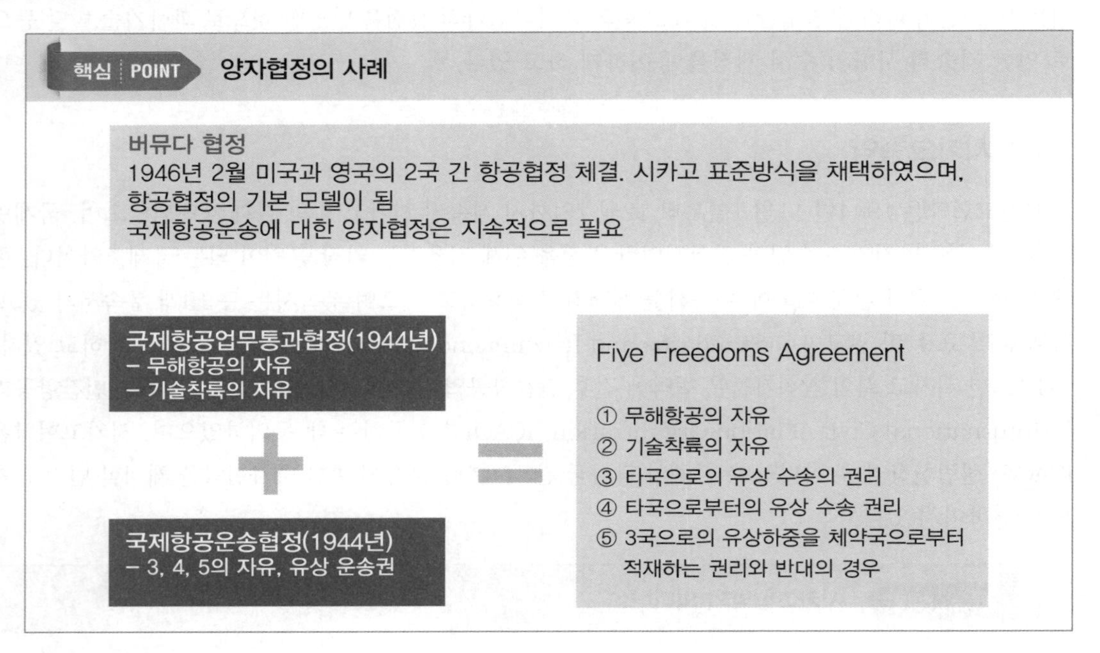

2014년 1월 현재 130개국이 국제항공통과협정의 당사국으로 되어 있어 동 협정은 보편화되어 있지만, 국제항공운송협정은 미국 등 8개국이 탈퇴한 후 11개국만이 당사국으로 남아 있어 보편적인 국제협약으로서의 의미를 상실하였고, 국제항공운송을 위한 해결방법은 당사국 간의 양자협정 형식을 취하는 형태로 정착되었다.

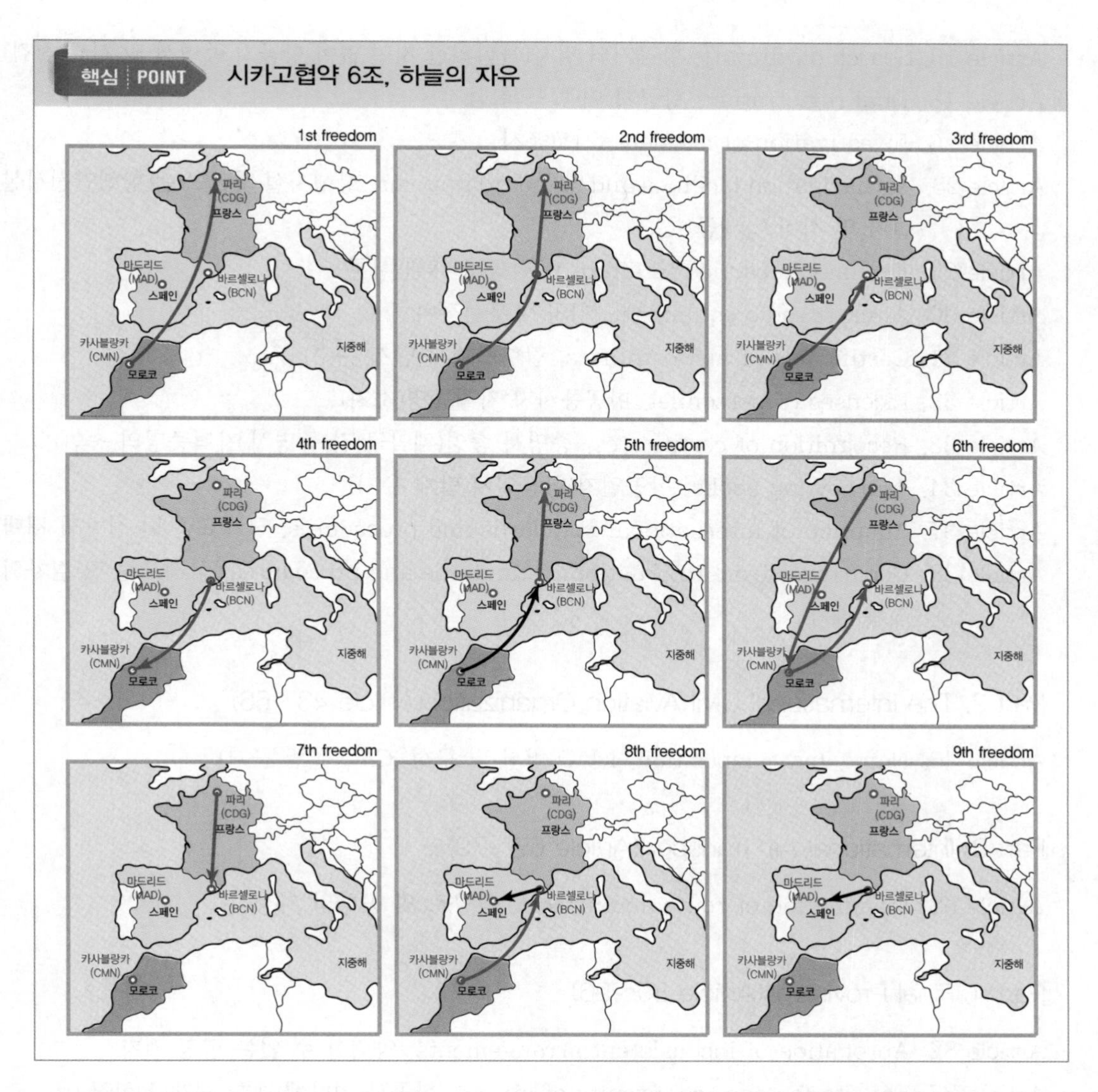

시카고협약은 4부(Parts), 22장(Chapters), 96조항(Articles)으로 구성되어 있으며, 동 협약 부속서로 총 19개 부속서(Annex)를 채택하고 있다. 시카고협약에서 규정하고 있는 주요 내용은 다음과 같다.

Part 1. Air Navigation(Article 1~42)

Article 1. Territorial sovereignty. 배타적 주권 인정

Article 6. Scheduled air service. 정기항공(국제 정기항공은 체약국 인가 필요 및 인가 조건 준수)

Article 11. Applicability of air regulations. 항공법규 적용(협약 준수 조건하에 체약국 규정 준수)

Article 12. Rules of the air. 항공규칙(해당 지역 비행규칙 준수하고 체약국은 협약에 따른 개정된 규칙과 일치시킴)

Article 16. Search of aircraft. 항공기의 검사(불합리한 지연 없이 항공기 증명서 및 서류 점검)
Article 18. Dual registration. 항공기 이중 등록 금지
Article 26. Investigation of accident. 사고조사
Article 28. Air navigation facilities and standard systems. 항행시설 및 시스템(항행안전시설 설치 및 서비스 제공)
Article 29. Documents carried in aircraft. 항공기 휴대 서류
Article 30. Aircraft radio equipment. 항공기 무선장비
Article 31. Certificates of airworthiness. 감항증명서(탑재 준수)
Article 32. Licenses of personnel. 항공종사자 자격증명(소지)
Article 33. Recognition of certificates. 증명서 승인(체약국 간 증명서 자격증명의 승인)
Article 34. Journey log books. 항공일지(항공일지 탑재 유지)
Article 37. Adoption of international standards and procedures. 국제표준 및 절차의 채택
Article 38. Departures from international standards and procedures. 국제표준 및 절차의 적용 배제

Part 2. The International Civil Aviation Organization(Article 43~66)

Article 43. Name and composition. ICAO 명칭 및 구성(ICAO 설립 근거)

Part 3. International Air Transport(Article 67~79)

Article 68. Designation of route and airport. 항공로 및 공항의 지정

Part 4. Final Provisions(Article 80~96)

Article 82. Abrogation of inconsistent arrangements. 양립할 수 없는 협정 폐지
Article 87. Penalty for non-conformity of airline. 항공사 위반에 대한 제재(운항금지)
Article 88. Penalty for non-conformity by state . 체약국 위반에 대한 제재(투표권 정지 등)
Article 90. Adoption and amendment of annexes. 부속서 채택 및 개정
(Chapter 22 Definitions) Article 96. Air service. Airline 등을 정의함

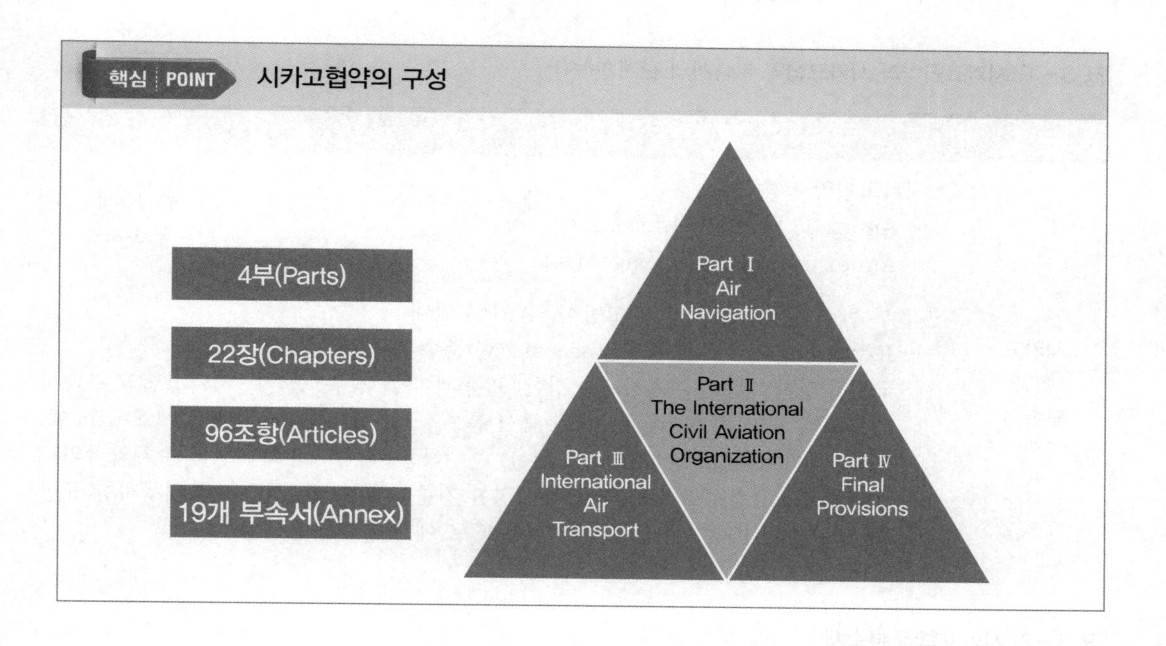

3.1.2 시카고협약 부속서[10)]

시카고협약 부속서는 필요에 따라 제정되거나 개정될 수 있으며, 부속서 19 Safety Management가 2013년부터 적용되면서 현재 총 19개의 부속서가 적용되고 있다. 시카고협약과 시카고협약 부속서의 관계 및 시카고협약 부속서 현황은 다음과 같다.

[표 3-1] **시카고협약과 시카고협약 부속서의 관계**

구분	내용	비고
시카고 협약	• 제37조 국제표준 및 절차의 채택 – 각 체약국은 항공기 직원, 항공로 및 부속업무에 관한 규칙, 표준, 절차와 조직에 있어서의 실행 가능한 최고도의 통일성을 확보하는 데에 협력 – ICAO는 국제표준 및 권고방식과 절차를 수시 채택하고 개정 • 제38조 국제표준 및 절차의 배제	ICAO를 통해 국제표준, 권고방식 및 절차의 채택 및 배제
	• 제43조 본 협약에 의거 ICAO를 조직 • 제54조 ICAO 이사회는 국제표준과 권고방식을 채택하여 협약 부속서로 하여 체약국에 통보 • 제90조 부속서의 채택 및 개정	시카고협약과 시카고협약 부속서 관계

10) 시카고협약 부속서, 국토교통부 항공정비사 표준교재_항공법규

[표 3-1] 시카고협약과 시카고협약 부속서의 관계 (계속)

구분	내용	비고
시카고 협약 부속서	• 시카고협약 부속서 – Annex 1. Personnel Licensing Annex 19. Safety Management	총 19개 부속서
	• 각 부속서 전문에 표준 및 권고방식(SARPs) 안내 – 표준(Standards): 필수적인(necessary) 준수 기준으로 체약국에서 정한 기준이 부속서에서 정한 '표준'과 다를 경우, 협약 제38조에 의거 체약국은 ICAO에 즉시 통보 – 권고방식(Recommended Practices): 준수하는 것이 바람직한(desirable) 기준으로 체약국에서 정한 기준이 부속서에서 정한 '권고방식'과 다를 경우, 체약국은 ICAO에 차이점을 통보할 것이 요청됨	시카고협약 부속서 전문에 SARPs에 따른 체약국의 준수의무사항 규정

[표 3-2] 시카고협약 부속서

부속서	영문명	국문명
Annex 1	Personnel Licensing	항공종사자 자격증명
Annex 2	Rules of the Air	항공규칙
Annex 3	Meteorological Service for International Air Navigation	항공기상
Annex 4	Aeronautical Chart	항공도
Annex 5	Units of Measurement to be Used in Air and Ground Operation	항공단위
Annex 6	Operation of Aircraft	항공기운항
Part I	International Commercial Air Transport – Aeroplanes	국제 상업항공 운송 – 비행기
Part II	International General Aviation – Aeroplanes	국제 일반항공 – 비행기
Part III	International Operations – Helicopters	국제 운항 – 헬리콥터
Annex 7	Aircraft Nationality and Registration Marks	항공기 국적 및 등록기호
Annex 8	Airworthiness of Aircraft	항공기 감항성

[표 3-2] 시카고협약 부속서 (계속)

부속서	영문명	국문명
Annex 9	Facilitation	출입국 간소화
Annex 10	Aeronautical Telecommunication	항공통신
Vol I	Radio Navigation Aids	무선항법보조시설
Vol II	Communication Procedures including those with PANS Status	통신절차
Vol III	Communications Systems	통신시스템
Vol IV	Surveillance Radar and Collision Avoidance Systems	감시레이더 및 충돌방지시스템
Vol V	Aeronautical Radio Frequency Spectrum Utilization	항공무선주파수 스펙트럼 이용
Annex 11	Air Traffic Services	항공교통업무
Annex 12	Search and Rescue	수색 및 구조
Annex 13	Aircraft Accident and Incident Investigation	항공기 사고조사
Annex 14	Aerodromes	비행장
Vol I	Aerodrome Design and Operations	비행장 설계 및 운용
Vol II	Heliports	헬리포트
Annex 15	Aeronautical Information Services	항공정보업무
Annex 16	Environmental Protection	환경보호
Vol I	Aircraft Noise	항공기 소음
Vol II	Aircraft Engine Emissions	항공기 엔진배출
Annex 17	Security	항공 보안
Annex 18	The Safe Transport of Dangerous Goods by Air	위험물 수송
Annex 19	Safety management	안전관리

현실적으로 부속서가 갖는 가장 중요한 의미는 각 부속서에서 국제표준 또는 권고방식으로 규정한 사항이 무엇이며, 이에 대한 체약국의 준수 여부라고 볼 수 있다. 총 19개 부속서 중 유일하게 부속서 2(Rules of the Air, 항공규칙)의 본문은 권고방식에 해당되는 내용은 없고 국제표준(International Standards)으로만 규정되어 있다.

3.1.3 표준 및 권고방식

ICAO는 제1차 총회(1947년) 시 내부적으로 사용할 목적으로 표준(Standards)과 권고방식(Recommended Practices)을 정의하였으며 각 부속서 전문에 용어 정의를 명시하고 있으며 이를 통해 체약국의 의무를 강조하고 있다.

협약 제38조 및 각 부속서에서는 표준과 권고방식에 대하여 각기 다른 의미를 부여하고 있으며, 양자가 동일한 수준의 구속력을 가지는 것은 아니지만 일정한 조건하에서는 구속력이 있다. 국제표준과 자국의 국내규칙 사이에 차이가 있을 경우 체약국은 이를 즉각 ICAO에 통보할 의무를 가진다.

ICAO 표준의 개정내용이 자국규칙과 상이한 체약국은 자국규칙을 ICAO 표준에 부합하도록 개정하는 조치를 취하지 않는 경우 국제표준 채택으로부터 60일 이내에 ICAO에 통보할 의무가 있다. 국제표준과 자국의 규칙 사이의 차이점을 ICAO 이사회에 통보하지 않을 경우 국제표준이 구속력 있게 적용된다. 또한, 동 차이점과 관련하여 부속서 15(Aeronautical Information Services)는 국내의 규정과 방식(practices)이 ICAO의 표준 및 권고방식과 상이할 때 체약 당사국이 이를 항공간행물로 발간할 의무를 부과하였다.

ICAO에서 국제표준으로 설정한 기준이 있는 경우 체약국은 이를 필수적으로 준수하여야 하며, 불가피하게 체약국의 기준이 ICAO에서 정한 표준과 다른 경우에는 ICAO에 통보하여야 한다. 반면에 ICAO에서 규정한 권고방식과 상이한 국내규칙에 관하여는 ICAO에 통보할 의무는 협약에 규정되어 있지 않다.

권고방식과 국내에서 실시하는 규칙과의 상이점을 통보하는 것이 협약상의 의무는 아니나 ICAO 총회와 이사회는 결의문을 통하여 표준과 권고방식을 따르도록 권고하고 이것이 불가할 경우에는 표준은 물론 권고방식도 다른 국내규칙상의 차이점을 ICAO에 통보할 것이 요청된다.

1) 표준(Standards)

"표준(Standards)이란 국제 항공의 안전, 질서 또는 효율을 위하여 체약국이 준수해야 하는 성능, 절차 등에 대해 필수적인(Necessary) 기준을 말한다. 체약국에서 정한 기준이 부속서에서 정한 '표준'과 다를 경우, 협약 제38조에 의거 체약국은 ICAO에 즉시 통보하여야 한다."

표현의 명확성을 위해 표준(Standards) 적용 사례는 Roman체 표기와 Shall 표현을 사용한다.

2) 권고방식(Recommended Practices)

"권고방식(Recommended Practices)이란 국제 항공의 안전, 질서, 효율 등을 위하여 체약국이 준수하고자 노력해야 할 성능, 절차 등에 대한 바람직한(desirable) 기준을 말한다. 체약국에서 정한 기준이 부속서에서 정한 '권고방식'과 다를 경우, 체약국은 ICAO에 차이점을 통보할 것이 요청된다."

표현의 명확성을 위해 권고방식(Recommended Practices) 적용 사례는 Italics체 표기와 Should 표현을 사용한다.

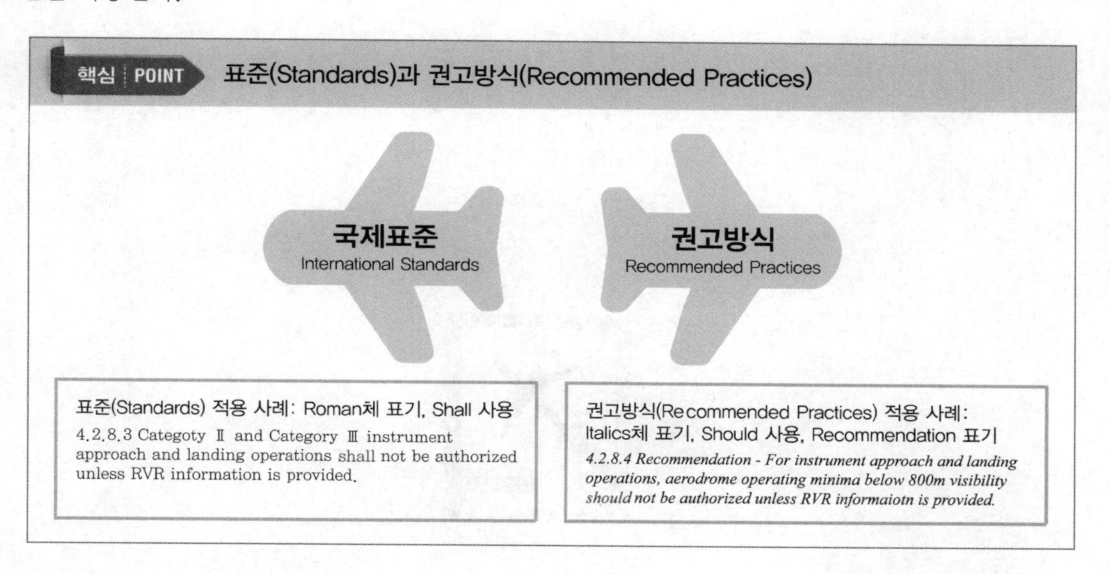

AVIATION LAW

chapter 04 항공안전법

section 4.1 | 항공안전법의 목적
section 4.2 | 용어 정의
section 4.3 | 항공안전법의 주요 내용
section 4.4 | 적용 특례
section 4.5 | 항공기 등록
section 4.6 | 항공기기술기준 및 형식증명 등
section 4.7 | 항공종사자 등
section 4.8 | 항공기의 운항
section 4.9 | 공역 및 항공교통업무 등
section 4.10 | 항공운송사업자 등에 대한 안전관리
section 4.11 | 외국항공기
section 4.12 | 경량항공기
section 4.13 | 초경량비행장치
section 4.14 | 보칙
section 4.15 | 벌칙

항공정비 현장에서 필요한 항공법령 키워드

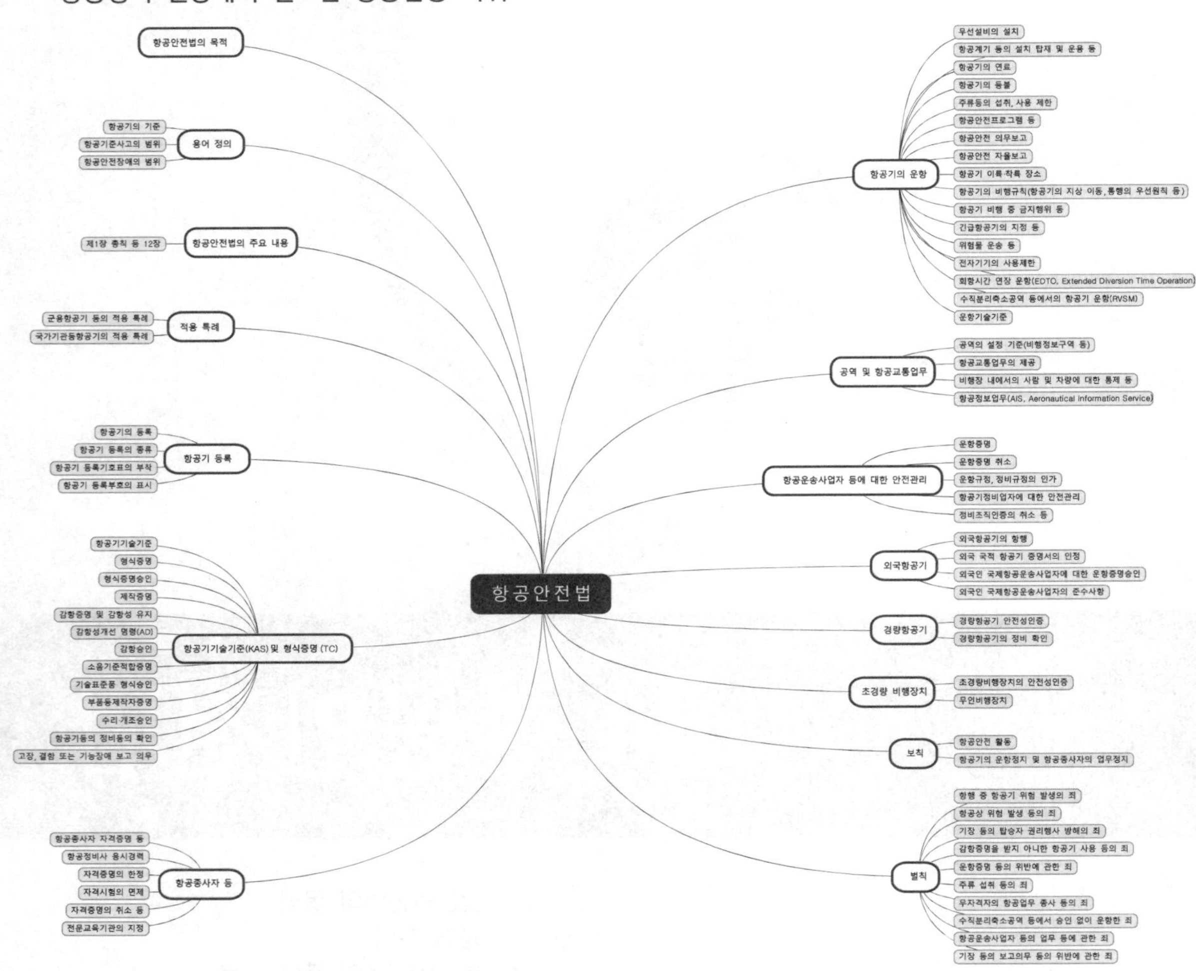

✓ 항공안전법 본문 링크

항공안전법	항공안전법 시행령(대통령령)	항공안전법 시행규칙

- 항공안전법[시행 2024. 1.16.], [법률 제20051호, 2024. 1. 16., 일부개정]
- 항공안전법 시행령[시행 2023. 12. 12.], [대통령령 제33913호, 2023. 12. 12., 타법개정]
- 항공안전법 시행규칙[시행 2023. 10. 19.], [국토교통부령 제1262호, 2023. 10. 19., 일부개정]

4.1 | 항공안전법의 목적

[항공안전법 제1장 총칙, 제1조(목적)]

제1조(목적) 이 법은 「국제민간항공협약」 및 같은 협약의 부속서에서 채택된 표준과 권고되는 방식에 따라 항공기, 경량항공기 또는 초경량비행장치의 안전하고 효율적인 항행을 위한 방법과 국가, 항공사업자 및 항공종사자 등의 의무 등에 관한 사항을 규정함을 목적으로 한다. 〈개정 2019. 8. 27.〉

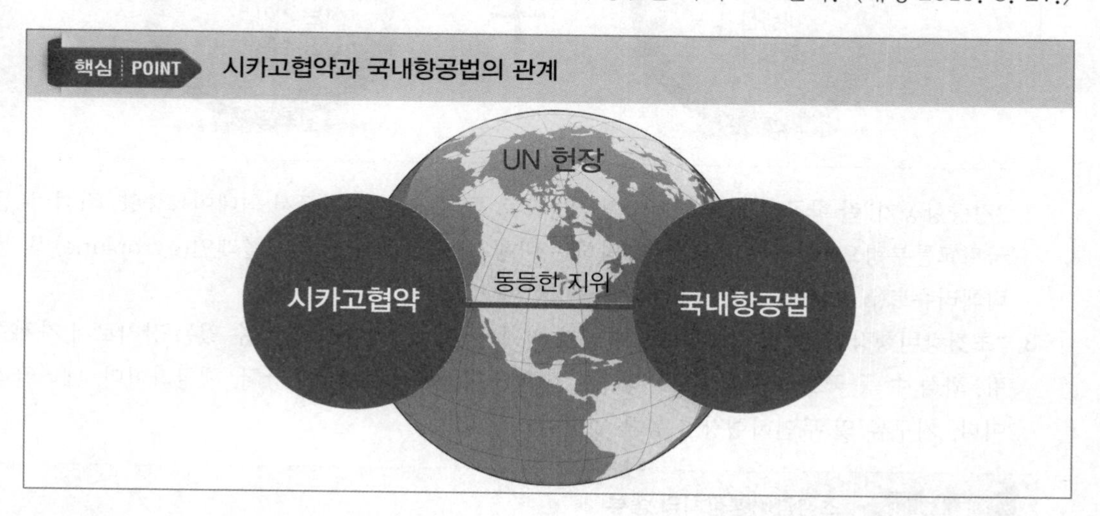

4.2 | 용어 정의

[항공안전법 제2조(정의)]

제2조(정의) 이 법에서 사용하는 용어의 뜻은 다음과 같다. 〈개정 2019. 8. 27., 2021. 5. 18.〉

1. "항공기"란 공기의 반작용(지표면 또는 수면에 대한 공기의 반작용은 제외한다. 이하 같다)으로 뜰 수 있는 기기로서 최대이륙중량, 좌석 수 등 국토교통부령으로 정하는 기준에 해당하는 다음 각 목의 기기와 그 밖에 대통령령으로 정하는 기기를 말한다.
   가. 비행기
   나. 헬리콥터
   다. 비행선
   라. 활공기(滑空機)

핵심 POINT 항공기의 종류

- 공기의 반작용으로 뜰 수 있는 기기로서,
- 최대이륙중량, 좌석 수 등 국토교통부령(시행규칙 제2조)으로 정하는 기준에 해당하는 기기

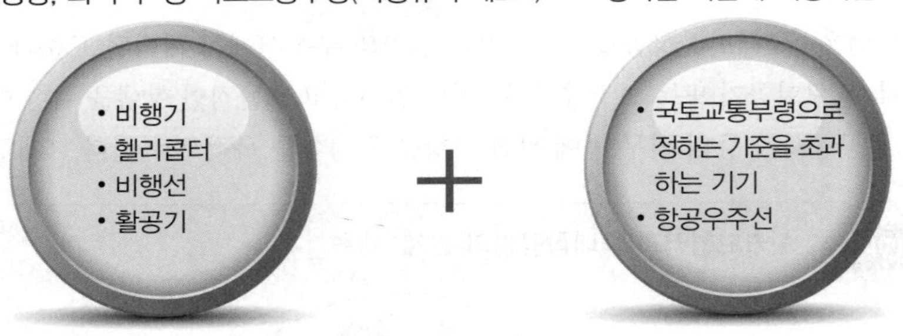

2. "경량항공기"란 항공기 외에 공기의 반작용으로 뜰 수 있는 기기로서 최대이륙중량, 좌석 수 등 국토교통부령으로 정하는 기준에 해당하는 비행기, 헬리콥터, 자이로플레인(gyroplane) 및 동력패러슈트(powered parachute) 등을 말한다.
3. "초경량비행장치"란 항공기와 경량항공기 외에 공기의 반작용으로 뜰 수 있는 장치로서 자체중량, 좌석 수 등 국토교통부령으로 정하는 기준에 해당하는 동력비행장치, 행글라이더, 패러글라이더, 기구류 및 무인비행장치 등을 말한다.

핵심 POINT 초경량비행장치의 종류

- 항공기와 경량항공기 외에 공기의 반작용으로 뜰 수 있는 기기로서,
- 최대이륙중량, 좌석 수 등 국토교통부령(시행규칙 제5조)으로 정하는 기준에 해당하는 기기
  - 동력비행장치
  - 행글라이더
  - 패러글라이더
  - 기구류 및 무인비행장치 등

4. "국가기관등항공기"란 국가, 지방자치단체, 그 밖에 「공공기관의 운영에 관한 법률」에 따른 공공기관으로서 대통령령으로 정하는 공공기관(이하 "국가기관등"이라 한다)이 소유하거나 임차(賃借)한 항공기로서 다음 각 목의 어느 하나에 해당하는 업무를 수행하기 위하여 사용되는 항공기를 말한다. 다만, 군용 · 경찰용 · 세관용 항공기는 제외한다.
   가. 재난 · 재해 등으로 인한 수색(搜索) · 구조
   나. 산불의 진화 및 예방
   다. 응급환자의 후송 등 구조 · 구급활동
   라. 그 밖에 공공의 안녕과 질서유지를 위하여 필요한 업무

핵심 POINT 국가기관등항공기의 종류

국가, 지방자치단체, 그 밖에 「공공기관의 운영에 관한 법률(국립공원공단)」에 따른 공공기관으로서 대통령령으로 정하는 공공기관이 소유하거나 임차한 항공기

- 재난 · 재해 등으로 인한 수색 · 구조
- 산불의 진화 및 예방
- 응급환자의 후송 등 구조 · 구급활동
- 그 밖에 공공의 안녕과 질서유지를 위하여 필요한 업무

5. "항공업무"란 다음 각 목의 어느 하나에 해당하는 업무를 말한다.
   가. 항공기의 운항(무선설비의 조작을 포함한다) 업무(제46조에 따른 항공기 조종연습은 제외한다)
   나. 항공교통관제(무선설비의 조작을 포함한다) 업무(제47조에 따른 항공교통관제연습은 제외한다)
   다. 항공기의 운항관리 업무
   라. 정비 · 수리 · 개조(이하 "정비등"이라 한다)된 항공기 · 발동기 · 프로펠러(이하 "항공기등"이라 한다), 장비품 또는 부품에 대하여 안전하게 운용할 수 있는 성능(이하 "감항성"이라 한다)이 있는지를 확인하는 업무 및 경량항공기 또는 그 장비품 · 부품의 정비사항을 확인하는 업무

핵심 POINT 항공업무의 종류

항공안전법 제46조, 제47조에 따른 항공기 조종연습과 항공교통관제연습을 제외한 다음 어느 하나에 해당하는 업무

- 항공기의 운항 업무
- 항공교통관제 업무
- 항공기의 운항관리 업무
- 정비 · 수리 · 개조된 항공기 · 발동기 · 프로펠러, 장비품 또는 부품에 대하여 안전하게 운용할 수 있는 성능이 있는지를 확인하는 업무 및 경량항공기 또는 그 장비품 · 부품의 정비사항을 확인하는 업무

6. "항공기사고"란 사람이 비행을 목적으로 항공기에 탑승하였을 때부터 탑승한 모든 사람이 항공기에서 내릴 때까지[사람이 탑승하지 아니하고 원격조종 등의 방법으로 비행하는 항공기(이하 "무인항공기"라 한다)의 경우에는 비행을 목적으로 움직이는 순간부터 비행이 종료되어 발동기가 정지되는 순간까지를 말한다] 항공기의 운항과 관련하여 발생한 다음 각 목의 어느 하나에 해당하는 것으로서 국토교통부령으로 정하는 것을 말한다.
   가. 사람의 사망, 중상 또는 행방불명
   나. 항공기의 파손 또는 구조적 손상
   다. 항공기의 위치를 확인할 수 없거나 항공기에 접근이 불가능한 경우

핵심 POINT 항공기사고의 범위

사람이 비행을 목적으로 항공기에 탑승하였을 때부터 탑승한 모든 사람이 항공기에서 내릴 때까지 항공기의 운항과 관련하여 발생한 것으로 국토교통부령으로 정하는 것

- 사람의 사망, 중상 또는 행방불명
- 항공기의 파손 또는 구조적 손상
- 항공기의 위치를 확인할 수 없거나 항공기에 접근이 불가능한 경우

7. "경량항공기사고"란 비행을 목적으로 경량항공기의 발동기가 시동되는 순간부터 비행이 종료되어 발동기가 정지되는 순간까지 발생한 다음 각 목의 어느 하나에 해당하는 것으로서 국토교통부령으로 정하는 것을 말한다.
   가. 경량항공기에 의한 사람의 사망, 중상 또는 행방불명
   나. 경량항공기의 추락, 충돌 또는 화재 발생
   다. 경량항공기의 위치를 확인할 수 없거나 경량항공기에 접근이 불가능한 경우
8. "초경량비행장치사고"란 초경량비행장치를 사용하여 비행을 목적으로 이륙[이수(離水)를 포함한다. 이하 같다]하는 순간부터 착륙[착수(着水)를 포함한다. 이하 같다]하는 순간까지 발생한 다음 각 목의 어느 하나에 해당하는 것으로서 국토교통부령으로 정하는 것을 말한다.
   가. 초경량비행장치에 의한 사람의 사망, 중상 또는 행방불명
   나. 초경량비행장치의 추락, 충돌 또는 화재 발생
   다. 초경량비행장치의 위치를 확인할 수 없거나 초경량비행장치에 접근이 불가능한 경우
9. "항공기준사고"(航空機準事故)란 항공안전에 중대한 위해를 끼쳐 항공기사고로 이어질 수 있었던 것으로서 국토교통부령으로 정하는 것을 말한다.

핵심 POINT 항공기준사고

항공안전에 중대한 위해를 끼쳐 항공기사고로 이어질 수 있었던 것으로 국토교통부령으로 정하는 것
「항공안전법 시행규칙」 [별표 2] 〈개정 2020. 2. 28.〉

- 항공기의 위치, 속도 및 거리가 다른 항공기와 충돌위험이 있었던 것으로 판단되는 근접비행이 발생한 경우 또는 경미한 충돌이 있었으나 안전하게 착륙한 경우
- 항공기가 정상적인 비행 중 지표, 수면 또는 그 밖의 장애물과의 충돌을 가까스로 회피한 경우 등

10. "항공안전장애"란 항공기사고 및 항공기준사고 외에 항공기의 운항 등과 관련하여 항공안전에 영향을 미치거나 미칠 우려가 있는 것을 말한다.

핵심 POINT 의무보고 대상 항공안전장애의 범위(제134조 관련)

항공기의 운항 등과 관련하여 항공안전에 영향을 미치거나 미칠 우려가 있었던 것, 「항공안전법 시행규칙」 [별표 20의 2] 〈개정 2020. 12. 10.〉

- 비행 중, 이륙·착륙, 지상운항, 운항준비, 항공기 화재 및 고장, 공항 및 항행서비스 등의 상황에서 발생한 것
- 항공기에 장착된 공중충돌경고장치 회피기동(ACAS RA)이 발생한 경우 등

10의 2. “항공안전위해요인”이란 항공기사고, 항공기준사고 또는 항공안전장애를 발생시킬 수 있거나 발생 가능성의 확대에 기여할 수 있는 상황, 상태 또는 물적·인적요인 등을 말한다.

10의 3. “위험도(safety risk)”란 항공안전위해요인이 항공안전을 저해하는 사례로 발전할 가능성과 그 심각도를 말한다.

10의 4. “항공안전데이터”란 항공안전의 유지 또는 증진 등을 위하여 사용되는 다음 각 목의 자료를 말한다.

가. 제33조에 따른 항공기 등에 발생한 고장, 결함 또는 기능장애에 관한 보고
나. 제58조 제4항에 따른 비행자료 및 분석결과
다. 제58조 제5항에 따른 레이더 자료 및 분석결과
라. 제59조 및 제61조에 따라 보고된 자료
마. 제60조 및 「항공·철도 사고조사에 관한 법률」 제19조에 따른 조사결과
바. 제132조에 따른 항공안전 활동 과정에서 수집된 자료 및 결과보고
사. 「기상법」 제12조에 따른 기상업무에 관한 정보
아. 「항공사업법」 제2조 제34호에 따른 공항운영자가 항공안전관리를 위해 수집·관리하는 자료 등
자. 「항공사업법」 제6조 제1항 각 호에 따라 구축된 시스템에서 관리되는 정보
차. 「항공사업법」 제68조 제4항에 따른 업무수행 중 수집한 정보·통계 등
카. 항공안전을 위해 국제기구 또는 외국정부 등이 우리나라와 공유한 자료
타. 그 밖에 국토교통부령으로 정하는 자료

10의 5. “항공안전정보”란 항공안전데이터를 안전관리 목적으로 사용하기 위하여 가공(加工)·정리·분석한 것을 말한다.

11. “비행정보구역”이란 항공기, 경량항공기 또는 초경량비행장치의 안전하고 효율적인 비행과 수색 또는 구조에 필요한 정보를 제공하기 위한 공역(空域)으로서 「국제민간항공협약」 및 같은 협약 부속서에 따라 국토교통부장관이 그 명칭, 수직 및 수평 범위를 지정·공고한 공역을 말한다.
12. “영공”(領空)이란 대한민국의 영토와 「영해 및 접속수역법」에 따른 내수 및 영해의 상공을 말한다.
13. “항공로”(航空路)란 국토교통부장관이 항공기, 경량항공기 또는 초경량비행장치의 항행에 적합하다고 지정한 지구의 표면상에 표시한 공간의 길을 말한다.

14. "항공종사자"란 제34조 제1항에 따른 항공종사자 자격증명을 받은 사람을 말한다.
15. "모의비행훈련장치"란 항공기의 조종실을 동일 또는 유사하게 모방한 장치로서 국토교통부령으로 정하는 장치를 말한다.
16. "운항승무원"이란 제35조 제1호부터 제6호까지의 어느 하나에 해당하는 자격증명을 받은 사람으로서 항공기에 탑승하여 항공업무에 종사하는 사람을 말한다.
17. "객실승무원"이란 항공기에 탑승하여 비상시 승객을 탈출시키는 등 승객의 안전을 위한 업무를 수행하는 사람을 말한다.
18. "계기비행"(計器飛行)이란 항공기의 자세 · 고도 · 위치 및 비행방향의 측정을 항공기에 장착된 계기에만 의존하여 비행하는 것을 말한다.
19. "계기비행방식"이란 계기비행을 하는 사람이 제84조 제1항에 따라 국토교통부장관 또는 제85조 제1항에 따른 항공교통업무증명(이하 "항공교통업무증명"이라 한다)을 받은 자가 지시하는 이동 · 이륙 · 착륙의 순서 및 시기와 비행의 방법에 따라 비행하는 방식을 말한다.
20. "피로위험관리시스템"이란 운항승무원과 객실승무원이 충분한 주의력이 있는 상태에서 해당 업무를 할 수 있도록 피로와 관련한 위험요소를 경험과 과학적 원리 및 지식에 기초하여 지속적으로 감독하고 관리하는 시스템을 말한다.
21. "비행장"이란 「공항시설법」 제2조 제2호에 따른 비행장을 말한다.
22. "공항"이란 「공항시설법」 제2조 제3호에 따른 공항을 말한다.
23. "공항시설"이란 「공항시설법」 제2조 제7호에 따른 공항시설을 말한다.
24. "항행안전시설"이란 「공항시설법」 제2조 제15호에 따른 항행안전시설을 말한다.
25. "관제권"(管制圈)이란 비행장 또는 공항과 그 주변의 공역으로서 항공교통의 안전을 위하여 국토교통부장관이 지정 · 공고한 공역을 말한다.
26. "관제구"(管制區)란 지표면 또는 수면으로부터 200미터 이상 높이의 공역으로서 항공교통의 안전을 위하여 국토교통부장관이 지정 · 공고한 공역을 말한다.
27. "항공운송사업"이란 「항공사업법」 제2조 제7호에 따른 항공운송사업을 말한다.
28. "항공운송사업자"란 「항공사업법」 제2조 제8호에 따른 항공운송사업자를 말한다.
29. "항공기사용사업"이란 「항공사업법」 제2조 제15호에 따른 항공기사용사업을 말한다.
30. "항공기사용사업자"란 「항공사업법」 제2조 제16호에 따른 항공기사용사업자를 말한다.
31. "항공기정비업자"란 「항공사업법」 제2조 제18호에 따른 항공기정비업자를 말한다.
32. "초경량비행장치사용사업"이란 「항공사업법」 제2조 제23호에 따른 초경량비행장치사용사업을 말한다.
33. "초경량비행장치사용사업자"란 「항공사업법」 제2조 제24호에 따른 초경량비행장치사용사업자를 말한다.
34. "이착륙장"이란 「공항시설법」 제2조 제19호에 따른 이착륙장을 말한다.

4.2.1 항공기의 기준

[항공안전법 시행령 제2조]

[항공안전법 시행규칙 제2조(항공기의 기준)]

제2조(항공기의 기준) 「항공안전법」(이하 "법"이라 한다) 제2조 제1호 각 목 외의 부분에서 "최대이륙중량, 좌석 수 등 국토교통부령으로 정하는 기준"이란 다음 각 호의 기준을 말한다.

1. 비행기 또는 헬리콥터
   가. 사람이 탑승하는 경우: 다음의 기준을 모두 충족할 것
      1) 최대이륙중량이 600킬로그램(수상비행에 사용하는 경우에는 650킬로그램)을 초과할 것
      2) 조종사 좌석을 포함한 탑승좌석 수가 1개 이상일 것
      3) 동력을 일으키는 기계장치(이하 "발동기"라 한다)가 1개 이상일 것
   나. 사람이 탑승하지 아니하고 원격조종 등의 방법으로 비행하는 경우: 다음의 기준을 모두 충족할 것
      1) 연료의 중량을 제외한 자체중량이 150킬로그램을 초과할 것
      2) 발동기가 1개 이상일 것
2. 비행선
   가. 사람이 탑승하는 경우 다음의 기준을 모두 충족할 것
      1) 발동기가 1개 이상일 것
      2) 조종사 좌석을 포함한 탑승좌석 수가 1개 이상일 것
   나. 사람이 탑승하지 아니하고 원격조종 등의 방법으로 비행하는 경우 다음의 기준을 모두 충족할 것
      1) 발동기가 1개 이상일 것
      2) 연료의 중량을 제외한 자체중량이 180킬로그램을 초과하거나 비행선의 길이가 20미터를 초과할 것
3. 활공기: 자체중량이 70킬로그램을 초과할 것

제3조(항공기인 기기의 범위) 영 제2조 제1호에서 "최대이륙중량, 좌석 수, 속도 또는 자체중량 등이 국토교통부령으로 정하는 기준을 초과하는 기기"란 다음 각 호의 어느 하나에 해당하는 것을 말한다. 〈개정 2018. 3. 23.〉

1. 제4조 제1호부터 제3호까지의 기준 중 어느 하나 이상의 기준을 초과하거나 같은 조 제4호부터 제7호까지의 제한요건 중 어느 하나 이상의 제한요건을 벗어나는 비행기, 헬리콥터, 자이로플레인 및 동력패러슈트
2. 제5조 제5호 각 목의 기준을 초과하는 무인비행장치

제4조(경량항공기의 기준) 법 제2조 제2호에서 "최대이륙중량, 좌석 수 등 국토교통부령으로 정하는 기준에 해당하는 비행기, 헬리콥터, 자이로플레인(gyroplane) 및 동력패러슈트(powered parachute) 등"이란 법 제2조 제3호에 따른 초경량비행장치에 해당하지 않는 것으로서 다음 각 호의 기준을

모두 충족하는 비행기, 헬리콥터, 자이로플레인 및 동력패러슈트를 말한다. 〈개정 2021. 8. 27., 2022. 12. 9.〉

1. 최대이륙중량이 600킬로그램(수상비행에 사용하는 경우에는 650킬로그램) 이하일 것
2. 최대 실속속도[실속(失速: 비행기를 띄우는 양력이 급격히 떨어지는 현상을 말한다. 이하 같다)이 발생할 수 있는 속도를 말한다] 또는 최소 정상비행속도가 45노트 이하일 것
3. 조종사 좌석을 포함한 탑승 좌석이 2개 이하일 것
4. 단발(單發) 왕복발동기 또는 전기모터(전기 공급원으로부터 충전받은 전기에너지 또는 수소를 사용하여 발생시킨 전기에너지를 동력원으로 사용하는 것을 말한다)를 장착할 것
5. 조종석은 여압(기내 공기 압력을 지상과 가깝게 조절 · 유지하는 것을 말한다)이 되지 아니할 것
6. 비행 중에 프로펠러의 각도를 조정할 수 없을 것
7. 고정된 착륙장치가 있을 것. 다만, 수상비행에 사용하는 경우에는 고정된 착륙장치 외에 접을 수 있는 착륙장치를 장착할 수 있다.

제5조(초경량비행장치의 기준) 법 제2조 제3호에서 "자체중량, 좌석 수 등 국토교통부령으로 정하는 기준에 해당하는 동력비행장치, 행글라이더, 패러글라이더, 기구류 및 무인비행장치 등"이란 다음 각 호의 기준을 충족하는 동력비행장치, 행글라이더, 패러글라이더, 기구류, 무인비행장치, 회전익비행장치, 동력패러글라이더 및 낙하산류 등을 말한다. 〈개정 2020. 12. 10., 2021. 6. 9.〉

1. 동력비행장치: 동력을 이용하는 것으로서 다음 각 목의 기준을 모두 충족하는 고정익비행장치
   가. 탑승자, 연료 및 비상용 장비의 중량을 제외한 자체중량이 115킬로그램 이하일 것
   나. 연료의 탑재량이 19리터 이하일 것
   다. 좌석이 1개일 것
2. 행글라이더: 탑승자 및 비상용 장비의 중량을 제외한 자체중량이 70킬로그램 이하로서 체중이동, 타면조종 등의 방법으로 조종하는 비행장치
3. 패러글라이더: 탑승자 및 비상용 장비의 중량을 제외한 자체중량이 70킬로그램 이하로서 날개에 부착된 줄을 이용하여 조종하는 비행장치
4. 기구류: 기체의 성질 · 온도차 등을 이용하는 다음 각 목의 비행장치
   가. 유인자유기구
   나. 무인자유기구(기구 외부에 2킬로그램 이상의 물건을 매달고 비행하는 것만 해당한다. 이하 같다)
   다. 계류식(繫留式) 기구
5. 무인비행장치: 사람이 탑승하지 아니하는 것으로서 다음 각 목의 비행장치
   가. 무인동력비행장치: 연료의 중량을 제외한 자체중량이 150킬로그램 이하인 무인비행기, 무인헬리콥터 또는 무인멀티콥터
   나. 무인비행선: 연료의 중량을 제외한 자체중량이 180킬로그램 이하이고 길이가 20미터 이하인 무인비행선
6. 회전익비행장치: 제1호 각 목의 동력비행장치의 요건을 갖춘 헬리콥터 또는 자이로플레인

7. 동력패러글라이더: 패러글라이더에 추진력을 얻는 장치를 부착한 다음 각 목의 어느 하나에 해당하는 비행장치
   가. 착륙장치가 없는 비행장치
   나. 착륙장치가 있는 것으로서 제1호 각 목의 동력비행장치의 요건을 갖춘 비행장치
8. 낙하산류: 항력(抗力)을 발생시켜 대기(大氣) 중을 낙하하는 사람 또는 물체의 속도를 느리게 하는 비행장치
9. 그 밖에 국토교통부장관이 종류, 크기, 중량, 용도 등을 고려하여 정하여 고시하는 비행장치

4.2.2 항공기준사고의 범위

[항공안전법 시행규칙 제9조(항공기준사고의 범위)]

[별표 2] 〈개정 2020. 2. 28.〉

항공기준사고의 범위(제9조 관련)

1. 항공기의 위치, 속도 및 거리가 다른 항공기와 충돌위험이 있었던 것으로 판단되는 근접비행이 발생한 경우(다른 항공기와의 거리가 500피트 미만으로 근접하였던 경우를 말한다) 또는 경미한 충돌이 있었으나 안전하게 착륙한 경우
2. 항공기가 정상적인 비행 중 지표, 수면 또는 그 밖의 장애물과의 충돌(controlled flight into terrain)을 가까스로 회피한 경우
3. 항공기, 차량, 사람 등이 허가 없이 또는 잘못된 허가로 항공기 이륙·착륙을 위해 지정된 보호구역에 진입하여 다른 항공기와의 충돌을 가까스로 회피한 경우
4. 항공기가 다음 각 목의 장소에서 이륙하거나 이륙을 포기한 경우 또는 착륙하거나 착륙을 시도한 경우
   가. 폐쇄된 활주로 또는 다른 항공기가 사용 중인 활주로
   나. 허가받지 않은 활주로
   다. 유도로(헬리콥터가 허가를 받고 이륙하거나 이륙을 포기한 경우 또는 착륙하거나 착륙을 시도한 경우는 제외한다)
   라. 도로 등 착륙을 의도하지 않은 장소
5. 항공기가 이륙·착륙 중 활주로 시단(始端)에 못 미치거나(undershooting) 또는 종단(終端)을 초과한 경우(overrunning) 또는 활주로 옆으로 이탈한 경우(다만, 항공안전장애에 해당하는 사항은 제외한다)
6. 항공기가 이륙 또는 초기 상승 중 규정된 성능에 도달하지 못한 경우
7. 비행 중 운항승무원이 신체, 심리, 정신 등의 영향으로 조종업무를 정상적으로 수행할 수 없는 경우(pilot incapacitation)
8. 조종사가 연료량 또는 연료배분 이상으로 비상선언을 한 경우(연료의 불충분, 소진, 누유 등으로 인한 결핍 또는 사용 가능한 연료를 사용할 수 없는 경우를 말한다)
9. 항공기 시스템의 고장, 항공기 동력 또는 추진력의 손실, 기상 이상, 항공기 운용한계의 초과 등으로 조종상의 어려움(difficulties in controlling)이 발생했거나 발생할 수 있었던 경우
10. 다음 각 목에 따라 항공기에 중대한 손상이 발견된 경우(항공기사고로 분류된 경우는 제외한다)
    가. 항공기가 지상에서 운항 중 다른 항공기나 장애물, 차량, 장비 또는 동물과 접촉·충돌

나. 비행 중 조류(鳥類), 우박, 그 밖의 물체와 충돌 또는 기상 이상 등
다. 항공기 이륙 · 착륙 중 날개, 발동기 또는 동체와 지면의 접촉 · 충돌 또는 끌림(dragging). 다만, tail-skid의 경미한 접촉 등 항공기 이륙 · 착륙에 지장이 없는 경우는 제외한다.
라. 착륙바퀴가 완전히 펴지지 않거나 올려진 상태로 착륙한 경우

11. 비행 중 운항승무원이 비상용 산소 또는 산소마스크를 사용해야 하는 상황이 발생한 경우
12. 운항 중 항공기 구조상의 결함(aircraft structural failure)이 발생한 경우 또는 터빈발동기의 내부 부품이 외부로 떨어져 나간 경우를 포함하여 터빈발동기의 내부 부품이 분해된 경우(항공기사고로 분류된 경우는 제외한다)
13. 운항 중 발동기에서 화재가 발생하거나 조종실, 객실이나 화물칸에서 화재 · 연기가 발생한 경우(소화기를 사용하여 진화한 경우를 포함한다)
14. 비행 중 비행 유도(flight guidance) 및 항행(navigation)에 필요한 다중(多衆)시스템(redundancy system) 중 2개 이상의 고장으로 항행에 지장을 준 경우
15. 비행 중 2개 이상의 항공기 시스템 고장이 동시에 발생하여 비행에 심각한 영향을 미치는 경우
16. 운항 중 비의도적으로 항공기 외부의 인양물이나 탑재물이 항공기로부터 분리된 경우 또는 비상조치를 위해 의도적으로 항공기 외부의 인양물이나 탑재물을 항공기로부터 분리한 경우

[비고] 항공기준사고 조사결과에 따라 항공기사고 또는 항공안전장애로 재분류할 수 있다.

4.2.3 항공안전장애의 범위

[항공안전법 시행규칙 제134조(의무보고 대상 항공안전장애의 범위)]

[별표 20의 2] 〈개정 2020. 12. 10.〉

의무보고 대상 항공안전장애의 범위(제134조 관련)

구분	항공안전장애 내용
1. 비행 중	가. 항공기간 분리최저치가 확보되지 않았거나 다음의 어느 하나에 해당하는 경우와 같이 분리최저치가 확보되지 않을 우려가 있었던 경우 1) 항공기에 장착된 공중충돌경고장치 회피기동(ACAS RA)이 발생한 경우 2) 항공교통관제기관의 항공기 감시 장비에 근접충돌경고(short-term conflict alert)가 표시된 경우. 다만, 항공교통관제사가 항공법규 등 관련 규정에 따라 항공기 상호 간 분리최저치 이상을 유지토록 하는 관제지시를 하였고 조종사가 이에 따라 항행을 한 것이 확인된 경우는 제외한다.
	나. 지형 · 수면 · 장애물 등과 최저 장애물회피고도(MOC, Minimum Obstacle Clearance)가 확보되지 않았던 경우(항공기준사고에 해당하는 경우는 제외한다)
	다. 비행금지구역 또는 비행제한구역에 허가 없이 진입한 경우를 포함하여 비행경로 또는 비행고도 이탈 등 항공교통관제기관의 사전 허가를 받지 아니한 항행을 한 경우. 다만, 허용된 오차범위 내의 운항 등 일시적인 경미한 고도 · 경로 이탈은 제외한다.

2. 이륙 · 착륙	가. 다음의 어느 하나에 해당하는 형태의 착륙을 한 경우 1) 활주로 또는 착륙표면에 항공기 동체 꼬리, 날개 끝, 엔진덮개, 착륙장치 등의 비정상적 접촉 2) 비행교범 등에서 정한 강하속도(vertical speed), "G" 값(착륙표면 접촉충격량) 등을 초과한 착륙(hard landing) 또는 최대착륙중량을 초과한 착륙(heavy landing) 3) 활주로 · 헬리패드(헬리콥터 이착륙장을 말한다) 등에 착륙접지하였으나, 다음의 어느 하나에 해당하는 착륙을 한 경우 가) 정해진 접지구역(touch-down zone)에 못 미치는 착륙(short landing) 나) 정해진 접지구역(touch-down zone)을 초과한 착륙(long landing)
	나. 항공기가 다음의 어느 하나에 해당하는 사유로 이륙활주를 중단한 경우 또는 이륙을 강행한 경우 1) 부적절한 기재 · 외장 설정 2) 항공기 시스템 기능장애 등 정비요인 3) 항공교통관제지시, 기상 등 그 밖의 사유
	다. 항공기가 이륙활주 또는 착륙활주 중 착륙장치가 활주로표면 측면 외측의 포장된 완충구역(Runway Shoulder 이내로 한정한다)으로 이탈하였으나 활주로로 다시 복귀하여 이륙활주 또는 착륙활주를 안전하게 마무리 한 경우
3. 지상운항	가. 항공기가 지상운항 중 다른 항공기나 장애물, 차량, 장비 등과 접촉 · 충돌하였거나, 공항 내 설치된 항행안전시설 등을 포함한 각종 시설과 접촉 · 추돌한 경우
	나. 항공기가 주기(駐機) 중 다른 항공기나 장애물, 차량, 장비 등과 접촉 · 충돌한 경우. 다만, 항공기의 손상이 없거나 운항허용범위 이내의 손상인 경우는 제외한다.
	다. 항공기가 유도로를 이탈한 경우
	라. 항공기, 차량, 사람 등이 허가 없이 유도로에 진입한 경우
	마. 항공기, 차량, 사람 등이 허가 없이 또는 잘못된 허가로 항공기의 이륙 · 착륙을 위해 지정된 보호구역 또는 활주로에 진입하였으나 다른 항공기의 안전 운항에 지장을 주지 않은 경우
4. 운항 준비	가. 지상조업 중 비정상 상황(급유 중 인위적으로 제거해야 하는 다량의 기름유출 등)이 발생한 경우
	나. 위험물 처리과정에서 부적절한 라벨링, 포장, 취급 등이 발생한 경우
5. 항공기 화재 및 고장	가. 운항 중 다음의 어느 하나에 해당하는 경미한 화재 또는 연기가 발생한 경우 1) 운항 중 항공기 구성품 또는 부품의 고장으로 인하여 조종실 또는 객실에 연기 · 증기 또는 중독성 유해가스가 축적되거나 퍼지는 현상이 발생한 경우 2) 객실 조리기구 · 설비 또는 휴대전화기 등 탑승자의 물품에서 경미한 화재 · 연기가 발생한 경우. 다만, 단순 이물질에 의한 것으로 확인된 경우는 제외한다.

	3) 화재경보시스템이 작동한 경우. 다만, 탑승자의 일시적 흡연, 스프레이 분사, 수증기 등의 요인으로 화재경보시스템이 작동된 것으로 확인된 경우는 제외한다.
	나. 운항 중 항공기의 연료공급시스템(fuel system)과 연료덤핑시스템(fuel dumping system: 비행 중 항공기 중량 감소를 위해 연료를 공중에 배출하는 장치)에 영향을 주는 고장이나 위험을 발생시킬 수 있는 연료 누출이 발생한 경우
	다. 지상운항 중 또는 이륙 · 착륙을 위한 지상 활주 중 제동력 상실을 일으키는 제동시스템 구성품의 고장이 발생한 경우
	라. 운항 중 의도하지 아니한 착륙장치의 내림이나 올림 또는 착륙장치의 문 열림과 닫힘이 발생한 경우
	마. 제작사가 제공하는 기술자료에 따른 최대허용범위(제작사가 기술자료를 제공하지 않는 경우에는 법 제19조에 따라 고시한 항공기기술기준에 따른 최대허용범위를 말한다)를 초과한 항공기 구조의 균열, 영구적인 변형이나 부식이 발생한 경우
	바. 대수리가 요구되는 항공기 구조 손상이 발생한 경우
	사. 항공기의 고장, 결함 또는 기능장애로 결항, 항공기 교체, 회항 등이 발생한 경우
	아. 운항 중 엔진 덮개가 풀리거나 이탈한 경우
	자. 운항 중 다음의 어느 하나에 해당하는 사유로 발동기가 정지된 경우 1) 발동기의 연소 정지 2) 발동기 또는 항공기 구조의 외부 손상 3) 외부 물체의 발동기 내 유입 또는 발동기 흡입구에 형성된 얼음의 유입
	차. 운항 중 발동기 배기시스템 고장으로 발동기, 인접한 구조물 또는 구성품이 파손된 경우
	카. 고장, 결함 또는 기능장애로 항공기에서 발동기를 조기(非계획적)에 떼어낸 경우
	타. 운항 중 프로펠러 페더링시스템(프로펠러 날개깃 각도를 조절하는 장치) 또는 항공기의 과속을 제어하기 위한 시스템에 고장이 발생한 경우(운항 중 프로펠러 페더링이 발생한 경우를 포함한다)
	파. 운항 중 비상조치를 하게 하는 항공기 구성품 또는 시스템의 고장이 발생한 경우. 다만, 발동기 연소를 인위적으로 중단시킨 경우는 제외한다.
	하. 비상탈출을 위한 시스템, 구성품 또는 탈출용 장비가 고장, 결함, 기능장애 또는 비정상적으로 전개한 경우(훈련, 시험, 정비 또는 시현 시 발생한 경우를 포함한다)
	거. 운항 중 화재경보시스템이 오작동한 경우
6. 공항 및 항행서비스	가. 「공항시설법」 제2조 제16호에 따른 항공등화시설의 운영이 중단된 경우
	나. 활주로, 유도로 및 계류장이 항공기 운항에 지장을 줄 정도로 중대한 손상을 입었거나 화재가 발생한 경우

	다. 안전운항에 지장을 줄 수 있는 물체 또는 위험물이 활주로, 유도로 등 공항 이동지역에 방치된 경우
	라. 다음의 어느 하나에 해당하는 항공교통통신 장애가 발생한 경우 1) 항공기와 항공교통관제기관 간 양방향 무선통신이 두절되어 안전운항을 위해 필요로 하는 관제교신을 하지 못한 상황 2) 항공기에 대한 항공교통관제업무가 중단된 상황
	마. 다음의 어느 하나에 해당하는 상황이 발생한 경우 1) 「공항시설법」 제2조 제15호에 따른 항행안전무선시설, 항공고정통신시설 · 항공이동통신시설 · 항공정보방송시설 등 항공정보통신시설의 운영이 중단된 상황(예비장비가 작동한 경우도 포함한다) 2) 「공항시설법」 제2조 제15호에 따른 항행안전무선시설, 항공고정통신시설 · 항공이동통신시설 · 항공정보방송시설 등 항공정보통신시설과 항공기 간 신호의 송 · 수신 장애가 발생한 상황 3) 1) 및 2) 외의 예비장비(전원시설을 포함한다) 장애가 24시간 이상 발생한 상황
	바. 활주로 또는 유도로 등 공항 이동지역 내에서 차량과 차량, 장비 또는 사람이 충돌하거나 장비와 사람이 충돌하여 항공기 운항에 지장을 초래한 경우
7. 기타	가. 운항 중 항공기가 다음의 어느 하나에 해당되는 충돌 · 접촉, 또는 충돌우려 등이 발생한 경우 1) 우박, 그 밖의 물체. 다만, 항공기 손상이 없거나 운항허용범위 이내의 손상인 경우는 제외한다. 2) 드론, 무인비행장치 등
	나. 운항 중 여압조절 실패, 비상장비의 탑재 누락, 비정상적 문 · 창문 열림 등 객실의 안전이 우려된 상황이 발생한 경우(항공기준사고에 해당하는 사항은 제외한다)
	다. 제127조 제1항 단서에 따라 국토교통부장관이 정하여 고시한 승무시간 등의 기준 내에서 해당 운항승무원의 최대승무시간이 연장된 경우
	라. 비행 중 정상적인 조종을 할 수 없는 정도의 레이저 광선에 노출된 경우
	마. 항공기의 급격한 고도 또는 자세 변경 등(난기류 등 기상요인으로 인한 것을 포함한다)으로 인해 객실승무원이 부상을 당하여 업무수행이 곤란한 경우
	바. 항공기 운항 관련 직무를 수행하는 객실승무원의 신체 · 정신건강 또는 심리상태 등의 사유로 해당 객실승무원의 교체 또는 하기(下機)를 위하여 출발지 공항으로 회항하거나 목적지 공항이 아닌 공항에 착륙하는 경우
	사. 항공기가 조류 또는 동물과 충돌한 경우(조종사 등이 충돌을 명확히 인지하였거나, 충돌흔적이 발견된 경우로 한정한다)

4.3 | 항공안전법의 주요 내용

2016년 3월 29일 제정된 「항공안전법」은 제1장 총칙, 제2장 항공기 등록, 제3장 항공기기술기준 및 형식증명 등, 제4장 항공종사자 등, 제5장 항공기의 운항, 제6장 공역 및 항공교통업무 등, 제7장 항공운송사업자 등에 대한 안전관리, 제8장 외국항공기, 제9장 경량항공기, 제10장 초경량비행장치, 제11장 보칙, 제12장 벌칙 등 총12개 장으로 구성되어 있다.

총칙에서는 항공안전법의 목적과 개념, 항공 용어를 정의하고 있으며, 항공기 등록에서는 항공기의 등록을 비롯한 국적의 취득, 등록기호표의 부착 및 국적 등의 표시방법을 명시하고 있다.

항공기기술기준에서는 항공기 제작과 감항성 유지를 위한 형식증명, 제작증명, 감항증명, 수리 · 개조 승인, 항공기 등의 검사 및 정비 등의 확인, 기능장애 보고 의무 등을 명시하고 있다.

항공종사자에서는 항공종사자 자격증명시험, 항공기 승무원 신체검사, 항공 영어 구술능력 증명, 전문교육기관의 지정 등을 명시하고 있으며, 항공기의 운항에서는 무선설비의 설치운용 의무, 항공기의 연료 및 등불, 승무원 피로관리, 주류 등의 섭취, 항공안전프로그램, 운항기술기준 등을 명시하고 있다.

공역 및 항공교통업무에서는 공역 등의 지정 및 관리, 항공교통업무, 수색 · 구조 지원계획의 수립, 항공 정보의 제공 등을 명시하고 있다.

항공운송사업자 등에 대한 안전관리에서는 항공운송사업자, 항공기 사용 사업자 및 정비사업자에 대한 안전관리를 명시하고 있으며, 외국항공기에서는 외국항공기의 항행, 외국항공기 국내 사용, 외국인 국제 항공운송사업 등을 명시하고 있다.

경량항공기에서는 경량항공기의 안전성 인증, 경량항공기 조종사 자격증명, 경량항공기 전문교육기관의 지정 등을 명시하고 있으며, 초경량비행장치에서는 초경량비행장치 신고, 안전성 인증, 조종자 증명, 비행 승인 등을 명시하고 있다.

보칙에서는 항공안전활동, 항공운송사업자에 관한 안전도 정보의 공개, 보고의 의무, 권한의 위임, 수수료 등, 벌칙에서는 항행 중 및 항공상 위험 발생 등의 죄의 벌칙과 양벌규정 및 과태료 등을 명시하고 있다.

핵심 POINT 항공안전법의 주요 내용

항공안전법은 국민의 안전확보를 위해, 항공에 사용되는 항공기가 태어나고 기능을 다해 말소 등록될 때까지, 관리하는 방법에 대한 기준을 담고 있다.

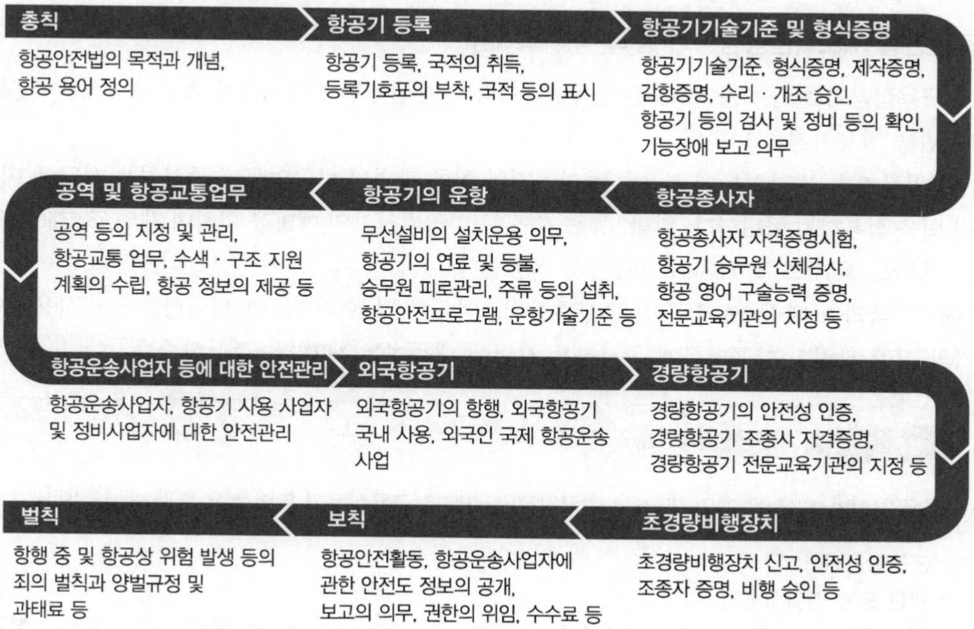

총칙
항공안전법의 목적과 개념, 항공 용어 정의

항공기 등록
항공기 등록, 국적의 취득, 등록기호표의 부착, 국적 등의 표시

항공기기술기준 및 형식증명
항공기기술기준, 형식증명, 제작증명, 감항증명, 수리 · 개조 승인, 항공기 등의 검사 및 정비 등의 확인, 기능장애 보고 의무

항공종사자
항공종사자 자격증명시험, 항공기 승무원 신체검사, 항공 영어 구술능력 증명, 전문교육기관의 지정 등

항공기의 운항
무선설비의 설치운용 의무, 항공기의 연료 및 등불, 승무원 피로관리, 주류 등의 섭취, 항공안전프로그램, 운항기술기준 등

공역 및 항공교통업무
공역 등의 지정 및 관리, 항공교통 업무, 수색 · 구조 지원 계획의 수립, 항공 정보의 제공 등

항공운송사업자 등에 대한 안전관리
항공운송사업자, 항공기 사용 사업자 및 정비사업자에 대한 안전관리

외국항공기
외국항공기의 항행, 외국항공기 국내 사용, 외국인 국제 항공운송 사업

경량항공기
경량항공기의 안전성 인증, 경량항공기 조종사 자격증명, 경량항공기 전문교육기관의 지정 등

초경량비행장치
초경량비행장치 신고, 안전성 인증, 조종자 증명, 비행 승인 등

보칙
항공안전활동, 항공운송사업자에 관한 안전도 정보의 공개, 보고의 의무, 권한의 위임, 수수료 등

벌칙
항행 중 및 항공상 위험 발생 등의 죄의 벌칙과 양벌규정 및 과태료 등

「항공안전법」은 국민의 생명과 재산을 보호할 목적으로 항공기를 이용하는 수요자뿐만 아니라 항공기 사고로 인해 발생하는 추가 피해의 대상자까지를 포괄하는 안전장치 역할을 하고 있다. 이를 위해 항공기를 제작하기 위한 준비단계에서부터 생산 · 유통된 항공기의 운용과 지속적인 감항성 확보를 통해 사고가 발생하지 않도록 하는 감독기능을 포함한다.

또한 항공기를 사용하는 데 필요한 항공종사자와 항행안전시설을 설치 · 관리하는 업무관여자를 대상으로 법률을 준수할 것을 강제하고 이를 어길 경우 벌칙을 적용할 수 있는 근거 제시 조항을 포함한다.

4.4 | 적용 특례

4.4.1 군용항공기 등의 적용 특례

[항공안전법 제3조(군용항공기 등의 적용 특례)]

제3조(군용항공기 등의 적용 특례) ① 군용항공기와 이에 관련된 항공업무에 종사하는 사람에 대해서는 이 법을 적용하지 아니한다.

② 세관업무 또는 경찰업무에 사용하는 항공기와 이에 관련된 항공업무에 종사하는 사람에 대하여는 이 법을 적용하지 아니한다. 다만, 공중 충돌 등 항공기사고의 예방을 위하여 제51조, 제67조, 제68조 제5호, 제79조 및 제84조 제1항을 적용한다.

③ 「대한민국과 아메리카합중국 간의 상호방위조약」 제4조에 따라 아메리카합중국이 사용하는 항공기와 이에 관련된 항공업무에 종사하는 사람에 대하여는 제2항을 준용한다.

핵심 POINT 군용항공기 등의 적용 특례

「항공안전법」의 적용 예외 대상을 「항공안전법」 제3조(군용항공기 등의 적용 특례)에서 정의하고 있다.

- 군용항공기
- 세관 또는 경찰항공기
- 「대한민국과 아메리카합중국 간의 상호방위조약」 제4조에 따라 아메리카합중국이 사용하는 항공기

4.4.2 국가기관등항공기의 적용 특례

[항공안전법 제4조(국가기관등항공기의 적용 특례)]

제4조(국가기관등항공기의 적용 특례) ① 국가기관등항공기와 이에 관련된 항공업무에 종사하는 사람에 대해서는 이 법(제66조, 제69조부터 제73조까지 및 제132조는 제외한다)을 적용한다.

② 제1항에도 불구하고 국가기관등항공기를 재해 · 재난 등으로 인한 수색 · 구조, 화재의 진화, 응급환자 후송, 그 밖에 국토교통부령으로 정하는 공공목적으로 긴급히 운항(훈련을 포함한다)하는 경우에는 제53조, 제67조, 제68조 제1호부터 제3호까지, 제77조 제1항 제7호, 제79조 및 제84조 제1항을 적용하지 아니한다.

③ 제59조, 제61조, 제62조 제5항 및 제6항을 국가기관등항공기에 적용할 때에는 "국토교통부장관"은 "소관 행정기관의 장"으로 본다. 이 경우 소관 행정기관의 장은 제59조, 제61조, 제62조 제5항 및 제6항에 따라 보고받은 사실을 국토교통부장관에게 알려야 한다.

4.5 | 항공기 등록

4.5.1 항공기의 등록

[항공안전법 제2장 항공기 등록, 제7조(항공기 등록)]

제7조(항공기 등록) ① 항공기를 소유하거나 임차하여 항공기를 사용할 수 있는 권리가 있는 자(이하 "소유자등"이라 한다)는 항공기를 대통령령으로 정하는 바에 따라 국토교통부장관에게 등록을 하여야 한다. 다만, 대통령령으로 정하는 항공기는 그러하지 아니하다. 〈개정 2020. 6. 9.〉

■ 항공기등록규칙 [별지 제10호서식]

대한민국
국토교통부

등록증명서번호
Registratione No.

The Republic of Korea
Ministry of Land, Infrastructure and Transport

등록증명서
Certificate of Registration

1. 국적 및 등록기호 Nationality and registration mark	2. 항공기 제작자 및 항공기 형식 Manufacturer and manufacturer's designation of aircraft	3. 항공기 제작일련번호 Aircraft serial no.

4. 항공기 소유자의 성명 또는 명칭
Name of Owner

항공기 임차인의 성명 또는 명칭
Name of Lessee

5. 항공기 소유자의 주소
Address of Owner

항공기 임차인의 주소
Address of Lessee

6. 위 항공기는 「국제민간항공조약」(1944년 12월 7일) 및 대한민국 「항공안전법」 제7조에 따라 대한민국 국토교통부 민간항공기 등록원부에 정식으로 등록하였음을 증명합니다.
It is hereby certified that the above described aircraft has been duly entered on the civil aircraft register of the Ministry of Land, Infrastructure and Transport of the Republic of Korea in accordance with the Convention on International Civil Aviation dated 7 December 1944 and with the Civil Aviation Safety Act of the Republic of Korea.

발행 연월일
Date of Issue . . .

국 토 교 통 부 장 관 직인

Minister of Ministry of Land, Infrastructure and Transport

210mm×297mm[120g/㎡(백상지)]

| 항공기 등록증명서 |

② 제90조 제1항에 따른 운항증명을 받은 국내항공운송사업자 또는 국제항공운송사업자가 제1항에 따라 항공기를 등록하려는 경우에는 해당 항공기의 안전한 운항을 위하여 국토교통부령으로 정하는 바에 따라 필요한 정비 인력을 갖추어야 한다. 〈신설 2020. 6. 9.〉

[항공안전법 시행령 제4조(등록을 필요로 하지 않는 항공기의 범위)]

제4조(등록을 필요로 하지 않는 항공기의 범위) 법 제7조 제1항 단서에서 "대통령령으로 정하는 항공기"란 다음 각 호의 항공기를 말한다. 〈개정 2021. 11. 16.〉

1. 군 또는 세관에서 사용하거나 경찰업무에 사용하는 항공기
2. 외국에 임대할 목적으로 도입한 항공기로서 외국 국적을 취득할 항공기
3. 국내에서 제작한 항공기로서 제작자 외의 소유자가 결정되지 아니한 항공기
4. 외국에 등록된 항공기를 임차하여 법 제5조에 따라 운영하는 경우 그 항공기
5. 항공기 제작자나 항공기 관련 연구기관이 연구 · 개발 중인 항공기

핵심 POINT 등록을 필요로 하지 않는 항공기 범위

항공기를 소유하거나 임차하여 항공기를 사용할 수 있는 권리가 있는 자는 항공기를 대통령령으로 정하는 바에 따라 국토교통부장관에게 등록을 하여야 한다.

[항공안전법 시행령 제4조]

- 군 또는 세관에서 사용하거나 경찰업무에 사용하는 항공기
- 외국에 임대할 목적으로 도입한 항공기로서 외국 국적을 취득할 항공기
- 국내에서 제작한 항공기로서 제작자 외의 소유자가 결정되지 아니한 항공기
- 외국에 등록된 항공기를 임차하여 법 제5조에 따라 운영하는 경우 그 항공기
- 항공기 제작자나 항공기 관련 연구기관이 연구 · 개발 중인 항공기

[항공안전법 제10조(항공기 등록의 제한)]

제10조(항공기 등록의 제한) ① 다음 각 호의 어느 하나에 해당하는 자가 소유하거나 임차한 항공기는 등록할 수 없다. 다만, 대한민국의 국민 또는 법인이 임차하여 사용할 수 있는 권리가 있는 항공기는 그러하지 아니하다. 〈개정 2021. 12. 7.〉

1. 대한민국 국민이 아닌 사람
2. 외국정부 또는 외국의 공공단체
3. 외국의 법인 또는 단체
4. 제1호부터 제3호까지의 어느 하나에 해당하는 자가 주식이나 지분의 2분의 1 이상을 소유하거나 그 사업을 사실상 지배하는 법인(「항공사업법」 제2조 제1호에 따른 항공사업의 목적으로 항공기를 등록하려는 경우로 한정한다)
5. 외국인이 법인 등기사항증명서상의 대표자이거나 외국인이 법인 등기사항증명서상의 임원 수의 2분의 1 이상을 차지하는 법인

② 제1항 단서에도 불구하고 외국 국적을 가진 항공기는 등록할 수 없다.

핵심 POINT 항공기 등록의 제한

다음 각 호의 어느 하나에 해당하는 자가 소유하거나 임차한 항공기는 등록할 수 없다(외국 국적을 가진 항공기는 등록할 수 없다).

- 대한민국 국민이 아닌 사람
- 외국정부 또는 외국의 공공단체
- 외국의 법인 또는 단체
- 주식이나 지분의 2분의 1 이상을 소유하거나 그 사업을 사실상 지배하는 법인
- 외국인이 법인 등기사항증명서상의 대표자이거나 외국인이 법인 등기사항증명서상의 임원 수의 2분의 1 이상을 차지하는 법인

[항공안전법 제11조(항공기 등록사항)]

제11조(항공기 등록사항) ① 국토교통부장관은 제7조에 따라 항공기를 등록한 경우에는 항공기 등록원부(登錄原簿)에 다음 각 호의 사항을 기록하여야 한다.

1. 항공기의 형식
2. 항공기의 제작자
3. 항공기의 제작번호
4. 항공기의 정치장(定置場)
5. 소유자 또는 임차인 · 임대인의 성명 또는 명칭과 주소 및 국적
6. 등록 연월일
7. 등록기호

② 제1항에서 규정한 사항 외에 항공기의 등록에 필요한 사항은 대통령령으로 정한다.

핵심 POINT 항공기 등록원부 기록사항

국토교통부장관은 항공기를 등록한 경우에는 항공기 등록원부에 다음 각 호의 사항을 기록하여야 한다.

- 항공기의 형식
- 항공기의 제작자
- 항공기의 제작번호
- 항공기의 정치장
- 소유자 또는 임차인 · 임대인의 성명 또는 명칭과 주소 및 국적
- 등록 연월일
- 등록기호

4.5.2 항공기 등록의 종류

[항공안전법 제13조(항공기 변경등록)]

제13조(항공기 변경등록) 소유자등은 제11조 제1항 제4호 또는 제5호의 등록사항이 변경되었을 때에는 그 변경된 날부터 15일 이내에 대통령령으로 정하는 바에 따라 국토교통부장관에게 변경등록을 신청하여야 한다.

[항공안전법 제14조(항공기 이전등록)]

제14조(항공기 이전등록) 등록된 항공기의 소유권 또는 임차권을 양도 · 양수하려는 자는 그 사유가 있는 날부터 15일 이내에 대통령령으로 정하는 바에 따라 국토교통부장관에게 이전등록을 신청하여야 한다.

[항공안전법 제15조(항공기 말소등록)]

제15조(항공기 말소등록) ① 소유자등은 등록된 항공기가 다음 각 호의 어느 하나에 해당하는 경우에는 그 사유가 있는 날부터 15일 이내에 대통령령으로 정하는 바에 따라 국토교통부장관에게 말소등록을 신청하여야 한다.

1. 항공기가 멸실(滅失)되었거나 항공기를 해체(정비등, 수송 또는 보관하기 위한 해체는 제외한다)한 경우
2. 항공기의 존재 여부를 1개월(항공기사고인 경우에는 2개월) 이상 확인할 수 없는 경우
3. 제10조 제1항 각 호의 어느 하나에 해당하는 자에게 항공기를 양도하거나 임대(외국 국적을 취득하는 경우만 해당한다)한 경우
4. 임차기간의 만료 등으로 항공기를 사용할 수 있는 권리가 상실된 경우

② 제1항에 따라 소유자등이 말소등록을 신청하지 아니하면 국토교통부장관은 7일 이상의 기간을 정하여 말소등록을 신청할 것을 최고(催告)하여야 한다.

③ 제2항에 따른 최고를 한 후에도 소유자등이 말소등록을 신청하지 아니하면 국토교통부장관은 직권으로 등록을 말소하고, 그 사실을 소유자등 및 그 밖의 이해관계인에게 알려야 한다.

핵심 POINT 항공기의 등록

[항공기 변경등록]
- 항공기의 정치장, 소유자 또는 임차인 · 임대인의 성명 또는 명칭과 주소 및 국적이 변경된 경우

[항공기 이전등록]
- 등록된 항공기의 소유권 또는 임차권을 양도 · 양수하려는 자는 그 사유가 있는 날부터 15일 이내에 이전 등록을 신청하여야 한다.

[항공기 말소등록]
- 항공기가 멸실되었거나 항공기를 해체한 경우
- 항공기의 존재 여부를 1개월 이상 확인할 수 없는 경우
- 항공기 등록이 제한된 자에게 항공기를 양도하거나 임대한 경우
- 임차기간의 만료 등으로 항공기를 사용할 수 있는 권리가 상실된 경우

4.5.3 항공기 등록기호표의 부착

[항공안전법 제17조(항공기 등록기호표의 부착)]

제17조(항공기 등록기호표의 부착) ① 소유자등은 항공기를 등록한 경우에는 그 항공기 등록기호표를 국토교통부령으로 정하는 형식 · 위치 및 방법 등에 따라 항공기에 붙여야 한다.
② 누구든지 제1항에 따라 항공기에 붙인 등록기호표를 훼손해서는 아니 된다.

[항공안전법 시행규칙, 제2장 항공기 등록, 제12조(등록기호표의 부착)]

제12조(등록기호표의 부착) ① 항공기를 소유하거나 임차하여 사용할 수 있는 권리가 있는 자(이하 "소유자등"이라 한다)가 항공기를 등록한 경우에는 법 제17조 제1항에 따라 강철 등 내화금속(耐火金屬)으로 된 등록기호표(가로 7센티미터, 세로 5센티미터의 직사각형)를 다음 각 호의 구분에 따라 보기 쉬운 곳에 붙여야 한다.
1. 항공기에 출입구가 있는 경우: 항공기 주(主)출입구 윗부분의 안쪽
2. 항공기에 출입구가 없는 경우: 항공기 동체의 외부 표면

② 제1항의 등록기호표에는 국적기호 및 등록기호(이하 "등록부호"라 한다)와 소유자등의 명칭을 적어야 한다.

핵심 POINT **등록기호표의 부착**

소유자등은 항공기를 등록한 경우에는 그 항공기 등록기호표를 항공기에 붙여야 한다.

[항공안전법 시행규칙 제12조]
- 내화금속으로 된 등록기호표(가로 7센티미터, 세로 5센티미터의 직사각형)
- 항공기에 출입구가 있는 경우: 항공기 주 출입구 윗부분의 안쪽
- 항공기에 출입구가 없는 경우: 항공기 동체의 외부 표면
- 국적기호 및 등록기호와 소유자 등의 명칭을 적어야 한다.

4.5.4 항공기 등록부호의 표시

[항공안전법 제18조(항공기 국적 등의 표시)]

제18조(항공기 국적 등의 표시) ① 누구든지 국적, 등록기호 및 소유자등의 성명 또는 명칭을 표시하지 아니한 항공기를 운항해서는 아니 된다. 다만, 신규로 제작한 항공기 등 국토교통부령으로 정하는 항공기의 경우에는 그러하지 아니하다.

② 제1항에 따른 국적 등의 표시에 관한 사항과 등록기호의 구성 등에 필요한 사항은 국토교통부령으로 정한다.

[항공안전법 시행규칙 제14조(등록부호의 표시위치 등)]

제14조(등록부호의 표시위치 등) 등록부호의 표시위치 및 방법은 다음 각 호의 구분에 따른다.

1. 비행기와 활공기의 경우에는 주 날개와 꼬리 날개 또는 주 날개와 동체에 다음 각 목의 구분에 따라 표시하여야 한다.
   가. 주 날개에 표시하는 경우: 오른쪽 날개 윗면과 왼쪽 날개 아랫면에 주 날개의 앞 끝과 뒤 끝에서 같은 거리에 위치하도록 하고, 등록부호의 윗부분이 주 날개의 앞 끝을 향하게 표시할 것.

다만, 각 기호는 보조 날개와 플랩에 걸쳐서는 아니 된다.

나. 꼬리 날개에 표시하는 경우: 수직 꼬리 날개의 양쪽 면에, 꼬리 날개의 앞 끝과 뒤 끝에서 5센티미터 이상 떨어지도록 수평 또는 수직으로 표시할 것

다. 동체에 표시하는 경우: 주 날개와 꼬리 날개 사이에 있는 동체의 양쪽 면의 수평안정판 바로 앞에 수평 또는 수직으로 표시할 것

2. 헬리콥터의 경우에는 동체 아랫면과 동체 옆면에 다음 각 목의 구분에 따라 표시하여야 한다.

가. 동체 아랫면에 표시하는 경우: 동체의 최대 횡단면 부근에 등록부호의 윗부분이 동체좌측을 향하게 표시할 것

나. 동체 옆면에 표시하는 경우: 주 회전익 축과 보조 회전익 축 사이의 동체 또는 동력장치가 있는 부근의 양 측면에 수평 또는 수직으로 표시할 것

3. 비행선의 경우에는 선체 또는 수평안정판과 수직안정판에 다음 각 목의 구분에 따라 표시하여야 한다.

가. 선체에 표시하는 경우: 대칭축과 직교하는 최대 횡단면 부근의 윗면과 양 옆면에 표시할 것

나. 수평안정판에 표시하는 경우: 오른쪽 윗면과 왼쪽 아랫면에 등록부호의 윗부분이 수평안정판의 앞 끝을 향하게 표시할 것

다. 수직안정판에 표시하는 경우: 수직안정판의 양쪽 면 아랫부분에 수평으로 표시할 것

핵심 POINT 등록부호의 표시위치

- 주 날개: 오른쪽 날개 윗면, 왼쪽 날개 아랫면
- 꼬리 날개: 수직 꼬리 날개의 양쪽 면
- 동체: 주 날개와 꼬리 날개 사이에 있는 동체의 양쪽 면, 수평안정판 바로 앞

4.6 | 항공기기술기준 및 형식증명 등

4.6.1 항공기기술기준(KAS, Korean Airworthiness Standards)

[항공안전법 제3장 항공기기술기준 및 형식증명 등, 제19조(항공기기술기준)]

제19조(항공기기술기준) 국토교통부장관은 항공기등, 장비품 또는 부품의 안전을 확보하기 위하여 다음 각 호의 사항을 포함한 기술상의 기준(이하 "항공기기술기준"이라 한다)을 정하여 고시하여야 한다.

1. 항공기등의 감항기준
2. 항공기등의 환경기준(배출가스 배출기준 및 소음기준을 포함한다)
3. 항공기등이 감항성을 유지하기 위한 기준
4. 항공기등, 장비품 또는 부품의 식별 표시 방법
5. 항공기등, 장비품 또는 부품의 인증절차

핵심 POINT 항공기기술기준 주요 내용

국토교통부장관은 항공기등, 장비품 또는 부품의 안전을 확보하기 위하여 다음 각 호의 사항을 포함한 기술상의 기준을 정하여 고시하여야 한다.

- 항공기등의 감항기준
- 항공기등의 환경기준(배출가스 배출기준 및 소음기준을 포함한다)
- 항공기등이 감항성을 유지하기 위한 기준
- 항공기등, 장비품 또는 부품의 식별 표시 방법
- 항공기등, 장비품 또는 부품의 인증절차

4.6.2 형식증명

[항공안전법 제20조(형식증명 등)]

제20조(형식증명 등) ① 항공기등의 설계에 관하여 국토교통부장관의 증명을 받으려는 자는 국토교통부령으로 정하는 바에 따라 국토교통부장관에게 제2항 각 호의 어느 하나에 따른 증명을 신청하여야 한다. 증명받은 사항을 변경할 때에도 또한 같다. 〈개정 2017. 12. 26.〉

② 국토교통부장관은 제1항에 따른 신청을 받은 경우 해당 항공기등이 항공기기술기준 등에 적합한지를 검사한 후 다음 각 호의 구분에 따른 증명을 하여야 한다. 〈신설 2017. 12. 26.〉

1. 해당 항공기등의 설계가 항공기기술기준에 적합한 경우: 형식증명
2. 신청인이 다음 각 목의 어느 하나에 해당하는 항공기의 설계가 해당 항공기의 업무와 관련된 항공기기술기준에 적합하고 신청인이 제시한 운용범위에서 안전하게 운항할 수 있음을 입증한 경우: 제한형식증명

가. 산불진화, 수색구조 등 국토교통부령으로 정하는 특정한 업무에 사용되는 항공기(나목의 항공기를 제외한다)

나. 「군용항공기 비행안전성 인증에 관한 법률」 제4조 제5항 제1호에 따른 형식인증을 받아 제작된 항공기로서 산불진화, 수색구조 등 국토교통부령으로 정하는 특정한 업무를 수행하도록 개조된 항공기

③ 국토교통부장관은 제2항 제1호의 형식증명(이하 "형식증명"이라 한다) 또는 같은 항 제2호의 제한형식증명(이하 "제한형식증명"이라 한다)을 하는 경우 국토교통부령으로 정하는 바에 따라 형식증명서 또는 제한형식증명서를 발급하여야 한다. 〈개정 2017. 12. 26.〉

④ 형식증명서 또는 제한형식증명서를 양도·양수하려는 자는 국토교통부령으로 정하는 바에 따라 국토교통부장관에게 양도사실을 보고하고 해당 증명서의 재발급을 신청하여야 한다. 〈개정 2017. 12. 26.〉

⑤ 형식증명, 제한형식증명 또는 제21조에 따른 형식증명승인을 받은 항공기등의 설계를 변경하기 위하여 부가적인 증명(이하 "부가형식증명"이라 한다)을 받으려는 자는 국토교통부령으로 정하는 바에 따라 국토교통부장관에게 부가형식증명을 신청하여야 한다. 〈개정 2017. 12. 26.〉

⑥ 국토교통부장관은 부가형식증명을 하는 경우 국토교통부령으로 정하는 바에 따라 부가형식증명서를 발급하여야 한다. 〈신설 2017. 12. 26.〉

⑦ 국토교통부장관은 다음 각 호의 어느 하나에 해당하는 경우 해당 항공기등에 대한 형식증명, 제한형식증명 또는 부가형식증명을 취소하거나 6개월 이내의 기간을 정하여 그 효력의 정지를 명할 수 있다. 다만, 제1호에 해당하는 경우에는 형식증명, 제한형식증명 또는 부가형식증명을 취소하여야 한다. 〈개정 2017. 12. 26.〉

1. 거짓이나 그 밖의 부정한 방법으로 형식증명, 제한형식증명 또는 부가형식증명을 받은 경우
2. 항공기등이 형식증명, 제한형식증명 또는 부가형식증명 당시의 항공기기술기준 등에 적합하지 아니하게 된 경우

[제목개정 2017. 12. 26.]

[항공안전법 시행규칙 제3장 항공기기술기준 및 형식증명 등, 제18조(형식증명 등의 신청)]

제18조(형식증명 등의 신청) ① 법 제20조 제1항 전단에 따라 형식증명(이하 "형식증명"이라 한다) 또는 제한형식증명(이하 "제한형식증명"이라 한다)을 받으려는 자는 별지 제1호서식의 형식(제한형식) 증명 신청서를 국토교통부장관에게 제출하여야 한다. 〈개정 2018. 6. 27.〉

② 제1항에 따른 신청서에는 다음 각 호의 서류를 첨부하여야 한다.

1. 인증계획서(certification plan)
2. 항공기 3면도
3. 발동기의 설계·운용 특성 및 운용한계에 관한 자료(발동기에 대하여 형식증명을 신청하는 경우에만 해당한다)
4. 그 밖에 국토교통부장관이 정하여 고시하는 서류

[제목개정 2018. 6. 27.]

[항공안전법 시행규칙 제20조(형식증명 등을 위한 검사범위)]

제20조(형식증명 등을 위한 검사범위) ① 국토교통부장관은 법 제20조 제2항에 따라 형식증명 또는 제한형식증명을 위한 검사를 하는 경우에는 다음 각 호에 해당하는 사항을 검사하여야 한다. 다만, 형식설계를 변경하는 경우에는 변경하는 사항에 대한 검사만 해당한다. 〈개정 2018. 6. 27., 2022. 6. 8.〉

1. 해당 형식의 설계에 대한 검사
2. 해당 형식의 설계에 따라 제작되는 항공기등의 제작과정에 대한 검사
3. 항공기등의 완성 후의 상태 및 비행성능 등에 대한 검사

② 법 제20조 제2항 제2호 가목 및 나목에서 "산불진화, 수색구조 등 국토교통부령으로 정하는 특정한 업무"란 각각 다음 각 호의 업무를 말한다. 〈신설 2022. 6. 8.〉

1. 산불 진화 및 예방 업무
2. 재난 · 재해 등으로 인한 수색 · 구조 업무
3. 응급환자의 수송 등 구조 · 구급 업무
4. 씨앗 파종, 농약 살포 또는 어군(魚群)의 탐지 등 농 · 수산업 업무
5. 기상관측, 기상조절 실험 등 기상 업무
6. 건설자재 등을 외부에 매달고 운반하는 업무(헬리콥터만 해당한다)
7. 해양오염 관측 및 해양 방제 업무
8. 산림, 관로(管路), 전선(電線) 등의 순찰 또는 관측업무

[제목개정 2022. 6. 8.]

핵심 POINT 형식증명을 위한 절차

항공기등을 제작하려는 자는 그 항공기등의 설계에 관하여 국토교통부령으로 정하는 바에 따라 국토교통부장관의 증명을 받을 수 있다.

[형식증명의 신청서 첨부 서류]
- 인증계획서
- 항공기 3면도
- 발동기의 설계 · 운용 특성 및 운용한계에 관한 자료(발동기에 대하여 신청 시)

[형식증명을 위한 검사범위]
- 해당 형식의 설계에 대한 검사
- 해당 형식의 설계에 따라 제작되는 항공기등의 제작과정에 대한 검사
- 항공기등의 완성 후의 상태 및 비행성능 등에 대한 검사

[항공안전법 시행규칙 제23조(부가형식증명의 신청)]

제23조(부가형식증명의 신청) ① 법 제20조 제5항에 따라 부가형식증명을 받으려는 자는 별지 제5호서식의 부가형식증명 신청서를 국토교통부장관에게 제출하여야 한다. 〈개정 2018. 6. 27.〉

② 제1항에 따른 신청서에는 다음 각 호의 서류를 첨부하여야 한다. 〈개정 2018. 6. 27.〉
  1. 법 제19조에 따른 항공기기술기준(이하 "항공기기술기준"이라 한다)에 대한 적합성 입증계획서
  2. 설계도면 및 설계도면 목록
  3. 부품표 및 사양서
  4. 그 밖에 참고사항을 적은 서류

[항공안전법 시행규칙 제24조(부가형식증명의 검사범위)]

제24조(부가형식증명의 검사범위) 국토교통부장관은 법 제20조 제5항에 따라 부가형식증명을 위한 검사를 하는 경우에는 다음 각 호에 해당하는 사항을 검사하여야 한다. 〈개정 2018. 6. 27.〉
  1. 변경되는 설계에 대한 검사
  2. 변경되는 설계에 따라 제작되는 항공기등의 제작과정에 대한 검사
  3. 완성 후의 상태 및 비행성능에 관한 검사

핵심 POINT 부가형식증명의 신청

형식증명 또는 형식증명승인을 받은 항공기 등의 설계를 변경하려는 자는 국토교통부령으로 정하는 바에 따라 국토교통부장관의 부가적인 형식증명을 받을 수 있다.

[부가형식증명 신청 제출서류, 시행규칙 제23조]
- 항공기기술기준에 대한 적합성 입증계획서
- 설계도면 및 설계도면 목록
- 부품표 및 사양서

4.6.3 형식증명승인

[항공안전법 제21조(형식증명승인)]

제21조(형식증명승인) ① 항공기등의 설계에 관하여 외국정부로부터 형식증명을 받은 자가 해당 항공기등에 대하여 항공기기술기준에 적합함을 승인(이하 "형식증명승인"이라 한다) 받으려는 경우 국토교통부령으로 정하는 바에 따라 항공기등의 형식별로 국토교통부장관에게 형식증명승인을 신청하여야 한다. 다만, 다음 각 호의 어느 하나에 해당하는 항공기의 경우에는 장착된 발동기와 프로펠러를 포함하여 신청할 수 있다. 〈개정 2017. 12. 26.〉
  1. 최대이륙중량 5천700킬로그램 이하의 비행기
  2. 최대이륙중량 3천175킬로그램 이하의 헬리콥터

② 제1항에도 불구하고 대한민국과 항공기등의 감항성에 관한 항공안전협정을 체결한 국가로부터 형식증명을 받은 제1항 각 호의 항공기 및 그 항공기에 장착된 발동기와 프로펠러의 경우에는 제1항에 따른 형식증명승인을 받은 것으로 본다. 〈신설 2017. 12. 26.〉

③ 국토교통부장관은 형식증명승인을 할 때에는 해당 항공기등(제2항에 따라 형식증명승인을 받은 것으로 보는 항공기 및 그 항공기에 장착된 발동기와 프로펠러는 제외한다)이 항공기기술기준에 적합한지를 검사하여야 한다. 다만, 대한민국과 항공기등의 감항성에 관한 항공안전협정을 체결한 국가로부터 형식증명을 받은 항공기등에 대해서는 해당 협정에서 정하는 바에 따라 검사의 일부를 생략할 수 있다. 〈개정 2017. 12. 26.〉

④ 국토교통부장관은 제3항에 따른 검사 결과 해당 항공기등이 항공기기술기준에 적합하다고 인정하는 경우에는 국토교통부령으로 정하는 바에 따라 형식증명승인서를 발급하여야 한다. 〈개정 2017. 12. 26.〉

⑤ 국토교통부장관은 형식증명 또는 형식증명승인을 받은 항공기등으로서 외국정부로부터 그 설계에 관한 부가형식증명을 받은 사항이 있는 경우에는 국토교통부령으로 정하는 바에 따라 부가적인 형식증명승인(이하 "부가형식증명승인"이라 한다)을 할 수 있다. 〈개정 2017. 12. 26.〉

⑥ 국토교통부장관은 부가형식증명승인을 할 때에는 해당 항공기등이 항공기기술기준에 적합한지를 검사한 후 적합하다고 인정하는 경우에는 국토교통부령으로 정하는 바에 따라 부가형식증명승인서를 발급하여야 한다. 다만, 대한민국과 항공기등의 감항성에 관한 항공안전협정을 체결한 국가로부터 부가형식증명을 받은 사항에 대해서는 해당 협정에서 정하는 바에 따라 검사의 일부를 생략할 수 있다. 〈개정 2017. 12. 26.〉

⑦ 국토교통부장관은 다음 각 호의 어느 하나에 해당하는 경우에는 해당 항공기등에 대한 형식증명승인 또는 부가형식증명승인을 취소하거나 6개월 이내의 기간을 정하여 그 효력의 정지를 명할 수 있다. 다만, 제1호에 해당하는 경우에는 형식증명승인 또는 부가형식증명승인을 취소하여야 한다.
〈개정 2017. 12. 26.〉

1. 거짓이나 그 밖의 부정한 방법으로 형식증명승인 또는 부가형식증명승인을 받은 경우
2. 항공기등이 형식증명승인 또는 부가형식증명승인 당시의 항공기기술기준에 적합하지 아니하게 된 경우

[항공안전법 시행규칙 제26조(형식증명승인의 신청)]

제26조(형식증명승인의 신청) ① 법 제21조 제1항에 따라 형식증명승인을 받으려는 자는 별지 제7호서식의 형식증명승인 신청서를 국토교통부장관에게 제출하여야 한다.

② 제1항에 따른 신청서에는 다음 각 호의 서류를 첨부하여야 한다.

1. 외국정부의 형식증명서
2. 형식증명자료집
3. 설계 개요서
4. 항공기기술기준에 적합함을 입증하는 자료
5. 비행교범 또는 운용방식을 적은 서류
6. 정비방식을 적은 서류
7. 그 밖에 참고사항을 적은 서류

③ 삭제 〈2018. 6. 27.〉

[항공안전법 시행규칙 제27조(형식증명승인을 위한 검사 범위)]

제27조(형식증명승인을 위한 검사 범위) ① 국토교통부장관은 법 제21조 제3항 본문에 따라 형식증명승인을 위한 검사를 하는 경우에는 다음 각 호에 해당하는 사항을 검사하여야 한다. 〈개정 2018. 6. 27.〉

1. 해당 형식의 설계에 대한 검사
2. 해당 형식의 설계에 따라 제작되는 항공기등의 제작과정에 대한 검사

② 제1항에도 불구하고 국토교통부장관은 법 제21조 제3항 단서에 따라 형식증명승인을 위한 검사의 일부를 생략하는 경우에는 다음 각 호의 서류를 확인하는 것으로 제1항에 따른 검사를 대체할 수 있다. 다만, 해당 국가로부터 형식증명을 받을 당시에 특수기술기준(special condition)이 적용된 경우로서 형식증명을 받은 기간이 5년이 지나지 아니한 경우에는 그러하지 아니하다. 〈개정 2018. 6. 27.〉

1. 외국정부의 형식증명서
2. 형식증명자료집

[항공안전법 시행규칙 제29조(부가형식증명승인의 신청 등)]

제29조(부가형식증명승인의 신청 등) ① 법 제21조 제5항에 따라 부가형식증명승인을 받으려는 자는 별지 제9호서식의 부가형식증명승인 신청서에 다음 각 호의 서류를 첨부하여 국토교통부장관에게 제출하여야 한다. 〈개정 2018. 6. 27.〉

1. 외국정부의 부가형식증명서
2. 변경되는 설계 개요서
3. 변경되는 설계가 항공기기술기준에 적합함을 입증하는 자료
4. 변경되는 설계에 따라 개정된 비행교범(운용방식을 포함한다)
5. 변경되는 설계에 따라 개정된 정비교범(정비방식을 포함한다)
6. 그 밖에 참고사항을 적은 서류

② 제1항에도 불구하고 법 제21조 제6항 단서에 따라 부가형식증명승인 검사의 일부를 생략 받으려는 경우에는 제1항에 따른 신청서에 다음 각 호의 서류를 첨부하여야 한다. 〈개정 2018. 6. 27.〉

1. 외국정부의 부가형식증명서
2. 변경되는 설계에 따라 개정된 비행교범(운용방식을 포함한다)
3. 변경되는 설계에 따라 개정된 정비교범(정비방식을 포함한다)
4. 부가형식증명을 발급한 해당 외국정부의 신청서 서신

[항공안전법 시행규칙 제30조(부가형식증명승인을 위한 검사 범위)]

제30조(부가형식증명승인을 위한 검사 범위) 국토교통부장관은 법 제21조 제6항 본문에 따라 부가형식증명승인을 위한 검사를 하는 경우에는 다음 각 호에 해당하는 사항을 검사하여야 한다.

〈개정 2018. 6. 27.〉

1. 변경되는 설계에 대한 검사
2. 변경되는 설계에 따라 제작되는 항공기등의 제작과정에 대한 검사

4.6.4 제작증명

[항공안전법 제22조(제작증명)]

제22조(제작증명) ① 형식증명 또는 제한형식증명에 따라 인가된 설계에 일치하게 항공기등을 제작할 수 있는 기술, 설비, 인력 및 품질관리체계 등을 갖추고 있음을 증명(이하 "제작증명"이라 한다) 받으려는 자는 국토교통부령으로 정하는 바에 따라 국토교통부장관에게 제작증명을 신청하여야 한다. 〈개정 2017. 12. 26.〉

② 국토교통부장관은 제1항에 따른 신청을 받은 경우 항공기등을 제작하려는 자가 형식증명 또는 제한형식증명에 따라 인가된 설계에 일치하게 항공기등을 제작할 수 있는 기술, 설비, 인력 및 품질관리체계 등을 갖추고 있는지를 검사하여야 한다. 〈개정 2017. 12. 26.〉

③ 국토교통부장관은 제1항에 따라 제작증명을 하는 경우 국토교통부령으로 정하는 바에 따라 제작증명서를 발급하여야 한다. 이 경우 제작증명서는 타인에게 양도 · 양수할 수 없다. 〈신설 2017. 12. 26.〉

④ 제작증명을 받은 자는 항공기등, 장비품 또는 부품의 감항성에 영향을 미칠 수 있는 설비의 이전이나 증설 또는 품질관리체계의 변경 등 국토교통부령으로 정하는 사유가 발생하는 경우 이를 국토교통부장관에게 보고하여야 한다. 〈신설 2017. 12. 26.〉

⑤ 국토교통부장관은 다음 각 호의 어느 하나에 해당하는 경우에는 제작증명을 취소하거나 6개월 이내의 기간을 정하여 그 효력의 정지를 명할 수 있다. 다만, 제1호에 해당하는 경우에는 제작증명을 취소하여야 한다. 〈개정 2017. 12. 26.〉

1. 거짓이나 그 밖의 부정한 방법으로 제작증명을 받은 경우
2. 항공기등이 제작증명 당시의 항공기기술기준에 적합하지 아니하게 된 경우

[항공안전법 시행규칙 제32조(제작증명의 신청)]

제32조(제작증명의 신청) ① 법 제22조 제1항에 따라 제작증명을 받으려는 자는 별지 제11호서식의 제작증명 신청서를 국토교통부장관에게 제출하여야 한다.

② 제1항에 따른 신청서에는 다음 각 호의 서류를 첨부하여야 한다.

1. 품질관리규정
2. 제작하려는 항공기등의 제작 방법 및 기술 등을 설명하는 자료
3. 제작 설비 및 인력 현황
4. 품질관리 및 품질검사의 체계(이하 "품질관리체계"라 한다)를 설명하는 자료

5. 제작하려는 항공기등의 감항성 유지 및 관리체계(이하 "제작관리체계"라 한다)를 설명하는 자료

③ 제2항 제1호에 따른 품질관리규정에 담아야 할 세부내용, 같은 항 제4호 및 제5호에 따른 품질관리체계 및 제작관리체계에 대한 세부적인 기준은 국토교통부장관이 정하여 고시한다.

[항공안전법 시행규칙 제33조(제작증명을 위한 검사 범위)]

제33조(제작증명을 위한 검사 범위) 국토교통부장관은 법 제22조 제2항에 따라 제작증명을 위한 검사를 하는 경우에는 해당 항공기등에 대한 제작기술, 설비, 인력, 품질관리체계, 제작관리체계 및 제작과정을 검사하여야 한다. 〈개정 2018. 6. 27.〉

핵심 | POINT 제작증명의 신청

형식증명을 받은 항공기등을 제작하려는 자는 국토교통부령으로 정하는 바에 따라 국토교통부장관으로부터 항공기기술기준에 적합하게 항공기 등을 제작할 수 있는 기술, 설비, 인력 및 품질관리체계 등을 갖추고 있음을 인증하는 증명을 받을 수 있다.
[검사 범위] 제작기술, 설비, 인력, 품질관리체계, 제작관리체계 및 제작과정

[제작증명의 신청 첨부서류, 시행규칙 제32조]
- 품질관리규정
- 제작하려는 항공기등의 제작 방법 및 기술 등을 설명하는 자료
- 제작 설비 및 인력 현황
- 품질관리 및 품질검사의 체계를 설명하는 자료
- 제작하려는 항공기등의 감항성 유지 및 관리체계를 설명하는 자료

4.6.5 감항증명 및 감항성 유지

[항공안전법 제23조(감항증명 및 감항성 유지)]

제23조(감항증명 및 감항성 유지) ① 항공기가 감항성이 있다는 증명(이하 "감항증명"이라 한다)을 받으려는 자는 국토교통부령으로 정하는 바에 따라 국토교통부장관에게 감항증명을 신청하여야 한다.

② 감항증명은 대한민국 국적을 가진 항공기가 아니면 받을 수 없다. 다만, 국토교통부령으로 정하는 항공기의 경우에는 그러하지 아니하다.

③ 누구든지 다음 각 호의 어느 하나에 해당하는 감항증명을 받지 아니한 항공기를 운항하여서는 아니 된다. 〈개정 2017. 12. 26.〉

1. 표준감항증명: 해당 항공기가 형식증명 또는 형식증명승인에 따라 인가된 설계에 일치하게 제작되고 안전하게 운항할 수 있다고 판단되는 경우에 발급하는 증명
2. 특별감항증명: 해당 항공기가 제한형식증명을 받았거나 항공기의 연구, 개발 등 국토교통부령으로 정하는 경우로서 항공기 제작자 또는 소유자등이 제시한 운용범위를 검토하여 안전하게 운항할 수 있다고 판단되는 경우에 발급하는 증명

④ 국토교통부장관은 제3항 각 호의 어느 하나에 해당하는 감항증명을 하는 경우 국토교통부령으로 정하는 바에 따라 해당 항공기의 설계, 제작과정, 완성 후의 상태와 비행성능에 대하여 검사하고 해당 항공기의 운용한계(運用限界)를 지정하여야 한다. 다만, 다음 각 호의 어느 하나에 해당하는 항공기의 경우에는 국토교통부령으로 정하는 바에 따라 검사의 일부를 생략할 수 있다. 〈신설 2017. 12. 26.〉

1. 형식증명, 제한형식증명 또는 형식증명승인을 받은 항공기
2. 제작증명을 받은 자가 제작한 항공기
3. 항공기를 수출하는 외국정부로부터 감항성이 있다는 승인을 받아 수입하는 항공기

핵심 POINT 감항검사의 일부 생략 대상 항공기

- 형식증명, 제한형식증명 또는 형식증명승인을 받은 항공기
- 제작증명을 받은 자가 제작한 항공기
- 항공기를 수출하는 외국정부로부터 감항성이 있다는 승인을 받아 수입하는 항공기

⑤ 감항증명의 유효기간은 1년으로 한다. 다만, 항공기의 형식 및 소유자등(제32조 제2항에 따른 위탁을 받은 자를 포함한다)의 감항성 유지능력 등을 고려하여 국토교통부령으로 정하는 바에 따라 유효기간을 연장할 수 있다. 〈개정 2017. 12. 26.〉

⑥ 국토교통부장관은 제4항에 따른 검사 결과 항공기가 감항성이 있다고 판단되는 경우 국토교통부령으로 정하는 바에 따라 감항증명서를 발급하여야 한다. 〈신설 2017. 12. 26.〉

⑦ 국토교통부장관은 다음 각 호의 어느 하나에 해당하는 경우에는 해당 항공기에 대한 감항증명을 취소하거나 6개월 이내의 기간을 정하여 그 효력의 정지를 명할 수 있다. 다만, 제1호에 해당하는 경우에는 감항증명을 취소하여야 한다. 〈개정 2017. 12. 26.〉

1. 거짓이나 그 밖의 부정한 방법으로 감항증명을 받은 경우
2. 항공기가 감항증명 당시의 항공기기술기준에 적합하지 아니하게 된 경우

⑧ 항공기를 운항하려는 소유자등은 국토교통부령으로 정하는 바에 따라 그 항공기의 감항성을 유지하여야 한다. 〈개정 2017. 12. 26.〉

⑨ 국토교통부장관은 제8항에 따라 소유자등이 해당 항공기의 감항성을 유지하는지를 수시로 검사하여야 하며, 항공기의 감항성 유지를 위하여 소유자등에게 항공기등, 장비품 또는 부품에 대한 정비등에 관한 감항성개선 또는 그 밖의 검사·정비등을 명할 수 있다. 〈개정 2017. 12. 26.〉

[항공안전법 시행규칙 제35조(감항증명의 신청)]

제35조(감항증명의 신청) ① 법 제23조 제1항에 따라 감항증명을 받으려는 자는 별지 제13호서식의 항공기 표준감항증명 신청서 또는 별지 제14호서식의 항공기 특별감항증명 신청서에 다음 각 호의 서류를 첨부하여 국토교통부장관 또는 지방항공청장에게 제출하여야 한다. 〈개정 2020. 12. 10.〉

1. 비행교범(연구·개발을 위한 특별감항증명의 경우에는 제외한다)

2. 정비교범(연구 · 개발을 위한 특별감항증명의 경우에는 제외한다)
3. 그 밖에 감항증명과 관련하여 국토교통부장관이 필요하다고 인정하여 고시하는 서류

② 제1항 제1호에 따른 비행교범에는 다음 각 호의 사항이 포함되어야 한다.
1. 항공기의 종류 · 등급 · 형식 및 제원(諸元)에 관한 사항
2. 항공기 성능 및 운용한계에 관한 사항
3. 항공기 조작방법 등 그 밖에 국토교통부장관이 정하여 고시하는 사항

대 한 민 국
국토교통부
The Republic of Korea
Ministry of Land, Infrastructure and Transport

증명번호
Certificate No.

표준감항증명서

Certificate of Airworthiness(Standard)

1. 국적 및 등록기호 Nationality and registration marks	2. 항공기 제작자 및 항공기 형식 Manufacturer and manufacturer's designation of aircraft	3. 항공기 제작일련번호 Aircraft serial number

4. 운용분류 Operational category	5. 감항분류 Airworthiness category

6. 이 증명서는 「국제민간항공협약」 및 대한민국 「항공안전법」 제23조에 따라 위의 항공기가 운용한계를 준수하여 정비하고 운항될 경우에만 감항성이 있음을 증명합니다.
This Certificate of Airworthiness is issued pursuant to the Convention on International Civil Aviation dated 7 December 1944 and Article 23 of Aviation Safety Act of the Republic of Korea in respect of the above-mentioned aircraft which is considered to be airworthy when maintained and operated in accordance with the foregoing and the pertinent operating limitations.

7. 발행연월일:
Date of issuance

국토교통부장관 또는 지방항공청장 직인

Minister of Ministry of Land, Infrastructure and Transport or Administrator of ○○ Regional Office of Aviation

8. 유효기간 Validity period
☐ 부터 까지
From: To:
☐ 「항공안전법」 제23조에 따라 이 항공기의 감항증명은 정지 또는 특별히 제한되지 않는 한 계속 유효합니다.
Pursuant to Article 23 of Enforcement Regulation of Aviation Safety Act, this certificate shall remain in effect until suspended or restricted.

9. 검사관 및 확인날짜 Inspector and date
검사관(Inspector): ○○○ [서명(Signature)] 날짜(Date):

| 감항증명서 |

③ 제1항 제2호에 따른 정비교범에는 다음 각 호의 사항이 포함되어야 한다. 다만, 장비품 · 부품 등의 사용한계 등에 관한 사항은 정비교범 외에 별도로 발행할 수 있다.
1. 감항성 한계범위, 주기적 검사 방법 또는 요건, 장비품 · 부품 등의 사용한계 등에 관한 사항
2. 항공기 계통별 설명, 분해, 세척, 검사, 수리 및 조립절차, 성능점검 등에 관한 사항
3. 지상에서의 항공기 취급, 연료 · 오일 등의 보충, 세척 및 윤활 등에 관한 사항

[항공안전법 시행규칙 제36조(예외적으로 감항증명을 받을 수 있는 항공기)]

제36조(예외적으로 감항증명을 받을 수 있는 항공기) 법 제23조 제2항 단서에서 "국토교통부령으로 정하는 항공기"란 다음 각 호의 어느 하나에 해당하는 항공기를 말한다. 〈개정 2022. 6. 8.〉

1. 법 제5조에 따른 임대차 항공기의 운영에 대한 권한 및 의무이양의 적용 특례를 적용받는 항공기
2. 국내에서 수리 · 개조 또는 제작한 후 수출할 항공기
3. 국내에서 제작되거나 외국으로부터 수입하는 항공기로서 대한민국의 국적을 취득하기 전에 감항증명을 신청한 항공기

핵심 POINT 감항증명의 종류

[감항증명]
- 항공기가 감항성이 있다는 증명으로 대한민국 국적을 가진 항공기가 아니면 받을 수 없다.
- 단서, 시행령 제39조
- 감항증명을 받지 아니한 항공기를 운항해서는 아니 된다.
- 검사범위: 설계, 제작과정, 완성 후의 상태와 비행성능
- 신청서류: 비행교범, 정비교범

[표준감항증명]
- 해당 항공기가 항공기기술기준에 적합하고 안전하게 운항할 수 있다고 판단되는 경우 발급되는 증명
- 신규>수시>수출(시험비행 포함)

[특별감항증명]
- 항공기의 연구, 개발 등 국토교통부령으로 정하는 경우로서, 항공기 제작자 또는 소유자등이 제시한 운용범위를 검토하여 안전하게 운항할 수 있다고 판단되는 경우 발급되는 증명

[항공안전법 시행규칙 제37조(특별감항증명의 대상)]

제37조(특별감항증명의 대상) 법 제23조 제3항 제2호에서 "항공기의 연구, 개발 등 국토교통부령으로 정하는 경우"란 다음 각 호의 어느 하나에 해당하는 경우를 말한다. 〈개정 2018. 3. 23., 2020. 12. 10., 2022. 6. 8.〉

1. 항공기 및 관련 기기의 개발과 관련된 다음 각 목의 어느 하나에 해당하는 경우
   가. 항공기 제작자 및 항공기 관련 연구기관 등이 연구 · 개발 중인 경우
   나. 판매 · 홍보 · 전시 · 시장조사 등에 활용하는 경우
   다. 조종사 양성을 위하여 조종연습에 사용하는 경우
2. 항공기의 제작 · 정비 · 수리 · 개조 및 수입 · 수출 등과 관련한 다음 각 목의 어느 하나에 해당하는 경우
   가. 제작 · 정비 · 수리 또는 개조 후 시험비행을 하는 경우
   나. 정비 · 수리 또는 개조(이하 "정비등"이라 한다)를 위한 장소까지 승객 · 화물을 싣지 아니하고 비행하는 경우

다. 수입하거나 수출하기 위하여 승객 · 화물을 싣지 아니하고 비행하는 경우
라. 설계에 관한 형식증명을 변경하기 위하여 운용한계를 초과하는 시험비행을 하는 경우
마. 삭제 〈2018. 3. 23.〉

3. 무인항공기를 운항하는 경우
4. 제20조 제2항 각 호의 업무를 수행하기 위하여 사용되는 경우

가. 삭제 〈2022. 6. 8.〉
나. 삭제 〈2022. 6. 8.〉
다. 삭제 〈2022. 6. 8.〉
라. 삭제 〈2022. 6. 8.〉
마. 삭제 〈2022. 6. 8.〉
바. 삭제 〈2022. 6. 8.〉
사. 삭제 〈2022. 6. 8.〉
아. 삭제 〈2022. 6. 8.〉

5. 제1호부터 제4호까지 외에 공공의 안녕과 질서유지를 위한 업무를 수행하는 경우로서 국토교통부장관이 인정하는 경우

핵심 POINT **특별감항증명의 대상(항공안전법 시행규칙 제37조)**

- 항공기 제작자 및 항공기 관련 연구기관 등이 연구 · 개발 중인 경우
- 판매 · 홍보 · 전시 · 시장조사 등에 활용하는 경우
- 조종사 양성을 위하여 조종연습에 사용하는 경우
- 제작 · 정비 · 수리 또는 개조 후 시험비행을 하는 경우
- 정비 · 수리 또는 개조를 위한 장소까지 승객 · 화물을 싣지 아니하고 비행하는 경우
- 수입하거나 수출하기 위하여 승객 · 화물을 싣지 아니하고 비행하는 경우
- 설계에 관한 형식증명을 변경하기 위하여 운용한계를 초과하는 시험비행을 하는 경우
- 무인항공기를 운항하는 경우

[항공안전법 시행규칙 제38조(감항증명을 위한 검사범위)]

제38조(감항증명을 위한 검사범위) 국토교통부장관 또는 지방항공청장이 법 제23조 제4항 각 호 외의 부분 본문에 따라 감항증명을 위한 검사를 하는 경우에는 해당 항공기의 설계 · 제작과정 및 완성 후의 상태와 비행성능이 항공기기술기준에 적합하고 안전하게 운항할 수 있는지 여부를 검사하여야 한다. 〈개정 2018. 6. 27.〉

[항공안전법 시행규칙 제39조(항공기의 운용한계 지정)]

제39조(항공기의 운용한계 지정) ① 국토교통부장관 또는 지방항공청장은 법 제23조 제4항 각 호 외의 부분 본문에 따라 감항증명을 하는 경우에는 항공기기술기준에서 정한 항공기의 감항분류에 따라

다음 각 호의 사항에 대하여 항공기의 운용한계를 지정하여야 한다. 〈개정 2018. 6. 27.〉
1. 속도에 관한 사항
2. 발동기 운용성능에 관한 사항
3. 중량 및 무게중심에 관한 사항
4. 고도에 관한 사항
5. 그 밖에 성능한계에 관한 사항

② 국토교통부장관 또는 지방항공청장은 제1항에 따라 운용한계를 지정하였을 때에는 별지 제18호서식의 운용한계 지정서를 항공기의 소유자등에게 발급하여야 한다.

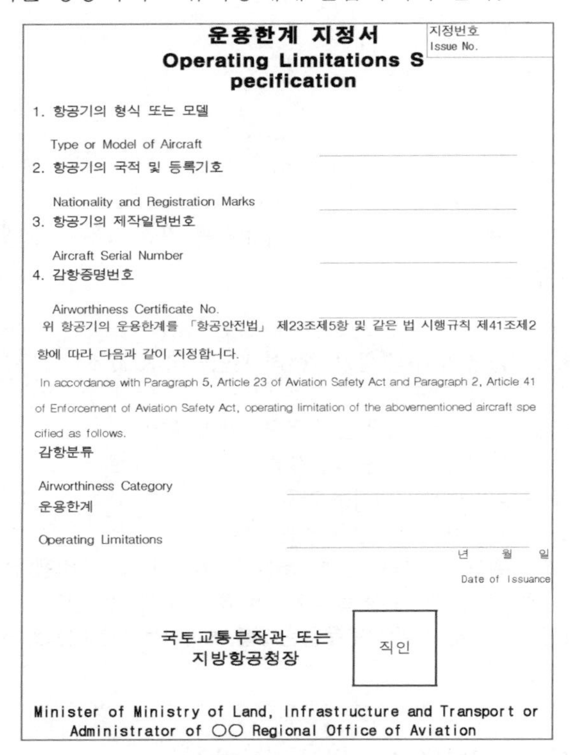

운용한계 지정서
Operating Limitations Specification

지정번호
Issue No.

1. 항공기의 형식 또는 모델
   Type or Model of Aircraft
2. 항공기의 국적 및 등록기호
   Nationality and Registration Marks
3. 항공기의 제작일련번호
   Aircraft Serial Number
4. 감항증명번호
   Airworthiness Certificate No.

위 항공기의 운용한계를 「항공안전법」 제23조제5항 및 같은 법 시행규칙 제41조제2항에 따라 다음과 같이 지정합니다.
In accordance with Paragraph 5, Article 23 of Aviation Safety Act and Paragraph 2, Article 41 of Enforcement of Aviation Safety Act, operating limitation of the abovementioned aircraft specified as follows.

감항분류
Airworthiness Category
운용한계
Operating Limitations

년 월 일
Date of Issuance

국토교통부장관 또는
지방항공청장 직인

Minister of Ministry of Land, Infrastructure and Transport or
Administrator of ○○ Regional Office of Aviation

| 운용한계 지정서 |

[항공안전법 시행규칙 제40조(감항증명을 위한 검사의 일부 생략)]

제40조(감항증명을 위한 검사의 일부 생략) 법 제23조 제4항 단서에 따라 감항증명을 할 때 생략할 수 있는 검사는 다음 각 호의 구분에 따른다. 〈개정 2018. 6. 27.〉
1. 법 제20조 제2항에 따른 형식증명 또는 제한형식증명을 받은 항공기: 설계에 대한 검사
2. 법 제21조 제1항에 따른 형식증명승인을 받은 항공기: 설계에 대한 검사와 제작과정에 대한 검사
3. 법 제22조 제1항에 따른 제작증명을 받은 자가 제작한 항공기: 제작과정에 대한 검사

4. 법 제23조 제4항 제3호에 따른 수입 항공기[신규로 생산되어 수입하는 완제기(完製機)만 해당한다]: 비행성능에 대한 검사

[항공안전법 시행규칙 제41조(감항증명의 유효기간을 연장할 수 있는 항공기)]

제41조(감항증명의 유효기간을 연장할 수 있는 항공기) 법 제23조 제5항 단서에 따라 감항증명의 유효기간을 연장할 수 있는 항공기는 항공기의 감항성을 지속적으로 유지하기 위하여 국토교통부장관이 정하여 고시하는 정비방법에 따라 정비등이 이루어지는 항공기를 말한다. 〈개정 2018. 6. 27.〉

핵심 POINT 감항증명을 위한 검사의 일부 생략

[항공기기술기준 적합 여부 검사의 일부 생략]
- 형식증명 또는 제한형식증명을 받은 항공기(설계에 대한 검사)
- 형식증명승인을 받은 항공기(설계와 제작과정에 대한 검사)
- 제작증명을 받은 자가 제작한 항공기(제작과정에 대한 검사)
- 항공기를 수출하는 외국정부로부터 감항성이 있다는 승인을 받아 수입하는 항공기(비행성능에 대한 검사)

[항공기 운용한계 지정, 항공안전법 시행규칙 제39조]
- 속도에 관한 사항
- 발동기 운용성능에 관한 사항
- 중량 및 무게중심에 관한 사항
- 고도에 관한 사항
- 그 밖에 성능한계에 관한 사항

[항공안전법 시행규칙 제44조(항공기의 감항성 유지)]

제44조(항공기의 감항성 유지) 법 제23조 제8항에 따라 항공기를 운항하려는 소유자등은 다음 각 호의 방법에 따라 해당 항공기의 감항성을 유지하여야 한다. 〈개정 2018. 6. 27.〉

1. 해당 항공기의 운용한계 범위에서 운항할 것
2. 제작사에서 제공하는 정비교범, 기술문서 또는 국토교통부장관이 정하여 고시하는 정비방법에 따라 정비등을 수행할 것
3. 법 제23조 제9항에 따른 감항성개선 또는 그 밖의 검사 · 정비등의 명령에 따른 정비등을 수행할 것

4.6.6 감항성개선 명령(AD, Airworthiness Directive)

[항공안전법 시행규칙 제45조(항공기등 · 장비품 또는 부품에 대한 감항성개선 명령 등)]

제45조(항공기등 · 장비품 또는 부품에 대한 감항성개선 명령 등) ① 국토교통부장관은 법 제23조 제9항에 따라 소유자등에게 항공기등, 장비품 또는 부품에 대한 정비등에 관한 감항성개선을 명할 때에는 다음 각 호의 사항을 통보하여야 한다. 〈개정 2018. 6. 27.〉

1. 항공기등, 장비품 또는 부품의 형식 등 개선 대상
2. 검사, 교환, 수리 · 개조 등을 하여야 할 시기 및 방법
3. 그 밖에 검사, 교환, 수리 · 개조 등을 수행하는 데 필요한 기술자료
4. 제3항에 따른 보고 대상 여부

② 국토교통부장관은 법 제23조 제9항에 따라 소유자등에게 검사 · 정비등을 명할 때에는 다음 각 호의 사항을 통보하여야 한다. 〈개정 2018. 6. 27.〉

1. 항공기등, 장비품 또는 부품의 형식 등 검사 대상
2. 검사 · 정비등을 하여야 할 시기 및 방법
3. 제3항에 따른 보고 대상 여부

③ 제1항에 따른 감항성개선 또는 제2항에 따른 검사 · 정비등의 명령을 받은 소유자등은 감항성개선 또는 검사 · 정비등을 완료한 후 그 이행 결과가 보고 대상인 경우에는 국토교통부장관에게 보고하여야 한다.

핵심 POINT 감항성개선지시(AD)

소유자등이 해당 항공기의 감항성을 유지하는지를 수시로 검사하여야 하며, 항공기의 감항성 유지를 위해 소유자등에게 항공기등, 장비품 또는 부품에 대한 정비등에 관한 감항성개선 또는 그 밖의 검사 · 정비등을 명할 수 있다. 항공안전법 제23조 제9항

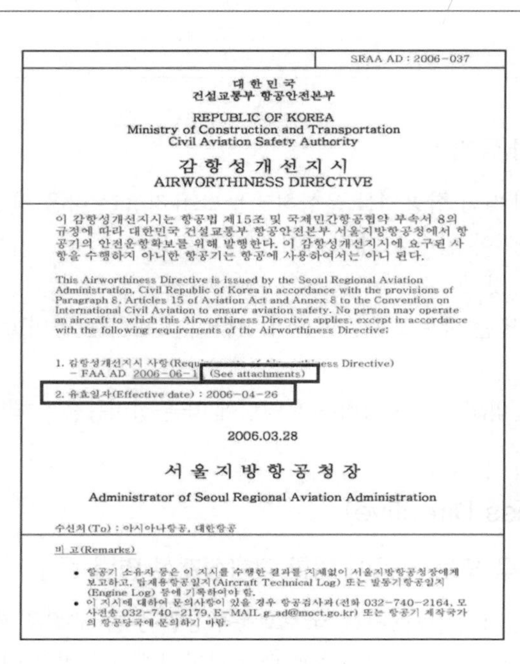

SRAA AD : 2006-037

대 한 민 국
건설교통부 항공안전본부

REPUBLIC OF KOREA
Ministry of Construction and Transportation
Civil Aviation Safety Authority

감 항 성 개 선 지 시
AIRWORTHINESS DIRECTIVE

이 감항성개선지시는 항공법 제15조 및 국제민간항공협약 부속서 8의 규정에 따라 대한민국 건설교통부 항공안전본부 서울지방항공청에서 항공기의 안전운항확보를 위해 발행한다. 이 감항성개선지시에 요구된 사항을 수행하지 아니한 항공기는 항공에 사용하여서는 아니 된다.

This Airworthiness Directive is issued by the Seoul Regional Aviation Administration, Civil Republic of Korea in accordance with the provisions of Paragraph 8, Articles 15 of Aviation Act and Annex 8 to the Convention on International Civil Aviation to ensure aviation safety. No person may operate an aircraft to which this Airworthiness Directive applies, except in accordance with the following requirements of the Airworthiness Directive:

1. 감항성개선지시 사항(Requ... ess Directive)
 - FAA AD 2006-06-1 (See attachments)
2. 유효일자(Effective date) : 2006-04-26

2006.03.28

서 울 지 방 항 공 청 장

Administrator of Seoul Regional Aviation Administration

수신처(To) : 아시아나항공, 대한항공

비 고(Remarks)

- 항공기 소유자 등은 이 지시를 수행한 결과를 지체없이 서울지방항공청장에게 보고하고, 탑재용항공일지(Aircraft Technical Log) 또는 발동기항공일지(Engine Log) 등에 기록하여야 함.
- 이 지시에 대하여 문의사항이 있을 경우 항공검사과(전화 032-740-2164, 모사전송 032-740-2179, E-MAIL g_ad@moct.go.kr) 또는 항공기 제작국가의 항공당국에 문의하기 바람.

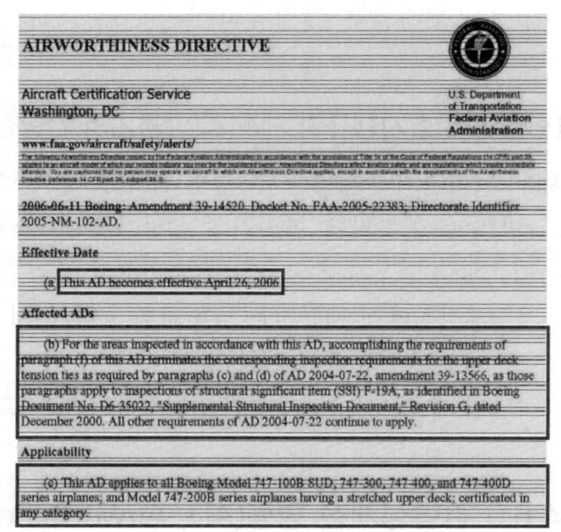

AIRWORTHINESS DIRECTIVE

Aircraft Certification Service
Washington, DC

U.S. Department of Transportation
Federal Aviation Administration

www.faa.gov/aircraft/safety/alerts/

2006-06-11 Boeing: Amendment 39-14520. Docket No. FAA-2005-22383; Directorate Identifier 2005-NM-102-AD.

Effective Date

(a) This AD becomes effective April 26, 2006.

Affected ADs

(b) For the areas inspected in accordance with this AD, accomplishing the requirements of paragraph (f) of this AD terminates the corresponding inspection requirements for the upper deck tension ties as required by paragraphs (c) and (d) of AD 2004-07-22, amendment 39-13566, as those paragraphs apply to inspections of structural significant item (SSI) F-19A, as identified in Boeing Document No. D6-35022, "Supplemental Structural Inspection Document," Revision G, dated December 2000. All other requirements of AD 2004-07-22 continue to apply.

Applicability

(c) This AD applies to all Boeing Model 747-100B SUD, 747-300, 747-400, and 747-400D series airplanes; and Model 747-200B series airplanes having a stretched upper deck; certificated in any category.

4.6.7 감항승인

[항공안전법 제24조(감항승인)]

제24조(감항승인) ① 우리나라에서 제작, 운항 또는 정비등을 한 항공기등, 장비품 또는 부품을 타인에게 제공하려는 자는 국토교통부령으로 정하는 바에 따라 국토교통부장관의 감항승인을 받을 수 있다.

② 국토교통부장관은 제1항에 따른 감항승인을 할 때에는 해당 항공기등, 장비품 또는 부품이 항공기기술기준 또는 제27조 제1항에 따른 기술표준품의 형식승인기준에 적합하고, 안전하게 운용할 수 있다고 판단하는 경우에는 감항승인을 하여야 한다.

③ 국토교통부장관은 다음 각 호의 어느 하나에 해당하는 경우에는 제2항에 따른 감항승인을 취소하거나 6개월 이내의 기간을 정하여 그 효력의 정지를 명할 수 있다. 다만, 제1호에 해당하는 경우에는 그 감항승인을 취소하여야 한다.

1. 거짓이나 그 밖의 부정한 방법으로 감항승인을 받은 경우
2. 항공기등, 장비품 또는 부품이 감항승인 당시의 항공기기술기준 또는 제27조 제1항에 따른 기술표준품의 형식승인기준에 적합하지 아니하게 된 경우

핵심 POINT 감항승인

- 우리나라에서 제작, 운항 또는 정비등을 한 항공기등, 장비품 또는 부품을 타인에게 제공하려는 자는 감항승인을 받을 수 있다.
- 해당 항공기등, 장비품 또는 부품의 상태 및 성능이 항공기기술기준 또는 기술표준품형식승인기준에 적합한지를 검사하여야 한다.

[항공안전법 시행규칙 제46조(감항승인의 신청)]

제46조(감항승인의 신청) ① 법 제24조 제1항에 따라 감항승인을 받으려는 자는 다음 각 호의 구분에 따른 신청서를 국토교통부장관 또는 지방항공청장에게 제출하여야 한다.

1. 항공기를 외국으로 수출하려는 경우: 별지 제19호서식의 항공기 감항승인 신청서
2. 발동기 · 프로펠러, 장비품 또는 부품을 타인에게 제공하려는 경우: 별지 제20호서식의 부품 등의 감항승인 신청서

② 제1항에 따른 신청서에는 다음 각 호의 서류를 첨부하여야 한다. 〈개정 2018. 6. 27.〉

1. 항공기기술기준 또는 법 제27조 제1항에 따른 기술표준품형식승인기준(이하 "기술표준품형식승인기준"이라 한다)에 적합함을 입증하는 자료
2. 정비교범(제작사가 발행한 것만 해당한다)
3. 그 밖에 법 제23조 제9항에 따른 감항성개선 명령의 이행 결과 등 국토교통부장관이 정하여 고시하는 서류

[항공안전법 시행규칙 제47조(감항승인을 위한 검사범위)]

제47조(감항승인을 위한 검사범위) 법 제24조 제2항에 따라 국토교통부장관 또는 지방항공청장이 감항승인을 할 때에는 해당 항공기등 · 장비품 또는 부품의 상태 및 성능이 항공기기술기준 또는 기술표준품형식승인기준에 적합한지를 검사하여야 한다.

4.6.8 소음기준적합증명

[항공안전법 제25조(소음기준적합증명)]

제25조(소음기준적합증명) ① 국토교통부령으로 정하는 항공기의 소유자등은 감항증명을 받는 경우와 수리 · 개조 등으로 항공기의 소음치(騷音値)가 변동된 경우에는 국토교통부령으로 정하는 바에 따라 그 항공기가 제19조 제2호의 소음기준에 적합한지에 대하여 국토교통부장관의 증명(이하 "소음기준적합증명"이라 한다)을 받아야 한다.

② 소음기준적합증명을 받지 아니하거나 항공기기술기준에 적합하지 아니한 항공기를 운항해서는 아니 된다. 다만, 국토교통부령으로 정하는 바에 따라 국토교통부장관의 운항허가를 받은 경우에는 그러하지 아니하다.

③ 국토교통부장관은 다음 각 호의 어느 하나에 해당하는 경우에는 소음기준적합증명을 취소하거나 6개월 이내의 기간을 정하여 그 효력의 정지를 명할 수 있다. 다만, 제1호에 해당하는 경우에는 소음기준적합증명을 취소하여야 한다.

1. 거짓이나 그 밖의 부정한 방법으로 소음기준적합증명을 받은 경우
2. 항공기가 소음기준적합증명 당시의 항공기기술기준에 적합하지 아니하게 된 경우

[항공안전법 시행규칙 제49조(소음기준적합증명 대상 항공기)]

제49조(소음기준적합증명 대상 항공기) 법 제25조 제1항에서 "국토교통부령으로 정하는 항공기"란 다음 각 호의 어느 하나에 해당하는 항공기로서 국토교통부장관이 정하여 고시하는 항공기를 말한다. 〈개정 2021. 8. 27.〉

1. 터빈(높은 압력의 액체 · 기체를 날개바퀴의 날개에 부딪히게 함으로써 회전하는 힘을 얻는 기계를 말한다)발동기를 장착한 항공기
2. 국제선을 운항하는 항공기

[항공안전법 시행규칙 제50조(소음기준적합증명 신청)]

제50조(소음기준적합증명 신청) ① 법 제25조 제1항에 따라 소음기준적합증명을 받으려는 자는 별지 제23호서식의 소음기준적합증명 신청서를 국토교통부장관 또는 지방항공청장에게 제출하여야 한다.

② 제1항에 따른 신청서에는 다음 각 호의 서류를 첨부하여야 한다.

1. 해당 항공기가 법 제19조 제2호에 따른 소음기준(이하 "소음기준"이라 한다)에 적합함을 입증하는 비행교범
2. 해당 항공기가 소음기준에 적합하다는 사실을 입증할 수 있는 서류(해당 항공기를 제작 또는 등록하였던 국가나 항공기 제작기술을 제공한 국가가 소음기준에 적합하다고 증명한 항공기만 해당한다)
3. 수리 · 개조 등에 관한 기술사항을 적은 서류[수리 · 개조 등으로 항공기의 소음치(騷音値)가 변경된 경우에만 해당한다]

[항공안전법 시행규칙 제53조(소음기준적합증명의 기준에 적합하지 아니한 항공기의 운항허가]

제53조(소음기준적합증명의 기준에 적합하지 아니한 항공기의 운항허가) ① 법 제25조 제2항 단서에 따라 운항허가를 받을 수 있는 경우는 다음 각 호와 같다. 이 경우 국토교통부장관은 제한사항을 정하여 항공기의 운항을 허가할 수 있다.

1. 항공기의 생산업체, 연구기관 또는 제작자 등이 항공기 또는 그 장비품 등의 시험 · 조사 · 연구 · 개발을 위하여 시험비행을 하는 경우
2. 항공기의 제작 또는 정비등을 한 후 시험비행을 하는 경우
3. 항공기의 정비등을 위한 장소까지 승객 · 화물을 싣지 아니하고 비행하는 경우
4. 항공기의 설계에 관한 형식증명을 변경하기 위하여 운용한계를 초과하는 시험비행을 하는 경우

② 법 제25조 제2항 단서에 따른 운항허가를 받으려는 자는 별지 제25호서식의 시험비행 등의 허가신청서를 국토교통부장관에게 제출하여야 한다.

핵심 POINT 소음기준적합증명

[소음기준적합증명]

- 항공기의 소유자등이 감항증명을 받는 경우와 수리 · 개조 등으로 항공기의 소음치가 변동된 경우
- 대상: 터빈발동기를 장착한 항공기
  국제선을 운항하는 항공기

[소음기준적합증명의 기준에 적합하지 아니한 항공기의 운항허가]

- 항공기 또는 그 장비품 등의 시험 · 조사 · 연구 · 개발을 위하여 시험비행을 하는 경우
- 항공기의 제작 또는 정비등을 한 후 시험비행을 하는 경우
- 항공기의 정비등을 위한 장소까지 승객 · 화물을 싣지 아니하고 비행하는 경우
- 항공기의 설계에 관한 형식증명을 변경하기 위하여 운용한계를 초과하는 시험비행을 하는 경우

■ 항공안전법 시행규칙 [별지 제24호서식]

	증명번호 Certificate No.

대한민국
국토교통부
The Republic of Korea
Ministry of Land, Infrastructure and Transport

소음기준적합증명서
Noise Certificate

1. 국적 및 등록기호 National and Registration Marks	2. 항공기 제작사 및 형식 Manufacturer, Manufacturer's Designation of Aircraft	3. 항공기 제작 일련번호 Aircraft Serial Number
4. 엔진(Engine):	5. 프로펠러(Propeller):	
6. 최대이륙중량: Maximum Take-off Mass kg	7. 최대착륙중량: Maximum Landing Mass kg	8. 소음기준 Noise Certificate Standard

9. 추가개조사항(소음적합을 위한 개조사항만 적음):

Additional modifications incorporated for the purpose of compliance with the applicable noise certification standards

10. 측면 소음치 Lateral/Full Power Noise Level	11. 착륙 소음치 Approach Noise Level	12. 상공 소음치 Flyover/Overflight Noise Level	13. 이륙 소음치 Take-off Noise Level

14. 이 증명서는 「국제민간항공협약」(1944. 12. 7.) 및 대한민국 「항공안전법」에 따라 발급하며, 위의 항공기는 「국제민간항공협약」 및 「항공안전법」 그리고 이에 관련된 모든 항공규정을 준수하여 정비하고 운항될 때에 한하여 소음기준에 적합함을 증명합니다.

This Noise Certificate is issued pursuant to the Convention on International Civil Aviation dated 7 December 1944, and to the Aviation Safety Act of the Republic of Korea, in respect of the abovementioned aircraft, which is considered to comply with the relevant noise requirements when maintained and operated in accordance with the foregoing and the regulations made thereafter.

15. 발행 연월일: . . .

Date of Issuance

국토교통부장관 또는 지방항공청장 직인

Minister of Ministry of Land, Infrastructure and Transport or

Administrator of ○○ Regional Office of Aviation

210㎜×297㎜[백상지(120g/㎡)]

| 소음기준적합증명서 |

4.6.9 기술표준품형식승인

[항공안전법 제27조(기술표준품형식승인)]

제27조(기술표준품형식승인) ① 항공기등의 감항성을 확보하기 위하여 국토교통부장관이 정하여 고시하는 장비품(시험 또는 연구 · 개발 목적으로 설계 · 제작하는 경우는 제외한다. 이하 "기술표준품"이라 한다)을 설계 · 제작하려는 자는 국토교통부장관이 정하여 고시하는 기술표준품의 형식승인기준(이하 "기술표준품형식승인기준"이라 한다)에 따라 해당 기술표준품의 설계 · 제작에 대하여 국토교통부장관의 승인(이하 "기술표준품형식승인"이라 한다)을 받아야 한다. 다만, 대한민국과 기술표준품의 형식승인에 관한 항공안전협정을 체결한 국가로부터 형식승인을 받은 기술표준품으로서 국토교통부령으로 정하는 기술표준품은 기술표준품형식승인을 받은 것으로 본다.

② 국토교통부장관은 기술표준품형식승인을 할 때에는 기술표준품의 설계 · 제작에 대하여 기술표준품형식승인기준에 적합한지를 검사한 후 적합하다고 인정하는 경우에는 국토교통부령으로 정하는 바에 따라 기술표준품형식승인서를 발급하여야 한다.

③ 누구든지 기술표준품형식승인을 받지 아니한 기술표준품을 제작 · 판매하거나 항공기등에 사용해서는 아니 된다.

④ 국토교통부장관은 다음 각 호의 어느 하나에 해당하는 경우에는 해당 기술표준품형식승인을 취소하거나 6개월 이내의 기간을 정하여 그 효력의 정지를 명할 수 있다. 다만, 제1호에 해당하는 경우에는 기술표준품형식승인을 취소하여야 한다.

1. 거짓이나 그 밖의 부정한 방법으로 기술표준품형식승인을 받은 경우
2. 기술표준품이 기술표준품형식승인 당시의 기술표준품형식승인기준에 적합하지 아니하게 된 경우

[항공안전법 시행규칙 제55조(기술표준품형식승인의 신청)]

제55조(기술표준품형식승인의 신청) ① 법 제27조 제1항에 따라 기술표준품형식승인을 받으려는 자는 별지 제26호서식의 기술표준품형식승인 신청서를 국토교통부장관에게 제출하여야 한다.

② 제1항에 따른 신청서에는 다음 각 호의 서류를 첨부하여야 한다.

1. 법 제27조 제1항에 따른 기술표준품형식승인기준(이하 "기술표준품형식승인기준"이라 한다)에 대한 적합성 입증 계획서 또는 확인서
2. 기술표준품의 설계도면, 설계도면 목록 및 부품 목록
3. 기술표준품의 제조규격서 및 제품사양서
4. 기술표준품의 품질관리규정
5. 해당 기술표준품의 감항성 유지 및 관리체계(이하 "기술표준품관리체계"라 한다)를 설명하는 자료
6. 그 밖에 참고사항을 적은 서류

[항공안전법 시행규칙 제56조(형식승인이 면제되는 기술표준품)]

제56조(형식승인이 면제되는 기술표준품) 법 제27조 제1항 단서에서 "국토교통부령으로 정하는 기술표준품"이란 다음 각 호의 기술표준품을 말한다. 〈개정 2018. 6. 27.〉

1. 법 제20조에 따라 형식증명 또는 제한형식증명을 받은 항공기에 포함되어 있는 기술표준품
2. 법 제21조에 따라 형식증명승인을 받은 항공기에 포함되어 있는 기술표준품
3. 법 제23조 제1항에 따라 감항증명을 받은 항공기에 포함되어 있는 기술표준품

[항공안전법 시행규칙 제57조(기술표준품형식승인의 검사범위 등)]

제57조(기술표준품형식승인의 검사범위 등) ① 국토교통부장관은 법 제27조 제2항에 따라 기술표준품형식승인을 위한 검사를 하는 경우에는 다음 각 호의 사항을 검사하여야 한다.

1. 기술표준품이 기술표준품형식승인기준에 적합하게 설계되었는지 여부
2. 기술표준품의 설계 · 제작과정에 적용되는 품질관리체계
3. 기술표준품관리체계

② 국토교통부장관은 제1항 제1호에 따른 사항을 검사하는 경우에는 기술표준품의 최소성능표준에 대한 적합성과 도면, 규격서, 제작공정 등에 관한 내용을 포함하여 검사하여야 한다.

③ 국토교통부장관은 제1항 제2호에 따른 사항을 검사하는 경우에는 해당 기술표준품을 제작할 수 있는 기술 · 설비 및 인력 등에 관한 내용을 포함하여 검사하여야 한다.

④ 국토교통부장관은 제1항 제3호에 따른 사항을 검사하는 경우에는 기술표준품의 식별방법 및 기록유지 등에 관한 내용을 포함하여 검사하여야 한다.

4.6.10 부품등제작자증명

[항공안전법 제28조(부품등제작자증명)]

제28조(부품등제작자증명) ① 항공기등에 사용할 장비품 또는 부품을 제작하려는 자는 국토교통부령으로 정하는 바에 따라 항공기기술기준에 적합하게 장비품 또는 부품을 제작할 수 있는 인력, 설비, 기술 및 검사체계 등을 갖추고 있는지에 대하여 국토교통부장관의 증명(이하 "부품등제작자증명"이라 한다)을 받아야 한다. 다만, 다음 각 호의 어느 하나에 해당하는 장비품 또는 부품을 제작하려는 경우에는 그러하지 아니하다.

1. 형식증명 또는 부가형식증명 당시 또는 형식증명승인 또는 부가형식증명승인 당시 장착되었던 장비품 또는 부품의 제작자가 제작하는 같은 종류의 장비품 또는 부품
2. 기술표준품형식승인을 받아 제작하는 기술표준품
3. 그 밖에 국토교통부령으로 정하는 장비품 또는 부품

② 국토교통부장관은 부품등제작자증명을 할 때에는 항공기기술기준에 적합하게 장비품 또는 부품을

제작할 수 있는지를 검사한 후 적합하다고 인정하는 경우에는 국토교통부령으로 정하는 바에 따라 부품등제작자증명서를 발급하여야 한다.

③ 누구든지 부품등제작자증명을 받지 아니한 장비품 또는 부품을 제작 · 판매하거나 항공기등 또는 장비품에 사용해서는 아니 된다.

④ 대한민국과 항공안전협정을 체결한 국가로부터 부품등제작자증명을 받은 경우에는 부품등제작자증명을 받은 것으로 본다.

⑤ 국토교통부장관은 다음 각 호의 어느 하나에 해당하는 경우에는 부품등제작자증명을 취소하거나 6개월 이내의 기간을 정하여 그 효력의 정지를 명할 수 있다. 다만, 제1호에 해당하는 경우에는 부품등제작자증명을 취소하여야 한다.

1. 거짓이나 그 밖의 부정한 방법으로 부품등제작자증명을 받은 경우
2. 장비품 또는 부품이 부품등제작자증명 당시의 항공기기술기준에 적합하지 아니하게 된 경우

[항공안전법 시행규칙 제61조(부품제작자증명의 신청)]

제61조(부품등제작자증명의 신청) ① 법 제28조 제1항에 따른 부품등제작자증명을 받으려는 자는 별지 제29호서식의 부품등제작자증명 신청서를 국토교통부장관에게 제출하여야 한다.

② 제1항에 따른 신청서에는 다음 각 호의 서류를 첨부하여야 한다.

1. 장비품 또는 부품(이하 "부품등"이라 한다)의 식별서
2. 항공기기술기준에 대한 적합성 입증 계획서 또는 확인서
3. 부품등의 설계도면 · 설계도면 목록 및 부품등의 목록
4. 부품등의 제조규격서 및 제품사양서
5. 부품등의 품질관리규정
6. 해당 부품등의 감항성 유지 및 관리체계(이하 "부품등관리체계"라 한다)를 설명하는 자료
7. 그 밖에 참고사항을 적은 서류

[항공안전법 시행규칙 제62조(부품제작자증명의 검사범위 등)]

제62조(부품등제작자증명의 검사범위 등) ① 국토교통부장관은 법 제28조 제2항에 따라 부품등제작자증명을 위한 검사를 하는 경우에는 해당 부품등이 항공기기술기준에 적합하게 설계되었는지의 여부, 품질관리체계, 제작과정 및 부품등관리체계에 대한 검사를 하여야 한다.

② 제1항에 따른 검사의 세부적인 검사기준 · 방법 및 절차 등은 국토교통부장관이 정하여 고시한다.

[항공안전법 시행규칙 제63조(부품등제작자증명을 받지 아니하여도 되는 부품등)]

제63조(부품등제작자증명을 받지 아니하여도 되는 부품등) 법 제28조 제1항 제3호에서 "국토교통부령으로 정하는 장비품 또는 부품"이란 다음 각 호의 어느 하나에 해당하는 것을 말한다.

1. 「산업표준화법」 제15조 제1항에 따라 인증받은 항공 분야 부품등
2. 전시 · 연구 또는 교육목적으로 제작되는 부품등
3. 국제적으로 공인된 규격에 합치하는 부품등 중 국토교통부장관이 정하여 고시하는 부품등

4.6.11 수리 · 개조승인

[항공안전법 제30조(수리 · 개조승인)]

제30조(수리 · 개조승인) ① 감항증명을 받은 항공기의 소유자등은 해당 항공기등, 장비품 또는 부품을 국토교통부령으로 정하는 범위에서 수리하거나 개조하려면 국토교통부령으로 정하는 바에 따라 그 수리 · 개조가 항공기기술기준에 적합한지에 대하여 국토교통부장관의 승인(이하 "수리 · 개조승인"이라 한다)을 받아야 한다.

② 소유자등은 수리 · 개조승인을 받지 아니한 항공기등, 장비품 또는 부품을 운항 또는 항공기등에 사용해서는 아니 된다.

③ 제1항에도 불구하고 다음 각 호의 어느 하나에 해당하는 경우로서 항공기기술기준에 적합한 경우에는 수리 · 개조승인을 받은 것으로 본다.

1. 기술표준품형식승인을 받은 자가 제작한 기술표준품을 그가 수리 · 개조하는 경우
2. 부품등제작자증명을 받은 자가 제작한 장비품 또는 부품을 그가 수리 · 개조하는 경우
3. 제97조 제1항에 따른 정비조직인증을 받은 자가 항공기등, 장비품 또는 부품을 수리 · 개조하는 경우

[항공안전법 시행규칙 제65조(항공기등 또는 부품등의 수리 · 개조승인의 범위)]

제65조(항공기등 또는 부품등의 수리 · 개조승인의 범위) 법 제30조 제1항에 따라 승인을 받아야 하는 항공기등 또는 부품등의 수리 · 개조의 범위는 항공기의 소유자등이 법 제97조에 따라 정비조직인증을 받아 항공기등 또는 부품등을 수리 · 개조하거나 정비조직인증을 받은 자에게 위탁하는 경우로서 그 정비조직인증을 받은 업무 범위를 초과하여 항공기등 또는 부품등을 수리 · 개조하는 경우를 말한다.

[항공안전법 시행규칙 제66조(수리 · 개조승인의 신청)]

제66조(수리 · 개조승인의 신청) 법 제30조 제1항에 따라 항공기등 또는 부품등의 수리 · 개조승인을 받으려는 자는 별지 제31호서식의 수리 · 개조승인 신청서에 다음 각 호의 내용을 포함한 수리계획서 또는 개조계획서를 첨부하여 작업을 시작하기 10일 전까지 지방항공청장에게 제출하여야 한다. 다만, 항공기사고 등으로 인하여 긴급한 수리 · 개조를 하여야 하는 경우에는 작업을 시작하기 전까지 신청서를 제출할 수 있다.

1. 수리 · 개조 신청사유 및 작업 일정
2. 작업을 수행하려는 인증된 정비조직의 업무범위
3. 수리 · 개조에 필요한 인력, 장비, 시설 및 자재 목록
4. 해당 항공기등 또는 부품등의 도면과 도면 목록
5. 수리 · 개조 작업지시서

4.6.12 항공기등의 정비등의 확인

[항공안전법 제32조(항공기등의 정비등의 확인)]

제32조(항공기등의 정비등의 확인) ① 소유자등은 항공기등, 장비품 또는 부품에 대하여 정비등(국토교통부령으로 정하는 경미한 정비 및 제30조 제1항에 따른 수리 · 개조는 제외한다. 이하 이 조에서 같다)을 한 경우에는 제35조 제8호의 항공정비사 자격증명을 받은 사람으로서 국토교통부령으로 정하는 자격요건을 갖춘 사람으로부터 그 항공기등, 장비품 또는 부품에 대하여 국토교통부령으로 정하는 방법에 따라 감항성을 확인받지 아니하면 이를 운항 또는 항공기등에 사용해서는 아니 된다. 다만, 감항성을 확인받기 곤란한 대한민국 외의 지역에서 항공기등, 장비품 또는 부품에 대하여 정비등을 하는 경우로서 국토교통부령으로 정하는 자격요건을 갖춘 자로부터 그 항공기등, 장비품 또는 부품에 대하여 감항성을 확인받은 경우에는 이를 운항 또는 항공기등에 사용할 수 있다.

② 소유자등은 항공기등, 장비품 또는 부품에 대한 정비등을 위탁하려는 경우에는 제97조 제1항에 따른 정비조직인증을 받은 자 또는 그 항공기등, 장비품 또는 부품을 제작한 자에게 위탁하여야 한다.

[항공안전법 시행규칙 제68조(경미한 정비의 범위)]

제68조(경미한 정비의 범위) 법 제32조 제1항 본문에서 "국토교통부령으로 정하는 경미한 정비"란 다음 각 호의 어느 하나에 해당하는 작업을 말한다. 〈개정 2021. 8. 27.〉

1. 간단한 보수를 하는 예방작업으로서 리깅(rigging: 항공기 정비를 위한 조절작업을 말한다) 또는 간극의 조정작업 등 복잡한 결합작용을 필요로 하지 않는 규격장비품 또는 부품의 교환작업
2. 감항성에 미치는 영향이 경미한 범위의 수리작업으로서 그 작업의 완료 상태를 확인하는 데에 동력장치의 작동 점검과 같은 복잡한 점검을 필요로 하지 아니하는 작업
3. 그 밖에 윤활유 보충 등 비행 전후에 실시하는 단순하고 간단한 점검작업

[항공안전법 시행규칙 제69조(항공기등의 정비등을 확인하는 사람)]

제69조(항공기등의 정비등을 확인하는 사람) 법 제32조 제1항 본문에서 "국토교통부령으로 정하는 자격요건을 갖춘 사람"이란 다음 각 호의 어느 하나에 해당하는 사람을 말한다.

1. 항공운송사업자 또는 항공기사용사업자에 소속된 사람: 국토교통부장관 또는 지방항공청장이

법 제93조(법 제96조 제2항에서 준용하는 경우를 포함한다)에 따라 인가한 정비규정에서 정한 자격을 갖춘 사람으로서 제81조 제2항에 따른 동일한 항공기 종류 또는 제81조 제6항에 따른 동일한 정비분야에 대해 최근 24개월 이내에 6개월 이상의 정비경험이 있는 사람

2. 법 제97조 제1항에 따라 정비조직인증을 받은 항공기정비업자에 소속된 사람: 제271조 제1항에 따른 정비조직절차교범에서 정한 자격을 갖춘 사람으로서 제81조 제2항에 따른 동일한 항공기 종류 또는 제81조 제6항에 따른 동일한 정비분야에 대해 최근 24개월 이내에 6개월 이상의 정비경험이 있는 사람
3. 자가용항공기를 정비하는 사람: 해당 항공기 형식에 대하여 제작사가 정한 교육기준 및 방법에 따라 교육을 이수하고 제81조 제2항에 따른 동일한 항공기 종류 또는 제81조 제6항에 따른 동일한 정비분야에 대해 최근 24개월 이내에 6개월 이상의 정비경험이 있는 사람
4. 제작사가 정한 교육기준 및 방법에 따라 교육을 이수한 사람 또는 이와 동등한 교육을 이수하여 국토교통부장관 또는 지방항공청장으로부터 승인을 받은 사람

[항공안전법 시행규칙 제70조(항공기등의 정비등을 확인하는 방법)]

제70조(항공기등의 정비등을 확인하는 방법) 법 제32조 제1항 본문에서 "국토교통부령으로 정하는 방법"이란 다음 각 호의 어느 하나에 해당하는 방법을 말한다.

1. 법 제93조 제1항(법 제96조 제2항에서 준용하는 경우를 포함한다)에 따라 인가받은 정비규정에 포함된 정비프로그램 또는 검사프로그램에 따른 방법
2. 국토교통부장관의 인가를 받은 기술자료 또는 절차에 따른 방법
3. 항공기등 또는 부품등의 제작사에서 제공한 정비매뉴얼 또는 기술자료에 따른 방법
4. 항공기등 또는 부품등의 제작국가 정부가 승인한 기술자료에 따른 방법
5. 그 밖에 국토교통부장관 또는 지방항공청장이 인정하는 기술자료에 따른 방법

4.6.13 고장, 결함 또는 기능장애 보고 의무

[항공안전법 제33조(항공기 등에 발생한 고장, 결함 또는 기능장애 보고 의무)]

제33조(항공기 등에 발생한 고장, 결함 또는 기능장애 보고 의무) ① 형식증명, 부가형식증명, 제작증명, 기술표준품형식승인 또는 부품등제작자증명을 받은 자는 그가 제작하거나 인증을 받은 항공기등, 장비품 또는 부품이 설계 또는 제작의 결함으로 인하여 국토교통부령으로 정하는 고장, 결함 또는 기능장애가 발생한 것을 알게 된 경우에는 국토교통부령으로 정하는 바에 따라 국토교통부장관에게 그 사실을 보고하여야 한다.

② 항공운송사업자, 항공기사용사업자 등 대통령령으로 정하는 소유자등 또는 제97조 제1항에 따른 정비조직인증을 받은 자는 항공기를 운영하거나 정비하는 중에 국토교통부령으로 정하는 고장,

결함 또는 기능장애가 발생한 것을 알게 된 경우에는 국토교통부령으로 정하는 바에 따라 국토교통부장관에게 그 사실을 보고하여야 한다.

[항공안전법 시행령 제8조(항공기에 발생한 고장, 결함 또는 기능장애 보고 의무자)]

제8조(항공기에 발생한 고장, 결함 또는 기능장애 보고 의무자) 법 제33조 제2항에서 "항공운송사업자, 항공기사용사업자 등 대통령령으로 정하는 소유자등"이란 다음 각 호의 어느 하나에 해당하는 자를 말한다. 〈개정 2019. 8. 27.〉

1. 「항공사업법」 제2조 제10호에 따른 국내항공운송사업자
2. 「항공사업법」 제2조 제12호에 따른 국제항공운송사업자(이하 "국제항공운송사업자"라 한다)
3. 「항공사업법」 제2조 제14호에 따른 소형항공운송사업자
4. 항공기사용사업자
5. 최대이륙중량이 5,700킬로그램을 초과하는 비행기를 소유하거나 임차하여 해당 비행기를 사용할 수 있는 권리가 있는 자
6. 최대이륙중량이 3,175킬로그램을 초과하는 헬리콥터를 소유하거나 임차하여 해당 헬리콥터를 사용할 수 있는 권리가 있는 자

[항공안전법 시행규칙 제74조(항공기 등에 발생한 고장, 결함 또는 기능장애 보고)]

제74조(항공기 등에 발생한 고장, 결함 또는 기능장애 보고) ① 법 제33조 제1항 및 제2항에서 "국토교통부령으로 정하는 고장, 결함 또는 기능장애"란 [별표 20의 2] 제5호에 따른 의무보고 대상 항공안전장애(이하 "고장등"이라 한다)를 말한다. 〈개정 2020. 2. 28.〉

② 법 제33조 제1항 및 제2항에 따라 고장등이 발생한 사실을 보고할 때에는 별지 제34호서식의 고장·결함·기능장애 보고서 또는 국토교통부장관이 정하는 전자적인 보고방법에 따라야 한다.

③ 제2항에 따른 보고는 고장등이 발생한 것을 알게 된 때([별표 20의 2] 제5호 마목 및 바목의 의무보고 대상 항공안전장애인 경우에는 보고 대상으로 확인된 때를 말한다)부터 96시간 이내(해당 기간에 포함된 토요일 및 법정공휴일에 해당하는 시간은 제외한다)에 해야 한다. 〈개정 2019. 9. 23., 2020. 2. 28.〉

핵심 POINT 항공기 등에 발생한 고장, 결함 또는 기능장애 보고

[항공기 등에 발생한 고장, 결함 또는 기능장애 보고 의무]

- 제작하거나 인증을 받은 항공기등, 장비품 또는 부품이 설계 또는 제작의 결함으로 인하여 고장, 결함 또는 기능장애가 발생한 것을 알게 된 경우 보고
- 소유자등 또는 정비조직인증을 받은 자는 항공기를 운영하거나 정비하는 중에 국토교통부령으로 정하는 고장, 결함 또는 기능장애가 발생한 것을 알게 된 경우 보고

> [항공기 등에 발생한 고장, 결함 또는 기능장애 보고]
> 시행규칙 [별표 20의 2] 제5호에 따른 의무보고 대상 항공안전장애, 96시간 이내 보고
> • 운항 중 경미한 화재 또는 연기가 발생한 경우
> • 운항 중 항공기의 연료공급시스템의 고장, 연료 누출
> • 지상 운항 중 제동시스템의 고장
> • 운항 중 의도하지 아니한 착륙장치의 움직임 발생
> • 최대허용범위를 초과한 항공기 구조의 균열, 영구적 변형이나 부식 발생
> • 운항 중 엔진 덮개가 풀리거나 이탈
> • 운항 중 발동기 정지
> • 항공기에서 발동기 조기 장탈(비계획적)
> • 운항 중 프로펠러 고장
> • 비상장비품의 비정상적 전개
> • 운항 중 화재 경보시스템 오작동

4.7 | 항공종사자 등

4.7.1 항공종사자 자격증명 등

[항공안전법 제4장 항공종사자 등, 제34조(항공종사자 자격증명 등)]

제34조(항공종사자 자격증명 등) ① 항공업무에 종사하려는 사람은 국토교통부령으로 정하는 바에 따라 국토교통부장관으로부터 항공종사자 자격증명(이하 "자격증명"이라 한다)을 받아야 한다. 다만, 항공업무 중 무인항공기의 운항업무인 경우에는 그러하지 아니하다.

② 다음 각 호의 어느 하나에 해당하는 사람은 자격증명을 받을 수 없다.

1. 다음 각 목의 구분에 따른 나이 미만인 사람
   가. 자가용 조종사 자격: 17세(제37조에 따라 자가용 조종사의 자격증명을 활공기에 한정하는 경우에는 16세)
   나. 사업용 조종사, 부조종사, 항공사, 항공기관사, 항공교통관제사 및 항공정비사 자격: 18세
   다. 운송용 조종사 및 운항관리사 자격: 21세
2. 제43조 제1항에 따른 자격증명 취소처분을 받고 그 취소일부터 2년이 지나지 아니한 사람(취소된 자격증명을 다시 받는 경우에 한정한다)

③ 제1항 및 제2항에도 불구하고 「군사기지 및 군사시설 보호법」을 적용받는 항공작전기지에서 항공기를 관제하는 군인은 국방부장관으로부터 자격인정을 받아 항공교통관제 업무를 수행할 수 있다.

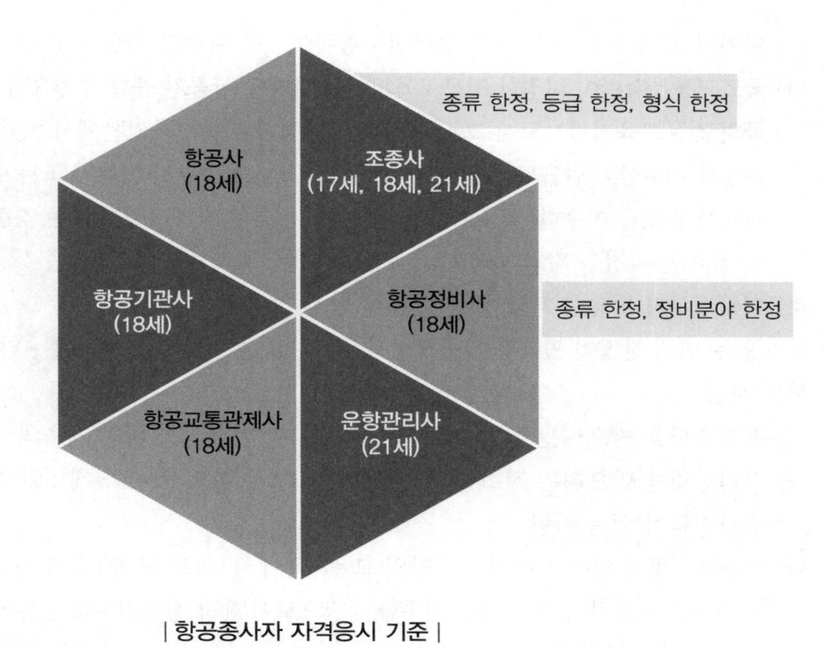

| 항공종사자 자격응시 기준 |

4.7.2 항공정비사 응시경력

[항공안전법 시행규칙 제75조(응시자격)]

제75조(응시자격) 법 제34조 제1항에 따른 항공종사자 자격증명(이하 "자격증명"이라 한다) 또는 법 제37조 제1항에 따른 자격증명의 한정을 받으려는 사람은 법 제34조 제2항 각 호의 어느 하나에 해당되지 아니하는 사람으로서 [별표 4]에 따른 경력을 가진 사람이어야 한다.

[항공안전법 시행규칙, 별표 4 中 항공정비사 응시경력]

1) 항공기 종류 한정이 필요한 항공정비사 자격증명을 신청하는 경우에는 다음의 어느 하나에 해당하는 사람
   가) 자격증명을 받으려는 해당 항공기 종류에 대한 6개월 이상의 정비업무경력을 포함하여 4년 이상의 항공기 정비업무경력(자격증명을 받으려는 항공기가 활공기인 경우에는 활공기의 정비와 개조에 대한 경력을 말한다)이 있는 사람
   나) 「고등교육법」에 따른 대학 · 전문대학(다른 법령에서 이와 동등한 수준 이상의 학력이 있다고 인정되는 교육기관을 포함한다) 또는 「학점인정 등에 관한 법률」에 따라 학습하는 곳에서 [별표 5] 제1호에 따른 항공정비사 학과시험의 범위를 포함하는 각 과목을 이수하고, 자격증명을 받으려는 항공기와 동등한 수준 이상의 것에 대하여 교육과정 이수 후의 정비실무경력이 6개월 이상

이거나 교육과정 이수 전의 정비실무경력이 1년 이상인 사람

다) 국토교통부장관이 지정한 전문교육기관에서 해당 항공기 종류에 필요한 과정을 이수한 사람(외국의 전문교육기관으로서 그 외국정부가 인정한 전문교육기관에서 해당 항공기 종류에 필요한 과정을 이수한 사람을 포함한다). 이 경우 항공기의 종류인 비행기 또는 헬리콥터 분야의 정비에 필요한 과정을 이수한 사람은 경량항공기의 종류인 경량비행기 또는 경량헬리콥터 분야의 정비에 필요한 과정을 각각 이수한 것으로 본다.

라) 외국정부가 발급한 해당 항공기 종류 한정 자격증명을 받은 사람

2) 정비 업무 범위 한정이 필요한 항공정비사 자격증명을 신청하는 경우에는 다음의 어느 하나에 해당하는 사람

가) 자격증명을 받으려는 정비 업무 분야에서 4년 이상의 정비와 개조의 실무경력이 있는 사람

나) 자격증명을 받으려는 정비 업무 분야에서 3년 이상의 정비와 개조의 실무경력과 1년 이상의 검사경력이 있는 사람

다) 고등교육법에 의한 전문대학 이상의 교육기관에서 [별표 5] 제1호에 따른 항공정비사 학과시험의 범위를 포함하는 각 과목을 이수한 사람으로서 해당 정비업무의 종류에 대한 1년 이상의 정비와 개조의 실무경력이 있는 사람

[항공안전법 제35조(자격증명의 종류)]

제35조(자격증명의 종류) 자격증명의 종류는 다음과 같이 구분한다.

1. 운송용 조종사
2. 사업용 조종사
3. 자가용 조종사
4. 부조종사
5. 항공사
6. 항공기관사
7. 항공교통관제사
8. 항공정비사
9. 운항관리사

4.7.3 자격증명의 한정

[항공안전법 제37조(자격증명의 한정)]

제37조(자격증명의 한정) ① 국토교통부장관은 다음 각 호의 구분에 따라 자격증명에 대한 한정을 할 수 있다. 〈개정 2019. 8. 27.〉

1. 운송용 조종사, 사업용 조종사, 자가용 조종사, 부조종사 또는 항공기관사 자격의 경우: 항공기의 종류, 등급 또는 형식
2. 항공정비사 자격의 경우: 항공기 · 경량항공기의 종류 및 정비분야

② 제1항에 따라 자격증명의 한정을 받은 항공종사자는 그 한정된 종류, 등급 또는 형식 외의 항공기 · 경량항공기나 한정된 정비분야 외의 항공업무에 종사해서는 아니 된다. 〈개정 2019. 8. 27.〉

③ 제1항에 따른 자격증명의 한정에 필요한 세부사항은 국토교통부령으로 정한다.

[항공안전법 시행규칙 제81조(자격증명의 한정)]

제81조(자격증명의 한정) ① 국토교통부장관은 법 제37조 제1항 제1호에 따라 항공기의 종류 · 등급 또는 형식을 한정하는 경우에는 자격증명을 받으려는 사람이 실기시험에 사용하는 항공기의 종류 · 등급 또는 형식으로 한정하여야 한다.

② 제1항에 따라 한정하는 항공기의 종류는 비행기, 헬리콥터, 비행선, 활공기 및 항공우주선으로 구분한다.

③ 제1항에 따라 한정하는 항공기의 등급은 다음 각 호와 같이 구분한다. 다만, 활공기의 경우에는 상급(활공기가 특수 또는 상급 활공기인 경우) 및 중급(활공기가 중급 또는 초급 활공기인 경우)으로 구분한다.

1. 육상 항공기의 경우: 육상단발 및 육상다발
2. 수상 항공기의 경우: 수상단발 및 수상다발

④ 제1항에 따라 한정하는 항공기의 형식은 다음 각 호와 같이 구분한다.

1. 조종사 자격증명의 경우에는 다음 각 목의 어느 하나에 해당하는 형식의 항공기
   가. 비행교범에 2명 이상의 조종사가 필요한 것으로 되어 있는 항공기
   나. 가목 외에 국토교통부장관이 지정하는 형식의 항공기
2. 항공기관사 자격증명의 경우에는 모든 형식의 항공기

⑤ 국토교통부장관이 법 제37조 제1항 제2호에 따라 한정하는 항공정비사 자격증명의 항공기 · 경량항공기의 종류는 다음 각 호와 같다. 〈개정 2020. 2. 28., 2021. 8. 27.〉

1. 항공기의 종류
   가. 비행기 분야. 다만, 비행기에 대한 정비업무경력이 4년(국토교통부장관이 지정한 전문교육기관에서 비행기 정비에 필요한 과정을 이수한 사람은 2년) 미만인 사람은 최대이륙중량 5,700킬로그램 이하의 비행기로 제한한다.

나. 헬리콥터 분야. 다만, 헬리콥터 정비업무경력이 4년(국토교통부장관이 지정한 전문교육기관에서 헬리콥터 정비에 필요한 과정을 이수한 사람은 2년) 미만인 사람은 최대이륙중량 3,175킬로그램 이하의 헬리콥터로 제한한다.

2. 경량항공기의 종류

가. 경량비행기 분야: 조종형비행기, 체중이동형비행기 또는 동력패러슈트

나. 경량헬리콥터 분야: 경량헬리콥터 또는 자이로플레인

⑥ 국토교통부장관이 법 제37조 제1항 제2호에 따라 한정하는 항공정비사의 자격증명의 정비분야는 전자 · 전기 · 계기 관련 분야로 한다. 〈개정 2020. 2. 28.〉

[시행일: 2021. 3. 1.] 제81조 제5항 제1호 가목 단서, 제81조 제5항 제1호 나목 단서

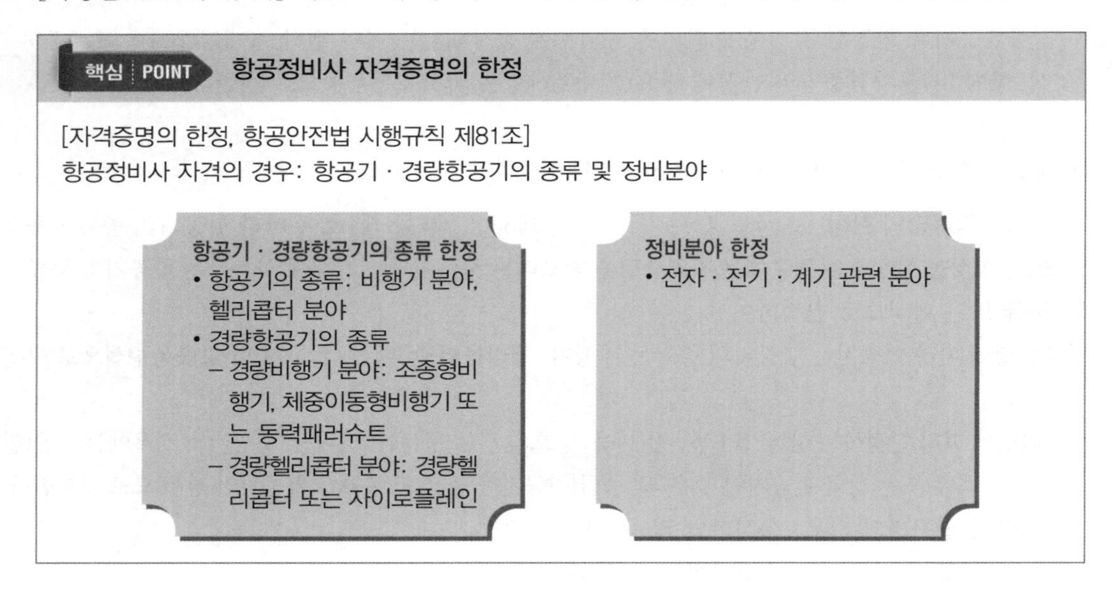

4.7.4 자격시험의 면제

[항공안전법 제38조(시험의 실시 및 면제)]

제38조(시험의 실시 및 면제) ① 자격증명을 받으려는 사람은 국토교통부령으로 정하는 바에 따라 항공업무에 종사하는 데 필요한 지식 및 능력에 관하여 국토교통부장관이 실시하는 학과시험 및 실기시험에 합격하여야 한다.

② 국토교통부장관은 제37조에 따라 자격증명을 항공기 · 경량항공기의 종류, 등급 또는 형식별로 한정(제44조에 따른 계기비행증명 및 조종교육증명을 포함한다)하는 경우에는 항공기 · 경량항공기 탑승경력 및 정비경력 등을 심사하여야 한다. 이 경우 항공기 · 경량항공기의 종류 및 등급에 대한 최초의 자격증명의 한정은 실기시험으로 심사할 수 있다. 〈개정 2019. 8. 27.〉

③ 국토교통부장관은 다음 각 호의 어느 하나에 해당하는 사람에게는 국토교통부령으로 정하는 바에 따라 제1항 및 제2항에 따른 시험 및 심사의 전부 또는 일부를 면제할 수 있다. 〈개정 2019. 8. 27.〉

1. 외국정부로부터 자격증명을 받은 사람
2. 제48조에 따른 전문교육기관의 교육과정을 이수한 사람
3. 항공기 · 경량항공기 탑승경력 및 정비경력 등 실무경험이 있는 사람
4. 「국가기술자격법」에 따른 항공기술분야의 자격을 가진 사람

④ 국토교통부장관은 제1항에 따라 학과시험 및 실기시험에 합격한 사람에 대해서는 자격증명서를 발급하여야 한다.

[항공안전법 시행규칙 제85조(과목합격의 유효)]

제85조(과목합격의 유효) 자격증명시험 또는 한정심사의 학과시험의 일부 과목 또는 전 과목에 합격한 사람이 같은 종류의 항공기에 대하여 자격증명시험 또는 한정심사에 응시하는 경우에는 제83조 제1항에 따른 통보가 있는 날(전 과목을 합격한 경우에는 최종 과목의 합격 통보가 있는 날)부터 2년 이내에 실시(자격증명시험 또는 한정심사 접수 마감일을 기준으로 한다)하는 자격증명시험 또는 한정심사에서 그 합격을 유효한 것으로 한다. 이 경우 과목 합격의 유효기간을 산정할 때 제84조 제2항의 공고에 따라 자격증명시험 또는 한정심사가 실시되지 않는 기간은 제외한다. 〈개정 2021. 6. 9.〉

[항공안전법 시행규칙 제86조(자격증명을 받은 사람의 학과시험 면제)]

제86조(자격증명을 받은 사람의 학과시험 면제) 자격증명을 받은 사람이 다른 자격증명을 받기 위하여 자격증명시험에 응시하는 경우에는 [별표 6]에 따라 응시하려는 학과시험의 일부를 면제한다.

[항공안전법 시행규칙 제88조(자격증명시험의 면제)]

제88조(자격증명시험의 면제) ① 법 제38조 제3항 제1호에 따라 외국정부로부터 자격증명(임시 자격증명을 포함한다)을 받은 사람에게는 다음 각 호의 구분에 따라 자격증명시험의 일부 또는 전부를 면제한다. 〈개정 2021. 11. 19.〉

1. 다음 각 목의 어느 하나에 해당하는 항공업무를 일시적으로 수행하려는 사람으로서 해당 자격증명시험에 응시하는 경우: 학과시험 및 실기시험의 면제
   가. 새로운 형식의 항공기 또는 장비를 도입하여 시험비행 또는 훈련을 실시할 경우의 교관요원 또는 운용요원
   나. 대한민국에 등록된 항공기 또는 장비를 이용하여 교육훈련을 받으려는 사람
   다. 대한민국에 등록된 항공기를 수출하거나 수입하는 경우 국외 또는 국내로 승객 · 화물을 싣지 아니하고 비행하려는 조종사
2. 일시적인 조종사의 부족을 충원하기 위하여 채용된 외국인 조종사로서 해당 자격증명시험에 응시하는 경우: 학과시험(항공법규는 제외한다)의 면제
3. 모의비행훈련장치 교관요원으로 종사하려는 사람으로서 해당 자격증명시험에 응시하는 경우: 학과시험(항공법규는 제외한다)의 면제
4. 제1호부터 제3호까지의 규정 외의 경우로서 해당 자격증명시험에 응시하는 경우: 학과시험(항공법규는 제외한다)의 면제

② 법 제38조 제3항 제2호 또는 제3호에 해당하는 사람이 해당 자격증명시험에 응시하는 경우에는 [별표 7] 제1호에 따라 실기시험의 일부를 면제한다.

③ 제75조에 따른 응시자격을 갖춘 사람으로서 법 제38조 제3항 제4호에 따라 「국가기술자격법」에 따른 항공기술사 · 항공정비기능장 · 항공기사 또는 항공산업기사의 자격을 가진 사람에 대해서는 다음 각 호의 구분에 따라 시험을 면제한다.

1. 항공기술사 자격을 가진 사람이 항공정비사 종류별 자격증명시험에 응시하는 경우: 학과시험(항공법규는 제외한다)의 면제
2. 항공정비기능장 또는 항공기사자격을 가진 사람(해당 자격 취득 후 항공기 정비업무에 1년 이상 종사한 경력이 있는 사람만 해당한다)이 항공정비사 종류별 자격증명시험에 응시하는 경우: 학과시험(항공법규는 제외한다)의 면제
3. 항공산업기사 자격을 가진 사람(해당 자격 취득 후 항공기 정비업무에 2년 이상 종사한 경력이 있는 사람만 해당한다)이 항공정비사 종류별 자격증명시험에 응시하는 경우: 학과시험(항공법규는 제외한다)의 면제

핵심 POINT **자격증명시험의 면제(항공안전법 시행규칙 제88조)**

[전부 또는 일부 면제]

국토교통부령에 정하는 바에 따라 자격증명, 자격증명의 한정에 대하여 전부 또는 일부를 면제할 수 있다.

- 외국정부로부터 자격증명을 받은 사람
- 전문교육기관의 교육과정을 이수한 사람
- 항공기 · 경량항공기 탑승경력 및 정비경력 등 실무경험이 있는 사람
- 「국가기술자격법」에 따른 항공기술분야의 자격을 가진 사람

[항공안전법 시행규칙, 별표 7 1항, 자격증명시험 일부 면제 – 실기시험 중 구술시험만 실시]

① 해당 종류 또는 정비분야와 관련하여 5년 이상의 정비실무경력이 있는 사람

② 국토교통부장관이 지정한 전문교육기관에서 항공기 종류 및 정비분야의 교육과정을 이수한 사람

[항공안전법 시행규칙, 별표 7 2항, 한정심사 일부 면제 – 실기시험 중 구술시험만 실시]

① 종류 추가 시, 해당 항공기 종류의 정비실무경력이 5년 이상인 사람

② 정비분야 추가 시, 해당 정비분야의 정비실무경력이 5년 이상인 사람

[항공안전법 제39조의 3(항공종사자 자격증명서의 대여 등 금지)]

제39조의 3(항공종사자 자격증명서의 대여 등 금지) ① 자격증명을 받은 사람은 다른 사람에게 자기의 성명을 사용하여 항공업무를 수행하게 하거나 제38조 제4항에 따라 발급받은 자격증명서(이하 "항공종사자 자격증명서"라 한다)를 빌려 주어서는 아니 된다.

② 누구든지 다른 사람의 성명을 사용하여 항공업무를 수행하거나 다른 사람의 항공종사자 자격증명서를 빌려서는 아니 된다.

③ 누구든지 제1항이나 제2항에서 금지된 행위를 알선하여서는 아니 된다.

[본조신설 2021. 5. 18.]

4.7.5 자격증명의 취소 등

[항공안전법 제43조(자격증명 · 항공신체검사증명의 취소 등)]

제43조(자격증명 · 항공신체검사증명의 취소 등) ① 국토교통부장관은 항공종사자가 다음 각 호의 어느 하나에 해당하는 경우에는 그 자격증명이나 자격증명의 한정(이하 이 조에서 "자격증명등"이라 한다)을 취소하거나 1년 이내의 기간을 정하여 자격증명등의 효력정지를 명할 수 있다. 다만, 제1호, 제6호의 2, 제6호의 3, 제15호 또는 제31호에 해당하는 경우에는 해당 자격증명등을 취소하여야 한다. 〈개정 2019. 8. 27., 2020. 6. 9., 2020. 12. 8., 2021. 5. 18., 2021. 12. 7., 2022. 1. 18.〉

1. 거짓이나 그 밖의 부정한 방법으로 자격증명등을 받은 경우
2. 이 법을 위반하여 벌금 이상의 형을 선고받은 경우
3. 항공종사자로서 항공업무를 수행할 때 고의 또는 중대한 과실로 항공기사고를 일으켜 인명피해나 재산피해를 발생시킨 경우
4. 제32조 제1항 본문에 따라 정비등을 확인하는 항공종사자가 국토교통부령으로 정하는 방법에 따라 감항성을 확인하지 아니한 경우
5. 제36조 제2항을 위반하여 자격증명의 종류에 따른 업무범위 외의 업무에 종사한 경우
6. 제37조 제2항을 위반하여 자격증명의 한정을 받은 항공종사자가 한정된 종류, 등급 또는 형식 외의 항공기 · 경량항공기나 한정된 정비분야 외의 항공업무에 종사한 경우
7. 제40조 제1항(제46조 제4항 및 제47조 제4항에서 준용하는 경우를 포함한다)을 위반하여 항공신체검사증명을 받지 아니하고 항공업무(제46조에 따른 항공기 조종연습 및 제47조에 따른 항공교통관제연습을 포함한다. 이하 이 항 제8호, 제13호, 제14호 및 제16호에서 같다)에 종사한 경우
8. 제42조를 위반하여 제40조 제2항에 따른 자격증명의 종류별 항공신체검사증명의 기준에 적합하지 아니한 운항승무원 및 항공교통관제사가 항공업무에 종사한 경우
9. 제44조 제1항을 위반하여 계기비행증명을 받지 아니하고 계기비행 또는 계기비행방식에 따른 비행을 한 경우
10. 제44조 제2항을 위반하여 조종교육증명을 받지 아니하고 조종교육을 한 경우
11. 제45조 제1항을 위반하여 항공영어구술능력증명을 받지 아니하고 같은 항 각 호의 어느 하나에 해당하는 업무에 종사한 경우
12. 제55조를 위반하여 국토교통부령으로 정하는 비행경험이 없이 같은 조 각 호의 어느 하나에 해당하는 항공기를 운항하거나 계기비행 · 야간비행 또는 제44조 제2항에 따른 조종교육의 업무에 종사한 경우

13. 제57조 제1항을 위반하여 주류등의 영향으로 항공업무를 정상적으로 수행할 수 없는 상태에서 항공업무에 종사한 경우
14. 제57조 제2항을 위반하여 항공업무에 종사하는 동안에 같은 조 제1항에 따른 주류등을 섭취하거나 사용한 경우
15. 제57조 제3항을 위반하여 같은 조 제1항에 따른 주류등의 섭취 및 사용 여부의 측정 요구에 따르지 아니한 경우

15의 2. 제57조의 2를 위반하여 항공기 내에서 흡연을 한 경우

16. 항공업무를 수행할 때 고의 또는 중대한 과실로 항공기준사고, 항공안전장애 또는 제61조 제1항에 따른 항공안전위해요인을 발생시킨 경우
17. 제62조 제2항 또는 제4항부터 제6항까지에 따른 기장의 의무를 이행하지 아니한 경우
18. 제63조를 위반하여 조종사가 운항자격의 인정 또는 심사를 받지 아니하고 운항한 경우
19. 제65조 제2항을 위반하여 기장이 운항관리사의 승인을 받지 아니하고 항공기를 출발시키거나 비행계획을 변경한 경우
20. 제66조를 위반하여 이륙 · 착륙 장소가 아닌 곳에서 이륙하거나 착륙한 경우
21. 제67조 제1항을 위반하여 비행규칙을 따르지 아니하고 비행한 경우
22. 제68조를 위반하여 같은 조 각 호의 어느 하나에 해당하는 비행 또는 행위를 한 경우
23. 제70조 제1항을 위반하여 허가를 받지 아니하고 항공기로 위험물을 운송한 경우
24. 제76조 제2항을 위반하여 항공업무를 수행한 경우
25. 제77조 제2항을 위반하여 같은 조 제1항에 따른 운항기술기준을 준수하지 아니하고 비행을 하거나 업무를 수행한 경우
26. 제79조 제1항을 위반하여 국토교통부장관이 정하여 공고하는 비행의 방식 및 절차에 따르지 아니하고 비관제공역(非管制空域) 또는 주의공역(注意空域)에서 비행한 경우
27. 제79조 제2항을 위반하여 허가를 받지 아니하거나 국토교통부장관이 정하는 비행의 방식 및 절차에 따르지 아니하고 통제공역에서 비행한 경우
28. 제84조 제1항을 위반하여 국토교통부장관 또는 항공교통업무증명을 받은 자가 지시하는 이동 · 이륙 · 착륙의 순서 및 시기와 비행의 방법에 따르지 아니한 경우
29. 제90조 제4항(제96조 제1항에서 준용하는 경우를 포함한다)을 위반하여 운영기준을 준수하지 아니하고 비행을 하거나 업무를 수행한 경우
30. 제93조 제7항 후단(제96조 제2항에서 준용하는 경우를 포함한다)을 위반하여 운항규정 또는 정비규정을 준수하지 아니하고 업무를 수행한 경우

30의 2. 제108조 제4항 본문에 따라 경량항공기 또는 그 장비품 · 부품의 정비사항을 확인하는 항공종사자가 국토교통부령으로 정하는 방법에 따라 확인하지 아니한 경우

31. 이 조에 따른 자격증명등의 정지명령을 위반하여 정지기간에 항공업무에 종사한 경우

② 국토교통부장관은 항공종사자가 다음 각 호의 어느 하나에 해당하는 경우에는 그 항공신체검사증명을 취소하거나 1년 이내의 기간을 정하여 항공신체검사증명의 효력정지를 명할 수 있다. 다만, 제1호에 해당하는 경우에는 항공신체검사증명을 취소하여야 한다.

1. 거짓이나 그 밖의 부정한 방법으로 항공신체검사증명을 받은 경우
2. 제1항 제13호부터 제15호까지의 어느 하나에 해당하는 경우
3. 제40조 제2항에 따른 자격증명의 종류별 항공신체검사증명의 기준에 맞지 아니하게 되어 항공업무를 수행하기에 부적합하다고 인정되는 경우
4. 제41조에 따른 항공신체검사명령에 따르지 아니한 경우
5. 제42조를 위반하여 항공업무에 종사한 경우
6. 제76조 제2항을 위반하여 항공신체검사증명서를 소지하지 아니하고 항공업무에 종사한 경우

③ 자격증명등의 시험에 응시하거나 심사를 받는 사람 또는 항공신체검사를 받는 사람이 그 시험이나 심사 또는 검사에서 부정한 행위를 한 경우에는 그 부정한 행위를 한 날부터 각각 2년간 이 법에 따른 자격증명등의 시험에 응시하거나 심사를 받을 수 없으며, 이 법에 따른 항공신체검사를 받을 수 없다.

④ 제1항 및 제2항에 따른 처분의 기준 및 절차와 그 밖에 필요한 사항은 국토교통부령으로 정한다.

[항공안전법 시행규칙 제97조(자격증명 · 항공신체검사증명의 취소 등)]

제97조(자격증명 · 항공신체검사증명의 취소 등) ① 법 제43조(법 제44조 제4항, 제46조 제4항 및 제47조 제4항에서 준용하는 경우를 포함한다)에 따른 행정처분기준은 [별표 10]과 같다.

② 국토교통부장관 또는 지방항공청장은 제1항에 따른 처분을 한 경우에는 별지 제49호서식의 항공종사자 행정처분대장을 작성 · 관리하되, 전자적 처리가 불가능한 특별한 사유가 없으면 전자적 처리가 가능한 방법으로 작성 · 관리하고, 자격증명에 대한 처분 내용은 한국교통안전공단의 이사장에게 통지하고 항공신체검사증명에 대한 처분 내용은 한국교통안전공단 이사장 및 한국항공우주의학협회의 장에게 통지하여야 한다. 〈개정 2018. 3. 23.〉

[항공안전법 시행규칙, [별표10] 항공종사자 등에 대한 행정처분기준(제97조 제1항 및 제2항 관련)

1. 일반기준
   가. 처분의 구분
      1) 자격증명등의 취소란, 항공종사자자격증명, 자격증명의 한정, 계기비행증명, 조종교육증명, 항공기조종연습허가, 항공교통관제연습허가 또는 항공영어구술능력증명을 취소하는 것을 말한다.
      2) 효력의 정지란, 일정기간 항공업무[법 제35조에 정하고 있는 모든 자격(조종연습, 항공교통관제연습 및 경량항공기를 조종할 수 있는 자격을 포함한다)증명 종류의 항공업무를 말한다]에 종사할 수 있는 자격을 정지하는 것을 말한다. 〈개정 2020. 12. 10.〉

4.7.6 전문교육기관의 지정

[항공안전법 제48조(전문교육기관의 지정 등)]

제48조(전문교육기관의 지정 등) ① 항공종사자를 양성하려는 자는 국토교통부령으로 정하는 바에 따

라 국토교통부장관으로부터 항공종사자 전문교육기관(이하 "전문교육기관"이라 한다)으로 지정을 받을 수 있다. 다만, 제35조 제1호부터 제4호까지의 항공종사자를 양성하려는 자는 전문교육기관으로 지정을 받아야 한다.

② 제1항에 따라 전문교육기관으로 지정을 받으려는 자는 국토교통부령으로 정하는 기준(이하 "전문교육기관 지정기준"이라 한다)에 따라 교육과목, 교육방법, 인력, 시설 및 장비 등 교육훈련체계를 갖추어야 한다.

③ 국토교통부장관은 전문교육기관을 지정하는 경우에는 교육과정, 교관의 인원 · 자격 및 교육평가방법 등 국토교통부령으로 정하는 사항이 명시된 훈련운영기준을 전문교육기관지정서와 함께 해당 전문교육기관으로 지정받은 자에게 발급하여야 한다.

④ 국토교통부장관은 교육훈련 과정에서의 안전을 확보하기 위하여 필요하다고 판단되면 직권으로 또는 전문교육기관의 신청을 받아 제3항에 따른 훈련운영기준을 변경할 수 있다.

⑤ 전문교육기관으로 지정을 받은 자는 제3항에 따른 훈련운영기준 또는 제4항에 따라 변경된 훈련운영기준을 준수하여야 한다.

⑥ 전문교육기관으로 지정을 받은 자는 훈련운영기준에 따라 교육훈련체계를 계속적으로 유지하여야 하며, 새로운 교육과정의 개설 등으로 교육훈련체계가 변경된 경우에는 국토교통부장관이 실시하는 검사를 받아야 한다.

⑦ 국토교통부장관은 전문교육기관으로 지정받은 자가 교육훈련체계를 유지하고 있는지 여부를 정기 또는 수시로 검사하여야 한다.

⑧ 국토교통부장관은 전문교육기관이 항공운송사업에 필요한 항공종사자를 양성하는 경우에는 예산의 범위에서 필요한 경비의 전부 또는 일부를 지원할 수 있다.

⑨ 국토교통부장관은 항공교육훈련 정보를 국민에게 제공하고 전문교육기관 등 항공교육훈련기관을 체계적으로 관리하기 위하여 시스템(이하 "항공교육훈련통합관리시스템"이라 한다)을 구축 · 운영하여야 한다.

⑩ 국토교통부장관은 항공교육훈련통합관리시스템을 구축 · 운영하기 위하여 「항공사업법」 제2조 제35호에 따른 항공교통사업자 또는 항공교육훈련기관 등에게 필요한 자료 또는 정보의 제공을 요청할 수 있다. 이 경우 자료나 정보의 제공을 요청받은 자는 정당한 사유가 없으면 이에 따라야 한다.
[전문개정 2017. 10. 24.]

[항공안전법 시행규칙 제104조(전문교육기관의 지정 등)]

제104조(전문교육기관의 지정 등) ① 법 제48조 제1항에 따른 전문교육기관으로 지정을 받으려는 자는 별지 제57호서식의 항공종사자 전문교육기관 지정신청서에 다음 각 호의 사항이 포함된 교육계획서를 첨부하여 국토교통부장관에게 제출하여야 한다.

1. 교육과목 및 교육방법

2. 교관 현황(교관의 자격 · 경력 및 정원)
3. 시설 및 장비의 개요
4. 교육평가방법
5. 연간 교육계획
6. 교육규정

② 법 제48조 제2항에 따른 전문교육기관의 지정기준은 [별표 12]와 같으며, 지정을 위한 심사 등에 관한 세부절차는 국토교통부장관이 정한다. 〈개정 2018. 4. 25., 2020. 2. 28.〉

③ 법 제48조 제3항에서 "국토교통부령으로 정하는 사항"이란 다음 각 호의 사항을 말한다. 〈신설 2018. 4. 25.〉

1. 교육과정, 교관의 인원 · 자격 및 교육평가방법
2. 훈련용 항공기의 지정 및 정비방법에 관한 사항
3. 전문교육기관의 책임관리자
4. 교육훈련 기록관리에 관한 사항
5. 교육훈련의 품질보증체계에 관한 사항
6. 그 밖에 교육훈련에 필요한 사항으로서 국토교통부장관이 정하여 고시하는 사항

④ 국토교통부장관은 제1항에 따른 신청서를 심사하여 그 내용이 제2항에서 정한 지정기준에 적합한 경우에는 법 제35조, 제37조 및 제44조에 따른 자격별로 별지 제58호서식의 항공종사자 전문교육기관 지정서 및 별지 제58호의 2 서식의 훈련운영기준(training specifications)을 발급하여야 한다. 〈개정 2018. 4. 25.〉

⑤ 국토교통부장관은 제4항에 따라 지정한 전문교육기관(이하 "지정전문교육기관"이라 한다)을 공고하여야 한다. 〈개정 2018. 4. 25., 2019. 2. 26.〉

⑥ 지방항공청장은 법 제48조 제4항에 따라 직권으로 훈련운영기준을 변경하는 때에는 지체 없이 변경 내용과 그 사유를 전문교육기관의 장에게 알리고 새로운 훈련운영기준을 발급해야 한다. 〈신설 2019. 2. 26., 2020. 5. 27.〉

⑦ 법 제48조 제4항에 따라 전문교육기관의 장이 훈련운영기준 변경신청을 하려는 경우에는 변경하는 훈련운영기준을 적용하려는 날의 15일전까지 별지 제58호의 3 서식의 훈련운영기준 변경신청서에 변경하려는 내용과 그 사유를 적어 지방항공청장에게 제출해야 한다. 〈신설 2019. 2. 26., 2020. 5. 27.〉

⑧ 지방항공청장은 제7항에 따른 훈련운영기준 변경신청을 받으면 그 내용을 검토하여 교육훈련과정에서의 안전확보에 문제가 있는 경우를 제외하고는 변경된 훈련운영기준을 신청인에게 발급해야 한다. 〈신설 2019. 2. 26., 2020. 5. 27.〉

⑨ 지방항공청장은 법 제48조 제7항에 따라 지정전문교육기관이 교육훈련체계를 유지하고 있는지 여부를 다음 각 호의 기준에 따라 검사하여야 한다. 〈개정 2018. 4. 25., 2019. 2. 26., 2020. 5. 27.〉

1. 정기검사: 매년 1회

2. 수시검사: 교육훈련체계가 변경되는 경우 등 지방항공청장이 필요하다고 판단하는 때

⑩ 지정전문교육기관은 다음 각 호의 사항을 법 제48조 제9항에 따른 항공교육훈련통합관리시스템에 입력하여야 한다. 〈개정 2018. 4. 25., 2019. 2. 26.〉

1. 법 제48조 제2항에 따른 교육훈련체계의 변경사항
2. 해당 교육훈련과정의 이수자 명단

핵심 POINT 항공교육훈련 정보의 제공

항공교육훈련 정보를 국민에게 제공하고 전문교육기관 등 항공교육훈련기관을 체계적으로 관리하기 위하여 시스템을 구축 · 운영하여야 한다.

- 전문교육기관의 지정
- 항공운송사업에 필요한 종사자를 양성할 경우 경비 지원
- 지정기준 수립
- 항공교육훈련통합관리시스템 구축 운영

4.8 | 항공기의 운항

4.8.1 무선설비의 설치

[항공안전법 제51조(무선설비의 설치 · 운용 의무)]

제51조(무선설비의 설치 · 운용 의무) 항공기를 운항하려는 자 또는 소유자등은 해당 항공기에 비상위치 무선표지설비, 2차 감시레이더용 트랜스폰더 등 국토교통부령으로 정하는 무선설비를 설치 · 운용하여야 한다.

[항공안전법 시행규칙 제107조(무선설비)]

제107조(무선설비) ① 법 제51조에 따라 항공기에 설치 · 운용해야 하는 무선설비는 다음 각 호와 같다. 다만, 항공운송사업에 사용되는 항공기 외의 항공기가 계기비행방식 외의 방식(이하 "시계비행방식"이라 한다)에 의한 비행을 하는 경우에는 제3호부터 제6호까지의 무선설비를 설치 · 운용하지 않을 수 있다. 〈개정 2019. 2. 26., 2021. 8. 27.〉

1. 비행 중 항공교통관제기관과 교신할 수 있는 초단파(VHF) 또는 극초단파(UHF)무선전화 송수신기 각 2대. 이 경우 비행기[국토교통부장관이 정하여 고시하는 기압고도계의 수정을 위한 고도(이하 "전이고도"라 한다) 미만의 고도에서 교신하려는 경우만 해당한다]와 헬리콥터의 운항승무원은 붐(boom) 마이크로폰 또는 스롯(throat) 마이크로폰을 사용하여 교신하여야 한다.
2. 기압고도에 관한 정보를 제공하는 2차 감시 항공교통관제 레이더용 트랜스폰더(Mode 3/A 및 Mode C SSR transponder. 다만, 국외를 운항하는 항공운송사업용 항공기의 경우에는 Mode S transponder) 1대
3. 자동방향탐지기(ADF) 1대[무지향표지시설(NDB) 신호로만 계기접근절차가 구성되어 있는 공항에 운항하는 경우만 해당한다]
4. 계기착륙시설(ILS) 수신기 1대(최대이륙중량 5천700킬로그램 미만의 항공기와 헬리콥터 및 무인항공기는 제외한다)
5. 전방향표지시설(VOR) 수신기 1대(무인항공기는 제외한다)
6. 거리측정시설(DME) 수신기 1대(무인항공기는 제외한다)
7. 다음 각 목의 구분에 따라 비행 중 뇌우 또는 잠재적인 위험 기상조건을 탐지할 수 있는 기상레이더 또는 악기상 탐지장비
   가. 국제선 항공운송사업에 사용되는 비행기로서 여압장치가 장착된 비행기의 경우: 기상레이더 1대
   나. 국제선 항공운송사업에 사용되는 헬리콥터의 경우: 기상레이더 또는 악기상 탐지장비 1대
   다. 가목 외에 국외를 운항하는 비행기로서 여압장치가 장착된 비행기의 경우: 기상레이더 또는 악기상 탐지장비 1대
8. 다음 각 목의 구분에 따라 비상위치지시용 무선표지설비(ELT). 이 경우 비상위치지시용 무선표지설비의 신호는 121.5메가헤르츠(MHz) 및 406메가헤르츠(MHz)로 송신되어야 한다.
   가. 2대를 설치하여야 하는 경우: 다음의 어느 하나에 해당하는 항공기. 이 경우 비상위치지시용 무선표지설비 2대 중 1대는 자동으로 작동되는 구조여야 하며, 2)의 경우 1대는 구명보트에 설치하여야 한다.
      1) 승객의 좌석 수가 19석을 초과하는 비행기(항공운송사업에 사용되는 비행기만 해당한다)
      2) 비상착륙에 적합한 육지(착륙이 가능한 섬을 포함한다)로부터 순항속도로 10분의 비행거리 이상의 해상을 비행하는 제1종 및 제2종 헬리콥터, 회전날개에 의한 자동회전(autorotation)에

의하여 착륙할 수 있는 거리 또는 안전한 비상착륙(safe forced landing)을 할 수 있는 거리를 벗어난 해상을 비행하는 제3종 헬리콥터

나. 1대를 설치하여야 하는 경우: 가목에 해당하지 아니하는 항공기. 이 경우 비상위치지시용 무선표지설비는 자동으로 작동되는 구조여야 한다.

② 제1항 제1호에 따른 무선설비는 다음 각 호의 성능이 있어야 한다.

1. 비행장 또는 헬기장에서 관제를 목적으로 한 양방향통신이 가능할 것
2. 비행 중 계속하여 기상정보를 수신할 수 있을 것
3. 운항 중 「전파법 시행령」 제29조 제1항 제7호 및 제11호에 따른 항공기국과 항공국 간 또는 항공국과 항공기국 간 양방향통신이 가능할 것
4. 항공비상주파수(121.5MHz 또는 243.0MHz)를 사용하여 항공교통관제기관과 통신이 가능할 것
5. 제1항 제1호에 따른 무선전화 송수신기 각 2대 중 각 1대가 고장이 나더라도 나머지 각 1대는 고장이 나지 아니하도록 각각 독립적으로 설치할 것

③ 제1항 제2호에 따라 항공운송사업용 비행기에 장착해야 하는 기압고도에 관한 정보를 제공하는 트랜스폰더는 다음 각 호의 성능이 있어야 한다.

1. 고도 7.62미터(25피트) 이하의 간격으로 기압고도정보(pressure altitude information)를 관할 항공교통관제기관에 제공할 수 있을 것
2. 해당 비행기의 위치(공중 또는 지상)에 대한 정보를 제공할 수 있을 것[해당 비행기에 비행기의 위치(공중 또는 지상: airborne/on-the-ground status)를 자동으로 감지하는 장치(automatic means of detecting)가 장착된 경우만 해당한다]

④ 제1항에 따른 무선설비의 운용요령 등에 관하여 필요한 사항은 국토교통부장관이 정하여 고시한다.

핵심 POINT 항공기에 설치 · 운용하여야 하는 무선설비

[무선설비의 설치 · 운용 의무(항공안전법 제51조)]
항공기를 운항하려는 자 또는 소유자등은 해당 항공기에 비상위치 무선표지설비, 2차 감시레이더용 트랜스폰더 등 무선설비를 설치 · 운용하여야 한다.

[무선설비(항공안전법 시행규칙 제107조)]
- 비행 중 항공교통관제기관과 교신할 수 있는 VHF 또는 UHF 무선전화 송수신기 각 2대, 항공비상주파수 121.5MHz 또는 243.0MHz로 항공교통관제기관과 통신이 가능해야 함
- 기압고도에 관한 정보를 제공하는 2차 감시 항공교통관제 레이더용 트랜스폰더 1대
- 자동방향탐지기(ADF) 1대, 시계비행항공기 제외
- 계기착륙시설(ILS) 수신기 1대
- 전방향표지시설(VOR) 수신기 1대
- 거리측정시설(DME) 수신기 1대
- 기상레이더 1대
- 비상위치지시용 무선표지설비(ELT), 121.5MHz 또는 406MHz로 송신 가능해야 함

핵심 POINT 비상위치지시용 무선표지설비(ELT, Emergency Locator Transmitter)

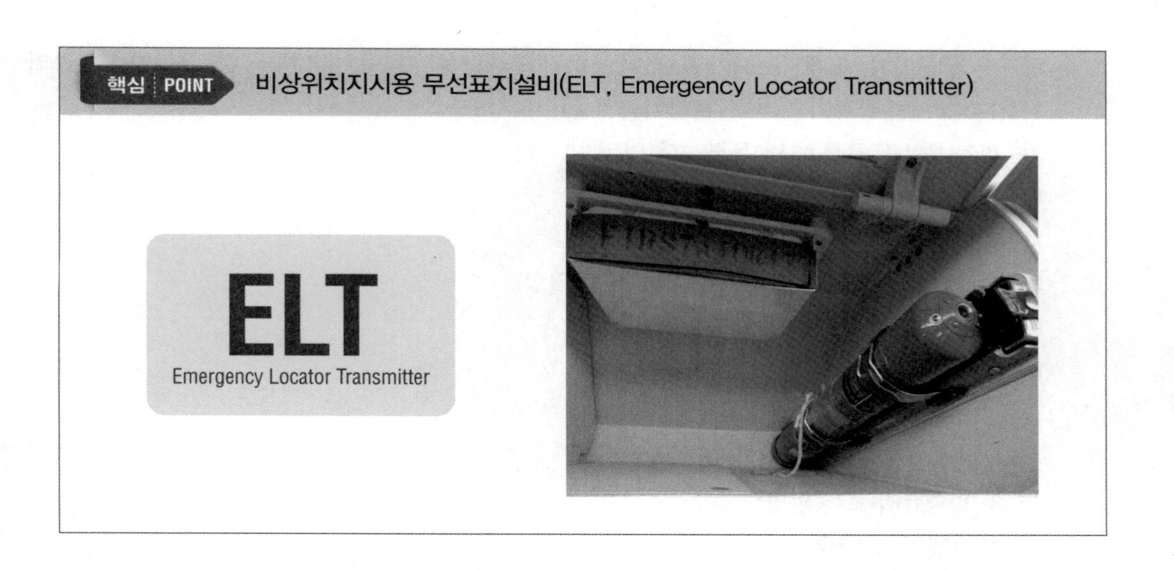

4.8.2 항공계기 등의 설치 탑재 및 운용 등(항공일지, 사고예방장치, 구급용구, 항공기 탑재서류)

[항공안전법 제52조(항공계기 등의 설치 · 탑재 및 운용 등)]

제52조(항공계기 등의 설치 · 탑재 및 운용 등) ① 항공기를 운항하려는 자 또는 소유자등은 해당 항공기에 항공기 안전운항을 위하여 필요한 항공계기(航空計器), 장비, 서류, 구급용구 등(이하 "항공계기등"이라 한다)을 설치하거나 탑재하여 운용하여야 한다. 이 경우 최대이륙중량이 600킬로그램 초과 5천700킬로그램 이하인 비행기에는 사고예방 및 안전운항에 필요한 장비를 추가로 설치할 수 있다. 〈개정 2017. 1. 17.〉

② 제1항에 따라 항공계기등을 설치하거나 탑재하여야 할 항공기, 항공계기등의 종류, 설치 · 탑재기준 및 그 운용방법 등에 필요한 사항은 국토교통부령으로 정한다.

1) 탑재용 항공일지(Log Book)

[항공안전법 시행규칙 제108조(항공일지)]

제108조(항공일지) ① 법 제52조 제2항에 따라 항공기를 운항하려는 자 또는 소유자등은 탑재용 항공일지, 지상 비치용 발동기 항공일지 및 지상 비치용 프로펠러 항공일지를 갖추어 두어야 한다. 다만, 활공기의 소유자등은 활공기용 항공일지를, 법 제102조 각 호의 어느 하나에 해당하는 항공기의 소유자등은 탑재용 항공일지를 갖춰 두어야 한다.

② 항공기의 소유자등은 항공기를 항공에 사용하거나 개조 또는 정비한 경우에는 지체 없이 다음 각 호의 구분에 따라 항공일지에 적어야 한다.

1. 탑재용 항공일지[법 제102조 각 호의 어느 하나에 해당하는 항공기[교재 p. 353, 탑재용 항공일지 참조(고정익항공기를 위한 운항기술기준)]
   가. 항공기의 등록부호 및 등록 연월일
   나. 항공기의 종류 · 형식 및 형식증명번호
   다. 감항분류 및 감항증명번호
   라. 항공기의 제작자 · 제작번호 및 제작 연월일
   마. 발동기 및 프로펠러의 형식
   바. 비행에 관한 다음의 기록
      1) 비행연월일
      2) 승무원의 성명 및 업무
      3) 비행목적 또는 편명
      4) 출발지 및 출발시각
      5) 도착지 및 도착시각
      6) 비행시간
      7) 항공기의 비행안전에 영향을 미치는 사항
      8) 기장의 서명
   사. 제작 후의 총비행시간과 오버홀을 한 항공기의 경우 최근의 오버홀 후의 총비행시간
   아. 발동기 및 프로펠러의 장비교환에 관한 다음의 기록
      1) 장비교환의 연월일 및 장소
      2) 발동기 및 프로펠러의 부품번호 및 제작일련번호
      3) 장비가 교환된 위치 및 이유
   자. 수리 · 개조 또는 정비의 실시에 관한 다음의 기록
      1) 실시 연월일 및 장소
      2) 실시 이유, 수리 · 개조 또는 정비의 위치 및 교환 부품명
      3) 확인 연월일 및 확인자의 서명 또는 날인
2. 탑재용 항공일지(법 제102조 각 호의 어느 하나에 해당하는 항공기만 해당한다)
   가. 항공기의 등록부호 · 등록증번호 및 등록 연월일
   나. 비행에 관한 다음의 기록
      1) 비행연월일
      2) 승무원의 성명 및 업무
      3) 비행목적 또는 항공기 편명
      4) 출발지 및 출발시각
      5) 도착지 및 도착시각

6) 비행시간
7) 항공기의 비행안전에 영향을 미치는 사항
8) 기장의 서명

3. 지상 비치용 발동기 항공일지 및 지상 비치용 프로펠러 항공일지
가. 발동기 또는 프로펠러의 형식
나. 발동기 또는 프로펠러의 제작자 · 제작번호 및 제작 연월일
다. 발동기 또는 프로펠러의 장비교환에 관한 다음의 기록
1) 장비교환의 연월일 및 장소
2) 장비가 교환된 항공기의 형식 · 등록부호 및 등록증번호
3) 장비교환 이유
라. 발동기 또는 프로펠러의 수리 · 개조 또는 정비의 실시에 관한 다음의 기록
1) 실시 연월일 및 장소
2) 실시 이유, 수리 · 개조 또는 정비의 위치 및 교환 부품명
3) 확인 연월일 및 확인자의 서명 또는 날인
마. 발동기 또는 프로펠러의 사용에 관한 다음의 기록
1) 사용 연월일 및 시간
2) 제작 후의 총사용시간 및 최근의 오버홀 후의 총사용시간

4. 활공기용 항공일지
가. 활공기의 등록부호 · 등록증번호 및 등록 연월일
나. 활공기의 형식 및 형식증명번호
다. 감항분류 및 감항증명번호
라. 활공기의 제작자 · 제작번호 및 제작 연월일
마. 비행에 관한 다음의 기록
1) 비행 연월일
2) 승무원의 성명
3) 비행목적
4) 비행 구간 또는 장소
5) 비행시간 또는 이 · 착륙횟수
6) 활공기의 비행안전에 영향을 미치는 사항
7) 기장의 서명
바. 수리 · 개조 또는 정비의 실시에 관한 다음의 기록
1) 실시 연월일 및 장소
2) 실시 이유, 수리 · 개조 또는 정비의 위치 및 교환부품명
3) 확인 연월일 및 확인자의 서명 또는 날인

2) 사고예방 및 사고조사를 위한 탑재장치

[항공안전법 시행규칙 제109조(사고예방장치 등)]

제109조(사고예방장치 등) ① 법 제52조 제2항에 따라 사고예방 및 사고조사를 위하여 항공기에 갖추어야 할 장치는 다음 각 호와 같다. 다만, 국제항공노선을 운항하지 않는 헬리콥터의 경우에는 제2호 및 제3호의 장치를 갖추지 않을 수 있다. 〈개정 2021. 8. 27.〉

1. 다음 각 목의 어느 하나에 해당하는 비행기에는 「국제민간항공협약」 부속서 10에서 정한 바에 따라 운용되는 공중충돌경고장치(Airborne Collision Avoidance System, ACAS Ⅱ) 1기 이상
   가. 항공운송사업에 사용되는 모든 비행기. 다만, 소형항공운송사업에 사용되는 최대이륙중량이 5,700킬로그램 이하인 비행기로서 그 비행기에 적합한 공중충돌경고장치가 개발되지 아니하거나 공중충돌경고장치를 장착하기 위하여 필요한 비행기 개조 등의 기술이 그 비행기의 제작자 등에 의하여 개발되지 아니한 경우에는 공중충돌경고장치를 갖추지 아니 할 수 있다.
   나. 2007년 1월 1일 이후에 최초로 감항증명을 받는 비행기로서 최대이륙중량이 15,000킬로그램을 초과하거나 승객 30명을 초과하여 수송할 수 있는 터빈발동기를 장착한 항공운송사업 외의 용도로 사용되는 모든 비행기
   다. 2008년 1월 1일 이후에 최초로 감항증명을 받는 비행기로서 최대이륙중량이 5,700킬로그램을 초과하거나 승객 19명을 초과하여 수송할 수 있는 터빈발동기를 장착한 항공운송사업 외의 용도로 사용되는 모든 비행기
2. 다음 각 목의 어느 하나에 해당하는 비행기 및 헬리콥터에는 그 비행기 및 헬리콥터가 지표면에 근접하여 잠재적인 위험상태에 있을 경우 적시에 명확한 경고를 운항승무원에게 자동으로 제공하고 전방의 지형지물을 회피할 수 있는 기능을 가진 지상접근경고장치(ground proximity warning system) 1기 이상
   가. 최대이륙중량이 5,700킬로그램을 초과하거나 승객 9명을 초과하여 수송할 수 있는 터빈발동기를 장착한 비행기
   나. 최대이륙중량이 5,700킬로그램 이하이고 승객 5명 초과 9명 이하를 수송할 수 있는 터빈발동기를 장착한 비행기
   다. 최대이륙중량이 5,700킬로그램을 초과하거나 승객 9명을 초과하여 수송할 수 있는 왕복발동기를 장착한 모든 비행기
   라. 최대이륙중량이 3,175킬로그램을 초과하거나 승객 9명을 초과하여 수송할 수 있는 헬리콥터로서 계기비행방식에 따라 운항하는 헬리콥터
3. 다음 각 목의 어느 하나에 해당하는 항공기에는 비행자료 및 조종실 내 음성을 디지털 방식으로 기록할 수 있는 비행기록장치 각 1기 이상
   가. 항공운송사업에 사용되는 터빈발동기를 장착한 비행기. 이 경우 비행기록장치에는 25시간 이상 비행자료를 기록하고, 2시간 이상 조종실 내 음성을 기록할 수 있는 성능이 있어야 한다.

나. 승객 5명을 초과하여 수송할 수 있고 최대이륙중량이 5,700킬로그램을 초과하는 비행기 중에서 항공운송사업 외의 용도로 사용되는 터빈발동기를 장착한 비행기. 이 경우 비행기록장치에는 25시간 이상 비행자료를 기록하고, 2시간 이상 조종실 내 음성을 기록할 수 있는 성능이 있어야 한다.

다. 1989년 1월 1일 이후에 제작된 헬리콥터로서 최대이륙중량이 3,180킬로그램을 초과하는 헬리콥터. 이 경우 비행기록장치에는 10시간 이상 비행자료를 기록하고, 2시간 이상 조종실 내 음성을 기록할 수 있는 성능이 있어야 한다.

라. 그 밖에 항공기의 최대이륙중량 및 제작 시기 등을 고려하여 국토교통부장관이 필요하다고 인정하여 고시하는 항공기

4. 최대이륙중량이 5,700킬로그램을 초과하거나 승객 9명을 초과하여 수송할 수 있는 터빈발동기(터보프롭발동기는 제외한다)를 장착한 항공운송사업에 사용되는 비행기에는 전방돌풍경고장치 1기 이상. 이 경우 돌풍경고장치는 조종사에게 비행기 전방의 돌풍을 시각 및 청각적으로 경고하고, 필요한 경우에는 실패접근(missed approach), 복행(go-around) 및 회피기동(escape manoeuvre)을 할 수 있는 정보를 제공하는 것이어야 하며, 항공기가 착륙하기 위하여 자동착륙장치를 사용하여 활주로에 접근할 때 전방의 돌풍으로 인하여 자동착륙장치가 그 운용한계에 도달하고 있는 경우에는 조종사에게 이를 알릴 수 있는 기능을 가진 것이어야 한다.

5. 최대이륙중량 27,000킬로그램을 초과하고 승객 19명을 초과하여 수송할 수 있는 항공운송사업에 사용되는 비행기로서 15분 이상 해당 항공교통관제기관의 감시가 곤란한 지역을 비행하는 하는 경우 위치추적장치 1기 이상

② 제1항 제2호에 따른 지상접근경고장치는 다음 각 호의 구분에 따라 경고를 제공할 수 있는 성능이 있어야 한다.

1. 제1항 제2호 가목에 해당하는 비행기의 경우에는 다음 각 목의 경우에 대한 경고를 제공할 수 있을 것
   가. 과도한 강하율이 발생하는 경우
   나. 지형지물에 대한 과도한 접근율이 발생하는 경우
   다. 이륙 또는 복행 후 과도한 고도의 손실이 있는 경우
   라. 비행기가 다음의 착륙형태를 갖추지 아니한 상태에서 지형지물과의 안전거리를 유지하지 못하는 경우
      1) 착륙바퀴가 착륙위치로 고정
      2) 플랩의 착륙위치
   마. 계기활공로 아래로의 과도한 강하가 이루어진 경우
2. 제1항 제2호 나목 및 다목에 해당하는 비행기와 제1항 제2호 라목에 해당하는 헬리콥터의 경우에는 다음 각 목의 경우에 대한 경고를 제공할 수 있을 것
   가. 과도한 강하율이 발생되는 경우
   나. 이륙 또는 복행 후에 과도한 고도의 손실이 있는 경우

다. 지형지물과의 안전거리를 유지하지 못하는 경우

③ 제1항 제2호에 따른 지상접근경고장치를 이용하는 항공기를 운영하려는 자 또는 소유자등은 지상접근경고장치의 지형지물 정보 현행성 유지를 위한 데이터베이스 관리절차를 수립 · 시행해야 한다. 〈신설 2020. 12. 10.〉

④ 제1항 제3호에 따른 비행기록장치의 종류, 성능, 기록하여야 하는 자료, 운영방법, 그 밖에 필요한 사항은 법 제77조에 따라 고시하는 운항기술기준에서 정한다. 〈개정 2020. 12. 10.〉

⑤ 제1항 제3호에도 불구하고 다음 각 호의 어느 하나에 해당하는 경우에는 비행기록장치를 장착하지 아니할 수 있다. 〈개정 2020. 12. 10.〉

1. 제3항에 따른 운항기술기준에 적합한 비행기록장치가 개발되지 아니하거나 생산되지 아니하는 경우
2. 해당 항공기에 비행기록장치를 장착하기 위하여 필요한 항공기 개조 등의 기술이 그 항공기의 제작사 등에 의하여 개발되지 아니한 경우

3) 탑재용 구급용구 등(구급용구, 소화기, 구급의료용품 등)

[항공안전법 시행규칙 제110조(구급용구 등)]

제110조(구급용구 등) 법 제52조 제2항에 따라 항공기의 소유자등이 항공기(무인항공기는 제외한다)에 갖추어야 할 구명동의, 음성신호발생기, 구명보트, 불꽃조난신호장비, 휴대용 소화기, 도끼, 손확성기(메가폰), 구급의료용품 등은 [별표 15]와 같다. 〈개정 2021. 8. 27.〉

[항공안전법 시행규칙 제110조(구급용구 등)]

[별표 15] 〈개정 2020. 11. 2.〉

항공기에 장비하여야 할 구급용구 등(제110조 관련)

1. 구급용구

구분	품목	수량	
		항공운송사업 및 항공기사용사업에 사용하는 경우	그 밖의 경우
가. 수상비행기(수륙 양용 비행기를 포함한다)	• 구명동의 또는 이에 상당하는 개인부양 장비	탑승자 한 명당 1개	탑승자 한 명당 1개
	• 음성신호발생기	1기	1기
	• 해상용 닻	1개	1개(해상이동에 필요한 경우만 해당한다)
	• 일상용 닻	1개	1개

나. 육상비행기(수륙 양용 비행기를 포함한다)			
1) 착륙에 적합한 해안으로부터 93킬로미터(50해리) 이상의 해상을 비행하는 다음의 경우 가) 쌍발비행기가 임계발동기가 작동하지 않아도 최저안전고도 이상으로 비행하여 교체비행장에 착륙할 수 있는 경우 나) 3발 이상의 비행기가 2개의 발동기가 작동하지 않아도 항로상 교체비행장에 착륙할 수 있는 경우	• 구명동의 또는 이에 상당하는 개인부양 장비	탑승자 한 명당 1개	탑승자 한 명당 1개
2) 1) 외의 육상단발비행기가 해안으로부터 활공거리를 벗어난 해상을 비행하는 경우	• 구명동의 또는 이에 상당하는 개인부양 장비	탑승자 한 명당 1개	탑승자 한 명당 1개
3) 이륙경로나 착륙접근경로가 수상에서의 사고 시에 착수가 예상되는 경우	• 구명동의 또는 이에 상당하는 개인부양 장비	탑승자 한 명당 1개	
다. 장거리 해상을 비행하는 비행기			
1) 비상착륙에 적합한 육지로부터 120분 또는 740킬로미터(400해리) 중 짧은 거리 이상의 해상을 비행하는 다음의 경우 가) 쌍발비행기가 임계발동기가 작동하지 않아도 최저안전고도 이상으로 비행하여 교체비행장에 착륙할 수 있는 경우 나) 3발 이상의 비행기가 2개의 발동기가 작동하지 않아도 항로상 교체비행장에 착륙할 수 있는 경우	• 구명동의 또는 이에 상당하는 개인부양 장비 • 구명보트 • 불꽃조난신호장비	탑승자 한 명당 1개 적정 척 수 1기	탑승자 한 명당 1개 적정 척 수 1기

2) 1) 외의 비행기가 30분 또는 185킬로미터(100해리) 중 짧은 거리 이상의 해상을 비행하는 경우	• 육상비행기 또는 수상비행기의 구분에 따라 가 또는 나에서 정한 품목 • 구명보트 • 불꽃조난신호장비	육상비행기 또는 수상비행기의 구분에 따라 가 또는 나에서 정한 수량 적정 척 수 1기	 적정 척 수 1기
3) 비행기가 비상착륙에 적합한 육지로부터 93킬로미터(50해리) 이상의 해상을 비행하는 경우	• 구명동의 또는 이에 상당하는 개인부양장비		탑승자 한 명당 1개
4) 비상착륙에 적합한 육지로부터 단발기는 185킬로미터(100해리), 다발기는 1개의 발동기가 작동하지 않아도 370킬로미터(200해리) 이상의 해상을 비행하는 경우	• 구명보트 • 불꽃조난신호장비		적정 척 수 1기
라. 수색구조가 특별히 어려운 산악지역, 외딴지역 및 국토교통부장관이 정한 해상 등을 횡단 비행하는 비행기(헬리콥터를 포함한다)	• 불꽃조난신호장비 • 구명장비	1기 이상 1기 이상	1기 이상 1기 이상
마. 헬리콥터			
1) 제1종 또는 제2종 헬리콥터가 육지(비상착륙에 적합한 섬을 포함한다)로부터 순항속도로 10분거리 이상의 해상을 비행하는 경우	• 헬리콥터 부양장치 • 구명동의 또는 이에 상당하는 개인부양장비 • 구명보트 • 불꽃조난신호장비	1조 탑승자 한 명당 1개 적정 척 수 1기	1조 탑승자 한 명당 1개 적정 척 수 1기
2) 제3종 헬리콥터가 다음의 비행을 하는 경우			
가) 비상착륙에 적합한 육지 또는 섬으로부터 자동회전 또는 안전강착거리를 벗어난 해상을 비행하는 경우	• 헬리콥터 부양장치	1조	1조

나) 비상착륙에 적합한 육지 또는 섬으로부터 자동회전거리를 초과하되, 국토교통부장관이 정한 육지로부터의 거리 내의 해상을 비행하는 경우	• 구명동의 또는 이에 상당하는 개인부양 장비	탑승자 한 명당 1개	탑승자 한 명당 1개
다) 가)에서 정한 지역을 초과하는 해상을 비행하는 경우	• 구명동의 또는 이에 상당하는 개인부양 장비	탑승자 한 명당 1개	탑승자 한 명당 1개
3) 제2종 및 제3종 헬리콥터가 이륙 경로나 착륙접근 경로가 수상에서의 사고 시에 착수가 예상되는 경우	• 구명보트	적정 척 수 1기	적정 척 수 1기
	• 불꽃조난신호장비		
	• 구명동의 또는 이에 상당하는 개인부양 장비	탑승자 한 명당 1개	탑승자 한 명당 1개
4) 앞바다(offshore)를 비행하거나 국토교통부장관이 정한 수상을 비행할 경우	• 헬리콥터 부양장치	1조	1조
5) 산불 진화 등에 사용되는 물을 담기 위해 수면 위로 비행하는 경우	• 구명동의 또는 이에 상당하는 개인부양 장비	탑승자 한 명당 1개	탑승자 한 명당 1개

[비고]

1) 구명동의 또는 이에 상당하는 개인부양 장비는 생존위치표시등이 부착된 것으로서 각 좌석으로부터 꺼내기 쉬운 곳에 두고, 그 위치 및 사용방법을 승객이 명확히 알기 쉽도록 해야 한다.
2) 육지로부터 자동회전 착륙거리를 벗어나 해상 비행을 하거나 산불 진화 등에 사용되는 물을 담기 위해 수면 위로 비행하는 경우 헬리콥터의 탑승자는 헬리콥터가 수면 위에서 비행하는 동안 위 표 마목에 따른 구명동의를 계속 착용하고 있어야 한다.
3) 헬리콥터가 해상 운항을 할 경우, 해수 온도가 10℃ 이하일 경우에는 탑승자 모두 구명동의를 착용해야 한다.
4) 음성신호발생기는 1972년 「국제해상충돌예방규칙협약」에서 정한 성능을 갖춰야 한다.
5) 구명보트의 수는 탑승자 전원을 수용할 수 있는 수량이어야 한다. 이 경우 구명보트는 비상시 사용하기 쉽도록 적재되어야 하며, 각 구명보트에는 비상신호등 · 방수휴대등이 각 1개씩 포함된 구명용품 및 불꽃조난신호장비 1기를 갖춰야 한다. 다만, 구명용품 및 불꽃조난신호장비는 구명보트에 보관할 수 있다.
6) 위 표 마목의 제1종 · 제2종 및 제3종 헬리콥터는 다음과 같다.
   가) 제1종 헬리콥터(operations in performance class 1 helicopter): 임계발동기에 고장이 발생한 경우, TDP(Take-off Decision Point: 이륙결심지점) 전 또는 LDP(Landing Decision Point: 착륙결심지점)를 통과한 후에는 이륙을 포기하거나 또는 착륙지점에 착륙해야 하며, 그 외에는 적합한 착륙 장소까지 안전하게 계속 비행이 가능한 헬리콥터
   나) 제2종 헬리콥터(operations in performance class 2 helicopter): 임계발동기에 고장이 발생한 경우, 초기 이륙 조종 단계 또는 최종 착륙 조종 단계에서는 강제 착륙이 요구되며, 이 외에는 적합한 착륙 장소까지 안전하게 계속 비행이 가능한 헬리콥터
   다) 제3종 헬리콥터(operations in performance class 3 helicopter): 비행 중 어느 시점이든 임계발동기에 고장이 발생할 경우 강제착륙이 요구되는 헬리콥터

2. 소화기

가. 항공기에는 적어도 조종실 및 조종실과 분리되어 있는 객실에 각각 한 개 이상의 이동이 간편한 소화기를 갖춰 두어야 한다. 다만, 소화기는 소화액을 방사 시 항공기 내의 공기를 해롭게 오염시키거나 항공기의 안전운항에 지장을 주는 것이어서는 안 된다.

나. 항공기의 객실에는 다음 표의 소화기를 갖춰 두어야 한다.

승객 좌석 수	소화기의 수량
• 6석부터 30석까지	1
• 31석부터 60석까지	2
• 61석부터 200석까지	3
• 201석부터 300석까지	4
• 301석부터 400석까지	5
• 401석부터 500석까지	6
• 501석부터 600석까지	7
• 601석 이상	8

3. 항공운송사업용 및 항공기사용사업용 항공기에는 사고 시 사용할 도끼 1개를 갖춰 두어야 한다.
4. 항공운송사업용 여객기에는 다음 표의 메가폰을 갖춰 두어야 한다.

승객 좌석 수	메가폰의 수
• 61석부터 99석까지	1
• 100석부터 199석까지	2
• 200석 이상	3

5. 의료지원용구(Medical supply)

구분	품목	수량
가. 구급의료용품 (first-aid kit)	1) 내용물 설명서 2) 멸균 면봉(10개 이상) 3) 일회용 밴드 4) 거즈 붕대 5) 삼각건, 안전핀 6) 멸균된 거즈 7) 압박(탄력) 붕대 8) 소독포 9) 반창고 10) 상처 봉합용 테이프 11) 손 세정제 또는 물수건 12) 안대 또는 눈을 보호할 수 있는 테이프 13) 가위 14) 수술용 접착테이프 15) 핀셋	승객 좌석 수에 따른 다음의 수량 가) 100석 이하: 1조 나) 101석부터 200석까지 : 2조 다) 201석부터 300석까지 : 3조 라) 301석부터 400석까지 : 4조 마) 401석부터 500석까지 : 5조 바) 501석 이상: 6조

	16) 일회용 의료장갑(2개 이상) 17) 체온계(비수은 체온계) 18) 인공호흡 마스크 19) 최신 정보를 반영한 응급처치교범 20) 구급의료용품 사용 시 보고를 위한 서식 21) 복용 약품(진통제, 구토억제제, 코 충혈 완화제, 제산제, 항히스타민제), 다만, 자가용 항공기, 항공기사용사업용 항공기 및 여객을 수송하지 않는 항공운송사업용 헬리콥터의 경우에는 항히스타민제를 갖춰두지 않을 수 있다.	
나. 감염예방 의료용구 (universal precaution kit)	1) 액체응고제(파우더) 2) 살균제 3) 피부 세척을 위한 수건 4) 안면/눈 보호대(마스크) 5) 일회용 의료장갑 6) 보호용 앞치마(에이프런) 7) 흡착용 대형 타올 8) 오물 처리를 위한 주걱(긁을 수 있는 도구 포함) 9) 오물을 위생적으로 처리할 수 있는 봉투 10) 사용 설명서	승객 좌석 수에 따른 다음의 수량 가) 250석 이하: 1조 나) 251석부터 500석까지 : 2조 다) 501석 이상: 3조
다. 비상의료용구 (emergency medical kit)	1) 장비 가) 내용물 설명서 나) 청진기 다) 혈압계 라) 인공기도 마) 주사기 바) 주사바늘 사) 정맥주사용 카테터 아) 항균 소독포 자) 일회용 의료 장갑 차) 주사 바늘 폐기함 카) 도뇨관 타) 정맥 혈류기(수액세트) 파) 지혈대 하) 스폰지 거즈 거) 접착 테이프 너) 외과용 마스크	1조

	더) 기관 카테터(또는 대형 정맥 캐뉼러) 러) 탯줄 집게(제대 겸자) 머) 체온계(비수은 체온계) 버) 기본인명구조술 지침서 서) 인공호흡용 Bag-valve 마스크 어) 손전등(펜라이트)과 건전지 2) 약품 가) 아드레날린제(희석농도 1 : 1,000) 또는 에피네프린(희석농도 1 : 1,000) 나) 항히스타민제(주사용) 다) 정맥주사용 포도당(50%, 주사용 50ml) 라) 니트로글리세린 정제(또는 스프레이) 마) 진통제 바) 항경련제(주사용) 사) 진토제(주사용) 아) 기관지 확장제(흡입식) 자) 아트로핀 차) 부신피질스테로이드(주사제) 카) 이뇨제(주사용) 타) 자궁수축제 파) 주사용 생리식염수(농도 0.9%, 용량 250ml 이상) 하) 아스피린(경구용) 거) 경구용 베타수용체 차단제	

[비고]
1. 모든 항공기에는 가목에서 정하는 수량의 구급의료용품을 탑재해야 한다.
2. 항공운송사업용 항공기에는 나목에서 정하는 수량의 감염예방 의료용구를 탑재하여야 한다. 다만, 「재난 및 안전관리 기본법」 제38조에 따라 발령된 위기경보가 심각 단계인 경우에는 나목에서 정하는 감염예방 의료용구에 1조를 더한 감염예방 의료용구를 탑재해야 한다.
3. 비행시간이 2시간 이상이면서 승객 좌석 수가 101석 이상인 항공운송사업용 항공기에는 다목에서 정하는 수량 이상의 비상의료용구를 탑재해야 한다.
4. 가목에 따른 구급의료용품과 나목에 따른 감염예방 의료용구는 비행 중 승무원이 쉽게 접근하여 사용할 수 있도록 객실 전체에 고르게 분포되도록 갖춰 두어야 한다.
6. 삭제 〈2020. 11. 2.〉

[항공안전법 시행규칙 제111조(승객 및 승무원의 좌석 등)]

제111조(승객 및 승무원의 좌석 등) ① 법 제52조 제2항에 따라 항공기(무인항공기는 제외한다)에는 2세 이상의 승객과 모든 승무원을 위한 안전띠가 달린 좌석(침대좌석을 포함한다)을 장착해야 한다. 〈개정 2019. 2. 26.〉

② 항공운송사업에 사용되는 항공기의 모든 승무원의 좌석에는 안전띠 외에 어깨끈을 장착해야 한다. 이 경우 운항승무원의 좌석에 장착하는 어깨끈은 급감속 시 상체를 자동적으로 제어하는 것이어야 한다. 〈개정 2019. 2. 26.〉

[항공안전법 시행규칙 제112조(낙하산의 장비)]

제112조(낙하산의 장비) 법 제52조 제2항에 따라 다음 각 호의 어느 하나에 해당하는 항공기에는 항공기에 타고 있는 모든 사람이 사용할 수 있는 수의 낙하산을 갖춰 두어야 한다.

1. 법 제23조 제3항 제2호에 따른 특별감항증명을 받은 항공기(제작 후 최초로 시험비행을 하는 항공기 또는 국토교통부장관이 지정하는 항공기만 해당한다)
2. 법 제68조 각 호 외의 부분 단서에 따라 같은 조 제4호에 따른 곡예비행을 하는 항공기(헬리콥터는 제외한다)

4) 항공기 탑재 서류 등

[항공안전법 시행규칙 제113조(항공기에 탑재하는 서류)]

제113조(항공기에 탑재하는 서류) 법 제52조 제2항에 따라 항공기(활공기 및 법 제23조 제3항 제2호에 따른 특별감항증명을 받은 항공기는 제외한다)에는 다음 각 호의 서류를 탑재하여야 한다. 〈개정 2020. 11. 2., 2021. 6. 9.〉

1. 항공기등록증명서
2. 감항증명서
3. 탑재용 항공일지
4. 운용한계 지정서 및 비행교범
5. 운항규정([별표 32]에 따른 교범 중 훈련교범 · 위험물교범 · 사고절차교범 · 보안업무교범 · 항공기 탑재 및 처리 교범은 제외한다)
6. 항공운송사업의 운항증명서 사본(항공당국의 확인을 받은 것을 말한다) 및 운영기준 사본(국제운송사업에 사용되는 항공기의 경우에는 영문으로 된 것을 포함한다)
7. 소음기준적합증명서
8. 각 운항승무원의 유효한 자격증명서(법 제34조에 따라 자격증명을 받은 사람이 국내에서 항공업무를 수행하는 경우에는 전자문서로 된 자격증명서를 포함한다. 이하 제219조 각 호에서 같다) 및 조종사의 비행기록에 관한 자료
9. 무선국 허가증명서(radio station license)
10. 탑승한 여객의 성명, 탑승지 및 목적지가 표시된 명부(passenger manifest)(항공운송사업용 항공기만 해당한다)
11. 해당 항공운송사업자가 발행하는 수송화물의 화물목록(cargo manifest)과 화물 운송장에 명

시되어 있는 세부 화물신고서류(detailed declarations of the cargo)(항공운송사업용 항공기 만 해당한다)

12. 해당 국가의 항공당국 간에 체결한 항공기 등의 감독 의무에 관한 이전협정서요약서 사본(법 제5조에 따른 임대차 항공기의 경우만 해당한다)
13. 비행 전 및 각 비행단계에서 운항승무원이 사용해야 할 점검표
14. 그 밖에 국토교통부장관이 정하여 고시하는 서류

핵심 POINT 항공기에 탑재하는 서류(항공안전법 시행규칙 제113조)

항공기에는 다음의 서류를 탑재하여야 한다.

- 항공기등록증명서
- 감항증명서
- 탑재용 항공일지
- 운용한계 지정서 및 비행교범
- 운항규정
- 항공운송사업의 운항증명서 사본 및 운영기준 사본
- 소음기준적합증명서
- 각 운항승무원의 유효한 자격증명서 및 조종사의 비행기록에 관한 기록
- 무선국 허가증명서
- 탑승한 여객의 성명, 탑승지 및 목적지가 표시된 명부
- 해당 항공운송사업자가 발행하는 수송화물의 화물목록과 화물 운송장에 명시되어 있는 세부 화물신고서류
- 해당 국가의 항공당국 간에 체결한 항공기 등의 감독 의무에 관한 이전협정서요약서 사본
- 비행 전 및 각 비행단계에서 운항승무원이 사용해야 할 점검표
- 그 밖에 국토교통부장관이 정하여 고시하는 서류

[항공안전법 시행규칙 제114조(산소 저장 및 분배장치 등)]

제114조(산소 저장 및 분배장치 등) ① 법 제52조 제2항에 따라 고고도(高高度) 비행을 하는 항공기(무인항공기는 제외한다. 이하 이 조에서 같다)는 다음 각 호의 구분에 따른 호흡용 산소의 양을 저장하고 분배할 수 있는 장치를 장착하여야 한다.

1. 여압장치가 없는 항공기가 기내의 대기압이 700헥토파스칼(hPa) 미만인 비행고도에서 비행하려는 경우에는 다음 각 목에서 정하는 양
   가. 기내의 대기압이 700헥토파스칼(hPa) 미만 620헥토파스칼(hPa) 이상인 비행고도에서 30분을 초과하여 비행하는 경우에는 승객의 10퍼센트와 승무원 전원이 그 초과되는 비행시간 동안 필요로 하는 양
   나. 기내의 대기압이 620헥토파스칼(hPa) 미만인 비행고도에서 비행하는 경우에는 승객 전원과 승무원 전원이 해당 비행시간 동안 필요로 하는 양

2. 기내의 대기압을 700헥토파스칼(hPa) 이상으로 유지시켜 줄 수 있는 여압장치가 있는 모든 비행기와 항공운송사업에 사용되는 헬리콥터의 경우에는 다음 각 목에서 정하는 양
   가. 기내의 대기압이 700헥토파스칼(hPa) 미만인 동안 승객 전원과 승무원 전원이 비행고도 등 비행환경에 따라 적합하게 필요로 하는 양
   나. 기내의 대기압이 376헥토파스칼(hPa) 미만인 비행고도에서 비행하거나 376헥토파스칼(hPa) 이상인 비행고도에서 620헥토파스칼(hPa)인 비행고도까지 4분 이내에 강하할 수 없는 경우에는 승객 전원과 승무원 전원이 최소한 10분 이상 사용할 수 있는 양

② 여압장치가 있는 비행기로서 기내의 대기압이 376헥토파스칼(hPa) 미만인 비행고도로 비행하려는 비행기에는 기내의 압력이 떨어질 경우 운항승무원에게 이를 경고할 수 있는 기압저하경보장치 1기를 장착하여야 한다.

③ 항공운송사업에 사용되는 항공기로서 기내의 대기압이 376헥토파스칼(hPa) 미만인 비행고도로 비행하거나 376헥토파스칼(hPa) 이상인 비행고도에서 620헥토파스칼(hPa)의 비행고도까지 4분 이내에 안전하게 강하할 수 없는 경우에는 승객 및 객실승무원 좌석 수를 더한 수보다 최소한 10퍼센트를 초과하는 수의 자동으로 작동되는 산소분배장치를 장착하여야 한다.

④ 여압장치가 있는 비행기로서 기내의 대기압이 376헥토파스칼(hPa) 미만인 비행고도에서 비행하려는 비행기의 경우 운항승무원의 산소마스크는 운항승무원이 산소의 사용이 필요할 때에 비행임무를 수행하는 좌석에서 즉시 사용할 수 있는 형태여야 한다.

⑤ 비행 중인 비행기의 안전운항을 위하여 조종업무를 수행하고 있는 모든 운항승무원은 제1항에 따른 산소 공급이 요구되는 상황에서는 언제든지 산소를 계속 사용할 수 있어야 한다.

⑥ 제1항에 따라 항공기에 장착하여야 할 호흡용산소의 저장 · 분배장치에 대한 비행고도별 세부 장착요건 및 산소의 양, 그밖에 필요한 사항은 국토교통부장관이 정하여 고시한다.

[항공안전법 시행규칙 제115조(헬리콥터 기체진동 감시 시스템 장착)]

제115조(헬리콥터 기체진동 감시 시스템 장착) 최대이륙중량이 3천175킬로그램을 초과하거나 승객 9명을 초과하여 수송할 수 있는 국제항공노선을 운항하는 항공운송사업에 사용되는 헬리콥터는 법 제52조 제1항에 따라 기체에서 발생하는 진동을 감시할 수 있는 시스템(vibration health monitoring system)을 장착해야 한다.

[항공안전법 시행규칙 제116조(방사선투사량계기)]

제116조(방사선투사량계기) ① 법 제52조 제2항에 따라 항공운송사업용 항공기 또는 국외를 운항하는 비행기가 평균해면으로부터 1만 5천미터(4만 9천피트)를 초과하는 고도로 운항하려는 경우에는 방사선투사량계기(radiation indicator) 1기를 갖추어야 한다.

② 제1항에 따른 방사선투사량계기는 투사된 총우주방사선의 비율과 비행 시마다 누적된 양을 계속적으로 측정하고 이를 나타낼 수 있어야 하며, 운항승무원이 측정된 수치를 쉽게 볼 수 있어야 한다.

5) 필수 탑재용 항공계기장치 등

[항공안전법 시행규칙 제117조(항공계기장치 등)]

제117조(항공계기장치 등) ① 법 제52조 제2항에 따라 시계비행방식 또는 계기비행방식(계기비행 및 항공교통관제 지시하에 시계비행방식으로 비행을 하는 경우를 포함한다)에 의한 비행을 하는 항공기에 갖추어야 할 항공계기 등의 기준은 [별표 16]과 같다.

② 야간에 비행을 하려는 항공기에는 [별표 16]에 따라 계기비행방식으로 비행할 때 갖추어야 하는 항공계기 등 외에 추가로 다음 각 호의 조명설비를 갖추어야 한다. 다만, 제1호 및 제2호의 조명설비는 주간에 비행을 하려는 항공기에도 갖추어야 한다.

1. 항공운송사업에 사용되는 항공기에는 2기 이상, 그 밖의 항공기에는 1기 이상의 착륙등. 다만, 헬리콥터의 경우 최소한 1기의 착륙등은 수직면으로 방향전환이 가능한 것이어야 한다.
2. 충돌방지등 1기
3. 항공기의 위치를 나타내는 우현등, 좌현등 및 미등
4. 운항승무원이 항공기의 안전운항을 위하여 사용하는 필수적인 항공계기 및 장치를 쉽게 식별할 수 있도록 해주는 조명설비
5. 객실조명설비
6. 운항승무원 및 객실승무원이 각 근무위치에서 사용할 수 있는 손전등(flashlight)

③ 마하 수(mach number) 단위로 속도제한을 나타내는 항공기에는 마하 수 지시계(mach number indicator)를 장착하여야 한다. 다만, 마하 수 환산이 가능한 속도계를 장착한 항공기의 경우에는 그러하지 아니하다.

④ 제2항 제1호에도 불구하고 소형항공운송사업에 사용되는 항공기로서 해당 항공기에 착륙등을 추가로 장착하기 위한 기술이 그 항공기 제작자 등에 의해 개발되지 아니한 경우에는 1기의 착륙등을 갖추고 비행할 수 있다.

[항공안전법 시행규칙 제117조(항공계기장치 등)]

[별표 16]

항공계기 등의 기준(제117조 제1항 관련)

비행구분	계기명	수량			
		비행기		헬리콥터	
		항공운송 사업용	항공운송 사업용 외	항공운송 사업용	항공운송 사업용 외
시계 비행 방식	나침반 (magnetic compass)	1	1	1	1
	시계(시, 분, 초의 표시)	1	1	1	1

	정밀기압고도계 (sensitive pressure altimeter)	1	–	1	1
	기압고도계 (pressure altimeter)	–	1	–	–
	속도계 (airspeed indicator)	1	1	1	1
계기 비행 방식	나침반 (magnetic compass)	1	1	1	1
	시계(시, 분, 초의 표시)	1	1	1	1
	정밀기압고도계 (sensitive pressure altimeter)	2	1	2	1
	기압고도계 (pressure altimeter)	–	1	–	–
	동결방지장치가 되어 있는 속도계 (airspeed indicator)	1	1	1	1
	선회 및 경사지시계 (turn and slip indicator)	1	1	–	–
	경사지시계 (slip indicator)	–	–	1	1
	인공수평자세지시계 (attitude indicator)	1	1	조종석당 1개 및 여분의 계기 1개	
	자이로식 기수방향지시계 (heading indicator)	1	1	1	1
	외기온도계 (outside air temperature indicator)	1	1	1	1
	승강계 (rate of climb and descent indicator)	1	1	1	1
	안정성유지시스템 (stabilization system)	–	–	1	1

[비고]

1. 자이로식 계기에는 전원의 공급상태를 표시하는 수단이 있어야 한다.
2. 비행기의 경우 고도를 지시하는 3개의 바늘로 된 고도계(three pointer altimeter)와 드럼형 지시고도계(drum pointer altimeter)는 정밀기압고도계의 요건을 충족하지 않으며, 헬리콥터의 경우 드럼형 지시고도계는 정밀기압고도계의 요건을 충족하지 않는다.
3. 선회 및 경사지시계(헬리콥터의 경우에는 경사지시계), 인공수평 자세지시계 및 자이로식 기수방향지시계의 요건은 결합 또는 통합된 비행지시계(flight director)로 충족될 수 있다. 다만, 동시에 고장 나는 것을 방지하기 위하여 각각의 계기에는 안전장치가 내장되어야 한다.
4. 헬리콥터의 설계자 또는 제작자가 안정성유지시스템 없이도 안정성을 유지할 수 있는 능력이 있다고 시험비행을 통하여 증명하거나 이를 증명할 수 있는 서류 등을 제출한 경우에는 안정성유지시스템을 갖추지 않을 수 있다.
5. 계기비행방식에 따라 운항하는 최대이륙중량 5,700킬로그램을 초과하는 비행기와 제1종 및 제2종 헬리콥터는 주발전장치와는 별도로 30분 이상 인공수평 자세지시계를 작동시키고 조종사가 자세지시계를 식별할 수 있는 조명을 제공할 수 있는 비상전원 공급장치를 갖추어야 한다. 이 경우 비상전원 공급장치는 주발전장치 고장 시 자동으로 작동되어야 하고 자세지시계가 비상전원으로 작동 중임이 계기판에 명확하게 표시되어야 한다.

6. 야간에 시계비행방식으로 국외를 운항하려는 항공운송사업용 헬리콥터는 시계비행방식으로 비행할 경우 위 표에 따라 장착해야 할 계기와 조종사 1명당 1개의 인공수평 자세지시계, 1개의 경사지시계, 1개의 자이로식 기수방향지시, 1개의 승강계를 장착해야 한다.
7. 진보된 조종실 자동화 시스템[Advanced cockpit automation system(Glass cockpit)–각종 아날로그 및 디지털 계기를 하나 또는 두 개의 전시화면(Display)으로 통합한 형태]을 갖춘 항공기는 주시스템과 전시(Display)장치가 고장 난 경우 조종사에게 항공기의 자세, 방향, 속도 및 고도를 제공하는 여분의 시스템을 갖추어야 한다. 다만, 주간에 시계비행방식으로 운항하는 헬리콥터는 제외한다.
8. 국외를 운항하는 항공운송사업 외의 비행기가 계기비행방식으로 비행하려는 경우에는 2개의 독자적으로 작동하는 비행기 자세 측정 장치(independent altitude measuring)와 비행기 자세 전시 장치(display system)를 갖추어야 한다.
9. 야간에 시계비행방식으로 운항하려는 항공운송사업 외의 헬리콥터에는 각 조종석마다 자세지시계 1개와 여분의 자세지시계 1개, 경사지시계 1개, 기수방향지시계 1개, 승강계 1개를 추가로 장착해야 한다.

[항공안전법 시행규칙 제118조(제빙 · 방빙장치)]

제118조(제빙 · 방빙장치) 법 제52조 제2항에 따라 결빙이 있거나 결빙이 예상되는 지역으로 운항하려는 항공기에는 결빙을 제거할 수 있는 제빙(de–icing)장치 또는 결빙을 방지할 수 있는 방빙(anti–icing)장치를 갖추어야 한다.

4.8.3 항공기의 연료

[항공안전법 제53조(항공기의 연료)]

제53조(항공기의 연료) 항공기를 운항하려는 자 또는 소유자등은 항공기에 국토교통부령으로 정하는 양의 연료를 싣지 아니하고 항공기를 운항해서는 아니 된다.

[항공안전법 시행규칙 제119조(항공기의 연료와 오일)]

제119조(항공기의 연료와 오일) 법 제53조에 따라 항공기에 실어야 하는 연료와 오일의 양은 [별표 17]과 같다.

핵심 POINT 항공기에 실어야 하는 연료의 양에 대한 기준[별표 17]

항공기를 운항하려는 자 또는 소유자등은 항공기에 국토교통부령으로 정하는 양의 연료를 싣지 아니하고 항공기를 운항해서는 아니 된다.

- 이륙 전에 소모가 예상되는 연료의 양
- 이륙부터 최초 착륙예정 비행장에 착륙할 때까지 필요한 연료의 양
- 이상사태 발생 시 연료 소모가 증가할 것에 대비하기 위한 것으로 운항기술기준에서 정한 연료의 양
- 교체비행장에 도착 시 예상되는 비행기의 중량 상태에서 표준대기 상태에서의 체공속도로 교체비행장의 450미터(1,500피트)의 상공에서 30분간 더 비행할 수 있는 연료의 양 등

[항공안전법 시행규칙 제119조(항공기의 연료와 오일)]

[별표 17]

항공기에 실어야 할 연료와 오일의 양(제119조 관련)

<table>
<tr><th colspan="2" rowspan="2">구분</th><th colspan="2">연료 및 오일의 양</th></tr>
<tr><th>왕복발동기 장착 항공기</th><th>터빈발동기 장착 항공기</th></tr>
<tr><td>항공운송사업용 및 항공기사용사업용 비행기</td><td>계기비행으로 교체비행장이 요구될 경우</td><td>다음 각 호의 양을 더한 양
1. 이륙 전에 소모가 예상되는 연료(taxi fuel)의 양
2. 이륙부터 최초 착륙예정 비행장에 착륙할 때까지 필요한 연료(trip fuel)의 양
3. 이상사태 발생 시 연료 소모가 증가할 것에 대비하기 위한 것으로서 법 제77조에 따라 고시하는 운항기술기준(이하 이 표에서 "운항기술기준"이라 한다)에서 정한 연료(contingency fuel)의 양
4. 다음 각 목의 어느 하나에 해당하는 연료(destination alternate fuel)의 양
가. 1개의 교체비행장이 요구되는 경우: 다음의 양을 더한 양
1) 최초 착륙예정 비행장에서 한 번의 실패접근에 필요한 양
2) 교체비행장까지 상승비행, 순항비행, 강하비행, 접근비행 및 착륙에 필요한 양
나. 2개 이상의 교체비행장이 요구되는 경우: 각각의 교체비행장에 대하여 가목에 따라 산정된 양 중 가장 많은 양
5. 교체비행장에 도착 시 예상되는 비행기의 중량 상태에서 순항속도 및 순항고도로 45분간 더 비행할 수 있는 연료(final reserve fuel)의 양
6. 그 밖에 비행기의 비행성능 등을 고려하여 운항기술기준에서 정한 추가 연료의 양</td><td>다음 각 호의 양을 더한 양
1. 이륙 전에 소모가 예상되는 연료의 양
2. 이륙부터 최초 착륙예정 비행장에 착륙할 때까지 필요한 연료의 양
3. 이상사태 발생 시 연료 소모가 증가할 것에 대비하기 위한 것으로서 운항기술기준에서 정한 연료의 양
4. 다음 각 목의 어느 하나에 해당하는 연료의 양
가. 1개의 교체비행장이 요구되는 경우: 다음의 양을 더한 양
1) 최초 착륙예정 비행장에서 한 번의 실패접근에 필요한 양
2) 교체비행장까지 상승비행, 순항비행, 강하비행, 접근비행 및 착륙에 필요한 양
나. 2개 이상의 교체비행장이 요구되는 경우: 각각의 교체비행장에 대하여 가목에 따라 산정된 양 중 가장 많은 양
5. 교체비행장에 도착 시 예상되는 비행기의 중량 상태에서 표준대기 상태에서의 체공속도로 교체비행장의 450미터(1,500피트)의 상공에서 30분간 더 비행할 수 있는 연료의 양
6. 그 밖에 비행기의 비행성능 등을 고려하여 운항기술기준에서 정한 추가 연료의 양</td></tr>
</table>

	계기비행으로 교체비행장이 요구되지 않을 경우	다음 각 호의 양을 더한 양 1. 이륙 전에 소모가 예상되는 연료의 양 2. 이륙부터 최초 착륙예정 비행장에 착륙할 때까지 필요한 연료의 양 3. 이상사태 발생 시 연료소모가 증가할 것에 대비하기 위한 것으로서 운항기술기준에서 정한 연료의 양 4. 다음 각 목의 어느 하나에 해당하는 연료의 양 가. 제186조 제3항 제1호에 해당하는 경우: 표준대기상태에서 최초 착륙예정 비행장의 450미터(1,500피트)의 상공에서 체공속도로 15분간 더 비행할 수 있는 양 나. 제186조 제3항 제2호에 해당하는 경우: 다음의 어느 하나에 해당하는 양 중 더 적은 양 1) 제5호에 따른 연료의 양을 포함하여 순항속도로 45분간 더 비행할 수 있는 양에 순항고도로 계획된 비행시간의 15퍼센트의 시간을 더 비행할 수 있는 양을 더한 양 2) 순항속도로 2시간을 더 비행할 수 있는 양 5. 최초 착륙예정 비행장에 도착 시 예상되는 비행기 중량 상태에서 순항속도 및 순항고도로 45분간 더 비행할 수 있는 연료의 양. 다만, 제4호 나목 1)에 따라 연료를 실은 경우에는 제5호에 따른 연료를 실은 것으로 본다. 6. 그 밖에 비행기의 비행성능 등을 고려하여 운항기술기준에서 정한 추가 연료의 양	다음 각 호의 양을 더한 양 1. 이륙 전에 소모가 예상되는 연료의 양 2. 이륙부터 최초 착륙예정 비행장에 착륙할 때까지 필요한 연료의 양 3. 이상사태 발생 시 연료소모가 증가할 것에 대비하기 위한 것으로서 운항기술기준에서 정한 연료의 양 4. 다음 각 목의 어느 하나에 해당하는 연료의 양 가. 제186조 제3항 제1호에 해당하는 경우: 표준대기상태에서 최초 착륙예정 비행장의 450미터(1,500피트)의 상공에서 체공속도로 15분간 더 비행할 수 있는 양 나. 제186조 제3항 제2호에 해당하는 경우: 제5호에 따른 연료의 양을 포함하여 최초 착륙예정 비행장의 상공에서 정상적인 순항 연료소모율로 2시간을 더 비행할 수 있는 양 5. 최초 착륙예정 비행장에 도착 시 예상되는 비행기 중량 상태에서 표준대기 상태에서의 체공속도로 최초 착륙예정 비행장의 450미터(1,500피트)의 상공에서 30분간 더 비행할 수 있는 양. 다만, 제4호 나목에 따라 연료를 실은 경우에는 제5호에 따른 연료를 실은 것으로 본다. 6. 그 밖에 비행기의 비행성능 등을 고려하여 운항기술기준에서 정한 추가 연료의 양

	시계비행을 할 경우	다음 각 호의 양을 더한 양 1. 최초 착륙예정 비행장까지 비행에 필요한 양 2. 순항속도로 45분간 더 비행할 수 있는 양
항공운송사업용 및 항공기사용사업용 외의 비행기	계기비행으로 교체비행장이 요구될 경우	다음 각 호의 양을 더한 양 1. 최초 착륙예정 비행장까지 비행에 필요한 양 2. 그 교체비행장까지 비행을 마친 후 순항고도로 45분간 더 비행할 수 있는 양
	계기비행으로 교체비행장이 요구되지 않을 경우	다음 각 호의 양을 더한 양 1. 제186조 제3항 단서에 따라 교체비행장이 요구되지 않는 경우 최초 착륙예정 비행장까지 비행에 필요한 양 2. 순항고도로 45분간 더 비행할 수 있는 양
	주간에 시계비행을 할 경우	다음 각 호의 양을 더한 양 1. 최초 착륙예정 비행장까지 비행에 필요한 양 2. 순항고도로 30분간 더 비행할 수 있는 양
	야간에 시계비행을 할 경우	다음 각 호의 양을 더한 양 1. 최초 착륙예정 비행장까지 비행에 필요한 양 2. 순항고도로 45분간 더 비행할 수 있는 양
항공운송사업용 및 항공기사용사업용 헬리콥터	시계비행을 할 경우	다음 각 호의 양을 더한 양 1. 최초 착륙예정 비행장까지 비행에 필요한 양 2. 최대항속속도로 20분간 더 비행할 수 있는 양 3. 이상사태 발생 시 연료소모가 증가할 것에 대비하기 위한 것으로서 운항기술기준에서 정한 연료의 양
	계기비행으로 교체비행장이 요구될 경우	다음 각 호의 양을 더한 양 1. 최초 착륙예정 비행장까지 비행하여 한 번의 접근과 실패접근을 하는 데 필요한 양 2. 교체비행장까지 비행하는 데 필요한 양 3. 표준대기 상태에서 교체비행장의 450미터(1,500피트)의 상공에서 30분간 체공하는 데 필요한 양에 그 비행장에 접근하여 착륙하는 데 필요한 양을 더한 양 4. 이상사태 발생 시 연료소모가 증가할 것에 대비하기 위한 것으로서 운항기술기준에서 정한 연료의 양
	계기비행으로 교체비행장이 요구되지 않을 경우	제186조 제7항 제1호의 경우에는 다음 각 호의 양을 더한 양 1. 최초 착륙예정 비행장까지 비행에 필요한 양 2. 표준대기 상태에서 최초 착륙예정 비행장의 450미터(1,500피트)의 상공에서 30분간 체공하는 데 필요한 양에 그 비행장에 접근하여 착륙하는 데 필요한 양을 더한 양 3. 이상사태 발생 시 연료소모가 증가할 것에 대비하기 위한 것으로서 운항기술기준에서 정한 연료의 양

	계기비행으로 적당한 교체비행장이 없을 경우	제186조 제7항 제2호의 경우에는 다음 각 호의 양을 더한 양 1. 최초 착륙예정 비행장까지 비행에 필요한 양 2. 최초 착륙예정 비행장의 상공에서 체공속도로 2시간 동안 체공하는 데 필요한 양
항공운송 사업용 및 항공기 사용사업용 외의 헬리콥터	시계비행을 할 경우	다음 각 호의 양을 더한 양 1. 최초 착륙예정 비행장까지 비행에 필요한 양 2. 최대항속속도로 20분간 더 비행할 수 있는 양 3. 이상사태 발생 시 연료 소모가 증가할 것에 대비하여 소유자등이 정한 추가의 양
	계기비행으로 교체비행장이 요구될 경우	다음 각 호의 양을 더한 양 1. 최초 착륙예정 비행장까지 비행하여 한 번의 접근과 실패접근을 하는 데 필요한 양 2. 교체비행장까지 비행하는 데 필요한 양 3. 표준대기 상태에서 교체비행장의 450미터(1,500피트)의 상공에서 30분간 체공하는 데 필요한 양에 그 비행장에 접근하여 착륙하는 데 필요한 양을 더한 양 4. 이상사태 발생 시 연료 소모가 증가할 것에 대비하여 소유자등이 정한 추가의 양
	계기비행으로 교체비행장이 요구되지 않는 경우	다음 각 호의 양을 더한 양 1. 최초 착륙예정 비행장까지 비행에 필요한 양 2. 표준대기 상태에서 최초 착륙예정 비행장의 450미터(1,500피트)의 상공에서 30분간 체공하는 데 필요한 양에 그 비행장에 접근하여 착륙하는 데 필요한 양을 더한 양 3. 이상사태 발생 시 연료 소모가 증가할 것에 대비하여 소유자등이 정한 추가의 양
	계기비행으로 적당한 교체비행장이 없을 경우	다음 각 호의 양을 더한 양 1. 최초 착륙예정 비행장까지 비행에 필요한 양 2. 그 비행장의 상공에서 체공속도로 2시간 동안 체공하는 데 필요한 양

4.8.4 항공기의 등불

[항공안전법 제54조(항공기의 등불)]

제54조(항공기의 등불) 항공기를 운항하거나 야간(해가 진 뒤부터 해가 뜨기 전까지를 말한다. 이하 같다)에 비행장에 주기(駐機) 또는 정박(碇泊)시키는 사람은 국토교통부령으로 정하는 바에 따라 등불로 항공기의 위치를 나타내야 한다.

[항공안전법 시행규칙 제120조(항공기의 등불)]

제120조(항공기의 등불) ① 법 제54조에 따라 항공기가 야간에 공중 · 지상 또는 수상을 항행하는 경우와 비행장의 이동지역 안에서 이동하거나 엔진이 작동 중인 경우에는 우현등, 좌현등 및 미등(이하 "항행등"이라 한다)과 충돌방지등에 의하여 그 항공기의 위치를 나타내야 한다.

② 법 제54조에 따라 항공기를 야간에 사용되는 비행장에 주기(駐機) 또는 정박시키는 경우에는 해당 항공기의 항행등을 이용하여 항공기의 위치를 나타내야 한다. 다만, 비행장에 항공기를 조명하는 시설이 있는 경우에는 그러하지 아니하다.

③ 항공기는 제1항 및 제2항에 따라 위치를 나타내는 항행등으로 잘못 인식될 수 있는 다른 등불을 켜서는 아니 된다.

④ 조종사는 섬광등이 업무를 수행하는 데 장애를 주거나 외부에 있는 사람에게 눈부심을 주어 위험을 유발할 수 있는 경우에는 섬광등을 끄거나 빛의 강도를 줄여야 한다.

핵심 POINT 항공기의 등불

항공기를 운항하거나 야간에 비행장에 주기 또는 정박시키는 사람은 등불로 항공기의 위치를 나타내야 한다.

- 우현등
- 좌현등
- 미등
- 충돌방지등

4.8.5 주류등의 섭취, 사용 제한

[항공안전법 제57조(주류등의 섭취 · 사용 제한)]

제57조(주류등의 섭취 · 사용 제한) ① 항공종사자(제46조에 따른 항공기 조종연습 및 제47조에 따른 항공교통관제연습을 하는 사람을 포함한다. 이하 이 조에서 같다) 및 객실승무원은 「주세법」 제3조 제1호에 따른 주류, 「마약류 관리에 관한 법률」 제2조 제1호에 따른 마약류 또는 「화학물질관리법」 제22조 제1항에 따른 환각물질 등(이하 "주류등"이라 한다)의 영향으로 항공업무(제46조에 따른

항공기 조종연습 및 제47조에 따른 항공교통관제연습을 포함한다. 이하 이 조에서 같다) 또는 객실승무원의 업무를 정상적으로 수행할 수 없는 상태에서는 항공업무 또는 객실승무원의 업무에 종사해서는 아니 된다.

② 항공종사자 및 객실승무원은 항공업무 또는 객실승무원의 업무에 종사하는 동안에는 주류등을 섭취하거나 사용해서는 아니 된다.

③ 국토교통부장관은 항공안전과 위험 방지를 위하여 필요하다고 인정하거나 항공종사자 및 객실승무원이 제1항 또는 제2항을 위반하여 항공업무 또는 객실승무원의 업무를 하였다고 인정할 만한 상당한 이유가 있을 때에는 주류등의 섭취 및 사용 여부를 호흡측정기 검사 등의 방법으로 측정할 수 있으며, 항공종사자 및 객실승무원은 이러한 측정에 따라야 한다. 〈개정 2020. 6. 9.〉

④ 국토교통부장관은 항공종사자 또는 객실승무원이 제3항에 따른 측정 결과에 불복하면 그 항공종사자 또는 객실승무원의 동의를 받아 혈액 채취 또는 소변 검사 등의 방법으로 주류등의 섭취 및 사용 여부를 다시 측정할 수 있다.

⑤ 주류등의 영향으로 항공업무 또는 객실승무원의 업무를 정상적으로 수행할 수 없는 상태의 기준은 다음 각 호와 같다.

1. 주정성분이 있는 음료의 섭취로 혈중알코올농도가 0.02퍼센트 이상인 경우
2. 「마약류 관리에 관한 법률」 제2조 제1호에 따른 마약류를 사용한 경우
3. 「화학물질관리법」 제22조 제1항에 따른 환각물질을 사용한 경우

⑥ 제1항부터 제5항까지의 규정에 따라 주류등의 종류 및 그 측정에 필요한 세부 절차 및 측정기록의 관리 등에 필요한 사항은 국토교통부령으로 정한다.

제57조의 2(항공기 내 흡연 금지) 항공종사자(제46조에 따른 항공기 조종연습을 하는 사람을 포함한다) 및 객실승무원은 항공업무 또는 객실승무원의 업무에 종사하는 동안에는 항공기 내에서 흡연을 하여서는 아니 된다.

[본조신설 2020. 12. 8.]

[시행일 : 2021. 6. 9.]

[항공안전법 시행규칙 제129조(주류등의 종류 및 측정 등)]

제129조(주류등의 종류 및 측정 등) ① 법 제57조 제3항 및 제4항에 따라 국토교통부장관 또는 지방항공청장은 소속 공무원으로 하여금 항공종사자 및 객실승무원의 주류등의 섭취 또는 사용 여부를 측정하게 할 수 있다.

② 제1항에 따라 주류등의 섭취 또는 사용 여부를 적발한 소속 공무원은 별지 제61호서식의 주류등 섭취 또는 사용 적발보고서를 작성하여 국토교통부장관 또는 지방항공청장에게 보고하여야 한다.

③ 제1항에 따른 주류등의 섭취 또는 사용 여부의 측정에 필요한 사항은 국토교통부장관이 정한다. 〈신설 2020. 12. 10.〉

핵심 POINT 주류등의 섭취 · 사용 제한

[주류등의 섭취 등의 영향으로 정상적으로 수행할 수 없는 상태]
항공종사자 및 객실승무원은 주류, 마약류 또는 환각물질 등의 영향으로 항공업무 또는 객실승무원의 업무를 정상적으로 수행할 수 없는 상태에서는 항공업무 또는 객실승무원의 업무에 종사해서는 아니 된다.

- 주정성분이 있는 음료의 섭취로 혈중알코올농도가 0.02퍼센트 이상인 경우
- 「마약류 관리에 관한 법률」 제2조 제1호에 따른 마약류를 사용한 경우
- 「화학물질관리법」 제22조 제1항에 따른 환각물질을 사용한 경우

4.8.6 항공안전프로그램 등

[항공안전법 제58조(국가 항공안전프로그램 등)]

제58조(국가 항공안전프로그램 등) ① 국토교통부장관은 다음 각 호의 사항이 포함된 항공안전프로그램을 마련하여 고시하여야 한다. 〈개정 2019. 8. 27.〉

1. 항공안전에 관한 정책, 달성목표 및 조직체계
2. 항공안전 위험도의 관리
3. 항공안전보증
4. 항공안전증진
5. 삭제 〈2019. 8. 27.〉
6. 삭제 〈2019. 8. 27.〉

② 다음 각 호의 어느 하나에 해당하는 자는 제작, 교육, 운항 또는 사업 등을 시작하기 전까지 제1항에 따른 항공안전프로그램에 따라 항공기사고 등의 예방 및 비행안전의 확보를 위한 항공안전관리시스템을 마련하고, 국토교통부장관의 승인을 받아 운용하여야 한다. 승인받은 사항 중 국토교통부령으로 정하는 중요사항을 변경할 때에도 또한 같다. 〈개정 2017. 10. 24., 2019. 8. 27.〉

1. 형식증명, 부가형식증명, 제작증명, 기술표준품형식승인 또는 부품등제작자증명을 받은 자
2. 제35조 제1호부터 제4호까지의 항공종사자 양성을 위하여 제48조 제1항 단서에 따라 지정된 전문교육기관
3. 항공교통업무증명을 받은 자
4. 제90조(제96조 제1항에서 준용하는 경우를 포함한다)에 따른 운항증명을 받은 항공운송사업자 및 항공기사용사업자
5. 항공기정비업자로서 제97조 제1항에 따른 정비조직인증을 받은 자
6. 「공항시설법」 제38조 제1항에 따라 공항운영증명을 받은 자
7. 「공항시설법」 제43조 제2항에 따라 항행안전시설을 설치한 자
8. 제55조 제2호에 따른 국외운항항공기를 소유 또는 임차하여 사용할 수 있는 권리가 있는 자

③ 국토교통부장관은 제83조 제1항부터 제3항까지에 따라 국토교통부장관이 하는 업무를 체계적으로 수행하기 위하여 제1항에 따른 항공안전프로그램에 따라 그 업무에 관한 항공안전관리시스템을 구축 · 운용하여야 한다.

④ 제2항 제4호에 따른 항공운송사업자 중 국토교통부령으로 정하는 항공운송사업자는 항공안전관리시스템을 구축할 때 다음 각 호의 사항을 포함한 비행자료분석프로그램(Flight data analysis program)을 마련하여야 한다. 〈신설 2019. 8. 27.〉

1. 비행자료를 수집할 수 있는 장치의 장착 및 운영절차
2. 비행자료와 분석결과의 보호 및 활용에 관한 사항
3. 그 밖에 비행자료의 보존 및 품질관리 요건 등 국토교통부장관이 고시하는 사항

⑤ 국토교통부장관 또는 제2항 제3호에 따라 항공안전관리시스템을 마련해야 하는 자가 제83조 제1항에 따른 항공교통관제 업무 중 레이더를 이용하여 항공교통관제 업무를 수행하려는 경우에는 항공안전관리시스템에 다음 각 호의 사항을 포함하여야 한다. 〈신설 2019. 8. 27.〉

1. 레이더 자료를 수집할 수 있는 장치의 설치 및 운영절차
2. 레이더 자료와 분석결과의 보호 및 활용에 관한 사항

⑥ 제4항에 따른 항공운송사업자 또는 제5항에 따라 레이더를 이용하여 항공교통관제 업무를 수행하는 자는 제4항 또는 제5항에 따라 수집한 자료와 그 분석결과를 항공기사고 등을 예방하고 항공안전을 확보할 목적으로만 사용하여야 하며, 분석결과를 이유로 관련된 사람에게 해고 · 전보 · 징계 · 부당한 대우 또는 그 밖에 신분이나 처우와 관련하여 불이익한 조치를 취해서는 아니 된다. 〈신설 2019. 8. 27.〉

⑦ 제1항부터 제3항까지에서 규정한 사항 외에 다음 각 호의 사항은 국토교통부령으로 정한다. 〈개정 2019. 8. 27.〉

1. 제1항에 따른 항공안전프로그램의 마련에 필요한 사항
2. 제2항에 따른 항공안전관리시스템에 포함되어야 할 사항, 항공안전관리시스템의 승인기준 및 구축 · 운용에 필요한 사항
3. 제3항에 따른 업무에 관한 항공안전관리시스템의 구축 · 운용에 필요한 사항

[제목개정 2019. 8. 27.]

[항공안전법 시행규칙 제130조(항공안전관리시스템의 승인 등)]

제130조(항공안전관리시스템의 승인 등) ① 법 제58조 제2항에 따라 항공안전관리시스템을 승인받으려는 자는 별지 제62호서식의 항공안전관리시스템 승인신청서에 다음 각 호의 서류를 첨부하여 제작 · 교육 · 운항 또는 사업 등을 시작하기 30일 전까지 국토교통부장관 또는 지방항공청장에게 제출해야 한다. 〈개정 2020. 2. 28.〉

1. 항공안전관리시스템 매뉴얼
2. 항공안전관리시스템 이행계획서 및 이행확약서

3. 제2항에서 정하는 항공안전관리시스템 승인기준에 미달하는 사항이 있는 경우 이를 보완할 수 있는 대체운영절차

② 제1항에 따라 항공안전관리시스템 승인신청서를 받은 국토교통부장관 또는 지방항공청장은 해당 항공안전관리시스템이 [별표 20]에서 정한 항공안전관리시스템 구축 · 운용 및 승인기준을 충족하고 국토교통부장관이 고시한 운용조직의 규모 및 업무특성별 운용요건에 적합하다고 인정되는 경우에는 별지 제63호서식의 항공안전관리시스템 승인서를 발급하여야 한다. 〈개정 2020. 2. 28.〉

③ 법 제58조 제2항 후단에서 "국토교통부령으로 정하는 중요사항"이란 다음 각 호의 사항을 말한다. 〈개정 2020. 2. 28.〉

1. 안전목표에 관한 사항
2. 안전조직에 관한 사항
3. 항공안전장애 등 항공안전데이터 및 항공안전정보에 대한 보고체계에 관한 사항
4. 항공안전위해요인 식별 및 위험도 관리
5. 안전성과지표의 운영(지표의 선정, 경향성 모니터링, 확인된 위험에 대한 경감 조치 등)에 관한 사항
6. 변화관리에 관한 사항
7. 자체 안전감사 등 안전보증에 관한 사항

④ 제3항에서 정한 중요사항을 변경하려는 자는 별지 제64호서식의 항공안전관리시스템 변경승인 신청서에 다음 각 호의 서류를 첨부하여 국토교통부장관 또는 지방항공청장에게 제출하여야 한다.

1. 변경된 항공안전관리시스템 매뉴얼
2. 항공안전관리시스템 매뉴얼 신 · 구대조표

⑤ 국토교통부장관 또는 지방항공청장은 제4항에 따라 제출된 변경사항이 [별표 20]에서 정한 항공안전관리시스템 승인기준에 적합하다고 인정되는 경우 이를 승인하여야 한다.

[항공안전법 시행규칙 제130조의 2(비행자료분석프로그램을 마련해야 하는 항공운송사업자)]

제130조의 2(비행자료분석프로그램을 마련해야 하는 항공운송사업자) 법 제58조 제4항에 따라 비행자료분석프로그램(Flight Data Analysis Program)을 마련해야 하는 항공운송사업자는 다음 각 호와 같다.

1. 최대이륙중량이 2만킬로그램을 초과하는 비행기를 사용하는 항공운송사업자
2. 최대이륙중량이 7천킬로그램을 초과하거나 승객 9명을 초과하여 수송할 수 있는 헬리콥터를 사용하여 국제항공노선을 취항하는 항공운송사업자

[본조신설 2020. 2. 28.]

[항공안전법 시행규칙 제131조(항공안전프로그램의 마련에 필요한 사항)]

제131조(항공안전프로그램의 마련에 필요한 사항) 법 제58조 제7항 제1호에 따라 항공안전프로그램을 마련할 때에는 다음 각 호의 사항을 반영해야 한다. 〈개정 2018. 3. 23., 2020. 2. 28., 2021. 6. 9.〉

1. 항공안전에 관한 정책, 달성목표 및 조직체계
   가. 항공안전분야의 기본법령에 관한 사항
   나. 기본법령에 따른 세부기준에 관한 사항
   다. 항공안전 관련 조직의 구성, 기능 및 임무에 관한 사항
   라. 항공안전 관련 법령 등의 이행을 위한 전문인력 확보에 관한 사항
   마. 기본법령을 이행하기 위한 세부지침 및 주요 안전정보의 제공에 관한 사항
2. 항공안전 위험도 관리
   가. 항공안전 확보를 위해 국토교통부장관이 수행하는 증명, 인증, 승인, 지정 등에 관한 사항
   나. 항공안전관리시스템 이행의무에 관한 사항
   다. 항공기사고 및 항공기준사고 조사에 관한 사항
   라. 항공안전위해요인의 식별 및 항공안전 위험도 평가에 관한 사항
   마. 항공안전문제의 해소 등 항공안전 위험도의 경감에 관한 사항
3. 항공안전보증
   가. 안전감독 등 감시활동에 관한 사항
   나. 국가의 항공안전성과에 관한 사항
4. 항공안전증진
   가. 정부 내 항공안전에 관한 업무를 수행하는 부처 간의 안전정보 공유 및 안전문화 조성에 관한 사항
   나. 정부 내 항공안전에 관한 업무를 수행하는 부처와 항공안전관리시스템을 운영하는 자, 국제민간항공기구 및 외국의 항공당국 등 간의 안전정보 공유 및 안전문화 조성에 관한 사항
5. 국제기준관리시스템의 구축 · 운영
6. 그 밖에 국토교통부장관이 항공안전목표 달성에 필요하다고 정하는 사항

[항공안전법 시행규칙 제132조(항공안전관리시스템에 포함되어야 할 사항 등)]

제132조(항공안전관리시스템에 포함되어야 할 사항 등) ① 법 제58조 제7항 제2호에 따른 항공안전관리시스템에 포함되어야 할 사항은 다음 각 호와 같다. 〈개정 2020. 2. 28., 2021. 6. 9.〉

1. 항공안전에 관한 정책 및 달성목표
   가. 최고경영관리자의 권한 및 책임에 관한 사항
   나. 안전관리 관련 업무분장에 관한 사항
   다. 총괄 안전관리자의 지정에 관한 사항
   라. 위기대응계획 관련 관계기관 협의에 관한 사항
   마. 매뉴얼 등 항공안전관리시스템 관련 기록 · 관리에 관한 사항

2. 항공안전 위험도의 관리
   가. 항공안전위해요인의 식별절차에 관한 사항
   나. 위험도 평가 및 경감조치에 관한 사항
   다. 자체 안전보고의 운영에 관한 사항
3. 항공안전보증
   가. 안전성과의 모니터링 및 측정에 관한 사항
   나. 변화관리에 관한 사항
   다. 항공안전관리시스템 운영절차 개선에 관한 사항
4. 항공안전증진
   가. 안전교육 및 훈련에 관한 사항
   나. 안전관리 관련 정보 등의 공유에 관한 사항
5. 그 밖에 국토교통부장관이 항공안전관리시스템 운영에 필요하다고 정하는 사항

② 법 제58조 제7항 제2호에 따른 항공안전관리시스템의 구축 · 운용 및 그 승인기준은 [별표 20]과 같다. 〈개정 2020. 2. 28., 2021. 6. 9.〉

③ 삭제 〈2020. 2. 28.〉

④ 삭제 〈2020. 2. 28.〉

[항공안전법 시행규칙 제133조(항공교통업무 안전관리시스템의 구축 · 운용에 관한 사항)]

제133조(항공교통업무 안전관리시스템의 구축 · 운용에 관한 사항) 법 제58조 제3항 및 제7항 제3호에 따른 항공교통업무에 관한 항공안전관리시스템의 구축 · 운용에 관하여는 [별표 20]을 준용한다. [전문개정 2020. 2. 28.]

4.8.7 항공안전 의무보고

[항공안전법 제59조(항공안전 의무보고)]

제59조(항공안전 의무보고) ① 항공기사고, 항공기준사고 또는 항공안전장애 중 국토교통부령으로 정하는 사항(이하 "의무보고 대상 항공안전장애"라 한다)을 발생시켰거나 항공기사고, 항공기준사고 또는 의무보고 대상 항공안전장애가 발생한 것을 알게 된 항공종사자 등 관계인은 국토교통부장관에게 그 사실을 보고하여야 한다. 다만, 제33조에 따라 고장, 결함 또는 기능장애가 발생한 사실을 국토교통부장관에게 보고한 경우에는 이 조에 따른 보고를 한 것으로 본다. 〈개정 2019. 8. 27.〉

② 국토교통부장관은 제1항에 따른 보고(이하 "항공안전 의무보고"라 한다)를 통하여 접수한 내용을 이 법에 따른 경우를 제외하고는 제3자에게 제공하거나 일반에게 공개해서는 아니 된다. 〈신설 2019. 8. 27.〉

③ 누구든지 항공안전 의무보고를 한 사람에 대하여 이를 이유로 해고 · 전보 · 징계 · 부당한 대우 또는 그 밖에 신분이나 처우와 관련하여 불이익한 조치를 취해서는 아니 된다. 〈신설 2019. 8. 27.〉

④ 제1항에 따른 항공종사자 등 관계인의 범위, 보고에 포함되어야 할 사항, 시기, 보고 방법 및 절차 등은 국토교통부령으로 정한다. 〈개정 2019. 8. 27.〉

[항공안전법 시행규칙 제134조(항공안전 의무보고 절차 등)]

제134조(항공안전 의무보고의 절차 등) ① 법 제59조 제1항 본문에서 “항공안전장애 중 국토교통부령으로 정하는 사항”이란 [별표 20의 2]에 따른 사항을 말한다. 〈신설 2020. 2. 28.〉

② 법 제59조 제1항 및 법 제62조 제5항에 따라 다음 각 호의 어느 하나에 해당하는 사람은 별지 제65호 서식에 따른 항공안전 의무보고서(항공기가 조류 또는 동물과 충돌한 경우에는 별지 제65호의 2 서식에 따른 조류 및 동물 충돌 보고서) 또는 국토교통부장관이 정하여 고시하는 전자적인 보고방법에 따라 국토교통부장관 또는 지방항공청장에게 보고해야 한다. 〈개정 2020. 2. 28., 2020. 12. 10.〉

1. 항공기사고를 발생시켰거나 항공기사고가 발생한 것을 알게 된 항공종사자 등 관계인
2. 항공기준사고를 발생시켰거나 항공기준사고가 발생한 것을 알게 된 항공종사자 등 관계인
3. 법 제59조 제1항 본문에 따른 의무보고 대상 항공안전장애(이하 “의무보고 대상 항공안전장애”라 한다)를 발생시켰거나 의무보고 대상 항공안전장애가 발생한 것을 알게 된 항공종사자 등 관계인(법 제33조에 따른 보고 의무자는 제외한다)

③ 법 제59조 제1항에 따른 항공종사자 등 관계인의 범위는 다음 각 호와 같다. 〈개정 2020. 2. 28.〉

1. 항공기 기장(항공기 기장이 보고할 수 없는 경우에는 그 항공기의 소유자등을 말한다)
2. 항공정비사(항공정비사가 보고할 수 없는 경우에는 그 항공정비사가 소속된 기관 · 법인 등의 대표자를 말한다)
3. 항공교통관제사(항공교통관제사가 보고할 수 없는 경우 그 관제사가 소속된 항공교통관제기관의 장을 말한다)
4. 「공항시설법」에 따라 공항시설을 관리 · 유지하는 자
5. 「공항시설법」에 따라 항행안전시설을 설치 · 관리하는 자
6. 법 제70조 제3항에 따른 위험물취급자
7. 「항공사업법」 제2조 제20호에 따른 항공기취급업자 중 다음 각 호의 업무를 수행하는 자
   가. 항공기 중량 및 균형관리를 위한 화물 등의 탑재관리, 지상에서 항공기에 대한 동력지원
   나. 지상에서 항공기의 안전한 이동을 위한 항공기 유도

④ 제2항에 따른 보고서의 제출 시기는 다음 각 호와 같다. 〈개정 2020. 2. 28.〉

1. 항공기사고 및 항공기준사고: 즉시
2. 항공안전장애
   가. [별표 20의 2] 제1호부터 제4호까지, 제6호 및 제7호에 해당하는 의무보고 대상 항공안전장애의 경우 다음의 구분에 따른 때부터 72시간 이내(해당 기간에 포함된 토요일 및 법정공휴일

에 해당하는 시간은 제외한다). 다만, 제6호 가목, 나목 및 마목에 해당하는 사항은 즉시 보고해야 한다.

1) 의무보고 대상 항공안전장애를 발생시킨 자: 해당 의무보고 대상 항공안전장애가 발생한 때
2) 의무보고 대상 항공안전장애가 발생한 것을 알게 된 자: 해당 의무보고 대상 항공안전장애가 발생한 사실을 안 때

나. [별표 20의 2] 제5호에 해당하는 의무보고 대상 항공안전장애의 경우 다음의 구분에 따른 때부터 96시간 이내. 다만, 해당 기간에 포함된 토요일 및 법정공휴일에 해당하는 시간은 제외한다.

1) 의무보고 대상 항공안전장애를 발생시킨 자: 해당 의무보고 대상 항공안전장애가 발생한 때
2) 의무보고 대상 항공안전장애가 발생한 것을 알게 된 자: 해당 의무보고 대상 항공안전장애가 발생한 사실을 안 때

다. 가목 및 나목에도 불구하고, 의무보고 대상 항공안전장애를 발생시켰거나 의무보고 대상 항공안전장애가 발생한 것을 알게 된 자가 부상, 통신 불능, 그 밖의 부득이한 사유로 기한 내 보고를 할 수 없는 경우에는 그 사유가 해소된 시점부터 72시간 이내

핵심 POINT 항공안전 의무보고의 기준

[의무보고 대상자]
항공기사고, 항공기준사고 또는 항공안전장애를 발생시켰거나 발생한 것을 알게 된 항공종사자 등 관계인은 국토교통부장관에게 그 사실을 보고하여야 한다. 시행규칙 [별표 20의 2] 보고시기 지정

- 항공기 기장 또는 소유자
- 항공정비사 또는 소속 기관 · 법인 등의 대표자
- 항공교통관제사 또는 소속 기관장
- 「공항시설법」에 따라 공항시설을 관리 · 유지하는 자
- 「공항시설법」에 따라 항행안전시설을 설치 · 관리하는 자
- 위험물취급자

- 항공기사고, 항공기준사고: 즉시

- 항공안전장애 항목 중
- 제1호~제4호, 제6호 및 제7호: 72시간
  다만, 제6호 가목, 나목 및 마목: 즉시

4.8.8 항공안전 자율보고

[항공안전법 제61조(항공안전 자율보고)]

제61조(항공안전 자율보고) ① 누구든지 제59조 제1항에 따른 의무보고 대상 항공안전장애 외의 항공

안전장애(이하 "자율보고대상 항공안전장애"라 한다)를 발생시켰거나 발생한 것을 알게 된 경우 또는 항공안전위해요인이 발생한 것을 알게 되거나 발생이 의심되는 경우에는 국토교통부령으로 정하는 바에 따라 그 사실을 국토교통부장관에게 보고할 수 있다. 〈개정 2019. 8. 27.〉

② 국토교통부장관은 제1항에 따른 보고(이하 "항공안전 자율보고"라 한다)를 통하여 접수한 내용을 이 법에 따른 경우를 제외하고는 제3자에게 제공하거나 일반에게 공개해서는 아니 된다. 〈개정 2019. 8. 27.〉

③ 누구든지 항공안전 자율보고를 한 사람에 대하여 이를 이유로 해고 · 전보 · 징계 · 부당한 대우 또는 그 밖에 신분이나 처우와 관련하여 불이익한 조치를 해서는 아니 된다.

④ 국토교통부장관은 자율보고대상 항공안전장애 또는 항공안전위해요인을 발생시킨 사람이 그 발생일부터 10일 이내에 항공안전 자율보고를 한 경우에는 고의 또는 중대한 과실로 발생시킨 경우에 해당하지 아니하면 이 법 및 「공항시설법」에 따른 처분을 하여서는 아니 된다. 〈개정 2019. 8. 27., 2020. 6. 9.〉

⑤ 제1항부터 제4항까지에서 규정한 사항 외에 항공안전 자율보고에 포함되어야 할 사항, 보고 방법 및 절차 등은 국토교통부령으로 정한다.

[항공안전법 시행규칙 제135조(항공안전 자율보고의 절차 등)]

제135조(항공안전 자율보고의 절차 등) ① 법 제61조 제1항에 따라 항공안전 자율보고를 하려는 사람은 별지 제66호서식의 항공안전 자율보고서 또는 국토교통부장관이 정하여 고시하는 전자적인 보고방법에 따라 한국교통안전공단의 이사장에게 보고할 수 있다. 〈개정 2018. 3. 23.〉

② 제1항에 따른 항공안전 자율보고의 접수 · 분석 및 전파 등에 관하여 필요한 사항은 국토교통부장관이 정하여 고시한다.

핵심 POINT 항공안전 자율보고

- 항공안전을 해치거나 해칠 우려가 있는 사건 · 상황 · 상태 등을 항공안전위해요인이라 하고 이러한 요인을 발생시켰거나 발생한 것을 안 사람 또는 발생될 것이 예상된다고 판단하는 사람은 그 사실을 보고하여야 한다.
- 국토교통부장관은 보고를 한 사람의 의사에 반하여 보고자의 신분을 공개해서는 안 된다.
- 항공안전위해요인을 발생시킨 사람 자신이 10일 이내, 자율보고를 한 경우에는 처분을 아니할 수 있다.

예외 불허 대상

■ 항공안전법 시행규칙 [별지 제65호서식]

통합항공안전정보시스템(https://www.esky.go.kr)에서도 보고할 수 있습니다.

항공안전 의무보고서(Aviation Safety Mandatory Report)

보고 구분 (Category of Occurrence)	[ ] 항공기사고 (Accident) [ ] 항공기준사고 (Serious Incident) [ ] 항공안전장애 (Incident)		
분야 구분 (Fields)	[ ] 항공기운항 (Flight Operation) [ ] 항공기정비 (Maintenance) [ ]항공교통관제 (Air Traffic Control) [ ] 공항항행시설 (Aerodrome and NAVAID)		
발생유형 (Type of Occurrence)			
호출부호 (Call Sign)		등록기호(Registration)	
항공기기종 · 공항 · 항행안전시설 명칭 (Type of Aircraft or Name of Aerodrome or NAVAID)			
발생일시 (Date, Time)		발생장소 · 공항 (Location or Aerodrome)	
발생단계 (Phase of Flight)	[ ] 지상 (GND) [ ]이륙 (Take Off) [ ] 상승 (Climb) [ ] 순항 (Cruise) [ ] 접근 (Approach) [ ] 착륙 (Landing)		
비행구간 (Flight Route)		비행고도 (Altitude)	
승객수 (Number of Passengers)		승무원수 (Number of Crew Members)	운항승무원(Flight Crew): 객실승무원(Cabin Crew):
사망자수 (Number of Fatalities)		부상자수 (Number of Injuries)	
기상(Weather)	[ ] VMC	[ ]IMC	
발생 개요(Description of Occurrence)			
사업자의 종류 (Type of Operations)	[ ] 국내 (Domestic Air Carrier) [ ] 국제 (International Air Carrier) [ ] 소형 (Small Commercial Air Transport Operator) [ ] 항공기사용사업 (Aerial Work) [ ] 기타 (Other)		
보고자의 성명 (Name)		보고자의 연락처 (Telephone)	

「항공안전법」 제59조제1항, 제62조제5항 및 같은 법 시행규칙 제134조제1항에 따라 항공기사고 등을 위와 같이 보고합니다.(In accordance with Paragraph 1, Article 59 and Paragraph 5, Article 62 of the Aviation Safety Act and Paragraph 1, Article 134 of the Ministerial Regulation of Aviation Safety Act, I hereby report the occurrence of mandatory reporting items as described above.)

년 월 일
Date:______/______/______ (YYYY/ MM/ DD)

보고자 (Name) (서명 또는 인) (Signature)

국토교통부장관 또는 지방항공청장 귀하
(Attention : Minister of Ministry of Land, Infrastructure and Transport or Administrator of Regional Aviation Administration)

210mm×297mm[백상지(80g/㎡) 또는 중질지(80g/㎡)]

| 항공안전 의무보고서 |

■ 항공안전법 시행규칙 [별지 제66호서식]

통합항공안전정보시스템(https://www.esky.go.kr)에서도 보고할 수 있습니다.

항공안전 자율보고서(Aviation Safety Voluntary Report)

보고분야 구분 (Fields)	[ ] 운항 (Flight Operation) [ ] 객실 (Cabin Operation)	[ ] 관제 (Air Traffic Control) [ ] 지상조업 (Ground Handling)	[ ] 정비 (Maintenance) [ ] 기타 (Others:________________)
직 책 (Function)		직책 근무년수 (Years at Function)	
소지 자격 (Qualification/Ratings)			
호출 부호 (Call Sign)		등록 기호 (Registration)	
항공기기종 또는 공항·항행시설 명칭 (Type of Aircraft or Name of Aerodrome or NAVAID)			
발생 일시 (Date, Time)	년/ 월/ 일/ 시: 분 (YYYY/MM/DD/hh:mm)	발생장소 또는 공항 (Location or Aerodrome)	
발생 단계 (Phase of Flight)	[ ] 지상 (Ground) [ ] 이륙 (Take Off) [ ] 상승 (Climb) [ ] 순항 (Cruise) [ ] 접근 (Approach) [ ] 착륙 (Landing)		
비행 구간 (Flight Route)		비행 고도 (Altitude)	
기 상 (Weather)			
승객 수 (Number of Passengers)		승무원 수 (Number of Crew Members)	운항승무원(Flight Crew): 객실승무원(Cabin Crew):

사건/상황 기술 ※ 상황, 사건발생 경위 및 내용, 원인, 조치사항 등을 되도록 구체적으로 적어주십시오.
(Description of Event/Situations. ※ Please describe the details of the event or situation, causes, and actions.)

「항공안전법」 제61조제1항 및 같은 법 시행규칙 제135조제1항에 따라 경미한 항공안전장애를 위와 같이 보고합니다.(In accordance with the Article 61 of the Aviation Safety Act and the Article 135 of the Ministerial Regulation of Aviation Safety Act, I hereby report the occurrence of voluntary reporting items as described above.)

년 월 일
Date:_______/_______/_______ (YYYY/MM/DD)

교통안전공단 이사장 귀하
(Attention : President of Korea Transportation Safety Authority)

접수번호는 ________번입니다. 보고서 제출 증빙자료로 활용하시기 바랍니다.

Your registration number is ________. * This number can be used when ensuring the report submission.

보고자 성명 (Name)			
보고자 주소 (Address)			
연락처 (Telephone)		이메일 주소 (e-mail Address)	

210mm×297mm[백상지(80g/㎡) 또는 중질지(80g/㎡)]

| 항공안전 자율보고서 |

4.8.9 항공기 이륙 · 착륙 장소

[항공안전법 제66조(항공기 이륙 · 착륙의 장소)]

제66조(항공기 이륙 · 착륙의 장소) ① 누구든지 항공기(활공기와 비행선은 제외한다)를 비행장이 아닌 곳(해당 항공기에 요구되는 비행장 기준에 맞지 아니하는 비행장을 포함한다)에서 이륙하거나 착륙하여서는 아니 된다. 다만, 각 호의 경우에는 그러하지 아니하다.

1. 안전과 관련한 비상상황 등 불가피한 사유가 있는 경우로서 국토교통부장관의 허가를 받은 경우
2. 제90조 제2항에 따라 국토교통부장관이 발급한 운영기준에 따르는 경우

② 제1항 제1호에 따른 허가에 필요한 세부 기준 및 절차와 그 밖에 필요한 사항은 대통령령으로 정한다.

[항공안전법 시행령 제9조(항공기 이륙 · 착륙 장소 외에서의 이륙 · 착륙 허가 등)]

제9조(항공기 이륙 · 착륙 장소 외에서의 이륙 · 착륙 허가 등) ① 법 제66조 제1항 제1호에 따른 안전과 관련한 비상상황 등 불가피한 사유가 있는 경우는 다음 각 호의 어느 하나에 해당하는 경우로 한다.

1. 항공기의 비행 중 계기 고장, 연료 부족 등의 비상상황이 발생하여 신속하게 착륙하여야 하는 경우
2. 응급환자 또는 수색인력 · 구조인력 등의 수송, 비행훈련, 화재의 진화, 화재 예방을 위한 감시, 항공촬영, 항공방제, 연료보급, 건설자재 운반 또는 헬리콥터를 이용한 사람의 수송 등의 목적으로 항공기를 비행장이 아닌 장소에서 이륙 또는 착륙하여야 하는 경우

② 제1항 제1호에 해당하여 법 제66조 제1항 제1호에 따라 착륙의 허가를 받으려는 자는 무선통신 등을 사용하여 국토교통부장관에게 착륙 허가를 신청하여야 한다. 이 경우 국토교통부장관은 특별한 사유가 없으면 허가하여야 한다.

③ 제1항 제2호에 해당하여 법 제66조 제1항 제1호에 따라 이륙 또는 착륙의 허가를 받으려는 자는 국토교통부령으로 정하는 허가신청서를 국토교통부장관에게 제출하여야 한다. 이 경우 국토교통부장관은 그 내용을 검토하여 안전에 지장이 없다고 인정되는 경우에는 6개월 이내의 기간을 정하여 허가하여야 한다.

4.8.10 항공기의 비행규칙(항공기의 지상 이동, 통행의 우선원칙, 수신호 등)

[항공안전법 제67조(항공기의 비행규칙)]

제67조(항공기의 비행규칙) ① 항공기를 운항하려는 사람은 「국제민간항공협약」 및 같은 협약 부속서에 따라 국토교통부령으로 정하는 비행에 관한 기준 · 절차 · 방식 등(이하 "비행규칙"이라 한다)에 따라 비행하여야 한다.

② 비행규칙은 다음 각 호와 같이 구분한다.

1. 재산 및 인명을 보호하기 위한 비행절차 등 일반적인 사항에 관한 규칙
2. 시계비행에 관한 규칙
3. 계기비행에 관한 규칙
4. 비행계획의 작성 · 제출 · 접수 및 통보 등에 관한 규칙
5. 그 밖에 비행안전을 위하여 필요한 사항에 관한 규칙

1) 항공기의 지상 이동

[항공안전법 시행규칙 제162조(항공기의 지상 이동)]

제162조(항공기의 지상 이동) 법 제67조에 따라 비행장 안의 이동지역에서 이동하는 항공기는 충돌예방을 위하여 다음 각 호의 기준에 따라야 한다. 〈개정 2021. 8. 27.〉

1. 정면 또는 이와 유사하게 접근하는 항공기 상호간에는 모두 정지하거나 가능한 경우에는 충분한 간격이 유지되도록 각각 오른쪽으로 진로를 바꿀 것
2. 교차하거나 이와 유사하게 접근하는 항공기 상호간에는 다른 항공기를 우측으로 보는 항공기가 진로를 양보할 것
3. 앞지르기하는 항공기는 다른 항공기의 통행에 지장을 주지 아니하도록 충분한 분리 간격을 유지할 것
4. 기동지역에서 지상 이동하는 항공기는 관제탑의 지시가 없는 경우에는 활주로진입전대기지점(runway holding position)에서 정지 · 대기할 것
5. 기동지역에서 지상 이동하는 항공기는 정지선등(stop bar lights)이 켜져 있는 경우에는 정지 · 대기하고, 정지선등이 꺼질 때에 이동할 것

핵심 POINT 항공기의 지상 이동 기준(항공안전법 시행규칙 제162조)

항공기의 비행규칙에 따라, 비행장 안의 이동지역에서 이동하는 항공기의 충돌예방

- 정면 또는 이와 유사하게 접근하는 항공기 상호간에는 모두 정지하거나 가능한 경우 오른쪽으로 진로를 바꿀 것
- 교차하거나 이와 유사하게 접근하는 항공기 상호간에는 다른 항공기를 우측으로 보는 항공기가 진로를 양보
- 앞지르기하는 항공기는 분리 간격 유지
- 기동지역에서 지상 이동하는 항공기는 관제탑의 지시가 없을 경우 활주로진입전대기지점에서 정지 · 대기
- 기동지역에서 지상 이동하는 항공기는 정지선등(stop bar lights)이 켜져 있을 경우 정지 · 대기

[항공안전법 시행규칙 제163조(비행장 또는 그 주변에서의 비행)]

제163조(비행장 또는 그 주변에서의 비행) ① 법 제67조에 따라 비행장 또는 그 주변을 비행하는 항공기의 조종사는 다음 각 호의 기준에 따라야 한다. 〈개정 2021. 8. 27.〉

1. 이륙하려는 항공기는 안전고도 미만의 고도 또는 안전속도 미만의 속도에서 선회하지 말 것
2. 해당 비행장의 이륙기상최저치 미만의 기상상태에서는 이륙하지 말 것
3. 해당 비행장의 시계비행 착륙기상최저치 미만의 기상상태에서는 시계비행방식으로 착륙을 시도하지 말 것
4. 터빈발동기를 장착한 이륙항공기는 지표 또는 수면으로부터 450미터(1,500피트)의 고도까지 가능한 한 신속히 상승할 것. 다만, 소음 감소를 위하여 국토교통부장관이 달리 비행방법을 정한 경우에는 그러하지 아니하다.
5. 해당 비행장을 관할하는 항공교통관제기관과 무선통신을 유지할 것
6. 비행로, 교통장주(traffic pattern: 비행장 상공을 도는 경로를 말한다), 그 밖에 해당 비행장에 대하여 정해진 비행 방식 및 절차에 따를 것
7. 다른 항공기 다음에 이륙하려는 항공기는 그 다른 항공기가 이륙하여 활주로의 종단을 통과하기 전에는 이륙을 위한 활주를 시작하지 말 것
8. 다른 항공기 다음에 착륙하려는 항공기는 그 다른 항공기가 착륙하여 활주로 밖으로 나가기 전에는 착륙하기 위하여 그 활주로 시단을 통과하지 말 것
9. 이륙하는 다른 항공기 다음에 착륙하려는 항공기는 그 다른 항공기가 이륙하여 활주로의 종단을 통과하기 전에는 착륙하기 위하여 해당 활주로의 시단을 통과하지 말 것
10. 착륙하는 다른 항공기 다음에 이륙하려는 항공기는 그 다른 항공기가 착륙하여 활주로 밖으로 나가기 전에 이륙하기 위한 활주를 시작하지 말 것
11. 기동지역 및 비행장 주변에서 비행하는 항공기를 관찰할 것
12. 다른 항공기가 사용하고 있는 교통장주를 회피하거나 지시에 따라 비행할 것
13. 비행장에 착륙하기 위하여 접근하거나 이륙 중 선회가 필요할 경우에는 달리 지시를 받은 경우를 제외하고는 좌선회할 것
14. 비행안전, 활주로의 배치 및 항공교통상황 등을 고려하여 필요한 경우를 제외하고는 바람이 불어오는 방향으로 이륙 및 착륙할 것

② 제1항 제6호부터 제14호까지의 규정에도 불구하고 항공교통관제기관으로부터 다른 지시를 받은 경우에는 그 지시에 따라야 한다.

[항공안전법 시행규칙 제164조(순항고도)]

제164조(순항고도) ① 법 제67조에 따라 비행을 하는 항공기의 순항고도는 다음 각 호와 같다.

1. 항공기가 관제구 또는 관제권을 비행하는 경우에는 항공교통관제기관이 법 제84조 제1항에 따라 지시하는 고도
2. 제1호 외의 경우에는 [별표 21] 제1호에서 정한 순항고도
3. 제2호에도 불구하고 국토교통부장관이 수직분리축소공역(RVSM)으로 정하여 고시한 공역의 경우에는 [별표 21] 제2호에서 정한 순항고도

② 제1항에 따른 항공기의 순항고도는 다음 각 호의 구분에 따라 표현되어야 한다.
1. 순항고도가 전이고도를 초과하는 경우: 비행고도(flight level)
2. 순항고도가 전이고도 이하인 경우: 고도(altitude)

[항공안전법 시행규칙 제165조(기압고도계의 수정)]

제165조(기압고도계의 수정) 법 제67조에 따라 비행을 하는 항공기의 기압고도계는 다음 각 호의 기준에 따라 수정하여야 한다.
1. 전이고도 이하의 고도로 비행하는 경우에는 비행로를 따라 185킬로미터(100해리) 이내에 있는 항공교통관제기관으로부터 통보받은 QNH[185킬로미터(100해리) 이내에 항공교통관제기관이 없는 경우에는 제229조 제1호에 따른 비행정보기관 등으로부터 받은 최신 QNH를 말한다]로 수정할 것
2. 전이고도를 초과한 고도로 비행하는 경우에는 표준기압치(1013.2헥토파스칼)로 수정할 것

2) 운항 중 통행의 우선순위

[항공안전법 시행규칙 제166조(통행의 우선순위)]

제166조(통행의 우선순위) ① 법 제67조에 따라 교차하거나 그와 유사하게 접근하는 고도의 항공기 상호간에는 다음 각 호에 따라 진로를 양보해야 한다. 〈개정 2021. 8. 27.〉
1. 비행기 · 헬리콥터는 비행선, 활공기 및 기구류에 진로를 양보할 것
2. 비행기 · 헬리콥터 · 비행선은 항공기 또는 그 밖의 물건을 예항(끌고 비행하는 것을 말한다)하는 다른 항공기에 진로를 양보할 것
3. 비행선은 활공기 및 기구류에 진로를 양보할 것
4. 활공기는 기구류에 진로를 양보할 것
5. 제1호부터 제4호까지의 경우를 제외하고는 다른 항공기를 우측으로 보는 항공기가 진로를 양보할 것

② 비행 중이거나 지상 또는 수상에서 운항 중인 항공기는 착륙 중이거나 착륙하기 위하여 최종접근 중인 항공기에 진로를 양보하여야 한다.
③ 착륙을 위하여 비행장에 접근하는 항공기 상호간에는 높은 고도에 있는 항공기가 낮은 고도에 있는 항공기에 진로를 양보해야 한다. 이 경우 낮은 고도에 있는 항공기는 최종 접근단계에 있는 다른 항공기의 전방에 끼어들거나 그 항공기를 앞지르기해서는 안 된다.〈개정 2021. 8. 27.〉
④ 제3항에도 불구하고 비행기, 헬리콥터 또는 비행선은 활공기에 진로를 양보하여야 한다.
⑤ 비상착륙하는 항공기를 인지한 항공기는 그 항공기에 진로를 양보하여야 한다.
⑥ 비행장 안의 기동지역에서 운항하는 항공기는 이륙 중이거나 이륙하려는 항공기에 진로를 양보하여야 한다.

핵심 POINT 통행의 우선원칙(항공안전법 시행규칙 제166조)

법 제67조 항공기의 비행규칙에 따라, 교차하거나 유사하게 접근하는 고도의 항공기 상호간의 진로 양보

- 비행기 · 헬리콥터는 비행선, 활공기 및 기구류에 진로 양보
- 비행기 · 헬리콥터 · 비행선은 항공기 또는 그 밖의 물건을 예항(끌고 비행하는 것을 말한다)하는 다른 항공기에 진로 양보
- 비행선은 활공기 및 기구류에 진로 양보
- 활공기는 기구류에 진로 양보
- 다른 항공기를 우측으로 보는 항공기가 진로 양보
- 착륙 중이거나 착륙하기 위하여 최종 접근 중인 항공기에 진로 양보
- 착륙을 위해 비행장에 접근하는 항공기 상호간에는 높은 고도에 있는 항공기가 진로 양보
- 비상착륙하는 항공기를 인지한 항공기는 그 항공기에 진로 양보
- 비행장 안의 기동지역에서 운항하는 항공기는 이륙 항공기에 진로 양보

[항공안전법 시행규칙 제167조(진로와 속도 등)]

제167조(진로와 속도 등) ① 법 제67조에 따라 통행의 우선순위를 가진 항공기는 그 진로와 속도를 유지하여야 한다.

② 다른 항공기에 진로를 양보하는 항공기는 그 다른 항공기의 상하 또는 전방을 통과해서는 아니 된다. 다만, 충분한 거리 및 항적난기류(航跡亂氣流)의 영향을 고려하여 통과하는 경우에는 그러하지 아니하다.

③ 두 항공기가 충돌할 위험이 있을 정도로 정면 또는 이와 유사하게 접근하는 경우에는 서로 기수(機首)를 오른쪽으로 돌려야 한다.

④ 다른 항공기의 후방 좌 · 우 70도 미만의 각도에서 그 항공기를 앞지르기(상승 또는 강하에 의한 앞지르기를 포함한다)하려는 항공기는 앞지르기당하는 항공기의 오른쪽을 통과해야 한다. 이 경우 앞지르기하는 항공기는 앞지르기당하는 항공기와 간격을 유지하며, 앞지르기당하는 항공기의 진로를 방해해서는 안 된다. 〈개정 2021. 8. 27.〉

[항공안전법 시행규칙 제169조(비행속도의 유지 등)]

제169조(비행속도의 유지 등) ① 법 제67조에 따라 항공기는 지표면으로부터 750미터(2,500피트)를 초과하고, 평균해면으로부터 3,050미터(1만피트) 미만인 고도에서는 지시대기속도 250노트 이하로 비행하여야 한다. 다만, 관할 항공교통관제기관의 승인을 받은 경우에는 그러하지 아니하다.

② 항공기는 [별표 23] 제1호에 따른 C 또는 D등급 공역에서는 공항으로부터 반지름 7.4킬로미터(4해리) 내의 지표면으로부터 750미터(2,500피트)의 고도 이하에서는 지시대기속도 200노트 이하로 비행하여야 한다. 다만, 관할 항공교통관제기관의 승인을 받은 경우에는 그러하지 아니하다.

③ 항공기는 [별표 23] 제1호에 따른 B등급 공역 중 공항별로 국토교통부장관이 고시하는 범위와 고도의 구역 또는 B등급 공역을 통과하는 시계비행로에서는 지시대기속도 200노트 이하로 비행하여야 한다.

④ 최저안전속도가 제1항부터 제3항까지의 규정에 따른 최대속도보다 빠른 항공기는 그 항공기의 최저 안전속도로 비행하여야 한다.

[항공안전법 시행규칙 제170조(편대비행)]

제170조(편대비행) ① 법 제67조에 따라 2대 이상의 항공기로 편대비행(編隊飛行)을 하려는 기장은 미리 다음 각 호의 사항에 관하여 다른 기장과 협의하여야 한다.

1. 편대비행의 실시계획
2. 편대의 형(形)
3. 선회 및 그 밖의 행동 요령
4. 신호 및 그 의미
5. 그 밖에 필요한 사항

② 제1항에 따라 법 제78조 제1항 제1호에 따른 관제공역 내에서 편대비행을 하려는 항공기의 기장은 다음 각 호의 사항을 준수하여야 한다.

1. 편대 책임기장은 편대비행 항공기들을 단일 항공기로 취급하여 관할 항공교통관제기관에 비행 위치를 보고할 것
2. 편대 책임기장은 편대 내의 항공기들을 집결 또는 분산 시 적절하게 분리할 것
3. 편대를 책임지는 항공기로부터 편대 내의 항공기들을 종적 및 횡적으로는 1킬로미터, 수직으로는 30미터 이내의 분리를 할 것

3) 활공기 등의 예항

[항공안전법 시행규칙 제171조(활공기 등의 예항)]

제171조(활공기 등의 예항) ① 법 제67조에 따라 항공기가 활공기를 예항하는 경우에는 다음 각 호의 기준에 따라야 한다. 〈개정 2021. 8. 27.〉

1. 항공기에 연락원을 탑승시킬 것(조종자를 포함하여 2명 이상이 탈 수 있는 항공기의 경우만 해당하며, 그 항공기와 활공기 간에 무선통신으로 연락이 가능한 경우는 제외한다)
2. 예항하기 전에 항공기와 활공기의 탑승자 사이에 다음 각 목에 관하여 상의할 것
   가. 출발 및 예항의 방법
   나. 예항줄(항공기 등을 끌고 비행하기 위한 줄을 말한다. 이하 같다) 이탈의 시기 · 장소 및 방법
   다. 연락신호 및 그 의미
   라. 그 밖에 안전을 위하여 필요한 사항
3. 예항줄의 길이는 40미터 이상 80미터 이하로 할 것
4. 지상연락원을 배치할 것

5. 예항줄 길이의 80퍼센트에 상당하는 고도 이상의 고도에서 예항줄을 이탈시킬 것
6. 구름 속에서나 야간에는 예항을 하지 말 것(지방항공청장의 허가를 받은 경우는 제외한다)

② 항공기가 활공기 외의 물건을 예항하는 경우에는 다음 각 호의 기준에 따라야 한다.
1. 예항줄에는 20미터 간격으로 붉은색과 흰색의 표지를 번갈아 붙일 것
2. 지상연락원을 배치할 것

[항공안전법 시행규칙 제172조(시계비행의 금지)]

제172조(시계비행의 금지) ① 법 제67조에 따라 시계비행방식으로 비행하는 항공기는 해당 비행장의 운고(구름 밑부분 고도를 말한다)가 450미터(1,500피트) 미만 또는 지상시정이 5킬로미터 미만인 경우에는 관제권 안의 비행장에서 이륙 또는 착륙을 하거나 관제권 안으로 진입할 수 없다. 다만, 관할 항공교통관제기관의 허가를 받은 경우에는 그렇지 않다. 〈개정 2021. 8. 27.〉

② 야간에 시계비행방식으로 비행하는 항공기는 지방항공청장 또는 해당 비행장의 운영자가 정하는 바에 따라야 한다.

③ 항공기는 다음 각 호의 어느 하나에 해당되는 경우에는 기상상태에 관계없이 계기비행방식에 따라 비행해야 한다. 다만, 관할 항공교통관제기관의 허가를 받은 경우에는 그렇지 않다. 〈개정 2021. 8. 27.〉
1. 평균해면으로부터 6,100미터(2만피트)를 초과하는 고도로 비행하는 경우
2. 천음속(遷音速) 또는 초음속(超音速)으로 비행하는 경우

④ 항공기를 운항하려는 사람은 300미터(1천 피트) 수직분리최저치(최소 수직분리 간격)가 적용되는 8,850미터(2만 9천 피트) 이상 1만 2,500미터(4만 1천 피트) 이하의 수직분리축소공역에서는 시계비행방식으로 운항해서는 안 된다. 〈개정 2021. 8. 27.〉

⑤ 시계비행방식으로 비행하는 항공기는 제199조 제1호 각 목에 따른 최저비행고도 미만의 고도로 비행하여서는 아니 된다. 다만, 다음 각 호의 어느 하나에 해당하는 경우에는 그러하지 아니하다.
1. 이륙하거나 착륙하는 경우
2. 항공교통업무기관의 허가를 받은 경우
3. 비상상황의 경우로서 지상의 사람이나 재산에 위해를 주지 아니하고 착륙할 수 있는 고도인 경우

[항공안전법 시행규칙 제173조(시계비행방식에 의한 비행)]

제173조(시계비행방식에 의한 비행) ① 법 제67조에 따라 시계비행방식으로 비행하는 항공기는 지표면 또는 수면상공 900미터(3천피트) 이상을 비행할 경우에는 [별표 21]에 따른 순항고도에 따라 비행하여야 한다. 다만, 관할 항공교통업무기관의 허가를 받은 경우에는 그러하지 아니하다.

② 시계비행방식으로 비행하는 항공기는 다음 각 호의 어느 하나에 해당하는 경우에는 항공교통관제기관의 지시에 따라 비행하여야 한다.
1. [별표 23] 제1호에 따른 B, C 또는 D등급의 공역 내에서 비행하는 경우

2. 관제비행장의 부근 또는 기동지역에서 운항하는 경우
3. 특별시계비행방식에 따라 비행하는 경우

③ 관제권 안에서 시계비행방식으로 비행하는 항공기는 비행정보를 제공하는 관할 항공교통업무기관과 공중 대 지상 통신을 유지 · 경청하고, 필요한 경우에는 위치보고를 해야 한다. 〈개정 2021. 8. 27.〉

④ 시계비행방식으로 비행 중인 항공기가 계기비행방식으로 변경하여 비행하려는 경우에는 그 비행계획의 변경 사항을 관할 항공교통관제기관에 통보하여야 한다.

[항공안전법 시행규칙 제174조(특별시계비행)]

제174조(특별시계비행) ① 법 제67조에 따라 예측할 수 없는 급격한 기상의 악화 등 부득이한 사유로 관할 항공교통관제기관으로부터 특별시계비행허가를 받은 항공기의 조종사는 제163조 제1항 제3호에도 불구하고 다음 각 호의 기준에 따라 비행하여야 한다.

1. 허가받은 관제권 안을 비행할 것
2. 구름을 피하여 비행할 것
3. 비행시정을 1,500미터 이상 유지하며 비행할 것
4. 지표 또는 수면을 계속하여 볼 수 있는 상태로 비행할 것
5. 조종사가 계기비행을 할 수 있는 자격이 없거나 제117조 제1항에 따른 항공계기를 갖추지 아니한 항공기로 비행하는 경우에는 주간에만 비행할 것. 다만, 헬리콥터는 야간에도 비행할 수 있다.

② 특별시계비행을 하는 경우에는 다음 각 호의 조건에서만 제1항에 따른 기준에 따라 이륙하거나 착륙할 수 있다.

1. 지상시정이 1,500미터 이상일 것
2. 지상시정이 보고되지 아니한 경우에는 비행시정이 1,500미터 이상일 것

[항공안전법 시행규칙 제175조(비행시정 및 구름으로부터의 거리)]

제175조(비행시정 및 구름으로부터의 거리) 법 제67조에 따라 시계비행방식으로 비행하는 항공기는 [별표 24]에 따른 비행시정 및 구름으로부터의 거리 미만인 기상상태에서 비행하여서는 아니 된다. 다만, 특별시계비행방식에 따라 비행하는 항공기는 그러하지 아니하다.

4) 계기접근 절차

[항공안전법 시행규칙 제177조(계기 접근 및 출발 절차 등)]

제177조(계기 접근 및 출발 절차 등) ① 법 제67조에 따라 계기비행의 절차는 다음 각 호와 같이 구분한다. 〈개정 2020. 2. 28.〉

1. 비정밀접근절차: 전방향표지시설(VOR), 전술항행표지시설(TACAN) 등 전자적인 활공각(滑空角) 정보를 이용하지 아니하고 활주로방위각 정보를 이용하는 계기접근절차
2. 정밀접근절차: 계기착륙시설(Instrument Landing System/ILS, Microwave Landing System/MLS, GPS Landing System/GLS) 또는 위성항법시설(Satellite Based Augmentation System/SBAS Cat I)을 기반으로 하여 활주로방위각 및 활공각 정보를 이용하는 계기접근절차
3. 수직유도정보에 의한 계기접근절차: 활공각 및 활주로방위각 정보를 제공하며, 최저강하고도 또는 결심고도가 75미터(250피트) 이상으로 설계된 성능기반항행(Performance Based Navigation/PBN) 계기접근절차
4. 표준계기도착절차: 항공로에서 제1호부터 제3호까지의 규정에 따른 계기접근절차로 연결하는 계기도착절차
5. 표준계기출발절차: 비행장을 출발하여 항공로를 비행할 수 있도록 연결하는 계기출발절차

② 제1항 제1호부터 제3호까지의 규정에 따른 계기접근절차는 결심고도와 시정 또는 활주로가시범위(Visibility or Runway Visual Range/RVR)에 따라 다음과 같이 구분한다. 〈개정 2020. 12. 10.〉

종류		결심고도 (Decision Height/DH)	시정 또는 활주로 가시범위 (Visibility or Runway Visual Range/RVR)
A형(Type A)		75미터(250피트) 이상 • 결심고도가 없는 경우 최저강하고도를 적용	해당 사항 없음
B형 (Type B)	1종 (Category Ⅰ)	60미터(200피트) 이상 75미터(250피트) 미만	시정 800미터(1/2마일) 또는 RVR 550미터 이상
	2종 (Category Ⅱ)	30미터(100피트) 이상 60미터(200피트) 미만	RVR 300미터 이상 550미터 미만
	3종 (Category Ⅲ)	30미터(100피트) 미만 또는 적용하지 아니함(No DH)	RVR 300미터 미만 또는 적용하지 아니함(No RVR)

③ 제2항의 표 중 종류별 구분은 「국제민간항공협약」 부속서 14에서 정하는 바에 따른다.

핵심 POINT 계기비행에 관한 규칙(항공안전법 제67조 제2항 제3호)

항공기를 운항하려는 사람은 「국제민간항공협약」 및 같은 협약 부속서에 따라 국토교통부령으로 정하는 비행에 관한 기준 · 절차 · 방식 등 비행규칙에 따라 비행하여야 한다.

CAT Ⅱ/Ⅲ 정밀 계기접근을 위해서는 CAT Ⅱ/Ⅲ 운영에 필요한 지상장비와 항공기 탑재장비가 장착되고, 정상적으로 작동되어야 한다. 그리고 당 항공기 탑승 조종사는 적합한 자격이 있어야 한다.

[항공안전법 시행규칙 제181조(계기비행방식 등에 의한 비행 · 접근 · 착륙 및 이륙)

제181조(계기비행방식 등에 의한 비행 · 접근 · 착륙 및 이륙) ① 계기비행방식으로 착륙하기 위하여 접근하는 항공기의 조종사는 다음 각 호의 기준에 따라 비행하여야 한다.

1. 해당 비행장에 설정된 계기접근절차를 따를 것
2. 기상상태가 해당 계기접근절차의 착륙기상최저치 미만인 경우에는 결심고도(DH) 또는 최저강하고도(MDA)보다 낮은 고도로 착륙을 위한 접근을 시도하지 아니할 것. 다만, 다음 각 목의 요건에 모두 적합한 경우에는 그러하지 아니하다.
   가. 정상적인 강하율에 따라 정상적인 방법으로 그 활주로에 착륙하기 위한 강하를 할 수 있는 위치에 있을 것
   나. 비행시정이 해당 계기접근절차에 규정된 시정 이상일 것
   다. 조종사가 다음 중 어느 하나 이상의 해당 활주로 관련 시각참조물을 확실히 보고 식별할 수 있을 것(정밀접근방식이 제177조 제2항에 따른 제2종 또는 제3종에 해당하는 경우는 제외한다)
      1) 진입등시스템(ALS): 조종사가 진입등의 구성품 중 붉은색 측면등(red side row bars) 또는 붉은색 최종진입등(red terminating bars)을 명확하게 보고 식별할 수 없는 경우에는 활주로의 접지구역표면으로부터 30미터(100피트) 높이의 고도 미만으로 강하할 수 없다.
      2) 활주로시단(threshold)
      3) 활주로시단표지(threshold marking)
      4) 활주로시단등(threshold light)
      5) 활주로시단식별등
      6) 진입각지시등(VASI 또는 PAPI)
      7) 접지구역(touchdown zone) 또는 접지구역표지(touchdown zone marking)

8) 접지구역등(touchdown zone light)

9) 활주로 또는 활주로표지

10) 활주로등

3. 다음 각 목의 어느 하나에 해당할 때 제2호 다목의 요건에 적합하지 아니한 경우 또는 최저강하고도 이상의 고도에서 선회 중 비행장이 육안으로 식별되지 아니하는 경우에는 즉시 실패접근(계기접근을 시도하였으나 착륙하지 못한 항공기를 위하여 설정된 비행절차를 말한다. 이하 같다)을 하여야 한다.

가. 최저강하고도보다 낮은 고도에서 비행 중인 때

나. 실패접근의 지점(결심고도가 정해져 있는 경우에는 그 결심고도를 포함한다. 이하 같다)에 도달할 때

다. 실패접근의 지점에서 활주로에 접지할 때

② 조종사는 비행시정이 착륙하려는 비행장의 계기접근절차에 규정된 시정 미만인 경우에는 착륙하여서는 아니 된다. 다만, 법 제3조 제1항에 따른 군용항공기와 같은 조 제3항에 따른 아메리카합중국이 사용하는 항공기는 그러하지 아니하다.

③ 조종사는 해당 민간비행장에서 정한 최저이륙기상치 이상인 경우에만 이륙하여야 한다. 다만, 국토교통부장관의 허가를 받은 경우에는 그러하지 아니하다.

④ 조종사는 최종접근진로, 위치통지점(FIX) 또는 체공지점에서의 시간차접근(Timed Approach) 또는 비절차선회(No Procedure Turn/PT)접근까지 제5항 제2호에 따른 레이더 유도(Vectors)를 받는 경우에는 관할 항공교통관제기관으로부터 절차선회하라는 지시를 받지 아니하고는 절차선회를 해서는 아니 된다.

⑤ 제1항 제1호에 따른 계기접근절차 외의 항공로 운항 및 레이더 사용절차는 다음 각 호에 따른다.

1. 항공교통관제용 레이더는 감시접근용 또는 정밀접근용으로 사용하거나 다른 항행안전무선시설을 이용하는 계기접근절차와 병행하여 사용할 수 있다.
2. 레이더 유도는 최종접근진로 또는 최종접근지점까지 항공기가 접근하도록 진로안내를 하는 데 사용할 수 있다.
3. 조종사는 설정되지 아니한 비행로를 비행하거나 레이더 유도에 따라 접근허가를 받은 경우에는 공고된 항공로 또는 계기접근절차 비행구간으로 비행하기 전까지 제199조에 따른 최저비행고도를 준수하여야 한다. 다만, 항공교통관제기관으로부터 최종적으로 지시받은 고도가 있는 경우에는 우선적으로 그 고도에 따라야 한다.
4. 제3호에 따라 관할 항공교통관제기관으로부터 최종적으로 고도를 지시받은 조종사는 공고된 항공로 또는 계기접근절차 비행로에 진입한 이후에는 그 비행로에 대하여 인가된 고도로 강하하여야 한다.
5. 조종사가 최종접근진로나 최종접근지점에 도착한 경우에는 그 시설에 대하여 인가된 절차에 따라

계기접근을 수행하거나 착륙 시까지 감시레이더접근 또는 정밀레이더접근을 계속할 수 있다.

⑥ 계기착륙시설(Instrument Landing System/ILS)은 다음 각 호와 같이 구성되어야 한다.

1. 계기착륙시설은 방위각제공시설(LLZ), 활공각제공시설(GP), 외측마커(Outer Marker), 중간마커(Middle Marker) 및 내측마커(Inner Marker)로 구성되어야 한다.
2. 제1종 정밀접근(CAT-I) 계기착륙시설의 경우에는 내측마커를 설치하지 아니할 수 있다.
3. 외측마커 및 중간마커는 거리측정시설(DME)로 대체할 수 있다.
4. 제2종 및 제3종 정밀접근(CAT-Ⅱ 및 Ⅲ) 계기착륙시설로서 내측마커를 설치하지 아니하려는 경우에는 항행안전시설 설치허가 신청서에 필요한 사유를 적어야 한다.

⑦ 조종사는 군비행장에서 이륙 또는 착륙하거나 군 기관이 관할하는 공역을 비행하는 경우에는 해당 군비행장 또는 군 기관이 정한 계기비행절차 또는 관제지시를 준수하여야 한다. 다만, 해당 군비행장 또는 군 기관의 장과 협의하여 국토교통부장관이 따로 정한 경우에는 그러하지 아니하다.

⑧ 제2종 및 제3종 정밀접근 계기착륙시설의 정밀계기접근절차를 따라 비행하는 경우에는 다음 각 호의 어느 하나를 적용한다. 다만, 「항공사업법」 제7조, 제10조 및 제54조에 따른 항공운송사업자의 항공기에 대해서는 제2호 및 제3호를 적용하지 아니한다.

1. 조종사는 결심고도가 있는 제2종 및 제3종 정밀접근 계기착륙시설의 정밀계기접근절차를 따라 비행할 경우 인가된 결심고도보다 낮은 고도로 착륙을 위한 접근을 시도하여서는 아니 된다. 다만, 국토교통부장관의 인가를 받은 경우 또는 다음 각 목의 어느 하나에 해당하는 경우에는 그러하지 아니하다.
   가. 조종사가 정상적인 강하율에 따라 정상적인 방법으로 활주로 접지구역에 착륙하기 위한 강하를 할 수 있는 위치에 있는 경우
   나. 조종사가 다음의 어느 하나의 활주로 시각참조물을 육안으로 식별할 수 있는 경우
      1) 진입등시스템. 다만, 조종사가 진입등시스템의 구성품 중 진입등만 식별할 수 있고 붉은색 측면등 또는 붉은색 최종진입등은 식별할 수 없는 경우에는 활주로의 표면으로부터 30미터(100피트) 미만의 고도로 강하해서는 아니 된다.
      2) 활주로시단
      3) 활주로시단표지
      4) 활주로시단등
      5) 접지구역 또는 접지구역표지
      6) 접지구역등
2. 조종사는 결심고도가 없는 제3종 정밀접근 계기착륙시설의 정밀계기접근절차를 따라 비행하려는 경우에는 미리 국토교통부장관의 인가를 받아야 한다.
3. 제2종 및 제3종 정밀접근 계기착륙시설의 정밀계기접근절차 운용의 일반기준은 다음 각 목과 같다.

가. 제2종 및 제3종 계기착륙시설의 정밀계기접근절차를 이용하는 조종사는 다음의 기준에 적합하여야 한다.

1) 제2종 정밀접근 계기착륙시설의 정밀계기접근절차를 이용하는 기장과 기장 외의 조종사는 제2종 계기착륙시설의 정밀계기접근절차의 운용에 관하여 지방항공청장의 인가를 받을 것

2) 제3종 정밀접근 계기착륙시설의 정밀계기접근절차를 이용하는 기장과 기장 외의 조종사는 제3종 정밀접근 계기착륙시설의 정밀계기접근절차의 운용에 관하여 지방항공청장의 인가를 받을 것

3) 조종사는 자신이 이용하는 계기착륙시설의 정밀계기접근절차 및 항공기에 대하여 잘 알고 있을 것

나. 조종사의 전면에 있는 항공기 조종계기판에는 해당 계기착륙시설의 정밀계기접근절차를 수행하는 데 필요한 장비가 갖추어져 있어야 한다.

다. 비행장 및 항공기에는 [별표 25]에 따른 해당 계기착륙시설의 정밀계기접근용 지상장비와 해당 항공기에 필요한 장비가 각각 갖추어져 있어야 한다.

4. 「항공사업법」 제7조 · 제10조 및 제54조에 따른 항공운송사업자의 항공기가 제2종 또는 제3종 정밀접근 계기착륙시설의 정밀계기접근절차에 따라 비행하는 경우에는 [별표 25]에서 정한 기준을 준수하여야 한다.

⑨ 조종사는 제8항 제1호 가목 및 나목의 기준에 적합하지 아니한 경우에는 활주로에 접지하기 전에 즉시 실패접근을 하여야 한다. 다만, 국토교통부장관의 허가를 받은 경우에는 그러하지 아니하다.

5) 신호(유도신호, aircraft marshalling)

[항공안전법 시행규칙 제194조(신호)]

제194조(신호) ① 법 제67조에 따라 비행하는 항공기는 [별표 26]에서 정하는 신호를 인지하거나 수신할 경우에는 그 신호에 따라 요구되는 조치를 하여야 한다.

② 누구든지 제1항에 따른 신호로 오인될 수 있는 신호를 사용하여서는 아니 된다.

③ 항공기 유도원(誘導員)은 [별표 26] 제6호에 따른 유도신호를 명확하게 하여야 한다.

[항공안전법 시행규칙 제194조(신호)]

[별표 26] 〈개정 2020. 12. 10.〉

신호(제194조 관련)

1. 조난신호
   가. 조난에 처한 항공기가 다음의 신호를 복합적 또는 각각 사용할 경우에는 중대하고 절박한 위험에 처해 있고 즉각적인 도움이 필요함을 나타낸다.
      1) 무선전신 또는 그 밖의 신호방법에 의한 "SOS" 신호(모스부호는 …−−−…)
      2) 짧은 간격으로 한 번에 1발씩 발사되는 붉은색 불빛을 내는 로켓 또는 대포
      3) 붉은색 불빛을 내는 낙하산 부착 불빛
      4) "메이데이(MAYDAY)"라는 말로 구성된 무선 전화 조난 신호
      5) 데이터링크를 통해 전달된 "메이데이(MAYDAY)" 메시지
   나. 조난에 처한 항공기는 가목에도 불구하고 주의를 끌고, 자신의 위치를 알리며, 도움을 얻기 위한 어떠한 방법도 사용할 수 있다.

2. 긴급신호
   가. 항공기 조종사가 착륙등 스위치의 개폐를 반복하거나 점멸항행등과는 구분되는 방법으로 항행등 스위치의 개폐를 반복하는 신호를 복합적으로 또는 각각 사용할 경우에는 즉각적인 도움은 필요하지 않으나 불가피하게 착륙해야 할 어려움이 있음을 나타낸다.
   나. 다음의 신호가 복합적으로 또는 각각 따로 사용될 경우에는 이는 선박, 항공기 또는 다른 차량, 탑승자 또는 목격된 자의 안전에 관하여 매우 긴급한 통보 사항을 가지고 있음을 나타낸다.
      1) 무선전신 또는 그 밖의 신호방법에 의한 "XXX" 신호
      2) 무선전화로 송신되는 "PAN PAN"
      3) 데이터링크를 통해 전송된 "PAN PAN"

3. 요격 시 사용되는 신호
   가. 요격항공기의 신호 및 피요격항공기의 응신
      1) 피요격항공기는 지체 없이 다음 조치를 해야 한다.
         가) 나목에 따른 시각 신호를 이해하고 응답하며, 요격항공기의 지시에 따를 것
         나) 가능한 경우에는 관할 항공교통업무기관에 피요격 중임을 통보할 것
         다) 항공비상주파수 121.5MHz나 243.0MHz로 호출하여 요격항공기 또는 요격 관계기관과 연락하도록 노력하고 해당 항공기의 식별부호 및 위치와 비행내용을 통보할 것
         라) 트랜스폰더 SSR을 장착하였을 경우에는 항공교통관제기관으로부터 다른 지시가 있는 경우를 제외하고는 Mode A Code 7700으로 맞출 것

마) 자동종속감시시설(ADS-B 또는 ADS-C)을 장착하였을 경우에는 항공교통관제기관으로부터 다른 지시가 있는 경우를 제외하고는 적절한 비상기능을 선택할 것

바) 항공교통관제기관으로부터 무선으로 수신한 지시가 요격항공기의 시각신호와 다를 경우 피요격항공기는 요격항공기의 시각신호에 따라 이행하면서 항공교통관제기관에 조속한 확인을 요구해야 한다.

사) 항공교통관제기관으로부터 무선으로 수신한 지시가 요격항공기의 무선지시와 다를 경우 피요격항공기는 요격항공기의 무선지시에 따라 이행하면서 항공교통관제기관에 조속한 확인을 요구해야 한다.

2) 요격절차는 다음과 같이 하여야 한다.

가) 요격항공기와 통신이 이루어졌으나 통상의 언어로 사용할 수 없을 경우에 필요한 정보와 지시는 다음과 같은 발음과 용어를 2회 연속 사용하여 전달할 수 있도록 시도해야 한다.

PHRASE	PRONUNCIATION	MEANING
CALL SIGN (call sign)	KOL SA-IN (call sign)	My call sign is (call sign)
WILCO	VILL-KO	Understood will comply
CAN NOT	KANN NOTT	Unable to comply
REPEAT	REE-PEET	Repeat your instruction
AM LOST	AM LOSST	Position unknown
MAYDAY	MAYDAY	I am in distress
HIJACK	HI-JACK	I have been hijacked
LAND (place name)	LAAND (place name)	I request to land at (place name)
DESCEND	DEE-SEND	I require descent

나) 요격항공기가 사용해야 하는 용어는 다음과 같다.

PHRASE	PRONUNCIATION	MEANING
CALL SIGN	KOL SA-IN	What is your call sign?
FOLLOW	FOL-LO	Follow me
DESCEND	DEE-SEND	Descend for landing
YOU LAND	YOU LAAND	Land at this aerodrome
PROCEED	PRO-SEED	You may proceed

3) 요격항공기로부터 시각신호로 지시를 받았을 경우 피요격항공기도 즉시 시각신호로 요격항공기의 지시에 따라야 한다.

4) 요격항공기로부터 무선을 통하여 지시를 청취하였을 경우 피요격항공기는 즉시 요격항공기의 무선지시에 따라야 한다.

나. 시각신호

1) 요격항공기의 신호 및 피요격항공기의 응신

번호	요격항공기의 신호	의미	피요격항공기의 응신	의미
1	피요격항공기의 약간 위쪽 전방 좌측(또는 피요격항공기가 헬리콥터인 경우에는 우측)에서 날개를 흔들고 항행등을 불규칙적으로 점멸시킨 후 응답을 확인하고, 통상 좌측(헬리콥터인 경우 우측)으로 완만하게 선회하여 원하는 방향으로 향한다. 주1) 기상조건 또는 지형에 따라 위에서 제시한 요격항공기의 위치 및 선회방향을 반대로 할 수도 있다. 주2) 피요격항공기가 요격항공기의 속도를 따르지 못할 경우 요격항공기는 race track형으로 비행을 반복하며, 피요격항공기의 옆을 통과할 때마다 날개를 흔들어야 한다.	당신은 요격을 당하고 있으니 나를 따라오라.	날개를 흔들고, 항행등을 불규칙적으로 점멸시킨 후 요격항공기의 뒤를 따라간다.	알았다. 지시를 따르겠다.
2	피요격항공기의 진로를 가로지르지 않고 90° 이상의 상승선회를 하며, 피요격항공기로부터 급속히 이탈한다.	그냥 가도 좋다.	날개를 흔든다.	알았다. 지시를 따르겠다.
3	바퀴다리를 내리고 고정착륙등을 켠 상태로 착륙방향으로 활주로 상공을 통과하며, 피요격항공기가 헬리콥터인 경우에는 헬리콥터착륙구역 상공을 통과한다. 헬리콥터의 경우, 요격헬리콥터는 착륙접근을 하고 착륙장 부근에 공중에서 저고도비행을 한다.	이 비행장에 착륙하라.	바퀴다리를 내리고, 고정착륙등을 켠 상태로 요격항공기를 따라서 활주로나 헬리콥터착륙구역 상공을 통과한 후 안전하게 착륙할 수 있다고 판단되면 착륙한다.	알았다. 지시를 따르겠다.

2) 피요격항공기의 신호 및 요격항공기의 응신

번호	피요격항공기의 신호	의미	요격항공기의 응신	의미
1	비행장 상공 300미터(1,000피트) 이상 600미터(2,000피트) 이하[헬리콥터의 경우 50미터(170피트) 이상 100미터(330피트) 이하]의 고도로 착륙활주로나 헬리콥터착륙구역 상공을 통과하면서 바퀴다리를 올리고 섬광착륙등을 점멸하면서 착륙활주로나 헬리콥터착륙구역을 계속 선회한다. 착륙등을 점멸할 수 없는 경우에는 사용가능한 다른 등화를 점멸한다.	지정한 비행장이 적절하지 못하다.	피요격항공기를 교체비행장으로 유도하려는 경우에는 바퀴다리를 올린 후 1) 요격항공기의 신호 및 피요격항공기의 응신 1의 요격항공기 신호방법을 사용한다. 피요격항공기를 방면하려는 경우에는 1) 요격항공기의 신호 및 피요격항공기의 응신 2의 요격항공기 신호방법을 사용한다.	알았다. 나를 따라오라. 알았다. 그냥 가도 좋다.

2	점멸하는 등화와는 명확히 구분할 수 있는 방법으로 사용가능한 모든 등화의 스위치를 규칙적으로 개폐한다.	지시를 따를 수 없다.	1) 요격항공기의 신호 및 피요격 항공기의 응신 2의 요격항공기 신호방법을 사용한다.	알았다.
3	사용가능한 모든 등화를 불규칙적으로 점멸한다.	조난상태에 있다.	1) 요격항공기의 신호 및 피요격 항공기의 응신 2의 요격항공기 신호방법을 사용한다.	알았다.

4. 비행제한구역, 비행금지구역 또는 위험구역 침범 경고신호

지상에서 10초 간격으로 발사되어 붉은색 및 녹색의 불빛이나 별모양으로 폭발하는 신호탄은 비인가 항공기가 비행제한구역, 비행금지구역 또는 위험구역을 침범하였거나 침범하려고 한 상태임을 나타내며, 해당 항공기는 이에 필요한 시정조치를 해야 함을 나타낸다.

5. 무선통신 두절 시의 연락방법

가. 빛총신호

신호의 종류	의미		
	비행 중인 항공기	지상에 있는 항공기	차량 · 장비 및 사람
연속되는 녹색	착륙을 허가함	이륙을 허가함	
연속되는 고정	다른 항공기에 진로를 양보하고 계속 선회할 것	정지할 것	정지할 것
깜박이는 녹색	착륙을 준비할 것 (착륙 및 지상유도를 위한 허가가 뒤이어 발부)	지상 이동을 허가함	통과하거나 진행할 것
깜박이는 붉은색	비행장이 불안전하니 착륙하지 말 것	사용 중인 착륙지역으로부터 벗어날 것	활주로 또는 유도로에서 벗어날 것
깜박이는 흰색	착륙하여 계류장으로 갈 것	비행장 안의 출발지점으로 돌아갈 것	비행장 안의 출발지점으로 돌아갈 것

나. 항공기의 응신

1) 비행 중인 경우

가) 주간: 날개를 흔든다. 다만, 최종 선회구간(base leg) 또는 최종 접근구간(final leg)에 있는 항공기의 경우에는 그러하지 아니하다.

나) 야간: 착륙등이 장착된 경우에는 착륙등을 2회 점멸하고, 착륙등이 장착되지 않은 경우에는 항행등을 2회 점멸한다.

2) 지상에 있는 경우

가) 주간: 항공기의 보조익 또는 방향타를 움직인다.

나) 야간: 착륙등이 장착된 경우에는 착륙등을 2회 점멸하고, 착륙등이 장착되지 않은 경우에는 항행등을 2회 점멸한다.

6. 유도신호(MARSHALLING SIGNALS)

가. 항공기에 대한 유도원의 신호

1) 유도원은 항공기의 조종사가 유도업무 담당자임을 알 수 있는 복장을 해야 한다.

2) 유도원은 주간에는 일광형광색봉, 유도봉 또는 유도장갑을 이용하고, 야간 또는 저시정상태에서는 발광유도봉을 이용하여 신호를 하여야 한다.

3) 유도신호는 조종사가 잘 볼 수 있도록 조명봉을 손에 들고 다음의 위치에서 조종사와 마주보며 실시한다.

가) 비행기의 경우에는 비행기의 왼쪽에서 조종사가 가장 잘 볼 수 있는 위치

나) 헬리콥터의 경우에는 조종사가 유도원을 가장 잘 볼 수 있는 위치

4) 유도원은 다음의 신호를 사용하기 전에 항공기를 유도하려는 지역 내에 항공기와 충돌할 만한 물체가 있는지를 확인해야 한다.

1. 항공기 안내(wingwalker)	
	오른손의 유도봉을 위쪽을 향하게 한 채 머리 위로 들어 올리고, 왼손의 유도봉을 아래로 향하게 하면서 몸쪽으로 붙인다.
2. 출입문의 확인	
	양손의 유도봉을 위로 향하게 한 채 양팔을 쭉 펴서 머리 위로 올린다.

<table>
<tr><td colspan="2">3. 다음 유도원에게 이동 또는 항공교통관제기관으로부터 지시받은 지역으로의 이동</td></tr>
<tr><td></td><td>양쪽 팔을 위로 올렸다가 내려 팔을 몸의 측면 바깥쪽으로 쭉 편 후 다음 유도원의 방향 또는 이동구역방향으로 유도봉을 가리킨다.</td></tr>
<tr><td colspan="2">4. 직진</td></tr>
<tr><td></td><td>팔꿈치를 구부려 유도봉을 가슴높이에서 머리높이까지 위아래로 움직인다.</td></tr>
<tr><td colspan="2">5. 좌회전(조종사 기준)</td></tr>
<tr><td></td><td>오른팔과 유도봉을 몸쪽 측면으로 직각으로 세운 뒤 왼손으로 직진신호를 한다. 신호동작의 속도는 항공기의 회전속도를 알려준다.</td></tr>
<tr><td colspan="2">6. 우회전(조종사 기준)</td></tr>
<tr><td></td><td>왼팔과 유도봉을 몸쪽 측면으로 직각으로 세운 뒤 오른손으로 직진신호를 한다. 신호동작의 속도는 항공기의 회전속도를 알려준다.</td></tr>
<tr><td colspan="2">7. 정지</td></tr>
<tr><td></td><td>유도봉을 쥔 양쪽 팔을 몸쪽 측면에서 직각으로 뻗은 뒤 천천히 두 유도봉이 교차할 때까지 머리 위로 움직인다.</td></tr>
</table>

8. 비상정지	
	빠르게 양쪽 팔과 유도봉을 머리 위로 뻗었다가 유도봉을 교차시킨다.
9. 브레이크 정렬	
	손바닥을 편 상태로 어깨높이로 들어 올린다. 운항승무원을 응시한 채 주먹을 쥔다. 승무원으로부터 인지신호(엄지손가락을 올리는 신호)를 받기 전까지는 움직여서는 안 된다.
10. 브레이크 풀기	
	주먹을 쥐고 어깨높이로 올린다. 운항승무원을 응시한 채 손을 편다. 승무원으로부터 인지신호(엄지손가락을 올리는 신호)를 받기 전까지는 움직여서는 안 된다.
11. 고임목 삽입	
	팔과 유도봉을 머리 위로 쭉 뻗는다. 유도봉이 서로 닿을 때까지 안쪽으로 유도봉을 움직인다. 비행승무원에게 인지표시를 반드시 수신하도록 한다.
12. 고임목 제거	
	팔과 유도봉을 머리 위로 쭉 뻗는다. 유도봉을 바깥쪽으로 움직인다. 운항승무원에게 인가받기 전까지 초크를 제거해서는 안 된다.

<table>
<tr><th colspan="2">13. 엔진시동걸기</th></tr>
<tr><td></td><td>오른팔을 머리높이로 들면서 유도봉은 위를 향한다. 유도봉으로 원 모양을 그리기 시작하면서 동시에 왼팔을 머리높이로 들고 엔진시동 걸 위치를 가리킨다.</td></tr>
<tr><th colspan="2">14. 엔진 정지</th></tr>
<tr><td></td><td>유도봉을 쥔 팔을 어깨높이로 들어 올려 왼쪽 어깨 위로 위치시킨 뒤 유도봉을 오른쪽 · 왼쪽 어깨로 목을 가로질러 움직인다.</td></tr>
<tr><th colspan="2">15. 서행</th></tr>
<tr><td></td><td>허리부터 무릎 사이에서 위아래로 유도봉을 움직이면서 뻗은 팔을 가볍게 툭툭 치는 동작으로 아래로 움직인다.</td></tr>
<tr><th colspan="2">16. 한쪽 엔진의 출력 감소</th></tr>
<tr><td>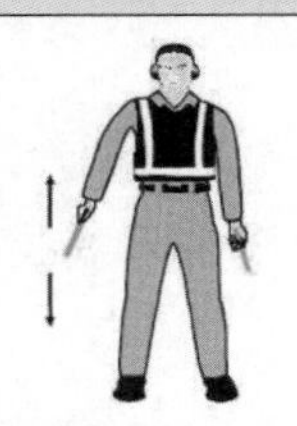</td><td>양손의 유도봉이 지면을 향하게 하여 두 팔을 내린 후, 출력을 감소시키려는 쪽의 유도봉을 위아래로 흔든다.</td></tr>
<tr><th colspan="2">17. 후진</th></tr>
<tr><td></td><td>몸 앞쪽의 허리높이에서 양팔을 앞쪽으로 빙글빙글 회전시킨다. 후진을 정지시키기 위해서는 신호 7 및 8을 사용한다.</td></tr>
</table>

18. 후진하면서 선회(후미 우측)	
	왼팔은 아래쪽을 가리키며 오른팔은 머리 위로 수직으로 세웠다가 옆으로 수평위치까지 내리는 동작을 반복한다.
19. 후진하면서 선회(후미 좌측)	
	오른팔은 아래쪽을 가리키며 왼팔은 머리 위로 수직으로 세웠다가 옆으로 수평위치까지 내리는 동작을 반복한다.
20. 긍정(affirmative)/모든 것이 정상임(all clear)	
	오른팔을 머리높이로 들면서 유도봉을 위로 향한다. 손 모양은 엄지손가락을 치켜세운다. 왼쪽 팔은 무릎 옆쪽으로 붙인다.
*21. 공중정지(hover)	
	유도봉을 든 팔을 90° 측면으로 편다.
*22. 상승	
	유도봉을 든 팔을 측면 수직으로 쭉 펴고 손바닥을 위로 향하면서 손을 위쪽으로 움직인다. 움직임의 속도는 상승률을 나타낸다.

*23. 하강	
	유도봉을 든 팔을 측면 수직으로 쭉 펴고 손바닥을 아래로 향하면서 손을 아래로 움직인다. 움직임의 속도는 강하율을 나타낸다.
***24. 왼쪽으로 수평이동(조종사 기준)**	
	팔을 오른쪽 측면 수직으로 뻗는다. 빗자루를 쓰는 동작으로 같은 방향으로 다른 쪽 팔을 이동시킨다.
***25. 오른쪽으로 수평이동(조종사 기준)**	
	팔을 왼쪽 측면 수직으로 뻗는다. 빗자루를 쓰는 동작으로 같은 방향으로 다른 쪽 팔을 이동시킨다.
***26. 착륙**	
	몸의 앞쪽에서 유도봉을 쥔 양팔을 아래쪽으로 교차시킨다.
27. 화재	
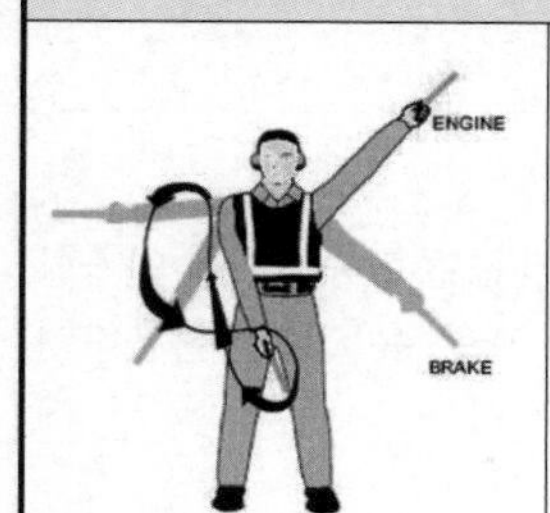	화재지역을 왼손으로 가리키면서 동시에 어깨와 무릎 사이의 높이에서 부채질 동작으로 오른손을 이동시킨다. • 야간 – 유도봉을 사용하여 동일하게 움직인다.

28. 위치대기(stand-by)	
	양팔과 유도봉을 측면에서 45°로 아래로 뻗는다. 항공기의 다음 이동이 허가될 때까지 움직이지 않는다.
29. 항공기 출발	
	오른손 또는 유도봉으로 경례하는 신호를 한다. 항공기의 지상이동(taxi)이 시작될 때까지 운항승무원을 응시한다.
30. 조종장치를 손대지 말 것(기술적 · 업무적 통신신호)	
	머리 위로 오른팔을 뻗고 주먹을 쥐거나 유도봉을 수평방향으로 쥔다. 왼팔은 무릎 옆에 붙인다.
31. 지상 전원공급 연결(기술적 · 업무적 통신신호)	
	머리 위로 팔을 뻗어 왼손을 수평으로 손바닥이 보이도록 하고, 오른손의 손가락 끝이 왼손에 닿게 하여 "T"자 형태를 취한다. 밤에는 광채가 나는 유도봉을 이용하여 "T"를 사용할 수 있다.
32. 지상 전원공급 차단(기술적 · 업무적 통신신호)	
	신호 31과 같이 한 후 오른손이 왼손에서 떨어지도록 한다. 운항승무원이 인가할 때까지 전원공급을 차단해서는 안 된다. 밤에는 광채가 나는 유도봉을 이용하여 "T"를 사용할 수 있다.

33. 부정(기술적 · 업무적 통신신호)	
	오른팔을 어깨에서부터 90°로 곧게 뻗어 고정시키고, 유도봉을 지상 쪽으로 향하게 하거나 엄지손가락을 아래로 향하게 표시한다. 왼손은 무릎 옆에 붙인다.
34. 인터폰을 통한 통신의 구축(기술적 · 업무적 통신신호)	
	몸에서부터 90°로 양팔을 뻗은 후, 양손이 두 귀를 컵 모양으로 가리도록 한다.
35. 계단 열기 · 닫기	
	오른팔을 측면에 붙이고 왼팔을 45° 머리 위로 올린다. 오른팔을 왼쪽 어깨 위쪽으로 쓸어올리는 동작을 한다.

[비고]
1. 항공기 유도원이 배트, 조명유도봉 또는 횃불을 드는 경우에도 관련 신호의 의미는 같다.
2. 항공기의 엔진번호는 항공기를 마주 보고 있는 유도원의 위치를 기준으로 오른쪽에서부터 왼쪽으로 번호를 붙인다.
3. "*"가 표시된 신호는 헬리콥터에 적용한다.
4. 주간에 시정이 양호한 경우에는 조명막대의 대체도구로 밝은 형광색의 유도봉이나 유도장갑을 사용할 수 있다.

나. 유도원에 대한 조종사의 신호

1) 조종실에 있는 조종사는 손이 유도원에게 명확히 보이도록 해야 하며, 필요한 경우에는 쉽게 식별할 수 있도록 조명을 비추어야 한다.

2) 브레이크

가) 주먹을 쥐거나 손가락을 펴는 순간이 각각 브레이크를 걸거나 푸는 순간을 나타낸다.

나) 브레이크를 걸었을 경우: 손가락을 펴고 양팔과 손을 얼굴 앞에 수평으로 올린 후 주먹을 쥔다.

다) 브레이크를 풀었을 경우: 주먹을 쥐고 팔을 얼굴 앞에 수평으로 올린 후 손가락을 편다.

3) 고임목(chocks)

가) 고임목을 끼울 것: 팔을 뻗고 손바닥을 바깥쪽으로 향하게 하며, 두 손을 안쪽으로 이동

시켜 얼굴 앞에서 교차되게 한다.

나) 고임목을 뺄 것: 두 손을 얼굴 앞에서 교차시키고 손바닥을 바깥쪽으로 향하게 하며, 두 팔을 바깥쪽으로 이동시킨다.

4) 엔진시동 준비완료

시동시킬 엔진의 번호만큼 한쪽 손의 손가락을 들어올린다.

다. 기술적 · 업무적 통신신호

1) 수동신호는 음성통신이 기술적 · 업무적 통신신호로 가능하지 않을 경우에만 사용해야 한다.

2) 유도원은 운항승무원으로부터 기술적 · 업무적 통신신호에 대하여 인지하였음을 확인해야 한다.

7. 비상수신호

가. 탈출 권고	
	• 한 팔을 앞으로 뻗어 눈높이까지 들어 올린 후 손짓으로 부르는 동작을 한다. • 야간 – 막대를 사용하여 동일하게 움직인다.
나. 동작중단 권고 – 진행 중인 탈출 중단 및 항공기 이동 또는 그 밖의 활동 중단	
	• 양팔을 머리 앞으로 들어 올려 손목에서 교차시키는 동작을 한다. • 야간 – 막대를 사용하여 동일하게 움직인다.
다. 비상 해제	
	• 양팔을 손목이 교차할 때까지 안쪽 방향으로 모은 후 바깥 방향으로 45도 각도로 뻗는 동작을 한다. • 야간 – 막대를 사용하여 동일하게 움직인다.

[항공안전법 시행규칙 제195조(시간)]

제195조(시간) ① 법 제67조에 따라 항공기의 운항과 관련된 시간을 전파하거나 보고하려는 자는 국제표준시(UTC: Coordinated Universal Time)를 사용하여야 하며, 시각은 자정을 기준으로 하루 24시간을 시 · 분으로 표시하되, 필요하면 초 단위까지 표시하여야 한다.

② 관제비행을 하려는 자는 관제비행의 시작 전과 비행 중에 필요하면 시간을 점검하여야 한다.

③ 데이터링크통신에 따라 시간을 이용하려는 경우에는 국제표준시를 기준으로 1초 이내의 정확도를 유지 · 관리하여야 한다.

[항공안전법 시행규칙 제198조(불법간섭 행위 시의 조치)]

제198조(불법간섭 행위 시의 조치) ① 법 제67조에 따라 비행 중 항공기의 피랍 · 테러 등의 불법적인 행위에 의하여 항공기 또는 탑승객의 안전이 위협받는 상황(이하 "불법간섭"이라 한다)에 처한 항공기는 항공교통업무기관에서 다른 항공기와의 충돌 방지 및 우선권 부여 등 필요한 조치를 취할 수 있도록 가능한 범위에서 한 다음 각 호의 사항을 관할 항공교통업무기관에 통보하여야 한다.

1. 불법간섭을 받고 있다는 사실
2. 불법간섭 행위와 관련한 중요한 상황정보
3. 그 밖에 상황에 따른 비행계획의 이탈사항에 관한 사항

② 불법간섭을 받고 있는 항공기의 기장은 가능한 한 해당 항공기가 안전하게 착륙할 수 있는 가장 가까운 공항 또는 관할 항공교통업무기관이 지정한 공항으로 착륙을 시도하여야 한다.

③ 불법간섭을 받고 있는 항공기가 제1항에 따른 사항을 관할 항공교통업무기관에 통보할 수 없는 경우에는 다음 각 호의 조치를 하여야 한다.

1. 기장은 제2항에 따른 공항으로 비행할 수 없는 경우에는 관할 항공교통업무기관에 통보할 수 있을 때까지 또는 레이더나 자동종속감시시설의 포착범위 내에 들어갈 때까지 배정된 항공로 및 순항고도를 유지하며 비행할 것
2. 기장은 관할 항공교통업무기관과 무선통신이 불가능한 상황에서 배정된 항공로 및 순항고도를 이탈할 것을 강요받은 경우에는 가능한 한 다음 각 목의 조치를 할 것
   가. 항공기 안의 상황이 허용되는 한도 내에서 현재 사용 중인 초단파(VHF) 주파수, 초단파 비상주파수(121.5MHz) 또는 사용 가능한 다른 주파수로 경고방송을 시도할 것
   나. 2차 감시 항공교통관제 레이더용 트랜스폰더(Mode 3/A 및 Mode C SSR transponder) 또는 데이터링크 탑재장비를 사용하여 불법간섭을 받고 있다는 사실을 알릴 것
   다. 고도 600미터의 수직분리가 적용되는 지역에서는 계기비행 순항고도와 300미터 분리된 고도로, 고도 300미터의 수직분리가 적용되는 지역에서는 계기비행 순항고도와 150미터 분리된 고도로 각각 변경하여 비행할 것

4.8.11 항공기 비행 중 금지행위 등

[항공안전법 제68조(항공기의 비행 중 금지행위 등)]

제68조(항공기의 비행 중 금지행위 등) 항공기를 운항하려는 사람은 생명과 재산을 보호하기 위하여 다음 각 호의 어느 하나에 해당하는 비행 또는 행위를 해서는 아니 된다. 다만, 국토교통부령으로 정하는 바에 따라 국토교통부장관의 허가를 받은 경우에는 그러하지 아니하다.

1. 국토교통부령으로 정하는 최저비행고도(最低飛行高度) 아래에서의 비행
2. 물건의 투하(投下) 또는 살포
3. 낙하산 강하(降下)
4. 국토교통부령으로 정하는 구역에서 뒤집어서 비행하거나 옆으로 세워서 비행하는 등의 곡예비행
5. 무인항공기의 비행
6. 그 밖에 생명과 재산에 위해를 끼치거나 위해를 끼칠 우려가 있는 비행 또는 행위로서 국토교통부령으로 정하는 비행 또는 행위

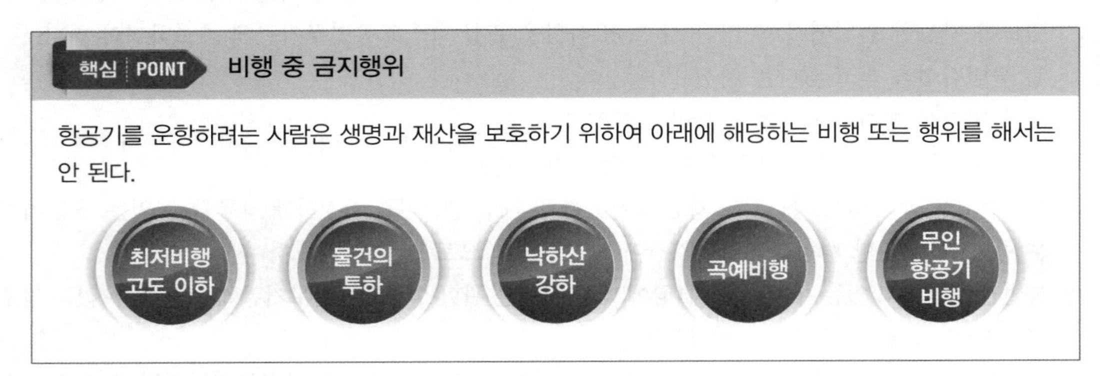

[항공안전법 시행규칙 제199조(최저비행고도)]

제199조(최저비행고도) 법 제68조 제1호에서 "국토교통부령으로 정하는 최저비행고도"란 다음 각 호와 같다.

1. 시계비행방식으로 비행하는 항공기
   가. 사람 또는 건축물이 밀집된 지역의 상공에서는 해당 항공기를 중심으로 수평거리 600미터 범위 안의 지역에 있는 가장 높은 장애물의 상단에서 300미터(1천피트)의 고도
   나. 가목 외의 지역에서는 지표면 · 수면 또는 물건의 상단에서 150미터(500피트)의 고도
2. 계기비행방식으로 비행하는 항공기
   가. 산악지역에서는 항공기를 중심으로 반지름 8킬로미터 이내에 위치한 가장 높은 장애물로부터 600미터의 고도
   나. 가목 외의 지역에서는 항공기를 중심으로 반지름 8킬로미터 이내에 위치한 가장 높은 장애물로부터 300미터의 고도

[항공안전법 시행규칙 제203조(곡예비행)]

제203조(곡예비행) 법 제68조 제4호에 따른 곡예비행은 다음 각 호와 같다. 〈개정 2021. 8. 27.〉

1. 항공기를 뒤집어서 하는 비행
2. 항공기를 옆으로 세우거나 회전시키며 하는 비행
3. 항공기를 급강하시키거나 급상승시키는 비행
4. 항공기를 나선형으로 강하시키거나 실속시켜 하는 비행
5. 그 밖에 항공기의 비행자세, 고도 또는 속도를 비정상적으로 변화시켜 하는 비행

[항공안전법 시행규칙 제204조(곡예비행 금지구역)]

제204조(곡예비행 금지구역) 법 제68조 제4호에서 "국토교통부령으로 정하는 구역"이란 다음 각 호의 어느 하나에 해당하는 구역을 말한다.

1. 사람 또는 건축물이 밀집한 지역의 상공
2. 관제구 및 관제권
3. 지표로부터 450미터(1,500피트) 미만의 고도
4. 해당 항공기(활공기는 제외한다)를 중심으로 반지름 500미터 범위 안의 지역에 있는 가장 높은 장애물의 상단으로부터 500미터 이하의 고도
5. 해당 활공기를 중심으로 반지름 300미터 범위 안의 지역에 있는 가장 높은 장애물의 상단으로부터 300미터 이하의 고도

4.8.12 긴급항공기의 지정 등

[항공안전법 제69조(긴급항공기의 지정 등)]

제69조(긴급항공기의 지정 등) ① 응급환자의 수송 등 국토교통부령으로 정하는 긴급한 업무에 항공기를 사용하려는 소유자등은 그 항공기에 대하여 국토교통부장관의 지정을 받아야 한다.

② 제1항에 따라 국토교통부장관의 지정을 받은 항공기(이하 "긴급항공기"라 한다)를 제1항에 따른 긴급한 업무의 수행을 위하여 운항하는 경우에는 제66조 및 제68조 제1호 · 제2호를 적용하지 아니한다.

③ 긴급항공기의 지정 및 운항절차 등에 필요한 사항은 국토교통부령으로 정한다.

④ 국토교통부장관은 긴급항공기의 소유자등이 다음 각 호의 어느 하나에 해당하는 경우에는 그 긴급항공기의 지정을 취소할 수 있다. 다만, 제1호에 해당하는 경우에는 그 긴급항공기의 지정을 취소하여야 한다.

1. 거짓이나 그 밖의 부정한 방법으로 긴급항공기로 지정받은 경우
2. 제3항에 따른 운항절차를 준수하지 아니하는 경우

⑤ 제4항에 따라 긴급항공기의 지정 취소처분을 받은 자는 취소처분을 받은 날부터 2년 이내에는 긴급항공기의 지정을 받을 수 없다.

[항공안전법 시행규칙 제207조(긴급항공기의 지정)]

제207조(긴급항공기의 지정) ① 법 제69조 제1항에서 "응급환자의 수송 등 국토교통부령으로 정하는 긴급한 업무"란 다음 각 호의 어느 하나에 해당하는 업무를 말한다.

1. 재난 · 재해 등으로 인한 수색 · 구조
2. 응급환자의 수송 등 구조 · 구급활동
3. 화재의 진화
4. 화재의 예방을 위한 감시활동
5. 응급환자를 위한 장기(臟器) 이송
6. 그 밖에 자연재해 발생 시의 긴급복구

② 법 제69조 제1항에 따라 제1항 각 호에 따른 업무에 항공기를 사용하려는 소유자등은 해당 항공기에 대하여 지방항공청장으로부터 긴급항공기의 지정을 받아야 한다.

③ 제2항에 따른 지정을 받으려는 자는 다음 각 호의 사항을 적은 긴급항공기 지정신청서를 지방항공청장에게 제출하여야 한다.

1. 성명 및 주소
2. 항공기의 형식 및 등록부호
3. 긴급한 업무의 종류
4. 긴급한 업무 수행에 관한 업무규정 및 항공기 장착장비
5. 조종사 및 긴급한 업무를 수행하는 사람에 대한 교육훈련 내용
6. 그 밖에 참고가 될 사항

④ 지방항공청장은 제3항에 따른 서류를 확인한 후 제1항 각 호의 긴급한 업무에 해당하는 경우에는 해당 항공기를 긴급항공기로 지정하였음을 신청자에게 통지하여야 한다.

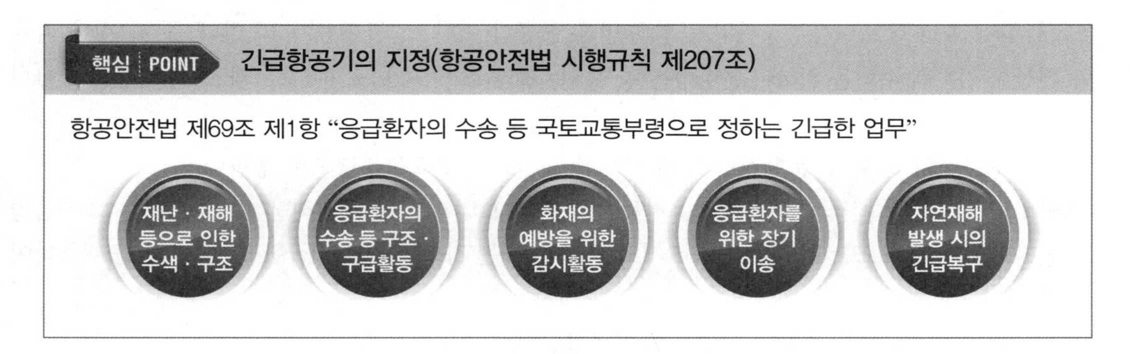

4.8.13 위험물 운송 등

[항공안전법 제70조(위험물 운송 등)]

제70조(위험물 운송 등) ① 항공기를 이용하여 폭발성이나 연소성이 높은 물건 등 국토교통부령으로 정하는 위험물(이하 "위험물"이라 한다)을 운송하려는 자는 국토교통부령으로 정하는 바에 따라 국토교통부장관의 허가를 받아야 한다.

② 제90조 제1항에 따른 운항증명을 받은 자가 위험물 탑재 정보의 전달방법 등 국토교통부령으로 정하는 기준을 충족하는 경우에는 제1항에 따른 허가를 받은 것으로 본다.

③ 항공기를 이용하여 운송되는 위험물을 포장 · 적재(積載) · 저장 · 운송 또는 처리(이하 "위험물취급"이라 한다)하는 자(이하 "위험물취급자"라 한다)는 항공상의 위험 방지 및 인명의 안전을 위하여 국토교통부장관이 정하여 고시하는 위험물취급의 절차 및 방법에 따라야 한다.

[항공안전법 시행규칙 제209조(위험물 운송허가 등)]

제209조(위험물 운송허가 등) ① 법 제70조 제1항에서 "폭발성이나 연소성이 높은 물건 등 국토교통부령으로 정하는 위험물"이란 다음 각 호의 어느 하나에 해당하는 것을 말한다.

1. 폭발성 물질
2. 가스류
3. 인화성 액체
4. 가연성 물질류
5. 산화성 물질류
6. 독물류
7. 방사성 물질류
8. 부식성 물질류
9. 그 밖에 국토교통부장관이 정하여 고시하는 물질류

② 항공기를 이용하여 제1항에 따른 위험물을 운송하려는 자는 별지 제76호서식의 위험물 항공운송허가 신청서에 다음 각 호의 서류를 첨부하여 국토교통부장관에게 제출하여야 한다.

1. 위험물의 포장방법
2. 위험물의 종류 및 등급
3. UN매뉴얼에 따른 포장물 및 내용물의 시험성적서(해당하는 경우에만 적용한다)
4. 그 밖에 국토교통부장관이 정하여 고시하는 서류

③ 국토교통부장관은 제2항에 따른 신청이 있는 경우 위험물운송기술기준에 따라 검사한 후 위험물운송기술기준에 적합하다고 판단되는 경우에는 별지 제77호서식의 위험물 항공운송허가서를 발급하여야 한다.

④ 제2항 및 제3항에도 불구하고 법 제90조에 따른 운항증명을 받은 항공운송사업자가 법 제93조에 따른 운항규정에 다음 각 호의 사항을 정하고 제1항 각 호에 따른 위험물을 운송하는 경우에는 제3항에 따른 허가를 받은 것으로 본다. 다만, 국토교통부장관이 별도의 허가요건을 정하여 고시한 경우에는 제3항에 따른 허가를 받아야 한다.
  1. 위험물과 관련된 비정상사태가 발생할 경우의 조치내용
  2. 위험물 탑재정보의 전달방법
  3. 승무원 및 위험물취급자에 대한 교육훈련

⑤ 제3항에도 불구하고 국가기관등항공기가 업무 수행을 위하여 제1항에 따른 위험물을 운송하는 경우에는 위험물 운송허가를 받은 것으로 본다.

⑥ 제1항 각 호의 구분에 따른 위험물의 세부적인 종류와 종류별 구체적 내용에 관하여는 국토교통부장관이 정하여 고시한다.

핵심 POINT 위험물 운송허가 등(항공안전법 시행규칙 제209조)

항공기를 이용하여 폭발성이나 연소성이 높은 물건 등 국토교통부령으로 정하는 위험물을 운송하려는 자는 국토교통부장관의 허가를 받아야 한다.

- 폭발성 물질
- 가스류
- 인화성 액체
- 가연성 물질류
- 산화성 물질류
- 독물류
- 방사성 물질류
- 부식성 물질류

4.8.14 전자기기의 사용제한

[항공안전법 제73조(전자기기의 사용제한)]

제73조(전자기기의 사용제한) 국토교통부장관은 운항 중인 항공기의 항행 및 통신장비에 대한 전자파 간섭 등의 영향을 방지하기 위하여 국토교통부령으로 정하는 바에 따라 여객이 지닌 전자기기의 사용을 제한할 수 있다.

[항공안전법 시행규칙 제214조(전자기기의 사용제한)]

제214조(전자기기의 사용제한) 법 제73조에 따라 운항 중에 전자기기의 사용을 제한할 수 있는 항공기와 사용이 제한되는 전자기기의 품목은 다음 각 호와 같다.

1. 다음 각 목의 어느 하나에 해당하는 항공기
   가. 항공운송사업용으로 비행 중인 항공기
   나. 계기비행방식으로 비행 중인 항공기
2. 다음 각 목 외의 전자기기
   가. 휴대용 음성녹음기
   나. 보청기
   다. 심장박동기
   라. 전기면도기
   마. 그 밖에 항공운송사업자 또는 기장이 항공기 제작회사의 권고 등에 따라 해당 항공기에 전자파 영향을 주지 아니한다고 인정한 휴대용 전자기기

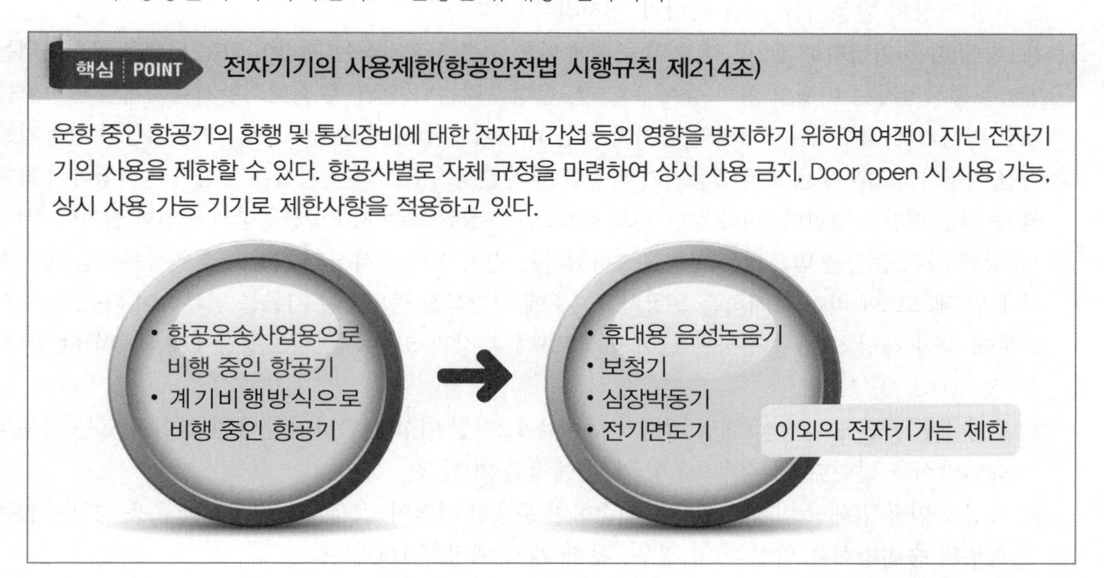

4.8.15 회항시간 연장 운항(EDTO, Extended Diversion Time Operation)

[항공안전법 제74조(회항시간 연장운항의 승인)]

제74조(회항시간 연장운항의 승인) ① 항공운송사업자가 2개 이상의 발동기를 가진 비행기로서 국토교통부령으로 정하는 비행기를 다음 각 호의 구분에 따른 순항속도(巡航速度)로 가장 가까운 공항까지 비행하여 착륙할 수 있는 시간이 국토교통부령으로 정하는 시간을 초과하는 지점이 있는 노선을 운항하려면 국토교통부령으로 정하는 바에 따라 국토교통부장관의 승인을 받아야 한다.
   1. 2개의 발동기를 가진 비행기: 1개의 발동기가 작동하지 아니할 때의 순항속도
   2. 3개 이상의 발동기를 가진 비행기: 모든 발동기가 작동할 때의 순항속도
② 국토교통부장관은 제1항에 따른 승인을 하려는 경우에는 제77조 제1항에 따라 고시하는 운항기술기준에 적합한지를 확인하여야 한다.

[항공안전법 시행규칙 제215조(회항시간 연장운항의 승인)]

제215조(회항시간 연장운항의 승인) ① 법 제74조 제1항 각 호 외의 부분에서 "국토교통부령으로 정하는 비행기"란 터빈발동기를 장착한 항공운송사업용 비행기(화물만을 운송하는 3개 이상의 터빈발동기를 가진 비행기는 제외한다)를 말한다.

② 법 제74조 제1항 각 호 외의 부분에서 "국토교통부령으로 정하는 시간"이란 다음 각 호의 구분에 따른 시간을 말한다.

1. 2개의 발동기를 가진 비행기: 1시간. 다만, 최대인가승객 좌석 수가 20석 미만이며 최대이륙중량이 4만 5천360킬로그램 미만인 비행기로서 「항공사업법 시행규칙」 제3조 제3호에 따른 전세운송에 사용되는 비행기의 경우에는 3시간으로 한다.
2. 3개 이상의 발동기를 가진 비행기: 3시간

③ 제1항에 따른 비행기로 제2항 각 호의 구분에 따른 시간을 초과하는 지점이 있는 노선을 운항하려는 항공운송사업자는 비행기 형식(등록부호)별, 운항하려는 노선별 및 최대회항시간(2개의 발동기를 가진 비행기의 경우에는 1개의 발동기가 작동하지 아니할 때의 순항속도로, 3개 이상의 발동기를 가진 비행기의 경우에는 모든 발동기가 작동할 때의 순항속도로 가장 가까운 공항까지 비행하여 착륙할 수 있는 시간을 말한다. 이하 같다)별로 국토교통부장관 또는 지방항공청장의 승인을 받아야 한다.

④ 제3항에 따른 승인을 받으려는 항공운송사업자는 별지 제82호서식의 회항시간 연장운항승인 신청서에 법 제77조에 따라 고시하는 운항기술기준에 적합함을 증명하는 서류를 첨부하여 다음 각 호의 구분에 따라 해당 호에서 정하는 날까지 국토교통부장관 또는 지방항공청장에게 제출해야 한다. 〈개정 2023. 9. 12.〉

1. 운용경험 기반 승인방식(해당 비행기 형식을 12개월 이상 연속하여 운용한 경험이 있는 경우의 승인방식을 말한다)의 경우: 운항 개시 예정일 20일 전
2. 속성 승인방식(해당 비행기 형식을 연속하여 운용한 경험이 12개월 미만이거나 운용 경험이 없는 경우의 승인방식을 말한다)의 경우: 운항 개시 예정일 180일 전

핵심 POINT 회항시간 연장운항의 승인(항공안전법 시행규칙 제215조)

순항속도로 가장 가까운 공항까지 비행하여 착륙할 수 있는 시간이 국토교통부령으로 정하는 시간을 초과하는 지점이 있는 노선을 운항하려고 하면 연장운항승인을 받아야 한다.

4.8.16 수직분리축소공역 등에서의 항공기 운항 (RVSM, Reduced Vertical Separation Minimum)

[항공안전법 제75조(수직분리축소공역 등에서의 항공기 운항 승인)]

제75조(수직분리축소공역 등에서의 항공기 운항 승인) ① 다음 각 호의 어느 하나에 해당하는 공역에서 항공기를 운항하려는 소유자등은 국토교통부령으로 정하는 바에 따라 국토교통부장관의 승인을 받아야 한다. 다만, 수색 · 구조를 위하여 제1호의 공역에서 운항하려는 경우 등 국토교통부령으로 정하는 경우에는 그러하지 아니하다.

1. 수직분리고도를 축소하여 운영하는 공역(이하 "수직분리축소공역"이라 한다)
2. 특정한 항행성능을 갖춘 항공기만 운항이 허용되는 공역(이하 "성능기반항행요구공역"이라 한다)
3. 그 밖에 공역을 효율적으로 운영하기 위하여 국토교통부령으로 정하는 공역

② 국토교통부장관은 제1항에 따른 승인을 하려는 경우에는 제77조 제1항에 따라 고시하는 운항기술기준에 적합한지를 확인하여야 한다.

[항공안전법 시행규칙 제216조(수직분리축소공역 등에서의 항공기 운항)]

제216조(수직분리축소공역 등에서의 항공기 운항) ① 법 제75조 제1항에 따라 국토교통부장관 또는 지방항공청장으로부터 승인을 받으려는 자는 별지 제83호서식의 항공기 운항승인 신청서에 법 제77조에 따라 고시하는 운항기술기준에 적합함을 증명하는 서류를 첨부하여 운항개시예정일 15일 전까지 국토교통부장관 또는 지방항공청장에게 제출하여야 한다.

② 법 제75조 제1항 각 호 외의 부분 단서에서 "국토교통부령으로 정하는 경우"란 다음 각 호의 어느 하나에 해당하는 경우를 말한다.

1. 항공기의 사고 · 재난이나 그 밖의 사고로 인하여 사람 등의 수색 · 구조 등을 위하여 긴급하게 항공기를 운항하는 경우
2. 우리나라에 신규로 도입하는 항공기를 운항하는 경우
3. 수직분리축소공역에서의 운항승인을 받은 항공기에 고장 등이 발생하여 그 항공기를 정비 등을 위한 장소까지 운항하는 경우

핵심 POINT 수직분리축소공역 등에서의 항공기 운항(항공안전법 시행규칙 제216조)

비행고도 29,000~41,000ft 사이의 고도 공역에서 항공기 간 수직 안전거리를 2,000ft에서 1,000ft(300m)로 축소 적용함으로써 효율적인 공역 활용을 도모

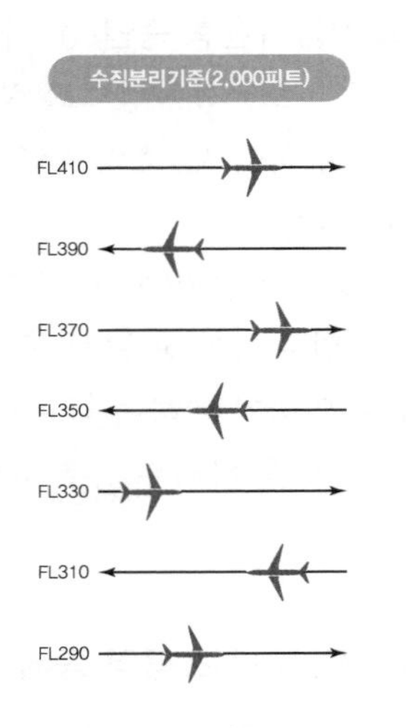

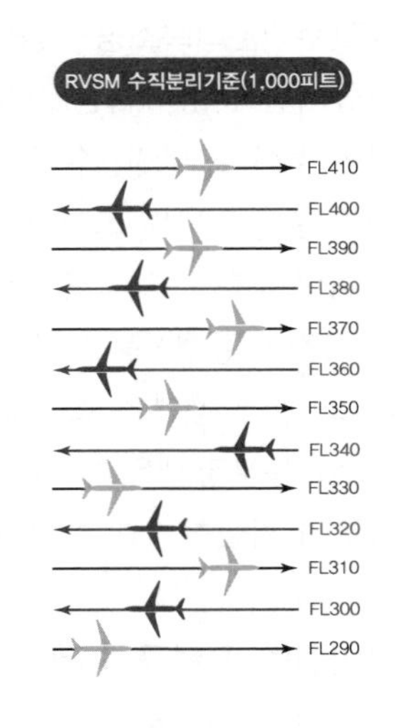

[항공안전법 시행규칙 제217조(효율적 운영이 요구되는 공역)]

제217조(효율적 운영이 요구되는 공역) 법 제75조 제1항 제3호에서 "국토교통부령으로 정하는 공역"이란 다음 각 호의 어느 하나에 해당하는 공역을 말한다. 〈개정 2021. 6. 9.〉

1. 특정한 통신성능을 갖춘 항공기만 운항이 허용되는 공역[이하 "특정통신성능요구(RCP)공역"이라 한다]
2. 특정한 감시성능을 갖춘 항공기만 운항이 허용되는 공역[이하 "특정감시성능요구(RSP)공역"이라 한다]

핵심 POINT 성능기반항행요구공역(항공안전법 제75조)

성능기반항행이란 계기접근 절차 또는 지정된 공역, ATS(Air Traffic Service) 항로를 운항하는 항공기가 갖추어야 하는 성능요건을 기반으로 한 지역항법을 말한다.

핵심 POINT **항법 성능 정확도 및 필요 항법 장비**

[표 4-1] PBN 종류별 항법 성능 정확도 및 필요 항법 장비

종류	정확도	필요 항법 장비
RNAV 10(RNP10)	±10NM	INS(IRU), FMS, GPS(GNSS)
RNAV 5	±5NM	VOR/DME, DME/DME, INS(IRU), GPS(GNSS)
RNAV 2	±2NM	GPS(GNSS), DME/DME, DME/DME/IRU
RNAV 1	±1NM	GNSS
RNP 4	±4NM	GNSS
Basic RNP 1	±1NM	GNSS
RNP APCH	±1~±0.3NM	GNSS
RNP AR APCH	±0.1~±0.3NM	GNSS

4.8.17 운항기술기준

[항공안전법 제77조(항공기의 안전운항을 위한 운항기술기준)]

제77조(항공기의 안전운항을 위한 운항기술기준) ① 국토교통부장관은 항공기 안전운항을 확보하기 위하여 이 법과 「국제민간항공협약」 및 같은 협약 부속서에서 정한 범위에서 다음 각 호의 사항이 포함된 운항기술기준을 정하여 고시할 수 있다.

1. 자격증명
2. 항공훈련기관
3. 항공기 등록 및 등록부호 표시
4. 항공기 감항성
5. 정비조직인증기준
6. 항공기 계기 및 장비
7. 항공기 운항
8. 항공운송사업의 운항증명 및 관리
9. 그 밖에 안전운항을 위하여 필요한 사항으로서 국토교통부령으로 정하는 사항

② 소유자등 및 항공종사자는 제1항에 따른 운항기술기준을 준수하여야 한다.

[항공안전법 시행규칙 제220조(안전운항을 위한 운항기술기준 등)]

제220조(안전운항을 위한 운항기술기준 등) 법 제77조 제1항 제9호에서 "국토교통부령으로 정하는 사항"이란 항공기(외국 국적을 가진 항공기를 포함한다)의 임대차 승인에 관한 사항을 말한다.

핵심 POINT 안전운항을 위한 운항기술기준 등 고시(항공안전법 시행규칙 제220조)

국토교통부장관은 항공기 안전운항을 확보하기 위하여 이 법과 「국제민간항공협약」 및 같은 협약 부속서에서 정한 범위에서 정하여 고시할 수 있다.

- 자격증명
- 항공훈련기관
- 항공기 등록 및 등록부호 표시
- 항공기 감항성
- 정비조직인증기준
- 항공기 계기 및 장비
- 항공기 운항
- 항공운송사업의 운항증명 및 관리
- 항공기 임대차 승인에 관한 사항

4.9 | 공역 및 항공교통업무 등

4.9.1 공역의 설정 기준(비행정보구역 등)

[항공안전법 제6장 공역 및 항공교통업무 등, 제78조(공역 등의 지정)]

제78조(공역 등의 지정) ① 국토교통부장관은 공역을 체계적이고 효율적으로 관리하기 위하여 필요하다고 인정할 때에는 비행정보구역을 다음 각 호의 공역으로 구분하여 지정 · 공고할 수 있다.

1. 관제공역: 항공교통의 안전을 위하여 항공기의 비행 순서 · 시기 및 방법 등에 관하여 제84조 제1항에 따라 국토교통부장관 또는 항공교통업무증명을 받은 자의 지시를 받아야 할 필요가 있는 공역으로서 관제권 및 관제구를 포함하는 공역
2. 비관제공역: 관제공역 외의 공역으로서 항공기의 조종사에게 비행에 관한 조언 · 비행정보 등을 제공할 필요가 있는 공역
3. 통제공역: 항공교통의 안전을 위하여 항공기의 비행을 금지하거나 제한할 필요가 있는 공역
4. 주의공역: 항공기의 조종사가 비행 시 특별한 주의 · 경계 · 식별 등이 필요한 공역

② 국토교통부장관은 필요하다고 인정할 때에는 국토교통부령으로 정하는 바에 따라 제1항에 따른 공역을 세분하여 지정 · 공고할 수 있다.

③ 제1항 및 제2항에 따른 공역의 설정기준 및 지정절차 등 그 밖에 필요한 사항은 국토교통부령으로 정한다.

[항공안전법 시행규칙 제221조(공역의 구분 · 관리 등)]

제221조(공역의 구분 · 관리 등) ① 법 제78조 제2항에 따라 국토교통부장관이 세분하여 지정 · 공고하는 공역의 구분은 [별표 23]과 같다.

② 법 제78조 제3항에 따른 공역의 설정기준은 다음 각 호와 같다.

1. 국가안전보장과 항공안전을 고려할 것
2. 항공교통에 관한 서비스의 제공 여부를 고려할 것
3. 이용자의 편의에 적합하게 공역을 구분할 것
4. 공역이 효율적이고 경제적으로 활용될 수 있을 것

③ 제1항에 따른 공역 지정 내용의 공고는 항공정보간행물 또는 항공고시보에 따른다.

④ 법 제78조 제3항에 따라 공역 구분의 세부적인 설정기준과 지정절차, 항공기의 표준 출발 · 도착 및 접근 절차, 항공로 등의 설정에 필요한 세부 사항은 국토교통부장관이 정하여 고시한다.

핵심 POINT 공역의 구분 · 관리 등(항공안전법 시행규칙 제221조)

법 제78조에 의해 공역을 체계적이고 효율적으로 관리하기 위하여 비행정보구역을 공역으로 구분하여 지정 · 공고할 수 있다.

[항공안전법 시행규칙 제221조 [별표 23], 공역의 구분]

- 국가안전보장과 항공안전 고려
- 항공교통에 관한 서비스의 제공 여부 고려
- 이용자의 편의에 적합하게 공역 구분
- 공역이 효율적이고 경제적으로 활용될 수 있을 것

[항공안전법 시행규칙 제221조(공역의 구분 · 관리 등)]

[별표 23]

공역의 구분(제221조 제1항 관련)

1. 제공하는 항공교통업무에 따른 구분

구분		내용
관제공역	A등급 공역	모든 항공기가 계기비행을 해야 하는 공역
	B등급 공역	계기비행 및 시계비행을 하는 항공기가 비행 가능하고, 모든 항공기에 분리를 포함한 항공교통관제업무가 제공되는 공역
	C등급 공역	모든 항공기에 항공교통관제업무가 제공되나, 시계비행을 하는 항공기 간에는 교통정보만 제공되는 공역
	D등급 공역	모든 항공기에 항공교통관제업무가 제공되나, 계기비행을 하는 항공기와 시계비행을 하는 항공기 및 시계비행을 하는 항공기 간에는 교통정보만 제공되는 공역
	E등급 공역	계기비행을 하는 항공기에 항공교통관제업무가 제공되고, 시계비행을 하는 항공기에 교통정보가 제공되는 공역
비관제공역	F등급 공역	계기비행을 하는 항공기에 비행정보업무와 항공교통조언업무가 제공되고, 시계비행항공기에 비행정보업무가 제공되는 공역
	G등급 공역	모든 항공기에 비행정보업무만 제공되는 공역

2. 공역의 사용목적에 따른 구분

구분		내용
관제공역	관제권	「항공안전법」 제2조 제25호에 따른 공역으로서 비행정보구역 내의 B, C 또는 D등급 공역 중에서 시계 및 계기비행을 하는 항공기에 대하여 항공교통관제업무를 제공하는 공역
	관제구	「항공안전법」 제2조 제26호에 따른 공역(항공로 및 접근관제구역을 포함한다)으로서 비행정보구역 내의 A, B, C, D 및 E등급 공역에서 시계 및 계기비행을 하는 항공기에 대하여 항공교통관제업무를 제공하는 공역
	비행장 교통구역	「항공안전법」 제2조 제25호에 따른 공역 외의 공역으로서 비행정보구역 내의 D등급에서 시계비행을 하는 항공기 간에 교통정보를 제공하는 공역
비관제공역	조언구역	항공교통조언업무가 제공되도록 지정된 비관제공역
	정보구역	비행정보업무가 제공되도록 지정된 비관제공역
통제공역	비행금지구역	안전, 국방상, 그 밖의 이유로 항공기의 비행을 금지하는 공역
	비행제한구역	항공사격 · 대공사격 등으로 인한 위험으로부터 항공기의 안전을 보호하거나 그 밖의 이유로 비행허가를 받지 않은 항공기의 비행을 제한하는 공역

	초경량비행장치 비행제한구역	초경량비행장치의 비행안전을 확보하기 위하여 초경량비행장치의 비행활동에 대한 제한이 필요한 공역
주의공역	훈련구역	민간항공기의 훈련공역으로서 계기비행항공기로부터 분리를 유지할 필요가 있는 공역
	군작전구역	군사작전을 위하여 설정된 공역으로서 계기비행항공기로부터 분리를 유지할 필요가 있는 공역
	위험구역	항공기의 비행 시 항공기 또는 지상시설물에 대한 위험이 예상되는 공역
	경계구역	대규모 조종사의 훈련이나 비정상 형태의 항공활동이 수행되는 공역

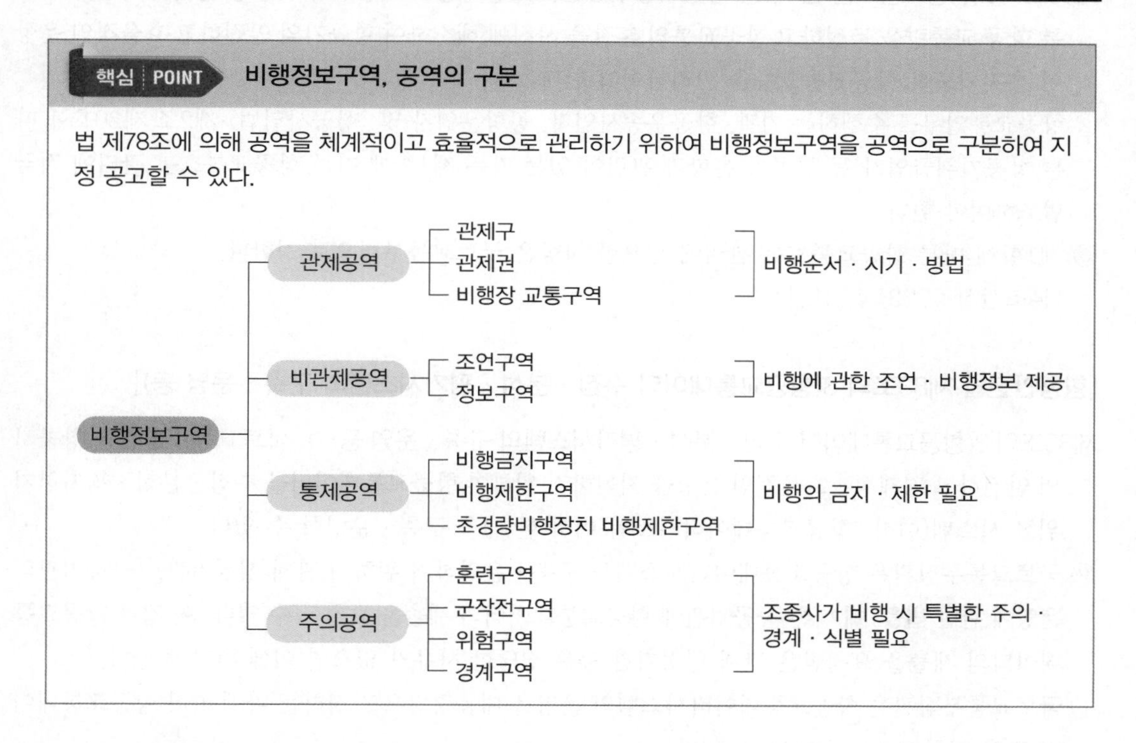

4.9.2 항공교통업무의 제공

[항공안전법 제83조(항공교통업무의 제공 등)]

제83조(항공교통업무의 제공 등) ① 국토교통부장관 또는 항공교통업무증명을 받은 자는 비행장, 공항, 관제권 또는 관제구에서 항공기 또는 경량항공기 등에 항공교통관제 업무를 제공할 수 있다.

② 국토교통부장관 또는 항공교통업무증명을 받은 자는 비행정보구역에서 항공기 또는 경량항공기의 안전하고 효율적인 운항을 위하여 비행장, 공항 및 항행안전시설의 운용 상태 등 항공기 또는 경량항공기의 운항과 관련된 조언 및 정보를 조종사 또는 관련 기관 등에 제공할 수 있다.

③ 국토교통부장관 또는 항공교통업무증명을 받은 자는 비행정보구역에서 수색 · 구조가 필요한 항공기 또는 경량항공기에 관한 정보를 조종사 또는 관련 기관 등에 제공할 수 있다. 〈개정 2020. 6. 9.〉

④ 제1항부터 제3항까지의 규정에 따라 국토교통부장관 또는 항공교통업무증명을 받은 자가 하는 업무(이하 "항공교통업무"라 한다)의 제공 영역, 대상, 내용, 절차 등에 필요한 사항은 국토교통부령으로 정한다.

[항공안전법 제83조의 2(항공교통흐름 관리)]

제83조의 2(항공교통흐름 관리) ① 국토교통부장관은 항공교통의 수용량과 교통량 간에 균형을 이루도록 항공 교통량을 조정하고 항공교통의 혼잡을 사전에 해소하여 항공기의 안전하고 효율적인 운항이 유지되도록 항공교통흐름을 관리하여야 한다.

② 항공교통업무를 수행하는 기관, 항공운송사업자, 공항운영자 및 「항공사업법」 제2조 제20호에 따른 항공기취급업자 등 항공기 운항과 관련이 있는 자는 제1항에 따른 항공교통흐름 관리에 적극 협조하여야 한다.

③ 제1항에 따른 항공교통흐름 관리에 필요한 사항은 국토교통부령으로 정한다.

[본조신설 2023. 4. 18.]

[항공안전법 제83조의 3(항공교통데이터 수집 · 분석 · 평가시스템의 구축 · 운영 등)]

제83조의 3(항공교통데이터 수집 · 분석 · 평가시스템의 구축 · 운영 등) ① 국토교통부장관은 항공기의 안전하고 경제적 · 효율적인 운항을 지원하기 위하여 항공교통데이터를 수집 · 분석 · 평가하기 위한 시스템(이하 "항공교통데이터시스템"이라 한다)을 구축 · 운영할 수 있다.

② 국토교통부장관은 항공교통데이터시스템을 구축 · 운영하기 위하여 관계 행정기관, 「공공기관의 운영에 관한 법률」에 따른 공공기관에 항공교통데이터의 제출을 요청할 수 있다. 이 경우 항공교통데이터의 제출을 요청받은 관계 행정기관 등은 정당한 사유가 없으면 이에 따라야 한다.

③ 국토교통부장관은 항공교통데이터시스템의 운영을 대통령령으로 정하는 바에 따라 항공교통데이터 관련 전문기관에 위탁할 수 있다.

④ 국토교통부장관은 항공교통데이터시스템의 운영을 위하여 다음 각 호의 사항이 포함된 운영기준을 정하여 고시할 수 있다.

1. 항공교통데이터의 수집 · 저장 · 분석 절차
2. 항공교통데이터의 제공기관과 분석 결과 공유의 방법 및 절차
3. 그 밖에 항공교통데이터시스템 운영에 필요한 사항으로서 국토교통부령으로 정하는 사항

[본조신설 2023. 4. 18.]

[항공안전법 시행규칙 제226조(항공교통관제업무의 대상 등)]

제226조(항공교통관제업무의 대상 등) 법 제83조 제1항에 따른 항공교통관제 업무의 대상이 되는 항공기는 다음 각 호와 같다.

1. [별표 23] 제1호에 따른 A, B, C, D 또는 E등급 공역 내를 계기비행방식으로 비행하는 항공기
2. [별표 23] 제1호에 따른 B, C 또는 D등급 공역 내를 시계비행방식으로 비행하는 항공기
3. 특별시계비행방식으로 비행하는 항공기
4. 관제비행장의 주변과 이동지역에서 비행하는 항공기

[항공안전법 시행규칙 제227조(항공교통업무 제공 영역 등)]

제227조(항공교통업무 제공 영역 등) ① 법 제83조 제4항에 따른 항공교통업무의 제공 영역은 법 제83조 제1항에 따른 비행장 · 공항 및 공역으로 한다.

② 법 제83조 제4항에 따라 비행정보구역 내의 공해상(公海上)의 공역에 대한 항공교통업무의 제공은 항공기의 효율적인 운항을 위하여 국제민간항공기구에서 승인한 지역별 다자간협정(이하 "지역항행협정"이라 한다)에 따른다.

[항공안전법 시행규칙 제228조(항공교통업무의 목적 등)]

제228조(항공교통업무의 목적 등) ① 법 제83조 제4항에 따른 항공교통업무는 다음 각 호의 사항을 주된 목적으로 한다.

1. 항공기 간의 충돌 방지
2. 기동지역 안에서 항공기와 장애물 간의 충돌 방지
3. 항공교통흐름의 질서유지 및 촉진
4. 항공기의 안전하고 효율적인 운항을 위하여 필요한 조언 및 정보의 제공
5. 수색 · 구조를 필요로 하는 항공기에 대한 관계기관에의 정보 제공 및 협조

② 제1항에 따른 항공교통업무는 다음 각 호와 같이 구분한다.

1. 항공교통관제업무: 제1항 제1호부터 제3호까지의 목적을 수행하기 위한 다음 각 목의 업무
   가. 접근관제업무: 관제공역 안에서 이륙이나 착륙으로 연결되는 관제비행을 하는 항공기에 제공하는 항공교통관제업무
   나. 비행장관제업무: 비행장 안의 기동지역 및 비행장 주위에서 비행하는 항공기에 제공하는 항공교통관제업무로서 접근관제업무 외의 항공교통관제업무(이동지역 내의 계류장에서 항공기에 대한 지상유도를 담당하는 계류장관제업무를 포함한다)
   다. 지역관제업무: 관제공역 안에서 관제비행을 하는 항공기에 제공하는 항공교통관제업무로서 접근관제업무 및 비행장관제업무 외의 항공교통관제업무

2. 비행정보업무: 비행정보구역 안에서 비행하는 항공기에 대하여 제1항 제4호의 목적을 수행하기 위하여 제공하는 업무
3. 경보업무: 제1항 제5호의 목적을 수행하기 위하여 제공하는 업무

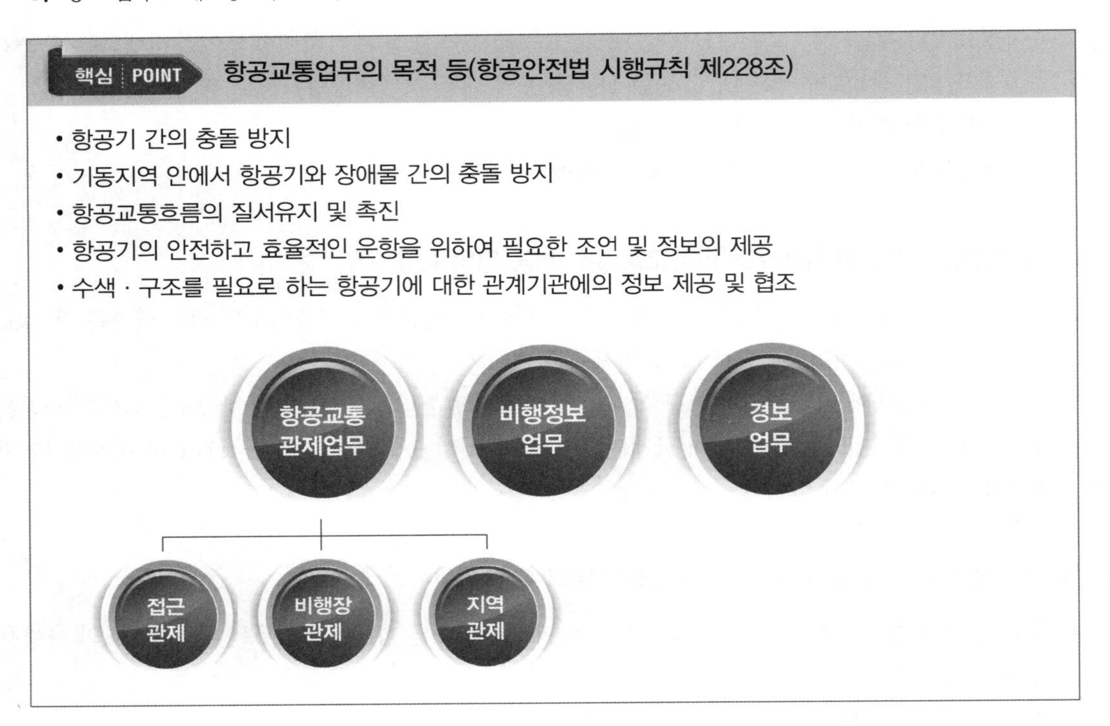

[항공안전법 시행규칙 제230조(항공교통관제업무의 수행)]

제230조(항공교통관제업무의 수행) ① 항공교통관제기관은 다음 각 호의 항공교통관제 업무를 수행한다.

1. 항공기의 이동예정 정보, 실제 이동사항 및 변경 정보 등의 접수
2. 접수한 정보에 따른 각각의 항공기 위치 확인
3. 관제하고 있는 항공기 간의 충돌 방지와 항공교통흐름의 촉진 및 질서유지를 위한 허가와 정보 제공
4. 관제하고 있는 항공기와 다른 항공교통관제기관이 관제하고 있는 항공기 간에 충돌이 예상되는 경우에 또는 다른 항공교통관제기관으로 항공기의 관제를 이양하기 전에 그 기관의 필요한 관제 허가에 대한 협조

② 항공교통관제 업무를 수행하는 자는 항공기 간의 적절한 분리와 효율적인 항공교통흐름의 유지를 위하여 관제하는 항공기에 대한 지시사항과 그 항공기의 이동에 관한 정보를 기록하여야 한다.

③ 항공교통관제기관은 다음 각 호에 따른 항공기 간의 분리가 유지될 수 있도록 항공교통관제허가를 하여야 한다.

1. [별표 23] 제1호에 따른 A 또는 B등급 공역 내에서 비행하는 항공기
2. [별표 23] 제1호에 따른 C, D 또는 E등급 공역 내에서 계기비행방식으로 비행하는 항공기
3. [별표 23] 제1호에 따른 C등급 공역 내에서 계기비행방식으로 비행하는 항공기와 시계비행방식으로 비행하는 항공기
4. 관제권 안에서 특별시계비행방식으로 비행하는 항공기와 계기비행방식으로 비행하는 항공기
5. 관제권 안에서 특별시계비행방식으로 비행하는 항공기

④ 항공교통관제기관이 제3항에 따라 항공기 간의 분리를 위한 관제를 하는 경우에는 수직적 · 종적 · 횡적 및 혼합분리방법으로 관제한다. 이 경우 혼합분리방법으로 관제업무를 수행하는 경우에는 지역항행협정을 따를 수 있다.

⑤ 제1항부터 제4항까지의 규정에 따른 항공교통관제 업무의 내용, 방법, 절차 및 항공기 간 분리최저치(최소 분리 간격) 등에 관하여 필요한 세부 사항은 국토교통부장관이 정하여 고시한다. 〈개정 2021. 8. 27.〉

[항공안전법 시행규칙 제241조(비행정보의 제공)]

제241조(비행정보의 제공) ① 법 제83조 제4항에 따라 항공교통업무기관에서 항공기에 제공하는 비행정보는 다음 각 호와 같다. 다만, 제8호의 정보는 시계비행방식으로 비행 중인 항공기가 시계비행방식의 비행을 유지할 수 없을 경우에 제공한다.

1. 중요기상정보(SIGMET) 및 저고도항공기상정보(AIRMET)
2. 화산활동 · 화산폭발 · 화산재에 관한 정보
3. 방사능물질이나 독성화학물질의 대기 중 유포에 관한 사항
4. 항행안전시설의 운영 변경에 관한 정보
5. 이동지역 내의 눈 · 결빙 · 침수에 관한 정보
6. 「공항시설법」 제2조 제8호에 따른 비행장시설의 변경에 관한 정보
7. 무인자유기구에 관한 정보
8. 해당 비행경로 주변의 교통정보 및 기상상태에 관한 정보
9. 출발 · 목적 · 교체비행장의 기상상태 또는 그 예보
10. [별표 23]에 따른 공역등급 C, D, E, F 및 G 공역 내에서 비행하는 항공기에 대한 충돌위험
11. 수면을 항해 중인 선박의 호출부호, 위치, 진행방향, 속도 등에 관한 정보(정보 입수가 가능한 경우만 해당한다)
12. 그 밖에 항공안전에 영향을 미치는 사항

② 항공교통업무기관은 법 제83조 제4항에 따라 특별항공기상보고(special air reports)를 접수한 경우에는 이를 다른 관련 항공기, 기상대 및 다른 항공교통업무기관에 가능한 한 신속하게 전파하여야 한다.

③ 이 규칙에서 정한 것 외에 항공교통업무기관에서 제공하는 비행정보 및 비행정보의 제공방법, 제공절차 등에 관하여 필요한 사항은 국토교통부장관이 정하여 고시한다.

핵심 POINT 비행정보의 제공(항공안전법 시행규칙 제241조)

- 중요기상정보(SIGMET) 및 저고도항공기상정보(AIRMET)
- 화산활동 · 화산폭발 · 화산재에 관한 정보
- 방사능물질이나 독성화학물질의 대기 중 유포에 관한 사항
- 항행안전시설의 운영 변경에 관한 정보
- 이동지역 내의 눈 · 결빙 · 침수에 관한 정보
- 「공항시설법」 제2조 제8호에 따른 비행장시설의 변경에 관한 정보
- 무인자유기구에 관한 정보
- 해당 비행경로 주변의 교통정보 및 기상상태에 관한 정보
- 출발 · 목적 · 교체비행장의 기상상태 또는 그 예보
- [별표 23] "공역의 구분"에 따른 공역등급 C, D, E, F 및 G 공역 내에서 비행하는 항공기에 대한 충돌위험
- 수면을 항해 중인 선박의 호출부호, 위치, 진행방향, 속도 등에 관한 정보

[항공안전법 시행규칙 제246조(항공교통업무에 필요한 정보 등)]

제246조(항공교통업무에 필요한 정보 등) ① 항공교통업무기관은 법 제83조 제4항에 따라 항공기에 대하여 최신의 기상상태 및 기상예보에 관한 정보를 제공할 수 있어야 한다.

② 항공교통업무기관은 법 제83조 제4항에 따라 비행장 주변에 관한 정보, 항공기의 이륙상승 및 강하지역에 관한 정보, 접근관제지역 내의 돌풍 등 항공기 운항에 지장을 주는 기상현상의 종류, 위치, 수직 범위, 이동방향, 속도 등에 관한 상세한 정보를 항공기에 제공할 수 있도록 관계 기상관측기관 · 항공운송사업자 등과 긴밀한 협조체제를 유지하여야 한다.

③ 항공교통업무기관은 법 제83조 제4항에 따라 항공교통의 안전 확보를 위하여 비행장설치자, 항행안전시설관리자, 무인자유기구의 운영자, 방사능 · 독성 물질의 제조자 · 사용자와 협의하여 다음 각 호의 소관사항을 지체 없이 통보받을 수 있도록 조치하여야 한다.

1. 비행장 내 기동지역에서의 항공기 이륙 · 착륙에 지장을 주는 시설물 또는 장애물의 설치 · 운영 상태에 관한 사항
2. 항공기의 지상이동, 이륙, 접근 및 착륙에 필요한 항공등화 등 항행안전시설의 운영 상태에 관한 사항
3. 무인자유기구의 비행에 관한 사항
4. 관할 구역 내의 비행로에 영향을 줄 수 있는 폭발 전 화산활동, 화산폭발 및 화산재에 관한 사항

5. 관할 공역에 영향을 미치는 방사선물질 또는 독성화학물질의 대기 방출에 관한 사항
6. 그 밖에 항공교통의 안전에 지장을 주는 사항

[항공안전법 시행규칙 제246조의 2(항공교통흐름의 관리 등)]

제246조의 2(항공교통흐름의 관리 등) ① 항공교통본부장은 법 제83조의 2 제1항에 따른 항공교통흐름 관리 업무를 효율적으로 수행하기 위하여 항공교통흐름 관련 정보제공 및 관리를 위한 시스템을 구축·운영해야 한다.

② 항공교통본부장은 다음 각 호의 사유가 발생한 때에는 대체 비행경로 안내 및 고도 제한 등 국토교통부장관이 정하여 고시하는 항공교통흐름 관리를 위한 조치를 해야 한다.

1. 국가안보위기, 자연재해, 시설 및 장비 장애 등 비정상상황의 발생으로 인한 경우로서 다음 각 목의 어느 하나에 해당하는 경우
   가. 공항 및 공역에 즉각적인 항공기 통제가 필요한 경우
   나. 항공교통량이 수용능력을 초과하거나 초과할 것으로 예상되는 경우
2. 인접국의 교통량 제한 또는 공항 및 공역의 교통량 증가로 인하여 원활한 항공교통흐름 및 질서유지에 장애가 발생하거나 발생할 것으로 예상되는 경우
3. 그 밖에 항공교통본부장이 항공교통량 조정이 필요하다고 판단하는 경우

③ 항공교통관제기관은 제2항 각 호에 따른 사유가 발생하여 항공교통량 조정이 필요하다고 판단하는 경우에는 항공교통본부장에게 항공교통흐름 관리를 위한 조치를 요청할 수 있다.

④ 제1항부터 제3항까지에서 규정한 사항 외에 항공교통흐름 관리에 필요한 사항은 국토교통부장관이 정하여 고시한다.

[본조신설 2023. 10. 19.]

4.9.3 비행장 내에서의 사람 및 차량에 대한 통제 등

[항공안전법 제84조(항공교통관제 업무 지시의 준수)]

제84조(항공교통관제 업무 지시의 준수) ① 비행장, 공항, 관제권 또는 관제구에서 항공기를 이동·이륙·착륙시키거나 비행하려는 자는 국토교통부장관 또는 항공교통업무증명을 받은 자가 지시하는 이동·이륙·착륙의 순서 및 시기와 비행의 방법에 따라야 한다.

② 비행장 또는 공항의 이동지역에서 차량의 운행, 비행장 또는 공항의 유지·보수, 그 밖의 업무를 수행하는 자는 항공교통의 안전을 위하여 국토교통부장관 또는 항공교통업무증명을 받은 자의 지시에 따라야 한다.

[항공안전법 시행규칙 제248조(비행장 내에서의 사람 및 차량에 대한 통제 등)]

제248조(비행장 내에서의 사람 및 차량에 대한 통제 등) ① 법 제84조 제2항에 따라 관할 항공교통관제기관은 지상이동 중이거나 이륙 · 착륙 중인 항공기에 대한 안전을 확보하기 위하여 비행장의 기동지역 내를 이동하는 사람 또는차량을 통제해야 한다. 〈개정 2021. 11. 19.〉

② 법 제84조 제2항에 따라 관할 항공교통관제기관은 저시정(식별 가능 최대거리가 짧은 것을 말한다) 기상상태에서 제2종(Category Ⅱ) 또는 제3종(Category Ⅲ)의 정밀계기운항이 진행 중일 때에는 계기착륙시설(ILS)의 방위각제공시설(localizer) 및 활공각제공시설(glide slope)의 전파를 보호하기 위하여 기동지역을 이동하는 사람 및 차량에 대하여 제한을 해야 한다. 〈개정 2021. 8. 27., 2021. 11. 19.〉

③ 법 제84조 제2항에 따라 관할 항공교통관제기관은 조난항공기의 구조를 위하여 이동하는 비상차량에 우선권을 부여해야 한다. 이 경우 차량과 지상 이동하는 항공기 간의 분리최저치는 지방항공청장이 정하는 바에 따른다. 〈개정 2021. 11. 19.〉

④ 제2항에 따라 비행장의 기동지역 내를 이동하는 차량의 운전자는 다음 각 호의 사항을 준수해야 한다. 다만, 관할 항공교통관제기관의 다른 지시가 있는 경우에는 그 지시를 우선적으로 준수해야 한다. 〈개정 2021. 11. 19.〉

1. 지상이동 · 이륙 · 착륙 중인 항공기에진로를 양보할 것
2. 차량의 운전자는 항공기를 견인하는 차량에 진로를 양보할 것
3. 차량의 운전자는 관제지시에 따라 이동 중인 다른 차량에 진로를 양보할 것

⑤ 비행장의 기동지역 내를 이동하는 사람이나 차량의 운전자는 제1항 및 제2항에 따라 관할 항공교통관제기관에서 음성으로 전달되는 항공안전 관련 지시사항을 이해하고 있고 그에 따르겠다는 것을 명확한 방법으로 복창하거나 응답해야 한다. 〈신설 2021. 11. 19.〉

⑥ 관할 항공교통관제기관의 항공교통관제사는 제5항에 따른 항공안전 관련 지시사항에 대하여 비행장의 기동지역 내를 이동하는 사람이나 차량의 운전자가 정확하게 인지했는지를 확인하기 위하여 복창을 경청해야 하며, 그 복창에 틀린 사항이 있을 때는 즉시 시정조치를 해야 한다. 〈신설 2021. 11. 19.〉

⑦ 법 제84조 제2항에 따라 비행장 내의 이동지역에 출입하는 사람 또는 차량(건설기계 및 장비를 포함한다)의 관리 · 통제 및 안전관리 등에 대한 세부 사항은 국토교통부장관이 정하여 고시한다. 〈개정 2021. 11. 19.〉

핵심 POINT 비행장 내에서의 사람 및 차량에 대한 통제 등(항공안전법 시행규칙 제248조)

지상이동 중이거나 이륙 · 착륙 중인 항공기에 대한 안전을 확보하기 위하여 비행장의 기동지역 내를 이동하는 사람 또는 차량을 통제해야 한다.

핵심 POINT 비행장 기동지역 내를 이동하는 차량의 준수 사항(항공안전법 시행규칙 제248조)

비행장의 기동지역 내를 이동하는 차량은 다음 사항을 준수하여야 한다. 다만, 관할 항공교통관제기관의 다른 지시가 있을 경우에는 그 지시를 우선적으로 준수하여야 한다.
- 지상이동 · 이륙 · 착륙 중인 항공기에 진로를 양보할 것
- 차량의 운전자는 항공기를 견인하는 차량에게 진로를 양보할 것
- 차량의 운전자는 관제지시에 따라 이동 중인 다른 차량에게 진로를 양보할 것

4.9.4 항공정보업무(AIS, Aeronautical Information Service)

[항공안전법 제89조(항공정보의 제공 등)]

제89조(항공정보의 제공 등) ① 국토교통부장관은 항공기 운항의 안전성 · 정규성 및 효율성을 확보하기 위하여 필요한 정보(이하 "항공정보"라 한다)를 비행정보구역에서 비행하는 사람 등에게 제공하여야 한다.

② 국토교통부장관은 항공로, 항행안전시설, 비행장, 공항, 관제권 등 항공기 운항에 필요한 정보가 표시된 지도(이하 "항공지도"라 한다)를 발간(發刊)하여야 한다.

③ 국토교통부장관은 제1항 및 제2항에 따른 항공정보 및 항공지도 중 국토교통부령으로 정하는 항공정보 및 항공지도는 유상으로 제공할 수 있다. 다만, 관계 행정기관 등 대통령령으로 정하는 기관에는 무상으로 제공하여야 한다. 〈신설 2023. 4. 18.〉

④ 제1항부터 제3항까지에 따른 항공정보 또는 항공지도의 내용, 제공방법, 측정단위 등에 필요한 사항은 국토교통부령으로 정한다. 〈개정 2023. 4. 18.〉

핵심 POINT **항공정보업무(AIS), 항공정보 및 항공지도 등에 관한 업무기준**

"항공정보업무(AIS, Aeronautical Information Service)"란 지정 관할 구역 내에서 항공항행의 안전, 질서 및 효율성을 위해 필요한 항공자료 및 항공정보를 제공하는 업무를 말한다.

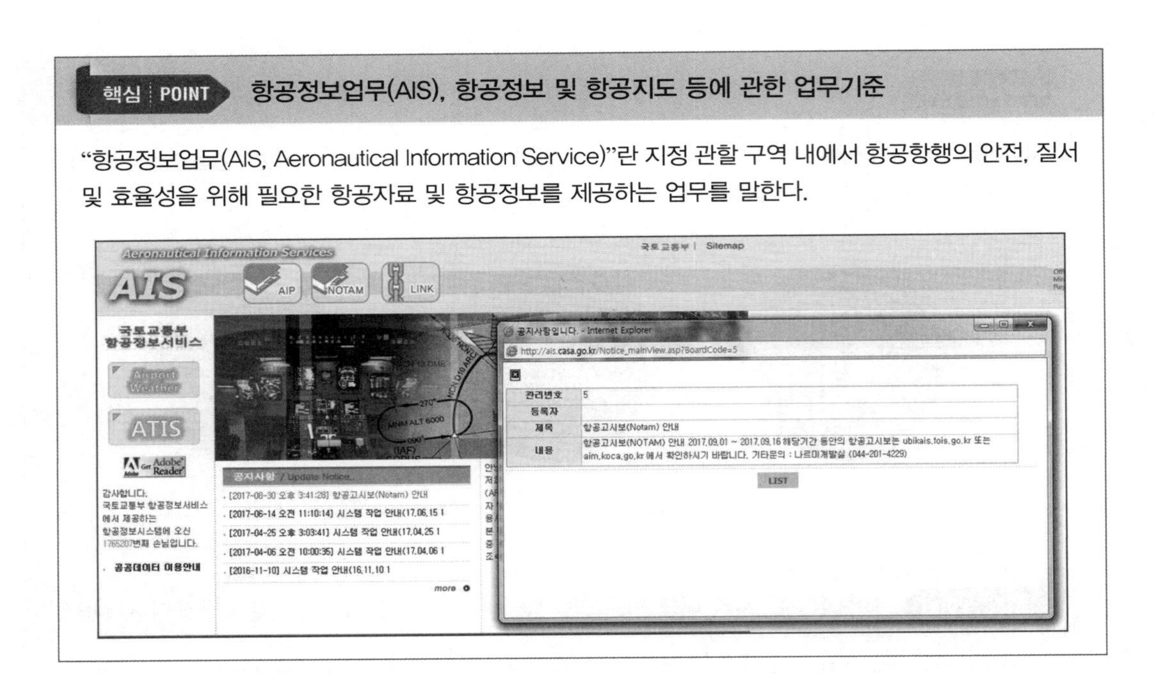

[항공안전법 시행규칙 제255조(항공정보)]

제255조(항공정보) ① 법 제89조 제1항에 따른 항공정보의 내용은 다음 각 호와 같다.

1. 비행장과 항행안전시설의 공용의 개시, 휴지, 재개(再開) 및 폐지에 관한 사항
2. 비행장과 항행안전시설의 중요한 변경 및 운용에 관한 사항
3. 비행장을 이용할 때에 있어 항공기의 운항에 장애가 되는 사항
4. 비행의 방법, 결심고도, 최저강하고도, 비행장 이륙·착륙 기상최저치 등의 설정과 변경에 관한 사항
5. 항공교통업무에 관한 사항
6. 다음 각 목의 공역에서 하는 로켓·불꽃·레이저광선 또는 그 밖의 물건의 발사, 무인기구(기상관측용 및 완구용은 제외한다)의 계류·부양 및 낙하산 강하에 관한 사항
   가. 진입표면·수평표면·원추표면 또는 전이표면을 초과하는 높이의 공역
   나. 항공로 안의 높이 150미터 이상인 공역
   다. 그 밖에 높이 250미터 이상인 공역
7. 그 밖에 항공기의 운항에 도움이 될 수 있는 사항

② 제1항에 따른 항공정보는 다음 각 호의 어느 하나의 방법으로 제공한다.

1. 항공정보간행물(AIP)
2. 항공고시보(NOTAM)
3. 항공정보회람(AIC)

4. 비행 전 · 후 정보(pre-flight and post-flight information)를 적은 자료

③ 법 제89조 제2항에 따라 발간하는 항공지도에 제공하는 사항은 다음 각 호와 같다.

1. 비행장장애물도(aerodrome obstacle chart)
2. 정밀접근지형도(precision approach terrain)
3. 항공로도(enroute chart)
4. 지역도(area chart)
5. 표준계기출발도(standard departure chart−instrument)
6. 표준계기도착도(standard arrival chart−instrument)
7. 계기접근도(instrument approach chart)
8. 시계접근도(visual approach chart)
9. 비행장 또는 헬기장도(aerodrome/heliport chart)
10. 비행장지상이동도(aerodrome ground movement chart)
11. 항공기주기도 또는 접현도(aircraft parking/docking chart)
12. 세계항공도(world aeronautical chart)
13. 항공도(aeronautical chart)
14. 항법도(aeronautical navigation chart)
15. 항공교통관제감시 최저고도도(ATC surveillance minimum altitude chart)
16. 그 밖에 국토교통부장관이 고시하는 사항

④ 법 제89조 제4항에 따라 항공정보에 사용되는 측정단위는 다음 각 호의 어느 하나의 방법에 따라 사용한다.

1. 고도(altitude): 미터(m) 또는 피트(ft)
2. 시정(visibility): 킬로미터(km) 또는 마일(SM). 이 경우 5킬로미터 미만의 시정은 미터(m) 단위를 사용한다.
3. 주파수(frequency): 헤르쯔(Hz)
4. 속도(velocity speed): 초당 미터(m/s)
5. 온도(temperature): 섭씨도(℃)

⑤ 제1항부터 제4항까지에서 규정한 사항 외에 항공정보의 제공 및 항공지도의 발간 등에 관한 세부사항은 국토교통부장관이 정하여 고시한다.

핵심 POINT 항공정보(항공안전법 시행규칙 제255조)

- 법 제89조에 의거 국토교통부장관은 항공정보를 제공하고, 항공지도를 발간하여야 한다.
- 항공안전법 시행규칙 제255조에 제시된 항공정보 제공 방법

핵심 POINT 항공정보간행물(AIP, Aeronautical Information Publication)

항공항행에 필수적이고 영구적인 성격의 항공정보를 수록한 간행물을 말한다. 비행장의 물리적 특성 및 이와 관련된 시설의 정보, 항공로를 구성하는 항행안전시설의 형식과 위치, 항공교통관리, 통신 및 제공되는 기상업무 그리고 이러한 시설 및 업무와 관련된 기본절차를 포함하여야 한다.

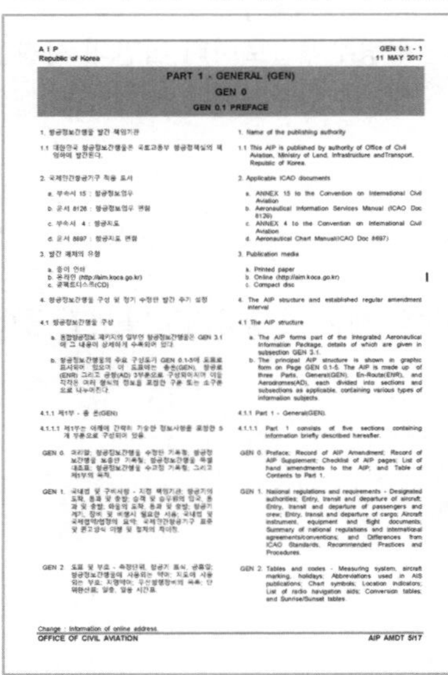

AIP
Republic of Korea
GEN 0.1 - 1
11 MAY 2017

PART 1 - GENERAL (GEN)
GEN 0
GEN 0.1 PREFACE

OFFICE OF CIVIL AVIATION
AIP AMDT 5/17

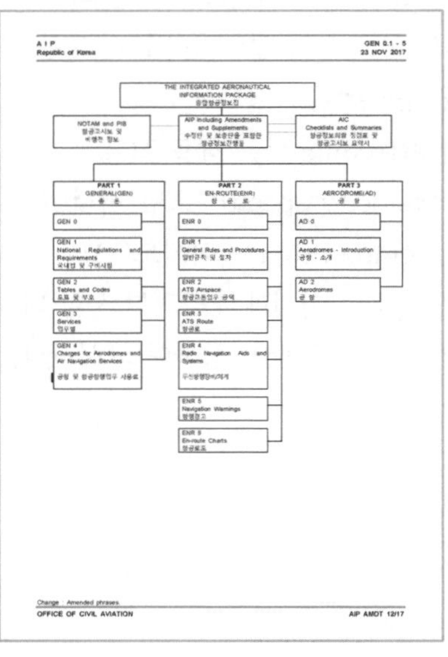

AIP
Republic of Korea
GEN 0.1 - 5
23 NOV 2017

THE INTEGRATED AERONAUTICAL INFORMATION PACKAGE

OFFICE OF CIVIL AVIATION
AIP AMDT 12/17

핵심 POINT 항공고시보(NOTAM, Notice to Airman)

항공정보의 발효기간이 일시적 또는 단기간이거나, 운영상 중요한 사항의 영구적인 변경 또는 장기간의 일시적인 변경사항으로서 짧은 시간 내에 고시가 필요한 경우 항공고시보를 발행하고, 항공고정업무(AFS)를 통해 배포하여야 한다.

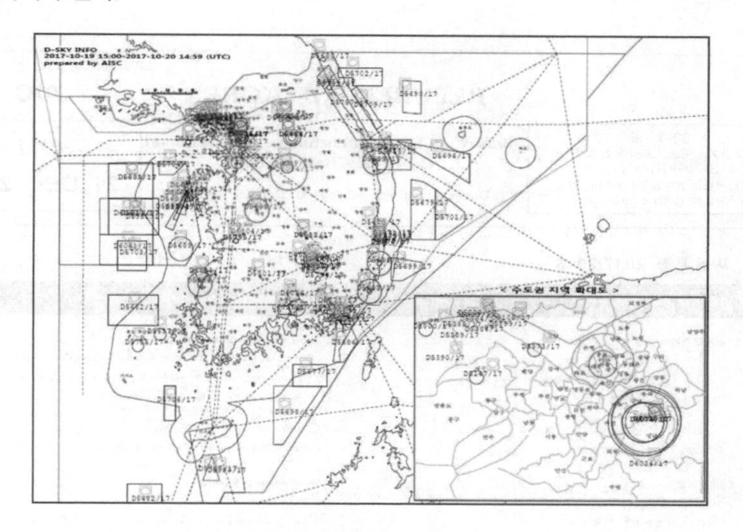


```
2017-10-19_15:00-2017-10-20_14:59 유효 항공고시보 현황

임시금지 (RPCA)

(D4091/17 NOTAMR D4067/17 A1235/17 NOTAMR A1231/17
Q)RKRR/QRPCA/IV/NBO/W/000/005/3603N12814E002
A)RKRR B)1707250047 C)1710232359EST
E)TEMPO PROHIBITED AREA ACT AS FLW:
  1. AREA : A CIRCLE RADIUS 1.5NM CENTERED ON 360243N1281333E
  2. RMK : EXC MILITARY OPERATION FLIGHT(INCLUDING US MILITARY
           ACFT), LIFE GUARD, POLICE, SAR, FIRE FIGHTING AND
           EMERGENCY ACFT
F)SFC G)500FT AGL)
--------------------------------------------------------------------------------
(D5604/17 NOTAMR D4200/17 A1825/17 NOTAMR A1302/17
Q)RKRR/QRPCA/IV/NBO/W/000/180/3524N12624E011
A)RKRR B)1709290501 C)1712011500EST
E)FOR REASONS OF NATIONAL SECURITY, AIRCRAFT FLIGHT OPERATIONS ARE
PROHIBITED WITHIN THE FOLLOWING AREA :
1. AREA : A CIRCLE RADIUS 10 NM CENTERED ON 352429N1262429E,
      EXC RK P63A AREA
2. AREA IDENTIFICATION : RK P63B
3. CTL UNIT : MINISTRY OF LAND, INFRASTRUCTURE AND TRANSPORT(MOLIT)
4. RMK : EXC SKED AND NON SKED CIVIL AIRLINES, AUTHORIZED BY ATC,
OTHER ACFT AUTHORIZED BY MOLIT, LIFE GUARD, POLICE, SAR, MILITARY
OPERATION FLIGHT AND FIRE FIGHTING ACFT.
F)SFC G)FL180)
--------------------------------------------------------------------------------
(D5605/17 NOTAMR D4201/17 A1826/17 NOTAMR A1303/17
Q)RKRR/QRPCA/IV/NBO/W/000/180/3626N12722E010
A)RKRR B)1709290503 C)1712011500EST
E)FOR REASONS OF NATIONAL SECURITY, AIRCRAFT FLIGHT OPERATIONS ARE
PROHIBITED WITHIN THE FOLLOWING AREA :
1. AREA : A CIRCLE RADIUS 10NM CENTERED ON 362536N1272211E,
      EXC RK P65A AREA
2. AREA IDENTIFICATION : RK P65B
3. CTL UNIT : MINISTRY OF LAND, INFRASTRUCTURE AND TRANSPORT(MOLIT)
4. RMK : EXC SKED AND NON SKED CIVIL AIRLINES, AUTHORIZED BY ATC,
  OTHER ACFT AUTHORIZED BY MOLIT, LIFE GUARD, POLICE, SAR, MILITARY
```

핵심 POINT 항공정보회람(AIC, Aeronautical Information Circular)

AIP 또는 항공고시보의 발간대상이 아닌 항공정보 공고를 위해 항공정보회람을 발행하며, 절차 또는 시설의 중요한 변경사항을 장기간 사전 통보하는 경우, 설명이나 조언이 필요한 정보 또는 행정적인 특징을 가진 정보 등을 포함하여야 한다.

REPUBLIC OF KOREA **AIC**

TEL : 82-32-880-0256
FAX : 82-32-889-5905
AFS : RKRRYNYX
E-mail :aisd@molit.go.kr
Web:http://ais.casa.go.kr

Ministry of Land, Infrastructure and Transport
Office of Civil Aviation
11, Doum 6-ro, Sejong-si, 30103, Republic of KOREA

8/17
21 DEC 2017

제설계획 2017/2018

Snow Plan 2017/2018

인천국제공항 제설계획

1. 설해대책본부 운영

가. 주 체 : 인천국제공항공사
나. 기 간 : 2017.11.15 ~ 2018. 3.15(4개월간)
다. 상황반 운영 : 통합운영센터
라. 상황반 전화번호 : 032-741-2961~2
마. 감독기관 : 서울지방항공청

2. 제설기준

가. 제설작업
- 1차 : 제설장비를 이용한 제설
- 2차 : 결빙이 우려될 경우 화학제 살포

나. 제설범위
- 활주로 및 유도로 : 전지역
- 계류장 지역 : 항공기 주기장 유도선 15 m

다. 활주로의 눈더미 제거

Incheon International Airport Snow Plan

1. Snow Removal Control Office

a. Responsibility : Incheon International Airport Corporation
b. Period : Nov 15 2017 ~ Mar 15 2018(Four months)
c. Operation of Snow Removal Control Office : Integrated Airport Operations Center
d. Telephone : +82-32-741-2961~2
e. Administrative authority : Seoul Regional office of Aviation

2. Snow Removal Criteria

a. Snow removal
- 1st : Clearing snow by using snow removal equipment.
- 2nd : Applying chemical materials for de-icing if it is necessary.

b. Area of Snow removal
1) Runway and Taxiway : All RWY and TWY
2) Ramp Area : 15m along by the taxilane

c. Snowbank in the area adjacent to runway

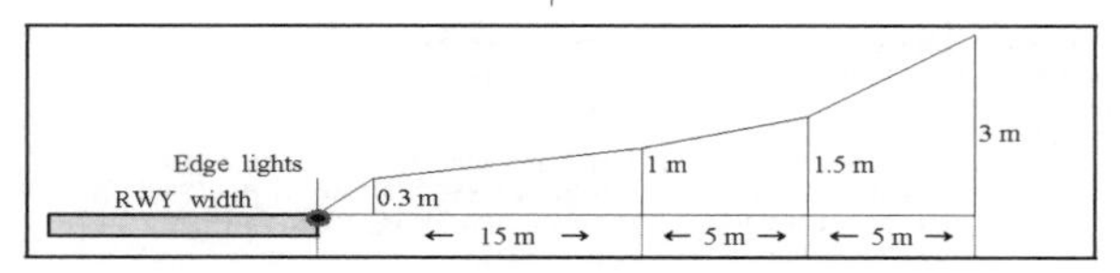

3. 제설작업방법

가. 제설작업 투입시기 및 우선순위를 감독기관과 사전 협의 후 시행
나. 필요시 설빙고시보 발행(항공정보통신센터)
다. 견인식 및 일체식제설차, 고속송풍기, 액체살포기 등의 제설장비를 투입하여 제설작업 시행
라. 계기착륙시설 전파보호구역내 기준을 초과한 눈더미가 생성되지 않도록 제설
마. 제설작업 완료시 활주로 마찰측정 실시
바. 항공기주기보호구역 내 항공기 주기시 항공사 및 지상조업체에서 제설작업 시행

3. Snow Removal Procedures

a. The snow removal operation shall begin following a discussion of the schedule and the priority order of snow removal with administrative authority
b. If necessary, issue SNOWTAM(Aeronautical Information & Telecommunication Center)
c. Snow removal will be done with sweeper, blower, sprayer, etc
d. The snow will be removed for no snowbank in excess of standard in ILS sensitive areas
e. Runway surface friction measuring will be accomplished when the snow removal is completed
f. Snow removal of aircraft stand area shall be done by airline company or ground service company when the aircraft is parked.

AIC Republic of Korea 21 - 1 21 DEC 2017

4.10 | 항공운송사업자 등에 대한 안전관리

4.10.1 운항증명

[항공안전법 제7장 항공운송사업자 등에 대한 안전관리, 제90조(항공운송사업자의 운항증명)]

제90조(항공운송사업자의 운항증명) ① 항공운송사업자는 운항을 시작하기 전까지 국토교통부령으로 정하는 기준에 따라 인력, 장비, 시설, 운항관리지원 및 정비관리지원 등 안전운항체계에 대하여 국토교통부장관의 검사를 받은 후 운항증명을 받아야 한다.

② 국토교통부장관은 제1항에 따른 운항증명(이하 "운항증명"이라 한다)을 하는 경우에는 운항하려는 항공로, 공항 및 항공기 정비방법 등에 관하여 국토교통부령으로 정하는 운항조건과 제한 사항이 명시된 운영기준을 운항증명서와 함께 해당 항공운송사업자에게 발급하여야 한다.

③ 국토교통부장관은 항공기의 안전운항을 확보하기 위하여 필요하다고 판단되면 직권으로 또는 항공운송사업자의 신청을 받아 제2항에 따른 운영기준을 변경할 수 있다.

④ 항공운송사업자 또는 항공운송사업자에 속한 항공종사자는 제2항에 따른 운영기준을 준수하여야 한다.

⑤ 운항증명을 받은 항공운송사업자는 최초로 운항증명을 받았을 때의 안전운항체계를 유지하여야 하며, 다음 각 호의 어느 하나에 해당하는 사유로 안전운항체계가 변경된 경우에는 국토교통부령으로 정하는 바에 따라 국토교통부장관이 실시하는 검사를 받아야 한다. 〈개정 2022. 6. 10.〉

1. 제2항에 따라 발급된 운영기준에 등재되지 아니한 새로운 형식의 항공기를 도입한 경우
2. 제9항에 따라 운항증명의 효력이 정지된 항공운송사업자가 그 운항을 재개하려는 경우
3. 노선을 추가로 개설한 경우
4. 「항공사업법」 제21조에 따라 항공운송사업을 양도 · 양수한 경우
5. 「항공사업법」 제22조에 따라 사업을 합병한 경우

⑥ 국토교통부장관은 항공기 안전운항을 확보하기 위하여 운항증명을 받은 항공운송사업자가 안전운항체계를 유지하고 있는지를 정기 또는 수시로 검사하여야 한다.

⑦ 국토교통부장관은 제6항에 따른 정기검사 또는 수시검사를 하는 중에 다음 각 호의 어느 하나에 해당하여 긴급한 조치가 필요하게 되었을 때에는 국토교통부령으로 정하는 바에 따라 항공기 또는 노선의 운항을 정지하게 하거나 항공종사자의 업무를 정지하게 할 수 있다.

1. 항공기의 감항성에 영향을 미칠 수 있는 사항이 발견된 경우
2. 항공기의 운항과 관련된 항공종사자가 교육훈련 또는 운항자격 등 이 법에 따라 해당 업무에 종사하는 데 필요한 요건을 충족하지 못하고 있음이 발견된 경우
3. 승무시간 기준, 비행규칙 등 항공기의 안전운항을 위하여 이 법에서 정한 기준을 따르지 아니하고 있는 경우
4. 운항하려는 공항 또는 활주로의 상태 등이 항공기의 안전운항에 위험을 줄 수 있는 상태인 경우
5. 그 밖에 안전운항체계에 영향을 미칠 수 있는 상황으로 판단되는 경우

⑧ 국토교통부장관은 제7항에 따른 정지처분의 사유가 없어진 경우에는 지체 없이 그 처분을 취소하여야 한다.

⑨ 국토교통부장관은 항공기의 안전운항과 승객의 안전을 위하여 운항증명을 받은 항공운송사업자가 60일을 초과하여 연속적으로 운항을 중지한 때에는 운항증명 효력의 정지를 명하여야 한다. 〈신설 2022. 6. 10.〉

⑩ 국토교통부장관은 제5항에 따른 검사 결과 항공기의 안전운항이 가능하다고 인정되는 경우에는 해당 항공운송사업자에 대하여 제9항에 따른 운항증명 효력정지의 해제를 명하여야 한다. 〈신설 2022. 6. 10.〉

핵심 POINT　항공운송사업자의 운항증명

항공운송사업자는 운항을 시작하기 전까지 국토교통부령으로 정하는 기준에 따라 인력, 장비, 시설, 운항관리 지원 및 정비관리지원 등 안전운항체계에 대하여 국토교통부장관의 검사를 받은 후 운항증명을 받아야 한다.

■ 항공안전법 시행규칙 [별지 제90호서식]

운 항 증 명 서
Air Operator Certificate
대한민국
국토교통부
Republic of Korea
Ministry of Land, Infrastructure and Transport

1. 운항증명번호(AOC No.): 2. AOC 형태(Type of AOC) ☐ International Air Carrier ☐ Domestic Air Carrier ☐ Small Commercial Air Transport Operator ☐ Aerial Work Operator	3. 사업자 명(Operator Name): 4. 주소(Operator Address): 5. 전화번호(Telephone): 6. 팩스(Fax): 7. E-mail:	8. 세부 연락처: 운영기준 Part (　) 참조 Operational Points of Contact: Contact details, at which operational management can be contacted without undue delay, are listed in Op Spec Part(　).

9. 이 증명서는 (　)가 「항공안전법」 그리고 이에 관련된 모든 항공규정 및 운영기준에서 정한 운항조건과 제한사항에 따라 항공운송사업 및 항공기사용사업을 수행토록 인가되었음을 증명함

This certificate certifies that (　) is authorized to perform commercial air operations and aerial work operations, as defined in the attached operations specifications, in accordance with the Operations Manual and the Aviation Safety Act of the Republic of Korea and regulations and standards.

10. 유효기간: 이 증명서는 양도될 수 없으며 정지 또는 취소되거나 반납하지 아니하는 한 무기한 유효함.

Expiry Date: This certificate is not transferable and unless returned, suspended or revoked, shall continue in effect until otherwise terminated.

11. 발행일자(Date of issue):　　년(year)　　월(month)　　일(day)

국토교통부장관 　직인
Minister of Land, Infrastructure and Transport

또는　지방항공청장 　직인
Administrator of Regional Aviation Administration

210mm × 297mm[백상지(80g/㎡)]

| 운항증명서 |

■ 항공안전법 시행규칙 [별지 제91호서식]

(제1쪽)

운영기준

Operations Specifications
(subject to the approved conditions in the Operations Manual)

발행기관 연락처(Issuing Authority Contact Details)
Telephone:　　Fax:　　E-mail:

운항증명 번호 AOC #	사업자 명칭 Operator Name, Dba Trading Name	발행일자 Date	발행자 서명 Signature

항공기 형식 Aircraft Model

운항 형태 Type of operation
[ ] Passengers　[ ] Cargo　[ ] Other : ________

운항 지역 Area of operation

특별 제한사항 Special Limitations

특별 인가사항 Special Authorizations	Yes	No	세부 승인사항 Specific Approvals	비 고 Remarks
위험물 운송 Dangerous Goods	[ ]	[ ]		
저시정 운항 Low Visibility Operations				
Approach and Landing	[ ]	[ ]	CAT___, RVR___m, DH:___ft	
Take-off	[ ]	[ ]	RVR____m	
Operational Credit(s)	[ ]	[ ]		
수직분리축소공역운항 RVSM [ ] N/A	[ ]	[ ]		
회항시간 연장운항 EDTO [ ] N/A	[ ]	[ ]	Threshold Time: ____minutes Maximum Diversion Time: ____minutes	
성능기반항행요구공역운항 Navigation Specifications for PBN Operations	[ ]	[ ]		
감항성지속유지 Continuing Airworthiness				
전자비행정보 EFB				
기타 Others	[ ]	[ ]		

210mm × 297mm[백상지(150g/㎡)]

| 운영기준 |

[항공안전법 시행규칙 제257조(운항증명의 신청 등)]

제257조(운항증명의 신청 등) ① 법 제90조 제1항에 따라 운항증명을 받으려는 자는 별지 제89호서식의 운항증명 신청서에 [별표 32]의 서류를 첨부하여 운항 개시 예정일 90일 전까지 국토교통부장관 또는 지방항공청장에게 제출하여야 한다.

② 국토교통부장관 또는 지방항공청장은 제1항에 따른 운항증명의 신청을 받으면 10일 이내에 운항증명검사계획을 수립하여 신청인에게 통보하여야 한다.

[항공안전법 시행규칙 제258조(운항증명을 위한 검사기준)]

제258조(운항증명을 위한 검사기준) 법 제90조 제1항에 따라 항공운송사업자의 운항증명을 하기 위한 검사는 서류검사와 현장검사로 구분하여 실시하며, 그 검사기준은 [별표 33]과 같다.

[항공안전법 시행규칙 제258조(운항증명을 위한 검사기준)]

[별표 33]

운항증명의 검사기준(제258조 관련)

1. 서류검사 기준

검사 항목 및 검사 기준	적용대상 사업자			
	항공운송사업			항공기 사용사업
	국제	국내	소형	
가. 「항공사업법」 제8조 제1항 제4호 또는 제11조 제1항 제2호에 따라 제출한 사업계획서 내용의 추진일정 국토교통부장관 또는 지방항공청장이 운항증명을 위한 검사를 시작하기 전에 완료되어야 하는 항목, 활동 내용 및 항공기등의 시설물 구매에 관한 내용이 정확한 예정일 순서에 따라 이치에 맞게 수립되어 있을 것	○	○	○	○
나. 조직 · 인력의 구성, 업무분장 및 책임 신청자가 인가받으려는 운항을 하기에 적합한 조직체계와 충분한 인력을 확보하고 업무분장을 명확하게 유지할 것	○	○	○	○
다. 항공법규 준수의 이행 서류와 이를 증명하는 서류 (Regulations Compliance Statement) 항공운송사업자 또는 항공기사용사업자에게 적용되는 항공법규의 준수방법을 논리적으로 진술하거나 또는 증명서류로 확인시킬 수 있을 것	○	○	○	○
라. 항공기 또는 운항 · 정비와 관련된 시설 · 장비 등의 구매 · 계약 또는 임차 서류 신청자가 제시한 운항을 하는 데 필요한 항공기, 시설 및 업무 준비를 마쳤음을 증명할 수 있을 것	○	○	○	○
마. 종사자 훈련 교과목 운영계획 기초훈련, 비상절차훈련, 지상운항절차훈련, 비행훈련, 정기훈련(recurrent training), 전환 및 승격훈련(transition and upgrade training), 항공기차이점훈련(differences training), 보안훈련, 위험물취급훈련, 검열운항승무원/비행교관훈련, 객실승무원훈련, 운항관리사훈련 및 정비인력훈련을 포함한 종사자에 대한 훈련계획이 적절히 수립되어 있을 것	○	○	○	○

바. [별표 36]에서 정한 내용이 포함되도록 구성된 다음의 구분에 따른 교범				
1) 운항일반교범(Policy and Administration Manual)	○	○	○	○
2) 항공기운영교범(Aircraft Operating Manual)	○	○	○	해당될 경우 적용
3) 최소장비목록 및 외형변경목록(MEL/CDL)	○	○	○	해당될 경우 적용
4) 훈련교범(Training Manual)	○	○	○	○
5) 항공기성능교범(Aircraft Performance Manual)	○	○	○	○
6) 노선지침서(Route Guide)	○	○	○	–
7) 비상탈출절차교범(Emergency Evacuation Procedures Manual)	○	○	해당될 경우 적용	–
8) 위험물교범(Dangerous Goods Manual)	○	○	해당될 경우 적용	–
9) 사고절차교범(Accident Procedures Manual)	○	○	○	○
10) 보안업무교범(Security Manual)	○	○	○	–
11) 항공기 탑재 및 처리교범(Aircraft Loading and Handling Manual)	○	○	○	–
12) 객실승무원업무교범(Cabin Attendant Manual)	○	○	–	–
13) 비행교범(Airplane Flight Manual)	○	○	○	○
14) 지속감항정비프로그램(Continuous Airworthiness Maintenance Program)	○	○	해당될 경우 적용	해당될 경우 적용
15) 지상조업 협정 및 절차	○	○	○	–
사. 승객 브리핑카드(Passenger Briefing Cards) 운항승무원 및 객실승무원이 도울 수 없는 비상상황에서 승객이 필요로 하는 기능과 승객의 재착석절차 등이 적절하게 정해져 있을 것	○	○	○	–
아. 급유 · 재급유 · 배유절차 연료 주입과 배유 시 처리절차 및 안전조치가 적절하게 정해져 있을 것	○	○	○	해당될 경우 적용
자. 비상구열 좌석(exit row seating)절차 비상상황 발생 시 객실승무원의 객실안전업무를 보조하도록 하기 위한 비상구열좌석의 배정방법 등의 절차가 적절하게 정해져 있을 것	○	○	해당될 경우 적용	–
차. 약물 및 주류등 통제절차 항공기 안전운항을 해칠 수 있는 승무원의 약물 또는 주류 등의 섭취를 방지할 대책이 적절히 마련되어 있을 것	○	○	○	○

카. 운영기준에 포함될 자료 운항하려는 항로 · 공항 및 항공기 정비방법 등에 관한 기초자료가 적절히 작성되어 있을 것	○	○	○	○
타. 비상탈출 시현계획(emergency evacuation demonstration plan) 비상상황에서 운항승무원 및 객실승무원이 취해야 할 조치능력을 모의로 시현할 수 있는 시나리오 및 일정 등이 적절히 짜여져 있을 것	○	○	해당될 경우 적용	–
파. 항공기 운항 검사계획(flight operations inspection plan) 항공법규를 준수하면서 모든 운항업무를 수행할 수 있음을 시범 보일 수 있는 시나리오 및 일정 등 계획이 적절히 짜여져 있을 것	○	○	○	–
하. 환경영향평가서(environmental assessment) 자체적으로 또는 외부기관으로부터 환경영향평가에 관한 종합적 분석자료가 준비되어 있을 것	○	○	○	–
거. 훈련계약에 관한 사항 종사자 훈련에 관한 아웃소싱 등 해당 사유가 있는 경우 훈련방식과 조건 등 적절한 훈련여건을 갖추고 있음을 증명할 수 있을 것	○	○	○	○
너. 정비규정 [별표 37]에서 정한 사항에 대한 모든 절차 등이 적절하게 정해져 있을 것	○	○	○	○
더. 그 밖에 국토교통부장관이 정하는 사항	○	○	○	○

2. 현장검사 기준

검사 항목 및 검사 기준	적용 대상 사업자			
	항공운송사업			항공기 사용사업
	국제	국내	소형	
가. 지상의 고정 및 이동시설 · 장비 검사 주 운항기지, 주 정비기지, 국내외 취항공항 및 교체공항(국토교통부장관 또는 지방항공청장이 지정하는 곳만 해당한다)의 지상시설 · 장비, 인력 및 훈련프로그램 등이 신청자가 인가받으려는 운항을 하기에 적합하게 갖추어져 있을 것	○	○	○	○
나. 운항통제조직의 운영 운항통제, 운항 감독방법, 운항관리사의 배치와 임무	○	○	○	○

배정 등이 안전운항을 위하여 적절하게 이루어지고 있을 것				
다. 정비검사시스템의 운영 정비방법 · 기준 및 검사절차 등이 적합하게 갖추어져 있을 것	○	○	○	○
라. 항공종사자 자격증명 검사 조종사 · 항공기관사 · 운항관리사 및 정비사의 자격증명 소지 등 자격관리가 적절히 이루어지고 있을 것	○	○	○	○
마. 훈련프로그램 평가 1) 훈련시설, 훈련스케줄 및 교과목 등이 적절히 짜여져 있고 실행되고 있음을 증명할 것 2) 운항승무원에 대한 훈련과정이 기초훈련, 비상절차훈련, 지상훈련, 비행훈련 및 항공기차이점훈련을 포함하여 효과적으로 짜여져 있고 자격을 갖춘 교관이 훈련시키고 있음을 증명할 것 3) 검열운항승무원 및 비행교관 훈련과정이 적절하게 짜여져 있고 그대로 실행하고 있을 것 4) 객실승무원 훈련과정이 기초훈련, 비상절차훈련 및 지상훈련을 포함하여 적절하게 짜여져 있고 그대로 실행하고 있음을 증명할 것. 다만, 화물기 및 소형항공운송사업의 경우에는 적용하지 않는다. 5) 운항관리사의 훈련과정이 적절하게 짜여져 있고 그대로 실행되고 있음을 증명할 것 6) 위험물취급훈련 및 보안훈련과정이 적절하게 짜여져 있고 그대로 실행되고 있음을 증명할 것 7) 정비훈련과정이 적절하게 짜여져 있고 그대로 실행되고 있음을 증명할 것	○	○	○	해당될 경우 적용
바. 비상탈출 시현 비상상황에서 비상탈출 및 구명장비의 사용 등 운항승무원 및 객실승무원이 취해야 할 조치를 적절하게 할 수 있음을 시범 보일 것	○	○	해당될 경우 적용	–
사. 비상착수 시현 수면 위로 비행하게 될 항공기의 기종과 모델별로 비상착수 시 비상장비의 사용 등 필요한 조치를 적절하게 할 수 있음을 시범 보일 것	○	○	해당될 경우 적용	–
아. 기록 유지 · 관리 검사 1) 운항승무원 훈련, 비행시간 · 휴식시간, 자격관리 등 운항 관련 기록이 적절하게 유지 및 관리되고 있을 것	○	○	○	○

2) 항공기기록, 직원훈련, 자격관리 및 근무시간 제한 등 정비 관련 기록이 적절하게 관리 · 유지되고 있을 것 3) 비행기록(flight records)이 적절하게 유지되고 있을 것				
자. 항공기 운항검사(flight operations inspection) 비행 전(pre-flight), 비행 중(in-flight) 및 비행 후(post-flight)의 모든 운항절차가 적절하게 이루어지고 있음을 시범 보일 것	○	○	○	-
차. 객실승무원 직무능력 평가 비행 중 객실 내 안전업무를 수행하기에 적절한 능력을 보유하고 있음을 시범 보일 것	○	○	해당될 경우 적용	-
카. 항공기 적합성 검사(aircraft conformity inspection) 항공기가 안전하게 비행할 수 있는 성능을 유지하고 있음을 증명할 것	○	○	○	○
타. 주요 간부직원에 대한 직무지식에 관한 인터뷰 검사관이 실시하는 주요 보직자에 대한 무작위 인터뷰 시 해당 직무에 대한 이해와 필요한 지식을 보유하고 있음을 증명할 것	○	○	○	○

[항공안전법 시행규칙 제259조(운항증명 등의 발급)]

제259조(운항증명 등의 발급) ① 국토교통부장관 또는 지방항공청장은 제258조에 따른 운항증명검사 결과 검사기준에 적합하다고 인정하는 경우에는 별지 제90호서식의 운항증명서 및 별지 제91호서식의 운영기준을 발급하여야 한다.

② 법 제90조 제2항에서 "국토교통부령으로 정하는 운항조건과 제한사항"이란 다음 각 호의 사항을 말한다.

1. 항공운송사업자의 주 사업소의 위치와 운영기준에 관하여 연락을 취할 수 있는 자의 성명 및 주소
2. 항공운송사업에 사용할 정규 공항과 항공기 기종 및 등록기호
3. 인가된 운항의 종류
4. 운항하려는 항공로와 지역의 인가 및 제한 사항
5. 공항의 제한 사항
6. 기체 · 발동기 · 프로펠러 · 회전익 · 기구와 비상장비의 검사 · 점검 및 분해정밀검사에 관한 제한시간 또는 제한시간을 결정하기 위한 기준
7. 항공운송사업자 간의 항공기 부품교환 요건
8. 항공기 중량 배분을 위한 방법

9. 항공기등의 임차에 관한 사항
10. 그 밖에 안전운항을 위하여 국토교통부장관이 정하여 고시하는 사항

[항공안전법 시행규칙 제262조(안전운항체계 변경검사 등)]

제262조(안전운항체계 변경검사 등) ① 법 제90조 제5항에서 "노선의 개설 등으로 안전운항체계가 변경된 경우"란 다음 각 호의 어느 하나에 해당하는 경우를 말한다.
1. 법 제90조 제2항에 따라 발급된 운영기준에 등재되지 아니한 새로운 형식의 항공기를 도입한 경우
2. 새로운 노선을 개설한 경우
3. 「항공사업법」 제21조에 따라 사업을 양도 · 양수한 경우
4. 「항공사업법」 제22조에 따라 사업을 합병한 경우

② 운항증명을 발급받은 자는 법 제90조 제5항에 따라 안전운항체계가 변경된 경우에는 별지 제95호서식의 안전운항체계 변경검사 신청서에 다음 각 호의 사항이 포함된 안전운항체계 변경에 대한 입증자료(이하 이 조에서 "안전적합성입증자료"라 한다)와 별지 제93호서식의 운영기준 변경신청서(운영기준의 변경이 있는 경우만 해당한다)를 첨부하여 운항개시예정일 5일 전까지 국토교통부장관 또는 지방항공청장에게 제출하여야 한다.
1. 사용 예정 항공기
2. 항공기 및 그 부품의 정비시설
3. 항공기 급유시설 및 연료저장시설
4. 예비품 및 그 보관시설
5. 운항관리시설 및 그 관리방식
6. 지상조업시설 및 장비
7. 운항에 필요한 항공종사자의 확보상태 및 능력
8. 취항 예정 비행장의 제원 및 특성
9. 여객 및 화물의 운송서비스 관련 시설
10. 면허조건 또는 사업 개시 관련 행정명령 이행실태
11. 그 밖에 안전운항과 노선운영에 관하여 국토교통부장관 또는 지방항공청장이 정하여 고시하는 사항

③ 국토교통부장관 또는 지방항공청장은 제2항에 따라 제출받은 입증자료를 바탕으로 변경된 안전운항체계에 대하여 검사한 경우에는 그 결과를 신청자에게 통보하여야 한다.

④ 국토교통부장관 또는 지방항공청장은 제3항에 따른 검사 결과 적합하다고 인정되는 경우로서 제259조 제1항에 따라 발급한 운영기준의 변경이 수반되는 경우에는 변경된 운영기준을 함께 발급하여야 한다.

⑤ 국토교통부장관 또는 지방항공청장은 제3항에도 불구하고 운항증명을 받은 자가 사업계획의 변경 등으로 다른 기종의 항공기를 운항하려는 경우 등 항공기의 안전운항을 확보하는 데 문제가 없다고 판단되는 경우에는 법 제77조에 따라 고시하는 운항기술기준에서 정하는 바에 따라 안전운항체계의 변경에 따른 검사의 일부 또는 전부를 면제할 수 있다.

[항공안전법 시행규칙 제263조(항공기 또는 노선의 운항정지 및 항공종사자의 업무정지 등)]

제263조(항공기 또는 노선의 운항정지 및 항공종사자의 업무정지 등) 국토교통부장관 또는 지방항공청장은 법 제90조 제7항에 따라 항공기 또는 노선의 운항을 정지하게 하거나 항공종사자의 업무를 정지하게 하려면 다음 각 호에 따라 조치하여야 한다.

1. 운항증명 소지자 또는 항공종사자에게 항공기 또는 노선의 운항을 정지하게 하거나 항공종사자의 업무를 정지하게 하는 사유 및 조치하여야 할 내용을 구두로 지체 없이 통보하고, 사후에 서면으로 통보하여야 한다.
2. 제1호에 따른 통보를 받은 자가 그 조치하여야 할 사항을 조치하였을 때에는 지체 없이 그 내용을 국토교통부장관 또는 지방항공청장에게 통보하여야 한다.
3. 국토교통부장관 또는 지방항공청장은 제2호에 따른 통보를 받은 경우에는 그 내용을 확인하고 항공기의 안전운항에 지장이 없다고 판단되면 지체 없이 그 사실을 통보하여 항공기 또는 노선의 운항을 재개할 수 있게 하거나 항공종사자의 업무를 계속 수행할 수 있게 하여야 한다.

핵심 | POINT 노선의 운항정지 또는 항공종사자의 업무정지 사유

정기검사 또는 수시검사를 하는 중에 긴급한 조치가 필요하게 되었을 때

- 항공기의 감항성에 영향을 미칠 수 있는 사항이 발견된 경우
- 교육훈련 또는 운항자격 등 이 법에 따라 해당 업무에 종사하는 데 필요한 요건을 충족하지 못하고 있음이 발견된 경우
- 승무시간 기준, 비행규칙 등 항공기의 안전운항을 위하여 정한 기준을 따르지 아니한 경우
- 운항하려는 공항 또는 활주로의 상태 등이 항공기의 안전운항에 위험을 줄 수 있는 상태인 경우

4.10.2 운항증명 취소

[항공안전법 제91조(항공운송사업자의 운항증명 취소 등)]

제91조(항공운송사업자의 운항증명 취소 등) ① 국토교통부장관은 운항증명을 받은 항공운송사업자가 다음 각 호의 어느 하나에 해당하는 경우에는 운항증명을 취소하거나 6개월 이내의 기간을 정하여 항공기 운항의 정지를 명할 수 있다. 다만, 제1호, 제39호 또는 제49호의 어느 하나에 해당하는 경우에는 운항증명을 취소하여야 한다. 〈개정 2017. 12. 26., 2019. 8. 27., 2020. 6. 9., 2020. 12. 8.〉

1. 거짓이나 그 밖의 부정한 방법으로 운항증명을 받은 경우
2. 제18조 제1항을 위반하여 국적 · 등록기호 및 소유자등의 성명 또는 명칭을 표시하지 아니한 항공기를 운항한 경우
3. 제23조 제3항을 위반하여 감항증명을 받지 아니한 항공기를 운항한 경우
4. 제23조 제9항에 따른 항공기의 감항성 유지를 위한 항공기등, 장비품 또는 부품에 대한 정비등에 관한 감항성개선 또는 그 밖에 검사 · 정비등의 명령을 이행하지 아니하고 이를 운항 또는 항공기등에 사용한 경우
5. 제25조 제2항을 위반하여 소음기준적합증명을 받지 아니하거나 항공기기술기준에 적합하지 아니한 항공기를 운항한 경우
6. 제26조를 위반하여 변경된 항공기기술기준을 따르도록 한 요구에 따르지 아니한 경우
7. 제27조 제3항을 위반하여 기술표준품형식승인을 받지 아니한 기술표준품을 항공기등에 사용한 경우
8. 제28조 제3항을 위반하여 부품등제작자증명을 받지 아니한 장비품 또는 부품을 항공기등 또는 장비품에 사용한 경우
9. 제30조 제2항을 위반하여 수리 · 개조승인을 받지 아니한 항공기등을 운항하거나 장비품 · 부품을 항공기등에 사용한 경우
10. 제32조 제1항을 위반하여 정비등을 한 항공기등, 장비품 또는 부품에 대하여 감항성을 확인받지 아니하고 운항 또는 항공기등에 사용한 경우
11. 제42조를 위반하여 제40조 제2항에 따른 자격증명의 종류별 항공신체검사증명의 기준에 적합하지 아니한 운항승무원을 항공업무에 종사하게 한 경우
12. 제51조를 위반하여 국토교통부령으로 정한 무선설비를 설치하지 아니한 항공기 또는 설치한 무선설비가 운용되지 아니하는 항공기를 운항한 경우
13. 제52조를 위반하여 항공기에 항공계기등을 설치하거나 탑재하지 아니하고 운항하거나, 그 운용방법 등을 따르지 아니한 경우
14. 제53조를 위반하여 항공기에 국토교통부령으로 정하는 양의 연료를 싣지 아니하고 운항한 경우
15. 제54조를 위반하여 항공기를 운항하거나 야간에 비행장에 주기 또는 정박시키는 경우에 국토교통부령으로 정하는 바에 따라 등불로 항공기의 위치를 나타내지 아니한 경우
16. 제55조를 위반하여 국토교통부령으로 정하는 비행경험이 없는 운항승무원에게 항공기를 운항하게 하거나 계기비행 · 야간비행 또는 조종교육의 업무에 종사하게 한 경우
17. 제56조 제1항을 위반하여 소속 승무원 또는 운항관리사의 피로를 관리하지 아니한 경우
18. 제56조 제2항을 위반하여 국토교통부장관의 승인을 받지 아니하고 피로위험관리시스템을 운용하거나 중요사항을 변경한 경우
19. 제57조 제1항을 위반하여 항공종사자 또는 객실승무원이 주류등의 영향으로 항공업무 또는

객실승무원의 업무를 정상적으로 수행할 수 없는 상태에서 항공업무 또는 객실승무원의 업무에 종사하게 한 경우

20. 제58조 제2항을 위반하여 다음 각 목의 어느 하나에 해당하는 경우
  가. 사업을 시작하기 전까지 항공안전관리시스템을 마련하지 아니한 경우
  나. 승인을 받지 아니하고 항공안전관리시스템을 운용한 경우
  다. 항공안전관리시스템을 승인받은 내용과 다르게 운용한 경우
  라. 승인을 받지 아니하고 국토교통부령으로 정하는 중요 사항을 변경한 경우
21. 제62조 제5항 단서를 위반하여 항공기사고, 항공기준사고 또는 의무보고 대상 항공안전장애가 발생한 경우에 국토교통부령으로 정하는 바에 따라 발생 사실을 보고하지 아니한 경우
22. 제63조 제4항에 따라 자격인정 또는 심사를 할 때 소속 기장 또는 기장 외의 조종사에 대하여 부당한 방법으로 자격인정 또는 심사를 한 경우
23. 제63조 제7항을 위반하여 운항하려는 지역, 노선 및 공항에 대한 경험요건을 갖추지 아니한 기장에게 운항을 하게 한 경우
24. 제65조 제1항을 위반하여 운항관리사를 두지 아니한 경우
25. 제65조 제3항을 위반하여 국토교통부령으로 정하는 바에 따라 운항관리사가 해당 업무를 수행하는 데 필요한 교육훈련을 하지 아니하고 해당 업무에 종사하게 한 경우
26. 제66조를 위반하여 이륙 · 착륙 장소가 아닌 곳에서 항공기를 이륙하거나 착륙하게 한 경우
27. 제68조를 위반하여 같은 조 각 호의 어느 하나에 해당하는 비행 또는 행위를 하게 한 경우
28. 제70조 제1항을 위반하여 허가를 받지 아니하고 항공기를 이용하여 위험물을 운송한 경우
29. 제70조 제3항을 위반하여 국토교통부장관이 고시하는 위험물취급의 절차 및 방법에 따르지 아니하고 위험물을 취급한 경우
30. 제72조 제1항을 위반하여 위험물취급에 관한 교육을 받지 아니한 사람에게 위험물취급을 하게 한 경우
31. 제74조 제1항을 위반하여 승인을 받지 아니하고 비행기를 운항한 경우
32. 제75조 제1항을 위반하여 승인을 받지 아니하고 같은 항 각 호의 어느 하나에 해당하는 공역에서 항공기를 운항한 경우
33. 제76조 제1항을 위반하여 국토교통부령으로 정하는 바에 따라 운항의 안전에 필요한 승무원을 태우지 아니하고 항공기를 운항한 경우
34. 제76조 제3항을 위반하여 항공기에 태우는 승무원에 대하여 해당 업무를 수행하는 데 필요한 교육훈련을 하지 아니한 경우
35. 제77조 제2항을 위반하여 같은 조 제1항에 따른 운항기술기준을 준수하지 아니하고 운항하거나 업무를 한 경우
36. 제90조 제1항을 위반하여 운항증명을 받지 아니하고 운항을 시작한 경우

37. 제90조 제4항을 위반하여 운영기준을 준수하지 아니한 경우
38. 제90조 제5항을 위반하여 안전운항체계를 유지하지 아니하거나 변경된 안전운항체계를 검사받지 아니하고 항공기를 운항한 경우
39. 제90조 제7항을 위반하여 항공기 또는 노선 운항의 정지처분에 따르지 아니하고 항공기를 운항한 경우
40. 제93조 제1항 본문 또는 같은 조 제2항 단서를 위반하여 국토교통부장관의 인가를 받지 아니하고 운항규정 또는 정비규정을 마련하였거나 국토교통부령으로 정하는 중요사항을 변경한 경우
41. 제93조 제2항 본문을 위반하여 국토교통부장관에게 신고하지 아니하고 운항규정 또는 정비규정을 변경한 경우
42. 제93조 제7항 전단을 위반하여 같은 조 제1항 본문 또는 제2항 단서에 따라 인가를 받거나 같은 조 제2항 본문에 따라 신고한 운항규정 또는 정비규정을 해당 종사자에게 제공하지 아니한 경우
43. 제93조 제7항 후단을 위반하여 같은 조 제1항 본문 또는 제2항 단서에 따라 인가를 받거나 같은 조 제2항 본문에 따라 신고한 운항규정 또는 정비규정을 준수하지 아니하고 항공기를 운항하거나 정비한 경우
44. 제94조 각 호에 따른 항공운송의 안전을 위한 명령을 따르지 아니한 경우
45. 제132조 제1항에 따라 업무(항공안전 활동을 수행하기 위한 것만 해당한다)에 관한 보고를 하지 아니하거나 서류를 제출하지 아니하는 경우 또는 거짓으로 보고하거나 서류를 제출한 경우
46. 제132조 제2항에 따른 항공기 등에의 출입이나 장부 · 서류 등의 검사(항공안전 활동을 수행하기 위한 것만 해당한다)를 거부 · 방해 또는 기피한 경우
47. 제132조 제2항에 따른 관계인에 대한 질문(항공안전 활동을 수행하기 위한 것만 해당한다)에 답변하지 아니하거나 거짓으로 답변한 경우
48. 고의 또는 중대한 과실에 의하여 또는 항공종사자의 선임 · 감독에 관하여 상당한 주의의무를 게을리하여 항공기사고 또는 항공기준사고를 발생시킨 경우
49. 이 조에 따른 항공기 운항의 정지기간에 운항한 경우

② 제1항에 따른 처분의 세부기준 및 절차 등 그 밖에 필요한 사항은 국토교통부령으로 정한다.
[시행일: 2021. 6. 9.]

[항공안전법 시행규칙 제264조(항공운송사업자의 운항증명 취소 등)]

제264조(항공운송사업자의 운항증명 취소 등) 법 제91조에 따른 항공운송사업자의 운항증명 취소 또는 항공기 운항의 정지처분의 기준은 [별표 34]와 같다.
[전문개정 2020. 11. 2.]

핵심 POINT 항공운송사업자의 운항증명취소 사유(항공안전법 제91조)

운항증명을 취소하거나 6개월 이내의 기간을 정하여 항공기 운항의 정지를 명할 수 있다.

- 감항증명을 받지 아니한 항공기를 운항한 경우
- 감항성 개선명령 등을 이행하지 아니하고 이를 운항 또는 항공기 등에 사용한 경우
- 감항성을 확인받지 아니하고 운항 또는 항공기 등에 사용한 경우
- 국토교통부령으로 정하는 양의 연료를 싣지 아니하고 운항한 경우
- 등불로 항공기의 위치를 나타내지 아니한 경우
- 비행경험이 없는 운항승무원에게 항공기를 운항하게 하거나 계기비행 · 야간비행 또는 조종교육의 업무에 종사하게 한 경우
- 주류 등의 영향으로 정상적으로 수행할 수 없는 상태에서 항공업무에 종사하게 한 경우
- 항공기사고, 항공기준사고 또는 의무보고 대상 항공안전장애가 발생한 경우에 발생 사실을 보고하지 아니한 경우
- 이륙 · 착륙 장소가 아닌 곳에서 항공기를 이륙하거나 착륙하게 한 경우
- 항공기 운항의 정지기간에 운항한 경우 등

4.10.3 운항규정, 정비규정의 인가

[항공안전법 제93조(항공운송사업자의 운항규정 및 정비규정)]

제93조(항공운송사업자의 운항규정 및 정비규정) ① 항공운송사업자는 운항을 시작하기 전까지 국토교통부령으로 정하는 바에 따라 항공기의 운항에 관한 운항규정 및 정비에 관한 정비규정을 마련하여 국토교통부장관의 인가를 받아야 한다. 다만, 운항규정 및 정비규정을 운항증명에 포함하여 운항증명을 받은 경우에는 그러하지 아니하다.

② 항공운송사업자는 제1항 본문에 따라 인가를 받은 운항규정 또는 정비규정을 변경하려는 경우에는 국토교통부령으로 정하는 바에 따라 국토교통부장관에게 신고하여야 한다. 다만, 최소장비목록, 승무원 훈련프로그램 등 국토교통부령으로 정하는 중요사항을 변경하려는 경우에는 국토교통부장관의 인가를 받아야 한다.

③ 국토교통부장관은 제1항 본문 또는 제2항 단서에 따라 인가하려는 경우에는 제77조 제1항에 따른 운항기술기준에 적합한지를 확인하여야 한다.

④ 국토교통부장관은 제1항 본문 또는 제2항 단서에 따라 인가하는 경우 조건 또는 기한을 붙이거나 조건 또는 기한을 변경할 수 있다. 다만, 그 조건 또는 기한은 공공의 이익 증진이나 인가의 시행에 필요한 최소한도의 것이어야 하며, 해당 항공운송사업자에게 부당한 의무를 부과하는 것이어서는 아니 된다.

⑤ 국토교통부장관은 제2항 본문에 따른 신고를 받은 날부터 10일 이내에 신고수리 여부를 신고인에게 통지하여야 한다. 〈신설 2020. 6. 9.〉

⑥ 국토교통부장관이 제5항에서 정한 기간 내에 신고수리 여부 또는 민원 처리 관련 법령에 따른 처리기간의 연장을 신고인에게 통지하지 아니하면 그 기간(민원 처리 관련 법령에 따라 처리기간이 연장 또는 재연장된 경우에는 해당 처리기간을 말한다)이 끝난 날의 다음 날에 신고를 수리한 것으로 본다. 〈신설 2020. 6. 9.〉

⑦ 항공운송사업자는 제1항 본문 또는 제2항 단서에 따라 국토교통부장관의 인가를 받거나 제2항 본문에 따라 국토교통부장관에게 신고한 운항규정 또는 정비규정을 항공기의 운항 또는 정비에 관한 업무를 수행하는 종사자에게 제공하여야 한다. 이 경우 항공운송사업자와 항공기의 운항 또는 정비에 관한 업무를 수행하는 종사자는 운항규정 또는 정비규정을 준수하여야 한다. 〈개정 2020. 6. 9.〉

[항공안전법 시행규칙 제266조(운항규정과 정비규정의 인가 등)]

제266조(운항규정과 정비규정의 인가 등) ① 항공운송사업자는 법 제93조 제1항 본문에 따라 운항규정 또는 정비규정을 마련하거나 법 제93조 제2항 단서에 따라 인가받은 운항규정 또는 정비규정 중 제3항에 따른 중요사항을 변경하려는 경우에는 별지 제96호서식의 운항규정 또는 정비규정 (변경) 인가신청서에 운항규정 또는 정비규정(변경의 경우에는 변경할 운항규정과 정비규정의 신 · 구내용 대비표)을 첨부하여 국토교통부장관 또는 지방항공청장에게 제출하여야 한다.

② 법 제93조 제1항에 따른 운항규정 및 정비규정에 포함되어야 할 사항은 다음 각 호와 같다.

1. 운항규정에 포함되어야 할 사항: [별표 36]에 규정된 사항
2. 정비규정에 포함되어야 할 사항: [별표 37]에 규정된 사항

③ 법 제93조 제2항 단서에서 "최소장비목록, 승무원 훈련프로그램 등 국토교통부령으로 정하는 중요사항"이란 다음 각 호의 사항을 말한다.

1. 운항규정의 경우: [별표 36] 제1호 가목 6) · 7) · 38), 같은 호 나목 9), 같은 호 다목 3) · 4) 및 같은 호 라목에 관한 사항과 [별표 36] 제2호 가목 5) · 6), 같은 호 나목 7), 같은 호 다목 3) · 4) 및 같은 호 라목에 관한 사항
2. 정비규정의 경우: [별표 37]에서 변경인가대상으로 정한 사항

④ 국토교통부장관 또는 지방항공청장은 제1항에 따른 운항규정 또는 정비규정 (변경)인가신청서를 접수받은 경우 법 제77조 제1항에 따른 운항기술기준에 적합한지의 여부를 확인한 후 적합하다고 인정되면 그 규정을 인가하여야 한다.

[항공안전법 시행규칙 제266조(운항규정과 정비규정의 인가 등)]

[별표 36] 〈개정 2020. 12. 10.〉

운항규정에 포함되어야 할 사항(제266조 제2항 제1호 관련)

1. 비행기를 이용하여 항공운송사업 또는 항공기사용사업을 하려는 자의 운항규정은 다음과 같은 구성으로 운항의 특수한 상황을 고려하여 분야별로 분리하거나 통합하여 발행할 수 있다.

가. 일반사항(general)

1) 항공기 운항업무를 수행하는 종사자의 책임과 의무
2) 운항승무원 및 객실승무원의 승무시간 · 근무시간 제한 및 휴식시간 제공에 관한 기준과 운항관리사의 근무시간 제한에 관한 규정
3) 성능기반항행요구(PBN)공역의 운항을 위한 요건을 포함한 항공기에 장착하여야 할 항법장비의 목록
4) 장거리 운항과 관련된 장소에서의 장거리항법절차, 회항시간 연장운항을 위한 운항통제, 운항절차, 교육훈련, 비행감시절차 및 중요시스템 고장 시의 절차 및 회항공항의 이용절차
5) 무선통신 청취를 유지하여야 할 상황
6) 최저비행고도 결정방법
7) 비행장 기상최저치 결정방법
8) 승객이 항공기에 탑승하고 있는 상태에서의 연료 재급유 중 안전예방조치
9) 지상조업 협정 및 절차
10) 「국제민간항공협약」 부속서 12에서 정한 항공기 사고를 목격한 기장의 행동절차
11) 지휘권 승계의 지정을 포함한 운항형태별 운항승무원
12) 항로상에서 1개 또는 그 이상의 발동기가 고장이 날 가능성을 포함한 운항의 모든 환경을 고려한 항공기에 탑재하여야 할 연료 및 오일 양의 산출에 관한 세부지침
13) 산소의 요구량과 사용하여야 하는 조건
14) 항공기의 중량 및 균형 관리를 위한 지침
15) 지상에서의 제빙 · 방빙(de-icing/anti-icing) 작업수행 및 관리를 위한 지침
16) 운항비행계획서(operational flight plan)의 세부사항
17) 각 비행단계별 표준운항절차(standard operating procedures)
18) 정상 점검표(normal checklist)의 사용 및 사용시기에 관한 지침
19) 출발 시 돌발사태 대응절차
20) 고도 인지의 유지 및 자동으로 설정하거나 운항승무원의 고도 복명 · 복창(altitude call-out)에 관한 지침
21) 계기비행기상상태(IMC)에서의 자동조종장치(autopilots) 및 자동추력조절장치(auto-throttles)의 사용에 관한 지침
22) 지형회피가 포함된 곳에서의 항공교통관제(ATC) 승인의 확인 및 수락에 관한 지침
23) 출발 및 접근 브리핑 내용
24) 지역 · 항로 및 공항을 익숙하게 하기 위한 절차
25) 안정된 접근절차(stabilized approach procedure)
26) 지표면 근처에서의 많은 강하율에 대한 제한
27) 계기접근을 시작하거나 계속하기 위한 요구조건

28) 정밀 및 비정밀 계기접근절차의 수행을 위한 지침
29) 야간 및 계기비행기상상태에서의 계기접근 및 착륙하는 동안 승무원의 업무량 관리를 위한 운항승무원 임무 및 절차의 할당
30) 비행 중 육지 또는 수면 충돌사고(CFIT) 회피를 위한 지침 및 훈련요건과 지상접근경고장치(GPWS)의 사용을 위한 정책
31) 공중충돌회피 및 공중충돌회피장치(ACAS)의 사용을 위한 정책 · 지침 · 절차 및 훈련요건
32) 다음을 포함한 민간 항공기의 요격에 관한 정보 및 지침
(가) 「국제민간항공협약」 부속서 2에서 정한 요격을 받은 항공기의 기장의 행동절차
(나) 요격하는 항공기 및 요격을 받은 항공기가 사용하는 「국제민간항공협약」 부속서 2에 포함된 시각신호 사용방법
33) 15,000미터(49,000피트)를 초과하는 고도로 비행하는 항공기를 위한 다음의 사항
(가) 태양 우주방사선에 노출될 경우 취하여야 할 최선의 진로를 조종사가 결정할 수 있도록 하는 정보
(나) 강하하기로 결정하였을 경우 다음 사항이 포함된 절차
(1) 적절한 항공교통업무(ATS) 기관에 사전 경고를 줄 필요성과 잠정적인 강하허가를 받을 필요성
(2) 항공교통업무 기관과 통신설정이 아니 되거나 간섭을 받을 경우 취하여야 할 조치
34) 항공안전관리시스템의 운영 및 관리에 관한 사항
35) 비상의 경우 취하여야 할 조치사항을 포함한 위험물 수송에 관한 정보 및 지침
36) 보안 지침 및 안내서
37) 「국제민간항공협약」 부속서 6에서 정한 수색절차 점검표
38) 항공기에 탑재된 항행장비에 사용되는 항행데이터(electronic navigation data)의 적합성을 보증하기 위한 절차 및 동 데이터를 적시에 배분하고 최신판으로 유지할 수 있도록 하는 절차
39) 비행 개시, 비행의 지속, 회항 및 비행의 종료에 관한 운항승무원 · 운항관리사의 기능과 책임을 포함하는 운항통제에 대한 책임과 운항통제에 관한 정책 및 관련 절차
40) 출발공항 또는 도착공항의 구조(救助) 및 소방등급 정보와 운항적합성 평가에 관한 사항
41) 전방시현장비 및 시각강화장비의 사용에 관한 지침 및 훈련 절차(전방시현장비 및 시각강화장비를 사용하는 경우에만 해당한다)
42) 전자비행정보장비의 사용에 관한 지침 및 훈련 절차(전자비행정보장비를 사용하는 경우에만 해당한다)

나. 항공기 운항정보(aircraft operating information)
1) 형식증명 · 감항증명 등의 항공기 인증서 및 운용한계지정서에 명시된 항공기운항 제한사항(aircraft certificate limitation and operating limitation)
2) 「국제민간항공협약」부속서 6에서 정한 운항승무원이 사용할 정상 · 비정상 및 비상 절차와 이와 관련된 점검표
3) 모든 엔진작동 시 상승성능에 대한 운항지침 및 정보
4) 다른 추력 · 동력 및 속도 조절에 따른 비행 전 · 비행 중 계획을 위한 비행계획자료
5) 항공기의 형식별 최대측풍과 배풍요소 및 동 수치를 감소시키는 돌풍, 저시정, 활주로 상태, 승무원 경험, 오토파일럿의 사용, 비정상 또는 비상상황, 그 밖에 운항과 관련된 요소
6) 중량 및 균형 계산을 위한 지침 및 자료
7) 항공기 화물탑재 및 화물의 고정을 위한 지침

8) 「국제민간항공협약」 부속서 6에서 정한 조종계통과 관련된 항공기 시스템과 그 사용을 위한 지침
9) 성능기반항행요구(PBN)공역에서의 운항을 위한 요건을 포함하여 승인을 얻거나 인가를 받은 특별운항 및 운항할 비행기의 형식에 맞는 최소장비목록(MEL)과 외형변경목록(CDL)
10) 비상 및 안전장비의 점검표 및 그 사용지침
11) 항공기 형식별 특정절차, 승무원 협조, 승무원의 비상시 위치할당 및 각 승무원에게 할당된 비상시의 임무를 포함한 비상탈출절차
12) 운항승무원과 객실승무원 간의 협조를 위하여 필요한 절차의 설명을 포함한 객실승무원이 사용할 정상 · 비정상 및 비상 절차와 이와 관련된 점검표 및 필요하면 항공기 계통에 관한 정보
13) 요구되는 산소의 총량과 이용 가능한 양을 결정하기 위한 절차를 포함한 다른 항로에 대한 생존 및 비상장비와 이륙 전 장비의 정상기능을 확인하는 데 필요한 절차
14) 생존자가 지상에서 공중으로 사용할 「국제민간항공협약」 부속서 12에 포함된 시각신호코드
15) 운항승무원 및 운항업무를 담당하는 자에게 운항정보(NOTAM, AIP, AIC, AIRAC 등)에 수록된 정보를 배포하기 위한 절차

다. 지역, 노선 및 비행장(areas, routes and aerodromes)
1) 운항승무원이 해당 비행을 위하여 항공기 운항에 적용할 수 있는 통신시설, 항행안전시설, 비행장, 계기접근, 계기도착 및 계기출발에 관한 정보와 항공운송사업자 또는 항공기사용사업자가 항공기 운항의 적절한 수행을 위하여 필요하다고 판단되는 그 밖의 정보가 포함된 노선지침서(Route Guide)
2) 비행하려는 각 노선에 대한 최저비행고도
3) 최초 목적지 비행장 또는 교체 비행장으로 사용할 만한 각 비행장에 대한 비행장 기상최저치
4) 접근 또는 비행장시설의 기능저하에 따른 비행장 기상최저치의 증가내용
5) 다음의 정보를 포함한 규정에서 요구하는 모든 비행 프로파일(profile)의 준수를 위하여 필요한 정보 (다만, 다음의 정보에는 제한을 두지는 아니한다)
(가) 이륙거리에 영향을 미치는 항공기 계통 고장을 포함한 건조, 젖은 상태 및 오염된 상태에서의 이륙 활주로 길이요건의 결정
(나) 이륙상승 제한의 결정
(다) 항로상승 제한의 결정
(라) 접근상승 및 착륙상승 제한의 결정
(마) 착륙거리에 영향을 미치는 항공기 계통 고장을 포함한 건조, 젖은 상태 및 오염된 상태에서의 착륙 활주로 길이요건의 결정
(바) 타이어속도 제한과 같은 추가적인 정보의 결정

라. 훈련(training)
1) 「국제민간항공협약」 부속서 6에서 정한 운항승무원 훈련프로그램 및 요건의 세부내용
2) 「국제민간항공협약」 부속서 6에서 정한 객실승무원 훈련프로그램의 세부내용
3) 「국제민간항공협약」 부속서 6에서 정한 비행감독의 방법과 관련하여 고용된 운항관리사 훈련프로그램의 세부내용
4) [별표 12] 제1호에 따른 자가용조종사과정, 같은 별표 제2호에 따른 사업용조종사과정, 같은 별표 7호에 따른 계기비행증명과정 또는 같은 별표 제8호에 따른 조종교육증명과정의 지정기준의 학과교

육, 실기교육, 교관확보기준, 시설 및 장비확보기준, 교육평가방법, 교육계획, 교육규정 등 세부내용(항공기를 이용하여 소속 직원 외에 타인의 수요에 따른 비행훈련을 하는 경우에 적용한다)

2. 헬리콥터를 이용하여 항공운송사업 또는 항공기사용사업을 하려는 자의 운항규정은 다음과 같은 구성으로 운항의 특수한 상황을 고려하여 분야별로 분리하거나 통합하여 발행할 수 있다.

가. 일반사항(general)
1) 항공기 운항업무를 수행하는 종사자의 책임과 의무
2) 운항승무원 및 객실승무원의 승무시간 · 근무시간 제한 및 휴식시간 제공에 관한 기준과 운항관리사의 근무시간 제한에 관한 규정
3) 항공기에 장착하여야 할 항법장비의 목록
4) 무선통신 청취를 유지하여야 할 상황
5) 최저비행고도 결정방법
6) 헬기장 기상최저치 결정방법
7) 승객이 항공기에 탑승하고 있는 상태에서의 연료 재급유 중 안전예방조치
8) 지상조업 협정 및 절차
9) 「국제민간항공협약」 부속서 12에서 정한 항공기 사고를 목격한 기장의 행동절차
10) 지휘권 승계의 지정을 포함한 운항형태별 운항승무원
11) 항로상에서 1개 또는 그 이상의 발동기가 고장 날 가능성을 포함한 운항의 모든 환경을 고려한 항공기에 탑재하여야 할 연료 및 오일 양의 산출에 관한 세부지침
12) 산소의 요구량과 사용하여야 하는 조건
13) 항공기 중량 및 균형 관리를 위한 지침
14) 지상에서의 제빙 · 방빙(de-icing/anti-icing) 작업수행 및 관리를 위한 지침
15) 운항비행계획서(operational flight plan)의 세부사항
16) 각 비행단계별 표준운항절차(standard operating procedures)
17) 정상 점검표(normal checklist)의 사용 및 사용시기에 관한 지침
18) 출발 시 돌발사태 대응절차
19) 고도 인지의 유지에 관한 지침
20) 지형회피가 포함된 곳에서의 항공교통관제(ATC) 승인의 확인 및 수락에 관한 지침
21) 출발 및 접근 브리핑 내용
22) 항로 및 목적지를 익숙하게 하기 위한 절차
23) 계기접근을 시작하거나 계속하기 위한 요구조건
24) 정밀 및 비정밀 계기접근절차의 수행을 위한 지침
25) 야간 및 계기비행기상상태에서의 계기접근 및 착륙하는 동안 승무원의 업무량 관리를 위한 운항승무원의 임무 및 절차의 할당
26) 다음을 포함한 민간 항공기의 요격에 관한 정보 및 지침
  가) 「국제민간항공협약」 부속서 2에서 정한 요격을 받은 항공기 기장의 행동절차
  나) 요격하는 항공기 및 요격을 받은 항공기가 사용하는 「국제민간항공협약」 부속서 2에 포함된 시각신호사용방법

27) 「국제민간항공협약」 부속서 6에서 정한 안전정책과 종사자의 책임을 포함한 사고예방 및 비행안전 프로그램의 세부내용
28) 비상의 경우에 취하여야 할 조치사항을 포함한 위험물 수송에 관한 정보 및 지침
29) 보안 지침 및 안내서
30) 「국제민간항공협약」 부속서 6에서 정한 수색절차 점검표
31) 비행 개시, 비행의 지속, 회항 및 비행의 종료에 관한 운항승무원 · 운항관리사의 기능과 책임을 포함하는 운항통제에 대한 책임과 운항통제에 관한 정책 및 관련 절차

나. 항공기 운항정보(aircraft operating information)
1) 형식증명 · 감항증명 등의 항공기 인증서 및 운용한계지정서에 명시된 항공기 운항 제한사항(aircraft certificate limitation and operating limitation)
2) 「국제민간항공협약」 부속서 6에서 정한 운항승무원이 사용할 정상 · 비정상 및 비상 절차와 이와 관련된 점검표
3) 다른 추력 · 동력 및 속도 조절에 따른 비행 전 · 비행 중 계획을 위한 비행계획자료
4) 중량 및 균형 계산을 위한 지침 및 자료
5) 항공기 화물탑재 및 화물의 고정을 위한 지침
6) 「국제민간항공협약」 부속서 6에서 정한 조종계통과 관련된 항공기 시스템과 그 사용을 위한 지침
7) 헬리콥터 형식 및 인가받은 특정운항을 위한 최소장비목록(MEL)
8) 비상 및 안전장비의 점검표 및 그 사용지침
9) 형식별 특정절차, 승무원 협조, 승무원의 비상시 위치할당 및 각 승무원에게 할당된 비상시의 임무를 포함한 비상탈출절차
10) 운항승무원과 객실승무원 간의 협조를 위하여 필요한 절차의 설명을 포함한 객실승무원이 사용할 정상 · 비정상 및 비상 절차와 이와 관련된 점검표 및 필요한 항공기 계통에 관한 정보
11) 요구되는 산소의 총량과 이용 가능한 양을 결정하기 위한 절차를 포함한 다른 항로에 대한 생존 및 비상장비와 이륙 전 장비의 정상기능을 확인하는 데 필요한 절차
12) 생존자가 지상에서 공중으로 사용할 「국제민간항공협약」 부속서 12에 포함된 시각신호코드
13) 엔진작동 시 상승성능에 대한 운항지침 및 정보(information on helicopter climb performance with all engines operation). 이 경우 정보는 헬리콥터 제작사 등에서 제공한 자료를 기초로 한 것만을 말한다.
14) 운항승무원 및 운항업무를 담당하는 자에게 운항정보(NOTAM, AIP, AIC, AIRAC 등)에 수록된 정보를 배포하기 위한 절차

다. 노선 및 비행장(routes and aerodromes)
1) 운항승무원이 해당 비행을 위하여 항공기 운항에 적용할 수 있는 통신시설, 항행안전시설, 비행장, 계기접근, 계기도착 및 계기출발에 관한 정보와 항공운송사업자 또는 항공기사용사업자가 항공기 운항의 적절한 수행을 위하여 필요하다고 판단되는 그 밖의 정보가 포함된 노선지침서(route guide)
2) 비행하려는 각 노선에 대한 최저비행고도
3) 최초 목적지 헬기장 또는 교체 헬기장으로 사용할 만한 각 헬기장에 대한 헬기장 기상최저치
4) 접근 또는 헬기장 시설의 기능저하에 따른 헬기장 기상최저치의 증가내용

라. 훈련(training)
1)「국제민간항공협약」 부속서 6에서 정한 운항승무원 훈련프로그램 및 요건의 세부내용
2)「국제민간항공협약」 부속서 6에서 정한 객실승무원 훈련프로그램의 세부내용
3)「국제민간항공협약」 부속서 6에서 정한 비행감독의 방법과 관련하여 고용된 운항관리사 훈련프로그램의 세부내용
4) [별표 12] 제1호에 따른 자가용조종사과정, 같은 별표 제2호에 따른 사업용조종사과정, 같은 별표 제6호에 따른 계기비행증명과정 또는 같은 별표 제7호에 따른 조종교육증명과정의 지정기준의 학과교육, 실기교육, 교관확보기준, 시설 및 장비확보기준, 교육평가방법, 교육계획, 교육규정 등 세부내용(항공기를 이용하여 소속 직원 외에 타인의 수요에 따른 비행훈련을 하는 경우에 적용한다)

[항공안전법 시행규칙 제266조]

[별표 37] 〈개정 2020. 12. 10.〉

정비규정에 포함되어야 할 사항(제266조 제2항 제2호 관련)

내용	항공 운송사업	항공기 사용사업	변경인가 대상
1. 일반사항			
가. 제정/개정/관리(차례/유효 페이지 목록/개정 기록표/개정요약/인가 및 신고목록/배포처 등 포함)	○	○	
나. 목적(지속 감항정비 프로그램(CAMP) 준수 명시)	○		
다. 적용 범위	○	○	
라. 책임관리자 의무	○	○	
마. 용어 정의 및 약어	○	○	
바. 관련 항공법규와 인가받은 운영기준 등 준수 의무	○	○	
사. 정비규정의 적용을 받는 항공기 목록 및 운항 형태	○	○	
2. 직무 및 정비조직			
가. 정비조직 및 부문별 책임관리자	○	○	
나. 정비업무에 관한 분장 및 책임	○	○	
다. 항공기 정비에 종사하는 자의 자격인정 기준 및 업무범위	○	○	○
라. 검사원의 자격인정 기준과 업무범위	○	○	○
마. 용접, 비파괴검사 등 특수업무 종사자의 자격인정 기준과 업무범위	○	○	○
바. 취항 공항지점의 목록과 수행하는 정비에 관한 사항	○		
사. 항공기 정비에 종사하는 자의 근무시간, 업무의 인수인계에 관한 사항	○	○	

3. 항공기의 감항성을 유지하기 위한 정비 프로그램(CAMP)			
가. 항공기 정비프로그램의 개발, 개정 및 적용 기준	○		○
나. 항공기, 엔진/APU, 장비품 등의 정비 방식, 정비단계, 점검주기 등에 대한 프로그램	○		○
다. 항공기, 엔진, 장비품 정비계획	○		
라. 엔진 수리작업 기준(Workscope planning)에 관한 사항	○		○
마. 특별 정비작업 및 비계획 정비에 관한 사항	○		
바. 시한성 품목의 목록 및 한계에 관한 사항	○		○
사. 점검주기의 일시조정 기준	○		○
아. 경년항공기에 대한 특별정비기준 1) 경년항공기 안전강화 규정 2) 경년시스템 감항성 향상프로그램 3) 기체구조 반복 점검 프로그램 4) 연료탱크 안전강화 규정 5) 기체구조 수리평가 프로그램 6) 부식처리 및 관리 프로그램	○		○
4. 항공기 검사프로그램			
가. 항공기 검사프로그램의 개정 및 적용 기준		○	○
나. 운용 항공기의 검사방식, 검사단계 및 시기(반복 주기를 포함한다)		○	○
다. 항공기 형식별 검사단계별 점검표		○	
라. 시한성 품목의 목록 및 한계에 관한 사항		○	○
마. 점검주기의 일시조정 기준		○	○
5. 품질관리			
가. 품질관리 기준 및 방침	○	○	○
나. 지속적인 분석 및 감시 시스템(CASS)과 품질심사에 관한 절차	○		○
다. 신뢰성관리절차	○		○
라. 필수 검사제도	○		○
마. 필수 검사항목 지정	○		○
바. 일반 검사제도	○	○	○
사. 항공기 고장, 결함 및 부식 등에 대한 조사 분석 및 항공 당국/제작사 보고 절차	○	○	○
아. 정비프로그램의 유효성 및 효과분석 방법	○		
자. 수령검사 및 자재품질기준	○	○	○

차. 정비작업의 면제처리 및 예외 적용에 관한 사항	○		○
카. 중량 및 평형계측 절차	○	○	
타. 사고조사장비(FDR/CVR) 운용 절차	○	○	
6. 기술관리			
가. 감항성 개선지시, 기술회보 등의 검토 수행절차	○		○
나. 기체구조수리평가 프로그램	○		○
다. 항공기 부식 예방 및 처리에 관한 사항	○	○	○
라. 대수리 · 개조의 수행절차, 기록 및 보고 절차	○	○	
마. 기술적 판단 기준 및 조치 절차	○		○
바. 기체구조 손상허용 기술 승인 절차	○		○
사. 일시적 비행허용을 위한 기술검토 절차(Deferral EA)	○		○
아. 탑재 소프트웨어(Loadable software) 보안관리	○		○
7. 항공기등, 장비품 및 부품의 정비방법 및 절차			
가. 수행하려는 정비의 범위(항공기 기종 및 엔진 형식별)	○	○	○
나. 수행된 정비 등의 확인 절차(비행 전 감항성 확인, 비상장비 작동가능 상태 확인 및 정비수행을 확인하는 자 등)	○	○	
다. 최소장비목록(MEL) 또는 외형변경목록(CDL) 적용기준 및 정비이월 절차(NEF 포함)	○	○	○
라. 제 · 방빙절차	○	○	
마. 지상조업 감독, 급유/급유량/연료 품질 관리 등 운항정비를 위한 절차	○	○	
바. 회항시간 연장운항(EDTO), 수직 분리 축소(RVSM), 정밀접근(CAT) 등 특정 사항에 따른 정비 절차	○	○	
사. 발동기 시운전 절차	○	○	
아. 항공기 여압 시험 절차	○	○	
자. 비행시험, 공수비행에 관한 기준 및 절차	○	○	
차. 구급용구 등의 관리 절차	○	○	
카. 정전기 민감부품(ESDS)의 취급 절차	○	○	
8. 계약정비			
가. 계약정비를 하는 경우 정비확인에 대한 책임, 서명 및 확인절차	○	○	
나. 계약정비에 대한 평가, 계약 후 이행 여부에 대한 심사 절차	○		○
9. 장비 및 공구 관리			
가. 정밀측정 장비 및 시험장비의 관리 절차	○		○
나. 장비 및 공구를 제작하여 사용하는 경우 승인 절차	○	○	

10. 정비 시설			
가. 보유 또는 이용하려는 정비시설의 위치 및 수행하는 정비작업	○	○	
나. 각 정비 시설별로 갖추어야 하는 설비 및 환경 기준	○	○	
11. 정비 매뉴얼, 기술문서 및 정비 기록물 의 관리방법			
가. 각종 기술자료의 접수, 배포 및 이용 방법	○	○	
나. 전자교범 및 전자 기록 유지관리 시스템	○		○
다. 탑재용 항공일지(비행 및 정비) 등의 서식 및 기록 방법, 운영 절차	○	○	○
라. 정비기록 문서의 관리책임 및 보존 기간	○	○	○
마. 정비문서 및 각종 꼬리표의 서식 및 기록 방법(기술지시서, 정시점검 카드, 작업지시서 등)	○	○	
바. 적정 예비엔진 수량을 판단하는 기준	○		
12. 정비 훈련 프로그램			
가. 교육과정의 종류, 과정별 시간 및 실시 방법	○	○	○
나. 강사(교관)의 자격 기준 및 임명	○	○	○
다. 훈련자의 평가 기준 및 방법	○	○	○
라. 위탁교육 시 위탁 기관의 강사, 커리큘럼(curriculum) 등의 적절성 확인 방법	○	○	
마. 정비훈련 기록에 관한 사항	○	○	
13. 자재 관리			
가. 자재관리 일반(구매, 검수, 저장, 불출, 반납 등)	○	○	
나. 저장정비 및 시효관리	○	○	
다. 부품 임차, 공동사용, 교환, 유용에 관한 사항	○		○
라. 외부 보관부품(External Stock) 관리에 관한 사항	○		
마. 비인가 부품ㆍ비인가의심부품의 판단 방법 및 보고 절차	○	○	
바. 위험물(Dangerous Goods) 취급 절차	○	○	
사. 호환품 선정기준	○	○	
14. 안전 및 보안에 관한 사항			
가. 항공기 지상안전을 유지하기 위한 방법	○	○	
나. 인적요인에 대한 안전관리 방법	○	○	
다. 마약, 약물 및 주류 오용 금지사항	○	○	
라. 항공기 보안에 관한 사항	○	○	

15. 그 밖에 항공운송사업자 또는 항공기 사용사업자가 필요하다고 판단하는 사항			
가. 양식 및 양식 관리절차	○	○	

[항공안전법 시행규칙 제267조(운항규정과 정비규정의 신고)]

제267조(운항규정과 정비규정의 신고) ① 법 제93조제2항 본문에 따라 인가 받은 운항규정 또는 정비규정 중 제266조제3항에 따른 중요사항 외의 사항을 변경하려는 경우에는 별지 제97호서식의 운항규정 또는 정비규정 변경신고서에 변경된 운항규정 또는 정비규정과 신·구 내용 대비표를 첨부하여 국토교통부장관 또는 지방항공청장에게 신고해야 한다. 〈개정 2023. 9. 12.〉

② 삭제 〈2020. 12. 10.〉

[항공안전법 시행규칙 제268조(운항규정 및 정비규정의 배포 등)]

제268조(운항규정 및 정비규정의 배포 등) 항공운송사업자는 제266조 및 제267조에 따라 인가받거나 신고한 운항규정 또는 정비규정에 최신의 정보가 수록될 수 있도록 하여야 하며, 항공기의 운항 또는 정비에 관한 업무를 수행하는 해당 종사자에게 최신의 운항규정 및 정비규정을 배포하여야 한다.

핵심 POINT 운항규정·정비규정의 인가

항공운송사업자는 운항을 시작하기 전까지 국토교통부령으로 정하는 바에 따라 항공기의 운항에 관한 운항규정과 정비규정을 마련하여 국토교통부장관의 인가를 받아야 한다.

- 중요사항을 변경하려는 경우 국토교통부장관의 인가를 받아야 한다.
- 항공기의 운항 또는 정비에 관한 업무를 수행하는 종사자에게 제공하여야 한다.
- 운항규정 또는 정비규정을 준수하여야 한다.

4.10.4 항공기정비업자에 대한 안전관리

[항공안전법 제3절 항공기정비업자에 대한 안전관리, 제97조(정비조직인증 등)]

제97조(정비조직인증 등) ① 제8조에 따라 대한민국 국적을 취득한 항공기와 이에 사용되는 발동기, 프로펠러, 장비품 또는 부품의 정비등의 업무 등 국토교통부령으로 정하는 업무를 하려는 항공기정비업자 또는 외국의 항공기정비업자는 그 업무를 시작하기 전까지 국토교통부장관이 정하여 고시하는 인력, 설비 및 검사체계 등에 관한 기준(이하 "정비조직인증기준"이라 한다)에 적합한 인력, 설비 등을 갖추어 국토교통부장관의 인증(이하 "정비조직인증"이라 한다)을 받아야 한다. 다만, 대한민국과 정비조직인증에 관한 항공안전협정을 체결한 국가로부터 정비조직인증을 받은 자는 국토교통부장관의 정비조직인증을 받은 것으로 본다.

② 국토교통부장관은 정비조직인증을 하는 경우에는 정비등의 범위 · 방법 및 품질관리절차 등을 정한 세부 운영기준을 정비조직인증서와 함께 해당 항공기정비업자에게 발급하여야 한다.
③ 항공기등, 장비품 또는 부품에 대한 정비등을 하는 경우에는 그 항공기등, 장비품 또는 부품을 제작한 자가 정하거나 국토교통부장관이 인정한 정비등에 관한 방법 및 절차 등을 준수하여야 한다.

[항공안전법 시행규칙 제270조(정비조직인증을 받아야 하는 대상 업무)]

제270조(정비조직인증을 받아야 하는 대상 업무) 법 제97조 제1항 본문에서 "국토교통부령으로 정하는 업무"란 다음 각 호의 어느 하나에 해당하는 업무를 말한다.
1. 항공기등 또는 부품등의 정비등의 업무
2. 제1호의 업무에 대한 기술관리 및 품질관리 등을 지원하는 업무

[항공안전법 시행규칙 제271조(정비조직인증의 신청)]

제271조(정비조직인증의 신청) ① 법 제97조에 따른 정비조직인증을 받으려는 자는 별지 제98호서식의 정비조직인증 신청서에 정비조직절차교범을 첨부하여 지방항공청장에게 제출하여야 한다.
② 제1항의 정비조직절차교범에는 다음 각 호의 사항을 적어야 한다.
1. 수행하려는 업무의 범위
2. 항공기등 · 부품등에 대한 정비방법 및 그 절차
3. 항공기등 · 부품등의 정비에 관한 기술관리 및 품질관리의 방법과 절차
4. 그 밖에 시설 · 장비 등 국토교통부장관이 정하여 고시하는 사항

핵심 POINT 정비조직절차교범 주요 내용

정비조직인증을 받으려는 자는 정비조직절차교범을 첨부하여 지방항공청장에게 제출하여야 한다.

- 수행하려는 업무의 범위
- 항공기등, 부품등에 대한 정비방법과 그 절차
- 항공기등, 부품등의 정비에 관한 기술관리 및 품질관리의 방법과 절차

4.10.5 정비조직인증의 취소 등

[항공안전법 제98조(정비조직인증의 취소 등)]

제98조(정비조직인증의 취소 등) ① 국토교통부장관은 정비조직인증을 받은 자가 다음 각 호의 어느 하나에 해당하는 경우에는 정비조직인증을 취소하거나 6개월 이내의 기간을 정하여 그 효력의 정지를 명할 수 있다. 다만, 제1호 또는 제5호에 해당하는 경우에는 그 정비조직인증을 취소하여야 한다.
1. 거짓이나 그 밖의 부정한 방법으로 정비조직인증을 받은 경우
2. 제58조 제2항을 위반하여 다음 각 목의 어느 하나에 해당하는 경우
가. 업무를 시작하기 전까지 항공안전관리시스템을 마련하지 아니한 경우

나. 승인을 받지 아니하고 항공안전관리시스템을 운용한 경우
다. 항공안전관리시스템을 승인받은 내용과 다르게 운용한 경우
라. 승인을 받지 아니하고 국토교통부령으로 정하는 중요 사항을 변경한 경우
3. 정당한 사유 없이 정비조직인증기준을 위반한 경우
4. 고의 또는 중대한 과실에 의하거나 항공종사자에 대한 관리 · 감독에 관하여 상당한 주의의무를 게을리함으로써 항공기사고가 발생한 경우
5. 이 조에 따른 효력정지기간에 업무를 한 경우

② 제1항에 따른 처분의 기준은 국토교통부령으로 정한다.

[항공안전법 시행규칙 제273조(정비조직인증의 취소 등의 기준)]

제273조(정비조직인증의 취소 등의 기준) ① 법 제98조 제1항 제2호 라목에서 "국토교통부령으로 정하는 중요 사항"이란 제130조 제3항 각 호의 사항을 말한다.
② 법 제98조 제2항에 따른 정비조직인증 취소 등의 행정처분기준은 [별표 38]과 같다.

[항공안전법 시행규칙 제273조(정비조직인증의 취소 등의 기준)]

[별표 38]

정비조직인증 취소 등 행정처분기준(제273조 제2항 관련)

위반행위	근거 법조문	처분내용
1. 거짓이나 그 밖의 부정한 방법으로 정비조직인증을 받은 경우	법 제98조 제1항 제1호	인증취소
2. 법 제98조에 따른 업무정지 기간에 업무를 한 경우	법 제98조 제1항 제5호	인증취소
3. 법 제58조 제2항을 위반하여 다음 각 목의 어느 하나에 해당하는 경우	법 제98조 제1항 제2호	
가. 업무를 시작하기 전까지 항공안전관리시스템을 마련하지 아니한 경우		업무정지(10일)
나. 승인을 받지 아니하고 항공안전관리시스템을 운용한 경우		업무정지(10일)
다. 항공안전관리시스템을 승인받은 내용과 다르게 운용한 경우		업무정지(10일)
라. 승인을 받지 아니하고 제130조 제3항으로 정하는 중요 사항을 변경한 경우		업무정지(10일)
4. 정당한 사유 없이 법 제97조 제1항에 따른 정비조직인증기준을 위반한 경우	법 제98조 제1항 제3호	
가. 인증받은 범위 외의 다음의 정비등을 한 경우		
1) 인증받은 정비능력을 초과하여 정비등을 한 경우		업무정지(10일)
2) 인증받은 형식 외의 항공기등에 대한 정비등을 한 경우		업무정지(15일)
3) 인증받은 장비품 · 부품 외의 장비품 · 부품의 정비등을 한 경우		업무정지(10일)

나. 인증받은 정비시설 또는 정비건물 등의 위치를 무단으로 변경하여 정비등을 한 경우		업무정지(7일)
다. 인증받은 장소가 아닌 곳에서 정비등을 한 경우		업무정지(10일)
라. 인증받은 범위에서 정비등을 수행한 후 법 제35조 제8호의 항공정비사 자격증명을 가진 자로부터 확인을 받지 않은 경우		업무정지(15일)
마. 정비등을 하지 않고 거짓으로 정비기록을 작성한 경우		업무정지(7일)
바. 세부 운영기준에서 정한 정비방법 · 품질관리절차 및 수행목록 등을 위반하여 정비등을 한 경우(가목부터 마목까지의 규정에 해당되지 않는 사항을 말한다)		업무정지(5일)
사. 가목부터 바목까지의 규정 외에 정비조직인증기준을 위반한 경우		업무정지(3일)
5. 고의 또는 중대한 과실에 의하여 또는 항공종사자에 대한 관리 · 감독에 관하여 상당한 주의의무를 게을리함으로써 항공기 사고가 발생한 경우	법 제98조 제1항 제4호	
가. 해당 항공기 사고로 인한 사망자가 200명 이상인 경우		업무정지(180일)
나. 해당 항공기 사고로 인한 사망자가 150명 이상 200명 미만인 경우		업무정지(150일)
다. 해당 항공기 사고로 인한 사망자가 100명 이상 150명 미만인 경우		업무정지(120일)
라. 해당 항공기 사고로 인한 사망자가 50명 이상 100명 미만인 경우		업무정지(90일)
마. 해당 항공기 사고로 인한 사망자가 10명 이상 50명 미만인 경우		업무정지(60일)
바. 해당 항공기 사고로 인한 사망자가 10명 미만인 경우		업무정지(30일)
사. 해당 항공기 사고로 인한 중상자가 10명 이상인 경우		업무정지(30일)
아. 해당 항공기 사고로 인한 중상자가 5명 이상 10명 미만인 경우		업무정지(20일)
자. 해당 항공기 사고로 인한 중상자가 5명 미만인 경우		업무정지(15일)
차. 해당 항공기 사고로 인한 항공기 또는 제3자의 재산 피해가 100억원 이상인 경우		업무정지(90일)
카. 해당 항공기 사고로 인한 항공기 또는 제3자의 재산 피해가 50억원 이상 100억원 미만인 경우		업무정지(60일)
타. 해당 항공기 사고로 인한 항공기 또는 제3자의 재산피해가 10억원 이상 50억원 미만인 경우		업무정지(30일)
파. 해당 항공기 사고로 인한 항공기 또는 제3자의 재산피해가 1억원 이상 10억원 미만인 경우		업무정지(20일)
하. 해당 항공기 사고로 인한 항공기 또는 제3자의 재산피해가 1억원 미만인 경우		업무정지(10일)

[비고] 위 표의 제5호에 따른 정비등의 업무정지처분을 하는 경우 인명피해와 항공기 또는 제3자의 재산피해가 같이 발생한 경우에는 해당 정비등의 업무정지기간을 합산하여 처분하되, 합산하는 경우에도 정비등의 업무정지기간이 180일을 초과할 수 없다.

4.11 | 외국항공기

4.11.1 외국항공기의 항행

[항공안전법 제8장 외국항공기, 제100조(외국항공기의 항행)]

제100조(외국항공기의 항행) ① 외국 국적을 가진 항공기의 사용자(외국, 외국의 공공단체 또는 이에 준하는 자를 포함한다)는 다음 각 호의 어느 하나에 해당하는 항행을 하려면 국토교통부장관의 허가를 받아야 한다. 다만, 「항공사업법」 제54조 및 제55조에 따른 허가를 받은 자는 그러하지 아니하다.

1. 영공 밖에서 이륙하여 대한민국에 착륙하는 항행
2. 대한민국에서 이륙하여 영공 밖에 착륙하는 항행
3. 영공 밖에서 이륙하여 대한민국에 착륙하지 아니하고 영공을 통과하여 영공 밖에 착륙하는 항행

② 외국의 군, 세관 또는 경찰의 업무에 사용되는 항공기는 제1항을 적용할 때에는 해당 국가가 사용하는 항공기로 본다.

③ 제1항 각 호의 어느 하나에 해당하는 항행을 하는 자는 국토교통부장관이 요구하는 경우 지체 없이 국토교통부장관이 지정한 비행장에 착륙하여야 한다.

[항공안전법 제101조(외국항공기의 국내 사용)]

제101조(외국항공기의 국내 사용) 외국 국적을 가진 항공기(「항공사업법」 제54조 및 제55조에 따른 허가를 받은 자가 해당 운송에 사용하는 항공기는 제외한다)는 대한민국 각 지역 간을 운항해서는 아니 된다. 다만, 국토교통부령으로 정하는 바에 따라 국토교통부장관의 허가를 받은 경우에는 그러하지 아니하다.

참고

[항공사업법 제54조(외국인 국제항공운송사업의 허가)]

제54조(외국인 국제항공운송사업의 허가) ① 제7조 제1항 및 제10조 제1항에도 불구하고 다음 각 호의 어느 하나에 해당하는 자는 국토교통부장관의 허가를 받아 타인의 수요에 맞추어 유상으로 「항공안전법」 제100조 제1항 각 호의 어느 하나에 해당하는 항행(이러한 항행과 관련하여 행하는 대한민국 각 지역 간의 항행을 포함한다)을 하여 여객 또는 화물을 운송하는 사업을 할 수 있다. 이 경우 국토교통부장관은 국내항공운송사업의 국제항공 발전에 지장을 초래하지 아니하는 범위에서 운항 횟수 및 사용 항공기의 기종(機種)을 제한하여 사업을 허가할 수 있다.

1. 대한민국 국민이 아닌 사람
2. 외국정부 또는 외국의 공공단체

3. 외국의 법인 또는 단체
4. 제1호부터 제3호까지의 어느 하나에 해당하는 자가 주식이나 지분의 2분의 1 이상을 소유하거나 그 사업을 사실상 지배하는 법인. 다만, 우리나라가 해당 국가(국가연합 또는 경제공동체를 포함한다)와 체결한 항공협정에서 달리 정한 경우에는 그 항공협정에 따른다.
5. 외국인이 법인등기사항증명서상의 대표자이거나 외국인이 법인등기사항증명서상 임원 수의 2분의 1 이상을 차지하는 법인. 다만, 우리나라가 해당 국가(국가연합 또는 경제공동체를 포함한다)와 체결한 항공협정에서 달리 정한 경우에는 그 항공협정에 따른다.

② 제1항에 따른 허가기준은 다음 각 호와 같다.
1. 우리나라와 체결한 항공협정에 따라 해당 국가로부터 국제항공운송사업자로 지정받은 자일 것
2. 운항의 안전성이 「국제민간항공협약」 및 같은 협약의 부속서에서 정한 표준과 방식에 부합하여 「항공안전법」 제103조 제1항에 따른 운항증명승인을 받았을 것
3. 항공운송사업의 내용이 우리나라가 해당 국가와 체결한 항공협정에 적합할 것
4. 국제 여객 및 화물의 원활한 운송을 목적으로 할 것

③ 제1항에 따른 허가를 받으려는 자는 국토교통부령으로 정하는 바에 따라 신청서에 사업계획서와 그 밖에 국토교통부령으로 정하는 서류를 첨부하여 운항개시예정일 60일 전까지 국토교통부장관에게 제출하여야 한다.

[항공사업법 제55조(외국항공기의 유상운송)]

제55조(외국항공기의 유상운송) ① 외국 국적을 가진 항공기(외국인 국제항공운송사업자가 해당 사업에 사용하는 항공기는 제외한다)의 사용자는 「항공안전법」 제100조 제1항 제1호 또는 제2호에 따른 항행(이러한 항행과 관련하여 행하는 국내 각 지역 간의 항행을 포함한다)을 할 때 국내에 도착하거나 국내에서 출발하는 여객 또는 화물의 유상운송을 하는 경우에는 국토교통부령으로 정하는 바에 따라 국토교통부장관의 허가를 받아야 한다.

② 제1항에 따른 허가기준은 다음 각 호와 같다.
1. 우리나라가 해당 국가와 체결한 항공협정에 따른 정기편 운항을 보완하는 것일 것
2. 운항의 안전성이 「국제민간항공협약」 및 같은 협약의 부속서에서 정한 표준과 방식에 부합할 것
3. 건전한 시장질서를 해치지 아니할 것
4. 국제 여객 및 화물의 원활한 운송을 목적으로 할 것

[항공사업법 제56조(외국항공기의 국내 유상 운송 금지)]

제56조(외국항공기의 국내 유상 운송 금지) 제54조, 제55조 또는 「항공안전법」 제101조 단서에 따른 허가를 받은 항공기는 유상으로 국내 각 지역 간의 여객 또는 화물을 운송해서는 아니 된다.

[항공안전법 시행규칙 제274조(외국항공기의 항행허가 신청)]

제274조(외국항공기의 항행허가 신청) 법 제100조 제1항 제1호 및 제2호에 따른 항행을 하려는 자는 그 운항 예정일 2일 전까지 별지 제100호서식의 외국항공기 항행허가 신청서를 지방항공청장에게 제출하여야 하고, 법 제100조 제1항 제3호에 따른 통과항행을 하려는 자는 별지 제101호서식의 영공통과 허가신청서를 항공교통본부장에게 제출하여야 한다.

[항공안전법 시행규칙 제276조(외국항공기의 국내사용허가 신청)]

제276조(외국항공기의 국내사용허가 신청) 법 제101조 단서에 따라 외국 국적을 가진 항공기를 운항하려는 자는 그 운항 개시 예정일 2일 전까지 별지 제104호서식의 외국항공기 국내사용허가 신청서를 지방항공청장에게 제출하여야 한다.

4.11.2 외국 국적 항공기 증명서의 인정

[항공안전법 제102조(증명서 등의 인정)]

제102조(증명서 등의 인정) 다음 각 호의 어느 하나에 해당하는 항공기의 감항성 및 그 승무원의 자격에 관하여 해당 항공기의 국적인 외국정부가 한 증명 및 그 밖의 행위는 이 법에 따라 한 것으로 본다.

1. 제100조 제1항 각 호의 어느 하나에 해당하는 항행을 하는 외국 국적의 항공기
2. 「항공사업법」 제54조 및 제55조에 따른 허가를 받은 자가 사용하는 외국 국적의 항공기

[항공안전법 시행규칙 제278조(증명서 등의 인정)]

제278조(증명서 등의 인정) 법 제102조에 따라 「국제민간항공협약」의 부속서로서 채택된 표준방식 및 절차를 채용하는 협약 체결국 외국정부가 한 다음 각 호의 증명 · 면허와 그 밖의 행위는 국토교통부장관이 한 것으로 본다.

1. 법 제12조에 따른 항공기 등록증명
2. 법 제23조 제1항에 따른 감항증명
3. 법 제34조 제1항에 따른 항공종사자의 자격증명
4. 법 제40조 제1항에 따른 항공신체검사증명
5. 법 제44조 제1항에 따른 계기비행증명
6. 법 제45조 제1항에 따른 항공영어구술능력증명

4.11.3 외국인 국제항공운송사업자에 대한 운항증명승인

[항공안전법 제103조(외국인국제항공운송사업자에 대한 운항증명승인 등)]

제103조(외국인국제항공운송사업자에 대한 운항증명승인 등) ①「항공사업법」 제54조에 따라 외국인 국제항공운송사업 허가를 받으려는 자는 국토교통부령으로 정하는 기준에 따라 그가 속한 국가에서 발급받은 운항증명과 운항조건 · 제한사항을 정한 운영기준에 대하여 국토교통부장관의 운항증명 승인을 받아야 한다.

② 국토교통부장관은 제1항에 따른 운항증명승인을 하는 경우에는 운항하려는 항공로, 공항 등에 관하여 운항조건 · 제한사항을 정한 서류를 운항증명승인서와 함께 발급할 수 있다.

③「항공사업법」 제54조에 따라 외국인 국제항공운송사업 허가를 받은 자(이하 "외국인국제항공운송사업자"라 한다)와 그에 속한 항공종사자는 제2항에 따라 발급된 운항조건 · 제한사항을 준수하여야 한다.

④ 국토교통부장관은 외국인국제항공운송사업자가 사용하는 항공기의 안전운항을 위하여 국토교통부령으로 정하는 바에 따라 제2항에 따른 운항조건 · 제한사항을 변경할 수 있다.

⑤ 외국인국제항공운송사업자는 대한민국에 노선의 개설 등에 따른 운항증명승인 또는 운항조건 · 제한사항이 변경된 경우에는 국토교통부장관의 변경승인을 받아야 한다.

⑥ 국토교통부장관은 항공기의 안전운항을 위하여 외국인국제항공운송사업자가 사용하는 항공기에 대하여 검사를 할 수 있다.

⑦ 국토교통부장관은 제6항에 따른 검사 중 긴급히 조치하지 아니할 경우 항공기의 안전운항에 중대한 위험을 초래할 수 있는 사항이 발견되었을 때에는 국토교통부령으로 정하는 바에 따라 해당 항공기의 운항을 정지하거나 항공종사자의 업무를 정지할 수 있다.

⑧ 국토교통부장관은 제7항에 따라 한 정지처분의 사유가 없어진 경우에는 지체 없이 그 처분을 취소하거나 변경하여야 한다.

[항공안전법 시행규칙 제279조(외국인국제항공운송사업자에 대한 운항증명승인 등)]

제279조(외국인국제항공운송사업자에 대한 운항증명승인 등) ①「항공사업법」 제54조에 따라 외국인 국제항공운송사업 허가를 받으려는 자는 법 제103조 제1항에 따라 그 운항 개시 예정일 60일 전까지 별지 제106호서식의 운항증명승인 신청서에 다음 각 호의 서류를 첨부하여 국토교통부장관에게 제출하여야 한다. 다만, 「항공사업법 시행규칙」 제53조에 따라 이미 제출한 경우에는 다음 각 호의 서류를 제출하지 아니할 수 있다.

1. 「국제민간항공협약」 부속서 6에 따라 해당 정부가 발행한 운항증명(Air Operator Certificate) 및 운영기준(Operations Specifications)
2. 「국제민간항공협약」 부속서 6(항공기 운항)에 따라 해당 정부로부터 인가받은 운항규정(Operations Manual) 및 정비규정(Maintenance Control Manual)

3. 항공기 운영국가의 항공당국이 인정한 항공기 임대차 계약서(해당 사실이 있는 경우만 해당한다)
4. 별지 제107호서식의 외국항공기의 소유자등 안전성 검토를 위한 질의서(Questionnaire Of Foreign Operators' Safety)

② 국토교통부장관은 제1항에 따라 운항증명승인 신청을 받은 경우에는 그 서류와 다음 각 호의 사항을 검사하여 적합하다고 인정되면 해당 국가에서 외국인국제항공운송사업자에게 발급한 운항증명이 유효함을 확인하는 별지 제108호서식의 운항증명 승인서 및 별지 제109호서식의 운항조건 및 제한사항을 정한 서류를 함께 발급하여야 한다. 〈개정 2020. 12. 10.〉

1. 운항증명을 발행한 국가에 대한 국제민간항공기구의 국제항공안전평가(ICAO USOAP 등) 결과
2. 운항증명을 발행한 국가 또는 외국인국제항공운송사업자에 대하여 외국정부가 공표한 항공안전에 관한 평가 결과

③ 국토교통부장관은 제2항 제1호부터 제2호까지 사항이 변경되었음을 알게 된 경우 또는 제4항에 따라 변경 내용 및 사유를 제출받은 경우에는 제2항에 따라 발급한 별지 제108호서식의 운항증명 승인서 또는 별지 제109호서식의 운항조건 및 제한사항을 개정할 필요가 있다고 판단되면 해당 내용을 변경하여 발급할 수 있다. 〈개정 2020. 12. 10.〉

④ 외국인국제항공운송사업자는 제2항에 따라 국토교통부장관이 발급한 별지 제108호서식의 운항증명 승인서 또는 별지 제109호서식의 운항조건 및 제한사항에 변경사항이 발생하면 그 사유가 발생한 날로부터 30일 이내에 별지 제109호의 2 서식의 운항증명 변경승인 신청서에 변경내용을 증명할 수 있는 서류를 첨부하여 국토교통부장관에게 제출하여야 한다. 〈개정 2020. 12. 10.〉

4.11.4 외국인국제항공운송사업자의 준수사항

[항공안전법 제104조(안전운항을 위한 외국인국제항공운송사업자의 준수사항 등)]

제104조(안전운항을 위한 외국인국제항공운송사업자의 준수사항 등) ① 외국인국제항공운송사업자는 다음 각 호의 서류를 국토교통부령으로 정하는 바에 따라 항공기에 싣고 운항하여야 한다.

1. 제103조 제2항에 따라 국토교통부장관이 발급한 운항증명승인서와 운항조건 · 제한사항을 정한 서류
2. 외국인국제항공운송사업자가 속한 국가가 발급한 운항증명 사본 및 운영기준 사본
3. 그 밖에 「국제민간항공협약」 및 같은 협약의 부속서에 따라 항공기에 싣고 운항하여야 할 서류 등

② 외국인국제항공운송사업자와 그에 속한 항공종사자는 제1항 제2호의 운영기준을 준수하여야 한다.

③ 국토교통부장관은 항공기의 안전운항을 위하여 외국인국제항공운송사업자와 그에 속한 항공종사자가 제1항 제2호의 운영기준을 준수하는지 등에 대하여 정기 또는 수시로 검사할 수 있다.

④ 국토교통부장관은 제3항에 따른 정기검사 또는 수시검사에서 긴급히 조치하지 아니할 경우 항공기의 안전운항에 중대한 위험을 초래할 수 있는 사항이 발견되었을 때에는 국토교통부령으로 정하는 바에 따라 해당 항공기의 운항을 정지하거나 항공종사자의 업무를 정지할 수 있다.

⑤ 국토교통부장관은 제4항에 따른 정지처분의 사유가 없어지면 지체 없이 그 처분을 취소하여야 한다.

[항공안전법 시행규칙 제281조(외국인국제항공운송사업자의 항공기에 탑재하는 서류)]

제281조(외국인국제항공운송사업자의 항공기에 탑재하는 서류) 법 제104조 제1항에 따라 외국인국제항공운송사업자는 운항하려는 항공기에 다음 각 호의 서류를 탑재하여야 한다.

1. 항공기 등록증명서
2. 감항증명서
3. 탑재용 항공일지
4. 운용한계 지정서 및 비행교범
5. 운항규정(항공기 등록국가가 발행한 경우만 해당한다)
6. 소음기준적합증명서
7. 각 승무원의 유효한 자격증명(조종사 비행기록부를 포함한다)
8. 무선국 허가증명서(Radio Station License)
9. 탑승한 여객의 성명, 탑승지 및 목적지가 표시된 명부(Passenger Manifest)
10. 해당 항공운송사업자가 발행하는 수송화물의 목록(Cargo Manifest)과 화물 운송장에 명시되어 있는 세부 화물신고서류(Detailed Declarations of the Cargo)
11. 해당 국가의 항공당국 간에 체결한 항공기 등의 감독 의무에 관한 이전협정서요약서 사본(법 제5조에 따른 임대차 항공기의 경우만 해당한다)

4.12 | 경량항공기

4.12.1 경량항공기 안전성인증

[항공안전법 제9장 경량항공기, 제108조(경량항공기 안전성인증 등)]

제108조(경량항공기 안전성인증 등) ① 시험비행 등 국토교통부령으로 정하는 경우로서 국토교통부장관의 허가를 받은 경우를 제외하고는 경량항공기를 소유하거나 사용할 수 있는 권리가 있는 자(이하 "경량항공기소유자등"이라 한다)는 국토교통부령으로 정하는 기관 또는 단체의 장으로부터 그가 정한 안전성인증의 유효기간 및 절차 · 방법 등에 따라 그 경량항공기가 국토교통부장관이 정하여 고시하는 비행안전을 위한 기술상의 기준에 적합하다는 안전성인증을 받지 아니하고 비행하여서는 아니 된다. 이 경우 안전성인증의 유효기간 및 절차 · 방법 등에 대해서는 국토교통부장관의 승인을 받아야 하며, 변경할 때에도 또한 같다.

② 제1항에 따라 국토교통부령으로 정하는 기관 또는 단체의 장이 안전성인증을 할 때에는 국토교통부령으로 정하는 바에 따라 안전성인증 등급을 부여하고, 그 등급에 따른 운용범위를 지정하여야 한다.
③ 경량항공기소유자등 또는 경량항공기를 사용하여 비행하려는 사람은 제2항에 따라 부여된 안전성인증 등급에 따른 운용범위를 준수하여 비행하여야 한다.
④ 경량항공기소유자등 또는 경량항공기를 사용하여 비행하려는 사람은 경량항공기 또는 그 장비품·부품을 정비한 경우에는 제35조 제8호의 항공정비사 자격증명을 가진 사람으로부터 국토교통부령으로 정하는 방법에 따라 안전하게 운용할 수 있다는 확인을 받지 아니하고 비행하여서는 아니 된다. 다만, 국토교통부령으로 정하는 경미한 정비는 그러하지 아니하다.

[항공안전법 시행규칙 제284조(경량항공기의 안전성인증 등)]

제284조(경량항공기의 안전성인증 등) ① 법 제108조 제1항 전단에서 "시험비행 등 국토교통부령으로 정하는 경우"란 다음 각 호의 어느 하나에 해당하는 경우를 말한다.
1. 연구·개발 중에 있는 경량항공기의 안전성 여부를 평가하기 위하여 시험비행을 하는 경우
2. 법 제108조 제1항 전단에 따른 안전성인증을 받은 경량항공기의 성능 향상을 위하여 운용한계를 초과하여 시험비행을 하는 경우
3. 그 밖에 국토교통부장관이 필요하다고 인정하는 경우

② 법 제108조 제1항 전단에 따른 시험비행 등을 위하여 국토교통부장관의 허가를 받으려는 자는 별지 제110호서식의 경량항공기 시험비행허가 신청서에 해당 경량항공기가 같은 항 전단에 따라 국토교통부장관이 정하여 고시하는 비행안전을 위한 기술상의 기준(이하 "경량항공기 기술기준"이라 한다)에 적합함을 입증할 수 있는 다음 각 호의 서류를 첨부하여 국토교통부장관에게 제출하여야 한다.
1. 해당 경량항공기에 대한 소개서
2. 경량항공기의 설계가 경량항공기 기술기준에 충족함을 입증하는 서류
3. 설계도면과 일치되게 제작되었음을 입증하는 서류
4. 완성 후 상태, 지상 기능점검 및 성능시험 결과를 확인할 수 있는 서류
5. 경량항공기 조종절차 및 안전성 유지를 위한 정비방법을 명시한 서류
6. 경량항공기 사진(전체 및 측면사진을 말하며, 전자파일로 된 것을 포함한다) 각 1매
7. 시험비행계획서

③ 국토교통부장관은 제2항에 따른 신청서를 접수받은 경우 경량항공기 기술기준에 적합한지의 여부를 확인한 후 적합하다고 인정하면 신청인에게 시험비행을 허가하여야 한다.
④ 법 제108조 제1항 전단 및 같은 조 제2항에서 "국토교통부령으로 정하는 기관 또는 단체"란 「항공안전기술원법」에 따른 항공안전기술원(이하 "기술원"이라 한다)을 말한다. 〈개정 2018. 3. 23.〉
⑤ 법 제108조 제2항에 따른 안전성인증 등급은 다음 각 호와 같이 구분하고, 각 등급에 따른 운용범위는 [별표 40]과 같다.

1. 제1종: 경량항공기 기술기준에 적합하게 완제(完製)형태로 제작된 경량항공기
2. 제2종: 경량항공기 기술기준에 적합하게 조립(組立)형태로 제작된 경량항공기
3. 제3종: 경량항공기가 완제형태로 제작되었으나 경량항공기 제작자로부터 경량항공기 기술기준에 적합함을 입증하는 서류를 발급받지 못한 경량항공기
4. 제4종: 다음 각 목의 어느 하나에 해당하는 경량항공기
   가. 경량항공기 제작자가 제공한 수리 · 개조지침을 따르지 아니하고 수리 또는 개조하여 원형이 변경된 경량항공기로서 제한된 범위에서 비행이 가능한 경량항공기
   나. 제1호부터 제3호까지에 해당하지 아니하는 경량항공기로서 제한된 범위에서 비행이 가능한 경량항공기

⑥ 제5항에 따른 안전성인증 등급의 구분 및 운용범위에 관하여 필요한 세부사항은 국토교통부장관이 정하여 고시한다.

[항공안전법 시행규칙 제284조(경량항공기의 안전성인증 등)]

[별표 40] 〈개정 2020. 12. 10.〉

경량항공기 안전성인증 등급에 따른 운용범위(제284조 제5항 관련)

등급	운용범위
제1종	제한 없음
제2종	항공기대여업 또는 항공레저스포츠사업에의 사용 제한
제3종	다음의 각 호의 사용을 제한 1. 항공기대여업 또는 항공레저스포츠사업에의 사용 2. 조종사를 포함하여 2명이 탑승한 경우에는 이륙 장소의 중심으로부터 반경 10킬로미터 범위를 초과하는 비행에 사용
제4종	다음의 각 호의 사용을 제한 1. 항공기대여업 또는 항공레저스포츠사업에의 사용 2. 이륙 장소의 중심으로부터 반경 10킬로미터 범위를 초과하는 비행에 사용 3. 1명의 조종사 외의 사람이 탑승하는 비행에 사용 4. 인구 밀집지역 상공에서의 비행에 사용

[비고] 항공안전기술원은 안전성인증 검사결과에 따라 비행고도, 속도 등의 성능에 관한 제한사항을 추가로 지정할 수 있다.

4.12.2 경량항공기의 정비 확인

[항공안전법 시행규칙 제285조(경량항공기의 정비 확인)]

제285조(경량항공기의 정비 확인) ① 법 제108조 제4항 본문에 따라 경량항공기소유자등 또는 경량항공기를 사용하여 비행하려는 사람이 경량항공기 또는 그 부품등을 정비한 후 경량항공기 등을 안전하게 운용할 수 있다는 확인을 받기 위해서는 법 제35조 제8호에 따른 항공정비사 자격증명을 가진 사람으로부터 해당 정비가 다음 각 호의 어느 하나에 충족되게 수행되었음을 확인받은 후 해당 정비 기록문서에 서명을 받아야 한다.

1. 해당 경량항공기 제작자가 제공하는 최신의 정비교범 및 기술문서
2. 해당 경량항공기 제작자가 정비교범 및 기술문서를 제공하지 아니하여 경량항공기소유자등이 안전성인증 검사를 받을 때 제출한 검사프로그램
3. 그 밖에 국토교통부장관이 정하여 고시하는 기준에 부합하는 기술자료

② 법 제108조 제4항 단서에서 "국토교통부령으로 정하는 경미한 정비"란 [별표 41]에 따른 정비를 말한다.

핵심 POINT 경량항공기의 정비 확인(항공안전법 시행규칙 제285조)

경량항공기소유자등 또는 경량항공기를 사용하여 비행하려는 사람은 경량항공기 또는 그 부품등을 정비한 후 항공정비사 자격증명을 가진 사람으로부터 국토교통부령으로 정하는 방법에 따라 안전하게 운용할 수 있다는 확인을 받지 아니하고 비행하여서는 아니 된다.

- 해당 경량항공기 제작자가 제공하는 최신의 정비교범 및 기술문서
- 해당 경량항공기 제작자가 정비교범 및 기술문서를 제공하지 아니하여 경량항공기소유자등이 안전성 인증 검사를 받을 때 제출한 검사프로그램
- 그 밖에 국토교통부장관이 정하여 고시하는 기준에 부합하는 기술자료

[항공안전법 시행규칙 제285조(경량항공기의 정비 확인)]

[별표 41]

경량항공기에 대한 경미한 정비의 범위(제285조 제2항 관련)

경량항공기에 대한 경미한 정비의 범위는 다음과 같으며, 복잡한 조립 조작이 포함되어 있지 않아야 한다.

1. 착륙장치(landing gear)의 타이어를 떼어내는 작업(이하 "장탈"이라 한다), 원래의 위치에 붙이는 작업(이하 "장착"이라 한다)
2. 착륙장치의 탄성충격흡수장치(elastic shock absorber)의 고정용 코드(cord)의 교환
3. 착륙장치의 유압완충지주(shock strut)에 윤활유 또는 공기의 보충
4. 착륙장치 바퀴(wheel) 베어링에 대한 세척 및 윤활유 주입 등의 서비스
5. 손상된 풀림방지 안전선(safety wire) 또는 고정 핀(cotter key)의 교환

6. 덮개(cover plates), 카울링(cowing) 및 페어링(fairing)과 같은 비구조부 품목의 장탈(분해하는 경우는 제외한다) 및 윤활
7. 리브 연결(rib stitching), 구조부 부품 또는 조종면의 장탈을 필요로 하지 않는 단순한 직물의 기움
8. 유압유 저장탱크에 유압액을 보충하는 것
9. 1차 구조부재 또는 작동 시스템의 장탈 또는 분해가 필요하지 않은 동체(fuselage), 날개, 꼬리부분의 표면[균형 조종면(balanced control surfaces)은 제외한다], 페어링, 카울링, 착륙장치, 조종실 내부의 장식을 위한 덧칠(coating)
10. 장비품(components)의 보존 또는 보호를 위한 재료의 사용. 다만, 관련된 1차 구조부재 또는 작동 시스템의 분해가 요구되지 않아야 하고, 덧칠이 금지되거나 좋지 않은 영향이 없어야 한다.
11. 객실 또는 조종실의 실내 장식품 또는 장식용 비품의 수리. 다만, 수리를 위해 1차 구조부재나 작동 시스템의 분해가 요구되지 않아야 하고, 작동 시스템에 간섭을 주거나 1차 구조부재에 영향을 주지 않아야 한다.
12. 페어링, 구조물이 아닌 덮개, 카울링, 소형 패치에 대한 작고 간단한 수리작업 및 공기흐름에 영향을 줄 수 있는 외형상의 변화가 없는 보강작업
13. 작업이 조종계통 또는 전기계통 장비품 등과 같은 작동 시스템의 구조에 간섭을 일으키지 않는 측면 창문(side windows)의 교환
14. 안전벨트의 교환
15. 1차 구조부와 작동 시스템의 분해가 필요하지 않은 좌석 또는 좌석부품의 교환
16. 고장 난 착륙등(landing light)의 배선 회로에 대한 고장탐구 및 수리
17. 위치등(position light)과 착륙등(landing light)의 전구, 반사면, 렌즈의 교환
18. 중량과 평형(weight and balance) 계산이 필요 없는 바퀴와 스키의 교환
19. 프로펠러나 비행조종계통의 장탈이 필요 없는 카울링의 교환
20. 점화플러그의 교환, 세척 또는 간극(gap)의 조정
21. 호스 연결부위의 교환
22. 미리 제작된 연료 배관의 교환
23. 연료와 오일 여과기 세척
24. 배터리의 교환 및 충전 서비스
25. 작동에 부수적인 역할을 하며 구조부재가 아닌 패스너(fastener)의 교환 및 조절

4.13 | 초경량비행장치

4.13.1 초경량비행장치의 신고 및 안전성인증

[항공안전법 제122조(초경량비행장치 신고)]

제122조(초경량비행장치 신고) ① 초경량비행장치를 소유하거나 사용할 수 있는 권리가 있는 자(이하 "초경량비행장치소유자등"이라 한다)는 초경량비행장치의 종류, 용도, 소유자의 성명, 제129조 제

4항에 따른 개인정보 및 개인위치정보의 수집 가능 여부 등을 국토교통부령으로 정하는 바에 따라 국토교통부장관에게 신고하여야 한다. 다만, 대통령령으로 정하는 초경량비행장치는 그러하지 아니하다.

② 국토교통부장관은 제1항 본문에 따른 신고를 받은 날부터 7일 이내에 신고수리 여부를 신고인에게 통지하여야 한다. 〈신설 2020. 6. 9.〉

③ 국토교통부장관이 제2항에서 정한 기간 내에 신고수리 여부 또는 민원 처리 관련 법령에 따른 처리기간의 연장을 신고인에게 통지하지 아니하면 그 기간(민원 처리 관련 법령에 따라 처리기간이 연장 또는 재연장된 경우에는 해당 처리기간을 말한다)이 끝난 날의 다음 날에 신고를 수리한 것으로 본다. 〈신설 2020. 6. 9.〉

④ 국토교통부장관은 제1항에 따라 초경량비행장치의 신고를 받은 경우 그 초경량비행장치소유자등에게 신고번호를 발급하여야 한다. 〈개정 2020. 6. 9.〉

⑤ 제4항에 따라 신고번호를 발급받은 초경량비행장치소유자등은 그 신고번호를 해당 초경량비행장치에 표시하여야 한다. 〈개정 2020. 6. 9.〉

[항공안전법 시행령 제24조(신고를 필요로 하지 않는 초경량비행장치의 범위)]

제24조(신고를 필요로 하지 않는 초경량비행장치의 범위) 법 제122조 제1항 단서에서 “대통령령으로 정하는 초경량비행장치”란 다음 각 호의 어느 하나에 해당하는 것으로서 「항공사업법」에 따른 항공기대여업 · 항공레저스포츠사업 또는 초경량비행장치사용사업에 사용되지 아니하는 것을 말한다. 〈개정 2020. 5. 26., 2020. 12. 10.〉

1. 행글라이더, 패러글라이더 등 동력을 이용하지 아니하는 비행장치
2. 기구류(사람이 탑승하는 것은 제외한다)
3. 계류식(繫留式) 무인비행장치
4. 낙하산류
5. 무인동력비행장치 중에서 최대이륙중량이 2킬로그램 이하인 것
6. 무인비행선 중에서 연료의 무게를 제외한 자체 무게가 12킬로그램 이하이고, 길이가 7미터 이하인 것
7. 연구기관 등이 시험 · 조사 · 연구 또는 개발을 위하여 제작한 초경량비행장치
8. 제작자 등이 판매를 목적으로 제작하였으나 판매되지 아니한 것으로서 비행에 사용되지 아니하는 초경량비행장치
9. 군사목적으로 사용되는 초경량비행장치

[제목개정 2020. 12. 10.]

[항공안전법 제123조(초경량비행장치 변경신고 등)]

제123조(초경량비행장치 변경신고 등) ① 초경량비행장치소유자등은 제122조 제1항에 따라 신고한 초경량비행장의 용도, 소유자의 성명 등 국토교통부령으로 정하는 사항을 변경하려는 경우에는 국

토교통부령으로 정하는 바에 따라 국토교통부장관에게 변경신고를 하여야 한다.

② 국토교통부장관은 제1항에 따른 변경신고를 받은 날부터 7일 이내에 신고수리 여부를 신고인에게 통지하여야 한다. 〈신설 2020. 6. 9.〉

③ 국토교통부장관이 제2항에서 정한 기간 내에 신고수리 여부 또는 민원 처리 관련 법령에 따른 처리기간의 연장을 신고인에게 통지하지 아니하면 그 기간(민원 처리 관련 법령에 따라 처리기간이 연장 또는 재연장된 경우에는 해당 처리기간을 말한다)이 끝난 날의 다음 날에 신고를 수리한 것으로 본다. 〈신설 2020. 6. 9.〉

④ 초경량비행장치소유자등은 제122조 제1항에 따라 신고한 초경량비행장치가 멸실되었거나 그 초경량비행장치를 해체(정비등, 수송 또는 보관하기 위한 해체는 제외한다)한 경우에는 그 사유가 발생한 날부터 15일 이내에 국토교통부장관에게 말소신고를 하여야 한다. 〈개정 2020. 6. 9.〉

⑤ 제4항에 따른 신고가 신고서의 기재사항 및 첨부서류에 흠이 없고, 법령 등에 규정된 형식상의 요건을 충족하는 경우에는 신고서가 접수기관에 도달된 때에 신고된 것으로 본다. 〈신설 2020. 6. 9.〉

⑥ 초경량비행장치소유자등이 제4항에 따른 말소신고를 하지 아니하면 국토교통부장관은 30일 이상의 기간을 정하여 말소신고를 할 것을 해당 초경량비행장치소유자등에게 최고하여야 한다. 〈개정 2020. 6. 9.〉

⑦ 제6항에 따른 최고를 한 후에도 해당 초경량비행장치소유자등이 말소신고를 하지 아니하면 국토교통부장관은 직권으로 그 신고번호를 말소할 수 있으며, 신고번호가 말소된 때에는 그 사실을 해당 초경량비행장치소유자등 및 그 밖의 이해관계인에게 알려야 한다. 〈개정 2020. 6. 9.〉

[항공안전법 제302조(초경량비행장치 변경신고)]

제302조(초경량비행장치 변경신고) ① 법 제123조제1항에서 "초경량비행장치의 용도, 소유자의 성명 등 국토교통부령으로 정하는 사항"이란 다음 각 호의 어느 하나를 말한다.

1. 초경량비행장치의 용도
2. 초경량비행장치 소유자등의 성명, 명칭 또는 주소
3. 초경량비행장치의 보관 장소

② 초경량비행장치소유자등은 제1항 각 호의 사항을 변경하려는 경우에는 그 사유가 있는 날부터 30일 이내에 별지 제116호서식의 초경량비행장치 변경 · 이전신고서를 한국교통안전공단 이사장에게 제출하여야 한다. 〈개정 2020. 12. 10.〉

③ 삭제 〈2020. 12. 10.〉

[항공안전법 제124조(초경량비행장치 안전성인증)]

제124조(초경량비행장치 안전성인증) 시험비행 등 국토교통부령으로 정하는 경우로서 국토교통부장관의 허가를 받은 경우를 제외하고는 동력비행장치 등 국토교통부령으로 정하는 초경량비행장치를

사용하여 비행하려는 사람은 국토교통부령으로 정하는 기관 또는 단체의 장으로부터 그가 정한 안정성인증의 유효기간 및 절차 · 방법 등에 따라 그 초경량비행장치가 국토교통부장관이 정하여 고시하는 비행안전을 위한 기술상의 기준에 적합하다는 안전성인증을 받지 아니하고 비행하여서는 아니 된다. 이 경우 안전성인증의 유효기간 및 절차 · 방법 등에 대해서는 국토교통부장관의 승인을 받아야 하며, 변경할 때에도 또한 같다.

[항공안전법 제127조(초경량비행장치 비행승인)]

제127조(초경량비행장치 비행승인) ① 국토교통부장관은 초경량비행장치의 비행안전을 위하여 필요하다고 인정하는 경우에는 초경량비행장치의 비행을 제한하는 공역(이하 "초경량비행장치 비행제한공역"이라 한다)을 지정하여 고시할 수 있다.

② 동력비행장치 등 국토교통부령으로 정하는 초경량비행장치를 사용하여 국토교통부장관이 고시하는 초경량비행장치 비행제한공역에서 비행하려는 사람은 국토교통부령으로 정하는 바에 따라 미리 국토교통부장관으로부터 비행승인을 받아야 한다. 다만, 비행장 및 이착륙장의 주변 등 대통령령으로 정하는 제한된 범위에서 비행하려는 경우는 제외한다.

③ 제2항 본문에 따른 비행승인 대상이 아닌 경우라 하더라도 다음 각 호의 어느 하나에 해당하는 경우에는 제2항의 절차에 따라 국토교통부장관의 비행승인을 받아야 한다. 〈신설 2017. 8. 9., 2021. 12. 7.〉

1. 제68조 제1호에 따른 국토교통부령으로 정하는 고도 이상에서 비행하는 경우
2. 제78조 제1항에 따른 관제공역 · 통제공역 · 주의공역 중 관제권 등 국토교통부령으로 정하는 구역에서 비행하는 경우

④ 제2항 및 제3항 제2호에 따른 국토교통부장관의 비행승인이 필요한 때에 제131조의 2 제2항에 따라 무인비행장치를 비행하려는 경우 해당 국가기관 등의 장이 국토교통부령으로 정하는 바에 따라 사전에 그 사실을 국토교통부장관에게 알리면 비행승인을 받은 것으로 본다. 〈신설 2019. 8. 27.〉

[항공안전법 시행규칙 제305조(초경량비행장치 안전성인증 대상 등)]

제305조(초경량비행장치 안전성인증 대상 등) ① 법 제124조 전단에서 "동력비행장치 등 국토교통부령으로 정하는 초경량비행장치"란 다음 각 호의 어느 하나에 해당하는 초경량비행장치를 말한다.

1. 동력비행장치
2. 행글라이더, 패러글라이더 및 낙하산류(항공레저스포츠사업에 사용되는 것만 해당한다)
3. 기구류(사람이 탑승하는 것만 해당한다)
4. 다음 각 목의 어느 하나에 해당하는 무인비행장치

   가. 제5조 제5호 가목에 따른 무인비행기, 무인헬리콥터 또는 무인멀티콥터 중에서 최대이륙중량이 25킬로그램을 초과하는 것

나. 제5조 제5호 나목에 따른 무인비행선 중에서 연료의 중량을 제외한 자체중량이 12킬로그램을 초과하거나 길이가 7미터를 초과하는 것

5. 회전익비행장치
6. 동력패러글라이더

② 법 제124조 전단에서 "국토교통부령으로 정하는 기관 또는 단체"란 기술원 또는 [별표 43]에 따른 시설기준을 충족하는 기관 또는 단체 중에서 국토교통부장관이 정하여 고시하는 기관 또는 단체(이하 "초경량비행장치 안전성 인증기관"이라 한다)를 말한다. 〈개정 2018. 3. 23.〉

핵심 POINT 초경량비행장치의 안전성 인증 대상(항공안전법 시행규칙 제305조)

동력비행장치 등 국토교통부령으로 정하는 초경량비행장치를 사용하여 비행하려는 사람은 국토교통부령으로 정하는 기관 또는 단체의 장으로부터 안전성인증을 받아야 한다.

- 동력비행장치
- 행글라이더, 패러글라이더 및 낙하산류(항공레저스포츠사업에 사용되는 것만 해당한다)
- 기구류(사람이 탑승하는 것만 해당한다)
- 무인비행기, 무인헬리콥터 또는 무인멀티콥터 중에서 최대이륙중량이 25킬로그램을 초과하는 것
- 무인비행선 중에서 연료의 중량을 제외한 자체중량이 12킬로그램을 초과하거나 길이가 7미터를 초과하는 것
- 회전익비행장치
- 동력패러글라이더

[항공안전법 제308조(초경량비행장치의 비행승인)]

제308조(초경량비행장치의 비행승인) ① 법 제127조제2항 본문에서 "동력비행장치 등 국토교통부령으로 정하는 초경량비행장치"란 제5조에 따른 초경량비행장치를 말한다. 다만, 다음 각 호의 어느 하나에 해당하는 초경량비행장치는 제외한다. 〈개정 2017. 7. 18.〉

1. 영 제24조제1호부터 제4호까지의 규정에 해당하는 초경량비행장치(항공기대여업, 항공레저스포츠사업 또는 초경량비행장치사용사업에 사용되지 아니하는 것으로 한정한다)
2. 제199조제1호나목에 따른 최저비행고도(150미터) 미만의 고도에서 운영하는 계류식 기구
3. 「항공사업법 시행규칙」 제6조제2항제1호에 사용하는 무인비행장치로서 다음 각 목의 어느 하나에 해당하는 무인비행장치
   가. 제221조제1항 및 별표 23에 따른 관제권, 비행금지구역 및 비행제한구역 외의 공역에서 비행하는 무인비행장치
   나. 「가축전염병 예방법」 제2조제2호에 따른 가축전염병의 예방 또는 확산 방지를 위하여 소독·방역업무 등에 긴급하게 사용하는 무인비행장치
4. 다음 각 목의 어느 하나에 해당하는 무인비행장치

가. 최대이륙중량이 25킬로그램 이하인 무인동력비행장치
나. 연료의 중량을 제외한 자체중량이 12킬로그램 이하이고 길이가 7미터 이하인 무인비행선
5. 그 밖에 국토교통부장관이 정하여 고시하는 초경량비행장치

② 제1항에 따른 초경량비행장치를 사용하여 비행제한공역을 비행하려는 사람은 법 제127조제2항 본문에 따라 별지 제122호서식의 초경량비행장치 비행승인신청서를 지방항공청장에게 제출하여야 한다. 이 경우 비행승인신청서는 서류, 팩스 또는 정보통신망을 이용하여 제출할 수 있다. 〈개정 2017. 7. 18.〉

③ 지방항공청장은 제2항에 따라 제출된 신청서를 검토한 결과 비행안전에 지장을 주지 않는다고 판단되는 경우에는 이를 승인해야 한다. 이 경우 동일지역에서 반복적으로 이루어지는 비행에 대해서는 다음 각 호의 구분에 따른 범위에서 비행기간을 명시하여 승인할 수 있다. 〈개정 2023. 9. 12.〉
1. 무인비행장치를 사용하여 비행하는 경우: 12개월
2. 무인비행장치 외의 초경량비행장치를 사용하여 비행하는 경우: 6개월

④ 지방항공청장은 제3항에 따른 승인을 하는 경우에는 다음 각 호의 조건을 붙일 수 있다. 〈신설 2019. 9. 23.〉
1. 탑승자에 대한 안전점검 등 안전관리에 관한 사항
2. 비행장치 운용한계치에 따른 기상요건에 관한 사항(항공레저스포츠사업에 사용되는 기구류 중 계류식으로 운영되지 않는 기구류만 해당한다)
3. 비행경로에 관한 사항

⑤ 법 제127조제3항제1호에서 "국토교통부령으로 정하는 고도"란 다음 각 호에 따른 고도를 말한다. 〈신설 2017. 11. 10., 2018. 11. 22., 2019. 9. 23., 2020. 2. 28.〉
1. 사람 또는 건축물이 밀집된 지역: 해당 초경량비행장치를 중심으로 수평거리 150미터(500피트) 범위 안에 있는 가장 높은 장애물의 상단에서 150미터
2. 제1호 외의 지역: 지표면 · 수면 또는 물건의 상단에서 150미터

⑥ 법 제127조제3항제2호에서 "국토교통부령으로 정하는 구역"이란 별표 23 제2호에 따른 관제공역 중 관제권과 통제공역 중 비행금지구역을 말한다. 〈신설 2017. 11. 10., 2018. 11. 22., 2019. 9. 23., 2020. 2. 28.〉

⑦ 법 제127조제3항제2호에 따른 승인 신청이 다음 각 호의 요건을 모두 충족하는 경우에는 12개월의 범위에서 비행기간을 명시하여 승인할 수 있다. 〈신설 2020. 5. 27., 2023. 9. 12.〉
1. 교육목적을 위한 비행일 것
2. 무인비행장치는 최대이륙중량이 7킬로그램 이하일 것
3. 비행구역은 「초 · 중등교육법」 제2조 각 호에 따른 학교의 운동장일 것
4. 비행시간은 정규 및 방과 후 활동 중일 것
5. 비행고도는 지표면으로부터 고도 20미터 이내일 것
6. 비행방법 등이 안전 · 국방 등 비행금지구역의 지정 목적을 저해하지 않을 것

⑧ 법 제127조제4항에 따라 국가기관등의 장이 무인비행장치를 비행하려는 경우 사전에 유·무선 방법으로 지방항공청장에게 통보해야 한다. 다만, 제221조제1항 및 별표 23에 따른 관제권에서 비행하려는 경우에는 해당 관제권의 항공교통업무를 수행하는 자와, 비행금지구역에서 비행하려는 경우에는 해당 구역을 관할하는 자와 사전에 협의가 된 경우에 한정한다. 〈신설 2018. 11. 22., 2019. 9. 23., 2020. 2. 28., 2020. 5. 27.〉

⑨ 제8항에 따라 무인비행장치를 비행한 국가기관등의 장은 비행 종료 후 지체없이 별지 제122호서식에 따른 초경량비행장치 비행승인신청서를 지방항공청장에게 제출해야 한다. 〈신설 2018. 11. 22., 2019. 9. 23., 2020. 2. 28., 2020. 5. 27., 2021. 6. 9.〉

4.13.2 무인비행장치

[항공안전법 제131조의 2(무인비행장치의 적용 특례)]

제131조의 2(무인비행장치의 적용 특례) ① 군용·경찰용 또는 세관용 무인비행장치와 이에 관련된 업무에 종사하는 사람에 대하여는 이 법을 적용하지 아니한다.

② 국가, 지방자치단체, 「공공기관의 운영에 관한 법률」에 따른 공공기관으로서 대통령령으로 정하는 공공기관이 소유하거나 임차한 무인비행장치를 재해·재난 등으로 인한 수색·구조, 화재의 진화, 응급환자 후송, 그 밖에 국토교통부령으로 정하는 공공목적으로 긴급히 비행(훈련을 포함한다)하는 경우(국토교통부령으로 정하는 바에 따라 안전관리 방안을 마련한 경우에 한정한다)에는 제129조 제1항, 제2항, 제4항 및 제5항을 적용하지 아니한다. 〈개정 2019. 11. 26.〉

③ 제129조 제3항을 이 조 제2항에 적용할 때에는 "국토교통부장관"은 "소관 행정기관의 장"으로 본다. 이 경우 소관 행정기관의 장은 제129조 제3항에 따라 보고받은 사실을 국토교통부장관에게 알려야 한다.
[본조신설 2017. 8. 9.]

[항공안전법 시행규칙 제313조의 2(국가기관등 무인비행장치의 긴급비행)]

제313조의 2(국가기관등 무인비행장치의 긴급비행) ① 법 제131조의 2 제2항에 따른 무인비행장치의 적용 특례가 적용되는 긴급 비행의 목적은 다음 각 호의 어느 하나에 해당하는 공공목적으로 한다. 〈개정 2020. 11. 2.〉

1. 재해·재난으로 인한 수색·구조
2. 시설물 붕괴·전도 등으로 인한 재해·재난이 발생한 경우 또는 발생할 우려가 있는 경우의 안전진단
3. 산불, 건물·선박화재 등 화재의 진화·예방
4. 응급환자 후송

5. 응급환자를 위한 장기(臟器) 이송 및 구조 · 구급활동
6. 산림 방제(防除) · 순찰
7. 산림보호사업을 위한 화물 수송
8. 대형사고 등으로 인한 교통장애 모니터링
9. 풍수해 및 수질오염 등이 발생하는 경우 긴급점검
10. 테러 예방 및 대응
11. 그 밖에 제1호부터 제10호까지에서 규정한 공공목적과 유사한 공공목적

② 법 제131조의 2 제2항에 따른 안전관리방안에는 다음 각 호의 사항이 포함되어야 한다.
1. 무인비행장치의 관리 및 점검계획
2. 비행안전수칙 및 교육계획
3. 사고 발생 시 비상연락 · 보고체계 등에 관한 사항
4. 무인비행장치 사고로 인하여 지급할 손해배상 책임을 담보하기 위한 보험 또는 공제의 가입 등 피해자 보호대책
5. 긴급비행 기록관리 등에 관한 사항

[본조신설 2017. 11. 10.]

4.14 | 보칙

4.14.1 항공안전 활동

[항공안전법 제11장 보칙, 제132조(항공안전 활동)]

제132조(항공안전 활동) ① 국토교통부장관은 항공안전의 확보를 위하여 다음 각 호의 어느 하나에 해당하는 자에게 그 업무에 관한 보고를 하게 하거나 서류를 제출하게 할 수 있다. 〈개정 2020. 6. 9.〉
1. 항공기등, 장비품 또는 부품의 제작 또는 정비등을 하는 자
2. 비행장, 이착륙장, 공항, 공항시설 또는 항행안전시설의 설치자 및 관리자
3. 항공종사자, 경량항공기 조종사 및 초경량비행장치 조종자
4. 항공교통업무증명을 받은 자
5. 항공운송사업자(외국인국제항공운송사업자 및 외국항공기로 유상운송을 하는 자를 포함한다. 이하 이 조에서 같다), 항공기사용사업자, 항공기정비업자, 초경량비행장치사용사업자, 「항공사업법」 제2조 제22호에 따른 항공기대여업자, 「항공사업법」 제2조 제27호에 따른 항공레저스포츠사업자, 경량항공기 소유자등 및 초경량비행장치 소유자등

6. 제48조에 따른 전문교육기관, 제72조에 따른 위험물전문교육기관, 제117조에 따른 경량항공기 전문교육기관, 제126조에 따른 초경량비행장치 전문교육기관의 설치자 및 관리자
7. 그 밖에 항공기, 경량항공기 또는 초경량비행장치를 계속하여 사용하는 자

② 국토교통부장관은 이 법을 시행하기 위하여 특히 필요한 경우에는 소속 공무원으로 하여금 제1항 각 호의 어느 하나에 해당하는 자의 다음 각 호의 어느 하나의 장소에 출입하여 항공기, 경량항공기 또는 초경량비행장치, 항행안전시설, 장부, 서류, 그 밖의 물건을 검사하거나 관계인에게 질문하게 할 수 있다. 이 경우 국토교통부장관은 검사 등의 업무를 효율적으로 수행하기 위하여 특히 필요하다고 인정하면 국토교통부령으로 정하는 자격을 갖춘 항공안전에 관한 전문가를 위촉하여 검사 등의 업무에 관한 자문에 응하게 할 수 있다.
1. 사무소, 공장이나 그 밖의 사업장
2. 비행장, 이착륙장, 공항, 공항시설, 항행안전시설 또는 그 시설의 공사장
3. 항공기 또는 경량항공기의 정치장
4. 항공기, 경량항공기 또는 초경량비행장치

③ 국토교통부장관은 항공운송사업자가 취항하는 공항에 대하여 국토교통부령으로 정하는 바에 따라 정기적인 안전성검사를 하여야 한다.

④ 제2항 및 제3항에 따른 검사 또는 질문을 하려면 검사 또는 질문을 하기 7일 전까지 검사 또는 질문의 일시, 사유 및 내용 등의 계획을 피검사자 또는 피질문자에게 알려야 한다. 다만, 긴급한 경우이거나 사전에 알리면 증거인멸 등으로 검사 또는 질문의 목적을 달성할 수 없다고 인정하는 경우에는 그러하지 아니하다.

⑤ 제2항 및 제3항에 따른 검사 또는 질문을 하는 공무원은 그 권한을 표시하는 증표를 지니고, 이를 관계인에게 보여주어야 한다.

⑥ 제5항에 따른 증표에 관하여 필요한 사항은 국토교통부령으로 정한다.

⑦ 제2항 및 제3항에 따른 검사 또는 질문을 한 경우에는 그 결과를 피검사자 또는 피질문자에게 서면으로 알려야 한다.

⑧ 국토교통부장관은 제2항 또는 제3항에 따른 검사를 하는 중에 긴급히 조치하지 아니할 경우 항공기, 경량항공기 또는 초경량비행장치의 안전운항에 중대한 위험을 초래할 수 있는 사항이 발견되었을 때에는 국토교통부령으로 정하는 바에 따라 항공기, 경량항공기 또는 초경량비행장치의 운항 또는 항행안전시설의 운용을 일시 정지하게 하거나 항공종사자, 초경량비행장치 조종자 또는 항행안전시설을 관리하는 자의 업무를 일시 정지하게 할 수 있다.

⑨ 국토교통부장관은 제2항 또는 제3항에 따른 검사 결과 항공기, 경량항공기 또는 초경량비행장치의 안전운항에 위험을 초래할 수 있는 사항을 발견한 경우에는 그 검사를 받은 자에게 시정조치 등을 명할 수 있다.

핵심 POINT **항공안전 확보를 위한 업무보고 대상자(항공안전법 제132조)**

국토교통부장관은 항공안전의 확보를 위하여 그 업무에 관한 보고를 하게 하거나 서류를 제출하게 할 수 있다.

- 항공기등, 장비품 또는 부품의 제작 또는 정비등을 하는 자
- 비행장, 이착륙장, 공항, 공항시설 또는 항행안전시설의 설치자 및 관리자
- 항공종사자, 경량항공기 조종사 및 초경량비행장치 조종자
- 항공교통업무증명을 받은 자
- 항공운송사업자, 항공기사용사업자, 항공기정비업자, 초경량비행장치사용사업자, 항공기대여업자, 항공레저스포츠사업자, 경량항공기 소유자등 및 초경량비행장치 소유자등
- 전문교육기관, 위험물전문교육기관, 경량항공기 전문교육기관, 초경량비행장치 전문교육기관의 설치자 및 관리자
- 항공기, 경량항공기 또는 초경량비행장치를 계속하여 사용하는 자

[항공안전법 시행규칙 제314조(항공안전전문가)]

제314조(항공안전전문가) 법 제132조 제2항에 따른 항공안전에 관한 전문가로 위촉받을 수 있는 사람은 다음 각 호의 어느 하나에 해당하는 사람으로 한다.

1. 항공종사자 자격증명을 가진 사람으로서 해당 분야에서 10년 이상의 실무경력을 갖춘 사람
2. 항공종사자 양성 전문교육기관의 해당 분야에서 5년 이상 교육훈련업무에 종사한 사람
3. 5급 이상의 공무원이었던 사람으로서 항공분야에서 5년(6급의 경우 10년) 이상의 실무경력을 갖춘 사람
4. 대학 또는 전문대학에서 해당 분야의 전임강사 이상으로 5년 이상 재직한 경력이 있는 사람

[항공안전법 시행규칙 제315조(정기안전성검사)]

제315조(정기안전성검사) ① 국토교통부장관 또는 지방항공청장은 법 제132조 제3항에 따라 다음 각 호의 사항에 관하여 항공운송사업자가 취항하는 공항에 대하여 정기적인 안전성검사를 하여야 한다.

1. 항공기 운항 · 정비 및 지원에 관련된 업무 · 조직 및 교육훈련
2. 항공기 부품과 예비품의 보관 및 급유시설
3. 비상계획 및 항공보안사항
4. 항공기 운항허가 및 비상지원절차
5. 지상조업과 위험물의 취급 및 처리
6. 공항시설
7. 그 밖에 국토교통부장관이 항공기 안전운항에 필요하다고 인정하는 사항

② 법 제132조 제6항에 따른 공무원의 증표는 별지 제124호서식의 항공안전감독관증에 따른다.

4.14.2 항공기의 운항정지 및 항공종사자의 업무정지

[항공안전법 시행규칙 제316호(항공기의 운항정지 및 항공종사자의 업무정지 등)]

제316조(항공기의 운항정지 및 항공종사자의 업무정지 등) 국토교통부장관 또는 지방항공청장은 법 제132조 제8항에 따라 항공기, 경량항공기 또는 초경량비행장치의 운항 또는 항행안전시설의 운용을 일시 정지하게 하거나 항공종사자, 초경량비행장치 조종자 또는 항행안전시설을 관리하는 자의 업무를 일시 정지하게 하는 경우에는 다음 각 호에 따라 조치하여야 한다.

1. 항공기, 경량항공기 또는 초경량비행장치의 운항 또는 항행안전시설의 운용을 일시 정지하게 하거나 항공종사자, 초경량비행장치 조종자 또는 항행안전시설을 관리하는 자의 업무를 일시 정지하게 하는 사유 및 조치하여야 할 내용의 통보(구두로 통보한 경우에는 사후에 서면으로 통지하여야 한다)
2. 제1호에 따른 통보를 받은 자가 통보받은 내용을 이행하고 그 결과를 제출한 경우 그 이행 결과에 대한 확인
3. 제2호에 따른 확인 결과 일시 운항정지 또는 업무정지 등의 사유가 해소되었다고 판단하는 경우에는 항공기, 경량항공기 또는 초경량비행장치의 재운항 또는 항행안전시설의 재운용이 가능함을 통보하거나, 항공종사자, 초경량비행장치 조종자 또는 항행안전시설을 관리하는 자가 업무를 계속 수행할 수 있음을 통보(구두로 통보하는 것을 포함한다)

4.15 | 벌칙

4.15.1 항행 중 항공기 위험 발생의 죄

[항공안전법 제12장 벌칙, 제138조(항행 중 항공기 위험 발생의 죄)]

제138조(항행 중 항공기 위험 발생의 죄) ① 사람이 현존하는 항공기, 경량항공기 또는 초경량비행장치를 항행 중에 추락 또는 전복(顚覆)시키거나 파괴한 사람은 사형, 무기징역 또는 5년 이상의 징역에 처한다.

② 제140조의 죄를 지어 사람이 현존하는 항공기, 경량항공기 또는 초경량비행장치를 항행 중에 추락 또는 전복시키거나 파괴한 사람은 사형, 무기징역 또는 5년 이상의 징역에 처한다.

핵심 POINT 항행 중 항공기 위험 발생의 죄(항공안전법 제138조)

- 사람이 현존하는 항공기, 경량항공기 또는 초경량비행장치를 항행 중에 추락 또는 전복시키거나 파괴한 사람
- 비행장, 이착륙장, 공항시설 또는 항행안전시설을 파손하거나 그 밖의 방법으로 항공상의 위험을 발생시켜 사람이 현존하는 항공기, 경량항공기 또는 초경량비행장치를 항행 중에 추락 또는 전복시키거나 파괴한 사람

4.15.2 항공상 위험 발생 등의 죄

[항공안전법 제140조(항공상 위험 발생 등의 죄)]

제140조(항공상 위험 발생 등의 죄) 비행장, 이착륙장, 공항시설 또는 항행안전시설을 파손하거나 그 밖의 방법으로 항공상의 위험을 발생시킨 사람은 10년 이하의 징역에 처한다. 〈개정 2017. 10. 24.〉

4.15.3 기장 등의 탑승자 권리행사 방해의 죄

[항공안전법 제142조(기장 등의 탑승자 권리행사 방해의 죄)]

제142조(기장 등의 탑승자 권리행사 방해의 죄) ① 직권을 남용하여 항공기에 있는 사람에게 그의 의무가 아닌 일을 시키거나 그의 권리행사를 방해한 기장 또는 조종사는 1년 이상 10년 이하의 징역에 처한다.
② 폭력을 행사하여 제1항의 죄를 지은 기장 또는 조종사는 3년 이상 15년 이하의 징역에 처한다. 〈개정 2017. 10. 24.〉

4.15.4 감항증명을 받지 아니한 항공기 사용 등의 죄

[항공안전법 제144조(감항증명을 받지 아니한 항공기 사용 등의 죄)]

제144조(감항증명을 받지 아니한 항공기 사용 등의 죄) 다음 각 호의 어느 하나에 해당하는 자는 3년 이하의 징역 또는 5천만원 이하의 벌금에 처한다.

1. 제23조 또는 제25조를 위반하여 감항증명 또는 소음기준적합증명을 받지 아니하거나 감항증명 또는 소음기준적합증명이 취소 또는 정지된 항공기를 운항한 자
2. 제27조 제3항을 위반하여 기술표준품형식승인을 받지 아니한 기술표준품을 제작·판매하거나 항공기등에 사용한 자

3. 제28조 제3항을 위반하여 부품등제작자증명을 받지 아니한 장비품 또는 부품을 제작 · 판매하거나 항공기등 또는 장비품에 사용한 자
4. 제30조를 위반하여 수리 · 개조승인을 받지 아니한 항공기등, 장비품 또는 부품을 운항 또는 항공기등에 사용한 자
5. 제32조 제1항을 위반하여 정비등을 한 항공기등, 장비품 또는 부품에 대하여 감항성을 확인받지 아니하고 운항 또는 항공기등에 사용한 자

핵심 POINT **감항증명을 받지 아니한 항공기 사용 등의 죄(항공안전법 제144조)**

- 감항증명 또는 소음기준적합증명을 받지 아니하거나 감항증명 또는 소음기준적합증명이 취소 또는 정지된 항공기를 운항한 자
- 기술표준품형식승인을 받지 아니한 기술표준품을 제작 · 판매하거나 항공기등에 사용한 자
- 부품등제작자증명을 받지 아니한 장비품 또는 부품을 제작 · 판매하거나 항공기등 또는 장비품에 사용한 자
- 수리 · 개조승인을 받지 아니한 항공기등, 장비품 또는 부품을 운항 또는 항공기등에 사용한 자
- 정비등을 한 항공기등, 장비품 또는 부품에 대하여 감항성을 확인받지 아니하고 운항 또는 항공기등에 사용한 자

4.15.5 운항증명 등의 위반에 관한 죄

[항공안전법 제145조(운항증명 등의 위반에 관한 죄)]

제145조(운항증명 등의 위반에 관한 죄) 다음 각 호의 어느 하나에 해당하는 자는 3년 이하의 징역 또는 3천만원 이하의 벌금에 처한다.

1. 제90조 제1항(제96조 제1항에서 준용하는 경우를 포함한다)에 따른 운항증명을 받지 아니하고 운항을 시작한 항공운송사업자 또는 항공기사용사업자
2. 제97조를 위반하여 정비조직인증을 받지 아니하고 항공기등, 장비품 또는 부품에 대한 정비등을 한 항공기정비업자 또는 외국의 항공기정비업자

4.15.6 주류 섭취 등의 죄

[항공안전법 제146조(주류등의 섭취 · 사용 등의 죄)]

제146조(주류등의 섭취 · 사용 등의 죄) 다음 각 호의 어느 하나에 해당하는 사람은 3년 이하의 징역 또는 3천만 원 이하의 벌금에 처한다. 〈개정 2020. 6. 9., 2021. 5. 18.〉

1. 제57조 제1항(제106조 제1항에 따라 준용되는 경우를 포함한다)을 위반하여 주류등의 영향으로 항공업무(제46조에 따른 항공기 조종연습 및 제47조에 따른 항공교통관제연습을 포함한다) 또는 객실승무원의 업무를 정상적으로 수행할 수 없는 상태에서 그 업무에 종사한 항공종사자(제46조에 따른 항공기 조종연습 및 제47조에 따른 항공교통관제연습을 하는 사람을 포함한다. 이하 이 조에서 같다) 또는 객실승무원
2. 제57조 제2항(제106조 제1항에 따라 준용되는 경우를 포함한다)을 위반하여 주류등을 섭취하거나 사용한 항공종사자 또는 객실승무원
3. 제57조 제3항(제106조 제1항에 따라 준용되는 경우를 포함한다)을 위반하여 국토교통부장관의 측정에 따르지 아니한 항공종사자 또는 객실승무원

핵심 POINT **주류 등의 섭취 · 사용 등의 죄(항공안전법 제146조)**

- 주류 등의 영향으로 항공업무 또는 객실승무원의 업무를 정상적으로 수행할 수 없는 상태에서 그 업무에 종사한 항공종사자 또는 객실승무원
- 주류 등을 섭취하거나 사용한 항공종사자 또는 객실승무원
- 국토교통부장관의 측정에 따르지 아니한 항공종사자 또는 객실승무원

4.15.7 무자격자의 항공업무 종사 등의 죄

[항공안전법 제148조(무자격자의 항공업무 종사 등의 죄)]

제148조(무자격자의 항공업무 종사 등의 죄) 다음 각 호의 어느 하나에 해당하는 사람은 2년 이하의 징역 또는 2천만 원 이하의 벌금에 처한다. 〈개정 2017. 1. 17., 2021. 5. 18., 2022. 1. 18.〉

1. 제34조를 위반하여 자격증명을 받지 아니하고 항공업무에 종사한 사람
2. 제36조 제2항을 위반하여 그가 받은 자격증명의 종류에 따른 업무범위 외의 업무에 종사한 사람

2의 2. 제39조의 3을 위반한 사람으로서 다음 각 목의 어느 하나에 해당하는 사람

가. 다른 사람에게 자기의 성명을 사용하여 항공업무를 수행하게 하거나 항공종사자 자격증명서를 빌려준 사람

나. 다른 사람의 성명을 사용하여 항공업무를 수행하거나 다른 사람의 항공종사자 자격증명서를 빌린 사람

다. 가목 및 나목의 행위를 알선한 사람

3. 제43조 또는 제47조의 2에 따른 효력정지명령을 위반한 사람

4. 제45조를 위반하여 항공영어구술능력증명을 받지 아니하고 같은 조 제1항 각 호의 어느 하나에 해당하는 업무에 종사한 사람

[항공안전법 제148조의 2(국가 항공안전프로그램에 관한 죄)]

제148조의 2(국가 항공안전프로그램에 관한 죄) 제58조 제6항을 위반하여 분석결과를 이유로 관련된 사람에 대하여 불이익 조치를 한 자는 2년 이하의 징역 또는 2천만원 이하의 벌금에 처한다.
[본조신설 2022. 6. 10.]
[종전 제148조의 2는 제148조의 3으로 이동 〈2022. 6. 10.〉]

[항공안전법 제148조의 3(항공안전 의무보고에 관한 죄)]

제148조의 3(항공안전 의무보고에 관한 죄) 제59조 제3항을 위반하여 항공안전 의무보고를 한 사람에 대하여 불이익조치를 한 자는 2년 이하의 징역 또는 2천만원 이하의 벌금에 처한다. 〈2022. 6. 10.〉

[항공안전법 제148조의 4(항공안전 자율보고에 관한 죄)]

제148조의 4(항공안전 자율보고에 관한 죄) 제61조 제3항을 위반하여 항공안전 자율보고를 한 사람에 대하여 불이익 조치를 한 자는 2년 이하의 징역 또는 2천만원 이하의 벌금에 처한다.
[본조신설 2022. 6. 10.]

4.15.8 항공기 내 흡연의 죄

[제153조의 2(항공기 내 흡연의 죄)]

제153조의 2(항공기 내 흡연의 죄) ① 운항 중인 항공기 내에서 제57조의 2를 위반한 자는 1천만원 이하의 벌금에 처한다.
② 주기 중인 항공기 내에서 제57조의 2를 위반한 자는 500만원 이하의 벌금에 처한다.
[본조신설 2020. 12. 8.]
[시행일 : 2021. 6. 9.]

4.15.9 수직분리축소공역 등에서 승인 없이 운항한 죄

[항공안전법 제155조(수직분리축소공역 등에서 승인 없이 운항한 죄)]

제155조(수직분리축소공역 등에서 승인 없이 운항한 죄) 제75조를 위반하여 국토교통부장관의 승인을 받지 아니하고 같은 조 제1항 각 호의 어느 하나에 해당하는 공역에서 항공기를 운항한 소유자등은

1천만원 이하의 벌금에 처한다.

핵심 POINT 수직분리축소공역 등에서 승인 없이 운항한 죄(항공안전법 제155조)

국토교통부장관의 승인을 받지 아니하고 해당하는 공역에서 항공기를 운항한 소유자 등

4.15.10 항공운송사업자 등의 업무 등에 관한 죄

[항공안전법 제156조(항공운송사업자 등의 업무 등에 관한 죄)]

제156조(항공운송사업자 등의 업무 등에 관한 죄) 항공운송사업자 또는 항공기사용사업자가 다음 각 호의 어느 하나에 해당하는 경우에는 1천만원 이하의 벌금에 처한다. 〈개정 2020. 6. 9.〉

1. 제74조를 위반하여 승인을 받지 아니하고 비행기를 운항한 경우
2. 제93조 제7항 후단(제96조 제2항에서 준용하는 경우를 포함한다)을 위반하여 운항규정 또는 정비규정을 준수하지 아니하고 항공기를 운항하거나 정비한 경우
3. 제94조(제96조 제2항에서 준용하는 경우를 포함한다)에 따른 항공운송의 안전을 위한 명령을 이행하지 아니한 경우

핵심 POINT 항공운송사업자 등의 업무 등에 관한 죄(항공안전법 제156조)

- EDTO 승인을 받지 아니하고 비행기를 운항한 경우
- 운항규정 또는 정비규정을 준수하지 아니하고 항공기를 운항하거나 정비한 경우
- 항공운송의 안전을 위한 명령을 이행하지 아니한 경우

4.15.11 기장 등의 보고의무 등의 위반에 관한 죄

[항공안전법 제158조(기장 등의 보고의무 등의 위반에 관한 죄)]

제158조(기장 등의 보고의무 등의 위반에 관한 죄) 다음 각 호의 어느 하나에 해당하는 자는 500만원 이하의 벌금에 처한다. 〈개정 2019. 8. 27.〉

1. 제62조 제5항 또는 제6항을 위반하여 항공기사고 · 항공기준사고 또는 의무보고 대상 항공안전장애에 관한 보고를 하지 아니하거나 거짓으로 한 자
2. 제65조 제2항에 따른 승인을 받지 아니하고 항공기를 출발시키거나 비행계획을 변경한 자

[항공안전법 제163조의 2(비밀유지 위반의 죄)]

제163조의 2(비밀유지 위반의 죄) 제136조의 2를 위반하여 업무를 수행하는 과정에서 알게 된 비밀을 누설하거나 이를 직무상 목적 외에 사용한 자는 3년 이하의 징역 또는 3천만원 이하의 벌금에 처한다. [본조신설 2022. 1. 18.]

AVIATION LAW

chapter 05 항공기기술기준

Korean Airworthiness Standards

section 5.1 | 총칙
section 5.2 | 인증절차
section 5.3 | 수송류 비행기

항공정비 현장에서 필요한 항공법령 키워드

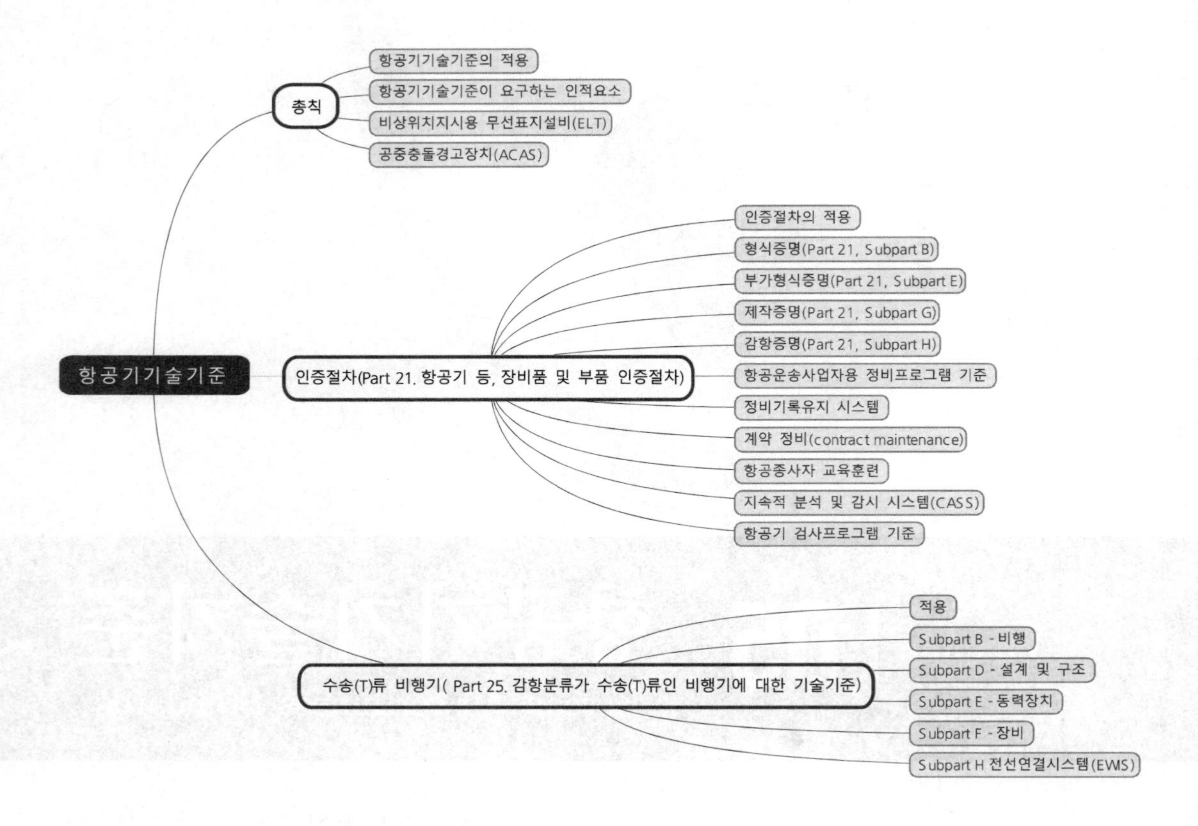

5.1 | 총칙(General)

5.1.1 항공기기술기준의 적용

이 기준은 「항공안전법」 제19조에 따라 항공기(장비품 등을 포함한다. 이하 같다)의 항행의 안전을 확보하기 위한 기술상의 기준을 규정한다. 국토교통부장관은 항공기가 이 기준에 적합하지 아니한 경우에는 항공기의 운용을 제한할 수 있다. 이 기준에서 정하지 않은 재료 · 부품 등의 기준은 한국산업규격(KS), 미국 군사규격(MIL), 미국 항공우주규격(NAS), 미국 기술표준품표준서(TSO), 기타 국제적으로 공인된 규격기준을 준용한다.

본 장에서는 Part 1 총칙과 Part 21 항공기 등, 장비품 및 부품 인증절차와 그 부록에서 다루고 있는 정비프로그램의 주요 내용들과 개념 그리고 Part 25 감항분류가 수송(T)류인 비행기에 대한 기술기준 중에서 항공기 정비영역의 내용을 중심으로 살펴본다. 전체 항공기기술기준의 구성내용은 아래와 같다.

KAS Part 1 총칙
KAS Part 21 항공기 등, 장비품 및 부품 인증절차
KAS Part 22 활공기에 대한 기술기준
KAS Part 23 감항분류가 보통(N), 실용(U), 곡기(A), 커뮤터(C)류인 비행기에 대한 기술기준
KAS Part 25 감항분류가 수송(T)류인 비행기에 대한 기술기준
KAS Part 27 감항분류가 보통(N)인 회전익항공기에 대한 기술기준
KAS Part 29 감항분류가 수송(TA 또는 TB)인 회전익항공기에 대한 기술기준
KAS Part 30 비행선에 대한 기술기준
KAS Part 33 항공기 엔진에 대한 기술기준
KAS Part 34 항공기 엔진의 연료 · 배기가스 배출기준
KAS Part 35 프로펠러에 대한 기술기준
KAS Part 36 항공기 소음기준
KAS Part 45 Part 45 식별 표시
KAS Part VLA 감항분류가 경비행기(VLA)류인 비행기에 대한 기술기준
KAS Part VLR 감항분류가 경회전익항공기(VLR)류 회전익항공기에 대한 기술기준

이 고시는 「훈령 · 예규 등의 발령 및 관리에 관한 규정」에 따라 이 고시를 발령한 후의 법령이나 현실 여건의 변화 등을 검토하여야 하는 2021년 5월 31일까지 효력을 가진다.

5.1.2 용어 정의

아래의 용어는 별도로 명시된 사항이 있는 경우를 제외하고, 각 감항분류별 항공기 기술기준에 적용된다.

1. "항공기"(aircraft)라 함은 지표면의 공기반력이 아닌 공기력에 의해 대기 중에 떠오르는 모든 장치를 말한다.
2. "비행기"(aeroplane)라 함은 엔진으로 구동되는 공기보다 무거운 고정익 항공기로서 날개에 대한 공기의 반작용에 의하여 비행 중 양력을 얻는다.

> **핵심 POINT** 비행기(aeroplane)
>
> 엔진으로 구동되는 공기보다 무거운 고정익 항공기로서 날개에 대한 공기의 반작용에 의하여 비행 중 양력을 얻는다.

3. "회전익항공기"(rotorcraft)라 함은 하나 이상의 로터가 발생하는 양력에 주로 의지하여 비행하는 공기보다 무거운 항공기를 의미한다.
   헬리콥터(helicopter)라 함은 수평수직 운동에 있어서 주로 엔진으로 구동하는 로터에 의지하는 회전익항공기를 말한다.
4. "자이로다인"(gyrodyne)이라 함은 수직축으로 회전하는 1개 이상의 엔진으로 구동하는 회전익에서 양력을 얻고, 추진력은 프로펠러에서 얻는 공기보다 무거운 항공기를 말한다.
5. "자이로플레인"(gyroplane)이라 함은 시동 시에는 엔진 구동으로, 비행 시에는 공기력의 작용으로 회전하는 1개 이상의 회전익에서 양력을 얻고, 추진력은 프로펠러에서 얻는 회전익항공기를 말한다.
6. "활공기"(glider)라 함은 주로 엔진을 사용하지 않고 자유 비행을 하며 날개에 작용하는 공기력의 동적 반작용을 이용하여 비행이 유지되는 공기보다 무거운 항공기를 의미한다.
7. "비행선"(airship)이라 함은 엔진으로 구동하며 공기보다 가벼운 항공기로서 방향 조종이 가능한 것을 말한다.
8. "엔진"(engine)이란 항공기의 추진에 사용하거나 사용하고자 하는 장치를 말한다. 여기에는 엔진의 작동과 제어에 필요한 구성품(component) 및 장비(equipment)를 포함하지만, 프로펠러 및 로터는 제외한다.
9. "동력장치"(powerplant)란 엔진, 구동계통 구성품, 프로펠러, 보기장치(accessory), 보조부품(ancillary part), 그리고 항공기에 장착된 연료계통 및 오일계통 등으로 구성되는 하나의 시스템을 말한다. 다만, 헬리콥터의 로터는 포함하지 않는다.

핵심 POINT 엔진 vs. 동력장치

[엔진(engine)]
항공기의 추진에 사용하거나 사용하고자 하는 장치를 말하며, 엔진의 작동과 제어에 필요한 구성품 및 장비를 포함한다. 단, 프로펠러 및 로터는 제외한다.

[동력장치(powerplant)]
엔진, 구동계통 구성품, 프로펠러, 보기장치, 보조부품 그리고 항공기에 장착된 연료계통 및 오일계통 등으로 구성되는 하나의 시스템을 말한다.

10. "임계엔진"(critical engine)이란 어느 하나의 엔진이 고장난 경우 항공기의 성능 또는 조종특성에 가장 심각하게 영향을 미치는 엔진을 말한다.
11. "감항성이 있는"(airworthy)이란 항공기, 엔진, 프로펠러 또는 부품이 인가된 설계에 합치하고 안전한 운용 상태에 있음을 말한다.
12. "계속감항"(continuing airworthiness)이란 항공기, 엔진, 프로펠러 또는 부품이 운용되는 수명기간 동안 적용되는 감항성 요구조건을 충족하고, 안전한 운용상태를 유지하기 위하여 적용하는 일련의 과정을 말한다.

핵심 POINT 계속감항(continuing airworthiness)

항공기, 엔진, 프로펠러 또는 부품이 운용되는 수명기간 동안 적용되는 감항성 요구조건을 충족하고, 안전한 운용상태를 유지하기 위하여 적용하는 일련의 과정을 말한다.

13. "형상"(configuration)라 함은 항공기의 공기역학적 특성에 영향을 미치는 플랩, 스포일러, 착륙장치, 기타 움직이는 부분 위치의 각종 조합을 말한다.
14. "자동회전"(autorotation)이란 회전익항공기가 비행 중에 양력을 발생하는 로터가 엔진의 동력을 받지 않고 전적으로 공기의 작용에 의하여 구동되는 회전익항공기의 작동상태를 의미한다.
15. "하버링"(hovering)이라 함은 회전익항공기가 대기속도 영의 제자리 비행 상태를 말한다. 최종접근 및 이륙 지역[Final Approach and Take-Off area(FATO)]이라 함은 하버를 하기 위한 접근기동의 마지막 단계의 지역 또는 착륙이 완료되는 지역, 및 이륙이 시작되는 정해진 지역을 말한다. FATO는 Class A 회전익항공기에 사용되며, 이륙포기 가능 지역을 포함한다. 지상공진이라 함은 회전익항공기가 지면과 접촉된 상태에서 발생하는 역학적 불안정진동을 말한다.
16. "역학적불안정진동"이라 함은 회전익항공기가 지상 또는 공중에 있을 때 회전익과 기체구조부분의 상호작용으로 생기는 불안정한 공진상태를 말한다. 예상되는 운용 조건(anticipated operating

conditions)이라 함은 경험으로 알게 된 상태 또는 해당 항공기가 제작 당시 운항이 가능하도록 만들어진 운항 조건을 고려할 때 항공기의 수명기간 내에 일어날 수 있는 것으로 예견될 수 있는 조건으로 대기의 기상상태, 지형의 형태, 항공기의 작동, 종사자의 능력 및 비행안전에 영향을 미치는 모든 요소들을 고려한 조건을 말한다. 예상되는 운용 조건에는 다음과 같은 사항은 포함되지 않는다.

가. 운항절차에 따라서 효과적으로 피할 수 있는 극단 상황

나. 아주 드물게 발생하는 극단적인 상태로써 적합한 국제표준(ICAO 표준)이 충족되도록 요구하는 것이 경험상 필요하고 실질적인 것으로 입증된 수준보다 높은 수준의 감항성을 부여하게 될 정도의 극단적인 경우

17. "개별원인손상"(discrete source damage)이라 함은 조류충돌, 통제되지 않은 팬블레이드 · 엔진 및 고속회전 부품의 이탈 또는 이와 유사한 원인에 의한 비행기의 구조 손상을 말한다. 당해 감항성 요건(appropriate airworthiness requirements)이라 함은 (인증등의) 대상이 되는 항공기, 엔진, 또는 프로펠러 등급에 대하여 국토교통부장관이 제정, 채택 또는 인정한 포괄적이면서 구체적인 감항성 관련 규정을 말한다.

18. "승인된"(approved)이란 특정인이 규정되어 있지 않는 한 국토교통부장관에 의해 승인됨을 의미한다.

19. "인적요소원칙"(human factors principles)이라 함은 항공기 설계, 인증, 훈련, 운항 및 정비 분야에 대하여 적용되는 원칙이며 사람의 능력을 적절하게 고려하여 사람과 다른 시스템 구성요소들 간의 안전한 상호작용을 모색하는 원칙을 말한다.

핵심 POINT 인적요소원칙(human factors principles)

항공기 설계, 인증, 훈련, 운항 및 정비 분야에 대하여 적용되는 원칙이며 사람의 능력을 적절하게 고려하여 사람과 다른 시스템 구성요소들 간의 안전한 상호작용을 모색하는 원칙을 말한다.

20. "인적업무수행 능력"(human performance)이라 함은 항공분야 운용상의 안전과 효율에 영향을 주는 인적 업무수행능력 및 한계를 말한다.

21. "압력 고도"(pressure altitude)라 함은 어떤 대기압을 표준 대기압에 상응하는 고도로 표현한 값을 말한다.

22. "이륙 표면"(takeoff surface)이라 함은 특정 방향으로 이륙하는 항공기의 정상적인 지상활주 또는 수상활주가 가능한 것으로 지정된 비행장의 표면 부분을 말한다.

23. "착륙 표면"(landing surface)이라 함은 특정 방향으로 착륙하는 항공기의 정상적인 지상활주 또는 수상활주가 가능한 것으로 지정된 비행장의 표면 부분을 말한다.

24. "형식증명서"(type certificate)라 함은 당해 항공기의 형식 설계를 한정하고 이 형식설계가 당해

감항성 요건을 충족시킴을 증명하기 위하여 국토교통부장관이 발행한 서류를 말한다.

25. "설계이륙중량"(design takeoff weight)이라 함은 구조설계에 있어서 이륙 활주를 시작할 때 계획된 예상 최대항공기 중량을 말한다.
26. "설계착륙중량"(design landing weight)이라 함은 구조설계에 있어서 착륙할 때 계획된 예상 최대항공기 중량을 말한다.
27. "설계단위중량"(design unit weight)이라 함은 구조설계에 있어 사용하는 단위중량으로 활공기의 경우를 제외하고는 다음과 같다.
    가. 연료 0.72kg/L(6lb/gal) 다만, 가솔린 이외의 연료에 있어서는 그 연료에 상응하는 단위중량으로 한다.
    나. 윤활유 0.9kg/L(7.5lb/gal)
    다. 승무원 및 승객 77kg/인(170lb/인)

> **핵심 POINT** 설계단위중량(design unit weight)
>
> 구조설계에 있어 사용되는 단위중량으로 활공기의 경우를 제외하고 통상적으로 적용
>
> - 연료 0.72kg/L(6lb/gal)
> - 윤활유 0.9kg/L(7.5lb/gal)
> - 승무원 및 승객 77kg/인(170lb/인)

28. "무연료중량"(zero fuel weight)이라 함은 연료 및 윤활유를 전혀 적재하지 않은 항공기의 설계최대중량을 말한다.
29. "설계 지상활주 중량"(design taxiing weight)이라 함은 이륙출발 이전에 지상에서 항공기를 이용하는 동안 발생할 수 있는 하중을 감당할 수 있도록 구조적인 준비가 된 상태의 항공기 최대 중량을 말한다.
30. "지시대기속도"(indicated airspeed)라 함은 해면고도에서 표준 대기 단열 압축류를 보정하고 대기속도 계통의 오차는 보정하지 않은 피토 정압식 대기속도계가 지시하는 항공기의 속도를 말한다.
31. "교정대기속도"(calibrated airspeed)라 함은 항공기의 지시대기속도를 위치오차 및 계기오차로서 보정한 속도를 말한다. 수정대기속도는 해면고도에서 표준 대기 상태의 진대기속도와 동일하다.
32. "등가대기속도"(equivalent airspeed)라 함은 항공기의 교정대기속도를 특정 고도에서의 단열 압축류에 대하여 보정한 속도를 말한다. 등가대기속도는 해면고도에서 표준 대기상태의 교정대기속도와 동일하다.
33. "진대기속도"(true airspeed)라 함은 잔잔한 공기에 상대적인 항공기의 대기속도를 말한다. 진대기속도는 등가대기속도에 $(\rho_0/\rho)1/2$을 곱한 것과 같다.
34. "V_A"는 설계 기동 속도(design maneuvering speed)를 의미한다.

35. "V_B"는 최대 돌풍 강도에서의 설계 속도(design speed for maximum gust intensity)를 의미한다.
36. "V_{BS}"라 함은 활공기에 있어서 에어브레이크 또는 스포일러를 조각하는 최대속도를 말한다.
37. "V_C"는 설계 순항속도(design cruising speed)를 의미한다.
38. "V_D"는 설계 강하속도(design diving speed)를 의미한다.
39. "V_{DF}/M_{DF}"는 실증된 비행 강하속도(demonstrated flight diving speed)를 의미한다.
40. "V_{EF}"는 이륙중 임계엔진이 부작동되었 때를 가정했을 때의 속도를 의미한다.
41. "V_F"는 설계 플랩 속도(design flap speed)를 의미한다.
42. "V_H"는 최대 연속 출력에서의 최대 수평비행 속도를 의미한다.
43. "V_{FC}/M_{FC}"는 안정성 특성에 대한 최대 속도를 의미한다.
44. "V_{MO}/M_{MO}"는 최대 운용 제한속도를 의미한다.
45. "V_{LE}"는 최대 착륙장치 전개 속도를 의미한다.
46. "V_{LO}"는 최대 착륙장치 작동 속도를 의미한다.
47. "V_{LOF}"는 항공기가 양력을 받아 활주로 면에서 뜨는 속도(lift-off speed)를 의미한다.
48. "V_{MC}"는 임계엔진 부작동 시의 최소 조종 속도를 의미한다.
49. "V_{MU}"는 최소 이륙속도를 의미한다.
50. "V_{NE}"는 초과금지 속도를 의미한다.
51. "V_{NO}"는 최대 구조적 순항속도를 의미한다.
52. "V_R"은 회전속도를 의미한다.
53. "V_S"는 항공기가 조종 가능한 상태에서의 실속속도 또는 최소 정상 비행속도를 의미한다.
54. "V_{SF}"라 함은 설계착륙중량에 있어서 플랩을 한 칸 아래로 내렸을 경우 계산된 실속속도를 말한다.
55. "V_{SO}"라 함은 플랩을 착륙위치로 했을 경우의 실속속도(최소정상비행속도)를 말한다.
56. "V_{SI}"라 함은 정해진 형태에 있어서 실속속도(최소정상비행속도)를 말한다.
57. "V_T"라 함은 설계비행기 예항속도를 말한다.
58. "V_W"라 함은 설계윈치 예항속도(윈치 또는 자동차로 예항하는 속도)를 말한다.
59. "V_X"라 함은 최량 상승각에 대응하는 속도를 말한다.
60. "V_Y"라 함은 최량 상승율에 대응하는 속도를 말한다.
61. "V_1"이라 함은 이륙결정속도를 말한다.
62. "V_2"라 함은 안전이륙속도를 말한다.
63. "M"이라 함은 마하수(진대기속도의 음속에 대한 비)를 말한다.
64. "제한하중"(limited loads)이라 함은 예상되는 운용조건에서 일어날 수 있는 최대의 하중을 말한다.
65. "극한하중"(ultimate load)이라 함은 적절한 안전계수를 곱한 한계 하중을 말한다.
66. "안전계수"(factor of safety)라 함은 상용 운용상태에서 예상되는 하중보다 큰 하중이 발생할 가능성과 재료 및 설계상의 불확실성을 고려하여 사용하는 설계계수를 말한다.

> **핵심 POINT** 안전계수(factor of safety)
>
> 상용 운용상태에서 예상되는 하중보다 큰 하중이 발생할 가능성과 재료 및 설계상의 불확실성을 고려하여 사용하는 설계계수를 말한다.

67. "하중배수"(load factor)라 함은 공기역학적 힘, 관성력 또는 지상 반발력과 관련한 표현으로 항공기의 어떤 특정한 하중과 항공기 중량과의 비를 말한다.
68. "제한하중배수"라 함은 제한중량에 대응하는 하중배수를 말한다.
69. "극한하중배수"라 함은 극한하중에 대응하는 하중배수를 말한다.
70. "시험조작에 의한 세로 흔들림 운동"이라 함은 제한운동하중배수를 넘지 않는 범위 내에서 조종간이나 조종륜을 전방 또는 후방으로 급격히 조작하고 다음 반대방향으로 급격히 조작할 경우에 항공기의 세로 흔들림 운동을 말한다.
71. "설계주익면적"이라 함은 익현을 포함하는 면 위에 있어서 주익윤곽(올린 위치에 있는 플랩 및 보조익을 포함하는 필렛이나 훼어링은 제외한다)에 포함되는 면적을 말한다. 그 외형선은 낫셀 및 동체를 통하여 합리적 방법에 의하여 대칭면까지 연장하는 것으로 한다.
72. "미익균형하중"이라 함은 세로 흔들림 각 가속도가 영이 되도록 항공기를 균형잡는 데 필요한 미익하중을 말한다.
73. "결합부품"이라 함은 하나의 구조부재를 다른 부재에 결합하는 끝부분에 쓰이는 부품을 말한다.
74. "축출력"이라 함은 엔진의 프로펠러축에 공급하는 출력을 말한다.
75. "왕복엔진의 이륙출력"이라 함은 해면상 표준상태에서 이륙 시에 항상 사용 가능한 크랭크축 최대회전속도 및 최대흡기압력에서 얻어지는 축출력으로 연속사용이 엔진 규격서에 기재된 시간에 제한받는 것을 말한다.
76. "정격 30분 OEI 출력"(rated 30-minute OEI power)이라 함은 터빈 회전익항공기에 있어, 엔진이 Part 33의 규정에 따른 운용한계 내에 있을 때 지정된 고도 및 온도에서 정적 조건으로 결정되고 승인을 받은 제동마력을 말하는 것으로서 다발 회전익항공기의 한 개 엔진이 정지한 후에 30분 이내로 사용이 제한된다.
77. "정격 2-1/2분 OEI 출력"(rated 2 1/2-minute OEI power)이라 함은 터빈 회전익항공기에 있어서, 엔진이 Part 33의 규정에 따른 운용한계 내에 있을 때 지정된 고도 및 온도에서 정적 조건으로 결정되고 승인을 받은 제동마력을 말하는 것으로서 다발 회전익항공기의 한 개 엔진이 정지한 후에 2-1/2분 이내로 사용이 제한된다.
78. "임계고도"(critical altitude)라 함은 표준 대기상태에서의 규정된 일정한 회전 속도에서 규정된 출력 또는 규정된 다기관 압력을 유지할 수 있는 최대 고도를 말한다. 별도로 명시된 사항이 없는 한, 임계고도는 최대연속회전속도에서 다음 중 하나를 유지할 수 있는 최대 고도이다.
    가. 정격출력이 해면고도 및 정격고도에서와 동일하게 되는 엔진의 경우에는 연속최대출력

나. 일정한 다기관 압력에 의하여 연속최대출력이 조절되는 엔진의 경우에는 최대연속정격다기관 압력

79. "프로펠러"(propeller)라 함은 항공기에 장착된 엔진의 구동축에 장착되어 회전 시 회전면에 수직인 방향으로 공기의 반작용으로 추진력을 발생시키는 장치를 의미한다. 이것은 일반적으로 제작사가 제공한 조종 부품은 포함하나, 주로터 및 보조로터, 또는 엔진의 회전하는 에어포일(rotating airfoils of engines)은 포함하지 않는다.
80. "보충산소공급장치"(supplemental oxygen equipment)라 함은 기내산소압력이 부족한 고도에서 산소의 결핍방지에 필요한 보충산소를 공급할 수 있도록 설계한 장치를 말한다.
81. "호흡보호장치"(protective breathing equipment)라 함은 비상시에 항공기 내에 존재하는 유해가스의 흡입을 막을 수 있도록 설계한 장치를 말한다.
82. "기체"(airframe)라 함은 동체, 붐, 나셀, 카울링, 페어링, 에어포일 면(로터를 포함하며 프로펠러와 엔진의 회전하는 에어포일은 제외함) 및 항공기의 착륙장치와 그 보기류 및 조종 장치를 의미한다.
83. "공항"(airport)이라 함은 항공기의 이착륙에 사용되거나 사용코자 하는, 해당되는 경우 건물과 시설 등을 포함하는 육지 또는 수면 영역을 의미한다.
84. "고도 엔진"(altitude engine)는 해면고도에서부터 지정된 고고도까지 일정한 정격이륙출력을 발생하는 항공기용 왕복엔진을 말한다.
85. "기구"(balloon)란 엔진에 의해 구동되지 않고 가스의 부양력 또는 탑재된 가열기의 사용을 통하여 비행을 유지하는 공기보다 가벼운 항공기를 의미한다.
86. "제동마력"(brake horsepower)이라 함은 항공기 엔진의 프로펠러 축(주 구동축 또는 주 출력축)에서 전달되는 출력을 말한다.
87. "카테고리 A"(category A)라 함은 감항분류가 수송인 회전익항공기의 경우에 있어, Part 29의 규정에 따라 엔진과 시스템이 분리되도록 설계된 다발 회전익항공기로서, 엔진이 부작동하는 경우에 있어서도 지정된 적절한 지면과 안전하게 비행을 계속할 수 있는 적절한 성능을 보장하여야 한다는 임계엔진 부작동 개념 하에 계획된 이착륙을 할 수 있는 다발 회전익항공기를 말한다.
88. "카테고리 B"(category B)라 함은 감항분류가 수송인 회전익항공기의 경우에 있어, 카테고리 A의 모든 기준을 충분히 충족하지 못하는 단발 또는 다발 회전익항공기를 말한다. 카테고리 B 회전익항공기는 엔진이 정지하는 경우의 체공능력을 보증하지 못하며 이에 따라 계획되지 않은 착륙을 할 수도 있다.
89. "민간용 항공기"(civil aircraft)란 군 · 경찰 · 세관용 항공기를 제외한 항공기를 의미한다.
90. "승무원"(crewmember)이란 비행 중 항공기 내에서 임무를 수행토록 지정된 자를 의미한다.
91. "기외하중물"(external loads)이라 함은 항공기 기내가 아닌 동체의 외부에 적재하여 운송하는 하중물을 말한다.
92. "기외하중물 장착수단"(external-load attaching means)이라 함은 기외하중물 적재함, 장착

지점의 보조 구조물 및 기외하중물을 투하할 수 있는 긴급장탈 장치를 포함하여 항공기에 기외하중물을 부착하기 위하여 사용하는 구조적 구성품을 말한다.

93. "최종이륙속도"(final takeoff speed)라 함은 한 개 엔진이 부작동하는 상태에서 이륙 경로의 마지막 단계에서 순항 자세가 될 때의 비행기 속도를 말한다.

94. "불연성"(fireproof)이라 함은

가. 지정방화구역 내에 화재를 가두기 위하여 사용하는 자재 및 부품의 경우에 있어서, 사용되는 목적에 따라 최소 강철과 같은 정도의 수준으로 화재로 인한 열을 견딜 수 있는 성질로서 해당 구역에 생긴 큰 화재가 상당 기간 지속되어도 이로 인하여 발생하는 열을 견딜 수 있어야 한다.

나. 기타 자재 및 부품의 경우에 있어서, 사용되는 목적에 따라 최소 강철과 같은 정도의 수준으로 화재로 인한 열을 견딜 수 있는 성질을 말한다.

95. "내화성"(fire resistant)이라 함은

가. 강판 또는 구조부재의 경우에 있어서 사용되는 목적에 따라 최소한 알루미늄 합금 정도의 수준으로 화재로 인한 열을 견딜 수 있는 성질을 말한다.

나. 유체를 전달하는 관, 유체시스템의 부품, 배선, 공기관, 피팅 및 동력장치 조절장치에 있어서, 설치된 장소의 화재로 인하여 있을 수 있는 열 및 기타 조건 하에서 의도한 성능을 발휘할 수 있는 성질을 말한다.

96. "내염성"(flame resistant)이란 점화원이 제거된 이후 안전 한계를 초과하는 범위까지 화염이 진행되지 않는 연소 성질을 의미한다.

97. "가연성"(flammable)이란 유체 또는 가스의 경우 쉽게 점화되거나 또는 폭발하기 쉬운 성질을 의미한다.

98. "플랩 내린 속도"(flap extended speed)란 날개의 플랩을 규정된 펼침 위치로 유지할 수 있는 최대 속도를 의미한다.

99. "내연성"(flash resistant)이란 점화되었을 때 맹렬하게 연소되지 않는 성질을 의미한다.

100. "운항승무원"(flightcrew member)이란 비행 시간 중 항공기에서 임무를 부여받은 조종사, 운항 엔지니어 또는 운항 항법사를 의미한다.

101. "비행고도"(flight level)란 수은주 압력 기준 29.92inHg와 관련된 일정한 대기 압력고도를 의미한다. 이는 세 자릿수로 표시하는데 첫 자리는 100ft를 의미한다. 예를 들면 비행고도 250은 기압고도 25,000ft를 나타내며 비행고도 255는 기압고도 25,500ft를 나타낸다.

102. "비행시간"(flight time)은 다음을 의미한다.

가. 항공기가 비행을 목적으로 자체 출력에 의해 움직이기 시작한 때를 시작으로 하고 착륙 후 항공기가 멈춘 때까지의 조종 시간.

나. 자체 착륙능력이 없는 활공기의 경우, 활공기가 비행을 목적으로 견인된 때를 시작으로 착륙 후 활공기가 멈춘 때까지의 조종 시간.

핵심 POINT 비행시간(flight time)

1. 항공기가 비행을 목적으로 자체 출력에 의해 움직이기 시작한 때를 시작으로 착륙 후 항공기가 멈춘 때까지의 조종 시간
2. 자체 착륙능력이 없는 활공기의 경우, 활공기가 비행을 목적으로 견인된 때를 시작으로 착륙 후 활공기가 멈춘 때까지의 조종 시간

103. "전방날개"(forward wing)란 카나드 형태(canard configuration) 또는 직렬형 날개(tandem-wing) 형태 비행기의 앞쪽의 양력 면을 의미함. 날개는 고정식, 움직일 수 있는 방식 또는 가변식 형상이거나 조종면의 유무와는 무관하다.
104. "고-어라운드 출력 또는 추력 설정치"(go-around power or thrust setting)란 성능 자료에 정의된 최대 허용 비행 출력 또는 추력 설정치를 의미한다.
105. "헬리포트"(heliport)란 헬리콥터의 이착륙에 사용되거나 사용코자하는 육상, 수상 또는 건물 지역을 의미한다.
106. "공회전 추력"(idle thrust)이란 엔진 출력조절장치를 최소 추력 위치에 두었을 때 얻어지는 제트 추력을 의미한다.
107. "계기비행 규칙 조건"(IFR conditions)이란 시계비행 규칙에 따른 비행의 최소 조건 이하의 기상 조건을 의미한다.
108. "계기"(instrument)라 함은 항공기 또는 항공기 부품의 자세, 고도, 작동을 시각적 또는 음성적으로 나타내기 위한 내부의 메카니즘을 사용하는 장치를 말한다. 비행 중 항공기를 자동 조종하기 위한 전기 장치를 포함한다.
109. "착륙장치 내림속도"(landing gear extended speed)란 항공기가 착륙장치를 펼친 상태로 안전하게 비행할 수 있는 최대 속도를 의미한다.
110. "착륙장치 작동속도"(landing gear operating speed)란 착륙장치를 안전하게 펼치거나 접을 수 있는 최대 속도를 의미한다.
111. "대형항공기"(large aircraft)라 함은 최대인가 이륙중량이 5,700kg(12,500 lbs)를 초과하는 항공기를 말한다.

핵심 POINT 대형항공기(large aircraft)

최대인가 이륙중량 5,700kg(12,500 lbs)을 초과하는 항공기를 말한다.

112. "공기보다 가벼운 항공기"(lighter-than-air aircraft)란 공기보다 가벼운 기체를 채움으로써 상승 유지가 가능한 항공기를 의미한다.

113. "공기보다 무거운 항공기"(heavier-than-air aircraft)란 공기 역학적인 힘으로부터 양력을 주로 얻는 항공기를 의미한다.
114. "하중배수"(load factor)란 항공기의 전체 무게에 대한 특정 하중의 비를 의미한다. 특정 하중은 다음과 같다. 공기 역학적 힘, 관성력 또는 지상 또는 수상 반력
115. "마하수"(mach number)라 함은 음속 대 진대기속도와의 비율을 의미한다.
116. "주 로터"(main rotor)라 함은 회전익기의 주 양력을 발생시키는 로터를 의미한다.
117. "정비"(maintenance)라 함은 항공기의 지속감항성 확보를 위해 수행되는 검사, 분해검사, 수리, 보호, 부품의 교환 및 결함의 수정을 의미하며, 조종사가 수행할 수 있는 비행 전 점검 및 예방 정비는 포함하지 않는다.

> 핵심 POINT **정비(maintenance)**
>
> 항공기의 지속감항성 확보를 위해 수행되는 검사, 분해검사, 수리, 보호, 부품의 교환 및 결함의 수정을 의미하며, 조종사가 수행할 수 있는 비행 전 점검 및 예방 정비는 포함하지 않는다.

118. "수리"(repair)라 함은 항공제품을 감항성 요구 조건에서 정의된 감항조건으로 복구하는 것을 말한다.

> 핵심 POINT **수리(repair)**
>
> 항공제품을 감항성 요구 조건에서 정의된 감항조건으로 복구하는 것을 말한다.

119. "대개조"(major alteration)라 함은 항공기, 항공기용 엔진 또는 프로펠러에 대해서 다음에 열거된 영향을 미치지 않는 개조를 의미한다.
  가. 중량, 평형, 구조적 강도, 성능, 동력장치의 작동, 비행특성 또는 기타 감항성에 영향을 미치는 특성 등에 상당한 영향을 미침.
  나. 일반적인 관례에 따라 수행될 수 없거나, 기본적인 운용에 의하여 수행될 수 없음.
120. "대검사 프로그램"(major repair)이라 함은 다음과 같은 검사 프로그램을 의미한다.
  가. 부적당하게 수행될 경우, 중량, 평형, 구조적 강도, 성능, 동력장치의 작동, 비행특성 또는 기타 감항성에 영향을 미치는 특성 등에 상당한 영향을 미침
  나. 일반적인 관례에 따라 수행될 수 없거나, 기본적인 운용에 의하여 수행될 수 없음.
121. "흡기관 압력"(manifold pressure)이라 함은 흡기계통의 적절한 위치에서 측정되는 절대 압력으로서 대개 수은주 inch로 표시한다.
122. "안정성 최대속도"(maximum speed for stability characteristics), V_{FC}/M_{FC}라 함은 최대운항제한속도(V_{MO}/M_{MO})와 실증된 비행강하속도(V_{DF}/M_{DF})의 중간 속도보다 작지 않은 속도를 말한다.

마하수가 제한배수인 고도에 있어서 효율적인 속도 경보가 발생하는 마하수를 초과할 필요가 없는 M_{FC}는 예외이다.

123. “최소 하강 고도”(minimum descent altitude)라 함은 계기접근 장치가 작동하지 않는 상태에서 표준 접근 절차를 위한 선회기동 중 또는 최종 접근이 인가된 하강 시 피트단위의 해발고도로 표현되는 가장 낮은 고도를 의미한다.
124. “경미한 개조”(minor alteration)라 함은 대개조가 아닌 개조를 의미한다.
125. “경미한 검사 프로그램”(minor repair)라 함은 대검사 프로그램이 아닌 검사 프로그램을 의미한다.
126. “낙하산”(parachute)이라 함은 공기를 통해서 물체의 낙하 속도를 감소시키는 데 사용되는 장치를 의미한다.
127. “피치세팅”(pitch setting)이라 함은 프로펠러 교범에서 규정된 방법에 따라 일정한 반경에서 측정된 블레이드 각에 의하여 결정된 바에 따라 프로펠러 블레이드를 세팅하는 것을 말한다.
128. “수직추력 이착륙기”(powered-lift)라 함은 공기보다 무거운 항공기로서 수직 이착륙이 가능하고 저속비행 시에는 비행시간 동안 양력을 주로 엔진구동 양력장치 또는 엔진 추력에 의존하고 수평비행 시 양력을 회전하는 에어포일이 아닌(nonrotating airfoil, 회전익항공기) 장치에 의존하여 비행이 가능한 항공기를 의미한다.
129. “예방정비”(preventive maintenance)라 함은 복잡한 조립을 필요로 하지 않는 소형 표준 부품의 교환과 단순 또는 경미한 예방 작업을 의미한다.

핵심 POINT 예방정비(preventive maintenance)

복잡한 조립을 필요로 하지 않는 소형 표준 부품의 교환과 단순 또는 경미한 예방 작업을 의미한다.

130. “정격 30초 OEI 출력”(rated 30-second OEI power)이라 함은 터빈 회전익항공기에 있어, 다발 회전익항공기의 한 개 엔진이 정지한 후에도 한 번의 비행을 계속하기 위하여 Part 33의 적용을 받은 엔진의 운용한계 내에 있는 특정고도 및 온도의 정적 조건에서 결정되고 승인을 받은 제동마력을 말한다. 어느 한 비행에서 매번 30초 내에 3주기까지의 사용으로 제한되며 이후에는 반드시 검사를 하고 규정된 정비조치를 하여야 한다.
131. “정격 2분 OEI 출력”(rated 2-minute OEI power)이라 함은 터빈 회전익항공기에 있어, 다발 회전익항공기의 한 개 엔진이 정지한 후에도 한 번의 비행을 계속하기 위하여 Part 33의 적용을 받은 엔진의 운용한계 내에 있는 특정고도 및 온도의 정적 조건에서 결정되고 승인을 받은 제동마력을 말한다. 어느 한 비행에서 매번 2분 내에 3주기까지의 사용으로 제한되며 이후에는 반드시 검사를 하고 규정된 정비조치를 하여야 한다.
132. “정격 연속 OEI 출력”(rated continuous OEI power)이라 함은 터빈 회전익항공기에 있어, Part 33의 적용을 받은 엔진의 운용한계 내에 있는 특정고도 및 온도의 정적 조건에서 결정되고 승인을

받은 제동마력을 말하는 것으로 다발 회전익항공기의 한 개 엔진이 정지한 후에도 비행을 완료하기 위하여 필요한 시간까지로 사용이 제한된다.

133. "정격최대연속증가추력"(rated maximum continuous augmented thrust)이라 함은 터보제트 엔진의 형식증명에 있어, 지정된 고도의 표준 대기조건에서 Part 33에 따라 규정된 엔진 운용한계 내에서 분리된 연소실에서 유체가 분사되고 있거나 또는 연료가 연소하고 있는 상태의 정적 조건 또는 비행 조건하에서 결정되고 승인을 받은 제트 추력을 말하는 것으로 사용 상 제한주기가 없는 것으로 승인을 받는다.
134. "정격최대연속출력"(rated maximum continuous power)이라 함은 왕복엔진, 터보프롭엔진 및 터보샤프트 엔진에 있어, 지정된 고도의 표준 대기조건에서 Part 33에 따라 규정된 엔진 운용한계 내에서 정적 조건 또는 비행 조건하에서 결정되고 승인을 받은 제동마력을 말하는 것으로 사용 상 제한주기가 없는 것으로 승인을 받는다.
135. "정격최대연속추력"(rated maximum continuous thrust)이라 함은 터보제트 엔진의 형식증명에 있어, 지정된 고도의 표준 대기조건에서 Part 33에 따라 규정된 엔진 운용한계 내에서 분리된 연소실에서 유체 분사나 연료 연소가 없는 상태의 정적 조건 또는 비행 조건하에서 결정되고 승인을 받은 제트 추력을 말하는 것으로 사용 상 제한주기가 없는 것으로 승인을 받는다.
136. "정격이륙증가추력"(rated takeoff augmented thrust)이라 함은 터보제트 엔진의 형식증명에 있어서, 표준 해면고도 조건에서 Part 33에 따라 규정된 엔진 운용한계 내에서 분리된 연소실에서 유체가 분사되고 있거나 또는 연료가 연소하고 있는 상태의 정적 조건 하에서 결정되고 승인을 받은 제트 추력을 말하는 것으로 이륙 운항 시 5분 이내의 주기로 사용이 제한된다.
137. "정격이륙출력"(rated takeoff power)이라 함은 왕복엔진, 터보프롭 엔진 및 터보샤프트 엔진의 형식증명에 있어, 표준 해면고도 조건에서 Part 33에 따라 규정된 엔진 운용한계 내에서 정적 조건 하에서 결정되고 승인을 받은 제동마력을 말하는 것으로 이륙 운항 시 5분 이내의 주기로 사용이 제한된다.
138. "정격이륙추력"(rated takeoff thrust)이라 함은 터보제트 엔진의 형식증명에 있어, 표준 해면고도 조건에서 Part 33에 따라 규정된 엔진 운용한계 내에서 분리된 연소실에서 유체 분사나 연료 연소가 없는 상태의 정적 조건 하에서 결정되고 승인을 받은 제트 추력을 말하는 것으로 이륙 운항 시 5분 이내의 주기로 사용이 제한된다.
139. "기준착륙속도"(reference landing speed)라 함은 50ft 높이의 지점에서 규정된 착륙자세로 강하하는 비행기 속도를 말하는 것으로서 착륙거리의 결정에 관한 속도이다.
140. "회전익항공기-하중물 조합"(rotorcraft-load combination)이라 함은 회전익항공기와 기외하중물 장착장치를 포함한 기외하중물의 조합을 말한다. 회전익항공기-하중물 조합은 Class A, Class B, Class C 및 Class D로 구분한다.

가. Class A 회전익항공기-하중물 조합은 기외 하중물을 자유롭게 움직일 수 없으며 투하할 수도

없고 착륙장치 밑으로 펼쳐 내릴 수도 없는 것을 말한다.

나. Class B 회전익항공기-하중물 조합은 기외 하중물을 떼어내 버릴 수 있으며 회전익항공기의 운항 중에 육상이나 수상에서 자유롭게 떠오를 수 있는 것을 말한다.

다. Class C 회전익항공기-하중물 조합은 기외 하중물을 떼어내 버릴 수 있으며 회전익항공기 운항 중에 육상이나 수상과 접촉된 상태를 유지할 수 있는 것을 말한다.

라. Class D 회전익항공기-하중물 조합은 기외 화물이 Class A, B 또는 C 이외의 경우로서 국토교통부장관으로부터 특별히 운항 승인을 받아야 하는 것을 말한다.

141. "만족스러운 증거"(satisfactory evidence)이라 함은 감항성 요구조건에 합치함을 보여 주기에 충분하다고 감항당국이 인정하는 문서 또는 행위를 말한다.

142. "해면고도 엔진"(sea level engine)이라 함은 해면고도에서만 정해진 정격이륙출력을 낼 수 있는 왕복엔진을 말한다.

143. "소형 항공기"(small aircraft)라 함은 최대 인가 이륙중량이 5,700kg(12,500 lbs) 이하인 항공기를 말한다.

144. "이륙 출력"(takeoff power)

가. 왕복엔진에 있어서, 표준해면고도 조건 및 정상 이륙의 경우로 승인을 받은 크랭크샤프트 회전속도와 엔진 다기관 압력이 최대인 조건 하에서 결정된 제동마력을 말한다. 승인을 받은 엔진 사양에서 명시된 시간까지 계속 사용하는 것으로 제한된다.

나. 터빈엔진에 있어서, 지정된 고도와 대기 온도에서의 정적 조건 및 정상 이륙의 경우로 승인을 받은 로터 축 회전속도와 가스 온도가 최대인 상태 하에서 결정된 제동마력을 말한다. 승인을 받은 엔진 사양에서 명시된 시간까지 계속 사용하는 것으로 제한된다.

145. "안전이륙속도"(takeoff safety speed)라 함은 항공기가 부양한 후에 한 개 엔진 부작동 시 요구되는 상승 성능을 얻을 수 있는 기준대기속도를 말한다.

146. "안전이륙속도"(takeoff safety speed)라 함은 항공기 이륙 부양 후에 얻어지는 기준 대기속도(referenced airspeed)로써 이때에 요구되는 한 개 엔진 부작동 상승 성능이 얻어 질 수 있다.

147. "이륙추력"(takeoff thrust)이라 함은 터빈엔진에 있어서, 지정된 고도와 대기 온도에서의 정적 조건 및 정상 이륙의 경우로 승인을 받은 로터 축 회전속도와 가스 온도가 최대인 조건 하에서 결정된 제트 추력을 말한다. 승인을 받은 엔진 사양에서 명시된 시간까지 연속 사용이 제한된다.

148. "탠덤 날개 형상"(tandem wing configuration)이라 함은 앞뒤 일렬로 장착된, 유사한 스팬(span)을 가지는 2개의 날개 형상을 의미한다.

149. "윙렛 또는 팁핀"(winglet or tip fin)은 양력 면으로부터 연장된 바깥쪽 면을 말하며 이 면은 조종면을 가지거나 가지지 않을 수 있다.

5.1.3 항공기기술기준이 요구하는 인적요소

항공기기술기준은 2007년 12월 13일 이후에 형식증명이 신청된 항공기에 적용되는 일반 기준으로서, 항공기에 대한 정해진 성능을 정할 때에는 인적능력에 대하여 고려하여야 한다. 특히, 운항승무원으로 하여금 예외적인 기량이나 주의를 요하는 것이 없어야 한다. 항공기는 승무원, 승객, 견인 · 정비 · 급유 등 지상 조업자 및 정비사의 능력 내에서 안전하게 운용될 수 있도록 인적요소를 고려하여 설계되어야 한다. 항공기, 계기 및 장비품은 인적요소훈련지침서 ICAO DOC 9683 및 ICAO DOC 9758에 따라 인적요소원칙을 고려하여 설계하여야 한다. 다음의 인간공학적 요소들을 고려하여 설계하여야 한다.

(1) 부주의한 오작동을 방지하고, 사용이 편리하여야 한다.
(2) 접근성의 용이하여야 한다.
(3) 작업환경을 고려하여야 한다.
(4) 표준화 및 공용화되어야 한다.
(5) 정비가 용이하여야 한다.

5.1.4 비상위치지시용 무선표지설비(ELT)

「항공안전법 시행규칙」 제107조 제1항 제8호에서 정한 비상위치지시용 무선표지설비(ELT)의 기술기준은 부록 A에서 정한다.

5.1.5 공중충돌경고장치(ACAS)

「항공안전법 시행규칙」 제109조 제1항 제1호에서 규정한 국제민간항공협약 부속서 10에 의한 공중충돌경고장치(ACAS)의 기술기준은 부록 B에서 정한다.

5.2 | 인증절차(Part 21. 항공기 등, 장비품 및 부품 인증절차)

5.2.1 인증절차의 적용

이 규정은 「항공안전법」 제20조 내지 제28조까지 및 제30조에 의한 항공기, 엔진, 프로펠러 및 부품의 감항성 인증에 대한 다음 내용의 세부 절차를 규정한다.

형식증명서의 교부 및 교부된 형식증명서에 대한 변경, 제작증명서의 교부 시 적용되는 절차적 요건과 증명서소지자가 준수하여야 하는 사항 및 자재, 부품, 공정 및 장치품의 승인 시에 적용되는 절차적 요건을 규정한다.

핵심 POINT 인증절차의 적용

- 항공기, 엔진, 프로펠러 및 부품의 형식증명에 대한 세부 절차를 규정
- 항공기기술기준은 2007년 12월 13일 이후에 형식증명이 신청된 항공기에 적용되는 일반 기준

[Subpart A 일반]

- 형식증명서의 교부 및 교부된 형식증명서에 대한 변경, 제작증명서의 교부 시에 적용되는 절차적 요건
- 증명서 소지자가 준수하여야 하는 사항
- 자재, 부품, 공정 및 장치품의 승인 시에 적용되는 절차적 요건

형식증명(부가형식증명을 포함한다), 부품등제작자증명(PMA) 또는 기술표준품형식승인(KTSOA)을 소지한 자 또는 그 면허를 소지한 자는 품질시스템 관리범위를 벗어난 결함으로 인하여 다음에서 규정한 사항을 초래할 것으로 판단되는 경우 이를 국토교통부장관에게 보고하여야 한다.

핵심 POINT 고장, 기능불량 또는 결함 사항에 대한 보고

형식증명, 부품등제작자증명, 기술표준품형식승인 또는 그 면허 소지자는 고장, 기능불량 또는 결함 사항 발생 시 보고의무가 있다.

[보고의무가 따르는 사항]

- 시스템 또는 장비의 고장, 기능불량 또는 결함으로 인한 화재 발생 시
- 엔진 및 엔진과 인접한 항공기 구조물, 장비, 구성품에 손상을 가하는 엔진의 배기계통의 고장, 기능불량 또는 결함 발생 시
- 승무원실이나 객실에 유독성 기체가 축적 또는 누출 시
- 프로펠러 제어계통에 고장, 기능불량 또는 결함 발생 시
- 프로펠러, 회전익항공기 축 또는 블레이드에 구조적 결함 발생 시
- 일반적으로 점화원이 존재하는 곳으로 가연성의 유체가 누설 시
- 운용 중 구조 또는 재료 문제로 인하여 브레이크 계통에 고장이 발생 시
- 피로, 부식 등 자체 원인으로 인해 주요 항공기 구조물에 결함 또는 고장이 발생 시
- 구조 또는 시스템의 고장, 기능불량 또는 결함으로 인해 비정상적인 진동이나 노킹현상이 발생 시
- 엔진 고장 시
- 항공기의 정상적인 제어에 방해를 주어 운항품질을 저해시키는 구조적 결함 또는 항공제어시스템의 고장, 기능불량 또는 결함 발생 시
- 항공기 운용 시 발전계통이나 유압계통을 한 개 이상 완전히 상실할 때
- 운용 중 한 개 이상의 자세계, 속도계 또는 고도계에 고장, 기능불량 또는 결함이 발생한 경우

5.2.2 형식증명(Part 21, Subpart B)

이 규정은 「항공안전법」 제20조 및 같은 법 시행규칙 제18조 내지 제25조에 다음의 세부사항에 대하여 규정한다. 항공기, 항공기엔진 및 프로펠러 형식증명의 교부에 관한 절차적 요건 및 형식증명소지자에게 적용되는 규칙을 포함한다.

국토교통부장관이 규정한 서식과 방법에 따라 형식증명 신청서류를 국토교통부장관에게 제출하여야 한다. 항공기 형식증명 신청 시 해당 항공기 3면도와 가용한 기본 설계 자료를 함께 제출하여야 한다. 항공기 엔진 형식증명 신청 시 엔진설계 특성에 대한 설명서, 엔진 운용특성 및 제안하고자 하는 엔진운용한계를 함께 제출해야 한다.

운송용 항공기의 형식증명 신청 유효기간은 5년으로 하며 기타 형식증명 신청 유효기간은 3년으로 한다. 단, 신청 시점에서 신청자가 해당 제품의 설계, 개발 및 시험에 보다 많은 기간이 소요됨을 입증하고 국토교통부장관이 이를 승인한 경우는 유효기간을 연장할 수 있다. 제시된 도면이나 출력, 추력 또는 중량의 변경이 커서 관련 규정에의 적합성에 대한 실질적이고 완전한 조사가 필요하다고 국토교통부장관이 판단하는 경우, 항공기 등의 변경을 제안한 자는 신규 형식증명을 신청해야 한다. 형식증명은 형식설계, 운용한계, 형식증명자료집, 국토교통부장관이 적용 규정에 따라 적합성을 명시한 기록 및 관련 요건에 따라 항공기 등에 대해 요구되는 기타의 조건이나 한계사항을 포함하는 것으로 본다. 형식증명은 국토교통부장관이 이를 양도, 정지, 취소하거나 또는 종료일을 별도로 지정한 시점까지 유효하다.

핵심 POINT 형식증명 신청 시 첨부해야 할 서류

- 인증 계획서(Certification Plan)
- 항공기 3면도
- 발동기의 설계운용 특성 및 운용 한계에 관한 자료(발동기의 경우에만 해당한다)
- 제1호부터 제3호까지의 서류 외에 국토교통부장관이 정하여 고시하는 자료

항공기 형식증명 지침

[시행 2017.11.9.] [국토교통부훈령 제932호, 2017.11.9., 일부개정]

국토교통부(항공기술과), 044-201-4292

제1장 총 칙(General)

□ **제1조(목적)** 이 지침은 「항공안전법」 제20조 및 제21조에 따라 항공기·발동기 또는 프로펠러(이하 "항공기등"이라 한다)의 형식증명(Type Certification, TC), 부가형식증명(Supplemental Type Certification, STC) 또는 형식증명승인(Type Certification Validation, TCV)을 위한 세부절차와 적합성 검증방법 등을 정하여 관련 업무를 효율적으로 수행하고 항공안전을 도모하는데 목적이 있다.

□ **제2조(적용)** ① 이 지침은 항공기등(Product)의 형식증명·형식증명의 개정, 부가형식증명·부가형식증명의 개정 및 형식증명승인 업무에 적용한다.
② 국토교통부장관은 항공기등의 설계 또는 설계변경에서 수반되는 여러 특성에 따라 당초의 목적을 달성하는데 지장이 없다고 판단되는 경우에는 본 절차의 일부를 생략하고 인증업무를 수행할 수 있다. 다만, 공식적인 비행시험이 요구되는 경우에는 형식검사승인서(Type Inspection Authorization, TIA)의 발행 및 종결과 관련된 모든 절차를 수행하여야 한다.

□ **제3조(용어정의)** 1. "형식증명의 개정(Amended TC)"이라 함은 형식증명(TC) 소지자에 의한 설계변경을 의미한다.
2. "인증계획서(Certification Plan, CP)"이라 함은 형식증명 신청자가 항공법규, 기술기준 기타 규정 등에 충족함을 입증하기 위하여 작성하는 계획서를 의미한다.
3. "인증과제계획서(Certification Project Plan, CPP)"이라 함은 국토교통부로부터 형식증명과제를 부여받은 전문검사기관장이 인증과제의 효율적 진행을 위하여 업무일정·책임·자원관리 등을 기술한 업무계획서를 의미한다.
4. "부품등제작자증명(Parts Manufacturer Approval)"이라 함은 교환 및 개조 부품를 제작할 수 있도록 하는 설계 및 생산에 대한 승인을 의미한다. 국토교통부장관이 별도로 정한 "부품등제작자증명절차규정"에 따른다.
5. "항공기등(Product)"이라 함은 항공기, 발동기 또는 프로펠러를 말한다.

■ 항공안전법 시행규칙 [별지 제1호서식]

형식증명 신청서
Application for Type Certificate

※ 색상이 어두운 난은 신청인이 작성하지 아니하며, [ ]에는 해당되는 곳에 √표를 합니다. (앞 쪽)

접수번호	접수일시	처리기간 (Durations) 30일

신청인 (Applicant)	성명 또는 명칭 Name	생년월일 Date of Birth
	주소 Address	
[ ] 항공기 (Aircraft)	감항분류 Airworthiness category	
	형식 또는 모델 Type or Model	
[ ] 발동기 (Engine)	제작일련번호 Product Serial No.	
	제작자 성명 또는 명칭 Name of Manufacturer	
[ ] 프로펠러 (Propeller)	제작자주소 Address of Manufacturer	
	설계자 성명 또는 명칭 Name of Designer	
비고 Remarks		

「항공안전법」 제20조제1항 및 같은 법 시행규칙 제18조제1항에 따라 형식증명을 받고자 관계서류를 첨부하여 신청합니다.

In accordance with Paragraph 1, Article 20 of Aviation Safety Act and Paragraph 1, Article 18 of Enforcement Regulation of Aviation Safety Act, I hereby apply for Type Certificate and submit herewith the required documents.

년 월 일

신청인 Applicant (서명 또는 인) (Signature)

국토교통부장관 귀하
Attention: Minister of Ministry of Land, Infrastructure and Transport

첨부서류 (Documents)	1. 인증계획서(Certification Plan) 2. 항공기 3면도(The three view drawing of that aircraft) 3. 발동기의 설계·운용 특성 및 운용한계에 관한 자료(The description of the engine design features, operating characteristics, and operating limitations)(발동기의 경우에만 해당) 4. 그 밖에 국토교통부장관이 정하여 고시하는 서류(Documents in specified Korean Airworthiness Standards)	수수료(Fee) 「항공안전법 시행규칙」 제321조에서 정한 수수료

210mm×297mm[백상지(80g/㎡) 또는 중질지(80g/㎡)]

| 형식증명 신청서 |

■ 항공안전법 시행규칙 [별지 제3호서식]

	증명서 번호 Certificate No.:
대 한 민 국 국 토 교 통 부 The Republic Korea Ministry of Land, Infrastructure and Transport	

형 식 증 명 서
Type Certificate

1. 분류(Classification)	
2. 형식 또는 모델(Type or Model)	
3. 설계자의 성명 또는 명칭 (Name of Designer)	
4. 설계자 주소(Address of Designer)	
5. 감항분류(Airworthiness Category)	
6. 형식증명자료집 번호 (Type of Certificate Data Sheet No.)	

위의 [ ]항공기, [ ]발동기, [ ]프로펠러는 「항공안전법」 제20조제2항 및 같은 법 시행규칙 제21조제1항에 따라 항공기기술기준에 적합한 형식임을 증명합니다.

In accordance with Paragraph 2, Article 20 of Aviation Safety Act and Paragraph 1, Article 21 of Enforcement Regulation of Aviation Safety Act, the Minister of Ministry of Land, Infrastructure and Transport hereby certifies that the abovementioned [aircraft, engine, propeller] type design meets airworthiness requirements of Aviation Act.

년 월 일
Date of Issuance

국토교통부장관 직인

Minister of Ministry of Land, Infrastructure and Transport

210mm×297mm[백상지(120g/㎡)]

| 형식증명서 |

5.2.3 부가형식증명(Part 21, Subpart E)

이 규정은 「항공안전법」 제20조 및 같은 법 시행규칙 제23조에 의한 부가형식증명의 교부에 대한 세부절차를 규정한다. 항공기등의 형식증명소지자가 원 형식증명에 대한 개정을 신청할 수 있는 경우를 제외하고, 기존 형식증명에 대해 21.19절에 따라 신규 형식증명을 신청하여야 할 정도가 아닌 정도의 중대한 변경을 하여 항공기등을 개조하고자 하는 자는 국토교통부장관에게 부가형식증명을 신청하여야 한다. 신청은 국토교통부장관이 규정한 서식과 방법에 따라 이루어져야 한다. 부가형식증명 신청자는 개조하고자 하는 항공기등이 21.101절에서 규정한 적용 요건을 충족함을 입증하여야 하며, 21.93(b)항에서 규정한 소음에 영향을 주는 변경의 경우에는 Part 36에의 소음 요건에 적합함을 입증하여야 한다. 또한 21.93(c)항에서 규정한 배기변경의 경우에는 Part 34의 연료 및 배기가스 배출기준에 관한 요건에 적합함을 입증하여야 한다. 부가형식증명 신청자는 각각의 형식설계 변경에 관하여 21.33과 21.53을 충족시켜야 한다.

핵심 POINT 부가형식증명 신청 시 첨부해야 할 서류

형식증명 또는 「항공안전법」 제21조에 따른 형식증명 승인을 받은 항공기 등의 설계를 변경하려는 경우 부가형식증명을 받을 수 있다.

- 적합성 인증 계획서
- 설계도면 및 설계도면 목록
- 부품표 및 사양서
- 그 밖에 참고 사항을 적은 서류

5.2.4 제작증명(Part 21, Subpart G)

이 규정은 「항공안전법」 제22조 및 같은 법 시행규칙 제32조 내지 제34조에 의한 제작증명 발행을 위한 절차상의 요구조건과 제작증명소지자의 준수사항에 세부사항에 대해 규정한다.
다음 각 호와 관련된 항공기등의 증명을 소지한 자는 제작증명을 신청할 수 있다.

(1) 현 형식증명서
(2) 면허협정하에서 해당 형식증명에 대한 권한
(3) 부가형식증명서

제작증명 신청자는 국토교통부장관이 규정한 양식과 방법으로 제작증명을 신청해야 한다.

21.139 및 21.143항에 의거하여 제작시설과 조직 및 품질자료에 대한 적합성 판단 후, 국토교통부장관이 인정하는 경우에 제작증명서를 발급한다.

신청자는 형식증명에서 승인된 설계에 합치함을 입증하기 위해서 제작증명을 신청한 해당 항공기등에 대하여 품질관리체계를 수립하고 이를 유지할 수 있음을 입증해야 한다. 제작증명서는 타인에게 양도할 수 없고, 제작증명서는 반납, 효력의 정지, 취소 또는 국토교통부장관이 별도로 증명서의 말소 일자를 규정하거나 소지자가 제작공장을 이전하는 경우를 제외하고는 계속하여 유효하다.

핵심 POINT 제작증명 신청 서류

- 형식증명을 받은 항공기 등을 제작하려는 자는 제작증명을 받아야 한다.

[제작증명 신청 시 첨부해야 할 서류]
- 품질관리 규정
- 제작하려는 항공기 등의 제작 방법 및 기술 등을 설명하는 자료
- 제작 설비 및 인력 현황
- 품질관리 체계
- 제작관리 체계

- 제작증명서는 타인에게 양도 · 양수할 수 없다.
- 제작증명을 위한 검사 범위는 제작 기술, 설비, 인력, 품질관리 체계, 제작관리 체계 및 제작 과정을 검사하여야 한다.

5.2.5 감항증명(Part 21, Subpart H)

이 기준은 「항공안전법」 제23조 및 같은 법 시행규칙 제35조부터 제44조에 따른 항공기 감항증명 관련 신청, 검사 및 교부 등에 관한 요건과 절차를 규정한다.

「항공안전법」 제7조에 따라 등록된 항공기 또는 같은 법 시행규칙 제36조 각 호의 어느 하나에 해당하는 항공기를 소유하거나 임차하여 항공기를 사용할 수 있는 권리가 있는 자(이하 "소유자등"이라 한다)는 「항공안전법」 제23조에 따라 감항증명을 받을 수 있다.

핵심 POINT 감항증명 신청 서류

- 등록된 항공기 또는 항공기를 소유하거나 임차하여 항공기를 사용할 수 있는 권리가 있는 자는 감항증명을 받을 수 있다.
- 감항성: 일반적으로 항공기나 관련 부품이 비행 조건하에서 정상적인 성능과 안전성 및 신뢰성이 있는지의 여부를 말한다.

[감항증명 신청 서류]
- 비행교범
- 정비교범
- 그 밖에 감항증명과 관련하여 국토교통부장관이 필요하다고 인정하여 고시하는 서류

「항공안전법」 제23조 제3항에 따른 감항증명의 종류별 분류는 다음과 같이 구분한다.

(1) 표준감항증명서(Standard Airworthiness Certificates)는 해당 항공기가 기술기준을 충족함이 입증되어 안전하게 운용될 수 있는 상태가 확인된 경우에 발급되며, 감항분류는 비행기, 비행선, 활공기 및 헬리콥터별로 보통, 실용, 곡예, 커뮤터 또는 수송으로 구분한다.

(2) 특별감항증명서(Special Airworthiness Certificates)는 「항공안전법 시행규칙」 제37조에 해당하는 항공기가 기술기준을 충족하지 못하여 운용범위 및 비행성능 등을 일부 제한할 경우 제한 용도로 안전하게 운용할 수 있다고 판단되는 경우 발급되며, 특별감항증명서의 용도분류는 제한(restricted), 실험(experimental) 및 특별비행허가(special flight permit)로 구분한다.

핵심 POINT 표준감항증명과 특별감항증명

[표준감항증명 분류]
해당 항공기가 항공기 기술기준에 적합하고 안전하게 운항할 수 있다고 판단되는 경우에 감항 분류별 발급
- 비행기
- 비행선
- 활공기 및 회전익항공기별로 보통, 실용, 곡예, 커뮤터 또는 수송

[특별감항증명 분류]
항공기의 연구, 개발 등 국토교통부령으로 정하는 경우로서 항공기 제작자 또는 소유자 등이 제시한 운용범위를 검토하여 안전하게 운항할 수 있다고 판단되는 경우 발급
- 제한(restricted)
- 실험(experimental)
- 특별비행허가(special flight permit)

지방항공청장은 표준감항증명서의 유효기간을 1년으로 지정하여 발급한다. 다만, 유효기간 만료일 30일 이내에 검사를 받아 합격한 경우에는 종전 감항증명서 유효기간 만료일의 다음 날부터 기산한다.

「항공안전법 시행규칙」 제44조에 따라 항공기의 감항성을 지속적으로 유지하기 위한 부록 C 또는 부록 D에 따라 항공기 정비프로그램 또는 항공기 검사프로그램을 인가받아 정비 등이 이루어지는 항공기의 경우에는 유효기간이 자동연장되는 표준감항증명서를 발급할 수 있다.

지방항공청장은 (a)항에 따라 유효기간이 자동연장되는 표준감항증명서를 발급할 때에는 항공기 소유자 등의 정비능력(「항공안전법」 제32조 제2항에 정비등을 위탁하는 경우에는 정비조직인증을 받은 자의 정비능력을 말한다)에 대하여 다음의 사항을 확인하여야 한다.

(1) 해당 항공기의 지속적인 감항성유지를 위한 시설, 장비 및 자재의 확보 여부

(2) 자격을 갖춘 항공정비사 확보 및 유지 여부

(3) 최소한 1년간의 정비프로그램 또는 검사프로그램 운용 경험(해당 항공기와 동일한 종류의 항공기에 대한 운용 경험도 포함한다)

감항증명 유효기간이 자동연장되는 항공기를 국내에서 국내로 임대차 또는 매각되는 경우 임대차 또는 매각 후에도 당초 해당 항공기의 유효기간 자동연장 조건을 계속 충족한다는 입증자료를 사전에 지방항공청장에게 제출하여 인정받을 경우에는 감항증명의 유효기간은 자동연장 된다. 그러나, 당초 감항증명 유효기간 자동연장 조건을 계속 충족시키지 못할 경우에는 감항증명의 유효기간 자동연장에 대한 효력은 소멸되며 다시 감항증명을 신청하여 발급 받아야 한다.

■ 항공안전법 시행규칙 [별지 제14호서식]

항공기 특별감항증명 신청서

※ 색상이 어두운 난은 신청인이 작성하지 아니하며, [ ]에는 해당되는 곳에 √표를 합니다. (앞 쪽)

접수번호		접수일시	처리기간 7일
신청인	성명 또는 명칭		생년월일
	주소		
항공기	등록부호		
	형식 또는 모델		
	제작자 성명(명칭)		
	제작일련번호		
	제작일자		
	특별감항증명 분류	[ ] 제한분류 [ ] 실험분류	[ ] 특별비행허가
비행 계획	비행 목적(용도)		
	일시 및 경로		
	제한사항		
그 밖에 비행과 관련된 사항			

「항공안전법」 제23조제1항 및 같은 법 시행규칙 제35조제1항에 따라 위와 같이 특별감항증명을 신청합니다.

년 월 일

신청인 (서명 또는 인)

국토교통부장관 또는 지방항공청장 귀하

첨부서류	1. 비행교범 2. 정비교범 3. 그 밖에 감항증명과 관련하여 국토교통부장관이 필요하다고 인정하여 고시하는 서류	수수료(Fee) 「항공안전법 시행규칙」 제321조에서 정한 수수료

210mm×297mm[백상지(80g/㎡) 또는 중질지(80g/㎡)]

| 특별감항증명 신청서 |

■ 항공안전법 시행규칙 [별지 제16호서식]

대 한 민 국 국토교통부 The Republic of Korea Ministry of Land, Infrastructure and Transport		증명번호 Certificate No.
특별감항증명서 **Certificate of Airworthiness(Special)**		
1. 국적 및 등록기호 Nationality and registration marks	2. 항공기 제작자 및 항공기 형식 Manufacturer and manufacturer's designation of aircraft	3. 항공기 제작일련번호 Aircraft serial number
4. 특별감항증명 분류 Certificate category		5. 용도 Purpose
6. 이 증명서는 대한민국 「항공안전법」 제23조에 따라 위의 항공기가 운용한계를 준수하여 정비하고 운항될 경우에만 감항성이 있음을 증명합니다. This special airworthiness certificate is issued pursuant to the Article 23 of Aviation Safety Act of the Republic of Korea in respect of the above-mentioned aircraft which is considered to be airworthy when maintained and operated in accordance with the foregoing and the pertinent operating limitations. 7. 제한사항: Limitations 8. 발행연월일: Date of issuance **국토교통부장관 또는 지방항공청장** 직인 **Minister of Ministry of Land, Infrastructure and Transport or Administrator of ○○ Regional Office of Aviation**		
9. 유효기간 Validity Period 부터 까지 From: To: 10. 검사관 및 확인날짜 Inspector and date 검사관(Inspector): ○○○ [서명(Signature)] 날짜(Date):		

160㎜×136㎜[백상지(120g/㎡)]

| 특별감항증명서 |

특별감항증명서의 유효기간은 1년 이내에서 국토교통부장관 또는 지방항공청장이 지정한 기간으로 한다.

핵심 POINT 특별감항증명의 분류

1. 항공기 개발과 관련하여
   - 항공기 제작자, 연구 기관 등에서 연구 및 개발 중인 경우
   - 판매 등을 위한 전시 또는 시장 조사에 활용하는 경우
   - 조종사 양성을 위하여 조종연습에 사용하는 경우
2. 항공기의 제작 · 정비 · 수리 · 개조 및 수입 · 수출 등과 관련하여
   - 제작 · 정비 · 수리 또는 개조 후 시험비행을 하는 경우
   - 정비 · 수리 또는 개조를 위한 장소까지 공수 비행을 하는 경우
   - 수입하거나 수출하기 위하여 승객 · 화물을 싣지 아니하고 비행하는 경우
   - 설계에 관한 형식증명을 변경하기 위하여 운용한계를 초과하는 시험비행을 하는 경우
3. 무인 항공기를 운영하는 경우
4. 특정한 업무를 수행하기 위하여 사용되는 경우
   - 재난 · 재해 등으로 인한 수색 · 구조에 사용되는 경우
   - 산불의 진화 및 예방에 사용되는 경우
   - 응급환자의 수송 등 구조 · 구급 활동에 사용되는 경우
   - 씨앗 파종, 농약 살포 또는 어군의 탐지 등 농 · 수산업에 사용되는 경우
5. 국토교통부장관이 인정하는 공공의 안녕과 질서유지를 위한 업무를 수행하는 경우

핵심 POINT 적합여부 검사의 일부 생략

[항공기 운용한계]
항공기 운용한계는 속도, 발동기 운용 성능, 중량 및 무게중심, 고도, 그 밖의 성능 한계에 관한 사항을 확인한 후 항공기기술기준에서 정한 감항분류에 따라 지정한다.

[적합여부 검사의 일부 생략]
- 형식증명을 받은 항공기: 설계에 대한 검사
- 형식증명승인을 받은 항공기: 설계에 대한 검사와 제작과정에 대한 검사
- 제작증명을 받은 항공기: 제작과정에 대한 검사
- 외국 정부로부터 감항성이 있다는 승인을 받아 수입하는 항공기: 비행성능에 대한 검사

「항공안전법」 제23조 제6항부터 제8항까지에 따라 감항증명을 받은 항공기 소유자등은 해당 항공기를 운항하고자 하는 경우 그 항공기를 감항성이 있는 상태로 유지하여야 한다.

지방항공청장은 「항공안전법」 제23조 제4항 단서규정에 따라 감항증명의 유효기간이 연장되는 항공기에 대하여 「항공안전법」 제21조 제8항에 따른 수시검사를 실시하여야 한다.

소유자 등은 「항공안전법 시행규칙」 제38조에 따라 항공기의 감항증명 유효기간이 연장된 경우 매년 부록 E의 항공기 현황자료에 최근 1년 이내에 수행한 주요 정비현황(수리 · 개조 수행현황, 감항성개선지시 수행현황 또는 주요 정비개선회보 수행현황 등)에 관한 자료를 첨부하여 지방항공청장에게

제출하여야 한다.

지방항공청장이 실시하는 수시검사는 (b)에 따라 항공사가 매년 제출하는 서류를 검토하는 것을 원칙으로 한다.

핵심 POINT 항공기 소유자 등이 확인해야 할 사항

- 감항성에 영향을 미치는 정비, 오버홀, 수리 및 개조가 관련 법령 및 이 기준에서 정한 방법 및 기준 · 절차에 따라 수행되고 있는지의 여부
- 정비 또는 수리 · 개조 등을 수행하는 경우 항공기에 대한 감항성 여부를 항공 일지에 적합하게 기록하는지의 여부
- 항공기 정비 작업 후 '사용 가능' 판정(Approved for return to service)이 적절하게 이루어지는지의 여부
- 정비 확인 시 종결되지 않은 결함 사항 등이 있는 경우 이에 대한 기록 여부 등

5.2.6 항공운송사업자용 정비프로그램 기준(부록 C) (감항성 책임, 필수검사항목, CASS 등)

1) 항공운송사업자용 정비프로그램의 적용

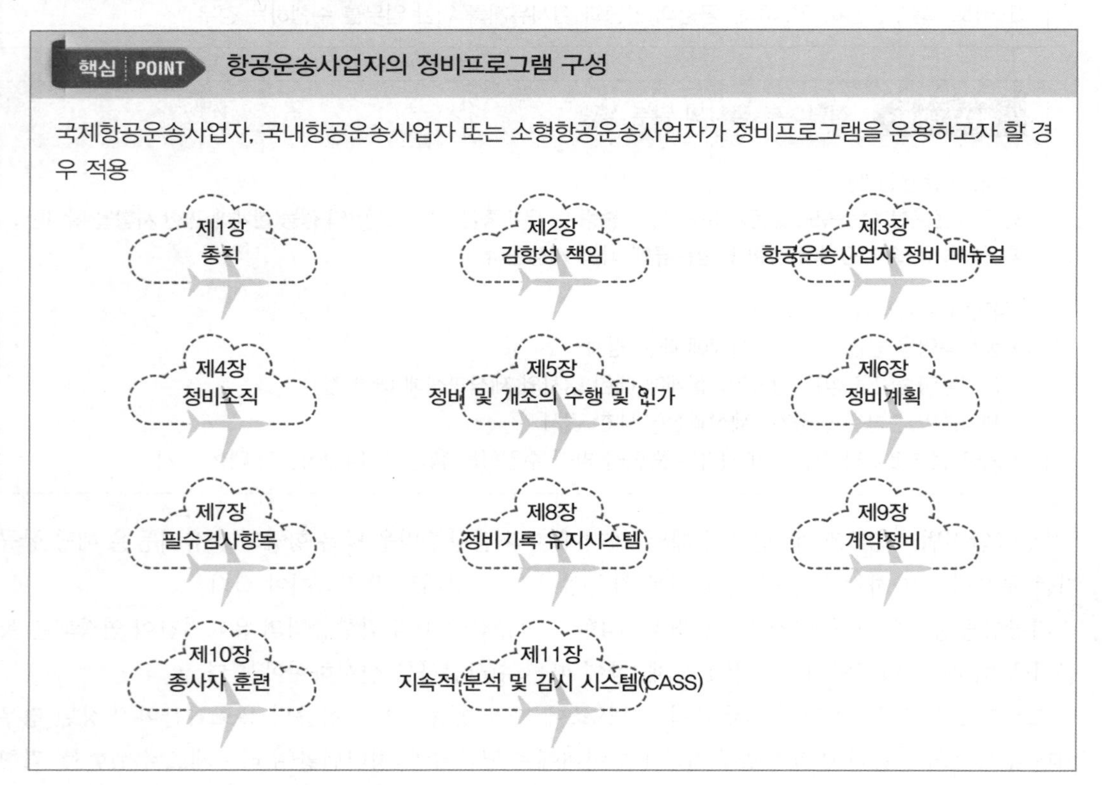

이 부록은 항공운송사업자가 「항공안전법 시행규칙」 제38조에 따라 항공기의 감항성을 지속적으로 유지하기 위한 정비방법을 제공하기 위하여 항공운송사업자의 정비프로그램(air carrier maintenance program)이 갖추어야 하는 10가지 요소를 설명하는 것을 목적으로 하며, 국제항공운송사업자, 국내항공운송사업자 또는 소형항공운송사업자(이하 "항공운송사업자"라 한다)가 정비프로그램을 운용하고자 할 경우 적용한다. 항공운송사업자용 정비프로그램의 법적 근거는 「항공안전법」 제23조, 제90조 및 같은 법 시행규칙 제38조, 제266조 제2항 그리고 국토교통부 고시 「운항기술기준」 제9장 항공운송사업의 운항증명 및 관리를 기준으로 한다.

2) 항공운송사업자용 정비프로그램의 목적

항공운송사업자의 정비프로그램은 적용되는 항공기와 항공기의 모든 부속품이 의도된 기능을 발휘할 수 있도록 보증하고, 항공운송에 있어서 가능한 최고의 안전도를 확보하는 것을 목적으로 하며, 다음 3가지의 세부 목표가 반영되어야 한다.

(1) 항공운송용 항공기는 감항성이 있는 상태에서 항공에 사용되어야 하고, 항공운송을 위하여 적합하게 감항성이 유지되어야 한다.

(2) 항공운송사업자가 직접 수행하거나 타인이 대신하여 수행하는 정비 및 개조는 항공운송사업자의 정비규정을 따라야 한다.

(3) 항공기의 정비 및 개조는 적합한 시설과 장비를 갖추고 자격이 있는 종사자에 의해 수행되어야 한다.

핵심 POINT 정비프로그램의 목표

- 항공기와 항공기의 모든 부속품이 의도된 기능을 발휘할 수 있도록 보증하고, 항공운송에 있어서 가능한 최고의 안전도를 확보하는 것을 목적으로 한다.
- 운영기준에는 항공운송사업자 소속 항공기는 지속 감항 유지 프로그램(CAMP)에 따라 정비하여야 함을 명시하고 있다.

[정비프로그램 세부 목표]

- 항공운송용 항공기는 감항성이 있는 상태에서 항공에 사용되어야 하고, 항공운송을 위하여 적합하게 감항성이 유지되어야 한다.
- 항공운송사업자가 직접 수행하거나 타인이 대신하여 수행하는 정비 및 개조는 항공운송사업자의 정비규정을 따라야 한다.
- 항공기의 정비 및 개조는 적합한 시설과 장비를 갖추고 자격이 있는 종사자에 의해 수행되어야 한다.

3) 항공운송사업자 정비프로그램의 요소

항공운송사업자 정비프로그램은 다음과 같은 10개의 요소를 포함한다.

(1) 감항성 책임(Airworthiness Responsibility)
(2) 정비매뉴얼(Maintenance Manual)
(3) 정비조직(Maintenance Organization)
(4) 정비 및 개조의 수행 및 승인(Accomplishment and Approval of Maintenance and Alteration)
(5) 정비계획(Maintenance Schedule)
(6) 필수검사항목(Required Inspection Items)
(7) 정비기록 유지시스템(Maintenance Recordkeeping System)
(8) 계약정비(Contract Maintenance)
(9) 종사자 훈련(Personnel Training)
(10) 지속적 분석 및 감시 시스템(Continuing Analysis and Surveillance System)

핵심 POINT 항공운송사업자용 정비프로그램 요소

항공기의 감항성을 지속적으로 유지하기 위한 정비방법을 제공하기 위하여 정비프로그램을 갖추어야 한다.

- 감항성 책임(Airworthiness Responsibility)
- 정비매뉴얼(Maintenance Manual)
- 정비조직(Maintenance Organization)
- 정비 및 개조의 수행 및 승인(Accomplishment and Approval of Maintenance and Alteration)
- 정비계획(Maintenance Schedule)
- 필수검사항목(Required Inspection Items)
- 정비기록 유지시스템(Maintenance Recordkeeping System)
- 계약정비(Contract Maintenance)
- 종사자 훈련(Personnel Training)
- 지속적 분석 및 감시 시스템(Continuing Analysis and Surveillance System)

4) 감항성 책임

(1) 항공기 정비책임

항공운송사업자는 운영하는 항공기의 감항성에 대한 일차적인 책임이 있으며, 운영하는 항공기에 대한 모든 정비를 수행할 책임이 있다. 항공운송사업자는 운항증명을 승인받음에 따라, 운영하는 항공기에 대한 모든 정비, 예방정비 또는 개조를 직접 수행하거나, 법 제97조에 따라 정비조직인증(approved maintenance organization)을 받은 자에게 정비, 예방정비 또는 개조를 위탁할 수 있다.

위탁받은 자는 반드시 항공운송사업자의 지시와 통제를 받아야 하고 항공운송사업자의 정비프로그램을 준수하여야 한다.

항공운송사업자의 항공기에 수행된 모든 작업에 대하여, 항공운송사업자는 그 작업을 자체 정비인력이 수행하였거나 위탁한 자가 수행하였을지라도, 모든 정비와 개조에 대한 수행 및 승인에 대한 일차적인 책임을 갖고 있다. 그러므로 항공운송사업자는 정비가 타인에 의해 수행되었다 할지라도 정비의 수행 및 승인에 대한 일차적인 책임은 여전히 갖고 있다.

핵심 POINT 항공기운송사업자의 항공기 정비책임

- 항공운송사업자는 운영하는 항공기의 감항성에 대한 일차적인 책임이 있으며, 운영하는 항공기에 대한 모든 정비를 수행할 책임이 있다.
- 운영하는 항공기에 대한 모든 정비, 예방정비 또는 개조를 직접 수행하거나, 정비조직인증을 받은 자에게 정비, 예방정비 또는 개조를 위탁할 수 있다.
- 항공운송사업자는 그 작업을 자체 정비인력이 수행하였거나 위탁한 자가 수행하였을지라도, 모든 정비와 개조에 대한 수행 및 승인에 대한 일차적인 책임을 갖고 있다.

(2) 정비프로그램에 관한 책임

국내 · 국제 항공운송사업자는 법 제93조 및 시행규칙 제266조 제2항에 따라 항공운송사업자용 정비프로그램을 인가받아 사용하여야 한다. 다만, 소형 항공운송사업자와 항공기 사용사업자는 조직의 규모에 따라 항공기 정비프로그램 또는 부록 D에 따른 항공기 검사프로그램을 선택하여 인가받아 사용할 수 있으며, 그 밖의 비사업용 항공기 소유자 및 국가기관은 제작사가 제공하는 검사프로그램을 선택하거나 개발하여 사용할 수 있다.

정비프로그램을 사용하는 항공운송사업자는 요구되는 정비사항을 정하고, 정해진 정비사항을 수행하여, 항공기의 감항성 여부에 대하여 확인하는 책임이 있다. 항공운송사업자는 정비를 수행하기 위하여 적합한 정비확인자 등을 지명할 수 있는 권한이 있다. 그러나 정비는 정비프로그램과 정비매뉴얼에 따라 수행되어야 한다. 항공운송사업자는 정비의 이행에 대한 책임이 있을 뿐만 아니라 정비규정에 따라 자체 정비프로그램을 개발하고 사용할 책임이 있다. 이를 위하여 정비규정에는 정비프로그램의 관리, 정비수행방법, 필수검사항목 확인에 관한 시스템, 지속적 분석 및 감시 시스템, 정비조직에 대한 설명 및 기타 필요한 사항 등을 정하여 종합적이면서 체계적으로 항공기가 감항성이 있는 상태로 유지될 수 있도록 하여야 한다. 항공운송사업자는 정비프로그램에 관한 최종적인 권한을 가지며, 운영하는 항공기의 감항성에 대한 단독 책임이 있다.

핵심 POINT 정비프로그램 책임

정비프로그램을 사용하는 항공운송사업자는 요구되는 정비사항을 정하고, 정해진 정비사항을 수행하여, 항공기의 감항성 여부에 대하여 확인하는 책임이 있다.

- 항공운송사업자는 정비를 수행하기 위하여 적합한 정비확인자 등을 지명할 수 있는 권한이 있다.
- 항공운송사업자는 정비의 이행에 대한 책임이 있을 뿐만 아니라 정비규정에 따라 자체 정비프로그램을 개발하고 사용할 책임이 있다.
- 항공운송사업자는 정비프로그램에 관한 최종적인 권한을 가지며, 운영하는 항공기의 감항성에 대한 단독 책임이 있다.

(3) 항공기 검사프로그램에 관한 책임

항공기 검사프로그램을 사용하는 항공기 운영자는 항공기를 지속적으로 감항성이 있는 상태로 유지할 책임이 있다. 이들은 기존의 검사프로그램을 선택하고 정비를 위한 검사계획을 수립할 책임이 있다. 또한 계획된 검사와 차이가 발생할 경우 이를 수정하여야 한다. 이 항공기 운영자는 자격을 갖추고 인가받은 자가 검사와 정비를 수행하도록 하여야 한다. 자격을 갖추고 인가받은 자는 제작사의 매뉴얼 또는 인가받은 검사프로그램에 따라 적합하게 정비를 수행하고 항공기를 사용가능상태로 환원(return to service)할 책임이 있다. 운영자가 직접 정비를 수행하지 않는다면 여기에 대한 책임은 없다. 그러나 운영자는 정비를 수행하는 자가 해당 항공기 정비확인에 대한 정비기록을 적합하게 하였는지 확인할 책임이 있다.

핵심 POINT 검사프로그램 책임

항공기 검사프로그램을 사용하는 항공기 운영자는 항공기를 지속적으로 감항성이 있는 상태로 유지할 책임이 있다.

- 항공기 운영자는 자격을 갖추고 인가 받은 자가 검사와 정비를 수행하도록 하여야 한다.
- 자격을 갖추고 인가 받은 자는 제작사의 매뉴얼 또는 인가 받은 검사프로그램에 따라 적합하게 정비를 수행하고 항공기를 사용 가능 상태로 환원(return to service)할 책임이 있다.
- 운영자가 직접 정비를 수행하지 않는다면 이에 대한 책임은 없지만, 정비를 수행하는 자가 해당 항공기 정비확인에 대한 정비기록을 적합하게 하였는지 확인할 책임이 있다.

5) 항공운송사업자 정비매뉴얼

(1) 항공운송사업자 정비매뉴얼의 구비 요건

항공운송사업자는 법 제93조에 따른 정비규정, 이를 이행할 세부적인 정비업무처리에 관한 지침 또는 절차서 등(이하 "정비매뉴얼"이라 한다)을 구비해야 한다. 정비매뉴얼은 항공운송사업자의 매뉴얼 시스템 내에 포함되어야 한다.

항공운송사업자의 정비매뉴얼은 개정하기 쉬워야 하며 정비매뉴얼의 모든 부분들이 최신판으로 유지될 수 있도록 하는 절차가 있어야 한다.

항공운송사업자는 정비매뉴얼을 준수하여야 할 종사자들에게 정비매뉴얼의 최신판, 개정판 및 임시 개정판 이용이 가능하도록 하여야 한다. 항공운송사업자는 「운항기술기준」 9.1.15.2.4 (항공안전관련 정책 및 절차에 관한 규정 등의 제출 및 개정)에 따라 국토교통부 또는 지방항공청의 관련 부서에 정비매뉴얼을 제출하여야 한다. 정비매뉴얼을 배포받은 자는 이를 최신판으로 유지하여야 한다.

(2) 항공운송사업자 정비매뉴얼의 주요 구성

정비매뉴얼은 실용적인 순서로 구성되어야 한다. 정비매뉴얼은 '관리정책 및 절차', '정비프로그램의 관리, 처리 및 이행을 위한 세부 지침' 및 '정비기준, 방법, 기술 및 절차를 서술하는 기술 매뉴얼'과 같이 적어도 3개 또는 그 이상으로 구성된다.

'관리정책 및 절차'는 항공운송사업자 정비프로그램을 구성하고, 지시하고, 개정하고, 통제하기 위한 처리지침 및 관리를 위한 부분이다. 조직상의 부서와 각 직원의 역할, 상호관계 및 권한을 도면으로 보여주는 조직도는 일반적으로 이 부분에 명시된다. 여기에는 정비조직 내에 있는 각 직책에 대한 설명, 임무, 책임 및 권한이 나열되어 있어야 한다. 권한과 책임에 대한 속성에 대하여는 누가 전반적인 권한과 책임을 갖고 있는지, 누가 권한과 책임에 대한 지시를 받는지 알 수 있어야 한다.

정비프로그램의 관리, 처리 및 이행을 위한 세부 지침은 정비시간의 한계, 기록유지, 정비프로그램의 관리감독, 계약정비의 관리감독 및 종사자 교육과 같은 각 정비프로그램 요소의 다양한 기능과 상호관계에 대한 세부적인 절차가 수록된다. 이 부분은 일반적으로 정시정비작업에 대한 설명, 정비작업 수행을 위한 절차상 정보 및 세부 절차를 포함하여야 한다. 또한, 시험비행 수행 기준과 필요한 절차상의 요건, 그리고 낙뢰, 꼬리동체하부 지면접촉, 엔진온도 초과 및 비정상 착륙 등과 같은 비계획 점검에 대한 기준과 절차상의 정보를 포함하여야 한다.

정비기준, 방법, 기술 및 절차를 서술하는 기술적 자료 부분은 특정 정비작업을 이행하기 위한 세부적인 절차를 다룬다. 항공운송사업자는 방법, 기법, 기술적 기준, 측정, 계측 기준, 작동시험 및 구조 수리 등에 대한 설명을 포함하여야 한다. 또한 항공운송사업자는 항공기 중량과 평형, 들어 올림(jacking, lifting)과 버팀목 사용(shoring), 저장, 추운 날씨에서의 작동, 견인, 항공기 지상주행, 항공기 세척 등에 대한 절차도 포함하여야 한다. 항공운송사업자는 제작사 매뉴얼 등을 참조하여 항공운송사업자 자체의 매뉴얼을 만들 수 있다. 그러나 항공운송사업자는 경험, 조직 및 운항환경에 맞추어 정비프로그램을 계속적으로 유지할 수 있도록 정비매뉴얼을 지속적으로 개정하고 항공운송사업자의 체계에 맞추어 나가야 한다.

(3) 작업카드(work cards)

작업카드는 법적으로 갖추어야 할 요건은 아니지만, "최선의 실무 수행 방법"의 하나로서 작성된다. 작업카드는 항공운송사업자의 정비매뉴얼 또는 항공운송사업자 정비프로그램의 한 부분으로 간주된다. 이들은 감항성에 대한 책임의 한 부분으로서 무엇을 할 것인가, 어떻게 이것을 할 것인가에 해당한다. 작업카드는 정비작업에 대한 기록유지 방법뿐만 아니라 정비작업 수행을 법령에 부합하도록 하기 위한 수단으로 사용된다. 작업카드의 주요 기능은 다음과 같다.

정비행위가 항공운송사업자 매뉴얼에 부합하는지를 확인하는 수단을 제공하는 한편 정비행위를 체계화시키고 통제하는데 사용되는 구체적이고 간결한 절차 지침을 제공한다.

항공운송사업자의 정비작업 기록유지에 대한 요건에 부합하기 위한 수단을 제공하여 정비행위를 기록하도록 한다. 이 기능은 데이터 수집과 분석을 위하여 검사, 점검 및 시험 결과를 기록(문서화)하는 것이다.

6) 정비조직

(1) 정비조직의 필요성 및 역할

항공운송사업자는 정비프로그램을 수행, 감독, 관리 및 개정할 수 있는 조직, 소속 정비직원에 대한 관리와 지도를 하는 조직, 그리고 정비프로그램의 목적을 완수하기 위해 필요한 지침을 내리는 조직을 갖출 필요가 있다. 항공운송사업자의 매뉴얼에는 조직도와 정비조직에 대한 설명이 포함되어야 한다. 이들 조직에 대한 규정은 항공운송사업자의 조직뿐만 아니라 항공운송사업자를 위하여 정비 서비스를 제공하는 다른 조직에도 적용된다. 조직도는 권한과 책임에 대한 전반적인 담당과 지휘체계를 보여주는 좋은 방법이다.

(2) 정비조직의 구조 요건

항공당국은 모든 운영이 가장 높은 수준의 안전도로 운영될 수 있도록 항공운송사업자의 정비조직을 3단계의 일반적 조직기능(organizational function)으로 갖출 것을 권장한다. 대규모 조직의 항공운송사업자라면 각 단계별로 다른 부서로 구성될 수 있으며, 최소 조직의 경우 이들 기능이 한두 사람에 의해 수행될 수 있다. 일반적으로 이들 3단계 조직기능은 다음과 같다.

① 1단계 조직기능(operations): 작업(work)을 수행하는 작업자(mechanics) 또는 검사원(inspector)
② 2단계 조직기능(tactics): 중간관리자(middle manager)와 감독자(supervisor)
③ 3단계 조직기능(strategy): 정비프로그램 책임관리자(accountable manager)

「항공안전법」 등에는 항공운송사업자는 정비, 예방정비 및 개조 행위의 기능으로부터 필수검사기능(required inspection functions)을 분리하고, 검사, 수리, 오버홀 및 부품의 교환을 포함한 모든 정비

기능을 수행하는 조직을 구성하여야 한다. 이 조직 분리는 다른 정비, 예방정비 및 개조 기능의 수행뿐만 아니라 필수검사기능의 전반적인 책임이 있는 관리감독(administrative control) 단계 아래에 있어야 한다. 정비본부장은 다른 정비(검사 포함), 예방정비 및 개조 기능뿐만 아니라 필수검사기능의 요건에 대하여 전반적인 권한과 책임을 갖고 있다.

7) 정비계획

(1) 정비계획의 정의

정비시간한계는 항공운송사업자의 계획된 정비작업이 무엇이며, 어떻게, 그리고 언제 할 것인지를 설정한 것이다. 정비계획은 일정한 기준에 따라 정비를 수행할 수 있도록 정비시간한계를 정한 것을 말한다. 비록 과거에는 이 계획에 단지 기본적인 오버홀 한계시간과 기타 일반적인 요건만을 포함하였지만, 현재에는 각 개별적인 정비작업(task) 사항과 이와 관련된 시간한계가 포함된다. 항공운송사업자는 이들 각각의 작업들을 항공운송사업자의 모든 항공기에 대하여 필요한 지속적이고 바람직한 계획 정비작업이 이루어질 수 있도록 통합되고 일괄적인 정비계획을 수립하여야 한다.

(2) 정비계획의 구성 요소

항공운송사업자의 정비계획에는 최소한 다음과 같은 사항이 포함되어야 한다.

① 대상(unique identifier): 대상은 항공운송사업자가 정비하고자 하는 항목의 목록으로 쉽고 정확하게 구별할 수 있는 고유번호(unique identifier)가 지정되어야 한다. 다음은 항공운송사업자의 정비계획(정비프로그램)에 포함될 수 있는 정비요목의 예이다.
- 감항성개선지시(ADs)
- 정비개선회보/기술서신(Service Bulletins/Service Letter)
- 수명한계품목(life-limited items)의 교환
- 주기적인 오버홀 또는 수리를 위한 장비품(components)의 교환
- 특별검사(special inspections)
- 점검 또는 시험(checks or tests)
- 윤활(lubrication) 및 서비싱(servicing)
- 정비검토위원회보고서(MRBR)에 명시된 작업사항(tasks)
- 감항성한계품목(ALs)
- 인증정비요목(CMRs)
- 부가적인 구조검사 문서(SSID)
- 전기배선 내부연결시스템(Electrical Wiring Interconnection System, EWIS)

② 방법(task): 방법으로는 정비요목(maintenance task)을 어떻게 수행할 것인가를 말하는 것이다.

계획된 정비요목은 정규적으로 수행하여야 하는 정비행위이다. 이 작업의 목적은 품목(item)이 원래의 기능을 계속적으로 수행할 수 있도록 보장하고, 숨겨진 결함을 발견할 수 있어야 하고, 숨겨진 기능(hidden function)의 정상작동 가능여부를 확인할 수 있어야 한다. 정비계획에는 hard time, on-condition 또는 condition monitored와 같은 용어를 사용하지 않아야 한다. 이들 용어는 1960년대 분류법으로 만들어져 폐기된 애매한 표현으로 항공운송사업자가 수행하는 정비요목을 설명하지 못한다. 정비계획은 요건에 맞게 수행될 수 있는 정비요목의 상태로 표시하여야 한다. (즉, 교환, 검사 및 시험 등)

③ 시기(timing): 계획정비작업(일시 또는 반복 작업)은 적정 시기/주기에 수행되어야 하며, 시기/주기를 산정하는 데는 비행시간, 비행횟수, 경과일수 또는 다른 적정한 단위요소들을 사용할 수 있다.

(3) 경년항공기(aging aircraft) 정비프로그램

항공사는 경년항공기에 대하여 제작사가 마련한 다음 각 호의 경년항공기 정비프로그램을 항공사 정비프로그램에 포함하여 국토교통부장관에게 인가를 받아야 한다.

① 부식방지 및 관리프로그램(corrosion preventive and control program)
② 기체구조에 대한 반복점검프로그램(supplemental structural inspection program)
③ 기체 구조부의 수리 · 개조 부위에 대한 점검프로그램(aging aircraft safety rule)
④ 동체 여압부위에 대한 수리 · 개조 사항에 대한 적합여부 검사(repair assessment program)
⑤ 광범위 피로균열에 의한 손상(widespread fatigue damage) 점검프로그램
⑥ 전기배선 연결체계 점검프로그램(electrical wire interconnection system)
⑦ 연료계통 안전강화 프로그램

항공사는 경년항공기 운용 중 발생한 고장, 기능불량 등에 대한 분석결과를 검토하여 정비주기 단축, 점검신설 또는 점검강화 조치를 하여야 한다. 경년항공기는 신뢰성관리지표(안전지표)를 등록기호별로 설정하고 운영하여야 한다.

8) 필수검사항목(Required Inspection Items, RII)

(1) 필수검사항목(RII)의 책임

항공운송사업자는 필수검사항목(RII)을 지정해야 한다. 이 필수검사항목은 정비가 부적절하게 수행되거나 혹은 부적절한 부품이나 자재를 사용하여 정비를 수행할 경우 고장, 기능불량 또는 결함으로 항공기의 계속적인 안전한 비행과 이착륙에 위험을 초래할 수 있는 최소한의 정비작업들을 말한다. 정비작업을 자체수행 또는 위탁 수행한 경우, 이들 필수검사항목에 대한 검사를 수행하는 것은 항공운송사업자의 권한이다. 항공운송사업자는 정비매뉴얼을 통하여 이를 마련하고 문서화하여야 한다.

규정을 충족하기 위해, 필수검사항목을 위탁하여 수행하였더라도 수행에 대한 일차적인 책임은 항공운송사업자에게 있다.

필수검사항목은 비행안전에 직접적으로 관련되어 있다. 필수검사항목은 비행안전과 동일하게 간주되며, 시간이 부족하거나 불편한 장소에서 계획 또는 불시에 작업이 실시되어 비행계획에 부정적인 영향을 줄지라도 각각의 필수검사항목은 반드시 수행되어야 함을 강조하는 것이다.

(2) 필수검사항목에 대한 조직의 요건

필수검사기능에 초점을 둔 조직의 요건이 구체적으로 규정되어 있어야 한다. 항공운송사업자는 필수검사항목에 대한 기능을 수행하기 위하여 별도로 조직을 구성할 필요가 있다. 이러한 조직 분리는 필수검사항목 기능과 다른 정비, 예방정비 및 개조의 귀속은 전반적인 책임이 있는 관리감독의 수준(level of administrative control) 아래에 있어야 한다. 이는 항공운송사업자의 정비, 예방정비 및 개조 작업을 수행하는 조직은 항공운송사업자의 필수검사항목 기능을 수행하는 부문과 같은 조직에 있을 수 없다는 것을 의미한다. 대규모 정비조직의 경우 필수검사항목 기능은 오로지 필수검사항목 기능만 수행하는 한 조직에 있을 수 있다. 다시 말하면 필수검사항목 기능의 수행은 다른 일반검사기능의 수행과는 별개로 분리되어 수행되어야 한다. 소규모 조직의 경우 필수검사항목 기능은 한두 사람에게 책임지게 할 수 있다. 이는 필수검사항목에 대한 업무가 매일 발생하지 않기 때문이다.

5.2.7 정비기록유지 시스템

1) 정비기록의 작성 및 유지의 필요성

항공운송사업자는 운용중인 항공기가 신규 감항증명을 받은 이후 감항성을 지속적으로 유지하고 있다는 것을 입증하기 위하여 인가받은 정비프로그램에 따라 점검을 수행하고 그 결과를 작성 · 유지하여야 한다. 감항증명은 정비와 개조가 항공법의 요건에 따라 수행되는 한 계속 유효하다. 「항공안전법」에서 요구된 항공기 정비기록이 불완전하고 부정확한 경우 감항증명이 유효하지 않게 될 수 있다. 대부분의 경우 정비행위들은 일이 끝나면 실체가 없는 무형의 것이 된다. 그러므로 정비행위를 실체화하기 위해서 소유자등은 정비행위에 대하여 정확히 기록하여야 한다.

2) 기록유지 요건

항공운송사업자는 요구되는 항공기 정비기록을 위하여 기록유지시스템(recordkeeping system)을 갖추고 이를 사용하여야 한다. 항공운송사업자의 정비매뉴얼에는 시스템 사용에 대하여 규정하고 있어야 한다. 이러한 시스템의 목적은 운송용 항공기의 정비기록을 정확하고 완전한 생성, 보관 유지 및 복구하는 데 있다. 이와 같이, 정비기록은 항공기에 발급된 감항증명서가 유효하고, 항공기가 감항성을 유지하고 있으며 안전한 비행이 가능함을 입증한다.

항공운송사업자는 유지해야 할 각각의 기록, 문서의 위치를 알 수 있는 목록과 이러한 기록, 문서 및 보고서에 대한 책임자를 알 수 있도록 목록을 유지하여야 한다.

항공운송사업자는 적용되는 감항성개선지시(AD)의 최신 현황자료를 유지해야 하며, 여기에는 시한과 수행방법, 반복인 경우 주기와 차기 시한 정보가 포함되어 있어야 한다.

3) 기록 요건

항공운송사업자는 현황 기록물을 유지하고 있어야 한다. 현황을 유지하여야 하는 내용은 다음과 같다.

(1) 총 사용시간

항공기 기체, 장착된 각 엔진과 장착된 각 프로펠러의 총사용시간(total time in service)은 제작 또는 재생 이후 누적된 사용시간의 기록을 의미하며 시간, 착륙횟수 또는 사이클로 표현된다.

(2) 각 수명한계품의 현황

각각의 항공기 기체, 엔진, 프로펠러 및 장비품의 수명한계부품(life-limited parts)의 현황은 최소한 다음의 사항이 포함된 기록을 의미한다.

① 적절한 파라미터(시간, 횟수, 날짜)로 표시한 제작 이후 사용시간
② 적절한 파라미터(시간, 횟수, 날짜)로 표시한 특정 수명한계까지 남아 있는 사용시간
③ 적절한 파라미터(시간, 횟수, 날짜)로 표시한 특정 수명한계
④ 부품의 수명한계를 변경한 조치나 수명한계의 파라미터 변경에 대한 기록

(3) 오버홀 이후 시간

마지막 오버홀 이후 시간(time since last overhaul)은 최소한 다음의 정보가 포함된 기록을 의미한다.

① 오버홀이 요구되는 품목의 식별과 이와 관련 계획된 오버홀 주기
② 마지막 오버홀이 수행된 이후 사용시간
③ 차기 계획된 오버홀까지 남아있는 사용시간
④ 차기 계획된 오버홀을 수행할 때의 사용시간

(4) 최근 항공기 검사 현황

항공기의 최근 검사 현황은 최소한 다음의 정보가 포함된 기록을 의미한다.

① 항공기 정비프로그램이 요구한 각 계획된 검사 패키지와 각 작업과 이에 해당하는 주기의 목록
② 항공기 정비프로그램이 요구한 각 계획된 검사 패키지와 각 작업의 최종 수행 이후 누적된 사용시간

③ 항공기 정비프로그램이 요구한 각 계획된 검사 패키지와 각 작업의 차기 수행까지 남아 있는 사용시간
④ 항공기 정비프로그램이 요구한 각 계획된 검사 패키지와 각 작업의 차기 수행할 때의 사용시간

(5) 감항성개선지시 이행 현황

적용되는 감항성개선지시(AD)의 이행 현황에는 최소한 다음의 정보가 포함된 기록이 있어야 한다.
① AD가 적용되는 특정 항공기 기체, 엔진, 프로펠러, 장비품 또는 부품의 식별
② AD 번호(및/또는 발행당국의 개정번호)
③ 요구된 작업이 완료되어야 하는 날짜와 적절한 파라미터(시간, 횟수, 날짜)로 표현된 사용시간
④ 반복 수행하여야 하는 AD의 경우, 차기 수행날짜와 적절한 파라미터(시간, 횟수, 날짜)로 표현된 사용시간
⑤ AD에 관하여, AD 요구사항을 이행하기 위한 조치의 간결한 설명을 이행수단(method of compliance)이라 한다. AD 또는 이에 관련된 제작사의 정비개선회보(SB)가 하나 이상의 이행수단을 허용할 경우, 작업 기록에는 이행수단으로 사용된 문서를 반드시 포함해야 한다. 운영자가 해당 AD 이행을 위해 다른 대체수행방법(AMOC)을 사용하고자 할 경우, 그 이행수단은 대체수행방법에 대한 설명과 항공당국의 승인 사본을 의미한다.

(6) 각 항공기 기체, 엔진 프로펠러 및 장비품의 최신의 대개조 목록

이 기록 목록은 최소한 다음의 정보가 포함되어야 한다.
① 장착된 부품을 포함한 대개조 현황 목록
② 대개조에 사용된 항공당국의 승인을 받은 기술자료, 참고자료 및 대개조의 설명

5.2.8 계약 정비(contract maintenance)

1) 타인이 수행한 정비에 대한 책임

항공운송사업자의 항공기등, 장비품 및 부품 등에 대한 정비의 전부 또는 일부를 위탁한 경우, 정비위탁업체의 조직은 실질적으로 항공운송사업자의 정비조직 일부로 간주되며 항공운송사업자의 관리 하에 있다. 항공운송사업자의 항공기 등에 대하여 수행한 정비위탁업체의 모든 정비행위에 대한 책임은 여전히 항공운송사업자에게 있다. 항공운송사업자는 정비위탁업체의 작업 수행능력이 있는지 판단해야 하며, 그들의 작업이 항공운송사업자의 교범과 기준에 따라 만족스럽게 수행하였는지 판단하여야 한다. 항공기에 대한 모든 작업은 항공운송사업자의 정비매뉴얼과 정비프로그램에 따라 수행되어야 하기 때문에 항공운송사업자는 해당 작업 수행을 위하여 항공운송사업자의 정비매뉴얼에 따라 적합한

자료를 정비위탁업체에게 제공하여야 한다. 항공운송사업자는 정비위탁업체가 항공운송사업자가 제공한 매뉴얼에 있는 절차를 따른다는 것을 보장하여야 한다. 항공운송사업자는 정비위탁업체가 해당 작업을 수행하고 있는 동안 작업공정심사(work-in-progress audits)를 통해 이를 확인하여야 한다. 항공운송사업자의 매뉴얼 시스템에는 개별 정비위탁업체가 수행한 작업이 포함될 수 있도록 하여야 한다. 항공운송사업자 정비매뉴얼의 정책과 절차 부분에는 모든 계약 작업에 대하여 항공운송사업자의 직원이 수행할 행정, 관리 및 지시에 대한 권한과 책임 및 개략적인 절차가 명확하게 명시되어 있어야 한다. 항공운송사업자가 제공하는 기술자료는 정비위탁업체가 사용할 수 있도록 정보 제공을 위해 준비가 되어 있어야 한다. 항공운송사업자는 정비작업을 지속적인 방식으로 수행할 경우 가능한 서면으로 계약을 해야 한다. 이것은 항공운송사업자의 책임을 명확하게 표시하는데 도움이 될 것이다. 엔진, 프로펠러 또는 항공기 기체 오버홀과 같은 주요 작업의 경우에는 계약서에 해당 작업에 대한 명세서(specification)를 포함하여야 한다. 항공운송사업자는 항공운송사업자의 매뉴얼 시스템 안에 그 명세서를 포함시키거나 참조시켜야 한다.

2) 항공운송사업자 정비시설 이외의 장소에서 수행된 비계획 정비

항공운송사업자는 회사의 정비시설이 아닌 곳에서 항공기를 정비해야 할 필요가 있을 수 있다. 항공운송사업자는 또한 짧은 시기에 정비 서비스가 필요할 수 있다. 항공운송사업자의 정비매뉴얼은 이러한 예기치 못한 조건하에서 정비를 수행하는 절차를 포함하여야 한다. 짧은 시기의 비계획 정비에 대해 기술하면서 항공운송사업자의 정비인력이 항공법령과 항공운송사업자의 절차를 따를 필요가 없다고 의미하는 "긴급 정비"라는 용어를 절대로 사용하지 말아야 한다. 긴급이란 단어는 예기치 못한 심각한 상황이 발생한 것을 의미하며 생명 또는 재산의 위험과 관련되며 즉각적인 조치행위가 요구된다. 공항 주기장에 주기된 사용불능의 항공기는 거의 생명과 재산을 위협하지 않는다. 항공운송사업자는 요구된 비계획 정비의 관리와 지시에 관한 절차적 단계를 구체화해야 한다. 비계획 정비, 짧은 주기에 따라 요구된 정비의 수행에 관한 정비위탁업체의 조직, 시설 · 장비, 인력 및 수행할 작업에 대한 적절한 매뉴얼 확보여부에 대한 책임은 여전히 항공운송사업자에게 있다. 이러한 판단은 정비위탁업체가 항공운송사업자의 항공기에 대한 작업을 수행하기 이전에 반드시 결정되어야 한다. 이러한 절차와 판단기준은 항공운송사업자의 교범에 포함되어 있어야 한다.

5.2.9 항공종사자 교육훈련

1) 교육훈련프로그램의 요건

항공운송사업자는 작업을 수행하는 모든 항공종사자(검사원 포함)가 절차, 기법 및 사용하는 새로운 장비에 대해 충분히 정보를 얻고, 임무를 수행할 능력을 갖추고 있음을 보증하고, 정비프로그램의 적합한 수행을 위하여 충분한 인력을 제공할 수 있도록 교육훈련프로그램을 개발하여야 한다. 교육훈련프로그램에는 초기교육(initial training), 보수교육(recurrent training), 전문 교육(specialized training), 능력배양 훈련(competency-based training) 및 위탁업체 교육(maintenance-provider training) 등이 있다.

2) 초기교육(initial training)

초기교육은 신규 채용 인력, 새로운 장비 도입 또는 인사이동 등의 사유로 새로운 업무를 시작하기 전에 실시되어야 하며, 다음 사항을 포함한다.

(1) 회사입문교육 또는 회사소개 오리엔테이션
(2) 정비부서의 정책과 절차
(3) 정비 기록 유지와 문서화
(4) 항공기 시스템 또는 지상 장비
(5) 특수한 기술(항공전자, 복합소재 수리, 항공기 시동 및 지상주행, 기타)
(6) 인적요소(human factors)
(7) 작업세부(task-specific) 훈련
(8) 위험물 처리
(9) 그 밖에 항공운송사업자가 필요하다고 판단되는 사항

3) 보수교육(recurrent training)

보수교육은 반복적으로 이루어지는 교육으로, 직원에게 요구되는 자격 수준을 유지하기 위하여 필요한 정보와 기술을 제공하여야 한다. 이 교육은 새로운 항공기와 항공기 개조, 신규 또는 상이한 지상 장비, 새로운 절차, 새로운 기법, 방법 또는 기타 새로운 정보를 제공하며 다음 사항을 포함한다.

(1) 항공종사자 자격유지 등을 위한 내용
(2) 수행 빈도가 낮은 작업 또는 기술에 대한 교육
(3) 특정 작업 또는 기술에 대한 능력 향상 교육
(4) 기술회보, 회보게시판 내용, 자기주도학습 과제, 컴퓨터 교육 등
(5) 정해진 주기에 따라 실시되지 않는 모든 교육
(6) 그 밖에 항공운송사업자가 필요하다고 판단되는 사항

4) 전문교육(specialized training)

전문교육은 필수검사항목(RIIS), 내시경검사(borescope), 비파괴검사(non-destructive testing) 및 조종계통리깅(flight control rigging) 등과 같이 책임 있는 특수 정비업무 또는 분야에 대한 능력에 초점을 두고 이루어져야 한다. 항공운송사업자는 이 교육을 초기교육 또는 보수훈련과 함께 실시할 수 있다.

항공운송사업자는 이 교육에는 정비와 관련된 주제로만 한정할 필요가 없으며, 새로운 관리자를 위한 관리기술 교육, 컴퓨터 활용교육 또는 기타 개인의 임무와 책임의 변화에 따른 교육을 포함시킬 수 있다.

5.2.10 지속적 분석 및 감시 시스템(CASS, Continuing Analysis and Surveillance System)

1950년대 미국에서 발생했던 일련의 정비관련 항공사고 연구를 통해 지속적 분석 및 감시 시스템(CASS) 도입의 필요성이 대두되었다. 이 연구에서 정비로 인한 사고요인이 정비사가 매뉴얼을 따르지 않고, 해당 정비작업을 수행하지 않았거나 비정상적으로 수행하는 등 기초적인 사항의 취약과 정비프로그램의 허점에서 비롯된 것으로 확인되었다. 이러한 사례로 인하여 미국 연방항공청(FAA)은 검사, 정비, 예방정비, 개조프로그램의 유효성, 지속적 분석 및 감시를 위한 시스템을 수립하고 유지할 것을 항공운송사업자에게 요구하는 규정(FAR 121.373 및 135.431)을 도입하였다. 이 규정은 항공운송사업자가 정비를 직접 수행하거나 위탁업체에서 맡겨 수행하는 것에 상관없이 항공운송사업자는 CASS에 따라 정비프로그램에서 발견된 미흡, 결함사항 등을 수정하는 절차를 마련할 것을 요구하고 있다.

한편, 우리나라는 항공안전법 제93조, 시행규칙 제266조에 따른 정비규정과 운항기술기준 9.3.4.1에 따라 CASS를 마련하여 지속적인 항공기의 감항성을 유지하도록 하고 있다.

1) 안전관리 도구(safety management tool)

CASS는 안전관리를 위한 하나의 도구로서, 정비기능과 관련된 안전을 관리하기 위한 항공운송사업자의 시스템이다. 이것은 항공운송사업자의 최상의 안전도를 유지할 수 있도록 하기 위한 정책과 절차의 전반적인 구조의 부분이며, 정비프로그램의 목적을 달성하게 하는 구조화된 체계적인 절차를 말한다.

항공운송사업자가 CASS를 적절히 운용한다면 안전위해 요소를 찾아내어 제거할 수 있는 공식적인 절차를 제공하여 회사의 안전문화를 장려할 수 있도록 도움을 줄 수 있을 것이다.

2) 기본 CASS 과정(basic CASS processes)

CASS는 위험요소를 기반(risk-based)으로 하는 순환형 시스템(closed-loop system)으로 4가지 기본적인 절차로 구성된다.

(1) 감시(surveillance)

항공운송사업자의 프로그램 수행과 프로그램의 결과를 평가하기 위하여 자료를 모으기 위해 사용되는 정보수집, 평가 과정

(2) 분석(analysis)

정비프로그램의 문제점과 필요한 시정조치를 파악하기 위해 사용하는 분석 과정

(3) 시정조치(corrective action)

시정조치와 개선단계가 정확하게 규정되었는지 확인하기 위하여 사용하는 계획 과정

(4) 후속조치(followup)

시정조치가 이행되고 효과적인지 확인하기 위하여 사용되는 목표달성 측정 과정. 이 과정은 정보수집과 분석 과정

3) 사전 감시 및 분석에 필요한 자료

(1) 비계획 부품 교환의 증가된 횟수 또는 비계획 정비의 증가 수요
(2) 비계획 장비품 교환의 증가된 횟수 또는 비계획 정비의 증가 수요
(3) 항공기 지연과 같은 운영 능력 또는 신뢰성의 변화
(4) 항공기 운항 정시율
(5) 장비품 또는 부품 고장율 경향

4) 사후 감시 및 분석해야 하는 항목

(1) 이륙단념
(2) 비계획 착륙
(3) 비행 중 엔진정지
(4) 항공기사고 또는 항공기준사고
(5) 비계획 정비로 인한 비행 취소
(6) 비계획 정비로 인한 15분 이상 지연
(7) 불안전한 조건이나 항공기 정시성 감소를 야기하는 그 밖의 사건

5) CASS의 범위

CASS는 정비프로그램의 모든 10개 항목에 대하여 감시하여야 한다.
(1) 감항성 책임(airworthiness responsibility)
(2) 항공운송사업자의 정비매뉴얼(air carrier maintenance manual)
(3) 항공운송사업자의 정비조직(air carrier maintenance organization)
(4) 정비 · 개조의 수행과 승인(accomplishment and approval of maintenance and alterations)
(5) 정비계획(maintenance schedule)
(6) 필수검사항목(RII)
(7) 정비기록시스템(maintenance record keeping system)

(8) 계약정비(contract maintenance)
(9) 교육훈련(personnel training)
(10) 지속적 분석 및 심사 시스템(CASS)

5.2.11 항공기 검사프로그램 기준(부록 D)

1) 항공기 검사프로그램 기준의 적용

항공기 검사프로그램 기준은 부록 C에 따른 항공운송사업자용 정비프로그램 기준을 적용하기 어려운 항공기 소유자 등이 「항공안전법 시행규칙」 제38조에 따라 항공기의 감항성을 지속적으로 유지하기 위한 방법을 제공하는 것을 목적으로 한다.

소형항공운송사업자, 항공기사용사업자, 자가용 항공기 운영자, 국가기관등항공기를 운영하는 국가, 지방자치단체 및 공공기관이 항공기 검사프로그램을 운용하고자 할 경우 적용한다.

일부 항공기 운영자는 제작사의 매뉴얼에서 사용하는 항공기정비프로그램(aircraft maintenance program)이라는 용어를 사용하여 표시할 수 있으나, 그 내용이 부록 D의 기준을 따른다면 항공기 검사프로그램으로 간주한다.

2) 항공기 검사프로그램의 요건

항공기 검사프로그램에는 기체, 엔진, 항공전자장비 및 비상장비 등 항공기의 전 계통에 대한 다음 사항을 포함하여야 한다.

(1) 작업내용 및 일정

검사프로그램에는 각각의 작업항목(tasks) 또는 작업그룹(group of tasks)에 대한 작업수행 시기 및 반복주기(interval)를 포함하여야 한다. 이들 검사주기는 항공기 운용시간이 매우 적을 때에도 적용된다. 하나의 작업그룹은 동일한 주기의 작업(task)을 포함한다. 작업그룹은 각각의 작업사항, 수행주기뿐만 아니라 작업 형태의 윤곽을 알 수 있다. 작업지시서(work form)는 수행된 각 작업이 완료된 경우에는 적절한 보고양식(report form)으로 확인할 수 있어야 한다.

(2) 작업지시서(work forms)

작업지시서는 선정된 작업항목(tasks) 또는 작업그룹(group of tasks) 각각의 완료에 대한 서명란이 있어야 한다. 각 작업항목은 프로그램의 복잡성, 즉 정비작업의 특성, 정비시설의 규모 등에 따라 분할되거나 통합될 수 있다. 작업지시서의 양식은 항공기 운영자에 의해 개발되거나 다른 자원으로부터 채택하여 사용할 수 있다.

(3) 작업수행을 위한 지침(instructions)

작업수행을 위한 지침은 운항기술기준 제5장 5.10.6에서 언급한 방법, 기술, 절차, 공구 및 장비를 만족하도록 작성하여야 한다. 지침에는 또한 표준치수와 허용오차가 마련되어 있어야 하며, 작업을 수행하기 위하여 작업자가 사용하기에 적절한 정보가 포함되어야 한다. 지침(instructions)을 작성할 때에는 다음 사항을 고려하여야 한다.

① 지침은 작업지시서에 직접 인쇄하여 사용될 수 있다.
② 지침은 매뉴얼의 한 부분을 수행하도록 명시하여 발행될 수 있다. 이 경우 작업지시서의 해당 항목에 교차참조(cross-referenced)가 표시되어 있어야 한다.
③ 지침의 제정 또는 개정은 제작자의 매뉴얼에 명시된 지침 또는 항공기 운영자의 정비규정을 근거로 수행한다.
④ 지침을 항공기 운영자가 개발하는 경우에는 이에 대한 절차가 정비규정에 마련되어 있어야 한다.
⑤ 항공기 운영자는 검사가 종료된 작업지시서에 대한 평가 및 관리 방법이 있어야 한다.
⑥ 지침은 같은 형식의 항공기에서 각 항공기별로 장비와 형태(configuration)가 다른 경우에도 적용이 가능하도록 작성하여야 한다. 여기에는 항공기의 최초 형태와 다른 개조 및 추가 장비 장착에 관련된 사항을 포함한다.
⑦ 다른 검사프로그램을 적용받던 항공기가 현재 운용 중인 검사프로그램을 적용하려는 경우 이에 대한 절차가 있어야 한다.

3) 항공기 검사프로그램의 인가

항공기 운영자의 검사프로그램은 정비규정의 일부로서 인가되며, 정비규정과 분리하여 별권으로 관리할 수 있다. 항공기 운영자는 운영하는 항공기 모델별로 검사프로그램을 제정하여야 하며, 지방항공청장은 해당 항공기 운영자에게 각각의 항공기 모델별로 인가한다. 항공기 검사프로그램은 다른 항공기 운영자에게 이전되지 않는다. 그러므로 새로운 항공기 운영자는 자신의 운용환경, 정비능력을 고려하여 관할 지방항공청장의 인가를 받아야 한다.

5.3 | 수송(T)류 비행기(Part 25, 감항분류가 수송(T)류인 비행기에 대한 기술기준)

5.3.1 적용

본 기술기준은 별도로 정한 경우를 제외하고는 최대이륙중량이 5,700kg 초과하는 수송류 비행기에 대하여 적용한다. 신청자는 증명을 받고자 하는 비행기가 Part 25의 해당 기술기준에 적합하다는 것을 증명하여야 하며, 수송(T)류 비행기에 대한 기술기준은 다음 사항을 포함한다.

(1) Subpart A – 일반
(2) Subpart B – 비행
(3) Subpart C – 구조
(4) Subpart D – 설계 및 구조
(5) Subpart E – 동력장치
(6) Subpart F – 장비
(7) Subpart G – 운용제한사항, 표시 및 비행교범
(8) Subpart H – 전선연결시스템(EWIS)

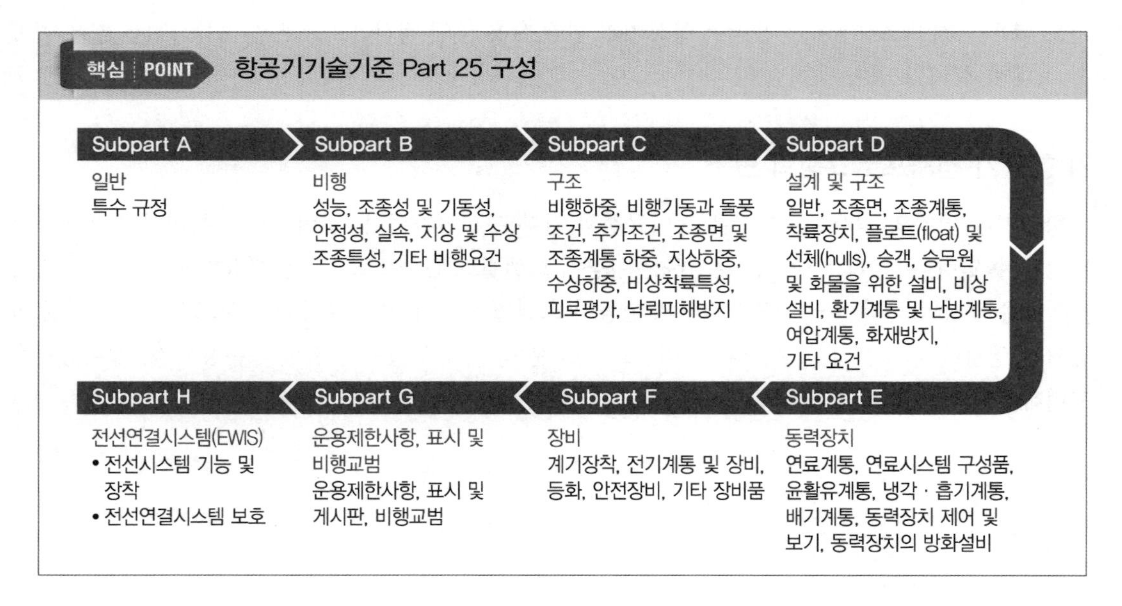

5.3.2 Subpart B – 비행(중량중심)

1) 중량중심

비행기를 안전하게 운용할 수 있는 중량 및 중량중심의 범위를 설정하여야 한다. 만일 어느 한 가지

중량과 중량중심의 조합이 실수로 한계를 초과할 염려가 있는 특정한 중량분포범위 내에서만(날개길이 방향같이) 허용되는 경우 이러한 범위와 그에 대응하는 중량과 중량중심의 조합을 설정해 두어야 한다. 실제적으로 구분할 수 있는 각 운용조건에 대해 최전방 및 최후방 중량중심의 범위를 설정하여야 한다. 공허중량과 이에 해당하는 중량중심은 다음 사항들을 포함한 비행기의 중량을 측정하여 결정하여야 한다.

(1) 고정 밸러스트
(2) 사용불능연료
(3) 윤활유, 유압유, 비행기 계통의 정상운전에 필요한 기타 유체(단, 음료수, 화장실용수, 엔진 분사용 물 등은 제외)를 포함하는 작동유체 전량

핵심 POINT 중량중심 결정 시 고려사항

중량중심은 다음 사항을 포함한 비행기 중량을 측정하여 결정
- 고정 밸러스트
- 사용불능연료
- 작동유체 전량
  윤활유, 유압유, 비행기 계통의 정상운전에 필요한 기타 유체
  단, 음료수, 화장실용수, 엔진 분사용 물 등은 제외

5.3.3 Subpart D – 설계 및 구조(항공기 각각의 system 설계 시 적용 기준)

1) 재료

비행기에는 경험에 의해 위험하거나 또는 신뢰성이 없는 것으로 나타난 설계특성 혹은 부품을 사용하지 않아야 한다. 적합성이 의문시되는 각각의 세부설계 및 부품은 시험을 통하여 이를 확인해야 한다. 부품의 파손으로 인하여 안전성에 부정적인 영향이 발생할 수 있다면 사용되는 재료의 적합성과 내구성은 다음과 같아야 한다.

(1) 사용경험 또는 시험에 근거하여 입증되어야 한다.
(2) 설계 자료의 강도 및 기타 가정된 특성을 보증하는 승인된 규격(산업규격, 국방규격 또는 기술표준품 등)에 적합하여야 한다.
(3) 온도 및 습도 등과 같은 운용 중 예상되는 환경 조건을 고려해야 한다.

핵심 POINT 재료의 적합성과 내구성

- 사용경험 또는 시험에 근거하여 입증
- 설계 자료의 강도 및 기타 가정된 특성을 보증하는 승인된 규격 (산업규격, 국방규격 또는 기술표준품 등)
- 온도 및 습도 등과 같은 운용 중 예상되는 환경 조건을 고려

2) 결합구(fastener)

결합구가 손실되면 통상의 조종기술 및 힘을 사용하여 항공기 설계한계 내에서 계속 비행하거나 착륙할 수 없는 경우 또는 결합구가 손실되면 피치(pitch), 요우(yaw) 또는 롤(roll) 조종성능이 저하되거나 또는 반응성이 Subpart B의 요구조건보다 감소하는 경우에 해당하는 경우 장탈 가능한 볼트, 스크루, 너트, 핀 또는 기타 장탈 가능한 결합구는 두 개의 분리된 잠금 장치를 강구해야 한다. 자체 잠금너트는 자체 잠금장치에 마찰 방식이 아닌 잠금장치를 부가하는 경우 외에는 운용 중 회전하는 볼트에 사용하지 않아야 한다.

핵심 POINT fastener 잠금장치

- 결합구가 손실되면 착륙할 수 없는 경우나 조종성능이 저하되거나 반응성이 요구조건보다 감소하는 경우
- 장탈 가능한 볼트, 스크루, 너트, 핀 또는 기타 장탈 가능한 결합구는 잠금장치를 강구해야 한다.

자체 잠금너트는 자체 잠금장치에 마찰 방식이 아닌 잠금장치를 부가하는 경우 외에는 운용 중 회전하는 볼트에 사용하지 않아야 한다.

3) 조종계통

모든 조종장치 및 조종계통은 쉽고, 원활하며 확실하게 작동하여야 하며, 모든 조종계통의 각 부분은 조종계통의 기능불량이 발생할 수 있는 부정확한 조립의 가능성을 최소화하도록 설계하거나 또는 구별되는 영구적인 표시를 해야 한다.

비행기는 다음과 같은 조종계통 및 조종면(트림, 양력, 항력 및 조종력 감지계통을 포함)의 결함이나 선체(hull)(jamming)가 발생한 후에도 특별한 조종기술 또는 체력이 필요 없이 통상의 비행 영역선도 내에서 안전한 비행을 계속하여 착륙할 수 있다는 것을 해석, 시험 또는 그 두 방법 모두를 사용하여 입증하여야 한다. 발생 가능한 기능불량은 조종계통 조작에 오직 미미한 영향만을 끼치고 조종사가 용이하게 대응할 수 있어야 한다.

비행기는 모든 엔진이 고장난 경우에도 조종이 가능하도록 설계하여야 한다. 이 요구조건의 적합성은 신뢰할 수 있다고 입증된 해석을 사용하여 입증할 수도 있다.

핵심 POINT 조종계통

- 모든 조종장치 및 조종계통은 쉽고, 원활하며 확실하게 작동하여야 한다.
- 조종계통의 기능불량이 발생할 수 있는 부정확한 조립의 가능성을 최소화하도록 설계하거나 구별되는 영구적인 표시를 해야 한다.
- 비행기는 모든 엔진이 고장난 경우에도 조종이 가능하도록 설계하여야 한다.

조종사가 결함을 알지 못하는 사이에 안정성 증가 계통이나 다른 자동 혹은 동력식 계통의 결함 때문에 불안전 상태로 빠져들 수 있는 경우, 모든 가능한 비행상태에서 조종사가 주의를 기울이지 않아도 명확히 인식할 수 있는 경보장치를 구비하여야 한다. 경보장치가 조종계통을 작동시키지 않아야 한다.

모든 조종계통은 그 계통에 의해 조종되는 각각의 움직이는 공기역학적 조종면의 작동범위를 확실히 제한하는 정지장치를 구비하여야 한다.

비행기가 지상 또는 수상에 있을 때 돌풍충격에 의한 조종면(탭을 포함) 및 조종계통 손상을 방지하는 장치를 구비하여야 한다. 이 장치가 조종사에 의한 조종면의 정상작동을 방해하도록 연결되어 있는 경우, 조종사가 주조종장치를 통상의 방법으로 조작하면 자동적으로 연결이 해제되어야 하고, 이륙 출발 시 조종사에게 그 장치가 연결되어 있음을 반드시 경고함으로써 비행기의 운항을 제한할 수 있어야 한다.

핵심 POINT 돌풍대비장치

- 비행기가 지상 또는 수상에 있을 때 돌풍충격에 의한 조종면(탭을 포함) 및 조종계통 손상을 방지하는 장치를 구비하여야 한다. 이때 조종사에 의한 조종면의 정상작동을 방해하도록 연결되지 않아야 한다.
- 조종사가 주조종장치를 통상의 방법으로 조작하면 자동적으로 연결이 해제될 것
- 이륙 출발 시 조종사에게 그 장치가 연결되어 있음을 반드시 경고함으로써 비행기의 운항을 제한할 것

각각의 케이블, 케이블 피팅, 조임쇠(turn buckle), 꼬아 잇기(splice) 및 활차는 승인을 받아야 하며, 직경이 3mm(1/8in) 이하인 케이블은 보조익, 승강타 또는 방향타계통에 사용할 수 없다. 각각의 케이블계통은 비행기의 운용조건 및 변화하는 온도에서 모든 행정구간에 걸쳐 장력에 위험한 변화가 생기지 않도록 설계하여야 한다. 페어리드는 케이블 방향이 3도 이상 변하지 않도록 장착하여야 하며, 페어리드, 활차, 단자(terminal) 및 조임쇠는 육안검사가 가능한 설비가 있어야 한다.

핵심 POINT 조종케이블 기준

- 직경이 3mm(1/8in) 이하인 케이블은 보조익, 승강타 또는 방향타계통에 사용할 수 없다.
- 페어리드는 케이블 방향이 3도 이상 변하지 않도록 장착하여야 한다.

날개의 플랩이나 앞전의 고양력장치 위치가 이륙 시의 허용범위를 벗어난 경우, 날개의 스포일러, 속도 제동장치 또는 세로방향 트림장치가 안전한 이륙을 보장하는 위치에 있지 않은 경우 등 항공기가 안전하게 이륙할 수 없는 상태가 되면 이륙활주의 초기에 자동적으로 작동하여 음성 경보를 조종사에게 알려주는 이륙경보장치를 장착하여야 하며 요구된 경보는 다음과 같은 경우가 될 때까지 계속되어야 한다.

(1) 안전하게 이륙할 수 있도록 상태가 변경될 때

(2) 조종사가 이륙활주를 중지하는 조치를 취했을 때
(3) 비행기가 이륙을 위해 회전했을 때
(4) 조종사가 인위적으로 경보를 껐을 때

핵심 POINT 조종면 경고장치

항공기가 안전하게 이륙할 수 없는 상태가 되면 이륙활주의 초기에 자동적으로 작동하여 음성 경보를 조종사에게 알려주어야 한다.

- 날개의 플랩이나 앞전의 고양력장치 위치가 이륙 시의 허용범위를 벗어난 경우
- 날개의 스포일러, 속도 제동장치 또는 세로방향 트림장치가 안전한 이륙을 보장하는 위치에 있지 않은 경우

- 안전하게 이륙할 수 있도록 상태가 변경될 때
- 조종사가 이륙활주를 중지하는 조치를 취했을 때
- 비행기가 이륙을 위해 회전했을 때
- 조종사가 인위적으로 경보를 껐을 때

4) 착륙장치

주착륙장치는 이착륙 시의 과부하(상방향 및 후방향에 작용하는 과부하를 가정)에 의해 손상되는 경우 조종사 좌석을 제외한 승객 정원이 9인 이하인 비행기의 경우 기체 내부의 모든 연료계통에서 충분한 연료누출이 있을 경우와 조종사 좌석을 제외한 승객 정원이 10인 이상인 비행기의 경우 모든 연료계통에서 충분한 연료누출이 있을 때 화재발생을 유발하지 않도록 설계하여야 한다. 조종사 좌석을 제외한 승객 정원이 10인 이상인 비행기의 경우 하나 혹은 그 이상의 착륙장치가 펴지지 않은 상태로도 화재를 유발하는 충분한 연료누출이 발생할 수 있는 구조부위의 파손 없이 비행기가 포장된 활주로에 착륙할 수 있도록 설계되어야 한다.

인입장치를 가진 비행기는 바퀴위치 표시기(표시기를 작동시키기 위해 필요한 스위치 포함) 또는 착륙장치가 내림(또는 올림)의 위치로 고정된 것을 조종사에게 알려주는 장치가 있어야 하며 다음과 같은 기준에 따라 설계하여야 한다.

(1) 스위치가 사용되는 경우에는 착륙장치가 완전히 내려지지 않았을 때 「내린 상태로 고정됨」, 또는 착륙장치가 완전히 접히지 않았을 때 「올린 상태로 고정됨」과 같은 잘못된 표시를 하지 않도록 착륙장치의 기계적인 계통에 배치하고 연결하여야 한다. 스위치는 실제 착륙장치의 잠금걸쇠나 잠금장치에 의해 작동되는 곳에 배치할 수 있다.
(2) 착륙장치가 내린 상태로 고정되지 않았을 때 착륙을 시도하면 계속해서 또는 주기적으로 반복해서 운항승무원에게 청각적인 경고를 주어야 한다.

(3) 경고는 착륙을 포기하고 재상승하거나 착륙장치가 고정될 때까지 충분한 시간 동안 계속되어야 한다.
(4) 상기 (2)항에서 규정된 경고는 운항승무원이 본능적으로 부주의하게 또는 습관적인 행동 등에 의해 인위적으로 차단하는 수단이 없어야 한다.
(5) 청각신호를 발생하는 장치는 오작동이나 결함이 없도록 설계하여야 한다.
(6) 경고장치의 작동을 방해할 수 있는, 착륙장치 청각경고를 못하게 하는 계통들의 결함은 발생하지 않아야 한다.

핵심 POINT 위치 표시기 및 경보장치

- 착륙장치가 내림 또는 올림 위치로 고정된 것을 조종사에게 알려주는 장치가 있어야 한다.
- 잘못된 표시를 하지 않도록 착륙장치의 기계적인 계통에 배치하고 연결하여야 한다.
- 착륙장치가 내린 상태로 고정되지 않았을 때 착륙을 시도하면 계속해서 또는 주기적으로 반복해서 운항승무원에게 청각적인 경고를 주어야 한다.
- 경고는 착륙을 포기하고 재상승하거나 착륙장치가 고정될 때까지 충분한 시간 동안 계속되어야 한다.
- 운항승무원이 본능적으로 부주의하게 또는 습관적인 행동 등에 의해 인위적으로 차단하는 수단이 없어야 한다.

차륜 및 타이어 조립체에 대한 과도한 압력으로 인하여 생길 수 있는 차륜결함 및 타이어 파열을 방지할 수 있는 장치가 각 차륜에 대하여 있어야 한다.

핵심 POINT 타이어 파열 방지장치

[과압으로 인한 파열 방지]
차륜 및 타이어 조립체에 대한 과도한 압력으로 인하여 생길 수 있는 차륜결함 및 타이어 파열을 방지할 수 있는 장치가 각 차륜에 대하여 있어야 한다.

전기식, 공압식, 유압식 또는 기계식 연결요소나 전달요소에 결함이 발생하는 경우 또는 하나의 유압원 혹은 기타 제동장치를 구동하도록 에너지를 공급하는 공급원을 상실한 경우에 정해지는 착륙거리의 2배 미만인 제동 롤 정지거리에서 비행기가 멈출 수 있어야 한다.

한 개 엔진은 최대추력 상태이고 나머지 엔진 하나 혹은 모두가 지상에서 최대 공회전 추력인 상태가 가장 위험한 상태로 상호 조합되었을 때 비행기는 건조하고 편평한 포장 활주로에서 구르는 것을 방지할 수 있도록 주차 제동장치를 가지고 있어야 한다. 주차 제동장치는 조작장치를 주차 위치로 놓았을 때 추가적인 조작이 없어도 구름을 방지할 수 있어야 한다.

> **핵심 POINT** parking brake
>
> [항공기 주기 중 제동장치]
> - 지상에서 엔진이 최대 공회전 추력인 상태에서 가장 위험한 상태로 상호 조합되었을 때 비행기는 건조하고 편평한 포장 활주로에서 구르는 것을 방지할 수 있도록 주차 제동장치를 가지고 있어야 한다.
> - 주차 제동장치는 조작장치를 주차 위치로 놓았을 때 추가적인 조작이 없어도 구름을 방지할 수 있어야 한다.

열 싱크가 허용 가능한 한계까지 마모되었을 때 각 제동장치 조립체에 이를 지시하여 주는 장치가 있어야 한다. 이 장치는 신뢰성이 있고 쉽게 볼 수 있는 것이어야 한다. 제동장치 온도 상승으로 인한 차륜의 결함, 타이어 파열 또는 이 모두를 방지할 수 있는 장치가 각 제동 차륜에 있어야 한다.

> **핵심 POINT** brake wear indicator
>
> [제동장치 마모 지시계]
> 열 싱크가 허용 가능한 한계까지 마모되었을 때 각 제동장치 조립체에 이를 지시하여 주는 장치가 있어야 한다. 이 장치는 신뢰성이 있고 쉽게 볼 수 있는 것이어야 한다.
>
> [과열 파열 방지]
> 제동장치 온도 상승으로 인한 차륜의 결함, 타이어 파열 또는 이 모두를 방지할 수 있는 장치가 각 제동 차륜에 있어야 한다.

5) 승객, 승무원 및 화물을 위한 설비

조종실 조종장치는 다음과 같이 조작하고 작동하도록 설계하여야 한다.

(1) 주조종장치

조종장치	조 작	효 과
보조익	오른쪽(시계방향)으로	우익이 내려감
승강타	후방으로	기수가 올라감
방향타	오른쪽 페달 전방으로	기수가 오른쪽으로

(2) 2차 조종장치

조종장치	조 작	효 과
플랩 (또는 보조 양력장치)	전방으로	플랩을 올림
	후방으로	플랩을 내림
트림 탭 (또는 동등한 것)	회전	조종장치 축에 평행한 비행기 축을 기준으로 같은 방향 회전

(3) 동력장치 조작장치

조종장치	조 작	효 과
출력 또는 추력	전방	전방추력 증가
	후방	후방추력 증가
프로펠러	전방	회전수 증가
혼합기 조작장치	전방 또는 위로	농도를 진하게 함
기화기 공기예열장치	전방 또는 위로	차갑게 함
과급기	전방 또는 위로	낮은 송풍
(터보 과급기)	전방, 위 또는 시계방향	압력 증가

(4) 보조 조작장치

조종장치	조 작	효 과
착륙장치	아래 방향	착륙장치 내림

조종실 조종장치의 손잡이는 다음 그림과 같은 일반적인 형태와 일치하여야 한다. 단, 모양이나 비율이 꼭 같을 필요는 없다.

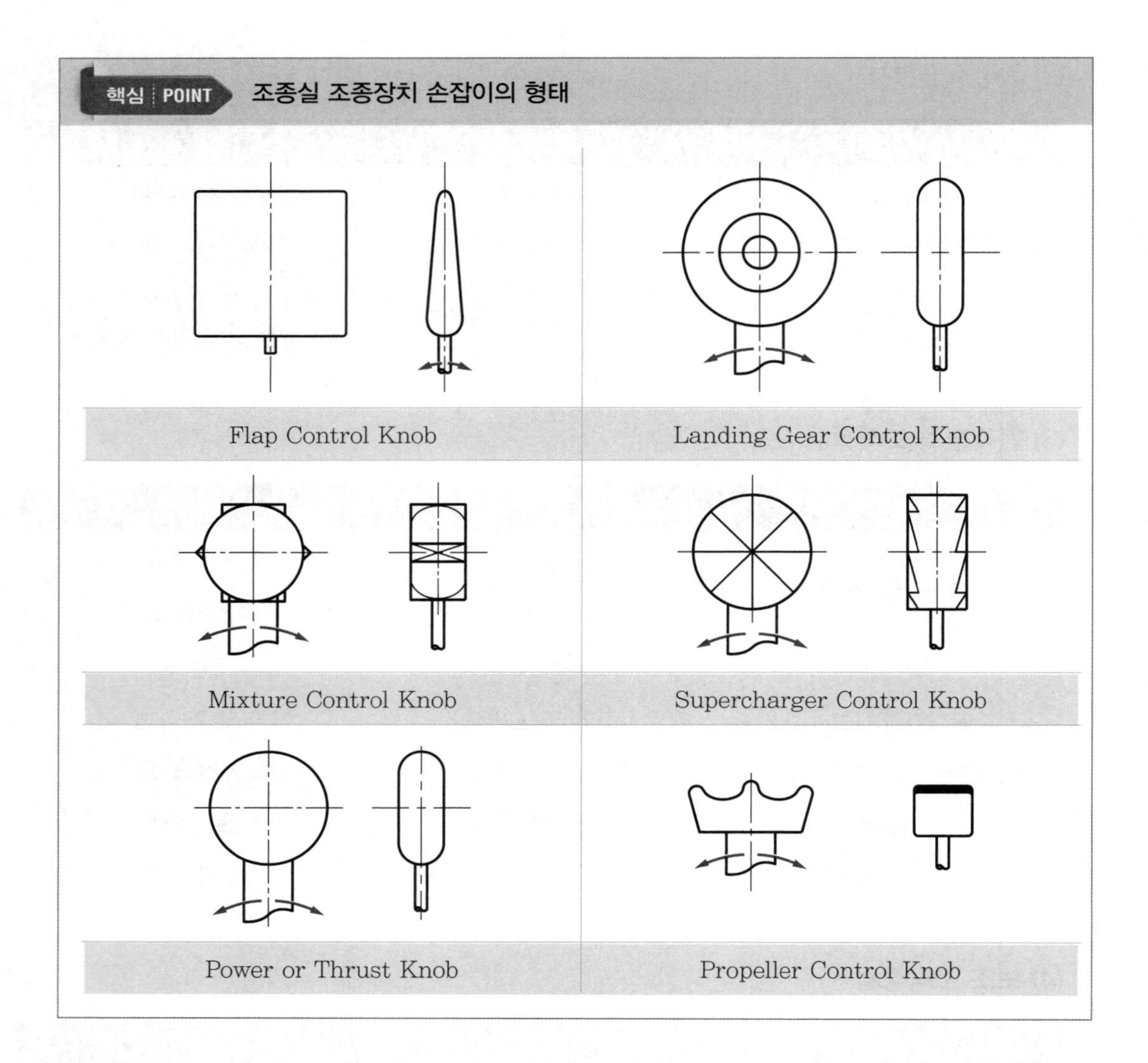

6) 비상탈출

충돌 착륙 시 비행기에 화재가 나는 것을 고려하여, 객실 및 조종실에는 착륙장치를 편 상태에서도 접은 상태와 마찬가지로 신속한 탈출이 가능한 비상수단이 있어야 한다. 승객정원이 44인을 넘는 비행기는 모의 비상 상황으로 운용 규칙에서 요구하는 승무원 수를 포함하는 최대 탑승객이 90초 이내에 비행기에서 지상으로 탈출할 수 있다는 것을 입증하여야 한다.

핵심 POINT 비상탈출

- 충돌 착륙 시 비행기에 화재가 나는 것을 고려하여, 객실 및 조종실에는 착륙장치를 편 상태에서도 접은 상태와 마찬가지로 신속한 탈출이 가능한 비상수단이 있어야 한다.
- 최대 탑승객이 90초 이내에 비행기에서 지상으로 탈출할 수 있다는 것을 입증하여야 한다.

승객용 통로가 한 개밖에 없는 비행기는 통로 양쪽 옆의 좌석이 각각 3개를 초과할 수 없으며, 승객 좌석 사이의 승객용 통로 폭은 다음 표의 값 이상이어야 한다.

승객 정원수	승객용 통로 폭의 최소값	
	바닥에서 64cm(25in) 미만인 곳	바닥에서 64cm(25in) 이상인 곳
10인 이하	30cm(12in)*	38cm(15in)
11인~19인	30cm(12in)	51cm(20in)
20인 이상	38cm(15in)	51cm(20in)

* 국토교통부장관이 요구하는 시험에 의해 입증된 경우에는 규정보다 좁은 것이 허용되지만, 그 값은 23cm(9in) 이상이어야 한다.

7) 여압계통

여압실 및 비행 중 사람이 사용하는 부분은 정상운용상태의 비행기 최대운용고도에서 객실여압고도가 2,400m(8,000ft) 이하로 되도록 설비하여야 한다. 7,600m(25,000ft) 이상의 고도에서의 운용에 대해서 증명을 얻으려고 하는 비행기에 있어서는 여압계통의 예상되는 고장 또는 기능불량이 일어난 경우에 있어서 4,500m(15,000ft) 이하의 객실여압고도를 유지할 수 있어야 한다.

핵심 POINT 여압실 설계기준

[여압실]
정상운용상태의 비행기 최대운용고도에서 객실여압고도가 2,400m(8,000ft) 이하로 되도록 설계하여야 한다.

[승객이 노출되지 말아야 할 객실고도 기준]
- 2분 이상의 7,600m(25,000ft) 이상의 고도
- 모든 기간 중 12,100m(40,000ft)

비행기는 여압계통의 고장 또는 기능불량으로 인한 감압 후, 2분 이상의 7,600m(25,000ft) 이상의 고도에 승객이 노출되거나, 모든 기간 중 12,100m(40,000ft)를 초과하는 객실여압고도에 승객들이

노출되지 않아야 한다. 또한 동체구조, 엔진 및 계통의 고장에 따른 객실 감압을 충분히 고려하여야 한다. 여압실에는 객실여압을 제어하기 위하여 적어도 다음의 제어장치 및 지시기를 장착하여야 한다.

(1) 압축기가 발생하는 것이 가능한 최대유량의 경우에 정(+)의 압력차를 미리 결정된 값에 자동적으로 제한하는 두 개의 감압밸브가 필요하며, 이들 감압밸브의 각각의 능력은 하나라도 고장나면 압력차가 상당한 정도의 상승을 초래하는 것이 아니어야 한다. 또한 압력차는 외기압보다 객실의 압력이 높은 때에 정(+)으로 한다.

(2) 비행기 구조를 파손하는 부(−)의 압력차로 되는 것을 자동적으로 막는 두 개의 안전밸브(또는 그것과 동등의 것)가 필요하다. 단, 그 기능불량을 방지하는 것이 가능한 설계의 경우에는 한 개의 안전밸브만을 설비하여도 된다.

(3) 압력차를 급격히 영까지 감소시키는 장치

(4) 소요 실내의 압력 및 환기율을 유지하는 것이 가능하도록 흡입 공기량 혹은 배출 공기량 또는 그 양자를 제어하기 위한 자동 또는 수동 조정기

(5) 조종사 또는 기관사에게 압력차, 실내압력고도 및 실내압력고도의 변화율을 지시하는 계기

(6) 압력차 및 실내압력고도가 안전한계치 또는 미리 정해둔 값을 넘는 경우에 조종사 또는 기관사에게 그것을 알리는 경보지시기가 필요하며, 적절한 경계표시를 부착한 객실 압력차 지시계는 압력차에 대해서 경보지시기로 간주한다. 객실압력고도가 3,000m(10,000ft) 이상으로 된 때에는 승무원에게 경보를 주는 청각 또는 시각에 의한 신호(객실고도 지시장치의 타에 장착한)는 실내압력고도에 대해서 경보지시기로 간주한다.

(7) 비행기 구조가 최대 감압밸브 위치까지의 압력차와 착륙하중과의 조합에 대해서 설계되어 있지 않은 경우에는 그것을 조종사 또는 기관사에게 경고하는 게시판이 필요하다.

(8) 산소공급장치 기준에서 규정하는 장비가 필요로 하는 압력감지기 및 압력감지계통의 배치 또는 설계는 객실 및 승무원실(이층 및 객실 아래의 조리실을 포함) 어느 것인가 하나에 있어서 실내압력의 손실이 생긴 경우에 있어서도 필요한 산소공급장치가 자동적으로 탑승자의 앞에 출현하는 장치가 감압에 의해서 위험이 현저히 증대하는 시간적 지체 없이 작동하도록 한 것이어야 한다.

핵심 POINT 객실여압을 위한 필수 장착 장치

- 정(+)의 압력차를 미리 결정된 값에 자동적으로 제한하는 두 개의 감압밸브
- 비행기 구조를 파손하는 부(−)의 압력차로 되는 것을 자동적으로 막는 두 개의 안전밸브
- 압력차를 급격히 영까지 감소시키는 장치
- 흡기 공기량 또는 배출 공기량을 제어하기 위한 자동 또는 수동 조정기
- 압력차, 실내압력고도 및 실내압력고도의 변화율을 지시하는 계기
- 안전한계치 또는 미리 정해둔 값을 넘는 경우에 조종사에게 알리는 경보지시기

8) 화재방지

객실에는 사용에 편리한 위치에 적어도 다음 수량의 휴대용 소화기가 구비되어야 하며, 승무원실에는 사용에 편리한 위치에 적어도 한 대의 소화기가 구비되어 있어야 한다. a급 또는 b급의 화물 또는 수하물실 그리고 비행 중 승무원 출입이 가능한 모든 e급 화물실에는 용이하게 이용 가능한 휴대용 소화기를 구비하여야 한다. 객실 상부 또는 하부에 위치한 각 취사실에는 사용에 편리한 위치에 적어도 한 대의 소화기가 구비되어 있어야 한다.

휴대용 소화기는 승인된 것이어야 하며, 승객 31~60인 비행기의 객실에는 적어도 한 대, 승객 61인 이상인 비행기의 객실에는 적어도 2대의 소화기(소화제로서 halon 1211 또는 이와 동등한 것)가 구비되어야 한다. 소화제의 종류는 소화기를 사용하려고 하는 곳에서 발생 가능한 화재의 종류에 대해서 적당한 것이어야 하고, 각 소화기에 요구되는 소화제의 양은 가능한 화재의 종류에 대해서 적당한 것이어야 한다. 그리고 객실에서 사용하려고 하는 소화기는 위험한 유독가스의 농도를 최소로 하도록 설계된 것이어야 한다.

핵심 POINT 휴대용 소화기 비치 개수

객실에는 사용에 편리한 위치에 적어도 다음 수량의 휴대용 소화기가 구비되어야 한다.

휴대용 소화기의 최소 수량	
승객 수	소화기 수량
7~30인	1
31~60인	2
61~200인	3
201~300인	4
301~400인	5
401~500인	6
501~600인	7
601~700인	8

5.3.4 Subpart E – 동력장치(engine 설계 시 적용 기준)

1) 일반

터빈엔진 장착에 대한 요구조건은 다음과 같다.

(1) 엔진 로터가 파손되거나 엔진 내부에서 발생한 화재가 엔진 덮개를 통과하여 진전되는 경우에 대비하여 비행기의 피해를 최소화할 수 있도록 설계상의 예방책을 강구하여야 한다.

(2) 동력장치 계통과 엔진 조종장치, 시스템, 계기 등은 터빈로터의 구조에 불리한 영향을 미치는 운용한계가 가동 중에 초과되지 않도록 설계되어야 한다.

프로펠러의 여유간격은, 보다 작은 간격으로도 안전하다고 입증되지 않는 한, 프로펠러의 여유간격들은 비행기의 중량이 최대이고 중량중심의 위치와 프로펠러피치의 위치가 가장 불리한 상태일 때 다음 값들보다 작지 않아야 한다.

① 지면과의 여유간격: 착륙장치가 정적으로 수축된 상태에서의 수평 이륙 자세와 주행 자세 중에서 가장 작은 지면과의 여유 간격은 전륜식 비행기는 17.78cm(7in), 후륜식 비행기는 22.86cm(9in) 이상이어야 한다. 또한, 수평이륙 자세에서 임계 타이어가 완전히 파열되고 착륙장치 스트러트가 지면에 닿은 경우에도 프로펠러와 지면 사이에 충분한 간격이 유지되어야 한다.

② 수면과의 여유간격: 보다 작은 간격으로도 25.239(a)항에 대한 적합성이 입증되지 않는 한, 프로펠러와 수면 사이에는 최소한 45.72cm(18in) 이상의 여유간격이 있어야 한다.

③ 기체구조와의 여유간격: 프로펠러블레이드의 끝부분과 비행기 구조 사이에는 최소한 1인치(2.54cm)의 여유간격이 있어야 하며 유해한 진동을 예방하기 위해 필요한 만큼의 간격이 추가되어야 한다. 프로펠러블레이드 또는 커프(cuff)와 비행기에 고정되어 있는 부품 사이에 축방향으로 최소한 0.5인치(1.27cm) 이상의 여유간격이 있어야 한다. 프로펠러의 기타 회전 부위 또는 스피너와 비행기에 고정되어 있는 부품 사이에 여유간격이 있어야 한다.

핵심 POINT 프로펠러블레이드의 간격

[지면과의 간격]
보다 작은 간격으로 안전하다고 입증되지 않는 한, 프로펠러의 여유간격들은 비행기 중량이 최대이고 무게중심의 위치와 프로펠러피치의 위치가 가장 불리한 상태일 때

- 전륜식 비행기: 17.78cm(7in)
- 후륜식 비행기: 22.86cm(9in)

프로펠러블레이드의 끝부분과 비행기 구조 사이에는 최소한 1in의 여유공간

2) 연료계통

연료계통은 인증된 모든 기동과 엔진과 보조동력장치의 사용이 허용되는 조건을 포함한 모든 예상 운용조건에서 엔진 및 보조동력장치의 적절한 기능을 위해 설정된 유량 및 압력으로 연료 흐름이 이루어지도록 구성하고 배치하여야 한다.

모든 연료계통은 내부에 들어간 공기가 다음과 같은 상태를 유발하지 않도록 배치하여야 한다.

(1) 왕복엔진의 20초 이상의 출력 중단

(2) 터빈엔진의 운전정지

핵심 | POINT 연료계통의 일반 조건

모든 예상 운용 조건에서 엔진 및 보조동력장치의 적절한 기능을 위해 설정된 유량 및 압력으로 연료 흐름이 이루어지도록 구성하고 배치하여야 한다.

연료계통 내부에 유입된 공기가 다음과 같은 상태를 유발하지 않도록 배치
- 왕복엔진의 20초 이상의 출력 중단
- 터빈엔진의 운전정지

터빈엔진의 연료시스템은 26.7℃(80℉)에서 연료에 리터당 0.198cc(0.75cc/gal)의 비율로 물을 넣고 운용 중에 예상되는 최악의 결빙 조건에서 냉각시킨 연료를 사용하더라도 정상적인 유량 및 압력을 보이며 지속적으로 작동할 것

터빈엔진의 각 연료시스템은 초기에 26.7℃(80℉)에서 포화상태에 이른 연료에 리터당 0.198cc (0.75cc/gal)의 비율로 물을 넣고 운용 중에 예상되는 최악의 결빙조건에서 냉각시킨 연료를 사용하더라도 정상적인 유량 및 압력을 보이며 지속적으로 작동할 수 있어야 한다.

터빈엔진을 장착한 비행기의 연료시스템은 기술기준 Part 34에 따른 연료배출과 관련한 요구조건을 충족해야 한다.

(1) 연료탱크 장착

각 연료탱크는 지지되지 않은 탱크 표면에 탱크하중(탱크 내부연료의 중량으로 인한 하중)이 집중되지 않도록 지지되어야 하며, 다음 사항을 따라야 한다.

① 마찰손상을 방지하기 위한 패드를 필요에 따라 탱크와 지지부 사이에 넣는다.

② 패드는 비흡수성이거나 유체흡수를 방지하기 위한 처리를 한 것이어야 한다.

③ 유연성 탱크라이너를 사용한 경우, 라이너가 유체의 하중을 지탱할 필요가 없도록 지지되어야 한다.

④ 유연성 탱크라이너를 장착하는 기체 내부면은 라이너의 마모를 발생시킬 수 있는 돌출부가 없이

평탄하여야 한다. 단, 돌출부를 접하는 라이너 부위를 보호하는 장치가 있는 경우, 라이너 자체 구조로 보호되는 경우에는 이를 적용하지 않을 수 있다.

탱크외부 공간은 소량의 누설로 인한 연료 증기가 누적되지 않도록 환기를 시켜야 한다. 탱크가 밀폐된 공간에 있는 경우, 환기장치는 고도 변화에 따른 과다한 압력을 방지하기에 충분히 큰 배출구로 제한할 수 있다. 엔진의 주배기구 바로 뒤에 있는 엔진 나셀면은 통합 탱크의 벽면으로 사용할 수 없다. 모든 연료탱크는 연료와 연료가스를 차단하는 설비를 사용하여 사람이 사용하는 공간과 격리되어야 한다.

(2) 연료탱크의 팽창공간

모든 연료탱크에는 탱크 용량의 2% 이상의 팽창공간을 두어야 한다. 비행기가 정상적인 지상자세에 있는 경우에는 부주의한 경우에도 연료탱크의 팽창공간에는 연료가 공급되지 않아야 한다.

핵심 POINT 연료탱크의 팽창공간

- 모든 연료탱크에는 탱크 용량의 2% 이상의 팽창공간을 두어야 한다.
- 비행기가 정상적인 지상자세에 있는 경우에는 부주의한 경우에도 연료탱크의 팽창공간에는 연료가 공급되지 않아야 한다.

(3) 연료탱크 고이개(sump)

각 연료탱크에는 비행기가 정상적인 자세로 지상에 있을 때 탱크 용적의 0.1% 또는 0.24L(1/16gal) 이상의 용량을 가진 고이개가 있어야 한다. 단, 운용 중에 축적되는 수분의 양이 고이개의 용량을 초과하지 않음을 보장하는 운용한계가 설정된 경우는 예외로 한다.

각 연료탱크에 있는 위험한 분량의 수분은 탱크 내의 어느 곳에 있든지 비행기가 지상에 정상적인 자세로 있는 상태에서 고이개로 배수되어야 한다.

연료탱크의 고이개에는 다음과 같이 접근하기 쉬운 배출구가 있어야 한다.

① 지상에서 고이개를 완전히 배출할 수 있어야 함.

② 비행기의 각 부분에서 확실하게 배출할 수 있어야 함.

③ 닫힘 위치에서 확실하게 잠기는 수동 장치 또는 자동 장치가 있어야 함.

핵심 POINT **연료탱크의 고이개(sump)**

각 연료탱크에는 비행기가 정상적인 자세로 지상에 있을 때 탱크 용적의 0.1% 또는 0.24L(1/16gal) 이상의 용량을 가진 고이개가 있어야 한다.

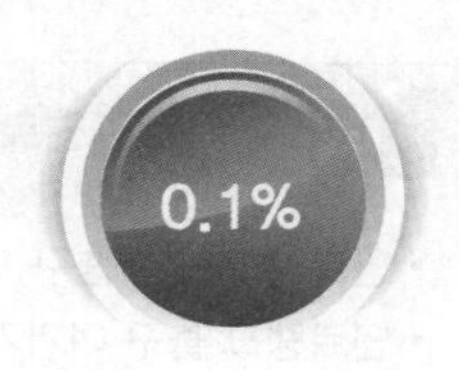

(4) 연료탱크 환기구

연료탱크의 환기구: 각 연료탱크는 모든 정상 비행상태에서 효과적인 환기를 위해 팽창공간의 최상부에서 환기가 이루어지도록 해야 하며 다음 사항을 따라야 한다.

① 각 환기구는 오물 또는 결빙현상으로 막히지 않도록 배치하여야 한다.
② 정상운용 중에 사이폰 현상이 발생하지 않도록 환기구를 배치하여야 한다.
③ 환기용량 및 환기압력의 수준은 정상적인 비행 운용 상태, 최대 상승 및 하강 비행, 연료 급유 및 배출(적용되는 경우)과 같은 상태에서 탱크 내외부의 허용 차압을 유지하는 것이어야 한다.
④ 출구가 서로 연결되어 있는 연료탱크들의 공기 공간은 서로 연결되어 있어야 한다.
⑤ 비행기가 지상에 있거나 수평비행 자세일 때, 모든 환기용 배관에는 수분이 축적될 수 있는 공간이 없어야 한다. 단, 이러한 목적의 배출 설비가 있는 경우에는 이 제한사항을 적용하지 않는다.
⑥ 환기구 또는 배출장치의 출구는 환기구 출구에서 연료가 배출될 경우, 화재 위험이 있는 곳, 배출된 기화가스가 객실 또는 승무원실로 유입될 수 있는 곳과 같은 장소에 배치하지 않아야 한다.

핵심 POINT **연료탱크의 환기구**

각 연료탱크는 모든 정상 비행상태에서 효과적인 환기를 위해 팽창공간의 최상부에서 환기가 이루어지도록 해야 한다.

- 각 환기구는 오물 또는 결빙현상으로 막히지 않도록 배치
- 정상운용 중에 사이폰 현상이 발생하지 않도록 환기구를 배치
- 출구가 서로 연결되어 있는 연료탱크들의 공기 공간은 서로 연결
- 비행기가 지상에 있거나 수평비행 자세일 때, 모든 환기용 배관에는 수분이 축적될 수 있는 공간이 없어야 함

(5) 연료탱크 배출구

연료탱크의 배출구 또는 승압펌프에는 다음 기준에 적합한 연료여과기가 있어야 한다.

① 왕복엔진을 장착한 비행기의 여과기필터 그물망의 크기는 4~7mesh/cm(8~16mesh/in)이어야 한다.

② 터빈엔진을 장착한 비행기의 여과기는 연료 흐름을 방해하거나 연료 시스템의 구성품을 손상시킬 수 있는 모든 이물질을 통과시키지 않아야 한다.

핵심 POINT **연료탱크 배출구**

- 연료탱크의 배출구 또는 승압펌프에는 연료여과기가 있어야 한다.
- 연료탱크 출구 여과기의 여과유효면적은 연료탱크 배출구 배관 단면의 5배 이상이어야 한다.
- 여과기의 지름은 연료탱크 배출구 지름보다 커야 한다.
- 손가락형 여과기는 검사 및 세척이 용이하여야 한다.

연료탱크 출구 여과기의 여과유효면적은 연료탱크 배출구 배관 단면의 5배 이상이어야 한다.

여과기의 지름은 연료탱크 배출구 지름보다 커야 한다. 손가락형 여과기는 검사 및 세척이 용이하여야 한다.

3) 윤활유 계통

각 엔진에는 안전한 연속운전을 위해 온도를 초과하지 않는 적절한 분량의 오일을 엔진에 공급할 수 있는 독립된 오일 시스템이 있어야 한다.

사용 가능한 오일의 양은 임계 운용상태에서 비행기의 지속적인 운항을 위해 필요한 양과 동일한 조건에서 승인된 엔진의 최대 허용 오일 소모량에 시스템 내의 순환을 보증하기 위해 적절한 여유분을 더한 것보다 적지 않아야 한다. 피스톤 엔진을 장착한 비행기에 요구되는 오일의 양을 계산하기 위해서는 비행기 항속거리의 합리적인 분석 대신, 다음과 같은 연료/오일 비율을 사용할 수 있다.

(1) 예비 오일시스템 또는 오일 이송시스템을 장착하지 않은 비행기는 30:1의 연료/오일 체적비율
(2) 예비 오일시스템 또는 오일 이송시스템을 장착한 비행기는 40:1의 연료/오일 체적비율

엔진의 실제 오일 소모율에 관한 자료로서 입증한 경우, (1)항과 (2)항에서 규정하는 것보다 높은 연료/오일 비율을 사용할 수 있다.

(1) 오일탱크의 팽창공간

오일탱크에는 다음과 같은 팽창공간이 있어야 한다.

① 피스톤엔진에 사용하는 각 오일탱크는 탱크용량의 10% 또는 1.9L(0.5gal) 중 큰 값 이상인 팽창공간이 있어야 하며, 터빈엔진에 사용하는 각 오일탱크는 탱크용량의 10% 이상인 팽창공간이 있어야 한다.

② 어떤 엔진에도 직접 연결되어 있지 않은 예비 오일탱크에는 탱크용량의 2% 이상인 팽창공간이 있어야 한다.

③ 비행기의 정상적인 지상자세에서 부주의로 인해 오일탱크의 팽창공간을 오일로 채울 수 없도록 제작해야 한다.

핵심 POINT 오일탱크의 팽창공간

- 피스톤엔진에 사용되는 각 오일탱크는 탱크용량의 10% 또는 1.9L(0.5gal) 중 큰 값 이상인 팽창공간이 있어야 한다.
- 터빈엔진에 사용하는 각 오일탱크는 탱크용량의 10% 이상인 팽창공간이 있어야 한다.
- 비행기의 정상적인 지상자세에서 부주의로 인해 오일탱크의 팽창공간을 오일로 채울 수 없도록 제작해야 한다.

(2) 오일시스템 배출구

오일시스템의 안전한 배출을 위한 배출구가 있어야 하며, 각 배출구는 다음 기준에 적합하여야 한다.
① 접근이 용이하여야 한다.
② 닫힘 위치에서는 수동 또는 자동으로 확실히 잠기는 수단이 있어야 한다.

4) 동력장치의 방화설비

(1) 화재위험구역

다음과 같은 구역을 화재위험구역이라 한다.
① 엔진 출력 부분
② 엔진 보기 부분
③ 왕복엔진을 제외하고, 엔진 출력 부분과 엔진 보기 부분이 분리되어 있지 않은 경우 모든 동력장치실
④ 보조 동력 장치실
⑤ 연소식 가열기와 기타 연소 장비의 장착
⑥ 터빈엔진의 압축기 및 보기 부분
⑦ 터빈엔진에 있어서는 가연성 유체가 통과하는 관 또는 부품을 포함하는 연소실, 터빈 및 테일파이프 부분

(2) 소화제

소화제는 소화계통에 의해 보호된 구역에서는 유체나 그 밖의 가연성 물체의 연소로 발생되는 불을 소화할 수 있어야 하고, 저장된 곳에서 통상적으로 예상되는 온도 범위에서 열적 안정성이 있어야 한다.

유독한 소화제를 사용하는 경우 소화계통의 결함 유무에 관계없이(비행기의 정상 운용 중 유출이 발생하였을 때 또는 지상이나 비행 중 소화제를 방출하였을 때) 유독한 유체 또는 가스가 승객실이나 승무원실에 침투되는 것을 방지하기 위한 방법을 강구해야 한다. 더욱 이 기준에 적합함을 시험에 의해 증명해야 한다. 단, 다음에 언급하는 ①, ②항을 충족하는 이산화탄소 동체 부분 소화계통은 예외이다.

① 2.26kg(5lb) 이하의 이산화탄소가 설정된 화재제어 절차에 의해서 동체에 방출되는 경우

② 각 승무원을 위한 방호 호흡장비가 갖추어진 경우

2014년 12월 31일 이후에 형식승인을 신청하는 항공기에 장착된 엔진, 보조동력장치(APU)의 소화계통에는 Halon 1211, Halon 1301, Halon 2402를 사용하여서는 아니 된다.

핵심 POINT **엔진에 사용금지 소화제**

2014년 12월 31일 이후에 형식승인을 신청하는 항공기에 장착된 엔진, 보조동력장치의 소화계통은 Halon 1211, Halon 1301, Halon 2402를 사용하여서는 안 된다.

5.3.5 Subpart F – 장비

1) 일반

비행기에 장착하는 장비는 다음 사항들을 충족해야 한다.

(1) 소요되는 기능을 발휘하는 동일한 종류 및 설계여야 한다.

(2) 제품식별 표시, 기능, 운용한계 또는 이러한 항목 중 해당 사항의 조합을 나타내는 표찰을 부착하여야 한다.

(3) 해당 장비에 대해 규정된 제한사항에 따라 장착하여야 한다.

(4) 장착 후 기능이 정상적으로 작동하여야 한다.

2) 계기장착

경고등, 주의등 및 기타 지시등은 다음 사항들을 충족해야 한다. 경고등, 주의등 및 기타 지시등은 국토교통부에서 승인된 것이 아닌 한 다음 요건들에 적합해야 한다.

(1) 즉각적인 시정조치가 요구되는 상황을 알리는 경고등의 경우 적색으로 표시한다.

(2) 장차 시정조치를 해야 하는 상황을 알리는 주의등은 호박색으로 표시한다.

(3) 안전한 운용상태임을 알리는 경우는 녹색으로 표시한다.

3) 등화

위치표시등의 각 부품들은 다음 요건들을 충족하여야 한다.

(1) 전방 위치표시등: 전방 위치표시등은 옆쪽으로 충분히 떨어져서 적색등과 녹색등으로 구성하여 비행기의 진행방향에 대하여 적색등은 왼쪽에, 녹색등은 오른쪽에 비행기 전방에 장착하여야 한다. 이때 각 등화기구는 승인된 것이어야 한다.

(2) 후방 위치표시등: 후방 위치표시등은 꼬리날개의 충분한 후방쪽 또는 날개 끝단에 백색의 등을 장착하여야 하며 승인된 것이어야 한다.

(3) 등화기구의 덮개 및 색 필터: 등화기구의 덮개 및 색 필터는 화염에 견딜 수 있어야 하며 정상적인 사용 상태 하에서 색도나 모형이 변형되거나 손실되어서는 안 된다.

핵심 POINT 항공기 위치표시등의 요구조건

[위치표시등의 장착]
- 전방 위치표시등: 항공기 진행방향에 대하여 적색등은 왼쪽에, 녹색등은 오른쪽에 비행기 전방에 장착
- 후방 위치표시등: 꼬리날개의 충분한 후방쪽 또는 날개 끝단에 백색의 등을 장착

4) 기타 장비

(1) 유압시스템

유압시스템의 각 부품은 다음의 규정을 만족하도록 설계하여야 한다.

① 소정의 기능발휘를 막는 영구변형을 일으키지 않으면서 내압을 견딜 수 있어야 하며 파괴가 발생함이 없이 극한압력을 견딜 수 있어야 한다. 내압 및 극한압력은 다음과 같이 설계작동압력(Design Operating Pressure, DOP)에 대한 비율로서 정의한다.

요소	내압(×DOP)	극한압력(×DOP)
1. 튜브 및 피팅	1.5	3.0
2. 압력가스를 담는 압력용기 – 고압(축압기 등) – 저압(레저버 등)	 3.0 1.5	 4.0 3.0
3. 호스	2.0	4.0
4. 기타	1.5	2.0

핵심 POINT **유압시스템 설계작동압력(design operating pressure)**

소정의 기능발휘를 막는 영구변형을 일으키지 않으면서 내압을 견딜 수 있어야 하며 파괴가 발생함 없이 극한압력을 견딜 수 있어야 한다.

(2) 산소공급장치에 대한 기준

탑재되는 산소공급장치는 다음 사항들을 충족해야 한다.

① 보조산소의 공급은 공급을 받는 사람별로 개별적으로 이루어져야 한다. 공급장치는 코와 입을 덮고 사용하는 중에 안면 위에 잡아둘 수 있어야 한다. 승무원용 마스크에는 통신장비를 사용할 수 있는 장치가 있어야 한다.

② 7,620m(25,000ft)까지의 비행고도에서의 운항허가를 받고자 하는 비행기에는 승무원이 즉시 사용할 수 있는 산소공급단말장치 및 산소분배장치를 승무원이 쉽게 접근할 수 있는 위치에 두어야 한다. 다른 탑승자의 경우 본 항공기기술기준 내의 해당 운용 규정 요건에 따라 산소공급단말장치 및 산소분배장치를 이용할 수 있는 위치에 두어야 한다.

③ 7,620m(25,000ft) 이상의 비행고도에서의 운항허가를 받고자 하는 비행기에는 다음 사항들을 충족하는 산소공급장치를 탑재해야 한다.

핵심 POINT **산소공급장치에 대한 기준**

[7,620m(25,000ft) 이상의 고공에서 운항허가를 받고자 하는 비행기]

1. 객실 내에 탑재한 산소공급장치의 총수량은 총좌석 수보다 최소한 10% 이상 많아야 한다.
2. 근무 위치에 있는 비행승무원에 대하여 산소공급단말장치에 연결되어 있고 신속히 착용할 수 있는 형태(quick-donning type)

- 보조산소의 공급은 공급을 받는 사람별로 개별적으로 이루어져야 한다.
- 산소가 공급장치로 전달되는지 승무원이 확인할 수 있는 수단이 갖추어져 있어야 한다.

(3) 조종실 음성기록장치

운항규정에 의해 요구되는 조종실 음성기록장치는 승인을 받아야 하며 다음 사항들을 기록할 수 있어야 한다.

① 비행기 내에서 무선을 통해 송신 또는 수신하는 육성통신

② 조종실에서 이루어지는 비행 승무원들의 육성통신
③ 비행 승무원들이 조종실에서 비행기 인터폰 시스템을 이용한 육성통신
④ 헤드셋이나 스피커를 통해 들려오는 항법 또는 착륙보조에 관한 육성이나 음성신호
⑤ 4번째 채널이 이용 가능할 때 객실 확성기를 이용한 조종실 승무원의 육성통신
⑥ 데이터링크(datalink) 통신장치가 장착된 경우, 모든 데이터링크 통신장치는 승인된 데이터 메시지세트(message set)를 사용하여야 한다. 데이터링크 메시지는 사용가능한 데이터로 신호를 변환하는 통신장치에서 출력되는 신호를 기록하여야 한다.

핵심 POINT 조종실 음성기록장치

- 비행기 내에서 무선을 통해 송신 또는 수신하는 육성통신
- 조종실에서 이루어지는 비행 승무원들의 육성통신
- 비행 승무원들이 조종실에서 비행기 인터폰 시스템을 이용한 육성통신
- 헤드셋이나 스피커를 통해 들려오는 항법 또는 착륙보조에 관한 육성이나 음성신호 등

이때 통신 또는 신호음은 다음 각 신호원이 분리된 채널에 기록되도록 각 조종실 음성 기록장치를 장착하여야 한다.

① 제1채널: 정조종사석에서 사용하는 마이크, 헤드셋 또는 스피커로부터의 음원
② 제2채널: 부조종사석에서 사용하는 마이크, 헤드셋 또는 스피커로부터의 음원
③ 제3채널: 조종실 장비의 마이크로부터의 음원
④ 제4채널: 상기 이외에 다음과 같은 음원을 포함하여야 한다.

핵심 POINT 조종실 음성기록장치의 채널

- 제1채널: 정조종사석에서 사용하는 마이크, 헤드셋 또는 스피커로부터의 음원
- 제2채널: 부조종사석에서 사용하는 마이크, 헤드셋 또는 스피커로부터의 음원
- 제3채널: 조종실 장비의 마이크로부터의 음원
- 제4채널: 상기 이외의 음원

(4) 비행기록장치

운항규정에 의해 요구되는 조종실 음성기록장치는 승인을 받아야 하며 다음 사항들을 기록할 수 있어야 한다.

① 신호음으로부터 얻어진 대기속도, 고도 및 방향의 데이터가 공급되고 있어야 한다.
② 수직 가속도 센서는 강체가 되도록 장착되고 종축으로 비행기의 증명된 중심위치 범위에 있든지

비행기의 평균공력코드의 25%를 넘지 않는 범위의 전후거리에 위치시켜야 한다.

③ 필수 또는 비상용부하에의 전력 공급을 방해하지 않고 비행기록장치의 작동에서 최고신뢰성이 있는 버스로부터 비행기록장치의 전원을 얻어야 한다. 비행기록장치는 비행기의 비상 운용에 위태롭지 않게 가능한 오래도록 전력을 유지하여야 한다.

④ 비행기록매체의 정상적인 작동을 비행 전 점검 가능한 청각 또는 시각적인 장치를 갖추어야 한다.

⑤ 엔진구동 발전기 시스템만으로 비행기록장치에 전력이 공급되고 있는 경우를 제외하고 파괴 후 10분 이내에 기록제거기능이 있는 기록장치를 정지하고 동시에 기록제거기능이 작동하는 것을 방지하는 자동장치를 장착하여야 한다.

⑥ 항공 교통관제로부터 각 무선 교신 또는 항공 교통관제로의 각 무선 교신의 시간을 결정할 수 있는 데이터를 기록하는 장치가 있어야 한다.

⑦ 기록장치 외부에 발생된 전기적 단일 고장은 조종실 음성기록장치와 비행기록장치의 작동불능으로 이어지지 않아야 한다.

⑧ 조종실 음성기록장치와 비행기록장치 모두가 요구된 경우 조종실 음성기록장치의 컨테이너는 조종실 음성기록장치와 분리되어야 한다. 비행기록장치 요건만을 만족해야 하는 경우, 조종실 음성기록장치와 비행기록장치가 조합된 장치를 장착할 수 있다. 적합한 조종실 음성기록장치로써 조합장치가 장착된 경우, 조합 장치는 비행기록장치 요구조건에 적합한 것을 사용하여야 한다.

5.3.6 Subpart H – 전선연결시스템(EWIS)

전선연결시스템(EWIS, Electrical Wiring Interconnection System)은 전선, 전선기구 또는 이들의 조합된 형태를 말한다. 이는 2개 이상의 단자 사이에 전기적 에너지, 데이터 및 신호를 전달할 목적으로 비행기에 설치되는 단자기구 그리고 다음의 부품을 포함한다.

① 전선 및 테이블

② 버스 바(bus bars)

③ 릴레이, 차단기, 스위치, 접점, 단자블록 및 회로차단기 그리고 기타의 회로보호기구를 포함하는 전기기구의 단자

④ 관통공급(feed–through) 커넥터를 포함하는 커넥터

⑤ 커넥터 보조기구(accessories)

⑥ 전기적인 접지 및 본딩 기구와 이에 관련된 연결기구

⑦ 전기 연결기(splices)

⑧ 전선 절연, 전선 연결(sleeving) 그리고 본딩을 위한 전기단자를 구비하고 있는 전기배관을 포함하여 전선의 추가적인 보호를 위하여 사용하는 재료

⑨ 쉴드(shields) 또는 브레이드(braids)

⑩ 클램프 그리고 전선 번들을 배치 및 지지하는데 사용되는 기타의 기구

⑪ 케이블 타이 기구(cable tie devices)
⑫ 식별표시를 위한 사용되는 레이블 또는 기타의 수단
⑬ 압력 시일(pressure seals)
⑭ 회로판 후면, 전선통합장치, 장치의 외부 전선을 포함하여 선반, 패널, 랙, 접속함, 분배패널 그리고 랙의 후면 내부에 사용되는 전선연결시스템(EWIS) 구성품

1) 전선연결시스템(EWIS) 기능 및 장착

비행기의 모든 영역에 장착되는 각 전선연결시스템(EWIS) 구성품은 다음의 요건을 만족하여야 한다.
(1) 의도하는 기능에 적정한 종류 및 설계이어야 한다.
(2) 전선연결시스템에 적용되는 한계에 따라 설치하여야 한다.
(3) 해당 비행기의 감항성을 저감시키지 않고 의도하는 기능을 수행하여야 한다.
(4) 기계적인 응력변형을 최소화하는 방법으로 설계 및 장착하여야 한다.

핵심 POINT **전선연결시스템(EWIS) 구성품의 장착 요건**

[전선연결시스템(Electrical Wiring Interconnection System)]
전선, 전선기구 또는 이들의 조합된 형태를 말한다. 이는 2개 이상의 단자 사이에 전기적 에너지, 데이터 및 신호를 전달할 목적으로 비행기에 설치되는 단자기구 등을 포함한다.

[구성품의 요건]
- 의도하는 기능에 적정한 종류 및 설계이어야 한다.
- EWIS에 적용되는 한계에 따라 설치하여야 한다.
- 해당 비행기의 감항성을 저감시키지 않고 의도하는 기능을 수행하여야 한다.
- 기계적인 응력변형을 최소화하는 방법으로 설계 및 정착하여야 한다.

2) 전선연결시스템(EWIS) 보호

전선연결시스템(EWIS)이 다음과 같이 보호되지 않으면, 이에 대한 손상 또는 고장으로 인하여 안전한 운용에 영향을 줄 수 있는 전선연결시스템을 화물실 또는 수화물실에 설치하지 않아야 한다.
(1) 격실 내부에서 화물 또는 수화물의 이동으로 인하여 손상되지 않아야 한다.
(2) 절단 또는 고장으로 인하여 화재 위험을 유발하지 않아야 한다.

전선연결시스템(EWIS)은 비행, 정비, 보급의 모든 단계 동안에 비행기 내부에서 이동하는 사람에 의한 전선연결시스템의 손상 위험 및 손상을 최소화하도록 설계 및 장착하여야 하며, 승객 또는 객실승무원이 비행기에 탑승할 때 휴대하는 물품에 의한 전선연결시스템의 손상 위험 및 손상을 최소화하도록 설계 및 장착하여야 한다.

AVIATION LAW

chapter 06 고정익항공기를 위한 운항기술기준

section 6.1 | 총칙
section 6.2 | 자격증명
section 6.3 | 항공기 등록 및 등록부호 표시
section 6.4 | 항공기 감항성
section 6.5 | 정비조직의 인증
section 6.6 | 항공기 계기 및 장비
section 6.7 | 항공기 운항
section 6.8 | 항공운송사업의 운항증명 및 관리

항공정비 현장에서 필요한 항공법령 키워드

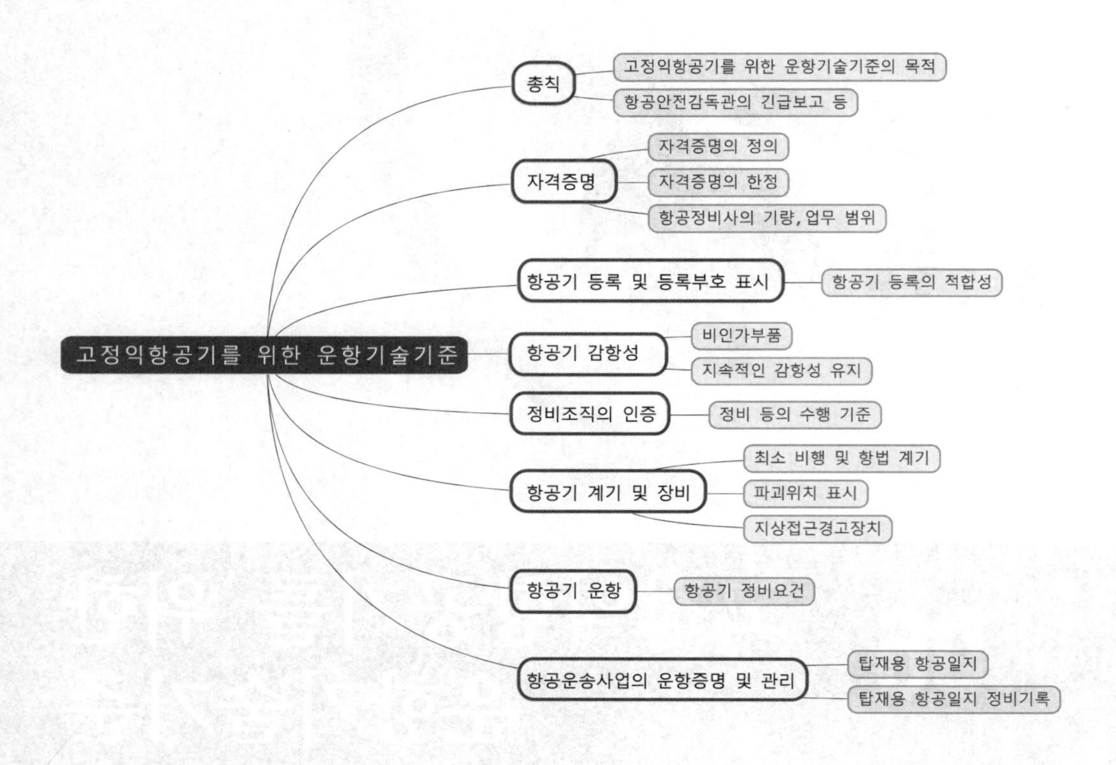

6.1 | 총칙(general)

6.1.1 고정익항공기를 위한 운항기술기준의 목적

이 기준은 「항공안전법」 제77조의 규정에 의하여 항공법령과 국제민간항공협약 및 같은 협약의 부속서에서 정한 범위 안에서 항공기 소유자 등 및 항공종사자가 준수하여야 할 최소의 안전기준을 정하여 항공기의 안전운항을 확보함을 그 목적으로 하며, 포함 내용은 제1장 총칙, 제2장 자격증명, 제3장 훈련기관, 제4장 항공기등록, 제5장 감항성, 제6장 정비조직인증, 제7장 계기 및 장비 그리고 제8장 항공기운항 등 8개 장으로 구성된다.

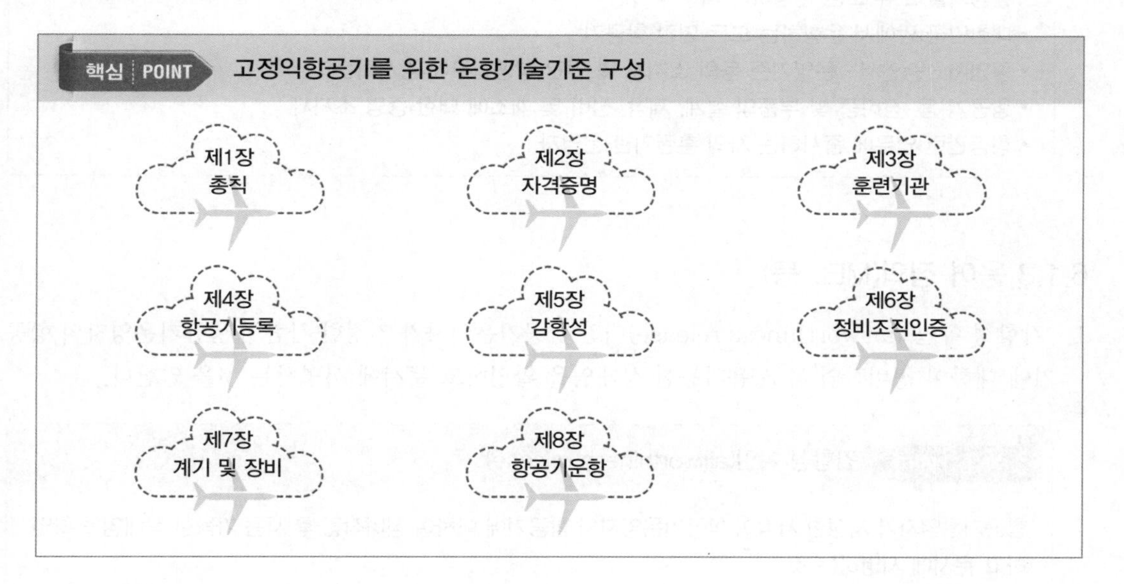

6.1.2 적용

1) 이 기준(이하 "규정"이라 한다)은 다음 각 호의 1에 해당하는 항공기를 소유 또는 운용하는 자에게 적용된다.
   (1) 대한민국에 등록된 항공기
   (2) 대한민국의 항공운송사업 면허를 받은 자가 운용하는 국제민간항공협약(이하 "협약"이라 한다) 체약국에 등록된 항공기(이 경우 협약 제83조의 2의 규정에 의하여 국가 간의 협정에 의하여 항공기에 대한 정비는 등록국의 규정에 따라 수행될 수 있다)
   (3) 대한민국 안에서 운용하고 있는 대한민국이 아닌 협약 체약국에 등록된 항공기
2) 이 규정에서 정한 일반요건은 대한민국 안에서 운항하는 모든 민간 항공기에 적용하되 운항증명 소지자에게만 적용되는 특정요건[운영기준 등 항공당국(이하 "항공당국"으로 한다)으로부터 인가

받은 요건]이 일반요건과 상충될 경우에는 특정요건을 우선 적용한다.

3) 이 규정은 적절한 증명(서), 승인서, 운영기준 등의 소지자 및 민간 항공업무에 종사하는 모든 자에게 적용된다.

4) 이 규정은 「항공안전법」에 따라 항공기등, 장비품 및 부품의 설계, 제작, 정비 및 개조등에 대한 증명(승인 또는 인가) 신청자 및 소지자에게 적용된다.

5) 이 규정은 항공관련 업무에 종사하는 자의 훈련을 담당하는 항공훈련기관을 운영하는 자에게 적용한다.

핵심 POINT 운항기술기준의 적용

- 항공기를 소유 또는 운용하는 자
- 대한민국 안에서 운항하는 모든 민간 항공기
- 증명서 · 승인서 · 운영기준 등의 소지자 및 민간 항공업무에 종사하는 자
- 항공기 등, 장비품 및 부품의 설계, 제작, 정비 및 개조에 대한 증명 소지자
- 항공관련 업무에 종사하는 자의 훈련기관 운영자

6.1.3 용어 정의(MEL 등)

1. “감항성 확인”(airworthiness release)이란 항공기운영자가 지정한 사람이 항공기운영자의 항공기에 대하여 정비작업 후 사용가능한 상태임을 확인하고 문서에 서명하는 것을 말한다.

핵심 POINT 감항성 확인(airworthiness release)

항공기운영자가 지정한 사람이 항공기운영자의 항공기에 대하여 정비작업 후 사용 가능한 상태임을 확인하고 문서에 서명하는 것

2. “감항성 확인요원”(certifying staff)이라 함은 국토교통부장관이 인정할 수 있는 절차에 따라 정비조직(AMO)에 의해 항공기 또는 항공기 구성품의 감항성 확인 등을 하도록 인가된 자를 말한다.

핵심 POINT 감항성 확인요원(certifying staff)

국토교통부장관이 인정할 수 있는 절차에 따라 정비조직(AMO)에 의해 항공기 또는 항공기 구성품의 감항성 확인 등을 하도록 인가된 자

3. “감항성자료”(airworthiness data)라 함은 항공기 또는 장비품(비상장비품 포함)을 감항성이 있는 상태 또는 사용 가능한 상태로 유지할 수 있음을 보증하기 위하여 필요한 자료를 말한다.
4. “계기시간”(instrument time)이란 조종실 계기가 항법 및 조종을 위한 유일한 수단으로 사용되는

시간을 말한다.

5. "계기비행기상상태"(Instrument Meteorological Conditions, IMC)라 함은 시계비행기상상태로 규정된 것 미만의 시정, 구름으로부터의 거리 및 운고(ceiling)로 표현되는 기상상태를 말한다.
6. "계기접근절차"(instrument approach procedures)라 함은 해당 공항의 관할권을 가진 당국자가 정한 접근절차를 말한다.
7. "계기훈련"(instrument training)이라 함은 실제 또는 모의계기기상상태에서 인가받은 교관으로부터 받는 훈련을 말한다.
8. "기구"(balloon)라 함은 무동력 경(輕)항공기(lighter-than-air aircraft)의 하나로서 가스를 이용해 부양하는 비행기기를 말한다.
9. "고도측정시스템오차"(Altimetry System Error, ASE)라 함은 표준지표기압고도로 고도계를 설정했을 때 조종사에게 전시되는 기압고도와 실제 기압고도 간의 차이를 말한다.
10. "기상정보"(meteorological information)라 함은 현재 또는 예상되는 기상상황에 관한 기상보고서, 기상분석, 기상예보 및 그 밖의 기상관련 자료(statements)를 말한다.
11. "기압고도"(pressure altitude)라 함은 표준대기 상태에서 고도별 "기압"에 해당되는 고도로서 표시하는 대기기압을 말한다.
12. "기장"(pilot in command)이라 함은 비행 중 항공기의 운항 및 안전을 책임지는 조종사로서 항공기 운영자에 의해 지정된 자를 말한다.
13. "기체"(airframe)라 함은 항공기의 동체, 지주(boom), 낫셀, 카울링, 페어링, airfoil surfaces(프로펠러 및 동력장치의 회전 에어포일을 제외한 회전날개 포함), 착륙장치, 보기 및 제어장치를 말한다.
14. "단독비행"(solo flight)이라 함은 조종훈련생이 항공기를 단독 탑승자로서 점유하고 있는 비행시간 또는 조종훈련생이 한 사람 이상의 운항승무원 탑승이 요구되는 기구 또는 비행선의 기장(PIC)으로서 활동한 비행시간을 말한다.
15. "당국의 인가(또는 승인)"(approved by the authority)라 함은 당국이 직접 인가하거나 또는 당국이 인가한 절차에 따라 인가하는 것을 말한다.
16. "당국(또는 항공당국)"(authority)이라 함은 국토교통부 또는 외국의 민간 항공당국을 말한다.
17. "대형비행기"(large aeroplane)라 함은 최대인가이륙중량 5,700킬로그램(12,500파운드) 이상인 비행기를 말한다.
18. "동승비행훈련시간"(dual instruction time)이라 함은 항공기에 탑승하여 인가된 조종사로부터 비행훈련을 받는 비행시간을 말한다.
19. "등록국가"(state of registry)라 함은 해당 항공기가 등록되어 있는 국제민간항공협약의 체약국가를 말한다.
20. "모의비행훈련장치"(flight simulation training device)라 함은 지상에서 비행 상태를 시뮬레이션(simulation)하는 다음 형식의 장치를 말한다.

가. 모의비행장치(flight simulator): 기계, 전기, 전자 등 항공기 시스템의 조작기능, 조종실의 정상적인 환경, 항공기의 비행특성과 성능을 실제와 같이 시뮬레이션하는 특정 항공기 형식의 조종실을 똑같이 재현한 장치

나. 비행절차훈련장치(flight procedures trainer): 실제와 같은 조종실 환경을 제공하며, 특정 등급 항공기의 계기 반응 및 전자, 전기, 기계적인 항공기 시스템의 간단한 조작, 비행특성과 성능을 시뮬레이션하는 장치

다. 기본계기비행훈련장치(basic instrument flight trainer): 적절한 계기를 장착하고, 계기비행 상태에서 비행 중인 항공기의 조종실 환경을 시뮬레이션하는 장치

21. "엔진"(engine)이란 항공기의 추진을 위하여 사용되는 또는 사용되도록 만들어진 장치를 말한다. 프로펠러와 로터를 제외하고 최소한 그 기능 및 제어에 필요한 부품과 장비로 이루어진다.

주: 이 기준에서 사용하는 "power-unit" 및 "powerplant"는 모두 "engine"을 의미한다. 다만 APU(Auxiliary Power Unit) – 보조동력장치의 경우에는 그러하지 아니하다.

22. "부기장"(co-pilot)이란 기장 이외의 조종업무를 수행하는 자 중에서 지정된 자로서 본 규정 제8장(항공기 운항)에서 정하는 부조종사 요건에 부합하는 자를 말한다.

23. "비행경험"(aeronautical experience)이라 함은 이 규정의 훈련 및 비행시간 요건을 충족시키기 위하여 항공기, 지정된 모의비행장치 또는 비행훈련장치를 조종한 시간을 말한다.

24. "항공기 운영교범"(Aircraft Operating Manual)이라 함은 정상, 비정상 및 비상절차, 점검항목, 제한사항, 성능에 관한 정보, 항공기 시스템의 세부사항과 항공기 운항과 관련된 기타 자료들이 수록되어 있는 항공기 운영국가에서 승인한 교범을 말한다.

핵심 POINT **항공기 운영교범(Aircraft Operating Manual)**

정상, 비정상 및 비상절차, 점검항목, 제한사항, 성능에 관한 정보, 항공기 시스템의 세부사항과 항공기 운항과 관련된 기타 자료들이 수록되어 있는 항공기 운영국가에서 승인한 교범

25. "비행교범"(Flight Manual)이라 함은 항공기 감항성 유지를 위한 제한사항 및 비행성능과 항공기의 안전운항을 위해 운항승무원들에게 필요로 한 정보와 지침을 포함한 감항당국이 승인한 교범을 말한다.

핵심 POINT **비행교범(Flight Manual)**

항공기 감항성 유지를 위한 제한사항 및 비행성능과 항공기의 안전운항을 위해 운항승무원들에게 필요로 한 정보와 지침을 포함한 감항당국이 승인한 교범

26. "비행기"(aeroplane)라 함은 주어진 비행조건하에서 고정된 표면에 대한 공기역학적인 반작용을 이용하여 비행을 위한 양력을 얻는 동력 중(重)항공기를 말한다.
27. "비행기록장치"(flight recorder)라 함은 사고/준사고 조사에 도움을 줄 목적으로 항공기에 장착한 모든 형태의 기록 장치를 말한다.
28. "비행안전문서시스템"(flight safety documents system)이라 함은 항공기의 비행 및 지상운영을 위해 필요한 정보를 취합하여 구성한 것으로, 최소한 운항규정 및 정비규정(MCM)을 포함하여 상호 연관성이 있도록 항공기 운영자가 수립한 일련의 규정, 교범, 지침 등의 체계를 말한다.
29. "비행자료분석"(flight data analysis)이라 함은 비행안전을 증진하기 위해 기록된 비행자료를 분석하는 과정(process)을 말한다.
30. "비행전점검"(pre-flight inspection)이라 함은 항공기가 의도하는 비행에 적합함을 확인하기 위하여 비행 전에 수행하는 점검이다.
31. "비행훈련"(flight training)이라 함은 지상훈련 이외의 훈련으로서 비행 중인 항공기에서 인가받은 교관으로부터 받는 훈련을 말한다.
32. "소형비행기"(small aeroplane)라 함은 인가된 최대인가이륙중량이 5,700킬로그램(12,500파운드) 미만인 비행기를 말한다.
33. "수리"(repair)라 함은 항공기 또는 항공제품을 인가된 기준에 따라 사용 가능한 상태로 회복시키는 것을 말한다.
34. "수직이착륙기"(powered-lift)라 함은 주로 엔진으로 구동되는 부양장치 또는 엔진 추력에 의해 양력을 얻어 수직이륙, 수직착륙 및 저속비행 하는 것이 가능하며, 수평비행 중에는 회전하지 않는 날개에 의하여 양력을 얻는 중(重)항공기(heavier- than-air aircraft)를 말한다.
35. "승무시간"(flight time)이라 함은 승무원이 비행임무 수행을 위하여 항공기에 탑승하여 이륙을 목적으로 항공기가 최초로 움직이기 시작한 시각부터 비행이 종료되어 최종적으로 항공기가 정지한 시각까지 경과한 총시간을 말한다.

주: flight time은 block to block 또는 chock to chock로도 정의하며, "비행시간"이라고도 한다.

36. "순항고도"(cruising level)라 함은 비행 중 어느 상당한 기간 동안 유지하는 고도를 말한다.
37. "승무원자원관리"(crew resource management) 프로그램이라 함은 승무원 상호협력 및 의사소통의 개선을 통하여 인적자원, 하드웨어 및 정보를 가장 효과적으로 사용케 함으로써 안전운항능력을 제고할 수 있도록 설계된 프로그램을 말한다.
38. "시험관"(examiner)이라 함은 이 규정에서 정하는 바에 따라 조종사 기량점검, 항공종사자 자격증명 및 한정자격 부여를 위한 실기시험 또는 지식심사를 실시하도록 국토교통부장관이 임명하거나 지정한 자를 말한다.
39. "실기시험"(practical test)이라 함은 자격증명, 한정자격 또는 인가 등을 위하여 응시자로 하여금 지정된 모의비행장치, 비행훈련장치 또는 이러한 것들이 조합된 장치에 탑승하여 질문에 답하고

비행 중 항공기 조작을 시범 보이도록 하는 등의 능력검정을 말한다.

40. "안전관리시스템"(Safety Management System)이라 함은 정책과 절차, 책임 및 필요한 조직구성을 포함한 안전관리를 위한 하나의 체계적인 접근방법을 말한다.

핵심 POINT 안전관리시스템(Safety Management System)
정책과 절차, 책임 및 필요한 조직구성을 포함한 안전관리를 위한 하나의 체계적인 접근방법

41. "안전프로그램"(Safety Programme)이라 함은 안전을 증진하는 목적으로 하는 활동 및 이를 위한 종합된 법규를 말한다.

핵심 POINT 안전프로그램(Safety Programme)
안전을 증진하는 목적으로 하는 활동 및 이를 위한 종합된 법규

42. "야간"(night)이라 함은 저녁 해질 무렵의 끝과 아침 해뜰 무렵의 시작 사이 또는 일몰과 일출 사이의 시간을 말한다. 박명은 저녁 무렵 태양의 중심이 지평선 6도 아래에 있을 때 끝나고, 아침 무렵 태양의 중심이 지평선 6도 아래에 있을 때 시작된다.
43. "야외비행시간"(cross-country time)이라 함은 조종사가 항공기에서 비행 중 소비하는 시간으로서 출발지 이외 1개 지점에서의 착륙을 포함한다. 이 경우 자가용조종사 자격증명(회전익항공기의 한정자격은 제외), 사업용조종사 자격증명 또는 계기비행 증명에 대한 야외비행요건의 충족을 위하여는 출발지로부터 직선거리 50해리 이상인 공항에서의 착륙을 포함해야 한다.
44. "여압항공기"(pressurised aircraft)라 함은 항공종사자 자격증명 시 항공기의 최대운항고도가 25,000피트 MSL 이상인 항공기를 말한다.
45. "운항관리사"(flight dispatcher)라 함은 안전비행을 위해 「항공안전법」에 의한 적절한 자격을 갖추고 운항감독 및 통제업무에 종사하기 위해 운송사업자에 의해 지정된 자를 말한다.
46. "운항승무원"(flight crew member)이라 함은 비행근무시간(flight duty period) 동안 항공기 운항에 필수적인 임무를 수행하기 위하여 책임이 부여된 자격을 갖춘 승무원(조종사, 항공기관사, 항공사)을 말한다.
47. "운영자"(operator)라 함은 항공기 운영에 종사하거나 또는 종사하고자 하는 사람, 단체 또는 기업을 말한다.
48. "운영국가"(state of the operator)라 함은 운영자의 주 사업장이 위치해 있거나 또는 그러한 사업장이 없는 경우 운영자의 영구적인 거주지가 위치해 있는 국가를 말한다.
49. "운항규정"(operations manual)이라 함은 운항업무 관련 종사자들이 임무수행을 위해서 사용하는 절차, 지시, 지침을 포함하고 있는 운영자의 규정을 말한다.

50. "운항증명서"(Air Operator Certificate)라 함은 지정된 상업용 항공운송을 시행하기 위해 운영자에게 인가한 증명서를 말한다.

> **핵심 POINT 운항증명서(Air Operator Certificate)**
>
> 지정된 상업용 항공운송을 시행하기 위해 운영자에게 인가한 증명서

51. "운항통제"(operational control)라 함은 항공기의 안전성과 비행의 정시성 및 효율성 확보를 위하여 비행의 시작, 지속, 우회 또는 취소에 대한 권한을 행사하는 것을 말한다.
52. "인가된 교관"(authorized instructor)이라 함은 다음과 같은 자를 말한다.
    가. 지상훈련을 행하는 경우, 이 규정의 제2장에서 정하는 바에 따라 발급 받은 유효한 지상훈련교관 자격증을 소지한 자
    나. 비행훈련을 행하는 경우, 이 규정의 제2장에서 정하는 바에 따라 발급 받은 유효한 비행교관 자격증을 소지한 자
53. "위험물"(dangerous goods)이라 함은 항공안전법 및 위험물운송기술기준상의 위험물 목록에서 정하였거나, 위험물운송기술기준에 따라 분류된 인명, 안전, 재산 또는 환경에 위해를 야기할 수 있는 물품 또는 물질을 말한다.

> **핵심 POINT 위험물(Dangerous Goods, DG)**
>
> 항공안전법 및 위험물운송기술기준상의 위험물 목록에서 정하였거나, 위험물운송기술기준에 따라 분류된 인명, 안전, 재산 또는 환경에 위해를 야기할 수 있는 물품 또는 물질

54. "인적수행능력"(human performance)이라 함은 항공학적 운영(항공업무 수행)의 효율성과 안전에 영향을 주는 인간의 능력과 한계를 말한다.
55. "인적요소의 개념"(human factor principles)이라 함은 인적수행능력을 충분히 고려하여 인간과 다른 시스템 요소간의 안전한 상호작용을 모색하고 항공학적 설계, 인증, 훈련, 조작 및 정비에 적용하는 개념을 말한다.
56. "인가된 기준"(approved standard)이라 함은 당국이 승인한 제조, 설계, 정비 또는 품질기준 등을 말한다.
57. "인가된 훈련"(approved training)이라 함은 국토교통부장관이 인가한 특별 교육과정 및 감독 아래 행해지는 훈련을 말한다.
58. "장비"(appliance)라 함은 항공기, 항공기 발동기 및 프로펠러 부품이 아니면서 비행 중인 항공기의 항법, 작동 및 조종에 사용되는 계기, 장비품, 장치(apparatus), 부품, 부속품, 또는 보기(낙하산, 통신장비 그리고, 기타 비행 중에 항공기에 장착되는 장치 포함)를 말하며, 실제 명칭은 여러

가지가 사용될 수 있다.

59. "장애물 격리(회피)고도/높이"[Obstacle Clearance Altitude(OCA) or Obstacle Clearance Height(OCH)]라 함은 적정한 장애물 격리(회피)기준을 제정하고 준수하기 위해 사용되는 것으로 당해 활주로 말단의 표고(또는 비행장 표고)로부터 가장 낮은 격리(회피)고도(OCA) 또는 높이(OCH)를 말한다.

> 주1: OCA는 평균해수면을 기준으로 하고, OCH는 활주로말단표고를 기준으로 하되, 비정밀계기접근절차를 하는 경우 비행장 표고 또는 활주로말단표고가 비행장표고보다 2미터(7피트) 이상 낮은 경우, 활주로말단표고를 비정밀계기접근절차의 기준으로 한다. 선회접근절차를 위한 OCH는 비행장표고를 기준으로 한다.
> 2: 표현의 편의를 위해 "장애물격리(회피)고도"를 "OCA/H"의 약어로도 기술할 수 있다.

60. "정비"(maintenance)라 함은 항공기 또는 항공제품의 지속적인 감항성을 보증하는 데 필요한 작업으로서, 오버홀(overhaul), 수리, 검사, 교환, 개조 및 결함수정 중 하나 또는 이들의 조합으로 이루어진 작업을 말한다.

핵심 POINT 정비(Maintenance)

항공기 또는 항공제품의 지속적인 감항성을 보증하는 데 필요한 작업으로서, 오버홀(overhaul), 수리, 검사, 교환, 개조 및 결함수정 중 하나 또는 이들의 조합으로 이루어진 작업

61. "정비조직의 인증"(Approved Maintenance Organization, AMO)이라 함은 국토교통부장관으로부터 항공기 또는 항공제품의 정비를 수행할 수 있는 능력과 설비, 인력 등을 갖추어 승인받은 조직을 말한다. 지정된 항공기 정비업무는 검사, 오버홀, 정비, 수리, 개조 또는 항공기 및 항공제품의 사용가능 확인(release to service)을 포함할 수 있다.

핵심 POINT 정비조직의 인증(Approved Maintenance Organization, AMO)

- 국토교통부장관으로부터 항공기 또는 항공제품의 정비를 수행할 수 있는 능력과 설비, 인력 등을 갖추어 승인 받은 조직
- 지정된 항공기 정비업무는 검사, 오버홀, 정비, 수리, 개조 또는 항공기 및 항공제품의 사용 가능 확인(release to service)을 포함

62. "정비규정"(Maintenance Control Manual)이라 함은 항공기에 대한 모든 계획 및 비계획 정비가 만족할 만한 방법으로 정시에 수행되고 관리되어짐을 보증하는 데 필요한 항공기 운영자의 절차를 기재한 규정 등을 말한다.

핵심 POINT 정비규정(Maintenance Control Manual)

항공기에 대한 모든 계획 및 비계획 정비가 만족할 만한 방법으로 정시에 수행되고 관리되고 있음을 보증하는 데 필요한 항공기 운영자의 절차를 기재한 규정 등

63. "정비조직절차교범"(Maintenance Organizations Procedures Manual)이라 함은 정비조직의 구조 및 관리의 책임, 업무의 범위, 정비시설에 대한 설명, 정비절차 및 품질보증 또는 검사시스템에 관하여 상세하게 설명된 정비조직의 장(head of AMO)에 의해 배서된 서류를 말한다.
64. "정비프로그램"(Maintenance Programme)이라 함은 특정 항공기의 안전운항을 위해 필요한 신뢰성 프로그램과 같은 관련 절차 및 주기적인 점검의 이행과 특별히 계획된 정비행위 등을 기재한 서류를 말한다.

핵심 POINT 정비프로그램(Maintenance Programme)

특정 항공기의 안전운항을 위해 필요한 신뢰성 프로그램과 같은 관련 절차 및 주기적인 점검의 이행과 특별히 계획된 정비행위 등을 기재한 서류

65. "정비확인"(maintenance release)이란 정비작업이 인가된 자료와 제6장에 따른 정비조직절차교범의 절차 또는 이와 동등한 시스템에 따라 만족스럽게 수행되었음을 확인하고 문서에 서명하는 것을 말한다.

핵심 POINT 정비확인(Maintenance release)

정비작업이 인가된 자료와 정비조직절차교범의 절차 또는 이와 동등한 시스템에 따라 만족스럽게 수행되었음을 확인하고 문서에 서명하는 것

66. "지상조업"(ground handling)이라 함은 공항에서 항공교통관제서비스를 제외한 항공기의 도착, 출발을 위해 필요한 서비스를 말한다.

핵심 POINT 지상조업(Ground handling)

공항에서 항공교통관제서비스를 제외한 항공기의 도착, 출발을 위해 필요한 서비스

67. "향(向)정신성 물질"(psychoactive substances)이라 함은 커피 및 담배를 제외한 알코올, 마약성 진통제, 마리화나 추출물, 진정제 및 최면제, 코카인, 기타 흥분제, 환각제 및 휘발성 솔벤트 등을 말한다.

68. "조종시간"(pilot time)이라 함은 다음과 같은 시간을 말한다.
    가. 임무조종사로서 종사한 시간
    나. 항공기, 지정된 모의비행장치 또는 비행훈련장치를 사용하여 인가 받은 교관으로부터 훈련을 받은 시간
    다. 항공기, 지정된 모의비행장치 또는 비행훈련장치를 사용하여 인가 받은 교관으로서 훈련을 시키는 시간
69. "지속정비 프로그램"(approved continuous maintenance program)의 승인이라 함은 국토교통부장관이 승인한 정비 프로그램을 말한다.
70. "최대중량"(maximum mass)이라 함은 항공기 제작국가에 의해 인증된 최대 이륙중량을 말한다.
71. "지식심사"(knowledge test)라 함은 항공종사자 자격증명 또는 한정자격에 필요한 항공 지식에 관한 시험으로 필기 또는 컴퓨터 등에 의해 시행하는 심사를 말한다.
72. "책임관리자"(accountable manager)라 함은 이 규정에서 정한 모든 요건에 필요한 임무를 수행하고 관리책임이 있는 자를 말한다. 책임관리자는 필요에 따라 권한의 전부 또는 일부를 조직 내의 제3자에게 문서로 재위임할 수 있다. 이 경우 재위임을 받은 자는 해당 분야에 관한 책임관리자가 된다.
73. "체약국"(contracting states)이라 함은 국제민간항공협약에 서명한 모든 국가를 말한다.
74. "최소장비목록"(Minimum Equipment List, MEL)이라 함은 정해진 조건하에 특정 장비품이 작동하지 않는 상태에서 항공기 운항에 관한 사항을 규정한다. 이 목록은 항공기 제작사가 해당 항공기 형식에 대하여 제정하고 설계국이 인가한 표준최소장비목록(master minimum equipment list)에 부합되거나 또는 더 엄격한 기준에 따라 운송사업자가 작성하여 국토교통부장관의 인가를 받은 것을 말한다.

핵심 POINT 최소장비목록(Minimum Equipment List, MEL)

정해진 조건하에 특정 장비품이 작동하지 않는 상태에서 항공기 운항에 관한 사항을 규정한다. 이 목록은 항공기 제작사가 해당 항공기 형식에 대하여 제정하고 설계국이 인가한 표준최소장비목록(Master Minimum Equipment List)에 부합되거나 또는 더 엄격한 기준에 따라 운송사업자가 작성하여 국토교통부장관의 인가를 받는 것을 말한다.

75. "계기접근운영"(instrument approach operations)이라 함은, 계기접근절차에 근거한 항법유도(navigation guidance)계기를 사용하는 접근 및 착륙을 말한다. 계기접근운영은 두 가지 방법이 있다.

가. 2차원(2D) 계기접근운영은 오직 수평유도항법을 이용한다.
나. 3차원(3D) 계기접근운영은 수평 및 수직유도항법을 이용한다.

> 주: 수평 및 수직 유도항법은 다음과 같은 시설, 장비 등에 의해 제공된다.

ㄱ) 지상에 설치된 항행안전시설 또는
ㄴ) 지상기반, 위성기반, 자체항법장비 또는 이들을 혼합하여 컴퓨터가 생성한 항행데이터 〈2014. 10. 31.〉

75A. "계기접근절차"(instrument approach procedure)라 함은, 초기접근지점(initial approach fix) 또는 해당되는 경우 정의된 착륙 경로의 시작 지점에서 착륙 완료 지점 및 그 후 지점, 만약 착륙이 완료되지 않으면 체공 지점 또는 항로 장애물 회피 기준을 적용한 지점까지 장애물 회피가 명시된 계기를 참조하여 미리 결정된 연속기동을 말한다. 계기접근절차는 다음과 같이 분류된다.
가. 비정밀접근절차(non-precision approach procedure): 2D 계기접근 운영 Type A를 위해 설계된 계기접근절차
나. 수직유도정보에 의한 접근절차: 3D 계기접근 운영 Type A를 위해 설계된 성능기반항행(PBN) 계기접근 절차
다. 정밀접근절차: 3D 계기접근절차 운영 Type A 또는 B를 위해 설계되고 항행시스템(ILS, MLS, GLS and SBAS CAT I)에 기반을 둔 계기접근절차

76. "최저강하고도/높이"[Minimum Descent Altitude(MDA) or Minimum Descent Height(MDH)]라 함은 2D 접근운영 또는 선회 접근 시에 시각 참조물 없이 더 이상 아래로 강하하지 못하도록 지정된 어느 특정의 고도 또는 높이를 말한다.

> 주1: MDA는 평균해면고도를 기준으로 하고, MDH는 비행장표고 또는 활주로 말단고도가 비행장표고보다 2미터(7피트) 이상 낮은 경우 활주로 말단고도를 기준으로 한다. 선회접근을 하기 위한 최저강하고도는 비행장표고를 기준으로 한다.
> 2: 필수시각 참조물은 지정된 비행경로와 관련하여 조종사가 항공기 위치 및 자세변경에 따른 강하율을 평가할 수 있도록 충분한 시간 동안 보여야 하는 시각 보조장비 또는 접근지역의 지형 등을 의미한다. 선회 접근의 경우 시각 참조물은 활주로 주변 환경이 된다.
> 3: 표현상의 편의를 위해 "최저강하고도"를 "MDA/H"의 약어로도 기술할 수 있다.

77. "코스웨어"(courseware)라 함은 과정별로 개발된 교육용 자료로서 강의계획, 비행상황소개(flight event description), 컴퓨터 소프트웨어 프로그램, 오디오-비주얼 프로그램, 책자 및 기타 간행물을 포함한다.

78. "평가관"(evaluator)이라 함은 지정된 항공훈련기관에 의해 고용된 자로서 해당 조직의 훈련기준에 의해 인가된 자격증명시험, 한정자격시험, 인가업무 및 기량점검 등을 실시하며, 국토교통부장관이 정한 업무를 수행하도록 위촉하거나 임명한 자를 말하며, 평가관 중에서 「항공안전법」 제63조의 규정에 의한 운항자격 심사업무를 수행하는 자는 위촉심사관이라 한다.

79. "프로펠러"(propeller)라 함은 원동기에 의해 구동되는 축에 깃(blade)이 붙어 있고, 이것이 회전할 때 공기에 대한 작용으로 회전면에 거의 수직인 방향으로 추력을 발생시키는 항공기 추진용 장치를 말한다.
80. 삭제 〈2009. 12. 8.〉
81. 삭제 〈2009. 12. 8.〉
82. "한정자격"(rating)이라 함은 자격증명에 직접 기재하거나 자격증명의 일부로 인가하는 것으로서 해당 자격증명과 관련하여 특정조건, 권한 또는 제한사항 등을 정하여 명시한다.
83. "항공교통관제"(air traffic control) 업무라 함은 공항, 이 · 착륙 또는 항로상에 있는 항공기의 안전하고, 질서 있고 원활한 교통을 도모하기 위하여 행하는 업무를 말한다.
84. "항공교통관제시설"(air traffic control facility)이라 함은 항공교통관제업무를 위한 인원 및 장비를 수용하는 건물을 말한다(예, 관제탑, 착륙통제 센터 등).
85. "항공기"(aircraft)라 함은 지표면에 대한 공기의 반작용 이외의 공기의 반작용으로부터 대기 중에서 지지력을 얻을 수 있는 기계를 말한다.
86. "항공기 구성품"(aircraft component)이라 함은 동력장치, 작동 중인 장비품 및 비상장비품을 포함하는 항공기의 구성품(component part)을 말한다.
87. "항공기 형식"(aircraft type)이라 함은 동일한 기본설계로 제작된 항공기 그룹을 말한다.
88. "탑재용항공일지"라 함은 항공기에 탑재하는 서류로서 국제민간항공협약의 요건을 충족하기 위한 정보를 수록하기 위한 것을 말한다. 항공일지는 2개의 독립적인 부분, 즉 비행자료 기록부분과 항공기 정비기록 부분으로 구성된다.
89. "항공제품"(aeronautical product)이라 함은 항공기, 항공기 엔진, 프로펠러 또는 이에 장착되는 부분조립품(subassembly), 기기, 자재 및 부분품 등을 말한다.
90. "활공기"(glider)라 함은 주어진 비행조건에서 그 양력을 주로 고정된 면에 대한 공기역학적인 반작용으로부터 얻는 무동력 중(重)항공기(heavier-than-air aircraft)를 말한다.
91. "활주로 가시범위"(Runway Visual Range, RVR)라 함은 활주로 중심선상에 위치하는 항공기 조종사가 활주로 표면표지(runway surface markings), 활주로 표시등, 활주로 중심선 표시(identifying centre line) 또는 활주로 중심선 표시등화를 볼 수 있는 거리를 말한다.
92. 삭제 〈2014. 10. 31.〉
93. "훈련시간"(training time)이라 함은 항공종사자가 인가된 교관으로부터 비행훈련 또는 지상훈련이나 지정된 모의비행장치/비행훈련장치를 이용한 모의비행훈련을 받은 시간을 말한다.
94. "훈련프로그램"(training program)이라 함은 특정 훈련목표 달성을 위하여 과정, 코스웨어(courseware), 시설, 비행훈련장비 및 훈련요원에 관한 사항으로 구성한 프로그램을 말하며, 핵심 교육과목과 특별 교육과목을 포함할 수 있다.
95. "필수통신성능"(Required Communication Performance, RCP)이라 함은 항공교통관리(Air

Traffic Management, ATM) 기능을 지원하기 위해 항공기 등이 구비해야 하는 통신성능 요건을 말한다.

핵심 POINT 필수통신성능(Required Communication Performance, RCP)

항공교통관리(Air Traffic Management, ATM) 기능을 지원하기 위해 항공기 등이 구비해야 하는 통신성능 요건

96. "필수통신성능의 형식"(RCP type)이라 함은 통신의 처리시간 · 지속성 · 유효성과 완전성에 관한 RCP 파라메터를 정하기 위한 값을 나타낸 것을 말한다.
97. "연속비행"(series of flights)이라 함은 다음과 같은 잇따른 비행을 말한다.
   가. 24시간 이내에 비행이 시작 및 종료되고
   나. 같은 기장에 의해 모든 것이 수행된 경우
98. "성능기반항행"(PBN)이라 함은 계기접근절차 또는 지정된 공역, ATS(air traffic service) 항로를 운항하는 항공기가 갖추어야 하는 성능요건(performance requirement)을 기반으로 한 지역항법(area navigation)을 말한다.

   주: 성능요건은 특정 공역에서 운항 시 요구되는 정확성, 무결성, 연속성, 이용 가능성 및 기능성에 관하여 항행요건(RNAV 요건, RNP 요건)으로 표현된다.

99. "지역항법"(area navigation, RNAV)이라 함은 지상 또는 위성항행안전시설의 적용범위 내 또는 항공기 자체에 설치된 항행안전보조장치(navigation aids)의 성능한도 내 또는 이들의 혼합된 형식의 항행안전보조장치(navigation aids)의 적용범위 내에서 어느 특정성능이 요구되는 비행구간에서 항공기의 운항이 가능하도록 허용한 항행방법(a method of navigation)을 말한다.

   주: 지역항법은 성능기반항행 및 성능기반항행의 요건에 포함되지 않은 항행도 포함한다.

100. "항행요건"(navigation specification)이라 함은 지정된 공역에서 성능기반항행(PBN) 운항을 하기 위해 요구되는 항공기와 운항승무원의 요건을 말하는 것으로, 다음 두 종류가 있다.
   가. RNP 요건(RNP specification). RNP 4, RNP 접근 등 접두어 RNP에 의해 지정되며, 성능감시 및 경고발령에 관한 요건을 포함하는 지역항법을 기초로 한 항행요건 〈2014. 10. 31.〉
   나. RNAV 요건(RNAV specification). RNAV 1, RNAV 5 등 접두어 RNAV에 의해 지정되며, 성능 감시 및 경고에 관한 요건을 포함하지 않은 지역항법을 기반으로 하는 항행요건
101. "운영기준"(operations specifications)이라 함은 AOC 및 운항규정에서 정한 조건과 관련된 인가, 조건 및 제한사항을 말한다.
102. "불법간섭행위"(acts of unlawful interference)라 함은 민간항공 및 항공운송의 안전을 위태롭게

하는(또는 시도된) 다음과 같은 행위를 말한다.

가. 비행 중 또는 지상에서의 항공기 불법 압류

나. 비행장 또는 항공기에서의 인질납치

다. 항공시설과 관련된 건물 또는 공항 및 항공기의 무단 점유

라. 범죄를 목적으로 위해한 장치 또는 도구, 무기 등을 공항 또는 항공기에 유입

마. 민간항행시설의 건물 또는 공항에서 승객, 승무원, 지상의 사람 또는 일반 공공의 안전 및 비행 중 또는 지상에서 항공기의 안전을 위태롭게 하는 잘못된 정보의 유통

103. "기체사용시간"(time in service)이란 정비목적의 시간 관리를 위해 사용하는 시간으로 사용 항공기가 이륙(바퀴가 떨어진 순간)부터 착륙(바퀴가 땅에 닿는 순간)할 때까지의 경과 시간을 말한다.

104. "감항성이 있는"(airworthy)이란 항공기, 엔진, 프로펠러 또는 부품이 승인받은 설계에 합치하고 안전하게 운용할 수 있는 상태에 있는 경우를 말한다.

105. "감항성 유지"(continuing airworthiness)란 항공기, 엔진, 프로펠러 또는 부품이 적용되는 감항성 요구조건에 합치하고, 운용기간 동안 안전하게 운용할 수 있게 하는 일련의 과정을 말한다.

106. "감항성개선지시서"(airworthiness directive)란 「항공안전법」 제23조 제8항에 따라 외국으로 수출된 국산 항공기, 우리나라에 등록된 항공기와 이 항공기에 장착되어 사용되는 발동기 · 프로펠러, 장비품 또는 부품 등에 불안전한 상태가 존재하고, 이 상태가 형식설계가 동일한 다른 항공제품들에도 존재하거나 발생될 가능성이 있는 것으로 판단될 때, 국토교통부장관이 해당 항공제품에 대한 검사, 부품의 교환, 수리 · 개조를 지시하거나 운영상 준수하여야 할 절차 또는 조건과 한계사항 등을 정하여 지시하는 문서를 말한다.

107. "시각강화장비"(Enhanced Vision System, EVS)란 영상센서를 이용하여 외부장면을 실시간 전자영상으로 보여주는 시스템을 말한다.

> 주: 시각강화시스템은 야간시각영상화시스템(NVIS)을 포함하지 않는다.

108. "전방시현장비"(Head-Up Display, HUD)란 조종사의 전방 외부시야에 비행정보가 나타나는 시현장치를 말한다.

109. "I등급 항행"(Class I navigation)이란 운항의 전 부분이 국제민간항공기구 표준항행시설(VOR, VOR/DME, NDB)의 지정된 운영서비스범위 내에서 행해지는 특정항로 전체 또는 항로 일부분의 운항을 의미한다. 또한 I등급 항행 운항은 항행시설의 신호가 일부 수신되지 않는 "MEA GAP"으로 지정된 항로상의 운항을 포함하며 이 지역에서 이루어지는 항로상의 운항은 사용되어지는 항행 방법과는 상관없이 "I등급 항행"으로 정의하며 이러한 지역에서의 추측 항행 또는 VOR, VOR/DME, NDB의 사용에 의지하지 않고 기타 다른 항행 수단을 사용하면서 이루어지는 운항도 또한 I등급 항행에 포함된다.

110. "II등급 항행"(Class II navigation)"이란 I등급 이외의 운항을 말한다. 즉, II등급 항행은 사용하는 항행 수단에 관계없이 국제민간항공기구 표준항행시설(VOR, VOR/DME, NDB)의 운영서비스범위 밖에서 이루어지는 특정항로 전체 또는 일부분에서의 운항을 의미한다. II등급 항행은 "MEA GAP"으로 지정된 항로상의 운항을 포함하지 않는다.
111. "무인항공기"(remotely piloted aircraft)란 사람이 탑승하지 아니하고 원격 · 자동으로 비행할 수 있는 항공기를 말한다.
112. "무인항공기 시스템"(remotely piloted aircraft system)이란 무인항공기, 무인항공기 통제소, 필수적인 명령 및 통제 링크 및 형식 설계에서 규정된 기타 구성요소 등을 포함하는 시스템을 말한다.
113. "무인항공기 통제소"(remote pilot station)란 무인항공기를 조종하기 위한 장비를 갖추고 있는 무인항공기 시스템의 구성 요소를 말한다.
114. "무인항공기 조종사"(remote pilot)란 무인항공기 운영자에 의하여 무인항공기의 조종에 필수적인 임무를 부여받은 자로서 무인항공기의 조종을 담당하는 자를 말한다.
115. "무인항공기 운영자"(remote pilot aircraft operator)란 무인항공기 운영에 총괄적인 책임을 지는 개인, 기관 또는 업체의 대표자를 말한다.
116. "무인항공기 감시자"(remotely piloted aircraft observer)란 무인항공기를 육안으로 감시함으로써 무인항공기 조종사가 무인항공기를 안전하게 조종할 수 있도록 지원하기 위하여 운영자에 의해 지정되고 훈련을 받아 능력을 갖춘 자를 말한다.
117. "육안 가시선내 비행"(visual line of sight operation)이란 무인항공기 조종사 또는 무인항공기 감시자가 다른 장비의 도움 없이 무인항공기를 육안으로 직접 보면서 조종하는 것을 말한다.
118. "명령 및 통제 링크"(command and control(C2) link)란 무인항공기의 비행을 통제하기 위하여 무인항공기와 무인항공기 통제소 간의 데이터 링크를 말한다.
119. "탐지 및 회피"(detect and avoid)란 항공교통 충돌의 위험성 또는 다른 위험요인들을 탐지하여 적절하게 대응할 수 있는 능력을 말한다.
120. "최종접근구간"(final approach segment)이란 착륙을 위해 정렬 및 강하가 수행되는 계기접근 절차 구간을 말한다.
121. "시각통합시스템"(CVS)이란 시각강화시스템(EVS)과 시각합성시스템(SVS)이 제공하는 영상을 결합하여 보여주는 시스템을 말한다.
122. "운영자물품"(COMAT)이란 운영자가 자신의 목적을 위해 운영자의 항공기에 탑재한 물질이나 제품을 말한다.
123. "전자비행정보장치"(EFB)란 운항승무원의 항공기 운항 및 비행 근무를 지원하기 위해 사용되는 전자비행정보장치의 저장, 갱신, 시현, 처리 기능을 포함하는 장치 및 소프트웨어로 구성된 전자정보시스템을 말한다.

124. "공항위치국가"(state of the aerodrome)란 영토 내에 공항이 위치해 있는 국가를 말한다.
125. "시각합성시스템"(SVS)이란 조종실에서 보이는 외부장면을 데이터를 기반으로 한 합성영상으로 보여주는 시스템을 말한다.

6.1.4 시험, 자격증명서 및 기타 증명서와 관련한 일반 행정규정

이 규정에 의하여 항공종사자 자격증명서를 취득한 자는 해당 업무를 수행할 경우에 당해 자격증명서를 소지하거나 항공기내 또는 근무지의 접근하기 쉬운 곳에 두어야 한다.

(1) 항공기 감항증명서: 항공기 소유자나 항공운송사업자는 객실내 또는 조종실 입구에 전시하여야 한다.
(2) 소음기준적합증명서: 항공기 소유자나 항공운송사업자는 객실내 또는 조종실 입구에 전시하여야 한다.

핵심 POINT 증명서의 소지

증명서 소지자는 해당 자격 증명서를 소지하거나 게시하여야 한다.
<u>조종석 입구: 감항증명서, 소음기준적합증명서</u>

6.1.5 항공안전감독관의 긴급보고 등

항공안전감독관은 「항공안전법」 제23조 제6항, 제132조 제3항 및 제4항의 규정에 의하여 점검 중에 긴급한 조치를 취하지 아니할 경우 항공기의 안전운항에 막대한 지장을 초래할 수 있는 안전저해요소를 발견하거나 항공업무 종사자가 항공법령 또는 같은 법령에 의한 명령에 위반한 사실을 발견하였을 때에는 다음의 조치를 취할 수 있다.

(1) 안전저해요소를 제거할 때까지 항공기의 운항을 중지
(2) 해당 항공업무 종사자의 업무수행을 중지

감독관은 상기 규정에 의한 조치를 하고자 할 때는 이를 유 · 무선으로 국토교통부장관에게 즉시 보고하여야 한다.

핵심 | POINT 항공안전감독관의 긴급보고 등

항공안전감독관은 점검 중에 긴급한 조치를 취하지 아니할 경우 항공기의 안전운항에 막대한 지장을 초래할 수 있는 안전저해요소를 발견하거나 항공업무 종사자가 항공법령 또는 같은 법령에 의한 명령에 위반한 사실을 발견하였을 때

- 안전저해요소를 제거할 때까지 항공기의 운항을 중지
- 해당 항공업무 종사자의 업무수행을 중지

6.2 | 자격증명

[운항기술기준 제2장 자격증명(personal licensing)]

6.2.1 자격증명의 정의

1. "기장시간"이라 함은 항공기가 운항하는 동안 항공기에 대한 모든 책임을 맡은 전체 시간을 말한다.
2. "비행훈련장비"(flight training equipment)라 함은 모의비행장치(flight simulator), 비행훈련장치(flight training device) 및 항공기(aircraft)를 말한다.
3. "부기장(co-pilot) 시간"이란 기장시간 이외의 비행시간을 말한다.
4. "최신비행훈련장치"(advanced flight training device)라 함은 특정한 항공기에 대한 구조, 모델 및 형식의 항공기 조종실과 실제 항공기와 동일한 조종장치를 가지는 조종실 모의훈련장치를 말한다.
5. "한정자격"(rating)이라 함은 자격증명서에 기재되어 있거나 자격증명내용과 관련된 것으로서 특권 또는 제한사항을 규정하는 자격의 일부를 말한다.
6. "항공교통관제사 근무좌석"(operating position)이라 함은 직접 또는 일련의 시설에서 항공교통관제기능을 수행할 수 있는 장소를 말한다.
7. "항공전문의사"란 「항공안전법」 제49조 및 같은 법 시행규칙 제105조의 규정에 따라 항공의학에 관한 전문교육을 이수하고 전문의 또는 의사로서 항공의학분야에서 5년 이상의 경력이 있는 의사 중 국토교통부장관이 항공신체검사증명 업무를 수행하도록 지정한 의사를 말한다.

6.2.2 자격증명의 한정

[운항기술기준 2.1.2.3 한정자격 발행(ratings issued)]

1) 조종사 한정자격

(1) 항공기 종류 한정자격(aircraft category rating)

가. 비행기
나. 회전익항공기
다. 활공기
라. 비행선
마. 항공우주선

(2) 항공기 등급 한정자격(aircraft class rating)

가. 육상단발(single-engine, land)
나. 수상단발(single-engine, sea)
다. 육상다발(multi-engine, land)
라. 수상다발(multi-engine, sea)
마. 활공기의 경우 상급(활공기가 특수 또는 상급활공기인 경우) 및 중급(활공기가 중급 또는 초급활공기인 경우)

2) 항공정비사에 대한 한정자격

(1) 항공기 종류의 한정자격

가. 비행기
나. 비행선
다. 활공기
라. 헬리콥터
마. 항공우주선
바. 수직이착륙기

(2) 항공정비사에 대한 업무범위 한정자격은 다음 각 호와 같이 분류하여 발행할 수 있다.

가. 기체 관련분야
나. 터빈발동기 관련분야
다. 피스톤발동기 관련분야
라. 프로펠러 관련분야

마. 전자 · 전기 · 계기 관련분야

> 핵심 POINT 항공정비사 업무범위 한정자격
>
> - 기체 관련분야
> - 터빈발동기 관련분야
> - 피스톤발동기 관련분야
> - 프로펠러 관련분야
> - 전자 · 전기 · 계기 관련분야

6.2.3 항공정비사 기량, 업무 범위

[운항기술기준 2.4.4 항공정비사 관련 자격증명(aviation maintenance technician)]

항공정비사 자격증명을 취득하고자 하는 자는 「항공안전법」 제38조의 규정에 의한 실기시험을 통과하여야 한다. 항공정비사로서 업무를 수행하기 위해서는 기체, 동력장치, 기타 장비품의 취급 · 정비와 검사방법, 항공기의 탑재 중량 등에 대한 기량을 소지하고 있어야 한다.

> 핵심 POINT 항공정비사의 기량
>
> 항공정비사로서 업무를 수행하기 위해서는 기체, 동력장치 및 기타 장비품의 취급 · 정비와 검사방법, 항공기의 탑재 중량 등에 대한 기량을 소지하고 있어야 한다.

항공정비사 자격증명 소지자는 국토교통부령이 정하는 범위의 수리를 제외하고 정비한 항공기에 대하여 「항공안전법」 제32조의 규정에 의한 확인행위를 할 수 있다.

국토교통부장관은 「항공안전법」 제37조 제1항 제2호에 따라 항공정비사의 정비업무범위는 기체관련분야, 피스톤발동기관련분야, 터빈발동기관련분야, 프로펠러관련분야 또는 전자 · 전기 · 계기관련분야로 한정하여야 한다.

> 핵심 POINT 항공정비사 업무범위
>
> 항공정비사 자격증명 소지자는 국토교통부령이 정하는 범위의 수리를 제외하고 정비한 항공기에 대하여 「항공안전법」 제32조의 규정에 의한 확인행위를 할 수 있다.
>
> [경미한 정비의 범위]
> 복잡한 결합작용이 없는 규격장비품의 교환, 상태확인을 위해 동력장치의 작동이 필요하지 아니한 작업, 윤활유 보급 등 비행 전 · 후 실시 점검작업

6.3 | 항공기 등록 및 등록부호 표시(aircraft registration and marking)

[운항기술기준 제4장 항공기 등록 및 등록부호 표시(aircraft registration and marking)]

6.3.1 적용

운항기술기준 제4장은 「항공안전법」 제7조부터 제15조까지, 제17조 및 제18조에 따른 항공기의 등록과 국적기호 및 등록기호(이하 "등록부호"라 한다) 표시에 관한 사항을 규정한다.

6.3.2 항공기 등록의 적합성(registration eligibility)

[운항기술기준 4.2 항공기 등록요건(registration requirements)]

다음 각 호의 어느 하나에 해당하는 자가 소유 또는 임차하는 항공기나 외국의 국적을 가진 항공기는 등록할 수 없다. 다만, 대한민국의 국민 또는 법인이 임차하거나 기타 사용할 수 있는 권리를 가진 항공기는 그러하지 아니하다.

(1) 대한민국의 국민이 아닌 사람
(2) 외국정부 또는 외국의 공공단체
(3) 외국의 법인 또는 단체
(4) 제1호부터 제3호까지의 어느 하나에 해당하는 자가 주식이나 지분의 2분의 1 이상을 소유하거나 그 사업을 사실상 지배하고 있는 법인
(5) 외국인이 법인등기부상의 대표자이거나 외국인이 법인등기부상의 임원 수의 2분의 1 이상을 차지하는 법인

핵심 POINT 항공기 등록의 적합성

어느 하나에 해당하는 자가 소유 또는 임차하는 항공기나 외국의 국적을 가진 항공기는 등록할 수 없다.
1. 대한민국의 국민이 아닌 사람
2. 외국정부 또는 외국의 공공단체
3. 외국의 법인 또는 단체
4. 상기자가 주식이나 지분의 2분의 1 이상을 소유하거나 그 사업을 사실상 지배하고 있는 법인

6.4 | 항공기 감항성(airworthiness)

[운항기술기준 제5장 항공기 감항성(airworthiness)]

이장은 항공기, 엔진, 장비품 및 부품 등의 지속적인 감항성 유지를 위한 정비, 예방정비, 수리 · 개조 및 검사에 대한 요건을 정한다.

6.4.1 용어 정의(개조, 오버홀, 필수검사항목 등)

1. "개조"(alteration)라 함은 인가된 기준에 맞게 항공제품을 변경하는 것을 말한다.

> **핵심 POINT 개조(alteration)**
>
> 인가된 기준에 맞게 항공제품을 변경하는 것

2. "대개조"(major alteration)라 함은 항공기, 발동기, 프로펠러 및 장비품 등의 설계서에 없는 항목의 변경으로서 중량, 평행, 구조강도, 성능, 발동기 작동, 비행특성 및 기타 품질에 상당하게 작용하여 감항성에 영향을 주는 것으로 간단하고 기초적인 작업으로는 종료할 수 없는 개조를 말하며, 세부내용은 「고정익항공기를 위한 운항기술기준」 [별표 5.1.1.2A]와 같다.

> **핵심 POINT 대개조(major alteration)**
>
> 항공기, 발동기, 프로펠러 및 장비품 등의 설계서에 없는 항목의 변경으로서 중량, 평행, 구조강도, 성능, 발동기 작동, 비행특성 및 기타 품질에 상당하게 작용하여 감항성에 영향을 주는 것으로, 간단하고 기초적인 작업으로는 종료할 수 없는 개조를 말한다.

3. "소개조"(minor alteration)라 함은 대개조 이외의 개조작업을 말한다.
4. "대수리"(major repair)라 함은 항공기, 발동기, 프로펠러 및 장비품 등의 고장 또는 결함으로 중량, 평행, 구조강도, 성능, 발동기 작동, 비행특성 및 기타 품질에 상당하게 작용하여 감항성에 영향을 주는 것으로 간단하고 기초적인 작업으로는 종료할 수 없는 수리를 말하며, 세부내용은 「고정익항공기를 위한 운항기술기준」 [별표 5.1.1.2B]와 같다.

핵심 POINT 대수리(major repair)

항공기, 발동기, 프로펠러 및 장비품 등의 고장 또는 결함으로 중량, 평행, 구조강도, 성능 발동기 작동, 비행특성 및 기타 품질에 상당하게 작용하여 감항성에 영향을 주는 것으로, 간단하고 기초적인 작업으로는 종료할 수 없는 수리를 말한다.

5. "소수리"(minor repairs)라 함은 대수리 이외의 수리작업을 말한다.
6. "등록국"이라 함은 항공기가 등록원부에 기록되어 있는 국가를 말한다.
7. "설계국가"(state of design)라 함은 항공기에 대해 원래의 형식 증명과 뒤이은 추가 형식 증명을 했던 국가 또는 항공제품에 대한 설계를 승인한 국가를 말한다.
8. "예방정비"(preventive maintenance)라 함은 경미한 정비로서 단순하고 간단한 보수작업, 복잡한 결합을 포함하지 않은 소형 규격부품의 교환을 말하며, 「고정익항공기를 위한 운항기술기준」 [별표 5.1.1.2.C]와 같다.
9. "오버홀"(overhaul)이라 함은 인가된 정비 방법, 기술 및 절차에 따라 항공제품의 성능을 생산 당시 성능과 동일하게 복원하는 것을 말한다. 여기에는 분해, 세척, 검사, 필요한 경우 수리, 재조립이 포함되며 작업 후 인가된 기준 및 절차에 따라 성능시험을 하여야 한다.

핵심 POINT 오버홀(overhaul)

인가된 정비방법, 기술 및 절차에 따라 항공제품의 성능을 생산 당시의 성능과 동일하게 복원하는 것을 말한다. 여기에는 분해, 세척, 검사, 필요한 경우 수리, 재조립이 포함되며 작업 후 인가된 기준 및 절차에 따라 성능시험을 하여야 한다.

10. "재생"(rebuild)이라 함은 인가된 정비 방법, 기술 및 절차를 사용하여 항공제품을 복원하는 것을 말한다. 이는 새 부품 혹은 새 부품의 공차와 한계(tolerance & limitation)에 일치하는 중고부품을 사용하여 항공제품이 분해 · 세척 · 검사 · 수리 · 재조립 및 시험되는 것을 말하며, 이 작업은 제작사 혹은 제작사에서 인정받고 등록국가에서 허가한 조직에서만 수행할 수 있다.
11. "제작국가"(state of manufacture)라 함은 운항을 위한 항공기 조립 허가, 해당 형식증명서와 모든 현행의 추가형식증명서에 부합 여부에 대한 승인 및 시험비행 및 운항 허가를 하는 국가를 말하며, 제작국가는 설계국가일수도 있고 아닐 수도 있다.
12. "필수검사항목"(required inspection items)이라 함은 작업 수행자 이외의 사람에 의해 검사되어져야 하는 정비 또는 개조 항목으로써 적절하게 수행되지 않거나 부적절한 부품 또는 자재가 사용될 경우, 항공기의 안전한 작동을 위험하게 하는 고장, 기능장애 또는 결함을 야기할 수 있는 최소한의 항목을 말한다.

핵심 POINT **필수검사항목(Required Inspection Items, RII)**

작업 수행자 이외의 사람에 의해 검사되어져야 하는 정비 또는 개조 항목으로써 적절하게 수행되지 않거나 부적절한 부품 또는 자재가 사용될 경우, 항공기의 안전한 작동을 위험하게 하는 고장, 기능장애 또는 결함을 야기할 수 있는 최소한의 항목

13. “생산승인”(production approval)이라 함은 당국이 승인한 설계와 품질관리 또는 검사 시스템에 따라 제작자가 항공기등 또는 부품을 생산할 수 있도록 국토교통부장관이 제작자에게 허용하는 권한, 승인 또는 증명을 말한다.
14. “비행전 점검”(pre flight inspection)이라 함은 항공기가 예정된 비행에 적합함을 확인하기 위하여 비행 전에 수행하는 점검을 말한다.
15. “전자식 자료”(electronic data)라 함은 항공기 제작사 등이 인터넷 홈페이지, DVD, CD, 디스켓을 통하여 제공하는 전자파일형태의 자료를 말한다.

6.4.2 비인가부품(상호항공안전협정 BASA 등)

[운항기술기준 5.8 비인가부품 및 비인가의심부품(unapproved parts and suspected unapproved parts)]

항공기 소유자등 및 정비조직인증을 받은 자를 포함한 어느 누구도 다음 각 호의 어느 하나에 해당되는 부품(이하 “인가부품(approved part)”이라 한다)이 아닌 부품을 항공기등에 장착하기 위해 생산하거나 사용하여서는 아니 된다.

핵심 POINT **비인가부품 및 비인가의심부품의 사용금지**

항공기 소유자 등 및 정비조직인증을 받은 자를 포함한 어느 누구도 인가부품(approved part)이 아닌 부품을 항공기 등에 장착하기 위해 생산하거나 사용하여서는 아니된다.

(1) 「항공안전법」 제20조에 따른 형식증명 및 같은 법 제20조 4항에 따른 부가형식증명 과정 중에 항공기 등에 사용되어 인가된 부품
(2) 「항공안전법」 제22조에 따른 제작증명을 받은 자가 생산한 부품
(3) 「항공안전법」 제27조에 따른 형식승인을 받은 자가 생산한 기술표준품
(4) 「항공안전법」 제28조에 따른 부품등제작자증명을 받은 자가 생산한 장비품 또는 부품
(5) 「항공안전법」 제35조 제8호에 따른 자격증명을 가진 자 또는 같은 법 제97조에 의한 정비조직인증 업체 등이 해당 부품 제작사의 정비요건에 맞게 정비, 개조, 오버홀하고 항공에 사용을 승인한 부품

(6) 외국에서 수입되는 부품의 경우 외국의 유자격정비사 또는 외국의 인가된 정비업체등이 해당 부품 제작사의 정비요건에 맞게 정비, 개조, 오버홀하고 항공에 사용을 승인한 부품
(7) 우리 정부와 상호항공안전협정(BASA)을 체결한 국가에서 생산된 부품으로 우리나라의 설계승인을 받아서 외국에서 생산된 부품

핵심 POINT 상호항공안전협정(Bilateral Aviation Safety Agreement, BASA)

국가 간의 민간 항공안전 분야에 있어서 동등한 안전 체제를 갖추었다고 서로 판단하는 경우, 양국 간의 신뢰를 바탕으로 상대국의 항공기 관련 제품의 인증(증명) 등의 신청을 수락해 주고, 간소화하여 실시할 수 있도록 서로 협력하는 것

핵심 POINT BASA 체결 국가

우리나라가 BASA를 체결한 국가는 미국(2008. 2. 19), 한-미 항공안전협정에는 항공안전에 관한 총 6개 분야(감항, 환경, 정비, 운항, 조종훈련, 항공훈련원)를 협력대상으로 하고 있다.

(8) 산업표준화법 제11조에 따른 항공분야 한국산업표준(KSW)에 따라 제작되는 표준장비품 또는 표준부품
(9) 다음의 미국 산업규격에 의하여 제작된 표준부품으로서 항공기 등의 형식설계서 상에서 참조되어 있는 부품

가. National Aerospace Standards(NAS)
나. Army-Navy Aeronautical Standard(AN)
다. Society of Automotive Engineers(SAE)
라. Sae Sematic
마. Joint Electron Device Engineering Council
바. Joint Electron Tube Engineering Council
사. American National Standards Institute(ANSI)

핵심 POINT 인가부품

- 형식증명, 부가형식증명 시 인가된 부품
- 제작증명을 받은 자가 생산한 부품
- 형식승인을 받은 자가 생산한 기술표준품
- 부품 등 제작자증명을 받은 자가 생산한 장비품 또는 부품
- 자격증명을 가진 자, 정비조직인증업체 등이 해당 부품 제작사의 정비 요건에 맞게 정비, 개조, 오버홀하고 항공에 사용을 승인한 부품
- 우리 정부와 상호항공안전협정(BASA)을 체결한 국가에서 생산된 부품으로 우리나라의 설계승인을 받아서 외국에서 생산된 부품
- 항공분야 한국산업표준(KSW), 미국 산업규격(항공기 등 형식설계서상에 참조되어 있는 부품)

6.4.3 지속적인 감항성 유지[감항성개선지시(AD) 등]

[운항기술기준 5.9 항공기 및 장비품의 지속적인 감항성 유지(continued airworthiness of aircraft and components)]

운항기술기준 5.9절은 대한민국에 등록된 항공기 및 장비품의 지속적인 감항성 유지에 대하여 정한다.

1) 책임

(1) 항공기 소유자등은 항공기등에 대하여 지속적으로 감항성을 유지하고 항공기등의 감항성 유지를 위하여 다음 사항을 확인하여야 한다.

가. 감항성에 영향을 미치는 모든 정비, 오버홀, 개조 및 수리가 항공 관련 법령 및 이 규정에서 정한 방법 및 기준 · 절차에 따라 수행되고 있는지의 여부

나. 정비 또는 수리 · 개조 등을 수행하는 경우 관련 규정에 따라 항공기 정비일지에 항공기가 감항성이 있음을 증명하는 적합한 기록유지 여부

다. 항공기 정비작업 후 사용가 판정(return to service)은 수행된 정비작업이 규정된 방법에 따라 만족스럽게 종료되었을 때에 이루어질 것

라. 정비확인 시 종결되지 않은 결함사항 등이 있는 경우 수정되지 아니한 정비 항목들의 목록을 항공기 정비일지에 기록하고 있는지의 여부

핵심 POINT 항공기 소유자 등의 확인 의무

- 감항성에 영향을 미치는 모든 정비, 오버홀, 개조 및 수리가 항공 관련 법령 및 이 규정에서 정한 방법 및 기준 · 절차에 따라 수행되고 있는지의 여부
- 정비 또는 수리 · 개조 등을 수행하는 경우 관련 규정에 따라 항공기 정비일지에 항공기가 감항성이 있음을 증명하는 적합한 기록유지 여부
- 항공기 정비작업 후 '사용가' 판정(return to service)은 수행된 정비작업이 규정된 방법에 따라 만족스럽게 종료되었을 때에 이루어지는지의 여부
- 정비확인 시 종결되지 않은 결함사항 등이 있는 경우 수정되지 아니한 정비 항목들의 목록을 항공기 정비일지에 기록하고 있는지의 여부

(2) 최대이륙중량 5,700kg 이상인 항공기를 운영하는 항공운송사업자 및 항공기 소유자등은 지속적인 감항성 유지를 위해 정비, 개조 및 항공기 운영실태를 감시하고 평가하여야 하며, 운항기술기준 5.9.4. 고장, 기능불량 및 결함의 보고(reports of failures, malfunctions and defects) 및 운항기술기준 6.5.11 고장 등의 보고(service difficulty reports)에 따라 관련 정보를 다음 각 호의 자에게 보고 또는 통보하여야 한다.

가. 국토교통부장관

나. 형식증명소지자

다. 개조 설계기관(해당 기관의 개조와 관련하여 발생된 지속적인 감항성에 영향이 있는 경우에만 해당한다)

(3) 소유자등은 형식설계를 책임지고 있는 기관(organizations)으로부터 지속적인 감항성 유지에 관한 정보 및 정비개선회보(service bulletin)를 획득(obtain)하고 이의 이행여부 등을 평가(assess)하여야 하며, 국토교통부장관이 정한 절차에 따라 필요한 후속조치를 이행해야 한다.

(4) 국내에서 설계된 항공제품의 설계승인서 소지자 및 생산승인서 소지자는 제품의 운용자, 소유자 등으로부터 제품에 대한 결함, 고장 및 기타 발생사항을 접수하는 시스템을 구비하여야 하며, 5.9.4.고장, 기능불량 및 결함의 보고(reports of failures, malfunctions and defects) 및 6.5.11 고장 등의 보고(service difficulty reports)에 따라 관련 정보를 국토교통부장관에게 보고하여야 한다.

2) 고장, 기능불량 및 결함의 보고

[운항기술기준 5.9.4 고장, 기능불량 및 결함의 보고(reports of failures, malfunctions and defects)]

(1) 항공기 소유자 또는 운영자는 「항공안전법」 제59조 및 같은 법 시행규칙 제134조에 따라 같은 법 시행규칙 [별표 20의 2]의 항공안전장애 중 항공기 감항성에 관련한 고장, 기능불량 또는 결함이 발생한 경우에는 국토교통부장관에게 그 사실을 보고해야 한다.

(2) 보고 시기 및 내용은 다음과 같다.

보고해야 하는 고장, 기능불량 또는 결함이 발생한 때에는 인터넷(http://esky.go.kr) 또는 전화/텔렉스/팩스를 사용하여 발생한 날로부터 3일(72시간) 이내에 공식적인 보고가 이루어져야 하고, 보고 내용에는 아래의 내용을 포함하여야 하며 보고양식은 별지 제9호 서식(항공기고장보고서)에 의한다.

가. 항공기 일련 번호

나. 고장, 기능불량 또는 결함이 기술표준품 형식승인서(KTSOA)에 따라 인가된 품목과 관련되어있을 경우, 해당 품목의 일련번호와 형식 번호

다. 고장, 기능불량 또는 결함이 엔진 또는 프로펠러와 관련되어 있을 경우, 해당 엔진 또는 프로펠러의 일련 번호

라. 생산품의 형식

마. 부품번호를 포함하여 관련된 부품, 구성품 또는 계통의 명칭

바. 고장, 기능불량 또는 결함의 양상

(3) 국토교통부장관은 대한민국에 등록된 항공기일 경우 접수한 보고 내용을 해당 항공기의 설계국가에 통보한다.

(4) 국토교통부장관은 외국 국적 항공기의 경우 접수한 보고 내용을 해당 항공기의 등록국가에 통보한다.

3) 감항성개선지시(AD)

[운항기술기준 5.9.5 감항성개선지시(Airworthiness Directives)]

(1) 국토교통부장관은 항공기 소유자 또는 운영자에게 항공기의 지속적인 감항성 유지를 위하여 감항성개선지시서를 발행하여 정비 등을 지시할 수 있다.

> **핵심 POINT** 감항성개선지시(Airworthiness Directives, AD)
>
> 국토교통부장관은 항공기 소유자 또는 운영자에게 항공기의 지속적인 감항성 유지를 위하여 감항성개선지시서를 발행하여 정비 등을 지시할 수 있다.

(2) 국토교통부장관은 새로운 형식의 항공기가 등록된 경우 해당 항공기의 설계국가에 항공기가 등록되었음을 통보하고, 항공기, 기체구조, 엔진, 프로펠러 및 장비품에 관한 감항성개선지시를 포함한 필수지속감항정보(mandatory continuing airworthiness information)의 제공을 요청한다.

(3) 국토교통부장관은 설계국가에서 제공한 필수지속감항정보를 검토하여 국내 등록된 항공기 또는 운용 중인 엔진, 프로펠러, 장비품에 불안전한 상태에 있다고 판단된 경우에는 감항성개선지시서를 발행하여야 한다.

(4) 국토교통부장관은 항공기의 불안전 상태를 해소하기 위해 필요한 경우에는 항공기, 엔진, 프로펠러 및 장비품 제작사가 발행한 정비개선회보(service bulletin), 각종 기술자료(service letter, service information letter, technical follow up, all operator message 등) 및 승인된 설계변경 사항을 검토하여 해당 항공기, 엔진, 프로펠러 및 장비품에 대한 정비, 검사를 지시하거나 운용절차 또는 제한사항을 정하여 지시할 수 있다.

(5) 대한민국에 등록된 항공기의 소유자 또는 운영자는 국토교통부장관이 발행한 감항성개선지시의 요건을 충족하지 않은 항공기를 운용하거나 항공제품을 사용하여서는 아니 된다.

(6) 국토교통부장관은 운항기술기준 5.9.4에 따라 항공기 소유자 또는 운영자가 보고한 고장, 기능불량 및 결함 내용을 검토하여 다음 각 호의 어느 하나에 해당되는 경우 감항성개선지시서를 발행할 수 있다.

가. 항공기 등의 감항성에 중대한 영향을 미치는 설계 · 제작상의 결함사항이 있는 것으로 확인된 경우

나. 「항공 · 철도 사고조사에 관한 법률」에 따라 항공기 사고조사 또는 항공안전감독활동의 결과로 항공기 감항성에 중대한 영향을 미치는 고장 또는 결함사항이 있는 것으로 확인된 경우

다. 동일 고장이 반복적으로 발생되어 부품의 교환, 수리 · 개조 등을 통한 근본적인 수정조치가 요구되거나 반복적인 점검 등이 필요한 경우

라. 항공기기술기준에 중요한 변경이 있는 경우

마. 국제민간항공협약 부속서 8에 따라 외국의 항공기 설계국가 또는 설계기관 등으로부터 필수 지속감항정보를 통보받아 검토한 결과 필요하다고 판단한 경우

바. 항공기 안전운항을 위하여 운용한계(operating limitations) 또는 운용절차(operation procedures)를 개정할 필요가 있다고 판단한 경우

사. 그 밖에 국토교통부장관이 항공기 안전 확보를 위해 필요하다고 인정한 경우

(7) 국토교통부장관은 감항성개선지시서를 발행할 경우 해당 항공제품을 장착한 국내의 항공기 소유자등은 물론, 국내 제작된 항공제품에 대하여 국외의 해당 항공제품을 장착한 항공기의 등록국가, 운영국가 또는 통보를 요청하는 국가가 확인할 수 있도록 인터넷을 이용하여 게시하거나 이메일, 팩스 또는 우편물 등으로 알려야 한다.

(8) 항공기 소유자 또는 운영자는 해당 감항성개선지시서에서 정한 방법 이외의 방법으로 수행하고자 할 경우 국토교통부장관에게 대체수행방법(alternative methods of compliance)에 대하여 승인을 요청하여야 한다. 다만, 감항성개선지시서 발행국가가 승인한 대체수행방법을 적용하고자 하는 경우 사전에 보고(관련 SB의 개정 등 경미한 변경 사항은 보고 불필요) 후 시행할 수 있다.

(9) 국토교통부장관은 대체수행방법을 승인할 경우 항공기 감항성 유지에 문제가 없는지를 확인한 후 승인하여야 한다.

핵심 POINT 감항성개선지시(AD) 발행 사유

- 감항성에 중대한 영향을 미치는 설계 · 제작상의 결함사항이 있는 것으로 확인된 경우
- 항공기 사고조사 또는 항공안전감독활동의 결과로 항공기 감항성에 중대한 영향을 미치는 고장 또는 결함사항이 있는 것으로 확인된 경우
- 동일 고장이 반복적으로 발생되어 부품의 교환 · 수리 · 개조 등을 통한 근본적인 수정조치가 요구되거나 반복적인 점검 등이 필요한 경우
- 항공기기술기준에 중요한 변경이 있는 경우
- 외국의 항공기 설계국가 또는 설계기관 등으로부터 필수지속감항정보를 통보 받아 검토한 결과 필요하다고 판단한 경우
- 항공기 안전운항을 위하여 운용한계(operating limitation) 또는 운용절차(operation procedures)를 개정할 필요가 있다고 판단한 경우

4) 항공기 정비등

[운항기술기준 5.10 항공기 정비등(aircraft maintenance, preventive maintenance, rebuilding and alteration)]

운항기술기준 5.10절은 대한민국의 감항증명을 받은 항공기 또는 이 항공기의 기체, 엔진, 프로펠러, 장비품 및 구성품 부품의 정비, 예방정비, 재생, 개조 작업에 적용한다.

(1) 정비, 예방정비, 재생 및 개조를 수행하도록 인가된 자

[운항기술기준 5.10.2 정비, 예방정비, 재생 및 개조를 수행하도록 인가된 자(persons authorized to maintenance, preventive maintenance, rebuilding and alteration)]

① 「항공안전법」 제35조 제1호부터 제3호까지의 규정에 따른 조종사 자격증명 소지자

가. 형식한정을 받은 항공기(형식한정이 해당되지 아니한 항공기를 포함한다)에 대하여 비행전점검을 수행할 수 있다. 이 경우 비행전점검이 만족하게 수행되었는지에 대한 책임은 기장 또는 소속 항공사에 있다.

나. 자신이 소유하거나 운영하는 항공기에 대한 예방정비를 수행할 수 있다. 다만, 당해 항공기가 운항증명을 받아 운용되거나 감항분류가 커뮤터(C) 또는 수송(T)으로 구분되는 경우에는 제외한다.

② 「항공안전법」 제35조 제8호에 따른 항공정비사 자격증명을 소지하고 해당 정비업무에 대한 교육을 받았거나 지식과 경험이 있는 자(이하 "유자격정비사"라 한다): 항공기 종류 및 정비업무의 범위 내에서 정비등을 수행하거나, 유자격정비사가 아닌 자로 하여금 정비등을 수행하게 할 수 있다. 이 경우 유자격정비사의 감독하에 있어야 한다.

③ 유자격정비사의 감독하에 있는 유자격정비사가 아닌 자: 다음의 조건이 모두 충족되는 경우 유자격정비사의 감독하에서 정비등을 수행할 수 있다. 다만, 필수검사항목 및 대수리 · 개조 이후 수행되는 검사업무는 제외한다.

가. 유자격정비사가 아닌 자가 정비등을 적절하게 수행하고 있음을 보증할 수 있도록 작업사항에 대한 유자격정비사의 확인이 가능한 경우

나. 유자격정비사는 유자격정비사가 아닌 자가 직접 자문을 구할 수 있는 위치에 있을 경우

④ 「항공안전법」 제90조에 따른 운항증명소지자 및 같은 법 제30조에 따른 항공기사용사업자: 보유 항공기등에 대하여 인가받은 운영기준 또는 정비규정에 따라 정비등을 수행할 수 있다.

⑤ 「항공안전법」 제97조에 따른 정비조직인증을 받은 자: 이 기준의 제6장에 따라 정비등을 수행할 수 있다.

⑥ 항공제품의 제작자는 다음 업무를 수행할 수 있다.

가. 형식증명 또는 제작증명을 인증받아 자신이 제작한 항공제품의 정비등

나. 기술표준품, 부품제작자증명, 또는 생산 · 제조 사양(product and process specification)

을 인증받아 자신이 생산한 항공제품의 정비등

다. 제작증명 또는 생산검사시스템에 따라 제작과정 중에 있는 항공기에 대한 정비등

핵심 POINT 정비, 예방정비, 재생 및 개조를 수행하도록 인가된 자

- 조종사 자격증명 소지자
- 항공정비사 자격증명을 소지하고 해당 정비업무에 대한 교육을 받았거나 지식과 경험이 있는 자(유자격정비사)
- 유자격정비사의 감독하에 있는 유자격정비사가 아닌 자
- 운항증명소지자, 항공기사용사업자
- 항공제품의 제작자

(2) 사용가능상태로 승인할 수 있는 자

[운항기술기준 5.10.4 항공제품에 대한 정비 등의 수행 후 사용가능상태로 승인할 수 있는 자 (authorized personnel to approve for return to service)]

항공제품에 대한 정비등(비행전점검은 제외한다)을 수행한 후 사용가능상태로 승인할 수 있는 자와 그 범위는 다음과 같다.

① 유자격조종사는 자신이 소유하거나 운영하는 항공기에 대하여 예방정비를 수행한 후 항공기를 사용가능상태로 승인할 수 있다.

② 유자격정비사는 인가받은 항공기 종류 및 정비 업무의 범위 내에서 정비등을 수행, 감독 및 검사를 한 후 사용가능상태로 승인할 수 있다.

③ 정비조직인증을 받은 자는 이 기준의 제6장에 따라 사용가능상태로 승인할 수 있다.

④ 「항공안전법」 제90조에 따른 운항증명소지자 및 같은 법 제30조에 따른 항공기사용사업자는 보유 항공기등에 대하여 인가받은 운영기준 및 정비규정에 따라 사용가능상태로 승인할 수 있다.

⑤ 제작자는 운항기술기준 5.10.2에 따라 작업 후 사용가능상태로 승인할 수 있다. 다만, 소개조를 제외한 설계가 변경되는 작업에 관한 기술자료는 국토교통부장관의 인가를 받아야 한다.

핵심 POINT 항공제품에 대한 정비 등의 수행 후 사용가능상태로 승인할 수 있는 자

- 유자격조종사, 예방정비
- 유자격정비사, 정비 등을 수행, 감독 및 검사
- 정비조직인증을 받은 자
- 운항증명소지자, 항공기사용사업자, 인가받은 운영기준 및 정비규정

6.5 | 정비조직의 인증

[운항기술기준 제6장 정비조직의 인증(Approval for Maintenance Organization)]

운항기술기준 제6장은 「항공안전법」 제97조의 규정에 따른 정비조직인증을 위한 기준을 정함으로써 법 집행의 일관성 및 객관성을 제고하고 항공기 안전성 확보를 도모함을 목적으로 한다.

6.5.1 적용(AMO, Approved Maintenance Organization)

운항기술기준 제6장은 타인의 수요에 맞추어 항공기, 기체, 발동기, 프로펠러, 장비품 및 부품 등에 대하여 정비 또는 수리 · 개조 등(이하 "정비등"이라 한다)의 작업을 수행하고 감항성을 확인하거나, 항공기 기술관리 또는 품질관리 등을 지원하기 위하여 「항공안전법」 제97조에 따라 정비조직 인증을 받고자 하는 자 또는 인증을 받은 자에게 적용한다.

핵심 POINT 정비조직의 인증(Approval for Maintenance Organization), 적용

타인의 수요에 맞추어 항공기, 기체, 발동기, 프로펠러, 장비품 및 부품 등에 대하여 정비 또는 수리 · 개조 등의 작업을 수행하고 감항성을 확인하거나, 항공기 기술관리 또는 품질관리 등을 지원하기 위하여 정비조직 인증을 받고자 하는 자 또는 인증을 받은 자를 대상으로 한다.

6.5.2 용어 정의

1. "책임관리자"(accountable manager)란 정비조직인증을 받은 사업장에서의 모든 운영에 관한 책임과 권한을 가진 자로서 인증된 정비조직에서 임명한 사람을 말하며, 소속 인력들이 규정을 지키도록 하는 사람을 말한다.
2. "대개조"(major alteration)란 5.1.2, 2)에서 정한 개조를 말한다.
3. "소개조"(minor alteration)란 5.1.2, 3)에서 정한 개조를 말한다.
4. "대수리"(major repair)란 5.1.2, 4)에서 정한 수리를 말한다.
5. "소수리"(minor repairs)란 5.1.2, 5)에서 정한 수리를 말한다.
6. "운항정비"(line maintenance)란 예측할 수 없는 고장으로 발생된 비계획 정비 또는 특수한 장비

또는 시설이 필요치 않은 서비스 및(또는) 검사를 포함한 계획점검(A 점검 및 B 점검)을 말한다.

7. "공장정비"(base maintenance)란 운항정비를 제외한 정비를 말한다.
8. "예방정비"(preventive maintenance)란 단순하고 간단한 보수작업, 점검 및 복잡한 결합을 포함하지 않은 소형 규격부품의 교환 및 윤활유등의 보충(service)을 말한다.
9. "기술관리 및 품질관리 업무"란 항공기 등에 대한 직접적인 정비행위를 수행하는 것을 제외하고, 항공기가 기술기준에 적합하도록 지속적인 감항성 유지를 보증하기 위한 다음과 같은 업무를 말한다.
   가. 계획정비 프로그램의 개발 및 유지관리
   나. 감항성 유지정보(AD, SB 등) 검토 및 작업지침서 개발
   다. 항공기 결함 등의 분석 및 신뢰성 관리
   라. 정비 업무에 관한 절차의 개발 및 관리
   마. 그 밖에 정비를 위한 제반 지원업무
10. "품목"(article)이란 항공기, 기체, 발동기, 프로펠러, 장비품 또는 부품 등을 말한다.
11. "정비매뉴얼"(maintenance manuals)이란 항공기 등, 장비품 및 부품 제작자가 지속적 감항성 유지를 위하여 발행하는 정비지침서(maintenance guidance)로서 maintenance manual, overhaul manual, illustrated parts catalogue, structure repair manual, component maintenance manual, maintenance instructions 및 wiring diagram 등 기술도서들을 포함한다.

6.5.3 정비 등의 수행기준

[운항기술기준 6.1.5 정비 등의 수행기준(general performance rules)]

인증 받은 정비조직이 한정 받은 품목에 대하여 정비 등을 수행하는 때에는 다음 사항을 준수하여야 한다.

(1) 정비 등의 수행방법

가. 항공기 및 장비품 등의 제작자가 지속 감항성 유지를 위하여 발행한 현행 정비매뉴얼 · 지침 등에 기재된 방법, 기술 및 기능 또는 국토교통부장관이 인정한 방법, 기술 및 기능을 따라야 한다.

나. 인가된 정비, 예방정비 또는 개조작업을 수행하는데 필요한 장비, 공구 및 재료를 갖추어야 한다.

다. 장비, 공구 및 재료는 제작자가 권고한 것이거나 적어도 제작자가 권고한 것과 동등한 성능이 있고 국토교통부장관이 인정한 것이어야 한다.

> **핵심 POINT 정비 등의 수행기준**
>
> 인증 받은 정비조직이 한정 받은 품목에 대하여 정비 등을 수행하는 때의 준수사항
> - 제작자가 발행한 정비매뉴얼 · 지침 등에 기재된 방법, 기술 및 기능 또는 국토교통부장관이 인정한 방법, 기술 및 기능
> - 인가된 정비, 예방정비 또는 개조작업을 수행하는 데 필요한 장비, 공구 및 재료를 갖추어야 함
> - 장비, 공구 및 재료는 제작자가 권고한 것이나 적어도 제작자가 권고한 것과 동등한 성능이 있고 국토교통부장관이 인정한 것

(2) 정비 등의 수행기록

가. 작업내용 및 근거자료

나. 작업수행 종료일자

다. 작업수행자의 서명, 자격증명번호 및 자격종류

라. 위의 '다'항 이외의 작업수행자가 있을 경우 작업수행자의 성명

마. 작업수행 내용이 대수리 또는 대개조에 해당할 경우에는 별지 제13호 서식의 대수리 및 개조승인서를 작성하여야 한다.

바. 작업수행의 과정 및 후에 감항성의 인정 또는 불인정에 관계된 검사유형, 검사내용, 검사일자, 검사원의 서명 · 자격증명번호 · 자격종류 등을 기록하여야 한다.

사. 수행기록 등 정비문서는 위조, 재생 또는 변경하여서는 아니 된다.

(3) 정비 등을 수행할 수 있는 자

「항공안전법」 제35조 제8호에 따른 항공정비사 자격증명(같은 법 시행규칙 제81조에서 정한 해당 분야의 한정)을 소지하고 해당 정비업무에 대한 교육을 받았거나 지식과 경험이 있는 자(이하 "유자격정비사"라 한다)로서 「항공안전법」 제97조의 규정에 따라 인증을 받은 정비조직이 소속 인원에 대하여 정비등을 수행할 수 있도록 자격을 부여한 자. 다만, 항공정비사 자격증명 소지자가 현장에서 직접 감독한다면 자격증명이 없는 자도 정비등을 수행할 수 있다.

(4) 정비 등을 수행한 후 감항성을 확인할 수 있는 자

유자격정비사로서 「항공안전법」 제97조의 규정에 따라 인증을 받은 정비조직이 소속 인원에 대하여 정비등을 수행할 수 있도록 자격을 부여한 자

> **핵심 POINT 정비 등을 수행할 수 있는 자**
>
> 항공정비사 자격증명을 소지하고 해당 정비업무에 대한 교육을 받았거나 지식과 경험이 있는 자로서 인증을 받은 정비조직이 소속 인원에 대하여 정비 등을 수행할 수 있도록 자격을 부여한 자. 다만, 항공정비사 자격증명 소지자가 현장에서 직접 감독한다면 자격증명이 없는 자도 정비 등을 수행할 수 있다.

6.6 | 항공기 계기 및 장비

[운항기술기준 제7장 항공기 계기 및 장비(instrument and equipment)]

운항기술기준 제7장은 「항공안전법」 제51조 및 제52조, 국제민간항공협약 부속서에서 정한 요건에 따라, 항공기를 소유 또는 임차하여 사용할 수 있는 권리가 있는 자(이하 "소유자등"이라 한다)가 항공기를 항공에 사용하고자 하는 경우 항공기에 갖추어야 할 계기 및 장비 등에 관한 최소의 요건을 규정한다.

6.6.1 용어 정의

1. "비상위치무선표지설비"(emergency locator transmitter, ELT)라 함은 비상상황을 감지하여 지정된 주파수로 특수한 신호를 자동 혹은 수동으로 발산하는 장비를 말한다.
   가. 고정식 자동비상위치 무선표지설비[automatic fixed ELT(ELT(AF)]. 항공기에 영구적으로 장착된 긴급위치 발신기
   나. 휴대용 자동비상위치 무선표지설비[automatic portable ELT(ELT(AP)]. 항공기에 견고하게 부착되고, 추락 등 조난 시 항공기에서 쉽게 떼어내어 휴대할 수 있는 긴급위치 발신기.
   다. 자동전개식 비상위치 무선표지설비[automatic deployable ELT(ELT(AD)]. 항공기에 견고하게 부착되고, 추락 등 조난 시 항공기에서 자동적으로 전개되며 수동전개도 가능한 긴급위치 발신기
   라. 생존 비상위치 무선표지설비[survival ELT(ELT(S)]. 비상시에 생존자들이 작동시키도록 예비용으로 장착된, 항공기에서 떼어낼 수 있는 긴급위치 발신기.
2. "장거리 해상비행"(extended overwater operation)이란 육상단발비행기의 경우에는 비상착륙에 적합한 육지로부터 185킬로미터(100해리) 이상의 해상을 비행하는 것을 말하며, 육상다발비행기의 경우에는 1개의 발동기가 작동하지 아니하여도 비상착륙이 적합한 육지로부터 740킬로미터(400해리) 이상의 해상을 비행하는 것을 말한다.

6.6.2 최소 비행 및 항법 계기

[운항기술기준 7.1.6 최소 비행 및 항법계기(minimum flight and navigational instruments)]

어느 누구도 다음 각 호의 계기를 장착하지 않고는 항공기를 운항하여서는 아니 된다.

(1) 노트(knots)로 나타내는 교정된 속도계

(2) 비행 중 어떤 기압으로도 조정할 수 있도록 헥토파스칼/밀리바 단위의 보조눈금이 있고 피트 단위의 정밀고도계

(3) 시, 분, 초를 나타내는 정확한 시계(개인 소유물은 승인이 불필요함)
(4) 나침반

핵심 POINT 최소 장착 비행 및 항법 계기

- 노트(knots)로 나타내는 교정된 속도계
- 비행 중 어떤 기압으로도 조정할 수 있도록 헥토파스칼/밀리바 단위의 보조눈금이 있고 피트 단위의 정밀 고도계
- 시, 분, 초를 나타내는 정확한 시계(개인 소유물은 승인이 불필요함)
- 나침반

6.6.3 파괴위치 표시

[운항기술기준 7.1.14.5 파괴위치 표시(marking of break-in points)]

(1) 항공기 비상시 구조요원들이 파괴하기에 적합한 동체부분이 있다면 그 장소를 '나'항의 그림과 같이 동체부분에 적색 또는 황색으로 표시하여야 한다. 필요하다면 배경과 대조되는 백색으로 윤곽을 나타내어야 한다.
(2) 양쪽 모퉁이의 표지가 2미터 이상 벌어지면 중간지점에서 9×3센티미터 선을 표시하고, 간격이 2미터가 되지 않도록 다음 그림과 같이 표시하여야 한다.

핵심 POINT 파괴위치 표시

항공기 비상시 구조요원들이 파괴하기에 적합한 동체부분이 있다면 그 장소를 동체부분에 적색 또는 황색으로 표시하여야 한다.

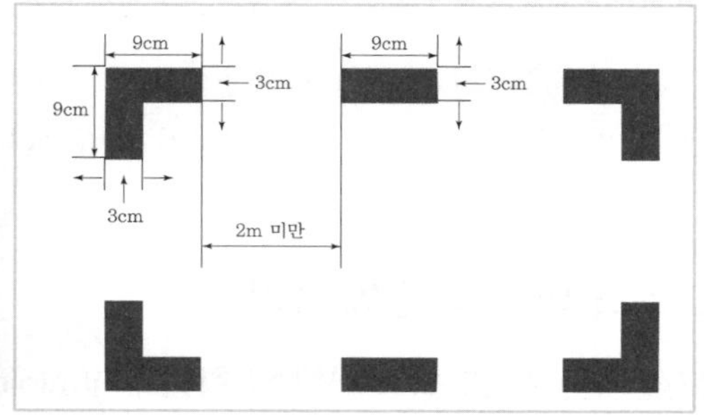

6.6.4 지상접근경고장치

[운항기술기준 7.1.18 지상접근경고장치(ground proximity warning system)]

(1) 항공기 소유자 또는 항공운송사업자가 「항공안전법 시행규칙」 제109조에 따라 비행기에 장착해야 하는 지상접근경고장치는 비행기가 지상의 지형지물에 접근하는 경우 조종실내의 화면상에 비행기가 위치한 지역의 지형지물을 표시하여 조종사에게 사전에 예방조치를 할 수 있도록 경고해 주는 기능을 가진 구조이어야 하며, 「항공안전법 시행규칙」 제109조 제2항에서 규정한 성능을 갖추어야 한다.

(2) '가'항의 규정에 의한 지상접근경고장치는 강하율, 지상접근, 이륙 또는 복행 후 고도손실, 부정확한 착륙 비행형태 및 활공각 이하로의 이탈 등에 대하여 시각신호와 함께 청각신호로 시기적절하고 분명한 청각신호를 운항승무원에게 자동으로 제공하여야 한다.

(3) 지상접근경고장치(GPWS)는 다음 각 호와 같은 상황을 추가로 경고하여야 한다.

가. 과도한 강하율

나. 과도한 지형접근율

다. 이륙 또는 복행 후 과도한 고도상실

라. 착륙외형(landing configuration, 착륙장치와 고양력장치)이 아닌 상태로 장애물 안전고도를 확보하지 못한 상태에서 불안전한 지형근접

마. 계기활공각(instrument glide path) 아래로 과도한 강하

핵심 POINT 지상접근경고장치(Ground Proximity Warning System)

비행기가 지상의 지형지물에 접근하는 경우 조종실 내의 화면상에 비행기가 위치한 지역의 지형지물을 표시하여 조종사에게 사전에 예방조치를 할 수 있도록 경고해 주는 기능

- 강하율
- 지상접근
- 이륙 또는 복행 후 고도손실
- 부정확한 착륙 비행형태 및 활공각 이하로의 이탈

6.7 | 항공기 운항(operations)

[운항기술기준 제8장 항공기 운항(operations)]

6.7.1 적용

(1) 운항기술기준 제8장은 다음 각 호의 운항에 대한 요건을 규정한다.

가. 대한민국의 항공종사자 자격증명을 소지한 자가 대한민국에 등록된 항공기를 사용하여 행하는 운항

나. 대한민국의 운항증명소지자가 대한민국에 등록된 항공기 또는 외국에 등록된 항공기를 사용하여 행하는 운항

다. 외국정부에서 발행한 항공종사자 자격증명 소지자, 운항증명소지자 또는 이와 동등한 증명을 소지한 자가 대한민국 내에서 행하는 항공기 운항

(2) 대한민국 이외의 지역에서 운항하는 경우 대한민국 조종사와 운항증명소지자는 이 장에서 정한 요건을 준수하는 운항이 해당 국가의 법을 위반하지 않는 한 이를 준수하여야 한다.

(3) 7.1은 특별히 명시된 것을 제외하고 (1)항에서 규정한 모든 민간항공기의 운항(이하 "모든 운항"이라 한다)에 적용한다.

> 주: 외국의 항공운송사업자에게 적용되지 않는 사항이 있을 경우 "이 요건은 외국 항공운송사업자에게 적용되지 않는다"라는 문구로 구분한다.

6.7.2 항공기 정비요건(승객이 기내에 있거나 승·하기 중일 때 연료보급 절차 등)

[운항기술기준 8.1.6 항공기 정비요건(aircraft maintenance requirement)]

운항기술기준 8.1.6은 대한민국에 등록되어 국내외를 운항하고 항공법령의 적용을 받는 민간 항공기에 대한 검사행위를 규정한다. 8.1.6.3 및 8.1.6.4는 국토교통부장관이 운항증명소지자에게 승인한 지속정비프로그램(continuous maintenance program)을 적용받는 항공기에는 해당되지 않는다. 이 절은 항공기가 대한민국에 등록되었는지의 여부와 관계없이 모든 민간 항공기에 적용된다. 타 등록국에서 승인하고 인정한 점검프로그램에 의하여 운영되는 외국적 항공기가 대한민국 내를 운항하기 위하여 요구되는 장비를 구비하지 못한 경우 대한민국 내를 운항하기 전에 그 항공기의 소유자/운영자는 해당 장비를 장착한 후 운항하여야 한다.

핵심 POINT 항공기 정비요건(aircraft maintenance requirement)

항공기 정비요건은 대한민국에 등록되어 국내외를 운항하고 항공법령의 적용을 받는 민간 항공기에 대한 검사행위를 규정하고, 항공기가 대한민국에 등록되었는지의 여부와 관계없이 모든 민간 항공기에 적용된다.

1. 등록된 항공기의 소유자 또는 운영자는 모든 감항성개선지시서의 이행을 포함하여 항공기를 감항성이 있는 상태로 유지할 책임이 있다.
2. 항공법령 또는 운항기술기준을 따르지 아니하고 항공기 정비, 예방정비, 수리 또는 개조를 하여서는 아니 된다.
3. 정비프로그램 또는 검사프로그램에는 요구되는 부품 등의 강제교환시기, 점검주기 및 관련 절차가 포함되어야 한다.
4. 정비프로그램 또는 검사프로그램에 따라 정비 등을 수행하여야 하며, 인가 받지 않은 자는 제작사가 제공하는 정비교범에 따라 정비 등을 수행하여야 한다.
5. 형식증명소유자가 권고하는 주기마다 중량측정을 수행하여야 한다.(중량 및 평형보고서 유지)

1) 연료, 오일탑재 계획 및 불확실 요인의 보정

[운항기술기준 8.1.9.13 연료, 오일탑재 계획 및 불확실 요인의 보정(fuel, oil planning and contingency factors)]

「항공안전법 시행규칙」 제119조 및 [별표 17](항공기에 실어야 할 연료 및 오일의 양)에서 정한 연료는 다음 기준에 따라 산정되어야 한다.

(1) 항공기는 계획된 비행을 안전하게 완수하고 계획된 운항과의 편차를 감안하여 충분한 연료를 탑재하여야 한다.

(2) 탑재연료량은 적어도 다음 사항을 근거로 산출되어야 한다.

가. 연료소모감시시스템에서 얻은 특정 항공기의 최신자료 또는 항공기 제작사에서 제공된 자료

나. 비행계획에 포함되어야 할 운항 조건

ㄱ) 예상 항공기 중량

ㄴ) 항공고시보(NOTAM)

ㄷ) 현재 기상보고 또는 기상보고 및 기상예보의 조합

ㄹ) 항공교통업무 절차, 제한사항 및 예측된 지연

ㅁ) 정비이월, 외장변경의 영향

ㅂ) 항공기 착륙지연 또는 연료와 오일의 소모를 증가시킬 만한 사항

핵심 POINT 연료탑재의 불확실 요인 보정

최종 예비 연료보호는 기존의 계획대로 안전한 운항이 종료될 수 없는 예기치 못한 사건이 발생할 경우 어떠한 공항에도 안전하게 착륙할 수 있도록 하기 위함이다.

2) 승객이 기내에 있거나 승 · 하기 중일 때 연료보급 절차

[운항기술기준 8.1.12.2 승객이 기내에 있거나 승 · 하기 중일 때 연료보급(refueling with passengers on board)]

비행기의 경우, 기장은 승객이 기내에 있을 때나 탑승 또는 하기 중에는 다음의 경우를 제외하고 연료보급을 하도록 허용하여서는 아니 된다.

(1) 항공기에 탈출 시작과 탈출을 지시할 준비가 되어 있는 자격을 갖춘 자를 배치한 때

(2) 항공기에 배치한 자격을 갖춘 자와 연료보급을 감독하는 지상요원 간에 상호 송수신 통신이 유지될 때

핵심 POINT 승객이 기내에 있거나 승 · 하기 중일 때 연료보급 절차

기장은 승객이 기내에 있을 때나 탑승 또는 하기 중에는 항공기에 탈출 시작과 탈출을 지시할 준비가 되어 있는 자격을 갖춘 자를 배치한 때, 항공기에 배치한 자격을 갖춘 자와 연료보급을 감독하는 지상요원 간에 상호 송수신 통신이 유지될 경우를 제외하고 연료보급을 금지한다.

6.8 | 항공운송사업의 운항증명 및 관리

[운항기술기준 제9장 항공운송사업의 운항증명 및 관리(air operator certification and administration)]

6.8.1 적용

운항기술기준 제9장은 「항공안전법」 제90조 및 같은 법 시행규칙 제257조부터 제259조까지의 규정에 의하여 항공운송사업의 운항증명을 위한 요건 및 운항증명소지자가 준수하여야 할 제반 요건을 규정한다. 특별히 명시된 것을 제외하고 운항증명소지자가 항공운송사업을 위하여 수행하는 모든 업무에 적용된다.

6.8.2 용어 정의

1. "인수점검표"라 함은 위험물 포장의 외형을 검사하는 서류와 모든 요건이 충족되었는지를 판단하는 데 사용하는 관련 서류를 말한다.
2. "탑재용항공일지"란 항 중 발견된 항공기의 결함 및 고장을 기록하거나 항공기 주 정비시설이 있는

기지로의 운항이 계획된 사이에 수행한 모든 정비사항을 세부적으로 기록하기 위하여 항공기에 비치된 서류를 말한다. 탑재용항공일지에는 운항승무원이 숙지해야 할 비행안전과 관련된 운항정보와 정비기록이 포함되어야 한다.

3. “감항성확인”이라 함은 자신의 이익을 대표하는 개인 또는 정비조직에 의해서 행해지는 것보다는 운용자가 특별히 인가한 사람이 정비 후 행하는 확인 행위를 말한다. 실제로 감항성확인에 서명하는 자는 운용자를 대신하는 인가자로서 임무를 수행하는 것이며, 감항성확인에 포함된 정비행위가 운용자의 지속적 정비프로그램에 따라 수행되었음을 확인하는 것이다. 해당 정비단계에 서명한 자는 각 단계별로 수행된 정비에 대해 책임을 지며, 감항성확인은 전체 정비작업에 대해 인증하는 것이다. 이러한 관계가 유자격 항공정비사나 정비조직의 정비 역할 또는 그들이 수행하거나 감독할 임무에 대한 책임을 결코 덜어주는 것은 아니다. 운용자는 감항성확인을 수행할 수 있는 권한을 가진 유자격 항공정비사 또는 정비조직의 이름 또는 직책을 지정할 책임이 있다. 이에 추가하여 운용자는 감항성확인 시점을 지정해야 한다. 일반적으로 감항성확인은 운영기준의 정비행위에 규정되어 있는 검사를 수행한 이후에 필요하다. 운영기준의 정비행위에는 점검이나 기타 주요 정비 등이 포함된다.
4. “화물기”라 함은 승객이 아닌 화물을 운송하는 항공기를 말한다. 다음 각 목에 해당자는 승객으로 간주하지 아니한다.
   가. 승무원
   나. 운항규정에서 정한 절차에 따라 탑승이 허용된 항공사의 직원
   다. 국토교통부 검사관 또는 국토교통부장관이 지명한 공무원
   라. 탑재된 특정 화물과 관련하여 임무를 수행하기 위하여 탑승한 자
5. 〈삭제〉
6. 〈삭제〉
7. “위험물 운송서류”라 함은 항공운송에 의한 안전한 위험물 수송을 위하여 국제민간항공기구 기술지시에 명시된 서류를 말한다. 위험물 운송서류는 위험물을 항공운송에 위탁하는 사람이 작성해야 하며 이들 위험물에 대한 정보를 포함해야 하며, 위험물이 적합한 명칭과 유엔번호(만약 지정되었다면)에 의해 정확히 기술되어졌고 정확히 분류, 포장 및 인식표가 붙어 있으며 운송하기에 적합한 상태라는 것을 나타내는 서명이 있어야 한다.
8. “직접담당자”라 함은 예방정비 개조 또는 기타 항공기 감항성에 영향을 주는 작업을 수행한 정비소에서 작업에 대한 책임자를 말한다.
9. “동등정비시스템”이라 함은 항공운송사업자가 정비조직과 협정을 맺어 정비활동을 수행하거나 또는 항공운송사업자의 정비시스템이 국토교통부의 승인을 받았고 이 시스템이 정비조직의 정비시스템과 동등하면 자신이 정비, 예방정비, 개조 등을 할 수 있는 것을 말한다.
10. 〈삭제〉
11. “취급대리인”이라 함은 항공사를 대신하여 승객이나 화물의 접수, 탑승(적재), 하기(적하), 환승

(환적) 또는 기타의 업무에 대해 일부 또는 전부를 수행하는 대리인을 말한다.

12. “지속시간”이라 함은 제빙/방빙액이 항공기의 주요 표면에 서리나 얼음의 형성과 눈의 축적을 방지할 수 있는 예상시간이 있으며 이러한 액을 최종적으로 뿌리기 시작한 시점부터 시작하여 용액의 효과가 상실될 때까지의 시간을 말한다.
13. “교환협정”이라 함은 단순임차 및 공항에서 항공기의 운항권리 취득 또는 양도에 대하여 항공사에 허용하는 임차계약을 말한다.
14. “정비규정”(maintenance control manual)이라 함은 정비 및 이와 관련업무를 수행하는 자가 업무수행에 사용하도록 되어 있는 절차, 지시, 지침 등이 포함되어 있는 교범을 말한다.
15. 〈삭제〉
16. 〈삭제〉
17. 〈삭제〉
18. 〈삭제〉
19. 〈삭제〉
20. 〈삭제〉
21. 〈삭제〉
22. “기술지시”(technical instructions)라 함은 부록을 포함해서 국제민간항공기구의 협의에 따라 인가되고 발행된 위험물 안전수송에 대한 기술지시서(Doc. 9284-AN/905)의 최신 개정판을 말한다.
23. “숙달훈련”이라 함은 기량심사를 하는 동안 조종사가 성공적으로 수행해야 할 규정된 조작과 절차를 가르치는 훈련을 말한다.
24. 〈삭제〉
25. 〈삭제〉
26. “단순임차”(dry lease)라 함은 임차 항공기를 운용하는 데 필요한 승무원을 임대자가 직접적으로 또는 간접적으로 제공하지 않는 임차를 말한다.
27. “포괄임차”(wet lease)라 함은 임차 항공기를 운용하는 데 필요한 승무원(들)을 임대자가 직접적으로 또는 간접적으로 제공하는 임차를 말한다.
28. “항공기 상호교환”(aircraft interchange)이라 함은 AOC 소지자가 다른 AOC 소지자에게 단순임차 방식으로 짧은 기간 동안 항공기 운항관리 책임을 이전하는 것을 말한다.
29. “완전비상탈출시범”(full evacuation demonstration)이라 함은 운항증명신청자(또는 소지자)가 운용하고자 하는 항공기에 적용하는 비상탈출절차 및 탈출 장비의 적정성을 입증하기 위하여 승객과 승무원을 탑승시켜 모의 비상상황을 실현하는 시범을 말한다.

6.8.3 탑재용 항공일지

[운항기술기준 9.1.19.6 항공기 탑재용 항공일지 기록(aircraft technical log entries)]

항공기/항공제품의 결함 또는 기능불량이 보고되거나 확인되었을 경우 비행의 안정성에 중요한 조치를 행하는 사람은 탑재용 항공일지의 정비기록 부분에 이에 대하여 기록하여야 한다.

운항증명소지자는 각 운항승무원이 쉽게 접근할 수 있는 장소에 요구되는 적정 분량의 기록부를 유지하도록 하는 절차를 가져야 하고, 이 절차를 운항증명소지자의 운항규정에 기재해 두어야 한다.

6.8.4 탑재용 항공일지 정비기록

[9.1.19.8 탑재용 항공일지 정비기록 부분(AOC holder's aircraft technical log – maintenance record section)]

(1) 운항증명소지자는 각 항공기에 대한 다음의 각 호의 정보를 포함하여 항공기 정비기록 부분을 포함하고 있는 탑재용 항공일지를 사용하여야 한다.

가. 지속적인 비행 안전을 보증하기 위해 필요한 이전 비행에 관한 정보

나. 현재의 항공기 정비확인 또는 항공기 감항성 확인

다. 국토교통부장관이 정비기록이 별도로 유지되는 것을 동의할 수 있는 경우를 제외하고 설정된 정비(검사)계획에 의거하여 수행 예정인 정비(검사) 및 설정된 정비(검사)계획이 없을 경우 수행될 정비(검사)를 포함한 현재의 항공기 정비(검사) 현황

라. 〈삭제〉

마. 항공기 운항에 영향을 미치는 정비이월된(deferred) 결함들

주: 항공기 감항성에 영향을 미치지 않는 결함들은 수정 조치를 위해 훗날로 연기될 수 있다. 이러한 조치가 취해졌을 때, 이러한 조치에 대한 기록을 위한 방법이 반드시 마련되어 있어야 하며, 탑재용 항공일지에는 오직 이러한 조치를 기록하기 위한 기입란을 가지고 있다. 일부 항공사들은 비행시간, 비행횟수, 모기지로 귀환할 때까지, 차기 비행 전 결함이 수정되기 전까지 등으로 정비이월 기간을 허용할 수 있도록 정비이월 결함을 분류하는 시스템을 가지고 있다.

(2) 항공기 탑재용 항공일지 및 이와 관련한 개정은 국토교통부장관의 승인을 받아야 한다.

핵심 POINT 항공기 탑재용 항공일지 기록

항공기/항공제품의 결함 또는 기능불량이 보고되거나 확인되었을 경우 비행의 안정성에 중요한 조치를 행하는 사람은 탑재용 항공일지의 정비 기록 부분에 이에 대하여 기록하여야 한다.

참고

1. 탑재용 항공일지(Log Book) 표지

탑재용 항공일지 (1 of 2)
FLIGHT & MAINTENANCE LOG BOOK
HL

Check Date / By	/
Period (Date)	~
이전 Log 하기 Date / By	/

2. 탑재용 항공일지(Log Book) 처리 및 작성법

FLIGHT & MAINTENANCE LOG 처리 및 작성법
(The handling and recording procedure of Flight & Maintenance log)

FLOW — **YELLOW Copy** : 항공기 보관(A/C Retention), **WHITE Copy** : 승무원(Crew Carry), **PINK Copy** : 생산관리(Maintenance Controller), **GREEN Copy** : STATION 정비담당(Station Carry)

운항승무원 (Flight Crew)

1. AIRCRAFT REG. NO. : 항공기 등록기호 (Enter the aircraft registration number)
2. DATE : 출발지 공항의 비행일자를 UTC 기준으로 기록 (Enter date of the flight on the UTC date in the order of date-month-year : DDMMMYY)
3. CREW NAME : 승무원 성명을 정자로 기록 (Record crew name in legible writing)
4. EMPLOYEE NO : 승무원 직원번호 (Crew employee number : ID no.)
5. DUTY CODE : 승무 Code (Appropriate Duty Code, as follows)

Classification	2 Full Set Crews	3 Pilots	1 Set
PIC	JC	PC	C
Check Airman as a PIC	JH	PH	H
Instructor as a PIC	JL	PL	L
LCP as a PIC for Captain Upgrade Candidate Evaluation	JA	PA	A
Relief Captain	GC	NC	-
LCP for Captain Upgrade Candidate Evaluation (Relief)	GA	NA	-
Route Captain	-	MF	-
Route Captain (Captain Upgrade Candidate Evaluation)	-	MU	-
First Officer or First Officer Duty as a Captain of Each A/C Type	GF	NF	F
First Officer (Captain Upgrade Candidate Evaluation)	GU	NU	U
Check Airman (as a MOT or Company Check Airman)	GK	NK	K
Route Trainee	GR	NR(Captain) MR(F/O)	R
Instructor (Local Flight) as a PIC	JT	-	T
Instructor (Local Flight)	GT	-	-
Student (Local Flight)	GS	-	S
Observer	O	O	O
Deadheading	Ex	Ex	Ex
Auditor	GY	NY	Y

6. FLIGHT NO : 비행 편 명 (Flight Number)
7. ROUTE(FROM,TO), BLOCK TIME(R/O R/I,B/T), AIRBORNE TIME (T/O,L/D,A/T) : 해당 비행편의 구간 및 비행시간을 기록(Record the flight route and flight time<Block time & Airborne time> on each flight leg)
8. TYPE : 운항 형태 (Type of operation. Ex, Scheduled and Diversion : S, D)
   - Private : P, Aerial work : AW, Scheduled: S, Non-scheduled: N
   - Aborted T/O : B, Air Turn-Back : C, Diversion : D
9. NIGHT TIME : 야간 비행시간 (Night time means between the end of evening civil twilight and the beginning of morning civil twilight)
10. INST TIME : 계기 비행시간 (Instrument flight time)
11. FUEL STATUS (LBS)
    - TOTAL IN TANK : 시동 전 적재 총 연료량 (Total fuel quantity on board in all tanks before engine start)
    - REMAIN : Ramp-in 후 잔여 연료량 (Fuel quantity after Ramp-in)
12. ACTUAL PAY-LOAD : 탑재된 유상하중 기록 (Actual payload loaded / LBS)
13. AUTOLAND
    - RWY : Runway number
    - S/U : "S" for auto-land satisfactory or "U" for auto-land unsatisfactory
14. CREW(T/O,L/D) : T/O & L/D를 수행한 Crew 번호 (1~9) (Record with the number in crew name column the flight crew who carried out T/O & L/D)
15. TRAIN : 비행 훈련사항 기록 (Record items for student Flight Crew to be trained)
    - DT : Crew 번호 (1~9) (Number in crew name column)
    - T/L : T/O & L/D Count (Touch Down and Touch & Go number)
16. PILOT IN COMMAND : 항공기 인수 기장 서명 (Pilot in command name and signature of aircraft acceptation)
17. DEFECT and W/O : 결함내역 기록 (Record of defect found/occurred during a flight or ground inspection)
    - ITEM : Item number (Numeric order : 1,2,3...)
    - LEG : Leg number (Flight leg number : 1, 2, 3, 4)

정비사 (Maintenance Staff)

1. A/C TIME / CYCLE
   - FLIGHT TIME & L/D CYCLE : 항공기 비행시간 및 횟수 (Aircraft flight time and landing cycles)
   - BEFORE FLIGHT : 비행 전 총 비행 Time & Cycle (Total aircraft flight time and landing cycles before flight)
   - TOTAL A/T : 총 비행 Time & Cycle (Total Airborne Time and landing cycles)
     * Total Cycles 은 Train (훈련비행) 란의 T/L (T/O & L/D) Cycles 횟수를 포함하여 계산
   - AFTER FLIGHT : 비행 후 총 Time & Cycle (Total aircraft flight time and landing cycles after flight)
2. APU & ROTORCRAFT
   - APU(AH) / APU(AC) : PR/PO 점검 시 APU Hour & Cycle 기록 (APU hour and cycle at the PR/PO)
   - ROTORCRAFT : Helicopter 장착 Engine의 N1, N2, NP Cycle 기록 (at PO Check)
3. TIRE PRESSURE (PSI) : Tire Pressure 보급량 (The replenished Tire pressure, If none was required, it will be recorded as "0")
4. FUEL SERVICE (LBS)
   - GRADE : 연료 등급 (Type of Fuel. Ex : JETA-1, JET A)
   - DENSITY : 보급한 연료 밀도 (Density of servicing fuel)
     * Density of Fuel = (Specific Gravity of Fuel) x (Density of Water)
     * Density (lb/gal) = 8.34 x Density (kg/liter), Weight (lb) = 45 x Weight (kg), Volume (gal) = 26 x Volume (liter)
   - REMAIN : 연료 보급 전 잔유 총 연료량 (Total fuel remaining in the all tanks of the prior to refueling)
   - SERVICE : 보급한 총 연료량 (Fuel amount added)
   - TOTAL TANK : 보급 후 총 연료량 (Total fuel on board at the completion of fueling)
     * De-fuel시는 Service Fuel량 앞에 (-)로 표기 (When fuel has been partially de-fueled it will be indicated by a minus(-) in front of amount de-fueled. Ex : - 3000 lbs)
5. ENGINE & APU OIL, IDG/VFG & B/G OIL, HYDRAULIC (QUART) : Engine & APU의 Oil 보급량, IDG/VFG & B/G (Backup Generator)의 Oil 보급량, Hydraulic Service 량을 기록. (The replenished oil quantity to Engine, APU, IDG/VFG, B/G and Hydraulic system. If none was required, it will be recorded as "0")
6. AIRWORTHINESS RELEASED : 법정자격 Tech.1 작업자 또는 동등 이상 작업자가 PR/PO, TR 점검을 수행 후 기록, 날인 또는 서명 (Recording and signature of the maintenance staff after completed PR/PO or TR who holds a legal license both the related aircraft rating and Tech.1 level technician or contractor appointed by KAL)
   - CHECK : 비행 전 점검 Type check (Maintenance check type. Ex: TR or PR/PO)
   - EDTO : EDTO & Non-EDTO Flight 여부 (Confirm the Flight type does EDTO or Non-EDTO)
   - AUTOLAND : AUTOLAND 운영 조건 (Confirm the Operation type does Normal or Down-grade)
   - RVSM : RVSM Capability 상태 (Check the Capability of RVSM Operation)
   - DATE/TIME : 비행점검 완료일자 및 시간 (Maintenance date and time on the UTC. DD / HHMM)
   - STATION : 비행 전 점검을 수행한 Station (Maintenance station)
   - TECH NAME : 비행 전 점검을 Release한 정비사 성명 (Maintenance staff name)
   - LIC. or KAL AUTH : 정비사의 License 또는 KAL 인가번호 (The license or KAL authorization number of maintenance staff)
7. DEFECT and WORK ORDER : 지상점검 중 발생한 결함 및 Work Order 내용 기록 (Record the description of the defect during the line maintenance and work order)
   - ITEM : Item number (Alphabet order : A, B, ...)
   - LEG : Leg number (Flight leg number : 1, 2, 3, 4)
   - ATA CODE : 비행 및 지상결함에 대한 ATA Code 4자리 기록 (Record four digit code composed of the ATA)
   - ENTRERED BY : Signature and KAL authorization number of the person recording (at ground defect)
8. ACTION TAKEN : Defect and Work Order 조치 내용 기록 (Record the result of the correction maintenance for defect and work order)
   - ITEM : Item number (Alphabet order : A, B, ...)
   - DEFER NO. : 정비이월 적용 Defer type 및 해당 No.기록 (Record the application defer type and number)
     * Defer 시 정비이월기록부에 내용을 반드시 기록 (When the defect is deferred by MEL, CDL, NEF, SRM or AMM, Record concurrently the status in the Defer Items Record)
   - CAT : Defer Category 기록 (Category of Defer. Ex: A,B,C,D,N / N:NEF Defer or Non Category)
   - WORK ORDER : 조치내역의 ERP System control Work Order No 기록 (If, available)
   - STATION : 조치 공항 Code (Station code - 3 Letter)
   - DATE : 조치일자 (Enter correction date on the UTC)
   - SIGNATURE & KAL AUTH No. : 정비사 서명 및 KAL 인가번호 (Signature and KAL authorization number of the maintenance staff)
9. PART CHANGED : 교환된 S/N Control Part 내역 (Record the replaced serialized control part status)

3. 탑재용 항공일지(Log Book) 기록 내용

항공기 경력표 (AIRCRAFT INFORMATION)			
국적 및 등록기호 NATIONALITY & REG. MARK		형 식 AIRCRAFT TYPE	
종 류 KIND		형식 증명서 번호 TYPE CERTIFICATE NO.	
감 항 류 별 AIRWORTHINESS CATEGORY		제 작 사 MANUFACTURER	
감항 증명서 번호 AIRWORTHINESS CERT. NO.		제 작 번 호 AIRCRAFT SERIAL NO.	
등 록 번 호 REGISTRATION NO.		제 작 년 월 일 MANUFACTURING DATE	
등 록 년 월 일 REGISTRATION DATE		발동기 형식 ENGINE TYPE	

4. 탑재용 항공일지(Log Book) 4 copy

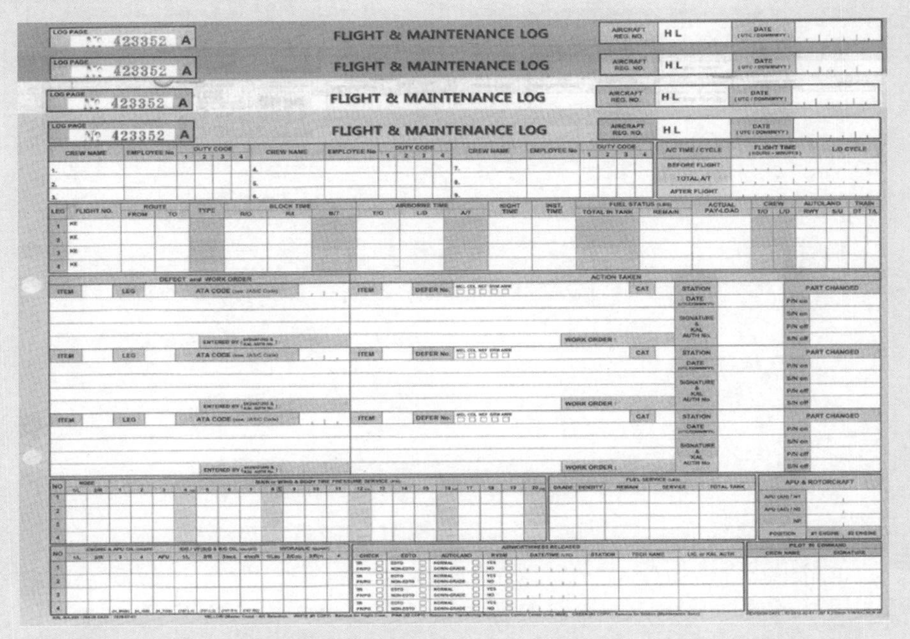
LOG PAGE № 423352 A
FLIGHT & MAINTENANCE LOG
AIRCRAFT REG. NO. HL
DATE

LOG PAGE № 423352 A
FLIGHT & MAINTENANCE LOG
AIRCRAFT REG. NO. HL
DATE

LOG PAGE № 423352 A
FLIGHT & MAINTENANCE LOG
AIRCRAFT REG. NO. HL
DATE

LOG PAGE № 423352 A
FLIGHT & MAINTENANCE LOG
AIRCRAFT REG. NO. HL
DATE

CREW NAME	EMPLOYEE No	DUTY CODE 1 2 3 4	CREW NAME	EMPLOYEE No	DUTY CODE 1 2 3 4	CREW NAME	EMPLOYEE No	DUTY CODE 1 2 3 4
1.			4.			7.		
2.			5.			8.		
3.			6.			9.		

A/C TIME / CYCLE	FLIGHT TIME	L/D CYCLE
BEFORE FLIGHT		
TOTAL A/T		
AFTER FLIGHT		

LEG	FLIGHT NO.	ROUTE FROM	ROUTE TO	TYPE	BLOCK TIME R/O	BLOCK TIME R/I	BLOCK TIME B/T	AIRBORNE TIME T/O	AIRBORNE TIME L/D	AIRBORNE TIME A/T	NIGHT TIME	INST. TIME	FUEL STATUS TOTAL IN TANK	FUEL STATUS REMAIN	ACTUAL PAY-LOAD	CREW T/O	CREW L/D	AUTOLAND RWY	AUTOLAND S/U	TRAIN DT	TRAIN T/L
1	KE																				
2	KE																				
3	KE																				
4	KE																				

DEFECT and WORK ORDER
ITEM LEG ATA CODE
ENTERED BY

ACTION TAKEN
ITEM DEFER No. CAT
WORK ORDER :
STATION
DATE
SIGNATURE & KAL AUTH No.
PART CHANGED
P/N on
S/N on
P/N off
S/N off

FUEL SERVICE
APU & ROTORCRAFT
AIRWORTHINESS RELEASED
PILOT IN COMMAND
CREW NAME SIGNATURE

※ 항공사마다 copy수가 다를 수 있음

5. 정비이월기록부

Page 1 of 2

정비 이월 기록부 (DEFER ITEMS RECORD)					
LOG PAGE No	ITEM	DEFECT DESCRIPTION	MEL ☐ CDL ☐ NEF ☐ SRM ☐ AMM ☐ No.		CAT
DATE (UTC/DDMMMYY)	STATION		SIGNATURE & KAL AUTH No		REPEAT ☐
DEFER CLOSE	LOG PAGE No	ITEM	DATE (UTC/DDMMMYY)	STATION	SIGNATURE & KAL AUTH No
LOG PAGE No	ITEM	DEFECT DESCRIPTION	MEL ☐ CDL ☐ NEF ☐ SRM ☐ AMM ☐ No.		CAT
DATE (UTC/DDMMMYY)	STATION		SIGNATURE & KAL AUTH No		REPEAT ☐
DEFER CLOSE	LOG PAGE No	ITEM	DATE (UTC/DDMMMYY)	STATION	SIGNATURE & KAL AUTH No
LOG PAGE No	ITEM	DEFECT DESCRIPTION	MEL ☐ CDL ☐ NEF ☐ SRM ☐ AMM ☐ No.		CAT
DATE (UTC/DDMMMYY)	STATION		SIGNATURE & KAL AUTH No		REPEAT ☐
DEFER CLOSE	LOG PAGE No	ITEM	DATE (UTC/DDMMMYY)	STATION	SIGNATURE & KAL AUTH No
LOG PAGE No	ITEM	DEFECT DESCRIPTION	MEL ☐ CDL ☐ NEF ☐ SRM ☐ AMM ☐ No.		CAT
DATE (UTC/DDMMMYY)	STATION		SIGNATURE & KAL AUTH No		REPEAT ☐
DEFER CLOSE	LOG PAGE No	ITEM	DATE (UTC/DDMMMYY)	STATION	SIGNATURE & KAL AUTH No
LOG PAGE No	ITEM	DEFECT DESCRIPTION	MEL ☐ CDL ☐ NEF ☐ SRM ☐ AMM ☐ No.		CAT
DATE (UTC/DDMMMYY)	STATION		SIGNATURE & KAL AUTH No		REPEAT ☐
DEFER CLOSE	LOG PAGE No	ITEM	DATE (UTC/DDMMMYY)	STATION	SIGNATURE & KAL AUTH No
LOG PAGE No	ITEM	DEFECT DESCRIPTION	MEL ☐ CDL ☐ NEF ☐ SRM ☐ AMM ☐ No.		CAT
DATE (UTC/DDMMMYY)	STATION		SIGNATURE & KAL AUTH No		REPEAT ☐
DEFER CLOSE	LOG PAGE No	ITEM	DATE (UTC/DDMMMYY)	STATION	SIGNATURE & KAL AUTH No

Page 2 of 2

정비 이월 기록부 (DEFER ITEMS RECORD)					
LOG PAGE No	ITEM	DEFECT DESCRIPTION	MEL ☐ CDL ☐ NEF ☐ SRM ☐ AMM ☐ No.		CAT
DATE (UTC/DDMMMYY)	STATION		SIGNATURE & KAL AUTH No		REPEAT ☐
DEFER CLOSE	LOG PAGE No	ITEM	DATE (UTC/DDMMMYY)	STATION	SIGNATURE & KAL AUTH No
LOG PAGE No	ITEM	DEFECT DESCRIPTION	MEL ☐ CDL ☐ NEF ☐ SRM ☐ AMM ☐ No.		CAT
DATE (UTC/DDMMMYY)	STATION		SIGNATURE & KAL AUTH No		REPEAT ☐
DEFER CLOSE	LOG PAGE No	ITEM	DATE (UTC/DDMMMYY)	STATION	SIGNATURE & KAL AUTH No
LOG PAGE No	ITEM	DEFECT DESCRIPTION	MEL ☐ CDL ☐ NEF ☐ SRM ☐ AMM ☐ No.		CAT
DATE (UTC/DDMMMYY)	STATION		SIGNATURE & KAL AUTH No		REPEAT ☐
DEFER CLOSE	LOG PAGE No	ITEM	DATE (UTC/DDMMMYY)	STATION	SIGNATURE & KAL AUTH No
LOG PAGE No	ITEM	DEFECT DESCRIPTION	MEL ☐ CDL ☐ NEF ☐ SRM ☐ AMM ☐ No.		CAT
DATE (UTC/DDMMMYY)	STATION		SIGNATURE & KAL AUTH No		REPEAT ☐
DEFER CLOSE	LOG PAGE No	ITEM	DATE (UTC/DDMMMYY)	STATION	SIGNATURE & KAL AUTH No
LOG PAGE No	ITEM	DEFECT DESCRIPTION	MEL ☐ CDL ☐ NEF ☐ SRM ☐ AMM ☐ No.		CAT
DATE (UTC/DDMMMYY)	STATION		SIGNATURE & KAL AUTH No		REPEAT ☐
DEFER CLOSE	LOG PAGE No	ITEM	DATE (UTC/DDMMMYY)	STATION	SIGNATURE & KAL AUTH No
LOG PAGE No	ITEM	DEFECT DESCRIPTION	MEL ☐ CDL ☐ NEF ☐ SRM ☐ AMM ☐ No.		CAT
DATE (UTC/DDMMMYY)	STATION		SIGNATURE & KAL AUTH No		REPEAT ☐
DEFER CLOSE	LOG PAGE No	ITEM	DATE (UTC/DDMMMYY)	STATION	SIGNATURE & KAL AUTH No

chapter 07 항공사업법

section 7.1 | 항공사업법의 목적
section 7.2 | 항공사업법의 구성
section 7.3 | 용어 정의
section 7.4 | 항공운송사업
section 7.5 | 항공기사용사업 등
section 7.6 | 외국인 국제항공운송사업
section 7.7 | 항공교통이용자 보호
section 7.8 | 항공사업의 진흥
section 7.9 | 보칙

항공정비 현장에서 필요한 항공법령 키워드

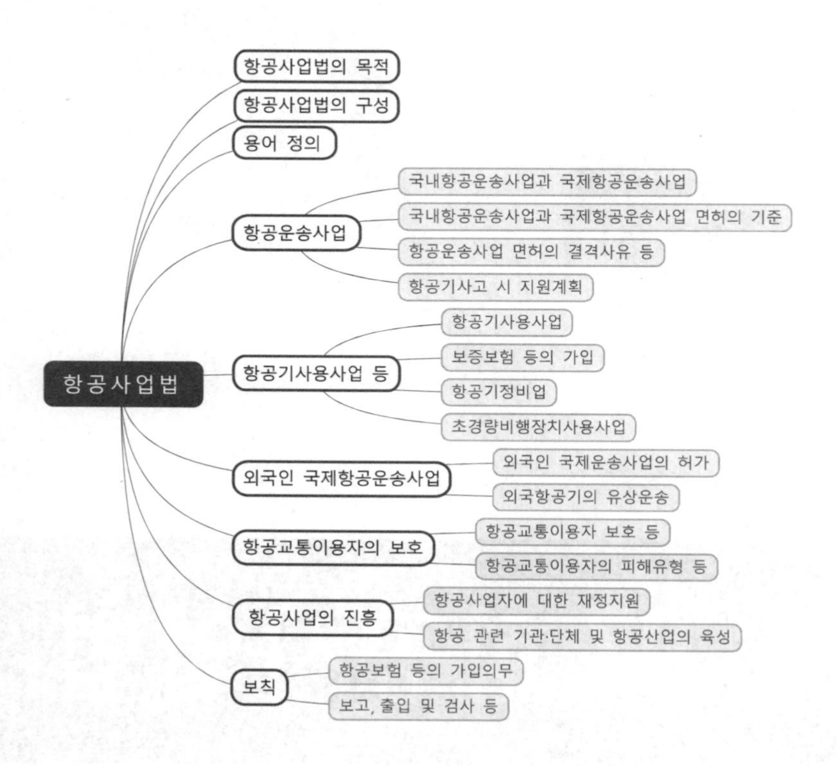

✓ 항공사업법 본문 링크

항공사업법	항공사업법 시행령(대통령령)	항공사업법 시행규칙
[QR]	[QR]	[QR]

7.1 | 항공사업법의 목적

[항공사업법 제1장 총칙, 제1조 목적]

제1조(목적) 이 법은 항공정책의 수립 및 항공사업에 관하여 필요한 사항을 정하여 대한민국 항공사업의 체계적인 성장과 경쟁력 강화 기반을 마련하는 한편, 항공사업의 질서유지 및 건전한 발전을 도모하고 이용자의 편의를 향상시켜 국민경제의 발전과 공공복리의 증진에 이바지함을 목적으로 한다.

7.2 | 항공사업법의 구성

항공사업의 질서유지 및 항공교통 이용자의 편의를 향상시켜 공공복리의 증진을 목적으로 하는 항공사업법은 제1장 총칙, 제2장 항공운송사업, 제3장 항공기사용사업 등, 제4장 외국인 국제항공운송사업, 제5장 항공교통이용자 보호, 제6장 항공사업의 진흥, 제7장 보칙 그리고 제8장 벌칙으로 구성되어 있다.

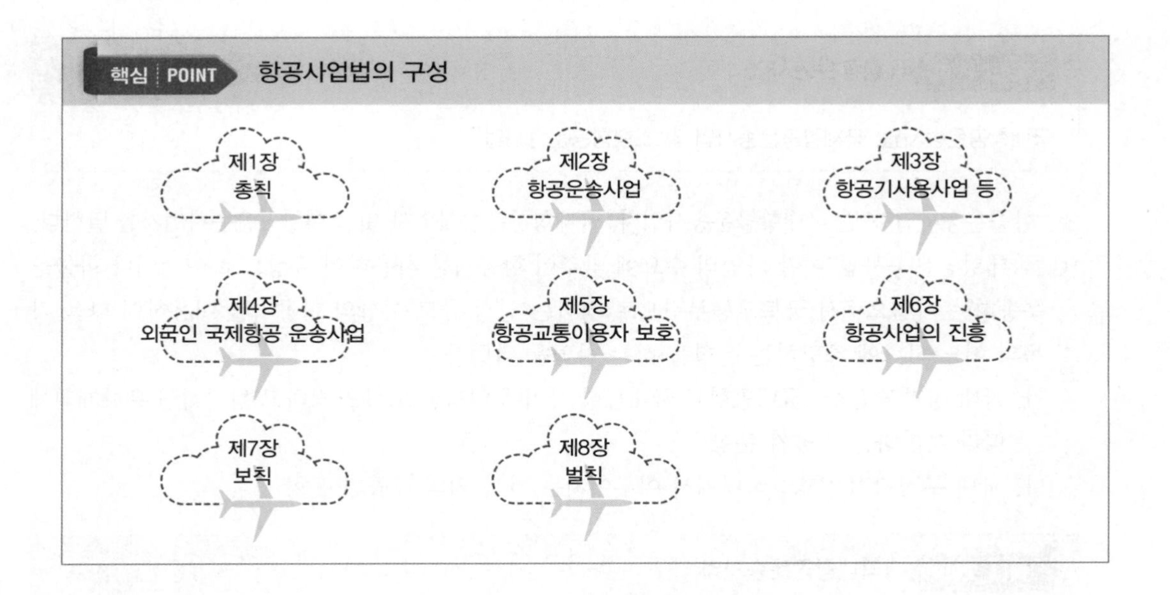

7.3 | 용어 정의

[항공사업법 제2조(정의)]

제2조(정의) 이 법에서 사용하는 용어의 뜻은 다음과 같다. 〈개정 2017. 1. 17.〉

1. "항공사업"이란 이 법에 따라 국토교통부장관의 면허, 허가 또는 인가를 받거나 국토교통부장관에게 등록 또는 신고하여 경영하는 사업을 말한다.

> **핵심 POINT 항공사업**
>
> 국토교통부장관의 면허, 허가 또는 인가를 받거나 국토교통부장관에게 등록 또는 신고하여 경영하는 사업

2. "항공기"란 「항공안전법」 제2조 제1호에 따른 항공기를 말한다.
3. "경량항공기"란 「항공안전법」 제2조 제2호에 따른 경량항공기를 말한다.
4. "초경량비행장치"란 「항공안전법」 제2조 제3호에 따른 초경량비행장치를 말한다.
5. "공항"이란 「공항시설법」 제2조 제3호에 따른 공항을 말한다.
6. "비행장"이란 「공항시설법」 제2조 제2호에 따른 비행장을 말한다.
7. "항공운송사업"이란 국내항공운송사업, 국제항공운송사업 및 소형항공운송사업을 말한다.

> **핵심 POINT 항공운송사업**
>
> 국내항공운송사업, 국제항공운송사업 및 소형항공운송사업

8. "항공운송사업자"란 국내항공운송사업자, 국제항공운송사업자 및 소형항공운송사업자를 말한다.
9. "국내항공운송사업"이란 타인의 수요에 맞추어 항공기를 사용하여 유상으로 여객이나 화물을 운송하는 사업으로서 국토교통부령으로 정하는 일정 규모 이상의 항공기를 이용하여 다음 각 목의 어느 하나에 해당하는 운항을 하는 사업을 말한다.
   가. 국내 정기편 운항: 국내공항과 국내공항 사이에 일정한 노선을 정하고 정기적인 운항계획에 따라 운항하는 항공기 운항
   나. 국내 부정기편 운항: 국내에서 이루어지는 가목 외의 항공기 운항

> **핵심 POINT 국내항공운송사업**
>
> 타인의 수요에 맞추어 항공기를 사용하여 유상으로 여객이나 화물을 운송하는 사업으로서 국토교통부령으로 정하는 일정 규모 이상의 항공기를 이용하여 국내 정기편, 부정기편 운항을 하는 사업

10. "국내항공운송사업자"란 제7조 제1항에 따라 국토교통부장관으로부터 국내항공운송사업의 면허를 받은 자를 말한다.
11. "국제항공운송사업"이란 타인의 수요에 맞추어 항공기를 사용하여 유상으로 여객이나 화물을 운송하는 사업으로서 국토교통부령으로 정하는 일정 규모 이상의 항공기를 이용하여 다음 각 목의 어느 하나에 해당하는 운항을 하는 사업을 말한다.
    가. 국제 정기편 운항: 국내공항과 외국공항 사이 또는 외국공항과 외국공항 사이에 일정한 노선을 정하고 정기적인 운항계획에 따라 운항하는 항공기 운항
    나. 국제 부정기편 운항: 국내공항과 외국공항 사이 또는 외국공항과 외국공항 사이에 이루어지는 가목 외의 항공기 운항
12. "국제항공운송사업자"란 제7조 제1항에 따라 국토교통부장관으로부터 국제항공운송사업의 면허를 받은 자를 말한다.
13. "소형항공운송사업"이란 타인의 수요에 맞추어 항공기를 사용하여 유상으로 여객이나 화물을 운송하는 사업으로서 국내항공운송사업 및 국제항공운송사업 외의 항공운송사업을 말한다.

핵심 POINT 소형항공운송사업

타인의 수요에 맞추어 항공기를 사용하여 유상으로 여객이나 화물을 운송하는 사업으로서 국내항공운송사업 및 국제항공운송사업 외의 항공운송사업을 말한다.

14. "소형항공운송사업자"란 제10조 제1항에 따라 국토교통부장관에게 소형항공운송사업을 등록한 자를 말한다.
15. "항공기사용사업"이란 항공운송사업 외의 사업으로서 타인의 수요에 맞추어 항공기를 사용하여 유상으로 농약살포, 건설자재 등의 운반, 사진촬영 또는 항공기를 이용한 비행훈련 등 국토교통부령으로 정하는 업무를 하는 사업을 말한다.

핵심 POINT 항공기사용사업

항공운송사업 외의 사업으로서 타인의 수요에 맞추어 항공기를 사용하여 유상으로 농약살포, 건설자재 등의 운반, 사진촬영 또는 항공기를 이용한 비행훈련 등 국토교통부령으로 정하는 업무를 하는 사업

16. "항공기사용사업자"란 제30조 제1항에 따라 국토교통부장관에게 항공기사용사업을 등록한 자를 말한다.
17. "항공기정비업"이란 타인의 수요에 맞추어 다음 각 목의 어느 하나에 해당하는 업무를 하는 사업을 말한다.
    가. 항공기, 발동기, 프로펠러, 장비품 또는 부품을 정비 · 수리 또는 개조하는 업무

나. 가목의 업무에 대한 기술관리 및 품질관리 등을 지원하는 업무

핵심 POINT 항공기정비업

타인의 수요에 맞추어 항공기, 발동기, 프로펠러, 장비품 또는 부품을 정비 · 수리 또는 개조하는 업무와 이에 대한 기술관리 및 품질관리 등을 지원하는 업무

18. "항공기정비업자"란 제42조 제1항에 따라 국토교통부장관에게 항공기정비업을 등록한 자를 말한다.
19. "항공기취급업"이란 타인의 수요에 맞추어 항공기에 대한 급유, 항공화물 또는 수하물의 하역과 그 밖에 국토교통부령으로 정하는 지상조업(地上操業)을 하는 사업을 말한다.

핵심 POINT 항공기취급업

타인의 수요에 맞추어 항공기에 대한 급유, 항공화물 또는 수하물의 하역과 그 밖에 국토교통부령으로 정하는 지상조업을 하는 사업

20. "항공기취급업자"란 제44조 제1항에 따라 국토교통부장관에게 항공기취급업을 등록한 자를 말한다.
21. "항공기대여업"이란 타인의 수요에 맞추어 유상으로 항공기, 경량항공기 또는 초경량비행장치를 대여(貸與)하는 사업(제26호 나목의 사업은 제외한다)을 말한다.
22. "항공기대여업자"란 제46조 제1항에 따라 국토교통부장관에게 항공기대여업을 등록한 자를 말한다.
23. "초경량비행장치사용사업"이란 타인의 수요에 맞추어 국토교통부령으로 정하는 초경량비행장치를 사용하여 유상으로 농약살포, 사진촬영 등 국토교통부령으로 정하는 업무를 하는 사업을 말한다.

핵심 POINT 초경량비행장치사용사업

타인의 수요에 맞추어 국토교통부령으로 정하는 초경량비행장치를 사용하여 유상으로 농약살포, 사진촬영 등 국토교통부령으로 정하는 업무를 하는 사업

핵심 POINT 초경량비행장치사용사업의 사업범위 등(항공사업법 시행규칙 제6조)

국토교통부령으로 정하는 초경량비행장치란 「항공안전법 시행규칙」 제5조 제5호에 따른 무인비행장치를 말한다.

- 비료 또는 농약 살포, 씨앗 뿌리기 등 농업 지원
- 사진촬영, 육상 · 해상 측량 또는 탐사
- 산림 또는 공원 등의 관측 또는 탐사
- 조종교육
- 국민의 생명과 재산 등 공공의 안전에 위해를 일으킬 수 있는 업무
- 국방 · 보안 등에 관련된 업무로서 국가 안보를 위협할 수 있는 업무

「항공안전법 시행규칙」 제5조 제5호, 무인비행장치
- 무인동력비행장치: 연료의 중량을 제외한 자체중량이 150킬로그램 이하인 무인비행기, 무인헬리콥터 또는 무인멀티콥터
- 무인비행선: 연료의 중량을 제외한 자체중량이 180킬로그램 이하이고 길이가 20미터 이하인 무인비행선

24. "초경량비행장치사용사업자"란 제48조 제1항에 따라 국토교통부장관에게 초경량비행장치사용사업을 등록한 자를 말한다.
25. "항공레저스포츠"란 취미 · 오락 · 체험 · 교육 · 경기 등을 목적으로 하는 비행[공중에서 낙하하여 낙하산(落下傘)류를 이용하는 비행을 포함한다]활동을 말한다.
26. "항공레저스포츠사업"이란 타인의 수요에 맞추어 유상으로 다음 각 목의 어느 하나에 해당하는 서비스를 제공하는 사업을 말한다.
    가. "항공기"(비행선과 활공기에 한정한다), 경량항공기 또는 국토교통부령으로 정하는 초경량비행장치를 사용하여 조종교육, 체험 및 경관조망을 목적으로 사람을 태워 비행하는 서비스
    나. 다음 중 어느 하나를 항공레저스포츠를 위하여 대여하여 주는 서비스
        ㄱ) 활공기 등 국토교통부령으로 정하는 항공기
        ㄴ) 경량항공기
        ㄷ) 초경량비행장치
    다. 경량항공기 또는 초경량비행장치에 대한 정비, 수리 또는 개조서비스
27. "항공레저스포츠사업자"란 제50조 제1항에 따라 국토교통부장관에게 항공레저스포츠사업을 등록한 자를 말한다.
28. "상업서류송달업"이란 타인의 수요에 맞추어 유상으로 「우편법」 제1조의 2 제7호 단서에 해당하는 수출입 등에 관한 서류와 그에 딸린 견본품을 항공기를 이용하여 송달하는 사업을 말한다.

29. "상업서류송달업자"란 제52조 제1항에 따라 국토교통부장관에게 상업서류송달업을 신고한 자를 말한다.
30. "항공운송총대리점업"이란 항공운송사업자를 위하여 유상으로 항공기를 이용한 여객 또는 화물의 국제운송계약 체결을 대리(代理)[사증(査證)을 받는 절차의 대행은 제외한다]하는 사업을 말한다.
31. "항공운송총대리점업자"란 제52조 제1항에 따라 국토교통부장관에게 항공운송총대리점업을 신고한 자를 말한다.
32. "도심공항터미널업"이란 「공항시설법」 제2조 제4호에 따른 공항구역이 아닌 곳에서 항공여객 및 항공화물의 수송 및 처리에 관한 편의를 제공하기 위하여 이에 필요한 시설을 설치 · 운영하는 사업을 말한다.
33. "도심공항터미널업자"란 제52조 제1항에 따라 국토교통부장관에게 도심공항터미널업을 신고한 자를 말한다.
34. "공항운영자"란 「인천국제공항공사법」, 「한국공항공사법」 등 관계 법률에 따라 공항운영의 권한을 부여받은 자 또는 그 권한을 부여받은 자로부터 공항운영의 권한을 위탁 · 이전받은 자를 말한다.
35. "항공교통사업자"란 공항 또는 항공기를 사용하여 여객 또는 화물의 운송과 관련된 유상서비스(이하 "항공교통서비스"라 한다)를 제공하는 공항운영자 또는 항공운송사업자를 말한다.

핵심 POINT 항공교통사업자

공항 또는 항공기를 사용하여 여객 또는 화물의 운송과 관련된 유상서비스(이하 "항공교통서비스"라 한다)를 제공하는 공항운영자 또는 항공운송사업자

36. "항공교통이용자"란 항공교통사업자가 제공하는 항공교통서비스를 이용하는 자를 말한다.
37. "항공보험"이란 여객보험, 기체보험(機體保險), 화물보험, 전쟁보험, 제3자보험 및 승무원보험과 그 밖에 국토교통부령으로 정하는 보험을 말한다.

핵심 POINT 항공보험

여객보험, 기체보험, 화물보험, 전쟁보험, 제3자보험 및 승무원보험과 그 밖에 국토교통부령으로 정하는 보험

38. "외국인 국제항공운송사업"이란 제54조 제1항에 따라 타인의 수요에 맞추어 항공기를 사용하여 유상으로 여객이나 화물을 운송하는 사업을 말한다.
39. "외국인 국제항공운송사업자"란 제54조 제1항에 따라 국토교통부장관으로부터 외국인 국제항공운송사업의 허가를 받은 자를 말한다.

7.4 | 항공운송사업

7.4.1 국내항공운송사업과 국제항공운송사업

[항공사업법 제2장 항공운송사업, 제7조(국내항공운송사업과 국제항공운송사업)]

제7조(국내항공운송사업과 국제항공운송사업) ① 국내항공운송사업 또는 국제항공운송사업을 경영하려는 자는 국토교통부장관의 면허를 받아야 한다. 다만, 국제항공운송사업의 면허를 받은 경우에는 국내항공운송사업의 면허를 받은 것으로 본다.

② 제1항에 따른 면허를 받은 자가 정기편 운항을 하려면 노선별로 국토교통부장관의 허가를 받아야 한다.

③ 제1항에 따른 면허를 받은 자가 부정기편 운항을 하려면 국토교통부장관의 허가를 받아야 한다.

④ 제1항에 따른 면허를 받으려는 자는 신청서에 사업운영계획서를 첨부하여 국토교통부장관에게 제출하여야 하며, 제2항에 따른 허가를 받으려는 자는 신청서에 사업계획서를 첨부하여 국토교통부장관에게 제출하여야 한다.

⑤ 국토교통부장관은 제1항에 따라 면허를 발급하거나 제28조에 따라 면허를 취소하려는 경우에는 관련 전문가 및 이해관계인의 의견을 들어 결정하여야 한다.

⑥ 제1항부터 제3항까지의 규정에 따른 면허 또는 허가를 받은 자가 그 내용 중 국토교통부령으로 정하는 중요한 사항을 변경하려면 변경면허 또는 변경허가를 받아야 한다.

⑦ 제1항부터 제6항까지의 규정에 따른 면허, 허가, 변경면허 및 변경허가의 절차, 면허 등 관련 서류 제출, 의견수렴에 필요한 사항 등에 관한 사항은 국토교통부령으로 정한다.

7.4.2 국내항공운송사업과 국제항공운송사업 면허의 기준

[항공사업법 제8조(국내항공운송사업과 국제항공운송사업 면허의 기준)]

제8조(국내항공운송사업과 국제항공운송사업 면허의 기준) ① 국내항공운송사업 또는 국제항공운송사업의 면허기준은 다음 각 호와 같다. 〈개정 2019. 8. 27.〉

1. 해당 사업이 항공기 안전, 운항승무원 등 인력확보 계획 등을 고려 시 항공교통의 안전에 지장을 줄 염려가 없을 것
2. 항공시장의 현황 및 전망을 고려하여 해당 사업이 이용자의 편의에 적합할 것
3. 면허를 받으려는 자는 일정 기간 동안의 운영비 등 대통령령으로 정하는 기준에 따라 해당 사업을 수행할 수 있는 재무능력을 갖출 것
4. 다음 각 목의 요건에 적합할 것

   가. 자본금 50억원 이상으로서 대통령령으로 정하는 금액 이상일 것

   나. 항공기 1대 이상 등 대통령령으로 정하는 기준에 적합할 것

다. 그 밖에 사업 수행에 필요한 요건으로서 국토교통부령으로 정하는 요건을 갖출 것

② 국내항공운송사업자 또는 국제항공운송사업자는 제7조 제1항에 따라 면허를 받은 후 최초 운항 전까지 제1항에 따른 면허기준을 충족하여야 하며, 그 이후에도 계속적으로 유지하여야 한다.

③ 국토교통부장관은 제2항에 따른 면허기준의 준수 여부를 확인하기 위하여 국토교통부령으로 정하는 바에 따라 필요한 자료의 제출을 요구할 수 있다.

④ 국내항공운송사업자 또는 국제항공운송사업자는 제9조 각 호의 어느 하나에 해당하는 사유가 발생하였거나, 대주주 변경 등 국토교통부령으로 정하는 경영상 중대한 변화가 발생하는 경우에는 즉시 국토교통부장관에게 알려야 한다.

핵심 POINT 국내항공운송사업과 국제항공운송사업 면허의 기준(항공사업법 제8조)

국내항공운송사업 또는 국제항공운송사업을 경영하려는 자는 국토교통부장관의 면허를 받아야 한다.

- 해당 사업이 항공기 안전, 운항승무원 등 인력확보 계획 등을 고려 시 항공교통의 안전에 지장을 줄 염려가 없을 것
- 항공시장의 현황 및 전망을 고려하여 해당 사업이 이용자의 편의에 적합할 것
- 면허를 받으려는 자는 일정 기간 동안의 운영비 등 대통령령으로 정하는 기준에 따라 해당 사업을 수행할 수 있는 재무능력을 갖출 것
- 자본금 50억 이상으로서 대통령령으로 정하는 금액 이상일 것
- 항공기 1대 이상 등 대통령령으로 정하는 기준에 적합할 것
- 그 밖에 사업 수행에 필요한 요건으로서 국토교통부령으로 정하는 요건을 갖출 것

[항공사업법 시행규칙 제8조의 2(국내항공운송사업과 국제항공운송사업 면허의 기준)]

제8조의 2(국내항공운송사업과 국제항공운송사업 면허의 기준) 법 제8조 제1항 제4호 다목에서 "국토교통부령으로 정하는 요건"이란 다음 각 호의 요건을 말한다.

1. 운항승무원 및 객실승무원 등 인력확보계획이 적정할 것
2. 법 제16조에 따른 운수권 확보 가능성 및 수요확보 가능성 등 노선별 취항계획이 타당할 것

[본조신설 2018. 10. 31.]

7.4.3 항공운송사업 면허의 결격사유 등

[항공사업법 제9조(국내항공운송사업과 국제항공운송사업 면허의 결격사유 등)]

제9조(국내항공운송사업과 국제항공운송사업 면허의 결격사유 등) 국토교통부장관은 다음 각 호의 어느 하나에 해당하는 자에게는 국내항공운송사업 또는 국제항공운송사업의 면허를 해서는 아니 된다. 〈개정 2017. 12. 26.〉

1. 「항공안전법」 제10조 제1항 각 호의 어느 하나에 해당하는 자
2. 피성년후견인, 피한정후견인 또는 파산선고를 받고 복권되지 아니한 사람
3. 이 법, 「항공안전법」, 「공항시설법」, 「항공보안법」, 「항공 · 철도 사고조사에 관한 법률」을 위반하여 금고 이상의 실형을 선고받고 그 집행이 끝난 날 또는 집행을 받지 아니하기로 확정된 날부터 3년이 지나지 아니한 사람
4. 이 법, 「항공안전법」, 「공항시설법」, 「항공보안법」, 「항공 · 철도 사고조사에 관한 법률」을 위반하여 금고 이상의 형의 집행유예를 선고받고 그 유예기간 중에 있는 사람
5. 국내항공운송사업, 국제항공운송사업, 소형항공운송사업 또는 항공기사용사업의 면허 또는 등록의 취소처분을 받은 후 2년이 지나지 아니한 자. 다만, 제2호에 해당하여 제28조 제1항 제4호 또는 제40조 제1항 제4호에 따라 면허 또는 등록이 취소된 경우는 제외한다.
6. 임원 중에 제1호부터 제5호까지의 어느 하나에 해당하는 사람이 있는 법인

핵심 POINT 국내항공운송사업과 국제항공운송사업 면허의 결격사유 등(항공사업법 제9조)

국토교통부장관은 다음 각 호의 어느 하나에 해당하는 자에게는 국내항공운송사업 또는 국제항공운송사업의 면허를 해서는 아니 된다.

- 「항공안전법」 제10조 제1항, 항공기 등록의 제한을 받은 자
- 피성년후견인, 피한정후견인 또는 파산선고를 받고 복권되지 아니한 사람
- 「항공사업법」, 「항공안전법」, 「공항시설법」, 「항공보안법」, 「항공 · 철도 사고조사에 관한 법률」을 위반하여 금고 이상의 실형을 선고받고 그 집행이 끝난 날 또는 집행을 받지 아니하기로 확정된 날부터 3년이 지나지 아니한 사람
- 「항공사업법」, 「항공안전법」, 「공항시설법」, 「항공보안법」, 「항공 · 철도 사고조사에 관한 법률」을 위반하여 금고 이상의 형의 집행유예를 선고받고 그 유예기간 중에 있는 사람
- 국내항공운송사업, 국제항공운송사업, 소형항공운송사업 또는 항공기사용사업의 면허 또는 등록의 취소처분을 받은 후 2년이 지나지 아니한 자

7.4.4 항공기사고 시 지원계획

[항공사업법 제11조(항공기사고 시 지원계획서)]

제11조(항공기사고 시 지원계획서) ① 제7조 제1항에 따라 국내항공운송사업 및 국제항공운송사업의 면허를 받으려는 자 또는 제10조 제1항에 따라 소형항공운송사업 등록을 하려는 자는 면허 또는 등록을 신청할 때 국토교통부령으로 정하는 바에 따라 「항공안전법」 제2조 제6호에 따른 항공기사고와 관련된 탑승자 및 그 가족의 지원에 관한 계획서(이하 "항공기사고 시 지원계획서"라 한다)를 첨부하여야 한다.

② 항공기사고 시 지원계획서에는 다음 각 호의 사항이 포함되어야 한다.

1. 항공기사고대책본부의 설치 및 운영에 관한 사항
2. 피해자의 구호 및 보상절차에 관한 사항
3. 유해(遺骸) 및 유품(遺品)의 식별 · 확인 · 관리 · 인도에 관한 사항
4. 피해자 가족에 대한 통지 및 지원에 관한 사항
5. 그 밖에 국토교통부령으로 정하는 사항

③ 국토교통부장관은 항공기사고 시 지원계획서의 내용이 신속한 사고 수습을 위하여 적절하지 못하다고 인정하는 경우에는 그 내용의 보완 또는 변경을 명할 수 있다.

④ 항공운송사업자는 「항공안전법」 제2조 제6호에 따른 항공기사고가 발생하면 항공기사고 시 지원계획서에 포함된 사항을 지체 없이 이행하여야 한다.

⑤ 국토교통부장관은 항공기사고 시 지원계획서를 제출하지 아니하거나 제3항에 따른 보완 또는 변경 명령을 이행하지 아니한 자에게는 제7조 제1항에 따른 면허 또는 제10조 제1항에 따른 등록을 해서는 아니 된다.

핵심 POINT 항공기사고 시 지원계획서(항공사업법 제11조)

면허 또는 등록을 신청할 때 국토교통부령으로 정하는 바에 따라 「항공안전법」 제2조 제6호에 따른 항공기사고와 관련된 탑승자 및 그 가족의 지원에 관한 계획서를 첨부해야 한다.

- 항공기사고대책본부의 설치 및 운영에 관한 사항
- 피해자의 구호 및 보상절차에 관한 사항
- 유해 및 유품의 식별 · 확인 · 관리 · 인도에 관한 사항
- 피해자 가족에 대한 통지 및 지원에 관한 사항
- 그 밖에 국토교통부령으로 정하는 사항

7.5 | 항공기사용사업 등

7.5.1 항공기사용사업

[항공사업법 제3장 항공운송사업 등, 제30조(항공기사용사업의 등록)]

제30조(항공기사용사업의 등록) ① 항공기사용사업을 경영하려는 자는 국토교통부령으로 정하는 바에 따라 운항개시예정일 등을 적은 신청서에 사업계획서와 그 밖에 국토교통부령으로 정하는 서류를 첨부하여 국토교통부장관에게 등록하여야 한다.

② 제1항에 따른 항공기사용사업을 등록하려는 자는 다음 각 호의 요건을 갖추어야 한다.

1. 자본금 또는 자산평가액이 7억원 이상으로서 대통령령으로 정하는 금액 이상일 것
2. 항공기 1대 이상 등 대통령령으로 정하는 기준에 적합할 것
3. 그 밖에 사업 수행에 필요한 요건으로서 국토교통부령으로 정하는 요건을 갖출 것

③ 제9조 각 호의 어느 하나에 해당하는 자는 항공기사용사업의 등록을 할 수 없다.

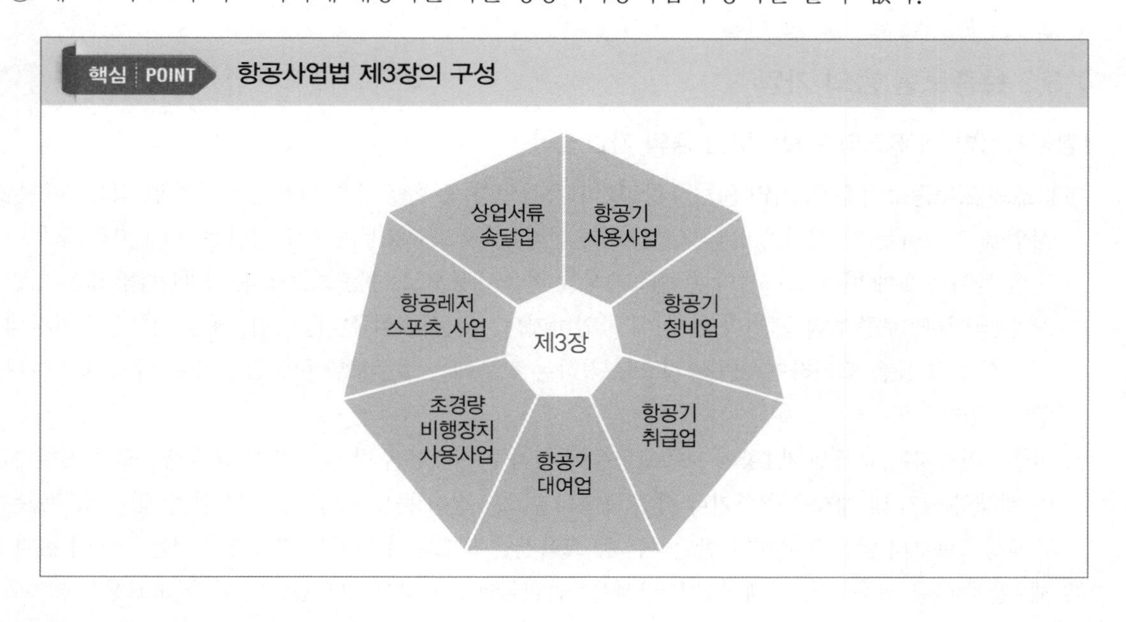

[항공사업법 시행규칙 제4조(항공기사용사업의 범위)]

제4조(항공기사용사업의 범위) 법 제2조 제15호에서 "농약살포, 건설자재 등의 운반 또는 사진촬영 등 국토교통부령으로 정하는 업무"란 다음 각 호의 어느 하나에 해당하는 업무를 말한다.
〈개정 2020. 12. 10.〉

1. 비료 또는 농약 살포, 씨앗 뿌리기 등 농업 지원

2. 해양오염 방지약제 살포
3. 광고용 현수막 견인 등 공중광고
4. 사진촬영, 육상 및 해상 측량 또는 탐사
5. 산불 등 화재 진압
6. 수색 및 구조(응급구호 및 환자 이송을 포함한다)
7. 헬리콥터를 이용한 건설자재 등의 운반(헬리콥터 외부에 건설자재 등을 매달고 운반하는 경우만 해당한다)
8. 산림, 관로(管路), 전선(電線) 등의 순찰 또는 관측
9. 항공기를 이용한 비행훈련(「고등교육법」 제2조에 따른 학교가 실시하는 비행훈련의 경우는 제외한다)
10. 항공기를 이용한 고공낙하
11. 글라이더 견인
12. 그 밖에 특정 목적을 위하여 하는 것으로서 국토교통부장관 또는 지방항공청장이 인정하는 업무

7.5.2 보증보험 등의 가입

[항공사업법 제30조의 2(보증보험 등의 가입 등)]

제30조의 2(보증보험 등의 가입 등) ① 항공기사용사업자 중 항공기를 이용한 비행훈련 업무를 하는 사업을 경영하는 자(이하 "비행훈련업자"라 한다)는 국토교통부령으로 정하는 바에 따라 교육비 반환 불이행 등에 따른 교육생의 손해를 배상할 것을 내용으로 하는 보증보험, 공제(共濟) 또는 영업 보증금(이하 "보증보험등"이라 한다)에 가입하거나 예치하여야 한다. 다만, 해당 비행훈련업자의 재정적 능력 등을 고려하여 대통령령으로 정하는 경우에는 보증보험등에 가입 또는 예치하지 아니할 수 있다.

② 비행훈련업자는 교육생(제1항의 보증보험등에 따라 손해배상을 받을 수 있는 교육생으로 한정한다)이 계약의 해지 및 해제를 원하거나 사업 등록의 취소 · 정지 등으로 영업을 계속할 수 없는 경우에는 교육생으로부터 받은 교육비를 반환하는 등 교육생을 보호하기 위하여 필요한 조치를 하여야 한다.

③ 제2항에 따른 교육비의 구체적인 반환사유, 반환금액, 그 밖에 필요한 사항은 국토교통부령으로 정한다.

[본조신설 2017. 1. 17.]

핵심 POINT **보증보험 등의 가입 또는 예치 금액(항공사업법 시행규칙 제32조의 2)**

제1항부터 제4항의 규정에 따라 항공보험 등에 가입한 자는 국토교통부령으로 정하는 바에 따라 보험가입 신고서 등을 확인할 수 있는 자료를 국토교통부장관에게 제출하여야 한다.

[별표 1의 2] 〈신설 2017. 7. 18.〉

보증보험 등의 가입 또는 예치 금액(제32조의 2 제1항 관련)

가입 또는 예치금액 / 직전 사업연도 매출액	보증보험	공제	영업보증금
10억원 미만	2억원 이상	2억원 이상	2억원 이상
10억원 이상 20억원 미만	3억원 이상	3억원 이상	3억원 이상
20억원 이상 30억원 미만	4억원 이상	4억원 이상	4억원 이상
30억원 이상	5억원 이상	5억원 이상	5억원 이상

7.5.3 항공기정비업

[항공사업법 제42조(항공기정비업의 등록)]

제42조(항공기정비업의 등록) ① 항공기정비업을 경영하려는 자는 국토교통부령으로 정하는 바에 따라 국토교통부장관에게 등록하여야 한다. 등록한 사항 중 국토교통부령으로 정하는 사항을 변경하려는 경우에는 국토교통부장관에게 신고하여야 한다.

② 제1항에 따른 항공기정비업을 등록하려는 자는 다음 각 호의 요건을 갖추어야 한다.

1. 자본금 또는 자산평가액이 3억원 이상으로서 대통령령으로 정하는 금액 이상일 것
2. 정비사 1명 이상 등 대통령령으로 정하는 기준에 적합할 것
3. 그 밖에 사업 수행에 필요한 요건으로서 국토교통부령으로 정하는 요건을 갖출 것

③ 다음 각 호의 어느 하나에 해당하는 자는 항공기정비업의 등록을 할 수 없다. 〈개정 2017. 12. 26.〉

1. 제9조 제2호부터 제6호(법인으로서 임원 중에 대한민국 국민이 아닌 사람이 있는 경우는 제외한다)까지의 어느 하나에 해당하는 자
2. 항공기정비업 등록의 취소처분을 받은 후 2년이 지나지 아니한 자. 다만, 제9조 제2호에 해당하여 제43조 제7항에 따라 항공기정비업 등록이 취소된 경우는 제외한다.

핵심 POINT 항공기정비업의 등록 요건(항공사업법 제42조)

항공기정비업을 경영하려는 자는 국토교통부령으로 정하는 바에 따라 국토교통부장관에게 등록하여야 한다.

- 자본금 또는 자산평가액이 3억원 이상으로 대통령령으로 정하는 금액 이상일 것
- 정비사 1명 이상 등 대통령령으로 정하는 기준에 적합할 것
- 그 밖에 사업 수행에 필요한 요건으로서 국토교통부령으로 정하는 요건을 갖출 것

7.5.4 초경량비행장치사용사업

[항공사업법 제48조(초경량비행장치사용사업의 등록)]

제48조(초경량비행장치사용사업의 등록) ① 초경량비행장치사용사업을 경영하려는 자는 국토교통부령으로 정하는 바에 따라 신청서에 사업계획서와 그 밖에 국토교통부령으로 정하는 서류를 첨부하여 국토교통부장관에게 등록하여야 한다. 등록한 사항 중 국토교통부령으로 정하는 사항을 변경하려는 경우에는 국토교통부장관에게 신고하여야 한다.

② 제1항에 따른 초경량비행장치사용사업을 등록하려는 자는 다음 각 호의 요건을 갖추어야 한다. 〈개정 2016. 12. 2.〉

1. 자본금 또는 자산평가액이 3천만원 이상으로서 대통령령으로 정하는 금액 이상일 것. 다만, 최대이륙중량이 25킬로그램 이하인 무인비행장치만을 사용하여 초경량비행장치사용사업을 하려는 경우는 제외한다.
2. 초경량비행장치 1대 이상 등 대통령령으로 정하는 기준에 적합할 것
3. 그 밖에 사업 수행에 필요한 요건으로서 국토교통부령으로 정하는 요건을 갖출 것

③ 다음 각 호의 어느 하나에 해당하는 자는 초경량비행장치사용사업의 등록을 할 수 없다. 〈개정 2017. 12. 26.〉

1. 제9조 각 호의 어느 하나에 해당하는 자
2. 초경량비행장치사용사업 등록의 취소처분을 받은 후 2년이 지나지 아니한 자. 다만, 제9조 제2호에 해당하여 제49조 제8항에 따라 초경량비행장치사용사업 등록이 취소된 경우는 제외한다.

핵심 POINT **초경량비행장치사용사업의 등록 요건(항공사업법 제48조)**

초경량비행장치사용사업을 경영하려는 자는 국토교통부령으로 정하는 바에 따라 신청서에 사업계획서와 그 밖에 국토교통부령으로 정하는 서류를 첨부하여 국토교통부장관에게 등록하여야 한다.

- 자본금 또는 자산평가액이 3천만원 이상으로 대통령령으로 정하는 금액 이상일 것. 다만, 최대이륙중량이 25kg 이하인 무인비행장치 제외
- 초경량비행장치 1대 이상 등 대통령령으로 정하는 기준에 적합할 것
- 그 밖에 사업 수행에 필요한 요건으로서 국토교통부령으로 정하는 요건을 갖출 것

7.6 | 외국인 국제항공운송사업

7.6.1 외국인 국제운송사업의 허가

[항공사업법 제4장 외국인 국제항공운송사업, 제54조(외국인 국제항공운송사업의 허가)]

제54조(외국인 국제항공운송사업의 허가) ① 제7조 제1항 및 제10조 제1항에도 불구하고 다음 각 호의 어느 하나에 해당하는 자는 국토교통부장관의 허가를 받아 타인의 수요에 맞추어 유상으로 「항공안전법」 제100조 제1항 각 호의 어느 하나에 해당하는 항행(이러한 항행과 관련하여 행하는 대한민국 각 지역 간의 항행을 포함한다)을 하여 여객 또는 화물을 운송하는 사업을 할 수 있다. 이 경우 국토교통부장관은 국내항공운송사업의 국제항공 발전에 지장을 초래하지 아니하는 범위에서 운항 횟수 및 사용 항공기의 기종(機種)을 제한하여 사업을 허가할 수 있다.

1. 대한민국 국민이 아닌 사람
2. 외국정부 또는 외국의 공공단체
3. 외국의 법인 또는 단체
4. 제1호부터 제3호까지의 어느 하나에 해당하는 자가 주식이나 지분의 2분의 1 이상을 소유하거나 그 사업을 사실상 지배하는 법인. 다만, 우리나라가 해당 국가(국가연합 또는 경제공동체를 포함한다)와 체결한 항공협정에서 달리 정한 경우에는 그 항공협정에 따른다.
5. 외국인이 법인등기사항증명서상의 대표자이거나 외국인이 법인등기사항증명서상 임원 수의 2분의 1 이상을 차지하는 법인. 다만, 우리나라가 해당 국가(국가연합 또는 경제공동체를 포함한다)와 체결한 항공협정에서 달리 정한 경우에는 그 항공협정에 따른다.

② 제1항에 따른 허가기준은 다음 각 호와 같다.
1. 우리나라와 체결한 항공협정에 따라 해당 국가로부터 국제항공운송사업자로 지정받은 자일 것
2. 운항의 안전성이 「국제민간항공협약」 및 같은 협약의 부속서에서 정한 표준과 방식에 부합하여 「항공안전법」 제103조 제1항에 따른 운항증명승인을 받았을 것
3. 항공운송사업의 내용이 우리나라가 해당 국가와 체결한 항공협정에 적합할 것
4. 국제 여객 및 화물의 원활한 운송을 목적으로 할 것

③ 제1항에 따른 허가를 받으려는 자는 국토교통부령으로 정하는 바에 따라 신청서에 사업계획서와 그 밖에 국토교통부령으로 정하는 서류를 첨부하여 운항개시예정일 60일 전까지 국토교통부장관에게 제출하여야 한다.

핵심 POINT 외국인 국제항공운송사업의 허가기준(항공사업법 제54조)

- 우리나라와 체결한 항공협정에 따라 해당 국가로부터 국제항공운송사업자로 지정받은 자일 것
- 운항의 안전성이 「국제민간항공협약」 및 같은 협약의 부속서에서 정한 표준과 방식에 부합하여 「항공안전법」 제103조 제1항에 따른 운항증명승인을 받았을 것
- 항공운송사업의 내용이 우리나라가 해당 국가와 체결한 항공협정에 적합할 것
- 국제 여객 및 화물의 원활한 운송을 목적으로 할 것

7.6.2 외국항공기의 유상운송

[항공사업법 제55조(외국항공기의 유상운송)]

제55조(외국항공기의 유상운송) ① 외국 국적을 가진 항공기(외국인 국제항공운송사업자가 해당 사업에 사용하는 항공기는 제외한다)의 사용자는 「항공안전법」 제100조 제1항 제1호 또는 제2호에 따른 항행(이러한 항행과 관련하여 행하는 국내 각 지역 간의 항행을 포함한다)을 할 때 국내에 도착하거나 국내에서 출발하는 여객 또는 화물의 유상운송을 하는 경우에는 국토교통부령으로 정하는 바에 따라 국토교통부장관의 허가를 받아야 한다.

② 제1항에 따른 허가기준은 다음 각 호와 같다.
1. 우리나라가 해당 국가와 체결한 항공협정에 따른 정기편 운항을 보완하는 것일 것
2. 운항의 안전성이 「국제민간항공협약」 및 같은 협약의 부속서에서 정한 표준과 방식에 부합할 것
3. 건전한 시장질서를 해치지 아니할 것
4. 국제 여객 및 화물의 원활한 운송을 목적으로 할 것

제56조(외국항공기의 국내 유상 운송 금지) 제54조, 제55조 또는 「항공안전법」 제101조 단서에 따른 허가를 받은 항공기는 유상으로 국내 각 지역 간의 여객 또는 화물을 운송해서는 아니 된다.

7.7 | 항공교통이용자 보호

7.7.1 항공교통이용자 보호 등

[항공사업법 제5장 항공교통이용자 보호, 제61조(항공교통이용자 보호 등)]

제61조(항공교통이용자 보호 등) ① 항공교통사업자는 영업개시 30일 전까지 국토교통부령으로 정하는 바에 따라 항공교통이용자를 다음 각 호의 어느 하나에 해당하는 피해로부터 보호하기 위한 피해구제 절차 및 처리계획(이하 "피해구제계획"이라 한다)을 수립하고 이를 이행하여야 한다. 다만, 제12조 제1항 각 호의 어느 하나에 해당하는 사유로 인한 피해에 대하여 항공교통사업자가 불가항력적 피해임을 증명하는 경우에는 그러하지 아니하다.

1. 항공교통사업자의 운송 불이행 및 지연
2. 위탁수화물의 분실 · 파손
3. 항공권 초과 판매
4. 취소 항공권의 대금환급 지연
5. 탑승위치, 항공편 등 관련 정보 미제공으로 인한 탑승 불가
6. 그 밖에 항공교통이용자를 보호하기 위하여 국토교통부령으로 정하는 사항

② 피해구제계획에는 다음 각 호의 사항이 포함되어야 한다.

1. 피해구제 접수처의 설치 및 운영에 관한 사항
2. 피해구제 업무를 담당할 부서 및 담당자의 역할과 임무
3. 피해구제 처리 절차
4. 피해구제 신청자에 대하여 처리결과를 안내할 수 있는 정보제공의 방법
5. 그 밖에 국토교통부령으로 정하는 항공교통이용자 피해구제에 관한 사항

③ 항공교통사업자는 항공교통이용자의 피해구제 신청을 신속 · 공정하게 처리하여야 하며, 그 신청을 접수한 날부터 14일 이내에 결과를 통지하여야 한다.

④ 제3항에도 불구하고 신청인의 피해조사를 위한 번역이 필요한 경우 등 특별한 사유가 있는 경우에는 항공교통사업자는 항공교통이용자의 피해구제 신청을 접수한 날부터 60일 이내에 결과를 통지하여야 한다. 이 경우 항공교통사업자는 통지서에 그 사유를 구체적으로 밝혀야 한다.

⑤ 제3항 및 제4항에 따른 처리기한 내에 피해구제 신청의 처리가 곤란하거나 항공교통이용자의 요청이 있을 경우에는 그 피해구제 신청서를 「소비자기본법」에 따른 한국소비자원에 이송하여야 한다.

⑥ 항공교통사업자는 항공교통이용자의 피해구제 신청현황, 피해구제 처리결과 등 항공교통이용자 피해구제에 관한 사항을 국토교통부령으로 정하는 바에 따라 국토교통부장관에게 정기적으로 보고하여야 한다.

⑦ 국토교통부장관은 관계 중앙행정기관의 장, 「소비자기본법」 제33조에 따른 한국소비자원의 장에게 항공교통이용자의 피해구제 신청현황, 피해구제 처리결과 등 항공교통이용자 피해구제에 관한 자료의

제공을 요청할 수 있다. 이 경우 자료의 제공을 요청받은 자는 특별한 사유가 없으면 이에 따라야 한다.

⑧ 국토교통부장관은 항공교통이용자의 피해를 예방하고 피해구제가 신속·공정하게 이루어질 수 있도록 다음 각 호의 어느 하나에 해당하는 사항에 대하여 항공교통이용자 보호기준을 고시할 수 있다.

1. 제1항 각 호에 해당하는 사항
2. 항공권 취소·환불 및 변경과 관련하여 소비자 피해가 발생하는 사항
3. 항공권 예약·구매·취소·환불·변경 및 탑승과 관련된 정보제공에 관한 사항

⑨ 국토교통부장관은 제8항에 따라 항공교통이용자 보호기준을 고시하는 경우 관계 행정기관의 장과 미리 협의하여야 하며, 항공교통사업자, 「소비자기본법」 제29조에 따라 등록한 소비자단체, 항공 관련 전문가 및 그 밖의 이해관계인 등의 의견을 들을 수 있다.

⑩ 항공교통사업자, 항공운송총대리점업자 및 「관광진흥법」 제4조에 따라 여행업 등록을 한 자(이하 "여행업자"라 한다)는 제8항에 따른 항공교통이용자 보호기준을 준수하여야 한다.

⑪ 국토교통부장관은 「교통약자의 이동편의 증진법」 제2조 제1호에 해당하는 교통약자를 보호하고 이동권을 보장하기 위하여 다음 각 호의 어느 하나에 해당하는 사항에 대하여 교통약자의 항공교통이용 편의기준을 국토교통부령으로 정할 수 있다. 〈신설 2019. 8. 27.〉

1. 항공교통사업자가 교통약자를 위하여 제공하여야 하는 정보 및 정보제공방법에 관한 사항
2. 항공교통사업자가 교통약자의 공항이용 및 항공기 탑승·하기(下機)를 위하여 제공하여야 하는 서비스에 관한 사항
3. 항공운송사업자가 교통약자를 위하여 항공기 내에서 제공하여야 하는 서비스에 관한 사항
4. 항공교통사업자가 교통약자 관련 서비스를 제공하기 위하여 실시하여야 하는 종사자 훈련·교육에 관한 사항
5. 교통약자 관련 서비스에 대하여 접수된 불만처리에 관한 사항

⑫ 항공교통사업자는 제11항에 따른 교통약자의 항공교통이용 편의기준을 준수하여야 한다. 〈신설 2019. 8. 27.〉

핵심 POINT 항공교통이용자 보호 등(항공사업법 제61조)

항공교통사업자는 영업개시 30일 전까지 국토교통부령으로 정하는 바에 따라 항공교통이용자를 다음의 어느 하나에 해당하는 피해로부터 보호하기 위한 피해구제 절차 및 처리계획을 수립하고 이를 이행하여야 한다.

- 항공교통사업자의 운송 불이행 및 지연
- 위탁수화물의 분실·파손
- 항공권 초과 판매
- 취소 항공권의 대금환급 지연
- 탑승위치, 항공편 등 관련 정보 미제공으로 인한 탑승 불가
- 그 밖에 항공교통이용자를 보호하기 위하여 국토교통부령으로 정하는 사항

[항공사업법 제61조의 2(이동지역에서의 지연 금지 등)]

제61조의 2(이동지역에서의 지연 금지 등) ① 항공운송사업자는 항공교통이용자가 항공기에 탑승한 상태로 이동지역(활주로 · 유도로 및 계류장 등 항공기의 이륙 · 착륙 및 지상이동을 위하여 사용되는 공항 내 지역을 말한다. 이하 같다)에서 다음 각 호의 시간을 초과하여 항공기를 머무르게 하여서는 아니 된다. 다만, 승객의 하기(下機)가 공항운영에 중대한 혼란을 초래할 수 있다고 관계 기관의 장이 의견을 제시하거나, 기상 · 재난 · 재해 · 테러 등이 우려되어 안전 또는 보안상의 이유로 승객을 기내에서 대기시킬 수밖에 없다고 관계 기관의 장 또는 기장이 판단하는 경우에는 그러하지 아니하다.

1. 국내항공운송: 3시간
2. 국제항공운송: 4시간

② 항공운송사업자는 항공교통이용자가 항공기에 탑승한 상태로 이동지역에서 항공기를 머무르게 하는 경우 해당 항공기에 탑승한 항공교통이용자에게 30분마다 그 사유 및 진행상황을 알려야 한다.

③ 항공운송사업자는 항공교통이용자가 항공기에 탑승한 상태로 이동지역에서 항공기를 머무르게 하는 시간이 2시간을 초과하게 된 경우 해당 항공교통이용자에게 적절한 음식물을 제공하여야 하며, 국토교통부령으로 정하는 바에 따라 지체 없이 국토교통부장관에게 보고하여야 한다.

④ 제3항에 따른 항공운송사업자의 보고를 받은 국토교통부장관은 관계 기관의 장 및 공항운영자에게 해당 지연 상황의 조속한 해결을 위하여 필요한 협조를 요청할 수 있다. 이 경우 요청을 받은 자는 특별한 사유가 없으면 이에 따라야 한다.

⑤ 그 밖에 이동지역 내에서의 지연 금지 및 관계 기관의 장 등에 대한 협조 요청의 절차와 내용에 관한 사항은 대통령령으로 정한다.

[본조신설 2019. 11. 26.]

7.7.2 항공교통이용자의 피해유형 등

[항공사업법 시행규칙 제64조(항공교통이용자의 피해유형 등)]

제64조(항공교통이용자의 피해유형 등) ① 법 제61조 제1항 제6호에서 "국토교통부령으로 정하는 사항"이란 다음 각 호의 어느 하나에 해당하는 사항을 말한다.

1. 항공마일리지와 관련한 다음 각 목의 피해
   가. 항공사 과실로 인한 항공마일리지의 누락
   나. 항공사의 사전 고지 없이 발생한 항공마일리지의 소멸
2. 「교통약자의 이용편의 증진법」 제2조 제7호에 따른 이동편의시설의 미설치로 인한 항공기의 탑승 장애

② 법 제61조 제2항 제5호에서 "국토교통부령으로 정하는 항공교통이용자 피해구제에 관한 사항"이란 다음 각 호의 사항을 말한다.

1. 피해구제 상담을 위한 국내 대표 전화번호
2. 피해구제 처리결과에 대한 이의 신청의 방법 및 절차

③ 법 제61조 제6항에 따른 보고는 반기별로 별지 제37호서식의 보고서를 국토교통부장관 또는 지방항공청장에게 제출하는 방법으로 한다. 〈개정 2019. 1. 3.〉

[항공사업법 제64조의 2(교통약자를 위한 정보제공 등)]

제64조의 2(교통약자를 위한 정보제공 등) ① 항공교통사업자는 법 제61조 제11항 제1호에 따라 다음 각 호의 구분에 따른 정보를 「교통약자의 이동편의 증진법」 제2조 제1호에 해당하는 교통약자(이하 "교통약자"라 한다)가 요청한 경우 이를 제공해야 한다.

1. 공항운영자
   가. 공항 외부와 내부의 교통약자 이용편의시설 현황 및 이용방법
   나. 공항 내 이동을 위해 제공되는 서비스의 내용과 이용방법
   다. 그 밖에 교통약자의 공항시설 이용을 위해 제공되는 서비스 및 불만처리 절차
2. 항공운송사업자
   가. 교통약자 우선좌석 운영 및 이용가능 여부
   나. 기내용 휠체어 이용 가능 여부
   다. 그 밖에 교통약자의 항공기 이용을 위해 제공되는 서비스 및 불만처리 절차

② 항공교통사업자는 교통약자로부터 요청받은 제64조의 3 또는 제64조의 4에 따른 서비스가 그 소관에 속하지 않으면 해당 교통약자의 유형, 요청사항 등에 관한 정보를 관련 항공교통사업자에게 통지해야 한다.

[본조신설 2020. 2. 28.]

7.8 | 항공사업의 진흥

7.8.1 항공사업자에 대한 재정지원

[항공사업법 제6장 항공사업의 진흥, 제65조(항공사업자에 대한 재정지원)]

제65조(항공사업자에 대한 재정지원) ① 국가는 항공사업을 진흥하기 위하여 다음 각 호의 어느 하나에 해당하는 경우 대통령령으로 정하는 바에 따라 항공사업을 영위하는 자(이하 "항공사업자"라 한다)에게 그 소요 자금의 일부를 보조하거나 재정자금으로 융자하여 줄 수 있다.

1. 전쟁 · 내란 · 테러 등으로 항공사업자에게 손실이 발생한 경우
2. 항공사업의 육성을 위하여 필요하다고 인정하는 경우

② 지방자치단체는 항공사업의 지원이 지역경제 활성화를 위하여 필요하다고 인정하는 경우에는 조례로 정하는 바에 따라 예산의 범위에서 항공사업자에게 재정지원을 할 수 있다.

핵심 POINT **항공사업자에 대한 재정지원(항공사업법 제65조)**

국가는 항공사업을 진흥하기 위하여 다음의 어느 하나에 해당하는 경우 대통령령으로 정하는 바에 따라 항공사업을 영위하는 자에게 그 소요 자금의 일부를 보조하거나 재정자금으로 융자하여 줄 수 있다.

- 전쟁 · 내란 · 테러 등으로 항공사업자에게 손실이 발생한 경우
- 항공사업의 육성을 위하여 필요하다고 인정하는 경우

7.8.2 항공 관련 기관 · 단체 및 항공산업의 육성

[항공사업법 제69조(항공 관련 기관 · 단체 및 항공산업의 육성)]

제69조(항공 관련 기관 · 단체 및 항공산업의 육성) ① 국가는 항공산업발전을 위하여 항공 관련 기관 · 단체를 육성하여야 한다.

② 국가는 제1항의 경우에 재정적 지원이 필요하다고 인정할 때에는 예산의 범위에서 그 소요 자금의 일부를 보조할 수 있다.

③ 국가는 항공산업과 관련된 기술 및 기술의 개발, 인력 양성 등을 위하여 필요한 사업을 직접 시행하거나 지방자치단체 및 관계 기관 등이 시행하는 사업에 드는 비용의 일부를 보조할 수 있다.

7.9 | 보칙

7.9.1 항공보험 등의 가입의무

[항공사업법 제7장 보칙, 제70조(항공보험 등의 가입의무)]

제70조(항공보험 등의 가입의무) ① 다음 각 호의 항공사업자는 국토교통부령으로 정하는 바에 따라 항공보험에 가입하지 아니하고는 항공기를 운항할 수 없다.

1. 항공운송사업자
2. 항공기사용사업자
3. 항공기대여업자

② 제1항 각 호의 자 외의 항공기 소유자 또는 항공기를 사용하여 비행하려는 자는 국토교통부령으로 정하는 바에 따라 항공보험에 가입하지 아니하고는 항공기를 운항할 수 없다.

③ 「항공안전법」 제108조에 따른 경량항공기소유자등은 그 경량항공기의 비행으로 다른 사람이 사망하거나 부상한 경우에 피해자(피해자가 사망한 경우에는 손해배상을 받을 권리를 가진 자를 말한다)에 대한 보상을 위하여 같은 조 제1항에 따른 안전성인증을 받기 전까지 국토교통부령으로 정하는 보험이나 공제에 가입하여야 한다. 〈개정 2017. 1. 17.〉

④ 초경량비행장치를 초경량비행장치사용사업, 항공기대여업 및 항공레저스포츠사업에 사용하려는 자와 무인비행장치 등 국토교통부령으로 정하는 초경량비행장치를 소유한 국가, 지방자치단체, 「공공기관의 운영에 관한 법률」 제4조에 따른 공공기관은 국토교통부령으로 정하는 보험 또는 공제에 가입하여야 한다. 〈개정 2020. 6. 9.〉

⑤ 제1항부터 제4항까지의 규정에 따라 항공보험 등에 가입한 자는 국토교통부령으로 정하는 바에 따라 보험가입신고서 등 보험가입 등을 확인할 수 있는 자료를 국토교통부장관에게 제출하여야 한다. 이를 변경 또는 갱신한 때에도 또한 같다. 〈신설 2017. 1. 17.〉

> **핵심 POINT** 항공보험 등의 가입의무(항공사업법 제70조)
>
> 다음의 항공사업자는 국토교통부령으로 정하는 바에 따라 항공보험에 가입하지 아니하고는 항공기를 운항할 수 없다.
>
> - 항공운송사업자
> - 항공기사용사업자
> - 항공기대여업자

7.9.2 보고, 출입 및 검사 등

[항공사업법 제73조(보고, 출입 및 검사 등)]

제73조(보고, 출입 및 검사 등) ① 국토교통부장관은 이 법의 시행에 필요한 범위에서 국토교통부령으로 정하는 바에 따라 다음 각 호의 자에게 그 업무에 관한 보고를 하게 하거나 서류를 제출하게 할 수 있다.

1. 항공사업자
2. 공항운영자
3. 항공종사자
4. 제1호부터 제3호까지의 자 외의 자로서 항공기 또는 항공시설을 계속하여 사용하는 자

> **핵심 POINT** 보고, 출입 및 검사 등(항공사업법 제73조)
>
> 국토교통부장관은 이 법의 시행에 필요한 범위에서 국토교통부령으로 정하는 바에 따라 다음의 자에게 그 업무에 관한 보고를 하게 하거나 서류를 제출하게 할 수 있다.
> - 항공사업자, 공항운영자, 항공종사자, 그 외의 항공기 또는 항공시설을 계속하여 사용하는 자

② 국토교통부장관은 이 법을 시행하기 위하여 특히 필요한 경우에는 소속 공무원으로 하여금 제1항 각 호의 어느 하나에 해당하는 자의 사무소, 사업장, 공항시설, 비행장 또는 항공기 등에 출입하여 관계 서류나 시설, 장비, 그 밖의 물건 등을 검사하거나 관계인에게 질문하게 할 수 있다.

③ 국토교통부장관은 상업서류송달업자가 「우편법」을 위반할 현저한 우려가 있다고 인정하여 과학기술정보통신부장관이 요청하는 경우에는 과학기술정보통신부 소속 공무원으로 하여금 상업서류송달업자의 사무소 또는 사업장에 출입하여 「우편법」과 관련된 사항에 관한 검사 또는 질문을 하게 할 수 있다. 〈개정 2017. 7. 26.〉

④ 제2항 및 제3항에 따른 검사 또는 질문을 하려면 검사 또는 질문을 하기 7일 전까지 검사 또는 질문의 일시, 사유 및 내용 등의 계획을 피검사자 또는 피질문자에게 알려야 한다. 다만, 긴급한 경우이거나 사전에 알리면 증거인멸 등으로 검사 또는 질문의 목적을 달성할 수 없다고 인정하는 경우에는 그러하지 아니할 수 있다.

⑤ 제2항 및 제3항에 따른 검사 또는 질문을 하는 공무원은 그 권한을 표시하는 증표를 지니고, 이를 관계인에게 보여주어야 한다.

⑥ 제2항 및 제3항에 따른 검사 또는 질문을 한 경우에는 그 결과를 피검사자 또는 피질문자에게 서면으로 알려야 한다.

⑦ 제5항에 따른 증표에 관하여 필요한 사항은 국토교통부령으로 정한다.

핵심 POINT 검사 거부 등의 죄(항공사업법 제81조)

제73조 제2항 또는 제3항에 따른 검사 또는 출입을 거부 · 방해하거나 기피한 자

AVIATION LAW

chapter 08 공항시설법

section 8.1 | 공항시설법의 목적
section 8.2 | 공항시설법의 구성
section 8.3 | 용어 정의
section 8.4 | 공항 및 비행장의 관리 · 운영
section 8.5 | 항행안전시설
section 8.6 | 보칙

항공정비 현장에서 필요한 항공법령 키워드

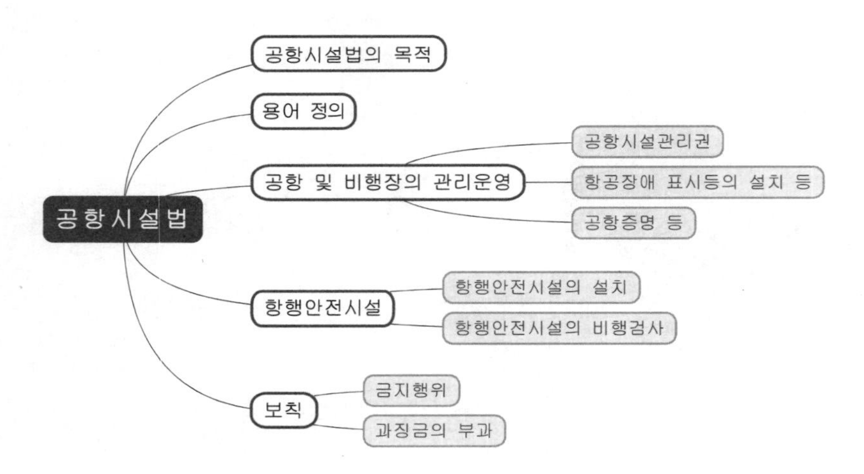

✓ 공항시설법 본문 링크

공항시설법	공항시설법 시행령(대통령령)	공항시설법 시행규칙

공항시설법[시행 2024. 1. 9.] [법률 제19987호, 2024. 1. 9., 타법개정]
공항시설법 시행령[시행 2023. 12. 12.] [대통령령 제33913호, 2023. 12. 12., 타법개정]
공항시설법 시행규칙[시행 2023. 10. 19.] [국토교통부령 제1264호, 2023. 10. 19., 일부개정]

8.1 | 공항시설법의 목적

[공항시설법 제1장 총칙, 제1조 목적]

제1조(목적) 이 법은 공항 · 비행장 및 항행안전시설의 설치 및 운영 등에 관한 사항을 정함으로써 항공산업의 발전과 공공복리의 증진에 이바지함을 목적으로 한다.

8.2 | 공항시설법의 구성

8.2.1 공항시설법의 구성

공항 · 비행장 및 항행안전시설의 설치 및 운영 등에 관한 사항을 내용으로 다루는 항공시설법은 제1장 총칙, 제2장 공항 및 비행장의 개발, 제3장 공항 및 비행장의 관리 운영, 제4장 항행안전시설, 제5장 보칙 그리고 제6장 벌칙으로 구성되어 있다.

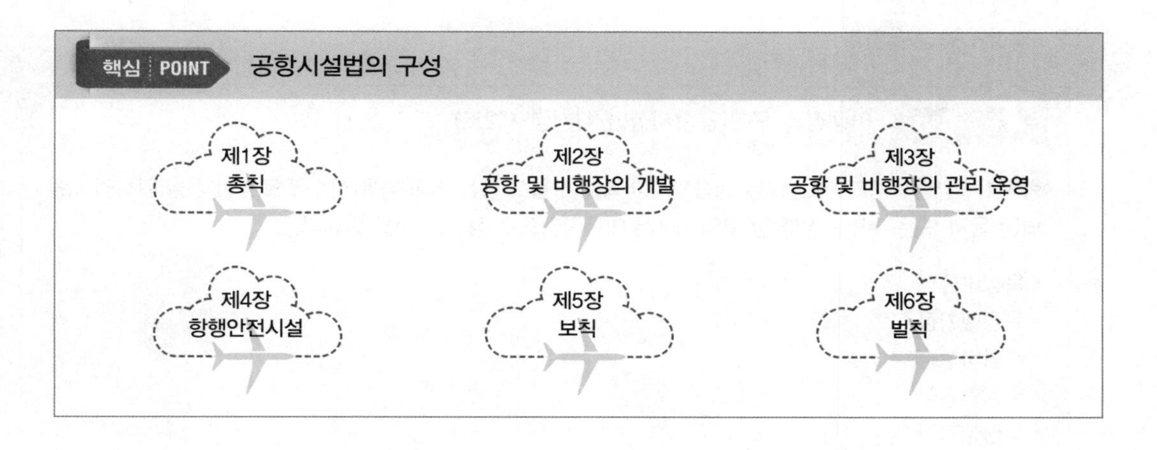

8.3 | 용어 정의

제2조(정의) 이 법에서 사용하는 용어의 뜻은 다음과 같다.

1. “항공기”란 「항공안전법」 제2조 제1호에 따른 항공기를 말한다.
2. “비행장”이란 항공기 · 경량항공기 · 초경량비행장치의 이륙[이수(離水)를 포함한다. 이하 같다]과 착륙[착수(着水)를 포함한다. 이하 같다]을 위하여 사용되는 육지 또는 수면(水面)의 일정한 구역으로서 대통령령으로 정하는 것을 말한다.

[공항시설법 시행령 제2조(비행장의 구분)]

제2조(비행장의 구분) 「공항시설법」(이하 “법”이라 한다) 제2조 제2호에서 “대통령령으로 정하는 것”이란 다음 각 호의 것을 말한다.

1. 육상비행장
2. 육상헬기장
3. 수상비행장
4. 수상헬기장
5. 옥상헬기장
6. 선상(船上)헬기장
7. 해상구조물헬기장

핵심 POINT 비행장의 구분(공항시설법 시행령 제2조)

항공기 · 경량항공기 · 초경량비행장치의 이륙(이수를 포함한다)과 착륙(착수를 포함한다)을 위하여 사용되는 육지 또는 수면의 일정한 구역으로서 대통령령으로 정하는 것을 말한다.

- 육상비행장
- 육상헬기장
- 수상비행장
- 수상헬기장
- 옥상헬기장
- 선상헬기장
- 해상구조물헬기장

3. “공항”이란 공항시설을 갖춘 공공용 비행장으로서 국토교통부장관이 그 명칭 · 위치 및 구역을 지정 · 고시한 것을 말한다.

핵심 POINT 공항

공항시설을 갖춘 공공용 비행장으로서 국토교통부장관이 그 명칭 · 위치 및 구역을 지정 · 고시한 것을 말한다.

4. "공항구역"이란 공항으로 사용되고 있는 지역과 공항 · 비행장개발예정지역 중 「국토의 계획 및 이용에 관한 법률」 제30조 및 제43조에 따라 도시 · 군계획시설로 결정되어 국토교통부장관이 고시한 지역을 말한다.
5. "비행장구역"이란 비행장으로 사용되고 있는 지역과 공항 · 비행장개발예정지역 중 「국토의 계획 및 이용에 관한 법률」 제30조 및 제43조에 따라 도시 · 군계획시설로 결정되어 국토교통부장관이 고시한 지역을 말한다.
6. "공항 · 비행장개발예정지역"이란 공항 또는 비행장 개발사업을 목적으로 제4조에 따라 국토교통부장관이 공항 또는 비행장의 개발에 관한 기본계획으로 고시한 지역을 말한다.
7. "공항시설"이란 공항구역에 있는 시설과 공항구역 밖에 있는 시설 중 대통령령으로 정하는 시설로서 국토교통부장관이 지정한 다음 각 목의 시설을 말한다.
   가. 항공기의 이륙 · 착륙 및 항행을 위한 시설과 그 부대시설 및 지원시설
   나. 항공 여객 및 화물의 운송을 위한 시설과 그 부대시설 및 지원시설

핵심 POINT 공항시설

공항구역에 있는 시설과 공항구역 밖에 있는 시설 중 대통령령으로 정하는 시설로서 국토교통부장관이 지정한 다음의 시설을 말한다.

- 항공기의 이륙 · 착륙 및 항행을 위한 시설과 그 부대시설 및 지원시설
- 항공 여객 및 화물의 운송을 위한 시설과 그 부대시설 및 지원시설

8. "비행장시설"이란 비행장에 설치된 항공기의 이륙 · 착륙을 위한 시설과 그 부대시설로서 국토교통부장관이 지정한 시설을 말한다.
9. "공항개발사업"이란 이 법에 따라 시행하는 다음 각 목의 사업을 말한다.
   가. 공항시설의 신설 · 증설 · 정비 또는 개량에 관한 사업
   나. 공항개발에 따라 필요한 접근교통수단 및 항만시설 등 기반시설의 건설에 관한 사업
   다. 공항이용객 및 항공과 관련된 업무종사자를 위한 사업 등 대통령령으로 정하는 사업
10. "비행장개발사업"이란 이 법에 따라 시행하는 다음 각 목의 사업을 말한다.
   가. 비행장시설의 신설 · 증설 · 정비 또는 개량에 관한 사업
   나. 비행장개발에 따라 필요한 접근교통수단 등 기반시설의 건설에 관한 사업

11. "공항운영자"란 「항공사업법」 제2조 제34호에 따른 공항운영자를 말한다.
12. "활주로"란 항공기 착륙과 이륙을 위하여 국토교통부령으로 정하는 크기로 이루어지는 공항 또는 비행장에 설정된 구역을 말한다.

핵심 POINT 육상비행장의 분류기준(공항시설법 시행규칙 [별표 1]) 〈개정 2019. 4. 4.〉

육상비행장을 사용하는 항공기의 최소이륙거리, 항공기의 주(主) 날개 폭 또는 주륜(主輪) 외곽의 폭에 따른 설치기준에 적합한 활주로 · 착륙대와 유도로를 갖추어야 한다.

분류요소 1		분류요소 2	
분류번호	항공기의 최소이륙거리	분류문자	항공기 주 날개 폭
1	800미터 미만	A	15미터 미만
2	800미터 이상 1,200미터 미만	B	15미터 이상 24미터 미만
3	1,200미터 이상 1,800미터 미만	C	24미터 이상 36미터 미만
4	1,800미터 이상	D	36미터 이상 52미터 미만
		E	52미터 이상 65미터 미만
		F	65미터 이상 80미터 미만

13. "착륙대"(着陸帶)란 활주로와 항공기가 활주로를 이탈하는 경우 항공기와 탑승자의 피해를 줄이기 위하여 활주로 주변에 설치하는 안전지대로서 국토교통부령으로 정하는 크기로 이루어지는 활주로 중심선에 중심을 두는 직사각형의 지표면 또는 수면을 말한다.

핵심 POINT 착륙대(공항시설법 시행규칙 [별표 1])

활주로와 항공기가 활주로를 이탈하는 경우 항공기와 탑승자의 피해를 줄이기 위해 활주로 주변에 설치하는 안전지대로서 국토교통부령으로 정하는 크기로 이루어지는 활주로 중심선에 중심을 두는 직사각형의 지표면 또는 수면을 말한다.

비행장의 종류	착륙대의 등급	활주로 또는 착륙대의 길이
육상비행장	A	2,550미터 이상
	B	2,150미터 이상 2,550미터 미만
	C	1,800미터 이상 2,150미터 미만
	D	1,500미터 이상 1,800미터 미만
	E	1,280미터 이상 1,500미터 미만
	F	1,080미터 이상 1,280미터 미만
	G	900미터 이상 1,080미터 미만
	H	500미터 이상 900미터 미만
	J	100미터 이상 500미터 미만
수상비행장	4	1,500미터 이상
	3	1,200미터 이상 1,500미터 미만
	2	800미터 이상 1,200미터 미만
	1	800미터 미만

14. "장애물 제한표면"이란 항공기의 안전운항을 위하여 공항 또는 비행장 주변에 장애물(항공기의 안전운항을 방해하는 지형 · 지물 등을 말한다)의 설치 등이 제한되는 표면으로서 대통령령으로 정하는 구역을 말한다.

[공항시설법 시행령 제5조(장애물 제한표면의 구분)]

제5조(장애물 제한표면의 구분) ① 법 제2조 제14호에서 "대통령령으로 정하는 구역"이란 다음 각 호의 것을 말한다.

1. 수평표면
2. 원추표면
3. 진입표면 및 내부진입표면

4. 전이(轉移)표면 및 내부전이표면
5. 착륙복행(着陸復行)표면

② 장애물 제한표면의 기준 등에 관하여 필요한 사항은 국토교통부령으로 정한다.

핵심 POINT 장애물 제한표면의 구분(공항시설법 시행령 제5조)

항공기의 안전운항을 위하여 공항 또는 비행장 주변에 장애물(항공기의 안전운항을 방해하는 지형 · 지물 등을 말한다)의 설치 등이 제한되는 표면으로서 대통령령으로 정하는 구역을 말한다.

- 수평표면
- 원추표면
- 진입표면 및 내부진입표면
- 전이표면 및 내부전이표면
- 착륙복행표면

15. "항행안전시설"이란 유선통신, 무선통신, 인공위성, 불빛, 색채 또는 전파(電波)를 이용하여 항공기의 항행을 돕기 위한 시설로서 국토교통부령으로 정하는 시설을 말한다.

[공항시설법 시행규칙 제5조(항행안전시설)]

제5조(항행안전시설) 법 제2조 제15호에서 "국토교통부령으로 정하는 시설"이란 다음 항공등화, 항행안전무선시설 및 항공정보통신시설을 말한다.

핵심 POINT 항행안전시설(공항시설법 시행규칙 제5조)

유선통신, 무선통신, 인공위성, 불빛, 색채 또는 전파(電波)를 이용하여 항공기의 항행을 돕기 위한 시설로서 국토교통부령으로 정하는 시설을 말한다.

- 항공등화
- 항행안전무선시설
- 항공정보통신시설

[공항시설법 시행규칙 제7조(항행안전무선시설)]

제7조(항행안전무선시설) 법 제2조 제17호에서 "국토교통부령으로 정하는 시설"이란 다음 각 호의 시설을 말한다.

1. 거리측정시설(DME)
2. 계기착륙시설(ILS/MLS/TLS)

3. 다변측정감시시설(MLAT)
4. 레이더시설(ASR/ARSR/SSR/ARTS/ASDE/PAR)
5. 무지향표지시설(NDB)
6. 범용접속데이터통신시설(UAT)
7. 위성항법감시시설(GNSS Monitoring System)
8. 위성항법시설(GNSS/SBAS/GRAS/GBAS)
9. 자동종속감시시설(ADS, ADS-B, ADS-C)
10. 전방향표지시설(VOR)
11. 전술항행표지시설(TACAN)

핵심 POINT 항행안전무선시설(공항시설법 시행규칙 제7조)

- 거리측정시설(DME)
- 계기착륙시설(ILS/MLS/TLS)
- 다변측정감시시설(MLAT)
- 레이더시설(ASR/ARSR/SSR/ARTS/ASDE/PAR)
- 무지향표지시설(NDB)
- 범용접속데이터통신시설(UAT)
- 위성항법감시시설(GNSS Monitoring System)
- 위성항법시설(GNSS/SBAS/GRAS/GBAS)
- 자동종속감시시설(ADS, ADS-B, ADS-C)
- 전방향표지시설(VOR)
- 전술항행표지시설(TACAN)

16. "항공등화"란 불빛, 색채 또는 형상(形象)을 이용하여 항공기의 항행을 돕기 위한 항행안전시설로서 국토교통부령으로 정하는 시설을 말한다.

핵심 POINT 항공등화(공항시설법 시행규칙 [별표 3])

불빛, 색채 또는 형상(形象)을 이용하여 항공기의 항행을 돕기 위한 항행안전시설로서 국토교통부령으로 정하는 시설을 말한다.

항공등화의 종류		활주로등의 평균광도와 해당 등화의 평균광도와의 비율	색상
진입등 시스템	중심선 표시등 및 횡선 표시등	1.5~2.0	흰색
	측렬 표시등	0.5~1.0	붉은색
활주로 시단등	시단등(始端燈)	1.0~1.5	녹색
	시단연장등	1.0~1.5	녹색
접지구역등		0.5~1.0	흰색
활주로 중심선등	30미터 간격의 등	0.5~1.0	흰색
	15미터 간격의 등	0.25~0.5 (제1종 및 제2종 활주로)	흰색
		0.5~1.0 (제3종 활주로)	
활주로 종단등(終端燈)		0.25~0.5	붉은색
활주로등		1	흰색

17. “항행안전무선시설”이란 전파를 이용하여 항공기의 항행을 돕기 위한 시설로서 국토교통부령으로 정하는 시설을 말한다.
18. “항공정보통신시설”이란 전기통신을 이용하여 항공교통업무에 필요한 정보를 제공 · 교환하기 위한 시설로서 국토교통부령으로 정하는 시설을 말한다.
19. “이착륙장”이란 비행장 외에 경량항공기 또는 초경량비행장치의 이륙 또는 착륙을 위하여 사용되는 육지 또는 수면의 일정한 구역으로서 대통령령으로 정하는 것을 말한다.

핵심 POINT 이착륙장

비행장 외에 경량항공기 또는 초경량비행장치의 이륙 또는 착륙을 위하여 사용되는 육지 또는 수면의 일정한 구역으로서 대통령령으로 정하는 것을 말한다.

20. “항공학적 검토”란 항공안전과 관련하여 시계비행 및 계기비행절차 등에 대한 위험을 확인하고 수용할 수 있는 안전수준을 유지하면서도 그 위험을 제거하거나 줄이는 방법을 찾기 위하여 계획된 검토 및 평가를 말한다.

핵심 POINT 항공학적 검토(공항시설법 시행령 제37조)

항공안전과 관련하여 시계비행 및 계기비행절차 등에 대한 위험을 확인하고 수용할 수 있는 안전수준을 유지하면서도 그 위험을 제거하거나 줄이는 방법을 찾기 위하여 계획된 검토 및 평가를 말한다.

- 항공학적 검토위원회의 구성

8.4 | 공항 및 비행장의 관리 · 운영

8.4.1 공항시설관리권

[공항시설법 제3장 공항 및 비행장의 관리 · 운영]

제26조(공항시설관리권) ① 국토교통부장관은 공항시설을 유지 · 관리하고 그 공항시설을 사용하거나 이용하는 자로부터 사용료를 징수할 수 있는 권리(이하 “공항시설관리권”이라 한다)를 설정할 수 있다.

② 제1항에 따라 공항시설관리권을 설정받은 자는 대통령령으로 정하는 바에 따라 국토교통부장관에게 등록하여야 한다. 등록한 사항을 변경할 때에도 또한 같다.

③ 공항시설관리권은 물권(物權)으로 보며, 이 법에 특별한 규정이 있는 경우를 제외하고는 「민법」 중 부동산에 관한 규정을 준용한다.

> **핵심 POINT** 공항시설관리권(공항시설법 제26조)
>
> 국토교통부장관은 공항시설을 유지 · 관리하고 그 공항시설을 사용하거나 이용하려는 자로부터 사용료를 징수할 수 있는 권리를 설정할 수 있다.

8.4.2 항공장애 표시등의 설치 등

[공항시설법 제36조(항공장애 표시등의 설치 등)]

제36조(항공장애 표시등의 설치 등) ① 국토교통부장관 또는 사업시행자등은 장애물 제한표면에서 수직으로 지상까지 투영한 구역에 있는 구조물로서 국토교통부령으로 정하는 구조물에는 국토교통부령으로 정하는 항공장애 표시등(이하 "표시등"이라 한다) 및 항공장애 주간(晝間)표지(이하 "표지"라 한다)의 설치 위치 및 방법 등에 따라 표시등 및 표지를 설치하여야 한다. 다만, 제4조 제5항에 따른 기본계획의 고시 또는 변경 고시, 제7조 제6항에 따른 실시계획의 고시 또는 변경 고시를 한 후에 설치되는 구조물의 경우에는 그 구조물의 소유자가 표시등 및 표지를 설치하여야 한다. 〈개정 2017. 8. 9.〉

② 장애물 제한표면 밖의 지역에서 지표면이나 수면으로부터 높이가 60미터 이상 되는 구조물을 설치하는 자는 제1항에 따른 표시등 및 표지의 설치 위치 및 방법 등에 따라 표시등 및 표지를 설치하여야 한다. 다만, 구조물의 높이가 표시등이 설치된 구조물과 같거나 낮은 구조물 등 국토교통부령으로 정하는 구조물은 그러하지 아니하다. 〈개정 2017. 8. 9.〉

③ 국토교통부장관은 국토교통부령으로 정하는 바에 따라 제1항 및 제2항에 따른 구조물 외의 구조물이 항공기의 항행안전을 현저히 해칠 우려가 있으면 구조물에 표시등 및 표지를 설치하여야 한다.

④ 제1항 및 제3항에 따른 구조물의 소유자 또는 점유자는 국토교통부장관 또는 사업시행자등에 의한 표시등 및 표지의 설치를 거부할 수 없다. 이 경우 국토교통부장관 또는 사업시행자등은 제1항 본문 또는 제3항에 따른 표시등 및 표지의 설치로 인하여 해당 구조물의 소유자 또는 점유자에게 손실이 발생하면 대통령령으로 정하는 바에 따라 그 손실을 보상하여야 한다.

⑤ 국토교통부장관 외의 자가 제1항 또는 제2항에 따라 표시등 또는 표지를 설치하려는 경우에는 국토교통부장관과 미리 협의하여야 하며, 해당 시설을 설치한 날부터 15일 이내에 국토교통부령으로 정하는 바에 따라 국토교통부장관에게 신고하여야 한다. 〈신설 2017. 8. 9.〉

⑥ 제1항부터 제3항까지에 따라 표시등 또는 표지가 설치된 구조물을 소유 또는 관리하는 자가 해당 구조물에 설치된 표시등 또는 표지를 철거하거나 변경하려는 경우에는 국토교통부장관과 미리 협의

하여야 하며, 해당 시설을 철거 또는 변경한 날부터 15일 이내에 국토교통부령으로 정하는 바에 따라 국토교통부장관에게 신고하여야 한다. 〈신설 2017. 8. 9.〉

⑦ 제1항부터 제3항까지의 규정에 따라 표시등 또는 표지가 설치된 구조물을 소유 또는 관리하는 자는 국토교통부령으로 정하는 바에 따라 그 표시등 및 표지를 관리하여야 한다. 〈개정 2017. 8. 9.〉

⑧ 국토교통부장관은 제1항 또는 제2항에도 불구하고 표시등 또는 표지를 설치하지 아니한 자에게 일정한 기간을 정하여 해당 시설의 설치를 명할 수 있다. 〈신설 2017. 8. 9.〉

⑨ 국토교통부장관은 제7항에 따른 관리 실태를 정기 또는 수시로 검사하여야 하며, 검사 결과 점등 불량, 시설기준 미준수 등 관리상 하자를 발견하는 경우에는 그 시정을 명할 수 있다. 〈개정 2017. 8. 9.〉

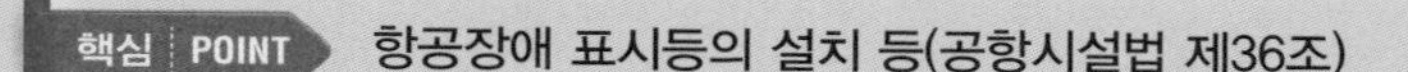

항공장애 표시등의 설치 등(공항시설법 제36조)

- 국토교통부장관 또는 사업시행자등은 국토교통부령으로 정하는 바에 따라 장애물 제한표면에서 수직으로 지상까지 투영한 구역에 있는 구조물로서 국토교통부령으로 정하는 구조물에는 항공장애 표시등 및 항공장애 주간(晝間)표지를 설치하여야 한다.
- 장애물 제한표면 밖의 지역에서 지표면이나 수면으로부터 높이가 60미터 이상 되는 구조물을 설치하는 자는 국토교통부령으로 정하는 표시등 및 표지의 설치 위치 및 방법 등에 따라 표시등 및 표지를 설치하여야 한다.

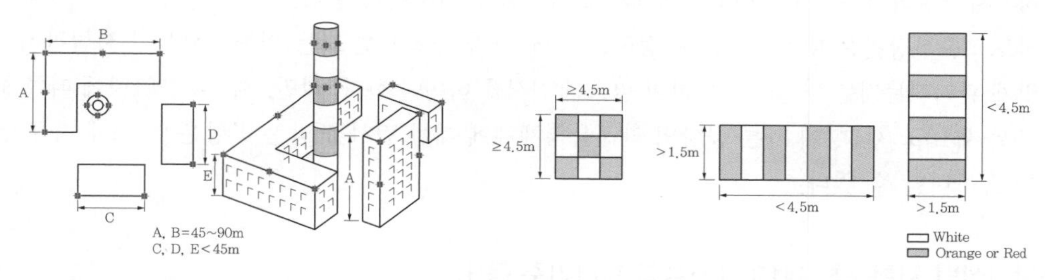

⑩ 제8항 또는 제9항에 따라 시정명령을 받은 자는 국토교통부장관이 정하는 기간 내에 그 명령을 이행하여야 하며, 그 명령을 이행하였을 때에는 지체 없이 이를 국토교통부장관에게 보고하여야 한다. 〈신설 2017. 8. 9.〉

⑪ 국토교통부장관은 제10항에 따른 보고를 받은 경우 지체 없이 제8항 또는 제9항에 따른 시정명령의 이행 상태 등에 대한 확인을 하여야 한다. 〈신설 2017. 8. 9.〉

⑫ 국토교통부장관은 제9항에 따른 검사 또는 시정명령 권한의 전부 또는 일부를 「공공기관의 운영에 관한 법률」에 따른 공공기관 등 관계 전문기관에 위탁할 수 있다. 〈개정 2017. 8. 9.〉

⑬ 제1항부터 제3항까지에 따라 설치하는 표시등의 종류와 성능 등은 국토교통부령으로 정한다. 〈신설 2017. 8. 9.〉

8.4.3 시설의 관리기준(Hangar 내 금지행위 등)

[공항시설법 제31조(시설의 관리기준)]

제31조(시설의 관리기준) ① 공항시설 또는 비행장시설을 관리 · 운영하는 자는 시설의 보안관리 및 기능유지에 필요한 사항 등 국토교통부령으로 정하는 시설의 관리 · 운영 및 사용 등에 관한 기준(이하 "시설관리기준"이라 한다)에 따라 그 시설을 관리하여야 한다.

② 국토교통부장관은 대통령령으로 정하는 바에 따라 공항시설 또는 비행장시설이 시설관리기준에 맞게 관리되는지를 확인하기 위하여 필요한 검사를 하여야 한다. 다만, 제38조 제1항에 따른 공항으로서 제40조 제1항에 따른 공항의 안전운영체계에 대한 검사를 받는 공항은 이 조에 따른 검사를 하지 아니할 수 있다.

[공항시설법 시행규칙 제19조(시설의 관리기준 등)]

제19조(시설의 관리기준 등) ① 법 제31조 제1항에서 "시설의 보안관리 및 기능유지에 필요한 사항 등 국토교통부령으로 정하는 시설의 관리 · 운영 및 사용 등에 관한 기준"이란 [별표 4]의 기준을 말한다.

② 공항운영자는 시설의 적절한 관리 및 공항이용자의 편의를 확보하기 위하여 필요한 경우에는 시설이용자나 영업자에 대하여 시설의 운영실태, 영업자의 서비스실태 등에 대하여 보고하게 하거나 그 소속직원으로 하여금 시설의 운영실태, 영업자의 서비스실태 등을 확인하게 할 수 있다.

③ 공항운영자는 공항 관리상 특히 필요가 있을 경우에는 시설이용자 또는 영업자에 대하여 당해시설의 사용의 정지 또는 수리 · 개조 · 이전 · 제거나 그 밖에 필요한 조치를 명할 수 있다.

[별표 4]

공항시설 · 비행장시설 관리기준(제19조 제1항 관련)

1. 공항(비행장을 포함한다. 이하 같다)을 제16조에 따른 설치기준에 적합하도록 유지할 것
2. 시설의 기능 유지를 위하여 점검 · 청소 등을 할 것
3. 개수나 그 밖의 공사를 하는 경우에는 필요한 표지의 설치 또는 그 밖의 적절한 조치를 하여 항공기의 항행을 방해하지 않게 할 것
4. 법 제56조 및 「항공보안법」 제21조 제1항에 따른 금지행위에 관한 홍보안내문을 일반인이 보기 쉬운 곳에 게시할 것
5. 법 제56조 제1항에 따라 출입이 금지되는 지역에 경계를 분명하게 하는 표지 등을 설치하여 해당 구역에 사람 · 차량 등이 임의로 출입하지 않도록 할 것
6. 항공기의 화재나 그 밖의 사고에 대처하기 위하여 필요한 소방설비와 구난설비를 설치하고, 사고가 발생했을 때에는 지체 없이 필요한 조치를 할 것. 다만, 공항에 대해서는 다음 각 목의 비상사태에 대처하기 위하여 「국제민간항공조약」 부속서 14에 따라 공항 비상계획을 수립하고 이에 필요한 조직 · 인원 · 시설 및 장비를 갖추어 비상사태가 발생하면 지체 없이 필요한 조치를 할 것
   가. 공항 및 공항 주변 항공기사고
   나. 항공기의 비행 중 사고와 지상에서의 사고
   다. 폭탄위협 및 불법납치사고
   라. 공항의 자연재해
   마. 응급치료를 필요로 하는 사고
7. 천재지변이나 그 밖의 원인으로 항공기의 이륙 · 착륙이 저해될 우려가 있는 경우에는 지체 없이 해당 비행장의 사용을 일시 정지하는 등 위해를 예방하기 위하여 필요한 조치를 할 것
8. 관계 행정기관 및 유사시에 지원하기로 협의된 기관과 수시로 연락할 수 있는 설비를 갖출 것
9. 다음 각 목의 사항이 기록된 업무일지를 갖춰 두고 1년간 보존할 것
   가. 시설의 현황
   나. 시행한 공사내용(공사를 시행하는 경우만 해당한다)
   다. 재해, 사고 등이 발생한 경우에는 그 시각 · 원인 · 상황과 이에 대한 조치
   라. 관계기관과의 연락사항
   마. 그 밖에 공항의 관리에 필요한 사항
10. 공항 및 공항 주변에서의 항공기 운항 시 조류충돌을 예방하게 하기 위하여 「국제민간항공조약」 부속서 14에서 정한 조류충돌 예방계획(오물처리장 등 새들을 모이게 하는 시설 또는 환경을 만들지 아니하는 것을 포함한다)을 수립하고 이에 필요한 조직 · 인원 · 시설 및 장비를 갖출 것. 이 경우 조류충돌 예방과 관련된 세부 사항은 국토교통부장관이 정하여 고시하는 기준에 따라야 한다.
11. 항공교통업무를 수행하는 시설에는 다음 각 목의 절차를 갖출 것
    가. 제16조 제14호에 따른 시설의 관리 · 운영 절차
    나. 관할 공역 내에서의 항공기의 비행절차
    다. 항행안전시설에 적합한 항공기의 계기비행방식에 의한 이륙 및 착륙 절차
    라. 관할 공역 내의 항공기 · 차량 및 사람 등에 대한 항공교통관제절차, 지상이동통제절차, 공역관리절차, 소음절감비행통제절차 및 경제운항절차

마. 관할 공역 내의 관련 항공안전정보를 수집 및 가공하여 관련 항공기 · 차량 · 시설 및 다른 항공정보통신시설 등에 제공하는 절차
바. 항공교통관제량에 적합한 적정 수의 항공교통관제업무 수행요원의 확보, 교육훈련 및 업무 제한의 절차
사. 그 밖에 항공교통업무 수행에 필요한 사항으로 국토교통부장관이 따로 정하여 고시하는 시설의 관리절차
12. 공항운영자는 국토교통부장관이 고시하는 기준에 따라 대기질 · 수질 · 토양 등 환경 및 온실가스관리가 포함된 공항환경관리계획을 매년 수립하고 이에 필요한 조직 · 인원 · 시설 및 장비를 갖출 것
13. 격납고 내에 있는 항공기의 무선시설을 조작하지 말 것. 다만, 지방항공청장의 승인을 얻은 경우에는 그렇지 않다.
14. 항공기의 급유 또는 배유를 하는 경우에는 다음 각 호에 따라 시행할 것
가. 다음의 경우에는 항공기의 급유 또는 배유를 하지 말 것
1) 발동기가 운전 중이거나 또는 가열상태에 있을 경우
2) 항공기가 격납고 기타 폐쇄된 장소 내에 있을 경우
3) 항공기가 격납고 기타의 건물의 외측 15미터 이내에 있을 경우
4) 필요한 위험예방조치가 강구되었을 경우를 제외하고 여객이 항공기 내에 있을 경우
나. 급유 또는 배유 중의 항공기의 무선설비, 전기설비를 조작하거나 기타 정전, 화학방전을 일으킬 우려가 있을 물건을 사용하지 말 것
다. 급유 또는 배유장치를 항상 안전하고 확실히 유지할 것
라. 급유 시에는 항공기와 급유장치 간에 전위차(電位差)를 없애기 위하여 전도체로 연결(bonding)을 할 것. 다만, 항공기와 지면과의 전기저항 측정치 차이가 1메가옴 이상인 경우에는 추가로 항공기 또는 급유장치를 접지(grounding)시킬 것
15. 공항을 관리 · 운영하는 자는 법 제31조 제1항에 따라 다음 각 호의 사항이 포함된 관리규정을 정하여 관리해야 할 것
가. 공항의 운용시간
나. 항공기의 활주로 또는 유도로 사용방법을 특별히 규정하는 경우에는 그 방법
다. 항공기의 승강장, 화물을 싣거나 내리는 장소, 연료 · 자재 등의 보급장소, 항공기의 정비나 점검장소, 항공기의 정류장소 및 그 방법을 지정하려는 경우에는 그 장소 및 방법
라. 법 제32조에 따른 사용료와 그 수수 및 환불에 관한 사항
마. 공항의 출입을 제한하려는 경우에는 그 제한방법
바. 공항 안에서의 행위를 제한하려는 경우에는 그 제한 대상 행위
사. 시계비행 또는 계기비행의 이륙 · 착륙 절차의 준수에 관한 사항과 통신장비의 설치 및 기상정보의 제공 등 항공기의 안전한 이륙 · 착륙을 위하여 국토교통부장관이 정하여 고시하는 사항
아. 그 밖에 공항의 관리에 관하여 중요한 사항
16. 「항공보안법」 제12조에 따른 보호구역(이하 "보호구역"이라 한다)에서 지상조업, 항공기의 견인 등에 사용되는 차량 및 장비는 공항운영자에게 다음 각 호의 서류를 갖추어 등록해야 하며, 등록된 차량 및 장비는 공항관리 · 운영기관이 정하는 바에 의하여 안전도 등에 관한 검사를 받을 것
가. 차량 및 장비의 제원과 소유자가 기재된 등록신청서 1부
나. 소유권 및 제원을 증명할 수 있는 서류

다. 차량 및 장비의 앞면 및 옆면 사진 각 1매
라. 허가 등을 받았음을 증명할 수 있는 서류의 사본 1부(당해차량 및 장비의 등록이 허가 등의 대상이 되는 사업의 수행을 위하여 필요한 경우에 한정한다)
17. 공항구역에서 차량 또는 장비의 사용 및 취급에 대하여는 다음 각 호에 따를 것. 다만, 긴급한 경우에는 예외로 한다.
가. 보호구역에서는 공항운영자가 승인한 자(「항공보안법」 제13조에 따라 차량 등의 출입허가를 받은 자를 포함한다) 이외의 자는 차량 등을 운전하지 아니할 것
나. 격납고 내에 있어서는 배기에 대한 방화 장치가 있는 트랙터를 제외하고는 차량 등을 운전하지 아니할 것
다. 공항에서 차량 등을 주차하는 경우에는 공항운영자가 정한 주차구역 안에서 공항운영자가 정한 규칙에 따라 이를 주차하지 아니할 것
라. 차량 등의 수선 및 청소는 공항운영자가 정하는 장소 이외의 장소에서 행하지 아니할 것
마. 공항구역에 정기로 출입하는 버스 및 택시 등은 공항운영자가 승인한 장소 이외의 장소에서 승객을 승강시키지 아니할 것

8.4.4 공항증명 등

[공항시설법 제38조(공항운영증명 등)]

제38조(공항운영증명 등) ① 국제항공노선이 있는 공항 등 대통령령으로 정하는 공항을 운영하려는 공항운영자는 국토교통부령으로 정하는 바에 따라 공항을 안전하게 운영할 수 있는 체계를 갖추어 국토교통부장관의 증명(이하 "공항운영증명"이라 한다)을 받아야 한다.

② 국토교통부장관은 공항운영증명을 하는 경우 공항의 사용목적, 항공기의 운항 횟수 등을 고려하여 대통령령으로 정하는 바에 따라 공항운영증명의 등급을 구분하여 증명할 수 있다.

③ 공항운영증명을 받은 자가 해당 공항의 공항운영증명의 등급 등 공항운영증명의 내용을 변경하려는 경우에는 국토교통부령으로 정하는 바에 따라 국토교통부장관의 공항운영증명 변경인가를 받아야 한다.

④ 국토교통부장관은 공항의 안전운영체계를 위하여 필요한 인력, 시설, 장비 및 운영절차 등에 관한 기술기준(이하 "공항안전운영기준"이라 한다)을 정하여 고시하여야 한다.

■ 공항시설법 시행규칙 [별지 제21호서식]

(앞 쪽)

대한민국 국토교통부 The Republic of Korea Ministry of Land, Infrastructure and ransport		증명번호 제 호 Certificate No. 공항운영등급 : Class of AOC
공항운영증명서 **Airport Operating Certificate**		
1. 공항명: Name of Airport	2. 공항좌표: Latitude/Longitude	3. 공항운영자: Airport Operator
4. 이 증명서는 「공항시설법」 제38조에 따라 발급하며, 상기 공항운영자가 「공항시설법」 및 이에 관련된 모든 규정과 국토교통부장관에 의해 인가된 공항운영규정상의 모든 조건을 준수하는 것을 조건으로 공항운영을 허가함 This Airport Operating Certificate is issued pursuant to Article 38 of the Aviation Act of the Republic of Korea, and authorizes the operator herein mentioned to operate the named Airport insofar as the airport operator complies with the foregoing and the regulations made thereunder, and conditions which are set out in the Airport Operations Manual approved by the Minister of Ministry of Land, Infrastructure and Transport		
5. 이 공항운영증명서는 양도될 수 없으며, 변경 또는 취소되거나 운영이 정지되지 아니하는 한 무기한 유효함 This certificate is not transferable and is shall remain in effect until changed, suspended or revoked.		
6. 발급일자: 년 월 일 Date of Issuance Year Month Day **국토교통부장관** 직인 Minister of Ministry of Land, Infrastructure and Transport(Official Seal)		

210mm×297mm[백상지(150g/m²)]

| 공항운영증명서 |

8.5 | 항행안전시설

8.5.1 항행안전시설의 설치

[공항시설법 제43조(항행안전시설의 설치)]

제43조(항행안전시설의 설치) ① 항행안전시설(제6조에 따른 개발사업으로 설치하는 항행안전시설 외의 것을 말한다. 이하 이 조부터 제46조까지에서 같다)은 국토교통부장관이 설치한다.

② 국토교통부장관 외에 항행안전시설을 설치하려는 자는 국토교통부령으로 정하는 바에 따라 국토교통부장관의 허가를 받아야 한다. 이 경우 국토교통부장관은 항행안전시설의 설치를 허가할 때 해당 시설을 국가에 귀속시킬 것을 조건으로 하거나 그 시설의 설치 및 운영 등에 필요한 조건을 붙일 수 있다.

③ 국토교통부장관은 제2항 전단에 따른 허가의 신청을 받은 날부터 15일 이내에 허가 여부를 신청인에게 통지하여야 한다. 〈신설 2018. 12. 18.〉

④ 제2항에 따라 국가에 귀속된 항행안전시설의 사용 · 수익에 관하여는 제22조를 준용한다. 〈개정 2018. 12. 18.〉

⑤ 제1항 및 제2항에 따른 항행안전시설의 설치기준, 허가기준 등 항행안전시설 설치에 필요한 사항은 국토교통부령으로 정한다. 〈개정 2018. 12. 18.〉

핵심 POINT 항행안전시설의 설치(공항시설법 제43조)

- 항행안전시설(제6조에 따른 개발사업으로 설치하는 항행안전시설 외의 것을 말한다)은 국토교통부장관이 설치한다.
- 항행안전시설의 설치기준, 허가기준 등 항행안전시설 설치에 필요한 사항은 국토교통부령으로 정한다.

8.5.2 항행안전시설의 비행검사

[공항시설법 제48조(항행안전시설의 비행검사)]

제48조(항행안전시설의 비행검사) ① 항행안전시설설치자등은 국토교통부장관이 항행안전시설의 성능을 분석할 수 있는 장비를 탑재한 항공기를 이용하여 실시하는 항행안전시설의 성능 등에 관한 검사(이하 "비행검사"라 한다)를 받아야 한다.

② 비행검사의 종류, 대상시설, 절차 및 방법 등에 관하여 필요한 사항은 국토교통부장관이 정하여 고시한다.

핵심 POINT 항행안전시설의 비행검사(공항시설법 제48조)

항행안전시설설치자 등은 국토교통부장관이 항행안전시설의 성능을 분석할 수 있는 장비를 탑재한 항공기를 이용하여 실시하는 항행안전시설의 성능 등에 관한 검사를 받아야 한다.

8.6 | 보칙

8.6.1 금지행위

[공항시설법 제56조(금지행위)]

제56조(금지행위) ① 누구든지 국토교통부장관, 사업시행자등 또는 항행안전시설설치자등의 허가 없

이 착륙대, 유도로(誘導路), 계류장(繫留場), 격납고(格納庫) 또는 항행안전시설이 설치된 지역에 출입해서는 아니 된다.

② 누구든지 활주로, 유도로 등 그 밖에 국토교통부령으로 정하는 공항시설 · 비행장시설 또는 항행안전시설을 파손하거나 이들의 기능을 해칠 우려가 있는 행위를 해서는 아니 된다.

③ 누구든지 항공기, 경량항공기 또는 초경량비행장치를 향하여 물건을 던지거나 그 밖에 항행에 위험을 일으킬 우려가 있는 행위를 해서는 아니 된다. 다만, 다음 각 호의 어느 하나에 해당하는 자는 「항공안전법」 제127조의 비행승인(같은 조 제2항 단서에 따라 제한된 범위에서 비행하려는 경우를 포함한다)을 받지 아니한 초경량비행장치가 공항 또는 비행장에 접근하거나 침입한 경우 해당 비행장치를 퇴치 · 추락 · 포획하는 등 항공안전에 필요한 조치를 할 수 있다. 〈개정 2020. 12. 8.〉

1. 국가 또는 지방자치단체
2. 공항운영자
3. 비행장시설을 관리 · 운영하는 자

④ 누구든지 항행안전시설과 유사한 기능을 가진 시설을 항공기 항행을 지원할 목적으로 설치 · 운영해서는 아니 된다.

⑤ 항공기와 조류의 충돌을 예방하기 위하여 누구든지 항공기가 이륙 · 착륙하는 방향의 공항 또는 비행장 주변지역 등 국토교통부령으로 정하는 범위에서 공항 주변에 새들을 유인할 가능성이 있는 오물처리장 등 국토교통부령으로 정하는 환경을 만들거나 시설을 설치해서는 아니 된다.

⑥ 누구든지 국토교통부장관, 사업시행자등, 항행안전시설설치자등 또는 이착륙장을 설치 · 관리하는 자의 승인 없이 해당 시설에서 다음 각 호의 어느 하나에 해당하는 행위를 해서는 아니 된다.

1. 영업행위
2. 시설을 무단으로 점유하는 행위
3. 상품 및 서비스의 구매를 강요하거나 영업을 목적으로 손님을 부르는 행위
4. 그 밖에 제1호부터 제3호까지의 행위에 준하는 행위로서 해당 시설의 이용이나 운영에 현저하게 지장을 주는 대통령령으로 정하는 행위

⑦ 국토교통부장관, 사업시행자등, 항행안전시설설치자등, 이착륙장을 설치 · 관리하는 자, 경찰공무원(의무경찰을 포함한다) 또는 자치경찰공무원은 제6항을 위반하는 자의 행위를 제지(制止)하거나 퇴거(退去)를 명할 수 있다. 〈개정 2017. 12. 26., 2020. 12. 22.〉

핵심 POINT 금지행위(공항시설법 제56조)

- 누구든지 국토교통부장관, 사업시행자 등 또는 항행안전시설설치자 등의 허가 없이 착륙대, 유도로, 계류장, 격납고 또는 항행안전시설이 설치된 지역에 출입해서는 아니 된다.
- 누구든지 활주로, 유도로 등 그 밖에 국토교통부령으로 정하는 공항시설 · 비행장시설 또는 항행안전시설을 파손하거나 이들의 기능을 해칠 우려가 있는 행위를 해서는 아니 된다.

- 누구든지 항공기, 경량항공기 또는 초경량비행장치를 향하여 물건을 던지거나 그 밖에 항행에 위험을 일으킬 우려가 있는 행위를 해서는 아니 된다.
- 누구든지 항행안전시설과 유사한 기능을 가진 시설을 항공기 항행을 지원할 목적으로 설치 · 운영해서는 아니 된다.
- 항공기와 조류의 충돌을 예방하기 위하여 누구든지 항공기가 이륙 · 착륙하는 방향의 공항 또는 비행장 주변지역 등 국토교통부령으로 정하는 범위에서 공항 주변에 새들을 유인할 가능성이 있는 오물처리장 등 국토교통부령으로 정하는 환경을 만들거나 시설을 설치해서는 아니 된다. 등

[공항시설법 시행령 제50조(금지행위)]

제50조(금지행위) 법 제56조 제6항 제4호에서 "대통령령으로 정하는 행위"란 다음 각 호의 행위를 말한다. 〈개정 2021. 3. 16.〉

1. 노숙(露宿)하는 행위
2. 폭언 또는 고성방가 등 소란을 피우는 행위
3. 광고물을 설치 · 부착하거나 배포하는 행위
4. 기부를 요청하거나 물품을 배부 또는 권유하는 행위
5. 공항의 시설이나 주차장의 차량을 훼손하거나 더럽히는 행위
6. 공항운영자가 지정한 장소 외의 장소에 쓰레기 등의 물건을 버리는 행위
7. 무기, 폭발물 또는 가연성 물질을 휴대하거나 운반하는 행위(공항 내의 사업자 또는 영업자 등이 그 업무 또는 영업을 위하여 하는 경우는 제외한다)
8. 불을 피우는 행위
9. 내화구조와 소화설비를 갖춘 장소 또는 야외 외의 장소에서 가연성 또는 휘발성 액체를 사용하여 항공기, 발동기, 프로펠러 등을 청소하는 행위
10. 공항운영자가 정한 구역 외의 장소에 가연성 액체가스 등을 보관하거나 저장하는 행위
11. 흡연구역 외의 장소에서 담배를 피우는 행위
12. 기름을 넣거나 배출하는 작업 중인 항공기로부터 30미터 이내의 장소에서 담배를 피우는 행위
13. 기름을 넣거나 배출하는 작업, 정비 또는 시운전 중인 항공기로부터 30미터 이내의 장소에 들어가는 행위(그 작업에 종사하는 사람은 제외한다)
14. 내화구조와 통풍설비를 갖춘 장소 외의 장소에서 기계칠을 하는 행위
15. 휘발성 · 가연성 물질을 사용하여 격납고 또는 건물 바닥을 청소하는 행위
16. 기름이 묻은 걸레 등의 폐기물을 해당 폐기물에 의하여 부식되거나 훼손될 수 있는 보관용기에 담거나 버리는 행위
17. 「드론 활용의 촉진 및 기반조성에 관한 법률」 제2조 제1항 제1호에 따른 드론을 공항이나 비행장에 진입시키는 행위

[전문개정 2018. 8. 21.]

8장 공항시설법

[공항시설법 시행규칙 제47조(금지행위 등)]

제47조(금지행위 등) ① 법 제56조 제2항에서 "국토교통부령으로 정하는 공항시설 · 비행장시설 또는 항행안전시설"이라 함은 다음 각 호의 시설을 말한다.

1. 착륙대, 계류장 및 격납고
2. 항공기 급유시설 및 항공유 저장시설

② 법 제56조 제3항에 따른 항행에 위험을 일으킬 우려가 있는 행위는 다음 각 호와 같다. 〈개정 2018. 2. 9.〉

1. 착륙대, 유도로 또는 계류장에 금속편 · 직물 또는 그 밖의 물건을 방치하는 행위
2. 착륙대 · 유도로 · 계류장 · 격납고 및 사업시행자등이 화기 사용 또는 흡연을 금지한 장소에서 화기를 사용하거나 흡연을 하는 행위
3. 운항 중인 항공기에 장애가 되는 방식으로 항공기나 차량 등을 운행하는 행위
4. 지방항공청장의 승인 없이 레이저광선을 방사하는 행위
5. 지방항공청장의 승인 없이 「항공안전법」 제78조 제1항 제1호에 따른 관제권에서 불꽃 또는 그 밖의 물건(「총포 · 도검 · 화약류 등의 안전관리에 관한 법률 시행규칙」 제4조에 따른 장난감용 꽃불류는 제외한다)을 발사하거나 풍등(風燈)을 날리는 행위
6. 그 밖에 항행의 위험을 일으킬 우려가 있는 행위

③ 국토교통부장관은 제2항 제4호에 따른 레이저광선의 방사로부터 항공기 항행의 안전을 확보하기 위하여 다음 각 호의 보호공역을 비행장 주위에 설정하여야 한다.

1. 레이저광선 제한공역
2. 레이저광선 위험공역
3. 레이저광선 민감공역

④ 제3항에 따른 보호공역의 설정기준 및 레이저광선의 허용 출력한계는 [별표 18]과 같다.

⑤ 제2항 제4호 및 제5호에 따른 승인을 받으려는 자는 다음 각 호의 구분에 따른 신청서와 첨부서류를 지방항공청장에게 제출하여야 한다. 이 경우 담당 공무원은 「전자정부법」 제36조 제1항에 따른 행정정보의 공동이용을 통하여 법인등기사항증명서(신청인이 법인인 경우만 해당한다)를 확인하여야 한다.

1. 제2항 제4호의 경우: 별지 제38호서식의 신청서와 레이저장치 구성 수량 서류(각 장치마다 레이저 장치 구성 설명서를 작성한다)
2. 제2항 제5호의 경우: 별지 제39호서식의 신청서

⑥ 법 제56조 제5항에 따라 다음 각 호의 구분에 따른 지역에서는 해당 호에 따른 환경이나 시설을 만들거나 설치하여서는 아니 된다.

1. 공항 표점에서 3킬로미터 이내의 범위의 지역: 양돈장 및 과수원 등 국토교통부장관이 정하여 고시하는 환경이나 시설
2. 공항 표점에서 8킬로미터 이내의 범위의 지역: 조류보호구역, 사냥금지구역 및 음식물 쓰레기 처리장 등 국토교통부장관이 정하여 고시하는 환경이나 시설

⑦ 삭제 〈2018. 9. 21.〉

> 핵심 POINT **금지행위 등(공항시설법 시행규칙 제47조)**
>
> - 착륙대, 유도로 또는 계류장에 금속편 · 직물 또는 그 밖의 물건을 방치하는 행위
> - 착륙대 · 유도로 · 계류장 · 격납고 및 사업시행자등이 화기 사용 또는 흡연을 금지한 장소에서 화기를 사용하거나 흡연을 하는 행위
> - 운항 중인 항공기에 장애가 되는 방식으로 항공기나 차량 등을 운행하는 행위
> - 지방항공청장의 승인 없이 레이저광선을 방사하는 행위
> - 지방항공청장의 승인 없이 「항공안전법」 제78조 제1항 제1호에 따른 관제권에서 불꽃 또는 그 밖의 물건(「총포 · 도검 · 화약류 등의 안전관리에 관한 법률 시행규칙」 제4조에 따른 장난감용 꽃불류는 제외한다)을 발사하는 행위

8.6.2 과징금의 부과

[공항시설법 제59조(과징금의 부과)]

제59조(과징금의 부과) ① 국토교통부장관은 공항운영자 또는 사업시행자 · 항행안전시설설치자에게 제41조 제1항 각 호의 어느 하나에 해당하여 공항운영의 정지를 명하여야 하거나 제58조에 따라 사업의 시행 및 관리에 관한 허가 · 승인의 효력 정지, 공사의 중지를 명하여야 하는 경우로서 그 처분이 해당 시설의 이용자에게 심한 불편을 주거나 그 밖에 공익을 침해할 우려가 있을 때에는 그 처분을 갈음하여 10억원 이하의 과징금을 부과 · 징수할 수 있다.

② 제1항에 따라 과징금을 부과하는 위반행위의 종류와 위반정도에 따른 과징금의 금액 등에 관하여 필요한 사항은 대통령령으로 정한다.

③ 국토교통부장관은 제1항에 따른 과징금을 내야 할 자가 납부기한까지 과징금을 내지 아니하면 국세 체납처분의 예에 따라 징수한다.

> 핵심 POINT **과징금의 부과(공항시설법 제59조)**
>
> 국토교통부장관은 공항운영자 또는 사업시행자 · 항행안전시설설치자에게 공항운영의 정지를 명하여야 하거나, 사업의 시행 및 관리에 관한 허가 · 승인의 효력 정지, 공사의 중지를 명하여야 하는 경우로서 <u>그 처분이 해당 시설의 이용자에게 심한 불편을 주거나 그 밖에 공익을 침해할 우려가 있을 때</u>에는 그 처분을 갈음하여 10억원 이하의 과징금을 부과 · 징수할 수 있다.

AVIATION LAW

chapter 09 항공보안법

section 9.1 | 항공보안법의 목적
section 9.2 | 항공보안법의 구성
section 9.3 | 용어 정의
section 9.4 | 공항 · 항공기 등의 보안
section 9.5 | 항공기 내의 보안

항공정비 현장에서 필요한 항공법령 키워드

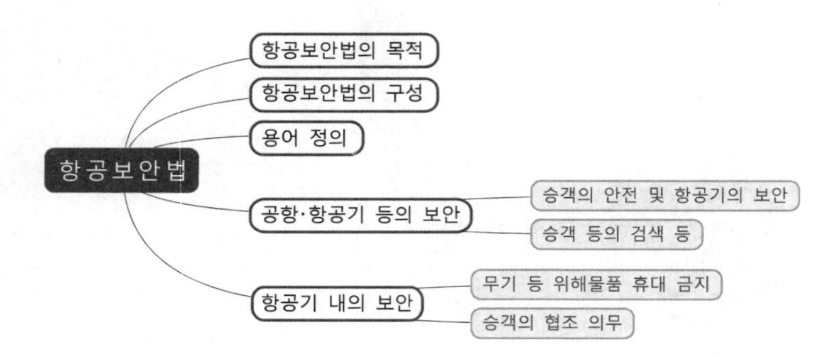

✓ 항공보안법 본문 링크

항공보안법	항공보안법 시행령(대통령령)	항공보안법 시행규칙

항공보안법[시행 2022. 1. 28.] [법률 제18354호, 2021. 7. 27., 일부개정]
항공보안법 시행령[시행 2023. 4. 5.] [대통령령 제32938호, 2022. 10. 4., 일부개정]
항공보안법 시행규칙[시행 2022. 1. 28.] [국토교통부령 제1101호, 2022. 1. 28., 일부개정]

9.1 | 항공보안법의 목적

[항공보안법 제1장 총칙, 제1조 목적]

제1조(목적) 이 법은 「국제민간항공협약」 등 국제협약에 따라 공항시설, 항행안전시설 및 항공기 내에서의 불법행위를 방지하고 민간항공의 보안을 확보하기 위한 기준 · 절차 및 의무사항 등을 규정함을 목적으로 한다. 〈개정 2013. 4. 5.〉
[전문개정 2010. 3. 22.]

9.2 | 항공보안법의 구성

공항시설, 항행안전시설 및 항공기 내에서의 불법행위를 방지하고 민간항공의 보안을 확보하기 위한 내용을 다루고 있는 항공보안법은 제1장 총칙, 제2장 항공보안협의회 등, 제3장 공항 · 항공기 등의 보안, 제4장 항공기 내의 보안, 제5장 항공보안장비 등, 제6장 항공보안 위협에 대한 대응, 제7장 보칙 그리고 제8장 벌칙으로 구성된다.

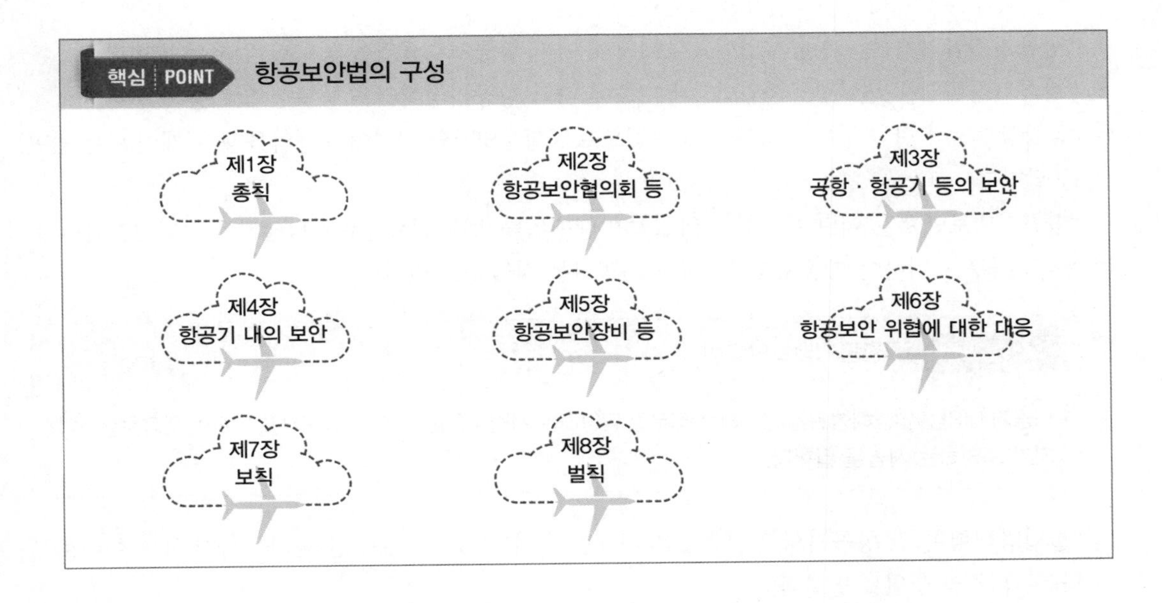

9.3 | 용어 정의

9.3.1 용어 정의(불법방해행위 등)

[항공보안법 제2조(정의)]

제2조(정의) 이 법에서 사용하는 용어의 뜻은 다음과 같다. 다만, 이 법에 특별한 규정이 있는 것을 제외하고는 「항공사업법」·「항공안전법」·「공항시설법」에서 정하는 바에 따른다.
〈개정 2012. 1. 26., 2013. 4. 5., 2016. 3. 29., 2017. 10. 24.〉

1. "운항중"이란 승객이 탑승한 후 항공기의 모든 문이 닫힌 때부터 내리기 위하여 문을 열 때까지를 말한다.

> **핵심 POINT 운항 중**
>
> 승객이 탑승한 후 항공기의 모든 문이 닫힌 때부터 내리기 위하여 문을 열 때까지를 말한다.

2. "공항운영자"란 「항공사업법」 제2조 제34호에 따른 공항운영자를 말한다.
3. "항공운송사업자"란 「항공사업법」 제7조에 따라 면허를 받은 국내항공운송사업자 및 국제항공운송사업자, 같은 법 제10조에 따라 등록을 한 소형항공운송사업자 및 같은 법 제54조에 따라 허가를 받은 외국인 국제항공운송업자를 말한다.
4. "항공기취급업체"란 「항공사업법」 제44조에 따라 항공기취급업을 등록한 업체를 말한다.
5. "항공기정비업체"란 「항공사업법」 제42조에 따라 항공기정비업을 등록한 업체를 말한다.
6. "공항상주업체"란 공항에서 영업을 할 목적으로 공항운영자와 시설이용 계약을 맺은 개인 또는 법인을 말한다.
7. "항공기내보안요원"이란 항공기 내의 불법방해행위를 방지하는 직무를 담당하는 사법경찰관리 또는 그 직무를 위하여 항공운송사업자가 지명하는 사람을 말한다.

> **핵심 POINT 항공기내보안요원**
>
> 항공기 내의 불법방해행위를 방지하는 직무를 담당하는 사법경찰관리 또는 그 직무를 위하여 항공운송사업자가 지명하는 사람을 말한다.

8. "불법방해행위"란 항공기의 안전운항을 저해할 우려가 있거나 운항을 불가능하게 하는 행위로서 다음 각 목의 행위를 말한다.
   가. 지상에 있거나 운항 중인 항공기를 납치하거나 납치를 시도하는 행위

나. 항공기 또는 공항에서 사람을 인질로 삼는 행위
다. 항공기, 공항 및 항행안전시설을 파괴하거나 손상시키는 행위
라. 항공기, 항행안전시설 및 제12조에 따른 보호구역(이하 "보호구역"이라 한다)에 무단 침입하거나 운영을 방해하는 행위
마. 범죄의 목적으로 항공기 또는 보호구역 내로 제21조에 따른 무기 등 위해물품(危害物品)을 반입하는 행위
바. 지상에 있거나 운항중인 항공기의 안전을 위협하는 거짓 정보를 제공하는 행위 또는 공항 및 공항시설 내에 있는 승객, 승무원, 지상근무자의 안전을 위협하는 거짓 정보를 제공하는 행위
사. 사람을 사상(死傷)에 이르게 하거나 재산 또는 환경에 심각한 손상을 입힐 목적으로 항공기를 이용하는 행위
아. 그 밖에 이 법에 따라 처벌받는 행위

핵심 POINT 불법방해행위

항공기의 안전운항을 저해할 우려가 있거나 운항을 불가능하게 하는 행위로서 다음의 행위를 말한다.

- 지상에 있거나 운항 중인 항공기를 납치하거나 납치를 시도하는 행위
- 항공기 또는 공항에서 사람을 인질로 삼는 행위
- 항공기, 공항 및 항행안전시설을 파괴하거나 손상시키는 행위
- 항공기, 항행안전시설 및 제12조에 따른 보호구역에 무단 침입하거나 운영을 방해하는 행위
- 범죄의 목적으로 항공기 또는 보호구역 내로 제21조에 따른 무기 등 위해물품을 반입하는 행위
- 지상에 있거나 운항 중인 항공기의 안전을 위협하는 거짓 정보를 제공하는 행위 또는 공항 및 공항시설 내에 있는 승객, 승무원, 지상근무자의 안전을 위협하는 거짓 정보를 제공하는 행위
- 사람을 사상에 이르게 하거나 재산 또는 환경에 심각한 손상을 입힐 목적으로 항공기를 이용하는 행위

9. "보안검색"이란 불법방해행위를 하는 데에 사용될 수 있는 무기 또는 폭발물 등 위험성이 있는 물건들을 탐지 및 수색하기 위한 행위를 말한다.
10. "항공보안검색요원"이란 승객, 휴대물품, 위탁수하물, 항공화물 또는 보호구역에 출입하려고 하는 사람 등에 대하여 보안검색을 하는 사람을 말한다.
11. "장비운영자"란 제15조부터 제17조까지 및 제17조의 2에 따라 보안검색을 실시하기 위하여 항공보안장비를 설치·운영하는 공항운영자, 항공운송사업자, 화물터미널운영자, 상용화주 및 그 밖에 국토교통부령으로 정하는 자를 말한다.

[전문개정 2010. 3. 22.]

9.4 | 공항 · 항공기 등의 보안

9.4.1 승객의 안전 및 항공기의 보안

[항공보안법 제3장 공항 · 항공기 등의 보안, 제14조(승객의 안전 및 항공기의 보안)]

제14조(승객의 안전 및 항공기의 보안) ① 항공운송사업자는 승객의 안전 및 항공기의 보안을 위하여 필요한 조치를 하여야 한다.

② 항공운송사업자는 승객이 탑승한 항공기를 운항하는 경우 항공기내보안요원을 탑승시켜야 한다.

③ 항공운송사업자는 국토교통부령으로 정하는 바에 따라 조종실 출입문의 보안을 강화하고 운항중에는 허가받지 아니한 사람의 조종실 출입을 통제하는 등 항공기에 대한 보안조치를 하여야 한다. 〈개정 2013. 3. 23., 2013. 4. 5.〉

④ 항공운송사업자는 매 비행 전에 항공기에 대한 보안점검을 하여야 한다. 이 경우 보안점검에 관한 세부 사항은 국토교통부령으로 정한다. 〈개정 2013. 3. 23.〉

⑤ 공항운영자 및 항공운송사업자는 액체, 겔(gel)류 등 국토교통부장관이 정하여 고시하는 항공기 내 반입금지 물질이 보안검색이 완료된 구역과 항공기 내에 반입되지 아니하도록 조치하여야 한다. 〈개정 2013. 3. 23., 2013. 4. 5.〉

⑥ 항공운송사업자 또는 항공기 소유자는 항공기의 보안을 위하여 필요한 경우에는 「청원경찰법」에 따른 청원경찰이나 「경비업법」에 따른 특수경비원으로 하여금 항공기의 경비를 담당하게 할 수 있다. 〈개정 2013. 4. 5.〉

[전문개정 2010. 3. 22.]

[항공보안법 제14조의 2(생체정보를 활용한 본인 일치 여부 확인)]

제14조의 2(생체정보를 활용한 본인 일치 여부 확인) ① 공항운영자 및 항공운송사업자는 다음 각 호의 어느 하나에 해당하는 목적에 한정하여 관계 행정기관이 보유하고 있는 얼굴 · 지문 · 홍채 및 손바닥 정맥 등 개인을 식별할 수 있는 신체적 특징에 관한 개인정보(이하 "생체정보"라 한다)를 이용할 수 있다.

1. 공항운영자: 보호구역으로 진입하는 사람에 대한 본인 일치 여부 확인
2. 항공운송사업자: 탑승권을 발권, 수하물을 위탁하거나 항공기에 탑승하는 승객에 대한 본인 일치 여부 확인

② 제1항에 따라 생체정보를 이용하려는 경우 공항운영자 및 항공운송사업자는 관계 행정기관에 생체정보 제공을 요청할 수 있으며, 행정기관은 정당한 이유 없이 그 요청을 거부하여서는 아니 된다.

③ 공항운영자 및 항공운송사업자는 제1항 및 제2항에 따른 생체정보를 「개인정보 보호법」에 따라 처리하여야 한다.

④ 제1항 및 제2항에 따른 생체정보를 활용한 본인 일치 여부 확인방법 및 생체정보의 보호 등에 필요한 사항은 대통령령으로 정한다.

⑤ 공항운영자 및 항공운송사업자는 본인 일치 여부가 확인된 사람의 생체정보를 대통령령으로 정하는 바에 따라 파기하여야 한다.
[본조신설 2020. 6. 9.]

핵심 POINT 승객의 안전 및 항공기의 보안을 위한 조치(항공보안법 제14조)

- 항공운송사업자는 승객의 안전 및 항공기의 보안을 위하여 필요한 조치를 하여야 한다.
- 항공운송사업자는 승객이 탑승한 항공기를 운항하는 경우 항공기내보안요원을 탑승시켜야 한다.
- 항공운송사업자는 국토교통부령으로 정하는 바에 따라 조종실 출입문의 보안을 강화하고 운항 중에는 허가받지 아니한 사람의 조종실 출입을 통제하는 등 항공기에 대한 보안조치를 하여야 한다.
- 항공운송사업자는 매 비행 전에 항공기에 대한 보안점검을 하여야 한다. 이 경우 보안점검에 관한 세부사항은 국토교통부령으로 정한다.
- 공항운영자 및 항공운송사업자는 액체, 겔(gel)류 등 국토교통부장관이 정하여 고시하는 항공기 내 반입금지 물질이 보안검색이 완료된 구역과 항공기 내에 반입되지 아니하도록 조치하여야 한다.
- 항공운송사업자 또는 항공기 소유자는 항공기의 보안을 위하여 필요한 경우에는 「청원경찰법」에 따른 청원경찰이나 「경비업법」에 따른 특수경비원으로 하여금 항공기의 경비를 담당하게 할 수 있다.

[항공보안법 시행규칙 제7조(항공기 보안조치)]

제7조(항공기 보안조치) ① 항공운송사업자는 법 제14조 제3항에 따라 여객기의 보안강화 등을 위하여 조종실 출입문에 다음 각 호의 보안조치를 하여야 한다. 〈개정 2013. 3. 23., 2014. 4. 4.〉
1. 조종실 출입통제 절차를 마련할 것
2. 객실에서 조종실 출입문을 임의로 열 수 없는 견고한 잠금장치를 설치할 것
3. 조종실 출입문열쇠 보관방법을 정할 것
4. 운항 중에는 조종실 출입문을 잠글 것
5. 국토교통부장관이 법 제32조에 따라 보안조치한 항공보안시설을 설치할 것

핵심 POINT 항공기 조종실 출입문의 보안조치(항공보안법 시행규칙 제7조 제1항)

항공운송사업자는 법 제14조 제3항에 따라 여객기의 보안강화 등을 위하여 조종실 출입문에 다음의 보안조치를 하여야 한다.

- 조종실 출입통제 절차를 마련할 것
- 객실에서 조종실 출입문을 임의로 열 수 없는 견고한 잠금장치를 설치할 것
- 조종실 출입문열쇠 보관방법을 정할 것
- 운항 중에는 조종실 출입문을 잠글 것
- 국토교통부장관이 법 제32조에 따라 보안조치한 항공보안시설을 설치할 것

② 항공운송사업자는 법 제14조 제4항에 따라 항공기의 보안을 위하여 매 비행 전에 다음 각 호의 보안 점검을 하여야 한다. 〈개정 2014. 4. 4.〉

1. 항공기의 외부 점검
2. 객실, 좌석, 화장실, 조종실 및 승무원 휴게실 등에 대한 점검
3. 항공기의 정비 및 서비스 업무 감독
4. 항공기에 대한 출입 통제
5. 위탁수하물, 화물 및 물품 등의 선적 감독
6. 승무원 휴대물품에 대한 보안조치
7. 특정 직무수행자 및 항공기내보안요원의 좌석 확인 및 보안조치
8. 보안 통신신호 절차 및 방법
9. 유효 탑승권의 확인 및 항공기 탑승까지의 탑승과정에 있는 승객에 대한 감독
10. 기장의 객실승무원에 대한 통제, 명령 절차 및 확인

핵심 POINT 항공기 비행 전 보안 점검 항목(항공보안법 시행규칙 제7조 제2항)

항공운송사업자는 법 제14조 제4항에 따라 항공기의 보안을 위하여 매 비행 전에 다음의 보안점검을 하여야 한다.

- 항공기의 외부 점검
- 객실, 좌석, 화장실, 조종실 및 승무원 휴게실 등에 대한 점검
- 항공기의 정비 및 서비스 업무 감독
- 항공기에 대한 출입 통제
- 위탁수하물, 화물 및 물품 등의 선적 감독
- 승무원 휴대물품에 대한 보안조치
- 특정 직무수행자 및 항공기내보안요원의 좌석 확인 및 보안조치
- 보안 통신신호 절차 및 방법
- 유효 탑승권의 확인 및 항공기 탑승까지의 탑승과정에 있는 승객에 대한 감독
- 기장의 객실승무원에 대한 통제, 명령 절차 및 확인

③ 항공운송사업자는 제2항 제4호에 따른 항공기에 대한 출입통제를 위하여 다음 각 호에 대한 대책을 수립하여야 한다.

1. 탑승계단의 관리
2. 탑승교 출입통제
3. 항공기 출입문 보안조치
4. 경비요원의 배치

[전문개정 2010. 9. 20.] [제목개정 2014. 4. 4.]

핵심 POINT 항공기 출입 통제를 위한 보안조치(항공보안법 시행규칙 제7조 제3항)

항공운송사업자는 제2항 제4호에 따른 항공기에 대한 출입통제를 위하여 다음에 대한 대책을 수립하여야 한다.

- 탑승계단의 관리
- 탑승교 출입통제
- 항공기 출입문 보안조치
- 경비요원의 배치

9.4.2 승객 등의 검색 등

[항공보안법 제15조(승객 등의 검색 등)]

제15조(승객 등의 검색 등) ① 항공기에 탑승하는 사람은 신체, 휴대물품 및 위탁수하물에 대한 보안검색을 받아야 한다.

② 공항운영자는 항공기에 탑승하는 사람, 휴대물품 및 위탁수하물에 대한 보안검색을 하고, 항공운송사업자는 화물에 대한 보안검색을 하여야 한다. 다만, 관할 국가경찰관서의 장은 범죄의 수사 및 공공의 위험예방을 위하여 필요한 경우 보안검색에 대하여 필요한 조치를 요구할 수 있고, 공항운영자나 항공운송사업자는 정당한 사유 없이 그 요구를 거절할 수 없다.

③ 공항운영자 및 항공운송사업자는 제2항에 따른 보안검색을 직접 하거나 「경비업법」 제4조 제1항에 따른 경비업자 중 공항운영자 및 항공운송사업자의 추천을 받아 제6항에 따라 국토교통부장관이 지정한 업체에 위탁할 수 있다. 〈개정 2013. 3. 23.〉

④ 공항운영자는 제2항에 따른 보안검색에 드는 비용에 충당하기 위하여 「공항시설법」 제32조 및 제50조에 따른 사용료의 일부를 사용할 수 있다. 〈개정 2016. 3. 29.〉

⑤ 항공운송사업자는 공항 및 항공기의 보안을 위하여 항공기에 탑승하는 승객의 성명, 국적 및 여권번호 등 국토교통부령으로 정하는 운송정보를 공항운영자에게 제공하여야 한다. 이 경우 운송정보 제공 방법 및 절차 등 필요한 사항은 국토교통부령으로 정한다. 〈신설 2014. 1. 14.〉

⑥ 제2항에 따른 보안검색의 방법 · 절차 · 면제 등에 관하여 필요한 사항은 대통령령으로 정한다. 〈개정 2014. 1. 14.〉

⑦ 제3항에 따라 보안검색 업무를 위탁받으려는 업체는 국토교통부령으로 정하는 바에 따라 국토교통부장관의 지정을 받아야 한다. 〈개정 2013. 4. 5., 2014. 1. 14.〉

⑧ 국토교통부장관은 제6항에 따라 지정을 받은 업체가 다음 각 호의 어느 하나에 해당하는 경우에는 그 지정을 취소할 수 있다. 다만, 제1호 또는 제2호에 해당하면 지정을 취소하여야 한다. 〈신설 2013. 4. 5., 2014. 1. 14.〉

1. 거짓이나 그 밖의 부정한 방법으로 지정을 받은 경우
2. 「경비업법」에 따른 경비업의 허가가 취소되거나 영업이 정지된 경우
3. 국토교통부령에 따른 지정기준에 미달하게 된 경우. 다만, 일시적으로 지정기준에 미달하게 되어 3개월 이내에 지정기준을 다시 갖춘 경우에는 그러하지 아니하다.
4. 보안검색 업무의 수행 중 고의 또는 중대한 과실로 인명피해가 발생하거나 보안검색에 실패한 경우

[전문개정 2010. 3. 22.] [제목개정 2014. 1. 14.]

핵심 POINT 승객 등의 검색(항공보안법 제15조 제1항)

항공기에 탑승하는 사람은 신체, 휴대물품 및 위탁수하물에 대한 보안검색을 받아야 한다.

[항공보안법 시행령 제12조(화물에 대한 보안검색방법 등)]

제12조(화물에 대한 보안검색방법 등) ① 법 제15조에 따라 여객기에 탑재하는 화물에 대한 항공운송사업자의 보안검색에 대해서는 제11조 제2항 및 제3항을 준용한다. 〈개정 2017. 5. 8.〉

② 항공운송사업자는 화물기에 탑재하는 화물에 대해서는 다음 각 호의 어느 하나에 해당하는 방법으로 보안검색을 하여야 한다.

1. 개봉검색
2. 엑스선 검색장비에 의한 검색
3. 폭발물 탐지장비 또는 폭발물 흔적탐지장비에 의한 검색
4. 폭발물 탐지견에 의한 검색
5. 압력실을 사용한 검색

[전문개정 2010. 9. 20.]

핵심 POINT 항공기 탑재 화물 보안검색방법의 종류(항공보안법 시행령 제12조)

- 법 제15조에 따라 여객기에 탑재하는 화물에 대한 항공운송사업자의 보안검색에 대해서는 제11조 제2항 및 제3항을 준용한다.
- 항공운송사업자는 화물기에 탑재하는 화물에 대해서는 다음의 어느 하나에 해당하는 방법으로 보안검색을 하여야 한다.
  - 개봉검색
  - 엑스선 검색장비에 의한 검색
  - 폭발물 탐지장비 또는 폭발물 흔적탐지장비에 의한 검색
  - 폭발물 탐지견에 의한 검색
  - 압력실을 사용한 검색

[항공보안법 제15조의 2(승객의 신분증명서 확인 등)]

제15조의2(승객의 신분증명서 확인 등) ① 항공기에 탑승하는 사람은 주민등록증(모바일 주민등록증을 포함한다), 여권 등 대통령령으로 정하는 신분증명서(이하 "신분증명서"라 한다)를 지니고 있어야 한다. 〈개정 2023. 12. 26.〉

② 항공기에 탑승하는 사람은 공항운영자 및 항공운송사업자가 본인 일치 여부 확인을 위하여 신분증명서 제시를 요구하는 경우 이를 보여주어야 한다. 다만, 생체정보를 통하여 본인 일치 여부가 확인되는 등 대통령령으로 정하는 경우에는 그러하지 아니하다.

③ 제2항에서 정한 사항 외에 본인 일치 여부 확인에 필요한 절차 · 방법 등은 대통령령으로 정한다.

[본조신설 2021. 7. 27.]

[시행일: 2024. 12. 27.] 제15조의 2

9.5 | 항공기 내의 보안

9.5.1 위해물품 휴대 금지 및 검색시스템 구축 · 운영

[항공보안법 제4장 항공기 내의 보안, 제21조(위해물품 휴대 금지 및 검색시스템 구축 · 운영)]

제21조(위해물품 휴대 금지 및 검색시스템 구축 · 운영) ① 누구든지 항공기에 무기[탄저균(炭疽菌), 천연두균 등의 생화학무기를 포함한다], 도검류(刀劍類), 폭발물, 독극물 또는 연소성이 높은 물건 등 국토교통부장관이 정하여 고시하는 위해물품을 가지고 들어가서는 아니 된다.
〈개정 2013. 3. 23.〉

② 국토교통부장관은 제1항에 따른 위해물품의 세부종류, 공개방법 등과 관련한 사항을 정하고 정기적으로 적정성을 검토하여야 한다.〈신설 2020. 6. 9.〉

③ 제1항에도 불구하고 경호업무, 범죄인 호송업무 등 대통령령으로 정하는 특정한 직무를 수행하기 위하여 대통령령으로 정하는 무기의 경우에는 국토교통부장관의 허가를 받아 항공기에 가지고 들어갈 수 있다. 〈개정 2013. 3. 23., 2020. 6. 9.〉

④ 제3항에 따라 항공기에 무기를 가지고 들어가려는 사람은 탑승 전에 이를 해당 항공기의 기장에게 보관하게 하고 목적지에 도착한 후 반환받아야 한다. 다만, 제14조 제2항에 따라 항공기 내에 탑승한 항공기내보안요원은 그러하지 아니하다.〈개정 2020. 6. 9.〉

⑤ 항공기 내에 제3항에 따른 무기를 반입하고 입국하려는 항공보안에 관한 업무를 수행하는 외국인 또는 외국국적 항공운송사업자는 항공기 출발 전에 국토교통부장관으로부터 미리 허가를 받아야 한다. 〈개정 2013. 3. 23., 2013. 4. 5., 2020. 6. 9.〉

⑥ 제3항 및 제5항에 따른 항공기 내 무기 반입 허가절차 등에 관하여 필요한 사항은 국토교통부령으로 정한다. 〈개정 2013. 3. 23., 2020. 6. 9.〉

⑦ 국토교통부장관은 제1항 및 제2항에 따른 위해물품을 쉽게 확인하기 위하여 위해물품 검색시스템을 구축 · 운영할 수 있다. 〈신설 2020. 6. 9.〉

[전문개정 2010. 3. 22.] [제목개정 2020. 6. 9.]

핵심 POINT 위해물품 항공기 내 휴대 금지 및 검색시스템 구축 · 운영 절차(항공보안법 제21조)

- 누구든지 항공기에 무기(탄저균, 천연두균 등의 생화학무기를 포함한다), 도검류, 폭발물, 독극물 또는 연소성이 높은 물건 등 국토교통부장관이 정하여 고시하는 위해물품을 가지고 들어가서는 아니 된다.
- 국토교통부장관은 위해물품의 세부종류, 공개방법 등과 관련한 사항을 정하고 정기적으로 적정성을 검토하여야 한다.
- 경호업무, 범죄인 호송업무 등 대통령령으로 정하는 특정한 직무를 수행하기 위하여 대통령령으로 정하는 무기의 경우에는 국토교통부장관의 허가를 받아 항공기에 가지고 들어갈 수 있다.
- 항공기에 무기를 가지고 들어가려는 사람은 탑승 전에 이를 해당 항공기의 기장에게 보관하게 하고 목적지에 도착한 후 반환받아야 한다. 다만, 항공기 내에 탑승한 항공기내보안요원은 그러하지 아니하다.
- 항공기 내에 무기를 반입하고 입국하려는 항공보안에 관한 업무를 수행하는 외국인 또는 외국국적 항공운송사업자는 항공기 출발 전에 국토교통부장관으로부터 미리 허가를 받아야 한다.
- 항공기 내 무기 반입 허가절차 등에 관하여 필요한 사항은 국토교통부령으로 정한다.
- 국토교통부장관은 위해물품을 쉽게 확인하기 위하여 위해물품 검색시스템을 구축 · 운영할 수 있다.

9.5.2 승객의 협조 의무

[항공보안법 제23조(승객의 협조의무)]

제23조(승객의 협조의무) ① 항공기 내에 있는 승객은 항공기와 승객의 안전한 운항과 여행을 위하여 다음 각 호의 어느 하나에 해당하는 행위를 하여서는 아니 된다. 〈개정 2013. 7. 16., 2016. 3. 29., 2020. 6. 9.〉

1. 폭언, 고성방가 등 소란행위
2. 흡연
3. 술을 마시거나 약물을 복용하고 다른 사람에게 위해를 주는 행위
4. 다른 사람에게 성적(性的) 수치심을 일으키는 행위
5. 「항공안전법」 제73조를 위반하여 전자기기를 사용하는 행위
6. 기장의 승낙 없이 조종실 출입을 기도하는 행위
7. 기장등의 업무를 위계 또는 위력으로써 방해하는 행위

② 승객은 항공기 내에서 다른 사람을 폭행하거나 항공기의 보안이나 운항을 저해하는 폭행 · 협박 · 위계행위(危計行爲) 또는 출입문 · 탈출구 · 기기의 조작을 하여서는 아니 된다. 〈개정 2017. 3. 21.〉
③ 승객은 항공기가 착륙한 후 항공기에서 내리지 아니하고 항공기를 점거하거나 항공기 내에서 농성하여서는 아니 된다.
④ 항공기 내의 승객은 항공기의 보안이나 운항을 저해하는 행위를 금지하는 기장등의 정당한 직무상 지시에 따라야 한다. 〈개정 2013. 4. 5.〉
⑤ 항공운송사업자는 금연 등 항공기와 승객의 안전한 운항과 여행을 위한 규제로 인하여 승객이 받는 불편을 줄일 수 있는 방안을 마련하여야 한다.
⑥ 기장등은 승객이 항공기 내에서 제1항 제1호부터 제5호까지의 어느 하나에 해당하는 행위를 하거나 할 우려가 있는 경우 이를 중지하게 하거나 하지 말 것을 경고하여 사전에 방지하도록 노력하여야 한다.
⑦ 항공운송사업자는 다음 각 호의 어느 하나에 해당하는 사람에 대하여 탑승을 거절할 수 있다. 〈개정 2013. 3. 23., 2013. 4. 5.〉
1. 제15조 또는 제17조에 따른 보안검색을 거부하는 사람
2. 음주로 인하여 소란행위를 하거나 할 우려가 있는 사람
3. 항공보안에 관한 업무를 담당하는 국내외 국가기관 또는 국제기구 등으로부터 항공기 안전운항을 해칠 우려가 있어 탑승을 거절할 것을 요청받거나 통보받은 사람
4. 그 밖에 항공기 안전운항을 해칠 우려가 있어 국토교통부령으로 정하는 사람
⑧ 누구든지 공항에서 보안검색 업무를 수행 중인 항공보안검색요원 또는 보호구역에의 출입을 통제하는 사람에 대하여 업무를 방해하는 행위 또는 폭행 등 신체에 위해를 주는 행위를 하여서는 아니 된다.
⑨ 항공운송사업자는 항공기가 이륙하기 전에 승객에게 국토교통부장관이 정하는 바에 따라 승객의 협조의무를 영상물 상영 또는 방송 등을 통하여 안내하여야 한다. 〈신설 2017. 8. 9.〉
[전문개정 2010. 3. 22.] [제목개정 2013. 4. 5.]

AVIATION LAW

chapter 10 항공·철도 사고조사에 관한 법률 (약칭: 항공철도사고조사법)

section 10.1 | 항공철도사고조사법의 목적
section 10.2 | 항공철도사고조사법의 구성
section 10.3 | 용어 정의
section 10.4 | 항공철도사고조사법의 적용범위
section 10.5 | 사고조사
section 10.6 | 벌칙

항공정비 현장에서 필요한 항공법령 키워드

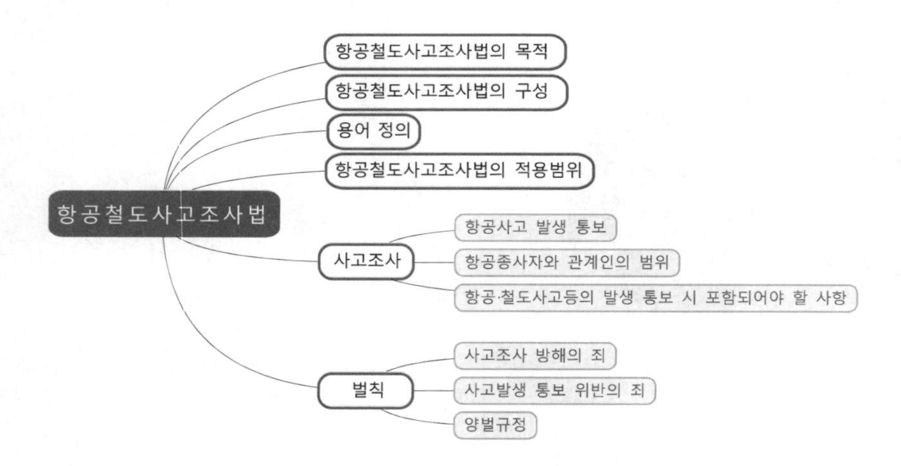

✓ 항공철도사고조사법 본문 링크

항공철도사고조사법	항공철도사고조사법 시행령(대통령령)	항공철도사고조사법 시행규칙

항공 · 철도 사고조사에 관한 법률(약칭: 항공철도사고조사법)[시행 2021. 11. 19.] [법률 제18188호, 2021. 5. 18., 일부개정]

항공 · 철도 사고조사에 관한 법률 시행령(약칭 : 항공철도사고조사법 시행령)[시행 2021. 11. 19.] [대통령령 제32125호, 2021. 11. 16., 일부개정]

항공 · 철도 사고조사에 관한 법률 시행규칙(약칭 : 항공철도사고조사법 시행규칙)[시행 2021. 8. 27.] [국토교통부령 제882호, 2021. 8. 27., 타법개정]

10.1 | 항공철도사고조사법의 목적

[항공철도사고조사법 제1장 총칙, 제1조 목적]

제1조(목적) 이 법은 항공 · 철도사고조사위원회를 설치하여 항공사고 및 철도사고 등에 대한 독립적이고 공정한 조사를 통하여 사고 원인을 정확하게 규명함으로써 항공사고 및 철도사고 등의 예방과 안전 확보에 이바지함을 목적으로 한다.

10.2 | 항공철도사고조사법의 구성

항공사고의 공정한 조사를 통하여 원인을 정확하게 규명하여 항공사고 예방과 안전 확보에 이바지하기 위한 항공철도사고조사법은 제1장 총칙, 제2장 항공철도사고조사위원회, 제3장 사고조사, 제4장 보칙 그리고 제5장 벌칙으로 구성되어 있다.

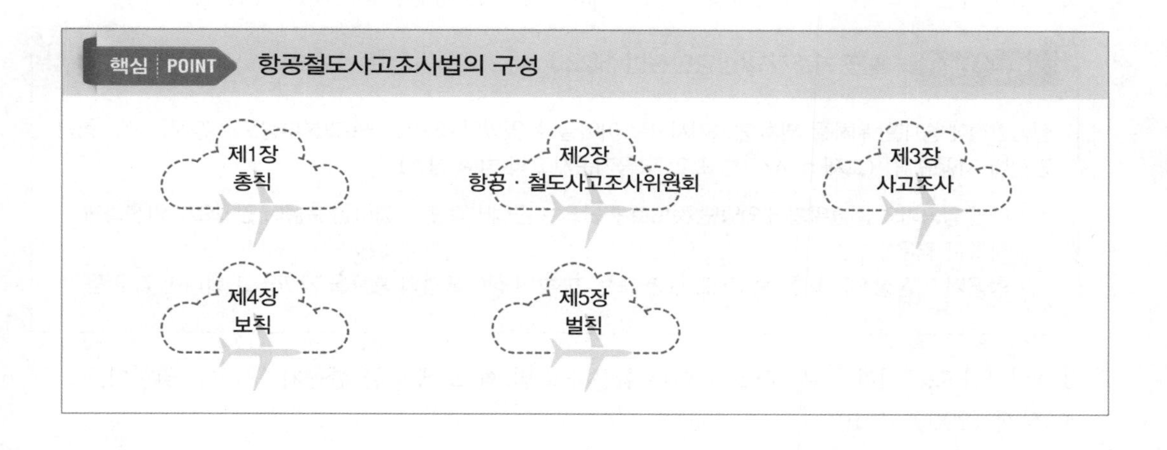

10.3 | 용어 정의

10.3.1 용어 정의(항공기사고, 항공기준사고 등)

[항공철도사고조사법 제2조(정의)]

제2조(정의) ① 이 법에서 사용하는 용어의 뜻은 다음과 같다. 〈개정 2009. 6. 9., 2013. 3. 22., 2016. 3. 29., 2020. 6. 9.〉

1. "항공사고"란 「항공안전법」 제2조 제6호에 따른 항공기사고, 같은 조 제7호에 따른 경량항공기사고 및 같은 조 제8호에 따른 초경량비행장치사고를 말한다.

> **핵심 POINT 항공기사고(항공안전법 제2조)**
>
> 사람이 비행을 목적으로 항공기에 탑승하였을 때부터 탑승한 모든 사람이 항공기에서 내릴 때까지 항공기의 운항과 관련하여 발생한 것으로 국토교통부령으로 정하는 것
>
> • 사람의 사망, 중상 또는 행방불명
> • 항공기의 파손 또는 구조적 손상
> • 항공기의 위치를 확인할 수 없거나 항공기에 접근이 불가능한 경우

2. "항공기준사고"란 「항공안전법」 제2조 제9호에 따른 항공기준사고를 말한다.

> **핵심 POINT 항공기준사고(항공안전법 제2조)**
>
> 항공안전에 중대한 위해를 끼쳐 항공기사고로 이어질 수 있었던 것으로 국토교통부령으로 정하는 것. 「항공안전법 시행규칙」 (교재 p. 47, [별표 2] 항공기준사고의 범위 참조)
>
> • 다른 항공기와 충돌위험이 있었던 것으로 판단되는 근접비행 또는 경미한 충돌이 있었으나 안전하게 착륙한 경우
> • 항공기가 정상적인 비행 중 지표, 수면 또는 그 밖의 장애물과의 충돌을 가까스로 회피한 경우 등

3. "항공사고등"이라 함은 제1호에 따른 항공사고 및 제2호에 따른 항공기준사고를 말한다.
4. 삭제 〈2009. 6. 9.〉
5. 삭제 〈2009. 6. 9.〉
6. "철도사고"란 철도(도시철도를 포함한다. 이하 같다)에서 철도차량 또는 열차의 운행 중에 사람의 사상이나 물자의 파손이 발생한 사고로서 다음 각 호의 어느 하나에 해당하는 사고를 말한다.
   가. 열차의 충돌 또는 탈선사고
   나. 철도차량 또는 열차에서 화재가 발생하여 운행을 중지시킨 사고
   다. 철도차량 또는 열차의 운행과 관련하여 3명 이상의 사상자가 발생한 사고
   라. 철도차량 또는 열차의 운행과 관련하여 5천만원 이상의 재산피해가 발생한 사고

7. "사고조사"란 항공사고등 및 철도사고(이하 "항공 · 철도사고등"이라 한다)와 관련된 정보 · 자료 등의 수집 · 분석 및 원인규명과 항공 · 철도안전에 관한 안전권고 등 항공 · 철도사고등의 예방을 목적으로 제4조에 따른 항공 · 철도사고조사위원회가 수행하는 과정 및 활동을 말한다.

② 이 법에서 사용하는 용어 외에는 「항공사업법」 · 「항공안전법」 · 「공항시설법」 및 「철도안전법」에서 정하는 바에 따른다. 〈개정 2016. 3. 29.〉

10.4 | 항공철도사고조사법의 적용범위

[항공철도사고조사법 제3조(적용범위)]

제3조(적용범위 등) ① 이 법은 다음 각 호의 어느 하나에 해당하는 항공 · 철도사고등에 대한 사고조사에 관하여 적용한다.

1. 대한민국 영역 안에서 발생한 항공 · 철도사고등
2. 대한민국 영역 밖에서 발생한 항공사고등으로서 「국제민간항공조약」에 의하여 대한민국을 관할권으로 하는 항공사고등

② 제1항에도 불구하고 「항공안전법」 제2조 제4호에 따른 국가기관등항공기에 대한 항공사고조사는 다음 각 호의 어느 하나에 해당하는 경우 외에는 이 법을 적용하지 아니한다. 〈개정 2009. 6. 9., 2016. 3. 29., 2020. 6. 9.〉

1. 사람이 사망 또는 행방불명된 경우
2. 국가기관등항공기의 수리 · 개조가 불가능하게 파손된 경우
3. 국가기관등항공기의 위치를 확인할 수 없거나 국가기관등항공기에 접근이 불가능한 경우

③ 제1항에도 불구하고 「항공안전법」 제3조에 따른 항공기의 항공사고조사는 이 법을 적용하지 아니한다. 〈개정 2016. 3. 29., 2020. 6. 9.〉

핵심 POINT 군용항공기 등의 적용 특례대상 항공기

항공안전법의 적용 예외 대상을 「항공안전법」 제3조(군용항공기 등의 적용 특례)에서 정의하고 있다.

- 군용항공기
- 세관 또는 경찰항공기
- 「대한민국과 아메리카합중국 간의 상호방위조약」 제4조에 따라 아메리카합중국이 사용하는 항공기

④ 항공사고등에 대한 조사와 관련하여 이 법에서 규정하지 아니한 사항은 「국제민간항공조약」과 같은 조약의 부속서(附屬書)에서 채택된 표준과 방식에 따라 실시한다. 〈신설 2013. 3. 22.〉

[제목개정 2013. 3. 22.]

10.5 | 사고조사

10.5.1 항공사고 발생 통보

[항공철도사고조사법 제3장 사고조사, 제17조(항공 · 철도사고등의 발생 통보)]

제17조(항공 · 철도사고등의 발생 통보) ① 항공 · 철도사고등이 발생한 것을 알게 된 항공기의 기장, 「항공안전법」 제62조 제5항 단서에 따른 그 항공기의 소유자등, 「철도안전법」 제61조 제1항에 따른 철도운영자등, 항공 · 철도종사자, 그 밖의 관계인(이하 "항공 · 철도종사자등"이라 한다)은 지체 없이 그 사실을 위원회에 통보하여야 한다. 다만, 「항공안전법」 제2조 제4호에 따른 국가기관등항공기의 경우에는 그와 관련된 항공업무에 종사하는 사람은 소관 행정기관의 장에게 보고하여야 하며, 그 보고를 받은 소관 행정기관의 장은 위원회에 통보하여야 한다. 〈개정 2016. 3. 29.〉

② 제1항에 따른 항공 · 철도종사자와 관계인의 범위, 통보에 포함되어야 할 사항, 통보시기, 통보방법 및 절차 등은 국토교통부령으로 정한다. 〈개정 2013. 3. 23.〉

③ 위원회는 제1항에 따라 항공 · 철도사고등을 통보한 자의 의사에 반하여 해당 통보자의 신분을 공개하여서는 아니 된다.

[전문개정 2009. 6. 9.]

10.5.2 항공종사자와 관계인의 범위

[항공 · 철도 사고조사에 관한 법률 시행규칙 제2조(항공 · 철도종사자와 관계인의 범위)]

제2조(항공 · 철도종사자와 관계인의 범위) 「항공 · 철도 사고조사에 관한 법률」(이하 "법"이라 한다) 제17조 제1항에 따라 항공 · 철도사고등의 발생사실을 법 제4조 제1항에 따른 항공 · 철도사고조사위원회(이하 "위원회"라 한다)에 통보해야 하는 항공 · 철도종사자와 관계인의 범위는 다음 각 호와 같다. 〈개정 2013. 2. 28.〉

1. 경량항공기 조종사(조종사가 통보할 수 없는 경우에는 그 경량항공기의 소유자)
2. 초경량비행장치의 조종자(조종자가 통보할 수 없는 경우에는 그 초경량비행장치의 소유자)

10.5.3 항공 · 철도사고등의 발생 통보 시 포함되어야 할 사항

[항공철도사고조사법 시행규칙 제3조(통보사항)]

제3조(통보사항) 법 제17조 제1항에 따라 항공 · 철도사고등의 발생 통보 시 포함되어야 할 사항은 다음 각 호와 같다.

1. 항공사고등
   가. 항공기사고등의 유형
   나. 발생 일시 및 장소
   다. 기종(통보자가 알고 있는 경우만 해당한다)
   라. 발생 경위(통보자가 알고 있는 경우만 해당한다)
   마. 사상자 등 피해상황(통보자가 알고 있는 경우만 해당한다)
   바. 통보자의 성명 및 연락처
   사. 가목부터 바목까지에서 규정한 사항 외에 사고조사에 필요한 사항
2. 철도사고
   가. 철도사고의 유형
   나. 발생 일시 및 장소
   다. 발생 경위(통보자가 알고 있는 경우만 해당한다)
   라. 사상자, 재산피해 등 피해상황(통보자가 알고 있는 경우만 해당한다)
   마. 사고수습 및 복구계획(통보자가 알고 있는 경우만 해당한다)
   바. 통보자의 성명 및 연락처
   사. 가목부터 바목까지에서 규정한 사항 외에 사고조사에 필요한 사항

10.6 | 벌칙

10.6.1 사고조사 방해의 죄

[항공철도사고조사법 제5장 벌칙, 제35조(사고조사방해의 죄)]

제35조(사고조사방해의 죄) 다음 각 호의 어느 하나에 해당하는 자는 3년 이하의 징역 또는 3천만원 이하의 벌금에 처한다.

1. 제19조 제1항 제1호 및 제2호의 규정을 위반하여 항공 · 철도사고등에 관하여 보고를 하지 아니하거나 허위로 보고를 한 자 또는 정당한 사유없이 자료의 제출을 거부 또는 방해한 자
2. 제19조 제1항 제3호의 규정을 위반하여 사고현장 및 그 밖에 필요하다고 인정되는 장소의 출입 또는 관계 물건의 검사를 거부 또는 방해한 자
3. 제19조 제1항 제5호의 규정을 위반하여 관계 물건의 보존 · 제출 및 유치를 거부 또는 방해한 자
4. 제19조 제2항의 규정을 위반하여 관계 물건을 정당한 사유 없이 보존하지 아니하거나 이를 이동 · 변경 또는 훼손시킨 자

10.6.2 사고발생 통보 위반의 죄

[항공철도사고조사법 제36조의 2(사고발생 통보 위반의 죄)]

제36조의 2(사고발생 통보 위반의 죄) 제17조 제1항 본문을 위반하여 항공 · 철도사고등이 발생한 것을 알고도 정당한 사유 없이 통보를 하지 아니하거나 거짓으로 통보한 항공 · 철도종사자등은 500만원 이하의 벌금에 처한다.
[본조신설 2009. 6. 9.]

10.6.3 양벌규정

[항공철도사고조사법 제37조(양벌규정)]

제37조(양벌규정) 법인의 대표자나 법인 또는 개인의 대리인, 사용인, 그 밖의 종업원이 그 법인 또는 개인의 업무에 관하여 제35조 또는 제36조의 2의 어느 하나에 해당하는 위반행위를 하면 그 행위자를 벌하는 외에 그 법인 또는 개인에게도 해당 조문의 벌금형을 과(科)한다. 다만, 법인 또는 개인이 그 위반행위를 방지하기 위하여 해당 업무에 관하여 상당한 주의와 감독을 게을리하지 아니한 경우에는 그러하지 아니하다.
[전문개정 2009. 6. 9.]

10.6.4 과태료

[항공철도사고조사법 제38조(과태료)]

제38조(과태료) ① 제32조를 위반하여 이 법에 따라 위원회에 진술, 증언, 자료 등의 제출 또는 답변을 한 자에 대하여 이를 이유로 해고, 전보, 징계, 부당한 대우 또는 그 밖에 신분이나 처우와 관련하여 불이익을 준 자에게는 1천만원 이하의 과태료를 부과한다.
② 다음 각 호의 어느 하나에 해당하는 자에게는 500만원 이하의 과태료를 부과한다.
1. 제19조 제1항 제1호 또는 제2호를 위반하여 항공 · 철도사고등과 관련이 있는 자료의 제출을 정당한 사유 없이 기피하거나 지연시킨 자
2. 제19조 제1항 제4호를 위반하여 정당한 사유 없이 출석을 거부하거나 질문에 대하여 거짓으로 진술한 자
③ 다음 각 호의 어느 하나에 해당하는 자에게는 300만원 이하의 과태료를 부과한다.
1. 제19조 제1항 제3호를 위반하여 항공 · 철도사고등과 관련이 있는 관계물건의 검사를 기피한 자
2. 제19조 제1항 제5호를 위반하여 관계물건의 제출 및 유치를 기피하거나 지연시킨 자
3. 제19조 제1항 제6호를 위반하여 출입통제에 따르지 아니한 자
④ 제1항부터 제3항까지의 규정에 따른 과태료는 대통령령으로 정하는 바에 따라 국토교통부장관이 부과 · 징수한다.
[전문개정 2021. 5. 18.]

AVIATION LAW

부록 Ⅰ | 적중 예상문제

CHAPTER 02 | 항공법의 발달
CHAPTER 03 | 시카고협약과 국제민간항공기구
CHAPTER 04 | 항공안전법
CHAPTER 05 | 항공기기술기준
CHAPTER 06 | 고정익항공기를 위한 운항기술기준
CHAPTER 07 | 항공사업법
CHAPTER 08 | 공항시설법
CHAPTER 10 | 항공·철도 사고조사에 관한 법률

적중 예상문제

01 국제민간항공의 질서와 발전에 있어서 가장 기본이 되는 국제조약으로 ICAO 설립의 근거가 되는 것은?

① 파리협약
② 마드리드협약
③ 하바나협약
④ 시카고협약

해설 시카고협약은 국제민간항공의 질서와 발전에 있어서 가장 기본이 되는 국제조약으로, 협약에 의해 설립된 ICAO는 항공안전기준과 관련하여 부속서를 채택하고 있으며, 각 체약국은 시카고협약 및 같은 협약 부속서에서 정한 SARPs (Standards and Recommended practices)에 따라 항공법규를 제정하여 운영하고 있다.

02 항공기 내에서 행하여진 범죄 및 기타 행위에 관한 협약은 어느 것인가?

① 1963 동경협약
② 1970 헤이그협약
③ 1971 몬트리올협약
④ 2010 북경협약

해설
1. 항공기 내에서 행하여진 범죄 및 기타 행위에 관한 협약 (1963 동경협약, Convention on Offenses and Certain Other Acts Committed on Board Aircraft)
2. 항공기의 불법 납치 억제를 위한 협약(1970 헤이그협약, Convention for the Suppression of Unlawful Seizure of Aircraft)
3. 민간항공의 안전에 대한 불법적 행위의 억제를 위한 협약 (1971 몬트리올협약, Convention for the Suppression of Unlawful Acts against the Safety of Civil Aviation)
4. 국제민간항공에 관한 불법행위 억제를 위한 협약(2010 북경협약, Convention on the Suppression of Unlawful Acts Relating to International Civil Aviation)

03 국제항공운송인의 책임과 관련된 국제항공사법에 해당하는 것은?

① 1963 동경협약
② 1970 헤이그협약
③ 1999 몬트리올협약
④ 2010 북경협약

해설
1. 항공기 내에서 행하여진 범죄 및 기타 행위에 관한 협약 (1963 동경협약, Convention on Offenses and Certain Other Acts Committed on Board Aircraft)
2. 항공기의 불법 납치 억제를 위한 협약(1970 헤이그협약, Convention for the Suppression of Unlawful Seizure of Aircraft)
3. 국제항공운송에 관한 일부 규칙의 통일에 관한 협약 (1999 몬트리올협약, Convention for the Unification for Certain Rules for International Carriage by Air)
4. 항공기의 불법 납치 억제를 위한 협약 보충의정서(2010 북경의정서, Protocol Supplementary to the Convention for the Suppression of Unlawful Seizure of Aircraft Done)

04 1929년 탄생한 항공운송인의 책임에 관한 대헌장으로 일컬어지는 통일된 규범은?

① 바르샤바협약
② 헤이그협약
③ 로마협약
④ 몬트리올의정서

해설 바르샤바협약은 1920년대 항공산업이 시작되면서 항공산업의 보호와 국제항공의 발전을 위하여 국제항공운송인의 책임을 제한한다는 취지로 채택되었으며, 이 협약은 국제항공운송인의 민사책임에 관한 통일규칙을 마련한 것으로 항공운송인의 책임을 정한 최초의 조약이라는 의의를 갖고 있다.

정답 01. ④ 02. ① 03. ③ 04. ①

05 항공기 내에서 행한 범죄 및 기타 행위에 관한 협약은?

① 1963 동경협약
② 1970 헤이그협약
③ 1971 몬트리올협약
④ 2010 북경협약

해설 동경협약은 항공기 내에서 행한 범죄 및 기타 행위에 관한 협약으로 비행 중(in flight) 기내의 범죄 행위에 대한 기장의 권리와 의무를 명확히 하였고, 범죄혐의자에 대하여 기장, 승무원, 승객이 취한 조치에 대한 면책을 포함하고 있다. 동경협약은 항공범죄를 규율하기 위한 최초의 국제조약이라는 의의를 갖고 있다.

정답 05. ①

적중 예상문제

01 시카고협약 부속서 중 항공기 사고조사의 기준을 정하고 있는 것은?

① 부속서 1 ② 부속서 8
③ 부속서 12 ④ 부속서 13

해설 부속서 1 : 항공종사자 자격증명
부속서 8 : 항공기 감항성
부속서 12 : 수색 및 구조
부속서 13 : 항공기 사고조사
부속서 17 : 항공 보안
부속서 19 : 안전관리
(교재 p. 32, [표 3-2] 시카고협약 부속서 참조)

02 1944년 국제항공운송협정을 통해 정해진 하늘의 자유에 해당하지 않는 것은?

① 기술착륙의 자유
② 타국으로의 유상 수송의 권리
③ 타국으로부터의 유상 수송의 권리
④ 3국으로의 유상하중을 체약국으로부터 적대하는 권리

해설 시카고협약은 국제 항공운송을 정기와 비정기로 엄격히 구분하여 비정기로 운항되는 국제 항공운송에 대해서는 타 체약 당사국의 영공을 통과 또는 이·착륙하도록 특정한 권리를 부여(제5조)하나 정기 국제 민간항공에 대해서는 특정한 권리에 해당하는 하늘의 자유를 허용하지 않고 있다(제6조). 국제 민간항공기의 통과 및 이·착륙의 권리를 상호 인정할 것인지에 대하여 회의 참석자들은 의견 대립을 보였고, 회의는 동 권리를 인정하지 않는 내용으로 시카고 협약을 채택하였다. 반면에 통과 및 단순한 이·착륙의 권리는 '국제항공통과협정'에서, 승객 및 화물의 운송을 위한 이·착륙에 관한 권리는 '국제항공운송협정'에서 따로 규율하여 이를 원하는 국가들 사이에서만 서명·채택되도록 하였다.

03 시카고협약 부속서 중 안전관리(Safety Management)의 기준을 정하고 있는 것은?

① Annex 6
② Annex 8
③ Annex 13
④ Annex 19

해설 Annex 6: Operation of Aircraft(항공기운항)
Annex 8: Airworthiness of Aircraft(항공기 감항성)
Annex 13: Aircraft Accident and Incident Investigation (항공기 사고조사)
Annex 19: Safety Management(안전관리)

04 다른 체약국의 영역을 무착륙으로 횡단 비행할 수 있는 특권은?

① 제1의 자유
② 제2의 자유
③ 제3의 자유
④ 제4의 자유

해설 'Two Freedoms Agreement'라 불리는 국제항공업무통과협정은 1945년 1월 30일 발효되었으며, 정기국제항공업무에 관하여 체약국(締約國)간에 다른 체약국의 영역을 무착륙으로 횡단 비행할 특권, 즉 상공통과의 자유(제1의 자유)와 운수 이외의 목적을 위하여 다른 체약국 영역에 착륙할 특권, 즉 기술착륙의 자유(제2의 자유)를 상호 인정하도록 규정하였다.

05 다른 체약국 영역에 운수 이외의 목적으로 착륙할 수 있는 특권은?

① 제1의 자유
② 제2의 자유
③ 제3의 자유
④ 제4의 자유

정답 01. ④ 02. ① 03. ④ 04. ① 05. ②

해설 'Two Freedoms Agreement'라 불리는 국제항공업무통과협정은 1945년 1월 30일 발효되었으며, 정기국제항공업무에 관하여 체약국(締約國)간에 다른 체약국의 영역을 무착륙으로 횡단 비행할 특권, 즉 상공통과의 자유(제1의 자유)와 운수 이외의 목적을 위하여 다른 체약국 영역에 착륙할 특권, 즉 기술착륙의 자유(제2의 자유)를 상호 인정하도록 규정하였다.

06 시카고협약 부속서 중 항공기 소음, 항공기 엔진 배출에 대한 내용을 다루고 있는 부속서는?

① Annex 1
② Annex 8
③ Annex 16
④ Annex 19

해설 시카고협약은 협약 본문과 부속서(Annex)로 구성되어 있으며, 협약의 기본 원칙은 협약 본문에서 규정하고, 과학기술의 발전과 실제 적용을 바탕으로 수시 개정될 수 있는 내용들은 협약 부속서에 규정하고 있다.
Annex 1: Personnel Licensing(항공종사자 자격증명)
Annex 8: Airworthiness of Aircraft(항공기 감항성)
Annex 16: Environmental Protection(환경보호)
Vol Ⅰ: Aircraft Noise(항공기 소음)
Vol Ⅱ: Aircraft Engine Emissions(항공기 엔진배출)
Annex 19: Safety management(안전관리)

정답 06. ③

적중 예상문제

01 항공안전법의 목적으로 올바른 것은?

① 공항시설, 항행안전시설 및 항공기 내에서의 불법 행위를 방지하고 민간항공의 보안을 확보하기 위한 기준 · 절차 및 의무사항 등을 규정함을 목적으로 한다.
② 항공정책의 수립 및 항공사업에 관하여 필요한 사항을 정하여 대한민국 항공사업의 체계적인 성장과 경쟁력 강화 기반을 마련함을 목적으로 한다.
③ 항공기, 경량항공기 또는 초경량비행장치가 안전하게 항행하기 위한 방법을 정함으로써 생명과 재산을 보호하고, 항공기술 발전에 이바지함을 목적으로 한다.
④ 공항을 효율적으로 건설 · 관리 · 운영하고, 항공산업의 육성 · 지원에 관한 사업을 수행하도록 함으로써 항공수송을 원활하게 하고, 나아가 국가경제 발전과 국민복지 증진에 이바지함을 목적으로 한다.

해설 **항공안전법 제1장(총칙) 제1조(목적)**
이 법은 「국제민간항공협약」 및 같은 협약의 부속서에서 채택된 표준과 권고되는 방식에 따라 항공기, 경량항공기 또는 초경량비행장치의 안전하고 효율적인 항행을 위한 방법과 국가, 항공사업자 및 항공종사자 등의 의무 등에 관한 사항을 규정함을 목적으로 한다. 〈개정 2019. 8. 27.〉

02 항공안전법 제2조 정의 중 항공기를 옳게 설명한 것은?

① 민간항공에 사용되는 대형 항공기를 말한다.
② 민간항공에 사용할 수 있는 비행기, 헬리콥터, 비행선, 활공기 기타 대통령령이 정하는 것으로서 비행에 사용하는 항공 우주선
③ 민간항공에 사용하는 비행선과 활공기를 제외한 모든 것
④ 활공기, 회전익 항공기, 비행기, 비행선을 말한다.

해설 **항공안전법 제2조(정의)**
1. "항공기"란 공기의 반작용(지표면 또는 수면에 대한 공기의 반작용은 제외한다. 이하 같다)으로 뜰 수 있는 기기로서 최대이륙중량, 좌석 수 등 국토교통부령으로 정하는 기준에 해당하는 다음 각 목의 기기와 그 밖에 대통령령으로 정하는 기기를 말한다.
가. 비행기
나. 헬리콥터
다. 비행선
라. 활공기(滑空機)

03 항공안전법 시행규칙에 따른 사망 · 중상 등의 적용기준이 아닌 것은?

① 승객 및 승무원이 정상적으로 접근할 수 없는 장소에 숨어 있는 밀항자가 사망하거나 중상을 입은 경우
② 항공기로부터 이탈된 부품이나 그 항공기와의 직접적인 접촉 등으로 인하여 사망하거나 중상을 입은 경우
③ 항공기 발동기의 흡입 또는 후류(後流)로 인하여 사망하거나 중상을 입은 경우
④ 경량항공기 및 초경량비행장치에 탑승한 사람이 사망하거나 중상을 입은 경우

해설 **항공안전법 시행규칙 제6조(사망 · 중상 등의 적용기준)**
법 제2조 제6호에 사람의 사망 또는 중상에 대한 적용기준에 따르면 자연적인 원인 또는 자기 자신이나 타인에 의하여 발생된 경우와 승객 및 승무원이 정상적으로 접근할 수 없는 장소에 숨어있는 밀항자 등에게 발생한 경우는 제외한다.

정답 01. ③ 02. ② 03. ①

04 항공기에 탑재하는 서류에 해당하지 않는 것은?

① 항공기등록증명서
② 운용한계지정서
③ 정비규정
④ 무선국 허가증명서

해설 시카고협약 체약국들은 "자국의 영역 안에서 다른 체약국의 항공기에 대해 부당한 지장을 주지 않는 범위에서 항공기 및 관련 서류를 검사할 수 있으며, 국제 항공 업무에 사용되는 모든 항공기는 등록 증명서 등을 휴대하여야 한다"고 규정하고 있다.

항공안전법 시행규칙 제113조(항공기에 탑재하는 서류)
법 제52조 제2항에 따라 항공기(활공기 및 법 제23조 제3항 제2호에 따른 특별감항증명을 받은 항공기는 제외한다)에는 다음 각 호의 서류를 탑재하여야 한다. 〈개정 2020. 11. 2., 2021. 6. 9.〉

1. 항공기등록증명서
2. 감항증명서
3. 탑재용 항공일지
4. 운용한계지정서 및 비행교범
5. 운항규정([별표 32]에 따른 교범 중 훈련교범 · 위험물교범 · 사고절차교범 · 보안업무교범 · 항공기 탑재 및 처리 교범은 제외한다)
6. 항공운송사업의 운항증명서 사본(항공당국의 확인을 받은 것을 말한다) 및 운영기준 사본(국제운송사업에 사용되는 항공기의 경우에는 영문으로 된 것을 포함한다)
7. 소음기준적합증명서
8. 각 운항승무원의 유효한 자격증명서(법 제34조에 따라 자격증명을 받은 사람이 국내에서 항공업무를 수행하는 경우에는 전자문서로 된 자격증명서를 포함한다. 이하 제219조 각 호에서 같다) 및 조종사의 비행기록에 관한 자료
9. 무선국 허가증명서
10. 탑승한 여객의 성명, 탑승지 및 목적지가 표시된 명부 (항공운송사업용 항공기만 해당)
11. 해당 항공운송사업자가 발행하는 수송화물의 화물목록과 화물 운송장에 명시되어 있는 세부 화물신고서류(항공운송사업용 항공기만 해당한다)
12. 해당 국가의 항공당국 간에 체결한 항공기 등의 감독 의무에 관한 이전협정서요약서 사본(법 제5조에 따른 임대차 항공기의 경우만 해당한다)
13. 비행 전 및 각 비행단계에서 운항승무원이 사용해야 할 점검표
14. 그 밖에 국토교통부장관이 정하여 고시하는 서류

05 등록을 필요로 하지 아니하는 항공기의 범위에 포함되지 않는 것은?

① 경찰 항공기　② 군용 항공기
③ 소방 항공기　④ 세관 항공기

해설 **항공안전법 시행령 제4조(등록을 필요로 하지 않는 항공기의 범위)**
법 제7조 제1항 단서에서 "대통령령으로 정하는 항공기"란 다음 각 호의 항공기를 말한다. 〈개정 2021. 11. 16.〉

1. 군 또는 세관에서 사용하거나 경찰업무에 사용하는 항공기
2. 외국에 임대할 목적으로 도입한 항공기로서 외국 국적을 취득할 항공기
3. 국내에서 제작한 항공기로서 제작자 외의 소유자가 결정되지 아니한 항공기
4. 외국에 등록된 항공기를 임차하여 법 제5조에 따라 운영하는 경우 그 항공기
5. 항공기 제작자나 항공기 관련 연구기관이 연구 · 개발 중인 항공기

06 소음기준적합증명 대상 항공기에 해당하는 것은?

① 동력을 장착한 항공기
② 제트엔진을 장착한 경량항공기
③ 터빈발동기를 장착한 항공기
④ 국내선을 운항하는 항공기

해설 **항공안전법 제25조(소음기준적합증명)**
① 국토교통부령으로 정하는 항공기의 소유자등은 감항증명을 받는 경우와 수리 · 개조 등으로 항공기의 소음치(騷音値)가 변동된 경우에는 국토교통부령으로 정하는 바에 따라 그 항공기가 제19조 제2호의 소음기준에 적합한지에 대하여 국토교통부장관의 증명(이하 "소음기준적합증명"이라 한다)을 받아야 한다.

항공안전법 시행규칙 제49조(소음기준적합증명 대상 항공기)
법 제25조 제1항에서 "국토교통부령으로 정하는 항공기"란 다음 각 호의 어느 하나에 해당하는 항공기로서 국토교통부장관이 정하여 고시하는 항공기를 말한다. 〈개정 2021. 8. 27.〉

1. 터빈(높은 압력의 액체 · 기체를 날개바퀴의 날개에 부딪히게 함으로써 회전하는 힘을 얻는 기계를 말한다)발동기를 장착한 항공기
2. 국제선을 운항하는 항공기

07 대통령령으로 정하는 공공기관이 소유하거나 임차(賃借)한 항공기 등에 해당하는 국가기관등항공기가 아닌 것은?

① 재난 · 재해 등으로 인한 수색(搜索) · 구조
② 산불의 진화 및 예방
③ 공공의 질서유지를 위한 세관항공기
④ 응급환자의 후송 등 구조 · 구급활동

정답 04. ③ 05. ③ 06. ③ 07. ③

해설 **항공안전법 제2조(정의)**

4. "국가기관등항공기"란 국가, 지방자치단체, 그 밖에 「공공기관의 운영에 관한 법률」에 따른 공공기관으로서 대통령령으로 정하는 공공기관(이하 "국가기관등"이라 한다)이 소유하거나 임차(賃借)한 항공기로서 다음 각 목의 어느 하나에 해당하는 업무를 수행하기 위하여 사용되는 항공기를 말한다. 다만, 군용 · 경찰용 · 세관용 항공기는 제외한다.
   가. 재난 · 재해 등으로 인한 수색(搜索) · 구조
   나. 산불의 진화 및 예방
   다. 응급환자의 후송 등 구조 · 구급활동
   라. 그 밖에 공공의 안녕과 질서유지를 위하여 필요한 업무

08 항공안전법령에서 정한 항공업무에 해당하지 않는 것은?

① 항공기의 운항(무선설비의 조작을 포함한다) 업무
② 항공교통관제(무선설비의 조작을 포함한다) 업무
③ 항공기의 운항관리 업무
④ 항공기 정비교육훈련 업무

해설 **항공안전법 제2조(정의)**

5. "항공업무"란 다음 각 목의 어느 하나에 해당하는 업무를 말한다.
   가. 항공기의 운항(무선설비의 조작을 포함한다) 업무(제46조에 따른 항공기 조종연습은 제외한다)
   나. 항공교통관제(무선설비의 조작을 포함한다) 업무(제47조에 따른 항공교통관제연습은 제외한다)
   다. 항공기의 운항관리 업무
   라. 정비 · 수리 · 개조(이하 "정비등"이라 한다)된 항공기 · 발동기 · 프로펠러(이하 "항공기등"이라 한다), 장비품 또는 부품에 대하여 안전하게 운용할 수 있는 성능(이하 "감항성"이라 한다)이 있는지를 확인하는 업무 및 경량항공기 또는 그 장비품 · 부품의 정비사항을 확인하는 업무

09 국가기관등항공기에 해당하지 않는 것은?

① 산불의 진화 및 예방 활동 중인 항공기
② 재난 · 재해 등으로 인한 수색(搜索) · 구조 활동 중인 항공기
③ 공역에서 작전 중인 군용 항공기
④ 응급환자의 후송 등 구조 · 구급 활동 중인 항공기

해설 **항공안전법 제2조(정의)**

4. "국가기관등항공기"란 국가, 지방자치단체, 그 밖에 「공공기관의 운영에 관한 법률」에 따른 공공기관으로서 대통령령으로 정하는 공공기관(이하 "국가기관등"이라 한다)이 소유하거나 임차(賃借)한 항공기로서 다음 각 목의 어느 하나에 해당하는 업무를 수행하기 위하여 사용되는 항공기를 말한다. 다만, 군용 · 경찰용 · 세관용 항공기는 제외한다.
   가. 재난 · 재해 등으로 인한 수색(搜索) · 구조
   나. 산불의 진화 및 예방
   다. 응급환자의 후송 등 구조 · 구급활동
   라. 그 밖에 공공의 안녕과 질서유지를 위하여 필요한 업무

10 항공안전법상의 용어로 대한민국의 영토와 영해 및 접속 수역법에 따른 내수 및 영해의 상공을 정의한 것은?

① 공역
② 비행정보구역
③ 영공
④ 항공로

해설 **항공안전법 제2조(정의)**

12. "영공"(領空)이란 대한민국의 영토와 「영해 및 접속수역법」에 따른 내수 및 영해의 상공을 말한다.

11 항공기, 경량항공기 또는 초경량비행장치가 안전하게 항행하기 위한 방법을 정함으로써 생명과 재산을 보호하고, 항공 기술 발전에 이바지함을 목적으로 하는 항공관련법은 어느것인가?

① 공항시설법
② 항공보안법
③ 항공안전법
④ 항공사업법

해설 **항공안전법 제1장 총칙, 제1조(목적)**

이 법은 「국제민간항공협약」 및 같은 협약의 부속서에서 채택된 표준과 권고되는 방식에 따라 항공기, 경량항공기 또는 초경량비행장치의 안전하고 효율적인 항행을 위한 방법과 국가, 항공사업자 및 항공종사자 등의 의무 등에 관한 사항을 규정함을 목적으로 한다. 〈개정 2019. 8. 27.〉

정답 08. ④ 09. ③ 10. ③ 11. ③

12 항공정비사 면허시험에 응시할 수 없는 사람은?

① 정비업무경력을 보유하여 3년 이상 실무 경력을 보유한 자
② 국토교통부장관이 지정한 전문교육기관에서 항공기 정비에 필요한 과정을 이수한 사람
③ 대학 · 전문대학 또는 「학점인정 등에 관한 법률」에 따라 학습하는 곳에서 [별표 5] 제1호에 따른 항공정비사 학과시험의 범위를 포함하는 각 과목을 이수하고, 교육과정 이수 후의 정비실무경력이 6개월 이상이거나 교육과정 이수 전의 정비실무(실습)경력이 1년 이상인 사람
④ 외국정부가 발급한 항공기 종류 한정 자격증명을 받은 사람

해설 **항공안전법 시행규칙 제75조(응시자격)**

[별표 4] 항공종사자 · 경량항공기조종사 자격증명 응시경력

1) 항공기 종류 한정이 필요한 항공정비사 자격증명을 신청하는 경우에는 다음의 어느 하나에 해당하는 사람
가) 자격증명을 받으려는 해당 항공기 종류에 대한 6개월 이상의 정비업무경력을 포함하여 4년 이상의 항공기 정비업무경력(자격증명을 받으려는 항공기가 활공기인 경우에는 활공기의 정비와 개조에 대한 경력을 말한다)이 있는 사람
나) 「고등교육법」에 따른 대학 · 전문대학(다른 법령에서 이와 동등한 수준 이상의 학력이 있다고 인정되는 교육기관을 포함한다) 또는 「학점인정 등에 관한 법률」에 따라 학습하는 곳에서 [별표 5] 제1호에 따른 항공정비사 학과시험의 범위를 포함하는 각 과목을 이수하고, 자격증명을 받으려는 항공기와 동등한 수준 이상의 것에 대하여 교육과정 이수 후의 정비실무경력이 6개월 이상이거나 교육과정 이수 전의 정비실무경력이 1년 이상인 사람
다) 국토교통부장관이 지정한 전문교육기관에서 해당 항공기 종류에 필요한 과정을 이수한 사람(외국의 전문교육기관으로서 그 외국정부가 인정한 전문교육기관에서 해당 항공기 종류에 필요한 과정을 이수한 사람을 포함한다). 이 경우 항공기의 종류인 비행기 또는 헬리콥터 분야의 정비에 필요한 과정을 이수한 사람은 경량항공기의 종류인 경량비행기 또는 경량헬리콥터 분야의 정비에 필요한 과정을 각각 이수한 것으로 본다.
라) 외국정부가 발급한 해당 항공기 종류 한정 자격증명을 받은 사람

13 항공안전에 중대한 위해를 끼쳐 항공기사고로 이어질 수 있었던 것으로서 국토교통부령으로 정하는 것은?

① 항공기준사고 ② 항공안전장애
③ 항공안전위해요인 ④ 안전개선명령

해설 **항공안전법 제2조(정의)**

9. "항공기준사고"(航空機準事故)란 항공안전에 중대한 위해를 끼쳐 항공기사고로 이어질 수 있었던 것으로서 국토교통부령으로 정하는 것을 말한다.

14 국내항공법 중 운항기술기준이 포함하는 내용이 아닌 것은?

① 정비조직인증기준
② 항공기 감항성
③ 항공기 계기 및 장비
④ 항공기 형식증명

해설 **항공안전법 제77조(항공기의 안전운항을 위한 운항기술기준)**

① 국토교통부장관은 항공기 안전운항을 확보하기 위하여 이 법과 「국제민간항공협약」 및 같은 협약 부속서에서 정한 범위에서 다음 각 호의 사항이 포함된 운항기술기준을 정하여 고시할 수 있다.
1. 자격증명
2. 항공훈련기관
3. 항공기 등록 및 등록부호 표시
4. 항공기 감항성
5. 정비조직인증기준
6. 항공기 계기 및 장비
7. 항공기 운항
8. 항공운송사업의 운항증명 및 관리
9. 그 밖에 안전운항을 위하여 필요한 사항으로서 국토교통부령으로 정하는 사항

15 항공안전법 제2조 정의 중 "항공기 사고"가 포함하지 않는 것은?

① 사람의 사망, 중상 또는 행방불명
② 항공기의 파손 또는 구조적 손상
③ 항공기의 위치를 확인할 수 없거나 항공기에 접근이 불가능한 경우
④ 항공기 감항상태가 아닌 채로 공항에 착륙하는 경우

정답 12. ① 13. ① 14. ④ 15. ④

해설 항공안전법 제2조(정의)

6. "항공기사고"란 사람이 비행을 목적으로 항공기에 탑승하였을 때부터 탑승한 모든 사람이 항공기에서 내릴 때까지[사람이 탑승하지 아니하고 원격조종 등의 방법으로 비행하는 항공기(이하 "무인항공기"라 한다)의 경우에는 비행을 목적으로 움직이는 순간부터 비행이 종료되어 발동기가 정지되는 순간까지를 말한다] 항공기의 운항과 관련하여 발생한 다음 각 목의 어느 하나에 해당하는 것으로서 국토교통부령으로 정하는 것을 말한다.
   가. 사람의 사망, 중상 또는 행방불명
   나. 항공기의 파손 또는 구조적 손상
   다. 항공기의 위치를 확인할 수 없거나 항공기에 접근이 불가능한 경우

16 군용항공기 등의 적용 특례 대상 항공기에 속하지 않는 것은?

① 군용항공기 ② 세관업무항공기
③ 산림청항공기 ④ 경찰업무항공기

해설 항공안전법 제3조(군용항공기 등의 적용 특례)

① 군용항공기와 이에 관련된 항공업무에 종사하는 사람에 대해서는 이 법을 적용하지 아니한다.
② 세관업무 또는 경찰업무에 사용하는 항공기와 이에 관련된 항공업무에 종사하는 사람에 대하여는 이 법을 적용하지 아니한다. 다만, 공중 충돌 등 항공기사고의 예방을 위하여 제51조, 제67조, 제68조 제5호, 제79조 및 제84조 제1항을 적용한다.
③ 「대한민국과 아메리카합중국 간의 상호방위조약」 제4조에 따라 아메리카합중국이 사용하는 항공기와 이에 관련된 항공업무에 종사하는 사람에 대하여는 제2항을 준용한다.

17 공중 충돌 등 항공기사고의 예방을 위하여 세관업무 또는 경찰업무에 사용하는 항공기와 이에 관련된 항공업무에 종사하는 사람에게도 적용해야 하는 법령이 아닌 것은?

① 제51조(무선설비의 설치 · 운용 의무)
② 제61조(항공안전 자율보고)
③ 제68조(항공기의 비행 중 금지행위 등, 무인항공기의 비행)
④ 제79조(항공기의 비행제한 등)

해설 항공안전법 제3조(군용항공기 등의 적용 특례)

① 군용항공기와 이에 관련된 항공업무에 종사하는 사람에 대해서는 이 법을 적용하지 아니한다.
② 세관업무 또는 경찰업무에 사용하는 항공기와 이에 관련된 항공업무에 종사하는 사람에 대하여는 이 법을 적용하지 아니한다. 다만, 공중 충돌 등 항공기사고의 예방을 위하여 제51조, 제67조, 제68조 제5호, 제79조 및 제84조 제1항을 적용한다.
③ 「대한민국과 아메리카합중국 간의 상호방위조약」 제4조에 따라 아메리카합중국이 사용하는 항공기와 이에 관련된 항공업무에 종사하는 사람에 대하여는 제2항을 준용한다.

18 항공기사고, 항공기준사고 또는 항공안전장애가 발생하였을 때에, 기장은 누구에게 보고해야 하는가?

① 한국교통안전공단 이사장
② 국토교통부장관
③ 항공기승무원
④ 항공기정비사

해설 항공안전법 제62조(기장의 권한 등)

① 항공기의 운항 안전에 대하여 책임을 지는 사람(이하 "기장"이라 한다)은 그 항공기의 승무원을 지휘 · 감독한다.
② 기장은 국토교통부령으로 정하는 바에 따라 항공기의 운항에 필요한 준비가 끝난 것을 확인한 후가 아니면 항공기를 출발시켜서는 아니 된다.
③ 기장은 항공기나 여객에 위난(危難)이 발생하였거나 발생할 우려가 있다고 인정될 때에는 항공기에 있는 여객에게 피난방법과 그 밖에 안전에 관하여 필요한 사항을 명할 수 있다.
④ 기장은 운항 중 그 항공기에 위난이 발생하였을 때에는 여객을 구조하고, 지상 또는 수상(水上)에 있는 사람이나 물건에 대한 위난 방지에 필요한 수단을 마련하여야 하며, 여객과 그 밖에 항공기에 있는 사람을 그 항공기에서 나가게 한 후가 아니면 항공기를 떠나서는 아니 된다.
⑤ 기장은 항공기사고, 항공기준사고 또는 항공안전장애가 발생하였을 때에는 국토교통부령으로 정하는 바에 따라 국토교통부장관에게 그 사실을 보고하여야 한다. 다만, 기장이 보고할 수 없는 경우에는 그 항공기의 소유자등이 보고를 하여야 한다.
⑥ 기장은 다른 항공기에서 항공기사고, 항공기준사고 또는 항공안전장애가 발생한 것을 알았을 때에는 국토교통부령으로 정하는 바에 따라 국토교통부장관에게 그 사실을 보고하여야 한다. 다만, 무선설비를 통하여 그 사실을 안 경우에는 그러하지 아니하다.
⑦ 항공종사자 등 이해관계인이 제59조 제1항에 따라 보고한 경우에는 제5항 본문 및 제6항 본문은 적용하지 아니한다.

정답 16. ③ 17. ② 18. ②

19 국가기관등항공기와 이에 관련된 항공업무에 종사하는 사람에 대해서는 항공안전법을 적용하여야 한다. 이때 예외 조항으로 알맞지 않은 것은?

① 제66조(항공기 이륙 · 착륙의 장소)
② 제69조(긴급항공기의 지정 등)
③ 제74조(회항시간 연장운항의 승인)
④ 제132조(항공안전 활동)

해설 **항공안전법 제4조(국가기관등항공기의 적용 특례)**

① 국가기관등항공기와 이에 관련된 항공업무에 종사하는 사람에 대해서는 이 법(제66조, 제69조부터 제73조까지 및 제132조는 제외한다)을 적용한다.
② 제1항에도 불구하고 국가기관등항공기를 재해 · 재난 등으로 인한 수색 · 구조, 화재의 진화, 응급환자 후송, 그 밖에 국토교통부령으로 정하는 공공목적으로 긴급히 운항(훈련을 포함한다)하는 경우에는 제53조, 제67조, 제68조 제1호부터 제3호까지, 제77조 제1항 제7호, 제79조 및 제84조 제1항을 적용하지 아니한다.
③ 제59조, 제61조, 제62조 제5항 및 제6항을 국가기관등항공기에 적용할 때에는 "국토교통부장관"은 "소관 행정기관의 장"으로 본다. 이 경우 소관 행정기관의 장은 제59조, 제61조, 제62조 제5항 및 제6항에 따라 보고받은 사실을 국토교통부장관에게 알려야 한다.

20 국가기관등항공기를 국토교통부령으로 정하는 공공목적으로 긴급히 운항하는 경우, '항공기의 비행 중 금지행위등' 중 예외 조항으로 적당하지 않은 것은?

① 국토교통부령으로 정하는 최저비행고도(最低飛行高度) 아래에서의 비행
② 물건의 투하(投下) 또는 살포
③ 낙하산 강하(降下)
④ 국토교통부령으로 정하는 구역에서 뒤집어서 비행하거나 옆으로 세워서 비행하는 등의 곡예비행

해설 **항공안전법 제4조(국가기관등항공기의 적용 특례)**

① 국가기관등항공기와 이에 관련된 항공업무에 종사하는 사람에 대해서는 이 법(제66조, 제69조부터 제73조까지 및 제132조는 제외한다)을 적용한다.
② 제1항에도 불구하고 국가기관등항공기를 재해 · 재난 등으로 인한 수색 · 구조, 화재의 진화, 응급환자 후송, 그 밖에 국토교통부령으로 정하는 공공목적으로 긴급히 운항(훈련을 포함한다)하는 경우에는 제53조, 제67조, 제68조 제1호부터 제3호까지, 제77조 제1항 제7호, 제79조 및 제84조 제1항을 적용하지 아니한다.
③ 제59조, 제61조, 제62조 제5항 및 제6항을 국가기관등항공기에 적용할 때에는 "국토교통부장관"은 "소관 행정기관의 장"으로 본다. 이 경우 소관 행정기관의 장은 제59조, 제61조, 제62조 제5항 및 제6항에 따라 보고받은 사실을 국토교통부장관에게 알려야 한다.

항공안전법 제68조(항공기의 비행 중 금지행위 등)

항공기를 운항하려는 사람은 생명과 재산을 보호하기 위하여 다음 각 호의 어느 하나에 해당하는 비행 또는 행위를 해서는 아니 된다. 다만, 국토교통부령으로 정하는 바에 따라 국토교통부장관의 허가를 받은 경우에는 그러하지 아니하다.

1. 국토교통부령으로 정하는 최저비행고도(最低飛行高度) 아래에서의 비행
2. 물건의 투하(投下) 또는 살포
3. 낙하산 강하(降下)
4. 국토교통부령으로 정하는 구역에서 뒤집어서 비행하거나 옆으로 세워서 비행하는 등의 곡예비행
5. 무인항공기의 비행
6. 그 밖에 생명과 재산에 위해를 끼치거나 위해를 끼칠 우려가 있는 비행 또는 행위로서 국토교통부령으로 정하는 비행 또는 행위

21 항공안전장애의 범위에 해당하지 않는 것은?

① 공중충돌경고장치 회피기동(ACAS RA)이 발생한 경우
② 항공기가 주기(駐機) 중 다른 항공기나 장애물, 차량, 장비 또는 동물 등과 접촉 · 충돌한 경우
③ 항공기가 정상적인 비행 중 지표, 수면 또는 그 밖의 장애물과의 충돌(Controlled Flight into Terrain)을 가까스로 회피한 경우
④ 운항 중 항공기 구성품 또는 부품의 고장으로 인하여 조종실 또는 객실에 연기 · 증기 또는 중독성 유해가스가 축적되거나 퍼지는 현상이 발생한 경우

정답 19. ③ 20. ④ 21. ③

해설 **항공안전법 시행규칙 제10조(항공안전장애의 범위)**
법 제2조 제10호에서 "국토교통부령으로 정하는 것"이란 [별표 20의 2]과 같다.

[별표 20의 2] 〈개정 2020. 12. 10.〉

의무보고 대상 항공안전장애의 범위(제134조 관련)

구분	항공안전장애 내용
1. 비행 중	가. 항공기간 분리최저치가 확보되지 않았거나 다음의 어느 하나에 해당하는 경우와 같이 분리최저치가 확보되지 않을 우려가 있었던 경우 1) 항공기에 장착된 공중충돌경고장치 회피기동(ACAS RA)이 발생한 경우 2) 항공교통관제기관의 항공기 감시 장비에 근접충돌경고(short-term conflict alert)가 표시된 경우. 다만, 항공교통관제사가 항공법규 등 관련 규정에 따라 항공기 상호 간 분리최저치 이상을 유지토록 하는 관제지시를 하였고 조종사가 이에 따라 항행을 한 것이 확인된 경우는 제외한다.
	나. 지형·수면·장애물 등과 최저 장애물회피고도(MOC, Minimum Obstacle Clearance)가 확보되지 않았던 경우(항공기준사고에 해당하는 경우는 제외한다)
	다. 비행금지구역 또는 비행제한구역에 허가 없이 진입한 경우를 포함하여 비행경로 또는 비행고도 이탈 등 항공교통관제기관의 사전 허가를 받지 아니한 항행을 한 경우. 다만, 허용된 오차범위 내의 운항 등 일시적인 경미한 고도·경로 이탈은 제외한다.
3. 지상운항	가. 항공기가 지상운항 중 다른 항공기나 장애물, 차량, 장비 등과 접촉·충돌하였거나, 공항 내 설치된 항행안전시설 등을 포함한 각종 시설과 접촉·추돌한 경우
	나. 항공기가 주기(駐機) 중 다른 항공기나 장애물, 차량, 장비 등과 접촉·충돌한 경우. 다만, 항공기의 손상이 없거나 운항허용범위 이내의 손상인 경우는 제외한다.
	다. 항공기가 유도로를 이탈한 경우
	라. 항공기, 차량, 사람 등이 허가 없이 유도로에 진입한 경우
	마. 항공기, 차량, 사람 등이 허가 없이 또는 잘못된 허가로 항공기의 이륙·착륙을 위해 지정된 보호구역 또는 활주로에 진입하였으나 다른 항공기의 안전 운항에 지장을 주지 않은 경우
5. 항공기 화재 및 고장	가. 운항 중 다음의 어느 하나에 해당하는 경미한 화재 또는 연기가 발생한 경우 1) 운항 중 항공기 구성품 또는 부품의 고장으로 인하여 조종실 또는 객실에 연기·증기 또는 중독성 유해가스가 축적되거나 퍼지는 현상이 발생한 경우 2) 객실 조리기구·설비 또는 휴대전화기 등 탑승자의 물품에서 경미한 화재·연기가 발생한 경우. 다만, 단순 이물질에 의한 것으로 확인된 경우는 제외한다. 3) 화재경보시스템이 작동한 경우. 다만, 탑승자의 일시적 흡연, 스프레이 분사, 수증기 등의 요인으로 화재경보시스템이 작동된 것으로 확인된 경우는 제외한다.

(교재 p. 48, [별표 20의 2] 참조)

22 항공기 등록 제한의 대상이 아닌 것은?

① 대한민국 국민이 아닌 사람이 소유하거나 임차한 항공기
② 외국의 법인 또는 단체가 소유하거나 임차한 항공기
③ 대한민국의 국민이 임차하여 사용할 수 있는 권리가 있는 항공기
④ 외국 국적을 가진 항공기

해설 **항공안전법 제10조(항공기 등록의 제한)**
① 다음 각 호의 어느 하나에 해당하는 자가 소유하거나 임차한 항공기는 등록할 수 없다. 다만, 대한민국의 국민 또는 법인이 임차하여 사용할 수 있는 권리가 있는 항공기는 그러하지 아니하다.
1. 대한민국 국민이 아닌 사람
2. 외국정부 또는 외국의 공공단체
3. 외국의 법인 또는 단체
4. 제1호부터 제3호까지의 어느 하나에 해당하는 자가 주식이나 지분의 2분의 1 이상을 소유하거나 그 사업을 사실상 지배하는 법인(「항공사업법」 제2조 제1호에 따른 항공사업의 목적으로 항공기를 등록하려는 경우로 한정한다)
5. 외국인이 법인 등기사항증명서상의 대표자이거나 외국인이 법인 등기사항증명서상의 임원 수의 2분의 1 이상을 차지하는 법인

② 제1항 단서에도 불구하고 외국 국적을 가진 항공기는 등록할 수 없다.

23 항공기의 정치장(定置場), 소유자 또는 임차인·임대인의 성명 또는 명칭과 주소 및 국적 등 등록사항의 변경이 원인이 된 등록은 어느 것인가?

① 신규등록 ② 변경등록
③ 이전등록 ④ 말소등록

해설 **항공안전법 제11조(항공기 등록사항)**
① 국토교통부장관은 제7조에 따라 항공기를 등록한 경우에는 항공기 등록원부(登錄原簿)에 다음 각 호의 사항을 기록하여야 한다.
1. 항공기의 형식
2. 항공기의 제작자
3. 항공기의 제작번호
4. 항공기의 정치장(定置場)
5. 소유자 또는 임차인·임대인의 성명 또는 명칭과 주소 및 국적
6. 등록 연월일
7. 등록기호

정답 22. ③ 23. ②

② 제1항에서 규정한 사항 외에 항공기의 등록에 필요한 사항은 대통령령으로 정한다.

항공안전법 제13조(항공기 변경등록)

소유자등은 제11조 제1항 제4호 또는 제5호의 등록사항이 변경되었을 때에는 그 변경된 날부터 15일 이내에 대통령령으로 정하는 바에 따라 국토교통부장관에게 변경등록을 신청하여야 한다.

항공안전법 제14조(항공기 이전등록)

등록된 항공기의 소유권 또는 임차권을 양도·양수하려는 자는 그 사유가 있는 날부터 15일 이내에 대통령령으로 정하는 바에 따라 국토교통부장관에게 이전등록을 신청하여야 한다.

항공안전법 제15조(항공기 말소등록)

① 소유자등은 등록된 항공기가 다음 각 호의 어느 하나에 해당하는 경우에는 그 사유가 있는 날부터 15일 이내에 대통령령으로 정하는 바에 따라 국토교통부장관에게 말소등록을 신청하여야 한다.
  1. 항공기가 멸실(滅失)되었거나 항공기를 해체(정비등, 수송 또는 보관하기 위한 해체는 제외한다)한 경우
  2. 항공기의 존재 여부를 1개월(항공기사고인 경우에는 2개월) 이상 확인할 수 없는 경우
  3. 제10조 제1항 각 호의 어느 하나에 해당하는 자에게 항공기를 양도하거나 임대(외국 국적을 취득하는 경우만 해당한다)한 경우
  4. 임차기간의 만료 등으로 항공기를 사용할 수 있는 권리가 상실된 경우

② 제1항에 따라 소유자등이 말소등록을 신청하지 아니하면 국토교통부장관은 7일 이상의 기간을 정하여 말소등록을 신청할 것을 최고(催告)하여야 한다.

③ 제2항에 따른 최고를 한 후에도 소유자등이 말소등록을 신청하지 아니하면 국토교통부장관은 직권으로 등록을 말소하고, 그 사실을 소유자등 및 그 밖의 이해관계인에게 알려야 한다.

24 항공안전법의 주요내용으로 알맞지 않은 것은?

① 항공기 등록
② 항공기기술기준 및 형식증명
③ 외국항공기
④ 공항시설 보호구역의 지정

해설 항공기, 경량항공기 또는 초경량비행장치가 안전하게 항행하기 위한 방법을 정함으로써 생명과 재산을 보호하고, 항공기술 발전에 이바지함을 목적으로 하는 항공안전법은 국내 항공법의 기본으로서 제1장 총칙, 제2장 항공기 등록, 제3장 항공기기술기준 및 형식증명, 제4장 항공종사자 등, 제5장 항공기의 운항, 제6장 공역 및 항공교통업무 등, 제7장 항공운송사업자등에 대한 안전관리, 제8장 외국항공기, 제9장 경량항공기, 제10장 초경량비행장치, 제11장 보칙, 제12장 벌칙 등으로 구성되어 있다.

25 항공안전법 제77조(항공기 안전운항을 위한 운항기술표준)에서 항공기 안전운항을 확보하기 위한 운항기술기준에 정한 내용이 아닌 것은?

① 정비조직인증기준
② 항공기 계기 및 장비
③ 항공기 등록 및 등록부호 표시
④ 항공기 안정성

해설 **항공안전법 제77조(항공기의 안전운항을 위한 운항기술기준)**

국토교통부장관은 항공기 안전운항을 확보하기 위하여 이 법과 「국제민간항공협약」 및 같은 협약 부속서에서 정한 범위에서 다음 각 호의 사항이 포함된 운항기술기준을 정하여 고시할 수 있다.

1. 자격증명
2. 항공훈련기관
3. 항공기 등록 및 등록부호 표시
4. 항공기 감항성
5. 정비조직인증기준
6. 항공기 계기 및 장비
7. 항공기 운항
8. 항공운송사업의 운항증명 및 관리
9. 그 밖에 안전운항을 위하여 필요한 사항으로서 국토교통부령으로 정하는 사항

26 시계비행방식과 계기비행방식에 의한 비행을 하는 항공기에 갖춰야 할 항공계기로 옳지 않은 것은?

① 시, 분, 초를 나타내는 정확한 시계(개인 소유물은 승인이 불필요함)
② 비행 중 어떤 기압으로도 조정할 수 있도록 헥토파스칼/밀리바 단위의 보조눈금이 있고 피트 단위의 정밀고도계
③ 노트(knots)로 나타내는 교정된 속도계
④ 동결방지장치가 되어 있는 속도계

해설 **항공안전법 시행규칙 제117조(항공계기장치 등)**

① 제52조 제2항에 따르면 시계비행방식 또는 계기비행방식에 의한 비행을 하는 항공기에 갖추어야 할 항공계기 등의 기준은 [별표 16]과 같다.

정답 24. ④ 25. ④ 26. ④

항공안전법 시행규칙 [별표 16]

항공계기 등의 기준(제117조 제1항 관련)

<table>
<tr><th rowspan="3">비행 구분</th><th rowspan="3">계기명</th><th colspan="4">수량</th></tr>
<tr><th colspan="2">비행기</th><th colspan="2">헬리콥터</th></tr>
<tr><th>항공 운송 사업용</th><th>항공 운송 사업용 외</th><th>항공 운송 사업용</th><th>항공 운송 사업용 외</th></tr>
<tr><td rowspan="5">시계 비행 방식</td><td>나침반 (MAGNETIC COMPASS)</td><td>1</td><td>1</td><td>1</td><td>1</td></tr>
<tr><td>시계(시, 분, 초의 표시)</td><td>1</td><td>1</td><td>1</td><td>1</td></tr>
<tr><td>정밀기압고도계 (SENSITIVE PRESSURE ALTIMETER)</td><td>1</td><td>–</td><td>1</td><td>1</td></tr>
<tr><td>기압고도계 (PRESSURE ALTIMETER)</td><td>–</td><td>1</td><td>–</td><td>–</td></tr>
<tr><td>속도계 (AIRSPEED INDICATOR)</td><td>1</td><td>1</td><td>1</td><td>1</td></tr>
<tr><td rowspan="13">계기 비행 방식</td><td>나침반 (MAGNETIC COMPASS)</td><td>1</td><td>1</td><td>1</td><td>1</td></tr>
<tr><td>시계(시, 분, 초의 표시)</td><td>1</td><td>1</td><td>1</td><td>1</td></tr>
<tr><td>정밀기압고도계 (SENSITIVE PRESSURE ALTIMETER)</td><td>2</td><td>1</td><td>2</td><td>1</td></tr>
<tr><td>기압고도계 (PRESSURE ALTIMETER)</td><td>–</td><td>1</td><td>–</td><td>–</td></tr>
<tr><td>동결방지장치가 되어 있는 속도계 (AIRSPEED INDICATOR)</td><td>1</td><td>1</td><td>1</td><td>1</td></tr>
<tr><td>선회 및 경사지시계 (TURN AND SLIP INDICATOR)</td><td>1</td><td>1</td><td>–</td><td>–</td></tr>
<tr><td>경사지시계 (SLIP INDICATOR)</td><td>–</td><td>–</td><td>1</td><td>1</td></tr>
<tr><td>인공수평자세지시계 (ATTITUDE INDICATOR)</td><td>1</td><td>1</td><td colspan="2">조종석당 1개 및 여분의 계기 1개</td></tr>
<tr><td>자이로식 기수방향지시계 (HEADING INDICATOR)</td><td>1</td><td>1</td><td>1</td><td>1</td></tr>
<tr><td>외기온도계 (OUTSIDE AIR TEMPERATURE INDICATOR)</td><td>1</td><td>1</td><td>1</td><td>1</td></tr>
<tr><td>승강계 (RATE OF CLIMB AND DESCENT INDICATOR)</td><td>1</td><td>1</td><td>1</td><td>1</td></tr>
<tr><td>안정성유지시스템 (STABILIZATION SYSTEM)</td><td>–</td><td>–</td><td>1</td><td>1</td></tr>
</table>

27 항공기등, 장비품 또는 부품의 안전을 확보하기 위하여 국토교통부장관이 정한 항공기기술기준에 포함되지 않는 항목은 어느 것인가?

① 항공기등의 감항기준
② 항공기등의 환경기준
③ 항공기등이 감항성을 유지하기 위한 기준
④ 정비조직인증기준

해설 **항공안전법 제19조(항공기기술기준)**

국토교통부장관은 항공기등, 장비품 또는 부품의 안전을 확보하기 위하여 다음 각 호의 사항을 포함한 기술상의 기준(이하 "항공기기술기준"이라 한다)을 정하여 고시하여야 한다.

1. 항공기등의 감항기준
2. 항공기등의 환경기준(배출가스 배출기준 및 소음기준을 포함한다)
3. 항공기등이 감항성을 유지하기 위한 기준
4. 항공기등, 장비품 또는 부품의 식별 표시 방법
5. 항공기등, 장비품 또는 부품의 인증절차

28 항공종사자 자격 증명시험, 항공기 승무원 신체검사, 계기비행 증명 및 조종 교육 증명, 항공영어 구술 능력증명, 항공기의 조종연습, 항공교통관제 연습, 전문교육기관의 지정 등의 내용을 포함한 항공안전법은 몇 장인가?

① 제1장 총칙
② 제2장 항공기등록
③ 제3장 항공기기술기준 및 형식증명 등
④ 제4장 항공종사자등

해설 **항공안전법 제1장(총칙)**

항공안전법의 목적과 개념, 항공용어의 정의, 군용 항공기와 국가기관 항공기등의 적용특례, 임대차 항공기 운영, 항공 안전 정책 기본 계획의 수립 등

항공안전법 제2장(항공기 등록)

항공기 등록, 국적의 취득, 등록 기호표의 부착 및 항공기 국적 등의 표시

항공안전법 제3장(항공기기술기준 및 형식증명 등)

항공기기술기준, 형식증명, 제작증명, 감항증명 및 감항성 유지, 소음기준 적합증명, 수리 · 개조 승인, 항공기 등의 검사 및 정비 등의 확인, 항공기 등에 발생한 고장, 결함 또는 기능장애보고 의무이다.

항공안전법 제4장(항공종사자등)

제34조 항공종사자 자격증명 등, 제35조 자격증명의 종류,

정답 27. ④ 28. ④

제36조 업무범위, 제37조 자격증명의 한정, 제38조 시험의 실시 및 면제, 제39조 모의비행장치를 이용한 자격증명 실기시험의 실시 등, 제40조 항공신체검사증명, 제41조 항공신체검사명령, 제42조 항공업무 등에 종사 제한, 제43조 자격증명 · 항공신체검사증명의 취소 등, 제44조 계기비행증명 및 조종교육증명, 제45조 항공영어구술능력증명, 제46조 항공기의 조종연습, 제47조 항공교통관제연습, 제48조 전문교육기관의 지정 등, 제48조의 2 전문교육기관 지정의 취소 등, 제48조의 3 전문교육기관 지정을 받은 자에 대한 과징금의 부과, 제49조 항공전문의사의 지정 등, 제50조 항공전문의사 지정의 취소 등

29 국토교통부령으로 정하는 경량항공기에 속하지 않는 것은?

① 비행기　② 자이로플레인
③ 패러글라이더　④ 헬리콥터

해설 **항공안전법 제2조(정의)**

2. "경량항공기"란 항공기 외에 공기의 반작용으로 뜰 수 있는 기기로서 최대이륙중량, 좌석 수 등 국토교통부령으로 정하는 기준에 해당하는 비행기, 헬리콥터, 자이로플레인(gyroplane) 및 동력패러슈트(powered parachute) 등을 말한다.

30 비행기와 활공기에 표시하는 경우, 등록부호의 높이가 올바르게 정의된 것은?

① 주 날개에 표시하는 경우 30cm 이상, 수직 꼬리 날개 또는 동체에 표시하는 경우 15cm 이상
② 주 날개에 표시하는 경우 50cm 이상, 수직 꼬리 날개 또는 동체에 표시하는 경우 30cm 이상
③ 주 날개에 표시하는 경우 30cm 이상, 수직 꼬리 날개 또는 동체에 표시한 경우 50cm 이상
④ 주 날개에 표시하는 경우 15cm 이상, 수직 꼬리 날개 또는 동체에 표시하는 경우 30cm 이상

해설 **항공안전법 시행규칙 제15조(등록부호의 높이)**

등록부호에 사용하는 각 문자와 숫자의 높이는 같아야 하고, 항공기의 종류와 위치에 따른 높이는 다음 각 호의 구분에 따른다.

1. 비행기와 활공기에 표시하는 경우
   가. 주 날개에 표시하는 경우에는 50센티미터 이상
   나. 수직 꼬리 날개 또는 동체에 표시하는 경우에는 30센티미터 이상
2. 헬리콥터에 표시하는 경우
   가. 동체 아랫면에 표시하는 경우에는 50센티미터 이상
   나. 동체 옆면에 표시하는 경우에는 30센티미터 이상
3. 비행선에 표시하는 경우
   가. 선체에 표시하는 경우에는 50센티미터 이상
   나. 수평안정판과 수직안정판에 표시하는 경우에는 15센티미터 이상

31 항공정비사 자격증명 중 기체관련분야, 왕복발동기관련분야, 터빈발동기관련분야, 프로펠러관련분야, 전기전자계기관련분야로 구분되는 한정자격은 어느 것인가?

① 항공기종류한정　② 항공기등급한정
③ 항공기형식한정　④ 정비분야한정

해설 **항공안전법 제37조(자격증명의 한정)**

① 국토교통부장관은 다음 각 호의 구분에 따라 자격증명에 대한 한정을 할 수 있다.
1. 운송용 조종사, 사업용 조종사, 자가용 조종사, 부조종사 또는 항공기관사 자격의 경우: 항공기의 종류, 등급 또는 형식
   항공기종류한정 업무 범위는 비행기, 헬리콥터, 비행선, 항공우주선으로 구분되며, 등급은 육상단발, 육상다발, 수상단발, 수상다발로 구분된다.
2. 항공정비사 자격의 경우: 항공기의 종류 및 정비분야
   정비분야한정은 기체관련분야, 왕복발동기관련분야, 터빈발동기관련분야, 프로펠러관련분야, 전기전자계기관련분야가 있다.

32 항공안전법 제20조(형식증명 등)에 따라 항공기등의 설계가 항공기기술기준에 적합한 경우 발급되는 증명은?

① 감항증명　② 형식증명
③ 제한형식증명　④ 부가형식증명

해설 **항공안전법 제20조(형식증명 등)**

① 항공기등의 설계에 관하여 국토교통부장관의 증명을 받으려는 자는 국토교통부령으로 정하는 바에 따라 국토교

정답 29. ③ 30. ② 31. ④ 32. ②

통부장관에게 제2항 각 호의 어느 하나에 따른 증명을 신청하여야 한다. 증명받은 사항을 변경할 때에도 또한 같다. 〈개정 2017. 12. 26.〉

② 국토교통부장관은 제1항에 따른 신청을 받은 경우 해당 항공기등이 항공기기술기준 등에 적합한지를 검사한 후 다음 각 호의 구분에 따른 증명을 하여야 한다. 〈신설 2017. 12. 26.〉

1. 해당 항공기등의 설계가 항공기기술기준에 적합한 경우: 형식증명
2. 신청인이 다음 각 목의 어느 하나에 해당하는 항공기의 설계가 해당 항공기의 업무와 관련된 항공기기술기준에 적합하고 신청인이 제시한 운용범위에서 안전하게 운항할 수 있음을 입증한 경우: 제한형식증명
   가. 산불진화, 수색구조 등 국토교통부령으로 정하는 특정한 업무에 사용되는 항공기(나목의 항공기를 제외한다)
   나. 「군용항공기 비행안전성 인증에 관한 법률」 제4조 제5항 제1호에 따른 형식인증을 받아 제작된 항공기로서 산불진화, 수색구조 등 국토교통부령으로 정하는 특정한 업무를 수행하도록 개조된 항공기

③ 국토교통부장관은 제2항 제1호의 형식증명(이하 "형식증명"이라 한다) 또는 같은 항 제2호의 제한형식증명(이하 "제한형식증명"이라 한다)을 하는 경우 국토교통부령으로 정하는 바에 따라 형식증명서 또는 제한형식증명서를 발급하여야 한다. 〈개정 2017. 12. 26.〉

④ 형식증명서 또는 제한형식증명서를 양도 · 양수하려는 자는 국토교통부령으로 정하는 바에 따라 국토교통부장관에게 양도사실을 보고하고 해당 증명서의 재발급을 신청하여야 한다. 〈개정 2017. 12. 26.〉

⑤ 형식증명, 제한형식증명 또는 제21조에 따른 형식증명승인을 받은 항공기등의 설계를 변경하기 위하여 부가적인 증명(이하 "부가형식증명"이라 한다)을 받으려는 자는 국토교통부령으로 정하는 바에 따라 국토교통부장관에게 부가형식증명을 신청하여야 한다. 〈개정 2017. 12. 26.〉

⑥ 국토교통부장관은 부가형식증명을 하는 경우 국토교통부령으로 정하는 바에 따라 부가형식증명서를 발급하여야 한다. 〈신설 2017. 12. 26.〉

⑦ 국토교통부장관은 다음 각 호의 어느 하나에 해당하는 경우 해당 항공기등에 대한 형식증명, 제한형식증명 또는 부가형식증명을 취소하거나 6개월 이내의 기간을 정하여 그 효력의 정지를 명할 수 있다. 다만, 제1호에 해당하는 경우에는 형식증명, 제한형식증명 또는 부가형식증명을 취소하여야 한다. 〈개정 2017. 12. 26.〉

1. 거짓이나 그 밖의 부정한 방법으로 형식증명, 제한형식증명 또는 부가형식증명을 받은 경우
2. 항공기등이 형식증명, 제한형식증명 또는 부가형식증명 당시의 항공기기술기준 등에 적합하지 아니하게 된 경우

[제목개정 2017. 12. 26.], 제20조

33 산불진화, 수색구조 등 국토교통부령으로 정하는 특정한 업무에 사용되는 항공기가 항공기기술기준에 적합하고 신청인이 제시한 운용범위에서 안전하게 운항할 수 있음을 입증한 경우 발급되는 증명은?

① 감항증명 ② 형식증명
③ 제한형식증명 ④ 부가형식증명

해설 **항공안전법 제20조(형식증명 등)**

② 국토교통부장관은 제1항에 따른 신청을 받은 경우 해당 항공기등이 항공기기술기준 등에 적합한지를 검사한 후 다음 각 호의 구분에 따른 증명을 하여야 한다. 〈신설 2017. 12. 26.〉

1. 해당 항공기등의 설계가 항공기기술기준에 적합한 경우: 형식증명
2. 신청인이 다음 각 목의 어느 하나에 해당하는 항공기의 설계가 해당 항공기의 업무와 관련된 항공기기술기준에 적합하고 신청인이 제시한 운용범위에서 안전하게 운항할 수 있음을 입증한 경우: 제한형식증명
   가. 산불진화, 수색구조 등 국토교통부령으로 정하는 특정한 업무에 사용되는 항공기(나목의 항공기를 제외한다)
   나. 「군용항공기 비행안전성 인증에 관한 법률」 제4조 제5항 제1호에 따른 형식인증을 받아 제작된 항공기로서 산불진화, 수색구조 등 국토교통부령으로 정하는 특정한 업무를 수행하도록 개조된 항공기

34 소유 및 임차한 항공기를 등록할 수 있는 자는?

① 외국 정부
② 외국의 법인
③ 외국인이 법인 등기사항증명서상의 대표자
④ 외국인이 법인 등기사항증명서상의 임원 수의 3분의 1을 차지하는 법인

해설 **항공안전법 제10조(항공기 등록의 제한)**

① 다음 각 호의 어느 하나에 해당하는 자가 소유하거나 임차한 항공기는 등록할 수 없다. 다만, 대한민국의 국민

정답 33. ③ 34. ④

또는 법인이 임차하여 사용할 수 있는 권리가 있는 항공기는 그러하지 아니하다.
1. 대한민국 국민이 아닌 사람
2. 외국정부 또는 외국의 공공단체
3. 외국의 법인 또는 단체
4. 제1호부터 제3호까지의 어느 하나에 해당하는 자가 주식이나 지분의 2분의 1 이상을 소유하거나 그 사업을 사실상 지배하는 법인(「항공사업법」 제2조 제1호에 따른 항공사업의 목적으로 항공기를 등록하려는 경우로 한정한다)
5. 외국인이 법인 등기사항증명서상의 대표자이거나 외국인이 법인 등기사항증명서상의 임원 수의 2분의 1 이상을 차지하는 법인

② 제1항 단서에도 불구하고 외국 국적을 가진 항공기는 등록할 수 없다.

35 항공안전에 중대한 위해를 끼쳐 항공기사고로 이어질 수 있었던 것으로 정의되는 항공기준사고에 해당하지 않는 것은?

① 항공기의 운항과 관련하여 항공기의 파손 또는 구조적 손상이 발생한 경우
② 항공기의 위치, 속도 및 거리가 다른 항공기와 충돌위험이 있었던 것으로 판단되는 근접비행이 발생한 경우
③ 항공기가 이륙 · 착륙 중 활주로 시단(始端)에 못 미치거나(undershooting) 또는 종단(終端)을 초과한 경우(overrunning)
④ 운항 중 발동기에서 화재가 발생하거나 조종실, 객실이나 화물칸에서 화재 · 연기가 발생한 경우

해설 **항공안전법 제2조(정의)**
9. "항공기준사고"(航空機準事故)란 항공안전에 중대한 위해를 끼쳐 항공기사고로 이어질 수 있었던 것으로서 국토교통부령으로 정하는 것을 말한다.

항공안전법 시행규칙 제9조(항공기준사고의 범위)
법 제2조 제9호에서 "국토교통부령으로 정하는 것"이란 [별표 2]와 같다.
[별표 2] 〈개정 2017. 7. 18.〉, 항공기준사고의 범위(제9조 관련)
1. 항공기의 위치, 속도 및 거리가 다른 항공기와 충돌위험이 있었던 것으로 판단되는 근접비행이 발생한 경우(다른 항공기와의 거리가 500피트 미만으로 근접하였던 경우를 말한다) 또는 경미한 충돌이 있었으나 안전하게 착륙한 경우
2. 항공기가 정상적인 비행 중 지표, 수면 또는 그 밖의 장애물과의 충돌(controlled flight into terrain)을 가까스로 회피한 경우
3. 항공기, 차량, 사람 등이 허가 없이 또는 잘못된 허가로 항공기 이륙 · 착륙을 위해 지정된 보호구역에 진입하여 다른 항공기와 충돌할 뻔한 경우
4. 항공기가 다음 각 목의 장소에서 이륙하거나 이륙을 포기한 경우 또는 착륙하거나 착륙을 시도한 경우
   가. 폐쇄된 활주로 또는 다른 항공기가 사용 중인 활주로
   나. 허가 받지 않은 활주로
   다. 유도로(헬리콥터가 허가를 받고 이륙하거나 이륙을 포기한 경우 또는 착륙하거나 착륙을 시도한 경우는 제외한다)
5. 항공기가 이륙 · 착륙 중 활주로 시단(始端)에 못 미치거나(undershooting) 또는 종단(終端)을 초과한 경우(overrunning) 또는 활주로 옆으로 이탈한 경우(다만, 항공안전장애에 해당하는 사항은 제외한다)
6. 항공기가 이륙 또는 초기 상승 중 규정된 성능에 도달하지 못한 경우
7. 비행 중 운항승무원이 신체, 심리, 정신 등의 영향으로 조종업무를 정상적으로 수행할 수 없는 경우(pilot incapacitation)
8. 조종사가 연료량 또는 연료배분 이상으로 비상선언을 한 경우(연료의 불충분, 소진, 누유 등으로 인한 결핍 또는 사용가능한 연료를 사용할 수 없는 경우를 말한다)
9. 항공기 시스템의 고장, 기상 이상, 항공기 운용한계의 초과 등으로 조종상의 어려움(difficulties in controlling)이 발생했거나 발생할 수 있었던 경우
10. 다음 각 목에 따라 항공기에 중대한 손상이 발견된 경우(항공기사고로 분류된 경우는 제외한다)
   가. 항공기가 지상에서 운항 중 다른 항공기나 장애물, 차량, 장비 또는 동물과 접촉 · 충돌
   나. 비행 중 조류(鳥類), 우박, 그 밖의 물체와 충돌 또는 기상 이상 등
   다. 항공기 이륙 · 착륙 중 날개, 발동기 또는 동체와 지면의 접촉. 다만, tail-skid의 경미한 접촉 등 항공기 이륙 · 착륙에 지장이 없는 경우는 제외한다.
11. 비행 중 비상상황이 발생하여 산소마스크를 사용한 경우
12. 운항 중 항공기 구조상의 결함(aircraft structural failure)이 발생한 경우 또는 터빈발동기의 내부 부품이 외부로 떨어져 나간 경우를 포함하여 터빈발동기의 내부 부품이 분해된 경우(항공기사고로 분류된 경우는 제외한다)
13. 운항 중 발동기에서 화재가 발생하거나 조종실, 객실이나 화물칸에서 화재 · 연기가 발생한 경우(소화기를 사용하여 진화한 경우를 포함한다)
14. 비행 중 비행 유도(flight guidance) 및 항행(navigation)

정답 35. ①

에 필요한 다중(多衆)시스템(redundancy system) 중 2 개 이상의 고장으로 항행에 지장을 준 경우

15. 비행 중 2개 이상의 항공기 시스템 고장이 동시에 발생하여 비행에 심각한 영향을 미치는 경우
16. 운항 중 비의도적으로 항공기 외부의 인양물이나 탑재물이 항공기로부터 분리된 경우 또는 비상조치를 위해 의도적으로 항공기 외부의 인양물이나 탑재물이 항공기로부터 분리한 경우

비고: 항공기준사고 조사결과에 따라 항공기사고 또는 항공안전장애로 재분류할 수 있다.

36 항공정비사 응시자격을 설명한 것으로 올바른 것은?

① 연령제한: 19세 이상

② 항공기술요원 양성과정: 6개월 이상의 항공기 정비실무경력＋항공기술요원을 양성하는 교육기관에서 필요한 교육을 이수할 것

③ 외국정부가 발급한 항공기 형식 한정자격증명을 받은 사람

④ 정비경력 보유: 2년 이상의 항공기 정비업무경력이 있는 사람

해설 **항공안전법 시행규칙 제75조(응시자격)**

[별표 4] 항공종사자 · 경량항공기 조종사 자격증명 응시경력

1) 항공기 종류 한정이 필요한 항공정비사 자격증명을 신청하는 경우에는 다음의 어느 하나에 해당하는 사람
   가) 자격증명을 받으려는 해당 항공기 종류에 대한 6개월 이상의 정비업무경력을 포함하여 4년 이상의 항공기 정비업무경력(자격증명을 받으려는 항공기가 활공기인 경우에는 활공기의 정비와 개조에 대한 경력을 말한다)이 있는 사람
   나) 「고등교육법」에 따른 대학 · 전문대학(다른 법령에서 이와 동등한 수준 이상의 학력이 있다고 인정되는 교육기관을 포함한다) 또는 「학점인정 등에 관한 법률」에 따라 학습하는 곳에서 [별표 5] 제1호에 따른 항공정비사 학과시험의 범위를 포함하는 각 과목을 이수하고, 자격증명을 받으려는 항공기와 동등한 수준 이상의 것에 대하여 교육과정 이수 후의 정비실무경력이 6개월 이상이거나 교육과정 이수 전의 정비실무경력이 1년 이상인 사람
   다) 국토교통부장관이 지정한 전문교육기관에서 해당 항공기 종류에 필요한 과정을 이수한 사람(외국의 전문교육기관으로서 그 외국정부가 인정한 전문교육기관에서 해당 항공기 종류에 필요한 과정을 이수한 사람을 포함한다). 이 경우 항공기의 종류인 비행기 또는 헬리콥터 분야의 정비에 필요한 과정을 이수한 사람은 경량항공기의 종류인 경량비행기 또는 경량헬리콥터 분야의 정비에 필요한 과정을 각각 이수한 것으로 본다.
   라) 외국정부가 발급한 해당 항공기 종류 한정 자격증명을 받은 사람
2) 정비 업무 범위 한정이 필요한 항공정비사 자격증명을 신청하는 경우에는 다음의 어느 하나에 해당하는 사람
   가) 자격증명을 받으려는 정비 업무 분야에서 4년 이상의 정비와 개조의 실무경력이 있는 사람
   나) 자격증명을 받으려는 정비 업무 분야에서 3년 이상의 정비와 개조의 실무경력과 1년 이상의 검사경력이 있는 사람
   다) 고등교육법에 의한 전문대학 이상의 교육기관에서 [별표 5] 제1호에 따른 항공정비사 학과시험의 범위를 포함하는 각 과목을 이수한 사람으로서 해당 정비 업무의 종류에 대한 1년 이상의 정비와 개조의 실무경력이 있는 사람

37 항공기의 운항과 관련하여 발생한 '항공기사고'에 해당되지 않는 것은?

① 사람의 사망, 중상 또는 행방불명

② 항공기의 파손 또는 구조적 손상

③ 항공기의 위치를 확인할 수 없거나 항공기에 접근이 불가능한 경우

④ 항공기가 이륙 또는 초기 상승 중 규정된 성능에 도달하지 못한 경우

해설 **항공안전법 제2조(정의)**

6. "항공기사고"란 사람이 비행을 목적으로 항공기에 탑승하였을 때부터 탑승한 모든 사람이 항공기에서 내릴 때까지[사람이 탑승하지 아니하고 원격조종 등의 방법으로 비행하는 항공기(이하 "무인항공기"라 한다)의 경우에는 비행을 목적으로 움직이는 순간부터 비행이 종료되어 발동기가 정지되는 순간까지를 말한다] 항공기의 운항과 관련하여 발생한 다음 각 목의 어느 하나에 해당하는 것으로서 국토교통부령으로 정하는 것을 말한다.
   가. 사람의 사망, 중상 또는 행방불명
   나. 항공기의 파손 또는 구조적 손상
   다. 항공기의 위치를 확인할 수 없거나 항공기에 접근이 불가능한 경우

정답 36. ② 37. ④

38 항공기등의 설계에 관하여 외국정부로부터 형식증명을 받은 자가 해당 항공기등에 대하여 항공기기술기준에 적합함을 입증 받기 위한 증명은?

① 감항증명 ② 형식증명승인
③ 제한형식증명 ④ 부가형식증명

해설 **항공안전법 제21조(형식증명승인)**

① 항공기등의 설계에 관하여 외국정부로부터 형식증명을 받은 자가 해당 항공기등에 대하여 항공기기술기준에 적합함을 승인(이하 "형식증명승인"이라 한다)받으려는 경우 국토교통부령으로 정하는 바에 따라 항공기등의 형식별로 국토교통부장관에게 형식증명승인을 신청하여야 한다. 다만, 다음 각 호의 어느 하나에 해당하는 항공기의 경우에는 장착된 발동기와 프로펠러를 포함하여 신청할 수 있다. 〈개정 2017. 12. 26.〉
1. 최대이륙중량 5,700킬로그램 이하의 비행기
2. 최대이륙중량 3,175킬로그램 이하의 헬리콥터

② 제1항에도 불구하고 대한민국과 항공기등의 감항성에 관한 항공안전협정을 체결한 국가로부터 형식증명을 받은 제1항 각 호의 항공기 및 그 항공기에 장착된 발동기와 프로펠러의 경우에는 제1항에 따른 형식증명승인을 받은 것으로 본다. 〈신설 2017. 12. 26.〉

③ 국토교통부장관은 형식증명승인을 할 때에는 해당 항공기등(제2항에 따라 형식증명승인을 받은 것으로 보는 항공기 및 그 항공기에 장착된 발동기와 프로펠러는 제외한다)이 항공기기술기준에 적합한지를 검사하여야 한다. 다만, 대한민국과 항공기등의 감항성에 관한 항공안전협정을 체결한 국가로부터 형식증명을 받은 항공기등에 대해서는 해당 협정에서 정하는 바에 따라 검사의 일부를 생략할 수 있다. 〈개정 2017. 12. 26.〉

④ 국토교통부장관은 제3항에 따른 검사 결과 해당 항공기등이 항공기기술기준에 적합하다고 인정하는 경우에는 국토교통부령으로 정하는 바에 따라 형식증명승인서를 발급하여야 한다. 〈개정 2017. 12. 26.〉

⑤ 국토교통부장관은 형식증명 또는 형식증명승인을 받은 항공기등으로서 외국정부로부터 그 설계에 관한 부가형식증명을 받은 사항이 있는 경우에는 국토교통부령으로 정하는 바에 따라 부가적인 형식증명승인(이하 "부가형식증명승인"이라 한다)을 할 수 있다. 〈개정 2017. 12. 26.〉

⑥ 국토교통부장관은 부가형식증명승인을 할 때에는 해당 항공기등이 항공기기술기준에 적합한지를 검사한 후 적합하다고 인정하는 경우에는 국토교통부령으로 정하는 바에 따라 부가형식증명승인서를 발급하여야 한다. 다만, 대한민국과 항공기등의 감항성에 관한 항공안전협정을 체결한 국가로부터 부가형식증명을 받은 사항에 대해서는 해당 협정에서 정하는 바에 따라 검사의 일부를 생략할 수 있다. 〈개정 2017. 12. 26.〉

⑦ 국토교통부장관은 다음 각 호의 어느 하나에 해당하는 경우에는 해당 항공기등에 대한 형식증명승인 또는 부가형식증명승인을 취소하거나 6개월 이내의 기간을 정하여 그 효력의 정지를 명할 수 있다. 다만, 제1호에 해당하는 경우에는 형식증명승인 또는 부가형식증명승인을 취소하여야 한다. 〈개정 2017. 12. 26.〉
1. 거짓이나 그 밖의 부정한 방법으로 형식증명승인 또는 부가형식증명승인을 받은 경우
2. 항공기등이 형식증명승인 또는 부가형식증명승인 당시의 항공기기술기준에 적합하지 아니하게 된 경우

39 항공기가 감항성이 있다는 증명에 대한 내용 중 옳지 않은 것은?

① 감항성 유지능력 등을 고려하여 유효기간을 연장할 수 없다.
② 감항증명의 유효기간은 1년으로 한다.
③ 감항증명은 대한민국 국적을 가진 항공기가 아니면 받을 수 없다.
④ 감항증명은 표준감항증명과 특별감항증명으로 구분된다.

해설 **항공안전법 제23조(감항증명 및 감항성 유지)**

① 항공기가 감항성이 있다는 증명(이하 "감항증명"이라 한다)을 받으려는 자는 국토교통부령으로 정하는 바에 따라 국토교통부장관에게 감항증명을 신청하여야 한다.

② 감항증명은 대한민국 국적을 가진 항공기가 아니면 받을 수 없다. 다만, 국토교통부령으로 정하는 항공기의 경우에는 그러하지 아니하다.

③ 누구든지 다음 각 호의 어느 하나에 해당하는 감항증명을 받지 아니한 항공기를 운항하여서는 아니 된다. 〈개정 2017. 12. 26.〉
1. 표준감항증명: 해당 항공기가 형식증명 또는 형식증명승인에 따라 인가된 설계에 일치하게 제작되고 안전하게 운항할 수 있다고 판단되는 경우에 발급하는 증명
2. 특별감항증명: 해당 항공기가 제한형식증명을 받았거나 항공기의 연구, 개발 등 국토교통부령으로 정하는 경우로서 항공기 제작자 또는 소유자등이 제시한 운용범위를 검토하여 안전하게 운항할 수 있다고 판단되는 경우에 발급하는 증명

④ 국토교통부장관은 제3항 각 호의 어느 하나에 해당하는 감항증명을 하는 경우 국토교통부령으로 정하는 바에 따라 해당 항공기의 설계, 제작과정, 완성 후의 상태와 비행성능에 대하여 검사하고 해당 항공기의 운용한계(運用限界)를 지정하여야 한다.

정답 38. ② 39. ①

⑤ 감항증명의 유효기간은 1년으로 한다. 다만, 항공기의 형식 및 소유자등(제32조 제2항에 따른 위탁을 받은 자를 포함한다)의 감항성 유지능력 등을 고려하여 국토교통부령으로 정하는 바에 따라 유효기간을 연장할 수 있다. 〈개정 2017. 12. 26.〉

40 무자격자의 항공업무 종사 등의 죄에 대한 처벌은?

① 2년 이하의 징역 또는 1천만원 이하의 벌금
② 2년 이하의 징역 또는 2천만원 이하의 벌금
③ 3년 이하의 징역 또는 1천만원 이하의 벌금
④ 3년 이하의 징역 또는 2천만원 이하의 벌금

해설 **항공안전법 제148조(무자격자의 항공업무 종사 등의 죄)**
다음 각 호의 어느 하나에 해당하는 사람은 2년 이하의 징역 또는 2천만 원 이하의 벌금에 처한다. 〈개정 2017. 1. 17., 2021. 5. 18., 2022. 1. 18.〉
1. 제34조를 위반하여 자격증명을 받지 아니하고 항공업무에 종사한 사람
2. 제36조 제2항을 위반하여 그가 받은 자격증명의 종류에 따른 업무범위 외의 업무에 종사한 사람
2의 2. 제39조의 3을 위반한 사람으로서 다음 각 목의 어느 하나에 해당하는 사람
가. 다른 사람에게 자기의 성명을 사용하여 항공업무를 수행하게 하거나 항공종사자 자격증명서를 빌려준 사람
나. 다른 사람의 성명을 사용하여 항공업무를 수행하거나 다른 사람의 항공종사자 자격증명서를 빌린 사람
다. 가목 및 나목의 행위를 알선한 사람
3. 제43조 또는 제47조의 2에 따른 효력정지명령을 위반한 사람
4. 제45조를 위반하여 항공영어구술능력증명을 받지 아니하고 같은 조 제1항 각 호의 어느 하나에 해당하는 업무에 종사한 사람

41 자격증명별 업무 범위에서 사업용 조종사의 업무 범위가 아닌 것은?

① 무상 운항을 하는 항공기를 보수를 받고 조종하는 행위
② 항공기사용사업에 사용하는 항공기를 조종하는 행위
③ 항공운송사업에 사용하는 항공기로 2명의 조종사가 필요한 항공기를 조종하는 행위
④ 기장 외의 조종사로서 항공운송사업에 사용하는 항공기를 조종하는 행위

해설 **항공안전법 [별표] 자격증명별 업무 범위(제36조 제1항 관련)**
사업용 조종사: 항공기에 탑승하여 다음 각 호의 행위를 하는 것
1. 자가용 조종사의 자격을 가진 사람이 할 수 있는 행위
2. 무상으로 운항하는 항공기를 보수를 받고 조종하는 행위
3. 항공기사용사업에 사용하는 항공기를 조종하는 행위
4. 항공운송사업에 사용하는 항공기(1명의 조종사가 필요한 항공기만 해당한다)를 조종하는 행위
5. 기장 외의 조종사로서 항공운송사업에 사용하는 항공기를 조종하는 행위

42 감항증명을 하는 경우 국토교통부령으로 정하는 바에 따라 검사의 일부를 생략할 수 있는 조건에 해당하지 않는 것은?

① 형식증명, 제한형식증명 또는 형식증명승인을 받은 항공기
② 제작증명을 받은 자가 제작한 항공기
③ 항공기를 수출하는 외국정부로부터 감항성이 있다는 승인을 받아 수입하는 항공기
④ 감항검사 유효기간이 1년 미만 남아 있는 항공기

해설 **항공안전법 제23조(감항증명 및 감항성 유지)**
① 항공기가 감항성이 있다는 증명(이하 "감항증명"이라 한다)을 받으려는 자는 국토교통부령으로 정하는 바에 따라 국토교통부장관에게 감항증명을 신청하여야 한다.
② 감항증명은 대한민국 국적을 가진 항공기가 아니면 받을 수 없다. 다만, 국토교통부령으로 정하는 항공기의 경우에는 그러하지 아니하다.
③ 누구든지 다음 각 호의 어느 하나에 해당하는 감항증명을 받지 아니한 항공기를 운항하여서는 아니 된다. 〈개정 2017. 12. 26.〉
1. 표준감항증명: 해당 항공기가 형식증명 또는 형식증명승인에 따라 인가된 설계에 일치하게 제작되고 안전하게 운항할 수 있다고 판단되는 경우에 발급하는 증명
2. 특별감항증명: 해당 항공기가 제한형식증명을 받았거나 항공기의 연구, 개발 등 국토교통부령으로 정하는 경우로서 항공기 제작자 또는 소유자등이 제시한 운용범위를 검토하여 안전하게 운항할 수 있다고 판단되는 경우에 발급하는 증명
④ 국토교통부장관은 제3항 각 호의 어느 하나에 해당하는 감항증명을 하는 경우 국토교통부령으로 정하는 바에 따라 해당 항공기의 설계, 제작과정, 완성 후의 상태와 비행성능에 대하여 검사하고 해당 항공기의 운용한계(運用限界)를 지정하여야 한다. 다만, 다음 각 호의 어

정답 40. ② 41. ③ 42. ④

느 하나에 해당하는 항공기의 경우에는 국토교통부령으로 정하는 바에 따라 검사의 일부를 생략할 수 있다. 〈신설 2017. 12. 26.〉

1. 형식증명, 제한형식증명 또는 형식증명승인을 받은 항공기
2. 제작증명을 받은 자가 제작한 항공기
3. 항공기를 수출하는 외국정부로부터 감항성이 있다는 승인을 받아 수입하는 항공기

⑤ 감항증명의 유효기간은 1년으로 한다. 다만, 항공기의 형식 및 소유자등(제32조 제2항에 따른 위탁을 받은 자를 포함한다)의 감항성 유지능력 등을 고려하여 국토교통부령으로 정하는 바에 따라 유효기간을 연장할 수 있다. 〈개정 2017. 12. 26.〉

⑥ 국토교통부장관은 제4항에 따른 검사 결과 항공기가 감항성이 있다고 판단되는 경우 국토교통부령으로 정하는 바에 따라 감항증명서를 발급하여야 한다. 〈신설 2017. 12. 26.〉

⑦ 국토교통부장관은 다음 각 호의 어느 하나에 해당하는 경우에는 해당 항공기에 대한 감항증명을 취소하거나 6개월 이내의 기간을 정하여 그 효력의 정지를 명할 수 있다. 다만, 제1호에 해당하는 경우에는 감항증명을 취소하여야 한다. 〈개정 2017. 12. 26.〉

1. 거짓이나 그 밖의 부정한 방법으로 감항증명을 받은 경우
2. 항공기가 감항증명 당시의 항공기기술기준에 적합하지 아니하게 된 경우

⑧ 항공기를 운항하려는 소유자등은 국토교통부령으로 정하는 바에 따라 그 항공기의 감항성을 유지하여야 한다. 〈개정 2017. 12. 26.〉

⑨ 국토교통부장관은 제8항에 따라 소유자등이 해당 항공기의 감항성을 유지하는지를 수시로 검사하여야 하며, 항공기의 감항성 유지를 위하여 소유자등에게 항공기등, 장비품 또는 부품에 대한 정비등에 관한 감항성개선 또는 그 밖의 검사 · 정비등을 명할 수 있다. 〈개정 2017. 12. 26.〉

43 국토교통부령으로 정하는 항공기준사고의 범위에 포함되지 않는 것은?

① 비행 중 운항승무원이 신체, 심리, 정신 등의 영향으로 조종업무를 정상적으로 수행할 수 없는 경우(pilot incapacitation)
② 조종사가 연료량 또는 연료배분 이상으로 비상선언을 한 경우
③ 비행 중 비상상황이 발생하여 산소마스크를 사용한 경우
④ 항공기의 파손 또는 구조적 손상이 발생한 경우

해설 **항공안전법 시행규칙 제9조(항공기준사고의 범위)**

항공안전법 시행규칙 제9조 [별표 2] "항공기준사고"란 항공기사고 외에 항공기사고로 발전할 수 있었던 것으로서 국토교통부령으로 정하는 것을 말하며, "국토교통부령으로 정하는 것"이란 다음과 같다.

1. 항공기의 위치, 속도 및 거리가 다른 항공기와 충돌위험이 있었던 것으로 판단되는 근접비행이 발생한 경우(다른 항공기와의 거리가 500피트 미만으로 근접하였던 경우를 말한다) 또는 경미한 충돌이 있었으나 안전하게 착륙한 경우
2. 항공기가 정상적인 비행 중 지표, 수면 또는 그 밖의 장애물과의 충돌(controlled flight into terrain)을 가까스로 회피한 경우
3. 항공기, 차량, 사람 등이 허가 없이 또는 잘못된 허가로 항공기 이륙 · 착륙을 위해 지정된 보호구역에 진입하여 다른 항공기와 충돌할 뻔한 경우
4. 항공기가 다음 각 목의 장소에서 이륙하거나 이륙을 포기한 경우 또는 착륙하거나 착륙을 시도한 경우
   가. 폐쇄된 활주로 또는 다른 항공기가 사용 중인 활주로
   나. 허가 받지 않은 활주로
   다. 유도로(헬리콥터가 허가를 받고 이륙하거나 이륙을 포기한 경우 또는 착륙하거나 착륙을 시도한 경우는 제외한다)
5. 항공기가 이륙 · 착륙 중 활주로 시단(始端)에 못 미치거나(undershooting) 또는 종단(終端)을 초과한 경우(overrunning) 또는 활주로 옆으로 이탈한 경우(다만, 항공안전장애에 해당하는 사항은 제외한다)
6. 항공기가 이륙 또는 초기 상승 중 규정된 성능에 도달하지 못한 경우
7. 비행 중 운항승무원이 신체, 심리, 정신 등의 영향으로 조종업무를 정상적으로 수행할 수 없는 경우(pilot incapacitation)
8. 조종사가 연료량 또는 연료배분 이상으로 비상선언을 한 경우(연료의 불충분, 소진, 누유 등으로 인한 결핍 또는 사용가능한 연료를 사용할 수 없는 경우를 말한다)
9. 항공기 시스템의 고장, 기상 이상, 항공기 운용한계의 초과 등으로 조종상의 어려움(difficulties in controlling)이 발생했거나 발생할 수 있었던 경우
10. 다음 각 목에 따라 항공기에 중대한 손상이 발견된 경우(항공기사고로 분류된 경우는 제외한다)
   가. 항공기가 지상에서 운항 중 다른 항공기나 장애물, 차량, 장비 또는 동물과 접촉 · 충돌
   나. 비행 중 조류(鳥類), 우박, 그 밖의 물체와 충돌 또는 기상 이상 등
   다. 항공기 이륙 · 착륙 중 날개, 발동기 또는 동체와 지면

정답 43. ④

의 접촉. 다만, tail-skid의 경미한 접촉 등 항공기 이륙 · 착륙에 지장이 없는 경우는 제외한다.

11. 비행 중 비상상황이 발생하여 산소마스크를 사용한 경우
12. 운항 중 항공기 구조상의 결함(aircraft structural failure)이 발생한 경우 또는 터빈발동기의 내부 부품이 외부로 떨어져 나간 경우를 포함하여 터빈발동기의 내부 부품이 분해된 경우(항공기사고로 분류된 경우는 제외한다)
13. 운항 중 발동기에서 화재가 발생하거나 조종실, 객실이나 화물칸에서 화재 · 연기가 발생한 경우(소화기를 사용하여 진화한 경우를 포함한다)
14. 비행 중 비행 유도(flight guidance) 및 항행(navigation)에 필요한 다중(多衆)시스템(redundancy system) 중 2개 이상의 고장으로 항행에 지장을 준 경우
15. 비행 중 2개 이상의 항공기 시스템 고장이 동시에 발생하여 비행에 심각한 영향을 미치는 경우
16. 운항 중 비의도적으로 항공기 외부의 인양물이나 탑재물이 항공기로부터 분리된 경우 또는 비상조치를 위해 의도적으로 항공기 외부의 인양물이나 탑재물이 항공기로부터 분리한 경우

44 항공기의 안전운항을 위한 운항기술기준에 포함되는 내용이 아닌 것은?

① 자격증명
② 항공훈련기관
③ 항공기 등록 및 등록부호 표시
④ 정비기술교범

해설 **항공안전법 제77조(항공기의 안전운항을 위한 운항기술기준)**

① 국토교통부장관은 항공기 안전운항을 확보하기 위하여 이 법과 「국제민간항공협약」 및 같은 협약 부속서에서 정한 범위에서 다음 각 호의 사항이 포함된 운항기술기준을 정하여 고시할 수 있다.
1. 자격증명
2. 항공훈련기관
3. 항공기 등록 및 등록부호 표시
4. 항공기 감항성
5. 정비조직인증기준
6. 항공기 계기 및 장비
7. 항공기 운항
8. 항공운송사업의 운항증명 및 관리
9. 그 밖에 안전운항을 위하여 필요한 사항으로서 국토교통부령으로 정하는 사항

② 소유자등 및 항공종사자는 제1항에 따른 운항기술기준을 준수하여야 한다.

45 항공안전법 제1장 총칙에서 정의하고 있는 항공기관련 용어로 올바르지 않은 것은?

① 항공기란 공기의 반작용으로 뜰 수 있는 기기로서 국토교통부령으로 정하는 기준에 해당하는 비행기, 헬리콥터, 비행선, 활공기를 말한다.
② 경량항공기란 항공기 외에 공기의 반작용으로 뜰 수 있는 기기로서 국토교통부령으로 정하는 기준에 해당하는 비행기, 헬리콥터, 자이로플레인 및 동력패러슈트 등을 말한다.
③ 초경량비행장치란 경량 항공기 외에 상공에서 공기의 반작용으로 뜰 수 있는 장치로서 국토교통부령으로 정하는 기준에 해당하는 동력비행장치, 행글라이더, 패러글라이더, 기구류 및 무인비행장치 등을 말한다.
④ 국가기관 등 항공기란 국가, 지방자치단체, 그 밖에 공공기관의 운영에 관한 법률에 따른 공공기관으로서 대통령령으로 정하는 공공기관이 소유하거나 임차한 항공기로 군용 · 경찰용 · 세관용 항공기 등이 해당한다.

해설 **항공안전법 제2조(정의)**

1. "항공기"란 공기의 반작용(지표면 또는 수면에 대한 공기의 반작용은 제외한다. 이하 같다)으로 뜰 수 있는 기기로서 최대이륙중량, 좌석 수 등 국토교통부령으로 정하는 기준에 해당하는 다음 각 목의 기기와 그 밖에 대통령령으로 정하는 기기를 말한다.
   가. 비행기
   나. 헬리콥터
   다. 비행선
   라. 활공기(滑空機)
2. "경량항공기"란 항공기 외에 공기의 반작용으로 뜰 수 있는 기기로서 최대이륙중량, 좌석 수 등 국토교통부령으로 정하는 기준에 해당하는 비행기, 헬리콥터, 자이로플레인(gyroplane) 및 동력패러슈트(powered parachute) 등을 말한다.
3. "초경량비행장치"란 항공기와 경량항공기 외에 공기의 반작용으로 뜰 수 있는 장치로서 자체중량, 좌석 수 등 국토교통부령으로 정하는 기준에 해당하는 동력비행장치, 행글라이더, 패러글라이더, 기구류 및 무인비행장치 등을 말한다.

정답 44. ④ 45. ④

4. "국가기관등항공기"란 국가, 지방자치단체, 그 밖에 「공공기관의 운영에 관한 법률」에 따른 공공기관으로서 대통령령으로 정하는 공공기관(이하 "국가기관등"이라 한다)이 소유하거나 임차(賃借)한 항공기로서 다음 각 목의 어느 하나에 해당하는 업무를 수행하기 위하여 사용되는 항공기를 말한다. 다만, 군용·경찰용·세관용 항공기는 제외한다.
가. 재난·재해 등으로 인한 수색(搜索)·구조
나. 산불의 진화 및 예방
다. 응급환자의 후송 등 구조·구급활동
라. 그 밖에 공공의 안녕과 질서유지를 위하여 필요한 업무

46 감항증명을 받으려는 자가 감항증명 신청 시 첨부해야 할 서류가 아닌 것은?

① 비행교범
② 정비교범
③ 제작증명
④ 감항증명과 관련하여 국토교통부장관이 필요하다고 인정하여 고시하는 서류

해설 **항공안전법 시행규칙 제35조(감항증명의 신청)**
① 법 제23조 제1항에 따라 감항증명을 받으려는 자는 별지 제13호서식의 항공기 표준감항증명 신청서 또는 별지 제14호서식의 항공기 특별감항증명 신청서에 다음 각 호의 서류를 첨부하여 국토교통부장관 또는 지방항공청장에게 제출하여야 한다.
1. 비행교범
2. 정비교범
3. 그 밖에 감항증명과 관련하여 국토교통부장관이 필요하다고 인정하여 고시하는 서류
② 제1항 제1호에 따른 비행교범에는 다음 각 호의 사항이 포함되어야 한다.
1. 항공기의 종류·등급·형식 및 제원(諸元)에 관한 사항
2. 항공기 성능 및 운용한계에 관한 사항
3. 항공기 조작방법 등 그 밖에 국토교통부장관이 정하여 고시하는 사항
③ 제1항 제2호에 따른 정비교범에는 다음 각 호의 사항이 포함되어야 한다. 다만, 장비품·부품 등의 사용한계 등에 관한 사항은 정비교범 외에 별도로 발행할 수 있다.
1. 감항성 한계범위, 주기적 검사 방법 또는 요건, 장비품·부품 등의 사용한계 등에 관한 사항
2. 항공기 계통별 설명, 분해, 세척, 검사, 수리 및 조립절차, 성능점검 등에 관한 사항
3. 지상에서의 항공기 취급, 연료·오일 등의 보충, 세척 및 윤활 등에 관한 사항

47 항공기사고, 항공기준사고 분류 시 항공기준사고에 해당하는 것은 어느 것인가?

① 사람의 사망, 중상 또는 행방불명
② 항공기의 파손 또는 구조적 손상
③ 장애물과의 충돌을 가까스로 회피
④ 항공기의 위치를 확인할 수 없거나 항공기에 접근이 불가능한 경우

해설 **항공안전법 제2조(정의)**
6. "항공기사고"란 사람이 비행을 목적으로 항공기에 탑승하였을 때부터 탑승한 모든 사람이 항공기에서 내릴 때까지[사람이 탑승하지 아니하고 원격조종 등의 방법으로 비행하는 항공기(이하 "무인항공기"라 한다)의 경우에는 비행을 목적으로 움직이는 순간부터 비행이 종료되어 발동기가 정지되는 순간까지를 말한다] 항공기의 운항과 관련하여 발생한 다음 각 목의 어느 하나에 해당하는 것으로서 국토교통부령으로 정하는 것을 말한다.
가. 사람의 사망, 중상 또는 행방불명
나. 항공기의 파손 또는 구조적 손상
다. 항공기의 위치를 확인할 수 없거나 항공기에 접근이 불가능한 경우

48 항공기의 운항 안전에 대하여 책임을 지는 기장의 권한으로 틀린 것은?

① 항공기의 운항 안전에 대하여 책임을 지는 사람은 그 항공기의 승무원을 지휘·감독한다.
② 기장은 국토교통부령으로 정하는 바에 따라 항공기의 운항에 필요한 준비가 끝난 것을 확인한 후가 아니면 항공기를 출발시켜서는 아니 된다.
③ 기장은 항공기나 여객에 위난(危難)이 발생하였거나 발생할 우려가 있다고 인정될 때에는 항공기에 있는 여객에게 피난방법과 그 밖에 안전에 관하여 필요한 사항을 명할 수 있다.
④ 기장은 항공기사고, 항공기 준사고 또는 항공안전장애가 발생하였을 때에는 즉시 항공기 소유자에게 그 사실을 보고하여야 한다.

정답 46. ③ 47. ③ 48. ④

해설 항공안전법 제62조(기장의 권한 등)

① 항공기의 운항 안전에 대하여 책임을 지는 사람(이하 "기장"이라 한다)은 그 항공기의 승무원을 지휘 · 감독한다.
② 기장은 국토교통부령으로 정하는 바에 따라 항공기의 운항에 필요한 준비가 끝난 것을 확인한 후가 아니면 항공기를 출발시켜서는 아니 된다.
③ 기장은 항공기나 여객에 위난(危難)이 발생하였거나 발생할 우려가 있다고 인정될 때에는 항공기에 있는 여객에게 피난방법과 그 밖에 안전에 관하여 필요한 사항을 명할 수 있다.
④ 기장은 운항 중 그 항공기에 위난이 발생하였을 때에는 여객을 구조하고, 지상 또는 수상(水上)에 있는 사람이나 물건에 대한 위난 방지에 필요한 수단을 마련하여야 하며, 여객과 그 밖에 항공기에 있는 사람을 그 항공기에서 나가게 한 후가 아니면 항공기를 떠나서는 아니 된다.
⑤ 기장은 항공기사고, 항공기준사고 또는 항공안전장애가 발생하였을 때에는 국토교통부령으로 정하는 바에 따라 국토교통부장관에게 그 사실을 보고하여야 한다. 다만, 기장이 보고할 수 없는 경우에는 그 항공기의 소유자등이 보고를 하여야 한다.
⑥ 기장은 다른 항공기에서 항공기사고, 항공기준사고 또는 항공안전장애가 발생한 것을 알았을 때에는 국토교통부령으로 정하는 바에 따라 국토교통부장관에게 그 사실을 보고하여야 한다. 다만, 무선설비를 통하여 그 사실을 안 경우에는 그러하지 아니하다.
⑦ 항공종사자 등 이해관계인이 제59조 제1항에 따라 보고한 경우에는 제5항 본문 및 제6항 본문은 적용하지 아니한다.

49 소유하거나 임차한 항공기 등록을 위한 제한사항에 해당하지 않는 것은?

① 대한민국 국민이 아닌 사람
② 외국정부 또는 외국의 공공단체
③ 내국인이 법인 등기사항증명서상의 대표자이거나 내국인이 법인 등기사항증명서상의 임원 수의 2분의 1 이상을 차지하는 법인
④ 대한민국 국민이 아닌 사람이 주식이나 지분의 2분의 1 이상을 소유하거나 그 사업을 사실상 지배하는 법인

해설 항공안전법 제10조(항공기 등록의 제한)

① 다음 각 호의 어느 하나에 해당하는 자가 소유하거나 임차한 항공기는 등록할 수 없다. 다만, 대한민국의 국민 또는 법인이 임차하여 사용할 수 있는 권리가 있는 항공기는 그러하지 아니하다.
1. 대한민국 국민이 아닌 사람
2. 외국정부 또는 외국의 공공단체
3. 외국의 법인 또는 단체
4. 제1호부터 제3호까지의 어느 하나에 해당하는 자가 주식이나 지분의 2분의 1 이상을 소유하거나 그 사업을 사실상 지배하는 법인(「항공사업법」 제2조 제1호에 따른 항공사업의 목적으로 항공기를 등록하려는 경우로 한정한다)
5. 외국인이 법인 등기사항증명서상의 대표자이거나 외국인이 법인 등기사항증명서상의 임원 수의 2분의 1 이상을 차지하는 법인

② 제1항 단서에도 불구하고 외국 국적을 가진 항공기는 등록할 수 없다.

50 국토교통부령으로 정하는 바에 따라 감항증명 검사의 일부를 생략할 수 있는 경우가 아닌 것은?

① 항공기가 감항증명 당시의 항공기기술기준에 적합하지 아니하게 된 항공기
② 형식증명, 제한형식증명 또는 형식증명승인을 받은 항공기
③ 제작증명을 받은 자가 제작한 항공기
④ 항공기를 수출하는 외국정부로부터 감항성이 있다는 승인을 받아 수입하는 항공기

해설 항공안전법 제23조(감항증명 및 감항성 유지)

① 항공기가 감항성이 있다는 증명(이하 "감항증명"이라 한다)을 받으려는 자는 국토교통부령으로 정하는 바에 따라 국토교통부장관에게 감항증명을 신청하여야 한다.
② 감항증명은 대한민국 국적을 가진 항공기가 아니면 받을 수 없다. 다만, 국토교통부령으로 정하는 항공기의 경우에는 그러하지 아니하다.
③ 누구든지 다음 각 호의 어느 하나에 해당하는 감항증명을 받지 아니한 항공기를 운항하여서는 아니 된다. 〈개정 2017. 12. 26.〉
1. 표준감항증명: 해당 항공기가 형식증명 또는 형식증명승인에 따라 인가된 설계에 일치하게 제작되고 안전하게 운항할 수 있다고 판단되는 경우에 발급하는 증명
2. 특별감항증명: 해당 항공기가 제한형식증명을 받았거나 항공기의 연구, 개발 등 국토교통부령으로 정하는 경우로서 항공기 제작자 또는 소유자등이 제시한 운용범위를 검토하여 안전하게 운항할 수 있다고 판단되는 경우에 발급하는 증명

정답 49. ③ 50. ①

④ 국토교통부장관은 제3항 각 호의 어느 하나에 해당하는 감항증명을 하는 경우 국토교통부령으로 정하는 바에 따라 해당 항공기의 설계, 제작과정, 완성 후의 상태와 비행성능에 대하여 검사하고 해당 항공기의 운용한계(運用限界)를 지정하여야 한다. 다만, 다음 각 호의 어느 하나에 해당하는 항공기의 경우에는 국토교통부령으로 정하는 바에 따라 검사의 일부를 생략할 수 있다. 〈신설 2017. 12. 26.〉
1. 형식증명, 제한형식증명 또는 형식증명승인을 받은 항공기
2. 제작증명을 받은 자가 제작한 항공기
3. 항공기를 수출하는 외국정부로부터 감항성이 있다는 승인을 받아 수입하는 항공기

⑤ 감항증명의 유효기간은 1년으로 한다. 다만, 항공기의 형식 및 소유자등(제32조 제2항에 따른 위탁을 받은 자를 포함한다)의 감항성 유지능력 등을 고려하여 국토교통부령으로 정하는 바에 따라 유효기간을 연장할 수 있다. 〈개정 2017. 12. 26.〉

⑥ 국토교통부장관은 제4항에 따른 검사 결과 항공기가 감항성이 있다고 판단되는 경우 국토교통부령으로 정하는 바에 따라 감항증명서를 발급하여야 한다. 〈신설 2017. 12. 26.〉

⑦ 국토교통부장관은 다음 각 호의 어느 하나에 해당하는 경우에는 해당 항공기에 대한 감항증명을 취소하거나 6개월 이내의 기간을 정하여 그 효력의 정지를 명할 수 있다. 다만, 제1호에 해당하는 경우에는 감항증명을 취소하여야 한다. 〈개정 2017. 12. 26.〉
1. 거짓이나 그 밖의 부정한 방법으로 감항증명을 받은 경우
2. 항공기가 감항증명 당시의 항공기기술기준에 적합하지 아니하게 된 경우

⑧ 항공기를 운항하려는 소유자등은 국토교통부령으로 정하는 바에 따라 그 항공기의 감항성을 유지하여야 한다. 〈개정 2017. 12. 26.〉

⑨ 국토교통부장관은 제8항에 따라 소유자등이 해당 항공기의 감항성을 유지하는지를 수시로 검사하여야 하며, 항공기의 감항성 유지를 위하여 소유자등에게 항공기등, 장비품 또는 부품에 대한 정비등에 관한 감항성개선 또는 그 밖의 검사·정비등을 명할 수 있다. 〈개정 2017. 12. 26.〉

51 소유자등이 등록사항 변경 시, '항공기 변경등록'을 해야 하는 경우가 아닌 것은?

① 항공기의 정치장이 변경된 경우
② 소유자의 성명 또는 명칭과 주소 및 국적이 변경된 경우
③ 임차인 · 임대인의 성명 또는 명칭과 주소 및 국적이 변경된 경우
④ 항공기의 소유권 또는 임차권을 양도 또는 양수하려는 경우

해설 **항공안전법 제11조(항공기 등록사항)**

① 국토교통부장관은 제7조에 따라 항공기를 등록한 경우에는 항공기 등록원부(登錄原簿)에 다음 각 호의 사항을 기록하여야 한다.
1. 항공기의 형식
2. 항공기의 제작자
3. 항공기의 제작번호
4. 항공기의 정치장(定置場)
5. 소유자 또는 임차인 · 임대인의 성명 또는 명칭과 주소 및 국적
6. 등록 연월일
7. 등록기호

항공안전법 제13조(항공기 변경등록)

소유자등은 제11조 제1항 제4호 또는 제5호의 등록사항이 변경되었을 때에는 그 변경된 날부터 15일 이내에 대통령령으로 정하는 바에 따라 국토교통부장관에게 변경등록을 신청하여야 한다.

52 국토교통부장관에게 등록을 하여야 하는 경우에 해당하는 것은?

① 군 또는 세관에서 사용하거나 경찰업무에 사용하는 항공기
② 외국에 임대할 목적으로 도입한 항공기로서 외국 국적을 취득할 항공기
③ 국내에서 제작한 항공기로서 제작자 외의 소유자가 결정되지 아니한 항공기
④ 소유하거나 임차하여 항공기를 사용할 수 있는 권리가 있는 항공기

해설 **항공안전법 제7조(항공기 등록)**

① 항공기를 소유하거나 임차하여 항공기를 사용할 수 있는 권리가 있는 자(이하 "소유자등"이라 한다)는 항공기를 대통령령으로 정하는 바에 따라 국토교통부장관에게 등록을 하여야 한다. 다만, 대통령령으로 정하는 항공기는 그러하지 아니하다. 〈개정 2020. 6. 9.〉

② 제90조 제1항에 따른 운항증명을 받은 국내항공운송사업자 또는 국제항공운송사업자가 제1항에 따라 항공기를 등록하려는 경우에는 해당 항공기의 안전한 운항을 위하여 국토교통부령으로 정하는 바에 따라 필요한 정비인력을 갖추어야 한다. 〈신설 2020. 6. 9.〉

정답 51. ④ 52. ④

항공안전법 시행령 제4조(등록을 필요로 하지 않는 항공기의 범위)

법 제7조 제1항 단서에서 "대통령령으로 정하는 항공기"란 다음 각 호의 항공기를 말한다. 〈개정 2021. 11. 16.〉

1. 군 또는 세관에서 사용하거나 경찰업무에 사용하는 항공기
2. 외국에 임대할 목적으로 도입한 항공기로서 외국 국적을 취득할 항공기
3. 국내에서 제작한 항공기로서 제작자 외의 소유자가 결정되지 아니한 항공기
4. 외국에 등록된 항공기를 임차하여 법 제5조에 따라 운영하는 경우 그 항공기
5. 항공기 제작자나 항공기 관련 연구기관이 연구 · 개발 중인 항공기

53 국토교통부령으로 정하는 기준에 해당하는 경량항공기의 대상이 아닌 것은?

① 비행기 ② 헬리콥터
③ 자이로플레인 ④ 행글라이더

해설 **항공안전법 제2조(정의)**

2. "경량항공기"란 항공기 외에 공기의 반작용으로 뜰 수 있는 기기로서 최대이륙중량, 좌석 수 등 국토교통부령으로 정하는 기준에 해당하는 비행기, 헬리콥터, 자이로플레인(gyroplane) 및 동력패러슈트(powered parachute) 등을 말한다.
3. "초경량비행장치"란 항공기와 경량항공기 외에 공기의 반작용으로 뜰 수 있는 장치로서 자체중량, 좌석 수 등 국토교통부령으로 정하는 기준에 해당하는 동력비행장치, 행글라이더, 패러글라이더, 기구류 및 무인비행장치 등을 말한다.

54 항공기 등에 발생한 고장, 결함 또는 기능장애(항공안전장애)로 96시간 이내에 의무 보고해야 하는 경우가 아닌 것은?

① 제작사가 제공하는 기술자료에 따른 최대허용범위를 초과한 항공기 구조의 균열
② 영구적인 변형이나 부식이 발생한 경우
③ 대수리가 요구되는 항공기 구조 손상이 발생한 경우
④ 항공안전을 해치거나 해칠 우려가 있는 사건 · 상황 · 상태 등을 발생시킨 경우

해설 **항공안전법 제33조(항공기 등에 발생한 고장, 결함 또는 기능장애 보고 의무)**

① 형식증명, 부가형식증명, 제작증명, 기술표준품형식승인 또는 부품등제작자증명을 받은 자는 그가 제작하거나 인증을 받은 항공기등, 장비품 또는 부품이 설계 또는 제작의 결함으로 인하여 국토교통부령으로 정하는 고장, 결함 또는 기능장애가 발생한 것을 알게 된 경우에는 국토교통부령으로 정하는 바에 따라 국토교통부장관에게 그 사실을 보고하여야 한다.
② 항공운송사업자, 항공기사용사업자 등 대통령령으로 정하는 소유자등 또는 제97조 제1항에 따른 정비조직인증을 받은 자는 항공기를 운영하거나 정비하는 중에 국토교통부령으로 정하는 고장, 결함 또는 기능장애가 발생한 것을 알게 된 경우에는 국토교통부령으로 정하는 바에 따라 국토교통부장관에게 그 사실을 보고하여야 한다.

항공안전법 시행규칙 제74조(항공기 등에 발생한 고장, 결함 또는 기능장애 보고)

① 법 제33조 제1항 및 제2항에서 "국토교통부령으로 정하는 고장, 결함 또는 기능장애"란 [별표 20의 2] 제5호에 따른 의무보고 대상 항공안전장애(이하 "고장등"이라 한다)를 말한다. 〈개정 2020. 2. 28.〉
② 법 제33조 제1항 및 제2항에 따라 고장등이 발생한 사실을 보고할 때에는 별지 제34호서식의 고장 · 결함 · 기능장애 보고서 또는 국토교통부장관이 정하는 전자적인 보고방법에 따라야 한다.
③ 제2항에 따른 보고는 고장등이 발생한 것을 알게 된 때([별표 20의 2] 제5호 마목 및 바목의 의무보고 대상 항공안전장애인 경우에는 보고 대상으로 확인된 때를 말한다)부터 96시간 이내(해당 기간에 포함된 토요일 및 법정공휴일에 해당하는 시간은 제외한다)에 해야 한다. 〈개정 2019. 9. 23., 2020. 2. 28.〉

[별표 20의 2] 〈개정 2020. 12. 10.〉, 의무보고 대상 항공안전장애의 범위(제134조 관련)

5. 항공기 화재 및 고장
   마. 제작사가 제공하는 기술자료에 따른 최대허용범위(제작사가 기술자료를 제공하지 않는 경우에는 법 제19조에 따라 고시한 항공기기술기준에 따른 최대허용범위를 말한다)를 초과한 항공기 구조의 균열, 영구적인 변형이나 부식이 발생한 경우
   바. 대수리가 요구되는 항공기 구조 손상이 발생한 경우

항공안전법 제61조(항공안전 자율보고)

① 누구든지 제59조제1항에 따른 의무보고 대상 항공안전장애 외의 항공안전장애(이하 "자율보고대상 항공안전장애"라 한다)를 발생시켰거나 발생한 것을 알게 된 경우 또는 항공안전위해요인이 발생한 것을 알게 되거나 발생

정답 53. ④ 54. ④

이 의심되는 경우에는 국토교통부령으로 정하는 바에 따라 그 사실을 국토교통부장관에게 보고할 수 있다. 〈개정 2019. 8. 27.〉

② 국토교통부장관은 제1항에 따른 보고(이하 "항공안전 자율보고"라 한다)를 통하여 접수한 내용을 이 법에 따른 경우를 제외하고는 제3자에게 제공하거나 일반에게 공개해서는 아니 된다.〈개정 2019. 8. 27.〉

③ 누구든지 항공안전 자율보고를 한 사람에 대하여 이를 이유로 해고 · 전보 · 징계 · 부당한 대우 또는 그 밖에 신분이나 처우와 관련하여 불이익한 조치를 해서는 아니 된다.

④ 국토교통부장관은 자율보고대상 항공안전장애 또는 항공안전위해요인을 발생시킨 사람이 그 발생일부터 10일 이내에 항공안전 자율보고를 한 경우에는 고의 또는 중대한 과실로 발생시킨 경우에 해당하지 아니하면 이 법 및 「공항시설법」에 따른 처분을 하여서는 아니 된다. 〈개정 2019. 8. 27., 2020. 6. 9.〉

⑤ 제1항부터 제4항까지에서 규정한 사항 외에 항공안전 자율보고에 포함되어야 할 사항, 보고 방법 및 절차 등은 국토교통부령으로 정한다.

55 항공안전장애에 해당하지 않는 것은?

① 항공기가 주기(駐機) 중 다른 항공기나 장애물, 차량, 장비 또는 동물 등과 접촉 · 충돌한 경우

② 운항 중 발동기에서 화재가 발생하거나 조종실, 객실이나 화물칸에서 화재 · 연기가 발생한 경우(소화기를 사용하여 진화한 경우를 포함한다)

③ 화재경보시스템이 작동한 경우. 다만, 탑승자의 일시적 흡연, 스프레이 분사, 수증기 등의 요인으로 화재경보시스템이 작동된 것으로 확인된 경우는 제외

④ 운항 중 항공기가 조류와 충돌 · 접촉한 경우

해설 **항공안전법 제2조(정의)**

10. "항공안전장애"란 항공기사고 및 항공기준사고 외에 항공기의 운항 등과 관련하여 항공안전에 영향을 미치거나 미칠 우려가 있는 것을 말한다.

항공안전법 시행규칙 제10조(항공안전장애의 범위)

법 제2조 제10호에서 "국토교통부령으로 정하는 것"이란 [별표 20의 2]과 같다.(교재 p. 48, 항공안전법 시행규칙 제134조 [별표 20의 2] 의무보고 대상 항공안전장애의 범위 참조)

56 항공기의 감항분류에 따른 항공기의 운용한계에 해당하지 않는 것은?

① 속도에 관한 사항

② 발동기 운용성능에 관한 사항

③ 승강률에 관한 사항

④ 중량 및 무게중심에 관한 사항

해설 **항공안전법 시행규칙 제39조(항공기의 운용한계 지정)**

① 국토교통부장관 또는 지방항공청장은 법 제23조 제4항 각 호 외의 부분 본문에 따라 감항증명을 하는 경우에는 항공기기술기준에서 정한 항공기의 감항분류에 따라 다음 각 호의 사항에 대하여 항공기의 운용한계를 지정하여야 한다. 〈개정 2018. 6. 27.〉

1. 속도에 관한 사항
2. 발동기 운용성능에 관한 사항
3. 중량 및 무게중심에 관한 사항
4. 고도에 관한 사항
5. 그 밖에 성능한계에 관한 사항

② 국토교통부장관 또는 지방항공청장은 제1항에 따라 운용한계를 지정하였을 때에는 별지 제18호서식의 운용한계 지정서를 항공기의 소유자등에게 발급하여야 한다.

57 항공기 등록기호표의 부착에 관한 설명으로 옳지 않은 것은?

① 강철 등 내화금속(耐火金屬)으로 된 등록기호표 사용

② 항공기에 출입구가 있는 경우: 항공기 주(主)출입구 윗부분의 안쪽

③ 주 날개에 표시하는 경우: 오른쪽 날개 윗면과 왼쪽 날개 아랫면

④ 국적기호 및 등록기호와 소유자등의 명칭 기록

해설 **항공안전법 시행규칙 제12조(등록기호표의 부착)**

① 항공기를 소유하거나 임차하여 사용할 수 있는 권리가 있는 자(이하 "소유자등"이라 한다)가 항공기를 등록한 경우에는 법 제17조 제1항에 따라 강철 등 내화금속(耐火金屬)으로 된 등록기호표(가로 7센티미터 세로 5센티미터의 직사각형)를 다음 각 호의 구분에 따라 보기 쉬운 곳에 붙여야 한다.

1. 항공기에 출입구가 있는 경우: 항공기 주(主)출입구 윗부분의 안쪽

정답 55. ② 56. ③ 57. ③

2. 항공기에 출입구가 없는 경우: 항공기 동체의 외부 표면

② 제1항의 등록기호표에는 국적기호 및 등록기호와 소유자등의 명칭을 적어야 한다.

58 항공기의 운항과 관련하여 발생한 항공기사고 중 항공기의 파손 또는 구조적 손상의 범위로 보지 않는 것은?

① 우박 또는 조류와 충돌 등에 따른 경미한 손상[레이돔(radome)의 구멍을 포함한다]
② 항공기에서 발동기가 떨어져 나간 경우
③ 레이돔(radome)이 파손되거나 떨어져 나가면서 항공기의 동체 구조 또는 시스템에 중대한 손상을 준 경우
④ 항공기 내부의 감압 또는 여압을 조절하지 못하게 되는 구조적 손상이 발생한 경우

해설 **항공안전법 제2조(정의)**

6. "항공기사고"란 사람이 비행을 목적으로 항공기에 탑승하였을 때부터 탑승한 모든 사람이 항공기에서 내릴 때까지[사람이 탑승하지 아니하고 원격조종 등의 방법으로 비행하는 항공기(이하 "무인항공기"라 한다)의 경우에는 비행을 목적으로 움직이는 순간부터 비행이 종료되어 발동기가 정지되는 순간까지를 말한다] 항공기의 운항과 관련하여 발생한 다음 각 목의 어느 하나에 해당하는 것으로서 국토교통부령으로 정하는 것을 말한다.
   가. 사람의 사망, 중상 또는 행방불명
   나. 항공기의 파손 또는 구조적 손상
   다. 항공기의 위치를 확인할 수 없거나 항공기에 접근이 불가능한 경우

항공안전법 시행규칙 제8조(항공기의 파손 또는 구조적 손상의 범위)

법 제2조 제6호 나목에서 "항공기의 파손 또는 구조적 손상"이란 [별표 1]의 항공기의 손상 · 파손 또는 구조상의 결함으로 항공기 구조물의 강도, 항공기의 성능 또는 비행특성에 악영향을 미쳐 대수리 또는 해당 구성품(component)의 교체가 요구되는 것을 말한다.

항공안전법 시행규칙 [별표 1] 항공기의 손상 · 파손 또는 구조상의 결함(제8조 관련)

1. 다음 각 목의 어느 하나에 해당되는 경우에는 항공기의 중대한 손상 · 파손 및 구조상의 결함으로 본다.
   가. 항공기에서 발동기가 떨어져 나간 경우
   나. 발동기의 덮개 또는 역추진장치 구성품이 떨어져 나가면서 항공기를 손상시킨 경우
   다. 압축기, 터빈블레이드 및 그 밖에 다른 발동기 구성품이 발동기 덮개를 관통한 경우. 다만, 발동기의 배기구를 통해 유출된 경우는 제외한다.
   라. 레이돔(radome)이 파손되거나 떨어져 나가면서 항공기의 동체 구조 또는 시스템에 중대한 손상을 준 경우
   마. 플랩(flap), 슬랫(slat) 등 고양력장치(高揚力裝置) 및 윙렛(winglet)이 손실된 경우. 다만, 외형변경목록(Configuration Deviation List)을 적용하여 항공기를 비행에 투입할 수 있는 경우는 제외한다.
   바. 바퀴다리(landing gear leg)가 완전히 펴지지 않았거나 바퀴(wheel)가 나오지 않은 상태에서 착륙하여 항공기의 표피가 손상된 경우. 다만, 간단한 수리를 하여 항공기가 비행할 수 있는 경우는 제외한다.
   사. 항공기 내부의 감압 또는 여압을 조절하지 못하게 되는 구조적 손상이 발생한 경우
   아. 항공기준사고 또는 항공안전장애 등의 발생에 따라 항공기를 점검한 결과 심각한 손상이 발견된 경우
   자. 비상탈출로 중상자가 발생했거나 항공기가 심각한 손상을 입은 경우
   차. 그 밖에 가목부터 자목까지의 경우와 유사한 항공기의 손상 · 파손 또는 구조상의 결함이 발생한 경우
2. 제1호에 해당하는 경우에도 다음 각 목의 어느 하나에 해당하는 경우에는 항공기의 중대한 손상 · 파손 및 구조상의 결함으로 보지 아니한다.
   가. 덮개와 부품(accessory)을 포함하여 한 개의 발동기의 고장 또는 손상
   나. 프로펠러, 날개 끝(wing tip), 안테나, 프로브(probe), 베인(vane), 타이어, 브레이크, 바퀴, 페어링(faring), 패널(panel), 착륙장치 덮개, 방풍창 및 항공기 표피의 손상
   다. 주회전익, 꼬리회전익 및 착륙장치의 경미한 손상
   라. 우박 또는 조류와 충돌 등에 따른 경미한 손상[레이돔(radome)의 구멍을 포함한다]

59 주류등의 영향으로 항공업무 또는 객실승무원의 업무를 정상적으로 수행할 수 없는 상태의 기준에 포함되지 않는 것은?

① 항공종사자가 항공업무 종료 후 주류 등을 섭취한 경우
② 주정성분이 있는 음료의 섭취로 혈중알코올농도가 0.02퍼센트 이상인 경우
③ 「마약류 관리에 관한 법률」 제2조 제1호에 따른 마약류를 사용한 경우

정답 58. ① 59. ①

④ 「화학물질관리법」 제22조 제1항에 따른 환각물질을 사용한 경우

해설 항공안전법 제57조(주류등의 섭취 · 사용 제한)

① 항공종사자(제46조에 따른 항공기 조종연습 및 제47조에 따른 항공교통관제연습을 하는 사람을 포함한다. 이하 이 조에서 같다) 및 객실승무원은 「주세법」 제3조 제1호에 따른 주류, 「마약류 관리에 관한 법률」 제2조 제1호에 따른 마약류 또는 「화학물질관리법」 제22조 제1항에 따른 환각물질 등(이하 "주류등"이라 한다)의 영향으로 항공업무(제46조에 따른 항공기 조종연습 및 제47조에 따른 항공교통관제연습을 포함한다. 이하 이 조에서 같다) 또는 객실승무원의 업무를 정상적으로 수행할 수 없는 상태에서는 항공업무 또는 객실승무원의 업무에 종사해서는 아니 된다.

② 항공종사자 및 객실승무원은 항공업무 또는 객실승무원의 업무에 종사하는 동안에는 주류등을 섭취하거나 사용해서는 아니 된다.

③ 국토교통부장관은 항공안전과 위험 방지를 위하여 필요하다고 인정하거나 항공종사자 및 객실승무원이 제1항 또는 제2항을 위반하여 항공업무 또는 객실승무원의 업무를 하였다고 인정할 만한 상당한 이유가 있을 때에는 주류 등의 섭취 및 사용 여부를 호흡측정기 검사 등의 방법으로 측정할 수 있으며, 항공종사자 및 객실승무원은 이러한 측정에 따라야 한다. 〈개정 2020. 6. 9.〉

④ 국토교통부장관은 항공종사자 또는 객실승무원이 제3항에 따른 측정 결과에 불복하면 그 항공종사자 또는 객실승무원의 동의를 받아 혈액 채취 또는 소변 검사 등의 방법으로 주류등의 섭취 및 사용 여부를 다시 측정할 수 있다.

⑤ 주류등의 영향으로 항공업무 또는 객실승무원의 업무를 정상적으로 수행할 수 없는 상태의 기준은 다음 각 호와 같다.

1. 주정성분이 있는 음료의 섭취로 혈중알코올농도가 0.02퍼센트 이상인 경우
2. 「마약류 관리에 관한 법률」 제2조 제1호에 따른 마약류를 사용한 경우
3. 「화학물질관리법」 제22조 제1항에 따른 환각물질을 사용한 경우

⑥ 제1항부터 제5항까지의 규정에 따라 주류등의 종류 및 그 측정에 필요한 세부 절차 및 측정기록의 관리 등에 필요한 사항은 국토교통부령으로 정한다.

60 우리나라에서 제작, 운항 또는 정비등을 한 항공기등, 장비품 또는 부품을 타인에게 제공하려는 자가 받아야 하는 증명은?

① 형식증명 ② 형식증명승인
③ 감항증명 ④ 감항승인

해설 항공안전법 제24조(감항승인)

① 우리나라에서 제작, 운항 또는 정비등을 한 항공기등, 장비품 또는 부품을 타인에게 제공하려는 자는 국토교통부령으로 정하는 바에 따라 국토교통부장관의 감항승인을 받을 수 있다.

② 국토교통부장관은 제1항에 따른 감항승인을 할 때에는 해당 항공기등, 장비품 또는 부품이 항공기기술기준 또는 제27조 제1항에 따른 기술표준품의 형식승인기준에 적합하고, 안전하게 운용할 수 있다고 판단하는 경우에는 감항승인을 하여야 한다.

③ 국토교통부장관은 다음 각 호의 어느 하나에 해당하는 경우에는 제2항에 따른 감항승인을 취소하거나 6개월 이내의 기간을 정하여 그 효력의 정지를 명할 수 있다. 다만, 제1호에 해당하는 경우에는 그 감항승인을 취소하여야 한다.

1. 거짓이나 그 밖의 부정한 방법으로 감항승인을 받은 경우
2. 항공기등, 장비품 또는 부품이 감항승인 당시의 항공기기술기준 또는 제27조 제1항에 따른 기술표준품의 형식승인기준에 적합하지 아니하게 된 경우

61 제작증명서의 신청 시 첨부해야 하는 서류에 해당하지 않는 것은?

① 품질관리규정
② 제작하려는 항공기등의 제작 방법 및 기술 등을 설명하는 자료
③ 재고관리 및 재고관리의 체계
④ 제작 설비 및 인력 현황

해설 항공안전법 시행규칙 제32조(제작증명의 신청)

① 법 제22조 제1항에 따라 제작증명을 받으려는 자는 별지 제11호서식의 제작증명 신청서를 국토교통부장관에게 제출하여야 한다.

② 제1항에 따른 신청서에는 다음 각 호의 서류를 첨부하여야 한다.

1. 품질관리규정
2. 제작하려는 항공기등의 제작 방법 및 기술 등을 설명하는 자료

정답 60. ④ 61. ③

3. 제작 설비 및 인력 현황
4. 품질관리 및 품질검사의 체계(이하 "품질관리체계"라 한다)를 설명하는 자료
5. 제작하려는 항공기등의 감항성 유지 및 관리체계(이하 "제작관리체계"라 한다)를 설명하는 자료

③ 제2항 제1호에 따른 품질관리규정에 담아야 할 세부내용, 같은 항 제4호 및 제5호에 따른 품질관리체계 및 제작관리체계에 대한 세부적인 기준은 국토교통부장관이 정하여 고시한다.

62 항공기 말소등록에 대한 설명으로 올바르지 않은 것은?

① 항공기의 소유자 또는 임차인의 성명 또는 명칭과 주소 및 국적이 변경된 경우
② 임차기간의 만료 등으로 항공기를 사용할 수 있는 권리가 상실된 경우
③ 항공기가 멸실되었거나 항공기를 해체한 경우
④ 항공기의 존재 여부를 1개월 이상 확인할 수 없는 경우

해설 **항공안전법 제15조(항공기 말소등록)**

① 소유자등은 등록된 항공기가 다음 각 호의 어느 하나에 해당하는 경우에는 그 사유가 있는 날부터 15일 이내에 대통령령으로 정하는 바에 따라 국토교통부장관에게 말소등록을 신청하여야 한다.
1. 항공기가 멸실(滅失)되었거나 항공기를 해체(정비등, 수송 또는 보관하기 위한 해체는 제외한다)한 경우
2. 항공기의 존재 여부를 1개월(항공기사고인 경우에는 2개월) 이상 확인할 수 없는 경우
3. 제10조 제1항 각 호의 어느 하나에 해당하는 자에게 항공기를 양도하거나 임대(외국 국적을 취득하는 경우만 해당한다)한 경우
4. 임차기간의 만료 등으로 항공기를 사용할 수 있는 권리가 상실된 경우

② 제1항에 따라 소유자등이 말소등록을 신청하지 아니하면 국토교통부장관은 7일 이상의 기간을 정하여 말소등록을 신청할 것을 최고(催告)하여야 한다.

③ 제2항에 따른 최고를 한 후에도 소유자등이 말소등록을 신청하지 아니하면 국토교통부장관은 직권으로 등록을 말소하고, 그 사실을 소유자등 및 그 밖의 이해관계인에게 알려야 한다.

63 국토교통부령으로 정하는 바에 따라 그 항공기가 제19조(항공기기술기준) 제2호의 소음기준에 적합한지에 대하여 국토교통부장관의 증명을 받아야 하는 대상은?

① 형식증명을 받는 경우
② 형식증명승인을 받는 경우
③ 제작증명을 받는 경우
④ 감항증명을 받는 경우

해설 **항공안전법 제25조(소음기준적합증명)**

① 국토교통부령으로 정하는 항공기의 소유자등은 감항증명을 받는 경우와 수리·개조 등으로 항공기의 소음치(騷音値)가 변동된 경우에는 국토교통부령으로 정하는 바에 따라 그 항공기가 제19조 제2호의 소음기준에 적합한지에 대하여 국토교통부장관의 증명(이하 "소음기준적합증명"이라 한다)을 받아야 한다.

② 소음기준적합증명을 받지 아니하거나 항공기기술기준에 적합하지 아니한 항공기를 운항해서는 아니 된다. 다만, 국토교통부령으로 정하는 바에 따라 국토교통부장관의 운항허가를 받은 경우에는 그러하지 아니하다.

③ 국토교통부장관은 다음 각 호의 어느 하나에 해당하는 경우에는 소음기준적합증명을 취소하거나 6개월 이내의 기간을 정하여 그 효력의 정지를 명할 수 있다. 다만, 제1호에 해당하는 경우에는 소음기준적합증명을 취소하여야 한다.
1. 거짓이나 그 밖의 부정한 방법으로 소음기준적합증명을 받은 경우
2. 항공기가 소음기준적합증명 당시의 항공기기술기준에 적합하지 아니하게 된 경우

64 대통령령으로 정하는 공공기관이 소유하거나 임차한 항공기인 '국가기관등항공기'에 포함되는 것은?

① 소방 항공기 ② 공군 전투기
③ 경찰 항공기 ④ 세관 항공기

해설 **항공안전법 제2조(정의)**

4. "국가기관등항공기"란 국가, 지방자치단체 그 밖에 「공공기관의 운영에 관한 법률」에 따른 공공기관으로서 대통령령으로 정하는 공공기관이 소유하거나 임차한 항공기로서 다음 각 목의 어느 하나에 해당하는 업무를 수행하기 위하여 사용되는 항공기를 말한다. 다만, 군용·경찰용·세관용 항공기는 제외한다.
가. 재난·재해 등으로 인한 수색·구조

정답 62. ① 63. ④ 64. ①

나. 산불의 진화 및 예방
다. 응급환자의 후송 등 구조·구급 활동
라. 그 밖에 공공의 안녕과 질서유지를 위하여 필요한 업무

65 항공기의 운항과 관련하여 발생한 '항공기사고'에 해당하지 않는 것은?

① 사람의 사망, 중상 또는 행방불명
② 항공기의 파손 또는 구조적 손상
③ 항공기의 위치를 확인할 수 없거나 항공기에 접근이 불가능한 경우
④ 항공기가 장애물과의 충돌을 가까스로 회피한 경우

해설 **항공안전법 제2조(정의)**

6. "항공기사고"란 사람이 비행을 목적으로 항공기에 탑승하였을 때부터 탑승한 모든 사람이 항공기에서 내릴 때까지[사람이 탑승하지 아니하고 원격조종 등의 방법으로 비행하는 항공기(이하 "무인항공기"라 한다)의 경우에는 비행을 목적으로 움직이는 순간부터 비행이 종료되어 발동기가 정지되는 순간까지를 말한다] 항공기의 운항과 관련하여 발생한 다음 각 목의 어느 하나에 해당하는 것으로서 국토교통부령으로 정하는 것을 말한다.
가. 사람의 사망, 중상 또는 행방불명
나. 항공기의 파손 또는 구조적 손상
다. 항공기의 위치를 확인할 수 없거나 항공기에 접근이 불가능한 경우

66 항공기 등록기호 표시에 관한 설명으로 옳지 않은 것은?

① 주 날개에 표시하는 경우: 오른쪽 날개 윗면과 왼쪽 날개 아랫면
② 헬리콥터의 경우에는 동체 윗면
③ 꼬리 날개에 표시하는 경우: 수직 꼬리 날개의 양쪽 면
④ 동체에 표시하는 경우: 주 날개와 꼬리 날개 사이에 있는 동체의 양쪽 면

해설 **항공안전법 시행규칙 제14조(등록부호의 표시위치 등)**

등록부호의 표시위치 및 방법은 다음 각 호의 구분에 따른다.
1. 비행기와 활공기의 경우에는 주 날개와 꼬리 날개 또는 주 날개와 동체에 다음 각 목의 구분에 따라 표시하여야 한다.
가. 주 날개에 표시하는 경우: 오른쪽 날개 윗면과 왼쪽 날개 아랫면에 주 날개의 앞 끝과 뒤 끝에서 같은 거리에 위치하도록 하고, 등록부호의 윗부분이 주 날개의 앞 끝을 향하게 표시할 것. 다만, 각 기호는 보조 날개와 플랩에 걸쳐서는 아니 된다.
나. 꼬리 날개에 표시하는 경우: 수직 꼬리 날개의 양쪽 면에, 꼬리 날개의 앞 끝과 뒤 끝에서 5센티미터 이상 떨어지도록 수평 또는 수직으로 표시할 것
다. 동체에 표시하는 경우: 주 날개와 꼬리 날개 사이에 있는 동체의 양쪽 면의 수평안정판 바로 앞에 수평 또는 수직으로 표시할 것
2. 헬리콥터의 경우에는 동체 아랫면과 동체 옆면에 다음 각 목의 구분에 따라 표시하여야 한다.
가. 동체 아랫면에 표시하는 경우: 동체의 최대 횡단면 부근에 등록부호의 윗부분이 동체 좌측을 향하게 표시할 것
나. 동체 옆면에 표시하는 경우: 주 회전익 축과 보조 회전익 축 사이의 동체 또는 동력장치가 있는 부근의 양 측면에 수평 또는 수직으로 표시할 것
3. 비행선의 경우에는 선체 또는 수평안정판과 수직안정판에 다음 각 목의 구분에 따라 표시하여야 한다.
가. 선체에 표시하는 경우: 대칭축과 직교하는 최대 횡단면 부근의 윗면과 양 옆면에 표시할 것
나. 수평안정판에 표시하는 경우: 오른쪽 윗면과 왼쪽 아랫면에 등록부호의 윗부분이 수평안정판의 앞 끝을 향하게 표시할 것
다. 수직안정판에 표시하는 경우: 수직안정판의 양쪽면 아랫부분에 수평으로 표시할 것

67 항공기 등록원부 기록사항에 포함되지 않는 것은?

① 항공기의 형식
② 항공기의 제작자
③ 소유자 또는 임차인·임대인의 성명 또는 명칭과 주소 및 국적
④ 항공기의 제작기간

해설 **항공안전법 제11조(항공기 등록사항)**

① 국토교통부장관은 제7조에 따라 항공기를 등록한 경우에는 항공기 등록원부(登錄原簿)에 다음 각 호의 사항을 기록하여야 한다.
1. 항공기의 형식
2. 항공기의 제작자
3. 항공기의 제작번호
4. 항공기의 정치장(定置場)
5. 소유자 또는 임차인·임대인의 성명 또는 명칭과 주소 및 국적

정답 65. ④ 66. ② 67. ④

6. 등록 연월일
7. 등록기호

② 제1항에서 규정한 사항 외에 항공기의 등록에 필요한 사항은 대통령령으로 정한다.

68 "항공기의 연구, 개발 등 국토교통부령으로 정하는 경우"인 특별감항증명의 대상에 포함되지 않는 것은?

① 항공기 및 관련 기기의 개발과 관련된 조종사 양성을 위하여 조종연습에 사용하는 경우
② 정비 · 수리 또는 개조를 위한 장소까지 승객 · 화물을 싣지 아니하고 비행하는 경우
③ 「항공사업법」 제54조 및 제55조에 따른 허가를 받은 자가 사용하는 외국 국적의 항공기
④ 무인항공기를 운항하는 경우

해설 **항공안전법 제23조(감항증명 및 감항성 유지) 제3항의 2**
특별감항증명: 해당 항공기가 제한형식증명을 받았거나 항공기의 연구, 개발 등 국토교통부령으로 정하는 경우로서 항공기 제작자 또는 소유자등이 제시한 운용범위를 검토하여 안전하게 운항할 수 있다고 판단되는 경우에 발급하는 증명

항공안전법 시행규칙 제37조(특별감항증명의 대상)
법 제23조 제3항 제2호에서 "항공기의 연구, 개발 등 국토교통부령으로 정하는 경우"란 다음 각 호의 어느 하나에 해당하는 경우를 말한다. 〈개정 2018 .3. 23., 2020. 12. 10., 2022. 6. 8.〉

1. 항공기 및 관련 기기의 개발과 관련된 다음 각 목의 어느 하나에 해당하는 경우
   가. 항공기 제작자 및 항공기 관련 연구기관 등이 연구 · 개발 중인 경우
   나. 판매 · 홍보 · 전시 · 시장조사 등에 활용하는 경우
   다. 조종사 양성을 위하여 조종연습에 사용하는 경우
2. 항공기의 제작 · 정비 · 수리 · 개조 및 수입 · 수출 등과 관련한 다음 각 목의 어느 하나에 해당하는 경우
   가. 제작 · 정비 · 수리 또는 개조 후 시험비행을 하는 경우
   나. 정비 · 수리 또는 개조(이하 "정비등"이라 한다)를 위한 장소까지 승객 · 화물을 싣지 아니하고 비행하는 경우
   다. 수입하거나 수출하기 위하여 승객 · 화물을 싣지 아니하고 비행하는 경우
   라. 설계에 관한 형식증명을 변경하기 위하여 운용한계를 초과하는 시험비행을 하는 경우
   마. 삭제 〈2018. 3. 23.〉
3. 무인항공기를 운항하는 경우
4. 제20조 제2항 각 호의 업무를 수행하기 위하여 사용되는 경우
   가. 삭제 〈2022. 6. 8.〉
   나. 삭제 〈2022. 6. 8.〉
   다. 삭제 〈2022. 6. 8.〉
   라. 삭제 〈2022. 6. 8.〉
   마. 삭제 〈2022. 6. 8.〉
   바. 삭제 〈2022. 6. 8.〉
   사. 삭제 〈2022. 6. 8.〉
   아. 삭제 〈2022. 6. 8.〉
5. 제1호부터 제4호까지 외에 공공의 안녕과 질서유지를 위한 업무를 수행하는 경우로서 국토교통부장관이 인정하는 경우

69 국토교통부령으로 정하는 기준에 해당하는 초경량비행장치는?

① 자이로플레인(gyroplane)
② 무인비행장치
③ 동력패러슈트(powered parachute)
④ 헬리콥터

해설 **항공안전법 제2조(정의)**

2. "경량항공기"란 항공기 외에 공기의 반작용으로 뜰 수 있는 기기로서 최대이륙중량, 좌석 수 등 국토교통부령으로 정하는 기준에 해당하는 비행기, 헬리콥터, 자이로플레인(gyroplane) 및 동력패러슈트(powered parachute) 등을 말한다.
3. "초경량비행장치"란 항공기와 경량항공기 외에 공기의 반작용으로 뜰 수 있는 장치로서 자체중량, 좌석 수 등 국토교통부령으로 정하는 기준에 해당하는 동력비행장치, 행글라이더, 패러글라이더, 기구류 및 무인비행장치 등을 말한다.

70 항공기등의 감항성을 확보하기 위하여 국토교통부장관이 정하여 고시하는 장비품을 설계 · 제작하려는 자가 받아야 하는 것은?

① 형식증명
② 감항증명
③ 기술표준품형식승인
④ 부품등제작자증명

정답 68. ③ 69. ② 70. ③

해설 **항공안전법 제27조(기술표준품 형식승인)**

① 항공기등의 감항성을 확보하기 위하여 국토교통부장관이 정하여 고시하는 장비품(시험 또는 연구 · 개발 목적으로 설계 · 제작하는 경우는 제외한다. 이하 "기술표준품"이라 한다)을 설계 · 제작하려는 자는 국토교통부장관이 정하여 고시하는 기술표준품의 형식승인기준(이하 "기술표준품형식승인기준"이라 한다)에 따라 해당 기술표준품의 설계 · 제작에 대하여 국토교통부장관의 승인(이하 "기술표준품형식승인"이라 한다)을 받아야 한다. 다만, 대한민국과 기술표준품의 형식승인에 관한 항공안전협정을 체결한 국가로부터 형식승인을 받은 기술표준품으로서 국토교통부령으로 정하는 기술표준품은 기술표준품형식승인을 받은 것으로 본다.

② 국토교통부장관은 기술표준품형식승인을 할 때에는 기술표준품의 설계 · 제작에 대하여 기술표준품형식승인기준에 적합한지를 검사한 후 적합하다고 인정하는 경우에는 국토교통부령으로 정하는 바에 따라 기술표준품형식승인서를 발급하여야 한다.

③ 누구든지 기술표준품형식승인을 받지 아니한 기술표준품을 제작 · 판매하거나 항공기등에 사용해서는 아니 된다.

④ 국토교통부장관은 다음 각 호의 어느 하나에 해당하는 경우에는 해당 기술표준품형식승인을 취소하거나 6개월 이내의 기간을 정하여 그 효력의 정지를 명할 수 있다. 다만, 제1호에 해당하는 경우에는 기술표준품형식승인을 취소하여야 한다.

1. 거짓이나 그 밖의 부정한 방법으로 기술표준품형식승인을 받은 경우
2. 기술표준품이 기술표준품형식승인 당시의 기술표준품형식승인기준에 적합하지 아니하게 된 경우

71 국토교통부령으로 정하는 기준에 해당하는 초경량비행장치에 해당하는 것은?

① 동력패러슈트 ② 행글라이더
③ 헬리콥터 ④ 자이로플레인

해설 **항공안전법 제2조(정의)**

3. "초경량비행장치"란 항공기와 경량항공기 외에 공기의 반작용으로 뜰 수 있는 장치로서 자체중량, 좌석 수 등 국토교통부령으로 정하는 기준에 해당하는 동력비행장치, 행글라이더, 패러글라이더, 기구류 및 무인비행장치 등을 말한다.

72 감항증명을 위한 검사의 일부 생략 조건에 대한 설명으로 알맞지 않은 것은?

① 형식증명 또는 제한형식증명을 받은 항공기: 설계에 대한 검사
② 수입 항공기(신규로 생산되어 수입하는 완제기(完製機)만 해당한다): 제작과정에 대한 검사
③ 형식증명승인을 받은 항공기: 설계에 대한 검사와 제작과정에 대한 검사
④ 제작증명을 받은 자가 제작한 항공기: 제작과정에 대한 검사

해설 **항공안전법 시행규칙 제40조(감항증명을 위한 검사의 일부 생략)**

법 제23조 제4항 단서에 따라 감항증명을 할 때 생략할 수 있는 검사는 다음 각 호의 구분에 따른다. 〈개정 2018. 6. 27.〉

1. 법 제20조 제2항에 따른 형식증명 또는 제한형식증명을 받은 항공기: 설계에 대한 검사
2. 법 제21조 제1항에 따른 형식증명승인을 받은 항공기: 설계에 대한 검사와 제작과정에 대한 검사
3. 법 제22조 제1항에 따른 제작증명을 받은 자가 제작한 항공기: 제작과정에 대한 검사
4. 법 제23조 제4항 제3호에 따른 수입 항공기(신규로 생산되어 수입하는 완제기(完製機)만 해당한다): 비행성능에 대한 검사

73 사유가 있는 날부터 15일 이내에 말소등록을 하지 않아도 되는 경우는?

① 항공기가 멸실(滅失)된 경우
② 정비작업을 위하여 해체된 항공기의 경우
③ 항공기를 양도하거나 임대하여 외국 국적을 취득하는 경우
④ 항공기사고로 항공기 존재 여부를 2개월 이상 확인할 수 없는 경우

해설 **항공안전법 제15조(항공기 말소등록)**

① 소유자등은 등록된 항공기가 다음 각 호의 어느 하나에 해당하는 경우에는 그 사유가 있는 날부터 15일 이내에 대통령령으로 정하는 바에 따라 국토교통부장관에게 말소등록을 신청하여야 한다.

1. 항공기가 멸실(滅失)되었거나 항공기를 해체(정비등, 수송 또는 보관하기 위한 해체는 제외한다)한 경우
2. 항공기의 존재 여부를 1개월(항공기사고인 경우에는 2개월) 이상 확인할 수 없는 경우
3. 제10조 제1항 각 호의 어느 하나에 해당하는 자에게 항공기를 양도하거나 임대(외국 국적을 취득하는 경우만 해당한다)한 경우

정답 71. ② 72. ② 73. ②

4. 임차기간의 만료 등으로 항공기를 사용할 수 있는 권리가 상실된 경우

② 제1항에 따라 소유자등이 말소등록을 신청하지 아니하면 국토교통부장관은 7일 이상의 기간을 정하여 말소등록을 신청할 것을 최고(催告)하여야 한다.

③ 제2항에 따른 최고를 한 후에도 소유자등이 말소등록을 신청하지 아니하면 국토교통부장관은 직권으로 등록을 말소하고, 그 사실을 소유자등 및 그 밖의 이해관계인에게 알려야 한다.

74 항공안전법 제2조 정의 중 최대이륙중량, 좌석 수 등 국토교통부령으로 정하는 '경량항공기'의 기준에 해당하지 않는 것은?

① 최대이륙중량이 600킬로그램 이하
② 접을 수 있는 착륙장치를 장착
③ 조종사 좌석을 포함한 탑승 좌석이 2개 이하
④ 조종석은 여압(與壓)이 되지 아니할 것

해설 **항공안전법 시행규칙 제4조(경량항공기의 기준)**

법 제2조 제2호에서 "최대이륙중량, 좌석 수 등 국토교통부령으로 정하는 기준에 해당하는 비행기, 헬리콥터, 자이로플레인(gyroplane) 및 동력패러슈트(powered parachute) 등"이란 법 제2조 제3호에 따른 초경량비행장치에 해당하지 않는 것으로서 다음 각 호의 기준을 모두 충족하는 비행기, 헬리콥터, 자이로플레인 및 동력패러슈트를 말한다. 〈개정 2021. 8. 27., 2022. 12. 9.〉

1. 최대이륙중량이 600킬로그램(수상비행에 사용하는 경우에는 650킬로그램) 이하일 것
2. 최대 실속속도[실속(失速: 비행기를 띄우는 양력이 급격히 떨어지는 현상을 말한다. 이하 같다)이 발생할 수 있는 속도를 말한다] 또는 최소 정상비행속도가 45노트 이하일 것
3. 조종사 좌석을 포함한 탑승 좌석이 2개 이하일 것
4. 단발(單發) 왕복발동기 또는 전기모터(전기 공급원으로부터 충전받은 전기에너지 또는 수소를 사용하여 발생시킨 전기에너지를 동력원으로 사용하는 것을 말한다)를 장착할 것
5. 조종석은 여압(기내 공기 압력을 지상과 가깝게 조절·유지하는 것을 말한다)이 되지 아니할 것
6. 비행 중에 프로펠러의 각도를 조정할 수 없을 것
7. 고정된 착륙장치가 있을 것. 다만, 수상비행에 사용하는 경우에는 고정된 착륙장치 외에 접을 수 있는 착륙장치를 장착할 수 있다.

75 국토교통부령으로 정하는 '항공안전장애'에 대한 설명으로 맞는 것은?

① 항공기의 운항과 관련하여 발생한 사람의 사망, 중상 또는 행방불명
② 항공기의 운항과 관련하여 발생한 항공기의 파손 또는 구조적 손상
③ 항공기의 운항 등과 관련하여 항공안전에 영향을 미치거나 미칠 우려가 있었던 것
④ 항공기의 위치를 확인할 수 없거나 항공기에 접근이 불가능한 경우

해설 **항공안전법 제2조(정의)**

10. "항공안전장애"란 항공기사고 및 항공기준사고 외에 항공기의 운항 등과 관련하여 항공안전에 영향을 미치거나 미칠 우려가 있는 것을 말한다.

76 항공기 감항증명에 대한 설명으로 틀린 것은?

① 대한민국 국적을 가진 항공기가 아니면 받을 수 없다.
② 감항증명의 유효기간은 2년으로 한다.
③ 검사한 후 국토교통부령으로 정하는 바에 따라 해당 항공기의 운용한계(運用限界)를 지정하여야 한다.
④ 감항증명은 표준감항증명과 특별감항증명으로 구분한다.

해설 **항공안전법 제23조(감항증명 및 감항성 유지)**

① 항공기가 감항성이 있다는 증명(이하 "감항증명"이라 한다)을 받으려는 자는 국토교통부령으로 정하 는 바에 따라 국토교통부장관에게 감항증명을 신청하여야 한다.

② 감항증명은 대한민국 국적을 가진 항공기가 아니면 받을 수 없다. 다만, 국토교통부령으로 정하는 항공기의 경우에는 그러하지 아니하다.

③ 누구든지 다음 각 호의 어느 하나에 해당하는 감항증명을 받지 아니한 항공기를 운항해서는 아니 된다.

1. 표준감항증명: 해당 항공기가 항공기기술기준에 적합하고 안전하게 운항할 수 있다고 판단되는 경우에 발급하는 증명
2. 특별감항증명: 항공기의 연구, 개발 등 국토교통부령으로 정하는 경우로서 항공기 제작자 또는 소유자등이 제시한 운용범위를 검토하여 안전하게 운항할 수 있다고 판단되는 경우에 발급하는 증명

④ 감항증명의 유효기간은 1년으로 한다. 다만, 항공기의 형식 및 소유자등(제32조 제2항에 따른 위탁을 받은 자를 포함한다)의 감항성 유지능력 등을 고려하여 국토교통부령으로 정하는 바에 따라 유효기간을 연장할 수 있다.

정답 74. ② 75. ③ 76. ②

⑤ 국토교통부장관은 제3항 각 호의 어느 하나에 해당하는 감항증명을 하는 경우에는 항공기가 항공기기술기준에 적합한지를 검사한 후 국토교통부령으로 정하는 바에 따라 해당 항공기의 운용한계(運用限界)를 지정하여야 한다. 이 경우 다음 각 호의 어느 하나에 해당하는 항공기의 경우에는 국토교통부령로 정하는 바에 따라 항공기기술기준 적합 여부 검사의 일부를 생략할 수 있다.
1. 형식증명 또는 형식증명승인을 받은 항공기
2. 제작증명을 받은 자가 제작한 항공기
3. 항공기를 수출하는 외국정부로부터 감항성이 있다는 승인을 받아 수입하는 항공기

⑥ 국토교통부장관은 다음 각 호의 어느 하나에 해당하는 경우에는 해당 항공기에 대한 감항증명을 취소하거나 6개월 이내의 기간을 정하여 그 효력의 정지를 명할 수 있다. 다만, 제1호에 해당하는 경우에는 감항증명을 취소하여야 한다.
1. 거짓이나 그 밖의 부정한 방법으로 감항증명을 받은 경우
2. 항공기가 감항증명 당시의 항공기기술기준에 적합하지 아니하게 된 경우

⑦ 항공기를 운항하려는 소유자등은 국토교통부령으로 정하는 바에 따라 그 항공기의 감항성을 유지하여야 한다.

⑧ 국토교통부장관은 제7항에 따라 소유자등이 해당 항공기의 감항성을 유지하는지를 수시로 검사하여야 하며, 항공기의 감항성 유지를 위하여 소유자등에게 항공기등, 장비품 또는 부품에 대한 정비등에 관한 감항성개선 또는 그 밖의 검사·정비등을 명할 수 있다.

77 항공기등에 사용할 장비품 또는 부품을 제작하려는 자가 받아야 하는 증명은?

① 형식증명
② 감항증명
③ 기술표준품형식승인
④ 부품등제작자증명

해설 **항공안전법 제28조(부품등제작자증명)**

① 항공기등에 사용할 장비품 또는 부품을 제작하려는 자는 국토교통부령으로 정하는 바에 따라 항공기기술기준에 적합하게 장비품 또는 부품을 제작할 수 있는 인력, 설비, 기술 및 검사체계 등을 갖추고 있는지에 대하여 국토교통부장관의 증명(이하 "부품등제작자증명"이라 한다)을 받아야 한다. 다만, 다음 각 호의 어느 하나에 해당하는 장비품 또는 부품을 제작하려는 경우에는 그러하지 아니하다.
1. 형식증명 또는 부가형식증명 당시 또는 형식증명승인 또는 부가형식증명승인 당시 장착되었던 장비품 또는 부품의 제작자가 제작하는 같은 종류의 장비품 또는 부품
2. 기술표준품형식승인을 받아 제작하는 기술표준품
3. 그 밖에 국토교통부령으로 정하는 장비품 또는 부품

② 국토교통부장관은 부품등제작자증명을 할 때에는 항공기기술기준에 적합하게 장비품 또는 부품을 제작할 수 있는지를 검사한 후 적합하다고 인정하는 경우에는 국토교통부령으로 정하는 바에 따라 부품등제작자증명서를 발급하여야 한다.

③ 누구든지 부품등제작자증명을 받지 아니한 장비품 또는 부품을 제작·판매하거나 항공기등 또는 장비품에 사용해서는 아니 된다.

④ 대한민국과 항공안전협정을 체결한 국가로부터 부품등제작자증명을 받은 경우에는 부품등제작자증명을 받은 것으로 본다.

⑤ 국토교통부장관은 다음 각 호의 어느 하나에 해당하는 경우에는 부품등제작자증명을 취소하거나 6개월 이내의 기간을 정하여 그 효력의 정지를 명할 수 있다. 다만, 제1호에 해당하는 경우에는 부품등제작자증명을 취소하여야 한다.
1. 거짓이나 그 밖의 부정한 방법으로 부품등제작자증명을 받은 경우
2. 장비품 또는 부품이 부품등제작자증명 당시의 항공기기술기준에 적합하지 아니하게 된 경우

78 형식증명, 제한형식증명, 부가형식증명, 제작증명, 기술표준품형식승인 또는 부품등제작자증명의 효력정지를 명하는 경우 항공기 이용자 등에게 심한 불편을 주거나 공익을 해칠 우려가 있을 때 부과할 수 있는 과징금은?

① 5천만원　　② 1억원
③ 3억원　　④ 7억원

해설 **항공안전법 제29조(과징금의 부과)**

① 국토교통부장관은 제20조 제7항, 제22조 제5항, 제27조 제4항 또는 제28조 제5항에 따라 형식증명, 제한형식증명, 부가형식증명, 제작증명, 기술표준품형식승인 또는 부품등제작자증명의 효력정지를 명하는 경우로서 그 증명이나 승인의 효력정지가 항공기 이용자 등에게 심한 불편을 주거나 공익을 해칠 우려가 있는 경우에는 그 증명이나 승인의 효력정지처분을 갈음하여 1억원 이하의 과징금을 부과할 수 있다. 〈개정 2017. 12. 26.〉

② 제1항에 따른 과징금 부과의 구체적인 기준, 절차 및 그 밖에 필요한 사항은 대통령령으로 정한다.

③ 국토교통부장관은 제1항에 따라 과징금을 내야 할 자가 납부기한까지 과징금을 내지 아니하면 국세 체납처분의 예에 따라 징수한다.

정답 77. ④ 78. ②

79 항공정비사 자격증명 한정 중 항공기 종류의 한정에 해당하지 않는 것은?

① 활공기 ② 초경량비행기
③ 수직이착륙기 ④ 비행기

해설 **항공안전법 제37조(자격증명의 한정), 고정익항공기를 위한 운항기술기준 제2장 자격증명**

2.1.2.3 한정자격 발행(Ratings Issued)

라. 항공정비사에 대한 한정자격은 다음 각 호와 같이 구분하여 발행할 수 있다.
1) 항공기 종류의 한정자격은 다음 각 목과 같다.
가) 비행기
나) 비행선
다) 활공기
라) 회전익항공기
마) 항공우주선
바) 수직이착륙기

마. 항공정비사에 대한 업무범위 한정자격은 다음 각 호와 같이 분류하여 발행할 수 있다.
1) 기체 관련분야
2) 터빈발동기 관련분야
3) 피스톤발동기 관련분야
4) 프로펠러 관련분야
5) 전자 · 전기 · 계기 관련분야

80 등록을 필요로 하지 아니하는 항공기의 범위에 해당하지 않는 것은?

① 군 또는 세관에서 사용하거나 경찰업무에 사용하는 항공기
② 외국에 임대할 목적으로 도입한 항공기로서 외국 국적을 취득할 항공기
③ 항공기를 소유하거나 임차하여 항공기를 사용할 수 있는 권리가 있는 소유자의 항공기
④ 국내에서 제작한 항공기로서 제작자 외의 소유자가 결정되지 않는 비행기

해설 **항공안전법 시행령 제4조(등록을 필요로 하지 않는 항공기의 범위)**

법 제7조 제1항 단서에서 "대통령령으로 정하는 항공기"란 다음 각 호의 항공기를 말한다. 〈개정 2021. 11. 16.〉

1. 군 또는 세관에서 사용하거나 경찰업무에 사용하는 항공기
2. 외국에 임대할 목적으로 도입한 항공기로서 외국 국적을 취득할 항공기
3. 국내에서 제작한 항공기로서 제작자 외의 소유자가 결정되지 아니한 항공기
4. 외국에 등록된 항공기를 임차하여 법 제5조에 따라 운영하는 경우 그 항공기
5. 항공기 제작자나 항공기 관련 연구기관이 연구 · 개발 중인 항공기

81 감항증명을 받지 아니한 항공기 사용 등의 죄에 대한 처벌은?

① 2년 이하의 징역 또는 1천만원 이하의 벌금
② 2년 이하의 징역 또는 2천만원 이하의 벌금
③ 3년 이하의 징역 또는 3천만원 이하의 벌금
④ 3년 이하의 징역 또는 5천만원 이하의 벌금

해설 **항공안전법 제144조(감항증명을 받지 아니한 항공기 사용 등의 죄)**

다음 각 호의 어느 하나에 해당하는 자는 3년 이하의 징역 또는 5천만원 이하의 벌금에 처한다.

1. 제23조 또는 제25조를 위반하여 감항증명 또는 소음기준적합증명을 받지 아니하거나 감항증명 또는 소음기준적합증명이 취소 또는 정지된 항공기를 운항한 자
2. 제27조 제3항을 위반하여 기술표준품형식승인을 받지 아니한 기술표준품을 제작 · 판매하거나 항공기등에 사용한 자
3. 제28조 제3항을 위반하여 부품등제작자증명을 받지 아니한 장비품 또는 부품을 제작 · 판매하거나 항공기등 또는 장비품에 사용한 자
4. 제30조를 위반하여 수리 · 개조승인을 받지 아니한 항공기등, 장비품 또는 부품을 운항 또는 항공기등에 사용한 자
5. 제32조 제1항을 위반하여 정비등을 한 항공기등, 장비품 또는 부품에 대하여 감항성을 확인받지 아니하고 운항 또는 항공기등에 사용한 자

82 형식증명 등을 위한 검사 범위에 해당하지 않는 것은?

① 해당 형식의 설계에 대한 검사
② 해당 형식의 설계에 따라 제작되는 항공기등의 제작과정에 대한 검사
③ 항공기등의 완성 후의 상태 및 비행성능 등에 대한 검사
④ 해당 항공기등에 대한 품질관리체계, 제작관리체계 및 제작과정을 검사

해설 **항공안전법 시행규칙 제20조(형식증명 등을 위한 검사범위)**

국토교통부장관은 법 제20조 제2항에 따라 형식증명 또는 제한형식증명을 위한 검사를 하는 경우에는 다음 각 호에

정답 79. ② 80. ③ 81. ④ 82. ④

해당하는 사항을 검사하여야 한다. 다만, 형식설계를 변경하는 경우에는 변경하는 사항에 대한 검사만 해당한다.
1. 해당 형식의 설계에 대한 검사
2. 해당 형식의 설계에 따라 제작되는 항공기등의 제작과정에 대한 검사
3. 항공기등의 완성 후의 상태 및 비행성능 등에 대한 검사
[제목개정 2018. 6. 27.]

항공안전법 제20조(형식증명 등)

① 항공기등의 설계에 관하여 국토교통부장관의 증명을 받으려는 자는 국토교통부령으로 정하는 바에 따라 국토교통부장관에게 제2항 각 호의 어느 하나에 따른 증명을 신청하여야 한다. 증명받은 사항을 변경할 때에도 또한 같다. 〈개정 2017. 12. 26.〉

② 국토교통부장관은 제1항에 따른 신청을 받은 경우 해당 항공기등이 항공기기술기준 등에 적합한지를 검사한 후 다음 각 호의 구분에 따른 증명을 하여야 한다. 〈신설 2017. 12. 26.〉
1. 해당 항공기등의 설계가 항공기기술기준에 적합한 경우: 형식증명
2. 신청인이 다음 각 목의 어느 하나에 해당하는 항공기의 설계가 해당 항공기의 업무와 관련된 항공기기술기준에 적합하고 신청인이 제시한 운용범위에서 안전하게 운항할 수 있음을 입증한 경우: 제한형식증명
   가. 산불진화, 수색구조 등 국토교통부령으로 정하는 특정한 업무에 사용되는 항공기(나목의 항공기를 제외한다)
   나. 「군용항공기 비행안전성 인증에 관한 법률」 제4조 제5항 제1호에 따른 형식인증을 받아 제작된 항공기로서 산불진화, 수색구조 등 국토교통부령으로 정하는 특정한 업무를 수행하도록 개조된 항공기

③ 국토교통부장관은 제2항 제1호의 형식증명(이하 "형식증명"이라 한다) 또는 같은 항 제2호의 제한형식증명(이하 "제한형식증명"이라 한다)을 하는 경우 국토교통부령으로 정하는 바에 따라 형식증명서 또는 제한형식증명서를 발급하여야 한다. 〈개정 2017. 12. 26.〉

④ 형식증명서 또는 제한형식증명서를 양도 · 양수하려는 자는 국토교통부령으로 정하는 바에 따라 국토교통부장관에게 양도사실을 보고하고 해당 증명서의 재발급을 신청하여야 한다. 〈개정 2017. 12. 26.〉

⑤ 형식증명, 제한형식증명 또는 제21조에 따른 형식증명승인을 받은 항공기등의 설계를 변경하기 위하여 부가적인 증명(이하 "부가형식증명"이라 한다)을 받으려는 자는 국토교통부령으로 정하는 바에 따라 국토교통부장관에게 부가형식증명을 신청하여야 한다. 〈개정 2017. 12. 26.〉

⑥ 국토교통부장관은 부가형식증명을 하는 경우 국토교통부령으로 정하는 바에 따라 부가형식증명서를 발급하여야 한다. 〈신설 2017. 12. 26.〉

⑦ 국토교통부장관은 다음 각 호의 어느 하나에 해당하는 경우 해당 항공기등에 대한 형식증명, 제한형식증명 또는 부가형식증명을 취소하거나 6개월 이내의 기간을 정하여 그 효력의 정지를 명할 수 있다. 다만, 제1호에 해당하는 경우에는 형식증명, 제한형식증명 또는 부가형식증명을 취소하여야 한다. 〈개정 2017. 12. 26.〉
1. 거짓이나 그 밖의 부정한 방법으로 형식증명, 제한형식증명 또는 부가형식증명을 받은 경우
2. 항공기등이 형식증명, 제한형식증명 또는 부가형식증명 당시의 항공기기술기준 등에 적합하지 아니하게 된 경우[제목개정 2017. 12. 26.]

83 항공운송사업에 사용되는 항공기 외의 항공기가 계기비행방식 외의 방식에 의한 비행을 할 경우 장착해야 하는 계기는?

① 초단파(VHF) 또는 극초단파(UHF)무선전화 송수신기 각 2대
② 거리측정시설(DME) 수신기 1대
③ 자동방향탐지기(ADF) 1대
④ 전방향표지시설(VOR) 수신기 1대

해설 **항공안전법 시행규칙 제107조(무선설비)**

① 법 제51조에 따라 항공기에 설치 · 운용해야 하는 무선설비는 다음 각 호와 같다. 다만, 항공운송사업에 사용되는 항공기 외의 항공기가 계기비행방식 외의 방식(이하 "시계비행방식"이라 한다)에 의한 비행을 하는 경우에는 제3호부터 제6호까지의 무선설비를 설치 · 운용하지 않을 수 있다. 〈개정 2019. 2. 26., 2021. 8. 27.〉
1. 비행 중 항공교통관제기관과 교신할 수 있는 초단파(VHF) 또는 극초단파(UHF)무선전화 송수신기 각 2대. 이 경우 비행기[국토교통부장관이 정하여 고시하는 기압고도계의 수정을 위한 고도(이하 "전이고도"라 한다) 미만의 고도에서 교신하려는 경우만 해당한다]와 헬리콥터의 운항승무원은 붐(boom) 마이크로폰 또는 스롯(throat) 마이크로폰을 사용하여 교신하여야 한다.
2. 기압고도에 관한 정보를 제공하는 2차감시 항공교통관제 레이더용 트랜스폰더(Mode 3/A 및 Mode C SSR transponder. 다만, 국외를 운항하는 항공운송사업용 항공기의 경우에는 Mode S transponder) 1대
3. 자동방향탐지기(ADF) 1대[무지향표지시설(NDB) 신호로만 계기접근절차가 구성되어 있는 공항에 운항하는 경우만 해당한다]
4. 계기착륙시설(ILS) 수신기 1대(최대이륙중량 5천700킬로그램 미만의 항공기와 헬리콥터 및 무인항공기는 제외한다)

정답 83. ①

5. 전방향표지시설(VOR) 수신기 1대(무인항공기는 제외한다)
6. 거리측정시설(DME) 수신기 1대(무인항공기는 제외한다)
7. 다음 각 목의 구분에 따라 비행 중 뇌우 또는 잠재적인 위험 기상조건을 탐지할 수 있는 기상레이더 또는 악기상 탐지장비
   가. 국제선 항공운송사업에 사용되는 비행기로서 여압장치가 장착된 비행기의 경우: 기상레이더 1대
   나. 국제선 항공운송사업에 사용되는 헬리콥터의 경우: 기상레이더 또는 악기상 탐지장비 1대
   다. 가목 외에 국외를 운항하는 비행기로서 여압장치가 장착된 비행기의 경우: 기상레이더 또는 악기상 탐지장비 1대
8. 다음 각 목의 구분에 따라 비상위치지시용 무선표지설비(ELT). 이 경우 비상위치지시용 무선표지설비의 신호는 121.5메가헤르츠(MHz) 및 406메가헤르츠(MHz)로 송신되어야 한다.
   가. 2대를 설치하여야 하는 경우: 다음의 어느 하나에 해당하는 항공기. 이 경우 비상위치지시용 무선표지설비 2대 중 1대는 자동으로 작동되는 구조여야 하며, 2)의 경우 1대는 구명보트에 설치하여야 한다.
      1) 승객의 좌석 수가 19석을 초과하는 비행기(항공운송사업에 사용되는 비행기만 해당한다)
      2) 비상착륙에 적합한 육지(착륙이 가능한 섬을 포함한다)로부터 순항속도로 10분의 비행거리 이상의 해상을 비행하는 제1종 및 제2종 헬리콥터, 회전날개에 의한 자동회전(auto-rotation)에 의하여 착륙할 수 있는 거리 또는 안전한 비상착륙(safe forced landing)을 할 수 있는 거리를 벗어난 해상을 비행하는 제3종 헬리콥터
   나. 1대를 설치하여야 하는 경우: 가목에 해당하지 아니하는 항공기. 이 경우 비상위치지시용 무선표지설비는 자동으로 작동되는 구조여야 한다.

② 제1항 제1호에 따른 무선설비는 다음 각 호의 성능이 있어야 한다.
1. 비행장 또는 헬기장에서 관제를 목적으로 한 양방향 통신이 가능할 것
2. 비행 중 계속하여 기상정보를 수신할 수 있을 것
3. 운항 중 「전파법 시행령」 제29조 제1항 제7호 및 제11호에 따른 항공기국과 항공국 간 또는 항공국과 항공기국 간 양방향통신이 가능할 것
4. 항공비상주파수(121.5MHz 또는 243.0MHz)를 사용하여 항공교통관제기관과 통신이 가능할 것
5. 제1항 제1호에 따른 무선전화 송수신기 각 2대 중 각 1대가 고장이 나더라도 나머지 각 1대는 고장이 나지 아니하도록 각각 독립적으로 설치할 것

③ 제1항 제2호에 따라 항공운송사업용 비행기에 장착해야 하는 기압고도에 관한 정보를 제공하는 트랜스폰더는 다음 각 호의 성능이 있어야 한다.
1. 고도 7.62미터(25피트) 이하의 간격으로 기압고도정보(pressure altitude information)를 관할 항공교통관제기관에 제공할 수 있을 것
2. 해당 비행기의 위치(공중 또는 지상)에 대한 정보를 제공할 수 있을 것[해당 비행기에 비행기의 위치(공중 또는 지상: airborne/on-the-ground status)를 자동으로 감지하는 장치(automatic means of detecting)가 장착된 경우만 해당한다]

④ 제1항에 따른 무선설비의 운용요령 등에 관하여 필요한 사항은 국토교통부장관이 정하여 고시한다.

84 항공종사자 자격증명 응시기준 중 나이 기준이 바르지 않은 것은?

① 운항관리사 – 18세
② 항공기관사 – 18세
③ 항공교통관제사 – 18세
④ 항공정비사 – 18세

해설 **항공안전법 제34조(항공종사자 자격증명 등)**

① 항공업무에 종사하려는 사람은 국토교통부령으로 정하는 바에 따라 국토교통부장관으로부터 항공종사자 자격증명(이하 "자격증명"이라 한다)을 받아야 한다. 다만, 항공업무 중 무인항공기의 운항 업무인 경우에는 그러하지 아니하다.

② 다음 각 호의 어느 하나에 해당하는 사람은 자격증명을 받을 수 없다.
1. 다음 각 목의 구분에 따른 나이 미만인 사람
   가. 자가용 조종사 자격: 17세(제37조에 따라 자가용 조종사의 자격증명을 활공기에 한정하는 경우에는 16세)
   나. 사업용 조종사, 부조종사, 항공사, 항공기관사, 항공교통관제사 및 항공정비사 자격: 18세
   다. 운송용 조종사 및 운항관리사 자격: 21세
2. 제43조 제1항에 따른 자격증명 취소처분을 받고 그 취소일부터 2년이 지나지 아니한 사람(취소된 자격증명을 다시 받는 경우에 한정한다)

③ 제1항 및 제2항에도 불구하고 「군사기지 및 군사시설 보호법」을 적용받는 항공작전기지에서 항공기를 관제하는 군인은 국방부장관으로부터 자격인정을 받아 항공교통관제 업무를 수행할 수 있다.

정답 84. ①

85 항공기가 야간에 공중 · 지상 또는 수상을 항행하는 경우와 비행장의 이동지역 안에서 이동하거나 엔진이 작동 중인 경우 켜야 하는 등불에 해당하지 않는 것은?

① 우현등 ② 좌현등
③ 전조등 ④ 충돌방지등

해설 **항공안전법 시행규칙 제120조(항공기의 등불)**

① 법 제54조에 따라 항공기가 야간에 공중 · 지상 또는 수상을 항행하는 경우와 비행장의 이동지역 안에서 이동하거나 엔진이 작동 중인 경우에는 우현등, 좌현등 및 미등(이하 "항행등"이라 한다)과 충돌방지등에 의하여 그 항공기의 위치를 나타내야 한다.
② 법 제54조에 따라 항공기를 야간에 사용되는 비행장에 주기(駐機) 또는 정박시키는 경우에는 해당 항공기의 항행등을 이용하여 항공기의 위치를 나타내야 한다. 다만, 비행장에 항공기를 조명하는 시설이 있는 경우에는 그러하지 아니하다.
③ 항공기는 제1항 및 제2항에 따라 위치를 나타내는 항행등으로 잘못 인식될 수 있는 다른 등불을 켜서는 아니된다.
④ 조종사는 섬광등이 업무를 수행하는 데 장애를 주거나 외부에 있는 사람에게 눈부심을 주어 위험을 유발할 수 있는 경우에는 섬광등을 끄거나 빛의 강도를 줄여야 한다.

86 터빈발동기 장착 항공운송사업용 및 항공기사용사업용 비행기가 계기비행으로 교체비행장이 요구될 경우 실어야 할 연료의 양에 포함되지 않는 것은?

① 이륙 전에 소모가 예상되는 연료의 양
② 교체비행장 450미터의 상공에서 60분간 더 비행할 수 있는 연료의 양
③ 이륙부터 최초 착륙예정 비행장에 착륙할 때까지 필요한 연료의 양
④ 이상사태 발생 시 연료 소모가 증가할 것에 대비하기 위한 것으로서 운항기술기준에서 정한 연료의 양

해설 **항공안전법 시행규칙 [별표 17] 항공기에 실어야 할 연료와 오일의 양**

터빈발동기 장착 항공운송사업용 및 항공기사용사업용 비행기가, 계기비행으로 교체비행장이 요구될 경우 실어야 할 연료의 양, 다음 각 호의 양을 더한 양

1. 이륙 전에 소모가 예상되는 연료의 양
2. 이륙부터 최초 착륙예정 비행장에 착륙할 때까지 필요한 연료의 양
3. 이상사태 발생 시 연료 소모가 증가할 것에 대비하기 위한 것으로서 운항기술기준에서 정한 연료의 양
4. 다음 각 목의 어느 하나에 해당하는 연료의 양
   가. 1개의 교체비행장이 요구되는 경우: 다음의 양을 더한 양
      1) 최초 착륙예정 비행장에서 한 번의 실패접근에 필요한 양
      2) 교체비행장까지 상승비행, 순항비행, 강하비행, 접근비행 및 착륙에 필요한 양
   나. 2개 이상의 교체비행장이 요구되는 경우: 각각의 교체비행장에 대하여 가목에 따라 산정된 양 중 가장 많은 양
5. 교체비행장에 도착 시 예상되는 비행기의 중량 상태에서 표준대기 상태에서의 체공속도로 교체비행장의 450미터(1,500피트)의 상공에서 30분간 더 비행할 수 있는 연료의 양
6. 그 밖에 비행기의 비행성능 등을 고려하여 운항기술기준에서 정한 추가 연료의 양

87 항공안전법 제4장 제34조의 항공종사자에 해당되지 않는 것은?

① 자가용 조종사 ② 객실승무원
③ 항공교통관제사 ④ 항공정비사

해설 **항공안전법 제35조(자격증명의 종류)**

1. 운송용 조종사
2. 사업용 조종사
3. 자가용 조종사
4. 부조종사
5. 항공사
6. 항공기관사
7. 항공교통관제사
8. 항공정비사
9. 운항관리사

88 항공종사자 자격증명의 한정 중 항공정비사의 자격 한정에 해당하는 것은?

① 항공기의 등급 한정
② 정비분야 한정
③ 항공기의 형식 한정
④ 장비품의 형식 한정

정답 85. ③ 86. ② 87. ② 88. ②

해설 **항공안전법 제37조(자격증명의 한정)**

① 국토교통부장관은 다음 각 호의 구분에 따라 자격증명에 대한 한정을 할 수 있다.
1. 운송용 조종사, 사업용 조종사, 자가용 조종사, 부조종사 또는 항공기관사 자격의 경우: 항공기의 종류, 등급 또는 형식
2. 항공정비사 자격의 경우: 항공기의 종류 및 정비분야

② 제1항에 따라 자격증명의 한정을 받은 항공종사자는 그 한정된 항공기의 종류, 등급 또는 형식 외의 항공기나 한정된 정비분야 외의 항공업무에 종사해서는 아니 된다.

③ 제1항에 따른 자격증명의 한정에 필요한 세부사항은 국토교통부령으로 정한다.

89 터빈발동기 장착 항공기가 계기비행 방식으로 교체비행장 도착 시 해당 비행장 상공에서 몇 분간 더 비행할 수 있는 연료를 추가 탑재하여야 하는가?

① 교체비행장에 도착 시 예상되는 비행기의 중량 상태에서 표준대기 상태에서의 체공속도로 교체비행장의 450미터(1,500피트)의 상공에서 15분간 더 비행할 수 있는 연료의 양
② 교체비행장에 도착 시 예상되는 비행기의 중량 상태에서 표준대기 상태에서의 체공속도로 교체비행장의 450미터(1,500피트)의 상공에서 30분간 더 비행할 수 있는 연료의 양
③ 교체비행장에 도착 시 예상되는 비행기의 중량 상태에서 표준대기 상태에서의 체공속도로 교체비행장의 450미터(1,500피트)의 상공에서 45분간 더 비행할 수 있는 연료의 양
④ 교체비행장에 도착 시 예상되는 비행기의 중량 상태에서 표준대기 상태에서의 체공속도로 교체비행장의 450미터(1,500피트)의 상공에서 60분간 더 비행할 수 있는 연료의 양

해설 **항공안전법 시행규칙 [별표 17] 항공기에 실어야 할 연료와 오일의 양**

다음 각 호의 양을 더한 양

1. 이륙 전에 소모가 예상되는 연료의 양
2. 이륙부터 최초 착륙예정 비행장에 착륙할 때까지 필요한 연료의 양
3. 이상사태 발생 시 연료 소모가 증가할 것에 대비하기 위한 것으로서 운항기술기준에서 정한 연료의 양
4. 다음 각 목의 어느 하나에 해당하는 연료의 양
   가. 1개의 교체비행장이 요구되는 경우: 다음의 양을 더한 양
      1) 최초 착륙예정 비행장에서 한 번의 실패접근에 필요한 양
      2) 교체비행장까지 상승비행, 순항비행, 강하비행, 접근비행 및 착륙에 필요한 양
   나. 2개 이상의 교체비행장이 요구되는 경우: 각각의 교체비행장에 대하여 가목에 따라 산정된 양 중 가장 많은 양
5. 교체비행장에 도착 시 예상되는 비행기의 중량 상태에서 표준대기 상태에서의 체공속도로 교체비행장의 450미터(1,500피트)의 상공에서 30분간 더 비행할 수 있는 연료의 양
6. 그 밖에 비행기의 비행성능 등을 고려하여 운항기술기준에서 정한 추가 연료의 양

90 통행의 우선순위를 잘못 설명한 것은?

① 비행기 · 헬리콥터는 비행선, 활공기 및 기구류에 진로를 양보할 것
② 비행기 · 헬리콥터 · 비행선은 항공기 또는 그 밖의 물건을 예항(曳航)하는 다른 항공기에 진로를 양보할 것
③ 비행선은 활공기 및 기구류에 진로를 양보할 것
④ 기구류는 활공기에 진로를 양보할 것

해설 **항공안전법 시행규칙 제166조(통행의 우선순위)**

① 법 제67조에 따라 교차하거나 그와 유사하게 접근하는 고도의 항공기 상호간에는 다음 각 호에 따라 진로를 양보해야 한다. 〈개정 2021. 8. 27.〉
1. 비행기 · 헬리콥터는 비행선, 활공기 및 기구류에 진로를 양보할 것
2. 비행기 · 헬리콥터 · 비행선은 항공기 또는 그 밖의 물건을 예항(끌고 비행하는 것을 말한다)하는 다른 항공기에 진로를 양보할 것
3. 비행선은 활공기 및 기구류에 진로를 양보할 것
4. 활공기는 기구류에 진로를 양보할 것
5. 제1호부터 제4호까지의 경우를 제외하고는 다른 항공기를 우측으로 보는 항공기가 진로를 양보할 것

정답 89. ② 90. ④

② 비행 중이거나 지상 또는 수상에서 운항 중인 항공기는 착륙 중이거나 착륙하기 위하여 최종접근 중인 항공기에 진로를 양보하여야 한다.
③ 착륙을 위하여 비행장에 접근하는 항공기 상호간에는 높은 고도에 있는 항공기가 낮은 고도에 있는 항공기에 진로를 양보해야 한다. 이 경우 낮은 고도에 있는 항공기는 최종접근단계에 있는 다른 항공기의 전방에 끼어들거나 그 항공기를 앞지르기해서는 안 된다. 〈개정 2021. 8. 27.〉
④ 제3항에도 불구하고 비행기, 헬리콥터 또는 비행선은 활공기에 진로를 양보하여야 한다.
⑤ 비상착륙하는 항공기를 인지한 항공기는 그 항공기에 진로를 양보하여야 한다.
⑥ 비행장 안의 기동지역에서 운항하는 항공기는 이륙 중이거나 이륙하려는 항공기에 진로를 양보하여야 한다.

91 회항시간 연장운항(EDTO)의 승인과 관련된 국토교통부령으로 정하는 시간으로 바르지 않은 것은?

① 2개의 발동기를 가진 비행기: 1시간
② 2개의 발동기를 가진 비행기: 2시간
③ 「항공사업법 시행규칙」 제3조 제3호에 따른 전세운송에 사용되는 비행기의 경우에는 3시간
④ 3개 이상의 발동기를 가진 비행기: 3시간

해설 **항공안전법 제74조(회항시간 연장운항의 승인)**
① 항공운송사업자가 2개 이상의 발동기를 가진 비행기로서 국토교통부령으로 정하는 비행기를 다음 각 호의 구분에 따른 순항속도(巡航速度)로 가장 가까운 공항까지 비행하여 착륙할 수 있는 시간이 국토교통부령으로 정하는 시간을 초과하는 지점이 있는 노선을 운항하려면 국토교통부령으로 정하는 바에 따라 국토교통부장관의 승인을 받아야 한다.
1. 2개의 발동기를 가진 비행기: 1개의 발동기가 작동하지 아니할 때의 순항속도
2. 3개 이상의 발동기를 가진 비행기: 모든 발동기가 작동할 때의 순항속도
② 국토교통부장관은 제1항에 따른 승인을 하려는 경우에는 제77조 제1항에 따라 고시하는 운항기술기준에 적합한지를 확인하여야 한다.

항공안전법 시행규칙 제215조(회항시간 연장운항의 승인)
① 법 제74조 제1항 각 호 외의 부분에서 "국토교통부령으로 정하는 비행기"란 터빈발동기를 장착한 항공운송사업용 비행기(화물만을 운송하는 3개 이상의 터빈발동기를 가진 비행기는 제외한다)를 말한다.
② 법 제74조 제1항 각 호 외의 부분에서 "국토교통부령으로 정하는 시간"이란 다음 각 호의 구분에 따른 시간을 말한다.
1. 2개의 발동기를 가진 비행기: 1시간. 다만, 최대인가승객 좌석 수가 20석 미만이며 최대이륙중량이 4만5천 360킬로그램 미만인 비행기로서 「항공사업법 시행규칙」 제3조 제3호에 따른 전세운송에 사용되는 비행기의 경우에는 3시간으로 한다.
2. 3개 이상의 발동기를 가진 비행기: 3시간
③ 제1항에 따른 비행기로 제2항 각 호의 구분에 따른 시간을 초과하는 지점이 있는 노선을 운항하려는 항공운송사업자는 비행기 형식(등록부호)별, 운항하려는 노선별 및 최대 회항시간(2개의 발동기를 가진 비행기의 경우에는 1개의 발동기가 작동하지 아니할 때의 순항속도로, 3개 이상의 발동기를 가진 비행기의 경우에는 모든 발동기가 작동할 때의 순항속도로 가장 가까운 공항까지 비행하여 착륙할 수 있는 시간을 말한다. 이하 같다)별로 국토교통부장관 또는 지방항공청장의 승인을 받아야 한다.
④ 제3항에 따른 승인을 받으려는 항공운송사업자는 별지 제82호서식의 회항시간 연장운항승인 신청서에 법 제77조에 따라 고시하는 운항기술기준에 적합함을 증명하는 서류를 첨부하여 다음 각 호의 구분에 따라 해당 호에서 정하는 날까지 국토교통부장관 또는 지방항공청장에게 제출해야 한다. 〈개정 2023. 9. 12.〉
1. 운용경험 기반 승인방식(해당 비행기 형식을 12개월 이상 연속하여 운용한 경험이 있는 경우의 승인방식을 말한다)의 경우: 운항 개시 예정일 20일 전
2. 속성 승인방식(해당 비행기 형식을 연속하여 운용한 경험이 12개월 미만이거나 운용 경험이 없는 경우의 승인방식을 말한다)의 경우: 운항 개시 예정일 180일 전

92 항공기사고 등의 예방 및 비행안전의 확보를 위한 항공안전관리시스템을 마련해야 하는 대상에 포함되지 않는 것은?

① 항공종사자 양성을 위하여 지정된 전문교육기관
② 항공기정비업자로서 정비조직인증을 받은 자
③ 항행안전시설운영증명을 받은 자
④ 「공항시설법」 제38조 제1항에 따라 공항운영증명을 받은 자

해설 **항공안전법 제58조(항공안전프로그램 등)**
① 국토교통부장관은 다음 각 호의 사항이 포함된 항공안전프로그램을 마련하여 고시하여야 한다.
1. 국가의 항공안전에 관한 목표

정답 91. ② 92. ③

2. 제1호의 목표를 달성하기 위한 항공기 운항, 항공교통 업무, 항행시설 운영, 공항 운영 및 항공기 설계 · 제작 · 정비 등 세부 분야별 활동에 관한 사항
3. 항공기사고, 항공기준사고 및 항공안전장애 등에 대한 보고체계에 관한 사항
4. 항공안전을 위한 조사활동 및 안전감독에 관한 사항
5. 잠재적인 항공안전 위해요인의 식별 및 개선조치의 이행에 관한 사항
6. 정기적인 안전평가에 관한 사항 등

② 다음 각 호의 어느 하나에 해당하는 자는 제작, 교육, 운항 또는 사업 등을 시작하기 전까지 제1항에 따른 항공안전프로그램에 따라 항공기사고 등의 예방 및 비행안전의 확보를 위한 항공안전관리시스템을 마련하고, 국토교통부장관의 승인을 받아 운용하여야 한다. 승인받은 사항 중 국토교통부령으로 정하는 중요사항을 변경할 때에도 또한 같다. 〈개정 2017. 10. 24.〉
1. 형식증명, 부가형식증명, 제작증명, 기술표준품형식승인 또는 부품등제작자증명을 받은 자
2. 제35조 제1호부터 제4호까지의 항공종사자 양성을 위하여 제48조 제1항 단서에 따라 지정된 전문교육기관
3. 항공교통업무증명을 받은 자
4. 항공운송사업자, 항공기사용사업자 및 국외운항항공기 소유자등
5. 항공기정비업자로서 제97조 제1항에 따른 정비조직인증을 받은 자
6. 「공항시설법」 제38조 제1항에 따라 공항운영증명을 받은 자
7. 「공항시설법」 제43조 제2항에 따라 항행안전시설을 설치한 자

③ 국토교통부장관은 제83조 제1항부터 제3항까지에 따라 국토교통부장관이 하는 업무를 체계적으로 수행하기 위하여 제1항에 따른 항공안전프로그램에 따라 그 업무에 관한 항공안전관리시스템을 구축 · 운용하여야 한다.

④ 제1항부터 제3항까지에서 규정한 사항 외에 다음 각 호의 사항은 국토교통부령으로 정한다.
1. 제1항에 따른 항공안전프로그램의 마련에 필요한 사항
2. 제2항에 따른 항공안전관리시스템에 포함되어야 할 사항, 항공안전관리시스템의 승인기준 및 구축 · 운용에 필요한 사항
3. 제3항에 따른 업무에 관한 항공안전관리시스템의 구축 · 운용에 필요한 사항

93 전자기기의 사용제한에 대한 설명으로 바르지 않은 것은?

① 항공운송사업용으로 비행 중인 항공기를 대상으로 한다.
② 계기비행방식으로 비행 중인 항공기를 대상으로 한다.
③ 심장박동기는 사용이 제한된다.
④ 보청기는 사용이 허용된다.

해설 **항공안전법 시행규칙 제214조(전자기기의 사용제한)**
법 제73조에 따라 운항 중에 전자기기의 사용을 제한할 수 있는 항공기와 사용이 제한되는 전자기기의 품목은 다음 각 호와 같다.
1. 다음 각 목의 어느 하나에 해당하는 항공기
 가. 항공운송사업용으로 비행 중인 항공기
 나. 계기비행방식으로 비행 중인 항공기
2. 다음 각 목 외의 전자기기
 가. 휴대용 음성녹음기
 나. 보청기
 다. 심장박동기
 라. 전기면도기
 마. 그 밖에 항공운송사업자 또는 기장이 항공기 제작회사의 권고 등에 따라 해당 항공기에 전자파 영향을 주지 아니한다고 인정한 휴대용 전자기기

94 형식증명 신청서를 국토교통부장관에게 제출할 때 첨부해야 할 서류에 해당하지 않는 것은?

① 인증계획서(Certification Plan)
② 비행교범
③ 항공기 3면도
④ 발동기의 설계 · 운용 특성 및 운용한계에 관한 자료

해설 **항공안전법 시행규칙 제18조(형식증명 등의 신청)**
① 법 제20조 제1항 전단에 따라 형식증명(이하 "형식증명"이라 한다) 또는 제한형식증명(이하 "제한형식증명"이라 한다)을 받으려는 자는 별지 제1호서식(제한형식)의 형식증명 신청서를 국토교통부장관에게 제출하여야 한다. 〈개정 2018. 6. 27.〉
② 제1항에 따른 신청서에는 다음 각 호의 서류를 첨부하여야 한다.
1. 인증계획서(Certification Plan)
2. 항공기 3면도
3. 발동기의 설계 · 운용 특성 및 운용한계에 관한 자료(발동기에 대하여 형식증명을 신청하는 경우에만 해당한다)
4. 그 밖에 국토교통부장관이 정하여 고시하는 서류
[제목개정 2018. 6. 27.]

정답 93. ③ 94. ②

95 비행장 안의 이동지역에서 충돌예방을 위한 항공기의 지상이동규칙으로 바르지 않은 것은?

① 정면 또는 이와 유사하게 접근하는 항공기 상호간에는 모두 정지하거나 가능한 경우에는 충분한 간격이 유지되도록 각각 오른쪽으로 진로를 바꿀 것
② 교차하거나 이와 유사하게 접근하는 항공기 상호간에는 다른 항공기를 우측으로 보는 항공기가 진로를 양보할 것
③ 추월하는 항공기는 다른 항공기의 통행에 지장을 주지 아니하도록 빠른 속도로 이동할 것
④ 기동지역에서 지상이동하는 항공기는 정지선등(stop bar lights)이 켜져 있는 경우에는 정지 · 대기하고, 정지선등이 꺼질 때에 이동할 것

해설 **항공안전법 시행규칙 제162조(항공기의 지상이동)**
법 제67조에 따라 비행장 안의 이동지역에서 이동하는 항공기는 충돌예방을 위하여 다음 각 호의 기준에 따라야 한다. 〈개정 2021. 8. 27.〉
1. 정면 또는 이와 유사하게 접근하는 항공기 상호간에는 모두 정지하거나 가능한 경우에는 충분한 간격이 유지되도록 각각 오른쪽으로 진로를 바꿀 것
2. 교차하거나 이와 유사하게 접근하는 항공기 상호간에는 다른 항공기를 우측으로 보는 항공기가 진로를 양보할 것
3. 앞지르기하는 항공기는 다른 항공기의 통행에 지장을 주지 않도록 충분한 분리 간격을 유지할 것
4. 기동지역에서 지상이동하는 항공기는 관제탑의 지시가 없는 경우에는 활주로진입전대기지점(runway holding position)에서 정지 · 대기할 것
5. 기동지역에서 지상이동하는 항공기는 정지선등(stop bar lights)이 켜져 있는 경우에는 정지 · 대기하고, 정지선등이 꺼질 때에 이동할 것

96 감항증명 및 감항성 유지에 관한 설명으로 옳은 것은?

① 누구든지 표준감항증명을 받지 아니한 항공기를 운항하여서는 아니 된다.
② 표준감항증명은 해당 항공기가 제한형식증명을 받았거나 항공기의 연구, 개발 등 국토교통부령으로 정하는 경우로서 항공기 제작자 또는 소유자등이 제시한 운용범위를 검토하여 안전하게 운항할 수 있다고 판단되는 경우에 발급하는 증명이다.
③ 감항증명의 유효기간은 1년으로 한다.
④ 항공기 사용자는 해당 항공기의 설계, 제작과정, 완성 후의 상태와 비행성능에 대하여 검사하고 해당 항공기의 운용한계(運用限界)를 지정하여야 한다.

해설 **항공안전법 제23조(감항증명 및 감항성 유지)**
① 항공기가 감항성이 있다는 증명(이하 "감항증명"이라 한다)을 받으려는 자는 국토교통부령으로 정하는 바에 따라 국토교통부장관에게 감항증명을 신청하여야 한다.
② 감항증명은 대한민국 국적을 가진 항공기가 아니면 받을 수 없다. 다만, 국토교통부령으로 정하는 항공기의 경우에는 그러하지 아니하다.
③ 누구든지 다음 각 호의 어느 하나에 해당하는 감항증명을 받지 아니한 항공기를 운항하여서는 아니 된다. 〈개정 2017. 12. 26.〉
1. 표준감항증명: 해당 항공기가 형식증명 또는 형식증명승인에 따라 인가된 설계에 일치하게 제작되고 안전하게 운항할 수 있다고 판단되는 경우에 발급하는 증명
2. 특별감항증명: 해당 항공기가 제한형식증명을 받았거나 항공기의 연구, 개발 등 국토교통부령으로 정하는 경우로서 항공기 제작자 또는 소유자등이 제시한 운용범위를 검토하여 안전하게 운항할 수 있다고 판단되는 경우에 발급하는 증명
④ 국토교통부장관은 제3항 각 호의 어느 하나에 해당하는 감항증명을 하는 경우 국토교통부령으로 정하는 바에 따라 해당 항공기의 설계, 제작과정, 완성 후의 상태와 비행성능에 대하여 검사하고 해당 항공기의 운용한계(運用限界)를 지정하여야 한다. 다만, 다음 각 호의 어느 하나에 해당하는 항공기의 경우에는 국토교통부령으로 정하는 바에 따라 검사의 일부를 생략할 수 있다. 〈신설 2017. 12. 26.〉
1. 형식증명, 제한형식증명 또는 형식증명승인을 받은 항공기
2. 제작증명을 받은 자가 제작한 항공기
3. 항공기를 수출하는 외국정부로부터 감항성이 있다는 승인을 받아 수입하는 항공기
⑤ 감항증명의 유효기간은 1년으로 한다. 다만, 항공기의 형식 및 소유자등(제32조 제2항에 따른 위탁을 받은 자를 포함한다)의 감항성 유지능력 등을 고려하여 국토교통부령으로 정하는 바에 따라 유효기간을 연장할 수 있다. 〈개정 2017. 12. 26.〉

정답 95. ③ 96. ③

⑥ 국토교통부장관은 제4항에 따른 검사 결과 항공기가 감항성이 있다고 판단되는 경우 국토교통부령으로 정하는 바에 따라 감항증명서를 발급하여야 한다. 〈신설 2017. 12. 26.〉
⑦ 국토교통부장관은 다음 각 호의 어느 하나에 해당하는 경우에는 해당 항공기에 대한 감항증명을 취소하거나 6개월 이내의 기간을 정하여 그 효력의 정지를 명할 수 있다. 다만, 제1호에 해당하는 경우에는 감항증명을 취소하여야 한다. 〈개정 2017. 12. 26.〉
1. 거짓이나 그 밖의 부정한 방법으로 감항증명을 받은 경우
2. 항공기가 감항증명 당시의 항공기기술기준에 적합하지 아니하게 된 경우

⑧ 항공기를 운항하려는 소유자등은 국토교통부령으로 정하는 바에 따라 그 항공기의 감항성을 유지하여야 한다. 〈개정 2017. 12. 26.〉
⑨ 국토교통부장관은 제8항에 따라 소유자등이 해당 항공기의 감항성을 유지하는지를 수시로 검사하여야 하며, 항공기의 감항성 유지를 위하여 소유자등에게 항공기등, 장비품 또는 부품에 대한 정비등에 관한 감항성 개선 또는 그 밖의 검사 · 정비등을 명할 수 있다. 〈개정 2017. 12. 26.〉

97 비행장 안의 이동지역에서 이동하는 항공기가 충돌예방을 위하여 지켜야 하는 지상이동 규칙으로 바르지 않은 것은?

① 기동지역에서 지상이동하는 항공기는 관제탑의 지시가 없는 경우에는 활주로진입전대기지점(runway holding position)에서 정지 없이 통과할 것
② 기동지역에서 지상이동하는 항공기는 정지선등(stop bar lights)이 켜져 있는 경우에는 정지 · 대기하고, 정지선등이 꺼질 때에 이동할 것
③ 교차하거나 이와 유사하게 접근하는 항공기 상호간에는 다른 항공기를 우측으로 보는 항공기가 진로를 양보할 것
④ 추월하는 항공기는 다른 항공기의 통행에 지장을 주지 아니하도록 충분한 분리 간격을 유지할 것

해설 **항공안전법 시행규칙 제162조(항공기의 지상이동)**
법 제67조에 따라 비행장 안의 이동지역에서 이동하는 항공기는 충돌예방을 위하여 다음 각 호의 기준에 따라야 한다. 〈개정 2021. 8. 27.〉
1. 정면 또는 이와 유사하게 접근하는 항공기 상호간에는 모두 정지하거나 가능한 경우에는 충분한 간격이 유지되도록 각각 오른쪽으로 진로를 바꿀 것
2. 교차하거나 이와 유사하게 접근하는 항공기 상호간에는 다른 항공기를 우측으로 보는 항공기가 진로를 양보할 것
3. 앞지르기하는 항공기는 다른 항공기의 통행에 지장을 주지 않도록 충분한 분리 간격을 유지할 것
4. 기동지역에서 지상이동하는 항공기는 관제탑의 지시가 없는 경우에는 활주로진입전대기지점(runway holding position)에서 정지 · 대기할 것
5. 기동지역에서 지상이동하는 항공기는 정지선등(stop bar lights)이 켜져 있는 경우에는 정지 · 대기하고, 정지선등이 꺼질 때에 이동할 것

98 수직분리축소공역(RVSM) 등에서의 비행을 위해 항공기 운항 승인을 받아야 하는 항공기는?

① 항공기가 수직분리고도를 축소하여 운영하는 공역을 운항하려는 경우
② 우리나라에 신규로 도입하는 항공기를 운항하는 경우
③ 항공기의 사고 · 재난이나 그 밖의 사고로 인하여 사람 등의 수색 · 구조 등을 위하여 긴급하게 항공기를 운항하는 경우
④ 수직분리축소공역에서의 운항승인을 받은 항공기에 고장 등이 발생하여 그 항공기를 정비 등을 위한 장소까지 운항하는 경우

해설 **항공안전법 제75조(수직분리축소공역 등에서의 항공기 운항 승인)**
① 다음 각 호의 어느 하나에 해당하는 공역에서 항공기를 운항하려는 소유자등은 국토교통부령으로 정하는 바에 따라 국토교통부장관의 승인을 받아야 한다. 다만, 수색 · 구조를 위하여 제1호의 공역에서 운항하려는 경우 등 국토교통부령으로 정하는 경우에는 그러하지 아니하다.
1. 수직분리고도를 축소하여 운영하는 공역(이하 "수직분리축소공역"이라 한다)
2. 특정한 항행성능을 갖춘 항공기만 운항이 허용되는 공역(이하 "성능기반항행요구공역"이라 한다)
3. 그 밖에 공역을 효율적으로 운영하기 위하여 국토교통부령으로 정하는 공역

② 국토교통부장관은 제1항에 따른 승인을 하려는 경우에는 제77조 제1항에 따라 고시하는 운항기술기준에 적합한지를 확인하여야 한다.

정답 97. ① 98. ①

항공안전법 시행규칙 제216조(수직분리축소공역 등에서의 항공기 운항)

① 법 제75조 제1항에 따라 국토교통부장관 또는 지방항공청장으로부터 승인을 받으려는 자는 별지 제83호서식의 항공기 운항승인 신청서에 법 제77조에 따라 고시하는 운항기술기준에 적합함을 증명하는 서류를 첨부하여 운항개시예정일 15일 전까지 국토교통부장관 또는 지방항공청장에게 제출하여야 한다.

② 법 제75조 제1항 각 호 외의 부분 단서에서 "국토교통부령으로 정하는 경우"란 다음 각 호의 어느 하나에 해당하는 경우를 말한다.

1. 항공기의 사고 · 재난이나 그 밖의 사고로 인하여 사람 등의 수색 · 구조 등을 위하여 긴급하게 항공기를 운항하는 경우
2. 우리나라에 신규로 도입하는 항공기를 운항하는 경우
3. 수직분리축소공역에서의 운항승인을 받은 항공기에 고장 등이 발생하여 그 항공기를 정비 등을 위한 장소까지 운항하는 경우

99 수직분리축소공역 등에서 승인 없이 운항한 죄에 대한 처벌은?

① 1천만원 이하의 벌금
② 2년 이하의 징역 또는 2천만원 이하의 벌금
③ 3년 이하의 징역 또는 3천만원 이하의 벌금
④ 3년 이하의 징역 또는 5천만원 이하의 벌금

해설 **항공안전법 제155조(수직분리축소공역 등에서 승인 없이 운항한 죄)**

제75조를 위반하여 국토교통부장관의 승인을 받지 아니하고 같은 조 제1항 각 호의 어느 하나에 해당하는 공역에서 항공기를 운항한 소유자등은 1천만원 이하의 벌금에 처한다.

100 항공기에 설치 · 운용하여야 하는 무선설비의 설치 기준으로 바르지 않은 것은?

① 초단파(VHF) 또는 극초단파(UHF)무선전화 송수신기 각 1대
② 계기착륙시설(ILS) 수신기 1대
③ 전방향표지시설(VOR) 수신기 1대
④ 거리측정시설(DME) 수신기 1대

해설 **항공안전법 시행규칙 제107조(무선설비)**

① 법 제51조에 따라 항공기에 설치 · 운용해야 하는 무선설비는 다음 각 호와 같다. 다만, 항공운송사업에 사용되는 항공기 외의 항공기가 계기비행방식 외의 방식(이하 "시계비행방식"이라 한다)에 의한 비행을 하는 경우에는 제3호부터 제6호까지의 무선설비를 설치 · 운용하지 않을 수 있다. 〈개정 2019. 2. 26., 2021. 8. 27.〉

1. 비행 중 항공교통관제기관과 교신할 수 있는 초단파(VHF) 또는 극초단파(UHF)무선전화 송수신기 각 2대. 이 경우 비행기[국토교통부장관이 정하여 고시하는 기압고도계의 수정을 위한 고도(이하 "전이고도"라 한다) 미만의 고도에서 교신하려는 경우만 해당한다]와 헬리콥터의 운항승무원은 붐(Boom) 마이크로폰 또는 스롯(Throat) 마이크로폰을 사용하여 교신하여야 한다.
2. 기압고도에 관한 정보를 제공하는 2차감시 항공교통관제 레이더용 트랜스폰더(Mode 3/A 및 Mode C SSR transponder. 다만, 국외를 운항하는 항공운송사업용 항공기의 경우에는 Mode S transponder) 1대
3. 자동방향탐지기(ADF) 1대[무지향표지시설(NDB) 신호로만 계기접근절차가 구성되어 있는 공항에 운항하는 경우만 해당한다]
4. 계기착륙시설(ILS) 수신기 1대(최대이륙중량 5천 700킬로그램 미만의 항공기와 헬리콥터 및 무인항공기는 제외한다)
5. 전방향표지시설(VOR) 수신기 1대(무인항공기는 제외한다)
6. 거리측정시설(DME) 수신기 1대(무인항공기는 제외한다)
7. 다음 각 목의 구분에 따라 비행 중 뇌우 또는 잠재적인 위험 기상조건을 탐지할 수 있는 기상레이더 또는 악기상 탐지장비
   가. 국제선 항공운송사업에 사용되는 비행기로서 여압장치가 장착된 비행기의 경우: 기상레이더 1대
   나. 국제선 항공운송사업에 사용되는 헬리콥터의 경우: 기상레이더 또는 악기상 탐지장비 1대
   다. 가목 외에 국외를 운항하는 비행기로서 여압장치가 장착된 비행기의 경우: 기상레이더 또는 악기상 탐지장비 1대
8. 다음 각 목의 구분에 따라 비상위치지시용 무선표지설비(ELT). 이 경우 비상위치지시용 무선표지설비의 신호는 121.5메가헤르츠(MHz) 및 406메가헤르츠(MHz)로 송신되어야 한다.
   가. 2대를 설치하여야 하는 경우: 다음의 어느 하나에 해당하는 항공기. 이 경우 비상위치지시용 무선표지설비 2대 중 1대는 자동으로 작동되는 구조여야 하며, 2)의 경우 1대는 구명보트에 설치하여야 한다.
      1) 승객의 좌석 수가 19석을 초과하는 비행기(항공운송사업에 사용되는 비행기만 해당한다)

정답 99. ① 100. ①

2) 비상착륙에 적합한 육지(착륙이 가능한 섬을 포함한다)로부터 순항속도로 10분의 비행거리 이상의 해상을 비행하는 제1종 및 제2종 헬리콥터, 회전날개에 의한 자동회전(autorotation)에 의하여 착륙할 수 있는 거리 또는 안전한 비상착륙(safe forced landing)을 할 수 있는 거리를 벗어난 해상을 비행하는 제3종 헬리콥터

나. 1대를 설치하여야 하는 경우: 가목에 해당하지 아니하는 항공기. 이 경우 비상위치지시용 무선표지설비는 자동으로 작동되는 구조여야 한다.

② 제1항 제1호에 따른 무선설비는 다음 각 호의 성능이 있어야 한다.
1. 비행장 또는 헬기장에서 관제를 목적으로 한 양방향 통신이 가능할 것
2. 비행 중 계속하여 기상정보를 수신할 수 있을 것
3. 운항 중 「전파법 시행령」 제29조 제1항 제7호 및 제11호에 따른 항공기국과 항공국 간 또는 항공국과 항공기국 간 양방향통신이 가능할 것
4. 항공비상주파수(121.5MHz 또는 243.0MHz)를 사용하여 항공교통관제기관과 통신이 가능할 것
5. 제1항 제1호에 따른 무선전화 송수신기 각 2대 중 각 1대가 고장이 나더라도 나머지 각 1대는 고장이 나지 아니하도록 각각 독립적으로 설치할 것

③ 제1항 제2호에 따라 항공운송사업용 비행기에 장착해야 하는 기압고도에 관한 정보를 제공하는 트랜스폰더는 다음 각 호의 성능이 있어야 한다.
1. 고도 7.62미터(25피트) 이하의 간격으로 기압고도정보(pressure altitude information)를 관할 항공교통관제기관에 제공할 수 있을 것
2. 해당 비행기의 위치(공중 또는 지상)에 대한 정보를 제공할 수 있을 것[해당 비행기에 비행기의 위치(공중 또는 지상: airborne/on-the-ground status)를 자동으로 감지하는 장치(automatic means of detecting)가 장착된 경우만 해당한다]

④ 제1항에 따른 무선설비의 운용요령 등에 관하여 필요한 사항은 국토교통부장관이 정하여 고시한다.

101 국토교통부령으로 정하는 바에 따라 시험 및 심사의 전부 또는 일부의 면제 대상자로 바르지 않은 것은?

① 외국 정부로부터 자격증명을 받은 사람
② 전문교육기관의 교육과정을 이수한 사람
③ 항공기 탑승경력 및 정비경력 등 실무경험이 있는 사람
④ 외국의 항공기술분야의 자격을 가진 사람

해설 **항공안전법 제38조(시험의 실시 및 면제)**

① 자격증명을 받으려는 사람은 국토교통부령으로 정하는 바에 따라 항공업무에 종사하는 데 필요한 지식 및 능력에 관하여 국토교통부장관이 실시하는 학과시험 및 실기시험에 합격하여야 한다.

② 국토교통부장관은 제37조에 따라 자격증명을 항공기의 종류, 등급 또는 형식별로 한정(제44조에 따른 계기비행증명 및 조종교육증명을 포함한다)하는 경우에는 항공기 탑승경력 및 정비경력 등을 심사하여야 한다. 이 경우 항공기의 종류 및 등급에 대한 최초의 자격증명의 한정은 실기시험으로 심사할 수 있다.

③ 국토교통부장관은 다음 각 호의 어느 하나에 해당하는 사람에게는 국토교통부령으로 정하는 바에 따라 제1항 및 제2항에 따른 시험 및 심사의 전부 또는 일부를 면제할 수 있다.
1. 외국 정부로부터 자격증명을 받은 사람
2. 제48조에 따른 전문교육기관의 교육과정을 이수한 사람
3. 항공기 탑승경력 및 정비경력 등 실무경험이 있는 사람
4. 「국가기술자격법」에 따른 항공기술분야의 자격을 가진 사람

④ 국토교통부장관은 제1항에 따라 학과시험 및 실기시험에 합격한 사람에 대해서는 자격증명서를 발급하여야 한다.

102 수리 · 개조승인을 받은 것으로 볼 수 있는 경우에 해당하지 않는 것은?

① 기술표준품형식승인을 받은 자가 제작한 기술표준품을 그가 수리 · 개조하는 경우
② 부품등제작자증명을 받은 자가 제작한 장비품 또는 부품을 그가 수리 · 개조하는 경우
③ 정비조직인증을 받은 자가 항공기등, 장비품 또는 부품을 수리 · 개조하는 경우
④ 형식증명, 제한형식증명 또는 형식증명승인을 받은 항공기

해설 **항공안전법 제30조(수리 · 개조승인)**

① 감항증명을 받은 항공기의 소유자등은 해당 항공기등, 장비품 또는 부품을 국토교통부령으로 정하는 범위에서 수리하거나 개조하려면 국토교통부령으로 정하는 바에 따라 그 수리 · 개조가 항공기기술기준에 적합한지에 대하여 국토교통부장관의 승인(이하 "수리 · 개조승인"이라 한다)을 받아야 한다.

정답 101. ④ 102. ④

② 소유자등은 수리 · 개조승인을 받지 아니한 항공기등, 장비품 또는 부품을 운항 또는 항공기등에 사용해서는 아니 된다.

③ 제1항에도 불구하고 다음 각 호의 어느 하나에 해당하는 경우로서 항공기기술기준에 적합한 경우에는 수리 · 개조승인을 받은 것으로 본다.

1. 기술표준품형식승인을 받은 자가 제작한 기술표준품을 그가 수리 · 개조하는 경우
2. 부품등제작자증명을 받은 자가 제작한 장비품 또는 부품을 그가 수리 · 개조하는 경우
3. 제97조 제1항에 따른 정비조직인증을 받은 자가 항공기등, 장비품 또는 부품을 수리 · 개조하는 경우

103 비행장 또는 공항과 그 주변의 공역으로서 항공교통의 안전을 위하여 국토교통부장관이 지정 · 공고한 공역은 무엇인가?

① 관제구
② 관제권
③ 비행장
④ 공항시설

해설 **항공안전법 제2조(정의)**

25. "관제권"(管制圈)이란 비행장 또는 공항과 그 주변의 공역으로서 항공교통의 안전을 위하여 국토교통부장관이 지정 · 공고한 공역을 말한다.

104 계기접근절차에 의한 CAT – III A(category – III)의 기준으로 맞는 것은?

① 결심고도가 30m 이상 75m 미만이고, 활주로 가시범위 800m 이상 550m 미만의 기상조건하에서 실시하는 계기접근방식
② 결심고도가 30m 이상 60m 미만이고, 활주로 가시범위가 300m 이상 550m 미만의 기상조건하에서 실시하는 계기접근방식
③ 결심고도가 30m 미만 또는 적용하지 않고, 활주로 가시범위 300m 미만 또는 적용하지 아니하는 방식(No RVR)의 기상조건하에서 실시하는 계기접근방식
④ 결심고도를 적용하지 않고, 활주로 가시범위도 적용하지 않는 기상조건하에서 실시하는 계기접근방식

해설 **항공안전법 시행규칙 제177조(계기 접근 및 출발 절차 등)**

① 법 제67조에 따라 계기비행의 절차는 다음 각 호와 같이 구분한다. 〈개정 2020. 2. 28.〉

1. 비정밀접근절차: 전방향표지시설(VOR), 전술항행표지시설(TACAN) 등 전자적인 활공각(滑空角) 정보를 이용하지 아니하고 활주로방위각 정보를 이용하는 계기접근절차
2. 정밀접근절차: 계기착륙시설(Instrument Landing System/ILS, Microwave Landing System/MLS, GPS Landing System/GLS) 또는 위성항법시설(Satellite Based Augmentation System/SBAS Cat Ⅰ)을 기반으로 하여 활주로방위각 및 활공각 정보를 이용하는 계기접근절차
3. 수직유도정보에 의한 계기접근절차: 활공각 및 활주로방위각 정보를 제공하며, 최저강하고도 또는 결심고도가 75미터(250피트) 이상으로 설계된 성능기반항행(Performance Based Navigation/PBN) 계기접근절차
4. 표준계기도착절차: 항공로에서 제1호부터 제3호까지의 규정에 따른 계기접근절차로 연결하는 계기도착절차
5. 표준계기출발절차: 비행장을 출발하여 항공로를 비행할 수 있도록 연결하는 계기출발절차

② 제1항 제1호부터 제3호까지의 규정에 따른 계기접근절차는 결심고도와 시정 또는 활주로가시범위(Visibility or Runway Visual Range/RVR)에 따라 다음과 같이 구분한다. 〈개정 2020. 12. 10.〉

종류		결심고도 (Decision Height/DH)	시정 또는 활주로 가시범위 (Visibility or Runway Visual Range/RVR)
A형(Type A)		75미터(250피트) 이상 • 결심고도가 없는 경우 최저강하고도를 적용	해당 사항 없음
B형 (Type B)	1종 (Category Ⅰ)	60미터(200피트) 이상 75미터(250피트) 미만	시정 800미터(1/2마일) 또는 RVR 550미터 이상
	2종 (Category Ⅱ)	30미터(100피트) 이상 60미터(200피트) 미만	RVR 300미터 이상 550미터 미만
	3종 (Category Ⅲ)	30미터(100피트) 미만 또는 적용하지 아니함(No DH)	RVR 300미터 미만 또는 적용하지 아니함(No RVR)

③ 제2항의 표 중 종류별 구분은 「국제민간항공협약」 부속서 14에서 정하는 바에 따른다.

정답 103. ② 104. ③

105 국토교통부장관이 항공기등의 검사 등을 하기 위해 항공기등 및 장비품을 검사할 사람(검사관)을 임명 또는 위촉하기 위한 조건으로 적당하지 않은 것은?

① 항공정비사 자격증명을 받은 사람
② 「국가기술자격법」에 따른 항공분야의 산업기사 이상의 자격을 취득한 사람
③ 항공기술 관련 분야에서 학사 이상의 학위를 취득한 후 3년 이상 항공기의 설계, 제작, 정비 또는 품질보증 업무에 종사한 경력이 있는 사람
④ 국가기관등항공기의 설계, 제작, 정비 또는 품질보증 업무에 5년 이상 종사한 경력이 있는 사람

해설 **항공안전법 제31조(항공기등의 검사 등)**
① 국토교통부장관은 제20조부터 제25조까지, 제27조, 제28조, 제30조 및 제97조에 따른 증명·승인 또는 정비조직인증을 할 때에는 국토교통부장관이 정하는 바에 따라 미리 해당 항공기등 및 장비품을 검사하거나 이를 제작 또는 정비하려는 조직, 시설 및 인력 등을 검사하여야 한다.
② 국토교통부장관은 제1항에 따른 검사를 하기 위하여 다음 각 호의 어느 하나에 해당하는 사람 중에서 항공기등 및 장비품을 검사할 사람(이하 "검사관"이라 한다)을 임명 또는 위촉한다.
1. 제35조 제8호의 항공정비사 자격증명을 받은 사람
2. 「국가기술자격법」에 따른 항공분야의 기사 이상의 자격을 취득한 사람
3. 항공기술 관련 분야에서 학사 이상의 학위를 취득한 후 3년 이상 항공기의 설계, 제작, 정비 또는 품질보증 업무에 종사한 경력이 있는 사람
4. 국가기관등항공기의 설계, 제작, 정비 또는 품질보증 업무에 5년 이상 종사한 경력이 있는 사람
③ 국토교통부장관은 국토교통부 소속 공무원이 아닌 검사관이 제1항에 따른 검사를 한 경우에는 예산의 범위에서 수당을 지급할 수 있다.

106 국토교통부장관은 항공안전위해요인을 발생시킨 사람이 며칠 이내에 항공안전 자율보고를 할 경우, 처분을 하지 아니할 수 있는가?

① 5일 이내 ② 10일 이내
③ 15일 이내 ④ 20일 이내

해설 **항공안전법 제61조(항공안전 자율보고)**
① 누구든지 제59조제1항에 따른 의무보고 대상 항공안전장애 외의 항공안전장애(이하 "자율보고대상 항공안전장애"라 한다)를 발생시켰거나 발생한 것을 알게 된 경우 또는 항공안전위해요인이 발생한 것을 알게 되거나 발생이 의심되는 경우에는 국토교통부령으로 정하는 바에 따라 그 사실을 국토교통부장관에게 보고할 수 있다. 〈개정 2019. 8. 27.〉
② 국토교통부장관은 제1항에 따른 보고(이하 "항공안전 자율보고"라 한다)를 통하여 접수한 내용을 이 법에 따른 경우를 제외하고는 제3자에게 제공하거나 일반에게 공개해서는 아니 된다. 〈개정 2019. 8. 27.〉
③ 누구든지 항공안전 자율보고를 한 사람에 대하여 이를 이유로 해고·전보·징계·부당한 대우 또는 그 밖에 신분이나 처우와 관련하여 불이익한 조치를 해서는 아니 된다.
④ 국토교통부장관은 자율보고대상 항공안전장애 또는 항공안전위해요인을 발생시킨 사람이 그 발생일부터 10일 이내에 항공안전 자율보고를 한 경우에는 고의 또는 중대한 과실로 발생시킨 경우에 해당하지 아니하면 이 법 및 「공항시설법」에 따른 처분을 하여서는 아니 된다. 〈개정 2019. 8. 27., 2020. 6. 9.〉
⑤ 제1항부터 제4항까지에서 규정한 사항 외에 항공안전 자율보고에 포함되어야 할 사항, 보고 방법 및 절차 등은 국토교통부령으로 정한다.

107 항공정비사 자격증명의 정비분야 한정으로 맞는 것은?

① 기체(機體) 관련 분야
② 왕복발동기 관련 분야
③ 프로펠러 관련 분야
④ 전자·전기·계기 관련 분야

해설 **항공안전법 시행규칙 제81조(자격증명의 한정)**
⑤ 국토교통부장관이 법 제37조 제1항 제2호에 따라 한정하는 항공정비사 자격증명의 항공기·경량항공기의 종류는 다음 각 호와 같다. 〈개정 2020. 2. 28., 2021. 8. 27.〉
1. 항공기의 종류
가. 비행기 분야. 다만, 비행기에 대한 정비업무경력이 4년(국토교통부장관이 지정한 전문교육기관에서 비행기 정비에 필요한 과정을 이수한 사람은 2년) 미만인 사람은 최대이륙중량 5,700킬로그램 이하의 비행기로 제한한다.
나. 헬리콥터 분야. 다만, 헬리콥터 정비업무경력이 4년(국토교통부장관이 지정한 전문교육기관에

정답 105. ② 106. ② 107. ④

서 헬리콥터 정비에 필요한 과정을 이수한 사람은 2년) 미만인 사람은 최대이륙중량 3,175킬로그램 이하의 헬리콥터로 제한한다.
2. 경량항공기의 종류
가. 경량비행기 분야: 조종형비행기, 체중이동형비행기 또는 동력패러슈트
나. 경량헬리콥터 분야: 경량헬리콥터 또는 자이로플레인

108 소음기준적합증명의 기준에 적합하지 아니한 항공기의 운항허가를 받을 수 있는 대상에 해당되지 않는 것은?

① 항공기의 생산업체, 연구기관 또는 제작자 등이 항공기 또는 그 장비품 등의 시험 · 조사 · 연구 · 개발을 위하여 시험비행을 하는 경우
② 항공기의 제작 또는 정비등을 한 후 시험비행을 하는 경우
③ 터빈발동기를 장착한 항공기
④ 항공기의 정비등을 위한 장소까지 승객 · 화물을 싣지 아니하고 비행하는 경우

해설 **항공안전법 시행규칙 제53조(소음기준적합증명의 기준에 적합하지 아니한 항공기의 운항허가)**
① 법 제25조 제2항 단서에 따라 운항허가를 받을 수 있는 경우는 다음 각 호와 같다. 이 경우 국토교통부장관은 제한사항을 정하여 항공기의 운항을 허가할 수 있다.
1. 항공기의 생산업체, 연구기관 또는 제작자 등이 항공기 또는 그 장비품 등의 시험 · 조사 · 연구 · 개발을 위하여 시험비행을 하는 경우
2. 항공기의 제작 또는 정비등을 한 후 시험비행을 하는 경우
3. 항공기의 정비등을 위한 장소까지 승객 · 화물을 싣지 아니하고 비행하는 경우
4. 항공기의 설계에 관한 형식증명을 변경하기 위하여 운용한계를 초과하는 시험비행을 하는 경우
② 법 제25조 제2항 단서에 따른 운항허가를 받으려는 자는 별지 제25호서식의 시험비행 등의 허가신청서를 국토교통부장관에게 제출하여야 한다.

109 항공안전관리시스템을 마련하고 국토교통부장관의 승인을 받아 운용하여야 하는 대상이 아닌 것은?

① 형식증명, 부가형식증명, 제작증명, 기술표준품형식승인 또는 부품등제작자증명을 받은 자
② 항공종사자 양성을 위하여 지정된 항공정비사 지정 전문교육기관
③ 항공교통업무증명을 받은 자
④ 항공기정비업자로서 제97조 제1항에 따른 정비조직인증을 받은 자

해설 **항공안전법 제58조(항공안전프로그램 등)**
① 국토교통부장관은 다음 각 호의 사항이 포함된 항공안전프로그램을 마련하여 고시하여야 한다.
1. 국가의 항공안전에 관한 목표
2. 제1호의 목표를 달성하기 위한 항공기 운항, 항공교통업무, 항행시설 운영, 공항 운영 및 항공기 설계 · 제작 · 정비 등 세부 분야별 활동에 관한 사항
3. 항공기사고, 항공기준사고 및 항공안전장애 등에 대한 보고체계에 관한 사항
4. 항공안전을 위한 조사활동 및 안전감독에 관한 사항
5. 잠재적인 항공안전 위해요인의 식별 및 개선조치의 이행에 관한 사항
6. 정기적인 안전평가에 관한 사항 등
② 다음 각 호의 어느 하나에 해당하는 자는 제작, 교육, 운항 또는 사업 등을 시작하기 전까지 제1항에 따른 항공안전프로그램에 따라 항공기사고 등의 예방 및 비행안전의 확보를 위한 항공안전관리시스템을 마련하고, 국토교통부장관의 승인을 받아 운용하여야 한다. 승인받은 사항 중 국토교통부령으로 정하는 중요사항을 변경할 때에도 또한 같다. 〈개정 2017. 10. 24.〉
1. 형식증명, 부가형식증명, 제작증명, 기술표준품형식승인 또는 부품등제작자증명을 받은 자
2. 제35조 제1호부터 제4호까지의 항공종사자 양성을 위하여 제48조 제1항 단서에 따라 지정된 전문교육기관
3. 항공교통업무증명을 받은 자
4. 항공운송사업자, 항공기사용사업자 및 국외운항항공기 소유자등
5. 항공기정비업자로서 제97조 제1항에 따른 정비조직인증을 받은 자
6. 「공항시설법」 제38조 제1항에 따라 공항운영증명을 받은 자
7. 「공항시설법」 제43조 제2항에 따라 항행안전시설을 설치한 자
③ 국토교통부장관은 제83조 제1항부터 제3항까지에 따라 국토교통부장관이 하는 업무를 체계적으로 수행하기 위하여 제1항에 따른 항공안전프로그램에 따라 그 업무에

정답 108. ③ 109. ②

관한 항공안전관리시스템을 구축 · 운용하여야 한다.

④ 제1항부터 제3항까지에서 규정한 사항 외에 다음 각 호의 사항은 국토교통부령으로 정한다.

1. 제1항에 따른 항공안전프로그램의 마련에 필요한 사항
2. 제2항에 따른 항공안전관리시스템에 포함되어야 할 사항, 항공안전관리시스템의 승인기준 및 구축 · 운용에 필요한 사항
3. 제3항에 따른 업무에 관한 항공안전관리시스템의 구축 · 운용에 필요한 사항

110 항공기에는 다음 각 호의 서류를 탑재하여야 한다. 해당되지 않는 것은?

① 항공기등록증명서
② 감항증명서
③ 탑재용 항공일지
④ 정비규정

해설 **항공안전법 시행규칙 제113조(항공기에 탑재하는 서류)**

법 제52조 제2항에 따라 항공기(활공기 및 법 제23조 제3항 제2호에 따른 특별감항증명을 받은 항공기는 제외한다)에는 다음 각 호의 서류를 탑재하여야 한다. 〈개정 2020. 11. 2., 2021. 6. 9.〉

1. 항공기등록증명서
2. 감항증명서
3. 탑재용 항공일지
4. 운용한계 지정서 및 비행교범
5. 운항규정([별표 32]에 따른 교범 중 훈련교범 · 위험물교범 · 사고절차교범 · 보안업무교범 · 항공기 탑재 및 처리 교범은 제외한다)
6. 항공운송사업의 운항증명서 사본(항공당국의 확인을 받은 것을 말한다) 및 운영기준 사본(국제운송사업에 사용되는 항공기의 경우에는 영문으로 된 것을 포함한다)
7. 소음기준적합증명서
8. 각 운항승무원의 유효한 자격증명서(법 제34조에 따라 자격증명을 받은 사람이 국내에서 항공업무를 수행하는 경우에는 전자문서로 된 자격증명서를 포함한다. 이하 제219조 각 호에서 같다) 및 조종사의 비행기록에 관한 자료
9. 무선국 허가증명서(Radio Station License)
10. 탑승한 여객의 성명, 탑승지 및 목적지가 표시된 명부(passenger manifest)(항공운송사업용 항공기만 해당한다)
11. 해당 항공운송사업자가 발행하는 수송화물의 화물목록(cargo manifest)과 화물 운송장에 명시되어 있는 세부화물신고서류(detailed declarations of the cargo)(항공운송사업용 항공기만 해당한다)
12. 해당 국가의 항공당국 간에 체결한 항공기 등의 감독 의무에 관한 이전협정서요약서 사본(법 제5조에 따른 임대차 항공기의 경우만 해당한다)
13. 비행 전 및 각 비행단계에서 운항승무원이 사용해야 할 점검표
14. 그 밖에 국토교통부장관이 정하여 고시하는 서류

111 부가형식증명을 받으려는 자가 첨부해야 하는 서류로 적당하지 않은 것은?

① 항공기기술기준에 대한 적합성 입증계획서
② 설계도면 및 설계도면 목록
③ 부품표 및 사양서
④ 설계 개요서

해설 **항공안전법 시행규칙 제23조(부가형식증명의 신청)**

① 법 제20조 제5항에 따라 부가형식증명을 받으려는 자는 별지 제5호서식의 부가형식증명 신청서를 국토교통부장관에게 제출하여야 한다. 〈개정 2018. 6. 27.〉

② 제1항에 따른 신청서에는 다음 각 호의 서류를 첨부하여야 한다. 〈개정 2018. 6. 27.〉

1. 법 제19조에 따른 항공기기술기준(이하 "항공기기술기준"이라 한다)에 대한 적합성 입증계획서
2. 설계도면 및 설계도면 목록
3. 부품표 및 사양서
4. 그 밖에 참고사항을 적은 서류

112 자격증명 · 항공신체검사증명의 취소 등의 원인이 아닌 것은?

① 항공종사자가 한정된 종류, 등급 또는 형식 외의 항공기나 한정된 정비분야 외의 항공업무에 종사한 경우
② 주류등의 영향으로 항공업무를 정상적으로 수행할 수 없는 상태에서 항공업무에 종사한 경우
③ 자격증명등의 정지명령을 위반하여 정지기간에 항공업무에 종사한 경우
④ 전문교육을 받지 아니한 경우

해설 **항공안전법 제43조(자격증명 · 항공신체검사증명의 취소 등)**

① 국토교통부장관은 항공종사자가 다음 각 호의 어느 하나에 해당하는 경우에는 그 자격증명이나 자격증명의 한정(이하 이 조에서 "자격증명등"이라 한다)을 취소하거나 1년 이내의 기간을 정하여 자격증명등의 효력정지를 명

정답 110. ④ 111. ④ 112. ④

할 수 있다. 다만, 제1호, 제6호의 2, 제6호의 3, 제15호 또는 제31호에 해당하는 경우에는 해당 자격증명등을 취소하여야 한다. 〈개정 2019. 8. 27., 2020. 6. 9., 2020. 12. 8., 2021. 5. 18., 2021. 12. 7., 2022. 1. 18.〉

1. 거짓이나 그 밖의 부정한 방법으로 자격증명등을 받은 경우
2. 이 법을 위반하여 벌금 이상의 형을 선고받은 경우
3. 항공종사자로서 항공업무를 수행할 때 고의 또는 중대한 과실로 항공기사고를 일으켜 인명피해나 재산피해를 발생시킨 경우
4. 제32조 제1항 본문에 따라 정비등을 확인하는 항공종사자가 국토교통부령으로 정하는 방법에 따라 감항성을 확인하지 아니한 경우
5. 제36조 제2항을 위반하여 자격증명의 종류에 따른 업무범위 외의 업무에 종사한 경우
6. 제37조 제2항을 위반하여 자격증명의 한정을 받은 항공종사자가 한정된 종류, 등급 또는 형식 외의 항공기 · 경량항공기나 한정된 정비분야 외의 항공업무에 종사한 경우
7. 제40조 제1항(제46조 제4항 및 제47조 제4항에서 준용하는 경우를 포함한다)을 위반하여 항공신체검사증명을 받지 아니하고 항공업무(제46조에 따른 항공기 조종연습 및 제47조에 따른 항공교통관제연습을 포함한다. 이하 이 항 제8호, 제13호, 제14호 및 제16호에서 같다)에 종사한 경우
8. 제42조를 위반하여 제40조 제2항에 따른 자격증명의 종류별 항공신체검사증명의 기준에 적합하지 아니한 운항승무원 및 항공교통관제사가 항공업무에 종사한 경우
9. 제44조 제1항을 위반하여 계기비행증명을 받지 아니하고 계기비행 또는 계기비행방식에 따른 비행을 한 경우
10. 제44조 제2항을 위반하여 조종교육증명을 받지 아니하고 조종교육을 한 경우
11. 제45조 제1항을 위반하여 항공영어구술능력증명을 받지 아니하고 같은 항 각 호의 어느 하나에 해당하는 업무에 종사한 경우
12. 제55조를 위반하여 국토교통부령으로 정하는 비행경험이 없이 같은 조 각 호의 어느 하나에 해당하는 항공기를 운항하거나 계기비행 · 야간비행 또는 제44조 제2항에 따른 조종교육의 업무에 종사한 경우
13. 제57조 제1항을 위반하여 주류등의 영향으로 항공업무를 정상적으로 수행할 수 없는 상태에서 항공업무에 종사한 경우
14. 제57조 제2항을 위반하여 항공업무에 종사하는 동안에 같은 조 제1항에 따른 주류등을 섭취하거나 사용한 경우
15. 제57조 제3항을 위반하여 같은 조 제1항에 따른 주류등의 섭취 및 사용 여부의 측정 요구에 따르지 아니한 경우

15의 2. 제57조의 2를 위반하여 항공기 내에서 흡연을 한 경우

16. 항공업무를 수행할 때 고의 또는 중대한 과실로 항공기준사고, 항공안전장애 또는 제61조제1항에 따른 항공안전위해요인을 발생시킨 경우
17. 제62조 제2항 또는 제4항부터 제6항까지에 따른 기장의 의무를 이행하지 아니한 경우
18. 제63조를 위반하여 조종사가 운항자격의 인정 또는 심사를 받지 아니하고 운항한 경우
19. 제65조 제2항을 위반하여 기장이 운항관리사의 승인을 받지 아니하고 항공기를 출발시키거나 비행계획을 변경한 경우
20. 제66조를 위반하여 이륙 · 착륙 장소가 아닌 곳에서 이륙하거나 착륙한 경우
21. 제67조 제1항을 위반하여 비행규칙을 따르지 아니하고 비행한 경우
22. 제68조를 위반하여 같은 조 각 호의 어느 하나에 해당하는 비행 또는 행위를 한 경우
23. 제70조 제1항을 위반하여 허가를 받지 아니하고 항공기로 위험물을 운송한 경우
24. 제76조 제2항을 위반하여 항공업무를 수행한 경우
25. 제77조 제2항을 위반하여 같은 조 제1항에 따른 운항기술기준을 준수하지 아니하고 비행을 하거나 업무를 수행한 경우
26. 제79조 제1항을 위반하여 국토교통부장관이 정하여 공고하는 비행의 방식 및 절차에 따르지 아니하고 비관제공역(非管制空域) 또는 주의공역(注意空域)에서 비행한 경우
27. 제79조 제2항을 위반하여 허가를 받지 아니하거나 국토교통부장관이 정하는 비행의 방식 및 절차에 따르지 아니하고 통제공역에서 비행한 경우
28. 제84조 제1항을 위반하여 국토교통부장관 또는 항공교통업무증명을 받은 자가 지시하는 이동 · 이륙 · 착륙의 순서 및 시기와 비행의 방법에 따르지 아니한 경우
29. 제90조 제4항(제96조 제1항에서 준용하는 경우를 포함한다)을 위반하여 운영기준을 준수하지 아니하고 비행을 하거나 업무를 수행한 경우
30. 제93조 제7항 후단(제96조 제2항에서 준용하는 경우를 포함한다)을 위반하여 운항규정 또는 정비규정을 준수하지 아니하고 업무를 수행한 경우

30의 2. 제108조 제4항 본문에 따라 경량항공기 또는 그 장비품 · 부품의 정비사항을 확인하는 항공종사

자가 국토교통부령으로 정하는 방법에 따라 확인 하지 아니한 경우

31. 이 조에 따른 자격증명등의 정지명령을 위반하여 정지기간에 항공업무에 종사한 경우

② 국토교통부장관은 항공종사자가 다음 각 호의 어느 하나에 해당하는 경우에는 그 항공신체검사증명을 취소하거나 1년 이내의 기간을 정하여 항공신체검사증명의 효력 정지를 명할 수 있다. 다만, 제1호에 해당하는 경우에는 항공신체검사증명을 취소하여야 한다.

1. 거짓이나 그 밖의 부정한 방법으로 항공신체검사증명을 받은 경우
2. 제1항 제13호부터 제15호까지의 어느 하나에 해당하는 경우
3. 제40조 제2항에 따른 자격증명의 종류별 항공신체검사증명의 기준에 맞지 아니하게 되어 항공업무를 수행하기에 부적합하다고 인정되는 경우
4. 제41조에 따른 항공신체검사명령에 따르지 아니한 경우
5. 제42조를 위반하여 항공업무에 종사한 경우
6. 제76조 제2항을 위반하여 항공신체검사증명서를 소지하지 아니하고 항공업무에 종사한 경우

③ 자격증명등의 시험에 응시하거나 심사를 받는 사람 또는 항공신체검사를 받는 사람이 그 시험이나 심사 또는 검사에서 부정한 행위를 한 경우에는 그 부정한 행위를 한 날부터 각각 2년간 이 법에 따른 자격증명등의 시험에 응시하거나 심사를 받을 수 없으며, 이 법에 따른 항공신체검사를 받을 수 없다.

④ 제1항 및 제2항에 따른 처분의 기준 및 절차와 그 밖에 필요한 사항은 국토교통부령으로 정한다.
[시행일 : 2021. 6. 9.]

113 항공안전장애를 발생시켰거나 항공안전장애가 발생한 것을 알게 된 항공종사자 등 항공안전 의무보고 관계인에 해당하지 않는 것은?

① 항공기 기장(항공기의 소유자등)
② 항공정비사(소속된 기관 · 법인 등의 대표자)
③ 항공교통관제사(항공교통관제기관의 장)
④ 전문교육기관시설을 설치 · 관리하는 자 (전문교육기관의 장)

해설 **항공안전법 제59조(항공안전 의무보고)**

① 항공기사고, 항공기준사고 또는 항공안전장애를 발생시켰거나 항공기사고, 항공기준사고 또는 항공안전장애가 발생한 것을 알게 된 항공종사자 등 관계인은 국토교통부장관에게 그 사실을 보고하여야 한다.

② 제1항에 따른 항공종사자 등 관계인의 범위, 보고에 포함되어야 할 사항, 시기, 보고 방법 및 절차 등은 국토교통부령으로 정한다.

항공안전법 시행규칙 제134조(항공안전 의무보고의 절차 등)

① 법 제59조 제1항 본문에서 "항공안전장애 중 국토교통부령으로 정하는 사항"이란 [별표 20의 2]에 따른 사항을 말한다. 〈신설 2020. 2. 28.〉

② 법 제59조 제1항 및 법 제62조 제5항에 따라 다음 각 호의 어느 하나에 해당하는 사람은 별지 제65호 서식에 따른 항공안전 의무보고서(항공기가 조류 또는 동물과 충돌한 경우에는 별지 제65호의 2 서식에 따른 조류 및 동물 충돌 보고서) 또는 국토교통부장관이 정하여 고시하는 전자적인 보고방법에 따라 국토교통부장관 또는 지방항공청장에게 보고해야 한다. 〈개정 2020. 2. 28., 2020. 12. 10.〉

1. 항공기사고를 발생시켰거나 항공기사고가 발생한 것을 알게 된 항공종사자 등 관계인
2. 항공기준사고를 발생시켰거나 항공기준사고가 발생한 것을 알게 된 항공종사자 등 관계인
3. 법 제59조 제1항 본문에 따른 의무보고 대상 항공안전장애(이하 "의무보고 대상 항공안전장애"라 한다)를 발생시켰거나 의무보고 대상 항공안전장애가 발생한 것을 알게 된 항공종사자 등 관계인(법 제33조에 따른 보고 의무자는 제외한다)

③ 법 제59조 제1항에 따른 항공종사자 등 관계인의 범위는 다음 각 호와 같다. 〈개정 2020. 2. 28.〉

1. 항공기 기장(항공기 기장이 보고할 수 없는 경우에는 그 항공기의 소유자등을 말한다)
2. 항공정비사(항공정비사가 보고할 수 없는 경우에는 그 항공정비사가 소속된 기관 · 법인 등의 대표자를 말한다)
3. 항공교통관제사(항공교통관제사가 보고할 수 없는 경우 그 관제사가 소속된 항공교통관제기관의 장을 말한다)
4. 「공항시설법」에 따라 공항시설을 관리 · 유지하는 자
5. 「공항시설법」에 따라 항행안전시설을 설치 · 관리하는 자
6. 법 제70조 제3항에 따른 위험물취급자
7. 「항공사업법」 제2조 제20호에 따른 항공기취급업자 중 다음 각 호의 업무를 수행하는 자
   가. 항공기 중량 및 균형관리를 위한 화물 등의 탑재 관리, 지상에서 항공기에 대한 동력지원
   나. 지상에서 항공기의 안전한 이동을 위한 항공기 유도

④ 제2항에 따른 보고서의 제출 시기는 다음 각 호와 같다. 〈개정 2020. 2. 28.〉

1. 항공기사고 및 항공기준사고: 즉시

2. 항공안전장애
   가. [별표 20의 2] 제1호부터 제4호까지, 제6호 및 제7호에 해당하는 의무보고 대상 항공안전장애의 경우 다음의 구분에 따른 때부터 72시간 이내(해당 기간에 포함된 토요일 및 법정공휴일에 해당하는 시간은 제외한다). 다만, 제6호 가목, 나목 및 마목에 해당하는 사항은 즉시 보고해야 한다.
      1) 의무보고 대상 항공안전장애를 발생시킨 자: 해당 의무보고 대상 항공안전장애가 발생한 때
      2) 의무보고 대상 항공안전장애가 발생한 것을 알게 된 자: 해당 의무보고 대상 항공안전장애가 발생한 사실을 안 때
   나. [별표 20의 2] 제5호에 해당하는 의무보고 대상 항공안전장애의 경우 다음의 구분에 따른 때부터 96시간 이내. 다만, 해당 기간에 포함된 토요일 및 법정공휴일에 해당하는 시간은 제외한다.
      1) 의무보고 대상 항공안전장애를 발생시킨 자: 해당 의무보고 대상 항공안전장애가 발생한 때
      2) 의무보고 대상 항공안전장애가 발생한 것을 알게 된 자: 해당 의무보고 대상 항공안전장애가 발생한 사실을 안 때
   다. 가목 및 나목에도 불구하고, 의무보고 대상 항공안전장애를 발생시켰거나 의무보고 대상 항공안전장애가 발생한 것을 알게 된 자가 부상, 통신 불능, 그 밖의 부득이한 사유로 기한 내 보고를 할 수 없는 경우에는 그 사유가 해소된 시점부터 72시간 이내

114 항공기의 비행 중 금지행위에 해당하지 않는 것은?

① 국토교통부령으로 정하는 최저비행고도(最低飛行高度) 아래에서의 비행
② 물건의 투하(投下) 또는 살포
③ 무인항공기의 비행
④ 위험물 운송

해설 **항공안전법 제68조(항공기의 비행 중 금지행위 등)**
항공기를 운항하려는 사람은 생명과 재산을 보호하기 위하여 다음 각 호의 어느 하나에 해당하는 비행 또는 행위를 해서는 아니 된다. 다만, 국토교통부령으로 정하는 바에 따라 국토교통부장관의 허가를 받은 경우에는 그러하지 아니하다.
1. 국토교통부령으로 정하는 최저비행고도(最低飛行高度) 아래에서의 비행
2. 물건의 투하(投下) 또는 살포
3. 낙하산 강하(降下)
4. 국토교통부령으로 정하는 구역에서 뒤집어서 비행하거나 옆으로 세워서 비행하는 등의 곡예비행
5. 무인항공기의 비행
6. 그 밖에 생명과 재산에 위해를 끼치거나 위해를 끼칠 우려가 있는 비행 또는 행위로서 국토교통부령으로 정하는 비행 또는 행위

115 항공정보의 제공방법에 속하지 않는 것은?

① 항공정보간행물(AIP)
② 항공고시보(NOTAM)
③ 항공정보회람(AIC)
④ 항공고정통신망(AFTN)

해설 **항공안전법 제89조(항공정보의 제공 등)**
① 국토교통부장관은 항공기 운항의 안전성 · 정규성 및 효율성을 확보하기 위하여 필요한 정보(이하 "항공정보"라 한다)를 비행정보구역에서 비행하는 사람 등에게 제공하여야 한다.
② 국토교통부장관은 항공로, 항행안전시설, 비행장, 공항, 관제권 등 항공기 운항에 필요한 정보가 표시된 지도(이하 "항공지도"라 한다)를 발간(發刊)하여야 한다.
③ 국토교통부장관은 제1항 및 제2항에 따른 항공정보 및 항공지도 중 국토교통부령으로 정하는 항공정보 및 항공지도는 유상으로 제공할 수 있다. 다만, 관계 행정기관 등 대통령령으로 정하는 기관에는 무상으로 제공하여야 한다. 〈신설 2023. 4. 18.〉
④ 제1항부터 제3항까지에 따른 항공정보 또는 항공지도의 내용, 제공방법, 측정단위 등에 필요한 사항은 국토교통부령으로 정한다. 〈개정 2023. 4. 18.〉

항공안전법 시행규칙 제255조(항공정보)
① 법 제89조 제1항에 따른 항공정보의 내용은 다음 각 호와 같다.
1. 비행장과 항행안전시설의 공용의 개시, 휴지, 재개(再開) 및 폐지에 관한 사항
2. 비행장과 항행안전시설의 중요한 변경 및 운용에 관한 사항
3. 비행장을 이용할 때에 있어 항공기의 운항에 장애가 되는 사항
4. 비행의 방법, 결심고도, 최저강하고도, 비행장 이륙 · 착륙 기상 최저치 등의 설정과 변경에 관한 사항
5. 항공교통업무에 관한 사항
6. 다음 각 목의 공역에서 하는 로켓 · 불꽃 · 레이저광선 또는 그 밖의 물건의 발사, 무인기구(기상관측용 및 완구용은 제외한다)의 계류 · 부양 및 낙하산 강하에 관한 사항
   가. 진입표면 · 수평표면 · 원추표면 또는 전이표면을 초과하는 높이의 공역
   나. 항공로 안의 높이 150미터 이상인 공역
   다. 그 밖에 높이 250미터 이상인 공역

정답 114. ④ 115. ④

7. 그 밖에 항공기의 운항에 도움이 될 수 있는 사항

② 제1항에 따른 항공정보는 다음 각 호의 어느 하나의 방법으로 제공한다.

1. 항공정보간행물(AIP)
2. 항공고시보(NOTAM)
3. 항공정보회람(AIC)
4. 비행 전·후 정보(Pre-Flight and Post-Flight Information)를 적은 자료

행정규칙, 항공약어 및 부호 사용에 관한 기준

1. "무선통신"이란 조종사, 항공교통관제사, 지상의 공항운영자와 항공사 운영자들이 서로 통신할 수 있는 수단 또는 통신하는 행위를 말한다.
2. "항공고시보(NOTAM)"란 항공관련 시설, 업무, 절차 또는 장애요소, 항공기 운항관련자가 필수적으로 적시에 알아야할 지식 등의 신설, 상태 또는 변경과 관련된 정보를 포함하는 통신수단을 통해 배포되는 공고문을 말한다.
3. "항공고시보 부호(Code)"란 항공고시보 본문의 주제와 주제의 상태를 포괄적으로 나타내는 다섯개의 영문자로 조합된 부호로, 첫 번째 문자는 항상 "Q"로 시작되고 둘째 및 셋째 문자는 주어부, 넷째 및 다섯째 문자는 서술부로 구성된 문자그룹을 말한다.
4. "항공약어"란「항공안전법」제2조 제5호의 항공업무 중 가목부터 다목까지의 업무와「항공안전법」제89조 및 같은 법 시행규칙 제255조,「공항시설법」 제53조 및 같은 법 시행규칙 제44조의 업무를 수행하면서 업무의 간소화 및 표준화를 위하여 사용하는 국제민간항공기구에서 정한 약어를 말한다.
5. "항공정보업무"란 지정 관할 구역 내에서 항공항행의 안전, 질서 및 효율을 위해 필요한 항공자료 및 항공정보를 제공하는 업무를 말한다.
6. "항공정보업무기관"이란「항공안전법」제89조 및 같은 법 시행령 제26조와「행정권한의 위임 및 위탁에 관한 규정」 제54조에 따라 항공자료 및 항공정보를 제공하는 기관을 말한다.
7. "항공통신업무"란 항공고정통신업무, 항공이동통신업무, 항공무선항행업무 및 항공방송업무를 말한다.
8. "항공고정통신업무"란 특정지점 사이에 항공고정통신망(AFTN) 또는 항공정보교환망(AMHS) 등을 이용하여 항공정보를 제공하거나 교환하는 업무를 말한다.
9. "항공이동통신업무"란 항공국과 항공기국 사이에 단파이동통신시설(HF Radio) 등을 이용하여 항공정보를 제공하거나 교환하는 업무를 말한다.
10. "항공무선항행업무"란 항행안전무선시설을 이용하여 항공항행에 관한 정보를 제공하는 업무를 말한다.
11. "항공방송업무"란 단거리이동통신시설(VHF/UHF Radio) 등을 이용하여 항공항행에 관한 정보를 제공하는 업무를 말한다.
12. "항공통신업무기관"이란 항공통신국의 운영에 관한 책임이 있는 부서를 말한다.

116 감항증명을 받지 아니한 항공기 사용 등의 죄에 대한 처벌은?

① 500만원 이하의 벌금
② 1천만원 이하의 벌금
③ 2년 이하의 징역 또는 2천만원 이하의 벌금
④ 3년 이하의 징역 또는 5천만원 이하의 벌금

해설 **항공안전법 제144조(감항증명을 받지 아니한 항공기 사용 등의 죄)**
다음 각 호의 어느 하나에 해당하는 자는 3년 이하의 징역 또는 5천만원 이하의 벌금에 처한다.

1. 제23조 또는 제25조를 위반하여 감항증명 또는 소음기준적합증명을 받지 아니하거나 감항증명 또는 소음기준적합증명이 취소 또는 정지된 항공기를 운항한 자
2. 제27조 제3항을 위반하여 기술표준품형식승인을 받지 아니한 기술표준품을 제작·판매하거나 항공기등에 사용한 자
3. 제28조 제3항을 위반하여 부품등제작자증명을 받지 아니한 장비품 또는 부품을 제작·판매하거나 항공기등 또는 장비품에 사용한 자
4. 제30조를 위반하여 수리·개조승인을 받지 아니한 항공기등, 장비품 또는 부품을 운항 또는 항공기등에 사용한 자
5. 제32조 제1항을 위반하여 정비등을 한 항공기등, 장비품 또는 부품에 대하여 감항성을 확인받지 아니하고 운항 또는 항공기등에 사용한 자

117 공역의 사용목적에 따른 구분 중 주의공역에 포함되지 않는 것은?

① 훈련구역-민간항공기의 훈련공역으로서 계기비행항공기로부터 분리를 유지할 필요가 있는 공역
② 군작전구역-군사작전을 위하여 설정된 공역으로서 계기 비행항공기로부터 분리를 유지할 필요가 있는 공역
③ 위험구역-항공기의 비행 시 항공기 또는 지상시설물에 대한 위험이 예상되는 공역
④ 비행금지구역-안전, 국방상, 그 밖의 이유로 항공기의 비행을 금지하는 공역

정답 116. ④ 117. ④

해설 **항공안전법 시행규칙 [별표 23] 공역의 구분(제221조 제1항 관련)**

1. 제공하는 항공교통업무에 따른 구분

구분		내용
관제공역	A등급 공역	모든 항공기가 계기비행을 해야 하는 공역
	B등급 공역	계기비행 및 시계비행을 하는 항공기가 비행 가능하고, 모든 항공기에 분리를 포함한 항공교통관제업무가 제공되는 공역
	C등급 공역	모든 항공기에 항공교통관제업무가 제공되나, 시계비행을 하는 항공기 간에는 교통정보만 제공되는 공역
	D등급 공역	모든 항공기에 항공교통관제업무가 제공되나, 계기비행을 하는 항공기와 시계비행을 하는 항공기 및 시계비행을 하는 항공기 간에는 교통정보만 제공되는 공역
	E등급 공역	계기비행을 하는 항공기에 항공교통관제업무가 제공되고, 시계비행을 하는 항공기에 교통정보가 제공되는 공역
비관제공역	F등급 공역	계기비행을 하는 항공기에 비행정보업무와 항공교통조언업무가 제공되고, 시계비행항공기에 비행정보업무가 제공되는 공역
	G등급 공역	모든 항공기에 비행정보업무만 제공되는 공역

2. 공역의 사용목적에 따른 구분

구분		내용
관제공역	관제권	「항공안전법」 제2조 제25호에 따른 공역으로서 비행정보구역 내의 B, C 또는 D등급 공역 중에서 시계 및 계기비행을 하는 항공기에 대하여 항공교통관제업무를 제공하는 공역
	관제구	「항공안전법」 제2조 제26호에 따른 공역(항공로 및 접근관제구역을 포함한다)으로서 비행정보구역 내의 A, B, C, D 및 E등급 공역에서 시계 및 계기비행을 하는 항공기에 대하여 항공교통관제업무를 제공하는 공역
	비행장 교통구역	「항공안전법」 제2조 제25호에 따른 공역 외의 공역으로서 비행정보구역 내의 D등급에서 시계비행을 하는 항공기 간에 교통정보를 제공하는 공역
비관제공역	조언구역	항공교통조언업무가 제공되도록 지정된 비관제공역
	정보구역	비행정보업무가 제공되도록 지정된 비관제공역
통제공역	비행금지구역	안전, 국방상, 그 밖의 이유로 항공기의 비행을 금지하는 공역
	비행제한구역	항공사격·대공사격 등으로 인한 위험으로부터 항공기의 안전을 보호하거나 그 밖의 이유로 비행허가를 받지 않은 항공기의 비행을 제한하는 공역
	초경량비행장치 비행제한구역	초경량비행장치의 비행안전을 확보하기 위하여 초경량비행장치의 비행활동에 대한 제한이 필요한 공역
주의공역	훈련구역	민간항공기의 훈련공역으로서 계기비행항공기로부터 분리를 유지할 필요가 있는 공역
	군작전구역	군사작전을 위하여 설정된 공역으로서 계기비행항공기로부터 분리를 유지할 필요가 있는 공역
	위험구역	항공기의 비행 시 항공기 또는 지상시설물에 대한 위험이 예상되는 공역
	경계구역	대규모 조종사의 훈련이나 비정상 형태의 항공활동이 수행되는 공역

118 공역의 사용목적에 따른 구분 중 관제공역에 포함되지 않는 것은?

① 관제권 ② 관제구
③ 정보구역 ④ 비행장 교통구역

해설 **항공안전법 시행규칙 [별표 23] 공역의 구분(제221조 제1항 관련)**

구분		내용
관제공역	관제권	「항공안전법」 제2조 제25호에 따른 공역으로서 비행정보구역 내의 B, C 또는 D등급 공역 중에서 시계 및 계기비행을 하는 항공기에 대하여 항공교통관제업무를 제공하는 공역
	관제구	「항공안전법」 제2조 제26호에 따른 공역(항공로 및 접근관제구역을 포함한다)으로서 비행정보구역 내의 A, B, C, D 및 E등급 공역에서 시계 및 계기비행을 하는 항공기에 대하여 항공교통관제업무를 제공하는 공역
	비행장 교통구역	「항공안전법」 제2조 제25호에 따른 공역 외의 공역으로서 비행정보구역 내의 D등급에서 시계비행을 하는 항공기 간에 교통정보를 제공하는 공역

(교재 p. 176, [별표 23] 참조)

119 항공운송사업자의 운항증명을 취소해야만 하는 경우가 아닌 것은?

① 거짓이나 그 밖의 부정한 방법으로 운항증명을 받은 경우
② 항공기 또는 노선 운항의 정지처분에 따르지 아니하고 항공기를 운항한 경우
③ 항공기 운항의 정지기간에 운항한 경우
④ 감항증명을 받지 아니한 항공기를 운항한 경우

해설 **항공안전법 제91조(항공운송사업자의 운항증명 취소 등)**

① 국토교통부장관은 운항증명을 받은 항공운송사업자가 다음 각 호의 어느 하나에 해당하는 경우에는 운항증명을 취소하거나 6개월 이내의 기간을 정하여 항공기 운항의 정지를 명할 수 있다. 다만, 제1호, 제39호 또는 제49호의 어느 하나에 해당하는 경우에는 운항증명을 취소하여야 한다. 〈개정 2017. 12. 26., 2019. 8. 27., 2020. 6. 9., 2020. 12. 8.〉

(교재 p. 197, "4.10.2 운항증명 취소" 참조)

정답 118. ③ 119. ④

120 공역의 사용목적에 따른 구분 중 통제공역에 해당하지 않는 것은?

① 비행금지구역
② 비행제한구역
③ 군작전구역
④ 초경량비행장치 비행제한구역

해설 항공안전법 시행규칙 [별표 23] 공역의 구분(제221조 제1항 관련)

통제공역	비행금지구역	안전, 국방상, 그 밖의 이유로 항공기의 비행을 금지하는 공역
	비행제한구역	항공사격·대공사격 등으로 인한 위험으로부터 항공기의 안전을 보호하거나 그 밖의 이유로 비행허가를 받지 않은 항공기의 비행을 제한하는 공역
	초경량비행장치 비행제한구역	초경량비행장치의 비행안전을 확보하기 위하여 초경량비행장치의 비행활동에 대한 제한이 필요한 공역

(교재 p. 176, [별표 23] 참조)

121 정비조직인증을 취소하거나 6개월 이내의 기간을 정하여 그 효력의 정지를 명할 수 있는 경우에 해당하지 않는 것은?

① 거짓이나 그 밖의 부정한 방법으로 정비조직인증을 받은 경우
② 승인을 받지 아니하고 항공안전관리시스템을 운용한 경우
③ 고의 또는 중대한 과실에 의하거나 항공종사자에 대한 관리·감독에 관하여 상당한 주의의무를 게을리함으로써 항공기사고가 발생한 경우
④ 감항증명을 받지 아니한 항공기를 운항한 경우

해설 항공안전법 제98조(정비조직인증의 취소 등)

① 국토교통부장관은 정비조직인증을 받은 자가 다음 각 호의 어느 하나에 해당하는 경우에는 정비조직인증을 취소하거나 6개월 이내의 기간을 정하여 그 효력의 정지를 명할 수 있다. 다만, 제1호 또는 제5호에 해당하는 경우에는 그 정비조직인증을 취소하여야 한다.
1. 거짓이나 그 밖의 부정한 방법으로 정비조직인증을 받은 경우
2. 제58조 제2항을 위반하여 다음 각 목의 어느 하나에 해당하는 경우
가. 업무를 시작하기 전까지 항공안전관리시스템을 마련하지 아니한 경우
나. 승인을 받지 아니하고 항공안전관리시스템을 운용한 경우
다. 항공안전관리시스템을 승인받은 내용과 다르게 운용한 경우
라. 승인을 받지 아니하고 국토교통부령으로 정하는 중요 사항을 변경한 경우
3. 정당한 사유 없이 정비조직인증기준을 위반한 경우
4. 고의 또는 중대한 과실에 의하거나 항공종사자에 대한 관리·감독에 관하여 상당한 주의의무를 게을리함으로써 항공기사고가 발생한 경우
5. 이 조에 따른 효력정지기간에 업무를 한 경우

② 제1항에 따른 처분의 기준은 국토교통부령으로 정한다.

122 한정하는 항공정비사 자격증명의 항공기의 종류로 맞는 것은?

① 비행기 분야　② 비행선 분야
③ 활공기 분야　④ 항공우주선 분야

해설 항공안전법 시행규칙 제81조(자격증명의 한정)

① 국토교통부장관은 법 제37조 제1항 제1호에 따라 항공기의 종류·등급 또는 형식을 한정하는 경우에는 자격증명을 받으려는 사람이 실기시험에 사용하는 항공기의 종류·등급 또는 형식으로 한정하여야 한다.
② 제1항에 따라 한정하는 항공기의 종류는 비행기, 헬리콥터, 비행선, 활공기 및 항공우주선으로 구분한다.
③ 제1항에 따라 한정하는 항공기의 등급은 다음 각 호와 같이 구분한다. 다만, 활공기의 경우에는 상급(활공기가 특수 또는 상급 활공기인 경우) 및 중급(활공기가 중급 또는 초급 활공기인 경우)으로 구분한다.
1. 육상 항공기의 경우: 육상단발 및 육상다발
2. 수상 항공기의 경우: 수상단발 및 수상다발

④ 제1항에 따라 한정하는 항공기의 형식은 다음 각 호와 같이 구분한다.
1. 조종사 자격증명의 경우에는 다음 각 목의 어느 하나에 해당하는 형식의 항공기
가. 비행교범에 2명 이상의 조종사가 필요한 것으로 되어 있는 항공기
나. 가목 외에 국토교통부장관이 지정하는 형식의 항공기
2. 항공기관사 자격증명의 경우에는 모든 형식의 항공기

⑤ 국토교통부장관이 법 제37조 제1항 제2호에 따라 한정하는 항공정비사 자격증명의 항공기·경량항공기의 종류는 다음 각 호와 같다. 〈개정 2020. 2. 28., 2021. 8. 27.〉
1. 항공기의 종류
가. 비행기 분야. 다만, 비행기에 대한 정비업무경력이 4년(국토교통부장관이 지정한 전문교육기관에서 비행기 정비에 필요한 과정을 이수한 사람은 2년) 미만인 사람은 최대이륙중량 5,700킬로그램 이하의 비행기로 제한한다.

정답 120. ③ 121. ④ 122. ①

나. 헬리콥터 분야. 다만, 헬리콥터 정비업무경력이 4년(국토교통부장관이 지정한 전문교육기관에서 헬리콥터 정비에 필요한 과정을 이수한 사람은 2년) 미만인 사람은 최대이륙중량 3,175킬로그램 이하의 헬리콥터로 제한한다.

2. 경량항공기의 종류

가. 경량비행기 분야: 조종형비행기, 체중이동형비행기 또는 동력패러슈트

나. 경량헬리콥터 분야: 경량헬리콥터 또는 자이로플레인

⑥ 국토교통부장관이 법 제37조 제1항 제2호에 따라 한정하는 항공정비사의 자격증명의 정비분야는 전자 · 전기 · 계기 관련 분야로 한다. 〈개정 2020. 2. 28.〉

[시행일: 2021. 3. 1.] 제81조 제5항 제1호 가목 단서, 제81조 제5항 제1호 나목 단서

123 공역의 사용목적에 따른 구분 중 주의공역에 해당되지 않는 공역은?

① 훈련구역
② 군작전구역
③ 위험구역
④ 초경량비행장치 비행제한구역

해설 **항공안전법 시행규칙 [별표 23] 공역의 구분(제221조 제1항 관련)**

주의공역	훈련구역	민간항공기의 훈련공역으로서 계기비행항공기로부터 분리를 유지할 필요가 있는 공역
	군작전구역	군사작전을 위하여 설정된 공역으로서 계기비행항공기로부터 분리를 유지할 필요가 있는 공역
	위험구역	항공기의 비행 시 항공기 또는 지상시설물에 대한 위험이 예상되는 공역
	경계구역	대규모 조종사의 훈련이나 비정상 형태의 항공활동이 수행되는 공역

(교재 p. 176, [별표 23] 참조)

124 공역을 체계적이고 효율적으로 관리하기 위하여 국토교통부장관이 지정한 공역에 대한 설명이 잘못된 것은?

① 관제공역: 항공교통의 안전을 위하여 항공기의 비행 순서 · 시기 및 방법 등에 관하여 제84조 제1항에 따라 국토교통부장관 또는 항공교통업무증명을 받은 자의 지시를 받아야 할 필요가 있는 공역으로서 관제권 및 관제구를 포함하는 공역
② 비관제공역: 관제공역 외의 공역으로서 항공기의 조종사에게 비행에 관한 조언 · 비행정보 등을 제공할 필요가 있는 공역
③ 통제공역: 군사작전을 위하여 설정된 공역으로서 계기비행항공기로부터 분리를 유지할 필요가 있는 공역
④ 주의공역: 항공기의 조종사가 비행 시 특별한 주의 · 경계 · 식별 등이 필요한 공역

해설 **항공안전법 제78조(공역 등의 지정)**

① 국토교통부장관은 공역을 체계적이고 효율적으로 관리하기 위하여 필요하다고 인정할 때에는 비행정보구역을 다음 각 호의 공역으로 구분하여 지정 · 공고할 수 있다.

1. 관제공역: 항공교통의 안전을 위하여 항공기의 비행순서 · 시기 및 방법 등에 관하여 제84조 제1항에 따라 국토교통부장관 또는 항공교통업무증명을 받은 자의 지시를 받아야 할 필요가 있는 공역으로서 관제권 및 관제구를 포함하는 공역
2. 비관제공역: 관제공역 외의 공역으로서 항공기의 조종사에게 비행에 관한 조언 · 비행정보 등을 제공할 필요가 있는 공역
3. 통제공역: 항공교통의 안전을 위하여 항공기의 비행을 금지하거나 제한할 필요가 있는 공역
4. 주의공역: 항공기의 조종사가 비행 시 특별한 주의 · 경계 · 식별 등이 필요한 공역

② 국토교통부장관은 필요하다고 인정할 때에는 국토교통부령으로 정하는 바에 따라 제1항에 따른 공역을 세분하여 지정 · 공고할 수 있다.

③ 제1항 및 제2항에 따른 공역의 설정기준 및 지정절차 등 그 밖에 필요한 사항은 국토교통부령으로 정한다.

125 비행장의 기동지역 내를 이동하는 차량의 준수사항에 포함되지 않는 것은?

① 관제탑은 조난항공기의 구조를 위하여 이동하는 비상차량에 우선권을 부여
② 지상이동 · 이륙 · 착륙 중인 항공기에 진로를 양보할 것
③ 차량은 항공기를 견인하는 차량에게 진로를 양보할 것
④ 차량은 관제지시에 따라 이동 중인 다른 차량에게 진로를 양보할 것

정답 123. ④ 124. ③ 125. ①

해설 **항공안전법 시행규칙 제248조(비행장 내에서의 사람 및 차량에 대한 통제 등)**

① 법 제84조 제2항에 따라 관할 항공교통관제기관은 지상 이동 중이거나 이륙 · 착륙 중인 항공기에 대한 안전을 확보하기 위하여 비행장의 기동지역 내를 이동하는 사람 또는 차량을 통제해야 한다. 〈개정 2021. 11. 19.〉

② 법 제84조 제2항에 따라 관할항공교통관제기관은 저시정(식별 가능 최대거리가 짧은 것을 말한다) 기상상태에서 제2종(Category Ⅱ) 또는 제3종(Category Ⅲ)의 정밀계기 운항이 진행 중일 때에는 계기착륙시설(ILS)의 방위각제공시설(localizer) 및 활공각제공시설(glide slope)의 전파를 보호하기 위하여 기동지역을 이동하는 사람 및 차량에 대하여 제한을 해야 한다. 〈개정 2021. 8. 27., 2021. 11. 19.〉

③ 법 제84조 제2항에 따라 관할 항공교통관제기관은 조난항공기의 구조를 위하여 이동하는 비상차량에 우선권을 부여해야 한다. 이 경우 차량과 지상 이동하는 항공기 간의 분리최저치는 지방항공청장이 정하는 바에 따른다. 〈개정 2021. 11. 19.〉

④ 제2항에 따라 비행장의 기동지역 내를 이동하는 차량의 운전자는 다음 각 호의 사항을 준수해야 한다. 다만, 관할 항공교통관제기관의 다른 지시가 있는 경우에는 그 지시를 우선적으로 준수해야 한다. 〈개정 2021. 11. 19.〉

1. 지상이동 · 이륙 · 착륙 중인 항공기에진로를 양보할 것
2. 차량의 운전자는 항공기를 견인하는 차량에 진로를 양보할 것
3. 차량의 운전자는 관제지시에 따라 이동 중인 다른 차량에 진로를 양보할 것

⑤ 비행장의 기동지역 내를 이동하는 사람이나 차량의 운전자는 제1항 및 제2항에 따라 관할 항공교통관제기관에서 음성으로 전달되는 항공안전 관련 지시사항을 이해하고 있고 그에 따르겠다는 것을 명확한 방법으로 복창하거나 응답해야 한다. 〈신설 2021. 11. 19.〉

⑥ 관할 항공교통관제기관의 항공교통관제사는 제5항에 따른 항공안전 관련 지시사항에 대하여 비행장의 기동지역 내를 이동하는 사람이나 차량의 운전자가 정확하게 인지했는지를 확인하기 위하여 복창을 경청해야 하며, 그 복창에 틀린 사항이 있을 때는 즉시 시정조치를 해야 한다. 〈신설 2021. 11. 19.〉

⑦ 법 제84조 제2항에 따라 비행장 내의 이동지역에 출입하는 사람 또는 차량(건설기계 및 장비를 포함한다)의 관리 · 통제 및 안전관리 등에 대한 세부 사항은 국토교통부장관이 정하여 고시한다. 〈개정 2021. 11. 19.〉

126 감항증명을 받지 아니한 항공기 사용 등의 죄에 해당하지 않는 것은?

① 감항증명 또는 소음기준적합증명이 취소 또는 정지된 항공기를 운항한 자

② 기술표준품형식승인을 받지 아니한 기술표준품을 제작 · 판매하거나 항공기등에 사용한 자

③ 수리 · 개조승인을 받지 아니한 항공기등, 장비품 또는 부품을 운항 또는 항공기등에 사용한 자

④ 정비조직인증을 받지 아니하고 항공기등, 장비품 또는 부품에 대한 정비등을 한 항공기정비업자

해설 **항공안전법 제144조(감항증명을 받지 아니한 항공기 사용 등의 죄)**

다음 각 호의 어느 하나에 해당하는 자는 3년 이하의 징역 또는 5천만원 이하의 벌금에 처한다.

1. 제23조 또는 제25조를 위반하여 감항증명 또는 소음기준적합증명을 받지 아니하거나 감항증명 또는 소음기준적합증명이 취소 또는 정지된 항공기를 운항한 자
2. 제27조 제3항을 위반하여 기술표준품형식승인을 받지 아니한 기술표준품을 제작 · 판매하거나 항공기등에 사용한 자
3. 제28조 제3항을 위반하여 부품등제작자증명을 받지 아니한 장비품 또는 부품을 제작 · 판매하거나 항공기등 또는 장비품에 사용한 자
4. 제30조를 위반하여 수리 · 개조승인을 받지 아니한 항공기등, 장비품 또는 부품을 운항 또는 항공기등에 사용한 자
5. 제32조 제1항을 위반하여 정비등을 한 항공기등, 장비품 또는 부품에 대하여 감항성을 확인받지 아니하고 운항 또는 항공기등에 사용한 자

127 정비조직인증을 받은 자의 정비조직인증의 취소 사유로 올바르지 않은 것은?

① 항공기 이용자 등에게 심한 불편을 주거나 공익을 해칠 우려가 있는 경우

② 업무를 시작하기 전까지 항공안전관리시스템을 마련하지 아니한 경우

③ 승인을 받지 아니하고 항공안전관리시스템을 운용한 경우

④ 승인을 받지 아니하고 국토교통부령으로 정하는 중요 사항을 변경한 경우

해설 **항공안전법 제98조(정비조직인증의 취소 등)**

① 국토교통부장관은 정비조직인증을 받은 자가 다음 각 호의 어느 하나에 해당하는 경우에는 정비조직인증을

정답 126. ④ 127. ①

취소하거나 6개월 이내의 기간을 정하여 그 효력의 정지를 명할 수 있다. 다만, 제1호 또는 제5호에 해당하는 경우에는 그 정비조직인증을 취소하여야 한다.

1. 거짓이나 그 밖의 부정한 방법으로 정비조직인증을 받은 경우
2. 제58조 제2항을 위반하여 다음 각 목의 어느 하나에 해당하는 경우
   가. 업무를 시작하기 전까지 항공안전관리시스템을 마련하지 아니한 경우
   나. 승인을 받지 아니하고 항공안전관리시스템을 운용한 경우
   다. 항공안전관리시스템을 승인받은 내용과 다르게 운용한 경우
   라. 승인을 받지 아니하고 국토교통부령으로 정하는 중요 사항을 변경한 경우
3. 정당한 사유 없이 정비조직인증기준을 위반한 경우
4. 고의 또는 중대한 과실에 의하거나 항공종사자에 대한 관리 · 감독에 관하여 상당한 주의의무를 게을리 함으로써 항공기사고가 발생한 경우
5. 이 조에 따른 효력정지기간에 업무를 한 경우

② 제1항에 따른 처분의 기준은 국토교통부령으로 정한다.

128 순항속도(巡航速度)로 가장 가까운 공항까지 비행하여 착륙할 수 있는 시간이 국토교통부령으로 정하는 시간을 초과하는 지점이 있는 노선을 운항하려고 할 때 받아야 하는 승인은?

① 회항시간 연장운항의 승인
② 수직분리축소공역 등에서의 항공기 운항 승인
③ 긴급항공기의 지정 승인
④ 계기비행 지정 승인

해설 **항공안전법 제74조(회항시간 연장운항의 승인)**

① 항공운송사업자가 2개 이상의 발동기를 가진 비행기로서 국토교통부령으로 정하는 비행기를 다음 각 호의 구분에 따른 순항속도(巡航速度)로 가장 가까운 공항까지 비행하여 착륙할 수 있는 시간이 국토교통부령으로 정하는 시간을 초과하는 지점이 있는 노선을 운항하려면 국토교통부령으로 정하는 바에 따라 국토교통부장관의 승인을 받아야 한다.

1. 2개의 발동기를 가진 비행기: 1개의 발동기가 작동하지 아니할 때의 순항속도
2. 3개 이상의 발동기를 가진 비행기: 모든 발동기가 작동할 때의 순항속도

② 국토교통부장관은 제1항에 따른 승인을 하려는 경우에는 제77조 제1항에 따라 고시하는 운항기술기준에 적합한지를 확인하여야 한다.

129 운항기술기준을 정하여 고시할 때 포함되지 않는 내용은?

① 항공훈련기관
② 항공기등의 환경기준
③ 정비조직인증기준
④ 항공운송사업의 운항증명 및 관리

해설 **항공안전법 제77조(항공기의 안전운항을 위한 운항기술기준)**

① 국토교통부장관은 항공기 안전운항을 확보하기 위하여 이 법과 「국제민간항공협약」 및 같은 협약 부속서에서 정한 범위에서 다음 각 호의 사항이 포함된 운항기술기준을 정하여 고시할 수 있다.

1. 자격증명
2. 항공훈련기관
3. 항공기 등록 및 등록부호 표시
4. 항공기 감항성
5. 정비조직인증기준
6. 항공기 계기 및 장비
7. 항공기 운항
8. 항공운송사업의 운항증명 및 관리
9. 그 밖에 안전운항을 위하여 필요한 사항으로서 국토교통부령으로 정하는 사항

② 소유자등 및 항공종사자는 제1항에 따른 운항기술기준을 준수하여야 한다.

130 국토교통부장관 또는 항공교통업무증명을 받은 자가 제공하는 항공교통업무의 목적에 포함되지 않는 것은?

① 항공기 간의 충돌 방지
② 기동지역 안에서 항공기와 장애물 간의 충돌 방지
③ 항공기 수색 · 구조 지원에 관한 계획을 수립 · 시행
④ 항공기의 안전하고 효율적인 운항을 위하여 필요한 조언 및 정보의 제공

해설 **항공안전법 시행규칙 제228조(항공교통업무의 목적 등)**

① 법 제83조 제4항에 따른 항공교통업무는 다음 각 호의 사항을 주된 목적으로 한다.

정답 128. ① 129. ② 130. ③

1. 항공기 간의 충돌 방지
2. 기동지역 안에서 항공기와 장애물 간의 충돌 방지
3. 항공교통흐름의 질서유지 및 촉진
4. 항공기의 안전하고 효율적인 운항을 위하여 필요한 조언 및 정보의 제공
5. 수색 · 구조를 필요로 하는 항공기에 대한 관계기관에의 정보 제공 및 협조

② 제1항에 따른 항공교통업무는 다음 각 호와 같이 구분한다.

1. 항공교통관제업무: 제1항 제1호부터 제3호까지의 목적을 수행하기 위한 다음 각 목의 업무
   가. 접근관제업무: 관제공역 안에서 이륙이나 착륙으로 연결되는 관제비행을 하는 항공기에 제공하는 항공교통관제업무
   나. 비행장관제업무: 비행장 안의 기동지역 및 비행장 주위에서 비행하는 항공기에 제공하는 항공교통관제업무로서 접근관제업무 외의 항공교통관제업무(이동지역 내의 계류장에서 항공기에 대한 지상유도를 담당하는 계류장관제업무를 포함한다)
   다. 지역관제업무: 관제공역 안에서 관제비행을 하는 항공기에 제공하는 항공교통관제업무로서 접근관제업무 및 비행장관제업무 외의 항공교통관제업무
2. 비행정보업무: 비행정보구역 안에서 비행하는 항공기에 대하여 제1항 제4호의 목적을 수행하기 위하여 제공하는 업무
3. 경보업무: 제1항 제5호의 목적을 수행하기 위하여 제공하는 업무

131 항공기 운항의 정지가 아닌 항공운송사업자의 운항증명 취소만 가능한 사유가 아닌 것은?

① 거짓이나 그 밖의 부정한 방법으로 운항증명을 받은 경우
② 정비등을 한 항공기등, 장비품 또는 부품에 대하여 감항성을 확인받지 아니하고 운항 또는 항공기등에 사용한 경우
③ 항공기 또는 노선 운항의 정지처분에 따르지 아니하고 항공기를 운항한 경우
④ 항공기 운항의 정지기간에 운항한 경우

해설 **항공안전법 제91조(항공운송사업자의 운항증명 취소 등)**

① 국토교통부장관은 운항증명을 받은 항공운송사업자가 다음 각 호의 어느 하나에 해당하는 경우에는 운항증명을 취소하거나 6개월 이내의 기간을 정하여 항공기 운항의 정지를 명할 수 있다. 다만, 제1호, 제39호 또는 제49호의 어느 하나에 해당하는 경우에는 운항증명을 취소하여야 한다. 〈개정 2017. 12. 26., 2019. 8. 27., 2020. 6. 9., 2020. 12. 8.〉

1. 거짓이나 그 밖의 부정한 방법으로 운항증명을 받은 경우
2. 제18조 제1항을 위반하여 국적 · 등록기호 및 소유자 등의 성명 또는 명칭을 표시하지 아니한 항공기를 운항한 경우
3. 제23조 제3항을 위반하여 감항증명을 받지 아니한 항공기를 운항한 경우
4. 제23조 제9항에 따른 항공기의 감항성 유지를 위한 항공기등, 장비품 또는 부품에 대한 정비등에 관한 감항성개선 또는 그 밖에 검사 · 정비등의 명령을 이행하지 아니하고 이를 운항 또는 항공기등에 사용한 경우
5. 제25조 제2항을 위반하여 소음기준적합증명을 받지 아니하거나 항공기기술기준에 적합하지 아니한 항공기를 운항한 경우
6. 제26조를 위반하여 변경된 항공기기술기준을 따르도록 한 요구에 따르지 아니한 경우
7. 제27조 제3항을 위반하여 기술표준품형식승인을 받지 아니한 기술표준품을 항공기등에 사용한 경우
8. 제28조 제3항을 위반하여 부품등제작자증명을 받지 아니한 장비품 또는 부품을 항공기등 또는 장비품에 사용한 경우
9. 제30조 제2항을 위반하여 수리 · 개조승인을 받지 아니한 항공기등을 운항하거나 장비품 · 부품을 항공기등에 사용한 경우
10. 제32조 제1항을 위반하여 정비등을 한 항공기등, 장비품 또는 부품에 대하여 감항성을 확인받지 아니하고 운항 또는 항공기등에 사용한 경우
11. 제42조를 위반하여 제40조 제2항에 따른 자격증명의 종류별 항공신체검사증명의 기준에 적합하지 아니한 운항승무원을 항공업무에 종사하게 한 경우
12. 제51조를 위반하여 국토교통부령으로 정한 무선설비를 설치하지 아니한 항공기 또는 설치한 무선설비가 운용되지 아니하는 항공기를 운항한 경우
13. 제52조를 위반하여 항공기에 항공계기등을 설치하거나 탑재하지 아니하고 운항하거나, 그 운용방법 등을 따르지 아니한 경우
14. 제53조를 위반하여 항공기에 국토교통부령으로 정하는 양의 연료를 싣지 아니하고 운항한 경우
15. 제54조를 위반하여 항공기를 운항하거나 야간에 비행장에 주기 또는 정박시키는 경우에 국토교통부령으로 정하는 바에 따라 등불로 항공기의 위치를 나타내지 아니한 경우
16. 제55조를 위반하여 국토교통부령으로 정하는 비행경험이 없는 운항승무원에게 항공기를 운항하게 하거나 계기비행 · 야간비행 또는 조종교육의 업무에 종사하게 한 경우

정답 131. ②

17. 제56조 제1항을 위반하여 소속 승무원 또는 운항관리사의 피로를 관리하지 아니한 경우
18. 제56조 제2항을 위반하여 국토교통부장관의 승인을 받지 아니하고 피로위험관리시스템을 운용하거나 중요사항을 변경한 경우
19. 제57조 제1항을 위반하여 항공종사자 또는 객실승무원이 주류등의 영향으로 항공업무 또는 객실승무원의 업무를 정상적으로 수행할 수 없는 상태에서 항공업무 또는 객실승무원의 업무에 종사하게 한 경우
20. 제58조 제2항을 위반하여 다음 각 목의 어느 하나에 해당하는 경우
    가. 사업을 시작하기 전까지 항공안전관리시스템을 마련하지 아니한 경우
    나. 승인을 받지 아니하고 항공안전관리시스템을 운용한 경우
    다. 항공안전관리시스템을 승인받은 내용과 다르게 운용한 경우
    라. 승인을 받지 아니하고 국토교통부령으로 정하는 중요 사항을 변경한 경우
21. 제62조 제5항 단서를 위반하여 항공기사고, 항공기준사고 또는 의무보고 대상 항공안전장애가 발생한 경우에 국토교통부령으로 정하는 바에 따라 발생 사실을 보고하지 아니한 경우
22. 제63조 제4항에 따라 자격인정 또는 심사를 할 때 소속 기장 또는 기장 외의 조종사에 대하여 부당한 방법으로 자격인정 또는 심사를 한 경우
23. 제63조 제7항을 위반하여 운항하려는 지역, 노선 및 공항에 대한 경험요건을 갖추지 아니한 기장에게 운항을 하게 한 경우
24. 제65조 제1항을 위반하여 운항관리사를 두지 아니한 경우
25. 제65조 제3항을 위반하여 국토교통부령으로 정하는 바에 따라 운항관리사가 해당 업무를 수행하는데 필요한 교육훈련을 하지 아니하고 해당 업무에 종사하게 한 경우
26. 제66조를 위반하여 이륙 · 착륙 장소가 아닌 곳에서 항공기를 이륙하거나 착륙하게 한 경우
27. 제68조를 위반하여 같은 조 각 호의 어느 하나에 해당하는 비행 또는 행위를 하게 한 경우
28. 제70조 제1항을 위반하여 허가를 받지 아니하고 항공기를 이용하여 위험물을 운송한 경우
29. 제70조 제3항을 위반하여 국토교통부장관이 고시하는 위험물취급의 절차 및 방법에 따르지 아니하고 위험물을 취급한 경우
30. 제72조 제1항을 위반하여 위험물취급에 관한 교육을 받지 아니한 사람에게 위험물취급을 하게 한 경우
31. 제74조 제1항을 위반하여 승인을 받지 아니하고 비행기를 운항한 경우
32. 제75조 제1항을 위반하여 승인을 받지 아니하고 같은 항 각 호의 어느 하나에 해당하는 공역에서 항공기를 운항한 경우
33. 제76조 제1항을 위반하여 국토교통부령으로 정하는 바에 따라 운항의 안전에 필요한 승무원을 태우지 아니하고 항공기를 운항한 경우
34. 제76조 제3항을 위반하여 항공기에 태우는 승무원에 대하여 해당 업무를 수행하는 데 필요한 교육훈련을 하지 아니한 경우
35. 제77조 제2항을 위반하여 같은 조 제1항에 따른 운항기술기준을 준수하지 아니하고 운항하거나 업무를 한 경우
36. 제90조 제1항을 위반하여 운항증명을 받지 아니하고 운항을 시작한 경우
37. 제90조 제4항을 위반하여 운영기준을 준수하지 아니한 경우
38. 제90조 제5항을 위반하여 안전운항체계를 유지하지 아니하거나 변경된 안전운항체계를 검사받지 아니하고 항공기를 운항한 경우
39. 제90조 제7항을 위반하여 항공기 또는 노선 운항의 정지처분에 따르지 아니하고 항공기를 운항한 경우
40. 제93조 제1항 본문 또는 같은 조 제2항 단서를 위반하여 국토교통부장관의 인가를 받지 아니하고 운항규정 또는 정비규정을 마련하였거나 국토교통부령으로 정하는 중요사항을 변경한 경우
41. 제93조 제2항 본문을 위반하여 국토교통부장관에게 신고하지 아니하고 운항규정 또는 정비규정을 변경한 경우
42. 제93조 제7항 전단을 위반하여 같은 조 제1항 본문 또는 제2항 단서에 따라 인가를 받거나 같은 조 제2항 본문에 따라 신고한 운항규정 또는 정비규정을 해당 종사자에게 제공하지 아니한 경우
43. 제93조 제7항 후단을 위반하여 같은 조 제1항 본문 또는 제2항 단서에 따라 인가를 받거나 같은 조 제2항 본문에 따라 신고한 운항규정 또는 정비규정을 준수하지 아니하고 항공기를 운항하거나 정비한 경우
44. 제94조 각 호에 따른 항공운송의 안전을 위한 명령을 따르지 아니한 경우
45. 제132조 제1항에 따라 업무(항공안전 활동을 수행하기 위한 것만 해당한다)에 관한 보고를 하지 아니하거나 서류를 제출하지 아니하는 경우 또는 거짓으로 보고하거나 서류를 제출한 경우
46. 제132조 제2항에 따른 항공기 등에의 출입이나 장부 · 서류 등의 검사(항공안전 활동을 수행하기 위한 것만 해당한다)를 거부 · 방해 또는 기피한 경우
47. 제132조 제2항에 따른 관계인에 대한 질문(항공안전 활동을 수행하기 위한 것만 해당한다)에 답변하지 아니하거나 거짓으로 답변한 경우

48. 고의 또는 중대한 과실에 의하여 또는 항공종사자의 선임 · 감독에 관하여 상당한 주의의무를 게을리하여 항공기사고 또는 항공기준사고를 발생시킨 경우
49. 이 조에 따른 항공기 운항의 정지기간에 운항한 경우

② 제1항에 따른 처분의 세부기준 및 절차 등 그 밖에 필요한 사항은 국토교통부령으로 정한다.

[시행일: 2021. 6. 9.]

132 비행장의 기동지역 내를 이동하는 차량의 준수사항으로 옳지 않은 것은?

① 기동지역을 이동하는 사람 및 차량에게 진로를 양보할 것
② 지상이동 · 이륙 · 착륙 중인 항공기에 진로를 양보할 것
③ 차량은 항공기를 견인하는 차량에게 진로를 양보할 것
④ 차량은 관제지시에 따라 이동 중인 다른 차량에게 진로를 양보할 것

해설 **항공안전법 시행규칙 제248조(비행장 내에서의 사람 및 차량에 대한 통제 등)**

① 법 제84조 제2항에 따라 관할 항공교통관제기관은 지상이동 중이거나 이륙 · 착륙 중인 항공기에 대한 안전을 확보하기 위하여 비행장의 기동지역 내를 이동하는 사람 또는 차량을 통제해야 한다. 〈개정 2021. 11. 19.〉

② 법 제84조 제2항에 따라 관할항공교통관제기관은 저시정(식별 가능 최대거리가 짧은 것을 말한다) 기상상태에서 제2종(Category Ⅱ) 또는 제3종(Category Ⅲ)의 정밀계기운항이 진행 중일 때에는 계기착륙시설(ILS)의 방위각제공시설(localizer) 및 활공각제공시설(glide slope)의 전파를 보호하기 위하여 기동지역을 이동하는 사람 및 차량에 대하여 제한을 해야 한다. 〈개정 2021. 8. 27., 2021. 11. 19.〉

③ 법 제84조 제2항에 따라 관할 항공교통관제기관은 조난항공기의 구조를 위하여 이동하는 비상차량에 우선권을 부여해야 한다. 이 경우 차량과 지상 이동하는 항공기 간의 분리최저치는 지방항공청장이 정하는 바에 따른다. 〈개정 2021. 11. 19.〉

④ 제2항에 따라 비행장의 기동지역 내를 이동하는 차량의 운전자는 다음 각 호의 사항을 준수해야 한다. 다만, 관할 항공교통관제기관의 다른 지시가 있는 경우에는 그 지시를 우선적으로 준수해야 한다. 〈개정 2021. 11. 19.〉

1. 지상이동 · 이륙 · 착륙 중인 항공기에 진로를 양보할 것
2. 차량의 운전자는 항공기를 견인하는 차량에 진로를 양보할 것
3. 차량의 운전자는 관제지시에 따라 이동 중인 다른 차량에 진로를 양보할 것

⑤ 비행장의 기동지역 내를 이동하는 사람이나 차량의 운전자는 제1항 및 제2항에 따라 관할 항공교통관제기관에서 음성으로 전달되는 항공안전 관련 지시사항을 이해하고 있고 그에 따르겠다는 것을 명확한 방법으로 복창하거나 응답해야 한다. 〈신설 2021. 11. 19.〉

⑥ 관할 항공교통관제기관의 항공교통관제사는 제5항에 따른 항공안전 관련 지시사항에 대하여 비행장의 기동지역 내를 이동하는 사람이나 차량의 운전자가 정확하게 인지했는지를 확인하기 위하여 복창을 경청해야 하며, 그 복창에 틀린 사항이 있을 때는 즉시 시정조치를 해야 한다. 〈신설 2021. 11. 19.〉

⑦ 법 제84조 제2항에 따라 비행장 내의 이동지역에 출입하는 사람 또는 차량(건설기계 및 장비를 포함한다)의 관리 · 통제 및 안전관리 등에 대한 세부 사항은 국토교통부장관이 정하여 고시한다. 〈개정 2021. 11. 19.〉

133 주류등의 영향으로 항공업무 또는 객실승무원의 업무를 정상적으로 수행할 수 없는 상태에서 그 업무에 종사한 항공종사자 또는 객실승무원이 받는 처벌은?

① 3년 이하의 징역, 3천만원 이하의 벌금
② 3년 이하의 징역, 2천만원 이하의 벌금
③ 2년 이하의 징역, 3천만원 이하의 벌금
④ 2년 이하의 징역, 2천만원 이하의 벌금

해설 **항공안전법 제146조(주류등의 섭취 · 사용 등의 죄)**

다음 각 호의 어느 하나에 해당하는 사람은 3년 이하의 징역 또는 3천만원 이하의 벌금에 처한다. 〈개정 2020. 6. 9., 2021. 5. 18.〉

1. 제57조 제1항(제106조 제1항에 따라 준용되는 경우를 포함한다)을 위반하여 주류등의 영향으로 항공업무(제46조에 따른 항공기 조종연습 및 제47조에 따른 항공교통관제연습을 포함한다) 또는 객실승무원의 업무를 정상적으로 수행할 수 없는 상태에서 그 업무에 종사한 항공종사자(제46조에 따른 항공기 조종연습 및 제47조에 따른 항공교통관제연습을 하는 사람을 포함한다. 이하 이 조에서 같다) 또는 객실승무원
2. 제57조 제2항(제106조 제1항에 따라 준용되는 경우를 포함한다)을 위반하여 주류등을 섭취하거나 사용한 항공종사자 또는 객실승무원
3. 제57조 제3항(제106조 제1항에 따라 준용되는 경우를 포함한다)을 위반하여 국토교통부장관의 측정에 따르지 아니한 항공종사자 또는 객실승무원

134 비행기 및 헬리콥터가 지표면에 근접하여 잠재적인 위험상태에 있을 경우 적시에 명확한 경고를 운항승무원에게 자동으로 제공하고 전방의 지형지물을 회피할 수 있는 사고예방장치는?

정답 132. ① 133. ① 134. ②

① 공중충돌경고장치(Airborne Collision Avoidance System, ACAS Ⅱ)
② 지상접근경고장치(Ground Proximity Warning System)
③ 조종실음성기록장치(Cockpit Voice Recorders)
④ 비행이미지기록장치(Airborne Image Recorder, AIR)

해설 **항공안전법 시행규칙 제109조(사고예방장치 등)**

① 법 제52조 제2항에 따라 사고예방 및 사고조사를 위하여 항공기에 갖추어야 할 장치는 다음 각 호와 같다. 다만, 국제항공노선을 운항하지 않는 헬리콥터의 경우에는 제2호 및 제3호의 장치를 갖추지 않을 수 있다. 〈개정 2021. 8. 27.〉

1. 다음 각 목의 어느 하나에 해당하는 비행기에는 「국제민간항공협약」 부속서 10에서 정한 바에 따라 운용되는 공중충돌경고장치(Airborne Collision Avoidance System, ACAS Ⅱ) 1기 이상
   가. 항공운송사업에 사용되는 모든 비행기. 다만, 소형항공운송사업에 사용되는 최대이륙중량이 5천 700킬로그램 이하인 비행기로서 그 비행기에 적합한 공중충돌경고장치가 개발되지 아니하거나 공중충돌경고장치를 장착하기 위하여 필요한 비행기 개조 등의 기술이 그 비행기의 제작자 등에 의하여 개발되지 아니한 경우에는 공중충돌경고장치를 갖추지 아니 할 수 있다.
   나. 2007년 1월 1일 이후에 최초로 감항증명을 받는 비행기로서 최대이륙중량이 1만5천킬로그램을 초과하거나 승객 30명을 초과하여 수송할 수 있는 터빈발동기를 장착한 항공운송사업 외의 용도로 사용되는 모든 비행기
   다. 2008년 1월 1일 이후에 최초로 감항증명을 받는 비행기로서 최대이륙중량이 5,700킬로그램을 초과하거나 승객 19명을 초과하여 수송할 수 있는 터빈발동기를 장착한 항공운송사업 외의 용도로 사용되는 모든 비행기
2. 다음 각 목의 어느 하나에 해당하는 비행기 및 헬리콥터에는 그 비행기 및 헬리콥터가 지표면에 근접하여 잠재적인 위험상태에 있을 경우 적시에 명확한 경고를 운항승무원에게 자동으로 제공하고 전방의 지형지물을 회피할 수 있는 기능을 가진 지상접근경고장치(Ground Proximity Warning System) 1기 이상
   가. 최대이륙중량이 5,700킬로그램을 초과하거나 승객 9명을 초과하여 수송할 수 있는 터빈발동기를 장착한 비행기
   나. 최대이륙중량이 5,700킬로그램 이하이고 승객 5명 초과 9명 이하를 수송할 수 있는 터빈발동기를 장착한 비행기
   다. 최대이륙중량이 5,700킬로그램을 초과하거나 승객 9명을 초과하여 수송할 수 있는 왕복발동기를 장착한 모든 비행기
   라. 최대이륙중량이 3,175킬로그램을 초과하거나 승객 9명을 초과하여 수송할 수 있는 헬리콥터로서 계기비행방식에 따라 운항하는 헬리콥터
3. 다음 각 목의 어느 하나에 해당하는 항공기에는 비행자료 및 조종실 내 음성을 디지털 방식으로 기록할 수 있는 비행기록장치 각 1기 이상
   가. 항공운송사업에 사용되는 터빈발동기를 장착한 비행기. 이 경우 비행기록장치에는 25시간 이상 비행자료를 기록하고, 2시간 이상 조종실 내 음성을 기록할 수 있는 성능이 있어야 한다.
   나. 승객 5명을 초과하여 수송할 수 있고 최대이륙중량이 5,700킬로그램을 초과하는 비행기 중에서 항공운송사업 외의 용도로 사용되는 터빈발동기를 장착한 비행기. 이 경우 비행기록장치에는 25시간 이상 비행자료를 기록하고, 2시간 이상 조종실 내 음성을 기록할 수 있는 성능이 있어야 한다.
   다. 1989년 1월 1일 이후에 제작된 헬리콥터로서 최대이륙중량이 3천 180킬로그램을 초과하는 헬리콥터. 이 경우 비행기록장치에는 10시간 이상 비행자료를 기록하고, 2시간 이상 조종실 내 음성을 기록할 수 있는 성능이 있어야 한다.
   라. 그 밖에 항공기의 최대이륙중량 및 제작 시기 등을 고려하여 국토교통부장관이 필요하다고 인정하여 고시하는 항공기
4. 최대이륙중량이 5,700킬로그램을 초과하거나 승객 9명을 초과하여 수송할 수 있는 터빈발동기(터보프롭발동기는 제외한다)를 장착한 항공운송사업에 사용되는 비행기에는 전방돌풍경고장치 1기 이상. 이 경우 돌풍경고장치는 조종사에게 비행기 전방의 돌풍을 시각 및 청각적으로 경고하고, 필요한 경우에는 실패접근(missed approach), 복행(go-around) 및 회피기동(escape manoeuvre)을 할 수 있는 정보를 제공하는 것이어야 하며, 항공기가 착륙하기 위하여 자동착륙장치를 사용하여 활주로에 접근할 때 전방의 돌풍으로 인하여 자동착륙장치가 그 운용한계에 도달하고 있는 경우에는 조종사에게 이를 알릴 수 있는 기능을 가진 것이어야 한다.
5. 최대이륙중량 2만 7천킬로그램을 초과하고 승객 19명을 초과하여 수송할 수 있는 항공운송사업에 사용되는 비행기로서 15분 이상 해당 항공교통관제기관의 감시가 곤란한 지역을 비행하는 경우 위치추적 장치 1기 이상

② 제1항 제2호에 따른 지상접근경고장치는 다음 각 호의 구분에 따라 경고를 제공할 수 있는 성능이 있어야 한다.
1. 제1항 제2호 가목에 해당하는 비행기의 경우에는 다음 각 목의 경우에 대한 경고를 제공할 수 있을 것
가. 과도한 강하율이 발생하는 경우
나. 지형지물에 대한 과도한 접근율이 발생하는 경우
다. 이륙 또는 복행 후 과도한 고도의 손실이 있는 경우
라. 비행기가 다음의 착륙형태를 갖추지 아니한 상태에서 지형지물과의 안전거리를 유지하지 못하는 경우
1) 착륙바퀴가 착륙위치로 고정
2) 플랩의 착륙위치
마. 계기활공로 아래로의 과도한 강하가 이루어진 경우
2. 제1항 제2호 나목 및 다목에 해당하는 비행기와 제1항 제2호 라목에 해당하는 헬리콥터의 경우에는 다음 각 목의 경우에 대한 경고를 제공할 수 있을 것
가. 과도한 강하율이 발생되는 경우
나. 이륙 또는 복행 후에 과도한 고도의 손실이 있는 경우
다. 지형지물과의 안전거리를 유지하지 못하는 경우
③ 제1항 제2호에 따른 지상접근경고장치를 이용하는 항공기를 운영하려는 자 또는 소유자등은 지상접근경고장치의 지형지물 정보 현행성 유지를 위한 데이터베이스 관리절차를 수립 · 시행해야 한다. 〈신설 2020. 12. 10.〉
④ 제1항 제3호에 따른 비행기록장치의 종류, 성능, 기록하여야 하는 자료, 운영방법, 그 밖에 필요한 사항은 법 제77조에 따라 고시하는 운항기술기준에서 정한다. 〈개정 2020. 12. 10.〉
⑤ 제1항 제3호에도 불구하고 다음 각 호의 어느 하나에 해당하는 경우에는 비행기록장치를 장착하지 아니할 수 있다. 〈개정 2020. 12. 10.〉

135 국토교통부장관이 공역을 체계적이고 효율적으로 관리하기 위하여 필요하다고 인정할 때 지정할 수 있는 비행정보구역과 관계없는 것은?

① 관제공역
② 비행제한공역
③ 통제공역
④ 주의공역

해설 **항공안전법 제78조(공역 등의 지정)**

① 국토교통부장관은 공역을 체계적이고 효율적으로 관리하기 위하여 필요하다고 인정할 때에는 비행정보구역을 다음 각 호의 공역으로 구분하여 지정 · 공고할 수 있다.
1. 관제공역: 항공교통의 안전을 위하여 항공기의 비행순서 · 시기 및 방법 등에 관하여 제84조 제1항에 따라 국토교통부장관 또는 항공교통업무증명을 받은 자의 지시를 받아야 할 필요가 있는 공역으로서 관제권 및 관제구를 포함하는 공역
2. 비관제공역: 관제공역 외의 공역으로서 항공기의 조종사에게 비행에 관한 조언 · 비행정보 등을 제공할 필요가 있는 공역
3. 통제공역: 항공교통의 안전을 위하여 항공기의 비행을 금지하거나 제한할 필요가 있는 공역
4. 주의공역: 항공기의 조종사가 비행 시 특별한 주의 · 경계 · 식별 등이 필요한 공역

② 국토교통부장관은 필요하다고 인정할 때에는 국토교통부령으로 정하는 바에 따라 제1항에 따른 공역을 세분하여 지정 · 공고할 수 있다.
③ 제1항 및 제2항에 따른 공역의 설정기준 및 지정절차 등 그 밖에 필요한 사항은 국토교통부령으로 정한다.

136 비행정보구역 중 항공기의 조종사에게 비행에 관한 조언 · 비행정보 등을 제공할 필요가 있는 공역은?

① 관제공역
② 비관제공역
③ 통제공역
④ 주의공역

해설 **항공안전법 제78조(공역 등의 지정)**

① 국토교통부장관은 공역을 체계적이고 효율적으로 관리하기 위하여 필요하다고 인정할 때에는 비행정보구역을 다음 각 호의 공역으로 구분하여 지정 · 공고할 수 있다.
1. 관제공역: 항공교통의 안전을 위하여 항공기의 비행순서 · 시기 및 방법 등에 관하여 제84조 제1항에 따라 국토교통부장관 또는 항공교통업무증명을 받은 자의 지시를 받아야 할 필요가 있는 공역으로서 관제권 및 관제구를 포함하는 공역
2. 비관제공역: 관제공역 외의 공역으로서 항공기의 조종사에게 비행에 관한 조언 · 비행정보 등을 제공할 필요가 있는 공역
3. 통제공역: 항공교통의 안전을 위하여 항공기의 비행을 금지하거나 제한할 필요가 있는 공역
4. 주의공역: 항공기의 조종사가 비행 시 특별한 주의 · 경계 · 식별 등이 필요한 공역

정답 135. ② 136. ②

137 「국제민간항공협약」 및 같은 협약 부속서에 따라 국토교통부령으로 정하는 비행에 관한 기준 · 절차 · 방식 등 비행규칙에 따른 우선순위가 높은 항공기는 어느 것인가?

① 비행 중이거나 지상 또는 수상에서 운항 중인 항공기
② 착륙을 위하여 비행장에 접근하는 항공기 상호간에 높은 고도에 있는 항공기
③ 비상착륙하는 항공기를 인지한 항공기
④ 이륙 중이거나 이륙하려는 항공기

해설 **항공안전법 시행규칙 제166조(통행의 우선순위)**

① 법 제67조에 따라 교차하거나 그와 유사하게 접근하는 고도의 항공기 상호간에는 다음 각 호에 따라 진로를 양보해야 한다. 〈개정 2021. 8. 27.〉
1. 비행기 · 헬리콥터는 비행선, 활공기 및 기구류에 진로를 양보할 것
2. 비행기 · 헬리콥터 · 비행선은 항공기 또는 그 밖의 물건을 예항(끌고 비행하는 것을 말한다)하는 다른 항공기에 진로를 양보할 것
3. 비행선은 활공기 및 기구류에 진로를 양보할 것
4. 활공기는 기구류에 진로를 양보할 것
5. 제1호부터 제4호까지의 경우를 제외하고는 다른 항공기를 우측으로 보는 항공기가 진로를 양보할 것

② 비행 중이거나 지상 또는 수상에서 운항 중인 항공기는 착륙 중이거나 착륙하기 위하여 최종 접근 중인 항공기에 진로를 양보하여야 한다.
③ 착륙을 위하여 비행장에 접근하는 항공기 상호간에는 높은 고도에 있는 항공기가 낮은 고도에 있는 항공기에 진로를 양보해야 한다. 이 경우 낮은 고도에 있는 항공기는 최종 접근단계에 있는 다른 항공기의 전방에 끼어들거나 그 항공기를 앞지르기해서는 안 된다. 〈개정 2021. 8. 27.〉
④ 제3항에도 불구하고 비행기, 헬리콥터 또는 비행선은 활공기에 진로를 양보하여야 한다.
⑤ 비상착륙하는 항공기를 인지한 항공기는 그 항공기에 진로를 양보하여야 한다.
⑥ 비행장 안의 기동지역에서 운항하는 항공기는 이륙 중이거나 이륙하려는 항공기에 진로를 양보하여야 한다.

138 감항증명을 받지 아니한 항공기 사용 등의 죄에 해당하지 않는 것은?

① 소음기준적합증명이 취소 또는 정지된 항공기를 운항한 자
② 기술표준품형식승인을 받지 아니한 기술표준품을 제작 · 판매하거나 항공기등에 사용한 자
③ 정비조직인증을 받지 아니하고 항공기등, 장비품 또는 부품에 대한 정비등을 한 항공기정비업자
④ 수리 · 개조승인을 받지 아니한 항공기등, 장비품 또는 부품을 운항 또는 항공기등에 사용한 자

해설 **항공안전법 제144조(감항증명을 받지 아니한 항공기 사용 등의 죄)**

다음 각 호의 어느 하나에 해당하는 자는 3년 이하의 징역 또는 5천만원 이하의 벌금에 처한다.
1. 제23조 또는 제25조를 위반하여 감항증명 또는 소음기준적합증명을 받지 아니하거나 감항증명 또는 소음기준적합증명이 취소 또는 정지된 항공기를 운항한 자
2. 제27조 제3항을 위반하여 기술표준품형식승인을 받지 아니한 기술표준품을 제작 · 판매하거나 항공기등에 사용한 자
3. 제28조 제3항을 위반하여 부품등제작자증명을 받지 아니한 장비품 또는 부품을 제작 · 판매하거나 항공기등 또는 장비품에 사용한 자
4. 제30조를 위반하여 수리 · 개조승인을 받지 아니한 항공기등, 장비품 또는 부품을 운항 또는 항공기등에 사용한 자
5. 제32조 제1항을 위반하여 정비등을 한 항공기등, 장비품 또는 부품에 대하여 감항성을 확인받지 아니하고 운항 또는 항공기등에 사용한 자

항공안전법 제145조(운항증명 등의 위반에 관한 죄)

다음 각 호의 어느 하나에 해당하는 자는 3년 이하의 징역 또는 3천만원 이하의 벌금에 처한다.
1. 제90조 제1항(제96조 제1항에서 준용하는 경우를 포함한다)에 따른 운항증명을 받지 아니하고 운항을 시작한 항공운송사업자 또는 항공기사용사업자
2. 제97조를 위반하여 정비조직인증을 받지 아니하고 항공기등, 장비품 또는 부품에 대한 정비등을 한 항공기정비업자 또는 외국의 항공기정비업자

139 정비조직인증을 취소하거나 6개월 이내의 기간을 정하여 그 효력의 정지를 명할 수 있는 경우에 해당하지 않는 것은?

① 거짓이나 그 밖의 부정한 방법으로 정비조직인증을 받은 경우

정답 137. ④ 138. ③ 139. ③

② 정당한 사유 없이 정비조직인증기준을 위반한 경우
③ 승인을 받고 국토교통부령으로 정하는 중요사항을 변경한 경우
④ 정비조직인증을 받은 자가 효력정지기간에 업무를 한 경우

해설 **항공안전법 제98조(정비조직인증의 취소 등)**

① 국토교통부장관은 정비조직인증을 받은 자가 다음 각 호의 어느 하나에 해당하는 경우에는 정비조직인증을 취소하거나 6개월 이내의 기간을 정하여 그 효력의 정지를 명할 수 있다. 다만, 제1호 또는 제5호에 해당하는 경우에는 그 정비조직인증을 취소하여야 한다.

1. 거짓이나 그 밖의 부정한 방법으로 정비조직인증을 받은 경우
2. 제58조 제2항을 위반하여 다음 각 목의 어느 하나에 해당하는 경우
   가. 업무를 시작하기 전까지 항공안전관리시스템을 마련하지 아니한 경우
   나. 승인을 받지 아니하고 항공안전관리시스템을 운용한 경우
   다. 항공안전관리시스템을 승인받은 내용과 다르게 운용한 경우
   라. 승인을 받지 아니하고 국토교통부령으로 정하는 중요 사항을 변경한 경우
3. 정당한 사유 없이 정비조직인증기준을 위반한 경우
4. 고의 또는 중대한 과실에 의하거나 항공종사자에 대한 관리 · 감독에 관하여 상당한 주의의무를 게을리 함으로써 항공기사고가 발생한 경우
5. 이 조에 따른 효력정지기간에 업무를 한 경우

② 제1항에 따른 처분의 기준은 국토교통부령으로 정한다.

140 운항증명을 받은 항공운송사업자가 안전운항체계를 유지하고 있는지를 검사하는 중에 긴급한 조치를 취할 수 있는 경우에 해당하지 않는 것은?

① 항공기의 감항성에 영향을 미칠 수 있는 사항이 사라진 경우
② 항공기의 운항과 관련된 항공종사자가 교육훈련 또는 운항자격 등 이 법에 따라 해당 업무에 종사하는 데 필요한 요건을 충족하지 못하고 있음이 발견된 경우
③ 승무시간 기준, 비행규칙 등 항공기의 안전운항을 위하여 이 법에서 정한 기준을 따르지 아니하고 있는 경우
④ 운항하려는 공항 또는 활주로의 상태 등이 항공기의 안전운항에 위험을 줄 수 있는 상태인 경우

해설 **항공안전법 제90조(항공운송사업자의 운항증명)**

① 항공운송사업자는 운항을 시작하기 전까지 국토교통부령으로 정하는 기준에 따라 인력, 장비, 시설, 운항관리지원 및 정비관리지원 등 안전운항체계에 대하여 국토교통부장관의 검사를 받은 후 운항증명을 받아야 한다.

② 국토교통부장관은 제1항에 따른 운항증명(이하 "운항증명"이라 한다)을 하는 경우에는 운항하려는 항공로, 공항 및 항공기 정비방법 등에 관하여 국토교통부령으로 정하는 운항조건과 제한 사항이 명시된 운영기준을 운항증명서와 함께 해당 항공운송사업자에게 발급하여야 한다.

③ 국토교통부장관은 항공기의 안전운항을 확보하기 위하여 필요하다고 판단되면 직권으로 또는 항공운송사업자의 신청을 받아 제2항에 따른 운영기준을 변경할 수 있다.

④ 항공운송사업자 또는 항공운송사업자에 속한 항공종사자는 제2항에 따른 운영기준을 준수하여야 한다.

⑤ 운항증명을 받은 항공운송사업자는 최초로 운항증명을 받았을 때의 안전운항체계를 유지하여야 하며, 다음 각 호의 어느 하나에 해당하는 사유로 안전운항체계가 변경된 경우에는 국토교통부령으로 정하는 바에 따라 국토교통부장관이 실시하는 검사를 받아야 한다. 〈개정 2022. 6. 10.〉

1. 제2항에 따라 발급된 운영기준에 등재되지 아니한 새로운 형식의 항공기를 도입한 경우
2. 제9항에 따라 운항증명의 효력이 정지된 항공운송사업자가 그 운항을 재개하려는 경우
3. 노선을 추가로 개설한 경우
4. 「항공사업법」 제21조에 따라 항공운송사업을 양도 · 양수한 경우
5. 「항공사업법」 제22조에 따라 사업을 합병한 경우

⑥ 국토교통부장관은 항공기 안전운항을 확보하기 위하여 운항증명을 받은 항공운송사업자가 안전운항체계를 유지하고 있는지를 정기 또는 수시로 검사하여야 한다.

⑦ 국토교통부장관은 제6항에 따른 정기검사 또는 수시검사를 하는 중에 다음 각 호의 어느 하나에 해당하여 긴급한 조치가 필요하게 되었을 때에는 국토교통부령으로 정하는 바에 따라 항공기 또는 노선의 운항을 정지하게 하거나 항공종사자의 업무를 정지하게 할 수 있다.

1. 항공기의 감항성에 영향을 미칠 수 있는 사항이 발견된 경우
2. 항공기의 운항과 관련된 항공종사자가 교육훈련 또는 운항자격 등 이 법에 따라 해당 업무에 종사하는 데 필요한 요건을 충족하지 못하고 있음이 발견된 경우
3. 승무시간 기준, 비행규칙 등 항공기의 안전운항을 위하여 이 법에서 정한 기준을 따르지 아니하고 있는 경우

정답 140. ①

4. 운항하려는 공항 또는 활주로의 상태 등이 항공기의 안전운항에 위험을 줄 수 있는 상태인 경우
5. 그 밖에 안전운항체계에 영향을 미칠 수 있는 상황으로 판단되는 경우

⑧ 국토교통부장관은 제7항에 따른 정지처분의 사유가 없어진 경우에는 지체 없이 그 처분을 취소하여야 한다.

141 항공운송사업자의 운항증명을 취소하거나 6개월 이내의 기간을 정하여 항공기 운항의 정지를 명할 수 있는 경우에 해당하지 않는 것은?

① 신고한 운항규정 또는 정비규정을 해당 종사자에게 제공한 경우
② 감항성개선 또는 그 밖에 검사 · 정비등의 명령을 이행하지 아니하고 이를 운항 또는 항공기등에 사용한 경우
③ 수리 · 개조승인을 받지 아니한 항공기등을 운항하거나 장비품 · 부품을 항공기등에 사용한 경우
④ 국토교통부령으로 정하는 양의 연료를 싣지 아니하고 운항한 경우

해설 **항공안전법 제91조(항공운송사업자의 운항증명 취소 등)**

① 국토교통부장관은 운항증명을 받은 항공운송사업자가 다음 각 호의 어느 하나에 해당하는 경우에는 운항증명을 취소하거나 6개월 이내의 기간을 정하여 항공기 운항의 정지를 명할 수 있다. 다만, 제1호, 제39호 또는 제49호의 어느 하나에 해당하는 경우에는 운항증명을 취소하여야 한다. 〈개정 2017. 12. 26., 2019. 8. 27., 2020. 6. 9.〉

1. 거짓이나 그 밖의 부정한 방법으로 운항증명을 받은 경우
2. 제18조 제1항을 위반하여 국적 · 등록기호 및 소유자등의 성명 또는 명칭을 표시하지 아니한 항공기를 운항한 경우
3. 제23조 제3항을 위반하여 감항증명을 받지 아니한 항공기를 운항한 경우
4. 제23조 제9항에 따른 항공기의 감항성 유지를 위한 항공기등, 장비품 또는 부품에 대한 정비등에 관한 감항성개선 또는 그 밖에 검사 · 정비등의 명령을 이행하지 아니하고 이를 운항 또는 항공기등에 사용한 경우
5. 제25조 제2항을 위반하여 소음기준적합증명을 받지 아니하거나 항공기기술기준에 적합하지 아니한 항공기를 운항한 경우
6. 제26조를 위반하여 변경된 항공기기술기준을 따르도록 한 요구에 따르지 아니한 경우
7. 제27조 제3항을 위반하여 기술표준품형식승인을 받지 아니한 기술표준품을 항공기등에 사용한 경우
8. 제28조 제3항을 위반하여 부품등제작자증명을 받지 아니한 장비품 또는 부품을 항공기등 또는 장비품에 사용한 경우
9. 제30조 제2항을 위반하여 수리 · 개조승인을 받지 아니한 항공기등을 운항하거나 장비품 · 부품을 항공기등에 사용한 경우
10. 제32조 제1항을 위반하여 정비등을 한 항공기등, 장비품 또는 부품에 대하여 감항성을 확인받지 아니하고 운항 또는 항공기등에 사용한 경우
11. 제42조를 위반하여 제40조 제2항에 따른 자격증명의 종류별 항공신체검사증명의 기준에 적합하지 아니한 운항승무원을 항공업무에 종사하게 한 경우
12. 제51조를 위반하여 국토교통부령으로 정한 무선설비를 설치하지 아니한 항공기 또는 설치한 무선설비가 운용되지 아니하는 항공기를 운항한 경우
13. 제52조를 위반하여 항공기에 항공계기등을 설치하거나 탑재하지 아니하고 운항하거나, 그 운용방법 등을 따르지 아니한 경우
14. 제53조를 위반하여 항공기에 국토교통부령으로 정하는 양의 연료를 싣지 아니하고 운항한 경우
15. 제54조를 위반하여 항공기를 운항하거나 야간에 비행장에 주기 또는 정박시키는 경우에 국토교통부령으로 정하는 바에 따라 등불로 항공기의 위치를 나타내지 아니한 경우
16. 제55조를 위반하여 국토교통부령으로 정하는 비행경험이 없는 운항승무원에게 항공기를 운항하게 하거나 계기비행 · 야간비행 또는 조종교육의 업무에 종사하게 한 경우
17. 제56조 제1항을 위반하여 소속 승무원 또는 운항관리사의 피로를 관리하지 아니한 경우
18. 제56조 제2항을 위반하여 국토교통부장관의 승인을 받지 아니하고 피로위험관리시스템을 운용하거나 중요사항을 변경한 경우
19. 제57조 제1항을 위반하여 항공종사자 또는 객실승무원이 주류등의 영향으로 항공업무 또는 객실승무원의 업무를 정상적으로 수행할 수 없는 상태에서 항공업무 또는 객실승무원의 업무에 종사하게 한 경우
20. 제58조 제2항을 위반하여 다음 각 목의 어느 하나에 해당하는 경우
   가. 사업을 시작하기 전까지 항공안전관리시스템을 마련하지 아니한 경우
   나. 승인을 받지 아니하고 항공안전관리시스템을 운용한 경우
   다. 항공안전관리시스템을 승인받은 내용과 다르게 운용한 경우
   라. 승인을 받지 아니하고 국토교통부령으로 정하는 중요 사항을 변경한 경우

정답 141. ①

21. 제62조 제5항 단서를 위반하여 항공기사고, 항공기 준사고 또는 의무보고 대상 항공안전장애가 발생한 경우에 국토교통부령으로 정하는 바에 따라 발생 사실을 보고하지 아니한 경우
22. 제63조 제4항에 따라 자격인정 또는 심사를 할 때 소속 기장 또는 기장 외의 조종사에 대하여 부당한 방법으로 자격인정 또는 심사를 한 경우
23. 제63조 제7항을 위반하여 운항하려는 지역, 노선 및 공항에 대한 경험요건을 갖추지 아니한 기장에게 운항을 하게 한 경우
24. 제65조 제1항을 위반하여 운항관리사를 두지 아니한 경우
25. 제65조 제3항을 위반하여 국토교통부령으로 정하는 바에 따라 운항관리사가 해당 업무를 수행하는 데 필요한 교육훈련을 하지 아니하고 해당 업무에 종사하게 한 경우
26. 제66조를 위반하여 이륙 · 착륙 장소가 아닌 곳에서 항공기를 이륙하거나 착륙하게 한 경우
27. 제68조를 위반하여 같은 조 각 호의 어느 하나에 해당하는 비행 또는 행위를 하게 한 경우
28. 제70조 제1항을 위반하여 허가를 받지 아니하고 항공기를 이용하여 위험물을 운송한 경우
29. 제70조 제3항을 위반하여 국토교통부장관이 고시하는 위험물취급의 절차 및 방법에 따르지 아니하고 위험물을 취급한 경우
30. 제72조 제1항을 위반하여 위험물취급에 관한 교육을 받지 아니한 사람에게 위험물취급을 하게 한 경우
31. 제74조 제1항을 위반하여 승인을 받지 아니하고 비행기를 운항한 경우
32. 제75조 제1항을 위반하여 승인을 받지 아니하고 같은 항 각 호의 어느 하나에 해당하는 공역에서 항공기를 운항한 경우
33. 제76조 제1항을 위반하여 국토교통부령으로 정하는 바에 따라 운항의 안전에 필요한 승무원을 태우지 아니하고 항공기를 운항한 경우
34. 제76조 제3항을 위반하여 항공기에 태우는 승무원에 대하여 해당 업무를 수행하는 데 필요한 교육훈련을 하지 아니한 경우
35. 제77조 제2항을 위반하여 같은 조 제1항에 따른 운항기술기준을 준수하지 아니하고 운항하거나 업무를 한 경우
36. 제90조 제1항을 위반하여 운항증명을 받지 아니하고 운항을 시작한 경우
37. 제90조 제4항을 위반하여 운영기준을 준수하지 아니한 경우
38. 제90조 제5항을 위반하여 안전운항체계를 유지하지 아니하거나 변경된 안전운항체계를 검사받지 아니하고 항공기를 운항한 경우
39. 제90조 제7항을 위반하여 항공기 또는 노선 운항의 정지처분에 따르지 아니하고 항공기를 운항한 경우
40. 제93조 제1항 본문 또는 같은 조 제2항 단서를 위반하여 국토교통부장관의 인가를 받지 아니하고 운항규정 또는 정비규정을 마련하였거나 국토교통부령으로 정하는 중요사항을 변경한 경우
41. 제93조 제2항 본문을 위반하여 국토교통부장관에게 신고하지 아니하고 운항규정 또는 정비규정을 변경한 경우
42. 제93조 제7항 전단을 위반하여 같은 조 제1항 본문 또는 제2항 단서에 따라 인가를 받거나 같은 조 제2항 본문에 따라 신고한 운항규정 또는 정비규정을 해당 종사자에게 제공하지 아니한 경우
43. 제93조 제7항 후단을 위반하여 같은 조 제1항 본문 또는 제2항 단서에 따라 인가를 받거나 같은 조 제2항 본문에 따라 신고한 운항규정 또는 정비규정을 준수하지 아니하고 항공기를 운항하거나 정비한 경우
44. 제94조 각 호에 따른 항공운송의 안전을 위한 명령을 따르지 아니한 경우
45. 제132조 제1항에 따라 업무(항공안전 활동을 수행하기 위한 것만 해당한다)에 관한 보고를 하지 아니하거나 서류를 제출하지 아니하는 경우 또는 거짓으로 보고하거나 서류를 제출한 경우
46. 제132조 제2항에 따른 항공기 등에의 출입이나 장부 · 서류 등의 검사(항공안전 활동을 수행하기 위한 것만 해당한다)를 거부 · 방해 또는 기피한 경우
47. 제132조 제2항에 따른 관계인에 대한 질문(항공안전 활동을 수행하기 위한 것만 해당한다)에 답변하지 아니하거나 거짓으로 답변한 경우
48. 고의 또는 중대한 과실에 의하여 또는 항공종사자의 선임 · 감독에 관하여 상당한 주의의무를 게을리하여 항공기사고 또는 항공기준사고를 발생시킨 경우
49. 이 조에 따른 항공기 운항의 정지기간에 운항한 경우

② 제1항에 따른 처분의 세부기준 및 절차 등 그 밖에 필요한 사항은 국토교통부령으로 정한다.
[시행일: 2021. 6. 9.]

142 경량항공기 등을 안전하게 운용할 수 있다는 확인을 받기 위해 참고해야 할 근거에 해당하지 않는 것은?

① 해당 경량항공기 제작자가 제공하는 최신의 정비교범 및 기술문서

정답 142. ③

② 경량항공기소유자등이 안전성인증 검사를 받을 때 제출한 검사프로그램
③ 경량항공기 기술기준에 충족함을 입증하는 서류
④ 그 밖에 국토교통부장관이 정하여 고시하는 기준에 부합하는 기술자료

해설 **항공안전법 시행규칙 제285조(경량항공기의 정비 확인)**

① 법 제108조 제4항 본문에 따라 경량항공기소유자등 또는 경량항공기를 사용하여 비행하려는 사람이 경량항공기 또는 그 부품등을 정비한 후 경량항공기 등을 안전하게 운용할 수 있다는 확인을 받기 위해서는 법 제35조 제8호에 따른 항공정비사 자격증명을 가진 사람으로부터 해당 정비가 다음 각 호의 어느 하나에 충족되게 수행되었음을 확인받은 후 해당 정비 기록문서에 서명을 받아야 한다.

1. 해당 경량항공기 제작자가 제공하는 최신의 정비교범 및 기술문서
2. 해당 경량항공기 제작자가 정비교범 및 기술문서를 제공하지 아니하여 경량항공기소유자등이 안전성인증 검사를 받을 때 제출한 검사프로그램
3. 그 밖에 국토교통부장관이 정하여 고시하는 기준에 부합하는 기술자료

② 법 제108조 제4항 단서에서 "국토교통부령으로 정하는 경미한 정비"란 [별표 41]에 따른 정비를 말한다.

143 국토교통부령으로 정하는 기준을 충족하는 초경량비행장치에 해당하는 것은?

① 헬리콥터 ② 자이로플레인
③ 동력패러슈트 ④ 무인비행장치

해설 **항공안전법 시행규칙 제5조(초경량비행장치의 기준)**

법 제2조 제3호에서 "자체중량, 좌석 수 등 국토교통부령으로 정하는 기준에 해당하는 동력비행장치, 행글라이더, 패러글라이더, 기구류 및 무인비행장치 등"이란 다음 각 호의 기준을 충족하는 동력비행장치, 행글라이더, 패러글라이더, 기구류, 무인비행장치, 회전익비행장치, 동력패러글라이더 및 낙하산류 등을 말한다. 〈개정 2020. 12. 10., 2021. 6. 9.〉

1. 동력비행장치: 동력을 이용하는 것으로서 다음 각 목의 기준을 모두 충족하는 고정익비행장치
   가. 탑승자, 연료 및 비상용 장비의 중량을 제외한 자체중량이 115킬로그램 이하일 것
   나. 연료의 탑재량이 19리터 이하일 것
   다. 좌석이 1개일 것
2. 행글라이더: 탑승자 및 비상용 장비의 중량을 제외한 자체중량이 70킬로그램 이하로서 체중이동, 타면조종 등의 방법으로 조종하는 비행장치
3. 패러글라이더: 탑승자 및 비상용 장비의 중량을 제외한 자체중량이 70킬로그램 이하로서 날개에 부착된 줄을 이용하여 조종하는 비행장치
4. 기구류: 기체의 성질 · 온도차 등을 이용하는 다음 각 목의 비행장치
   가. 유인자유기구
   나. 무인자유기구(기구 외부에 2킬로그램 이상의 물건을 매달고 비행하는 것만 해당한다. 이하 같다)
   다. 계류식(繫留式) 기구
5. 무인비행장치: 사람이 탑승하지 아니하는 것으로서 다음 각 목의 비행장치
   가. 무인동력비행장치: 연료의 중량을 제외한 자체중량이 150킬로그램 이하인 무인비행기, 무인헬리콥터 또는 무인멀티콥터
   나. 무인비행선: 연료의 중량을 제외한 자체중량이 180킬로그램 이하이고 길이가 20미터 이하인 무인비행선
6. 회전익비행장치: 제1호 각 목의 동력비행장치의 요건을 갖춘 헬리콥터 또는 자이로플레인
7. 동력패러글라이더: 패러글라이더에 추진력을 얻는 장치를 부착한 다음 각 목의 어느 하나에 해당하는 비행장치
   가. 착륙장치가 없는 비행장치
   나. 착륙장치가 있는 것으로서 제1호 각 목의 동력비행장치의 요건을 갖춘 비행장치
8. 낙하산류: 항력(抗力)을 발생시켜 대기(大氣) 중을 낙하하는 사람 또는 물체의 속도를 느리게 하는 비행장치
9. 그 밖에 국토교통부장관이 종류, 크기, 중량, 용도 등을 고려하여 정하여 고시하는 비행장치

144 정비등을 한 항공기등, 장비품 또는 부품에 대하여 감항성을 확인받지 아니하고 운항 또는 항공기등에 사용한 자에 대한 처벌은?

① 3년 이하의 징역 또는 벌금 5천만원 이하
② 3년 이하의 징역 또는 벌금 3천만원 이하
③ 2년 이하의 징역 또는 벌금 2천만원 이하
④ 2년 이하의 징역 또는 벌금 1천만원 이하

해설 **항공안전법 제144조(감항증명을 받지 아니한 항공기 사용 등의 죄)**

다음 각 호의 어느 하나에 해당하는 자는 3년 이하의 징역 또는 5천만원 이하의 벌금에 처한다.

1. 제23조 또는 제25조를 위반하여 감항증명 또는 소음기준적합증명을 받지 아니하거나 감항증명 또는 소음기준적합증명이 취소 또는 정지된 항공기를 운항한 자
2. 제27조 제3항을 위반하여 기술표준품형식승인을 받지 아니한 기술표준품을 제작 · 판매하거나 항공기등에 사용한 자

정답 143. ④ 144. ①

3. 제28조 제3항을 위반하여 부품등제작자증명을 받지 아니한 장비품 또는 부품을 제작·판매하거나 항공기등 또는 장비품에 사용한 자
4. 제30조를 위반하여 수리·개조승인을 받지 아니한 항공기등, 장비품 또는 부품을 운항 또는 항공기등에 사용한 자
5. 제32조 제1항을 위반하여 정비등을 한 항공기등, 장비품 또는 부품에 대하여 감항성을 확인받지 아니하고 운항 또는 항공기등에 사용한 자

145 발동기에 대하여 형식증명을 받으려는 자가 국토교통부장관에게 제출하여야 하는 서류는?

① 외국 정부의 형식 증명서
② 항공기기술기준에 적합함을 입증하는 자료
③ 발동기의 설계·운용 특성 및 운용한계에 관한 자료
④ 비행교범 또는 운용방식을 적은 서류

해설 **항공안전법 시행규칙 제18조(형식증명 등의 신청)**

① 법 제20조 제1항 전단에 따라 형식증명(이하 "형식증명"이라 한다) 또는 제한형식증명(이하 "제한형식증명"이라 한다)을 받으려는 자는 별지 제1호서식(제한형식)의 형식증명 신청서를 국토교통부장관에게 제출하여야 한다. 〈개정 2018. 6. 27.〉
② 제1항에 따른 신청서에는 다음 각 호의 서류를 첨부하여야 한다.
1. 인증계획서(Certification Plan)
2. 항공기 3면도
3. 발동기의 설계·운용 특성 및 운용한계에 관한 자료(발동기에 대하여 형식증명을 신청하는 경우에만 해당한다)
4. 그 밖에 국토교통부장관이 정하여 고시하는 서류

[제목개정 2018. 6. 27.]

146 항공기 운항을 정지하면 항공기 이용자 등에게 심한 불편을 주거나 공익을 해칠 우려가 있는 경우에는 항공기의 운항정지처분을 갈음하여 얼마의 과징금을 부과할 수 있는가?

① 3억원 이하　　② 7억원 이하
③ 10억원 이하　　④ 100억원 이하

해설 **항공안전법 제92조(항공운송사업자에 대한 과징금의 부과)**

① 국토교통부장관은 운항증명을 받은 항공운송사업자가 제91조 제1항 제2호부터 제38호까지 또는 제40호부터 제48호까지의 어느 하나에 해당하여 항공기 운항의 정지를 명하여야 하는 경우로서 그 운항을 정지하면 항공기 이용자 등에게 심한 불편을 주거나 공익을 해칠 우려가 있는 경우에는 항공기의 운항정지처분을 갈음하여 100억원 이하의 과징금을 부과할 수 있다.
② 제1항에 따른 과징금 부과의 구체적인 기준, 절차 및 그 밖에 필요한 사항은 대통령령으로 정한다.
③ 국토교통부장관은 제1항에 따른 과징금을 내야 할 자가 납부기한까지 과징금을 내지 아니하면 국세 체납처분의 예에 따라 징수한다.

147 운항규정과 정비규정 변경 시 신고가 아닌, 인가를 받아야만 하는 사항은 어느 것인가?

① 무선통신 청취를 유지하여야 할 상황
② 최저비행고도 결정방법
③ 산소의 요구량과 사용하여야 하는 조건
④ 최소장비목록(MEL)

해설 **항공안전법 제93조(항공운송사업자의 운항규정 및 정비규정)**

① 항공운송사업자는 운항을 시작하기 전까지 국토교통부령으로 정하는 바에 따라 항공기의 운항에 관한 운항규정 및 정비에 관한 정비규정을 마련하여 국토교통부장관의 인가를 받아야 한다. 다만, 운항규정 및 정비규정을 운항증명에 포함하여 운항증명을 받은 경우에는 그러하지 아니하다.
② 항공운송사업자는 제1항 본문에 따라 인가를 받은 운항규정 또는 정비규정을 변경하려는 경우에는 국토교통부령으로 정하는 바에 따라 국토교통부장관에게 신고하여야 한다. 다만, 최소장비목록, 승무원 훈련프로그램 등 국토교통부령으로 정하는 중요사항을 변경하려는 경우에는 국토교통부장관의 인가를 받아야 한다.
③ 국토교통부장관은 제1항 본문 또는 제2항 단서에 따라 인가하려는 경우에는 제77조 제1항에 따른 운항기술기준에 적합한지를 확인하여야 한다.
④ 국토교통부장관은 제1항 본문 또는 제2항 단서에 따라 인가하는 경우 조건 또는 기한을 붙이거나 조건 또는 기한을 변경할 수 있다. 다만, 그 조건 또는 기한은 공공의 이익 증진이나 인가의 시행에 필요한 최소한도의 것이어야 하며, 해당 항공운송사업자에게 부당한 의무를 부과하는 것이어서는 아니 된다.
⑤ 항공운송사업자는 제1항 본문 또는 제2항 단서에 따라 국토교통부장관의 인가를 받거나 제2항 본문에 따라 국토교통부장관에게 신고한 운항규정 또는 정비규정을 항공기의 운항 또는 정비에 관한 업무를 수행하는 종사자에게 제공하여야 한다. 이 경우 항공운송사업자와 항공기의 운항 또는 정비에 관한 업무를 수행하는 종사자는 운항규정 또는 정비규정을 준수하여야 한다.

정답 145. ③ 146. ④ 147. ④

148 형식증명을 받으려는 자가 형식증명 신청서를 국토교통부장관에게 제출할 때 필요한 첨부서류가 아닌 것은?

① 인증계획서(Certification Plan)
② 항공기 3면도
③ 항공기기술기준에 대한 적합성 입증계획서
④ 발동기의 설계 · 운용 특성 및 운용한계에 관한 자료(발동기에 대하여 형식증명을 신청하는 경우에만 해당한다)

해설 **항공안전법 제20조(형식증명 등)**

① 항공기등을 제작하려는 자는 그 항공기등의 설계에 관하여 국토교통부령으로 정하는 바에 따라 국토교통부장관의 증명(이하 "형식증명"이라 한다)을 받을 수 있다. 증명받은 사항을 변경할 때에도 또한 같다.
② 국토교통부장관은 형식증명을 할 때에는 해당 항공기등이 항공기기술기준에 적합한지를 검사한 후 적합하다고 인정하는 경우에는 국토교통부령으로 정하는 바에 따라 형식증명서를 발급하여야 한다.
③ 형식증명서를 양도 · 양수하려는 자는 국토교통부령으로 정하는 바에 따라 국토교통부장관에게 양도사실을 보고하고 형식증명서 재발급을 신청하여야 한다.
④ 형식증명 또는 제21조에 따른 형식증명승인을 받은 항공기등의 설계를 변경하려는 자는 국토교통부령으로 정하는 바에 따라 국토교통부장관의 부가적인 형식증명(이하 "부가형식증명"이라 한다)을 받을 수 있다.
⑤ 국토교통부장관은 다음 각 호의 어느 하나에 해당하는 경우에는 해당 항공기등에 대한 형식증명 또는 부가형식증명을 취소하거나 6개월 이내의 기간을 정하여 그 효력의 정지를 명할 수 있다. 다만, 제1호에 해당하는 경우에는 형식증명 또는 부가형식증명을 취소하여야 한다.
  1. 거짓이나 그 밖의 부정한 방법으로 형식증명 또는 부가형식증명을 받은 경우
  2. 항공기등이 형식증명 또는 부가형식증명 당시의 항공기기술기준에 적합하지 아니하게 된 경우

항공안전법 시행규칙 제18조(형식증명 등의 신청)

① 법 제20조 제1항 전단에 따라 형식증명(이하 "형식증명"이라 한다) 또는 제한형식증명(이하 "제한형식증명"이라 한다)을 받으려는 자는 별지 제1호서식(제한형식)의 형식증명 신청서를 국토교통부장관에게 제출하여야 한다. 〈개정 2018. 6. 27.〉
② 제1항에 따른 신청서에는 다음 각 호의 서류를 첨부하여야 한다.
  1. 인증계획서(Certification Plan)
  2. 항공기 3면도
  3. 발동기의 설계 · 운용 특성 및 운용한계에 관한 자료(발동기에 대하여 형식증명을 신청하는 경우에만 해당한다)
  4. 그 밖에 국토교통부장관이 정하여 고시하는 서류

[제목개정 2018. 6. 27.]

149 정비조직인증을 취소하거나 6개월 이내의 기간을 정하여 그 효력의 정지를 명할 수 있는 경우에 해당하지 않는 것은?

① 효력정지기간에 업무를 한 경우
② 승인을 받고 항공안전관리시스템을 운용한 경우
③ 항공안전관리시스템을 승인받은 내용과 다르게 운용한 경우
④ 고의 또는 중대한 과실에 의하거나 항공종사자에 대한 관리 · 감독에 관하여 상당한 주의의무를 게을리함으로써 항공기사고가 발생한 경우

해설 **항공안전법 제98조(정비조직인증의 취소 등)**

① 국토교통부장관은 정비조직인증을 받은 자가 다음 각 호의 어느 하나에 해당하는 경우에는 정비조직인증을 취소하거나 6개월 이내의 기간을 정하여 그 효력의 정지를 명할 수 있다. 다만, 제1호 또는 제5호에 해당하는 경우에는 그 정비조직인증을 취소하여야 한다.
  1. 거짓이나 그 밖의 부정한 방법으로 정비조직인증을 받은 경우
  2. 제58조 제2항을 위반하여 다음 각 목의 어느 하나에 해당하는 경우
    가. 업무를 시작하기 전까지 항공안전관리시스템을 마련하지 아니한 경우
    나. 승인을 받지 아니하고 항공안전관리시스템을 운용한 경우
    다. 항공안전관리시스템을 승인받은 내용과 다르게 운용한 경우
    라. 승인을 받지 아니하고 국토교통부령으로 정하는 중요 사항을 변경한 경우
  3. 정당한 사유 없이 정비조직인증기준을 위반한 경우
  4. 고의 또는 중대한 과실에 의하거나 항공종사자에 대한 관리 · 감독에 관하여 상당한 주의의무를 게을리함으로써 항공기사고가 발생한 경우
  5. 이 조에 따른 효력정지기간에 업무를 한 경우
② 제1항에 따른 처분의 기준은 국토교통부령으로 정한다.

정답 148. ③ 149. ②

150 국토교통부장관에게 부가형식증명 신청서를 신청할 때 제출하여야 할 서류가 아닌 것은?

① 항공기기술기준에 대한 적합성 입증계획서
② 설계도면 및 설계도면 목록
③ 인증계획서(Certification Plan)
④ 부품표 및 사양서

해설 **항공안전법 시행규칙 제23조(부가형식증명의 신청)**

① 법 제20조 제5항에 따라 부가형식증명을 받으려는 자는 별지 제5호서식의 부가형식증명 신청서를 국토교통부장관에게 제출하여야 한다. 〈개정 2018. 6. 27.〉
② 제1항에 따른 신청서에는 다음 각 호의 서류를 첨부하여야 한다. 〈개정 2018. 6. 27.〉
1. 법 제19조에 따른 항공기기술기준(이하 "항공기기술기준"이라 한다)에 대한 적합성 입증계획서
2. 설계도면 및 설계도면 목록
3. 부품표 및 사양서
4. 그 밖에 참고사항을 적은 서류

151 국토교통부장관이 형식증명을 위한 검사를 실시하는 경우 그 검사의 범위에 해당하지 않는 것은?

① 해당 형식의 설계에 대한 검사
② 해당 형식의 설계에 따라 제작되는 항공기등의 제작과정에 대한 검사
③ 변경되는 설계에 따라 제작되는 항공기등의 제작과정에 대한 검사
④ 항공기등의 완성 후의 상태 및 비행성능 등에 대한 검사

해설 **항공안전법 시행규칙 제20조(형식증명 등을 위한 검사범위)**

국토교통부장관은 법 제20조 제2항에 따라 형식증명 또는 제한형식증명을 위한 검사를 하는 경우에는 다음 각 호에 해당하는 사항을 검사하여야 한다. 다만, 형식설계를 변경하는 경우에는 변경하는 사항에 대한 검사만 해당한다.
1. 해당 형식의 설계에 대한 검사
2. 해당 형식의 설계에 따라 제작되는 항공기등의 제작과정에 대한 검사
3. 항공기등의 완성 후의 상태 및 비행성능 등에 대한 검사
[제목개정: 2018. 6. 27.]

152 국토교통부장관이 부가형식증명승인을 위한 검사를 실시하는 경우 그 검사의 범위에 해당하는 것은?

① 해당 형식의 설계에 대한 검사
② 해당 형식의 설계에 따라 제작되는 항공기등의 제작과정에 대한 검사
③ 변경되는 설계에 대한 검사
④ 항공기등의 완성 후의 상태 및 비행성능 등에 대한 검사

해설 **항공안전법 시행규칙 제30조(부가형식증명승인을 위한 검사범위)**

국토교통부장관은 법 제21조 제6항 본문에 따라 부가형식증명승인을 위한 검사를 하는 경우에는 다음 각 호에 해당하는 사항을 검사하여야 한다. 〈개정 2018. 6. 27.〉
1. 변경되는 설계에 대한 검사
2. 변경되는 설계에 따라 제작되는 항공기등의 제작과정에 대한 검사

153 감항승인을 받으려는 자가 국토교통부장관 또는 지방항공청장에게 감항승인을 신청할 때 제출하여야 할 첨부서류가 아닌 것은?

① 기술표준품형식승인기준에 적합함을 입증하는 자료
② 정비교범(제작사가 발행한 것만 해당한다)
③ 비행교범
④ 감항성개선 명령의 이행 결과 등 국토교통부장관이 정하여 고시하는 서류

해설 **항공안전법 시행규칙 제46조(감항승인의 신청)**

① 법 제24조 제1항에 따라 감항승인을 받으려는 자는 다음 각 호의 구분에 따른 신청서를 국토교통부장관 또는 지방항공청장에게 제출하여야 한다.
1. 항공기를 외국으로 수출하려는 경우: 별지 제19호서식의 항공기 감항승인 신청서
2. 발동기 · 프로펠러, 장비품 또는 부품을 타인에게 제공하려는 경우: 별지 제20호서식의 부품 등의 감항승인 신청서
② 제1항에 따른 신청서에는 다음 각 호의 서류를 첨부하여야 한다. 〈개정 2018. 6. 27.〉
1. 항공기기술기준 또는 법 제27조 제1항에 따른 기술표준품형식승인기준(이하 "기술표준품형식승인기준"이라 한다)에 적합함을 입증하는 자료
2. 정비교범(제작사가 발행한 것만 해당한다)
3. 그 밖에 법 제23조 제9항에 따른 감항성개선 명령의 이행 결과 등 국토교통부장관이 정하여 고시하는 서류

정답 150. ③ 151. ③ 152. ③ 153. ③

154 감항증명의 신청 시 첨부하는 비행교범에 포함되어야 할 사항으로 맞는 것은?

① 항공기의 종류 · 등급 · 형식 및 제원(諸元)에 관한 사항
② 감항성 한계범위, 주기적 검사 방법 또는 요건, 장비품 · 부품 등의 사용한계 등에 관한 사항
③ 항공기 계통별 설명, 분해, 세척, 검사, 수리 및 조립절차, 성능점검 등에 관한 사항
④ 지상에서의 항공기 취급, 연료 · 오일 등의 보충, 세척 및 윤활 등에 관한 사항

해설 **항공안전법 시행규칙 제35조(감항증명의 신청)**

① 법 제23조 제1항에 따라 감항증명을 받으려는 자는 별지 제13호서식의 항공기 표준감항증명 신청서 또는 별지 제14호서식의 항공기 특별감항증명 신청서에 다음 각 호의 서류를 첨부하여 국토교통부장관 또는 지방항공청장에게 제출하여야 한다.
1. 비행교범
2. 정비교범
3. 그 밖에 감항증명과 관련하여 국토교통부장관이 필요하다고 인정하여 고시하는 서류

② 제1항 제1호에 따른 비행교범에는 다음 각 호의 사항이 포함되어야 한다.
1. 항공기의 종류 · 등급 · 형식 및 제원(諸元)에 관한 사항
2. 항공기 성능 및 운용한계에 관한 사항
3. 항공기 조작방법 등 그 밖에 국토교통부장관이 정하여 고시하는 사항

③ 제1항 제2호에 따른 정비교범에는 다음 각 호의 사항이 포함되어야 한다. 다만, 장비품 · 부품 등의 사용한계 등에 관한 사항은 정비교범 외에 별도로 발행할 수 있다.
1. 감항성 한계범위, 주기적 검사 방법 또는 요건, 장비품 · 부품 등의 사용한계 등에 관한 사항
2. 항공기 계통별 설명, 분해, 세척, 검사, 수리 및 조립절차, 성능점검 등에 관한 사항
3. 지상에서의 항공기 취급, 연료 · 오일 등의 보충, 세척 및 윤활 등에 관한 사항

155 항공기등의 설계에 관하여 외국정부로부터 형식증명을 받은 자가, 해당 항공기등에 대하여 항공기기술기준에 적합함을 승인받는 것을 무엇이라 하는가?

① 제작증명
② 기술표준품 형식승인
③ 감항승인
④ 형식증명승인

해설 **항공안전법 제21조(형식증명승인)**

① 항공기등의 설계에 관하여 외국정부로부터 형식증명을 받은 자가 해당 항공기등에 대하여 항공기기술기준에 적합함을 승인(이하 "형식증명승인"이라 한다)받으려는 경우 국토교통부령으로 정하는 바에 따라 항공기등의 형식별로 국토교통부장관에게 형식증명승인을 신청하여야 한다. 다만, 다음 각 호의 어느 하나에 해당하는 항공기의 경우에는 장착된 발동기와 프로펠러를 포함하여 신청할 수 있다. 〈개정 2017. 12. 26.〉
1. 최대이륙중량 5천700킬로그램 이하의 비행기
2. 최대이륙중량 3천175킬로그램 이하의 헬리콥터

② 제1항에도 불구하고 대한민국과 항공기등의 감항성에 관한 항공안전협정을 체결한 국가로부터 형식증명을 받은 제1항 각 호의 항공기 및 그 항공기에 장착된 발동기와 프로펠러의 경우에는 제1항에 따른 형식증명승인을 받은 것으로 본다. 〈신설 2017. 12. 26.〉

③ 국토교통부장관은 형식증명승인을 할 때에는 해당 항공기등(제2항에 따라 형식증명승인을 받은 것으로 보는 항공기 및 그 항공기에 장착된 발동기와 프로펠러는 제외한다)이 항공기기술기준에 적합한지를 검사하여야 한다. 다만, 대한민국과 항공기등의 감항성에 관한 항공안전협정을 체결한 국가로부터 형식증명을 받은 항공기등에 대해서는 해당 협정에서 정하는 바에 따라 검사의 일부를 생략할 수 있다. 〈개정 2017. 12. 26.〉

④ 국토교통부장관은 제3항에 따른 검사 결과 해당 항공기등이 항공기기술기준에 적합하다고 인정하는 경우에는 국토교통부령으로 정하는 바에 따라 형식증명승인서를 발급하여야 한다. 〈개정 2017. 12. 26.〉

⑤ 국토교통부장관은 형식증명 또는 형식증명승인을 받은 항공기등으로서 외국정부로부터 그 설계에 관한 부가형식증명을 받은 사항이 있는 경우에는 국토교통부령으로 정하는 바에 따라 부가적인 형식증명승인(이하 "부가형식증명승인"이라 한다)을 할 수 있다. 〈개정 2017. 12. 26.〉

⑥ 국토교통부장관은 부가형식증명승인을 할 때에는 해당 항공기등이 항공기기술기준에 적합한지를 검사한 후 적합하다고 인정하는 경우에는 국토교통부령으로 정하는 바에 따라 부가형식증명승인서를 발급하여야 한다. 다만, 대한민국과 항공기등의 감항성에 관한 항공안전협정을 체결한 국가로부터 부가형식증명을 받은 사항에 대해서는 해당 협정에서 정하는 바에 따라 검사의 일부를 생략할 수 있다. 〈개정 2017. 12. 26.〉

⑦ 국토교통부장관은 다음 각 호의 어느 하나에 해당하는

정답 154. ① 155. ④

경우에는 해당 항공기등에 대한 형식증명승인 또는 부가형식증명승인을 취소하거나 6개월 이내의 기간을 정하여 그 효력의 정지를 명할 수 있다. 다만, 제1호에 해당하는 경우에는 형식증명승인 또는 부가형식증명승인을 취소하여야 한다. 〈개정 2017. 12. 26.〉

1. 거짓이나 그 밖의 부정한 방법으로 형식증명승인 또는 부가형식증명승인을 받은 경우
2. 항공기등이 형식증명승인 또는 부가형식증명승인 당시의 항공기기술기준에 적합하지 아니하게 된 경우

항공안전법 시행규칙 제26조(형식증명승인의 신청)

① 법 제21조 제1항에 따라 형식증명승인을 받으려는 자는 별지 제7호서식의 형식증명승인 신청서를 국토교통부장관에게 제출하여야 한다.

② 제1항에 따른 신청서에는 다음 각 호의 서류를 첨부하여야 한다.

1. 외국정부의 형식증명서
2. 형식증명자료집
3. 설계 개요서
4. 항공기기술기준에 적합함을 입증하는 자료
5. 비행교범 또는 운용방식을 적은 서류
6. 정비방식을 적은 서류
7. 그 밖에 참고사항을 적은 서류

③ 삭제 〈2018. 6. 27.〉

156 국토교통부장관이 형식증명을 위한 검사를 실시하는 경우 그 검사의 범위에 해당하지 않는 것은?

① 항공기등에 대한 제작기술, 설비, 인력, 품질관리체계, 제작관리체계에 대한 검사
② 해당 형식의 설계에 대한 검사
③ 해당 형식의 설계에 따라 제작되는 항공기등의 제작과정에 대한 검사
④ 항공기등의 완성 후의 상태 및 비행성능 등에 대한 검사

해설 **항공안전법 시행규칙 제20조(형식증명 등을 위한 검사범위)**

국토교통부장관은 법 제20조 제2항에 따라 형식증명 또는 제한형식증명을 위한 검사를 하는 경우에는 다음 각 호에 해당하는 사항을 검사하여야 한다. 다만, 형식설계를 변경하는 경우에는 변경하는 사항에 대한 검사만 해당한다.

1. 해당 형식의 설계에 대한 검사
2. 해당 형식의 설계에 따라 제작되는 항공기등의 제작과정에 대한 검사
3. 항공기등의 완성 후의 상태 및 비행성능 등에 대한 검사

[제목개정 2018. 6. 27.]

157 감항증명의 신청 시 첨부하는 정비교범에 포함되어야 할 사항으로 맞는 것은?

① 항공기 계통별 설명, 분해, 세척, 검사, 수리 및 조립절차, 성능점검 등에 관한 사항
② 항공기의 종류·등급·형식 및 제원(諸元)에 관한 사항
③ 항공기 성능 및 운용한계에 관한 사항
④ 항공기 조작방법 등 그 밖에 국토교통부장관이 정하여 고시하는 사항

해설 **항공안전법 시행규칙 제35조(감항증명의 신청)**

① 법 제23조 제1항에 따라 감항증명을 받으려는 자는 별지 제13호서식의 항공기 표준감항증명 신청서 또는 별지 제14호서식의 항공기 특별감항증명 신청서에 다음 각 호의 서류를 첨부하여 국토교통부장관 또는 지방항공청장에게 제출하여야 한다.

1. 비행교범
2. 정비교범
3. 그 밖에 감항증명과 관련하여 국토교통부장관이 필요하다고 인정하여 고시하는 서류

② 제1항 제1호에 따른 비행교범에는 다음 각 호의 사항이 포함되어야 한다.

1. 항공기의 종류·등급·형식 및 제원(諸元)에 관한 사항
2. 항공기 성능 및 운용한계에 관한 사항
3. 항공기 조작방법 등 그 밖에 국토교통부장관이 정하여 고시하는 사항

③ 제1항 제2호에 따른 정비교범에는 다음 각 호의 사항이 포함되어야 한다. 다만, 장비품·부품 등의 사용한계 등에 관한 사항은 정비교범 외에 별도로 발행할 수 있다.

1. 감항성 한계범위, 주기적 검사 방법 또는 요건, 장비품·부품 등의 사용한계 등에 관한 사항
2. 항공기 계통별 설명, 분해, 세척, 검사, 수리 및 조립절차, 성능점검 등에 관한 사항
3. 지상에서의 항공기 취급, 연료·오일 등의 보충, 세척 및 윤활 등에 관한 사항

158 부가형식증명을 받으려는 자가 국토교통부장관에게 부가형식증명 신청서를 제출할 때 첨부해야 할 서류가 아닌 것은?

① 항공기기술기준에 대한 적합성 입증계획서
② 형식증명자료집
③ 설계도면 및 설계도면 목록
④ 부품표 및 사양서

정답 156. ① 157. ① 158. ②

해설 항공안전법 시행규칙 제23조(부가형식증명의 신청)

① 법 제20조 제5항에 따라 부가형식증명을 받으려는 자는 별지 제5호서식의 부가형식증명 신청서를 국토교통부장관에게 제출하여야 한다. 〈개정 2018. 6. 27.〉

② 제1항에 따른 신청서에는 다음 각 호의 서류를 첨부하여야 한다. 〈개정 2018. 6. 27.〉

1. 법 제19조에 따른 항공기기술기준(이하 "항공기기술기준"이라 한다)에 대한 적합성 입증계획서
2. 설계도면 및 설계도면 목록
3. 부품표 및 사양서
4. 그 밖에 참고사항을 적은 서류

159 항공운송사업자는 운항규정 및 정비규정을 누구로부터 인가를 받아야 하는가?

① 대통령　② 국토교통부장관
③ 지방항공청장　④ 공항운영기관장

해설 항공안전법 제93조(항공운송사업자의 운항규정 및 정비규정)

① 항공운송사업자는 운항을 시작하기 전까지 국토교통부령으로 정하는 바에 따라 항공기의 운항에 관한 운항규정 및 정비에 관한 정비규정을 마련하여 국토교통부장관의 인가를 받아야 한다. 다만, 운항규정 및 정비규정을 운항증명에 포함하여 운항증명을 받은 경우에는 그러하지 아니하다.

② 항공운송사업자는 제1항 본문에 따라 인가를 받은 운항규정 또는 정비규정을 변경하려는 경우에는 국토교통부령으로 정하는 바에 따라 국토교통부장관에게 신고하여야 한다. 다만, 최소장비목록, 승무원 훈련프로그램 등 국토교통부령으로 정하는 중요사항을 변경하려는 경우에는 국토교통부장관의 인가를 받아야 한다.

③ 국토교통부장관은 제1항 본문 또는 제2항 단서에 따라 인가하려는 경우에는 제77조 제1항에 따른 운항기술기준에 적합한지를 확인하여야 한다.

④ 국토교통부장관은 제1항 본문 또는 제2항 단서에 따라 인가하는 경우 조건 또는 기한을 붙이거나 조건 또는 기한을 변경할 수 있다. 다만, 그 조건 또는 기한은 공공의 이익 증진이나 인가의 시행에 필요한 최소한도의 것이어야 하며, 해당 항공운송사업자에게 부당한 의무를 부과하는 것이어서는 아니 된다.

⑤ 항공운송사업자는 제1항 본문 또는 제2항 단서에 따라 국토교통부장관의 인가를 받거나 제2항 본문에 따라 국토교통부장관에게 신고한 운항규정 또는 정비규정을 항공기의 운항 또는 정비에 관한 업무를 수행하는 종사자에게 제공하여야 한다. 이 경우 항공운송사업자와 항공기의 운항 또는 정비에 관한 업무를 수행하는 종사자는 운항규정 또는 정비규정을 준수하여야 한다.

160 제작증명을 받으려는 자가 국토교통부장관에게 제작증명 신청서를 제출할 때 첨부해야 할 서류가 아닌 것은?

① 제작하려는 항공기등의 제작 방법 및 기술 등을 설명하는 자료
② 제작 설비 및 인력 현황
③ 항공기 성능 및 운용한계에 관한 사항
④ 제작하려는 항공기등의 감항성 유지 및 관리체계를 설명하는 자료

해설 항공안전법 시행규칙 제32조(제작증명의 신청)

① 법 제22조 제1항에 따라 제작증명을 받으려는 자는 별지 제11호서식의 제작증명 신청서를 국토교통부장관에게 제출하여야 한다.

② 제1항에 따른 신청서에는 다음 각 호의 서류를 첨부하여야 한다.

1. 품질관리규정
2. 제작하려는 항공기등의 제작 방법 및 기술 등을 설명하는 자료
3. 제작 설비 및 인력 현황
4. 품질관리 및 품질검사의 체계(이하 "품질관리체계"라 한다)를 설명하는 자료
5. 제작하려는 항공기등의 감항성 유지 및 관리체계(이하 "제작관리체계"라 한다)를 설명하는 자료

③ 제2항 제1호에 따른 품질관리규정에 담아야 할 세부내용, 같은 항 제4호 및 제5호에 따른 품질관리체계 및 제작관리체계에 대한 세부적인 기준은 국토교통부장관이 정하여 고시한다.

161 부가형식증명을 받으려는 자가 국토교통부장관에게 신청서를 제출할 때 첨부해야 할 서류는?

① 인증계획서(Certification Plan)
② 항공기 3면도
③ 발동기의 설계 · 운용 특성 및 운용한계에 관한 자료
④ 항공기기술기준에 대한 적합성 입증계획서

해설 항공안전법 시행규칙 제23조(부가형식증명의 신청)

① 법 제20조 제5항에 따라 부가형식증명을 받으려는 자는 별지 제5호서식의 부가형식증명 신청서를 국토교통부장관에게 제출하여야 한다. 〈개정 2018. 6. 27.〉

② 제1항에 따른 신청서에는 다음 각 호의 서류를 첨부하여야 한다. 〈개정 2018. 6. 27.〉

정답 159. ② 160. ③ 161. ④

1. 법 제19조에 따른 항공기기술기준(이하 "항공기기술기준"이라 한다)에 대한 적합성 입증계획서
2. 설계도면 및 설계도면 목록
3. 부품표 및 사양서
4. 그 밖에 참고사항을 적은 서류

162 항공기가 제한형식증명을 받은 경우로서 항공기 제작자 또는 소유자등이 제시한 운용범위를 검토하여 안전하게 운항할 수 있다고 판단되는 경우에 발급하는 증명은?

① 형식증명
② 형식증명승인
③ 표준감항증명
④ 특별감항증명

해설 **항공안전법 제23조(감항증명 및 감항성 유지)**

① 항공기가 감항성이 있다는 증명(이하 "감항증명"이라 한다)을 받으려는 자는 국토교통부령으로 정하는 바에 따라 국토교통부장관에게 감항증명을 신청하여야 한다.
② 감항증명은 대한민국 국적을 가진 항공기가 아니면 받을 수 없다. 다만, 국토교통부령으로 정하는 항공기의 경우에는 그러하지 아니하다.
③ 누구든지 다음 각 호의 어느 하나에 해당하는 감항증명을 받지 아니한 항공기를 운항하여서는 아니 된다. 〈개정 2017. 12. 26.〉
1. 표준감항증명: 해당 항공기가 형식증명 또는 형식증명승인에 따라 인가된 설계에 일치하게 제작되고 안전하게 운항할 수 있다고 판단되는 경우에 발급하는 증명
2. 특별감항증명: 해당 항공기가 제한형식증명을 받았거나 항공기의 연구, 개발 등 국토교통부령으로 정하는 경우로서 항공기 제작자 또는 소유자등이 제시한 운용범위를 검토하여 안전하게 운항할 수 있다고 판단되는 경우에 발급하는 증명
④ 국토교통부장관은 제3항 각 호의 어느 하나에 해당하는 감항증명을 하는 경우 국토교통부령으로 정하는 바에 따라 해당 항공기의 설계, 제작과정, 완성 후의 상태와 비행성능에 대하여 검사하고 해당 항공기의 운용한계(運用限界)를 지정하여야 한다. 다만, 다음 각 호의 어느 하나에 해당하는 항공기의 경우에는 국토교통부령으로 정하는 바에 따라 검사의 일부를 생략할 수 있다. 〈신설 2017. 12. 26.〉
1. 형식증명, 제한형식증명 또는 형식증명승인을 받은 항공기
2. 제작증명을 받은 자가 제작한 항공기
3. 항공기를 수출하는 외국정부로부터 감항성이 있다는 승인을 받아 수입하는 항공기
⑤ 감항증명의 유효기간은 1년으로 한다. 다만, 항공기의 형식 및 소유자등(제32조 제2항에 따른 위탁을 받은 자를 포함한다)의 감항성 유지능력 등을 고려하여 국토교통부령으로 정하는 바에 따라 유효기간을 연장할 수 있다. 〈개정 2017. 12. 26.〉
⑥ 국토교통부장관은 제4항에 따른 검사 결과 항공기가 감항성이 있다고 판단되는 경우 국토교통부령으로 정하는 바에 따라 감항증명서를 발급하여야 한다. 〈신설 2017. 12. 26.〉
⑦ 국토교통부장관은 다음 각 호의 어느 하나에 해당하는 경우에는 해당 항공기에 대한 감항증명을 취소하거나 6개월 이내의 기간을 정하여 그 효력의 정지를 명할 수 있다. 다만, 제1호에 해당하는 경우에는 감항증명을 취소하여야 한다. 〈개정 2017. 12. 26.〉
1. 거짓이나 그 밖의 부정한 방법으로 감항증명을 받은 경우
2. 항공기가 감항증명 당시의 항공기기술기준에 적합하지 아니하게 된 경우
⑧ 항공기를 운항하려는 소유자등은 국토교통부령으로 정하는 바에 따라 그 항공기의 감항성을 유지하여야 한다. 〈개정 2017. 12. 26.〉
⑨ 국토교통부장관은 제8항에 따라 소유자등이 해당 항공기의 감항성을 유지하는지를 수시로 검사하여야 하며, 항공기의 감항성 유지를 위하여 소유자등에게 항공기등, 장비품 또는 부품에 대한 정비등에 관한 감항성개선 또는 그 밖의 검사 · 정비등을 명할 수 있다. 〈개정 2017. 12. 26.〉

163 형식증명승인을 받은 항공기가 감항증명을 할 때 생략할 수 있는 검사는?

① 설계에 대한 검사
② 설계에 대한 검사와 제작과정에 대한 검사
③ 제작과정에 대한 검사
④ 비행성능에 대한 검사

해설 **항공안전법 시행규칙 제40조(감항증명을 위한 검사의 일부 생략)**

법 제23조 제4항 단서에 따라 감항증명을 할 때 생략할 수 있는 검사는 다음 각 호의 구분에 따른다. 〈개정 2018. 6. 27.〉
1. 법 제20조 제2항에 따른 형식증명 또는 제한형식증명을 받은 항공기: 설계에 대한 검사
2. 법 제21조 제1항에 따른 형식증명승인을 받은 항공기: 설계에 대한 검사와 제작과정에 대한 검사
3. 법 제22조 제1항에 따른 제작증명을 받은 자가 제작한 항공기: 제작과정에 대한 검사
4. 법 제23조 제4항 제3호에 따른 수입 항공기(신규로 생산되어 수입하는 완제기(完製機)만 해당한다): 비행성능에 대한 검사

정답 162. ④ 163. ②

164 감항증명을 할 때 생략할 수 있는 검사로 알맞게 짝지어진 것은?

① 수입 항공기(신규로 생산되어 수입하는 완제기(完製機)만 해당한다): 설계에 대한 검사
② 형식증명승인을 받은 항공기: 비행성능에 대한 검사
③ 제작증명을 받은 자가 제작한 항공기: 제작과정에 대한 검사
④ 형식증명을 받은 항공기: 설계에 대한 검사와 제작과정에 대한 검사

해설 **항공안전법 시행규칙 제40조(감항증명을 위한 검사의 일부 생략)**
법 제23조 제4항 단서에 따라 감항증명을 할 때 생략할 수 있는 검사는 다음 각 호의 구분에 따른다. 〈개정 2018. 6. 27.〉
1. 법 제20조 제2항에 따른 형식증명 또는 제한형식증명을 받은 항공기: 설계에 대한 검사
2. 법 제21조 제1항에 따른 형식증명승인을 받은 항공기: 설계에 대한 검사와 제작과정에 대한 검사
3. 법 제22조 제1항에 따른 제작증명을 받은 자가 제작한 항공기: 제작과정에 대한 검사
4. 법 제23조 제4항 제3호에 따른 수입 항공기(신규로 생산되어 수입하는 완제기(完製機)만 해당한다): 비행성능에 대한 검사

165 정비조직인증을 받은 자의 효력을 정지하는 경우 공익을 해칠 우려가 있을 때 효력정지처분을 갈음하여 부과할 수 있는 과징금은 얼마인가?

① 3천만원 이하 ② 7천만원 이하
③ 3억원 이하 ④ 5억원 이하

해설 **항공안전법 제99조(정비조직인증을 받은 자에 대한 과징금의 부과)**
① 국토교통부장관은 정비조직인증을 받은 자가 제98조 제1항 제2호부터 제4호까지의 어느 하나에 해당하여 그 효력의 정지를 명하여야 하는 경우로서 그 효력을 정지하는 경우 그 업무의 이용자 등에게 심한 불편을 주거나 공익을 해칠 우려가 있는 경우에는 효력정지처분을 갈음하여 5억원 이하의 과징금을 부과할 수 있다.
② 제1항에 따른 과징금 부과의 구체적인 기준, 절차 및 그 밖에 필요한 사항은 대통령령으로 정한다.
③ 국토교통부장관은 제1항에 따라 과징금을 내야 할 자가 납부기한까지 과징금을 내지 아니하면 국세 체납처분의 예에 따라 징수한다.

166 감항증명을 하는 경우 국토교통부령으로 정하는 바에 따라 검사의 일부를 생략할 수 없는 항공기는?

① 형식증명, 제한형식증명 또는 형식증명승인을 받은 항공기
② 제작증명을 받은 자가 제작한 항공기
③ 운용한계(運用限界)를 지정한 항공기
④ 항공기를 수출하는 외국정부로부터 감항성이 있다는 승인을 받아 수입하는 항공기

해설 **항공안전법 제23조(감항증명 및 감항성 유지)**
① 항공기가 감항성이 있다는 증명(이하 "감항증명"이라 한다)을 받으려는 자는 국토교통부령으로 정하는 바에 따라 국토교통부장관에게 감항증명을 신청하여야 한다.
② 감항증명은 대한민국 국적을 가진 항공기가 아니면 받을 수 없다. 다만, 국토교통부령으로 정하는 항공기의 경우에는 그러하지 아니하다.
③ 누구든지 다음 각 호의 어느 하나에 해당하는 감항증명을 받지 아니한 항공기를 운항하여서는 아니 된다. 〈개정 2017. 12. 26.〉
1. 표준감항증명: 해당 항공기가 형식증명 또는 형식증명승인에 따라 인가된 설계에 일치하게 제작되고 안전하게 운항할 수 있다고 판단되는 경우에 발급하는 증명
2. 특별감항증명: 해당 항공기가 제한형식증명을 받았거나 항공기의 연구, 개발 등 국토교통부령으로 정하는 경우로서 항공기 제작자 또는 소유자등이 제시한 운용범위를 검토하여 안전하게 운항할 수 있다고 판단되는 경우에 발급하는 증명
④ 국토교통부장관은 제3항 각 호의 어느 하나에 해당하는 감항증명을 하는 경우 국토교통부령으로 정하는 바에 따라 해당 항공기의 설계, 제작과정, 완성 후의 상태와 비행성능에 대하여 검사하고 해당 항공기의 운용한계(運用限界)를 지정하여야 한다. 다만, 다음 각 호의 어느 하나에 해당하는 항공기의 경우에는 국토교통부령으로 정하는 바에 따라 검사의 일부를 생략할 수 있다. 〈신설 2017. 12. 26.〉
1. 형식증명, 제한형식증명 또는 형식증명승인을 받은 항공기
2. 제작증명을 받은 자가 제작한 항공기
3. 항공기를 수출하는 외국정부로부터 감항성이 있다는 승인을 받아 수입하는 항공기
⑤ 감항증명의 유효기간은 1년으로 한다. 다만, 항공기의 형식 및 소유자등(제32조 제2항에 따른 위탁을 받은 자를 포함한다)의 감항성 유지능력 등을 고려하여 국토교통부령으로 정하는 바에 따라 유효기간을 연장할 수 있다. 〈개정 2017. 12. 26.〉

정답 164. ③ 165. ④ 166. ③

⑥ 국토교통부장관은 제4항에 따른 검사 결과 항공기가 감항성이 있다고 판단되는 경우 국토교통부령으로 정하는 바에 따라 감항증명서를 발급하여야 한다. 〈신설 2017. 12. 26.〉
⑦ 국토교통부장관은 다음 각 호의 어느 하나에 해당하는 경우에는 해당 항공기에 대한 감항증명을 취소하거나 6개월 이내의 기간을 정하여 그 효력의 정지를 명할 수 있다. 다만, 제1호에 해당하는 경우에는 감항증명을 취소하여야 한다. 〈개정 2017. 12. 26.〉
1. 거짓이나 그 밖의 부정한 방법으로 감항증명을 받은 경우
2. 항공기가 감항증명 당시의 항공기기술기준에 적합하지 아니하게 된 경우

⑧ 항공기를 운항하려는 소유자등은 국토교통부령으로 정하는 바에 따라 그 항공기의 감항성을 유지하여야 한다. 〈개정 2017. 12. 26.〉
⑨ 국토교통부장관은 제8항에 따라 소유자등이 해당 항공기의 감항성을 유지하는지를 수시로 검사하여야 하며, 항공기의 감항성 유지를 위하여 소유자등에게 항공기등, 장비품 또는 부품에 대한 정비등에 관한 감항성개선 또는 그 밖의 검사·정비등을 명할 수 있다. 〈개정 2017. 12. 26.〉

167 항공기가 야간에 비행장의 이동지역 안에서 이동하거나 엔진이 작동 중인 경우 항공기의 위치를 나타내기 위해 사용하는 항행등에 해당하지 않는 것은?

① 우현등 ② 좌현등
③ 미등 ④ 비상등

해설 **항공안전법 시행규칙 제120조(항공기의 등불)**
① 법 제54조에 따라 항공기가 야간에 공중·지상 또는 수상을 항행하는 경우와 비행장의 이동지역 안에서 이동하거나 엔진이 작동 중인 경우에는 우현등, 좌현등 및 미등(이하 "항행등"이라 한다)과 충돌방지등에 의하여 그 항공기의 위치를 나타내야 한다.
② 법 제54조에 따라 항공기를 야간에 사용되는 비행장에 주기(駐機) 또는 정박시키는 경우에는 해당 항공기의 항행등을 이용하여 항공기의 위치를 나타내야 한다. 다만, 비행장에 항공기를 조명하는 시설이 있는 경우에는 그러하지 아니하다.
③ 항공기는 제1항 및 제2항에 따라 위치를 나타내는 항행등으로 잘못 인식될 수 있는 다른 등불을 켜서는 아니 된다.
④ 조종사는 섬광등이 업무를 수행하는 데 장애를 주거나 외부에 있는 사람에게 눈부심을 주어 위험을 유발할 수 있는 경우에는 섬광등을 끄거나 빛의 강도를 줄여야 한다.

168 국토교통부령에 의해 예외적으로 감항증명을 받을 수 있는 항공기에 해당하지 않는 것은?

① 법 제5조에 따른 임대차 항공기의 운영에 대한 권한 및 의무이양의 적용 특례를 적용받는 항공기
② 국내에서 수리·개조 또는 제작한 후 수출할 항공기
③ 국내에서 제작되거나 외국으로부터 수입하는 항공기로서 대한민국의 국적을 취득하기 전에 감항증명을 신청한 항공기
④ 조종사 양성을 위하여 조종연습에 사용하는 항공기

해설 **항공안전법 시행규칙 제36조(예외적으로 감항증명을 받을 수 있는 항공기)**
법 제23조 제2항 단서에서 "국토교통부령으로 정하는 항공기"란 다음 각 호의 어느 하나에 해당하는 항공기를 말한다. 〈개정 2022. 6. 8.〉
1. 법 제5조에 따른 임대차 항공기의 운영에 대한 권한 및 의무이양의 적용 특례를 적용받는 항공기
2. 국내에서 수리·개조 또는 제작한 후 수출할 항공기
3. 국내에서 제작되거나 외국으로부터 수입하는 항공기로서 대한민국의 국적을 취득하기 전에 감항증명을 신청한 항공기

169 국토교통부령으로 정하는 위험물에 해당하지 않는 것은?

① 가연성 물질류 ② 부식성 물질류
③ 비폭발성 물질류 ④ 인화성 액체

해설 **항공안전법 시행규칙 제209조(위험물 운송허가 등)**
① 법 제70조 제1항에서 "폭발성이나 연소성이 높은 물건 등 국토교통부령으로 정하는 위험물"이란 다음 각 호의 어느 하나에 해당하는 것을 말한다.
1. 폭발성 물질
2. 가스류
3. 인화성 액체
4. 가연성 물질류
5. 산화성 물질류
6. 독물류
7. 방사성 물질류
8. 부식성 물질류
9. 그 밖에 국토교통부장관이 정하여 고시하는 물질류

정답 167. ④ 168. ④ 169. ③

② 항공기를 이용하여 제1항에 따른 위험물을 운송하려는 자는 별지 제76호서식의 위험물 항공운송허가 신청서에 다음 각 호의 서류를 첨부하여 국토교통부장관에게 제출하여야 한다.
1. 위험물의 포장방법
2. 위험물의 종류 및 등급
3. UN매뉴얼에 따른 포장물 및 내용물의 시험성적서(해당하는 경우에만 적용한다)
4. 그 밖에 국토교통부장관이 정하여 고시하는 서류

③ 국토교통부장관은 제2항에 따른 신청이 있는 경우 위험물운송기술기준에 따라 검사한 후 위험물운송기술기준에 적합하다고 판단되는 경우에는 별지 제77호서식의 위험물 항공운송허가서를 발급하여야 한다.

④ 제2항 및 제3항에도 불구하고 법 제90조에 따른 운항증명을 받은 항공운송사업자가 법 제93조에 따른 운항규정에 다음 각 호의 사항을 정하고 제1항 각 호에 따른 위험물을 운송하는 경우에는 제3항에 따른 허가를 받은 것으로 본다. 다만, 국토교통부 장관이 별도의 허가요건을 정하여 고시한 경우에는 제3항에 따른 허가를 받아야 한다.
1. 위험물과 관련된 비정상사태가 발생할 경우의 조치내용
2. 위험물 탑재정보의 전달방법
3. 승무원 및 위험물취급자에 대한 교육훈련

⑤ 제3항에도 불구하고 국가기관등항공기가 업무 수행을 위하여 제1항에 따른 위험물을 운송하는 경우에는 위험물 운송허가를 받은 것으로 본다.

⑥ 제1항 각 호의 구분에 따른 위험물의 세부적인 종류와 종류별 구체적 내용에 관하여는 국토교통부장관이 정하여 고시한다.

170 제작증명을 받으려는 자가 국토교통부장관에게 제작증명 신청서를 제출할 때 첨부해야 할 서류가 아닌 것은?

① 제작하려는 항공기등의 감항성 유지 및 관리체계(이하 "제작관리체계"라 한다)를 설명하는 자료
② 품질관리 및 품질검사의 체계(이하 "품질관리체계"라 한다)를 설명하는 자료
③ 제작하려는 항공기등의 제작 방법 및 기술 등을 설명하는 자료
④ 비행교범 또는 운용방식을 적은 서류

해설 **항공안전법 시행규칙 제32조(제작증명의 신청)**

① 법 제22조 제1항에 따라 제작증명을 받으려는 자는 별지 제11호서식의 제작증명 신청서를 국토교통부장관에게 제출하여야 한다.
② 제1항에 따른 신청서에는 다음 각 호의 서류를 첨부하여야 한다.
1. 품질관리규정
2. 제작하려는 항공기등의 제작 방법 및 기술 등을 설명하는 자료
3. 제작 설비 및 인력 현황
4. 품질관리 및 품질검사의 체계(이하 "품질관리체계"라 한다)를 설명하는 자료
5. 제작하려는 항공기등의 감항성 유지 및 관리체계(이하 "제작관리체계"라 한다)를 설명하는 자료
③ 제2항 제1호에 따른 품질관리규정에 담아야 할 세부내용, 같은 항 제4호 및 제5호에 따른 품질관리체계 및 제작관리체계에 대한 세부적인 기준은 국토교통부장관이 정하여 고시한다.

171 항공기의 비행 중 금지행위에 해당하지 않는 것은?

① 국토교통부령으로 정하는 최저비행고도(最低飛行高度) 아래에서의 비행
② 활공기 등의 예항
③ 물건의 투하(投下) 또는 살포
④ 무인항공기의 비행

해설 **항공안전법 제68조(항공기의 비행 중 금지행위 등)**

항공기를 운항하려는 사람은 생명과 재산을 보호하기 위하여 다음 각 호의 어느 하나에 해당하는 비행 또는 행위를 해서는 아니 된다. 다만, 국토교통부령으로 정하는 바에 따라 국토교통부장관의 허가를 받은 경우에는 그러하지 아니하다.
1. 국토교통부령으로 정하는 최저비행고도(最低飛行高度) 아래에서의 비행
2. 물건의 투하(投下) 또는 살포
3. 낙하산 강하(降下)
4. 국토교통부령으로 정하는 구역에서 뒤집어서 비행하거나 옆으로 세워서 비행하는 등의 곡예비행
5. 무인항공기의 비행
6. 그 밖에 생명과 재산에 위해를 끼치거나 위해를 끼칠 우려가 있는 비행 또는 행위로서 국토교통부령으로 정하는 비행 또는 행위

정답 170. ④ 171. ②

172 감항증명을 받으려는 자가 국토교통부장관 또는 지방항공청장에게 제출하여야 하는 정비교범에 포함되어야 하는 사항에 해당하지 않는 것은?

① 감항성 한계범위, 주기적 검사 방법 또는 요건, 장비품 · 부품 등의 사용한계 등에 관한 사항
② 항공기 계통별 설명, 분해, 세척, 검사, 수리 및 조립절차, 성능점검 등에 관한 사항
③ 항공기의 종류 · 등급 · 형식 및 제원(諸元)에 관한 사항
④ 지상에서의 항공기 취급, 연료 · 오일 등의 보충, 세척 및 윤활 등에 관한 사항

해설 **항공안전법 시행규칙 제35조(감항증명의 신청)**
① 법 제23조 제1항에 따라 감항증명을 받으려는 자는 별지 제13호서식의 항공기 표준감항증명 신청서 또는 별지 제14호서식의 항공기 특별감항증명 신청서에 다음 각 호의 서류를 첨부하여 국토교통부장관 또는 지방항공청장에게 제출하여야 한다.
1. 비행교범
2. 정비교범
3. 그 밖에 감항증명과 관련하여 국토교통부장관이 필요하다고 인정하여 고시하는 서류
② 제1항 제1호에 따른 비행교범에는 다음 각 호의 사항이 포함되어야 한다.
1. 항공기의 종류 · 등급 · 형식 및 제원(諸元)에 관한 사항
2. 항공기 성능 및 운용한계에 관한 사항
3. 항공기 조작방법 등 그 밖에 국토교통부장관이 정하여 고시하는 사항
③ 제1항 제2호에 따른 정비교범에는 다음 각 호의 사항이 포함되어야 한다. 다만, 장비품 · 부품 등의 사용한계 등에 관한 사항은 정비교범 외에 별도로 발행할 수 있다.
1. 감항성 한계범위, 주기적 검사 방법 또는 요건, 장비품 · 부품 등의 사용한계 등에 관한 사항
2. 항공기 계통별 설명, 분해, 세척, 검사, 수리 및 조립절차, 성능점검 등에 관한 사항
3. 지상에서의 항공기 취급, 연료 · 오일 등의 보충, 세척 및 윤활 등에 관한 사항

173 항공기를 운항하기 위해 항공기 국적 등을 표시할 때 준수사항에 포함되지 않는 것은?

① 국적 등의 표시는 국적기호, 등록기호 순으로 표시한다.
② 등록기호의 첫 글자가 문자인 경우 국적기호와 등록기호 사이에 붙임표(-)를 삽입하여야 한다.
③ 장식체를 사용해야 하고, 국적기호는 로마자의 소문자 "hl"로 표시하여야 한다.
④ 항공기에 표시하는 등록부호는 지워지지 아니하고 배경과 선명하게 대조되는 색으로 표시하여야 한다.

해설 **항공안전법 제18조(항공기 국적 등의 표시)**
① 누구든지 국적, 등록기호 및 소유자등의 성명 또는 명칭을 표시하지 아니한 항공기를 운항해서는 아니 된다. 다만, 신규로 제작한 항공기 등 국토교통부령으로 정하는 항공기의 경우에는 그러하지 아니하다.
② 제1항에 따른 국적 등의 표시에 관한 사항과 등록기호의 구성 등에 필요한 사항은 국토교통부령으로 정한다.

항공안전법 시행규칙 제13조(국적 등의 표시)
① 법 제18조 제1항 단서에서 "신규로 제작한 항공기 등 국토교통부령으로 정하는 항공기"란 다음 각 호의 어느 하나에 해당하는 항공기를 말한다.
1. 제36조 제2호 또는 제3호에 해당하는 항공기
2. 제37조 제1호 가목에 해당하는 항공기
② 법 제18조 제2항에 따른 국적 등의 표시는 국적기호, 등록기호 순으로 표시하고, 장식체를 사용해서는 아니되며, 국적기호는 로마자의 대문자 "HL"로 표시하여야 한다.
③ 등록기호의 첫 글자가 문자인 경우 국적기호와 등록기호 사이에 붙임표(-)를 삽입하여야 한다.
④ 항공기에 표시하는 등록부호는 지워지지 아니하고 배경과 선명하게 대조되는 색으로 표시하여야 한다.
⑤ 등록기호의 구성 등에 필요한 세부사항은 국토교통부장관이 정하여 고시한다.

174 특별감항증명 대상 중 항공기의 제작 · 정비 · 수리 · 개조 및 수입 · 수출 등과 관련한 경우에 해당하지 않는 것은?

① 제작 · 정비 · 수리 또는 개조 후 시험비행을 하는 경우
② 정비 · 수리 또는 개조(이하 "정비등"이라 한다)를 위한 장소까지 승객 · 화물을 싣지 아니하고 비행하는 경우
③ 항공기 제작자, 연구기관 등에서 연구 및 개발 중인 경우

정답 172. ③ 173. ③ 174. ③

④ 수입하거나 수출하기 위하여 승객 · 화물을 싣지 아니하고 비행하는 경우

해설 **항공안전법 시행규칙 제37조(특별감항증명의 대상)**

법 제23조 제3항 제2호에서 "항공기의 연구, 개발 등 국토교통부령으로 정하는 경우"란 다음 각 호의 어느 하나에 해당하는 경우를 말한다. 〈개정 2018 .3. 23., 2020. 12. 10., 2022. 6. 8.〉

1. 항공기 및 관련 기기의 개발과 관련된 다음 각 목의 어느 하나에 해당하는 경우
   가. 항공기 제작자 및 항공기 관련 연구기관 등이 연구 · 개발 중인 경우
   나. 판매 · 홍보 · 전시 · 시장조사 등에 활용하는 경우
   다. 조종사 양성을 위하여 조종연습에 사용하는 경우
2. 항공기의 제작 · 정비 · 수리 · 개조 및 수입 · 수출 등과 관련한 다음 각 목의 어느 하나에 해당하는 경우
   가. 제작 · 정비 · 수리 또는 개조 후 시험비행을 하는 경우
   나. 정비 · 수리 또는 개조(이하 "정비등"이라 한다)를 위한 장소까지 승객 · 화물을 싣지 아니하고 비행하는 경우
   다. 수입하거나 수출하기 위하여 승객 · 화물을 싣지 아니하고 비행하는 경우
   라. 설계에 관한 형식증명을 변경하기 위하여 운용한계를 초과하는 시험비행을 하는 경우
   마. 삭제 〈2018. 3. 23.〉
3. 무인항공기를 운항하는 경우
4. 제20조 제2항 각 호의 업무를 수행하기 위하여 사용되는 경우
   가. 삭제 〈2022. 6. 8.〉
   나. 삭제 〈2022. 6. 8.〉
   다. 삭제 〈2022. 6. 8.〉
   라. 삭제 〈2022. 6. 8.〉
   마. 삭제 〈2022. 6. 8.〉
   바. 삭제 〈2022. 6. 8.〉
   사. 삭제 〈2022. 6. 8.〉
   아. 삭제 〈2022. 6. 8.〉
5. 제1호부터 제4호까지 외에 공공의 안녕과 질서유지를 위한 업무를 수행하는 경우로서 국토교통부장관이 인정하는 경우

175 부가형식증명을 받으려는 자가 국토교통부장관에게 제출해야 하는 서류에 포함되지 않는 것은?

① 항공기기술기준에 대한 적합성 입증계획서
② 설계도면 및 설계도면 목록
③ 외국정부의 형식증명서
④ 부품표 및 사양서

해설 **항공안전법 시행규칙 제23조(부가형식증명의 신청)**

① 법 제20조 제5항에 따라 부가형식증명을 받으려는 자는 별지 제5호서식의 부가형식증명 신청서를 국토교통부장관에게 제출하여야 한다. 〈개정 2018. 6. 27.〉
② 제1항에 따른 신청서에는 다음 각 호의 서류를 첨부하여야 한다. 〈개정 2018. 6. 27.〉
   1. 법 제19조에 따른 항공기기술기준(이하 "항공기기술기준"이라 한다)에 대한 적합성 입증계획서
   2. 설계도면 및 설계도면 목록
   3. 부품표 및 사양서
   4. 그 밖에 참고사항을 적은 서류

176 항공기의 객실에는 지정된 수량의 소화기를 갖추어야 한다. 그 기준으로 알맞은 것은?

① 승객 좌석 수 6석부터 30석까지, 소화기 수량 1
② 승객 좌석 수 31석부터~200석까지, 소화기 수량 3
③ 승객 좌석 수 201석부터~400석까지, 소화기 수량 5
④ 승객 좌석 수 401석부터~600석까지, 소화기 수량 7

해설 **항공안전법 시행규칙 [별표 15] 항공기에 장비하여야 할 구급용구 등**

2. 소화기
   가. 항공기에는 적어도 조종실 및 조종실과 분리되어 있는 객실에 각각 한 개 이상의 이동이 간편한 소화기를 갖춰 두어야 한다. 다만, 소화기는 소화액을 방사 시 항공기 내의 공기를 해롭게 오염시키거나 항공기의 안전운항에 지장을 주는 것이어서는 안 된다.
   나. 항공기의 객실에는 다음 표의 소화기를 갖춰 두어야 한다.

승객 좌석 수	소화기의 수량
• 6석부터 30석까지	1
• 31석부터 60석까지	2
• 61석부터 200석까지	3
• 201석부터 300석까지	4
• 301석부터 400석까지	5
• 401석부터 500석까지	6
• 501석부터 600석까지	7
• 601석 이상	8

(교재 p. 108, [별표 15] 참조)

정답 175. ③ 176. ①

177 초경량비행장치 조종자 증명을 취소하거나 1년 이내의 기간을 정하여 그 효력의 정지를 명할 수 있다. 취소 조건에 해당하는 것은?

① 거짓이나 그 밖의 부정한 방법으로 초경량비행장치 조종자 증명을 받은 경우
② 고의 또는 중대한 과실로 초경량비행장치 사고를 일으켜 인명피해나 재산피해를 발생시킨 경우
③ 주류등의 영향으로 초경량비행장치를 사용하여 비행을 정상적으로 수행할 수 없는 상태에서 초경량비행장치를 사용하여 비행한 경우
④ 주류등의 섭취 및 사용 여부의 측정 요구에 따르지 아니한 경우

해설 **항공안전법 제125조(초경량비행장치 조종자 증명 등)**

① 동력비행장치 등 국토교통부령으로 정하는 초경량비행장치를 사용하여 비행하려는 사람은 국토교통부령으로 정하는 기관 또는 단체의 장으로부터 그가 정한 해당 초경량비행장치별 자격기준 및 시험의 절차·방법에 따라 해당 초경량비행장치의 조종을 위하여 발급하는 증명(이하 "초경량비행장치 조종자 증명"이라 한다)을 받아야 한다. 이 경우 해당 초경량비행장치별 자격기준 및 시험의 절차·방법 등에 관하여는 국토교통부령으로 정하는 바에 따라 국토교통부장관의 승인을 받아야 하며, 변경할 때에도 또한 같다.
② 국토교통부장관은 초경량비행장치 조종자 증명을 받은 사람이 다음 각 호의 어느 하나에 해당하는 경우에는 초경량비행장치 조종자 증명을 취소하거나 1년 이내의 기간을 정하여 그 효력의 정지를 명할 수 있다. 다만, 제1호 또는 제8호의 어느 하나에 해당하는 경우에는 초경량비행장치 조종자 증명을 취소하여야 한다.
1. 거짓이나 그 밖의 부정한 방법으로 초경량비행장치 조종자 증명을 받은 경우
2. 이 법을 위반하여 벌금 이상의 형을 선고받은 경우
3. 초경량비행장치의 조종자로서 업무를 수행할 때 고의 또는 중대한 과실로 초경량비행장치사고를 일으켜 인명피해나 재산피해를 발생시킨 경우
4. 제129조 제1항에 따른 초경량비행장치 조종자의 준수사항을 위반한 경우
5. 제131조에서 준용하는 제57조 제1항을 위반하여 주류등의 영향으로 초경량비행장치를 사용하여 비행을 정상적으로 수행할 수 없는 상태에서 초경량비행장치를 사용하여 비행한 경우
6. 제131조에서 준용하는 제57조 제2항을 위반하여 초경량비행장치를 사용하여 비행하는 동안에 같은 조 제1항에 따른 주류등을 섭취하거나 사용한 경우
7. 제131조에서 준용하는 제57조 제3항을 위반하여 같은 조 제1항에 따른 주류등의 섭취 및 사용 여부의 측정 요구에 따르지 아니한 경우
8. 이 조에 따른 초경량비행장치 조종자 증명의 효력정지기간에 초경량비행장치를 사용하여 비행한 경우
③ 국토교통부장관은 초경량비행장치 조종자 증명을 위한 초경량비행장치 실기시험장, 교육장 등의 시설을 지정·구축·운영할 수 있다. 〈신설 2017. 8. 9.〉

178 초경량비행장치 비행제한공역에서 비행하려고 할 때 비행승인 대상이 아니더라도 비행승인을 받아야 하는 경우에 해당하지 않는 것은?

① 관제공역 중 국토교통부령으로 정하는 구역에서 비행하는 경우
② 제68조 제1호에 따른 국토교통부령으로 정하는 고도 이하에서 비행하는 경우
③ 통제공역 중 국토교통부령으로 정하는 구역에서 비행하는 경우
④ 주의공역 중 국토교통부령으로 정하는 구역에서 비행하는 경우

해설 **항공안전법 제127조(초경량비행장치 비행승인)**

① 국토교통부장관은 초경량비행장치의 비행안전을 위하여 필요하다고 인정하는 경우에는 초경량비행장치의 비행을 제한하는 공역(이하 "초경량비행장치 비행제한공역"이라 한다)을 지정하여 고시할 수 있다.
② 동력비행장치 등 국토교통부령으로 정하는 초경량비행장치를 사용하여 국토교통부장관이 고시하는 초경량비행장치 비행제한공역에서 비행하려는 사람은 국토교통부령으로 정하는 바에 따라 미리 국토교통부장관으로부터 비행승인을 받아야 한다. 다만, 비행장 및 이착륙장의 주변 등 대통령령으로 정하는 제한된 범위에서 비행하려는 경우는 제외한다.
③ 제2항 본문에 따른 비행승인 대상이 아닌 경우라 하더라도 다음 각 호의 어느 하나에 해당하는 경우에는 제2항의 절차에 따라 국토교통부장관의 비행승인을 받아야 한다. 〈신설 2017. 8. 9.〉
1. 제68조 제1호에 따른 국토교통부령으로 정하는 고도 이상에서 비행하는 경우
2. 제78조 제1항에 따른 관제공역·통제공역·주의공역 중 국토교통부령으로 정하는 구역에서 비행하는 경우

정답 177. ① 178. ②

179 등록부호의 표시 방법에 대한 기준으로 옳지 않은 것은?

① 국적기호는 로마자의 대문자 "HL"로 표시하여야 한다.
② 장식체를 사용해서는 아니 된다.
③ 등록기호의 첫 글자가 문자인 경우 국적기호와 등록기호 사이에 붙임표(/)를 삽입하여야 한다.
④ 배경과 선명하게 대조되는 색으로 표시하여야 한다.

해설 **항공안전법 시행규칙 제13조(국적 등의 표시)**

① 법 제18조 제1항 단서에서 "신규로 제작한 항공기 등 국토교통부령으로 정하는 항공기"란 다음 각 호의 어느 하나에 해당하는 항공기를 말한다.
1. 제36조 제2호 또는 제3호에 해당하는 항공기
2. 제37조 제1호 가목에 해당하는 항공기
② 법 제18조 제2항에 따른 국적 등의 표시는 국적기호, 등록기호 순으로 표시하고, 장식체를 사용해서는 아니 되며, 국적기호는 로마자의 대문자 "HL"로 표시하여야 한다.
③ 등록기호의 첫 글자가 문자인 경우 국적기호와 등록기호 사이에 붙임표(－)를 삽입하여야 한다.
④ 항공기에 표시하는 등록부호는 지워지지 아니하고 배경과 선명하게 대조되는 색으로 표시하여야 한다.
⑤ 등록기호의 구성 등에 필요한 세부사항은 국토교통부장관이 정하여 고시한다.

180 세관업무 또는 경찰업무에 사용하는 항공기와 이에 관련된 항공업무에 종사하는 사람에 대하여 적용되는 항공안전법 단서 조항은?

① 제68조(항공기의 비행 중 금지행위 등) 제5호 무인항공기의 비행
② 제69조(긴급항공기의 지정 등)
③ 제75조(수직분리축소공역 등에서의 항공기 운항 승인)
④ 제77조(항공기의 안전운항을 위한 운항기술기준)

해설 **항공안전법 제3조(군용항공기 등의 적용 특례)**

② 세관업무 또는 경찰업무에 사용하는 항공기와 이에 관련된 항공업무에 종사하는 사람에 대하여는 이 법을 적용하지 아니한다. 다만, 공중 충돌 등 항공기사고의 예방을 위하여 제51조(무선설비의 설치 · 운용 의무), 제67조(항공기의 비행규칙), 제68조(항공기의 비행 중 금지행위 등) 제5호 무인항공기의 비행, 제79조(항공기의 비행제한 등) 및 제84조(항공교통관제 업무 지시의 준수) 제1항(① 비행장, 공항, 관제권 또는 관제구에서 항공기를 이동 · 이륙 · 착륙시키거나 비행하려는 자는 국토교통부장관 또는 항공교통업무증명을 받은 자가 지시하는 이동 · 이륙 · 착륙의 순서 및 시기와 비행의 방법에 따라야 한다)을 적용한다.

181 항공기의 정의 중 "비행기의 기준"에 해당하지 않는 것은?

① 최대이륙중량이 600킬로그램 초과
② 조종사 좌석을 포함한 탑승좌석 수가 1개 이상일 것
③ 동력을 일으키는 발동기가 1개 이상일 것
④ 연료의 중량을 제외한 자체중량이 180킬로그램을 초과

해설 **항공안전법 제2조(정의)**

1. "항공기"란 공기의 반작용(지표면 또는 수면에 대한 공기의 반작용은 제외한다. 이하 같다)으로 뜰 수 있는 기기로서 최대이륙중량, 좌석 수 등 국토교통부령으로 정하는 기준에 해당하는 다음 각 목의 기기와 그 밖에 대통령령으로 정하는 기기를 말한다.
가. 비행기
나. 헬리콥터
다. 비행선
라. 활공기(滑空機)

항공안전법 시행규칙 제2조(항공기의 기준)

「항공안전법」(이하 "법"이라 한다) 제2조 제1호 각 목 외의 부분에서 "최대이륙중량, 좌석 수 등 국토교통부령으로 정하는 기준"이란 다음 각 호의 기준을 말한다.
1. 비행기 또는 헬리콥터
가. 사람이 탑승하는 경우: 다음의 기준을 모두 충족할 것
1) 최대이륙중량이 600킬로그램(수상비행에 사용하는 경우에는 650킬로그램)을 초과할 것
2) 조종사 좌석을 포함한 탑승좌석 수가 1개 이상일 것
3) 동력을 일으키는 기계장치(이하 "발동기"라 한다)가 1개 이상일 것
나. 사람이 탑승하지 아니하고 원격조종 등의 방법으로 비행하는 경우: 다음의 기준을 모두 충족할 것
1) 연료의 중량을 제외한 자체중량이 150킬로그램을 초과할 것
2) 발동기가 1개 이상일 것

정답 179. ③ 180. ① 181. ④

182 소음기준적합증명을 받아야 하는 대상 항공기 중 "국토교통부령으로 정하는 항공기"에 해당하는 것은?

① 터빈발동기를 장착한 항공기
② 왕복발동기를 장착한 항공기
③ 국내선을 운항하는 항공기
④ 왕복발동기를 장착하고 국내선을 운항하는 항공기

해설 **항공안전법 시행규칙 제49조(소음기준적합증명 대상 항공기)**
법 제25조 제1항에서 "국토교통부령으로 정하는 항공기"란 다음 각 호의 어느 하나에 해당하는 항공기로서 국토교통부장관이 정하여 고시하는 항공기를 말한다. 〈개정 2021. 8. 27.〉
1. 터빈(높은 압력의 액체 · 기체를 날개바퀴의 날개에 부딪히게 함으로써 회전하는 힘을 얻는 기계를 말한다)발동기를 장착한 항공기
2. 국제선을 운항하는 항공기

183 항공기와 경량항공기 외에 공기의 반작용으로 뜰 수 있는 초경량비행장치에 해당하지 않는 것은?

① 동력비행장치　② 헬리콥터
③ 페러글라이더　④ 무인비행장치

해설 **항공안전법 제2조(정의)**
3. "초경량비행장치"란 항공기와 경량항공기 외에 공기의 반작용으로 뜰 수 있는 장치로서 자체중량, 좌석 수 등 국토교통부령으로 정하는 기준에 해당하는 동력비행장치, 행글라이더, 패러글라이더, 기구류 및 무인비행장치 등을 말한다.

184 항공기의 수리 · 개조승인을 위한 항공기등 및 장비품 검사관으로 임명 또는 위촉할 수 있는 사람은?

① 국가기관등에서 항공기의 설계, 제작, 정비 업무에 1년 이상 종사한 경력이 있는 사람
② 항공정비사 자격증명을 받은 사람
③ 항공기술 관련 학사 이상의 학위를 취득한 후 항공업무에 2년 이상 경력이 있는 사람
④ 국가기관등항공기의 설계, 제작, 정비 또는 품질보증 업무에 4년 이상 경력이 있는 사람

해설 **항공안전법 제31조(항공기등의 검사 등)**
② 국토교통부장관은 제1항에 따른 검사를 하기 위하여 다음 각 호의 어느 하나에 해당하는 사람 중에서 항공기등 및 장비품을 검사할 사람(이하 "검사관"이라 한다)을 임명 또는 위촉한다.
1. 제35조 제8호의 항공정비사 자격증명을 받은 사람
2. 「국가기술자격법」에 따른 항공분야의 기사 이상의 자격을 취득한 사람
3. 항공기술 관련 분야에서 학사 이상의 학위를 취득한 후 3년 이상 항공기의 설계, 제작, 정비 또는 품질보증 업무에 종사한 경력이 있는 사람
4. 국가기관등항공기의 설계, 제작, 정비 또는 품질보증 업무에 5년 이상 종사한 경력이 있는 사람

185 예외적으로 감항증명을 받을 수 있는 항공기에 해당하지 않는 것은?

① 법 제5조에 따른 임대차 항공기의 운영에 대한 권한 및 의무이양의 적용 특례를 적용받는 항공기
② 국내에서 수리 · 개조 또는 제작한 후 수출할 항공기
③ 항공기 제작자, 연구기관 등에서 연구 및 개발 중인 항공기
④ 국내에서 제작되거나 외국으로부터 수입하는 항공기로서 대한민국의 국적을 취득하기 전에 감항증명을 신청한 항공기

해설 **항공안전법 시행규칙 제36조(예외적으로 감항증명을 받을 수 있는 항공기)**
법 제23조 제2항 단서에서 "국토교통부령으로 정하는 항공기"란 다음 각 호의 어느 하나에 해당하는 항공기를 말한다. 〈개정 2022. 6. 8.〉
1. 법 제5조에 따른 임대차 항공기의 운영에 대한 권한 및 의무이양의 적용 특례를 적용받는 항공기
2. 국내에서 수리 · 개조 또는 제작한 후 수출할 항공기
3. 국내에서 제작되거나 외국으로부터 수입하는 항공기로서 대한민국의 국적을 취득하기 전에 감항증명을 신청한 항공기

186 소유자등은 등록된 항공기가 사유가 있는 날부터 며칠 안에 말소등록을 신청하여야 하는가?

① 15일　② 30일
③ 45일　④ 60일

정답 182. ① 183. ② 184. ② 185. ③ 186. ①

해설 항공안전법 제15조(항공기 말소등록)

① 소유자등은 등록된 항공기가 다음 각 호의 어느 하나에 해당하는 경우에는 그 사유가 있는 날부터 15일 이내에 대통령령으로 정하는 바에 따라 국토교통부장관에게 말소등록을 신청하여야 한다.

1. 항공기가 멸실(滅失)되었거나 항공기를 해체(정비등, 수송 또는 보관하기 위한 해체는 제외한다)한 경우
2. 항공기의 존재 여부를 1개월(항공기사고인 경우에는 2개월) 이상 확인할 수 없는 경우
3. 제10조 제1항 각 호의 어느 하나에 해당하는 자에게 항공기를 양도하거나 임대(외국 국적을 취득하는 경우만 해당한다)한 경우
4. 임차기간의 만료 등으로 항공기를 사용할 수 있는 권리가 상실된 경우

187 항공기등 또는 부품등의 수리 또는 개조의 승인 신청 시 수리계획서에 포함되어야 할 내용에 해당하지 않는 것은?

① 수리 · 개조 신청사유 및 작업 일정
② 작업을 수행하려는 인증된 정비조직의 업무범위
③ 항공기기술기준에 대한 적합성 입증 계획서 또는 확인서
④ 수리 · 개조에 필요한 인력, 장비, 시설 및 자재 목록

해설 항공안전법 시행규칙 제66조(수리 · 개조승인의 신청)

법 제30조 제1항에 따라 항공기등 또는 부품등의 수리 · 개조승인을 받으려는 자는 별지 제31호서식의 수리 · 개조승인 신청서에 다음 각 호의 내용을 포함한 수리계획서 또는 개조계획서를 첨부하여 작업을 시작하기 10일 전까지 지방항공청장에게 제출하여야 한다. 다만, 항공기사고 등으로 인하여 긴급한 수리 · 개조를 하여야 하는 경우에는 작업을 시작하기 전까지 신청서를 제출할 수 있다.

1. 수리 · 개조 신청사유 및 작업 일정
2. 작업을 수행하려는 인증된 정비조직의 업무범위
3. 수리 · 개조에 필요한 인력, 장비, 시설 및 자재 목록
4. 해당 항공기등 또는 부품등의 도면과 도면 목록
5. 수리 · 개조 작업지시서

188 우리나라 국적기호 로마자의 대문자 표시로 적당한 것은?

① N　② F
③ HL　④ JA

해설 항공안전법 시행규칙 제13조(국적 등의 표시)

① 법 제18조 제1항 단서에서 "신규로 제작한 항공기 등 국토교통부령으로 정하는 항공기"란 다음 각 호의 어느 하나에 해당하는 항공기를 말한다.
1. 제36조 제2호 또는 제3호에 해당하는 항공기
2. 제37조 제1호 가목에 해당하는 항공기

② 법 제18조 제2항에 따른 국적 등의 표시는 국적기호, 등록기호 순으로 표시하고, 장식체를 사용해서는 아니 되며, 국적기호는 로마자의 대문자 "HL"로 표시하여야 한다.

③ 등록기호의 첫 글자가 문자인 경우 국적기호와 등록기호 사이에 붙임표(-)를 삽입하여야 한다.

④ 항공기에 표시하는 등록부호는 지워지지 아니하고 배경과 선명하게 대조되는 색으로 표시하여야 한다.

⑤ 등록기호의 구성 등에 필요한 세부사항은 국토교통부장관이 정하여 고시한다.

189 항공기 유도원(誘導員) 수신호의 의미는?

① 출입문의 확인
② 우회전(조종사 기준)
③ 좌회전(조종사 기준)
④ 항공기 안내(wingwalker)

해설 항공안전법 시행규칙 제194조(신호)

① 법 제67조에 따라 비행하는 항공기는 [별표 26]에서 정하는 신호를 인지하거나 수신할 경우에는 그 신호에 따라 요구되는 조치를 하여야 한다.

② 누구든지 제1항에 따른 신호로 오인될 수 있는 신호를 사용하여서는 아니 된다.

③ 항공기 유도원(誘導員)은 [별표 26] 제6호에 따른 유도신호를 명확하게 하여야 한다.
1. 항공기 안내(wingwalker): 오른손의 유도봉을 위쪽을 향하게 한 채 머리 위로 들어 올리고, 왼손의 유도봉을 아래로 향하게 하면서 몸쪽으로 붙인다.

정답 187. ③ 188. ③ 189. ④

190 국토교통부령에서 정하는 공공목적으로 긴급히 운항(훈련을 포함한다)하는 경우에 해당하지 않는 것은?

① 재해 · 재난의 예방
② 응급환자를 위한 장기(臟器) 이송
③ 화재의 진화
④ 산림보호사업을 위한 화물 수송

해설 **항공안전법 시행규칙 제11조(긴급운항의 범위)**
법 제4조 제2항에서 "국토교통부령으로 정하는 공공목적으로 긴급히 운항(훈련을 포함한다)하는 경우"란 소방 · 산림 또는 자연공원 업무 등에 사용되는 항공기를 이용하여 재해 · 재난의 예방, 응급환자를 위한 장기(臟器) 이송, 산림 방제(防除) · 순찰, 산림보호사업을 위한 화물 수송, 그 밖에 이와 유사한 목적으로 긴급히 운항(훈련을 포함한다)하는 경우를 말한다.

191 감항증명을 받으려는 자가 감항증명 신청 시 첨부해야 하는 서류가 아닌 것은?

① 비행교범
② 정비교범
③ 항공기기술기준에 적합함을 입증하는 자료
④ 그 밖에 감항증명과 관련하여 국토교통부장관이 필요하다고 인정하여 고시하는 서류

해설 **항공안전법 시행규칙 제35조(감항증명의 신청)**
① 법 제23조 제1항에 따라 감항증명을 받으려는 자는 별지 제13호서식의 항공기 표준감항증명 신청서 또는 별지 제14호서식의 항공기 특별감항증명 신청서에 다음 각 호의 서류를 첨부하여 국토교통부장관 또는 지방항공청장에게 제출하여야 한다.
1. 비행교범
2. 정비교범
3. 그 밖에 감항증명과 관련하여 국토교통부장관이 필요하다고 인정하여 고시하는 서류

192 탑재용 항공일지의 수리 · 개조 또는 정비의 실시에 관한 기록 사항에 포함되지 않는 것은?

① 실시 연월일 및 장소
② 실시 이유, 수리 · 개조 또는 정비의 위치 및 교환 부품명
③ 장비가 교환된 위치 및 이유
④ 확인 연월일 및 확인자의 서명 또는 날인

해설 **항공안전법 시행규칙 제108조(항공일지)**
자. 수리 · 개조 또는 정비의 실시에 관한 다음의 기록
1) 실시 연월일 및 장소
2) 실시 이유, 수리 · 개조 또는 정비의 위치 및 교환 부품명
3) 확인 연월일 및 확인자의 서명 또는 날인

193 국외 정비확인자의 자격인정에 대한 설명으로 맞는 것은?

① 외국정부가 발급한 항공정비사 자격증명을 받은 사람
② 제작사 교육을 이수한 사람
③ 정비조직인증을 받은 항공기정비업체에 소속된 사람
④ 정비규정에서 정한 자격을 갖춘 사람

해설 **항공안전법 시행규칙 제71조(국외 정비확인자의 자격인정)**
법 제32조 제1항 단서에서 "국토교통부령으로 정하는 자격요건을 갖춘 자"란 다음 각 호의 어느 하나에 해당하는 사람으로서 국토교통부장관의 인정을 받은 사람(이하 "국외 정비확인자"라 한다)을 말한다.
1. 외국정부가 발급한 항공정비사 자격증명을 받은 사람
2. 외국정부가 인정한 항공기정비사업자에 소속된 사람으로서 항공정비사 자격증명을 받은 사람과 동등하거나 그 이상의 능력이 있는 사람

194 감항증명을 받은 항공기를 수리 또는 개조하고자 할 때 누구에게 승인을 받는가?

① 정비조직인증을 받은 자
② 항공정비사
③ 국토교통부장관
④ 지방항공청장

해설 **항공안전법 제30조(수리 · 개조승인)**
① 감항증명을 받은 항공기의 소유자등은 해당 항공기등, 장비품 또는 부품을 국토교통부령으로 정하는 범위에서 수리하거나 개조하려면 국토교통부령으로 정하는 바에 따라 그 수리 · 개조가 항공기기술기준에 적합한지에 대하여 국토교통부장관의 승인을 받아야 한다.

정답 190. ③ 191. ③ 192. ③ 193. ① 194. ③

195 특별감항증명의 대상인 항공기의 연구, 개발 등 국토교통부령으로 정하는 경우에 해당하지 않는 것은?

① 항공기 및 관련 기기의 개발
② 항공기의 제작 · 정비 · 수리 · 개조 및 수입 · 수출
③ 형식증명승인에 따라 인가된 설계에 일치하게 제작하려는 경우
④ 무인항공기를 운항하는 경우

해설 **항공안전법 시행규칙 제37조(특별감항증명의 대상)**

법 제23조 제3항 제2호에서 "항공기의 연구, 개발 등 국토교통부령으로 정하는 경우"란 다음 각 호의 어느 하나에 해당하는 경우를 말한다. 〈개정 2018 .3. 23., 2020. 12. 10., 2022. 6. 8.〉

1. 항공기 및 관련 기기의 개발과 관련된 각 목의 어느 하나에 해당하는 경우
2. 항공기의 제작 · 정비 · 수리 · 개조 및 수입 · 수출 등과 관련한 각 목의 어느 하나에 해당하는 경우
3. 무인항공기를 운항하는 경우
4. 제20조 제2항 각 호의 업무를 수행하기 위하여 사용되는 경우
   가. 삭제 〈2022. 6. 8.〉
   나. 삭제 〈2022. 6. 8.〉
   다. 삭제 〈2022. 6. 8.〉
   라. 삭제 〈2022. 6. 8.〉
   마. 삭제 〈2022. 6. 8.〉
   바. 삭제 〈2022. 6. 8.〉
   사. 삭제 〈2022. 6. 8.〉
   아. 삭제 〈2022. 6. 8.〉
5. 제1호부터 제4호까지 외에 공공의 안녕과 질서유지를 위한 업무를 수행하는 경우로서 국토교통부장관이 인정하는 경우

196 정비규정의 인가를 위해 정비규정에 포함해야 할 사항이 아닌 것은?

① 항공기를 정비하는 자의 직무와 정비조직
② 항공기 운항정보
③ 정비에 종사하는 사람의 훈련방법
④ 항공기의 감항성을 유지하기 위한 정비프로그램

해설 **항공안전법 시행규칙 제266조(운항규정과 정비규정의 인가 등)**

② 법 제93조 제1항에 따른 운항규정 및 정비규정에 포함되어야 할 사항은 다음 각 호와 같다.
  1. 운항규정에 포함되어야 할 사항: [별표 36]에 규정된 사항
  2. 정비규정에 포함되어야 할 사항: [별표 37]에 규정된 사항

항공안전법 시행규칙 [별표 37]

정비규정에 포함되어야 할 사항(제266조 제2항 제2호 관련)

1. 일반사항
2. 항공기를 정비하는 자의 직무와 정비조직
3. 정비에 종사하는 사람의 훈련방법
4. 정비시설에 관한 사항
5. 항공기의 감항성을 유지하기 위한 정비프로그램
6. 항공기 검사프로그램
7. 항공기 등의 품질관리 절차
8. 항공기 등의 기술관리 절차
9. 항공기등, 장비품 및 부품의 정비방법 및 절차
10. 정비 매뉴얼, 기술문서 및 정비기록물의 관리방법
11. 자재, 장비 및 공구관리에 관한 사항
12. 안전 및 보안에 관한 사항
13. 그 밖에 항공운송사업자 또는 항공기사용사업자가 필요하다고 판단하는 사항

(교재 p. 208, [별표 37] 참조)

197 항공공역 중 항공교통의 안전을 위하여 항공기의 비행을 금지하거나 제한할 필요가 있는 공역은?

① 관제공역 ② 비관제공역
③ 통제공역 ④ 주의공역

해설 **항공안전법 제78조(공역 등의 지정)**

① 국토교통부장관은 공역을 체계적이고 효율적으로 관리하기 위하여 필요하다고 인정할 때에는 비행정보구역을 다음 각 호의 공역으로 구분하여 지정 · 공고할 수 있다.
  1. 관제공역: 항공교통의 안전을 위하여 항공기의 비행순서 · 시기 및 방법 등에 관하여 제84조 제1항에 따라 국토교통부장관 또는 항공교통업무증명을 받은 자의 지시를 받아야 할 필요가 있는 공역으로서 관제권 및 관제구를 포함하는 공역
  2. 비관제공역: 관제공역 외의 공역으로서 항공기의 조종사에게 비행에 관한 조언 · 비행정보 등을 제공할 필요가 있는 공역
  3. 통제공역: 항공교통의 안전을 위하여 항공기의 비행을 금지하거나 제한할 필요가 있는 공역
  4. 주의공역: 항공기의 조종사가 비행 시 특별한 주의 · 경계 · 식별 등이 필요한 공역

정답 195. ③ 196. ② 197. ③

198 항공운송사업용 비행기가 시계비행을 할 경우 최초 착륙예정 비행장까지 비행에 필요한 양에 추가로 실어야 할 연료량은?

① 순항속도로 15분간 더 비행할 수 있는 양
② 순항속도로 30분간 더 비행할 수 있는 양
③ 순항속도로 45분간 더 비행할 수 있는 양
④ 순항속도로 60분간 더 비행할 수 있는 양

해설 **항공안전법 시행규칙 제119조(항공기의 연료와 오일)**
법 제53조에 따라 항공기에 실어야 하는 연료와 오일의 양은 [별표 17]과 같다.

[별표 17] 항공기에 실어야 할 연료와 오일의 양(제119조 관련)(일부 생략)

구분		연료 및 오일의 양	
		왕복발동기 장착 항공기	터빈발동기 장착 항공기
항공운송사업용 및 항공기사용사업용 비행기	시계비행을 할 경우	다음 각 호의 양을 더한 양 1. 최초 착륙예정 비행장까지 비행에 필요한 양 2. 순항속도로 45분간 더 비행할 수 있는 양	

(교재 p. 121, [별표 17] 참조)

199 증명, 승인 또는 검사에 관한 업무를 대통령령으로 정하는 바에 따라 전문검사기관을 지정하여 위탁할 수 있는 업무가 아닌 것은?

① 항공안전법 제20조(형식증명)
② 항공안전법 제21조(형식증명승인)
③ 항공안전법 제29조(과징금의 부과)
④ 항공안전법 제30조(수리 · 개조승인)

해설 **항공안전법 제135조(권한의 위임 · 위탁)**
② 국토교통부장관은 제20조부터 제25조까지, 제27조, 제28조 및 제30조에 따른 증명, 승인 또는 검사에 관한 업무를 대통령령으로 정하는 바에 따라 전문검사기관을 지정하여 위탁할 수 있다.

200 항공안전법 시행규칙 제19조(형식증명 등을 받은 항공기등의 형식설계 변경) 조항에서 "항공기등"에 해당하지 않는 것은?

① 장비품
② 항공기
③ 발동기
④ 프로펠러

해설 **항공안전법 시행규칙 제19조(형식증명 등을 받은 항공기등의 형식설계 변경)**
법 제20조 제1항 전단에 따라 항공기, 발동기 또는 프로펠러(이하 "항공기등"이라 한다)에 대한 형식증명 또는 제한형식증명을 받은 자가 같은 항 후단에 따라 형식설계를 변경하려면 별지 제2호서식의 형식설계 변경신청서에 다음 각 호의 서류를 첨부하여 국토교통부장관에게 제출하여야 한다.
1. 별지 제3호서식에 따른 형식(제한형식)증명서
2. 제18조 제2항 각 호의 서류
[전문개정 2018. 6. 27.]

201 국토교통부장관이 항공기 안전운항을 확보하기 위해 정하여 고시하는 운항기술기준에 포함되지 않는 것은?

① 자격증명
② 항공훈련기관
③ 항공기등의 감항기준
④ 항공기 감항성

해설 **항공안전법 제77조(항공기의 안전운항을 위한 운항기술기준)**
① 국토교통부장관은 항공기 안전운항을 확보하기 위하여 이 법과 「국제민간항공협약」 및 같은 협약 부속서에서 정한 범위에서 다음 각 호의 사항이 포함된 운항기술기준을 정하여 고시할 수 있다.
1. 자격증명
2. 항공훈련기관
3. 항공기 등록 및 등록부호 표시
4. 항공기 감항성
5. 정비조직인증기준
6. 항공기 계기 및 장비
7. 항공기 운항
8. 항공운송사업의 운항증명 및 관리
9. 그 밖에 안전운항을 위하여 필요한 사항으로서 국토교통부령으로 정하는 사항
② 소유자등 및 항공종사자는 제1항에 따른 운항기술기준을 준수하여야 한다.

202 항공기를 등록한 경우에 항공기 등록원부에 기록하여야 할 사항에 해당하지 않는 것은?

① 항공기의 형식
② 항공기의 정치장(定置場)
③ 항공기에 대한 임차권
④ 소유자 또는 임차인 · 임대인의 성명 또는 명칭과 주소 및 국적

정답 198. ③ 199. ③ 200. ① 201. ③ 202. ③

해설 **항공안전법 제11조(항공기 등록사항)**

① 국토교통부장관은 제7조에 따라 항공기를 등록한 경우에는 항공기 등록원부(登錄原簿)에 다음 각 호의 사항을 기록하여야 한다.
1. 항공기의 형식
2. 항공기의 제작자
3. 항공기의 제작번호
4. 항공기의 정치장(定置場)
5. 소유자 또는 임차인 · 임대인의 성명 또는 명칭과 주소 및 국적
6. 등록 연월일
7. 등록기호

② 제1항에서 규정한 사항 외에 항공기의 등록에 필요한 사항은 대통령령으로 정한다.

203 항공기정비업자 또는 외국의 항공기정비업자가 그 업무를 시작하기 전까지 국토교통부장관으로부터 받아야 하는 것은?

① 항공안전법 제20조(형식증명)
② 항공안전법 제22조(제작증명)
③ 항공안전법 제24조(감항승인)
④ 항공안전법 제97조(정비조직인증 등)

해설 **항공안전법 제97조(정비조직인증 등)**

① 제8조에 따라 대한민국 국적을 취득한 항공기와 이에 사용되는 발동기, 프로펠러, 장비품 또는 부품의 정비등의 업무 등 국토교통부령으로 정하는 업무를 하려는 항공기정비업자 또는 외국의 항공기정비업자는 그 업무를 시작하기 전까지 국토교통부장관이 정하여 고시하는 인력, 설비 및 검사체계 등에 관한 기준(이하 "정비조직인증기준"이라 한다)에 적합한 인력, 설비 등을 갖추어 국토교통부장관의 인증(이하 "정비조직인증"이라 한다)을 받아야 한다. 다만, 대한민국과 정비조직인증에 관한 항공안전협정을 체결한 국가로부터 정비조직인증을 받은 자는 국토교통부장관의 정비조직인증을 받은 것으로 본다.

② 국토교통부장관은 정비조직인증을 하는 경우에는 정비등의 범위 · 방법 및 품질관리절차 등을 정한 세부 운영기준을 정비조직인증서와 함께 해당 항공기정비업자에게 발급하여야 한다.

③ 항공기등, 장비품 또는 부품에 대한 정비등을 하는 경우에는 그 항공기등, 장비품 또는 부품을 제작한 자가 정하거나 국토교통부장관이 인정한 정비등에 관한 방법 및 절차 등을 준수하여야 한다.

204 항공기 유도원(誘導員) 수신호의 의미는?

① 출입문의 확인 ② 직진
③ 정지 ④ 서행

해설 **항공안전법 시행규칙 제194조(신호)**

① 법 제67조에 따라 비행하는 항공기는 [별표 26]에서 정하는 신호를 인지하거나 수신할 경우에는 그 신호에 따라 요구되는 조치를 하여야 한다.

② 누구든지 제1항에 따른 신호로 오인될 수 있는 신호를 사용하여서는 아니 된다.

③ 항공기 유도원(誘導員)은 [별표 26] 제6호에 따른 유도신호를 명확하게 하여야 한다.
2. 출입문의 확인: 양손의 유도봉을 위로 향하게 한 채 양팔을 쭉 펴서 머리 위로 올린다.

205 항공운송사업용 및 항공기사용사업용 비행기가 시계비행을 할 경우 최초 착륙예정비행장까지 비행에 필요한 연료의 양에 추가해야 할 연료의 양은?

① 순항고도로 계획된 비행시간의 15퍼센트의 시간을 더 비행할 수 있는 양
② 순항고도로 30분간 더 비행할 수 있는 양
③ 순항속도로 45분간 더 비행할 수 있는 양
④ 최대항속속도로 20분간 더 비행할 수 있는 양

해설 **항공안전법 시행규칙 제119조(항공기의 연료와 오일)**

법 제53조에 따라 항공기에 실어야 하는 연료와 오일의 양은 [별표 17]과 같다.

[별표 17] 항공기에 실어야 할 연료와 오일의 양(제119조 관련)(일부 생략)

구분		연료 및 오일의 양	
		왕복발동기 장착 항공기	터빈발동기 장착 항공기
항공운송사업용 및 항공기사용사업용 비행기	시계비행을 할 경우	다음 각 호의 양을 더한 양 1. 최초 착륙예정 비행장까지 비행에 필요한 양 2. 순항속도로 45분간 더 비행할 수 있는 양	

(교재 p. 121, [별표 17] 참조)

정답 203. ④ 204. ① 205. ③

206 정비규정에 포함되어야 할 사항(제266조 제2항 제2호 관련) 중 안전 및 보안에 관한 사항에 포함해야 할 내용이 아닌 것은?

① 항공정비에 관한 안전관리절차
② 위험물 취급 절차
③ 화재예방 등 지상안전을 유지하기 위한 방법
④ 인적요인에 의한 안전관리방법

해설 **항공안전법 시행규칙 제266조(운항규정과 정비규정의 인가 등)**
② 법 제93조 제1항에 따른 운항규정 및 정비규정에 포함되어야 할 사항은 다음 각 호와 같다.
1. 운항규정에 포함되어야 할 사항: [별표 36]에 규정된 사항
2. 정비규정에 포함되어야 할 사항: [별표 37]에 규정된 사항

[별표 37] 정비규정에 포함되어야 할 사항(제266조 제2항 제2호 관련)

내용	항공 운송사업	항공기 사용사업	변경인가 대상
12. 안전 및 보안에 관한 사항			
가. 항공정비에 관한 안전관리절차	O	O	
나. 화재예방 등 지상안전을 유지하기 위한 방법	O	O	
다. 인적요인에 의한 안전관리방법	O	O	
라. 항공기 보안에 관한 사항	O	O	

(교재 p. 208, [별표 37] 참조)

207 항공기의 기술표준품형식승인의 신청 시 첨부하여야 할 서류가 아닌 것은?

① 기술표준품의 설계도면, 설계도면 목록 및 부품 목록
② 기술표준품의 제조규격서 및 제품사양서
③ 기술표준품의 품질관리규정
④ 정비교범(제작사가 발행한 것만 해당한다)

해설 **항공안전법 시행규칙 제55조(기술표준품형식승인의 신청)**
① 법 제27조 제1항에 따라 기술표준품형식승인을 받으려는 자는 별지 제26호서식의 기술표준품형식승인 신청서를 국토교통부장관에게 제출하여야 한다.
② 제1항에 따른 신청서에는 다음 각 호의 서류를 첨부하여야 한다.
1. 법 제27조 제1항에 따른 기술표준품형식승인기준(이하 "기술표준품형식승인기준"이라 한다)에 대한 적합성 입증 계획서 또는 확인서
2. 기술표준품의 설계도면, 설계도면 목록 및 부품 목록
3. 기술표준품의 제조규격서 및 제품사양서
4. 기술표준품의 품질관리규정
5. 해당 기술표준품의 감항성 유지 및 관리체계(이하 "기술표준품관리체계"라 한다)를 설명하는 자료
6. 그 밖에 참고사항을 적은 서류

208 응급환자의 수송 등 국토교통부령으로 정하는 긴급한 업무에 해당하지 않는 것은?

① 글라이더 견인
② 재난 · 재해 등으로 인한 수색 · 구조
③ 응급환자의 수송 등 구조 · 구급활동
④ 응급환자를 위한 장기(臟器) 이송

해설 **항공안전법 시행규칙 제207조(긴급항공기의 지정)**
① 법 제69조 제1항에서 "응급환자의 수송 등 국토교통부령으로 정하는 긴급한 업무"란 다음 각 호의 어느 하나에 해당하는 업무를 말한다.
1. 재난 · 재해 등으로 인한 수색 · 구조
2. 응급환자의 수송 등 구조 · 구급활동
3. 화재의 진화
4. 화재의 예방을 위한 감시활동
5. 응급환자를 위한 장기(臟器) 이송
6. 그 밖에 자연재해 발생 시의 긴급복구

209 감항증명 시 국토교통부령으로 정하는 바에 따라 검사의 일부를 생략할 수 있는 경우에 해당되지 않는 것은?

① 형식증명, 제한형식증명 또는 형식증명승인을 받은 항공기
② 제작증명을 받은 자가 제작한 항공기
③ 부가형식증명을 받은 항공기
④ 항공기를 수출하는 외국정부로부터 감항성이 있다는 승인을 받아 수입하는 항공기

해설 **항공안전법 제23조(감항증명 및 감항성 유지)**
④ 국토교통부장관은 제3항 각 호의 어느 하나에 해당하는 감항증명을 하는 경우 국토교통부령으로 정하는 바에 따라 해당 항공기의 설계, 제작과정, 완성 후의 상태와 비행성능에 대하여 검사하고 해당 항공기의 운용한계(運用限界)를 지정하여야 한다. 다만, 다음 각 호의 어느 하나에 해당하는 항공기의 경우에는 국토교통부령으로 정하는 바에 따라 검사의 일부를 생략할 수 있다. 〈신설 2017. 12. 26.〉

정답 206. ② 207. ④ 208. ① 209. ③

1. 형식증명, 제한형식증명 또는 형식증명승인을 받은 항공기
2. 제작증명을 받은 자가 제작한 항공기
3. 항공기를 수출하는 외국정부로부터 감항성이 있다는 승인을 받아 수입하는 항공기

210 항공기의 소유자등이 299명의 승객 좌석 수를 갖는 객실에 갖추어야 할 소화기의 수량으로 맞는 것은?

① 2개 ② 4개
③ 6개 ④ 8개

해설 **항공안전법 시행규칙 제110조(구급용구 등)**
법 제52조 제2항에 따라 항공기의 소유자등이 항공기(무인항공기는 제외한다)에 갖추어야 할 구명동의, 음성신호발생기, 구명보트, 불꽃조난신호장비, 휴대용 소화기, 도끼, 손확성기(메가폰), 구급의료용품 등은 [별표 15]와 같다. 〈개정 2021. 8. 27.〉
2. 소화기

승객 좌석 수	소화기의 수량
• 6석부터 30석까지	1
• 31석부터 60석까지	2
• 61석부터 200석까지	3
• 201석부터 300석까지	4
• 301석부터 400석까지	5
• 401석부터 500석까지	6
• 501석부터 600석까지	7
• 601석 이상	8

(교재 p. 108, [별표 15] 참조)

211 국토교통부장관이 항공기등 및 장비품을 검사할 사람을 임명 또는 위촉하기 위한 조건에 해당하지 않는 것은?

① 제35조 제8호의 항공정비사 자격증명을 받은 사람
② 항공기술 관련 분야에서 학사 이상의 학위를 취득한 후 3년 이상 항공기의 설계, 제작, 정비 또는 품질보증 업무에 종사한 경력이 있는 사람
③ 「국가기술자격법」에 따른 항공분야의 산업기사 이상의 자격을 취득한 사람
④ 국가기관등항공기의 설계, 제작, 정비 또는 품질보증 업무에 5년 이상 종사한 경력이 있는 사람

해설 **항공안전법 제31조(항공기등의 검사 등)**
② 국토교통부장관은 제1항에 따른 검사를 하기 위하여 다음 각 호의 어느 하나에 해당하는 사람 중에서 항공기등 및 장비품을 검사할 사람(이하 "검사관"이라 한다)을 임명 또는 위촉한다.
1. 제35조 제8호의 항공정비사 자격증명을 받은 사람
2. 「국가기술자격법」에 따른 항공분야의 기사 이상의 자격을 취득한 사람
3. 항공기술 관련 분야에서 학사 이상의 학위를 취득한 후 3년 이상 항공기의 설계, 제작, 정비 또는 품질보증 업무에 종사한 경력이 있는 사람
4. 국가기관등항공기의 설계, 제작, 정비 또는 품질보증 업무에 5년 이상 종사한 경력이 있는 사람

212 국토교통부령으로 정하는 공공목적으로 긴급히 운항(훈련을 포함한다)하는 경우에 해당하지 않는 것은?

① 재해 · 재난의 예방
② 응급환자를 위한 장기(臟器) 이송
③ 산림 방제(防除) · 순찰
④ 산업도로건설을 위한 화물 수송

해설 **항공안전법 시행규칙 제11조(긴급운항의 범위)**
법 제4조 제2항에서 "국토교통부령으로 정하는 공공목적으로 긴급히 운항(훈련을 포함한다)하는 경우"란 소방 · 산림 또는 자연공원 업무 등에 사용되는 항공기를 이용하여 재해 · 재난의 예방, 응급환자를 위한 장기(臟器) 이송, 산림 방제(防除) · 순찰, 산림보호사업을 위한 화물 수송, 그 밖에 이와 유사한 목적으로 긴급히 운항(훈련을 포함한다)하는 경우를 말한다.

213 주류등의 영향으로 항공업무 또는 객실승무원의 업무를 정상적으로 수행할 수 없는 상태에서 그 업무에 종사한 항공종사자에게 주어지는 벌칙은?

① 1년 이하의 징역 또는 1천만원 이하의 벌금
② 1년 이하의 징역 또는 3천만원 이하의 벌금
③ 3년 이하의 징역 또는 1천만원 이하의 벌금
④ 3년 이하의 징역 또는 3천만원 이하의 벌금

해설 **항공안전법 제146조(주류등의 섭취 · 사용 등의 죄)**
다음 각 호의 어느 하나에 해당하는 사람은 3년 이하의 징역 또는 3천만원 이하의 벌금에 처한다. 〈개정 2020. 6. 9., 2021. 5. 18.〉

정답 210. ② 211. ③ 212. ④ 213. ④

1. 제57조 제1항(제106조 제1항에 따라 준용되는 경우를 포함한다)을 위반하여 주류등의 영향으로 항공업무(제46조에 따른 항공기 조종연습 및 제47조에 따른 항공교통관제연습을 포함한다) 또는 객실승무원의 업무를 정상적으로 수행할 수 없는 상태에서 그 업무에 종사한 항공종사자(제46조에 따른 항공기 조종연습 및 제47조에 따른 항공교통관제연습을 하는 사람을 포함한다. 이하 이 조에서 같다) 또는 객실승무원
2. 제57조 제2항(제106조 제1항에 따라 준용되는 경우를 포함한다)을 위반하여 주류등을 섭취하거나 사용한 항공종사자 또는 객실승무원
3. 제57조 제3항(제106조 제1항에 따라 준용되는 경우를 포함한다)을 위반하여 국토교통부장관의 측정에 따르지 아니한 항공종사자 또는 객실승무원

214 정비조직인증의 취소 등의 사유에 해당하는 경우 처벌로 적당하지 않은 것은?

① 정당한 사유 없이 정비조직인증기준을 위반한 경우 그 정비조직인증을 취소하여야 한다.
② 정비조직인증을 취소하거나 6개월 이내의 기간을 정하여 그 효력의 정지를 명할 수 있다.
③ 효력정지처분을 갈음하여 5억원 이하의 과징금을 부과할 수 있다.
④ 납부기한까지 과징금을 내지 아니하면 국세 체납처분의 예에 따라 징수한다.

해설 **항공안전법 제98조(정비조직인증의 취소 등)**

① 국토교통부장관은 정비조직인증을 받은 자가 다음 각 호의 어느 하나에 해당하는 경우에는 정비조직인증을 취소하거나 6개월 이내의 기간을 정하여 그 효력의 정지를 명할 수 있다. 다만, 제1호 또는 제5호에 해당하는 경우에는 그 정비조직인증을 취소하여야 한다.
1. 거짓이나 그 밖의 부정한 방법으로 정비조직인증을 받은 경우
2. 제58조 제2항을 위반하여 다음 각 목의 어느 하나에 해당하는 경우
가. 업무를 시작하기 전까지 항공안전관리시스템을 마련하지 아니한 경우
나. 승인을 받지 아니하고 항공안전관리시스템을 운용한 경우
다. 항공안전관리시스템을 승인받은 내용과 다르게 운용한 경우
라. 승인을 받지 아니하고 국토교통부령으로 정하는 중요 사항을 변경한 경우
3. 정당한 사유 없이 정비조직인증기준을 위반한 경우
4. 고의 또는 중대한 과실에 의하거나 항공종사자에 대한 관리 · 감독에 관하여 상당한 주의의무를 게을리 함으로써 항공기사고가 발생한 경우
5. 이 조에 따른 효력정지기간에 업무를 한 경우

② 제1항에 따른 처분의 기준은 국토교통부령으로 정한다.

항공안전법 제99조(정비조직인증을 받은 자에 대한 과징금의 부과)

① 국토교통부장관은 정비조직인증을 받은 자가 제98조 제1항 제2호부터 제4호까지의 어느 하나에 해당하여 그 효력의 정지를 명하여야 하는 경우로서 그 효력을 정지하는 경우 그 업무의 이용자 등에게 심한 불편을 주거나 공익을 해칠 우려가 있는 경우에는 효력정지처분을 갈음하여 5억원 이하의 과징금을 부과할 수 있다.
② 제1항에 따른 과징금 부과의 구체적인 기준, 절차 및 그 밖에 필요한 사항은 대통령령으로 정한다.
③ 국토교통부장관은 제1항에 따라 과징금을 내야 할 자가 납부기한까지 과징금을 내지 아니하면 국세 체납처분의 예에 따라 징수한다.

215 외국인국제항공운송사업자가 운항하려는 항공기에 탑재해야 할 서류에 해당하지 않는 것은?

① 항공기 등록증명서
② 정비규정
③ 소음기준적합증명서
④ 각 승무원의 유효한 자격증명(조종사 비행기록부를 포함한다)

해설 **항공안전법 시행규칙 제281조(외국인국제항공운송사업자의 항공기에 탑재하는 서류)**

법 제104조 제1항에 따라 외국인국제항공운송사업자는 운항하려는 항공기에 다음 각 호의 서류를 탑재하여야 한다.
1. 항공기 등록증명서
2. 감항증명서
3. 탑재용 항공일지
4. 운용한계 지정서 및 비행교범
5. 운항규정(항공기 등록국가가 발행한 경우만 해당한다)
6. 소음기준적합증명서
7. 각 승무원의 유효한 자격증명(조종사 비행기록부를 포함한다)
8. 무선국 허가증명서(radio station license)
9. 탑승한 여객의 성명, 탑승지 및 목적지가 표시된 명부(passenger manifest)
10. 해당 항공운송사업자가 발행하는 수송화물의 목록(cargo manifest)과 화물 운송장에 명시되어 있는 세부 화물신고서류(detailed declarations of the cargo)
11. 해당 국가의 항공당국 간에 체결한 항공기 등의 감독 의무에 관한 이전협정서 사본(법 제5조에 따른 임대차 항공기의 경우만 해당한다)

정답 214. ① 215. ②

216 항공운송사업자의 운항증명을 위한 검사방법은?

① 서류검사와 현장검사
② 설계에 대한 검사
③ 제작과정에 대한 검사
④ 완성 후의 상태 및 비행성능 등에 대한 검사

해설 **항공안전법 시행규칙 제258조(운항증명을 위한 검사기준)**
법 제90조 제1항에 따라 항공운송사업자의 운항증명을 하기 위한 검사는 서류검사와 현장검사로 구분하여 실시하며, 그 검사기준은 [별표 33]과 같다.

217 항공기등, 장비품 또는 부품에 대한 감항성 확인 시 예외 조항에 해당하는 국토교통부령으로 정하는 경미한 정비에 해당하지 않는 것은?

① 간단한 보수를 하는 예방작업으로서 리깅(rigging)
② 간극의 조정작업 등 복잡한 결합작용을 필요로 하지 않는 규격장비품 또는 부품의 교환
③ 그 작업의 완료 상태를 확인하는 데에 동력장치의 작동 점검과 같은 복잡한 점검을 필요로 하는 작업
④ 윤활유 보충 등 비행 전후에 실시하는 단순하고 간단한 점검작업

해설 **항공안전법 시행규칙 제68조(경미한 정비의 범위)**
법 제32조 제1항 본문에서 "국토교통부령으로 정하는 경미한 정비"란 다음 각 호의 어느 하나에 해당하는 작업을 말한다. 〈개정 2021. 8. 27.〉
1. 간단한 보수를 하는 예방작업으로서 리깅(rigging: 항공기 정비를 위한 조절작업을 말한다) 또는 간극의 조정작업 등 복잡한 결합작용을 필요로 하지 않는 규격장비품 또는 부품의 교환작업
2. 감항성에 미치는 영향이 경미한 범위의 수리작업으로서 그 작업의 완료 상태를 확인하는 데에 동력장치의 작동 점검과 같은 복잡한 점검을 필요로 하지 아니하는 작업
3. 그 밖에 윤활유 보충 등 비행 전후에 실시하는 단순하고 간단한 점검작업

218 항공기 유도원(誘導員) 수신호의 의미는?

① 조종장치를 손대지 말 것 (기술적 · 업무적 통신신호)
② 한쪽 엔진의 출력 감소
③ 브레이크 정렬
④ 엔진 정지

해설 **항공안전법 시행규칙 제194조(신호)**
① 법 제67조에 따라 비행하는 항공기는 [별표 26]에서 정하는 신호를 인지하거나 수신할 경우에는 그 신호에 따라 요구되는 조치를 하여야 한다.
② 누구든지 제1항에 따른 신호로 오인될 수 있는 신호를 사용하여서는 아니 된다.
③ 항공기 유도원(誘導員)은 [별표 26] 제6호에 따른 유도신호를 명확하게 하여야 한다.
9. 브레이크 정렬: 손바닥을 편 상태로 어깨 높이로 들어 올린다. 운항승무원을 응시한 채 주먹을 쥔다. 승무원으로부터 인지신호(엄지손가락을 올리는 신호)를 받기 전까지는 움직여서는 안 된다.

219 비행장, 이착륙장, 공항시설 또는 항행안전시설을 파손하는 등 항공상의 위험을 발생시킨 사람에 대한 처벌로 맞는 것은?

① 2년 이하의 징역 ② 6년 이하의 징역
③ 8년 이하의 징역 ④ 10년 이하의 징역

해설 **항공안전법 제140조(항공상 위험 발생 등의 죄)**
비행장, 이착륙장, 공항시설 또는 항행안전시설을 파손하거나 그 밖의 방법으로 항공상의 위험을 발생시킨 사람은 10년 이하의 징역에 처한다. 〈개정 2017. 10. 24.〉

220 항공기를 운항하려는 자 또는 소유자가 해당 항공기에 항공기 안전운항을 위하여 운용해야 하는 일지에 해당하지 않는 것은?

① 탑재용 항공일지
② 지상비치용 발동기 항공일지
③ 지상비치용 프로펠러 항공일지
④ 초경량비행장치 항공일지

해설 **항공안전법 제52조(항공계기 등의 설치 · 탑재 및 운용 등)**
① 항공기를 운항하려는 자 또는 소유자등은 해당 항공기에 항공기 안전운항을 위하여 필요한 항공계기(航空計器), 장비, 서류, 구급용구 등(이하 "항공계기등"이라 한다)을 설치하거나 탑재하여 운용하여야 한다. 이 경우 최대이륙중량이 600킬로그램 초과 5천700킬로그램 이하인 비행기에는 사고예방 및 안전운항에 필요한 장비를 추가로 설치할 수 있다. 〈개정 2017 .1. 17.〉
② 제1항에 따라 항공계기등을 설치하거나 탑재하여야 할 항공기, 항공계기등의 종류, 설치 · 탑재기준 및 그 운용 방법 등에 필요한 사항은 국토교통부령으로 정한다.

정답 216. ① 217. ③ 218. ③ 219. ④ 220. ④

항공안전법 시행규칙 제108조(항공일지)

① 법 제52조 제2항에 따라 항공기를 운항하려는 자 또는 소유자등은 탑재용 항공일지, 지상 비치용 발동기 항공일지 및 지상 비치용 프로펠러 항공일지를 갖추어 두어야 한다. 다만, 활공기의 소유자등은 활공기용 항공일지를, 법 제102조 각 호의 어느 하나에 해당하는 항공기의 소유자등은 탑재용 항공일지를 갖춰 두어야 한다.

221 항공안전 활동을 위한 검사 또는 출입을 거부 · 방해하거나 기피한 자에 대한 처벌로 맞는 것은?

① 300만원 이하의 벌금
② 500만원 이하의 벌금
③ 1천만원 이하의 벌금
④ 3천만원 이하의 벌금

해설 **항공안전법 제163조(검사 거부 등의 죄)**

제132조 제2항 및 제3항에 따른 검사 또는 출입을 거부 · 방해하거나 기피한 자는 500만원 이하의 벌금에 처한다.

항공안전법 제132조(항공안전 활동)

② 국토교통부장관은 이 법을 시행하기 위하여 특히 필요한 경우에는 소속 공무원으로 하여금 제1항 각 호의 어느 하나에 해당하는 자의 다음 각 호의 어느 하나의 장소에 출입하여 항공기, 경량항공기 또는 초경량비행장치, 항행안전시설, 장부, 서류, 그 밖의 물건을 검사하거나 관계인에게 질문하게 할 수 있다. 이 경우 국토교통부장관은 검사 등의 업무를 효율적으로 수행하기 위하여 특히 필요하다고 인정하면 국토교통부령으로 정하는 자격을 갖춘 항공안전에 관한 전문가를 위촉하여 검사 등의 업무에 관한 자문에 응하게 할 수 있다.
1. 사무소, 공장이나 그 밖의 사업장
2. 비행장, 이착륙장, 공항, 공항시설, 항행안전시설 또는 그 시설의 공사장
3. 항공기 또는 경량항공기의 정치장
4. 항공기, 경량항공기 또는 초경량비행장치

③ 국토교통부장관은 항공운송사업자가 취항하는 공항에 대하여 국토교통부령으로 정하는 바에 따라 정기적인 안전성검사를 하여야 한다.

222 제작증명을 받으려는 자가 신청서에 첨부하여야 할 서류에 포함되지 않는 것은?

① 품질관리규정
② 비행교범
③ 제작하려는 항공기등의 제작 방법 및 기술 등을 설명하는 자료
④ 제작하려는 항공기등의 감항성 유지 및 관리체계를 설명하는 자료

해설 **항공안전법 시행규칙 제32조(제작증명의 신청)**

② 제1항에 따른 신청서에는 다음 각 호의 서류를 첨부하여야 한다.
1. 품질관리규정
2. 제작하려는 항공기등의 제작 방법 및 기술 등을 설명하는 자료
3. 제작 설비 및 인력 현황
4. 품질관리 및 품질검사의 체계(이하 "품질관리체계"라 한다)를 설명하는 자료
5. 제작하려는 항공기등의 감항성 유지 및 관리체계(이하 "제작관리체계"라 한다)를 설명하는 자료

223 항공운송사업자가 운항을 시작하기 전까지 국토교통부장관으로부터 받아야 하는 것은?

① 감항증명　② 운항증명
③ 제작증명　④ 형식증명

해설 **항공안전법 제90조(항공운송사업자의 운항증명)**

① 항공운송사업자는 운항을 시작하기 전까지 국토교통부령으로 정하는 기준에 따라 인력, 장비, 시설, 운항관리지원 및 정비관리지원 등 안전운항체계에 대하여 국토교통부장관의 검사를 받은 후 운항증명을 받아야 한다.

224 사람이 현존하는 항공기, 경량항공기 또는 초경량비행장치를 항행 중에 추락 또는 전복(顚覆)시키거나 파괴한 사람에 대한 처벌로 맞는 것은?

① 2년 이상의 유기징역에 처한다.
② 사형, 무기징역 또는 5년 이상의 징역
③ 10년 이하의 징역
④ 3년 이상 15년 이하의 징역

해설 **항공안전법 제138조(항행 중 항공기 위험 발생의 죄)**

① 사람이 현존하는 항공기, 경량항공기 또는 초경량비행장치를 항행 중에 추락 또는 전복(顚覆)시키거나 파괴한 사람은 사형, 무기징역 또는 5년 이상의 징역에 처한다.
② 제140조의 죄를 지어 사람이 현존하는 항공기, 경량항공기 또는 초경량비행장치를 항행 중에 추락 또는 전복시키거나 파괴한 사람은 사형, 무기징역 또는 5년 이상의 징역에 처한다.

정답 221. ② 222. ② 223. ② 224. ②

225 탑재용 항공일지의 기록 내용 중 수리 · 개조 또는 정비의 실시와 관련된 내용에 포함되지 않는 것은?

① 실시 연월일 및 장소
② 실시 이유, 수리 · 개조 또는 정비의 위치 및 교환 부품명
③ 발동기 또는 프로펠러의 형식
④ 확인 연월일 및 확인자의 서명 또는 날인

해설 **항공안전법 시행규칙 제108조(항공일지)**
① 법 제52조 제2항에 따라 항공기를 운항하려는 자 또는 소유자등은 탑재용 항공일지, 지상 비치용 발동기 항공일지 및 지상 비치용 프로펠러 항공일지를 갖추어 두어야 한다. 다만, 활공기의 소유자등은 활공기용 항공일지를, 법 제102조 각 호의 어느 하나에 해당하는 항공기의 소유자등은 탑재용 항공일지를 갖춰 두어야 한다.
② 항공기의 소유자등은 항공기를 항공에 사용하거나 개조 또는 정비한 경우에는 지체 없이 다음 각 호의 구분에 따라 항공일지에 적어야 한다.
1. 탑재용 항공일지(법 제102조 각 호의 어느 하나에 해당하는 항공기〈외국국적의 항공기〉는 제외한다)
자. 수리 · 개조 또는 정비의 실시에 관한 다음의 기록
1) 실시 연월일 및 장소
2) 실시 이유, 수리 · 개조 또는 정비의 위치 및 교환 부품명
3) 확인 연월일 및 확인자의 서명 또는 날인

226 항공기의 정비작업 중 경미한 정비의 범위에 해당하지 않는 것은?

① 간단한 보수를 하는 예방작업으로서 리깅(rigging)
② 간극의 조정작업 등 복잡한 결합작용을 필요로 하지 아니하는 규격장비품 또는 부품의 교환 작업
③ 그 작업의 완료 상태를 확인하는 데에 동력장치의 작동 점검과 같은 복잡한 점검을 필요로 하지 아니하는 작업
④ 항공제품을 감항성 요구 조건에서 정의된 감항조건으로 복구하는 작업

해설 **항공안전법 시행규칙 제68조(경미한 정비의 범위)**
법 제32조 제1항 본문에서 "국토교통부령으로 정하는 경미한 정비"란 다음 각 호의 어느 하나에 해당하는 작업을 말한다. 〈개정 2021. 8. 27.〉
1. 간단한 보수를 하는 예방작업으로서 리깅(rigging: 항공기 정비를 위한 조절작업을 말한다) 또는 간극의 조정작업 등 복잡한 결합작용을 필요로 하지 않는 규격장비품 또는 부품의 교환작업
2. 감항성에 미치는 영향이 경미한 범위의 수리작업으로서 그 작업의 완료 상태를 확인하는 데에 동력장치의 작동 점검과 같은 복잡한 점검을 필요로 하지 아니하는 작업
3. 그 밖에 윤활유 보충 등 비행 전후에 실시하는 단순하고 간단한 점검작업

227 국토교통부장관은 항공기등, 장비품 또는 부품의 안전을 확보하기 위하여 정한 항공기기술기준에 포함되지 않는 것은?

① 정비조직인증기준
② 항공기등의 환경기준(배출가스 배출기준 및 소음기준을 포함한다)
③ 항공기등이 감항성을 유지하기 위한 기준
④ 항공기등, 장비품 또는 부품의 인증절차

해설 **항공안전법 제19조(항공기기술기준)**
국토교통부장관은 항공기등, 장비품 또는 부품의 안전을 확보하기 위하여 다음 각 호의 사항을 포함한 기술상의 기준(이하 "항공기기술기준"이라 한다)을 정하여 고시하여야 한다.
1. 항공기등의 감항기준
2. 항공기등의 환경기준(배출가스 배출기준 및 소음기준을 포함한다)
3. 항공기등이 감항성을 유지하기 위한 기준
4. 항공기등, 장비품 또는 부품의 식별 표시 방법
5. 항공기등, 장비품 또는 부품의 인증절차

228 대통령령으로 정하는 공공기관(이하 "국가기관등"이라 한다)이 소유하거나 임차(賃借)한 항공기에 해당하는 것은?

① 세관용 항공기
② 국립공원공단항공기
③ 군용 항공기
④ 경찰용 항공기

해설 **항공안전법 제2조(정의)**
4. "국가기관등항공기"란 국가, 지방자치단체, 그 밖에 「공공기관의 운영에 관한 법률」에 따른 공공기관으로서 대통령령으로 정하는 공공기관(이하 "국가기관등"이라 한다)이 소유하거나 임차(賃借)한 항공기로서 다음 각 목의 어느 하나에 해당하는 업무를 수행하기 위하여 사용되는 항공기를 말한다. 다만, 군용 · 경찰용 · 세관용 항공기는 제외한다.
가. 재난 · 재해 등으로 인한 수색(搜索) · 구조

정답 225. ③ 226. ④ 227. ① 228. ②

나. 산불의 진화 및 예방
다. 응급환자의 후송 등 구조 · 구급활동
라. 그 밖에 공공의 안녕과 질서유지를 위하여 필요한 업무

항공안전법 시행령 제3조(국가기관등항공기 관련 공공기관의 범위)

법 제2조 제4호 각 목 외의 부분 본문에서 "대통령령으로 정하는 공공기관"이란 「국립공원공단법」에 따른 국립공원공단을 말한다. 〈개정 2017. 5. 29., 2019. 1. 15.〉

229 항공기 유도원(誘導員) 수신호의 의미는?

① 후진
② 화재
③ 엔진 정지
④ 엔진시동걸기

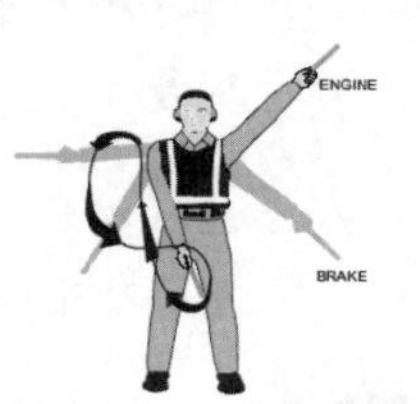

해설 항공안전법 시행규칙 제194조(신호)

① 법 제67조에 따라 비행하는 항공기는 [별표 26]에서 정하는 신호를 인지하거나 수신할 경우에는 그 신호에 따라 요구되는 조치를 하여야 한다.
② 누구든지 제1항에 따른 신호로 오인될 수 있는 신호를 사용하여서는 아니 된다.
③ 항공기 유도원(誘導員)은 [별표 26] 제6호에 따른 유도신호를 명확하게 하여야 한다.

27. 화재: 화재지역을 왼손으로 가리키면서 동시에 어깨와 무릎 사이의 높이에서 부채질 동작으로 오른손을 이동시킨다. 야간에는 유도봉을 사용하여 동일하게 움직인다.

230 특별감항증명의 대상 4. 제20조 제2항 각 호의 업무에 해당하지 않는 것은?

① 항공기를 수리 · 개조 또는 제작한 후 수출하는 경우
② 재난 · 재해 등으로 인한 수색 · 구조에 사용되는 경우
③ 씨앗 파종, 농약 살포 또는 어군(魚群)의 탐지 등 농 · 수산업에 사용되는 경우
④ 기상관측, 기상조절 실험 등에 사용되는 경우

해설 항공안전법 시행규칙 제37조(특별감항증명의 대상)

법 제23조 제3항 제2호에서 "항공기의 연구, 개발 등 국토교통부령으로 정하는 경우"란 다음 각 호의 어느 하나에 해당하는 경우를 말한다. 〈개정 2018. 3. 23., 2020. 12. 10., 2022. 6. 8.〉

1. 항공기 및 관련 기기의 개발과 관련된 다음 각 목의 어느 하나에 해당하는 경우
   가. 항공기 제작자 및 항공기 관련 연구기관 등이연구 · 개발 중인 경우
   나. 판매 · 홍보 · 전시 · 시장조사 등에 활용하는 경우
   다. 조종사 양성을 위하여 조종연습에 사용하는 경우
2. 항공기의 제작 · 정비 · 수리 · 개조 및 수입 · 수출 등과 관련한 다음 각 목의 어느 하나에 해당하는 경우
   가. 제작 · 정비 · 수리 또는 개조 후 시험비행을 하는 경우
   나. 정비 · 수리 또는 개조(이하 "정비등"이라 한다)를 위한 장소까지 승객 · 화물을 싣지 아니하고 비행하는 경우
   다. 수입하거나 수출하기 위하여 승객 · 화물을 싣지 아니하고 비행하는 경우
   라. 설계에 관한 형식증명을 변경하기 위하여 운용한계를 초과하는 시험비행을 하는 경우
   마. 삭제〈2018. 3. 23.〉
3. 무인항공기를 운항하는 경우
4. 제20조 제2항 각 호의 업무를 수행하기 위하여 사용되는 경우
   가. 삭제 〈2022. 6. 8.〉
   나. 삭제 〈2022. 6. 8.〉
   다. 삭제 〈2022. 6. 8.〉
   라. 삭제 〈2022. 6. 8.〉
   마. 삭제 〈2022. 6. 8.〉
   바. 삭제 〈2022. 6. 8.〉
   사. 삭제 〈2022. 6. 8.〉
   아. 삭제 〈2022. 6. 8.〉
5. 제1호부터 제4호까지 외에 공공의 안녕과 질서유지를 위한 업무를 수행하는 경우로서 국토교통부장관이 인정하는 경우

231 정비조직인증을 위해 지방항공청장에게 신청서 제출 시 첨부해야 하는 정비조직절차교범에 포함된 내용이 아닌 것은?

① 항공기등, 장비품 또는 부품의 인증절차
② 수행하려는 업무의 범위
③ 항공기등 · 부품등에 대한 정비방법 및 그 절차
④ 항공기등 · 부품등의 정비에 관한 기술관리 및 품질관리의 방법과 절차

해설 항공안전법 시행규칙 제271조(정비조직인증의 신청)

① 법 제97조에 따른 정비조직인증을 받으려는 자는 별지 제98호서식의 정비조직인증 신청서에 정비조직절차교범을 첨부하여 지방항공청장에게 제출하여야 한다.
② 제1항의 정비조직절차교범에는 다음 각 호의 사항을 적어야 한다.

1. 수행하려는 업무의 범위

정답 229. ② 230. ① 231. ①

2. 항공기등 · 부품등에 대한 정비방법 및 그 절차
3. 항공기등 · 부품등의 정비에 관한 기술관리 및 품질관리의 방법과 절차
4. 그 밖에 시설 · 장비 등 국토교통부장관이 정하여 고시하는 사항

232 항공기의 범위 중 사람이 탑승하는 경우의 비행기 조건으로 맞지 않는 것은?

① 최대이륙중량이 600킬로그램(수상비행에 사용하는 경우에는 650킬로그램)을 초과 할 것
② 조종사 좌석을 포함한 탑승좌석 수가 1개 이상일 것
③ 비행 중에 프로펠러의 각도를 조정할 수 없을 것
④ 동력을 일으키는 기계장치(이하 "발동기"라 한다)가 1개 이상일 것

해설 **항공안전법 시행규칙 제2조(항공기의 기준)**
「항공안전법」(이하 "법"이라 한다) 제2조 제1호 각 목 외의 부분에서 "최대이륙중량, 좌석 수 등 국토교통부령으로 정하는 기준"이란 다음 각 호의 기준을 말한다.
1. 비행기 또는 헬리콥터
   가. 사람이 탑승하는 경우: 다음의 기준을 모두 충족할 것
      1) 최대이륙중량이 600킬로그램(수상비행에 사용하는 경우에는 650킬로그램)을 초과할 것
      2) 조종사 좌석을 포함한 탑승좌석 수가 1개 이상일 것
      3) 동력을 일으키는 기계장치(이하 "발동기"라 한다)가 1개 이상일 것
   나. 사람이 탑승하지 아니하고 원격조종 등의 방법으로 비행하는 경우: 다음의 기준을 모두 충족할 것
      1) 연료의 중량을 제외한 자체중량이 150킬로그램을 초과할 것
      2) 발동기가 1개 이상일 것

233 항공기의 소유자등이 201명의 승객 좌석 수를 갖는 여객기에 갖추어야 할 메가폰의 수량은?

① 1개　② 3개
③ 5개　④ 7개

해설 **항공안전법 시행규칙 제110조(구급용구 등)**
법 제52조 제2항에 따라 항공기의 소유자등이 항공기(무인항공기는 제외한다)에 갖추어야 할 구명동의, 음성신호발생기, 구명보트, 불꽃조난신호장비, 휴대용 소화기, 도끼, 손확성기(메가폰), 구급의료용품 등은 [별표 15]와 같다. 〈개정 2021. 8. 27.〉

승객 좌석 수	메가폰의 수
61석부터 99석까지	1
100석부터 199석까지	2
200석 이상	3

(교재 p. 108, [별표 15] 참조)

234 표준감항증명, 특별감항증명 중 어느 하나에 해당하는 감항증명을 하는 경우의 검사 범위에 해당하지 않는 것은?

① 항공기의 설계
② 항공기의 제작과정
③ 기술, 설비, 인력 및 품질관리체계 등을 갖추고 있는지 여부
④ 항공기의 완성 후의 상태와 비행성능

해설 **항공안전법 제23조(감항증명 및 감항성 유지)**
④ 국토교통부장관은 제3항 각 호의 어느 하나에 해당하는 감항증명을 하는 경우 국토교통부령으로 정하는 바에 따라 해당 항공기의 설계, 제작과정, 완성 후의 상태와 비행성능에 대하여 검사하고 해당 항공기의 운용한계(運用限界)를 지정하여야 한다. 다만, 다음 각 호의 어느 하나에 해당하는 항공기의 경우에는 국토교통부령으로 정하는 바에 따라 검사의 일부를 생략할 수 있다. 〈신설 2017. 12. 26.〉

235 항공기 등에 발생한 고장, 결함 또는 기능장애 보고 의무 대상자에 포함되지 않는 것은?

① 운송용 조종사 및 운항관리사
② 형식증명, 부가형식증명, 제작증명, 기술표준품형식승인 또는 부품등제작자증명을 받은 자
③ 항공운송사업자
④ 정비조직인증을 받은 자

해설 **항공안전법 제33조(항공기 등에 발생한 고장, 결함 또는 기능장애 보고 의무)**
① 형식증명, 부가형식증명, 제작증명, 기술표준품형식승인 또는 부품등제작자증명을 받은 자는 그가 제작하거나 인증을 받은 항공기등, 장비품 또는 부품이 설계 또는 제작의 결함으로 인하여 국토교통부령으로 정하는 고장, 결함 또는 기능장애가 발생한 것을 알게 된 경우에는 국토교통부령으로 정하는 바에 따라 국토교통부장관에게 그 사실을 보고하여야 한다.
② 항공운송사업자, 항공기사용사업자 등 대통령령으로 정하는 소유자등 또는 제97조 제1항에 따른 정비조직인증을 받은 자는 항공기를 운영하거나 정비하는 중에 국토교통부령으로 정하는 고장, 결함 또는 기능장애가 발생한

정답 232. ③ 233. ② 234. ③ 235. ①

것을 알게 된 경우에는 국토교통부령으로 정하는 바에 따라 국토교통부장관에게 그 사실을 보고하여야 한다.

236 비행장의 기동지역 내를 이동하는 차량이 준수해야 할 사항에 포함되지 않는 것은?

① 지상이동 · 이륙 · 착륙 중인 항공기에 진로를 양보할 것
② 이동지역에 출입하는 건설기계 및 장비에 진로를 양보할 것
③ 차량은 항공기를 견인하는 차량에게 진로를 양보할 것
④ 차량은 관제지시에 따라 이동 중인 다른 차량에게 진로를 양보할 것

해설 **항공안전법 시행규칙 제248조(비행장 내에서의 사람 및 차량에 대한 통제 등)**

① 법 제84조 제2항에 따라 관할 항공교통관제기관은 지상이동 중이거나 이륙 · 착륙 중인 항공기에 대한 안전을 확보하기 위하여 비행장의 기동지역 내를 이동하는 사람 또는 차량을 통제해야 한다. 〈개정 2021. 11. 19.〉
② 법 제84조 제2항에 따라 관할항공교통관제기관은 저시정(식별 가능 최대거리가 짧은 것을 말한다) 기상상태에서 제2종(Category II) 또는 제3종(Category III)의 정밀계기운항이 진행 중일 때에는 계기착륙시설(ILS)의 방위각제공시설(localizer) 및 활공각제공시설(glide slope)의 전파를 보호하기 위하여 기동지역을 이동하는 사람 및 차량에 대하여 제한을 해야 한다. 〈개정 2021. 8. 27., 2021. 11. 19.〉
③ 법 제84조 제2항에 따라 관할 항공교통관제기관은 조난항공기의 구조를 위하여 이동하는 비상차량에 우선권을 부여해야 한다. 이 경우 차량과 지상 이동하는 항공기 간의 분리최저치는 지방항공청장이 정하는 바에 따른다. 〈개정 2021. 11. 19.〉
④ 제2항에 따라 비행장의 기동지역 내를 이동하는 차량의 운전자는 다음 각 호의 사항을 준수해야 한다. 다만, 관할 항공교통관제기관의 다른 지시가 있는 경우에는 그 지시를 우선적으로 준수해야 한다. 〈개정 2021. 11. 19.〉
  1. 지상이동 · 이륙 · 착륙 중인 항공기에진로를 양보할 것
  2. 차량의 운전자는 항공기를 견인하는 차량에 진로를 양보할 것
  3. 차량의 운전자는 관제지시에 따라 이동 중인 다른 차량에 진로를 양보할 것
⑤ 비행장의 기동지역 내를 이동하는 사람이나 차량의 운전자는 제1항 및 제2항에 따라 관할 항공교통관제기관에서 음성으로 전달되는 항공안전 관련 지시사항을 이해하고 있고 그에 따르겠다는 것을 명확한 방법으로 복창하거나 응답해야 한다. 〈신설 2021. 11. 19.〉
⑥ 관할 항공교통관제기관의 항공교통관제사는 제5항에 따른 항공안전 관련 지시사항에 대하여 비행장의 기동지역 내를 이동하는 사람이나 차량의 운전자가 정확하게 인지했는지를 확인하기 위하여 복창을 경청해야 하며, 그 복창에 틀린 사항이 있을 때는 즉시 시정조치를 해야 한다. 〈신설 2021. 11. 19.〉
⑦ 법 제84조 제2항에 따라 비행장 내의 이동지역에 출입하는 사람 또는 차량(건설기계 및 장비를 포함한다)의 관리 · 통제 및 안전관리 등에 대한 세부 사항은 국토교통부장관이 정하여 고시한다. 〈개정 2021. 11. 19.〉

237 국토교통부령으로 정하는 기준에 해당하는 경량항공기가 아닌 것은?

① 동력패러슈트(powered parachute)
② 자이로플레인(gyroplane)
③ 패러글라이더
④ 헬리콥터

해설 **항공안전법 제2조(정의)**

2. "경량항공기"란 항공기 외에 공기의 반작용으로 뜰 수 있는 기기로서 최대이륙중량, 좌석 수 등 국토교통부령으로 정하는 기준에 해당하는 비행기, 헬리콥터, 자이로플레인(gyroplane) 및 동력패러슈트(powered parachute) 등을 말한다.

238 국토교통부령으로 정하는 기준에 해당하는 경량항공기 기준이 아닌 것은?

① 최대이륙중량이 600킬로그램(수상비행에 사용하는 경우에는 650킬로그램) 이하일 것
② 조종사 좌석을 포함한 탑승 좌석이 2개 이하일 것
③ 비행 중에 프로펠러의 각도를 조정할 수 있을 것
④ 고정된 착륙장치가 있을 것. 다만, 수상비행에 사용하는 경우에는 고정된 착륙장치 외에 접을 수 있는 착륙장치를 장착

해설 **항공안전법 시행규칙 제4조(경량항공기의 기준)**

법 제2조 제2호에서 "최대이륙중량, 좌석 수 등 국토교통부령으로 정하는 기준에 해당하는 비행기, 헬리콥터, 자이로플레인(gyroplane) 및 동력패러슈트(powered parachute) 등"이란 법 제2조 제3호에 따른 초경량비행장치에 해당하지 않는 것으로서 다음 각 호의 기준을 모두 충족하는 비행기, 헬리콥터, 자이로플레인 및 동력패러슈트를 말한다. 〈개정 2021. 8. 27, 2022. 12. 9.〉

1. 최대이륙중량이 600킬로그램(수상비행에 사용하는 경우에는 650킬로그램) 이하일 것
2. 최대 실속속도[실속(失速: 비행기를 띄우는 양력이 급격히 떨어지는 현상을 말한다. 이하 같다)이 발생할 수 있는 속도를 말한다] 또는 최소 정상비행속도가 45노트 이하일 것
3. 조종사 좌석을 포함한 탑승 좌석이 2개 이하일 것
4. 단발(單發) 왕복발동기 또는 전기모터(전기 공급원으로부터 충전받은 전기에너지 또는 수소를 사용하여 발생시킨 전기

정답 236. ② 237. ③ 238. ③

에너지를 동력원으로 사용하는 것을 말한다)를 장착할 것
5. 조종석은 여압(기내 공기 압력을 지상과 가깝게 조절 · 유지하는 것을 말한다)이 되지 아니할 것
6. 비행 중에 프로펠러의 각도를 조정할 수 없을 것
7. 고정된 착륙장치가 있을 것. 다만, 수상비행에 사용하는 경우에는 고정된 착륙장치 외에 접을 수 있는 착륙장치를 장착할 수 있다.

239 국토교통부령으로 정하는 기준에 해당하는 초경량비행장치가 아닌 것은?

① 무인비행장치 ② 동력패러글라이더
③ 헬리콥터 ④ 무인멀티콥터

해설 **항공안전법 시행규칙 제5조(초경량비행장치의 기준)**
법 제2조 제3호에서 "자체중량, 좌석 수 등 국토교통부령으로 정하는 기준에 해당하는 동력비행장치, 행글라이더, 패러글라이더, 기구류 및 무인비행장치 등"이란 다음 각 호의 기준을 충족하는 동력비행장치, 행글라이더, 패러글라이더, 기구류, 무인비행장치, 회전익비행장치, 동력패러글라이더 및 낙하산류 등을 말한다. 〈개정 2020. 12. 10., 2021. 6. 9.〉
1. 동력비행장치: 동력을 이용하는 것으로서 다음 각 목의 기준을 모두 충족하는 고정익비행장치
 가. 탑승자, 연료 및 비상용 장비의 중량을 제외한 자체중량이 115킬로그램 이하일 것
 나. 연료의 탑재량이 19리터 이하일 것
 다. 좌석이 1개일 것
2. 행글라이더: 탑승자 및 비상용 장비의 중량을 제외한 자체중량이 70킬로그램 이하로서 체중이동, 타면조종 등의 방법으로 조종하는 비행장치
3. 패러글라이더: 탑승자 및 비상용 장비의 중량을 제외한 자체중량이 70킬로그램 이하로서 날개에 부착된 줄을 이용하여 조종하는 비행장치
4. 기구류: 기체의 성질 · 온도차 등을 이용하는 다음 각 목의 비행장치
 가. 유인자유기구
 나. 무인자유기구(기구 외부에 2킬로그램 이상의 물건을 매달고 비행하는 것만 해당한다. 이하 같다)
 다. 계류식(繫留式) 기구
5. 무인비행장치: 사람이 탑승하지 아니하는 것으로서 다음 각 목의 비행장치
 가. 무인동력비행장치: 연료의 중량을 제외한 자체중량이 150킬로그램 이하인 무인비행기, 무인헬리콥터 또는 무인멀티콥터
 나. 무인비행선: 연료의 중량을 제외한 자체중량이 180킬로그램 이하이고 길이가 20미터 이하인 무인비행선
6. 회전익비행장치: 제1호 각 목의 동력비행장치의 요건을 갖춘 헬리콥터 또는 자이로플레인
7. 동력패러글라이더: 패러글라이더에 추진력을 얻는 장치를 부착한 다음 각 목의 어느 하나에 해당하는 비행장치
 가. 착륙장치가 없는 비행장치
 나. 착륙장치가 있는 것으로서 제1호 각 목의 동력비행장치의 요건을 갖춘 비행장치
8. 낙하산류: 항력(抗力)을 발생시켜 대기(大氣) 중을 낙하하는 사람 또는 물체의 속도를 느리게 하는 비행장치
9. 그 밖에 국토교통부장관이 종류, 크기, 중량, 용도 등을 고려하여 정하여 고시하는 비행장치

240 국토교통부령으로 정하는 기준에 해당하는 초경량비행장치 중 무인비행장치 기준에 대한 설명으로 맞지 않는 것은?

① 최대이륙중량이 600킬로그램(수상비행에 사용하는 경우에는 650킬로그램) 이하일 것
② 사람이 탑승하지 아니하는 것
③ 무인동력비행장치는 연료의 중량을 제외한 자체중량이 150킬로그램 이하인 무인비행기, 무인헬리콥터 또는 무인멀티콥터
④ 무인비행선는 연료의 중량을 제외한 자체중량이 180킬로그램 이하이고 길이가 20미터 이하인 무인비행선

해설 **항공안전법 시행규칙 제5조(초경량비행장치의 기준)**
5. 무인비행장치: 사람이 탑승하지 아니하는 것으로서 다음 각 목의 비행장치
 가. 무인동력비행장치: 연료의 중량을 제외한 자체중량이 150킬로그램 이하인 무인비행기, 무인헬리콥터 또는 무인멀티콥터
 나. 무인비행선: 연료의 중량을 제외한 자체중량이 180킬로그램 이하이고 길이가 20미터 이하인 무인비행선

241 지표면 또는 수면으로부터 200미터 이상 높이의 공역으로서 항공교통의 안전을 위하여 국토교통부장관이 지정 · 공고한 공역은 무엇인가?

① 관제권(管制圈) ② 관제구(管制區)
③ 항공로(航空路) ④ 영공(領空)

해설 **항공안전법 제2조(정의)**
26. "관제구"(管制區)란 지표면 또는 수면으로부터 200미터 이상 높이의 공역으로서 항공교통의 안전을 위하여 국토교통부장관이 지정 · 공고한 공역을 말한다.

242 항공기를 등록한 경우에 항공기 등록원부(登錄原簿)에 기록해야 하는 사항이 아닌 것은?

① 항공기의 종류
② 항공기의 제작자

정답 239. ③ 240. ① 241. ② 242. ①

③ 항공기의 정치장(定置場)
④ 소유자 또는 임차인 · 임대인의 성명 또는 명칭과 주소 및 국적

해설 항공안전법 제11조(항공기 등록사항)
① 국토교통부장관은 제7조에 따라 항공기를 등록한 경우에는 항공기 등록원부(登錄原簿)에 다음 각 호의 사항을 기록하여야 한다.
1. 항공기의 형식
2. 항공기의 제작자
3. 항공기의 제작번호
4. 항공기의 정치장(定置場)
5. 소유자 또는 임차인 · 임대인의 성명 또는 명칭과 주소 및 국적
6. 등록 연월일
7. 등록기호

243 부가형식증명을 받으려는 자가 부가형식증명 신청 시 첨부해야 할 서류가 아닌 것은?

① 항공기기술기준에 대한 적합성 입증계획서
② 설계도면 및 설계도면 목록
③ 설계 개요서
④ 부품표 및 사양서

해설 항공안전법 시행규칙 제23조(부가형식증명의 신청)
① 법 제20조 제5항에 따라 부가형식증명을 받으려는 자는 별지 제5호서식의 부가형식증명 신청서를 국토교통부장관에게 제출하여야 한다. 〈개정 2018. 6. 27.〉
② 제1항에 따른 신청서에는 다음 각 호의 서류를 첨부하여야 한다. 〈개정 2018. 6. 27.〉
1. 법 제19조에 따른 항공기기술기준(이하 "항공기기술기준"이라 한다)에 대한 적합성 입증계획서
2. 설계도면 및 설계도면 목록
3. 부품표 및 사양서
4. 그 밖에 참고사항을 적은 서류

244 우리나라에서 제작, 운항 또는 정비등을 한 항공기등, 장비품 또는 부품을 타인에게 제공하려고 할 때 받아야 하는 것은?

① 형식증명 ② 형식증명승인
③ 감항증명 ④ 감항승인

해설 항공안전법 제24조(감항승인)
① 우리나라에서 제작, 운항 또는 정비등을 한 항공기등, 장비품 또는 부품을 타인에게 제공하려는 자는 국토교통부령으로 정하는 바에 따라 국토교통부장관의 감항승인을 받을 수 있다.

245 항공기 등에 발생한 고장, 결함 또는 기능장애 보고는 고장등이 발생한 것을 알게 된 때부터 몇 시간 이내에 보고해야 하는가?

① 36시간 ② 48시간
③ 72시간 ④ 96시간

해설 항공안전법 시행규칙 제74조(항공기 등에 발생한 고장, 결함 또는 기능장애 보고)
③ 제2항에 따른 보고는 고장등이 발생한 것을 알게 된 때([별표 20의 2] 제5호 마목 및 바목의 의무보고 대상 항공안전장애인 경우에는 보고 대상으로 확인된 때를 말한다)부터 96시간 이내(해당 기간에 포함된 토요일 및 법정공휴일에 해당하는 시간은 제외한다)에 해야 한다. 〈개정 2019. 9. 23., 2020. 2. 28.〉

246 항공종사자 자격증명의 한정 중 항공기의 종류 한정에 해당하지 않는 것은?

① 비행기 ② 비행선
③ 활공기 ④ 무인동력비행장치

해설 항공안전법 시행규칙 제81조(자격증명의 한정)
② 제1항에 따라 한정하는 항공기의 종류는 비행기, 헬리콥터, 비행선, 활공기 및 항공우주선으로 구분한다.
⑥ 국토교통부장관이 법 제37조 제1항 제2호에 따라 한정하는 항공정비사의 자격증명의 정비분야는 전자 · 전기 · 계기 관련 분야로 한다. 〈개정 2020. 2. 28.〉

247 항공종사자가 자격증명 취소처분을 받고 취소된 자격증명을 다시 받는 경우에 한정기간은?

① 1년 ② 2년
③ 3년 ④ 4년

해설 항공안전법 제34조(항공종사자 자격증명 등)
② 다음 각 호의 어느 하나에 해당하는 사람은 자격증명을 받을 수 없다.
2. 제43조 제1항에 따른 자격증명 취소처분을 받고 그 취소일부터 2년이 지나지 아니한 사람(취소된 자격증명을 다시 받는 경우에 한정한다)

248 항공종사자의 자격증명을 한정할 때 항공기의 종류, 등급 또는 형식으로 한정할 수 없는 종사자는?

① 운송용 조종사 ② 사업용 조종사
③ 항공기관사 ④ 항공정비사

정답 243. ③ 244. ④ 245. ④ 246. ④ 247. ② 248. ④

해설 **항공안전법 제37조(자격증명의 한정)**

① 국토교통부장관은 다음 각 호의 구분에 따라 자격증명에 대한 한정을 할 수 있다.
1. 운송용 조종사, 사업용 조종사, 자가용 조종사, 부조종사 또는 항공기관사 자격의 경우: 항공기의 종류, 등급 또는 형식
2. 항공정비사 자격의 경우: 항공기의 종류 및 정비분야

249 국토교통부장관이 항공종사자의 자격증명이나 자격증명의 한정을 취소해야 하는 경우는?

① 이 법을 위반하여 벌금 이상의 형을 선고 받은 경우
② 자격증명의 종류에 따른 업무범위 외의 업무에 종사한 경우
③ 주류등의 영향으로 항공업무를 정상적으로 수행할 수 없는 상태에서 항공업무에 종사한 경우
④ 자격증명등의 정지명령을 위반하여 정지기간에 항공업무에 종사한 경우

해설 **항공안전법 제43조(자격증명 · 항공신체검사증명의 취소 등)**

① 국토교통부장관은 항공종사자가 다음 각 호의 어느 하나에 해당하는 경우에는 그 자격증명이나 자격증명의 한정(이하 이 조에서 "자격증명등"이라 한다)을 취소하거나 1년 이내의 기간을 정하여 자격증명등의 효력정지를 명할 수 있다. 다만, 제1호, 제6호의 2, 제6호의 3, 제15호 또는 제31호에 해당하는 경우에는 해당 자격증명등을 취소하여야 한다. 〈개정 2019. 8. 27., 2020. 6. 9., 2020. 12. 8., 2021. 5. 18., 2021. 12. 7., 2022. 1. 18.〉
1. 거짓이나 그 밖의 부정한 방법으로 자격증명등을 받은 경우
31. 이 조에 따른 자격증명등의 정지명령을 위반하여 정지기간에 항공업무에 종사한 경우

250 항공운송사업에 사용되는 항공기 외의 항공기가 계기비행방식 외의 방식("시계비행방식"이라 한다)에 의한 비행을 하는 경우 설치 · 운용해야 하는 무선설비는?

① 초단파(VHF) 또는 극초단파(UHF)무선전화 송수신기 각 2대
② 자동방향탐지기(ADF) 1대
③ 전방향표지시설(VOR) 수신기 1대
④ 거리측정시설(DME) 수신기 1대

해설 **항공안전법 시행규칙 제107조(무선설비)**

① 법 제51조에 따라 항공기에 설치 · 운용하여야 하는 무선설비는 다음 각 호와 같다. 다만, 항공운송사업에 사용되는 항공기 외의 항공기가 계기비행방식 외의 방식(이하 "시계비행방식"이라 한다)에 의한 비행을 하는 경우에는 제3호부터 제6호까지의 무선설비를 설치 · 운용하지 아니할 수 있다. 〈개정 2019. 2. 26.〉
3. 자동방향탐지기(ADF) 1대[무지향표지시설(NDB) 신호로만 계기접근절차가 구성되어 있는 공항에 운항하는 경우만 해당한다]
4. 계기착륙시설(ILS) 수신기 1대(최대이륙중량 5천 700킬로그램 미만의 항공기와 헬리콥터 및 무인항공기는 제외한다)
5. 전방향표지시설(VOR) 수신기 1대(무인항공기는 제외한다)
6. 거리측정시설(DME) 수신기 1대(무인항공기는 제외한다)

251 항공기에 설치 · 운용하여야 하는 무선설비 중 비상위치지시용 무선표지설비(ELT)에 대한 설명 중 바르지 않은 것은?

① 비상위치지시용 무선표지설비의 신호는 121.5메가헤르츠(MHz) 및 406메가헤르츠(MHz)로 송신되어야 한다.
② 항공운송사업에 사용되는 비행기 중 승객의 좌석 수가 19석을 초과하는 비행기는 2대를 설치하여야 한다.
③ 2대를 설치하여야 하는 경우 2대 중 1대는 자동으로 작동되는 구조여야 한다.
④ 1대를 설치하여야 하는 경우 구명보트에 설치하여야 한다.

해설 **항공안전법 시행규칙 제107조(무선설비)**

① 법 제51조에 따라 항공기에 설치 · 운용해야 하는 무선설비는 다음 각 호와 같다. 다만, 항공운송사업에 사용되는 항공기 외의 항공기가 계기비행방식 외의 방식(이하 "시계비행방식"이라 한다)에 의한 비행을 하는 경우에는 제3호부터 제6호까지의 무선설비를 설치 · 운용하지 않을 수 있다. 〈개정 2019. 2. 26., 2021. 8. 27.〉
8. 다음 각 목의 구분에 따라 비상위치지시용 무선표지설비(ELT). 이 경우 비상위치지시용 무선표지설비의 신호는 121.5메가헤르츠(MHz) 및 406메가헤르츠(MHz)로 송신되어야 한다.

정답 249. ④ 250. ① 251. ④

가. 2대를 설치하여야 하는 경우: 다음의 어느 하나에 해당하는 항공기. 이 경우 비상위치지시용 무선표지설비 2대 중 1대는 자동으로 작동되는 구조여야 하며, 2)의 경우 1대는 구명보트에 설치하여야 한다.
1) 승객의 좌석 수가 19석을 초과하는 비행기(항공운송사업에 사용되는 비행기만 해당한다)
2) 비상착륙에 적합한 육지(착륙이 가능한 섬을 포함한다)로부터 순항속도로 10분의 비행거리 이상의 해상을 비행하는 제1종 및 제2종 헬리콥터, 회전날개에 의한 자동회전(autorotation)에 의하여 착륙할 수 있는 거리 또는 안전한 비상착륙(safe forced landing)을 할 수 있는 거리를 벗어난 해상을 비행하는 제3종 헬리콥터

나. 1대를 설치하여야 하는 경우: 가목에 해당하지 아니하는 항공기. 이 경우 비상위치지시용 무선표지설비는 자동으로 작동되는 구조여야 한다.

252 비행 중 항공교통관제기관과 교신할 수 있는 초단파(VHF) 또는 극초단파(UHF) 무선전화 송수신기에 필요한 성능이 아닌 것은?

① 비행장 또는 헬기장에서 관제를 목적으로 한 양방향통신이 가능할 것
② 무선전화 송수신기 각 2대 중 1대는 자동으로 작동되는 구조여야 할 것
③ 비행 중 계속하여 기상정보를 수신할 수 있을 것
④ 항공비상주파수(121.5MHz 또는 243.0 MHz)를 사용하여 항공교통관제기관과 통신이 가능할 것

해설 **항공안전법 시행규칙 제107조(무선설비)**

② 제1항 제1호에 따른 무선설비는 다음 각 호의 성능이 있어야 한다.
1. 비행장 또는 헬기장에서 관제를 목적으로 한 양방향통신이 가능할 것
2. 비행 중 계속하여 기상정보를 수신할 수 있을 것
3. 운항 중 「전파법 시행령」 제29조 제1항 제7호 및 제11호에 따른 항공기국과 항공국 간 또는 항공국과 항공기국 간 양방향통신이 가능할 것
4. 항공비상주파수(121.5MHz 또는 243.0MHz)를 사용하여 항공교통관제기관과 통신이 가능할 것
5. 제1항 제1호에 따른 무선전화 송수신기 각 2대 중 각 1대가 고장이 나더라도 나머지 각 1대는 고장이 나지 아니하도록 각각 독립적으로 설치할 것

253 항공기를 항공에 사용하거나 개조 또는 정비한 경우, 탑재용 항공일지의 수리 · 개조 또는 정비의 실시에 관한 기록 내용에 해당하는 것은?

① 비행연월일
② 비행목적 또는 편명
③ 발동기 및 프로펠러의 부품번호 및 제작일련번호
④ 실시 이유, 수리 · 개조 또는 정비의 위치 및 교환 부품명

해설 **항공안전법 시행규칙 제108조(항공일지)**

① 법 제52조 제2항에 따라 항공기를 운항하려는 자 또는 소유자등은 탑재용 항공일지, 지상 비치용 발동기 항공일지 및 지상 비치용 프로펠러 항공일지를 갖추어 두어야 한다. 다만, 활공기의 소유자등은 활공기용 항공일지를, 법 제102조 각 호의 어느 하나에 해당하는 항공기의 소유자등은 탑재용 항공일지를 갖춰 두어야 한다.
② 항공기의 소유자등은 항공기를 항공에 사용하거나 개조 또는 정비한 경우에는 지체 없이 다음 각 호의 구분에 따라 항공일지에 적어야 한다.
1. 탑재용 항공일지(법 제102조 각 호의 어느 하나에 해당하는 항공기는 제외한다)
자. 수리 · 개조 또는 정비의 실시에 관한 다음의 기록
1) 실시 연월일 및 장소
2) 실시 이유, 수리 · 개조 또는 정비의 위치 및 교환 부품명
3) 확인 연월일 및 확인자의 서명 또는 날인

254 183석의 승객 좌석 수를 갖는 항공기의 객실에 갖춰 두어야 할 소화기의 수량은?

① 1개 ② 2개
③ 3개 ④ 4개

해설 **항공안전법 시행규칙 제110조(구급용구 등)**

법 제52조 제2항에 따라 항공기의 소유자등이 항공기(무인항공기는 제외한다)에 갖추어야 할 구명동의, 음성신호발생기, 구명보트, 불꽃조난신호장비, 휴대용 소화기, 도끼, 손확성기(메가폰), 구급의료용품 등은 [별표 15]와 같다. 〈개정 2021. 8. 27.〉
[별표 15] 2. 소화기
가. 항공기에는 적어도 조종실 및 조종실과 분리되어 있는 객실에 각각 한 개 이상의 이동이 간편한 소화기를 갖춰 두어야 한다. 다만, 소화기는 소화액을 방사 시 항공기 내의 공기를 해롭게 오염시키거나 항공기의 안전운항에 지장을 주는 것이어서는 안 된다.

정답 252. ② 253. ④ 254. ③

나.

승객 좌석 수	소화기의 수량
• 6석부터 30석까지	1
• 31석부터 60석까지	2
• 61석부터 200석까지	3
• 201석부터 300석까지	4
• 301석부터 400석까지	5
• 401석부터 500석까지	6
• 501석부터 600석까지	7
• 601석 이상	8

(교재 p. 108, [별표 15] 참조)

255 183석의 승객 좌석 수를 갖는 항공기의 객실에 갖춰 두어야 할 구급의료용품의 수량은?

① 1조
② 2조
③ 3조
④ 4조

해설 **항공안전법 시행규칙 제110조(구급용구 등)**

법 제52조 제2항에 따라 항공기의 소유자등이 항공기(무인항공기는 제외한다)에 갖추어야 할 구명동의, 음성신호발생기, 구명보트, 불꽃조난신호장비, 휴대용 소화기, 도끼, 손확성기(메가폰), 구급의료용품 등은 [별표 15]와 같다. 〈개정 2021. 8. 27.〉

[별표 15]

5. 모든 항공기에는 가목의 구급의료용품(first－aid kit)을 탑재해야 하고, 항공운송사업용 항공기에는 나목의 감염예방의료용구(universal precaution kit)와 다목의 비상의료용구(emergency medical kit)를 추가하여 탑재해야 한다. 다만, 다목의 비상의료용구는 비행시간이 2시간 이상이고 승객 좌석 수가 101석 이상의 항공운송사업용 항공기만 해당하며 1조 이상 탑재해야 한다.
   가. 구급의료용품
      1) 구급의료용품의 수량

승객 좌석 수	구급의료용품의 수
0석부터 100석	1조
101석부터 200석까지	2조
201석부터 300석까지	3조
301석부터 400석까지	4조
401석부터 500석까지	5조
501석 이상	6조

(교재 p. 108, [별표 15] 참조)

256 국토교통부령으로 정하는 기준에 해당하는 경량항공기의 기준에 해당하는 것은?

① 최대이륙중량이 600킬로그램(수상비행에 사용하는 경우에는 650킬로그램) 이하일 것
② 탑승자, 연료 및 비상용 장비의 중량을 제외한 자체중량이 115킬로그램 이하일 것
③ 기체의 성질 · 온도차 등을 이용하는 유인자유기구 또는 무인자유기구
④ 연료의 중량을 제외한 자체중량이 150킬로그램 이하인 무인비행기, 무인헬리콥터 또는 무인멀티콥터

해설 **항공안전법 시행규칙 제4조(경량항공기의 기준)**

법 제2조 제2호에서 "최대이륙중량, 좌석 수 등 국토교통부령으로 정하는 기준에 해당하는 비행기, 헬리콥터, 자이로플레인(gyroplane) 및 동력패러슈트(powered parachute) 등"이란 법 제2조 제3호에 따른 초경량비행장치에 해당하지 않는 것으로서 다음 각 호의 기준을 모두 충족하는 비행기, 헬리콥터, 자이로플레인 및 동력패러슈트를 말한다. 〈개정 2021. 8. 27., 2022. 12. 9.〉

1. 최대이륙중량이 600킬로그램(수상비행에 사용하는 경우에는 650킬로그램) 이하일 것
2. 최대 실속속도[실속(失速): 비행기를 띄우는 양력이 급격히 떨어지는 현상을 말한다. 이하 같다)이 발생할 수 있는 속도를 말한다] 또는 최소 정상비행속도가 45노트 이하일 것
3. 조종사 좌석을 포함한 탑승 좌석이 2개 이하일 것
4. 단발(單發) 왕복발동기 또는 전기모터(전기 공급원으로부터 충전받은 전기에너지 또는 수소를 사용하여 발생시킨 전기에너지를 동력원으로 사용하는 것을 말한다)를 장착할 것
5. 조종석은 여압(기내 공기 압력을 지상과 가깝게 조절 · 유지하는 것을 말한다)이 되지 아니할 것
6. 비행 중에 프로펠러의 각도를 조정할 수 없을 것
7. 고정된 착륙장치가 있을 것. 다만, 수상비행에 사용하는 경우에는 고정된 착륙장치 외에 접을 수 있는 착륙장치를 장착할 수 있다.

257 항공운송사업용 및 항공기사용사업용 헬리콥터가 시계비행을 할 경우, 추가로 실어야 하는 연료의 양은?

① 최대항속속도로 20분간 더 비행할 수 있는 양 + 운항기술기준에서 정한 연료의 양
② 최대항속속도로 40분간 더 비행할 수 있는 양 + 운항기술기준에서 정한 연료의 양
③ 최대항속속도로 60분간 더 비행할 수 있는 양 + 운항기술기준에서 정한 연료의 양
④ 최대항속속도로 120분간 더 비행할 수 있는 양 + 운항기술기준에서 정한 연료의 양

정답 255. ② 256. ① 257. ①

해설 **항공안전법 시행규칙 제119조(항공기의 연료와 오일)**

법 제53조에 따라 항공기에 실어야 하는 연료와 오일의 양은 [별표 17]과 같다.

[별표 17]

항공기에 실어야 할 연료와 오일의 양(제119조 관련)

항공운송사업용 및 항공기사용사업용 헬리콥터	시계비행을 할 경우	다음 각 호의 양을 더한 양 1. 최초 착륙예정 비행장까지 비행에 필요한 양 2. 최대항속속도로 20분간 더 비행할 수 있는 양 3. 이상사태 발생 시 연료소모가 증가할 것에 대비하기 위한 것으로서 운항기술기준에서 정한 연료의 양

(교재 p. 121, [별표 17] 참조)

258 항공운송사업자가 객실승무원이 비행피로로 인하여 항공기 안전운항에 지장을 초래하지 아니하도록 운항규정에 정하여야 하는 연간 승무시간 기준은?

① 1천 시간 초과 금지
② 1천 100시간 초과 금지
③ 1천 200시간 초과 금지
④ 1천 300시간 초과 금지

해설 **항공안전법 시행규칙 제128조(객실승무원의 승무시간 기준 등)**

① 항공운송사업자는 법 제56조 제1항 제1호에 따라 객실승무원이 비행피로로 인하여 항공기 안전운항에 지장을 초래하지 아니하도록 월간, 3개월간 및 연간 단위의 승무시간 기준을 운항규정에 정하여야 한다. 이 경우 연간 승무시간은 1천 200시간을 초과해서는 아니 된다.

259 국토교통부장관이 항공안전프로그램을 고시할 때 포함해야 할 사항이 아닌 것은?

① 국가의 항공안전에 관한 목표
② 항공기사고, 항공기준사고 및 항공안전장애 등에 대한 보고체계에 관한 사항
③ 항공안전을 위한 조사활동 및 안전감독에 관한 사항
④ 비정기적인 안전평가에 대한 계획

해설 **항공안전법 제58조(항공안전프로그램 등)**

① 국토교통부장관은 다음 각 호의 사항이 포함된 항공안전프로그램을 마련하여 고시하여야 한다.

1. 국가의 항공안전에 관한 목표
2. 제1호의 목표를 달성하기 위한 항공기 운항, 항공교통업무, 항행시설 운영, 공항 운영 및 항공기 설계 · 제작 · 정비 등 세부 분야별 활동에 관한 사항
3. 항공기사고, 항공기준사고 및 항공안전장애 등에 대한 보고체계에 관한 사항
4. 항공안전을 위한 조사활동 및 안전감독에 관한 사항
5. 잠재적인 항공안전 위해요인의 식별 및 개선조치의 이행에 관한 사항
6. 정기적인 안전평가에 관한 사항 등

260 항공기사고 등의 예방 및 비행안전의 확보를 위한 항공안전관리시스템을 마련해야 하는 대상이 아닌 것은?

① 형식증명, 부가형식증명, 제작증명, 기술표준품형식승인 또는 부품등제작자증명을 받은 자
② 항공종사자, 항공정비사 양성을 위한 지정된 전문교육기관
③ 항공운송사업자, 항공기사용사업자 및 국외운항항공기 소유자등
④ 항공기정비업자로서 제97조 제1항에 따른 정비조직인증을 받은 자

해설 **항공안전법 제58조(항공안전프로그램 등)**

② 다음 각 호의 어느 하나에 해당하는 자는 제작, 교육, 운항 또는 사업 등을 시작하기 전까지 제1항에 따른 항공안전프로그램에 따라 항공기사고 등의 예방 및 비행안전의 확보를 위한 항공안전관리시스템을 마련하고, 국토교통부장관의 승인을 받아 운용하여야 한다. 승인받은 사항 중 국토교통부령으로 정하는 중요사항을 변경할 때에도 또한 같다. 〈개정 2017. 10. 24.〉

1. 형식증명, 부가형식증명, 제작증명, 기술표준품형식승인 또는 부품등제작자증명을 받은 자
2. 제35조 제1호부터 제4호까지의 항공종사자 양성을 위하여 제48조 제1항 단서에 따라 지정된 전문교육기관
3. 항공교통업무증명을 받은 자
4. 항공운송사업자, 항공기사용사업자 및 국외운항항공기 소유자등
5. 항공기정비업자로서 제97조 제1항에 따른 정비조직인증을 받은 자
6. 「공항시설법」 제38조 제1항에 따라 공항운영증명을 받은 자
7. 「공항시설법」 제43조 제2항에 따라 항행안전시설을 설치한 자

정답 258. ③ 259. ④ 260. ②

261 항공안전관리시스템에 포함되어야 할 사항이 아닌 것은?

① 안전정책 및 안전목표
② 위험도 관리
③ 안전성과 검증
④ 고의적인 위반행위 관리

해설 **항공안전법 시행규칙 제132조(항공안전관리시스템에 포함되어야 할 사항 등)**

① 법 제58조 제7항 제2호에 따른 항공안전관리시스템에 포함되어야 할 사항은 다음 각 호와 같다. 〈개정 2020. 2. 28., 2021. 6. 9.〉

1. 안전정책 및 안전목표
   가. 최고경영자의 권한 및 책임에 관한 사항
   나. 안전관리 관련 업무분장에 관한 사항
   다. 총괄 안전관리자의 지정에 관한 사항
   라. 위기대응계획 관련 관계기관 협의에 관한 사항
   마. 매뉴얼 등 항공안전관리시스템 관련 기록 · 관리에 관한 사항
2. 위험도 관리
   가. 위험요인의 식별절차에 관한 사항
   나. 위험도 평가 및 경감조치에 관한 사항
   다. 자체 안전보고의 운영에 관한 사항
3. 안전성과 검증
   가. 안전성과의 모니터링 및 측정에 관한 사항
   나. 변화관리에 관한 사항
   다. 항공안전관리시스템 운영절차 개선에 관한 사항
4. 안전관리 활성화
   가. 안전교육 및 훈련에 관한 사항
   나. 안전관리 관련 정보 등의 공유에 관한 사항
5. 그 밖에 국토교통부장관이 항공안전 목표 달성에 필요하다고 정하는 사항

262 항공안전 의무보고서 또는 국토교통부장관이 정하여 고시하는 전자적인 보고방법에 따라 국토교통부장관 또는 지방항공청장에게 보고해야 하는 시기로 맞는 것은?

① 항공기사고: 즉시
② 항공기준사고: 48시간 이내
③ 항공안전장애: 48시간 이내
④ 항공안전위해요인: 96시간 이내

해설 **항공안전법 시행규칙 제134조(항공안전 의무보고의 절차 등)**

① 법 제59조 제1항 본문에서 "항공안전장애 중 국토교통부령으로 정하는 사항"이란 [별표 20의 2]에 따른 사항을 말한다. 〈신설 2020. 2. 28.〉

② 법 제59조 제1항 및 법 제62조 제5항에 따라 다음 각 호의 어느 하나에 해당하는 사람은 별지 제65호 서식에 따른 항공안전 의무보고서(항공기가 조류 또는 동물과 충돌한 경우에는 별지 제65호의 2 서식에 따른 조류 및 동물 충돌 보고서) 또는 국토교통부장관이 정하여 고시하는 전자적인 보고방법에 따라 국토교통부장관 또는 지방항공청장에게 보고해야 한다. 〈개정 2020. 2. 28., 2020. 12. 10.〉

④ 제2항에 따른 보고서의 제출 시기는 다음 각 호와 같다. 〈개정 2020. 2. 28.〉

1. 항공기사고 및 항공기준사고: 즉시
2. 항공안전장애
   가. [별표 20의 2] 제1호부터 제4호까지, 제6호 및 제7호에 해당하는 의무보고 대상 항공안전장애의 경우 다음의 구분에 따른 때부터 72시간 이내(해당 기간에 포함된 토요일 및 법정공휴일에 해당하는 시간은 제외한다). 다만, 제6호 가목, 나목 및 마목에 해당하는 사항은 즉시 보고해야 한다.
      1) 의무보고 대상 항공안전장애를 발생시킨 자: 해당 의무보고 대상 항공안전장애가 발생한 때
      2) 의무보고 대상 항공안전장애가 발생한 것을 알게 된 자: 해당 의무보고 대상 항공안전장애가 발생한 사실을 안 때
   나. [별표 20의 2] 제5호에 해당하는 의무보고 대상 항공안전장애의 경우 다음의 구분에 따른 때부터 96시간 이내. 다만, 해당 기간에 포함된 토요일 및 법정공휴일에 해당하는 시간은 제외한다.

263 항공안전법 제67조(항공기의 비행규칙)에 따라 교차하거나 그와 유사하게 접근하는 고도의 항공기 상호간 진로 양보 조건 적용 시, 우선적으로 양보 받아야 할 대상은?

① 비행기　② 헬리콥터
③ 비행선　④ 활공기

해설 **항공안전법 시행규칙 제166조(통행의 우선순위)**

① 법 제67조에 따라 교차하거나 그와 유사하게 접근하는 고도의 항공기 상호간에는 다음 각 호에 따라 진로를 양보해야 한다. 〈개정 2021. 8. 27.〉

1. 비행기 · 헬리콥터는 비행선, 활공기 및 기구류에 진로를 양보할 것
2. 비행기 · 헬리콥터 · 비행선은 항공기 또는 그 밖의 물건을 예항(끌고 비행하는 것을 말한다)하는 다른 항공기에 진로를 양보할 것
3. 비행선은 활공기 및 기구류에 진로를 양보할 것
4. 활공기는 기구류에 진로를 양보할 것

정답 261. ④ 262. ① 263. ④

5. 제1호부터 제4호까지의 경우를 제외하고는 다른 항공기를 우측으로 보는 항공기가 진로를 양보할 것

② 비행 중이거나 지상 또는 수상에서 운항 중인 항공기는 착륙 중이거나 착륙하기 위하여 최종접근 중인 항공기에 진로를 양보하여야 한다.

③ 착륙을 위하여 비행장에 접근하는 항공기 상호간에는 높은 고도에 있는 항공기가 낮은 고도에 있는 항공기에 진로를 양보해야 한다. 이 경우 낮은 고도에 있는 항공기는 최종접근단계에 있는 다른 항공기의 전방에 끼어들거나 그 항공기를 앞지르기해서는 안 된다. 〈개정 2021. 8. 27.〉

④ 제3항에도 불구하고 비행기, 헬리콥터 또는 비행선은 활공기에 진로를 양보하여야 한다.

⑤ 비상착륙하는 항공기를 인지한 항공기는 그 항공기에 진로를 양보하여야 한다.

⑥ 비행장 안의 기동지역에서 운항하는 항공기는 이륙 중이거나 이륙하려는 항공기에 진로를 양보하여야 한다.

264 두 항공기가 충돌할 위험이 있을 정도로 정면 또는 이와 유사하게 접근하는 경우 대처 방법은?

① 다른 항공기에 진로를 양보하는 항공기는 그 다른 항공기의 상하로 통과
② 다른 항공기에 진로를 양보하는 항공기는 그 다른 항공기의 전방을 통과
③ 서로 기수(機首)를 오른쪽으로 돌려 운행
④ 추월하려는 항공기는 추월당하는 항공기의 왼쪽을 통과

해설 **항공안전법 시행규칙 제167조(진로와 속도 등)**

① 법 제67조에 따라 통행의 우선순위를 가진 항공기는 그 진로와 속도를 유지하여야 한다.

② 다른 항공기에 진로를 양보하는 항공기는 그 다른 항공기의 상하 또는 전방을 통과해서는 아니 된다. 다만, 충분한 거리 및 항적난기류(航跡亂氣流)의 영향을 고려하여 통과하는 경우에는 그러하지 아니하다.

③ 두 항공기가 충돌할 위험이 있을 정도로 정면 또는 이와 유사하게 접근하는 경우에는 서로 기수(機首)를 오른쪽으로 돌려야 한다.

④ 다른 항공기의 후방 좌 · 우 70도 미만의 각도에서 그 항공기를 앞지르기(상승 또는 강하에 의한 앞지르기를 포함한다)하려는 항공기는 앞지르기당하는 항공기의 오른쪽을 통과해야 한다. 이 경우 앞지르기하는 항공기는 앞지르기당하는 항공기와 간격을 유지하며, 앞지르기당하는 항공기의 진로를 방해해서는 안 된다. 〈개정 2021. 8. 27.〉

265 항공기가 활공기를 예항하는 경우 준수해야 할 사항과 거리가 먼 것은?

① 항공기에 연락원을 탑승시킬 것
② 예항줄의 길이는 80미터 이상으로 할 것
③ 지상연락원을 배치할 것
④ 구름 속에서나 야간에는 예항을 하지 말 것

해설 **항공안전법 시행규칙 제171조(활공기 등의 예항)**

① 법 제67조에 따라 항공기가 활공기를 예항하는 경우에는 다음 각 호의 기준에 따라야 한다. 〈개정 2021. 8. 27.〉

1. 항공기에 연락원을 탑승시킬 것(조종자를 포함하여 2명 이상이 탈 수 있는 항공기의 경우만 해당하며, 그 항공기와 활공기 간에 무선통신으로 연락이 가능한 경우는 제외한다)
2. 예항하기 전에 항공기와 활공기의 탑승자 사이에 다음 각 목에 관하여 상의할 것
   가. 출발 및 예항의 방법
   나. 예항줄(항공기 등을 끌고 비행하기 위한 줄을 말한다. 이하 같다) 이탈의 시기 · 장소 및 방법
   다. 연락신호 및 그 의미
   라. 그 밖에 안전을 위하여 필요한 사항
3. 예항줄의 길이는 40미터 이상 80미터 이하로 할 것
4. 지상연락원을 배치할 것
5. 예항줄 길이의 80퍼센트에 상당하는 고도 이상의 고도에서 예항줄을 이탈시킬 것
6. 구름 속에서나 야간에는 예항을 하지 말 것(지방항공청장의 허가를 받은 경우는 제외한다)

266 비행고도 3,050미터(1만피트) 이상인 구역에서 곡예비행 등을 할 수 있는 비행시정으로 바른 것은?

① 2천미터 이상
② 4천미터 이상
③ 6천미터 이상
④ 8천미터 이상

해설 **항공안전법 시행규칙 제197조(곡예비행 등을 할 수 있는 비행시정)**

법 제67조에 따른 곡예비행을 할 수 있는 비행시정은 다음 각 호의 구분과 같다.

1. 비행고도 3,050미터(1만피트) 미만인 구역: 5천미터 이상
2. 비행고도 3,050미터(1만피트) 이상인 구역: 8천미터 이상

정답 264. ③ 265. ② 266. ④

267 항공기의 비행 중 금지행위 등 곡예비행 금지구역으로 국토교통부령으로 정하는 구역에 해당하지 않는 것은?

① 사람 또는 주택들이 밀집한 지역의 상공
② 비행정보구역
③ 지표로부터 450미터(1,500피트) 미만의 고도
④ 해당 항공기(활공기는 제외한다)를 중심으로 반지름 500미터 범위 안의 지역에 있는 가장 높은 장애물의 상단으로부터 500미터 이하의 고도

해설 **항공안전법 시행규칙 제204조(곡예비행 금지구역)**
법 제68조 제4호에서 "국토교통부령으로 정하는 구역"이란 다음 각 호의 어느 하나에 해당하는 구역을 말한다.
1. 사람 또는 건축물이 밀집한 지역의 상공
2. 관제구 및 관제권
3. 지표로부터 450미터(1,500피트) 미만의 고도
4. 해당 항공기(활공기는 제외한다)를 중심으로 반지름 500미터 범위 안의 지역에 있는 가장 높은 장애물의 상단으로부터 500미터 이하의 고도
5. 해당 활공기를 중심으로 반지름 300미터 범위 안의 지역에 있는 가장 높은 장애물의 상단으로부터 300미터 이하의 고도

268 운항 중에 전자기기의 사용을 제한할 수 있는 항공기에 해당하는 것은?

① 항공운송사업용으로 비행 중인 항공기
② 항공기사용사업용으로 비행 중인 항공기
③ 초경량비행장치사용사업용으로 비행 중인 항공기
④ 시계비행 방식으로 비행 중인 항공기

해설 **항공안전법 시행규칙 제214조(전자기기의 사용제한)**
법 제73조에 따라 운항 중에 전자기기의 사용을 제한할 수 있는 항공기와 사용이 제한되는 전자기기의 품목은 다음 각 호와 같다.
1. 다음 각 목의 어느 하나에 해당하는 항공기
   가. 항공운송사업용으로 비행 중인 항공기
   나. 계기비행방식으로 비행 중인 항공기
2. 다음 각 목 외의 전자기기
   가. 휴대용 음성녹음기
   나. 보청기
   다. 심장박동기
   라. 전기면도기
   마. 그 밖에 항공운송사업자 또는 기장이 항공기 제작회사의 권고 등에 따라 해당항공기에 전자파 영향을 주지 아니한다고 인정한 휴대용 전자기기

269 운항 중에 사용이 제한되는 전자기기의 예외 품목에 해당하지 않는 것은?

① 휴대용 음성녹음기 ② 보청기
③ 심장박동기 ④ 노트북

해설 **항공안전법 시행규칙 제214조(전자기기의 사용제한)**
법 제73조에 따라 운항 중에 전자기기의 사용을 제한할 수 있는 항공기와 사용이 제한되는 전자기기의 품목은 다음 각 호와 같다.
1. 다음 각 목의 어느 하나에 해당하는 항공기
   가. 항공운송사업용으로 비행 중인 항공기
   나. 계기비행방식으로 비행 중인 항공기
2. 다음 각 목 외의 전자기기
   가. 휴대용 음성녹음기
   나. 보청기
   다. 심장박동기
   라. 전기면도기
   마. 그 밖에 항공운송사업자 또는 기장이 항공기 제작회사의 권고 등에 따라 해당항공기에 전자파 영향을 주지 아니한다고 인정한 휴대용 전자기기

270 운항기술기준을 정하여 고시할 때 포함시켜야 할 내용이 아닌 것은?

① 자격증명
② 항공기 감항성
③ 항공기등, 장비품 또는 부품의 인증절차
④ 항공기 계기 및 장비

해설 **항공안전법 제77조(항공기의 안전운항을 위한 운항기술기준)**
① 국토교통부장관은 항공기 안전운항을 확보하기 위하여 이 법과 「국제민간항공협약」 및 같은 협약 부속서에서 정한 범위에서 다음 각 호의 사항이 포함된 운항기술기준을 정하여 고시할 수 있다.
1. 자격증명
2. 항공훈련기관
3. 항공기 등록 및 등록부호 표시
4. 항공기 감항성
5. 정비조직인증기준
6. 항공기 계기 및 장비
7. 항공기 운항
8. 항공운송사업의 운항증명 및 관리

정답 267. ② 268. ① 269. ④ 270. ③

9. 그 밖에 안전운항을 위하여 필요한 사항으로서 국토교통부령으로 정하는 사항

② 소유자등 및 항공종사자는 제1항에 따른 운항기술기준을 준수하여야 한다.

271 항공운송사업에 사용되는 모든 비행기에 장착해야 할 장치는?

① 공중충돌경고장치(Airborne Collision Avoidance System, ACAS Ⅱ)
② 지상접근경고장치(Ground Proximity Warning System)
③ 비행자료 및 조종실 내 음성을 디지털 방식으로 기록할 수 있는 비행기록장치
④ 전방돌풍경고장치

해설 **항공안전법 시행규칙 제109조(사고예방장치 등)**

① 법 제52조 제2항에 따라 사고예방 및 사고조사를 위하여 항공기에 갖추어야 할 장치는 다음 각 호와 같다. 다만, 국제항공노선을 운항하지 않는 헬리콥터의 경우에는 제2호 및 제3호의 장치를 갖추지 않을 수 있다. 〈개정 2021. 8. 27.〉

1. 다음 각 목의 어느 하나에 해당하는 비행기에는 「국제민간항공협약」 부속서 10에서 정한 바에 따라 운용되는 공중충돌경고장치(Airborne Collision Avoidance System, ACAS Ⅱ) 1기 이상
   가. 항공운송사업에 사용되는 모든 비행기. 다만, 소형항공운송사업에 사용되는 최대이륙중량이 5,700킬로그램 이하인 비행기로서 그 비행기에 적합한 공중충돌경고장치가 개발되지 아니하거나 공중충돌경고장치를 장착하기 위하여 필요한 비행기 개조 등의 기술이 그 비행기의 제작자 등에 의하여 개발되지 아니한 경우에는 공중충돌경고장치를 갖추지 아니 할 수 있다.
   나. 2007년 1월 1일 이후에 최초로 감항증명을 받는 비행기로서 최대이륙중량이 15,000킬로그램을 초과하거나 승객 30명을 초과하여 수송할 수 있는 터빈발동기를 장착한 항공운송사업 외의 용도로 사용되는 모든 비행기
   다. 2008년 1월 1일 이후에 최초로 감항증명을 받는 비행기로서 최대이륙중량이 5,700킬로그램을 초과하거나 승객 19명을 초과하여 수송할 수 있는 터빈발동기를 장착한 항공운송사업 외의 용도로 사용되는 모든 비행기

5. 최대이륙중량 27,000킬로그램을 초과하고 승객 19명을 초과하여 수송할 수 있는 항공운송사업에 사용되는 비행기로서 15분 이상 해당 항공교통관제기관의 감시가 곤란한 지역을 비행하는 경우 위치추적 장치 1기 이상

[시행일: 2018. 11. 8.] 제109조 제1항 제5호

272 항공운송사업에 사용되는 터빈발동기를 장착한 비행기에 장착해야 할 장치는?

① 공중충돌경고장치(Airborne Collision Avoidance System, ACAS Ⅱ)
② 지상접근경고장치(Ground Proximity Warning System)
③ 비행자료 및 조종실 내 음성을 디지털 방식으로 기록할 수 있는 비행기록장치
④ 전방돌풍경고장치

해설 **항공안전법 시행규칙 제109조(사고예방장치 등)**

① 법 제52조 제2항에 따라 사고예방 및 사고조사를 위하여 항공기에 갖추어야 할 장치는 다음 각 호와 같다. 다만, 국제항공노선을 운항하지 않는 헬리콥터의 경우에는 제2호 및 제3호의 장치를 갖추지 않을 수 있다. 〈개정 2021. 8. 27.〉

3. 다음 각 목의 어느 하나에 해당하는 항공기에는 비행자료 및 조종실 내 음성을 디지털 방식으로 기록할 수 있는 비행기록장치 각 1기 이상
   가. 항공운송사업에 사용되는 터빈발동기를 장착한 비행기. 이 경우 비행기록장치에는 25시간 이상 비행자료를 기록하고, 2시간 이상 조종실 내 음성을 기록할 수 있는 성능이 있어야 한다.
   나. 승객 5명을 초과하여 수송할 수 있고 최대이륙중량이 5,700킬로그램을 초과하는 비행기 중에서 항공운송사업 외의 용도로 사용되는 터빈발동기를 장착한 비행기. 이 경우 비행기록장치에는 25시간 이상 비행자료를 기록하고, 2시간 이상 조종실 내 음성을 기록할 수 있는 성능이 있어야 한다.
   다. 1989년 1월 1일 이후에 제작된 헬리콥터로서 최대이륙중량이 3,180킬로그램을 초과하는 헬리콥터. 이 경우 비행기록장치에는 10시간 이상 비행자료를 기록하고, 2시간 이상 조종실 내 음성을 기록할 수 있는 성능이 있어야 한다.
   라. 그 밖에 항공기의 최대이륙중량 및 제작 시기 등을 고려하여 국토교통부장관이 필요하다고 인정하여 고시하는 항공기

273 공역의 사용목적에 따른 관제공역에 해당하지 않는 것은?

① 관제권 ② 관제구
③ 비행장교통구역 ④ 정보구역

정답 271. ① 272. ③ 273. ④

해설 **항공안전법 시행규칙 제221조(공역의 구분 · 관리 등)**

① 법 제78조 제2항에 따라 국토교통부장관이 세분하여 지정 · 공고하는 공역의 구분은 [별표 23]과 같다.

[별표 23] 공역의 구분(제221조 제1항 관련)

관제공역	관제권	「항공안전법」 제2조 제25호에 따른 공역으로서 비행정보구역 내의 B, C 또는 D등급 공역 중에서 시계 및 계기비행을 하는 항공기에 대하여 항공교통관제업무를 제공하는 공역
	관제구	「항공안전법」 제2조 제26호에 따른 공역(항공로 및 접근관제구역을 포함한다)으로서 비행정보구역 내의 A, B, C, D 및 E등급 공역에서 시계 및 계기비행을 하는 항공기에 대하여 항공교통관제업무를 제공하는 공역
	비행장 교통구역	「항공안전법」 제2조 제25호에 따른 공역 외의 공역으로서 비행정보구역 내의 D등급에서 시계비행을 하는 항공기 간에 교통정보를 제공하는 공역

(교재 p. 176, [별표 23] 참조)

274 공역의 사용목적에 따른 주의공역에 해당하지 않는 것은?

① 훈련구역
② 군작전구역
③ 위험구역
④ 비행금지구역

해설 **항공안전법 시행규칙 제221조(공역의 구분 · 관리 등)**

① 법 제78조 제2항에 따라 국토교통부장관이 세분하여 지정 · 공고하는 공역의 구분은 [별표 23]과 같다.

[별표 23] 공역의 구분(제221조 제1항 관련)

주의공역	훈련구역	민간항공기의 훈련공역으로서 계기비행항공기로부터 분리를 유지할 필요가 있는 공역
	군작전구역	군사작전을 위하여 설정된 공역으로서 계기비행항공기로부터 분리를 유지할 필요가 있는 공역
	위험구역	항공기의 비행 시 항공기 또는 지상시설물에 대한 위험이 예상되는 공역
	경계구역	대규모 조종사의 훈련이나 비정상 형태의 항공활동이 수행되는 공역

275 관제공역 중 모든 항공기가 계기비행을 해야 하는 공역은?

① A등급 공역 ② B등급 공역
③ F등급 공역 ④ G등급 공역

해설 **항공안전법 시행규칙 제221조(공역의 구분 · 관리 등)**

① 법 제78조 제2항에 따라 국토교통부장관이 세분하여 지정 · 공고하는 공역의 구분은 [별표 23]과 같다.

[별표 23] 공역의 구분(제221조 제1항 관련)

관제공역	A등급 공역	모든 항공기가 계기비행을 해야 하는 공역
	B등급 공역	계기비행 및 시계비행을 하는 항공기가 비행 가능하고, 모든 항공기에 분리를 포함한 항공교통관제업무가 제공되는 공역
	C등급 공역	모든 항공기에 항공교통관제업무가 제공되나, 시계비행을 하는 항공기 간에는 교통정보만 제공되는 공역
	D등급 공역	모든 항공기에 항공교통관제업무가 제공되나, 계기비행을 하는 항공기와 시계비행을 하는 항공기 및 시계비행을 하는 항공기 간에는 교통정보만 제공되는 공역
	E등급 공역	계기비행을 하는 항공기에 항공교통관제업무가 제공되고, 시계비행을 하는 항공기에 교통정보가 제공되는 공역

276 농약살포, 건설자재 등의 운반 또는 사진촬영 등 국토교통부령으로 정하는 항공기사용사업의 범위에 해당하지 않는 것은?

① 비료 또는 농약 살포, 씨앗 뿌리기 등 농업 지원
② 헬리콥터 화물실을 이용한 제품의 운반
③ 사진촬영, 육상 및 해상 측량 또는 탐사
④ 산불 등 화재 진압

해설 **항공안전법 시행규칙 제269조(운항증명을 받아야 하는 항공기사용사업의 범위)**

① 법 제96조 제1항에서 "국토교통부령으로 정하는 업무를 하는 항공기사용사업자"란 「항공사업법 시행규칙」 제4조 제1호 및 제5호부터 제7호까지의 업무를 하는 항공기사용사업자를 말한다. 다만, 「항공사업법 시행규칙」 제4조 제1호 및 제5호의 업무를 하는 항공기사용사업의 경우에는 헬리콥터를 사용하여 업무를 하는 항공기사용사업만 해당한다.

② 항공기사용사업자에 대한 운항증명의 신청, 검사, 발급 등에 관하여는 제257조부터 제268조까지의 규정을 준용한다.

항공사업법 시행규칙 제4조(항공기사용사업의 범위)

법 제2조 제15호에서 "농약살포, 건설자재 등의 운반 또는 사진촬영 등 국토교통부령으로 정하는 업무"란 다음 각 호의 어느 하나에 해당하는 업무를 말한다.

1. 비료 또는 농약 살포, 씨앗 뿌리기 등 농업 지원

정답 274. ④ 275. ① 276. ②

2. 해양오염 방지약제 살포
3. 광고용 현수막 견인 등 공중광고
4. 사진촬영, 육상 및 해상 측량 또는 탐사
5. 산불 등 화재 진압
6. 수색 및 구조(응급구호 및 환자 이송을 포함한다)
7. 헬리콥터를 이용한 건설자재 등의 운반(헬리콥터 외부에 건설자재 등을 매달고 운반하는 경우만 해당한다)
8. 산림, 관로(管路), 전선(電線) 등의 순찰 또는 관측
9. 항공기를 이용한 비행훈련(「항공안전법」 제48조 제1항에 따른 전문교육기관 및 「고등교육법」 제2조에 따른 학교가 실시하는 비행훈련 등 다른 법률에서 정하는 바에 따라 실시하는 경우는 제외한다)
10. 항공기를 이용한 고공낙하
11. 글라이더 견인
12. 그 밖에 특정 목적을 위하여 하는 것으로서 국토교통부장관 또는 지방항공청장이 인정하는 업무

277 정비조직인증을 받아야 하는 대상 업무에 해당하는 것은?

① 항공기등, 장비품 또는 부품의 형식 등 개선 업무
② 항공기기술기준에 대한 적합성 입증 업무
③ 부품등의 품질관리 업무
④ 항공기등 또는 부품등의 정비등의 업무

해설 **항공안전법 제97조(정비조직인증 등)**

③ 항공기등, 장비품 또는 부품에 대한 정비등을 하는 경우에는 그 항공기등, 장비품 또는 부품을 제작한 자가 정하거나 국토교통부장관이 인정한 정비등에 관한 방법 및 절차 등을 준수하여야 한다.

항공안전법 시행규칙 제270조(정비조직인증을 받아야 하는 대상 업무) 법 제97조 제1항 본문에서 "국토교통부령으로 정하는 업무"란 다음 각 호의 어느 하나에 해당하는 업무를 말한다.

1. 항공기등 또는 부품등의 정비등의 업무
2. 제1호의 업무에 대한 기술관리 및 품질관리 등을 지원하는 업무

278 신고를 필요로 하지 아니하는 초경량비행장치의 범위에 해당하지 않는 것은?

① 사람이 탑승하는 계류식(繫留式) 기구류
② 계류식 무인비행장치
③ 낙하산류
④ 무인동력비행장치 중에서 연료의 무게를 제외한 자체무게(배터리 무게를 포함한다)가 12킬로그램 이하인 것

해설 **항공안전법 시행령 제24조(신고를 필요로 하지 아니하는 초경량비행장치의 범위)**

법 제122조 제1항 단서에서 "대통령령으로 정하는 초경량비행장치"란 다음 각 호의 어느 하나에 해당하는 것으로서 「항공사업법」에 따른 항공기대여업 · 항공레저스포츠사업 또는 초경량비행장치사용사업에 사용되지 아니하는 것을 말한다.

1. 행글라이더, 패러글라이더 등 동력을 이용하지 아니하는 비행장치
2. 계류식(繫留式) 기구류(사람이 탑승하는 것은 제외한다)
3. 계류식 무인비행장치
4. 낙하산류
5. 무인동력비행장치 중에서 연료의 무게를 제외한 자체무게(배터리 무게를 포함한다)가 12킬로그램 이하인 것
6. 무인비행선 중에서 연료의 무게를 제외한 자체무게가 12킬로그램 이하이고, 길이가 7미터 이하인 것
7. 연구기관 등이 시험 · 조사 · 연구 또는 개발을 위하여 제작한 초경량비행장치
8. 제작자 등이 판매를 목적으로 제작하였으나 판매되지 아니한 것으로서 비행에 사용되지 아니하는 초경량비행장치
9. 군사목적으로 사용되는 초경량비행장치

279 초경량비행장치 안전성인증 대상 등에 해당하지 않는 것은?

① 동력비행장치
② 항공레저스포츠사업에 사용되지 않는 패러글라이더
③ 사람이 탑승하는 기구류
④ 무인비행기, 무인헬리콥터 또는 무인멀티콥터 중에서 최대이륙중량이 25킬로그램을 초과하는 것

해설 **항공안전법 시행규칙 제305조(초경량비행장치 안전성인증 대상 등)**

① 법 제124조 전단에서 "동력비행장치 등 국토교통부령으로 정하는 초경량비행장치"란 다음 각 호의 어느 하나에 해당하는 초경량비행장치를 말한다.

1. 동력비행장치
2. 행글라이더, 패러글라이더 및 낙하산류(항공레저스포츠사업에 사용되는 것만 해당한다)

정답 277. ④ 278. ① 279. ②

3. 기구류(사람이 탑승하는 것만 해당한다)
4. 다음 각 목의 어느 하나에 해당하는 무인비행장치
   가. 제5조 제5호 가목에 따른 무인비행기, 무인헬리콥터 또는 무인멀티콥터 중에서 최대이륙중량이 25킬로그램을 초과하는 것
   나. 제5조 제5호 나목에 따른 무인비행선 중에서 연료의 중량을 제외한 자체중량이 12킬로그램을 초과하거나 길이가 7미터를 초과하는 것
5. 회전익비행장치
6. 동력패러글라이더

280 초경량비행장치 구조 지원 장비 장착 의무대상이 아닌 것은?

① 동력을 이용하지 아니하는 비행장치
② 계류식 기구
③ 회전익비행장치
④ 무인비행장치

해설 **항공안전법 제128조(초경량비행장치 구조 지원 장비 장착 의무)**
초경량비행장치를 사용하여 초경량비행장치 비행제한공역에서 비행하려는 사람은 안전한 비행과 초경량비행장치사고 시 신속한 구조 활동을 위하여 국토교통부령으로 정하는 장비를 장착하거나 휴대하여야 한다. 다만, 무인비행장치 등 국토교통부령으로 정하는 초경량비행장치는 그러하지 아니하다.
항공안전법 시행규칙 제309조(초경량비행장치의 구조지원 장비 등)
① 법 제128조 본문에서 "국토교통부령으로 정하는 장비"란 다음 각 호의 어느 하나에 해당하는 것을 말한다.
   1. 위치추적이 가능한 표시기 또는 단말기
   2. 조난구조용 장비(제1호의 장비를 갖출 수 없는 경우만 해당한다)
② 법 제128조 단서에서 "무인비행장치 등 국토교통부령으로 정하는 초경량비행장치"란 다음 각 호의 어느 하나에 해당하는 초경량비행장치를 말한다.
   1. 동력을 이용하지 아니하는 비행장치
   2. 계류식 기구
   3. 동력패러글라이더
   4. 무인비행장치

281 사람이 현존하는 항공기, 경량항공기 또는 초경량비행장치를 항행 중에 추락 또는 전복(顚覆)시키거나 파괴한 사람에 대한 처벌로 맞는 것은?

① 3년 이하의 징역 또는 5천만원 이하의 벌금
② 사형, 무기징역 또는 7년 이상의 징역
③ 사형, 무기징역 또는 5년 이상의 징역
④ 10년 이하의 징역

해설 **항공안전법 제138조(항행 중 항공기 위험 발생의 죄)**
① 사람이 현존하는 항공기, 경량항공기 또는 초경량비행장치를 항행 중에 추락 또는 전복(顚覆)시키거나 파괴한 사람은 사형, 무기징역 또는 5년 이상의 징역에 처한다.
② 제140조의 죄를 지어 사람이 현존하는 항공기, 경량항공기 또는 초경량비행장치를 항행 중에 추락 또는 전복시키거나 파괴한 사람은 사형, 무기징역 또는 5년 이상의 징역에 처한다.

282 비행장, 이착륙장, 공항시설 또는 항행안전시설을 파손하거나 그 밖의 방법으로 항공상의 위험을 발생시킨 사람에 대한 처벌로 맞는 것은?

① 3년 이하의 징역 또는 5천만원 이하의 벌금
② 3년 이하의 징역 또는 3천만원 이하의 벌금
③ 3년 이상 15년 이하의 징역
④ 10년 이하의 징역

해설 **항공안전법 제140조(항공상 위험 발생 등의 죄)**
비행장, 이착륙장, 공항시설 또는 항행안전시설을 파손하거나 그 밖의 방법으로 항공상의 위험을 발생시킨 사람은 10년 이하의 징역에 처한다. 〈개정 2017. 10. 24.〉

283 직권을 남용하여 항공기에 있는 사람에게 그의 의무가 아닌 일을 시키거나 그의 권리행사를 방해한 기장 또는 조종사에 대한 처벌로 맞는 것은?

① 3년 이하의 징역 또는 5천만원 이하의 벌금
② 3년 이하의 징역 또는 3천만원 이하의 벌금
③ 1년 이상 10년 이하의 징역
④ 3년 이상 15년 이하의 징역

해설 **항공안전법 제142조(기장 등의 탑승자 권리행사 방해의 죄)**
① 직권을 남용하여 항공기에 있는 사람에게 그의 의무가 아닌 일을 시키거나 그의 권리행사를 방해한 기장 또는 조종사는 1년 이상 10년 이하의 징역에 처한다.
② 폭력을 행사하여 제1항의 죄를 지은 기장 또는 조종사는 3년 이상 15년 이하의 징역에 처한다. 〈개정 2017. 10. 24.〉
항공안전법 제143조(기장의 항공기 이탈의 죄)
제62조 제4항을 위반하여 항공기를 떠난 기장(기장의 임무를 수행할 사람을 포함한다)은 5년 이하의 징역에 처한다.

정답 280. ③ 281. ③ 282. ④ 283. ③

284 정비등을 한 항공기등, 장비품 또는 부품에 대하여 감항성을 확인받지 아니하고 운항 또는 항공기등에 사용한 자에 대한 처벌로 맞는 것은?

① 3년 이하의 징역 또는 5천만원 이하의 벌금
② 3년 이하의 징역 또는 3천만원 이하의 벌금
③ 1년 이상 10년 이하의 징역
④ 3년 이상 15년 이하의 징역

해설 **항공안전법 제144조(감항증명을 받지 아니한 항공기 사용 등의 죄)**
다음 각 호의 어느 하나에 해당하는 자는 3년 이하의 징역 또는 5천만원 이하의 벌금에 처한다.
1. 제23조 또는 제25조를 위반하여 감항증명 또는 소음기준적합증명을 받지 아니하거나 감항증명 또는 소음기준적합증명이 취소 또는 정지된 항공기를 운항한 자
2. 제27조 제3항을 위반하여 기술표준품형식승인을 받지 아니한 기술표준품을 제작·판매하거나 항공기등에 사용한 자
3. 제28조 제3항을 위반하여 부품등제작자증명을 받지 아니한 장비품 또는 부품을 제작·판매하거나 항공기등 또는 장비품에 사용한 자
4. 제30조를 위반하여 수리·개조승인을 받지 아니한 항공기등, 장비품 또는 부품을 운항 또는 항공기등에 사용한 자
5. 제32조 제1항을 위반하여 정비등을 한 항공기등, 장비품 또는 부품에 대하여 감항성을 확인받지 아니하고 운항 또는 항공기등에 사용한 자

285 수리·개조승인을 받지 아니한 항공기등, 장비품 또는 부품을 운항 또는 항공기등에 사용한 자에 대한 처벌로 맞는 것은?

① 3년 이하의 징역 또는 5천만원 이하의 벌금
② 3년 이하의 징역 또는 3천만원 이하의 벌금
③ 1년 이상 10년 이하의 징역
④ 3년 이상 15년 이하의 징역

해설 **항공안전법 항공안전법 제144조(감항증명을 받지 아니한 항공기 사용 등의 죄)**
다음 각 호의 어느 하나에 해당하는 자는 3년 이하의 징역 또는 5천만원 이하의 벌금에 처한다.
1. 제23조 또는 제25조를 위반하여 감항증명 또는 소음기준적합증명을 받지 아니하거나 감항증명 또는 소음기준적합증명이 취소 또는 정지된 항공기를 운항한 자
2. 제27조 제3항을 위반하여 기술표준품형식승인을 받지 아니한 기술표준품을 제작·판매하거나 항공기등에 사용한 자
3. 제28조 제3항을 위반하여 부품등제작자증명을 받지 아니한 장비품 또는 부품을 제작·판매하거나 항공기등 또는 장비품에 사용한 자
4. 제30조를 위반하여 수리·개조승인을 받지 아니한 항공기등, 장비품 또는 부품을 운항 또는 항공기등에 사용한 자
5. 제32조 제1항을 위반하여 정비등을 한 항공기등, 장비품 또는 부품에 대하여 감항성을 확인받지 아니하고 운항 또는 항공기등에 사용한 자

286 정비조직인증을 받지 아니하고 항공기등, 장비품 또는 부품에 대한 정비등을 한 항공기정비업자 또는 외국의 항공기정비업자에 대한 처벌로 맞는 것은?

① 3년 이하의 징역 또는 5천만원 이하의 벌금
② 3년 이하의 징역 또는 3천만원 이하의 벌금
③ 1년 이상 10년 이하의 징역
④ 3년 이상 15년 이하의 징역

해설 **항공안전법 제145조(운항증명 등의 위반에 관한 죄)**
다음 각 호의 어느 하나에 해당하는 자는 3년 이하의 징역 또는 3천만원 이하의 벌금에 처한다.
1. 제90조 제1항(제96조 제1항에서 준용하는 경우를 포함한다)에 따른 운항증명을 받지 아니하고 운항을 시작한 항공운송사업자 또는 항공기사용사업자
2. 제97조를 위반하여 정비조직인증을 받지 아니하고 항공기등, 장비품 또는 부품에 대한 정비등을 한 항공기정비업자 또는 외국의 항공기정비업자

287 항공운송사업자 또는 항공기사용사업자가 운항규정 또는 정비규정을 준수하지 아니하고 항공기를 운항하거나 정비한 경우에 대한 처벌로 맞는 것은?

① 1천만원 이하의 벌금
② 3년 이하의 징역 또는 3천만원 이하의 벌금
③ 1년 이상 10년 이하의 징역
④ 3년 이상 15년 이하의 징역

해설 **항공안전법 제156조(항공운송사업자 등의 업무 등에 관한 죄)**
항공운송사업자 또는 항공기사용사업자가 다음 각 호의 어느 하나에 해당하는 경우에는 1천만원 이하의 벌금에 처한다. 〈개정 2020. 6. 9.〉
1. 제74조를 위반하여 승인을 받지 아니하고 비행기를 운항한 경우

정답 284. ① 285. ① 286. ② 287. ①

2. 제93조 제7항 후단(제96조 제2항에서 준용하는 경우를 포함한다)을 위반하여 운항규정 또는 정비규정을 준수하지 아니하고 항공기를 운항하거나 정비한 경우
3. 제94조(제96조 제2항에서 준용하는 경우를 포함한다)에 따른 항공운송의 안전을 위한 명령을 이행하지 아니한 경우

288 수직분리축소공역 등에서 승인 없이 운항한 경우 항공기를 운항한 소유자등에 대한 처벌로 맞는 것은?

① 1천만원 이하의 벌금
② 3년 이하의 징역 또는 3천만원 이하의 벌금
③ 1년 이상 10년 이하의 징역
④ 3년 이상 15년 이하의 징역

해설 **항공안전법 제155조(수직분리축소공역 등에서 승인 없이 운항한 죄)**
제75조를 위반하여 국토교통부장관의 승인을 받지 아니하고 같은 조 제1항 각 호의 어느 하나에 해당하는 공역에서 항공기를 운항한 소유자등은 1천만원 이하의 벌금에 처한다.

289 주류등을 섭취하거나 사용한 항공종사자 또는 객실승무원에 대한 처벌로 맞는 것은?

① 1년 이하의 징역 또는 1천만원 이하의 벌금
② 3년 이하의 징역 또는 3천만원 이하의 벌금
③ 1년 이상 10년 이하의 징역 또는 1천만원 이하의 벌금
④ 3년 이상 15년 이하의 징역 또는 3천만원 이하의 벌금

해설 **항공안전법 제146조(주류등의 섭취 · 사용 등의 죄)**
다음 각 호의 어느 하나에 해당하는 사람은 3년 이하의 징역 또는 3천만원 이하의 벌금에 처한다. 〈개정 2020. 6. 9., 2021. 5. 18.〉
1. 제57조 제1항(제106조 제1항에 따라 준용되는 경우를 포함한다)을 위반하여 주류등의 영향으로 항공업무(제46조에 따른 항공기 조종연습 및 제47조에 따른 항공교통관제연습을 포함한다) 또는 객실승무원의 업무를 정상적으로 수행할 수 없는 상태에서 그 업무에 종사한 항공종사자(제46조에 따른항공기 조종연습 및 제47조에 따른 항공교통관제연습을 하는 사람을 포함한다. 이하 이 조에서 같다) 또는 객실승무원
2. 제57조 제2항(제106조 제1항에 따라 준용되는 경우를 포함한다)을 위반하여 주류등을 섭취하거나 사용한 항공종사자 또는 객실승무원
3. 제57조 제3항(제106조 제1항에 따라 준용되는 경우를 포함한다)을 위반하여 국토교통부장관의 측정에 따르지 아니한 항공종사자 또는 객실승무원

290 항공기사고, 항공기준사고 또는 항공안전장애를 발생시켰거나 항공기사고, 항공기준사고 또는 항공안전장애가 발생한 것을 알게 된 경우 보고하여야 할 항공종사자 등 관계인의 범위에 해당하지 않는 것은?

① 항공기 기장
② 항공정비사
③ 항공교통관제사
④ 「공항시설법」에 따라 항행안전시설에 근무하는 자

해설 **항공안전법 제59조(항공안전 의무보고)**
① 항공기사고, 항공기준사고 또는 항공안전장애를 발생시켰거나 항공기사고, 항공기준사고 또는 항공안전장애가 발생한 것을 알게 된 항공종사자 등 관계인은 국토교통부장관에게 그 사실을 보고하여야 한다.
항공안전법 시행규칙 제134조(항공안전 의무보고의 절차 등)
③ 법 제59조 제1항에 따른 항공종사자 등 관계인의 범위는 다음 각 호와 같다. 〈개정 2020. 2. 28.〉
1. 항공기 기장(항공기 기장이 보고할 수 없는 경우에는 그 항공기의 소유자등을 말한다)
2. 항공정비사(항공정비사가 보고할 수 없는 경우에는 그 항공정비사가 소속된 기관 · 법인 등의 대표자를 말한다)
3. 항공교통관제사(항공교통관제사가 보고할 수 없는 경우 그 관제사가 소속된 항공교통관제기관의 장을 말한다)
4. 「공항시설법」에 따라 공항시설을 관리 · 유지하는 자
5. 「공항시설법」에 따라 항행안전시설을 설치 · 관리하는 자
6. 법 제70조 제3항에 따른 위험물취급자

291 경량항공기의 기준에 해당하는 최대이륙중량으로 맞는 것은?

① 최대이륙중량이 600킬로그램(수상비행에 사용하는 경우에는 650킬로그램) 이상일 것
② 최대이륙중량이 600킬로그램(수상비행에 사용하는 경우에는 600킬로그램) 이상일 것
③ 최대이륙중량이 600킬로그램(수상비행에 사용하는 경우에는 650킬로그램) 이하일 것
④ 최대이륙중량이 600킬로그램(수상비행에 사용하는 경우에는 600킬로그램) 이하일 것

정답 288. ① 289. ② 290. ④ 291. ③

해설 **항공안전법 시행규칙 제4조(경량항공기의 기준)**

법 제2조 제2호에서 "최대이륙중량, 좌석 수 등 국토교통부령으로 정하는 기준에 해당하는 비행기, 헬리콥터, 자이로플레인(gyroplane) 및 동력패러슈트(powered parachute) 등"이란 법 제2조 제3호에 따른 초경량비행장치에 해당하지 않는 것으로서 다음 각 호의 기준을 모두 충족하는 비행기, 헬리콥터, 자이로플레인 및 동력패러슈트를 말한다. 〈개정 2021. 8. 27., 2022. 12. 9.〉

1. 최대이륙중량이 600킬로그램(수상비행에 사용하는 경우에는 650킬로그램) 이하일 것
2. 최대 실속속도[실속(失速: 비행기를 띄우는 양력이 급격히 떨어지는 현상을 말한다. 이하 같다)이 발생할 수 있는 속도를 말한다] 또는 최소 정상비행속도가 45노트 이하일 것
3. 조종사 좌석을 포함한 탑승 좌석이 2개 이하일 것
4. 단발(單發) 왕복발동기 또는 전기모터(전기 공급원으로부터 충전받은 전기에너지 또는 수소를 사용하여 발생시킨 전기에너지를 동력원으로 사용하는 것을 말한다)를 장착할 것
5. 조종석은 여압(기내 공기 압력을 지상과 가깝게 조절·유지하는 것을 말한다)이 되지 아니할 것
6. 비행 중에 프로펠러의 각도를 조정할 수 없을 것
7. 고정된 착륙장치가 있을 것. 다만, 수상비행에 사용하는 경우에는 고정된 착륙장치 외에 접을 수 있는 착륙장치를 장착할 수 있다.

292 항공안전법 시행규칙의 목적을 설명한 것으로 바른 것은?

① 「국제민간항공협약」 및 같은 협약의 부속서에서 채택된 표준과 권고되는 방식에 따른다.
② 항공기를 대상으로 안전하게 항행하기 위한 방법을 정한다.
③ 「항공안전법」 및 같은 법과 시행령에서 위임된 사항과 그 시행에 필요한 사항을 규정한다.
④ 항공기술 발전에 이바지한다.

해설 **항공안전법 시행규칙 제1조(목적)**

이 규칙은 「항공안전법」 및 같은 법 시행령에서 위임된 사항과 그 시행에 필요한 사항을 규정함을 목적으로 한다.

293 국가기관등항공기에 해당하지 않는 것은?

① 재난·재해 등으로 인한 수색(搜索)·구조 항공기
② 산불의 진화 및 예방 항공기
③ 응급환자의 후송 등 구조·구급활동 항공기
④ 군용·경찰용·세관용 항공기

해설 **항공안전법 제2조(정의)**

4. "국가기관등항공기"란 국가, 지방자치단체, 그 밖에 「공공기관의 운영에 관한 법률」에 따른 공공기관으로서 대통령령으로 정하는 공공기관(이하 "국가기관등"이라 한다)이 소유하거나 임차(賃借)한 항공기로서 다음 각 목의 어느 하나에 해당하는 업무를 수행하기 위하여 사용되는 항공기를 말한다. 다만, 군용·경찰용·세관용 항공기는 제외한다.
   가. 재난·재해 등으로 인한 수색(搜索)·구조
   나. 산불의 진화 및 예방
   다. 응급환자의 후송 등 구조·구급활동
   라. 그 밖에 공공의 안녕과 질서유지를 위하여 필요한 업무

294 항공기의 범위 중 사람이 탑승하는 경우의 비행기 조건으로 맞지 않는 것은?

① 최대이륙중량이 600킬로그램(수상비행에 사용하는 경우에는 650킬로그램)을 초과할 것
② 조종사 좌석을 포함한 탑승좌석 수가 1개 이상일 것
③ 동력을 일으키는 기계장치(이하 "발동기"라 한다)가 1개 이상일 것
④ 연료의 중량을 제외한 자체중량이 150킬로그램을 초과할 것

해설 **항공안전법 제2조(정의)**

1. "항공기"란 공기의 반작용(지표면 또는 수면에 대한 공기의 반작용은 제외한다. 이하 같다)으로 뜰 수 있는 기기로서 최대이륙중량, 좌석 수 등 국토교통부령으로 정하는 기준에 해당하는 다음 각 목의 기기와 그 밖에 대통령령으로 정하는 기기를 말한다.
   가. 비행기
   나. 헬리콥터
   다. 비행선
   라. 활공기(滑空機)

항공안전법 시행령 제2조(항공기의 범위)

「항공안전법」(이하 "법"이라 한다) 제2조 제1호 각 목 외의 부분에서 "대통령령으로 정하는 기기"란 다음 각 호의 어느 하나에 해당하는 기기를 말한다.

1. 최대이륙중량, 좌석 수, 속도 또는 자체중량 등이 국토교통부령으로 정하는 기준을 초과하는 기기
2. 지구 대기권 내외를 비행할 수 있는 항공우주선

항공안전법 시행규칙 제2조(항공기의 기준)

「항공안전법」(이하 "법"이라 한다) 제2조 제1호 각 목 외의 부분에서 "최대이륙중량, 좌석 수 등 국토교통부령으로 정하는 기준"이란 다음 각 호의 기준을 말한다.

정답 292. ③ 293. ④ 294. ④

1. 비행기 또는 헬리콥터
   가. 사람이 탑승하는 경우: 다음의 기준을 모두 충족할 것
      1) 최대이륙중량이 600킬로그램(수상비행에 사용하는 경우에는 650킬로그램)을 초과할 것
      2) 조종사 좌석을 포함한 탑승좌석 수가 1개 이상일 것
      3) 동력을 일으키는 기계장치(이하 "발동기"라 한다)가 1개 이상일 것
   나. 사람이 탑승하지 아니하고 원격조종 등의 방법으로 비행하는 경우: 다음의 기준을 모두 충족할 것
      1) 연료의 중량을 제외한 자체중량이 150킬로그램을 초과할 것
      2) 발동기가 1개 이상일 것
2. 비행선
   가. 사람이 탑승하는 경우 다음의 기준을 모두 충족할 것
      1) 발동기가 1개 이상일 것
      2) 조종사 좌석을 포함한 탑승좌석 수가 1개 이상일 것
   나. 사람이 탑승하지 아니하고 원격조종 등의 방법으로 비행하는 경우 다음의 기준을 모두 충족할 것
      1) 발동기가 1개 이상일 것
      2) 연료의 중량을 제외한 자체중량이 180킬로그램을 초과하거나 비행선의 길이가 20미터를 초과할 것
3. 활공기: 자체중량이 70킬로그램을 초과할 것

295 사람이 탑승하지 아니하고 원격조종 등의 방법으로 비행하는 경우 비행기에 요구되는 중량은 얼마인가?

① 연료의 중량을 제외한 자체중량이 110킬로그램을 초과할 것
② 연료의 중량을 제외한 자체중량이 150킬로그램을 초과할 것
③ 연료의 중량을 포함한 자체중량이 110킬로그램을 초과할 것
④ 연료의 중량을 포함한 자체중량이 150킬로그램을 초과할 것

해설 **항공안전법 시행규칙 제2조(항공기의 기준)**

「항공안전법」(이하 "법"이라 한다) 제2조 제1호 각 목 외의 부분에서 "최대이륙중량, 좌석 수 등 국토교통부령으로 정하는 기준"이란 다음 각 호의 기준을 말한다.

1. 비행기 또는 헬리콥터
   가. 사람이 탑승하는 경우: 다음의 기준을 모두 충족할 것
      1) 최대이륙중량이 600킬로그램(수상비행에 사용하는 경우에는 650킬로그램)을 초과할 것
      2) 조종사 좌석을 포함한 탑승좌석 수가 1개 이상일 것
      3) 동력을 일으키는 기계장치(이하 "발동기"라 한다)가 1개 이상일 것
   나. 사람이 탑승하지 아니하고 원격조종 등의 방법으로 비행하는 경우: 다음의 기준을 모두 충족할 것
      1) 연료의 중량을 제외한 자체중량이 150킬로그램을 초과할 것
      2) 발동기가 1개 이상일 것

296 항공종사자가 자격증명서 및 항공신체검사증명서 또는 국토교통부령으로 정하는 자격증명서를 지니지 아니하고 항공업무를 수행한 경우 처벌로 맞는 것은?

① 1차 위반: 효력 정지 10일
② 1차 위반: 효력 정지 15일
③ 1차 위반: 효력 정지 30일
④ 1차 위반: 효력 정지 60일

해설 **항공안전법 시행규칙 제97조(자격증명 · 항공신체검사증명의 취소 등)**

① 법 제43조(법 제44조 제4항, 제46조 제4항 및 제47조 제4항에서 준용하는 경우를 포함한다)에 따른 행정처분 기준은 [별표 10]과 같다.

[별표 10] 항공종사자 등에 대한 행정처분기준(제97조 제1항 관련)

30. 법 제76조 제2항을 위반하여 항공종사자가 자격증명서 및 항공신체검사증명서 또는 국토교통부령으로 정하는 자격증명서를 지니지 아니하고 항공업무를 수행한 경우

1차 위반: 효력 정지 10일
2차 위반: 효력 정지 30일
3차 위반: 효력 정지 90일

297 항공운송사업용 비행기의 승객 좌석수가 183석일 경우 갖추어야 할 메가폰의 수량은?

① 1개 ② 2개
③ 3개 ④ 4개

해설 **항공안전법 시행규칙 제110조(구급용구 등)**

법 제52조 제2항에 따라 항공기의 소유자등이 항공기(무인항공기는 제외한다)에 갖추어야 할 구명동의, 음성신호발생기, 구명보트, 불꽃조난신호장비, 휴대용 소화기, 도끼, 손확성기(메가폰), 구급의료용품 등은 [별표 15]와 같다. 〈개정 2021. 8. 27.〉

[별표 15] 항공기에 장비하여야 할 구급용구 등(제110조 관련)

승객 좌석 수	메가폰의 수
61석부터 99석까지	1
100석부터 199석까지	2
200석 이상	3

(교재 p. 108, [별표 15] 참조)

정답 295. ② 296. ① 297. ②

298 국토교통부령으로 정하는 기준에 해당하는 경량항공기의 기준에 해당하지 않는 것은?

① 최대이륙중량이 600킬로그램(수상비행에 사용하는 경우에는 650킬로그램)을 초과할 것
② 최대 실속속도 또는 최소 정상비행속도가 45노트 이하일 것
③ 조종사 좌석을 포함한 탑승좌석이 2개 이하일 것
④ 조종석은 여압(與壓)이 되지 아니할 것

해설 **항공안전법 시행규칙 제4조(경량항공기의 기준)**
법 제2조 제2호에서 "최대이륙중량, 좌석 수 등 국토교통부령으로 정하는 기준에 해당하는 비행기, 헬리콥터, 자이로플레인(gyroplane) 및 동력패러슈트(powered parachute) 등"이란 법 제2조 제3호에 따른 초경량비행장치에 해당하지 않는 것으로서 다음 각 호의 기준을 모두 충족하는 비행기, 헬리콥터, 자이로플레인 및 동력패러슈트를 말한다.
〈개정 2021. 8. 27., 2022. 12. 9.〉
1. 최대이륙중량이 600킬로그램(수상비행에 사용하는 경우에는 650킬로그램) 이하일 것
2. 최대 실속속도[실속(失速): 비행기를 띄우는 양력이 급격히 떨어지는 현상을 말한다. 이하 같다)이 발생할 수 있는 속도를 말한다] 또는 최소 정상비행속도가 45노트 이하일 것
3. 조종사 좌석을 포함한 탑승 좌석이 2개 이하일 것
4. 단발(單發) 왕복발동기 또는 전기모터(전기 공급원으로부터 충전받은 전기에너지 또는 수소를 사용하여 발생시킨 전기에너지를 동력원으로 사용하는 것을 말한다)를 장착할 것
5. 조종석은 여압(기내 공기 압력을 지상과 가깝게 조절·유지하는 것을 말한다)이 되지 아니할 것
6. 비행 중에 프로펠러의 각도를 조정할 수 없을 것
7. 고정된 착륙장치가 있을 것. 다만, 수상비행에 사용하는 경우에는 고정된 착륙장치 외에 접을 수 있는 착륙장치를 장착할 수 있다.

299 신고를 필요로 하지 아니하는 초경량비행장치의 범위에 해당하지 않는 것은?

① 계류식(繫留式) 기구류(사람이 탑승하는 것)
② 낙하산류
③ 무인비행선 중에서 연료의 무게를 제외한 자체무게가 12킬로그램 이하이고, 길이가 7미터 이하인 것
④ 군사목적으로 사용되는 초경량 비행장치

해설 **항공안전법 시행령 제24조(신고를 필요로 하지 아니하는 초경량비행장치의 범위)**
법 제122조 제1항 단서에서 "대통령령으로 정하는 초경량비행장치"란 다음 각 호의 어느 하나에 해당하는 것으로서 「항공사업법」에 따른 항공기대여업·항공레저스포츠사업 또는 초경량비행장치사용사업에 사용되지 아니하는 것을 말한다.
1. 행글라이더, 패러글라이더 등 동력을 이용하지 아니하는 비행장치
2. 계류식(繫留式) 기구류(사람이 탑승하는 것은 제외한다)
3. 계류식 무인비행장치
4. 낙하산류
5. 무인동력비행장치 중에서 연료의 무게를 제외한 자체무게(배터리 무게를 포함한다)가 12킬로그램 이하인 것
6. 무인비행선 중에서 연료의 무게를 제외한 자체무게가 12킬로그램 이하이고, 길이가 7미터 이하인 것
7. 연구기관 등이 시험·조사·연구 또는 개발을 위하여 제작한 초경량비행장치
8. 제작자 등이 판매를 목적으로 제작하였으나 판매되지 아니한 것으로서 비행에 사용되지 아니하는 초경량비행장치
9. 군사목적으로 사용되는 초경량비행장치

300 항공안전법에 정의된 항공업무에 해당되지 않는 것은?

① 항공기의 조종연습(무선설비의 조작을 포함한다) 업무
② 항공교통관제(무선설비의 조작을 포함한다) 업무
③ 항공기의 운항관리 업무
④ 정비·수리·개조된 항공기·발동기·프로펠러, 장비품 또는 부품에 대하여 안전하게 운용할 수 있는 성능이 있는지를 확인하는 업무

해설 **항공안전법 제2조(정의)**
5. "항공업무"란 다음 각 목의 어느 하나에 해당하는 업무를 말한다.
가. 항공기의 운항(무선설비의 조작을 포함한다) 업무(제46조에 따른 항공기 조종연습은 제외한다)
나. 항공교통관제(무선설비의 조작을 포함한다) 업무(제47조에 따른 항공교통관제연습은 제외한다)
다. 항공기의 운항관리 업무

정답 298. ① 299. ① 300. ①

라. 정비 · 수리 · 개조(이하 "정비등"이라 한다)된 항공기 · 발동기 · 프로펠러(이하 "항공기등"이라 한다), 장비품 또는 부품에 대하여 안전하게 운용할 수 있는 성능(이하 "감항성"이라 한다)이 있는지를 확인하는 업무 및 경량항공기 또는 그 장비품 · 부품의 정비사항을 확인하는 업무

301 항공안전법에서 정의하고 있는 항공종사자란?

① 항공안전법 제34조 제1항에 따른 항공종사자 자격증명을 받은 사람
② 항공기의 운항(무선설비의 조작을 포함한다) 업무를 하는 사람
③ 항공교통관제(무선설비의 조작을 포함한다) 업무를 하는 사람
④ 항공기의 운항관리 업무를 하는 사람

해설 **항공안전법 제2조(정의)**

14. "항공종사자"란 제34조 제1항에 따른 항공종사자 자격증명을 받은 사람을 말한다.

항공안전법 제34조(항공종사자 자격증명 등)

① 항공업무에 종사하려는 사람은 국토교통부령으로 정하는 바에 따라 국토교통부장관으로부터 항공종사자 자격증명(이하 "자격증명"이라 한다)을 받아야 한다. 다만, 항공업무 중 무인항공기의 운항 업무인 경우에는 그러하지 아니하다.

항공안전법 제35조(자격증명의 종류)

자격증명의 종류는 다음과 같이 구분한다.

1. 운송용 조종사
2. 사업용 조종사
3. 자가용 조종사
4. 부조종사
5. 항공사
6. 항공기관사
7. 항공교통관제사
8. 항공정비사
9. 운항관리사

302 항공기 사고의 범위에 해당하지 않는 것은?

① 사람의 사망, 중상 또는 행방불명
② 항공기의 파손 또는 구조적 손상
③ 항공기의 위치를 확인할 수 없거나 항공기에 접근이 불가능한 경우
④ 항공기의 운항 등과 관련하여 항공안전에 영향을 미치거나 미칠 우려가 있었던 것

해설 **항공안전법 제2조(정의)**

6. "항공기사고"란 사람이 비행을 목적으로 항공기에 탑승하였을 때부터 탑승한 모든 사람이 항공기에서 내릴 때까지[사람이 탑승하지 아니하고 원격조종 등의 방법으로 비행하는 항공기(이하 "무인항공기"라 한다)의 경우에는 비행을 목적으로 움직이는 순간부터 비행이 종료되어 발동기가 정지되는 순간까지를 말한다] 항공기의 운항과 관련하여 발생한 다음 각 목의 어느 하나에 해당하는 것으로서 국토교통부령으로 정하는 것을 말한다.
   가. 사람의 사망, 중상 또는 행방불명
   나. 항공기의 파손 또는 구조적 손상
   다. 항공기의 위치를 확인할 수 없거나 항공기에 접근이 불가능한 경우

303 사람의 사망, 중상 또는 행방불명 등 항공기사고에 따른 사람의 사망 또는 중상에 대한 적용기준에 해당하지 않는 것은?

① 승객 및 승무원이 정상적으로 접근할 수 없는 장소에 숨어있는 밀항자 등에게 발생한 사망
② 항공기로부터 이탈된 부품이나 그 항공기와의 직접적인 접촉 등으로 인하여 사망
③ 항공기 발동기의 흡입 또는 후류(後流)로 인하여 사망
④ 경량항공기 및 초경량비행장치에 탑승한 사람이 사망하거나 중상을 입은 경우

해설 **항공안전법 시행규칙 제6조(사망 · 중상 등의 적용기준)**

① 법 제2조 제6호 가목에 따른 사람의 사망 또는 중상에 대한 적용기준은 다음 각 호와 같다.
   1. 항공기에 탑승한 사람이 사망하거나 중상을 입은 경우. 다만, 자연적인 원인 또는 자기 자신이나 타인에 의하여 발생된 경우와 승객 및 승무원이 정상적으로 접근할 수 없는 장소에 숨어있는 밀항자 등에게 발생한 경우는 제외한다.
   2. 항공기로부터 이탈된 부품이나 그 항공기와의 직접적인 접촉 등으로 인하여 사망하거나 중상을 입은 경우
   3. 항공기 발동기의 흡입 또는 후류(後流)로 인하여 사망하거나 중상을 입은 경우

② 법 제2조 제6호 가목, 같은 조 제7호 가목 및 같은 조 제8호 가목에 따른 행방불명은 항공기, 경량항공기 또는 초경량비행장치 안에 있던 사람이 항공기사고, 경량항공기사고 또는 초경량비행장치사고로 1년간 생사가 분명하지 아니한 경우에 적용한다.

정답 301. ① 302. ④ 303. ①

③ 법 제2조 제7호 가목 및 같은 조 제8호 가목에 따른 사람의 사망 또는 중상에 대한 적용기준은 다음 각 호와 같다.
1. 경량항공기 및 초경량비행장치에 탑승한 사람이 사망하거나 중상을 입은 경우. 다만, 자연적인 원인 또는 자기 자신이나 타인에 의하여 발생된 경우는 제외한다.
2. 비행 중이거나 비행을 준비 중인 경량항공기 또는 초경량비행장치로부터 이탈된 부품이나 그 경량항공기 또는 초경량비행장치와의 직접적인 접촉 등으로 인하여 사망하거나 중상을 입은 경우

304 항공기준사고의 범위에 해당하지 않는 것은?

① 항공기의 위치, 속도 및 거리가 다른 항공기와 충돌위험이 있었던 것으로 판단되는 근접비행이 발생한 경우
② 항공기, 차량, 사람 등이 허가 없이 또는 잘못된 허가로 항공기 이륙 · 착륙을 위해 지정된 보호구역에 진입하여 다른 항공기와 충돌할 뻔 한 경우
③ 활주로 또는 착륙표면에 항공기 동체 꼬리, 날개 끝, 엔진 덮개 등이 비정상적으로 접촉된 경우
④ 항공기가 이륙 또는 초기 상승 중 규정된 성능에 도달하지 못한 경우

해설 **항공안전법 제2조(정의)**

9. "항공기준사고"(航空機準事故)란 항공안전에 중대한 위해를 끼쳐 항공기사고로 이어질 수 있었던 것으로서 국토교통부령으로 정하는 것을 말한다.

항공안전법 시행규칙 제9조(항공기준사고의 범위)

법 제2조 제9호에서 "국토교통부령으로 정하는 것"이란 [별표 2]와 같다.

[별표 2] 〈개정 2017. 7. 18.〉

항공기준사고의 범위(제9조 관련)

1. 항공기의 위치, 속도 및 거리가 다른 항공기와 충돌위험이 있었던 것으로 판단되는 근접비행이 발생한 경우(다른 항공기와의 거리가 500피트 미만으로 근접하였던 경우를 말한다) 또는 경미한 충돌이 있었으나 안전하게 착륙한 경우
2. 항공기가 정상적인 비행 중 지표, 수면 또는 그 밖의 장애물과의 충돌(controlled flight into terrain)을 가까스로 회피한 경우
3. 항공기, 차량, 사람 등이 허가 없이 또는 잘못된 허가로 항공기 이륙 · 착륙을 위해 지정된 보호구역에 진입하여 다른 항공기와 충돌할 뻔한 경우
4. 항공기가 다음 각 목의 장소에서 이륙하거나 이륙을 포기한 경우 또는 착륙하거나 착륙을 시도한 경우
   가. 폐쇄된 활주로 또는 다른 항공기가 사용 중인 활주로
   나. 허가 받지 않은 활주로
   다. 유도로(헬리콥터가 허가를 받고 이륙하거나 이륙을 포기한 경우 또는 착륙하거나 착륙을 시도한 경우는 제외한다)
5. 항공기가 이륙 · 착륙 중 활주로 시단(始端)에 못 미치거나(undershooting) 또는 종단(終端)을 초과한 경우(overrunning) 또는 활주로 옆으로 이탈한 경우(다만, 항공안전장애에 해당하는 사항은 제외한다)
6. 항공기가 이륙 또는 초기 상승 중 규정된 성능에 도달하지 못한 경우
7. 비행 중 운항승무원이 신체, 심리, 정신 등의 영향으로 조종업무를 정상적으로 수행할 수 없는 경우(pilot incapacitation)
8. 조종사가 연료량 또는 연료배분 이상으로 비상선언을 한 경우(연료의 불충분, 소진, 누유 등으로 인한 결핍 또는 사용가능한 연료를 사용할 수 없는 경우를 말한다)
9. 항공기 시스템의 고장, 기상 이상, 항공기 운용한계의 초과 등으로 조종상의 어려움(difficulties in controlling)이 발생했거나 발생할 수 있었던 경우
10. 다음 각 목에 따라 항공기에 중대한 손상이 발견된 경우(항공기사고로 분류된 경우는 제외한다)
    가. 항공기가 지상에서 운항 중 다른 항공기나 장애물, 차량, 장비 또는 동물과 접촉 · 충돌
    나. 비행 중 조류(鳥類), 우박, 그 밖의 물체와 충돌 또는 기상 이상 등
    다. 항공기 이륙 · 착륙 중 날개, 발동기 또는 동체와 지면의 접촉. 다만, tail－skid의 경미한 접촉 등 항공기 이륙 · 착륙에 지장이 없는 경우는 제외한다.
11. 비행 중 비상상황이 발생하여 산소마스크를 사용한 경우
12. 운항 중 항공기 구조상의 결함(aircraft structural failure)이 발생한 경우 또는 터빈발동기의 내부 부품이 외부로 떨어져 나간 경우를 포함하여 터빈발동기의 내부 부품이 분해된 경우(항공기사고로 분류된 경우는 제외한다)
13. 운항 중 발동기에서 화재가 발생하거나 조종실, 객실이나 화물칸에서 화재 · 연기가 발생한 경우(소화기를 사용하여 진화한 경우를 포함한다)
14. 비행 중 비행 유도(flight guidance) 및 항행(navigation)에 필요한 다중(多衆)시스템(redundancy system) 중 2개 이상의 고장으로 항행에 지장을 준 경우
15. 비행 중 2개 이상의 항공기 시스템 고장이 동시에 발생하여 비행에 심각한 영향을 미치는 경우
16. 운항 중 비의도적으로 항공기 외부의 인양물이나 탑재물이 항공기로부터 분리된 경우 또는 비상조치를 위해 의도적으로 항공기 외부의 인양물이나 탑재물이 항공기로부터 분리한 경우

비고: 항공기준사고 조사결과에 따라 항공기사고 또는 항공안전장애로 재분류할 수 있다.

정답 304. ③

305 비행 중 발생한 항공안전장애의 범위에 해당하지 않는 것은?

① 공중충돌경고장치 회피기동(ACAS RA)이 발생한 경우
② 항공교통관제기관의 항공기 감시 장비에 근접충돌경고가 현시된 경우
③ 비행 중 운항승무원이 신체, 심리, 정신 등의 영향으로 조종업무를 정상적으로 수행할 수 없는 경우(pilot incapacitation)
④ 비행경로 또는 비행고도 이탈 등 항공교통관제기관의 사전 허가를 받지 아니한 항행을 한 경우

해설 **항공안전법 제2조(정의)**

10. "항공안전장애"란 항공기사고 및 항공기준사고 외에 항공기의 운항 등과 관련하여 항공안전에 영향을 미치거나 미칠 우려가 있는 것을 말한다.

항공안전법 시행규칙 제134조(항공안전 의무보고의 절차 등)

① 법 제59조 제1항 본문에서 "항공안전장애 중 국토교통부령으로 정하는 사항"이란 [별표 20의 2]에 따른 사항을 말한다. 〈신설 2020. 2. 28.〉

[별표 20의 2] 〈개정 2020. 2. 28.〉

의무보고 대상 항공안전장애의 범위(제134조 관련)

구분	항공안전장애 내용
1. 비행 중	가. 항공기간 분리최저치가 확보되지 않았거나 다음의 어느 하나에 해당하는 경우와 같이 분리최저치가 확보되지 않을 우려가 있었던 경우 1) 항공기에 장착된 공중충돌경고장치 회피기동(ACAS RA)이 발생한 경우 2) 항공교통관제기관의 항공기 감시 장비에 근접충돌경고(short-term conflict alert)가 표시된 경우. 다만, 항공교통관제사가 항공법규 등 관련 규정에 따라 항공기 상호 간 분리최저치 이상을 유지토록 하는 관제지시를 하였고 조종사가 이에 따라 항행을 한 것이 확인된 경우는 제외한다.
	나. 지형·수면·장애물 등과 최저 장애물회피고도(MOC, Minimum Obstacle Clearance)가 확보되지 않았던 경우(항공기준사고에 해당하는 경우는 제외한다)
	다. 비행금지구역 또는 비행제한구역에 허가 없이 진입한 경우를 포함하여 비행경로 또는 비행고도 이탈 등 항공교통관제기관의 사전 허가를 받지 아니한 항행을 한 경우. 다만, 허용된 오차범위 내의 운항 등 일시적인 경미한 고도·경로 이탈은 제외한다.

(교재 p. 48, [별표 20의 2] 참조)

306 지상운항 중 발생한 항공안전장애의 범위에 해당하지 않는 것은?

① 항공기가 운항 중 다른 항공기나 장애물, 차량, 장비 또는 동물 등과 접촉·충돌한 경우
② 항공기가 주기(駐機) 중 다른 항공기나 장애물, 차량, 장비 또는 동물 등과 접촉·충돌한 경우
③ 항공기가 이륙·착륙 중 활주로 시단(始端)에 못 미치거나(undershooting) 또는 종단(終端)을 초과한 경우(overrunning)
④ 항공기, 차량, 사람 등이 유도로에 무단으로 진입한 경우

해설 **항공안전법 제2조(정의)**

10. "항공안전장애"란 항공기사고 및 항공기준사고 외에 항공기의 운항 등과 관련하여 항공안전에 영향을 미치거나 미칠 우려가 있는 것을 말한다.

항공안전법 시행규칙 제134조(항공안전 의무보고의 절차 등)

① 법 제59조 제1항 본문에서 "항공안전장애 중 국토교통부령으로 정하는 사항"이란 [별표 20의 2]에 따른 사항을 말한다. 〈신설 2020. 2. 28.〉

[별표 20의 2] 〈개정 2020. 2. 28.〉

의무보고 대상 항공안전장애의 범위(제134조 관련)

구분	항공안전장애 내용
3. 지상운항	가. 항공기가 지상운항 중 다른 항공기나 장애물, 차량, 장비 등과 접촉·충돌하였거나, 공항 내 설치된 항행안전시설 등을 포함한 각종 시설과 접촉·추돌한 경우
	나. 항공기가 주기(駐機) 중 다른 항공기나 장애물, 차량, 장비 등과 접촉·충돌한 경우. 다만, 항공기의 손상이 없거나 운항허용범위 이내의 손상인 경우는 제외한다.
	다. 항공기가 유도로를 이탈한 경우
	라. 항공기, 차량, 사람 등이 허가 없이 유도로에 진입한 경우
	마. 항공기, 차량, 사람 등이 허가 없이 또는 잘못된 허가로 항공기의 이륙·착륙을 위해 지정된 보호구역 또는 활주로에 진입하였으나 다른 항공기의 안전 운항에 지장을 주지 않은 경우

(교재 p. 48, [별표 20의 2] 참조)

307 비행장 또는 공항과 그 주변의 공역으로서 항공교통의 안전을 위하여 국토교통부장관이 지정·공고한 것은?

① 관제권　② 관제구
③ 비행장 교통구역　④ 비행정보구역

정답 305. ③ 306. ③ 307. ①

해설 **항공안전법 제2조(정의)**

25. "관제권"(管制圈)이란 비행장 또는 공항과 그 주변의 공역으로서 항공교통의 안전을 위하여 국토교통부장관이 지정·공고한 공역을 말한다.

항공안전법 시행규칙 제221조(공역의 구분·관리 등)

① 법 제78조 제2항에 따라 국토교통부장관이 세분하여 지정·공고하는 공역의 구분은 [별표 23]과 같다.

② 법 제78조 제3항에 따른 공역의 설정기준은 다음 각 호와 같다.

1. 국가안전보장과 항공안전을 고려할 것
2. 항공교통에 관한 서비스의 제공 여부를 고려할 것
3. 이용자의 편의에 적합하게 공역을 구분할 것
4. 공역이 효율적이고 경제적으로 활용될 수 있을 것

③ 제1항에 따른 공역 지정 내용의 공고는 항공정보간행물 또는 항공고시보에 따른다.

④ 법 제78조 제3항에 따라 공역 구분의 세부적인 설정기준과 지정절차, 항공기의 표준 출발·도착 및 접근 절차, 항공로 등의 설정에 필요한 세부 사항은 국토교통부장관이 정하여 고시한다.

항공안전법 시행규칙 [별표 23] 공역의 구분(제221조 제1항 관련)

308 항공기, 경량항공기 또는 초경량비행장치의 항행에 적합하다고 지정한 지구의 표면상에 표시한 공간의 길인 항공로는 누가 지정할 수 있는가?

① 국토교통부장관
② 지방항공청장
③ 국방부장관
④ 항공학적 검토위원회

해설 **항공안전법 제2조(정의)**

13. "항공로"(航空路)란 국토교통부장관이 항공기, 경량항공기 또는 초경량비행장치의 항행에 적합하다고 지정한 지구의 표면상에 표시한 공간의 길을 말한다.

309 항공안전법에서 정의한 항공로를 바르게 설명한 것은?

① 국토교통부장관이 항공기, 경량항공기 또는 초경량비행장치의 항행에 적합하다고 지정한 지구의 표면상에 표시한 공간의 길
② 항공기, 경량항공기 또는 초경량비행장치의 안전하고 효율적인 비행과 수색 또는 구조에 필요한 정보를 제공하기 위한 공역(空域)
③ 대한민국의 영토와 「영해 및 접속수역법」에 따른 내수 및 영해의 상공
④ 지표면 또는 수면으로부터 200미터 이상 높이의 공역으로서 항공교통의 안전을 위하여 국토교통부장관이 지정·공고한 공역

해설 **항공안전법 제2조(정의)**

13. "항공로"(航空路)란 국토교통부장관이 항공기, 경량항공기 또는 초경량비행장치의 항행에 적합하다고 지정한 지구의 표면상에 표시한 공간의 길을 말한다.

310 국토교통부장관이 항공기, 경량항공기 또는 초경량비행장치의 항행에 적합하다고 지정한 지구의 표면상에 표시한 공간의 길로 정의한 것은?

① 관제권(管制圈) ② 관제구(管制區)
③ 항공로(航空路) ④ 착륙대(着陸帶)

해설 **항공안전법 제2조(정의)**

13. "항공로"(航空路)란 국토교통부장관이 항공기, 경량항공기 또는 초경량비행장치의 항행에 적합하다고 지정한 지구의 표면상에 표시한 공간의 길을 말한다.

311 지표면 또는 수면으로부터 200미터 이상 높이의 공역으로서 항공교통의 안전을 위하여 국토교통부장관이 지정·공고한 공역으로 정의한 것은?

① 관제권(管制圈) ② 관제구(管制區)
③ 항공로(航空路) ④ 착륙대(着陸帶)

해설 **항공안전법 제2조(정의)**

26. "관제구"(管制區)란 지표면 또는 수면으로부터 200미터 이상 높이의 공역으로서 항공교통의 안전을 위하여 국토교통부장관이 지정·공고한 공역을 말한다.

312 항공교통의 안전을 위하여 국토교통부장관이 지정·공고한 관제구(管制區)의 높이로 맞는 것은?

① 지표면 또는 수면으로부터 100미터 이상 높이의 공역
② 지표면 또는 수면으로부터 150미터 이상 높이의 공역
③ 지표면 또는 수면으로부터 200미터 이상 높이의 공역

정답 308. ① 309. ① 310. ③ 311. ② 312. ③

④ 지표면 또는 수면으로부터 250미터 이상 높이의 공역

해설 항공안전법 제2조(정의)
26. "관제구"(管制區)란 지표면 또는 수면으로부터 200미터 이상 높이의 공역으로서 항공교통의 안전을 위하여 국토교통부장관이 지정·공고한 공역을 말한다.

313 경량항공기의 종류에 해당하지 않는 것은?

① 헬리콥터
② 자이로플레인(gyroplane)
③ 동력비행장치
④ 동력패러슈트(powered parachute)

해설 항공안전법 제2조(정의)
2. "경량항공기"란 항공기 외에 공기의 반작용으로 뜰 수 있는 기기로서 최대이륙중량, 좌석 수 등 국토교통부령으로 정하는 기준에 해당하는 비행기, 헬리콥터, 자이로플레인(gyroplane) 및 동력패러슈트(powered parachute) 등을 말한다.

314 국토교통부령으로 정하는 경량항공기의 기준에 해당하지 않는 것은?

① 최대이륙중량이 600킬로그램(수상비행에 사용하는 경우에는 650킬로그램) 이하일 것
② 조종사 좌석을 포함한 탑승 좌석이 2개 이하일 것
③ 비행 중에 프로펠러의 각도를 조정할 수 없을 것
④ 탑승자, 연료 및 비상용 장비의 중량을 제외한 자체중량이 115킬로그램 이하일 것

해설 항공안전법 시행규칙 제4조(경량항공기의 기준)
법 제2조 제2호에서 "최대이륙중량, 좌석 수 등 국토교통부령으로 정하는 기준에 해당하는 비행기, 헬리콥터, 자이로플레인(gyroplane) 및 동력패러슈트(powered parachute) 등"이란 법 제2조 제3호에 따른 초경량비행장치에 해당하지 않는 것으로서 다음 각 호의 기준을 모두 충족하는 비행기, 헬리콥터, 자이로플레인 및 동력패러슈트를 말한다.
〈개정 2021. 8. 27., 2022. 12. 9.〉
1. 최대이륙중량이 600킬로그램(수상비행에 사용하는 경우에는 650킬로그램) 이하일 것
2. 최대 실속속도[실속(失速: 비행기를 띄우는 양력이 급격히 떨어지는 현상을 말한다. 이하 같다)이 발생할 수 있는 속도를 말한다] 또는 최소 정상비행속도가 45노트 이하일 것
3. 조종사 좌석을 포함한 탑승 좌석이 2개 이하일 것
4. 단발(單發) 왕복발동기 또는 전기모터(전기 공급원으로부터 충전받은 전기에너지 또는 수소를 사용하여 발생시킨 전기에너지를 동력원으로 사용하는 것을 말한다)를 장착할 것
5. 조종석은 여압(기내 공기 압력을 지상과 가깝게 조절·유지하는 것을 말한다)이 되지 아니할 것
6. 비행 중에 프로펠러의 각도를 조정할 수 없을 것
7. 고정된 착륙장치가 있을 것. 다만, 수상비행에 사용하는 경우에는 고정된 착륙장치 외에 접을 수 있는 착륙장치를 장착할 수 있다.

315 초경량비행장치의 종류에 해당하지 않는 것은?

① 동력비행장치
② 동력패러슈트(powered parachute)
③ 행글라이더
④ 패러글라이더

해설 항공안전법 제2조(정의)
3. "초경량비행장치"란 항공기와 경량항공기 외에 공기의 반작용으로 뜰 수 있는 장치로서 자체중량, 좌석 수 등 국토교통부령으로 정하는 기준에 해당하는 동력비행장치, 행글라이더, 패러글라이더, 기구류 및 무인비행장치 등을 말한다.

316 초경량비행장치 중 국토교통부령으로 정하는 동력비행장치의 기준에 해당하지 않는 것은?

① 동력을 이용하는 고정익비행장치
② 탑승자, 연료 및 비상용 장비의 중량을 제외한 자체중량이 115킬로그램 이하
③ 좌석이 1개
④ 단발(單發) 왕복발동기를 장착

해설 항공안전법 시행규칙 제5조(초경량비행장치의 기준)
법 제2조 제3호에서 "자체중량, 좌석 수 등 국토교통부령으로 정하는 기준에 해당하는 동력비행장치, 행글라이더, 패러글라이더, 기구류 및 무인비행장치 등"이란 다음 각 호의 기준을 충족하는 동력비행장치, 행글라이더, 패러글라이더, 기구류, 무인비행장치, 회전익비행장치, 동력패러글라이더 및 낙하산류 등을 말한다. 〈개정 2020. 12. 10., 2021. 6. 9.〉
1. 동력비행장치: 동력을 이용하는 것으로서 다음 각 목의 기준을 모두 충족하는 고정익비행장치
가. 탑승자, 연료 및 비상용 장비의 중량을 제외한 자체중량이 115킬로그램 이하일 것
나. 연료의 탑재량이 19리터 이하일 것
다. 좌석이 1개일 것

정답 313. ③ 314. ④ 315. ② 316. ④

2. 행글라이더: 탑승자 및 비상용 장비의 중량을 제외한 자체중량이 70킬로그램 이하로서 체중이동, 타면조종 등의 방법으로 조종하는 비행장치
3. 패러글라이더: 탑승자 및 비상용 장비의 중량을 제외한 자체중량이 70킬로그램 이하로서 날개에 부착된 줄을 이용하여 조종하는 비행장치
4. 기구류: 기체의 성질 · 온도차 등을 이용하는 다음 각 목의 비행장치
   가. 유인자유기구
   나. 무인자유기구(기구 외부에 2킬로그램 이상의 물건을 매달고 비행하는 것만 해당한다. 이하 같다)
   다. 계류식(繫留式) 기구
5. 무인비행장치: 사람이 탑승하지 아니하는 것으로서 다음 각 목의 비행장치
   가. 무인동력비행장치: 연료의 중량을 제외한 자체중량이 150킬로그램 이하인 무인비행기, 무인헬리콥터 또는 무인멀티콥터
   나. 무인비행선: 연료의 중량을 제외한 자체중량이 180킬로그램 이하이고 길이가 20미터 이하인 무인비행선
6. 회전익비행장치: 제1호 각 목의 동력비행장치의 요건을 갖춘 헬리콥터 또는 자이로플레인
7. 동력패러글라이더: 패러글라이더에 추진력을 얻는 장치를 부착한 다음 각 목의 어느 하나에 해당하는 비행장치
   가. 착륙장치가 없는 비행장치
   나. 착륙장치가 있는 것으로서 제1호 각 목의 동력비행장치의 요건을 갖춘 비행장치
8. 낙하산류: 항력(抗力)을 발생시켜 대기(大氣) 중을 낙하하는 사람 또는 물체의 속도를 느리게 하는 비행장치
9. 그 밖에 국토교통부장관이 종류, 크기, 중량, 용도 등을 고려하여 정하여 고시하는 비행장치

317 초경량비행장치의 기준 중 좌석이 1개인 동력비행장치의 자체중량 조건으로 바른 것은?

① 탑승자 및 비상용 장비의 중량을 제외한 자체중량이 70킬로그램 이하일 것
② 탑승자 및 비상용 장비의 중량을 제외한 자체중량이 70킬로그램 이상일 것
③ 탑승자, 연료 및 비상용 장비의 중량을 제외한 자체중량이 115킬로그램 이하일 것
④ 탑승자, 연료 및 비상용 장비의 중량을 제외한 자체중량이 115킬로그램 이상일 것

해설 **항공안전법 시행규칙 제5조(초경량비행장치의 기준)**

법 제2조 제3호에서 "자체중량, 좌석 수 등 국토교통부령으로 정하는 기준에 해당하는 동력비행장치, 행글라이더, 패러글라이더, 기구류 및 무인비행장치 등"이란 다음 각 호의 기준을 충족하는 동력비행장치, 행글라이더, 패러글라이더, 기구류, 무인비행장치, 회전익비행장치, 동력패러글라이더 및 낙하산류 등을 말한다. 〈개정 2020. 12. 10., 2021. 6. 9.〉
1. 동력비행장치: 동력을 이용하는 것으로서 다음 각 목의 기준을 모두 충족하는 고정익비행장치
   가. 탑승자, 연료 및 비상용 장비의 중량을 제외한 자체중량이 115킬로그램 이하일 것
   나. 연료의 탑재량이 19리터 이하일 것
   다. 좌석이 1개일 것

318 등록을 필요로 하지 아니하는 항공기의 범위에 해당하지 않는 것은?

① 군, 경찰 또는 세관업무에 사용하는 항공기
② 외국에 임대할 목적으로 도입한 항공기로서 외국 국적을 취득할 항공기
③ 대한민국의 국민 또는 법인이 임차하여 사용할 수 있는 권리가 있는 항공기
④ 국내에서 제작한 항공기로서 제작자 외의 소유자가 결정되지 아니한 항공기

해설 **항공안전법 시행령 제4조(등록을 필요로 하지 않는 항공기의 범위)**

법 제7조 제1항 단서에서 "대통령령으로 정하는 항공기"란 다음 각 호의 항공기를 말한다. 〈개정 2021. 11. 16.〉
1. 군 또는 세관에서 사용하거나 경찰업무에 사용하는 항공기
2. 외국에 임대할 목적으로 도입한 항공기로서 외국 국적을 취득할 항공기
3. 국내에서 제작한 항공기로서 제작자 외의 소유자가 결정되지 아니한 항공기
4. 외국에 등록된 항공기를 임차하여 법 제5조에 따라 운영하는 경우 그 항공기
5. 항공기 제작자나 항공기 관련 연구기관이 연구 · 개발 중인 항공기

319 항공기 등록의 제한에 해당하지 않는 것은?

① 외국 국적을 가진 항공기
② 외국정부 또는 외국의 공공단체
③ 외국의 법인 또는 단체
④ 대한민국의 국민 또는 법인이 임차하여 사용할 수 있는 권리가 있는 항공기

해설 **항공안전법 제10조(항공기 등록의 제한)**

① 다음 각 호의 어느 하나에 해당하는 자가 소유하거나 임차한 항공기는 등록할 수 없다. 다만, 대한민국의 국민 또는 법인이 임차하여 사용할 수 있는 권리가 있는 항공기는 그러하지 아니하다.

정답 317. ③ 318. ③ 319. ④

1. 대한민국 국민이 아닌 사람
2. 외국정부 또는 외국의 공공단체
3. 외국의 법인 또는 단체
4. 제1호부터 제3호까지의 어느 하나에 해당하는 자가 주식이나 지분의 2분의 1 이상을 소유하거나 그 사업을 사실상 지배하는 법인(「항공사업법」 제2조 제1호에 따른 항공사업의 목적으로 항공기를 등록하려는 경우로 한정한다)
5. 외국인이 법인 등기사항증명서상의 대표자이거나 외국인이 법인 등기사항증명서상의 임원 수의 2분의 1 이상을 차지하는 법인

② 제1항 단서에도 불구하고 외국 국적을 가진 항공기는 등록할 수 없다.

320 항공기 등록원부(登錄原簿)에 기록하여야 할 사항으로 맞지 않는 것은?

① 항공기의 형식
② 항공기의 제작자
③ 항공기등의 감항기준
④ 항공기의 정치장(定置場)

해설 **항공안전법 제11조(항공기 등록사항)**

① 국토교통부장관은 제7조에 따라 항공기를 등록한 경우에는 항공기 등록원부(登錄原簿)에 다음 각 호의 사항을 기록하여야 한다.
1. 항공기의 형식
2. 항공기의 제작자
3. 항공기의 제작번호
4. 항공기의 정치장(定置場)
5. 소유자 또는 임차인 · 임대인의 성명 또는 명칭과 주소 및 국적
6. 등록 연월일
7. 등록기호

321 항공기 등록의 종류 중 변경등록을 신청하여야 하는 사유는?

① 항공기의 형식 변경
② 항공기의 등록번호 변경
③ 등록기호의 변경
④ 정치장의 변경

해설 **항공안전법 제13조(항공기 변경등록)**

소유자등은 제11조 제1항 제4호 또는 제5호의 등록사항이 변경되었을 때에는 그 변경된 날부터 15일 이내에 대통령령으로 정하는 바에 따라 국토교통부장관에게 변경등록을 신청하여야 한다.

항공안전법 제11조(항공기 등록사항)

① 국토교통부장관은 제7조에 따라 항공기를 등록한 경우에는 항공기 등록원부(登錄原簿)에 다음 각 호의 사항을 기록하여야 한다.
1. 항공기의 형식
2. 항공기의 제작자
3. 항공기의 제작번호
4. 항공기의 정치장(定置場)
5. 소유자 또는 임차인 · 임대인의 성명 또는 명칭과 주소 및 국적
6. 등록 연월일
7. 등록기호

322 항공기의 정치장(定置場) 변경 시 필요한 행정절차는?

① 변경등록 ② 이전등록
③ 말소등록 ④ 임차등록

해설 **항공안전법 제13조(항공기 변경등록)**

소유자등은 제11조 제1항 제4호 또는 제5호의 등록사항이 변경되었을 때에는 그 변경된 날부터 15일 이내에 대통령령으로 정하는 바에 따라 국토교통부장관에게 변경등록을 신청하여야 한다.

항공안전법 제11조(항공기 등록사항)

① 국토교통부장관은 제7조에 따라 항공기를 등록한 경우에는 항공기 등록원부(登錄原簿)에 다음 각 호의 사항을 기록하여야 한다.
1. 항공기의 형식
2. 항공기의 제작자
3. 항공기의 제작번호
4. 항공기의 정치장(定置場)
5. 소유자 또는 임차인 · 임대인의 성명 또는 명칭과 주소 및 국적
6. 등록 연월일
7. 등록기호

323 항공기가 멸실(滅失)되었거나 항공기를 해체(정비등, 수송 또는 보관하기 위한 해체는 제외한다)한 경우 등록 가능 기간은?

① 15일 이내 ② 1개월 이내
③ 2개월 이내 ④ 6개월 이내

해설 **항공안전법 제15조(항공기 말소등록)**

① 소유자등은 등록된 항공기가 다음 각 호의 어느 하나에 해당하는 경우에는 그 사유가 있는 날부터 15일 이내에

정답 320. ③ 321. ④ 322. ① 323. ①

대통령령으로 정하는 바에 따라 국토교통부장관에게 말소등록을 신청하여야 한다.
1. 항공기가 멸실(滅失)되었거나 항공기를 해체(정비등, 수송 또는 보관하기 위한 해체는 제외한다)한 경우
2. 항공기의 존재 여부를 1개월(항공기사고인 경우에는 2개월) 이상 확인할 수 없는 경우
3. 제10조 제1항 각 호의 어느 하나에 해당하는 자에게 항공기를 양도하거나 임대(외국 국적을 취득하는 경우만 해당한다)한 경우
4. 임차기간의 만료 등으로 항공기를 사용할 수 있는 권리가 상실된 경우

② 제1항에 따라 소유자등이 말소등록을 신청하지 아니하면 국토교통부장관은 7일 이상의 기간을 정하여 말소등록을 신청할 것을 최고(催告)하여야 한다.
③ 제2항에 따른 최고를 한 후에도 소유자등이 말소등록을 신청하지 아니하면 국토교통부장관은 직권으로 등록을 말소하고, 그 사실을 소유자등 및 그 밖의 이해관계인에게 알려야 한다.

324 항공기 말소등록을 신청하여야 하는 경우에 해당하지 않는 것은?

① 항공기의 존재 여부를 1개월(항공기사고인 경우에는 2개월) 이상 확인할 수 없는 경우
② 외국 법인에 항공기를 양도하거나 임대(외국 국적을 취득하는 경우만 해당한다)한 경우
③ 정비등을 위해 항공기를 해체한 경우
④ 임차기간의 만료 등으로 항공기를 사용할 수 있는 권리가 상실된 경우

해설 **항공안전법 제15조(항공기 말소등록)**
① 소유자등은 등록된 항공기가 다음 각 호의 어느 하나에 해당하는 경우에는 그 사유가 있는 날부터 15일 이내에 대통령령으로 정하는 바에 따라 국토교통부장관에게 말소등록을 신청하여야 한다.
1. 항공기가 멸실(滅失)되었거나 항공기를 해체(정비등, 수송 또는 보관하기 위한 해체는 제외한다)한 경우
2. 항공기의 존재 여부를 1개월(항공기사고인 경우에는 2개월) 이상 확인할 수 없는 경우
3. 제10조 제1항 각 호의 어느 하나에 해당하는 자에게 항공기를 양도하거나 임대(외국 국적을 취득하는 경우만 해당한다)한 경우
4. 임차기간의 만료 등으로 항공기를 사용할 수 있는 권리가 상실된 경우

325 국토교통부장관에게 등록을 하여야 하는 항공기 등록의 종류에 해당하지 않는 것은?

① 변경등록 ② 이전등록
③ 말소등록 ④ 임차등록

해설 **항공안전법 제13조(항공기 변경등록)**
소유자등은 제11조 제1항 제4호 또는 제5호의 등록사항이 변경되었을 때에는 그 변경된 날부터 15일 이내에 대통령령으로 정하는 바에 따라 국토교통부장관에게 변경등록을 신청하여야 한다.
항공안전법 제14조(항공기 이전등록)
등록된 항공기의 소유권 또는 임차권을 양도 · 양수하려는 자는 그 사유가 있는 날부터 15일 이내에 대통령령으로 정하는 바에 따라 국토교통부장관에게 이전등록을 신청하여야 한다.
항공안전법 제15조(항공기 말소등록)
① 소유자등은 등록된 항공기가 다음 각 호의 어느 하나에 해당하는 경우에는 그 사유가 있는 날부터 15일 이내에 대통령령으로 정하는 바에 따라 국토교통부장관에게 말소등록을 신청하여야 한다.
1. 항공기가 멸실(滅失)되었거나 항공기를 해체(정비등, 수송 또는 보관하기 위한 해체는 제외한다)한 경우
2. 항공기의 존재 여부를 1개월(항공기사고인 경우에는 2개월) 이상 확인할 수 없는 경우
3. 제10조 제1항 각 호의 어느 하나에 해당하는 자에게 항공기를 양도하거나 임대(외국 국적을 취득하는 경우만 해당한다)한 경우
4. 임차기간의 만료 등으로 항공기를 사용할 수 있는 권리가 상실된 경우

326 항공기를 소유하거나 임차하여 사용할 수 있는 권리가 있는 자가 등록기호표에 기록해야 할 사항이 아닌 것은?

① 국적기호
② 등록기호
③ 소유자 명칭
④ 항공기의 정치장(定置場)

해설 **항공안전법 시행규칙 제12조(등록기호표의 부착)**
① 항공기를 소유하거나 임차하여 사용할 수 있는 권리가 있는 자(이하 "소유자등"이라 한다)가 항공기를 등록한 경우에는 법 제17조 제1항에 따라 강철 등 내화금속(耐火金屬)으로 된 등록기호표(가로 7센티미터 세로 5센티미터의 직사각형)를 다음 각 호의 구분에 따라 보기 쉬운 곳에 붙여야 한다.

정답 324. ③ 325. ④ 326. ④

1. 항공기에 출입구가 있는 경우: 항공기 주(主)출입구 윗부분의 안쪽
2. 항공기에 출입구가 없는 경우: 항공기 동체의 외부 표면

② 제1항의 등록기호표에는 국적기호 및 등록기호(이하 "등록부호"라 한다)와 소유자등의 명칭을 적어야 한다.

327 표준감항증명에 대한 정의로 바른 것은?

① 해당 항공기가 형식증명 또는 형식증명승인에 따라 인가된 설계에 일치하게 제작되고 안전하게 운항할 수 있다고 판단되는 경우에 발급하는 증명

② 형식증명 또는 제한형식증명에 따라 인가된 설계에 일치하게 항공기등을 제작할 수 있는 기술, 설비, 인력 및 품질관리체계 등을 갖추고 있음을 증명

③ 항공기등의 설계에 관하여 외국정부로부터 형식증명을 받은 자가 해당 항공기등에 대하여 항공기기술기준에 적합함을 승인하는 증명

④ 항공기등을 제작하려는 자는 그 항공기등의 설계에 관한 증명

해설 **항공안전법 제23조(감항증명 및 감항성 유지)**

① 항공기가 감항성이 있다는 증명(이하 "감항증명"이라 한다)을 받으려는 자는 국토교통부령으로 정하는 바에 따라 국토교통부장관에게 감항증명을 신청하여야 한다.

② 감항증명은 대한민국 국적을 가진 항공기가 아니면 받을 수 없다. 다만, 국토교통부령으로 정하는 항공기의 경우에는 그러하지 아니하다.

③ 누구든지 다음 각 호의 어느 하나에 해당하는 감항증명을 받지 아니한 항공기를 운항하여서는 아니 된다. 〈개정 2017. 12. 26.〉

1. 표준감항증명: 해당 항공기가 형식증명 또는 형식증명승인에 따라 인가된 설계에 일치하게 제작되고 안전하게 운항할 수 있다고 판단되는 경우에 발급하는 증명
2. 특별감항증명: 해당 항공기가 제한형식증명을 받았거나 항공기의 연구, 개발 등 국토교통부령으로 정하는 경우로서 항공기 제작자 또는 소유자등이 제시한 운용범위를 검토하여 안전하게 운항할 수 있다고 판단되는 경우에 발급하는 증명

④ 국토교통부장관은 제3항 각 호의 어느 하나에 해당하는 감항증명을 하는 경우 국토교통부령으로 정하는 바에 따라 해당 항공기의 설계, 제작과정, 완성 후의 상태와 비행성능에 대하여 검사하고 해당 항공기의 운용한계(運用限界)를 지정하여야 한다. 다만, 다음 각 호의 어느 하나에 해당하는 항공기의 경우에는 국토교통부령으로 정하는 바에 따라 검사의 일부를 생략할 수 있다. 〈신설 2017. 12. 26.〉

1. 형식증명, 제한형식증명 또는 형식증명승인을 받은 항공기
2. 제작증명을 받은 자가 제작한 항공기
3. 항공기를 수출하는 외국정부로부터 감항성이 있다는 승인을 받아 수입하는 항공기

⑤ 감항증명의 유효기간은 1년으로 한다. 다만, 항공기의 형식 및 소유자등(제32조 제2항에 따른 위탁을 받은 자를 포함한다)의 감항성 유지능력 등을 고려하여 국토교통부령으로 정하는 바에 따라 유효기간을 연장할 수 있다. 〈개정 2017. 12. 26.〉

⑥ 국토교통부장관은 제4항에 따른 검사 결과 항공기가 감항성이 있다고 판단되는 경우 국토교통부령으로 정하는 바에 따라 감항증명서를 발급하여야 한다. 〈신설 2017. 12. 26.〉

⑦ 국토교통부장관은 다음 각 호의 어느 하나에 해당하는 경우에는 해당 항공기에 대한 감항증명을 취소하거나 6개월 이내의 기간을 정하여 그 효력의 정지를 명할 수 있다. 다만, 제1호에 해당하는 경우에는 감항증명을 취소하여야 한다. 〈개정 2017. 12. 26.〉

1. 거짓이나 그 밖의 부정한 방법으로 감항증명을 받은 경우
2. 항공기가 감항증명 당시의 항공기기술기준에 적합하지 아니하게 된 경우

⑧ 항공기를 운항하려는 소유자등은 국토교통부령으로 정하는 바에 따라 그 항공기의 감항성을 유지하여야 한다. 〈개정 2017. 12. 26.〉

⑨ 국토교통부장관은 제8항에 따라 소유자등이 해당 항공기의 감항성을 유지하는지를 수시로 검사하여야 하며, 항공기의 감항성 유지를 위하여 소유자등에게 항공기등, 장비품 또는 부품에 대한 정비등에 관한 감항성개선 또는 그 밖의 검사·정비등을 명할 수 있다. 〈개정 2017. 12. 26.〉

328 감항검사를 받을 때 검사의 일부를 생략할 수 있는 경우에 해당하지 않는 것은?

① 형식증명, 제한형식증명 또는 형식증명승인을 받은 항공기

② 제작증명을 받은 자가 제작한 항공기

③ 항공기를 수출하는 외국정부로부터 감항성이 있다는 승인을 받아 수입하는 항공기

정답 327. ① 328. ④

④ 국내에서 제작하여 대한민국의 국적을 취득한 후에 감항증명을 위한 검사를 신청한 항공기

해설 **항공안전법 제23조(감항증명 및 감항성 유지)**

④ 국토교통부장관은 제3항 각 호의 어느 하나에 해당하는 감항증명을 하는 경우 국토교통부령으로 정하는 바에 따라 해당 항공기의 설계, 제작과정, 완성 후의 상태와 비행성능에 대하여 검사하고 해당 항공기의 운용한계(運用限界)를 지정하여야 한다. 다만, 다음 각 호의 어느 하나에 해당하는 항공기의 경우에는 국토교통부령으로 정하는 바에 따라 검사의 일부를 생략할 수 있다. 〈신설 2017. 12. 26.〉

1. 형식증명, 제한형식증명 또는 형식증명승인을 받은 항공기
2. 제작증명을 받은 자가 제작한 항공기
3. 항공기를 수출하는 외국정부로부터 감항성이 있다는 승인을 받아 수입하는 항공기

329 예외적으로 감항증명을 받을 수 있는 항공기로 맞는 것은?

① 국내에서 수리 · 개조 또는 제작한 후 수출할 항공기
② 형식증명, 제한형식증명 또는 형식증명승인을 받은 항공기
③ 제작증명을 받은 자가 제작한 항공기
④ 항공기를 수출하는 외국정부로부터 감항성이 있다는 승인을 받아 수입하는 항공기

해설 **항공안전법 시행규칙 제36조(예외적으로 감항증명을 받을 수 있는 항공기)**

법 제23조 제2항 단서에서 "국토교통부령으로 정하는 항공기"란 다음 각 호의 어느 하나에 해당하는 항공기를 말한다. 〈개정 2022. 6. 8.〉

1. 법 제5조에 따른 임대차 항공기의 운영에 대한 권한 및 의무이양의 적용 특례를 적용받는 항공기
2. 국내에서 수리 · 개조 또는 제작한 후 수출할 항공기
3. 국내에서 제작되거나 외국으로부터 수입하는 항공기로서 대한민국의 국적을 취득하기 전에 감항증명을 신청한 항공기

330 예외적으로 감항증명을 받을 수 있는 항공기가 아닌 것은?

① 법 제5조에 따른 임대차 항공기의 운영에 대한 권한 및 의무이양의 적용 특례를 적용받는 항공기
② 국내에서 수리 · 개조 또는 제작한 후 수출할 항공기
③ 감항증명 당시의 항공기기술기준에 적합하지 아니하게 된 항공기
④ 국내에서 제작되거나 외국으로부터 수입하는 항공기로서 대한민국의 국적을 취득하기 전에 감항증명을 신청한 항공기

해설 **항공안전법 시행규칙 제36조(예외적으로 감항증명을 받을 수 있는 항공기)**

법 제23조 제2항 단서에서 "국토교통부령으로 정하는 항공기"란 다음 각 호의 어느 하나에 해당하는 항공기를 말한다. 〈개정 2022. 6. 8.〉

1. 법 제5조에 따른 임대차 항공기의 운영에 대한 권한 및 의무이양의 적용 특례를 적용받는 항공기
2. 국내에서 수리 · 개조 또는 제작한 후 수출할 항공기
3. 국내에서 제작되거나 외국으로부터 수입하는 항공기로서 대한민국의 국적을 취득하기 전에 감항증명을 신청한 항공기

331 국토교통부장관이 항공안전 자율보고의 접수 · 분석 및 전파에 관한 업무를 위탁한 단체는 어느 곳인가?

① 전문검사기관
② 항공진흥협회
③ 한국교통안전공단
④ 항공안전기술원

해설 **항공안전법 제135조(권한의 위임 · 위탁)**

① 이 법에 따른 국토교통부장관의 권한은 그 일부를 대통령령으로 정하는 바에 따라 특별시장 · 광역시장 · 특별자치시장 · 도지사 · 특별자치도지사 또는 국토교통부장관 소속 기관의 장에게 위임할 수 있다.

⑤ 국토교통부장관은 다음 각 호의 업무를 대통령령으로 정하는 바에 따라 「한국교통안전공단법」에 따른 한국교통안전공단(이하 "한국교통안전공단"이라 한다) 또는 항공 관련 기관 · 단체에 위탁할 수 있다. 〈개정 2017. 8. 9., 2017. 10. 24.〉

1. 제38조에 따른 자격증명 시험업무 및 자격증명 한정심사업무와 자격증명서의 발급에 관한 업무
2. 제44조에 따른 계기비행증명업무 및 조종교육증명업무와 증명서의 발급에 관한 업무
3. 제45조 제3항에 따른 항공영어구술능력증명서의 발급에 관한 업무

정답 329. ① 330. ③ 331. ③

4. 제48조 제9항 및 제10항에 따른 항공교육훈련통합관리시스템에 관한 업무
5. 제61조에 따른 항공안전 자율보고의 접수 · 분석 및 전파에 관한 업무
6. 제112조에 따른 경량항공기 조종사 자격증명 시험업무 및 자격증명 한정심사업무와 자격증명서의 발급에 관한 업무
7. 제115조 제1항 및 제2항에 따른 경량항공기 조종교육증명업무와 증명서의 발급 및 경량항공기 조종교육증명을 받은 자에 대한 교육에 관한 업무
8. 제125조 제1항에 따른 초경량비행장치 조종자 증명에 관한 업무
9. 제125조 제3항에 따른 실기시험장, 교육장 등 시설의 지정 · 구축 · 운영에 관한 업무
10. 제126조 제1항 및 제5항에 따른 초경량비행장치 전문교육기관의 지정 및 지정조건의 충족 · 유지 여부 확인에 관한 업무

332 운항 중에 전자기기의 사용을 제한할 수 있는 항공기는?

① 항공운송사업용으로 비행 중인 항공기
② 시계비행방식으로 비행 중인 항공기
③ 2개의 발동기를 가진 비행기
④ 최대이륙중량 5,700킬로그램 이하의 항공기

해설 **항공안전법 제73조(전자기기의 사용제한)**

국토교통부장관은 운항 중인 항공기의 항행 및 통신장비에 대한 전자파 간섭 등의 영향을 방지하기 위하여 국토교통부령으로 정하는 바에 따라 여객이 지닌 전자기기의 사용을 제한할 수 있다.

항공안전법 시행규칙 제214조(전자기기의 사용제한)

법 제73조에 따라 운항 중에 전자기기의 사용을 제한할 수 있는 항공기와 사용이 제한되는 전자기기의 품목은 다음 각 호와 같다.

1. 다음 각 목의 어느 하나에 해당하는 항공기
   가. 항공운송사업용으로 비행 중인 항공기
   나. 계기비행방식으로 비행 중인 항공기
2. 다음 각 목 외의 전자기기
   가. 휴대용 음성녹음기
   나. 보청기
   다. 심장박동기
   라. 전기면도기
   마. 그 밖에 항공운송사업자 또는 기장이 항공기 제작회사의 권고 등에 따라 해당항공기에 전자파 영향을 주지 아니한다고 인정한 휴대용 전자기기

333 항공운송사업자는 운항을 시작하기 전까지 정비규정에 대한 어떤 행정절차를 밟아야 하는가?

① 국토교통부장관의 인가
② 국토교통부장관에게 신고
③ 국토교통부장관에게 등록
④ 국토교통부장관의 승인

해설 **항공안전법 제93조(항공운송사업자의 운항규정 및 정비규정)**

① 항공운송사업자는 운항을 시작하기 전까지 국토교통부령으로 정하는 바에 따라 항공기의 운항에 관한 운항규정 및 정비에 관한 정비규정을 마련하여 국토교통부장관의 인가를 받아야 한다. 다만, 운항규정 및 정비규정을 운항증명에 포함하여 운항증명을 받은 경우에는 그러하지 아니하다.
② 항공운송사업자는 제1항 본문에 따라 인가를 받은 운항규정 또는 정비규정을 변경하려는 경우에는 국토교통부령으로 정하는 바에 따라 국토교통부장관에게 신고하여야 한다. 다만, 최소장비목록, 승무원 훈련프로그램 등 국토교통부령으로 정하는 중요사항을 변경하려는 경우에는 국토교통부장관의 인가를 받아야 한다.
③ 국토교통부장관은 제1항 본문 또는 제2항 단서에 따라 인가하려는 경우에는 제77조 제1항에 따른 운항기술기준에 적합한지를 확인하여야 한다.
④ 국토교통부장관은 제1항 본문 또는 제2항 단서에 따라 인가하는 경우 조건 또는 기한을 붙이거나 조건 또는 기한을 변경할 수 있다. 다만, 그 조건 또는 기한은 공공의 이익 증진이나 인가의 시행에 필요한 최소한도의 것이어야 하며, 해당 항공운송사업자에게 부당한 의무를 부과하는 것이어서는 아니 된다.
⑤ 국토교통부장관은 제2항 본문에 따른 신고를 받은 날부터 10일 이내에 신고수리 여부를 신고인에게 통지하여야 한다. 〈신설 2020. 6. 9.〉
⑥ 국토교통부장관이 제5항에서 정한 기간 내에 신고수리 여부 또는 민원 처리 관련 법령에 따른 처리기간의 연장을 신고인에게 통지하지 아니하면 그 기간(민원 처리 관련 법령에 따라 처리기간이 연장 또는 재연장된 경우에는 해당 처리기간을 말한다)이 끝난 날의 다음 날에 신고를 수리한 것으로 본다. 〈신설 2020. 6. 9.〉
⑦ 항공운송사업자는 제1항 본문 또는 제2항 단서에 따라 국토교통부장관의 인가를 받거나 제2항 본문에 따라 국토교통부장관에게 신고한 운항규정 또는 정비규정을 항공기의 운항 또는 정비에 관한 업무를 수행하는 종사자에게 제공하여야 한다. 이 경우 항공운송사업자와 항공기의 운항 또는 정비에 관한 업무를 수행하는 종사자는 운항규정 또는 정비규정을 준수하여야 한다. 〈개정 2020. 6. 9.〉

정답 332. ① 333. ①

334 항공기등, 장비품 또는 부품에 대하여 정비등을 한 경우에는 누구에게 감항성을 확인받아야 하는가?

① 국토교통부장관항공정비사
② 지방항공청장
③ 검사관
④ 항공정비사 자격증명을 받은 사람으로서 국토교통부령으로 정하는 자격요건을 갖춘 사람

해설 **항공안전법 제32조(항공기등의 정비등의 확인)**
① 소유자등은 항공기등, 장비품 또는 부품에 대하여 정비등(국토교통부령으로 정하는 경미한 정비 및 제30조 제1항에 따른 수리 · 개조는 제외한다. 이하 이 조에서 같다)을 한 경우에는 제35조 제8호의 항공정비사 자격증명을 받은 사람으로서 국토교통부령으로 정하는 자격요건을 갖춘 사람으로부터 그 항공기등, 장비품 또는 부품에 대하여 국토교통부령으로 정하는 방법에 따라 감항성을 확인받지 아니하면 이를 운항 또는 항공기등에 사용해서는 아니 된다.

335 국토교통부장관으로부터 형식증명을 받아야 하는 항목에 포함되지 않는 것은?

① 항공기
② 발동기
③ 프로펠러
④ LRU(Line Replaceable Unit)

해설 **항공안전법 시행규칙 제19조(형식증명 등을 받은 항공기등의 형식설계 변경)**
법 제20조 제1항 전단에 따라 항공기, 발동기 또는 프로펠러(이하 "항공기등"이라 한다)에 대한 형식증명 또는 제한형식증명을 받은 자가 같은 항 후단에 따라 형식설계를 변경하려면 별지 제2호서식의 형식설계 변경신청서에 다음 각 호의 서류를 첨부하여 국토교통부장관에게 제출하여야 한다.
1. 별지 제3호서식에 따른 형식(제한형식)증명서
2. 제18조 제2항 각 호의 서류
[전문개정 2018. 6. 27.]

336 자격증명 · 항공신체검사증명의 취소 등의 조항에 따라 자격증명을 취소하여야 하는 경우는?

① 거짓이나 그 밖의 부정한 방법으로 자격증명등을 받은 경우
② 이 법을 위반하여 벌금 이상의 형을 선고 받은 경우
③ 자격증명의 종류에 따른 업무범위 외의 업무에 종사한 경우
④ 한정된 종류, 등급 또는 형식 외의 항공기나 한정된 정비분야 외의 항공업무에 종사한 경우

해설 **항공안전법 제43조(자격증명 · 항공신체검사증명의 취소 등)**
① 국토교통부장관은 항공종사자가 다음 각 호의 어느 하나에 해당하는 경우에는 그 자격증명이나 자격증명의 한정(이하 이 조에서 "자격증명등"이라 한다)을 취소하거나 1년 이내의 기간을 정하여 자격증명등의 효력정지를 명할 수 있다. 다만, 제1호, 제6호의 2, 제6호의 3, 제15호 또는 제31호에 해당하는 경우에는 해당 자격증명등을 취소하여야 한다. 〈개정 2019. 8. 27., 2020. 6. 9., 2020. 12. 8., 2021. 5. 18., 2021. 12. 7., 2022. 1. 18.〉
1. 거짓이나 그 밖의 부정한 방법으로 자격증명등을 받은 경우

337 항공운송사업에 사용되는 모든 비행기의 사고예방 및 사고조사를 위하여 항공기에 갖추어야 할 장치는 어느 것인가?

① 공중충돌경고장치(Airborne Collision Avoidance System, ACAS Ⅱ)
② 지상접근경고장치(Ground Proximity Warning System)
③ 비행자료 및 조종실 내 음성을 디지털 방식으로 기록할 수 있는 비행기록장치
④ 전방돌풍경고장치

해설 **항공안전법 시행규칙 제109조(사고예방장치 등)**
① 법 제52조 제2항에 따라 사고예방 및 사고조사를 위하여 항공기에 갖추어야 할 장치는 다음 각 호와 같다. 다만, 국제항공노선을 운항하지 않는 헬리콥터의 경우에는 제2호 및 제3호의 장치를 갖추지 않을 수 있다. 〈개정 2021. 8. 27.〉
가. 항공운송사업에 사용되는 모든 비행기. 다만, 소형항공운송사업에 사용되는 최대이륙중량이 5,700킬로그램 이하인 비행기로서 그 비행기에 적합한 공중충돌경고장치가 개발되지 아니하거나 공중충돌경고장치를 장착하기 위하여 필요한 비행기 개조 등의 기술이 그 비행기의 제작자 등에 의하여 개발되지 아니한 경우에는 공중충돌경고장치를 갖추지 아니 할 수 있다.

338 무자격자의 항공업무 종사 등의 죄에 대한 처벌로 맞는 것은?

① 2년 이하의 징역 또는 1천만원 이하의 벌금
② 2년 이하의 징역 또는 2천만원 이하의 벌금

정답 334. ④ 335. ④ 336. ① 337. ① 338. ②

③ 3년 이하의 징역 또는 2천만원 이하의 벌금
④ 3년 이하의 징역 또는 3천만원 이하의 벌금

해설 **항공안전법 제148조(무자격자의 항공업무 종사 등의 죄)**
다음 각 호의 어느 하나에 해당하는 사람은 2년 이하의 징역 또는 2천만원 이하의 벌금에 처한다. 〈개정 2017. 1. 17., 2021. 5. 18., 2022. 1. 18.〉
1. 제34조를 위반하여 자격증명을 받지 아니하고 항공업무에 종사한 사람
2. 제36조 제2항을 위반하여 그가 받은 자격증명의 종류에 따른 업무범위 외의 업무에 종사한 사람
2의 2. 제39조의 3을 위반한 사람으로서 다음 각 목의 어느 하나에 해당하는 사람
가. 다른 사람에게 자기의 성명을 사용하여 항공업무를 수행하게 하거나 항공종사자 자격증명서를 빌려준 사람
나. 다른 사람의 성명을 사용하여 항공업무를 수행하거나 다른 사람의 항공종사자 자격증명서를 빌린 사람
다. 가목 및 나목의 행위를 알선한 사람
3. 제43조 또는 제47조의 2에 따른 효력정지명령을 위반한 사람
4. 제45조를 위반하여 항공영어구술능력증명을 받지 아니하고 같은 조 제1항 각 호의 어느 하나에 해당하는 업무에 종사한 사람

339 국토교통부장관이 지방항공청장에게 위임한 권한은 어느 것인가?

① 표준감항증명
② 형식증명을 받은 항공기에 대한 최초의 표준감항증명
③ 제작증명을 받아 제작한 항공기에 대한 최초의 표준감항증명
④ 기술표준품형식승인을 받은 기술표준품에 대한 최초의 감항승인

해설 **항공안전법 시행령 제26조(권한의 위임 · 위탁)**
① 국토교통부장관은 법 제135조 제1항에 따라 다음 각 호의 권한을 지방항공청장에게 위임한다.
1. 법 제23조 제3항 제1호에 따른 표준감항증명. 다만, 다음 각 목의 표준감항증명은 제외한다.
가. 법 제20조에 따른 형식증명을 받은 항공기에 대한 최초의 표준감항증명
나. 법 제22조에 따른 제작증명을 받아 제작한 항공기에 대한 최초의 표준감항증명

340 정비조직인증 신청서 제출 시 첨부하는 정비조직절차교범의 기재 사항에 포함되지 않는 것은?

① 수행하려는 업무의 범위
② 항공기등 · 부품등에 대한 정비방법 및 그 절차
③ 항공기등 · 부품등의 정비에 관한 기술관리 및 품질관리의 방법과 절차
④ 운항에 필요한 항공종사자의 확보상태 및 능력

해설 **항공안전법 시행규칙 제271조(정비조직인증의 신청)**
① 법 제97조에 따른 정비조직인증을 받으려는 자는 별지 제98호서식의 정비조직인증 신청서에 정비조직절차교범을 첨부하여 지방항공청장에게 제출하여야 한다.
② 제1항의 정비조직절차교범에는 다음 각 호의 사항을 적어야 한다.
1. 수행하려는 업무의 범위
2. 항공기등 · 부품등에 대한 정비방법 및 그 절차
3. 항공기등 · 부품등의 정비에 관한 기술관리 및 품질관리의 방법과 절차
4. 그 밖에 시설 · 장비 등 국토교통부장관이 정하여 고시하는 사항

341 소유자등이 항공기등, 장비품 또는 부품에 대한 정비등을 위탁할 수 있는 대상은 누구인가?

① 항공운송사업자
② 항공기사용사업자
③ 그 항공기등, 장비품 또는 부품을 제작한 자
④ 항공기정비업자

해설 **항공안전법 제32조(항공기등의 정비등의 확인)**
① 소유자등은 항공기등, 장비품 또는 부품에 대하여 정비등(국토교통부령으로 정하는 경미한 정비 및 제30조 제1항에 따른 수리 · 개조는 제외한다. 이하 이 조에서 같다)을 한 경우에는 제35조 제8호의 항공정비사 자격증명을 받은 사람으로서 국토교통부령으로 정하는 자격요건을 갖춘 사람으로부터 그 항공기등, 장비품 또는 부품에 대하여 국토교통부령으로 정하는 방법에 따라 감항성을 확인받지 아니하면 이를 운항 또는 항공기등에 사용해서는 아니 된다. 다만, 감항성을 확인받기 곤란한 대한민국 외의 지역에서 항공기등, 장비품 또는 부품에 대하여 정비등을 하는 경우로서 국토교통부령으로 정하는 자격요건을 갖춘 자로부터 그 항공기등, 장비품 또는 부품에 대하여 감항성을 확인받은 경우에는 이를 운항 또는 항공기등에 사용할 수 있다.
② 소유자등은 항공기등, 장비품 또는 부품에 대한 정비등을 위탁하려는 경우에는 제97조 제1항에 따른 정비조직인증을 받은 자 또는 그 항공기등, 장비품 또는 부품을 제작한 자에게 위탁하여야 한다.

정답 339. ① 340. ④ 341. ③

항공안전법 제97조(정비조직인증 등)

① 제8조에 따라 대한민국 국적을 취득한 항공기와 이에 사용되는 발동기, 프로펠러, 장비품 또는 부품의 정비등의 업무 등 국토교통부령으로 정하는 업무를 하려는 항공기 정비업자 또는 외국의 항공기정비업자는 그 업무를 시작하기 전까지 국토교통부장관이 정하여 고시하는 인력, 설비 및 검사체계 등에 관한 기준(이하 "정비조직인증기준"이라 한다)에 적합한 인력, 설비 등을 갖추어 국토교통부장관의 인증(이하 "정비조직인증"이라 한다)을 받아야 한다. 다만, 대한민국과 정비조직인증에 관한 항공안전협정을 체결한 국가로부터 정비조직인증을 받은 자는 국토교통부장관의 정비조직인증을 받은 것으로 본다.

② 국토교통부장관은 정비조직인증을 하는 경우에는 정비등의 범위 · 방법 및 품질관리절차 등을 정한 세부 운영기준을 정비조직인증서와 함께 해당 항공기정비업자에게 발급하여야 한다.

③ 항공기등, 장비품 또는 부품에 대한 정비등을 하는 경우에는 그 항공기등, 장비품 또는 부품을 제작한 자가 정하거나 국토교통부장관이 인정한 정비등에 관한 방법 및 절차 등을 준수하여야 한다.

342 초경량비행장치의 기준 중 고정익비행장치인 동력비행장치의 기준은?

① 자체중량이 70킬로그램 이하
② 자체중량이 115킬로그램 이하
③ 자체중량이 150킬로그램 이하
④ 자체중량이 180킬로그램 이하

해설 항공안전법 시행규칙 제5조(초경량비행장치의 기준)

법 제2조 제3호에서 "자체중량, 좌석 수 등 국토교통부령으로 정하는 기준에 해당하는 동력비행장치, 행글라이더, 패러글라이더, 기구류 및 무인비행장치 등"이란 다음 각 호의 기준을 충족하는 동력비행장치, 행글라이더, 패러글라이더, 기구류, 무인비행장치, 회전익비행장치, 동력패러글라이더 및 낙하산류 등을 말한다. 〈개정 2020. 12. 10., 2021. 6. 9.〉

1. 동력비행장치: 동력을 이용하는 것으로서 다음 각 목의 기준을 모두 충족하는 고정익비행장치
   가. 탑승자, 연료 및 비상용 장비의 중량을 제외한 자체중량이 115킬로그램 이하일 것
   나. 연료의 탑재량이 19리터 이하일 것
   다. 좌석이 1개일 것
2. 행글라이더: 탑승자 및 비상용 장비의 중량을 제외한 자체중량이 70킬로그램 이하로서 체중이동, 타면조종 등의 방법으로 조종하는 비행장치
3. 패러글라이더: 탑승자 및 비상용 장비의 중량을 제외한 자체중량이 70킬로그램 이하로서 날개에 부착된 줄을 이용하여 조종하는 비행장치
4. 기구류: 기체의 성질 · 온도차 등을 이용하는 다음 각 목의 비행장치
   가. 유인자유기구
   나. 무인자유기구(기구 외부에 2킬로그램 이상의 물건을 매달고 비행하는 것만 해당한다. 이하 같다)
   다. 계류식(繫留式) 기구
5. 무인비행장치: 사람이 탑승하지 아니하는 것으로서 다음 각 목의 비행장치
   가. 무인동력비행장치: 연료의 중량을 제외한 자체중량이 150킬로그램 이하인 무인비행기, 무인헬리콥터 또는 무인멀티콥터
   나. 무인비행선: 연료의 중량을 제외한 자체중량이 180킬로그램 이하이고 길이가 20미터 이하인 무인비행선
6. 회전익비행장치: 제1호 각 목의 동력비행장치의 요건을 갖춘 헬리콥터 또는 자이로플레인
7. 동력패러글라이더: 패러글라이더에 추진력을 얻는 장치를 부착한 다음 각 목의 어느 하나에 해당하는 비행장치
   가. 착륙장치가 없는 비행장치
   나. 착륙장치가 있는 것으로서 제1호 각 목의 동력비행장치의 요건을 갖춘 비행장치
8. 낙하산류: 항력(抗力)을 발생시켜 대기(大氣) 중을 낙하하는 사람 또는 물체의 속도를 느리게 하는 비행장치
9. 그 밖에 국토교통부장관이 종류, 크기, 중량, 용도 등을 고려하여 정하여 고시하는 비행장치

343 감항증명의 유효기간은 1년으로 하며, 감항성 유지능력 등에 따라 감항증명의 유효기간을 연장할 수 있는데, 이에 해당하는 항공기는?

① 형식증명, 제한형식증명 또는 형식증명승인을 받은 항공기
② 제작증명을 받은 자가 제작한 항공기
③ 항공기를 수출하는 외국정부로부터 감항성이 있다는 승인을 받아 수입하는 항공기
④ 국토교통부장관이 정하여 고시하는 정비방법에 따라 정비등이 이루어지는 항공기

해설 항공안전법 시행규칙 제41조(감항증명의 유효기간을 연장할 수 있는 항공기)

법 제23조 제5항 단서에 따라 감항증명의 유효기간을 연장할 수 있는 항공기는 항공기의 감항성을 지속적으로 유지하기 위하여 국토교통부장관이 정하여 고시하는 정비방법에 따라 정비등이 이루어지는 항공기를 말한다. 〈개정 2018. 6. 27.〉

정답 342. ② 343. ④

344 항공기가 소음기준에 적합한지에 대하여 국토교통부장관의 증명을 받아야 하는 시기는 언제인가?

① 형식증명을 받을 때
② 수리 · 개조 등으로 항공기의 소음치(騷音値)가 변동된 경우
③ 형식증명승인을 받을 때
④ 제작증명을 받을 때

해설 **항공안전법 제25조(소음기준적합증명)**

① 국토교통부령으로 정하는 항공기의 소유자등은 감항증명을 받는 경우와 수리 · 개조 등으로 항공기의 소음치(騷音値)가 변동된 경우에는 국토교통부령으로 정하는 바에 따라 그 항공기가 제19조 제2호의 소음기준에 적합한지에 대하여 국토교통부장관의 증명(이하 "소음기준적합증명"이라 한다)을 받아야 한다.
② 소음기준적합증명을 받지 아니하거나 항공기기술기준에 적합하지 아니한 항공기를 운항해서는 아니 된다. 다만, 국토교통부령으로 정하는 바에 따라 국토교통부장관의 운항허가를 받은 경우에는 그러하지 아니하다.
③ 국토교통부장관은 다음 각 호의 어느 하나에 해당하는 경우에는 소음기준적합증명을 취소하거나 6개월 이내의 기간을 정하여 그 효력의 정지를 명할 수 있다. 다만, 제1호에 해당하는 경우에는 소음기준적합증명을 취소하여야 한다.
1. 거짓이나 그 밖의 부정한 방법으로 소음기준적합증명을 받은 경우
2. 항공기가 소음기준적합증명 당시의 항공기기술기준에 적합하지 아니하게 된 경우

345 항공업무의 범위에 해당하지 않는 것은?

① 항공기의 운항(무선설비의 조작을 포함한다)
② 항공안전법 제46조(항공기의 조종연습)에 따른 항공기 조종연습
③ 항공교통관제(무선설비의 조작을 포함한다)
④ 정비등이 이루어진 항공기등, 장비품 또는 부품에 대하여 감항성이 있는지를 확인하는 업무

해설 **항공안전법 제2조(정의)**

5. "항공업무"란 다음 각 목의 어느 하나에 해당하는 업무를 말한다.
가. 항공기의 운항(무선설비의 조작을 포함한다) 업무(제46조에 따른 항공기 조종연습은 제외한다)
나. 항공교통관제(무선설비의 조작을 포함한다) 업무(제47조에 따른 항공교통관제연습은 제외한다)
다. 항공기의 운항관리 업무
라. 정비 · 수리 · 개조(이하 "정비등"이라 한다)된 항공기 · 발동기 · 프로펠러(이하 "항공기등"이라 한다), 장비품 또는 부품에 대하여 안전하게 운용할 수 있는 성능(이하 "감항성"이라 한다)이 있는지를 확인하는 업무 및 경량항공기 또는 그 장비품 · 부품의 정비사항을 확인하는 업무

346 자격증명 한정을 위한 항공기의 등급에 해당하지 않는 것은?

① 육상다발 항공기　② 상급 활공기
③ 수상단발 항공기　④ 헬리콥터

해설 **항공안전법 시행규칙 제81조(자격증명의 한정)**

① 국토교통부장관은 법 제37조 제1항 제1호에 따라 항공기의 종류 · 등급 또는 형식을 한정하는 경우에는 자격증명을 받으려는 사람이 실기시험에 사용하는 항공기의 종류 · 등급 또는 형식으로 한정하여야 한다.
② 제1항에 따라 한정하는 항공기의 종류는 비행기, 헬리콥터, 비행선, 활공기 및 항공우주선으로 구분한다.
③ 제1항에 따라 한정하는 항공기의 등급은 다음 각 호와 같이 구분한다. 다만, 활공기의 경우에는 상급(활공기가 특수 또는 상급 활공기인 경우) 및 중급(활공기가 중급 또는 초급 활공기인 경우)으로 구분한다.
1. 육상 항공기의 경우: 육상단발 및 육상다발
2. 수상 항공기의 경우: 수상단발 및 수상다발
④ 제1항에 따라 한정하는 항공기의 형식은 다음 각 호와 같이 구분한다.
1. 조종사 자격증명의 경우에는 다음 각 목의 어느 하나에 해당하는 형식의 항공기
가. 비행교범에 2명 이상의 조종사가 필요한 것으로 되어 있는 항공기
나. 가목 외에 국토교통부장관이 지정하는 형식의 항공기
2. 항공기관사 자격증명의 경우에는 모든 형식의 항공기
⑤ 국토교통부장관이 법 제37조 제1항 제2호에 따라 한정하는 항공정비사 자격증명의 항공기 · 경량항공기의 종류는 다음 각 호와 같다. 〈개정 2020. 2. 28., 2021. 8. 27.〉
1. 항공기의 종류
가. 비행기 분야. 다만, 비행기에 대한 정비업무경력이 4년(국토교통부장관이 지정한 전문교육기관에서 비행기 정비에 필요한 과정을 이수한 사람은 2년) 미만인 사람은 최대이륙중량 5,700킬로그램 이하의 비행기로 제한한다.

정답 344. ② 345. ② 346. ④

나. 헬리콥터 분야. 다만, 헬리콥터 정비업무경력이 4년(국토교통부장관이 지정한 전문교육기관에서 헬리콥터 정비에 필요한 과정을 이수한 사람은 2년) 미만인 사람은 최대이륙중량 3,175킬로그램 이하의 헬리콥터로 제한한다.

2. 경량항공기의 종류
   가. 경량비행기 분야: 조종형비행기, 체중이동형비행기 또는 동력패러슈트
   나. 경량헬리콥터 분야: 경량헬리콥터 또는 자이로플레인

⑥ 국토교통부장관이 법 제37조제1항제2호에 따라 한정하는 항공정비사의 자격증명의 정비분야는 전자 · 전기 · 계기 관련 분야로 한다. 〈개정 2020. 2. 28.〉

[시행일: 2021. 3. 1.] 제81조 제5항 제1호 가목 단서, 제81조 제5항 제1호 나목 단서

347 고정익비행장치 중 좌석이 1개인 초경량비행장치의 범위에 속하는 동력비행장치의 중량 기준으로 맞는 것은?

① 자체중량이 70킬로그램 이하일 것
② 자체중량이 115킬로그램 이하일 것
③ 자체중량이 150킬로그램 이하일 것
④ 자체중량이 180킬로그램 이하일 것

해설 **항공안전법 시행규칙 제5조(초경량비행장치의 기준)**

법 제2조 제3호에서 "자체중량, 좌석 수 등 국토교통부령으로 정하는 기준에 해당하는 동력비행장치, 행글라이더, 패러글라이더, 기구류 및 무인비행장치 등"이란 다음 각 호의 기준을 충족하는 동력비행장치, 행글라이더, 패러글라이더, 기구류, 무인비행장치, 회전익비행장치, 동력패러글라이더 및 낙하산류 등을 말한다. 〈개정 2020. 12. 10.〉

1. 동력비행장치: 동력을 이용하는 것으로서 다음 각 목의 기준을 모두 충족하는 고정익비행장치
   가. 탑승자, 연료 및 비상용 장비의 중량을 제외한 자체중량이 115킬로그램 이하일 것
   나. 좌석이 1개일 것
2. 행글라이더: 탑승자 및 비상용 장비의 중량을 제외한 자체중량이 70킬로그램 이하로서 체중이동, 타면조종 등의 방법으로 조종하는 비행장치
3. 패러글라이더: 탑승자 및 비상용 장비의 중량을 제외한 자체중량이 70킬로그램 이하로서 날개에 부착된 줄을 이용하여 조종하는 비행장치
4. 기구류: 기체의 성질 · 온도차 등을 이용하는 다음 각 목의 비행장치
   가. 유인자유기구
   나. 무인자유기구(기구 외부에 2킬로그램 이상의 물건을 매달고 비행하는 것만 해당한다. 이하 같다)
   다. 계류식(繫留式) 기구
5. 무인비행장치: 사람이 탑승하지 아니하는 것으로서 다음 각 목의 비행장치
   가. 무인동력비행장치: 연료의 중량을 제외한 자체중량이 150킬로그램 이하인 무인비행기, 무인헬리콥터 또는 무인멀티콥터
   나. 무인비행선: 연료의 중량을 제외한 자체중량이 180킬로그램 이하이고 길이가 20미터 이하인 무인비행선
6. 회전익비행장치: 제1호 각 목의 동력비행장치의 요건을 갖춘 헬리콥터 또는 자이로플레인
7. 동력패러글라이더: 패러글라이더에 추진력을 얻는 장치를 부착한 다음 각 목의 어느 하나에 해당하는 비행장치
   가. 착륙장치가 없는 비행장치
   나. 착륙장치가 있는 것으로서 제1호 각 목의 동력비행장치의 요건을 갖춘 비행장치
8. 낙하산류: 항력(抗力)을 발생시켜 대기(大氣) 중을 낙하하는 사람 또는 물체의 속도를 느리게 하는 비행장치
9. 그 밖에 국토교통부장관이 종류, 크기, 중량, 용도 등을 고려하여 정하여 고시하는 비행장치

348 국토교통부령으로 정하는 경미한 정비에 해당하는 작업이 아닌 것은?

① 복잡한 결합작용을 필요로 하지 아니하는 규격장비품 또는 부품의 교환작업
② 그 작업의 완료 상태를 확인하는 데에 동력장치의 작동 점검과 같은 복잡한 점검을 필요로 하지 아니하는 작업
③ 동력장치의 작동 점검과 같은 복잡한 점검을 필요로 하는 작업
④ 윤활유 보충 등 비행 전후에 실시하는 단순하고 간단한 점검 작업

해설 **항공안전법 시행규칙 제68조(경미한 정비의 범위)**

법 제32조 제1항 본문에서 "국토교통부령으로 정하는 경미한 정비"란 다음 각 호의 어느 하나에 해당하는 작업을 말한다. 〈개정 2021. 8. 27.〉

1. 간단한 보수를 하는 예방작업으로서 리깅(rigging: 항공기 정비를 위한 조절작업을 말한다) 또는 간극의 조정작업 등 복잡한 결합작용을 필요로 하지 않는 규격장비품 또는 부품의 교환작업
2. 감항성에 미치는 영향이 경미한 범위의 수리작업으로서 그 작업의 완료 상태를 확인하는 데에 동력장치의 작동 점검과 같은 복잡한 점검을 필요로 하지 아니하는 작업
3. 그 밖에 윤활유 보충 등 비행 전후에 실시하는 단순하고 간단한 점검 작업

정답 347. ② 348. ③

349 국외 정비확인자 인정서의 발급 시 유효기간은 얼마인가?

① 1년 ② 2년
③ 3년 ④ 6년

해설 **항공안전법 시행규칙 제73조(국외 정비확인자 인정서의 발급)**
① 국토교통부장관은 제71조에 따른 인정을 하는 경우에는 별지 제33호서식의 국외 정비확인자 인정서를 발급하여야 한다.
② 국토교통부장관은 제1항에 따라 국외 정비확인자 인정서를 발급하는 경우에는 국외 정비확인자가 감항성을 확인할 수 있는 항공기등 또는 부품등의 종류 · 등급 또는 형식을 정하여야 한다.
③ 제1항에 따른 인정의 유효기간은 1년으로 한다.

350 항공교통의 안전을 위하여 항공기의 비행이 금지되거나 제한되는 공역은 어느 것인가?

① 관제공역 ② 비관제공역
③ 통제공역 ④ 주의공역

해설 **항공안전법 제78조(공역 등의 지정)**
① 국토교통부장관은 공역을 체계적이고 효율적으로 관리하기 위하여 필요하다고 인정할 때에는 비행정보구역을 다음 각 호의 공역으로 구분하여 지정 · 공고할 수 있다.
1. 관제공역: 항공교통의 안전을 위하여 항공기의 비행 순서 · 시기 및 방법 등에 관하여 제84조 제1항에 따라 국토교통부장관 또는 항공교통업무증명을 받은 자의 지시를 받아야 할 필요가 있는 공역으로서 관제권 및 관제구를 포함하는 공역
2. 비관제공역: 관제공역 외의 공역으로서 항공기의 조종사에게 비행에 관한 조언 · 비행정보 등을 제공할 필요가 있는 공역
3. 통제공역: 항공교통의 안전을 위하여 항공기의 비행을 금지하거나 제한할 필요가 있는 공역
4. 주의공역: 항공기의 조종사가 비행 시 특별한 주의 · 경계 · 식별 등이 필요한 공역

351 지방항공청장에게 긴급항공기 지정신청서를 제출할 때 기제사항이 아닌 것은?

① 항공기의 형식 및 등록부호
② 긴급한 업무의 종류
③ 비행일시, 출발비행장, 비행구간 및 착륙장소
④ 조종사 및 긴급한 업무를 수행하는 사람에 대한 교육훈련 내용

해설 **항공안전법 시행규칙 제207조(긴급항공기의 지정)**
① 법 제69조 제1항에서 "응급환자의 수송 등 국토교통부령으로 정하는 긴급한 업무"란 다음 각 호의 어느 하나에 해당하는 업무를 말한다.
1. 재난 · 재해 등으로 인한 수색 · 구조
2. 응급환자의 수송 등 구조 · 구급활동
3. 화재의 진화
4. 화재의 예방을 위한 감시활동
5. 응급환자를 위한 장기(臟器) 이송
6. 그 밖에 자연재해 발생 시의 긴급복구
② 법 제69조 제1항에 따라 제1항 각 호에 따른 업무에 항공기를 사용하려는 소유자등은 해당 항공기에 대하여 지방항공청장으로부터 긴급항공기의 지정을 받아야 한다.
③ 제2항에 따른 지정을 받으려는 자는 다음 각 호의 사항을 적은 긴급항공기 지정신청서를 지방항공청장에게 제출하여야 한다.
1. 성명 및 주소
2. 항공기의 형식 및 등록부호
3. 긴급한 업무의 종류
4. 긴급한 업무 수행에 관한 업무규정 및 항공기 장착 장비
5. 조종사 및 긴급한 업무를 수행하는 사람에 대한 교육훈련 내용
6. 그 밖에 참고가 될 사항
④ 지방항공청장은 제3항에 따른 서류를 확인한 후 제1항 각 호의 긴급한 업무에 해당하는 경우에는 해당 항공기를 긴급항공기로 지정하였음을 신청자에게 통지하여야 한다.

352 항공운송사업자는 운항을 시작하기 전에 국토교통부장관으로 부터 인가 받아야 하는 정비규정에 포함되어야 할 사항이 아닌 것은?

① 항공기를 정비하는 자의 직무와 정비조직
② 항공기의 감항성을 유지하기 위한 정비프로그램
③ 최소장비목록(MEL)과 외형변경목록(CDL)
④ 항공기 검사프로그램

해설 **항공안전법 시행규칙 제266조(운항규정과 정비규정의 인가 등)**
② 법 제93조 제1항에 따른 운항규정 및 정비규정에 포함되어야 할 사항은 다음 각 호와 같다.
1. 운항규정에 포함되어야 할 사항: [별표 36]에 규정된 사항
2. 정비규정에 포함되어야 할 사항: [별표 37]에 규정된 사항

정답 349. ① 350. ③ 351. ③ 352. ③

[별표 37] 정비규정에 포함되어야 할 사항(제266조 제2항 제2호 관련)

1. 일반사항
2. 항공기를 정비하는 자의 직무와 정비조직
3. 정비에 종사하는 사람의 훈련방법
4. 정비시설에 관한 사항
5. 항공기의 감항성을 유지하기 위한 정비프로그램
6. 항공기 검사프로그램
7. 항공기 등의 품질관리 절차
8. 항공기 등의 기술관리 절차
9. 항공기등, 장비품 및 부품의 정비방법 및 절차
10. 정비 매뉴얼, 기술문서 및 정비기록물의 관리방법
11. 자재, 장비 및 공구관리에 관한 사항
12. 안전 및 보안에 관한 사항
13. 그 밖에 항공운송사업자 또는 항공기사용사업자가 필요하다고 판단하는 사항

(교재 p. 208, [별표 37] 참조)

353 외국 국적을 가진 항공기의 사용자가 항행을 하려고 할 때 국토교통부장관의 허가를 받아야 하는 경우에 해당하지 않는 것은?

① 영공 밖에서 이륙하여 대한민국에 착륙하는 항행
② 대한민국에서 이륙하여 영공 밖에 착륙하는 항행
③ 영공 밖에서 이륙하여 대한민국에 착륙하지 아니하고 영공을 통과하여 영공 밖에 착륙하는 항행
④ 항공사업법 제54조에 따라 허가를 받은 자가 대한민국에서 이륙하여 영공 밖에 착륙하는 항행

해설 **항공안전법 제100조(외국항공기의 항행)**

① 외국 국적을 가진 항공기의 사용자(외국, 외국의 공공단체 또는 이에 준하는 자를 포함한다)는 다음 각 호의 어느 하나에 해당하는 항행을 하려면 국토교통부장관의 허가를 받아야 한다. 다만, 「항공사업법」 제54조 및 제55조에 따른 허가를 받은 자는 그러하지 아니하다.
1. 영공 밖에서 이륙하여 대한민국에 착륙하는 항행
2. 대한민국에서 이륙하여 영공 밖에 착륙하는 항행
3. 영공 밖에서 이륙하여 대한민국에 착륙하지 아니하고 영공을 통과하여 영공 밖에 착륙하는 항행

② 외국의 군, 세관 또는 경찰의 업무에 사용되는 항공기는 제1항을 적용할 때에는 해당 국가가 사용하는 항공기로 본다.

③ 제1항 각 호의 어느 하나에 해당하는 항행을 하는 자는 국토교통부장관이 요구하는 경우 지체 없이 국토교통부장관이 지정한 비행장에 착륙하여야 한다.

354 공역의 사용목적에 따른 구분 중 주의공역에 해당하지 않는 것은?

① 훈련구역 ② 군작전구역
③ 위험구역 ④ 비행제한구역

해설 **항공안전법 시행규칙 제221조(공역의 구분 · 관리 등)**

① 법 제78조 제2항에 따라 국토교통부장관이 세분하여 지정 · 공고하는 공역의 구분은 [별표 23]과 같다.

② 법 제78조 제3항에 따른 공역의 설정기준은 다음 각 호와 같다.
1. 국가안전보장과 항공안전을 고려할 것
2. 항공교통에 관한 서비스의 제공 여부를 고려할 것
3. 이용자의 편의에 적합하게 공역을 구분할 것
4. 공역이 효율적이고 경제적으로 활용될 수 있을 것

[별표 23] 공역의 구분(제221조 제1항 관련)

주의공역	훈련구역	민간항공기의 훈련공역으로서 계기비행항공기로부터 분리를 유지할 필요가 있는 공역
	군작전구역	군사작전을 위하여 설정된 공역으로서 계기비행항공기로부터 분리를 유지할 필요가 있는 공역
	위험구역	항공기의 비행 시 항공기 또는 지상시설물에 대한 위험이 예상되는 공역
	경계구역	대규모 조종사의 훈련이나 비정상 형태의 항공활동이 수행되는 공역

(교재 p. 176, [별표 23] 참조)

355 응급환자의 수송 등 국토교통부령으로 정하는 긴급한 업무에 해당하지 않는 것은?

① 재난 · 재해 등으로 인한 수색 · 구조
② 응급환자의 수송 등 구조 · 구급활동
③ 문화재 도굴 예방을 위한 감시활동
④ 응급환자를 위한 장기(臟器) 이송

해설 **항공안전법 시행규칙 제207조(긴급항공기의 지정)**

① 법 제69조 제1항에서 "응급환자의 수송 등 국토교통부령으로 정하는 긴급한 업무"란 다음 각 호의 어느 하나에 해당하는 업무를 말한다.
1. 재난 · 재해 등으로 인한 수색 · 구조
2. 응급환자의 수송 등 구조 · 구급활동
3. 화재의 진화

정답 353. ④ 354. ④ 355. ③

4. 화재의 예방을 위한 감시활동
5. 응급환자를 위한 장기(臟器) 이송
6. 그 밖에 자연재해 발생 시의 긴급복구

② 법 제69조 제1항에 따라 제1항 각 호에 따른 업무에 항공기를 사용하려는 소유자등은 해당 항공기에 대하여 지방항공청장으로부터 긴급항공기의 지정을 받아야 한다.

356 수리 또는 개조의 승인 신청 시 수리계획서에 첨부하여야 할 서류에 해당하지 않는 것은?

① 수리 · 개조 신청사유 및 작업 일정
② 작업을 수행하려는 인증된 정비조직의 업무범위
③ 부품등의 품질관리규정
④ 수리 · 개조에 필요한 인력, 장비, 시설 및 자재 목록

해설 **항공안전법 시행규칙 제66조(수리 · 개조승인의 신청)**
법 제30조 제1항에 따라 항공기등 또는 부품등의 수리 · 개조승인을 받으려는 자는 별지 제31호서식의 수리 · 개조승인 신청서에 다음 각 호의 내용을 포함한 수리계획서 또는 개조계획서를 첨부하여 작업을 시작하기 10일 전까지 지방항공청장에게 제출하여야 한다. 다만, 항공기사고 등으로 인하여 긴급한 수리 · 개조를 하여야하는 경우에는 작업을 시작하기 전까지 신청서를 제출할 수 있다.
1. 수리 · 개조 신청사유 및 작업 일정
2. 작업을 수행하려는 인증된 정비조직의 업무범위
3. 수리 · 개조에 필요한 인력, 장비, 시설 및 자재 목록
4. 해당 항공기등 또는 부품등의 도면과 도면 목록
5. 수리 · 개조 작업지시서

357 국토교통부장관이 항공기의 종류 및 그 업무분야로 자격증명에 대한 한정한 항공종사자는 어느 것인가?

① 운송용 조종사　② 부조종사
③ 항공기관사　④ 항공정비사

해설 **항공안전법 제37조(자격증명의 한정)**
① 국토교통부장관은 다음 각 호의 구분에 따라 자격증명에 대한 한정을 할 수 있다.
1. 운송용 조종사, 사업용 조종사, 자가용 조종사, 부조종사 또는 항공기관사 자격의 경우: 항공기의 종류, 등급 또는 형식
2. 항공정비사 자격의 경우: 항공기의 종류 및 정비분야

② 제1항에 따라 자격증명의 한정을 받은 항공종사자는 그 한정된 항공기의 종류, 등급 또는 형식 외의 항공기나 한정된 정비분야 외의 항공업무에 종사해서는 아니 된다.
③ 제1항에 따른 자격증명의 한정에 필요한 세부사항은 국토교통부령으로 정한다.

358 국토교통부장관 또는 지방항공청장이 항공운송사업자가 취항하는 공항에 대하여 정기적인 안전성검사를 실시할 때, 그 대상이 아닌 것은?

① 수행하려는 업무의 범위
② 항공기 운항 · 정비 및 지원에 관련된 업무 · 조직 및 교육훈련
③ 항공기 부품과 예비품의 보관 및 급유시설
④ 공항시설

해설 **항공안전법 시행규칙 제315조(정기안전성검사)**
① 국토교통부장관 또는 지방항공청장은 법 제132조 제3항에 따라 다음 각 호의 사항에 관하여 항공운송사업자가 취항하는 공항에 대하여 정기적인 안전성검사를 하여야 한다.
1. 항공기 운항 · 정비 및 지원에 관련된 업무 · 조직 및 교육훈련
2. 항공기 부품과 예비품의 보관 및 급유시설
3. 비상계획 및 항공보안사항
4. 항공기 운항허가 및 비상지원절차
5. 지상조업과 위험물의 취급 및 처리
6. 공항시설
7. 그 밖에 국토교통부장관이 항공기 안전운항에 필요하다고 인정하는 사항

② 법 제132조 제6항에 따른 공무원의 증표는 별지 제124호 서식의 항공안전감독관증에 따른다.

359 정비조직인증을 받은 자에게 과징금을 부과할 수 있는 위반행위에 해당하지 않는 것은?

① 업무를 시작하기 전까지 항공안전관리시스템을 마련하지 아니한 경우
② 승인을 받지 아니하고 항공안전관리시스템을 운용한 경우
③ 거짓이나 그 밖의 부정한 방법으로 정비조직인증을 받은 경우
④ 승인을 받지 아니하고 국토교통부령으로 정하는 중요 사항을 변경한 경우

정답 356. ③ 357. ④ 358. ① 359. ③

해설 **항공안전법 제98조(정비조직인증의 취소 등)**

① 국토교통부장관은 정비조직인증을 받은 자가 다음 각 호의 어느 하나에 해당하는 경우에는 정비조직인증을 취소하거나 6개월 이내의 기간을 정하여 그 효력의 정지를 명할 수 있다. 다만, 제1호 또는 제5호에 해당하는 경우에는 그 정비조직인증을 취소하여야 한다.

1. 거짓이나 그 밖의 부정한 방법으로 정비조직인증을 받은 경우
2. 제58조 제2항을 위반하여 다음 각 목의 어느 하나에 해당하는 경우
   가. 업무를 시작하기 전까지 항공안전관리시스템을 마련하지 아니한 경우
   나. 승인을 받지 아니하고 항공안전관리시스템을 운용한 경우
   다. 항공안전관리시스템을 승인받은 내용과 다르게 운용한 경우
   라. 승인을 받지 아니하고 국토교통부령으로 정하는 중요 사항을 변경한 경우
3. 정당한 사유 없이 정비조직인증기준을 위반한 경우
4. 고의 또는 중대한 과실에 의하거나 항공종사자에 대한 관리 · 감독에 관하여 상당한 주의의무를 게을리 함으로써 항공기사고가 발생한 경우
5. 이 조에 따른 효력정지기간에 업무를 한 경우

② 제1항에 따른 처분의 기준은 국토교통부령으로 정한다.

360 **항공안전에 중대한 위해를 끼쳐 항공기사고로 이어질 수 있었던 것으로서 국토교통부령으로 정하는 항공기준사고의 범위에 포함되는 것은?**

① 공중충돌경고장치 회피기동(ACAS RA)이 발생한 경우
② 항공교통관제기관의 항공기 감시 장비에 근접충돌경고가 현시된 경우
③ 운항 중 의도하지 아니한 착륙장치의 내림이나 올림 또는 착륙장치의 문 열림과 닫힘이 발생한 경우
④ 비행 중 운항승무원이 신체, 심리, 정신 등의 영향으로 조종업무를 정상적으로 수행할 수 없는 경우(pilot incapacitation)

해설 **항공안전법 시행규칙 제9조(항공기준사고의 범위)**

법 제2조 제9호에서 "국토교통부령으로 정하는 것"이란 [별표 2]와 같다.

[별표 2] 〈개정 2020. 2. 28.〉 항공기준사고의 범위(제9조 관련)

1. 항공기의 위치, 속도 및 거리가 다른 항공기와 충돌위험이 있었던 것으로 판단되는 근접비행이 발생한 경우(다른 항공기와의 거리가 500피트 미만으로 근접하였던 경우를 말한다) 또는 경미한 충돌이 있었으나 안전하게 착륙한 경우
2. 항공기가 정상적인 비행 중 지표, 수면 또는 그 밖의 장애물과의 충돌(controlled flight into terrain)을 가까스로 회피한 경우
3. 항공기, 차량, 사람 등이 허가 없이 또는 잘못된 허가로 항공기 이륙 · 착륙을 위해 지정된 보호구역에 진입하여 다른 항공기와의 충돌을 가까스로 회피한 경우
4. 항공기가 다음 각 목의 장소에서 이륙하거나 이륙을 포기한 경우 또는 착륙하거나 착륙을 시도한 경우
   가. 폐쇄된 활주로 또는 다른 항공기가 사용 중인 활주로
   나. 허가받지 않은 활주로
   다. 유도로(헬리콥터가 허가를 받고 이륙하거나 이륙을 포기한 경우 또는 착륙하거나 착륙을 시도한 경우는 제외한다)
   라. 도로 등 착륙을 의도하지 않은 경우
5. 항공기가 이륙 · 착륙 중 활주로 시단(始端)에 못 미치거나(undershooting) 또는 종단(終端)을 초과한 경우(overrunning) 또는 활주로 옆으로 이탈한 경우(다만, 항공안전장애에 해당하는 사항은 제외한다)
6. 항공기가 이륙 또는 초기 상승 중 규정된 성능에 도달하지 못한 경우
7. 비행 중 운항승무원이 신체, 심리, 정신 등의 영향으로 조종업무를 정상적으로 수행할 수 없는 경우(pilot incapacitation)
8. 조종사가 연료량 또는 연료배분 이상으로 비상선언을 한 경우(연료의 불충분, 소진, 누유 등으로 인한 결핍 또는 사용가능한 연료를 사용할 수 없는 경우를 말한다)
9. 항공기 시스템의 고장, 항공기 동력 또는 추진력의 손실, 기상 이상, 항공기 운용한계의 초과 등으로 조종상의 어려움(difficulties in controlling)이 발생했거나 발생할 수 있었던 경우
10. 다음 각 목에 따라 항공기에 중대한 손상이 발견된 경우(항공기사고로 분류된 경우는 제외한다)
    가. 항공기가 지상에서 운항 중 다른 항공기나 장애물, 차량, 장비 또는 동물과 접촉 · 충돌
    나. 비행 중 조류(鳥類), 우박, 그 밖의 물체와 충돌 또는 기상 이상 등
    다. 항공기 이륙 · 착륙 중 날개, 발동기 또는 동체와 지면의 접촉 · 충돌 또는 끌림(dragging). 다만, tail-skid의 경미한 접촉 등 항공기 이륙 · 착륙에 지장이

정답 360. ④

없는 경우는 제외한다.

라. 착륙바퀴가 완전히 펴지지 않거나 올려진 상태로 착륙한 경우

11. 비행 중 운항승무원이 비상용 산소 또는 산소마스크를 사용해야 하는 상황이 발생한 경우
12. 운항 중 항공기 구조상의 결함(aircraft structural failure)이 발생한 경우 또는 터빈발동기의 내부 부품이 외부로 떨어져 나간 경우를 포함하여 터빈발동기의 내부 부품이 분해된 경우(항공기사고로 분류된 경우는 제외한다)
13. 운항 중 발동기에서 화재가 발생하거나 조종실, 객실이나 화물칸에서 화재 · 연기가 발생한 경우(소화기를 사용하여 진화한 경우를 포함한다)
14. 비행 중 비행 유도(flight guidance) 및 항행(navigation)에 필요한 다중(多衆)시스템(redundancy system) 중 2개 이상의 고장으로 항행에 지장을 준 경우
15. 비행 중 2개 이상의 항공기 시스템 고장이 동시에 발생하여 비행에 심각한 영향을 미치는 경우
16. 운항 중 비의도적으로 항공기 외부의 인양물이나 탑재물이 항공기로부터 분리된 경우 또는 비상조치를 위해 의도적으로 항공기 외부의 인양물이나 탑재물이 항공기로부터 분리한 경우

361 항공기 등록원부(登錄原簿)에 기록해야 할 사항이 아닌 것은?

① 항공기의 등급
② 항공기의 형식
③ 항공기의 제작자
④ 항공기의 제작번호

해설 **항공안전법 제11조(항공기 등록사항)**

① 국토교통부장관은 제7조에 따라 항공기를 등록한 경우에는 항공기 등록원부(登錄原簿)에 다음 각 호의 사항을 기록하여야 한다.

1. 항공기의 형식
2. 항공기의 제작자
3. 항공기의 제작번호
4. 항공기의 정치장(定置場)
5. 소유자 또는 임차인 · 임대인의 성명 또는 명칭과 주소 및 국적
6. 등록 연월일
7. 등록기호

② 제1항에서 규정한 사항 외에 항공기의 등록에 필요한 사항은 대통령령으로 정한다.

362 정비조직인증을 받은 업무 범위를 초과하여 항공기등 또는 부품등을 수리 · 개조하는 경우에 취해야 하는 행정절차?

① 국토교통부장관에게 신고한다.
② 국토교통부장관의 검사를 받는다.
③ 국토교통부장관의 승인을 받는다.
④ 검사관의 확인을 받는다.

해설 **항공안전법 제30조(수리 · 개조승인)**

① 감항증명을 받은 항공기의 소유자등은 해당 항공기등, 장비품 또는 부품을 국토교통부령으로 정하는 범위에서 수리하거나 개조하려면 국토교통부령으로 정하는 바에 따라 그 수리 · 개조가 항공기기술기준에 적합한지에 대하여 국토교통부장관의 승인(이하 "수리 · 개조승인"이라 한다)을 받아야 한다.

② 소유자등은 수리 · 개조승인을 받지 아니한 항공기등, 장비품 또는 부품을 운항 또는 항공기등에 사용해서는 아니 된다.

③ 제1항에도 불구하고 다음 각 호의 어느 하나에 해당하는 경우로서 항공기기술기준에 적합한 경우에는 수리 · 개조승인을 받은 것으로 본다.

1. 기술표준품형식승인을 받은 자가 제작한 기술표준품을 그가 수리 · 개조하는 경우
2. 부품등제작자증명을 받은 자가 제작한 장비품 또는 부품을 그가 수리 · 개조하는 경우
3. 제97조 제1항에 따른 정비조직인증을 받은 자가 항공기등, 장비품 또는 부품을 수리 · 개조하는 경우

항공안전법 시행규칙 제65조(항공기등 또는 부품등의 수리 · 개조승인의 범위)

법 제30조 제1항에 따라 승인을 받아야 하는 항공기등 또는 부품등의 수리 · 개조의 범위는 항공기의 소유자등이 법 제97조에 따라 정비조직인증을 받아 항공기등 또는 부품등을 수리 · 개조하거나 정비조직인증을 받은 자에게 위탁하는 경우로서 그 정비조직인증을 받은 업무 범위를 초과하여 항공기등 또는 부품등을 수리 · 개조하는 경우를 말한다.

363 변경된 운영기준은 안전운항을 위하여 긴급히 요구되거나 운항증명 소지자가 이의를 제기하는 경우가 아니면 언제부터 적용하는가?

① 국토교통부장관이 고시한 날
② 발급받은 날부터
③ 발급받은 날부터 30일 이후
④ 발급받은 날부터 70일 이후

정답 361. ① 362. ③ 363. ③

해설 **항공안전법 시행규칙 제261조(운영기준의 변경 등)**

① 법 제90조 제3항에 따라 국토교통부장관 또는 지방항공청장이 항공기 안전운항을 확보하기 위하여 운영기준을 변경하려는 경우에는 변경의 내용과 사유를 포함한 변경된 운영기준을 운항증명 소지자에게 발급하여야 한다.

② 제1항에 따른 변경된 운영기준은 안전운항을 위하여 긴급히 요구되거나 운항증명 소지자가 이의를 제기하는 경우가 아니면 발급받은 날부터 30일 이후에 적용된다.

③ 법 제90조 제3항에 따라 운항증명소지자가 운영기준 변경신청을 하려는 경우에는 변경할 운영기준을 적용하려는 날의 15일전까지 별지 제93호서식의 운영기준 변경신청서에 변경하려는 내용과 사유를 적어 국토교통부장관 또는 지방항공청장에게 제출하여야 한다.

④ 국토교통부장관 또는 지방항공청장은 제3항에 따른 운영기준변경신청을 받으면 그 내용을 검토하여 항공기 안전운항을 확보하는데 문제가 없다고 판단되는 경우에는 별지 제94호서식에 따른 변경된 운영기준을 신청인에게 발급하여야 한다.

364 수리 · 개조승인의 신청 시 수리계획서 또는 개조계획서를 첨부하여 언제까지 제출해야 하는가?

① 작업을 시작하기 5일 전까지
② 작업을 시작하기 10일 전까지
③ 작업을 시작하기 15일 전까지
④ 작업을 시작하기 30일 전까지

해설 **항공안전법 시행규칙 제66조(수리 · 개조승인의 신청)**

법 제30조 제1항에 따라 항공기등 또는 부품등의 수리 · 개조승인을 받으려는 자는 별지 제31호서식의 수리 · 개조승인 신청서에 다음 각 호의 내용을 포함한 수리계획서 또는 개조계획서를 첨부하여 작업을 시작하기 10일 전까지 지방항공청장에게 제출하여야 한다. 다만, 항공기사고 등으로 인하여 긴급한 수리 · 개조를 하여야하는 경우에는 작업을 시작하기 전까지 신청서를 제출할 수 있다.

1. 수리 · 개조 신청사유 및 작업 일정
2. 작업을 수행하려는 인증된 정비조직의 업무범위
3. 수리 · 개조에 필요한 인력, 장비, 시설 및 자재 목록
4. 해당 항공기등 또는 부품등의 도면과 도면 목록
5. 수리 · 개조 작업지시서

365 국토교통부장관은 항공기 안전운항을 확보하기 위하여 운항기술기준을 정하여 고시할 때 포함사항에 해당하지 않는 것은?

① 자격증명
② 항공기 등록 및 등록부호 표시
③ 정비조직인증기준
④ 항공기등의 감항기준

해설 **항공안전법 제77조(항공기의 안전운항을 위한 운항기술기준)**

① 국토교통부장관은 항공기 안전운항을 확보하기 위하여 이 법과 「국제민간항공협약」 및 같은 협약 부속서에서 정한 범위에서 다음 각 호의 사항이 포함된 운항기술기준을 정하여 고시할 수 있다.

1. 자격증명
2. 항공훈련기관
3. 항공기 등록 및 등록부호 표시
4. 항공기 감항성
5. 정비조직인증기준
6. 항공기 계기 및 장비
7. 항공기 운항
8. 항공운송사업의 운항증명 및 관리
9. 그 밖에 안전운항을 위하여 필요한 사항으로서 국토교통부령으로 정하는 사항

② 소유자등 및 항공종사자는 제1항에 따른 운항기술기준을 준수하여야 한다.

366 감항증명을 받으려는 자는 항공기 표준감항증명 신청서 또는 항공기 특별감항증명 신청서를 누구에게 제출해야 하는가?

① 대통령
② 국토교통부장관 또는 지방항공청장
③ 공항운영자
④ 항공운송사업자

해설 **항공안전법 시행규칙 제35조(감항증명의 신청)**

① 법 제23조 제1항에 따라 감항증명을 받으려는 자는 별지 제13호서식의 항공기 표준감항증명 신청서 또는 별지 제14호서식의 항공기 특별감항증명 신청서에 다음 각 호의 서류를 첨부하여 국토교통부장관 또는 지방항공청장에게 제출하여야 한다. 〈개정 2020. 12. 10.〉

1. 비행교범(연구 · 개발을 위한 특별감항증명의 경우에는 제외한다)
2. 정비교범(연구 · 개발을 위한 특별감항증명의 경우에는 제외한다)
3. 그 밖에 감항증명과 관련하여 국토교통부장관이 필요하다고 인정하여 고시하는 서류

정답 364. ② 365. ④ 366. ②

② 제1항 제1호에 따른 비행교범에는 다음 각 호의 사항이 포함되어야 한다.
1. 항공기의 종류 · 등급 · 형식 및 제원(諸元)에 관한 사항
2. 항공기 성능 및 운용한계에 관한 사항
3. 항공기 조작방법 등 그 밖에 국토교통부장관이 정하여 고시하는 사항

③ 제1항 제2호에 따른 정비교범에는 다음 각 호의 사항이 포함되어야 한다. 다만, 장비품 · 부품 등의 사용한계 등에 관한 사항은 정비교범 외에 별도로 발행할 수 있다.
1. 감항성 한계범위, 주기적 검사 방법 또는 요건, 장비품 · 부품 등의 사용한계 등에 관한 사항
2. 항공기 계통별 설명, 분해, 세척, 검사, 수리 및 조립절차, 성능점검 등에 관한 사항
3. 지상에서의 항공기 취급, 연료 · 오일 등의 보충, 세척 및 윤활 등에 관한 사항

367 수색구조가 특별히 어려운 산악지역, 외딴지역 및 국토교통부장관이 정한 해상 등을 횡단 비행하는 비행기 또는 헬리콥터가 탑재해야 할 장비는 어느 것인가?

① 불꽃조난신호장비 ② 해상용 닻
③ 구명보트 ④ 음성신호발생기

해설 **항공안전법 시행규칙 제110조(구급용구 등)**
법 제52조 제2항에 따라 항공기의 소유자등이 항공기(무인항공기는 제외한다)에 갖추어야 할 구명동의, 음성신호발생기, 구명보트, 불꽃조난신호장비, 휴대용 소화기, 도끼, 손확성기(메가폰), 구급의료용품 등은 [별표 15]와 같다. 〈개정 2021. 8. 27.〉

[별표 15] 항공기에 장비하여야 할 구급용구 등(제110조 관련)

구분	품목	수량	
		항공운송사업 및 항공기사용사업에 사용하는 경우	그 밖의 경우
라. 수색구조가 특별히 어려운 산악지역, 외딴지역 및 국토교통부장관이 정한 해상 등을 횡단 비행하는 비행기(헬리콥터를 포함한다)	• 불꽃조난신호장비 • 구명장비	1기 이상 1기 이상	1기 이상 1기 이상

(교재 p. 108, [별표 15] 참조)

368 항공안전위해요인을 발생시킨 사람이 그 항공안전위해요인이 발생한 날부터 며칠 이내에 항공안전 자율보고를 한 경우에는 처분을 하지 아니할 수 있는가?

① 항공안전위해요인이 발생한 날부터 7일 이내
② 항공안전위해요인이 발생한 날부터 10일 이내
③ 항공안전위해요인이 발생한 날부터 15일 이내
④ 항공안전위해요인이 발생한 날부터 30일 이내

해설 **항공안전법 제61조(항공안전 자율보고)**
① 누구든지 제59조 제1항에 따른 의무보고 대상 항공안전장애 외의 항공안전장애(이하 "자율보고대상 항공안전장애"라 한다)를 발생시켰거나 발생한 것을 알게 된 경우 또는 항공안전위해요인이 발생한 것을 알게 되거나 발생이 의심되는 경우에는 국토교통부령으로 정하는 바에 따라 그 사실을 국토교통부장관에게 보고할 수 있다. 〈개정 2019. 8. 27.〉
② 국토교통부장관은 제1항에 따른 보고(이하 "항공안전 자율보고"라 한다)를 통하여 접수한 내용을 이 법에 따른 경우를 제외하고는 제3자에게 제공하거나 일반에게 공개해서는 아니 된다.〈개정 2019. 8. 27.〉
③ 누구든지 항공안전 자율보고를 한 사람에 대하여 이를 이유로 해고 · 전보 · 징계 · 부당한 대우 또는 그 밖에 신분이나 처우와 관련하여 불이익한 조치를 해서는 아니 된다.
④ 국토교통부장관은 자율보고대상 항공안전장애 또는 항공안전위해요인을 발생시킨 사람이 그 발생일부터 10일 이내에 항공안전 자율보고를 한 경우에는 고의 또는 중대한 과실로 발생시킨 경우에 해당하지 아니하면 이 법 및 「공항시설법」에 따른 처분을 하여서는 아니 된다. 〈개정 2019. 8. 27., 2020. 6. 9.〉
⑤ 제1항부터 제4항까지에서 규정한 사항 외에 항공안전 자율보고에 포함되어야 할 사항, 보고 방법 및 절차 등은 국토교통부령으로 정한다.

369 형식증명 등을 위한 검사의 범위에 해당하지 않는 것은?

① 해당 형식의 설계에 대한 검사
② 해당 형식의 설계에 따라 제작되는 항공기등의 제작과정에 대한 검사
③ 항공기등의 완성 후의 상태 및 비행성능 등에 대한 검사
④ 변경되는 설계에 대한 검사

정답 367. ① 368. ② 369. ④

해설 **항공안전법 시행규칙 제20조(형식증명 등을 위한 검사범위)**
국토교통부장관은 법 제20조 제2항에 따라 형식증명 또는 제한형식증명을 위한 검사를 하는 경우에는 다음 각 호에 해당하는 사항을 검사하여야 한다. 다만, 형식설계를 변경하는 경우에는 변경하는 사항에 대한 검사만 해당한다.
1. 해당 형식의 설계에 대한 검사
2. 해당 형식의 설계에 따라 제작되는 항공기등의 제작과정에 대한 검사
3. 항공기등의 완성 후의 상태 및 비행성능 등에 대한 검사
[제목개정 2018. 6. 27.]

370 모든 형식의 항공기에 대한 한정을 받아야 하는 항공종사 자격증명은 무엇인가?

① 조종사 자격증명
② 항공기관사 자격증명
③ 항공정비사 자격증명
④ 항공교통관제사 자격증명

해설 **항공안전법 시행규칙 제81조(자격증명의 한정)**
① 국토교통부장관은 법 제37조 제1항 제1호에 따라 항공기의 종류·등급 또는 형식을 한정하는 경우에는 자격증명을 받으려는 사람이 실기시험에 사용하는 항공기의 종류·등급 또는 형식으로 한정하여야 한다.
② 제1항에 따라 한정하는 항공기의 종류는 비행기, 헬리콥터, 비행선, 활공기 및 항공우주선으로 구분한다.
③ 제1항에 따라 한정하는 항공기의 등급은 다음 각 호와 같이 구분한다. 다만, 활공기의 경우에는 상급(활공기가 특수 또는 상급 활공기인 경우) 및 중급(활공기가 중급 또는 초급 활공기인 경우)으로 구분한다.
1. 육상 항공기의 경우: 육상단발 및 육상다발
2. 수상 항공기의 경우: 수상단발 및 수상다발
④ 제1항에 따라 한정하는 항공기의 형식은 다음 각 호와 같이 구분한다.
1. 조종사 자격증명의 경우에는 다음 각 목의 어느 하나에 해당하는 형식의 항공기
가. 비행교범에 2명 이상의 조종사가 필요한 것으로 되어 있는 항공기
나. 가목 외에 국토교통부장관이 지정하는 형식의 항공기
2. 항공기관사 자격증명의 경우에는 모든 형식의 항공기
⑤ 국토교통부장관이 법 제37조 제1항 제2호에 따라 한정하는 항공정비사 자격증명의 항공기·경량항공기의 종류는 다음 각 호와 같다. 〈개정 2020. 2. 28., 2021. 8. 27.〉
1. 항공기의 종류
가. 비행기 분야. 다만, 비행기에 대한 정비업무경력이 4년(국토교통부장관이 지정한 전문교육기관에서 비행기 정비에 필요한 과정을 이수한 사람은 2년) 미만인 사람은 최대이륙중량 5,700킬로그램 이하의 비행기로 제한한다.
나. 헬리콥터 분야. 다만, 헬리콥터 정비업무경력이 4년(국토교통부장관이 지정한 전문교육기관에서 헬리콥터 정비에 필요한 과정을 이수한 사람은 2년) 미만인 사람은 최대이륙중량 3,175킬로그램 이하의 헬리콥터로 제한한다.
2. 경량항공기의 종류
가. 경량비행기 분야: 조종형비행기, 체중이동형비행기 또는 동력패러슈트
나. 경량헬리콥터 분야: 경량헬리콥터 또는 자이로플레인
⑥ 국토교통부장관이 법 제37조제1항제2호에 따라 한정하는 항공정비사의 자격증명의 정비분야는 전자·전기·계기 관련 분야로 한다. 〈개정 2020. 2. 28.〉
[시행일: 2021. 3. 1.] 제81조 제5항 제1호 가목 단서, 제81조 제5항 제1호 나목 단서

371 기술표준품형식승인을 받으려는 자가 신청서에 첨부해야 할 서류에 해당하지 않는 것은?

① 기술표준품형식승인기준에 대한 적합성 입증 계획서 또는 확인서
② 제작 설비 및 인력 현황
③ 기술표준품의 제조규격서 및 제품사양서
④ 기술표준품의 품질관리규정

해설 **항공안전법 시행규칙 제55조(기술표준품형식승인의 신청)**
① 법 제27조 제1항에 따라 기술표준품형식승인을 받으려는 자는 별지 제26호서식의 기술표준품형식승인 신청서를 국토교통부장관에게 제출하여야 한다.
② 제1항에 따른 신청서에는 다음 각 호의 서류를 첨부하여야 한다.
1. 법 제27조 제1항에 따른 기술표준품형식승인기준(이하 "기술표준품형식승인기준"이라 한다)에 대한 적합성 입증 계획서 또는 확인서
2. 기술표준품의 설계도면, 설계도면 목록 및 부품 목록
3. 기술표준품의 제조규격서 및 제품사양서
4. 기술표준품의 품질관리규정
5. 해당 기술표준품의 감항성 유지 및 관리체계(이하 "기술표준품관리체계"라 한다)를 설명하는 자료
6. 그 밖에 참고사항을 적은 서류

정답 370. ② 371. ②

372 사람이 현존하는 항공기, 경량항공기 또는 초경량비행장치를 항행 중에 추락 또는 전복(顚覆)시키거나 파괴한 사람에 대한 처벌로 맞는 것은?

① 사형, 무기징역 또는 5년 이상의 징역
② 사형, 무기징역 또는 7년 이상의 징역
③ 10년 이하의 징역
④ 3년 이상 15년 이하의 징역

해설 **항공안전법 제138조(항행 중 항공기 위험 발생의 죄)**
① 사람이 현존하는 항공기, 경량항공기 또는 초경량비행장치를 항행 중에 추락 또는 전복(顚覆)시키거나 파괴한 사람은 사형, 무기징역 또는 5년 이상의 징역에 처한다.
② 제140조의 죄를 지어 사람이 현존하는 항공기, 경량항공기 또는 초경량비행장치를 항행 중에 추락 또는 전복시키거나 파괴한 사람은 사형, 무기징역 또는 5년 이상의 징역에 처한다.

373 운항증명을 받으려는 자는 며칠 전까지 운항증명 신청서를 제출해야 하는가?

① 운항개시 예정일 60일 전까지
② 운항개시 예정일 90일 전까지
③ 운항개시 예정일 120일 전까지
④ 운항개시 예정일 150일 전까지

해설 **항공안전법 시행규칙 제257조(운항증명의 신청 등)**
① 법 제90조 제1항에 따라 운항증명을 받으려는 자는 별지 제89호서식의 운항증명 신청서에 [별표 32]의 서류를 첨부하여 운항 개시 예정일 90일 전까지 국토교통부장관 또는 지방항공청장에게 제출하여야 한다.
② 국토교통부장관 또는 지방항공청장은 제1항에 따른 운항증명의 신청을 받으면 10일 이내에 운항증명검사계획을 수립하여 신청인에게 통보하여야 한다.

374 국외 정비확인자 인정서의 유효기간은 몇 년인가?

① 유효기간은 1년　② 유효기간은 2년
③ 유효기간은 3년　④ 유효기간은 4년

해설 **항공안전법 시행규칙 제73조(국외 정비확인자 인정서의 발급)**
① 국토교통부장관은 제71조에 따른 인정을 하는 경우에는 별지 제33호서식의 국외 정비확인자 인정서를 발급하여야 한다.
② 국토교통부장관은 제1항에 따라 국외 정비확인자 인정서를 발급하는 경우에는 국외 정비확인자가 감항성을 확인할 수 있는 항공기등 또는 부품등의 종류 · 등급 또는 형식을 정하여야 한다.
③ 제1항에 따른 인정의 유효기간은 1년으로 한다.

375 항공기등 및 장비품을 검사하거나 이를 제작 또는 정비하려는 조직, 시설 및 인력 등을 검사하기 위한 검사관을 임명할 수 있는 대상으로 적당하지 않은 것은?

① 항공정비사 기체업무한정자격을 받은 사람
② 「국가기술자격법」에 따른 항공분야의 기사 이상의 자격을 취득한 사람
③ 항공기술 관련 분야에서 학사 이상의 학위를 취득한 후 3년 이상 항공기의 설계, 제작, 정비 또는 품질보증 업무에 종사한 경력이 있는 사람
④ 국가기관등항공기의 설계, 제작, 정비 또는 품질보증 업무에 5년 이상 종사한 경력이 있는 사람

해설 **항공안전법 제31조(항공기등의 검사 등)**
① 국토교통부장관은 제20조부터 제25조까지, 제27조, 제28조, 제30조 및 제97조에 따른 증명 · 승인 또는 정비조직인증을 할 때에는 국토교통부장관이 정하는 바에 따라 미리 해당 항공기등 및 장비품을 검사하거나 이를 제작 또는 정비하려는 조직, 시설 및 인력 등을 검사하여야 한다.
② 국토교통부장관은 제1항에 따른 검사를 하기 위하여 다음 각 호의 어느 하나에 해당하는 사람 중에서 항공기등 및 장비품을 검사할 사람(이하 "검사관"이라 한다)을 임명 또는 위촉한다.
1. 제35조 제8호의 항공정비사 자격증명을 받은 사람
2. 「국가기술자격법」에 따른 항공분야의 기사 이상의 자격을 취득한 사람
3. 항공기술 관련 분야에서 학사 이상의 학위를 취득한 후 3년 이상 항공기의 설계, 제작, 정비 또는 품질보증 업무에 종사한 경력이 있는 사람
4. 국가기관등항공기의 설계, 제작, 정비 또는 품질보증 업무에 5년 이상 종사한 경력이 있는 사람

376 폭발성이나 연소성이 높은 물건 등 국토교통부령으로 정하는 위험물에 해당하지 않는 것은?

① 폭발성 물질　② 액체류
③ 독물류　④ 방사성 물질류

정답 372. ① 373. ② 374. ① 375. ① 376. ②

해설 항공안전법 시행규칙 제209조(위험물 운송허가 등)

① 법 제70조 제1항에서 "폭발성이나 연소성이 높은 물건 등 국토교통부령으로 정하는 위험물"이란 다음 각 호의 어느 하나에 해당하는 것을 말한다.
1. 폭발성 물질
2. 가스류
3. 인화성 액체
4. 가연성 물질류
5. 산화성 물질류
6. 독물류
7. 방사성 물질류
8. 부식성 물질류
9. 그 밖에 국토교통부장관이 정하여 고시하는 물질류

② 항공기를 이용하여 제1항에 따른 위험물을 운송하려는 자는 별지 제76호서식의 위험물 항공운송허가 신청서에 다음 각 호의 서류를 첨부하여 국토교통부장관에게 제출하여야 한다.
1. 위험물의 포장방법
2. 위험물의 종류 및 등급
3. UN매뉴얼에 따른 포장물 및 내용물의 시험성적서(해당하는 경우에만 적용한다)
4. 그 밖에 국토교통부장관이 정하여 고시하는 서류

③ 국토교통부장관은 제2항에 따른 신청이 있는 경우 위험물운송기술기준에 따라 검사한 후 위험물운송기술기준에 적합하다고 판단되는 경우에는 별지 제77호서식의 위험물 항공운송허가서를 발급하여야 한다.

④ 제2항 및 제3항에도 불구하고 법 제90조에 따른 운항증명을 받은 항공운송사업자가 법 제93조에 따른 운항규정에 다음 각 호의 사항을 정하고 제1항 각 호에 따른 위험물을 운송하는 경우에는 제3항에 따른 허가를 받은 것으로 본다. 다만, 국토교통부 장관이 별도의 허가요건을 정하여 고시한 경우에는 제3항에 따른 허가를 받아야 한다.
1. 위험물과 관련된 비정상사태가 발생할 경우의 조치내용
2. 위험물 탑재정보의 전달방법
3. 승무원 및 위험물취급자에 대한 교육훈련

⑤ 제3항에도 불구하고 국가기관등항공기가 업무 수행을 위하여 제1항에 따른 위험물을 운송하는 경우에는 위험물 운송허가를 받은 것으로 본다.

⑥ 제1항 각 호의 구분에 따른 위험물의 세부적인 종류와 종류별 구체적 내용에 관하여는 국토교통부장관이 정하여 고시한다.

377 긴급항공기의 지정 취소처분을 받은 자가 재지정을 받기 위한 조건으로 맞는 것은?

① 취소처분을 받은 날부터 6개월 이후
② 취소처분을 받은 날부터 1년 이후
③ 취소처분을 받은 날부터 1년 6개월 이후
④ 취소처분을 받은 날부터 2년 이후

해설 항공안전법 제69조(긴급항공기의 지정 등)

① 응급환자의 수송 등 국토교통부령으로 정하는 긴급한 업무에 항공기를 사용하려는 소유자등은 그 항공기에 대하여 국토교통부장관의 지정을 받아야 한다.

② 제1항에 따라 국토교통부장관의 지정을 받은 항공기(이하 "긴급항공기"라 한다)를 제1항에 따른 긴급한 업무의 수행을 위하여 운항하는 경우에는 제66조 및 제68조 제1호 · 제2호를 적용하지 아니한다.

③ 긴급항공기의 지정 및 운항절차 등에 필요한 사항은 국토교통부령으로 정한다.

④ 국토교통부장관은 긴급항공기의 소유자등이 다음 각 호의 어느 하나에 해당하는 경우에는 그 긴급항공기의 지정을 취소할 수 있다. 다만, 제1호에 해당하는 경우에는 그 긴급항공기의 지정을 취소하여야 한다.
1. 거짓이나 그 밖의 부정한 방법으로 긴급항공기로 지정받은 경우
2. 제3항에 따른 운항절차를 준수하지 아니하는 경우

⑤ 제4항에 따라 긴급항공기의 지정 취소처분을 받은 자는 취소처분을 받은 날부터 2년 이내에는 긴급항공기의 지정을 받을 수 없다.

378 군용항공기 등의 적용 특례 대상에게 예외적으로 적용되는 항공안전법령에 해당하지 않는 것은?

① 제51조(무선설비의 설치 · 운용 의무)
② 제67조(항공기의 비행규칙)
③ 제68조(항공기의 비행 중 금지행위 등) 3. 낙하산 강하(降下)
④ 제79조(항공기의 비행제한 등)

해설 항공안전법 제3조(군용항공기 등의 적용 특례)

① 군용항공기와 이에 관련된 항공업무에 종사하는 사람에 대해서는 이 법을 적용하지 아니한다.

② 세관업무 또는 경찰업무에 사용하는 항공기와 이에 관련된 항공업무에 종사하는 사람에 대하여는 이 법을 적용하지 아니한다. 다만, 공중 충돌 등 항공기사고의 예방을 위하여 제51조, 제67조, 제68조 제5호(무인항공기의 비행), 제79조 및 제84조 제1항을 적용한다.

③ 「대한민국과 아메리카합중국 간의 상호방위조약」 제4조에 따라 아메리카합중국이 사용하는 항공기와 이에 관련된 항공업무에 종사하는 사람에 대하여는 제2항을 준용한다.

정답 377. ④ 378. ③

379 형식증명승인을 받은 것으로 보는 경우에 해당하는 것은?

① 대한민국과 항공기등의 감항성에 관한 항공안전협정을 체결한 국가로부터 형식증명을 받은 경우
② 산불진화, 수색구조 등 국토교통부령으로 정하는 특정한 업무에 사용되는 항공기의 경우
③ 산불진화, 수색구조 등 국토교통부령으로 정하는 특정한 업무를 수행하도록 개조된 항공기의 경우
④ 항공기등의 설계를 변경하기 위하여 부가적인 증명을 받은 항공기의 경우

해설 **항공안전법 제21조(형식증명승인)**

① 항공기등의 설계에 관하여 외국정부로부터 형식증명을 받은 자가 해당 항공기등에 대하여 항공기기술기준에 적합함을 승인(이하 "형식증명승인"이라 한다)받으려는 경우 국토교통부령으로 정하는 바에 따라 항공기등의 형식별로 국토교통부장관에게 형식증명승인을 신청하여야 한다. 다만, 다음 각 호의 어느 하나에 해당하는 항공기의 경우에는 장착된 발동기와 프로펠러를 포함하여 신청할 수 있다. 〈개정 2017. 12. 26.〉
1. 최대이륙중량 5천700킬로그램 이하의 비행기
2. 최대이륙중량 3천175킬로그램 이하의 헬리콥터

② 제1항에도 불구하고 대한민국과 항공기등의 감항성에 관한 항공안전협정을 체결한 국가로부터 형식증명을 받은 제1항 각 호의 항공기 및 그 항공기에 장착된 발동기와 프로펠러의 경우에는 제1항에 따른 형식증명승인을 받은 것으로 본다. 〈신설 2017. 12. 26.〉

380 야간과 주간에 비행하려는 항공기에 갖추어야 할 조명설비는?

① 착륙등
② 우현등, 좌현등 및 미등
③ 객실조명설비
④ 운항승무원 및 객실승무원이 각 근무위치에서 사용할 수 있는 손전등(flashlight)

해설 **항공안전법 시행규칙 제117조(항공계기장치 등)**

① 법 제52조 제2항에 따라 시계비행방식 또는 계기비행방식(계기비행 및 항공교통관제 지시 하에 시계비행방식으로 비행을 하는 경우를 포함한다)에 의한 비행을 하는 항공기에 갖추어야 할 항공계기 등의 기준은 [별표 16]과 같다.

② 야간에 비행을 하려는 항공기에는 [별표 16]에 따라 계기비행방식으로 비행할 때 갖추어야 하는 항공계기 등 외에 추가로 다음 각 호의 조명설비를 갖추어야 한다. 다만, 제1호 및 제2호의 조명설비는 주간에 비행을 하려는 항공기에도 갖추어야 한다.
1. 항공운송사업에 사용되는 항공기에는 2기 이상, 그 밖의 항공기에는 1기 이상의 착륙등. 다만, 헬리콥터의 경우 최소한 1기의 착륙등은 수직면으로 방향전환이 가능한 것이어야 한다.
2. 충돌방지등 1기
3. 항공기의 위치를 나타내는 우현등, 좌현등 및 미등
4. 운항승무원이 항공기의 안전운항을 위하여 사용하는 필수적인 항공계기 및 장치를 쉽게 식별할 수 있도록 해주는 조명설비
5. 객실조명설비
6. 운항승무원 및 객실승무원이 각 근무위치에서 사용할 수 있는 손전등(flashlight)

③ 마하 수(mach number) 단위로 속도제한을 나타내는 항공기에는 마하 수 지시계(mach number indicator)를 장착하여야 한다. 다만, 마하 수 환산이 가능한 속도계를 장착한 항공기의 경우에는 그러하지 아니하다.

④ 제2항 제1호에도 불구하고 소형항공운송사업에 사용되는 항공기로서 해당 항공기에 착륙등을 추가로 장착하기 위한 기술이 그 항공기 제작자 등에 의해 개발되지 아니한 경우에는 1기의 착륙등을 갖추고 비행할 수 있다.

381 등록부호에 사용하는 각 문자와 숫자의 기준으로 비행기에 표시할 때 알맞은 조건은?

① 주 날개에 표시하는 경우에는 50센티미터 이상
② 동체 아랫면에 표시하는 경우에는 50센티미터 이상
③ 선체에 표시하는 경우에는 50센티미터 이상
④ 수평안정판과 수직안정판에 표시하는 경우에는 15센티미터 이상

해설 **항공안전법 시행규칙 제15조(등록부호의 높이)**

등록부호에 사용하는 각 문자와 숫자의 높이는 같아야 하고, 항공기의 종류와 위치에 따른 높이는 다음 각 호의 구분에 따른다.
1. 비행기와 활공기에 표시하는 경우

정답 379. ① 380. ① 381. ①

가. 주 날개에 표시하는 경우에는 50센티미터 이상
나. 수직 꼬리 날개 또는 동체에 표시하는 경우에는 30센티미터 이상
2. 헬리콥터에 표시하는 경우
가. 동체 아랫면에 표시하는 경우에는 50센티미터 이상
나. 동체 옆면에 표시하는 경우에는 30센티미터 이상
3. 비행선에 표시하는 경우
가. 선체에 표시하는 경우에는 50센티미터 이상
나. 수평안정판과 수직안정판에 표시하는 경우에는 15센티미터 이상

382 항공기기술기준에 적합한 제작자임을 증명하는 제작증명서 기재 사항이 아닌 것은?

① 분류(classification)
② 형식 또는 모델(type or model)
③ 제작공장 위치(location of the manufacturing facility)
④ 국적 및 등록기호(nationality and registration marks)

해설 항공안전법 시행규칙 제34조 [별지 제12호서식] 제작증명서

383 항공기등의 정비등을 확인하는 사람의 최근 정비경험 기준으로 맞는 것은?

① 동일한 항공기 종류, 동일한 정비분야에 대해 최근 12개월 이내에 1개월 이상의 정비경험
② 동일한 항공기 종류, 동일한 정비분야에 대해 최근 12개월 이내에 3개월 이상의 정비경험
③ 동일한 항공기 종류, 동일한 정비분야에 대해 최근 24개월 이내에 3개월 이상의 정비경험
④ 동일한 항공기 종류, 동일한 정비분야에 대해 최근 24개월 이내에 6개월 이상의 정비경험

해설 **항공안전법 시행규칙 제69조(항공기등의 정비등을 확인하는 사람)**
법 제32조 제1항 본문에서 "국토교통부령으로 정하는 자격요건을 갖춘 사람" 이란 다음 각 호의 어느 하나에 해당하는 사람을 말한다.

1. 항공운송사업자 또는 항공기사용사업자에 소속된 사람: 국토교통부장관 또는 지방항공청장이 법 제93조(법 제96조 제2항에서 준용하는 경우를 포함한다)에 따라 인가한 정비규정에서 정한 자격을 갖춘 사람으로서 제81조 제2항에 따른 동일한 항공기 종류 또는 제81조 제6항에 따른 동일한 정비분야에 대해 최근 24개월 이내에 6개월 이상의 정비경험이 있는 사람
2. 법 제97조 제1항에 따라 정비조직인증을 받은 항공기정비업자에 소속된 사람: 제271조 제1항에 따른 정비조직절차교범에서 정한 자격을 갖춘 사람으로서 제81조 제2항에 따른 동일한 항공기 종류 또는 제81조 제6항에 따른 동일한 정비분야에 대해 최근 24개월 이내에 6개월 이상의 정비경험이 있는 사람
3. 자가용항공기를 정비하는 사람: 해당 항공기 형식에 대하여 제작사가 정한 교육기준 및 방법에 따라 교육을 이수하고 제81조 제2항에 따른 동일한 항공기 종류 또는 제81조 제6항에 따른 동일한 정비분야에 대해 최근 24개월 이내에 6개월 이상의 정비경험이 있는 사람
4. 제작사가 정한 교육기준 및 방법에 따라 교육을 이수한 사람 또는 이와 동등한 교육을 이수하여 국토교통부장관 또는 지방항공청장으로부터 승인을 받은 사람

384 다른 항공기의 후방 좌 · 우 70도 미만의 각도에서 그 항공기를 추월하려는 경우 추월 방법은?

① 추월당하는 항공기의 오른쪽을 통과
② 추월당하는 항공기의 왼쪽을 통과
③ 추월당하는 항공기의 위쪽을 통과
④ 추월당하는 항공기의 아래쪽을 통과

해설 **항공안전법 시행규칙 제167조(진로와 속도 등)**
① 법 제67조에 따라 통행의 우선순위를 가진 항공기는 그 진로와 속도를 유지하여야 한다.
② 다른 항공기에 진로를 양보하는 항공기는 그 다른 항공기의 상하 또는 전방을 통과해서는 아니 된다. 다만, 충분한 거리 및 항적난기류(航跡亂氣流)의 영향을 고려하여 통과하는 경우에는 그러하지 아니하다.
③ 두 항공기가 충돌할 위험이 있을 정도로 정면 또는 이와 유사하게 접근하는 경우에는 서로 기수(機首)를 오른쪽으로 돌려야 한다.
④ 다른 항공기의 후방 좌 · 우 70도 미만의 각도에서 그 항공기를 앞지르기(상승 또는 강하에 의한 앞지르기를 포함한다)하려는 항공기는 앞지르기당하는 항공기의 오른쪽을 통과해야 한다. 이 경우 앞지르기하는 항공기는 앞지르기당하는 항공기와 간격을 유지하며, 앞지르기당하는 항공기의 진로를 방해해서는 안 된다. 〈개정 2021. 8. 27.〉

정답 382. ④ 383. ④ 384. ①

385 시계방식비행을 하는 항공기에 장착하여야 할 항공계기로만 구성된 것은?

① 나침반(magnetic compass), 속도계(airspeed indicator)
② 시계(시, 분, 초의 표시), 경사지시계(slip indicator)
③ 기압고도계(pressure altimeter), 동결방지장치가 되어 있는 속도계(airspeed indicator)
④ 선회 및 경사지시계(turn and slip indicator), 승강계(rate of climb and descent indicator)

해설 **항공안전법 시행규칙 제117조(항공계기장치 등)**

① 법 제52조 제2항에 따라 시계비행방식 또는 계기비행방식(계기비행 및 항공교통관제 지시하에 시계비행방식으로 비행을 하는 경우를 포함한다)에 의한 비행을 하는 항공기에 갖추어야 할 항공계기 등의 기준은 [별표 16]과 같다.

[별표 16] 항공계기 등의 기준(제117조 제1항 관련)

시계 비행 방식	나침반(magnetic compass)
	시계(시, 분, 초의 표시)
	정밀기압고도계(sensitive pressure altimeter)
	기압고도계(pressure altimeter)
	속도계(airspeed indicator)

(교재 p. 118, [별표 16] 참조)

386 효력정지명령을 위반하고 항공정비사의 업무를 수행한 항공정비사의 처벌로 맞는 것은?

① 1년 이하의 징역 또는 1천만원 이하의 벌금
② 2년 이하의 징역 또는 2천만원 이하의 벌금
③ 3년 이하의 징역 또는 3천만원 이하의 벌금
④ 5년 이하의 징역 또는 5천만원 이하의 벌금

해설 **항공안전법 제148조(무자격자의 항공업무 종사 등의 죄)**

다음 각 호의 어느 하나에 해당하는 사람은 2년 이하의 징역 또는 2천만원 이하의 벌금에 처한다. 〈개정 2017. 1. 17., 2021. 5. 18., 2022. 1. 18.〉

1. 제34조를 위반하여 자격증명을 받지 아니하고 항공업무에 종사한 사람
2. 제36조 제2항을 위반하여 그가 받은 자격증명의 종류에 따른 업무범위 외의 업무에 종사한 사람

2의 2. 제39조의 3을 위반한 사람으로서 다음 각 목의 어느 하나에 해당하는 사람

가. 다른 사람에게 자기의 성명을 사용하여 항공업무를 수행하게 하거나 항공종사자 자격증명서를 빌려준 사람
나. 다른 사람의 성명을 사용하여 항공업무를 수행하거나 다른 사람의 항공종사자 자격증명서를 빌린 사람
다. 가목 및 나목의 행위를 알선한 사람

3. 제43조 또는 제47조의 2에 따른 효력정지명령을 위반한 사람
4. 제45조를 위반하여 항공영어구술능력증명을 받지 아니하고 같은 조 제1항 각 호의 어느 하나에 해당하는 업무에 종사한 사람

387 수리개조승인을 받아야 하는 대상 중 수리개조승인을 받은 것으로 보는 경우에 해당하지 않는 것은?

① 기술표준품형식승인을 받은 자가 제작한 기술표준품을 그가 수리 · 개조하는 경우
② 부품등제작자증명을 받은 자가 제작한 장비품 또는 부품을 그가 수리 · 개조하는 경우
③ 형식증명승인을 받은 자가 제작한 항공기를 그가 수리 · 개조하는 경우
④ 제97조 제1항에 따른 정비조직인증을 받은 자가 항공기등, 장비품 또는 부품을 수리 · 개조하는 경우

해설 **항공안전법 제30조(수리 · 개조승인)**

① 감항증명을 받은 항공기의 소유자등은 해당 항공기등, 장비품 또는 부품을 국토교통부령으로 정하는 범위에서 수리하거나 개조하려면 국토교통부령으로 정하는 바에 따라 그 수리 · 개조가 항공기기술기준에 적합한지에 대하여 국토교통부장관의 승인(이하 "수리 · 개조승인"이라 한다)을 받아야 한다.

② 소유자등은 수리 · 개조승인을 받지 아니한 항공기등, 장비품 또는 부품을 운항 또는 항공기등에 사용해서는 아니 된다.

③ 제1항에도 불구하고 다음 각 호의 어느 하나에 해당하는 경우로서 항공기기술기준에 적합한 경우에는 수리 · 개조승인을 받은 것으로 본다.

1. 기술표준품형식승인을 받은 자가 제작한 기술표준품을 그가 수리 · 개조하는 경우
2. 부품등제작자증명을 받은 자가 제작한 장비품 또는 부품을 그가 수리 · 개조하는 경우
3. 제97조 제1항에 따른 정비조직인증을 받은 자가 항공기등, 장비품 또는 부품을 수리 · 개조하는 경우

정답 385. ① 386. ② 387. ③

388 항공기등이 항공기기술기준 등에 적합한지를 검사한 후 해당 항공기등의 설계가 항공기기술기준에 적합한 경우 발급하는 것은?

① 형식증명 ② 형식증명승인
③ 제한형식증명 ④ 부가형식증명

해설 **항공안전법 제20조(형식증명 등)**

① 항공기등의 설계에 관하여 국토교통부장관의 증명을 받으려는 자는 국토교통부령으로 정하는 바에 따라 국토교통부장관에게 제2항 각 호의 어느 하나에 따른 증명을 신청하여야 한다. 증명받은 사항을 변경할 때에도 또한 같다. 〈개정 2017. 12. 26.〉

② 국토교통부장관은 제1항에 따른 신청을 받은 경우 해당 항공기등이 항공기기술기준 등에 적합한지를 검사한 후 다음 각 호의 구분에 따른 증명을 하여야 한다. 〈신설 2017. 12. 26.〉
1. 해당 항공기등의 설계가 항공기기술기준에 적합한 경우: 형식증명
2. 신청인이 다음 각 목의 어느 하나에 해당하는 항공기의 설계가 해당 항공기의 업무와 관련된 항공기기술기준에 적합하고 신청인이 제시한 운용범위에서 안전하게 운항할 수 있음을 입증한 경우: 제한형식증명
가. 산불진화, 수색구조 등 국토교통부령으로 정하는 특정한 업무에 사용되는 항공기(나목의 항공기를 제외한다)
나. 「군용항공기 비행안전성 인증에 관한 법률」 제4조 제5항 제1호에 따른 형식인증을 받아 제작된 항공기로서 산불진화, 수색구조 등 국토교통부령으로 정하는 특정한 업무를 수행하도록 개조된 항공기

③ 국토교통부장관은 제2항 제1호의 형식증명(이하 "형식증명"이라 한다) 또는 같은 항 제2호의 제한형식증명(이하 "제한형식증명"이라 한다)을 하는 경우 국토교통부령으로 정하는 바에 따라 형식증명서 또는 제한형식증명서를 발급하여야 한다. 〈개정 2017. 12. 26.〉

④ 형식증명서 또는 제한형식증명서를 양도·양수하려는 자는 국토교통부령으로 정하는 바에 따라 국토교통부장관에게 양도사실을 보고하고 해당 증명서의 재발급을 신청하여야 한다. 〈개정 2017. 12. 26.〉

⑤ 형식증명, 제한형식증명 또는 제21조에 따른 형식증명승인을 받은 항공기등의 설계를 변경하기 위하여 부가적인 증명(이하 "부가형식증명"이라 한다)을 받으려는 자는 국토교통부령으로 정하는 바에 따라 국토교통부장관에게 부가형식증명을 신청하여야 한다. 〈개정 2017. 12. 26.〉

⑥ 국토교통부장관은 부가형식증명을 하는 경우 국토교통부령으로 정하는 바에 따라 부가형식증명서를 발급하여야 한다. 〈신설 2017. 12. 26.〉

⑦ 국토교통부장관은 다음 각 호의 어느 하나에 해당하는 경우 해당 항공기등에 대한 형식증명, 제한형식증명 또는 부가형식증명을 취소하거나 6개월 이내의 기간을 정하여 그 효력의 정지를 명할 수 있다. 다만, 제1호에 해당하는 경우에는 형식증명, 제한형식증명 또는 부가형식증명을 취소하여야 한다. 〈개정 2017. 12. 26.〉
1. 거짓이나 그 밖의 부정한 방법으로 형식증명, 제한형식증명 또는 부가형식증명을 받은 경우
2. 항공기등이 형식증명, 제한형식증명 또는 부가형식증명 당시의 항공기기술기준 등에 적합하지 아니하게 된 경우

[제목개정 2017. 12. 26.]

389 정비 등을 확인하는 항공종사자가 감항성에 적합하지 아니함에도 불구하고 이를 적합한 것으로 확인한 경우 처벌로 맞는 것은?

① 1차 위반: 효력 정지 10일
② 1차 위반: 효력 정지 15일
③ 1차 위반: 효력 정지 30일
④ 1차 위반: 효력 정지 60일

해설 **항공안전법 시행규칙 제97조(자격증명 · 항공신체검사증명의 취소 등)**

① 법 제43조(법 제44조 제4항, 제46조 제4항 및 제47조 제4항에서 준용하는 경우를 포함한다)에 따른 행정처분기준은 [별표 10]과 같다.

[별표 10] 항공종사자 등에 대한 행정처분기준(제97조 제1항 관련)

6. 법 제32조에 따라 정비 등을 확인하는 항공종사자가 감항성에 적합하지 아니함에도 불구하고 이를 적합한 것으로 확인한 경우

1차 위반: 효력 정지 30일
2차 위반: 효력 정지 120일
3차 위반: 효력 정지 1년 또는 자격증명 취소

390 항공운송사업자가 취항하는 공항에 대하여 정기적인 안전성검사를 수행하는 주체는?

① 국토교통부장관 또는 지방항공청장
② 항공운송사업자
③ 공항운영자
④ 한국교통안전공단 이사장

해설 **항공안전법 시행규칙 제315조(정기안전성검사)**

① 국토교통부장관 또는 지방항공청장은 법 제132조 제3항에 따라 다음 각 호의 사항에 관하여 항공운송사업자가 취항하는 공항에 대하여 정기적인 안전성검사를 하여야 한다.

정답 388. ① 389. ③ 390. ①

1. 항공기 운항 · 정비 및 지원에 관련된 업무 · 조직 및 교육훈련
2. 항공기 부품과 예비품의 보관 및 급유시설
3. 비상계획 및 항공보안사항
4. 항공기 운항허가 및 비상지원절차
5. 지상조업과 위험물의 취급 및 처리
6. 공항시설
7. 그 밖에 국토교통부장관이 항공기 안전운항에 필요하다고 인정하는 사항

② 법 제132조 제6항에 따른 공무원의 증표는 별지 제124호 서식의 항공안전감독관증에 따른다.

391 신고를 필요로 하지 않는 초경량비행장치의 범위에 해당하지 않는 것은?

① 행글라이더, 패러글라이더 등 동력을 이용하지 아니하는 비행장치
② 기구류(사람이 탑승하는 것은 제외한다)
③ 계류식(繫留式) 무인비행장치
④ 무인동력비행장치 중에서 최대이륙중량이 2킬로그램 이상인 것

해설 **제24조**(신고를 필요로 하지 않는 초경량비행장치의 범위)
법 제122조 제1항 단서에서 "대통령령으로 정하는 초경량비행장치"란 다음 각 호의 어느 하나에 해당하는 것으로서 「항공사업법」에 따른 항공기대여업 · 항공레저스포츠사업 또는 초경량비행장치사용사업에 사용되지 아니하는 것을 말한다. 〈개정 2020. 5. 26., 2020. 12. 10.〉
1. 행글라이더, 패러글라이더 등 동력을 이용하지 아니하는 비행장치
2. 기구류(사람이 탑승하는 것은 제외한다)
3. 계류식(繫留式) 무인비행장치
4. 낙하산류
5. 무인동력비행장치 중에서 최대이륙중량이 2킬로그램 이하인 것
6. 무인비행선 중에서 연료의 무게를 제외한 자체 무게가 12킬로그램 이하이고, 길이가 7미터 이하인 것
7. 연구기관 등이 시험 · 조사 · 연구 또는 개발을 위하여 제작한 초경량비행장치
8. 제작자 등이 판매를 목적으로 제작하였으나 판매되지 아니한 것으로서 비행에 사용되지 아니하는 초경량비행장치
9. 군사목적으로 사용되는 초경량비행장치

392 신고를 해야 하는 초경량비행장치의 범위에 해당하는 것은?

① 행글라이더, 패러글라이더 등 동력을 이용하지 아니하는 비행장치
② 기구류(사람이 탑승하는 것은 제외한다)
③ 계류식(繫留式) 무인비행장치
④ 무인동력비행장치 중에서 최대이륙중량이 2킬로그램 이상인 것

해설 **제24조(신고를 필요로 하지 않는 초경량비행장치의 범위)**
법 제122조 제1항 단서에서 "대통령령으로 정하는 초경량비행장치"란 다음 각 호의 어느 하나에 해당하는 것으로서 「항공사업법」에 따른 항공기대여업 · 항공레저스포츠사업 또는 초경량비행장치사용사업에 사용되지 아니하는 것을 말한다. 〈개정 2020. 5. 26., 2020. 12. 10.〉
1. 행글라이더, 패러글라이더 등 동력을 이용하지 아니하는 비행장치
2. 기구류(사람이 탑승하는 것은 제외한다)
3. 계류식(繫留式) 무인비행장치
4. 낙하산류
5. 무인동력비행장치 중에서 최대이륙중량이 2킬로그램 이하인 것
6. 무인비행선 중에서 연료의 무게를 제외한 자체 무게가 12킬로그램 이하이고, 길이가 7미터 이하인 것
7. 연구기관 등이 시험 · 조사 · 연구 또는 개발을 위하여 제작한 초경량비행장치
8. 제작자 등이 판매를 목적으로 제작하였으나 판매되지 아니한 것으로서 비행에 사용되지 아니하는 초경량비행장치
9. 군사목적으로 사용되는 초경량비행장치

393 비행제한공역에서 비행하려고 할 때, 사전에 비행승인을 받아야 하는 초경량비행장치 기준에 포함되지 않는 것은?

① 탑승자 및 비상용 장비의 중량을 제외한 자체중량이 70킬로그램 이하로서 체중이동, 타면조종 등의 방법으로 조종하는 행글라이더
② 연료의 중량을 제외한 자체중량이 180kg 이하이고 길이가 20미터 이하인 무인비행선
③ 연료의 중량을 제외한 자체중량이 150kg 이하인 무인멀티콥터
④ 최대이륙중량이 25kg 이하인 무인동력비행장치

정답 391. ④ 392. ④ 393. ④

해설 **항공안전법 시행규칙 제5조(초경량비행장치의 기준)**

법 제2조제3호에서 "자체중량, 좌석 수 등 국토교통부령으로 정하는 기준에 해당하는 동력비행장치, 행글라이더, 패러글라이더, 기구류 및 무인비행장치 등이란 다음 각 호의 기준을 충족하는 동력비행장치, 행글라이더, 패러글라이더, 기구류, 무인비행장치, 회전익비행장치, 동력패러글라이더 및 낙하산류 등을 말한다. 〈개정 2020. 12. 10., 2021. 6. 9.〉

1. 동력비행장치: 동력을 이용하는 것으로서 다음 각 목의 기준을 모두 충족하는 고정익비행장치
   가. 탑승자, 연료 및 비상용 장비의 중량을 제외한 자체중량이 115킬로그램 이하일 것
   나. 연료의 탑재량이 19리터 이하일 것
   다. 좌석이 1개일 것
2. 행글라이더: 탑승자 및 비상용 장비의 중량을 제외한 자체중량이 70킬로그램 이하로서 체중이동, 타면조종 등의 방법으로 조종하는 비행장치
3. 패러글라이더: 탑승자 및 비상용 장비의 중량을 제외한 자체중량이 70킬로그램 이하로서 날개에 부착된 줄을 이용하여 조종하는 비행장치
4. 기구류: 기체의 성질 · 온도차 등을 이용하는 다음 각 목의 비행장치
   가. 유인자유기구
   나. 무인자유기구(기구 외부에 2킬로그램 이상의 물건을 매달고 비행하는 것만 해당한다. 이하 같다)
   다. 계류식(繫留式)기구
5. 무인비행장치: 사람이 탑승하지 아니하는 것으로서 다음 각 목의 비행장치
   가. 무인동력비행장치: 연료의 중량을 제외한 자체중량이 150킬로그램 이하인 무인비행기, 무인헬리콥터 또는 무인멀티콥터
   나. 무인비행선: 연료의 중량을 제외한 자체중량이 180킬로그램 이하이고 길이가 20미터 이하인 무인비행선
6. 회전익비행장치: 제1호 각 목의 동력비행장치의 요건을 갖춘 헬리콥터 또는 자이로플레인
7. 동력패러글라이더: 패러글라이더에 추진력을 얻는 장치를 부착한 다음 각 목의 어느 하나에 해당하는 비행장치
   가. 착륙장치가 없는 비행장치
   나. 착륙장치가 있는 것으로서 제1호 각 목의 동력비행장치의 요건을 갖춘 비행장치
8. 낙하산류: 항력(抗力)을 발생시켜 대기(大氣) 중을 낙하하는 사람 또는 물체의 속도를 느리게 하는 비행장치
9. 그 밖에 국토교통부장관이 종류, 크기, 중량, 용도 등을 고려하여 정하여 고시하는 비행장치

CHAPTER 05 적중 예상문제

01 전선연결시스템(EWIS) 구성품의 요건에 해당하지 않는 것은?

① 의도하는 기능에 적정한 종류 및 설계이어야 한다.
② 전선연결시스템(EWIS)에 적용되는 한계에 따라 설치하여야 한다.
③ 해당 비행기의 감항성을 저감시키지 않고 의도하는 기능을 수행하여야 한다.
④ 기계적인 응력변형을 최대화하는 방법으로 설계 및 장착하여야 한다.

해설 **항공기기술기준 Part 25 감항분류가 수송(T)류인 비행기에 대한 기술기준**

Subpart H. 전선연결시스템(EWIS)

25.1701 정의

(a) 전선연결시스템(EWIS, Electrical Wiring Interconnection System)은 전선, 전선기구, 또는 이들의 조합된 형태를 말한다. 이는 2개 이상의 단자 사이에 전기적 에너지, 데이터 및 신호를 전달할 목적으로 비행기에 설치되는 단자기구, 그리고 다음의 부품을 포함한다.
(1) 전선 및 테이블
(2) 버스 바(bus bars)
(3) 릴레이, 차단기, 스위치, 접점, 단자블록 및 회로차단기, 그리고 기타의 회로보호기구를 포함하는 전기기구의 단자
(4) 관통공급(feed-through) 커넥터를 포함하는 커넥터
(5) 커넥터 보조기구(accessories)
(6) 전기적인 접지 및 본딩 기구와 이에 관련된 연결기구
(7) 전기 연결기(splices)
(8) 전선 절연, 전선 연결(sleeving), 그리고 본딩을 위한 전기단자를 구비하고 있는 전기배관을 포함하여 전선의 추가적인 보호를 위하여 사용하는 재료
(9) 쉴드(shields) 또는 브레이드(braids)
(10) 클램프, 그리고 전선 번들을 배치 및 지지하는데 사용되는 기타의 기구
(11) 케이블 타이 기구(cable tie devices)
(12) 식별표시를 위한 사용되는 레이블 또는 기타의 수단
(13) 압력 시일(pressure seals)
(14) 회로판 후면, 전선통합장치, 장치의 외부 전선을 포함하여 선반, 패널, 랙, 접속함, 분배패널, 그리고 랙의 후면 내부에 사용되는 전선연결시스템(EWIS) 구성품

25.1703 전선연결시스템(EWIS) 기능 및 장착

(a) 비행기의 모든 영역에 장착되는 각 전선연결시스템(EWIS) 구성품은 다음의 요건을 만족하여야 한다.
(1) 의도하는 기능에 적정한 종류 및 설계이어야 한다.
(2) 전선연결시스템(EWIS)에 적용되는 한계에 따라 설치하여야 한다.
(3) 해당 비행기의 감항성을 저감시키지 않고 의도하는 기능을 수행하여야 한다.
(4) 기계적인 응력변형을 최소화하는 방법으로 설계 및 장착하여야 한다.

02 승객정원이 44인을 넘는 비행기의 탈출을 위한 시간 기준으로 맞는 것은?

① 30초 이내 ② 60초 이내
③ 90초 이내 ④ 120초 이내

해설 **항공기기술기준 Part 25 감항분류가 수송(T)류인 비행기에 대한 기술기준**

Subpart D. 설계 및 구조-비상설비

25.803 비상탈출

(a) 충돌 착륙시 비행기에 화재가 나는 것을 고려하여, 객실 및 조종실에는 착륙장치를 편 상태에서도 접은 상태와 마찬가지로 신속한 탈출이 가능한 비상수단이 있어야 한다.
(b) 예비
(c) 승객정원이 44인을 넘는 비행기는, 모의 비상 상황으로 운용 규칙에서 요구하는 승무원 수를 포함하는 최대 탑승객이 90초 이내에 비행기에서 지상으로 탈출할 수 있다는 것을 입증하여야 한다. 이 요구조건에 대한 적합성은 부록 J.에 규정된 시험기준으로 실물 시험을 함으로써 입증하여야 하나, 해석과 시험을 조합하여 실물 시험과

정답 01. ④ 02. ③

동등한 자료를 얻을 수 있다고 국토교통부장관이 인정하는 경우에는 해석과 시험을 조합하여 입증할 수 있다.

03 비행기 제작 시 적용하여야 하는 연료탱크의 팽창 공간 기준으로 적당한 것은?

① 탱크 용량의 2% 이상의 팽창공간
② 탱크 용량의 10% 이상의 팽창공간
③ 탱크 용량의 12% 이상의 팽창공간
④ 탱크 용량의 20% 이상의 팽창공간

해설 항공기기술기준 Part 25 감항분류가 수송(T)류인 비행기에 대한 기술기준
Subpart E. 동력장치(연료계통)
25.969 연료탱크 팽창 공간
모든 연료탱크에는 탱크 용량의 2% 이상의 팽창공간을 두어야 한다. 비행기가 정상적인 지상 자세에 있는 경우에는 부주의한 경우에도 연료탱크의 팽창공간에는 연료가 공급되지 않아야 한다. 가압식 연료공급 시스템의 경우, 25.979(b)항에 대한 적합성을 입증한 방법으로 이 항목에 대한 적합성을 입증할 수 있다.

04 항공기가 안전하게 이륙할 수 없는 상태가 되면, 이륙활주의 초기에 자동적으로 작동하여 음성 경보를 조종사에게 주어야 하는데 이에 해당하지 않는 것은?

① 날개 앞전의 고양력장치 위치가 이륙시의 허용범위를 벗어난 경우
② 날개의 스포일러가 안전한 이륙을 보장하는 위치에 있지 않은 경우
③ 날개의 세로방향 트림장치가 안전한 이륙을 보장하는 위치에 있지 않은 경우
④ 착륙장치 안전핀이 제거되지 않은 경우

해설 항공기기술기준 Part 25 감항분류가 수송(T)류인 비행기에 대한 기술기준
Subpart D. 설계 및 구조(조종계통)
25.703 이륙경보장치는 다음과 같은 요구조건을 충족하는 이륙경보장치를 장착하여야 한다.
(a) 해당계통은 항공기가 안전하게 이륙할 수 없는(다음의 (1)항과 (2)항을 포함하는) 상태가 되면 이륙활주의 초기에 자동적으로 작동하여 음성 경보를 조종사에게 주어야 한다.
(1) 날개의 플랩이나 앞전의 고양력장치 위치가 이륙 시의 허용범위를 벗어난 경우
(2) 날개의 스포일러(25.671항의 요구조건에 적합한 가로방향 조종스포일러를 제외), 속도 제동장치 또는 세로방향 트림장치가 안전한 이륙을 보장하는 위치에 있지 않은 경우
(b) 상기 (a)항에서 요구된 경보는 다음과 같은 경우가 될 때까지 계속되어야 한다.
(1) 안전하게 이륙할 수 있도록 상태가 변경될 때
(2) 조종사가 이륙활주를 중지하는 조치를 취했을 때
(3) 비행기가 이륙을 위해 회전했을 때
(4) 조종사가 인위적으로 경보를 껐을 때
(c) 이 계통을 동작시키기 위해 사용되는 방법은 증명과정에서 요구하는 이륙중량, 고도 및 온도의 범위에서 적절하게 작동하여야 한다.

05 항공기 케이블, 케이블 피팅, 조임쇠(turn buckle), 꼬아 잇기(splice) 및 활(pulley)차의 승인 기준으로 맞지 않는 것은?

① 직경이 3mm(1/8in) 이상인 케이블은 보조익, 승강타 또는 방향타계통에 사용할 수 없다.
② 페어리드는 케이블 방향이 3도 이상 변하지 않도록 장착하여야 한다.
③ 하중을 받거나 운동하는 부분에 U자형 연결핀(clevis pin)을 사용하거나 코터핀(cotter pin)만으로 지탱하는 것은 조종계통에 사용하지 않아야 한다.
④ 페어리드, 활차, 단자(terminal) 및 조임쇠는 육안검사가 가능한 설비가 있어야 한다.

해설 항공기기술기준 Part 25 감항분류가 수송(T)류인 비행기에 대한 기술기준
Subpart D. 설계 및 구조(조종계통)
25.689 케이블계통
(a) 각각의 케이블, 케이블 피팅, 조임쇠(turn buckle), 꼬아 잇기(splice) 및 활차는 승인을 받아야 하며 다음 기준을 적용한다.
(1) 직경이 3mm(1/8in) 이하인 케이블은 보조익, 승강타 또는 방향타계통에 사용할 수 없다.
(2) 각각의 케이블계통은 비행기의 운용조건 및 변화하는 온도에서 모든 행정구간에 걸쳐 장력에 위험한 변화가 생기지 않도록 설계하여야 한다.
(b) 활차의 종류 및 크기는 사용하는 케이블에 적합한 것이

정답 03. ① 04. ④ 05. ①

어야 한다. 모든 활차 및 톱니바퀴(sprocket)는 케이블과 체인이 벗겨지거나 헝클어지지 않도록 보호덮개(guards)가 있어야 한다. 각각의 활차는 케이블이 움직이는 평면과 평행하여 활차 테두리(flange)에 케이블이 마모되지 않아야 한다.

(c) 페어리드는 케이블 방향이 3도 이상 변하지 않도록 장착하여야 한다.

(d) 하중을 받거나 운동하는 부분에 U자형 연결핀(clevis pin)을 사용하거나 코터핀(cotter pin)만으로 지탱하는 것은 조종계통에 사용하지 않아야 한다.

(e) 각(角)운동을 하는 부분에 장착하는 조임쇠는 전 행정에 걸쳐서 운동을 구속하지 않도록 장착하여야 한다.

(f) 페어리드, 활차, 단자(terminal) 및 조임쇠는 육안검사가 가능한 설비가 있어야 한다.

06 프로펠러 장착 항공기의 착륙장치가 정적으로 수축된 상태에서의 수평 이륙 자세와 주행 자세 중에서 가장 작은 지면과의 여유 간격은?

① 전륜 : 5in, 후륜 : 8in
② 전륜 : 6in, 후륜 : 8in
③ 전륜 : 7in, 후륜 : 9in
④ 전륜 : 8in, 후륜 : 9in

해설 **항공기기술기준 Part 25 감항분류가 수송(T)류인 비행기에 대한 기술기준**

Subpart E. 동력장치(일반)

25.925 프로펠러 여유간격

보다 작은 간격으로도 안전하다고 입증되지 않는 한, 프로펠러의 여유간격들은 비행기의 중량이 최대이고 중량중심의 위치와 프로펠러피치의 위치가 가장 불리한 상태일 때 다음 값들보다 작지 않아야 한다.

(a) 지면과의 여유간격: 착륙장치가 정적으로 수축된 상태에서의 수평 이륙 자세와 주행 자세 중에서 가장 작은 지면과의 여유 간격은 전륜식 비행기는 17.78cm(7in), 후륜식 비행기는 22.86cm(9in) 이상이어야 한다. 또한, 수평이륙 자세에서 임계 타이어가 완전히 파열되고 착륙장치 스트러트가 지면에 닿은 경우에도 프로펠러와 지면사이에 충분한 간격이 유지되어야 한다.

(b) 수면과의 여유간격: 보다 작은 간격으로도 25.239(a)항에 대한 적합성이 입증되지 않는 한, 프로펠러와 수면 사이에는 최소한 45.72cm(18in) 이상의 여유간격이 있어야 한다.

(c) 기체구조와의 여유간격

(1) 프로펠러블레이드의 끝부분과 비행기 구조 사이에는 최소한 1인치(2.54cm)의 여유간격이 있어야 하며 유해한 진동을 예방하기 위해 필요한 만큼의 간격이 추가되어야 한다.

(2) 프로펠러블레이드 또는 커프(cuff)와 비행기에 고정되어 있는 부품 사이에 축방향으로 최소한 0.5인치(1.27cm) 이상의 여유간격이 있어야 한다.

(3) 프로펠러의 기타 회전 부위 또는 스피너와 비행기에 고정되어 있는 부품 사이에 여유간격이 있어야 한다.

07 각 연료탱크에는 비행기가 정상적인 자세로 지상에 있을 때 탱크 용적의 몇 퍼센트에 해당하는 고이개(sump)를 가져야 하는가?

① 탱크 용적의 0.1%
② 탱크 용적의 0.5%
③ 탱크 용적의 1.0%
④ 탱크 용적의 5.0%

해설 **항공기기술기준 Part 25 감항분류가 수송(T)류인 비행기에 대한 기술기준**

Subpart E. 동력장치(연료계통)

25.971 연료탱크 고이개(sump)

(a) 각 연료탱크에는 비행기가 정상적인 자세로 지상에 있을 때 탱크 용적의 0.1% 또는 0.24L(1/16gal) 이상의 용량을 가진 고이개가 있어야 한다. 단, 운용 중에 축적되는 수분의 양이 고이개의 용량을 초과하지 않음을 보장하는 운용한계가 설정된 경우는 예외로 한다.

(b) 각 연료탱크에 있는 위험한 분량의 수분은 탱크 내의 어느 곳에 있든지 비행기가 지상에 정상적인 자세로 있는 상태에서 고이개로 배수되어야 한다.

(c) 연료탱크의 고이개에는 다음과 같이 접근하기 쉬운 배출구가 있어야 한다.

(1) 지상에서 고이개를 완전히 배출할 수 있어야 함
(2) 비행기의 각 부분에서 확실하게 배출할 수 있어야 함
(3) 닫힘 위치에서 확실하게 잠기는 수동 장치 또는 자동 장치가 있어야 함

08 터빈 엔진에 사용하는 각 오일탱크의 팽창공간의 기준에 맞는 것은?

① 탱크용량의 0.5% 이상
② 탱크용량의 1% 이상
③ 탱크용량의 10% 이상
④ 탱크용량의 15% 이상

정답 06. ③ 07. ① 08. ③

해설 항공기기술기준 Part 25 감항분류가 수송(T)류인 비행기에 대한 기술기준

Subpart E. 동력장치(윤활유계통)

25.1013 오일 탱크

(a) 장착: 모든 오일탱크의 장착은 25.967항의 요구조건에 적합하여야 한다.

(b) 팽창 공간: 오일탱크에는 다음과 같은 팽창공간이 있어야 한다.

(1) 피스톤엔진에 사용하는 각 오일탱크는 탱크용량의 10% 또는 1.9L(0.5gal) 중 큰 값 이상인 팽창공간이 있어야 하며, 터빈 엔진에 사용하는 각 오일탱크는 탱크용량의 10% 이상인 팽창공간이 있어야 한다.

(2) 어떤 엔진에도 직접 연결되어 있지 않은 예비 오일탱크에는 탱크용량의 2% 이상인 팽창공간이 있어야 한다.

(3) 비행기의 정상적인 지상자세에서 부주의로 인해 오일탱크의 팽창공간을 오일로 채울 수 없어야 한다.

(c) 주입구 연결부: 상당한 분량의 오일이 남아있을 수 있는 오목한 오일탱크 주입구 연결부에는 비행기의 어떤 부분에도 흐르지 않게 배출하는 배출구가 있어야 한다. 또한, 각 오일탱크 주입구 덮개에는 오일차폐용 밀폐재가 있어야 한다.

(d) 환기구: 오일탱크에는 다음과 같은 환기구가 있어야 한다.

(1) 각 오일탱크에는 모든 정상적인 비행상태에서 효과적인 환기가 되게끔 팽창공간의 상부에 환기구가 있어야 한다.

(2) 오일탱크의 환기구는 결빙 및 배관 폐쇄를 일으키는 응축수증기가 어떤 부분에도 누적되지 않도록 배치하여야 한다.

(e) 배출구: 시스템 내부의 오일 흐름을 방해할 수 있는 이물질이 탱크 자체 또는 탱크 출구로 유입되는 것을 방지하는 수단이 있어야 한다. 오일탱크 배출구는 모든 작동온도에서 안전한 값 이하로 오일 흐름을 감소시킬 수 있는 여과망 또는 방호물 에워싸지 않아야 한다. 오일 시스템(오일탱크 지지부 포함)의 외부가 내화성이 없는 경우 터빈엔진에 사용하는 각 오일탱크의 출구에는 차단밸브가 있어야 한다.

(f) 유연성이 있는 오일탱크 라이너: 모든 유연성이 있는 오일탱크 라이너는 승인을 받은 것이거나 사용에 적합함이 입증되어야 한다.

09 중량중심을 구할 때 포함시킬 수 없는 무게는 어느 것인가?

① 고정 밸러스트 ② 엔진 분사용 물

③ 윤활유 ④ 유압유

해설 항공기기술기준 Part 25 감항분류가 수송(T)류인 비행기에 대한 기술기준

Subpart B. 비행

25.29 공허중량과 대응 중량중심

(a) 공허중량과 이에 해당하는 중량중심은 다음 사항들을 포함한 비행기의 중량을 측정하여 결정하여야 한다.

(1) 고정 밸러스트

(2) 25.959항에 의하여 결정한 사용불능연료

(3) 다음을 포함하는 작동유체 전량

(i) 윤활유

(ii) 유압유

(iii) 비행기 계통의 정상운전에 필요한 기타 유체 (단, 음료수, 화장실용수, 엔진 분사용물 등은 제외)

(b) 공허중량이 결정되는 비행기의 상태조건은 명확히 정의되고 용이하게 반복될 수 있어야 한다.

10 KAS Part 25에 포함된 조종계통의 구비조건으로 알맞지 않은 것은?

① 공기역학적 조종면의 작동범위를 확실히 제한하는 정지장치를 구비하여야 한다.

② 비행기의 움직임에 따라 트림조종장치가 움직이는 방향을 표시하는 수단이 트림조종장치 근처에 있어야 한다.

③ 페어리드는 케이블 방향이 30도 이상 변하지 않도록 장착하여야 한다.

④ 비행기가 지상 또는 수상에 있을 때 돌풍충격에 의한 조종면(탭을 포함) 및 조종계통 손상을 방지하는 장치를 구비하여야 한다.

해설 항공기기술기준 Part 25 감항분류가 수송(T)류인 비행기에 대한 기술기준

Subpart D. 설계 및 구조(조종계통)

25.675 정지장치(Stops)

(a) 모든 조종계통은 그 계통에 의해 조종되는 각각의 움직이는 공기역학적 조종면의 작동범위를 확실히 제한하는 정지장치를 구비하여야 한다.

(b) 각각의 정지장치는 마모, 헐거움 또는 과도한 조정으로 조종면의 행정범위가 변하여 비행기의 조종특성에 나쁜 영향을 미치지 않도록 장착되어야 한다.

(c) 각각의 정지장치는 조종계통의 설계조건에 따른 어떠한 하중에도 견딜 수 있어야 한다.

25.677 트림 계통

(a) 트림 조종장치는 부주의하거나 급격한 조작을 방지하고

정답 09. ② 10. ③

비행기의 비행평면 내에서 운동방향으로 움직이도록 설계되어야 한다.

(b) 비행기의 움직임에 따라 트림조종장치가 움직이는 방향을 표시하는 수단이 트림조종장치 근처에 있어야 한다. 또한 조절범위 내에서 트림장치의 위치 표시를 분명히 볼 수 있어야 한다. 이 표시기에는 트림 범위가 명확히 표시되어야 하며, 트림 범위는 비행기의 승인된 이륙 무게중심의 모든 위치에서 안전한 이륙이 가능함을 실증한 것이어야 한다.

(c) 트림 조종계통은 비행 중에 저절로 움직이지 않도록 설계하여야 한다. 트림탭이 적절하게 균형이 잡혀 있고 플러터가 발생하지 않음을 입증하지 않는 한, 트림탭 조종장치가 반대로 작동되지 않도록 해야 한다.

(d) 반대로 작동하지 않는 탭 조종계통을 사용하는 경우에는 역으로 작동하지 않는 부품 장착부의 탭과 비행기 구조부와는 확실한 연결상태를 유지하여야 한다.

25.679 조종계통의 돌풍대비장치

(a) 비행기가 지상 또는 수상에 있을 때 돌풍충격에 의한 조종면(탭을 포함) 및 조종계통 손상을 방지하는 장치를 구비하여야 한다. 이 장치가 조종사에 의한 조종면의 정상작동을 방해하도록 연결되어 있는 경우, 다음 (1)항 또는 (2)항의 규정에 적합하여야 한다.

(1) 조종사가 주조종장치를 통상의 방법으로 조작하면 자동적으로 연결이 해제될 것.

(2) 이륙 출발 시 조종사에게 그 장치가 연결되어 있음을 반드시 경고함으로써 비행기의 운항을 제한할 것.

(b) 이 장치는 비행 중에 부주의하게 연결될 가능성을 방지하는 장치를 구비하여야 한다.

25.689 케이블계통

(a) 각각의 케이블, 케이블 피팅, 조임쇠(turn buckle), 꼬아 잇기(splice) 및 활차는 승인을 받아야 하며 다음 기준을 적용한다.

(1) 직경이 3mm(1/8in) 이하인 케이블은 보조익, 승강타 또는 방향타계통에 사용할 수 없다.

(2) 각각의 케이블계통은 비행기의 운용조건 및 변화하는 온도에서 모든 행정구간에 걸쳐 장력에 위험한 변화가 생기지 않도록 설계하여야 한다.

(b) 활차의 종류 및 크기는 사용하는 케이블에 적합한 것이어야 한다. 모든 활차 및 톱니바퀴(sprocket)는 케이블과 체인이 벗겨지거나 헝클어지지 않도록 보호덮개(guards)가 있어야 한다. 각각의 활차는 케이블이 움직이는 평면과 평행하여 활차 테두리(flange)에 케이블이 마모되지 않아야 한다.

(c) 페어리드는 케이블 방향이 3도 이상 변하지 않도록 장착하여야 한다.

(d) 하중을 받거나 운동하는 부분에 U자형 연결핀(clevis pin)을 사용하거나 코터핀(cotter pin)만으로 지탱하는 것은 조종계통에 사용하지 않아야 한다.

(e) 각(角)운동을 하는 부분에 장착하는 조임쇠는 전 행정에 걸쳐서 운동을 구속하지 않도록 장착하여야 한다.

(f) 페어리드, 활차, 단자(terminal) 및 조임쇠는 육안검사가 가능한 설비가 있어야 한다.

11 여압실에 객실여압을 제어하기 위하여 장착해야 하는 제어장치 및 지시기를 설명한 것으로 바르지 않은 것은?

① 압축기가 발생하는 것이 가능한 최대유량의 경우에 정(+)의 압력차를 미리 결정된 값에 자동적으로 제한하는 한 개의 감압밸브

② 비행기 구조를 파손하는 부(−)의 압력차로 되는 것을 자동적으로 막는 두 개의 안전밸브

③ 압력차를 급격히 영까지 감소시키는 장치

④ 조종사 또는 기관사에게 압력차, 실내압력고도 및 실내 압력고도의 변화율을 지시하는 계기

해설 **항공기기술기준 Part 25 감항분류가 수송(T)류인 비행기에 대한 기술기준**

Subpart D. 설계 및 구조(여압계통)

25.841 여압실

(a) 여압실 및 비행 중 사람이 사용하는 부분은 정상운용상태의 비행기 최대운용고도에서 객실여압고도가 2,400m (8,000ft) 이하로 되도록 설비하여야 한다.

(1) 7,600m(25,000ft) 이상의 고도에서의 운용에 대해서 증명을 얻으려고 하는 비행기에 있어서는 여압계통의 예상되는 고장 또는 기능불량이 일어난 경우에 있어서 4,500m(15,000ft) 이하의 객실여압고도를 유지할 수 있어야 한다.

(2) 비행기는 여압계통의 고장 또는 기능불량으로 인한 감압 후 다음을 초과하는 객실여압고도에 승객들이 노출되지 않아야 한다.

(i) 2분이상의 7,600m(25,000ft) 이상의 고도

(ii) 모든 기간 중 12,100m(40,000ft)

(3) 동체구조, 엔진 및 계통의 고장에 따른 객실감압을 충분히 고려하여야 한다.

(b) 여압실에는 객실여압을 제어하기 위하여 적어도 다음의 제어장치 및 지시기를 장착하여야 한다.

(1) 압축기가 발생하는 것이 가능한 최대유량의 경우에 정(+)의 압력차를 미리 결정된 값에 자동적으로 제한하는

정답 11. ①

두 개의 감압밸브. 이들의 감압밸브의 각각의 능력은 하나라도 고장나면 압력차가 상당한 정도의 상승을 초래하는 것이 아니어야 한다. 또한 압력차는 외기압보다 객실의 압력이 높은 때에 정(+)으로 한다.

(2) 비행기 구조를 파손하는 부(−)의 압력차로 되는 것을 자동적으로 막는 두 개의 안전밸브(또는 그것과 동등의 것). 단, 그 기능불량을 방지하는 것이 가능한 설계의 경우에는 한 개의 안전밸브만을 설비하여도 된다.

(3) 압력차를 급격히 영까지 감소시키는 장치

(4) 소요 실내의 압력 및 환기율을 유지하는 것이 가능하도록 흡입공기량 혹은 배출공기량 또는 그 양자를 제어하기 위한 자동 또는 수동 조정기

(5) 조종사 또는 기관사에게 압력차, 실내압력고도 및 실내압력고도의 변화율을 지시하는 계기

(6) 압력차 및 실내압력고도가 안전한계치 또는 미리 정해둔 값을 넘는 경우에 조종사 또는 기관사에게 그것을 알리는 경보지시기. 적절한 경계표시를 부착한 객실 압력차 지시계는 압력차에 대해서 경보지시기로 간주한다. 객실압력고도가 3,000m(10,000ft) 이상으로 된 때에는 승무원에게 경보를 주는 청각 또는 시각에 의한 신호(객실고도 지시장치의 타에 장착한)는 실내 압력고도에 대해서 경보지시기로 간주한다.

(7) 비행기 구조가 최대 감압밸브 위치까지의 압력차와 착륙하중과의 조합에 대해서 설계되어 있지 않은 경우에는 그것을 조종사 또는 기관사에게 경고하는 게시판

(8) (b)(5)항, (b)(6)항 및 25.1447(c)항에서 규정하는 장비가 필요로 하는 압력감지기 및 압력감지계통의 배치 또는 설계는 객실 및 승무원실(이층 및 객실 아래의 조리실을 포함) 어느 것인가 하나에 있어서 실내압력의 손실이 생긴 경우에 있어서도 필요한 산소공급장치가 자동적으로 탑승자의 앞에 출현하는 장치가 감압에 의해서 위험이 현저히 증대하는 시간적 지체없이 작동하도록 한 것이어야 한다.

12 각 연료탱크는 모든 정상 비행상태에서 효과적인 환기를 위해 팽창공간의 최상부에서 환기가 이루어지도록 해야 한다. 이를 위한 기준으로 적당하지 않은 것은?

① 각 환기구는 오물 또는 결빙현상으로 막히지 않도록 배치
② 출구가 서로 연결되어 있는 연료탱크들의 공기 공간은 서로 연결
③ 비행기가 지상에 있거나 수평비행 자세일 때, 모든 환기용 배관에는 수분이 축적될 수 있는 공간이 없도록 배치
④ 정상운용 중에 사이폰 현상을 확보하도록 환기구를 배치

해설 **항공기기술기준 Part 25 감항분류가 수송(T)류인 비행기에 대한 기술기준**

Subpart E. 동력장치(연료계통)

25.975 연료탱크의 환기구 및 기화기의 기포 환기구

(a) 연료탱크의 환기구 : 각 연료탱크는 모든 정상 비행상태에서 효과적인 환기를 위해 팽창공간의 최상부에서 환기가 이루어지도록 해야 하며 다음 사항을 따라야 한다.
  (1) 각 환기구는 오물 또는 결빙현상으로 막히지 않도록 배치하여야 한다.
  (2) 정상운용 중에 사이폰 현상이 발생하지 않도록 환기구를 배치하여야 한다.
  (3) 환기용량 및 환기압력의 수준은 다음과 같은 상태에서 탱크 내외부의 허용 차압을 유지하는 것이어야 한다.
    (i) 정상적인 비행 운용 상태
    (ii) 최대 상승 및 하강 비행
    (iii) 연료 급유 및 배출(적용되는 경우)
  (4) 출구가 서로 연결되어 있는 연료탱크들의 공기 공간은 서로 연결되어 있어야 한다.
  (5) 비행기가 지상에 있거나 수평비행 자세일 때, 모든 환기용 배관에는 수분이 축적될 수 있는 공간이 없어야 한다. 단, 이러한 목적의 배출 설비가 있는 경우에는 이 제한사항을 적용하지 않는다.
  (6) 환기구 또는 배출장치의 출구는 다음과 같은 장소에 배치하지 않아야 한다.
    (i) 환기구 출구에서 연료가 배출될 경우, 화재 위험이 있는 곳
    (ii) 배출된 기화가스가 객실 또는 승무원실로 유입될 수 있는 곳
(b) 기화기의 기포 환기구: 기포 제거용 연결부를 장치한 기화기에는 기포를 연료탱크로 돌려보내는 환기관이 있어야 하며 다음 사항을 따라야 한다.
  (1) 각 환기 장치에는 결빙으로 막히지 않도록 하는 장치가 있어야 한다.
  (2) 연료탱크가 2조 이상이고 정해진 순서대로 탱크들을 사용해야 하는 경우, 각 기포 환기용 배관은 이륙과 착륙 시 사용하는 연료탱크에 연결되어야 한다.

13 활공기를 제외한 항공기의 구조설계에 적용되는 승무원 및 승객의 설계단위중량은?

① 67kg/인 ② 77kg/인
③ 87kg/인 ④ 97kg/인

해설 **항공기기술기준 Part 1 총칙**

1.3 정의

설계단위중량(Design unit weight)이라 함은 구조설계에 있어 사용하는 단위중량으로 활공기의 경우를 제외하고는 다음과 같다.

(1) 연료 0.72kg/L(6 lb/gal) 다만, 가솔린 이외의 연료에 있어서는 그 연료에 상응하는 단위중량으로 한다.

(2) 윤활유 0.9kg/L(7.5 lb/gal)

(3) 승무원 및 승객 77kg/인(170 lb/인)

14 연료탱크 환기구의 조건에 해당하지 않는 것은?

① 각 환기구는 오물 또는 결빙현상으로 막히지 않도록 배치

② 정상운용 중에 사이폰 현상을 확보할 수 있도록 환기구를 배치

③ 출구가 서로 연결되어 있는 연료탱크들의 공기 공간은 서로 연결

④ 비행기가 지상에 있거나 수평비행 자세일 때, 모든 환기용 배관에는 수분이 축적될 수 있는 공간이 없도록 배치

해설 **항공기기술기준 Part 25 감항분류가 수송(T)류인 비행기에 대한 기술기준**

Subpart E. 동력장치(연료탱크)

25.975 연료탱크의 환기구 및 기화기의 기포 환기구

(a) 연료탱크의 환기구 : 각 연료탱크는 모든 정상 비행상태에서 효과적인 환기를 위해 팽창공간의 최상부에서 환기가 이루어지도록 해야 하며 다음 사항을 따라야 한다.

(1) 각 환기구는 오물 또는 결빙현상으로 막히지 않도록 배치하여야 한다.

(2) 정상운용 중에 사이폰 현상이 발생하지 않도록 환기구를 배치하여야 한다.

(3) 환기용량 및 환기압력의 수준은 다음과 같은 상태에서 탱크 내외부의 허용 차압을 유지하는 것이어야 한다.

(i) 정상적인 비행 운용 상태

(ii) 최대 상승 및 하강 비행

(iii) 연료 급유 및 배출(적용되는 경우)

(4) 출구가 서로 연결되어 있는 연료탱크들의 공기 공간은 서로 연결되어 있어야 한다.

(5) 비행기가 지상에 있거나 수평비행 자세일 때, 모든 환기용 배관에는 수분이 축적될 수 있는 공간이 없어야 한다. 단, 이러한 목적의 배출 설비가 있는 경우에는 이 제한사항을 적용하지 않는다.

(6) 환기구 또는 배출장치의 출구는 다음과 같은 장소에 배치하지 않아야 한다.

(i) 환기구 출구에서 연료가 배출될 경우, 화재 위험이 있는 곳

(ii) 배출된 기화가스가 객실 또는 승무원실로 유입될 수 있는 곳

15 활공기를 제외한 항공기의 구조설계에 적용되는 윤활유의 설계단위중량은?

① 0.72kg/L ② 0.9kg/L

③ 6.7kg/L ④ 7.6kg/L

해설 **항공기기술기준 Part 1 총칙**

1.3 정의

설계단위중량(Design unit weight)이라 함은 구조설계에 있어 사용하는 단위중량으로 활공기의 경우를 제외하고는 다음과 같다.

(1) 연료 0.72kg/L(6 lb/gal) 다만, 개소린 이외의 연료에 있어서는 그 연료에 상응하는 단위중량으로 한다.

(2) 윤활유 0.9kg/L(7.5 lb/gal)

(3) 승무원 및 승객 77kg/인(170 lb/인)

정답 14. ② 15. ②

적중 예상문제

01 고정익항공기를 위한 운항기술기준의 비행교범에 대한 용어 정의로 알맞은 것은?

① 정상, 비정상 및 비상절차, 점검항목, 제한사항, 성능에 관한 정보, 항공기 시스템의 세부사항과 항공기 운항과 관련된 기타 자료들이 수록되어 있는 항공기 운영국가에서 승인한 교범
② 정비조직의 구조 및 관리의 책임, 업무의 범위, 정비시설에 대한 설명, 정비절차 및 품질보증 또는 검사시스템에 관하여 상세하게 설명된 정비조직의 장(head of AMO)에 의해 배서된 서류
③ 항공기 감항성 유지를 위한 제한사항 및 비행성능과 항공기의 안전운항을 위해 운항승무원들에게 필요로 한 정보와 지침을 포함한 감항당국이 승인한 교범
④ 특정 항공기의 안전운항을 위해 필요한 신뢰성 프로그램과 같은 관련 절차 및 주기적인 점검의 이행과 특별히 계획된 정비행위 등을 기재한 서류

해설 고정익항공기를 위한 운항기술기준 제1장 총칙
1.1.1.4 용어의 정의
25) "비행교범(Flight Manual)"이라 함은 항공기 감항성 유지를 위한 제한사항 및 비행성능과 항공기의 안전운항을 위해 운항승무원들에게 필요로 한 정보와 지침을 포함한 감항당국이 승인한 교범을 말한다.

02 정비조직의 교육훈련 요건 중 훈련프로그램에 포함된 훈련시간 최소요구량으로 맞지 않는 것은?

① 안전교육: 년 8시간 이상
② 초도교육: 60시간 이상
③ 보수교육: 1회당 4시간 이상
④ 인적요소: 년 8시간 이상

해설 고정익항공기를 위한 운항기술기준 제6장 정비조직의 인증
6.4.6 교육훈련의 요건(Training Requirements)
정비조직은 6.4.1 내지 6.4.4에 따른 인력에 대하여 다음 각항에 적합한 교육훈련 프로그램을 갖추어야 한다.
가. 국토교통부장관이 승인한 초도 및 보수 교육과정이 포함된 교육훈련 프로그램
나. 교육훈련 프로그램은 정비조직에서 정비 등을 수행하기 위하여 고용된 각 인력 및 검사기능의 담당 직무 수행능력을 보증하여야 한다.
다. 교육훈련 이수현황은 개인별로 문서화하여 기록 유지하여야 한다.
라. 정비요원의 직무와 책임을 부여하고 부여된 임무를 적절하게 수행할 수 있도록 훈련프로그램을 개발하고 시행하여야 한다.
마. 훈련프로그램은 인적수행능력(human performance)에 관한 지식과 기량에 대한 교육을 포함하여야 하고, 정비요원과 운항승무원과의 협력에 대한 교육을 포함하여야 한다.
바. 훈련프로그램은 훈련과정, 훈련방법, 강사자격, 평가, 훈련기록에 대한 내용이 포함되어야 하고 훈련시간 등은 다음의 최소요구량 이상을 실시하여야 한다.
1) 안전교육: 년 8시간 이상
2) 초도교육: 60시간 이상
3) 보수교육: 1회당 4시간 이상
4) 항공기 기종교육: 항공기 제작회사 또는 제작회사가 인정한 교육기관이 실시하는 교육시간 이상
5) 인적요소: 년 4시간 이상
6) 초도 및 항공기 기종교육 이수기준: 평가시험 70% 이상 취득
사. 인증받은 정비조직의 교육훈련 교관은 정비분야 3년 이상의 근무경력을 가져야 한다.

03 비행기가 지상의 지형지물에 접근하는 경우 조종실 내의 화면상에 비행기가 위치한 지역의 지

정답 01. ③ 02. ④ 03. ④

형지물을 표시하여 조종사에게 사전에 예방조치를 할 수 있도록 경고해 주는 기능을 가진 장비는?

① 공중충돌경고장치(Airborne Collision Avoidance System)
② 비행이미지기록장치시스템(Airborne Image Recording System: AIRS)
③ 데이터 링크 기록시스템(Data Link Recording System: DLRS)
④ 지상접근경고장치(Ground Proximity Warning System)

해설 **고정익항공기를 위한 운항기술기준 제7장 항공기 계기 및 장비**

7.1.18 지상접근경고장치(Ground Proximity Warning System)

가. 항공기 소유자 또는 항공운송사업자가 항공안전법 시행규칙 제109조에 따라 비행기에 장착해야 하는 지상접근경고장치는 비행기가 지상의 지형지물에 접근하는 경우 조종실 내의 화면상에 비행기가 위치한 지역의 지형지물을 표시하여 조종사에게 사전에 예방조치를 할 수 있도록 경고해 주는 기능을 가진 구조이어야 하며, 항공안전법 시행규칙 제109조 제2항에서 규정한 성능을 갖추어야 한다.

나. 가항의 규정에 의한 지상접근경고장치는 강하율, 지상접근, 이륙 또는 복행 후 고도손실, 부정확한 착륙 비행형태 및 활공각 이하로의 이탈 등에 대하여 시각신호와 함께 청각신호로 시기적절하고 분명한 청각신호를 운항승무원에게 자동으로 제공하여야 한다.

다. 지상접근경고장치(GPWS)는 다음 각 호와 같은 상황을 추가로 경고하여야 한다.
  1) 과도한 강하율
  2) 과도한 지형접근율
  3) 이륙 또는 복행 후 과도한 고도상실
  4) 착륙외형(landing configuration, 착륙장치와 고양력장치)이 아닌 상태로 장애물 안전고도를 확보하지 못한 상태에서 불안전한 지형근접
  5) 계기활공각(instrument glide path) 아래로 과도한 강하

04 항공기를 운항하기 위해서 필요한 최소 비행 및 항법계기(Minimum Flight and Navigational Instruments)에 포함되지 않는 것은?

① 승강계(vertical speed indicator)
② 비행 중 어떤 기압으로도 조정할 수 있도록 헥토파스칼/밀리바 단위의 보조눈금이 있고 피트 단위의 정밀고도계
③ 시, 분, 초를 나타내는 정확한 시계
④ 나침반

해설 **고정익항공기를 위한 운항기술기준 제7장 항공기 계기 및 장비**

7.1.6 최소 비행 및 항법계기(Minimum Flight and Navigational Instruments)

어느 누구도 다음 각 호의 계기를 장착하지 않고는 항공기를 운항하여서는 아니 된다.
1) 노트(knots)로 나타내는 교정된 속도계
2) 비행 중 어떤 기압으로도 조정할 수 있도록 헥토파스칼/밀리바 단위의 보조눈금이 있고 피트 단위의 정밀고도계
3) 시, 분, 초를 나타내는 정확한 시계(개인 소유물은 승인이 불필요함)
4) 나침반

05 국토교통부장관이 항공기 소유자 또는 운영자가 보고한 고장, 기능불량 및 결함 내용을 검토하여 감항성개선지시서를 발행할 수 있는 경우에 포함되지 않는 것은?

① 항공기등의 감항성에 중대한 영향을 미치는 설계 · 제작상의 결함사항이 있는 것으로 확인된 경우
② 동일 고장이 반복적으로 발생되어 부품의 교환, 수리 · 개조 등을 통한 근본적인 수정조치가 요구되거나 반복적인 점검 등이 필요한 경우
③ 국토교통부장관이 인정하는 방법, 기술, 및 절차를 사용하여 분해, 세척, 허용된 검사, 수리 및 재조립한 경우
④ 외국의 항공기 설계국가 또는 설계기관 등으로부터 필수지속감항정보를 통보받아 검토한 결과 필요하다고 판단한 경우

해설 **고정익항공기를 위한 운항기술기준 제5장 항공기 감항성**

5.9.5 감항성개선지시(Airworthiness Directives)

가. 국토교통부장관은 항공기 소유자 또는 운영자에게 항공기의 지속적인 감항성 유지를 위하여 감항성개선지시서를 발행하여 정비 등을 지시할 수 있다.

나. 국토교통부장관은 새로운 형식의 항공기가 등록된 경우 해당 항공기의 설계국가에 항공기가 등록되었음을 통보하고, 항공기, 기체구조, 엔진, 프로펠러 및 장비품에 관한

정답 04. ① 05. ③

감항성개선지시를 포함한 필수지속감항정보(mandatory continuing airworthiness information)의 제공을 요청한다.

다. 국토교통부장관은 설계국가에서 제공한 필수지속감항정보를 검토하여 국내 등록된 항공기 또는 운용 중인 엔진, 프로펠러, 장비품에 불안전한 상태에 있다고 판단된 경우에는 감항성개선지시서를 발행하여야 한다.

라. 국토교통부장관은 항공기의 불안전 상태를 해소하기 위해 필요한 경우에는 항공기, 엔진, 프로펠러 및 장비품 제작사가 발행한 정비개선회보(service bulletin), 각종 기술자료(service letter, service information letter, technical follow up, all operator message 등) 및 승인된 설계변경 사항을 검토하여 해당 항공기, 엔진, 프로펠러 및 장비품에 대한 정비, 검사를 지시하거나 운용절차 또는 제한사항을 정하여 지시할 수 있다.

마. 대한민국에 등록된 항공기의 소유자 또는 운영자는 국토교통부장관이 발행한 감항성개선지시의 요건을 충족하지 않은 항공기를 운용하거나 항공제품을 사용하여서는 아니 된다.

바. 국토교통부장관은 5.9.4에 따라 항공기 소유자 또는 운영자가 보고한 고장, 기능불량 및 결함 내용을 검토하여 다음 각 호의 어느 하나에 해당되는 경우 감항성개선지시서를 발행할 수 있다.

1) 항공기등의 감항성에 중대한 영향을 미치는 설계 · 제작상의 결함사항이 있는 것으로 확인된 경우
2) 「항공 · 철도 사고조사에 관한 법률」에 따라 항공기 사고조사 또는 항공안전감독활동의 결과로 항공기 감항성에 중대한 영향을 미치는 고장 또는 결함사항이 있는 것으로 확인된 경우
3) 동일 고장이 반복적으로 발생되어 부품의 교환, 수리 · 개조 등을 통한 근본적인 수정조치가 요구되거나 반복적인 점검 등이 필요한 경우
4) 항공기 기술기준에 중요한 변경이 있는 경우
5) 국제민간항공협약 부속서 8에 따라 외국의 항공기 설계국가 또는 설계기관 등으로부터 필수지속감항정보를 통보받아 검토한 결과 필요하다고 판단한 경우
6) 항공기 안전운항을 위하여 운용한계(operating limitations) 또는 운용절차(operation procedures)를 개정할 필요가 있다고 판단한 경우
7) 그 밖에 국토교통부장관이 항공기 안전 확보를 위해 필요하다고 인정한 경우

06 국토교통부장관이 인정할 수 있는 절차에 따라 정비조직(AMO)에 의해 항공기 또는 항공기 구성품의 감항성 확인 등을 하도록 인가된 자는 누구인가?

① 감항성 확인요원(certifying staff)
② 기장(pilot in command)
③ 부기장(co－pilot)
④ 시험관(examiner)

해설 고정익항공기를 위한 운항기술기준

1.1.1.4 용어의 정의(Definitions)

2) "감항성 확인요원(certifying staff)"이라 함은 국토교통부장관이 인정할 수 있는 절차에 따라 정비조직(amo)에 의해 항공기 또는 항공기 구성품의 감항성 확인 등을 하도록 인가된 자를 말한다.
12) "기장(pilot in command)"이라 함은 비행중 항공기의 운항 및 안전을 책임지는 조종사로서 항공기 운영자에 의해 지정된 자를 말한다.
22) "부기장(co－pilot)"이란 기장 이외의 조종업무를 수행하는 자 중에서 지정된 자로서 본 규정 제8장(항공기 운항)에서 정하는 부조종사 요건에 부합하는 자를 말한다.
38) "시험관(examiner)"이라 함은 이 규정에서 정하는 바에 따라 조종사 기량점검, 항공종사자 자격증명 및 한정자격 부여를 위한 실기시험 또는 지식심사를 실시하도록 국토교통부장관이 임명하거나 지정한 자를 말한다.

07 고정익항공기를 위한 운항기술기준의 용어 정의 중 안전을 증진하는 목적으로 하는 활동 및 이를 위한 종합된 법규는 어느 것인가?

① 안전관리시스템(Safety Management System)
② 운항규정(Operations Manual)
③ 안전프로그램(Safety Programme)
④ 정비규정(Maintenance Control Manual)

해설 고정익항공기를 위한 운항기술기준

1.1.1.4 용어의 정의(Definitions)

40) "안전관리시스템(Safety Management System)"이라 함은 정책과 절차, 책임 및 필요한 조직구성을 포함한 안전관리를 위한 하나의 체계적인 접근방법을 말한다.
41) "안전프로그램(Safety Programme)"이라 함은 안전을 증진하는 목적으로 하는 활동 및 이를 위한 종합된 법규를 말한다.
49) "운항규정(Operations Manual)"이라 함은 운항업무 관련 종사자들이 임무수행을 위해서 사용하는 절차, 지시, 지침을 포함하고 있는 운영자의 규정을 말한다.
62) "정비규정(Maintenance Control Manual)"이라 함은 항공기에 대한 모든 계획 및 비계획 정비가 만족할 만한

정답 06. ① 07. ③

방법으로 정시에 수행되고 관리되어짐을 보증하는 데 필요한 항공기 운영자의 절차를 기재한 규정 등을 말한다.

08 항공기 또는 항공제품을 인가된 기준에 따라 사용 가능한 상태로 회복시키는 것은?

① 비행전점검(pre-flight inspection)
② 수리(repair)
③ 정비(maintenance)
④ 감항성 유지(continuing airworthiness)

해설 **고정익항공기를 위한 운항기술기준**
1.1.1.4 용어의 정의(Definitions)
30) "비행전점검(pre-flight inspection)"이라 함은 항공기가 의도하는 비행에 적합함을 확인하기 위하여 비행전에 수행하는 점검이다.
33) "수리(repair)"라 함은 항공기 또는 항공제품을 인가된 기준에 따라 사용 가능한 상태로 회복시키는 것을 말한다.
60) "정비(maintenance)"라 함은 항공기 또는 항공제품의 지속적인 감항성을 보증하는데 필요한 작업으로서, 오버홀(overhaul), 수리, 검사, 교환, 개조 및 결함수정 중 하나 또는 이들의 조합으로 이루어진 작업을 말한다.
105) "감항성 유지(continuing airworthiness)"란 항공기, 엔진, 프로펠러 또는 부품이 적용되는 감항성 요구조건에 합치하고, 운용기간 동안 안전하게 운용할 수 있게 하는 일련의 과정을 말한다.

09 고정익항공기를 위한 운항기술기준의 용어 정의 중 수리(repair)를 알맞게 설명한 것은?

① 항공기가 의도하는 비행에 적합함을 확인하기 위하여 비행전에 수행하는 점검이다.
② 항공기 또는 항공제품을 인가된 기준에 따라 사용 가능한 상태로 회복시키는 것을 말한다.
③ 항공기 또는 항공제품의 지속적인 감항성을 보증하는데 필요한 작업으로서, 오버홀(overhaul), 수리, 검사, 교환, 개조 및 결함수정 중 하나 또는 이들의 조합으로 이루어진 작업을 말한다.
④ 항공기, 엔진, 프로펠러 또는 부품이 적용되는 감항성 요구조건에 합치하고, 운용기간 동안 안전하게 운용할 수 있게 하는 일련의 과정을 말한다.

해설 **고정익항공기를 위한 운항기술기준**
1.1.1.4 용어의 정의(Definitions)
30) "비행전점검(pre-flight inspection)"이라 함은 항공기가 의도하는 비행에 적합함을 확인하기 위하여 비행전에 수행하는 점검이다.
33) "수리(repair)"라 함은 항공기 또는 항공제품을 인가된 기준에 따라 사용 가능한 상태로 회복시키는 것을 말한다.
60) "정비(maintenance)"라 함은 항공기 또는 항공제품의 지속적인 감항성을 보증하는데 필요한 작업으로서, 오버홀(overhaul), 수리, 검사, 교환, 개조 및 결함수정 중 하나 또는 이들의 조합으로 이루어진 작업을 말한다.
105) "감항성 유지(continuing airworthiness)"란 항공기, 엔진, 프로펠러 또는 부품이 적용되는 감항성 요구조건에 합치하고, 운용기간 동안 안전하게 운용할 수 있게 하는 일련의 과정을 말한다.

10 7,620m(25,000ft) 이상의 고도에서 운항허가를 받고자 하는 비행기의 좌석수가 300일 때 갖추어야 할 산소호흡장치의 총수량은?

① 220개
② 300개
③ 330개
④ 400개

해설 **고정익항공기를 위한 운항기술기준 제7장 항공기 계기 및 장비**
7.1.14.6 산소저장 및 분배장치
7,620m(25000ft) 이상의 고도에서 운항허가를 받고자 하는 비행기의 조건
1) 객실 내에 탑재한 산소공급장치의 총 수량은 총좌석수보다 최소한 10% 이상 많아야 한다.
2) 근무 위치에 있는 비행승무원에 대하여 산소 공급 단말장치에 연결되어 있고 신속히 착용할 수 있는 형태(quick donning type)
- 보조 산소의 공급은 공급을 받는 사람별로 개별적으로 이루어져야 한다.

11 정비조직인증을 받으려는 자는 누구에게 승인을 받아야하는가?

① 국토교통부장관
② 대통령
③ 지방항공청장
④ 항공기 운영자

정답 08. ② 09. ② 10. ③ 11. ①

해설 고정익항공기를 위한 운항기술기준 제6장 정비조직의 인증
6.2 인증
정비조직인증을 받으려는 자는 정비조직절차교범을 첨부하여 국토교통부장관에게 제출하여야 한다.
1. 수행하려는 업무 범위
2. 항공기등 부품등에 대한 정비방법과 그 절차
3. 항공기등 부품등의 정비에 관한 기술관리 및 품질관리의 방법과 절차

12 인가된 정비방법, 기술 및 절차에 따라 항공제품의 성능을 생산 당시 성능과 동일하게 복원하는 것을 뜻하는 말은?

① 개조
② 대개조
③ 대수리
④ 오버홀

해설 고정익항공기를 위한 운항기술기준 제5장 항공기 감항성
5.1.2 용어의 정의
1) 개조: 인가된 기준에 맞게 항공제품을 변경하는 것
2) 대개조: 항공기, 발동기, 프로펠러 및 장비품 등의 설계서에 없는 항목의 변경으로서 중량, 평행, 구조강도, 성능, 발동기 작동, 비행특성 및 기타 품질에 상당하게 작용하여 감항성에 영향을 주는 것으로 간단하고 기초적인 작업으로는 종료할 수 없는 개조를 말한다.
3) 대수리: 항공기, 발동기, 프로펠러 및 장비품 등의 고장 또는 결함으로 중량, 평행, 구조강도, 성능 발동기 작동, 비행기 특성 및 기타 품질에 상당하게 작용하여 감항성에 영향을 주는 것으로 간단하고 기초적인 작업으로는 종료할 수 없는 수리를 말한다.
4) 오버홀: 인가된 정비 방법, 기술 및 절차에 따라 항공제품의 성능을 생산 당시 성능과 동일하게 복원하는 것을 말한다.

13 항공기 정비요건에 대한 설명 중 옳지 않은 것은?

① 등록된 항공기의 소유자 또는 운영자는 모든 감항성개선지시서의 이행을 포함하여 항공기를 감항성이 있는 상태로 유지할 책임이 있다.
② 항공법령 또는 운항기술기준에 상관없이 항공기 정비, 예방정비, 수리 또는 개조가 가능하다.
③ 정비프로그램 또는 검사프로그램에는 요구되는 부품등의 강제교환시기, 점검주기 및 관련 절차가 포함되어야 한다.
④ 형식증명소유자가 권고하는 주기마다 중량측정을 수행하여야 한다.

해설 고정익항공기를 위한 운항기술기준 제8장 항공기 운항
8.1.6 항공기 정비요건(Aircraft Maintenance Requirement)
항공기 정비요건은 대한민국에 등록되어 국내외를 운항하고 항공 법령의 적용을 받는 민간 항공기에 대한 검사 행위를 규정하고, 항공기가 대한민국에 등록 되었을 지의 여부와 관계없이 모든 민간항공기에 적용된다.
1) 등록된 항공기의 소유자 또는 운영자는 모든 감항성개선지시서의 이행을 포함하여 항공기를 감항성이 있는 상태로 유지할 책임이 있다.
2) 항공법령 또는 운항기술기준을 따르지 아니하고 항공기 정비, 예방정비, 수리 또는 개조를 하여서는 아니 된다.
3) 정비프로그램 또는 검사프로그램에는 요구되는 부품등의 강제교환시기, 점검주기 및 관련 절차가 포함되어야 한다.
4) 정비프로그램 또는 검사프로그램에 따라 정비 등을 수행하여야 하며, 인가받지 않은 자는 제작사가 제공하는 정비교범에 따라 정비 등을 수행하여야 한다.
5) 형식증명소유자가 권고하는 주기마다 중량측정을 수행하여야 한다.(중량 및 평형 보고서 유지)

14 항공기의 등록부호 표시 조건들로 맞지 않는 것은?

① 항공기에 페인트로 칠하거나 동등 수준 이상의 방법으로 부착하여야 한다.
② 눈에 쉽게 띄도록 하기 위해 장식을 하여야 한다.
③ 배경색깔과 현저하게 차이가 있어야 한다.
④ 판독하기 쉬워야 한다.

해설 고정익항공기를 위한 운항기술기준 제4장 항공기 등록 및 등록부호 표시
4.3 등록부호 표시
1) 항공기에 페인트로 칠하거나 동등 수준 이상의 방법으로 부착하여야 한다.
2) 장식을 하지 말아야 한다.
3) 배경색깔과 현저하게 차이가 있어야 한다.
4) 판독하기 쉬워야 한다.

정답 12. ④ 13. ② 14. ②

15 정비, 예방정비, 재생 및 개조를 수행하도록 인가된 자가 아닌 것은?

① 항공제품의 판매자
② 항공정비사 자격증명을 소지하고 해당 정비업무에 대한 교육을 받았거나 지식과 경험이 있는 자(유자격정비사)
③ 운항증명소지자, 항공기사용사업자
④ 유자격정비사의 감독하에 있는 유자격정비사가 아닌 자

해설 **고정익항공기를 위한 운항기술기준 제5장 항공기 감항성**
5.10.2 정비, 예방정비, 재생 및 개조를 수행하도록 인가된 자
1) 조종사 자격증명 소지자
2) 항공정비사 자격증명을 소지하고 해당 정비업무에 대한 교육을 받았거나 지식과 경험이 있는 자(유자격정비사)
3) 유자격정비사의 감독하에 있는 유자격정비사가 아닌 자
4) 운항증명소지자, 항공기사용사업자
5) 항공제품의 제작자

16 고정익항공기를 위한 운항기술기준의 적용범위가 아닌 것은?

① 항공기를 소유 또는 운용하는 자
② 대한민국 안에서 운항하는 모든 민간 항공기
③ 항공기등 장비품 및 부품의 설계, 제작, 정비 및 개조에 대한 증명 소지자
④ 국가 항공업무에 종사하는 자

해설 **고정익항공기를 위한 운항기술기준 제1장 총칙**
1.1.1.2 적용(운항기술기준의 적용범위)
가. 항공기를 소유 또는 운용하는 자
나. 대한민국 안에서 운항하는 모든 민간 항공기
다. 증명서 · 승인서 · 운영기준 등의 소지자 및 민간 항공업무에 종사하는 자
라. 항공기등 장비품 및 부품의 설계, 제작, 정비 및 개조에 대한 증명 소지자
마. 항공관련 업무에 종사하는 자의 훈련기관 운영자

17 항공기 감항성개선지시서(AD)를 발행할 수 있는 경우에 해당하지 않는 것은?

① 감항성에 중대한 영향을 미치는 설계제작상의 결함사항이 있는 것으로 확인된 경우
② 항공기기술기준에 간단한 변경이 있는 경우
③ 항공기 사고조사 또는 항공안전감독활동의 결과로 항공기 감항성에 중대한 영향을 미치는 고장 또는 결함사항이 있는 것으로 확인된 경우
④ 동일 고장이 반복적으로 발생되어 부품의 교환수리개조 등을 통한 근본적인 수정조치가 요구되거나 반복적인 점검 등이 필요한 경우

해설 **고정익항공기를 위한 운항기술기준 제5장 항공기 감항성**
5.9.5 감항성개선지시(Airworthiness Directives), 국토교통부 장관은 항공기 소유자 또는 운영자에게 항공기의 지속적인 감항성 유지를 위하여 감항성개선지시서를 발행하여 정비등을 지시할 수 있다.
1) 감항성에 중대한 영향을 미치는 설계제작상의 결함사항이 있는 것으로 확인된 경우
2) 항공기 사고조사 또는 항공안전감독활동의 결과로 항공기 감항성에 중대한 영향을 미치는 고장 또는 결함사항이 있는 것으로 확인된 경우
3) 동일 고장이 반복적으로 발생되어 부품의 교환수리개조 등을 통한 근본적인 수정조치가 요구되거나 반복적인 점검 등이 필요한 경우
4) 항공기 기술기준에 중요한 변경이 있는 경우
5) 외국의 항공기 설계국가 또는 설계기관 등으로부터 필수 지속감항정보를 통보 받아 검토한 결과 필요하다고 판단한 경우
6) 항공기 안전운항을 위하여 운용한계(operating limitation) 또는 운용절차(operation procedures)를 개정할 필요가 있다고 판단한 경우

18 인증 받은 정비조직이 인가 받은 한정품목에 대하여 비행안전에 중대한 영향을 미칠 수 있는 고장, 기능불량 및 결함 등을 발견한 경우 보고시한은?

① 발생즉시
② 24시간
③ 72시간
④ 96시간

해설 **고정익항공기를 위한 운항기술기준 제6장 정비조직의 인증**
6.5.11 고장 등의 보고(Service Difficulty Reports)
인증 받은 정비조직은 인가 받은 한정품목에 대하여 비행안전에 중대한 영향을 미칠 수 있는 고장, 기능불량 및 결함

정답 15. ① 16. ④ 17. ② 18. ④

등을 발견한 경우에는 96시간 이내 다음 각항의 내용을 포함하여 국토교통부장관 및 항공기 운영자에게 보고 또는 통보하여야 한다.
가. 항공기 등록부호
나. 형식, 제작사 및 품목의 모델
다. 고장, 기능불량 및 결함이 발견된 날짜
라. 고장, 기능불량 및 결함의 현상
마. 사용시간 또는 오버홀 이후의 경과시간(해당될 경우)
바. 고장, 기능불량 및 결함의 확실한 원인
사. 사안의 중대성 또는 수정조치의 결정 등에 필요하다고 판단되는 기타 정보
아. 정비조직이 항공운송사업자, 형식증명(부가형식증명 포함), 부품제작자증명 또는 기술표준품 인증 소지자에 속한 경우에는 어느 한 곳에서 보고하여도 된다.

19 항공기등에 대하여 지속적으로 감항성 유지를 위하여 확인해야 하는 항목에 해당하지 않는 것은?

① 감항성에 영향을 미치는 모든 정비, 오버홀, 개조 및 수리가 항공 관련 법령 및 이 규정에서 정한 방법 및 기준 · 절차에 따라 수행되고 있는지의 여부
② 정비 또는 수리 · 개조 등을 수행하는 경우 관련 규정에 따라 항공기 정비일지에 항공기가 감항성이 있음을 증명하는 적합한 기록유지 여부
③ 항공기 정비작업후 사용가 판정(return to service)은 수행된 정비작업이 규정된 방법에 따라 만족스럽게 종료되었을 때에 이루어질 것
④ 감항성에 영향을 미치지 않는 작업에 대하여 기준, 절차에 따라 수행되고 있는지의 여부

해설 고정익항공기를 위한 운항기술기준 제5장 항공기 감항성
5.9.2 책임(Responsibility)
가. 항공기 소유자등은 항공기등에 대하여 지속적으로 감항성을 유지하고 항공기등의 감항성 유지를 위하여 다음 사항을 확인하여야 한다.
1) 감항성에 영향을 미치는 모든 정비, 오버홀, 개조 및 수리가 항공 관련 법령 및 이 규정에서 정한 방법 및 기준 · 절차에 따라 수행되고 있는지의 여부
2) 정비 또는 수리 · 개조 등을 수행하는 경우 관련 규정에 따라 항공기 정비일지에 항공기가 감항성이 있음을 증명하는 적합한 기록유지 여부
3) 항공기 정비작업 후 사용가 판정(return to service)은 수행된 정비작업이 규정된 방법에 따라 만족스럽게 종료되었을 때에 이루어질 것
4) 정비확인 시 종결되지 않은 결함사항 등이 있는 경우 수정되지 아니한 정비 항목들의 목록을 항공기 정비일지에 기록하고 있는지의 여부

20 "인가부품(approved part)"의 범위에 포함되지 않는 것은?

① 형식증명, 부가형식증명 과정 중에 항공기등에 사용되어 인가된 부품
② 제작증명을 받은 자가 생산한 부품
③ 형식승인을 받은 자가 생산한 기술표준품
④ 우리정부와 상호항공안전협정(BASA)을 체결한 국가 외에서 생산된 부품

해설 고정익항공기를 위한 운항기술기준 제5장 항공기 감항성
5.8 비인가부품 및 비인가의심부품(Unapproved Parts and Suspected Unapproved Parts)
5.8.1 비인가부품 및 비인가의심부품의 사용금지
가. 항공기 소유자등 및 정비조직인증을 받은 자를 포함한 어느 누구도 다음 각 호의 어느 하나에 해당되는 부품 [이하 "인가부품(approved part)"이라 한다]이 아닌 부품을 항공기등에 장착하기 위해 생산하거나 사용하여서는 아니된다.
1) 항공안전법 제20조에 따른 형식증명 및 같은 법 제20조 제4항에 따른 부가형식증명 과정 중에 항공기 등에 사용되어 인가된 부품
2) 항공안전법 제22조에 따른 제작증명을 받은 자가 생산한 부품
3) 항공안전법 제27조에 따른 형식승인을 받은 자가 생산한 기술표준품
4) 항공안전법 제28조에 따른 부품등제작자증명을 받은 자가 생산한 장비품 또는 부품
5) 항공안전법 제35조 제8호에 따른 자격증명을 가진 자 또는 같은 법 제97조에 의한 정비조직인증업체 등이 해당 부품 제작사의 정비요건에 맞게 정비, 개조, 오버홀하고 항공에 사용을 승인한 부품
6) 외국에서 수입되는 부품의 경우 외국의 유자격정비사 또는 외국의 인가된 정비업체등이 해당 부품 제작사의 정비요건에 맞게 정비, 개조, 오버홀하고 항공에 사용을 승인한 부품

정답 19. ④ 20. ④

7) 우리정부와 상호항공안전협정(BASA)을 체결한 국가에서 생산된 부품으로 우리나라의 설계승인을 받아서 외국에서 생산된 부품
8) 산업표준화법 제11조에 따른 항공분야 한국산업표준(KSW)에 따라 제작되는 표준장비품 또는 표준부품
9) 다음의 미국 산업규격에 의하여 제작된 표준부품으로서 항공기 등의 형식설계서상에서 참조되어 있는 부품
   가) National Aerospace Standards(NAS)
   나) Army－Navy Aeronautical Standard(AN)
   다) Society of Automotive Engineers(SAE)
   라) SAE Sematic
   마) Joint Electron Device Engineering Council
   바) Joint Electron Tube Engineering Council
   사) American National Standards Institute(ANSI)

나. 항공기 소유자등은 인가된 부품의 요건을 충족시키지 못하는 것으로 의심이 가는 부품, 장비품 또는 자재[이하 "비인가의심부품(Suspected Unapproved Part: SUP)"이라 한다] 또는 다음 각 호에 해당하는 부품[이하 "비인가부품(Unapproved Part)"이라 한다]을 항공기등에 장착하여 사용하여서는 아니된다.
1) 가항의 인가부품에 해당하지 아니한 부품
2) 인가부품을 모방하여 제작하거나 개조한 모조품
3) 수명한계(Life Limit)를 초과한 상태에서 항공에 사용을 승인한 부품
4) 서류상으로 인가된 부품인지를 최종적으로 확인이 불가능한 부품

다. 마감처리, 크기, 색깔, 부적당하거나 불충분한 내용의 인식표, 불완전하거나 변조된 서류 또는 기타 의심스러운 사항이 발견된 경우에는 비인가의심부품으로 처리하여야 한다.

21 항공기 동체부분에 그림과 같이 적색 또는 황색으로 그려진 것은 무엇을 나타내는가?

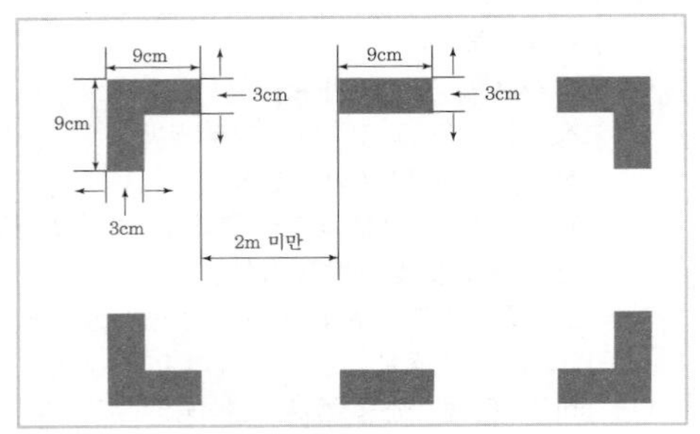

① 비상위치지시용 무선표지설비(emergency locator transmitter)
② 파괴위치 표시(marking of break－in points)
③ 구명장비(survival kits)
④ 시각신호장비(visual signaling devices)

해설 고정익항공기를 위한 운항기술기준 제7장 항공기 계기 및 장비 7.1.14.5 파괴위치 표시
항공기 비상시 구조요원들이 파괴하기에 적합한 동체부분이 있다면 그 장소를 동체부분에 적색 또는 황색으로 표시해야 한다.

정답 21. ②

적중 예상문제

01 국토교통부령으로 정하는 항공기사용사업 업무에 해당하지 않는 것은?

① 유상으로 농약살포사업
② 건설자재 등의 운반사업
③ 항공운송사업
④ 항공기를 이용한 비행훈련사업

해설 **항공사업법 제2조(정의)**

15. "항공기사용사업"이란 항공운송사업 외의 사업으로서 타인의 수요에 맞추어 항공기를 사용하여 유상으로 농약살포, 건설자재 등의 운반, 사진촬영 또는 항공기를 이용한 비행훈련 등 국토교통부령으로 정하는 업무를 하는 사업을 말한다.

02 항공운송사업에 해당하지 않는 것은?

① 국내항공운송사업
② 국제항공운송사업
③ 소형항공운송사업
④ 조종사양성훈련사업

해설 **항공사업법 제2조(정의)**

7. "항공운송사업"이란 국내항공운송사업, 국제항공운송사업 및 소형항공운송사업을 말한다.

03 국토교통부령으로 정하는 항공기사용사업의 업무 범위에 포함되지 않는 것은?

① 비료 또는 농약 살포, 씨앗 뿌리기 등 농업 지원
② 해양오염 방지약제 살포
③ 항공기에 연료 및 윤활유의 주유
④ 광고용 현수막 견인 등 공중광고

해설 **항공사업법 시행규칙 제4조(항공기사용사업의 범위)**

법 제2조 제15호에서 "농약살포, 건설자재 등의 운반 또는 사진촬영 등 국토교통부령으로 정하는 업무"란 다음 각 호의 어느 하나에 해당하는 업무를 말한다.

1. 비료 또는 농약 살포, 씨앗 뿌리기 등 농업 지원
2. 해양오염 방지약제 살포
3. 광고용 현수막 견인 등 공중광고
4. 사진촬영, 육상 및 해상 측량 또는 탐사
5. 산불 등 화재 진압
6. 수색 및 구조(응급구호 및 환자 이송을 포함한다)
7. 헬리콥터를 이용한 건설자재 등의 운반(헬리콥터 외부에 건설자재 등을 매달고 운반하는 경우만 해당한다)
8. 산림, 관로(管路), 전선(電線) 등의 순찰 또는 관측
9. 항공기를 이용한 비행훈련(「항공안전법」 제48조 제1항에 따른 전문교육기관 및 「고등교육법」 제2조에 따른 학교가 실시하는 비행훈련 등 다른 법률에서 정하는 바에 따라 실시하는 경우는 제외한다)
10. 항공기를 이용한 고공낙하
11. 글라이더 견인
12. 그 밖에 특정 목적을 위하여 하는 것으로서 국토교통부장관 또는 지방항공청장이 인정하는 업무

04 항공안전법 제67조 제2항 제4호에 따른 비행계획을 제출하였을 때, 사업계획 변경인가를 받은 것으로 보는 경우가 아닌 것은?

① 항공기 정비를 위한 공수(空手) 비행
② 항공기 정비 후 항공기의 성능을 점검하기 위한 시험 비행
③ 교체공항으로 회항한 항공기의 목적공항으로의 비행
④ 천재지변

해설 **항공사업법 제12조(사업계획의 변경 등)**

① 항공운송사업자는 사업면허, 등록 또는 노선허가를 신청할 때 제출하거나 변경인가 또는 변경신고한 사업계획에 따라 그 업무를 수행하여야 한다. 다만, 다음 각 호의 어느 하나에 해당하는 사유로 사업계획에 따라 업무를 수행하기 곤란한 경우는 그러하지 아니하다.

정답 01. ③ 02. ④ 03. ③ 04. ④

1. 기상악화
2. 안전운항을 위한 정비로서 예견하지 못한 정비
3. 천재지변
4. 항공기 접속(接續)관계(불가피한 경우로서 국토교통부령으로 정하는 경우에 한정한다)
5. 제1호부터 제4호까지에 준하는 부득이한 사유

② 항공운송사업자는 제1항 단서에 해당하는 경우에는 국토교통부령으로 정하는 바에 따라 국토교통부장관에게 신고하여야 한다.

③ 항공운송사업자는 제1항에 따른 사업계획을 변경하려면 국토교통부령으로 정하는 바에 따라 국토교통부장관의 인가를 받아야 한다. 다만, 국토교통부령으로 정하는 경미한 사항을 변경하려는 경우에는 국토교통부장관에게 신고하여야 한다.

④ 제3항에도 불구하고 다음 각 호의 어느 하나에 해당하는 비(非)사업 목적으로 운항을 하려는 자가 국토교통부장관에게 「항공안전법」 제67조 제2항 제4호에 따른 비행계획을 제출하였을 때에는 사업계획 변경인가를 받은 것으로 본다.

1. 항공기 정비를 위한 공수(空手) 비행
2. 항공기 정비 후 항공기의 성능을 점검하기 위한 시험비행
3. 교체공항으로 회항한 항공기의 목적공항으로의 비행
4. 구조대원 또는 긴급구호물자 등 무상으로 사람이나 화물을 수송하기 위한 비행

⑤ 제3항에 따른 사업계획의 변경인가 기준에 관하여는 제8조 제1항을 준용한다.

05 항공운송사업 외의 사업으로서 항공기를 사용하여 유상으로 국토교통부령으로 정하는 업무를 하는, 항공기사용사업에 해당하지 않는 것은?

① 경량항공기의 대여(貸與)
② 농약살포
③ 건설자재 등의 운반
④ 사진촬영

해설 **항공사업법 제2조(정의)**

15. "항공기사용사업"이란 항공운송사업 외의 사업으로서 타인의 수요에 맞추어 항공기를 사용하여 유상으로 농약살포, 건설자재 등의 운반, 사진촬영 또는 항공기를 이용한 비행훈련 등 국토교통부령으로 정하는 업무를 하는 사업을 말한다.

06 국내항공운송사업 및 국제항공운송사업용 항공기의 규모에 해당하지 않는 것은?

① 여객을 운송하기 위한 사업의 경우 승객의 좌석 수가 51석 이상일 것
② 항공기 자산평가액이 3억원 이상으로서 대통령령으로 정하는 금액 이상일 것
③ 화물을 운송하기 위한 사업의 경우 최대이륙중량이 2만5천킬로그램을 초과할 것
④ 조종실과 객실 또는 화물칸이 분리된 구조일 것

해설 **항공사업법 시행규칙 제2조(국내항공운송사업 및 국제항공운송사업용 항공기의 규모)**

「항공사업법」 제2조 제9호 각 목 외의 부분 및 같은 조 제11호 각 목 외의 부분에서 "국토교통부령으로 정하는 일정 규모 이상의 항공기"란 각각 다음 각 호의 요건을 모두 갖춘 항공기를 말한다.

1. 여객을 운송하기 위한 사업의 경우 승객의 좌석 수가 51석 이상일 것
2. 화물을 운송하기 위한 사업의 경우 최대이륙중량이 2만5천킬로그램을 초과할 것
3. 조종실과 객실 또는 화물칸이 분리된 구조일 것

07 항공기 운항을 위해 국토교통부령으로 정하는 바에 따라 항공보험에 가입해야 하는 의무가 없는 자는?

① 항공운송사업자 ② 항공기사용사업자
③ 항공기대여업자 ④ 항공기정비업

해설 **항공사업법 제70조(항공보험 등의 가입의무)**

① 다음 각 호의 항공사업자는 국토교통부령으로 정하는 바에 따라 항공보험에 가입하지 아니하고는 항공기를 운항할 수 없다.

1. 항공운송사업자
2. 항공기사용사업자
3. 항공기대여업자

② 제1항 각 호의 자 외의 항공기 소유자 또는 항공기를 사용하여 비행하려는 자는 국토교통부령으로 정하는 바에 따라 항공보험에 가입하지 아니하고는 항공기를 운항할 수 없다.

③ 「항공안전법」 제108조에 따른 경량항공기소유자등은 그 경량항공기의 비행으로 다른 사람이 사망하거나 부상한 경우에 피해자(피해자가 사망한 경우에는 손해배

정답 05. ① 06. ② 07. ④

상을 받을 권리를 가진 자를 말한다)에 대한 보상을 위하여 같은 조 제1항에 따른 안전성인증을 받기 전까지 국토교통부령으로 정하는 보험이나 공제에 가입하여야 한다. 〈개정 2017 .1. 17.〉

④ 초경량비행장치를 초경량비행장치사용사업, 항공기대여업 및 항공레저스포츠사업에 사용하려는 자와 무인비행장치 등 국토교통부령으로 정하는 초경량비행장치를 소유한 국가, 지방자치단체, 「공공기관의 운영에 관한 법률」 제4조에 따른 공공기관은 국토교통부령으로 정하는 보험 또는 공제에 가입하여야 한다. 〈개정 2020. 6. 9.〉

⑤ 제1항부터 제4항까지의 규정에 따라 항공보험 등에 가입한 자는 국토교통부령으로 정하는 바에 따라 보험가입신고서 등 보험가입 등을 확인할 수 있는 자료를 국토교통부장관에게 제출하여야 한다. 이를 변경 또는 갱신한 때에도 또한 같다. 〈신설 2017 .1. 17.〉

08 항공기에 대한 급유, 항공화물 또는 수하물의 하역과 그 밖에 국토교통부령으로 정하는 지상조업(地上操業)을 하는 사업은 무엇인가?

① 항공운송사업 ② 항공기사용사업
③ 항공기취급업 ④ 항공기대여업

해설 항공사업법 제2조(정의)

19. "항공기취급업"이란 타인의 수요에 맞추어 항공기에 대한 급유, 항공화물 또는 수하물의 하역과 그 밖에 국토교통부령으로 정하는 지상조업(地上操業)을 하는 사업을 말한다.

09 초경량비행장치사용사업을 등록하려는 자의 요건에 해당하지 않는 것은?

① 자본금 또는 자산평가액이 3천만원 이상으로서 대통령령으로 정하는 금액 이상일 것
② 초경량비행장치 1대 이상 등 대통령령으로 정하는 기준에 적합할 것
③ 최대이륙중량이 25킬로그램 이하인 무인비행장치만을 사용할 것
④ 초경량비행장치사용사업 등록의 취소처분을 받은 경우, 2년이 지난 자

해설 항공사업법 제48조(초경량비행장치사용사업의 등록)

① 초경량비행장치사용사업을 경영하려는 자는 국토교통부령으로 정하는 바에 따라 신청서에 사업계획서와 그 밖에 국토교통부령으로 정하는 서류를 첨부하여 국토교통부장관에게 등록하여야 한다. 등록한 사항 중 국토교통부령으로 정하는 사항을 변경하려는 경우에는 국토교통부장관에게 신고하여야 한다.

② 제1항에 따른 초경량비행장치사용사업을 등록하려는 자는 다음 각 호의 요건을 갖추어야 한다. 〈개정 2016 .12 .2.〉
1. 자본금 또는 자산평가액이 3천만원 이상으로서 대통령령으로 정하는 금액 이상일 것. 다만, 최대이륙중량이 25킬로그램 이하인 무인비행장치만을 사용하여 초경량비행장치사용사업을 하려는 경우는 제외한다.
2. 초경량비행장치 1대 이상 등 대통령령으로 정하는 기준에 적합할 것
3. 그 밖에 사업 수행에 필요한 요건으로서 국토교통부령으로 정하는 요건을 갖출 것

③ 다음 각 호의 어느 하나에 해당하는 자는 초경량비행장치사용사업의 등록을 할 수 없다. 〈개정 2017. 12. 26.〉
1. 제9조 각 호의 어느 하나에 해당하는 자
2. 초경량비행장치사용사업 등록의 취소처분을 받은 후 2년이 지나지 아니한 자. 다만, 제9조 제2호에 해당하여 제49조 제8항에 따라 초경량비행장치사용사업 등록이 취소된 경우는 제외한다.

10 항공기정비업은 누구에게 등록신청을 하는가?

① 대통령
② 국토교통부장관
③ 지방항공청장
④ 정치장 소재지의 세무서장

해설 항공사업법 시행규칙 제41조(항공기정비업의 등록)

① 법 제42조에 따른 항공기정비업을 하려는 자는 별지 제26호서식의 등록신청서(전자문서로 된 신청서를 포함한다)에 다음 각 호의 서류(전자문서를 포함한다)를 첨부하여 지방항공청장에게 제출하여야 한다. 이 경우 지방항공청장은 「전자정부법」 제36조 제1항에 따른 행정정보의 공동이용을 통하여 법인 등기사항증명서(신청인이 법인인 경우만 해당한다) 및 부동산 등기사항증명서(타인의 부동산을 사용하는 경우는 제외한다)를 확인하여야 한다.
1. 해당 신청이 법 제42조 제2항에 따른 등록요건을 충족함을 증명하거나 설명하는 서류
2. 다음 각 목의 사항을 포함하는 사업계획서
가. 자본금
나. 상호 · 대표자의 성명과 사업소의 명칭 및 소재지
다. 해당 사업의 취급 예정 수량 및 그 산출근거와 예상 사업수지계산서
라. 필요한 자금 및 조달방법
마. 사용시설 · 설비 및 장비 개요

정답 08. ③ 09. ③ 10. ③

바. 종사자의 수
사. 사업 개시 예정일
3. 부동산을 사용할 수 있음을 증명하는 서류(타인의 부동산을 사용하는 경우만 해당한다)
② 지방항공청장은 제1항에 따른 등록신청서의 내용이 명확하지 아니하거나 첨부서류가 미비한 경우에는 7일 이내에 그 보완을 요구하여야 한다.
③ 지방항공청장은 제1항에 따라 등록신청을 받았을 때에는 법 제42조 제2항에 따른 항공기정비업 등록요건을 충족하는지를 심사하여 신청내용이 적합하다고 인정되면 별지 제9호서식의 등록대장에 그 사실을 적고, 별지 제10호서식의 등록증을 발급하여야 한다.
④ 지방항공청장은 제3항에 따른 등록 신청 내용을 심사할 때 항공기정비업의 등록 신청인과 계약한 항공종사자, 항공운송사업자, 공항 또는 비행장 시설 · 설비의 소유자 등이 해당 계약을 이행할 수 있는지에 관하여 관계 행정기관 또는 단체의 의견을 들을 수 있다.
⑤ 제3항의 등록대장은 전자적 처리가 불가능한 특별한 사유가 없으면 전자적 처리가 가능한 방법으로 작성 · 관리하여야 한다.

11 항공기정비업을 하려는 자가 등록신청서의 사업계획서에 포함시켜야 할 내용에 해당하지 않는 것은?

① 종사자 인력의 개요
② 자본금
③ 상호 · 대표자의 성명과 사업소의 명칭 및 소재지
④ 필요한 자금 및 조달방법

해설 **항공사업법 시행규칙 제41조(항공기정비업의 등록)**
① 법 제42조에 따른 항공기정비업을 하려는 자는 별지 제26호서식의 등록신청서(전자문서로 된 신청서를 포함한다)에 다음 각 호의 서류(전자문서를 포함한다)를 첨부하여 지방항공청장에게 제출하여야 한다. 이 경우 지방항공청장은 「전자정부법」 제36조 제1항에 따른 행정정보의 공동이용을 통하여 법인 등기사항증명서(신청인이 법인인 경우만 해당한다) 및 부동산 등기사항증명서(타인의 부동산을 사용하는 경우는 제외한다)를 확인하여야 한다.
1. 해당 신청이 법 제42조 제2항에 따른 등록요건을 충족함을 증명하거나 설명하는 서류
2. 다음 각 목의 사항을 포함하는 사업계획서
가. 자본금
나. 상호 · 대표자의 성명과 사업소의 명칭 및 소재지
다. 해당 사업의 취급 예정 수량 및 그 산출근거와 예상 사업수지계산서
라. 필요한 자금 및 조달방법
마. 사용시설 · 설비 및 장비 개요
바. 종사자의 수
사. 사업 개시 예정일
3. 부동산을 사용할 수 있음을 증명하는 서류(타인의 부동산을 사용하는 경우만 해당한다)
② 지방항공청장은 제1항에 따른 등록신청서의 내용이 명확하지 아니하거나 첨부서류가 미비한 경우에는 7일 이내에 그 보완을 요구하여야 한다.
③ 지방항공청장은 제1항에 따라 등록신청을 받았을 때에는 법 제42조 제2항에 따른 항공기정비업 등록요건을 충족하는지를 심사하여 신청내용이 적합하다고 인정되면 별지 제9호서식의 등록대장에 그 사실을 적고, 별지 제10호서식의 등록증을 발급하여야 한다.
④ 지방항공청장은 제3항에 따른 등록 신청 내용을 심사할 때 항공기정비업의 등록 신청인과 계약한 항공종사자, 항공운송사업자, 공항 또는 비행장 시설 · 설비의 소유자 등이 해당 계약을 이행할 수 있는지에 관하여 관계 행정기관 또는 단체의 의견을 들을 수 있다.
⑤ 제3항의 등록대장은 전자적 처리가 불가능한 특별한 사유가 없으면 전자적 처리가 가능한 방법으로 작성 · 관리하여야 한다.

12 국내항공운송사업과 국제항공운송사업 면허의 기준에 해당하지 않는 것은?

① 자본금 또는 자산평가액이 7억원 이상으로서 대통령령으로 정하는 금액 이상일 것
② 항공기 1대 이상 등 대통령령으로 정하는 기준에 적합할 것
③ 사업자 간 과당경쟁의 우려가 없고 해당 사업이 이용자의 편의에 적합할 것
④ 해당 사업이 항공교통의 안전에 지장을 줄 염려가 없을 것

해설 **항공사업법 제8조(국내항공운송사업과 국제항공운송사업 면허의 기준)**
① 국내항공운송사업 또는 국제항공운송사업의 면허기준은 다음 각 호와 같다.
1. 해당 사업이 항공교통의 안전에 지장을 줄 염려가 없을 것
2. 사업자 간 과당경쟁의 우려가 없고 해당 사업이 이용자의 편의에 적합할 것

정답 11. ① 12. ①

3. 면허를 받으려는 자는 일정 기간 동안의 운영비 등 대통령령으로 정하는 기준에 따라 해당 사업을 수행할 수 있는 재무능력을 갖출 것
4. 다음 각 목의 요건에 적합할 것
   가. 자본금 50억원 이상으로서 대통령령으로 정하는 금액 이상일 것
   나. 항공기 1대 이상 등 대통령령으로 정하는 기준에 적합할 것
   다. 그 밖에 사업 수행에 필요한 요건으로서 국토교통부령으로 정하는 요건을 갖출 것

② 국내항공운송사업자 또는 국제항공운송사업자는 제7조 제1항에 따라 면허를 받은 후 최초 운항 전까지 제1항에 따른 면허기준을 충족하여야 하며, 그 이후에도 계속적으로 유지하여야 한다.

③ 국토교통부장관은 제2항에 따른 면허기준의 준수 여부를 확인하기 위하여 국토교통부령으로 정하는 바에 따라 필요한 자료의 제출을 요구할 수 있다.

④ 국내항공운송사업자 또는 국제항공운송사업자는 제9조 각 호의 어느 하나에 해당하는 사유가 발생하였거나, 대주주 변경 등 국토교통부령으로 정하는 경영상 중대한 변화가 발생하는 경우에는 즉시 국토교통부장관에게 알려야 한다.

13 국내항공운송사업과 국제항공운송사업 면허의 결격사유에 포함되지 않는 것은?

① 피성년후견인, 피한정후견인 또는 파산선고를 받고 복권되지 아니한 사람
② 항공사업법을 위반하여 금고 이상의 실형을 선고받고 그 집행이 끝난 날 또는 집행을 받지 아니하기로 확정된 날부터 3년이 지나지 아니한 사람
③ 항공사업법을 위반하여 금고 이상의 형의 집행유예를 선고받고 그 유예기간 중에 있는 사람
④ 항공기정비업 등록의 취소처분을 받은 후 2년이 지나지 아니한 자

해설 **항공사업법 제9조(국내항공운송사업과 국제항공운송사업 면허의 결격사유 등)**

국토교통부장관은 다음 각 호의 어느 하나에 해당하는 자에게는 국내항공운송사업 또는 국제항공운송사업의 면허를 해서는 아니 된다. 〈개정 2017. 12. 26.〉

1. 「항공안전법」 제10조 제1항 각 호의 어느 하나에 해당하는 자
2. 피성년후견인, 피한정후견인 또는 파산선고를 받고 복권되지 아니한 사람
3. 이 법, 「항공안전법」, 「공항시설법」, 「항공보안법」, 「항공 · 철도 사고조사에 관한 법률」을 위반하여 금고 이상의 실형을 선고받고 그 집행이 끝난 날 또는 집행을 받지 아니하기로 확정된 날부터 3년이 지나지 아니한 사람
4. 이 법, 「항공안전법」, 「공항시설법」, 「항공보안법」, 「항공 · 철도 사고조사에 관한 법률」을 위반하여 금고 이상의 형의 집행유예를 선고받고 그 유예기간 중에 있는 사람
5. 국내항공운송사업, 국제항공운송사업, 소형항공운송사업 또는 항공기사용사업의 면허 또는 등록의 취소처분을 받은 후 2년이 지나지 아니한 자. 다만, 제2호에 해당하여 제28조 제1항 제4호 또는 제40조 제1항 제4호에 따라 면허 또는 등록이 취소된 경우는 제외한다.
6. 임원 중에 제1호부터 제5호까지의 어느 하나에 해당하는 사람이 있는 법인

14 항공사업법에서 정의한 소형항공운송사업에 대한 설명으로 옳은 것은?

① 타인의 수요에 맞추어 항공기를 사용하여 유상으로 여객이나 화물을 운송하는 사업으로서 국제 정기편을 운항하는 사업을 말한다.
② 타인의 수요에 맞추어 항공기를 사용하여 유상으로 여객이나 화물을 운송하는 사업으로서 국내 정기편을 운항하는 사업을 말한다.
③ 타인의 수요에 맞추어 항공기를 사용하여 유상으로 여객이나 화물을 운송하는 사업으로서 국내항공운송사업 및 국제항공운송사업 외의 항공운송사업을 말한다.
④ 항공운송사업 외의 사업으로서 타인의 수요에 맞추어 항공기를 사용하여 유상으로 농약살포 등의 업무를 하는 사업을 말한다.

해설 **항공사업법 제2조(정의)**

9. "국내항공운송사업"이란 타인의 수요에 맞추어 항공기를 사용하여 유상으로 여객이나 화물을 운송하는 사업으로서 국토교통부령으로 정하는 일정 규모 이상의 항공기를 이용하여 다음 각 목의 어느 하나에 해당하는 운항을 하는 사업을 말한다.
   가. 국내 정기편 운항: 국내공항과 국내공항 사이에 일정한 노선을 정하고 정기적인 운항계획에 따라 운항하는 항공기 운항

정답 13. ④ 14. ③

나. 국내 부정기편 운항: 국내에서 이루어지는 가목 외의 항공기 운항
10. "국내항공운송사업자"란 제7조 제1항에 따라 국토교통부장관으로부터 국내항공운송사업의 면허를 받은 자를 말한다.
11. "국제항공운송사업"이란 타인의 수요에 맞추어 항공기를 사용하여 유상으로 여객이나 화물을 운송하는 사업으로서 국토교통부령으로 정하는 일정 규모 이상의 항공기를 이용하여 다음 각 목의 어느 하나에 해당하는 운항을 하는 사업을 말한다.
가. 국제 정기편 운항: 국내공항과 외국공항 사이 또는 외국공항과 외국공항 사이에 일정한 노선을 정하고 정기적인 운항계획에 따라 운항하는 항공기 운항
나. 국제 부정기편 운항: 국내공항과 외국공항 사이 또는 외국공항과 외국공항 사이에 이루어지는 가목 외의 항공기 운항
13. "소형항공운송사업"이란 타인의 수요에 맞추어 항공기를 사용하여 유상으로 여객이나 화물을 운송하는 사업으로서 국내항공운송사업 및 국제항공운송사업 외의 항공운송사업을 말한다.
15. "항공기사용사업"이란 항공운송사업 외의 사업으로서 타인의 수요에 맞추어 항공기를 사용하여 유상으로 농약살포, 건설자재 등의 운반, 사진촬영 또는 항공기를 이용한 비행훈련 등 국토교통부령으로 정하는 업무를 하는 사업을 말한다.

15 초경량비행장치사용사업의 "농약살포, 사진촬영 등 국토교통부령으로 정하는 업무"에 포함되지 않는 것은?

① 비료 또는 농약 살포, 씨앗 뿌리기 등 농업 지원
② 사진촬영, 육상 · 해상 측량 또는 탐사
③ 조종교육
④ 항공레저스포츠사업을 목적으로 하는 비행

해설 **항공사업법 시행규칙 제6조(초경량비행장치사용사업의 사업범위 등)**
① 법 제2조 제23호에서 "국토교통부령으로 정하는 초경량비행장치"란 「항공안전법 시행규칙」 제5조 제2항 제5호에 따른 무인비행장치를 말한다.
② 법 제2조 제23호에서 "농약살포, 사진촬영 등 국토교통부령으로 정하는 업무"란 다음 각 호의 어느 하나에 해당하는 업무를 말한다.
1. 비료 또는 농약 살포, 씨앗 뿌리기 등 농업 지원
2. 사진촬영, 육상 · 해상 측량 또는 탐사
3. 산림 또는 공원 등의 관측 또는 탐사
4. 조종교육
5. 그 밖의 업무로서 다음 각 목의 어느 하나에 해당하지 아니하는 업무
가. 국민의 생명과 재산 등 공공의 안전에 위해를 일으킬 수 있는 업무
나. 국방 · 보안 등에 관련된 업무로서 국가 안보를 위협할 수 있는 업무

16 비(非)사업 목적으로 운항하려는 경우 사업계획 변경인가를 받은 것으로 보기 어려운 것은?

① 항공기 정비를 위한 공수(空手) 비행
② 항공기 정비 후 항공기의 성능을 점검하기 위한 시험 비행
③ 안전운항을 위한 정비로서 예견하지 못한 정비
④ 구조대원 또는 긴급구호물자 등 무상으로 사람이나 화물을 수송하기 위한 비행

해설 **항공사업법 제12조(사업계획의 변경 등)**
① 항공운송사업자는 사업면허, 등록 또는 노선허가를 신청할 때 제출하거나 변경인가 또는 변경신고한 사업계획에 따라 그 업무를 수행하여야 한다. 다만, 다음 각 호의 어느 하나에 해당하는 사유로 사업계획에 따라 업무를 수행하기 곤란한 경우는 그러하지 아니하다.
1. 기상악화
2. 안전운항을 위한 정비로서 예견하지 못한 정비
3. 천재지변
4. 항공기 접속(接續)관계(불가피한 경우로서 국토교통부령으로 정하는 경우에 한정한다)
5. 제1호부터 제4호까지에 준하는 부득이한 사유
② 항공운송사업자는 제1항 단서에 해당하는 경우에는 국토교통부령으로 정하는 바에 따라 국토교통부장관에게 신고하여야 한다.
③ 항공운송사업자는 제1항에 따른 사업계획을 변경하려면 국토교통부령으로 정하는 바에 따라 국토교통부장관의 인가를 받아야 한다. 다만, 국토교통부령으로 정하는 경미한 사항을 변경하려는 경우에는 국토교통부장관에게 신고하여야 한다.
④ 제3항에도 불구하고 다음 각 호의 어느 하나에 해당하는 비(非)사업 목적으로 운항을 하려는 자가 국토교통부장관에게 「항공안전법」 제67조 제2항 제4호에 따른 비행계획을 제출하였을 때에는 사업계획 변경인가를 받은 것으로 본다.

정답 15. ④ 16. ③

1. 항공기 정비를 위한 공수(空手) 비행
2. 항공기 정비 후 항공기의 성능을 점검하기 위한 시험비행
3. 교체공항으로 회항한 항공기의 목적공항으로의 비행
4. 구조대원 또는 긴급구호물자 등 무상으로 사람이나 화물을 수송하기 위한 비행

⑤ 제3항에 따른 사업계획의 변경인가 기준에 관하여는 제8조 제1항을 준용한다.

17 항공기정비업의 사업정지처분을 갈음하여 부과할 수 있는 과징금은?

① 50억원 이하 ② 20억원 이하
③ 10억원 이하 ④ 3억원 이하

해설 **항공사업법 제29조(과징금 부과)**

① 국토교통부장관은 항공운송사업자가 제28조 제1항 제3호 또는 제5호부터 제20호까지의 어느 하나에 해당하여 사업의 정지를 명하여야 하는 경우로서 그 사업을 정지하면 그 사업의 이용자 등에게 심한 불편을 주거나 공익을 해칠 우려가 있는 경우에는 사업정지처분을 갈음하여 50억원 이하의 과징금을 부과할 수 있다. 다만, 소형항공운송사업자의 경우에는 20억원 이하의 과징금을 부과할 수 있다.

항공사업법 제41조(과징금 부과)

① 국토교통부장관은 항공기사용사업자가 제40조 제1항 제3호, 제4호의 2, 제5호부터 제12호까지 또는 제14호의 어느 하나에 해당하여 사업의 정지를 명하여야 하는 경우로서 사업을 정지하면 그 사업의 이용자 등에게 심한 불편을 주거나 공익을 해칠 우려가 있는 경우에는 사업정지처분을 갈음하여 10억원 이하의 과징금을 부과할 수 있다. 〈개정 2017 .1. 17.〉

항공사업법 제43조(항공기정비업에 대한 준용규정)

⑧ 항공기정비업에 대한 과징금의 부과에 관하여는 제41조를 준용한다. 이 경우 제41조 제1항 중 "10억원"은 "3억원"으로 본다.

18 항공기취급업의 구분에 포함되지 않는 것은?

① 항공기급유업 ② 항공기하역업
③ 항공기정비업 ④ 지상조업사업

해설 **항공사업법 제2조(정의)**

19. "항공기취급업"이란 타인의 수요에 맞추어 항공기에 대한 급유, 항공화물 또는 수하물의 하역과 그 밖에 국토교통부령으로 정하는 지상조업(地上操業)을 하는 사업을 말한다.

항공사업법 제44조(항공기취급업의 등록)

① 항공기취급업을 경영하려는 자는 국토교통부령으로 정하는 바에 따라 신청서에 사업계획서와 그 밖에 국토교통부령으로 정하는 서류를 첨부하여 국토교통부장관에게 등록하여야 한다. 등록한 사항 중 국토교통부령으로 정하는 사항을 변경하려는 경우에는 국토교통부장관에게 신고하여야 한다.

② 제1항에 따른 항공기취급업을 등록하려는 자는 다음 각 호의 요건을 갖추어야 한다.
1. 자본금 또는 자산평가액이 3억원 이상으로서 대통령령으로 정하는 금액 이상일 것
2. 항공기 급유, 하역, 지상조업을 위한 장비 등이 대통령령으로 정하는 기준에 적합할 것
3. 그 밖에 사업 수행에 필요한 요건으로서 국토교통부령으로 정하는 요건을 갖출 것

③ 다음 각 호의 어느 하나에 해당하는 자는 항공기취급업의 등록을 할 수 없다. 〈개정 2017. 12. 26.〉
1. 제9조 제2호부터 제6호(법인으로서 임원 중에 대한민국 국민이 아닌 사람이 있는 경우는 제외한다)까지의 어느 하나에 해당하는 자
2. 항공기취급업 등록의 취소처분을 받은 후 2년이 지나지 아니한 자. 다만, 제9조 제2호에 해당하여 제45조 제7항에 따라 항공기취급업 등록이 취소된 경우는 제외한다.

항공사업법 시행규칙 제5조(항공기취급업의 구분)

법 제2조 제19호에 따른 항공기취급업은 다음 각 호와 같이 구분한다.
1. 항공기급유업: 항공기에 연료 및 윤활유를 주유하는 사업
2. 항공기하역업: 화물이나 수하물(手荷物)을 항공기에 싣거나 항공기에서 내려서 정리하는 사업
3. 지상조업사업: 항공기 입항·출항에 필요한 유도, 항공기 탑재 관리 및 동력 지원, 항공기 운항정보 지원, 승객 및 승무원의 탑승 또는 출입국 관련 업무, 장비 대여 또는 항공기의 청소 등을 하는 사업

19 항공운송사업자의 사업정지처분을 갈음하여 부과할 수 있는 과징금은?

① 50억원 이하 ② 20억원 이하
③ 10억원 이하 ④ 3억원 이하

해설 **항공사업법 제29조(과징금 부과)**

① 국토교통부장관은 항공운송사업자가 제28조 제1항 제3호 또는 제5호부터 제20호까지의 어느 하나에 해당하여 사업의 정지를 명하여야 하는 경우로서 그 사업을 정지하면

정답 17. ④ 18. ③ 19. ①

그 사업의 이용자 등에게 심한 불편을 주거나 공익을 해칠 우려가 있는 경우에는 사업정지처분을 갈음하여 50억원 이하의 과징금을 부과할 수 있다. 다만, 소형항공운송사업자의 경우에는 20억원 이하의 과징금을 부과할 수 있다.

항공사업법 제41조(과징금 부과)

① 국토교통부장관은 항공기사용사업자가 제40조 제1항 제3호, 제4호의 2, 제5호부터 제12호까지 또는 제14호의 어느 하나에 해당하여 사업의 정지를 명하여야 하는 경우로서 사업을 정지하면 그 사업의 이용자 등에게 심한 불편을 주거나 공익을 해칠 우려가 있는 경우에는 사업정지처분을 갈음하여 10억원 이하의 과징금을 부과할 수 있다. 〈개정 2017 .1. 17.〉

항공사업법 제43조(항공기정비업에 대한 준용규정)

⑧ 항공기정비업에 대한 과징금의 부과에 관하여는 제41조를 준용한다. 이 경우 제41조 제1항 중 "10억원"은 "3억원"으로 본다.

20 국토교통부령으로 정하는 지상조업(地上操業) 중 항공기취급업에 속하지 않는 것은?

① 항공기정비업 ② 항공기급유업
③ 항공기하역업 ④ 지상조업사업

해설 **항공사업법 제2조(정의)**

19. "항공기취급업"이란 타인의 수요에 맞추어 항공기에 대한 급유, 항공화물 또는 수하물의 하역과 그 밖에 국토교통부령으로 정하는 지상조업(地上操業)을 하는 사업을 말한다.

항공사업법 시행규칙 제5조(항공기취급업의 구분)

법 제2조 제19호에 따른 항공기취급업은 다음 각 호와 같이 구분한다.

1. 항공기급유업: 항공기에 연료 및 윤활유를 주유하는 사업
2. 항공기하역업: 화물이나 수하물(手荷物)을 항공기에 싣거나 항공기에서 내려서 정리하는 사업
3. 지상조업사업: 항공기 입항 · 출항에 필요한 유도, 항공기 탑재 관리 및 동력 지원, 항공기 운항정보 지원, 승객 및 승무원의 탑승 또는 출입국 관련 업무, 장비 대여 또는 항공기의 청소 등을 하는 사업

21 외국인 국제항공운송사업의 허가 신청서의 사업계획서에 포함되어야 할 내용과 거리가 먼 것은?

① 노선의 기점 · 기항지 및 종점과 각 지점 간의 거리
② 운항 횟수 및 출발 · 도착 일시
③ 국제항공운송사업자와 체결한 계약서
④ 정비시설 및 운항관리시설의 개요

해설 **항공사업법 시행규칙 제55조(외국인 국제항공운송사업의 허가 신청)**

법 제54조에 따라 외국인 국제항공운송사업을 하려는 자는 운항개시예정일 60일 전까지 별지 제30호서식의 신청서(전자문서로 된 신청서를 포함한다)에 다음 각 호의 서류(전자문서를 포함한다)를 첨부하여 국토교통부장관에게 제출하여야 한다.

1. 자본금과 그 출자자의 국적별 및 국가 · 공공단체 · 법인 · 개인별 출자액의 비율에 관한 명세서
2. 신청인이 신청 당시 경영하고 있는 항공운송사업의 개요를 적은 서류(항공운송사업을 경영하고 있는 경우만 해당한다)
3. 다음 각 목의 사항을 포함한 사업계획서
   가. 노선의 기점 · 기항지 및 종점과 각 지점 간의 거리
   나. 사용 예정 항공기의 수, 각 항공기의 등록부호 · 형식 및 식별부호, 사용 예정 항공기의 등록 · 감항 · 소음 · 보험 증명서
   다. 운항 횟수 및 출발 · 도착 일시
   라. 정비시설 및 운항관리시설의 개요
4. 신청인이 해당 노선에 대하여 본국에서 받은 항공운송사업 면허증 사본 또는 이를 갈음하는 서류
5. 법인의 정관 및 그 번역문(법인인 경우만 해당한다)
6. 최근의 손익계산서와 대차대조표
7. 운송약관 및 그 번역문
8. 「항공안전법 시행규칙」 제279조 제1항 각 목의 제출서류
9. 「항공보안법」 제10조 제2항에 따른 자체 보안계획서
10. 그 밖에 국토교통부장관이 정하는 사항

22 항공사업법에서 정한 보증보험 등의 가입 또는 예치 대상자는?

① 항공운송사업자
② 항공기정비업자
③ 항공기사용사업자
④ 비행훈련업자

해설 **항공사업법 제30조의 2(보증보험 등의 가입 등)**

① 항공기사용사업자 중 항공기를 이용한 비행훈련 업무를 하는 사업을 경영하는 자(이하 "비행훈련업자"라 한다)는 국토교통부령으로 정하는 바에 따라 교육비 반환 불이행 등에 따른 교육생의 손해를 배상할 것을 내용으로 하는 보증보험, 공제(共濟) 또는 영업보증금(이하 "보증보험등"이라 한다)에 가입하거나 예치하여야 한다. 다만, 해당 비행훈련업자의 재정적 능력 등을 고려하여 대통령

정답 20. ① 21. ③ 22. ③

령으로 정하는 경우에는 보증보험등에 가입 또는 예치하지 아니할 수 있다.

② 비행훈련업자는 교육생(제1항의 보증보험등에 따라 손해배상을 받을 수 있는 교육생으로 한정한다)이 계약의 해지 및 해제를 원하거나 사업 등록의 취소·정지 등으로 영업을 계속할 수 없는 경우에는 교육생으로부터 받은 교육비를 반환하는 등 교육생을 보호하기 위하여 필요한 조치를 하여야 한다.

③ 제2항에 따른 교육비의 구체적인 반환사유, 반환금액, 그 밖에 필요한 사항은 국토교통부령으로 정한다.

[본조신설 2017. 1. 17.]

항공사업법 시행규칙 제32조의 2(보증보험등의 가입 등)

① 법 제30조의 2 제1항에 따라 비행훈련업자가 가입하거나 예치하여야 하는 보증보험등의 가입 또는 예치 금액은 [별표 1의 2]와 같다.

② 제1항에 따라 보증보험등에 가입 또는 예치한 비행훈련업자는 보험증서, 공제증서 또는 예치증서의 사본을 지체 없이 지방항공청장에게 제출하여야 한다. 이를 변경 또는 갱신한 때에도 또한 같다.

③ 제1항 및 제2항에서 규정한 사항 외에 보증보험등의 가입 또는 예치 절차 및 보증보험금, 공제금 또는 영업보증금의 지급절차 등에 관하여 필요한 사항은 국토교통부장관이 정하여 고시한다.

[본조신설 2017. 7. 18.]

가입 또는 예치금액 / 직전 사업연도 매출액	보증보험	공제	영업 보증금
10억원 미만	2억원 이상	2억원 이상	2억원 이상
10억원 이상 20억원 미만	3억원 이상	3억원 이상	3억원 이상
20억원 이상 30억원 미만	4억원 이상	4억원 이상	4억원 이상
30억원 이상	5억원 이상	5억원 이상	5억원 이상

23 항공사업법 제54조에 따라 외국인 국제항공운송사업을 하려는 자가 신청서에 첨부해야 할 서류에 해당하지 않는 것은?

① 해당 노선에 대하여 본국에서 받은 항공운송사업 면허증 사본 또는 이를 갈음하는 서류
② 여객의 성명 및 국적 또는 화물의 품명 및 수량
③ 최근의 손익계산서와 대차대조표
④ 「항공보안법」 제10조 제2항에 따른 자체 보안계획서

해설 **항공사업법 시행규칙 제55조(외국인 국제항공운송사업의 허가 신청)**

법 제54조에 따라 외국인 국제항공운송사업을 하려는 자는 운항개시예정일 60일 전까지 별지 제30호서식의 신청서(전자문서로 된 신청서를 포함한다)에 다음 각 호의 서류(전자문서를 포함한다)를 첨부하여 국토교통부장관에게 제출하여야 한다.

1. 자본금과 그 출자자의 국적별 및 국가·공공단체·법인·개인별 출자액의 비율에 관한 명세서
2. 신청인이 신청 당시 경영하고 있는 항공운송사업의 개요를 적은 서류(항공운송사업을 경영하고 있는 경우만 해당한다)
3. 다음 각 목의 사항을 포함한 사업계획서
   가. 노선의 기점·기항지 및 종점과 각 지점 간의 거리
   나. 사용 예정 항공기의 수, 각 항공기의 등록부호·형식 및 식별부호, 사용 예정 항공기의 등록·감항·소음·보험 증명서
   다. 운항 횟수 및 출발·도착 일시
   라. 정비시설 및 운항관리시설의 개요
4. 신청인이 해당 노선에 대하여 본국에서 받은 항공운송사업 면허증 사본 또는 이를 갈음하는 서류
5. 법인의 정관 및 그 번역문(법인인 경우만 해당한다)
6. 최근의 손익계산서와 대차대조표
7. 운송약관 및 그 번역문
8. 「항공안전법 시행규칙」 제279조 제1항 각 목의 제출서류
9. 「항공보안법」 제10조 제2항에 따른 자체 보안계획서
10. 그 밖에 국토교통부장관이 정하는 사항

24 외국인 국제항공운송사업을 하려는 자의 허가 신청 기간은?

① 운항개시예정일 30일 전
② 운항개시예정일 60일 전
③ 운항개시 후 30일 이내
④ 운항개시 후 60일 이내

해설 **항공사업법 시행규칙 제55조(외국인 국제항공운송사업의 허가 신청)**

법 제54조에 따라 외국인 국제항공운송사업을 하려는 자는 운항개시예정일 60일 전까지 별지 제30호서식의 신청서(전자문서로 된 신청서를 포함한다)에 다음 각 호의 서류(전자문서를 포함한다)를 첨부하여 국토교통부장관에게 제출하여야 한다.

정답 23. ② 24. ②

25 항공사업법에 사용되는 용어 중 항공기취급업에 대한 정의로 맞는 것은?

① 타인의 수요에 맞추어 국토교통부령으로 정하는 초경량비행장치를 사용하여 유상으로 농약살포, 사진촬영 등 국토교통부령으로 정하는 업무를 하는 사업
② 타인의 수요에 맞추어 항공기, 발동기, 프로펠러, 장비품 또는 부품을 정비·수리 또는 개조하는 업무를 하는 사업
③ 타인의 수요에 맞추어 항공기에 대한 급유, 항공화물 또는 수하물의 하역과 그 밖에 국토교통부령으로 정하는 지상조업(地上操業)을 하는 사업
④ 항공운송사업 외의 사업으로서 타인의 수요에 맞추어 항공기를 사용하여 유상으로 농약살포, 건설자재 등의 운반 등 국토교통부령으로 정하는 업무를 하는 사업

해설 **항공사업법 제2조(정의)**
19. "항공기취급업"이란 타인의 수요에 맞추어 항공기에 대한 급유, 항공화물 또는 수하물의 하역과 그 밖에 국토교통부령으로 정하는 지상조업(地上操業)을 하는 사업을 말한다.

26 항공사업법에 사용되는 용어 중 초경량비행장치사용사업에 대한 정의로 맞는 것은?

① 항공운송사업 외의 사업으로서 타인의 수요에 맞추어 항공기를 사용하여 유상으로 농약살포, 건설자재 등의 운반 등 국토교통부령으로 정하는 업무를 하는 사업
② 타인의 수요에 맞추어 항공기, 발동기, 프로펠러, 장비품 또는 부품을 정비·수리 또는 개조하는 업무를 하는 사업
③ 타인의 수요에 맞추어 항공기에 대한 급유, 항공화물 또는 수하물의 하역과 그 밖에 국토교통부령으로 정하는 지상조업(地上操業)을 하는 사업
④ 타인의 수요에 맞추어 국토교통부령으로 정하는 초경량비행장치를 사용하여 유상으로 농약살포, 사진촬영 등 국토교통부령으로 정하는 업무를 하는 사업

해설 **항공사업법 제2조(정의)**
23. "초경량비행장치사용사업"이란 타인의 수요에 맞추어 국토교통부령으로 정하는 초경량비행장치를 사용하여 유상으로 농약살포, 사진촬영 등 국토교통부령으로 정하는 업무를 하는 사업을 말한다.

27 항공사업법에 포함된 항공기정비업의 업무 범위에 대한 설명으로 맞지 않는 것은?

① 항공기를 정비·수리 또는 개조하는 업무
② 발동기를 정비·수리 또는 개조하는 업무
③ 항공기를 지원하고 지상 장비품을 정비·수리 또는 개조하는 업무
④ 항공기 정비·수리 또는 개조하는 업무에 대한 기술관리 및 품질관리 등을 지원하는 업무

해설 **항공사업법 제2조(정의)**
17. "항공기정비업"이란 타인의 수요에 맞추어 다음 각 목의 어느 하나에 해당하는 업무를 하는 사업을 말한다.
가. 항공기, 발동기, 프로펠러, 장비품 또는 부품을 정비·수리 또는 개조하는 업무
나. 가목의 업무에 대한 기술관리 및 품질관리 등을 지원하는 업무

28 항공기취급업 중 항공기급유업에 필요한 장비로 알맞은 것은?

① 서비스카, 급유차, 트랙터, 트레일러 등 급유에 필요한 장비
② 터그카·컨베이어카, 헬더로우더, 카고 컨베이어, 컨테이너 달리, 화물카트 등 하역에 필요한 장비
③ 토잉 트랙터, 지상발전기(GPU), 엔진시동 지원장치(ASU), 스텝카, 오물처리 카트 등 지상조업에 필요한 장비
④ 지상발전기(GPU), 엔진시동지원장치(ASU), 15ft 작업대 등 정비 지원에 필요한 장비

정답 25. ③ 26. ④ 27. ③ 28. ①

해설 **항공사업법 제44조(항공기취급업의 등록)**

① 항공기취급업을 경영하려는 자는 국토교통부령으로 정하는 바에 따라 신청서에 사업계획서와 그 밖에 국토교통부령으로 정하는 서류를 첨부하여 국토교통부장관에게 등록하여야 한다. 등록한 사항 중 국토교통부령으로 정하는 사항을 변경하려는 경우에는 국토교통부장관에게 신고하여야 한다.

항공사업법 시행령 제21조(항공기취급업의 등록요건)

법 제44조 제2항 제1호 및 제2호에 따른 항공기취급업의 등록요건은 [별표 7]과 같다.

[별표 7] 항공기취급업의 등록요건(제21조 관련)

구분	기준
1. 자본금 또는 자산평가액	가. 법인: 납입자본금 3억원 이상 나. 개인: 자산평가액 4억 5천만원 이상
2. 장비 가. 항공기급유업	서비스카, 급유차, 트랙터, 트레일러 등 급유에 필요한 장비. 다만, 해당 공항의 급유시설 상황에 따라 불필요한 장비는 제외한다.
나. 항공기하역업	터그카컨베이어카, 헬더로우더, 카고 컨베이어, 컨테이너 달리, 화물카트 등 하역에 필요한 장비(수행하려는 업무에 필요한 장비로 한정한다)
다. 지상조업사업	토잉 트랙터, 지상발전기(GPU), 엔진시동지원장치(ASU), 스텝카, 오물처리 카트 등 지상조업에 필요한 장비(수행하려는 업무에 필요한 장비로 한정한다)

29 항공기취급업을 등록하려는 자가 갖추어야 할 요건에 해당하지 않는 것은?

① 자본금 또는 자산평가액이 3억원 이상으로서 대통령령으로 정하는 금액 이상일 것
② 항공기 급유, 하역, 지상조업을 위한 장비 등이 대통령령으로 정하는 기준에 적합할 것
③ 항공기취급업 등록의 취소처분을 받은 후 2년이 지나지 아니한 자
④ 법인으로서 임원 중에 대한민국 국민이 아닌 사람이 없을 것

해설 항공기취급업 등록의 취소처분을 받은 후 2년이 지나지 아니한 자는 항공기취급업의 등록을 할 수 없다.

30 국토교통부장관의 면허, 허가 또는 인가를 받거나 국토교통부장관에게 등록 또는 신고하여 경영하는 사업 중 항공운송사업에 해당되지 않는 것은?

① 국내항공운송사업
② 국제항공운송사업
③ 비즈니스항공운송사업
④ 소형항공운송사업

해설 **항공사업법 제2조(정의)**

7. "항공운송사업"이란 국내항공운송사업, 국제항공운송사업 및 소형항공운송사업을 말한다.

31 항공사업법에서 정한 항공기사용사업의 범위에 해당하지 않는 것은?

① 비료 또는 농약 살포, 씨앗 뿌리기 등 농업 지원
② 사진촬영, 육상 및 해상 측량 또는 탐사
③ 글라이더 견인
④ 헬리콥터를 이용한 서류의 운반

해설 **항공사업법 시행규칙 제4조(항공기사용사업의 범위)**

법 제2조 제15호에서 "농약살포, 건설자재 등의 운반 또는 사진촬영 등 국토교통부령으로 정하는 업무"란 다음 각 호의 어느 하나에 해당하는 업무를 말한다.

1. 비료 또는 농약 살포, 씨앗 뿌리기 등 농업 지원
2. 해양오염 방지약제 살포
3. 광고용 현수막 견인 등 공중광고
4. 사진촬영, 육상 및 해상 측량 또는 탐사
5. 산불 등 화재 진압
6. 수색 및 구조(응급구호 및 환자 이송을 포함한다)
7. 헬리콥터를 이용한 건설자재 등의 운반(헬리콥터 외부에 건설자재 등을 매달고 운반하는 경우만 해당한다)
8. 산림, 관로(管路), 전선(電線) 등의 순찰 또는 관측
9. 항공기를 이용한 비행훈련(「항공안전법」 제48조 제1항에 따른 전문교육기관 및 「고등교육법」 제2조에 따른 학교가 실시하는 비행훈련 등 다른 법률에서 정하는 바에 따라 실시하는 경우는 제외한다)
10. 항공기를 이용한 고공낙하
11. 글라이더 견인
12. 그 밖에 특정 목적을 위하여 하는 것으로서 국토교통부장관 또는 지방항공청장이 인정하는 업무

32 항공기취급업에 해당하지 않는 것은?

① 항공기급유업
② 항공레저스포츠사업
③ 항공기하역업
④ 지상조업사업

정답 29. ③ 30. ③ 31. ④ 32. ②

해설 **항공사업법 시행규칙 제5조(항공기취급업의 구분)**
법 제2조 제19호에 따른 항공기취급업은 다음 각 호와 같이 구분한다.
1. 항공기급유업: 항공기에 연료 및 윤활유를 주유하는 사업
2. 항공기하역업: 화물이나 수하물(手荷物)을 항공기에 싣거나 항공기에서 내려서 정리하는 사업
3. 지상조업사업: 항공기 입항 · 출항에 필요한 유도, 항공기 탑재 관리 및 동력 지원, 항공기 운항정보 지원, 승객 및 승무원의 탑승 또는 출입국 관련 업무, 장비 대여 또는 항공기의 청소 등을 하는 사업

33 초경량비행장치의 종류 중 무인비행장치에 해당하지 않는 것은?

① 무인비행기 ② 무인헬리콥터
③ 무인멀티콥터 ④ 동력비행장치

해설 **항공사업법 시행규칙 제6조(초경량비행장치사용사업의 사업범위 등)**
① 법 제2조 제23호에서 "국토교통부령으로 정하는 초경량비행장치"란 「항공안전법 시행규칙」 제5조 제2항 제5호에 따른 무인비행장치를 말한다.
항공안전법 시행규칙 제5조(초경량비행장치의 기준)
5. 무인비행장치: 사람이 탑승하지 아니하는 것으로서 다음 각 목의 비행장치
가. 무인동력비행장치: 연료의 중량을 제외한 자체중량이 150킬로그램 이하인 무인비행기, 무인헬리콥터 또는 무인멀티콥터
나. 무인비행선: 연료의 중량을 제외한 자체중량이 180킬로그램 이하이고 길이가 20미터 이하인 무인비행선

34 초경량비행장치사용사업에 해당하지 않는 것은?

① 비료 또는 농약 살포, 씨앗 뿌리기 등 농업 지원
② 사진촬영, 육상 · 해상 측량 또는 탐사
③ 무인비행장치를 활용한 화물의 이동
④ 조종교육

해설 **항공사업법 시행규칙 제6조(초경량비행장치사용사업의 사업범위 등)**
① 법 제2조 제23호에서 "국토교통부령으로 정하는 초경량비행장치"란 「항공안전법 시행규칙」 제5조 제2항 제5호에 따른 무인비행장치를 말한다.
② 법 제2조 제23호에서 "농약살포, 사진촬영 등 국토교통부령으로 정하는 업무"란 다음 각 호의 어느 하나에 해당하는 업무를 말한다.
1. 비료 또는 농약 살포, 씨앗 뿌리기 등 농업 지원
2. 사진촬영, 육상 · 해상 측량 또는 탐사
3. 산림 또는 공원 등의 관측 또는 탐사
4. 조종교육
5. 그 밖의 업무로서 다음 각 목의 어느 하나에 해당하지 아니하는 업무
가. 국민의 생명과 재산 등 공공의 안전에 위해를 일으킬 수 있는 업무
나. 국방 · 보안 등에 관련된 업무로서 국가 안보를 위협할 수 있는 업무

35 항공기정비업의 범위에 해당하지 않는 것은?

① 항공기, 발동기, 프로펠러를 정비 · 수리 또는 개조하는 업무
② 항공기 장비품 또는 부품을 정비 · 수리 또는 개조하는 업무
③ 항공기, 발동기, 프로펠러를 정비 · 수리 또는 개조업무 등을 지원하는 업무
④ 항공기를 사용하여 유상으로 항공기 정비 자재 등을 운반하는 업무

해설 **항공사업법 제2조(정의)**
17. "항공기정비업"이란 타인의 수요에 맞추어 다음 각 목의 어느 하나에 해당하는 업무를 하는 사업을 말한다.
가. 항공기, 발동기, 프로펠러, 장비품 또는 부품을 정비 · 수리 또는 개조하는 업무
나. 가목의 업무에 대한 기술관리 및 품질관리 등을 지원하는 업무

36 초경량비행장치로 농약살포, 사진촬영 등 국토교통부령으로 정하는 업무를 하는 사업은 어느 것인가?

① 항공기사용사업
② 항공기취급업
③ 항공기대여업
④ 초경량비행장치사용사업

해설 **항공사업법 제2조(정의)**
23. "초경량비행장치사용사업"이란 타인의 수요에 맞추어 국토교통부령으로 정하는 초경량비행장치를 사용하여

정답 33. ④ 34. ③ 35. ④ 36. ④

유상으로 농약살포, 사진촬영 등 국토교통부령으로 정하는 업무를 하는 사업을 말한다.

37 항공사업 중 항공운송사업자를 위하여 유상으로 항공기를 이용한 여객 또는 화물의 국제운송계약 체결을 대리(代理)하는 사업은?

① 항공운송사업
② 도심공항터미널업
③ 상업서류송달업
④ 항공운송총대리점업

해설 **항공사업법 제2조(정의)**
30. "항공운송총대리점업"이란 항공운송사업자를 위하여 유상으로 항공기를 이용한 여객 또는 화물의 국제운송계약 체결을 대리(代理)[사증(査證)을 받는 절차의 대행은 제외한다]하는 사업을 말한다.

38 공항구역이 아닌 곳에서 항공여객 및 항공화물의 수송 및 처리에 관한 편의를 제공하기 위하여 이에 필요한 시설을 설치·운영하는 사업은?

① 항공운송사업
② 도심공항터미널업
③ 상업서류송달업
④ 항공운송총대리점업

해설 **항공사업법 제2조(정의)**
32. "도심공항터미널업"이란 「공항시설법」 제2조 제4호에 따른 공항구역이 아닌 곳에서 항공여객 및 항공화물의 수송 및 처리에 관한 편의를 제공하기 위하여 이에 필요한 시설을 설치·운영하는 사업을 말한다.

39 국가는 항공사업을 진흥하기 위하여 항공사업자에게 그 소요 자금의 일부를 보조하거나 재정자금으로 융자하여 줄 수 있는데, 거짓이나 그 밖의 부정한 방법으로 교부받은 자에 대한 처벌은?

① 3년 이하의 징역 또는 3천만원 이하의 벌금
② 3년 이하의 징역 또는 5천만원 이하의 벌금
③ 5년 이하의 징역 또는 3천만원 이하의 벌금
④ 5년 이하의 징역 또는 5천만원 이하의 벌금

해설 **항공사업법 제77조(보조금 등의 부정 교부 및 사용 등에 관한 죄)**
제65조에 따른 보조금, 융자금을 거짓이나 그 밖의 부정한 방법으로 교부받은 자는 5년 이하의 징역 또는 5천만원 이하의 벌금에 처한다.

40 경량항공기를 영리 목적으로 사용한 자에 대한 처벌은?

① 6개월 이하의 징역 또는 500만원 이하의 벌금
② 6개월 이하의 징역 또는 1천만원 이하의 벌금
③ 1년 이하의 징역 또는 500만원 이하의 벌금
④ 1년 이하의 징역 또는 1천만원 이하의 벌금

해설 **항공사업법 제80조(경량항공기 등의 영리 목적 사용에 관한 죄)**
① 제71조를 위반하여 경량항공기를 영리 목적으로 사용한 자는 1년 이하의 징역 또는 1천만원 이하의 벌금에 처한다.
② 제71조를 위반하여 초경량비행장치를 영리 목적으로 사용한 자는 6개월 이하의 징역 또는 500만원 이하의 벌금에 처한다.

41 항공사업법에 따른 항공운송사업의 종류에 포함되지 않는 것은?

① 국내항공운송사업
② 국제항공운송사업
③ 소형항공운송사업
④ 항공기사용사업

해설 **항공사업법 제2조(정의)**
7. "항공운송사업"이란 국내항공운송사업, 국제항공운송사업 및 소형항공운송사업을 말한다.

42 타인의 수요에 맞추어 항공기를 사용하여 유상으로 여객이나 화물을 운송하는 국내 부정기편 운항을 하는 사업은 어느 것인가?

① 항공기사용사업
② 소형항공운송사업
③ 국내항공운송사업
④ 국제항공운송사업

정답 37. ④ 38. ② 39. ④ 40. ④ 41. ④ 42. ③

해설 항공사업법 제2조(정의)

9. "국내항공운송사업"이란 타인의 수요에 맞추어 항공기를 사용하여 유상으로 여객이나 화물을 운송하는 사업으로서 국토교통부령으로 정하는 일정 규모 이상의 항공기를 이용하여 다음 각 목의 어느 하나에 해당하는 운항을 하는 사업을 말한다.
   가. 국내 정기편 운항: 국내공항과 국내공항 사이에 일정한 노선을 정하고 정기적인 운항계획에 따라 운항하는 항공기 운항
   나. 국내 부정기편 운항: 국내에서 이루어지는 가목 외의 항공기 운항

43 부정기편 운항의 구분에 따른 국내 및 국제 부정기편 운항에 해당하지 않는 것은?

① 지점 간 운항　② 관광비행
③ 전세운송　④ 공동운항

해설 항공사업법 시행규칙 제3조(부정기편 운항의 구분)

법 제2조 제9호 나목, 제11호 나목 및 제13호에 따른 국내 및 국제 부정기편 운항은 다음 각 호와 같이 구분한다.

1. 지점 간 운항: 한 지점과 다른 지점 사이에 노선을 정하여 운항하는 것
2. 관광비행: 관광을 목적으로 한 지점을 이륙하여 중간에 착륙하지 아니하고 정해진 노선을 따라 출발지점에 착륙하기 위하여 운항하는 것
3. 전세운송: 노선을 정하지 아니하고 사업자와 항공기를 독점하여 이용하려는 이용자 간의 1개의 항공운송계약에 따라 운항하는 것

44 부정기편 운항의 구분에 의한 국내 및 국제 부정기편 운항에 대한 설명으로 알맞지 않은 것은?

① 한 지점과 다른 지점 사이에 노선을 정하여 운항하는 것
② 관광을 목적으로 한 지점을 이륙하여 중간에 착륙하지 아니하고 정해진 노선을 따라 출발지점에 착륙하기 위하여 운항하는 것
③ 노선을 정하지 아니하고 사업자와 항공기를 독점하여 이용하려는 이용자 간의 1개의 항공운송계약에 따라 운항하는 것
④ 부정기적인 농약살포, 건설자재 등의 운반 또는 사진촬영 등 국토교통부령으로 정하는 범위 내의 운항을 하는 것

해설 항공사업법 시행규칙 제3조(부정기편 운항의 구분)

법 제2조 제9호 나목, 제11호 나목 및 제13호에 따른 국내 및 국제 부정기편 운항은 다음 각 호와 같이 구분한다.

1. 지점 간 운항: 한 지점과 다른 지점 사이에 노선을 정하여 운항하는 것
2. 관광비행: 관광을 목적으로 한 지점을 이륙하여 중간에 착륙하지 아니하고 정해진 노선을 따라 출발지점에 착륙하기 위하여 운항하는 것
3. 전세운송: 노선을 정하지 아니하고 사업자와 항공기를 독점하여 이용하려는 이용자 간의 1개의 항공운송계약에 따라 운항하는 것

45 국토교통부장관에게 등록 또는 신고하여 경영하는 항공기사용사업을 바르게 정의한 것은?

① 항공기를 사용하여 유상으로 여객이나 화물을 운송하는 사업으로서 국토교통부령으로 정하는 일정 규모 이상의 항공기를 이용하여 국내 정기편 운항, 국내 부정기편 운항을 하는 사업
② 항공운송사업 외의 사업으로서 항공기를 사용하여 유상으로 농약살포, 건설자재 등의 운반, 사진촬영 또는 항공기를 이용한 비행훈련 등 국토교통부령으로 정하는 업무를 하는 사업
③ 항공기를 사용하여 유상으로 여객이나 화물을 운송하는 사업으로서 국토교통부령으로 정하는 일정 규모 이상의 항공기를 이용 국제 정기편 운항, 국제 부정기편 운항을 하는 사업
④ 항공기를 사용하여 유상으로 여객이나 화물을 운송하는 사업으로서 국내항공운송사업 및 국제항공운송사업 외의 항공운송사업

해설 항공사업법 제2조(정의)

15. "항공기사용사업"이란 항공운송사업 외의 사업으로서 타인의 수요에 맞추어 항공기를 사용하여 유상으로 농약살포, 건설자재 등의 운반, 사진촬영 또는 항공기를 이용한 비행훈련 등 국토교통부령으로 정하는 업무를 하는 사업을 말한다.

정답 43. ④ 44. ④ 45. ②

46 정비 · 수리 또는 개조하는 업무에 대한 기술관리 및 품질관리 등을 지원하는 업무를 하는 사업은?

① 항공운송사업
② 항공기취급업
③ 항공기사용사업
④ 항공기정비업

해설 **항공사업법 제2조(정의)**

17. "항공기정비업"이란 타인의 수요에 맞추어 다음 각 목의 어느 하나에 해당하는 업무를 하는 사업을 말한다.
  가. 항공기, 발동기, 프로펠러, 장비품 또는 부품을 정비 · 수리 또는 개조하는 업무
  나. 가목의 업무에 대한 기술관리 및 품질관리 등을 지원하는 업무

47 공항 또는 항공기를 사용하여 여객 또는 화물의 운송과 관련된 유상서비스를 제공하는 공항운영자 또는 항공운송사업자를 무엇이라 정의하는가?

① 항공운송총대리점업자
② 도심공항터미널업자
③ 공항운영자
④ 항공교통사업자

해설 **항공사업법 제2조(정의)**

35. "항공교통사업자"란 공항 또는 항공기를 사용하여 여객 또는 화물의 운송과 관련된 유상서비스를 제공하는 공항운영자 또는 항공운송사업자를 말한다.

48 항공레저스포츠사업에 사용하는 국토교통부령으로 정하는 초경량비행장치에 포함하지 않는 것은?

① 동력패러글라이더(착륙장치가 있는 비행장치)
② 인력활공기(人力滑空機)
③ 기구류
④ 낙하산류

해설 **항공사업법 제2조(정의)**

26. "항공레저스포츠사업"이란 타인의 수요에 맞추어 유상으로 다음 각 목의 어느 하나에 해당하는 서비스를 제공하는 사업을 말한다.
  가. 항공기(비행선과 활공기에 한정한다), 경량항공기 또는 국토교통부령으로 정하는 초경량비행장치를 사용하여 조종교육, 체험 및 경관조망을 목적으로 사람을 태워 비행하는 서비스
  나. 다음 중 어느 하나를 항공레저스포츠를 위하여 대여하여 주는 서비스
    1) 활공기 등 국토교통부령으로 정하는 항공기
    2) 경량항공기
    3) 초경량비행장치
  다. 경량항공기 또는 초경량비행장치에 대한 정비, 수리 또는 개조서비스

항공사업법 시행규칙 제7조(항공레저스포츠사업에 사용되는 항공기 등)

① 법 제2조 제26호 가목에서 "국토교통부령으로 정하는 초경량비행장치"란 다음 각 호의 어느 하나에 해당하는 것을 말한다.
  1. 인력활공기(人力滑空機)
  2. 기구류
  3. 동력패러글라이더(착륙장치가 없는 비행장치로 한정한다)
  4. 낙하산류

② 법 제2조 제26호 나목 1)에서 "활공기 등 국토교통부령으로 정하는 항공기"란 활공기 또는 비행선을 말한다.

49 국내 및 국제 부정기편 운항의 구분에 해당하지 않는 것은?

① 지점 간 운항
② 관광비행
③ 전세운송
④ 화물운송

해설 **항공사업법 시행규칙 제3조(부정기편 운항의 구분)**

법 제2조 제9호 나목, 제11호 나목 및 제13호에 따른 국내 및 국제 부정기편 운항은 다음 각 호와 같이 구분한다.
1. 지점 간 운항: 한 지점과 다른 지점 사이에 노선을 정하여 운항하는 것
2. 관광비행: 관광을 목적으로 한 지점을 이륙하여 중간에 착륙하지 아니하고 정해진 노선을 따라 출발지점에 착륙하기 위하여 운항하는 것
3. 전세운송: 노선을 정하지 아니하고 사업자와 항공기를 독점하여 이용하려는 이용자 간의 1개의 항공운송계약에 따라 운항하는 것

정답 46. ④ 47. ④ 48. ① 49. ④

50 유상으로 외국항공기의 항행을 하여 여객 또는 화물을 운송하는 사업을 하려고 할 때 필요한 행정절차는?

① 외국인 국제항공운송사업의 허가
② 외국인 국제항공운송사업의 등록
③ 외국인 국제항공운송사업의 승인
④ 외국인 국제항공운송사업의 통보

해설 **항공사업법 제54조(외국인 국제항공운송사업의 허가)**

① 제7조 제1항 및 제10조 제1항에도 불구하고 다음 각 호의 어느 하나에 해당하는 자는 국토교통부장관의 허가를 받아 타인의 수요에 맞추어 유상으로 「항공안전법」 제100조 제1항 각 호의 어느 하나에 해당하는 항행(이러한 항행과 관련하여 행하는 대한민국 각 지역 간의 항행을 포함한다)을 하여 여객 또는 화물을 운송하는 사업을 할 수 있다. 이 경우 국토교통부장관은 국내항공운송사업의 국제항공 발전에 지장을 초래하지 아니하는 범위에서 운항 횟수 및 사용 항공기의 기종(機種)을 제한하여 사업을 허가할 수 있다.
1. 대한민국 국민이 아닌 사람
2. 외국정부 또는 외국의 공공단체
3. 외국의 법인 또는 단체
4. 제1호부터 제3호까지의 어느 하나에 해당하는 자가 주식이나 지분의 2분의 1 이상을 소유하거나 그 사업을 사실상 지배하는 법인. 다만, 우리나라가 해당 국가(국가연합 또는 경제공동체를 포함한다)와 체결한 항공협정에서 달리 정한 경우에는 그 항공협정에 따른다.
5. 외국인이 법인등기사항증명서상의 대표자이거나 외국인이 법인등기사항증명서상 임원 수의 2분의 1 이상을 차지하는 법인. 다만, 우리나라가 해당 국가(국가연합 또는 경제공동체를 포함한다)와 체결한 항공협정에서 달리 정한 경우에는 그 항공협정에 따른다.

② 제1항에 따른 허가기준은 다음 각 호와 같다.
1. 우리나라와 체결한 항공협정에 따라 해당 국가로부터 국제항공운송사업자로 지정받은 자일 것
2. 운항의 안전성이 「국제민간항공협약」 및 같은 협약의 부속서에서 정한 표준과 방식에 부합하여 「항공안전법」 제103조 제1항에 따른 운항증명승인을 받았을 것
3. 항공운송사업의 내용이 우리나라가 해당 국가와 체결한 항공협정에 적합할 것
4. 국제 여객 및 화물의 원활한 운송을 목적으로 할 것

③ 제1항에 따른 허가를 받으려는 자는 국토교통부령으로 정하는 바에 따라 신청서에 사업계획서와 그 밖에 국토교통부령으로 정하는 서류를 첨부하여 운항개시예정일 60일 전까지 국토교통부장관에게 제출하여야 한다.

51 항공기정비업을 등록할 경우 지방항공청장은 등록신청서의 내용이 명확하지 아니하거나 첨부서류가 미비한 경우에는 며칠 이내에 그 보완을 요구하여야 하는가?

① 7일 ② 14일
③ 30일 ④ 60일

해설 **항공사업법 시행규칙 제41조(항공기정비업의 등록)**

① 법 제42조에 따른 항공기정비업을 하려는 자는 별지 제26호서식의 등록신청서(전자문서로 된 신청서를 포함한다)에 다음 각 호의 서류(전자문서를 포함한다)를 첨부하여 지방항공청장에게 제출하여야 한다. 이 경우 지방항공청장은 「전자정부법」 제36조 제1항에 따른 행정정보의 공동이용을 통하여 법인 등기사항증명서(신청인이 법인인 경우만 해당한다) 및 부동산 등기사항증명서(타인의 부동산을 사용하는 경우는 제외한다)를 확인하여야 한다.
1. 해당 신청이 법 제42조 제2항에 따른 등록요건을 충족함을 증명하거나 설명하는 서류
2. 다음 각 목의 사항을 포함하는 사업계획서
가. 자본금
나. 상호 · 대표자의 성명과 사업소의 명칭 및 소재지
다. 해당 사업의 취급 예정 수량 및 그 산출근거와 예상 사업수지계산서
라. 필요한 자금 및 조달방법
마. 사용시설 · 설비 및 장비 개요
바. 종사자의 수
사. 사업 개시 예정일
3. 부동산을 사용할 수 있음을 증명하는 서류(타인의 부동산을 사용하는 경우만 해당한다)

② 지방항공청장은 제1항에 따른 등록신청서의 내용이 명확하지 아니하거나 첨부서류가 미비한 경우에는 7일 이내에 그 보완을 요구하여야 한다.

정답 50. ① 51. ①

적중 예상문제

01 국토교통부령으로 정하는 공항시설 · 비행장시설 또는 항행안전시설에 해당하지 않는 것은?

① 착륙대
② 공항 소방시설
③ 계류장 및 격납고
④ 항공기 급유시설

해설 **공항시설법 시행규칙 제47조(금지행위 등)**

① 법 제56조 제2항에서 "국토교통부령으로 정하는 공항시설 · 비행장시설 또는 항행안전시설"이라 함은 다음 각 호의 시설을 말한다.
1. 착륙대, 계류장 및 격납고
2. 항공기 급유시설 및 항공유 저장시설

02 항공기, 경량항공기 또는 초경량비행장치 항행에 위험을 일으킬 우려가 있는 행위에 해당하지 않는 것은?

① 관제권에서 장난감용 꽃불류를 사용하는 행위
② 착륙대, 유도로 또는 계류장에 금속편 · 직물 또는 그 밖의 물건을 방치하는 행위
③ 운항 중인 항공기에 장애가 되는 방식으로 항공기나 차량 등을 운행하는 행위
④ 지방항공청장의 승인 없이 레이저광선을 방사하는 행위

해설 **공항시설법 시행규칙 제47조(금지행위 등)**

② 법 제56조 제3항에 따른 항행에 위험을 일으킬 우려가 있는 행위는 다음 각 호와 같다. 〈개정 2018. 2. 9.〉
1. 착륙대, 유도로 또는 계류장에 금속편 · 직물 또는 그 밖의 물건을 방치하는 행위
2. 착륙대 · 유도로 · 계류장 · 격납고 및 사업시행자등이 화기 사용 또는 흡연을 금지한 장소에서 화기를 사용하거나 흡연을 하는 행위
3. 운항 중인 항공기에 장애가 되는 방식으로 항공기나 차량 등을 운행하는 행위
4. 지방항공청장의 승인 없이 레이저광선을 방사하는 행위
5. 지방항공청장의 승인 없이 「항공안전법」 제78조 제1항 제1호에 따른 관제권에서 불꽃 또는 그 밖의 물건(「총포 · 도검 · 화약류 등의 안전관리에 관한 법률 시행규칙」 제4조에 따른 장난감용 꽃불류는 제외한다)을 발사하거나 풍등(風燈)을 날리는 행위
6. 그 밖에 항행의 위험을 일으킬 우려가 있는 행위

03 항행안전시설 중 국토교통부령으로 정하는 시설에 포함되지 않는 것은?

① 항공등화
② 항행안전무선시설
③ 항공정보통신시설
④ 항공유선 · 무선통신

해설 **공항시설법 제2조(정의)**

15. "항행안전시설"이란 유선통신, 무선통신, 인공위성, 불빛, 색채 또는 전파(電波)를 이용하여 항공기의 항행을 돕기 위한 시설로서 국토교통부령으로 정하는 시설을 말한다.

공항시설법 시행규칙 제5조(항행안전시설)

법 제2조 제15호에서 "국토교통부령으로 정하는 시설"이란 다음 항공등화, 항행안전무선시설 및 항공정보통신시설을 말한다.

04 공항구역에 있는 시설과 공항구역 밖에 있는 시설 중 대통령령으로 정하는 기본시설에 해당하지 않는 것은?

① 항공기의 이착륙시설
② 여객시설 및 화물처리시설
③ 항행안전시설
④ 항공기 점검 · 정비 등을 위한 시설

정답 01. ② 02. ① 03. ④ 04. ④

해설 **공항시설법 제2조(정의)**

7. "공항시설"이란 공항구역에 있는 시설과 공항구역 밖에 있는 시설 중 대통령령으로 정하는 시설로서 국토교통부장관이 지정한 다음 각 목의 시설을 말한다.
   가. 항공기의 이륙 · 착륙 및 항행을 위한 시설과 그 부대시설 및 지원시설
   나. 항공 여객 및 화물의 운송을 위한 시설과 그 부대시설 및 지원시설

공항시설법 시행령 제3조(공항시설의 구분)

법 제2조 제7호 각 목 외의 부분에서 "대통령령으로 정하는 시설"이란 다음 각 호의 시설을 말한다.

1. 다음 각 목에서 정하는 기본시설
   가. 활주로, 유도로, 계류장, 착륙대 등 항공기의 이착륙시설
   나. 여객터미널, 화물터미널 등 여객시설 및 화물처리시설
   다. 항행안전시설
   라. 관제소, 송수신소, 통신소 등의 통신시설
   마. 기상관측시설
   바. 공항 이용객을 위한 주차시설 및 경비 · 보안시설
   사. 공항 이용객에 대한 홍보시설 및 안내시설
2. 다음 각 목에서 정하는 지원시설
   가. 항공기 및 지상조업장비의 점검 · 정비 등을 위한 시설
   나. 운항관리시설, 의료시설, 교육훈련시설, 소방시설 및 기내식 제조 · 공급 등을 위한 시설
   다. 공항의 운영 및 유지 · 보수를 위한 공항 운영 · 관리시설
   라. 공항 이용객 편의시설 및 공항근무자 후생복지시설
   마. 공항 이용객을 위한 업무 · 숙박 · 판매 · 위락 · 운동 · 전시 및 관람집회 시설
   바. 공항교통시설 및 조경시설, 방음벽, 공해배출 방지시설 등 환경보호시설
   사. 공항과 관련된 상하수도 시설 및 전력 · 통신 · 냉난방 시설
   아. 항공기 급유시설 및 유류의 저장 · 관리 시설
   자. 항공화물을 보관하기 위한 창고시설
   차. 공항의 운영 · 관리와 항공운송사업 및 이와 관련된 사업에 필요한 건축물에 부속되는 시설
   카. 공항과 관련된 「신에너지 및 재생에너지 개발 · 이용 · 보급 촉진법」 제2조 제3호에 따른 신에너지 및 재생에너지 설비
3. 도심공항터미널
4. 헬기장에 있는 여객시설, 화물처리시설 및 운항지원시설
5. 공항구역 내에 있는 「자유무역지역의 지정 및 운영에 관한 법률」 제4조에 따라 지정된 자유무역지역에 설치하려는 시설로서 해당 공항의 원활한 운영을 위하여 필요하다고 인정하여 국토교통부장관이 지정 · 고시하는 시설
6. 그 밖에 국토교통부장관이 공항의 운영 및 관리에 필요하다고 인정하는 시설

05 공항시설법에서 정한 금지행위에 해당하지 않는 것은?

① 착륙대, 유도로 또는 계류장에 금속편 · 직물 또는 그 밖의 물건을 치우는 행위
② 허가 없이 착륙대, 유도로(誘導路), 계류장(繫留場), 격납고(格納庫) 또는 항행안전시설이 설치된 지역에 출입하는 행위
③ 공항시설 · 비행장시설 또는 항행안전시설을 파손하거나 이들의 기능을 해칠 우려가 있는 행위
④ 공항 주변에 새들을 유인할 가능성이 있는 오물처리장 등 국토교통부령으로 정하는 환경을 만들거나 시설을 설치하는 행위

해설 **공항시설법 제56조(금지행위)**

① 누구든지 국토교통부장관, 사업시행자등 또는 항행안전시설설치자등의 허가 없이 착륙대, 유도로(誘導路), 계류장(繫留場), 격납고(格納庫) 또는 항행안전시설이 설치된 지역에 출입해서는 아니 된다.
② 누구든지 활주로, 유도로 등 그 밖에 국토교통부령으로 정하는 공항시설 · 비행장시설 또는 항행안전시설을 파손하거나 이들의 기능을 해칠 우려가 있는 행위를 해서는 아니 된다.
③ 누구든지 항공기, 경량항공기 또는 초경량비행장치를 향하여 물건을 던지거나 그 밖에 항행에 위험을 일으킬 우려가 있는 행위를 해서는 아니 된다.
④ 누구든지 항행안전시설과 유사한 기능을 가진 시설을 항공기 항행을 지원할 목적으로 설치 · 운영해서는 아니 된다.
⑤ 항공기와 조류의 충돌을 예방하기 위하여 누구든지 항공기가 이륙 · 착륙하는 방향의 공항 또는 비행장 주변지역 등 국토교통부령으로 정하는 범위에서 공항 주변에 새들을 유인할 가능성이 있는 오물처리장 등 국토교통부령으로 정하는 환경을 만들거나 시설을 설치해서는 아니 된다.
⑥ 누구든지 국토교통부장관, 사업시행자등, 항행안전시설설치자등 또는 이착륙장을 설치 · 관리하는 자의 승인 없이 해당 시설에서 다음 각 호의 어느 하나에 해당하는 행위를 해서는 아니 된다.
   1. 영업행위
   2. 시설을 무단으로 점유하는 행위

정답 05. ①

3. 상품 및 서비스의 구매를 강요하거나 영업을 목적으로 손님을 부르는 행위
4. 그 밖에 제1호부터 제3호까지의 행위에 준하는 행위로서 해당 시설의 이용이나 운영에 현저하게 지장을 주는 대통령령으로 정하는 행위

⑦ 국토교통부장관, 사업시행자등, 항행안전시설설치자등, 이착륙장을 설치 · 관리하는 자, 국가경찰공무원(의무경찰을 포함한다) 또는 자치경찰공무원은 제6항을 위반하는 자의 행위를 제지(制止)하거나 퇴거(退去)를 명할 수 있다. 〈개정 2017. 12. 26.〉

06 국토교통부령으로 정하는 시설(항행안전시설)에 포함되지 않는 것은?

① 고도제한표지시설
② 항공등화
③ 항행안전무선시설
④ 항공정보통신시설

해설 **공항시설법 시행규칙 제5조(항행안전시설)**
공항시설법 제2조 제15호에서 "국토교통부령으로 정하는 시설(항행안전시설)"이란 다음 항공등화, 항행안전무선시설 및 항공정보통신시설을 말한다.

07 장애물 제한표면 밖의 지역에서 구조물을 설치하는 자가 항공장애 표시등을 설치해야 하는 높이는?

① 60m ② 80m
③ 100m ④ 120m

해설 **공항시설법 제36조(항공장애 표시등의 설치 등)**
② 장애물 제한표면 밖의 지역에서 지표면이나 수면으로부터 높이가 60미터 이상 되는 구조물을 설치하는 자는 제1항에 따른 표시등 및 표지의 설치 위치 및 방법 등에 따라 표시등 및 표지를 설치하여야 한다. 다만, 구조물의 높이가 표시등이 설치된 구조물과 같거나 낮은 구조물 등 국토교통부령으로 정하는 구조물은 그러하지 아니하다. 〈개정 2017. 8. 9.〉

08 공항구역에서 차량을 운전하려고 할 때 찾아가야 할 승인기관은?

① 국토교통부 ② 지방항공청
③ 해당지역 경찰청 ④ 공항운영자

해설 **공항시설법 시행규칙 [별표 4] 공항시설 · 비행장시설 관리기준(제19조 제1항 관련)**
17. 공항구역에서 차량 또는 장비의 사용 및 취급에 대하여는 다음 각 호에 따를 것. 다만, 긴급한 경우에는 예외로 한다.
가. 보호구역에서는 공항운영자가 승인한 자(「항공보안법」 제13조에 따라 차량 등의 출입허가를 받은 자를 포함한다) 이외의 자는 차량 등을 운전하지 아니할 것
나. 격납고 내에 있어서는 배기에 대한 방화장치가 있는 트랙터를 제외하고는 차량 등을 운전하지 아니할 것
다. 공항에서 차량 등을 주차하는 경우에는 공항운영자가 정한 주차구역 안에서 공항운영자가 정한 규칙에 따라 이를 주차하지 아니할 것
라. 차량 등의 수선 및 청소는 공항운영자가 정하는 장소 이외의 장소에서 행하지 아니할 것
마. 공항구역에 정기로 출입하는 버스 및 택시 등은 공항운영자가 승인한 장소 이외의 장소에서 승객을 승강시키지 아니할 것

09 공항시설법 제56조(금지행위) 중 항행에 위험을 일으킬 우려가 있는 금지행위에 해당하지 않는 것은?

① 착륙대, 유도로 또는 계류장에 금속편 · 직물 또는 그 밖의 물건을 방치하는 행위
② 착륙대 · 유도로 · 계류장 · 격납고 및 사업시행자등이 화기 사용 또는 흡연을 금지한 장소에서 화기를 사용하거나 흡연을 하는 행위
③ 운항 중인 항공기에 장애가 되는 방식으로 항공기나 차량 등을 운행하는 행위
④ 지방항공청장의 승인 하에 레이저광선을 방사하는 행위

해설 **공항시설법 시행규칙 제47조(금지행위 등)**
② 법 제56조 제3항에 따른 항행에 위험을 일으킬 우려가 있는 행위는 다음 각 호와 같다. 〈개정 2018. 2. 9.〉
1. 착륙대, 유도로 또는 계류장에 금속편 · 직물 또는 그 밖의 물건을 방치하는 행위
2. 착륙대 · 유도로 · 계류장 · 격납고 및 사업시행자등이 화기 사용 또는 흡연을 금지한 장소에서 화기를 사용하거나 흡연을 하는 행위
3. 운항 중인 항공기에 장애가 되는 방식으로 항공기나 차량 등을 운행하는 행위

정답 06. ① 07. ① 08. ④ 09. ④

4. 지방항공청장의 승인 없이 레이저광선을 방사하는 행위
5. 지방항공청장의 승인 없이 「항공안전법」 제78조 제1항 제1호에 따른 관제권에서 불꽃 또는 그 밖의 물건(「총포·도검·화약류 등의 안전관리에 관한 법률 시행규칙」 제4조에 따른 장난감용 꽃불류는 제외한다)을 발사하거나 풍등(風燈)을 날리는 행위
6. 그 밖에 항행의 위험을 일으킬 우려가 있는 행위

10 공항시설법에 사용되는 용어 중 비행장시설에 대한 정의로 맞는 것은?

① 공항구역에 있는 시설과 공항구역 밖에 있는 시설 중 대통령령으로 정하는 시설
② 공항 또는 비행장 개발사업을 목적으로 제4조에 따라 국토교통부장관이 공항 또는 비행장의 개발에 관한 기본계획으로 고시한 지역
③ 비행장에 설치된 항공기의 이륙·착륙을 위한 시설과 그 부대시설로서 국토교통부장관이 지정한 시설
④ 공항시설을 갖춘 공공용 비행장으로서 국토교통부장관이 그 명칭·위치 및 구역을 지정·고시한 것

해설 **공항시설법 제2조(정의)**

8. "비행장시설"이란 비행장에 설치된 항공기의 이륙·착륙을 위한 시설과 그 부대시설로서 국토교통부장관이 지정한 시설을 말한다.

11 공항시설의 구분 중 기본시설에 해당하지 않는 것은?

① 활주로, 유도로, 계류장, 착륙대 등 항공기의 이착륙시설
② 여객터미널, 화물터미널 등 여객시설 및 화물처리시설
③ 항행안전시설
④ 항공기 및 지상조업장비의 점검·정비 등을 위한 시설

해설 **공항시설법 제2조(정의)**

7. "공항시설"이란 공항구역에 있는 시설과 공항구역 밖에 있는 시설 중 대통령령으로 정하는 시설로서 국토교통부장관이 지정한 다음 각 목의 시설을 말한다.
가. 항공기의 이륙·착륙 및 항행을 위한 시설과 그 부대시설 및 지원시설
나. 항공 여객 및 화물의 운송을 위한 시설과 그 부대시설 및 지원시설

공항시설법 시행령 제3조(공항시설의 구분)

법 제2조 제7호 각 목 외의 부분에서 "대통령령으로 정하는 시설"이란 다음 각 호의 시설을 말한다.

1. 다음 각 목에서 정하는 기본시설
가. 활주로, 유도로, 계류장, 착륙대 등 항공기의 이착륙시설
나. 여객터미널, 화물터미널 등 여객시설 및 화물처리시설
다. 항행안전시설
라. 관제소, 송수신소, 통신소 등의 통신시설
마. 기상관측시설
바. 공항 이용객을 위한 주차시설 및 경비·보안시설
사. 공항 이용객에 대한 홍보시설 및 안내시설

12 항공기의 항행을 돕기 위한 항행안전시설 중 국토교통부령으로 정하는 시설에 해당하지 않는 것은?

① 항공등화
② 장애물 제한표지시설
③ 항행안전무선시설
④ 항공정보통신시설

해설 **공항시설법 제2조(정의)**

15. "항행안전시설"이란 유선통신, 무선통신, 인공위성, 불빛, 색채 또는 전파(電波)를 이용하여 항공기의 항행을 돕기 위한 시설로서 국토교통부령으로 정하는 시설을 말한다.

공항시설법 시행규칙 제5조(항행안전시설)

법 제2조 제15호에서 "국토교통부령으로 정하는 시설"이란 다음 항공등화, 항행안전무선시설 및 항공정보통신시설을 말한다.

13 대통령령으로 정하는 비행장의 구분에 해당하지 않는 것은?

① 육상비행장 ② 육상헬기장
③ 수상비행장 ④ 산상(山上)헬기장

해설 **공항시설법 시행령 제2조(비행장의 구분)**

「공항시설법」(이하 "법"이라 한다) 제2조 제2호에서 "대통령령으로 정하는 것"이란 다음 각 호의 것을 말한다.

정답 10. ③ 11. ④ 12. ② 13. ④

1. 육상비행장
2. 육상헬기장
3. 수상비행장
4. 수상헬기장
5. 옥상헬기장
6. 선상(船上)헬기장
7. 해상구조물헬기장

14 공항시설법에서 정한 공항에 대한 정의를 맞게 설명한 것은?

① 항공기 · 경량항공기 · 초경량비행장치의 이륙과 착륙을 위하여 사용되는 육지 또는 수면(水面)의 일정한 구역
② 공항시설을 갖춘 공공용 비행장으로서 국토교통부장관이 그 명칭 · 위치 및 구역을 지정 · 고시한 것
③ 공항으로 사용되고 있는 지역과 공항 · 비행장개발예정지역 중 도시 · 군계획시설로 결정되어 국토교통부장관이 고시한 지역
④ 비행장으로 사용되고 있는 지역과 공항 · 비행장개발예정지역 중 도시 · 군계획시설로 결정되어 국토교통부장관이 고시한 지역

해설 공항시설법 제2조(정의)
3. "공항"이란 공항시설을 갖춘 공공용 비행장으로서 국토교통부장관이 그 명칭 · 위치 및 구역을 지정 · 고시한 것을 말한다.

15 공항시설을 갖춘 공공용 비행장으로서 국토교통부장관이 그 명칭 · 위치 및 구역을 지정 · 고시한 것으로 정의되는 것은?

① 비행장 ② 공항
③ 비행장구역 ④ 공항구역

해설 공항시설법 제2조(정의)
2. "비행장"이란 항공기 · 경량항공기 · 초경량비행장치의 이륙[이수(離水)를 포함한다. 이하 같다]과 착륙[착수(着水)를 포함한다. 이하 같다]을 위하여 사용되는 육지 또는 수면(水面)의 일정한 구역으로서 대통령령으로 정하는 것을 말한다.
3. "공항"이란 공항시설을 갖춘 공공용 비행장으로서 국토교통부장관이 그 명칭 · 위치 및 구역을 지정 · 고시한 것을 말한다.
4. "공항구역"이란 공항으로 사용되고 있는 지역과 공항 · 비행장개발예정지역 중 「국토의 계획 및 이용에 관한 법률」 제30조 및 제43조에 따라 도시 · 군계획시설로 결정되어 국토교통부장관이 고시한 지역을 말한다.
5. "비행장구역"이란 비행장으로 사용되고 있는 지역과 공항 · 비행장개발예정지역 중 「국토의 계획 및 이용에 관한 법률」 제30조 및 제43조에 따라 도시 · 군계획시설로 결정되어 국토교통부장관이 고시한 지역을 말한다.
6. "공항 · 비행장개발예정지역"이란 공항 또는 비행장 개발사업을 목적으로 제4조에 따라 국토교통부장관이 공항 또는 비행장의 개발에 관한 기본계획으로 고시한 지역을 말한다.
7. "공항시설"이란 공항구역에 있는 시설과 공항구역 밖에 있는 시설 중 대통령령으로 정하는 시설로서 국토교통부장관이 지정한 다음 각 목의 시설을 말한다.
   가. 항공기의 이륙 · 착륙 및 항행을 위한 시설과 그 부대시설 및 지원시설
   나. 항공 여객 및 화물의 운송을 위한 시설과 그 부대시설 및 지원시설
8. "비행장시설"이란 비행장에 설치된 항공기의 이륙 · 착륙을 위한 시설과 그 부대시설로서 국토교통부장관이 지정한 시설을 말한다.

16 활주로와 항공기가 활주로를 이탈하는 경우 항공기와 탑승자의 피해를 줄이기 위하여 활주로 주변에 설치하는 안전지대로 정의되는 것은?

① 착륙대 ② 수평표면
③ 전이표면 ④ 착륙복행표면

해설 공항시설법 제2조(정의)
13. "착륙대"(着陸帶)란 활주로와 항공기가 활주로를 이탈하는 경우 항공기와 탑승자의 피해를 줄이기 위하여 활주로 주변에 설치하는 안전지대로서 국토교통부령으로 정하는 크기로 이루어지는 활주로 중심선에 중심을 두는 직사각형의 지표면 또는 수면을 말한다.

17 장애물의 설치 등이 제한되는 표면으로서 대통령령으로 정하는 구역에 해당하지 않는 것은?

① 수직표면
② 원추표면
③ 진입표면 및 내부진입표면
④ 착륙복행(着陸復行)표면

정답 14. ② 15. ② 16. ① 17. ①

해설 **공항시설법 시행령 제5조(장애물 제한표면의 구분)**

① 법 제2조 제14호에서 "대통령령으로 정하는 구역"이란 다음 각 호의 것을 말한다.

1. 수평표면
2. 원추표면
3. 진입표면 및 내부진입표면
4. 전이(轉移)표면 및 내부전이표면
5. 착륙복행(着陸復行)표면

② 장애물 제한표면의 기준 등에 관하여 필요한 사항은 국토교통부령으로 정한다.

18 유선통신, 무선통신, 인공위성, 불빛, 색채 또는 전파(電波)를 이용하여 항공기의 항행을 돕기 위한 항행안전시설에 해당하지 않는 것은?

① 항공등화
② 장애물표지시설
③ 항행안전무선시설
④ 항공정보통신시설

해설 **공항시설법 시행규칙 제5조(항행안전시설)**

법 제2조 제15호에서 "국토교통부령으로 정하는 시설"이란 다음 항공등화, 항행안전무선시설 및 항공정보통신시설을 말한다.

19 불빛, 색채 또는 형상(形象)을 이용하여 항공기의 항행을 돕기 위한 항공등화 중 착륙하려는 항공기에 진입로를 알려주기 위해 진입구역에 설치하는 등화는?

① 진입등시스템(approach lighting systems)
② 비행장등대(aerodrome beacon)
③ 진입각지시등(precision approach path indicator)
④ 접지구역등(touchdown zone lights)

해설 **공항시설법 제2조(정의)**

16. "항공등화"란 불빛, 색채 또는 형상(形象)을 이용하여 항공기의 항행을 돕기 위한 항행안전시설로서 국토교통부령으로 정하는 시설을 말한다.

공항시설법 시행규칙 제6조(항공등화)

법 제2조 제16호에서 "국토교통부령으로 정하는 시설"이란 [별표 3]의 시설을 말한다.

[별표 3] 항공등화의 종류(제6조 관련)

1. 비행장등대(aerodrome beacon): 항행 중인 항공기에 공항·비행장의 위치를 알려주기 위해 공항·비행장 또는 그 주변에 설치하는 등화
2. 비행장식별등대(aerodrome identification beacon): 항행 중인 항공기에 공항·비행장의 위치를 알려주기 위해 모르스부호에 따라 명멸(明滅)하는 등화
3. 진입등시스템(approach lighting systems): 착륙하려는 항공기에 진입로를 알려주기 위해 진입구역에 설치하는 등화
4. 진입각지시등(precision approach path indicator): 착륙하려는 항공기에 착륙 시 진입각의 적정 여부를 알려주기 위해 활주로의 외측에 설치하는 등화
5. 활주로등(runway edge lights): 이륙 또는 착륙하려는 항공기에 활주로를 알려주기 위해 그 활주로 양측에 설치하는 등화
6. 활주로시단등(runway threshold lights): 이륙 또는 착륙하려는 항공기에 활주로의 시단을 알려주기 위해 활주로의 양 시단(始端)에 설치하는 등화
7. 활주로시단연장등(runway threshold wing bar lights): 활주로시단등의 기능을 보조하기 위해 활주로 시단 부분에 설치하는 등화
8. 활주로중심선등(runway center line lights): 이륙 또는 착륙하려는 항공기에 활주로의 중심선을 알려주기 위해 그 중심선에 설치하는 등화
9. 접지구역등(touchdown zone lights): 착륙하고자 하려는 항공기에 접지구역을 알려주기 위해 접지구역에 설치하는 등화
10. 활주로거리등(runway distance marker sign): 활주로를 주행 중인 항공기에 전방의 활주로 종단(終端)까지의 남은 거리를 알려주기 위해 설치하는 등화
11. 활주로종단등(runway end lights): 이륙 또는 착륙하려는 항공기에 활주로의 종단을 알려주기 위해 설치하는 등화
12. 활주로시단식별등(runway threshold identification lights): 착륙하려는 항공기에 활주로 시단의 위치를 알려주기 위해 활주로 시단의 양쪽에 설치하는 등화
13. 선회등(circling guidance lights): 체공 선회 중인 항공기가 기존의 진입등시스템과 활주로등만으로는 활주로 또는 진입지역을 충분히 식별하지 못하는 경우에 선회비행을 안내하기 위해 활주로의 외측에 설치하는 등화
14. 유도로등(taxiway edge lights): 지상주행 중인 항공기에 유도로·대기지역 또는 계류장 등의 가장자리를 알려주기 위해 설치하는 등화
15. 유도로중심선등(taxiway center line lights): 지상주행 중인 항공기에 유도로의 중심·활주로 또는 계류장의

정답 18. ② 19. ①

출입경로를 알려주기 위해 설치하는 등화
16. 활주로유도등(runway leading lighting systems): 활주로의 진입경로를 알려주기 위해 진입로를 따라 집단으로 설치하는 등화
17. 일시정지위치등(intermediate holding position lights): 지상 주행 중인 항공기에 일시 정지해야 하는 위치를 알려주기 위해 설치하는 등화
18. 정지선등(stop bar lights): 유도정지 위치를 표시하기 위해 유도로의 교차부분 또는 활주로 진입정지 위치에 설치하는 등화
19. 활주로경계등(runway guard lights): 활주로에 진입하기 전에 멈추어야 할 위치를 알려주기 위해 설치하는 등화
20. 풍향등(illuminated wind direction indicator): 항공기에 풍향을 알려주기 위해 설치하는 등화
21. 지향신호등(signalling lamp, light gun): 항공교통의 안전을 위해 항공기 등에 필요한 신호를 보내기 위해 사용하는 등화
22. 착륙방향지시등(landing direction indicator): 착륙하려는 항공기에 착륙의 방향을 알려주기 위해 t자형 또는 4면체형의 물건에 설치하는 등화
23. 도로정지위치등(road-holding position lights): 활주로에 연결된 도로의 정지위치에 설치하는 등화
24. 정지로등(stop way lights): 항공기를 정지시킬 수 있는 지역의 정지로에 설치하는 등화
25. 금지구역등(unserviceability lights): 항공기에 비행장 안의 사용금지 구역을 알려주기 위해 설치하는 등화
26. 회전안내등(turning guidance lights): 회전구역에서의 회전경로를 보여주기 위해 회전구역 주변에 설치하는 등화
27. 항공기주기장식별표지등(aircraft stand identification sign): 주기장(駐機場)으로 진입하는 항공기에 주기장을 알려주기 위해 설치하는 등화
28. 항공기주기장안내등(aircraft stand maneuvering guidance lights): 시정(視程)이 나쁠 경우 주기위치 또는 제빙(除氷)·방빙시설(防氷施設)을 알려주기 위해 설치하는 등화
29. 계류장조명등(apron floodlighting): 야간에 작업을 할 수 있도록 계류장에 설치하는 등화
30. 시각주기유도시스템(visual docking guidance system): 항공기에 정확한 주기위치를 안내하기 위해 주기장에 설치하는 등화
31. 유도로안내등(taxiway guidance sign): 지상 주행 중인 항공기에 목적지, 경로 및 분기점을 알려주기 위해 설치하는 등화
32. 제빙·방빙시설출구등(de/anti-icing facility exit lights): 유도로에 인접해 있는 제빙·방빙시설을 알려주기 위해 출구에 설치하는 등화
33. 비상용등화(emergency lighting): 항공등화의 고장 또는 정전에 대비하여 갖춰 두는 이동형 비상등화
34. 헬기장등대(heliport beacon): 항행 중인 헬기에 헬기장의 위치를 알려주기 위해 헬기장 또는 그 주변에 설치하는 등화
35. 헬기장진입등시스템(heliport approach lighting system): 착륙하려는 헬기에 그 진입로를 알려주기 위해 진입구역에 설치하는 등화
36. 헬기장진입각지시등(heliport approach path indicator): 착륙하려는 헬기에 착륙할 때의 진입각의 적정 여부를 알려주기 위해 설치하는 등화
37. 시각정렬안내등(visual alignment guidance system): 헬기장으로 진입하는 헬기에 적정한 진입 방향을 알려주기 위해 설치하는 등화
38. 진입구역등(final approach & take-off area lights): 헬기장의 진입구역 및 이륙구역의 경계 윤곽을 알려주기 위해 진입구역 및 이륙구역에 설치하는 등화
39. 목표지점등(aiming point lights): 헬기장의 목표지점을 알려주기 위해 설치하는 등화
40. 착륙구역등(touchdown & lift-off area lighting system): 착륙구역을 조명하기 위해 설치하는 등화
41. 견인지역조명등(winching area floodlighting): 야간에 사용하는 견인지역을 조명하기 위해 설치하는 등화
42. 장애물조명등(floodlighting of obstacles): 헬기장 지역의 장애물에 장애등을 설치하기가 곤란한 경우에 장애물을 표시하기 위해 설치하는 등화
43. 간이접지구역등(simple touchdown zone lights): 착륙하려는 항공기에 복행을 시작해도 되는지를 알려주기 위해 설치하는 등화
44. 진입금지선등(no-entry bar): 교통수단이 부주의로 인하여 탈출전용 유도로용 유도로에 진입하는 것을 예방하기 위해 하는 등화

20 공항구역 안과 공항구역 밖에 있는 공항시설 중 기본시설에 해당하는 것은?

① 여객터미널, 화물터미널 등 여객시설 및 화물처리시설
② 항공기 및 지상조업장비의 점검·정비 등을 위한 시설
③ 공항의 운영 및 유지·보수를 위한 공항 운영·관리시설
④ 항공기 급유시설 및 유류의 저장·관리 시설

정답 20. ①

해설 **공항시설법 시행령 제3조(공항시설의 구분)**
법 제2조 제7호 각 목 외의 부분에서 "대통령령으로 정하는 시설"이란 다음 각 호의 시설을 말한다.
1. 다음 각 목에서 정하는 기본시설
 가. 활주로, 유도로, 계류장, 착륙대 등 항공기의 이착륙 시설
 나. 여객터미널, 화물터미널 등 여객시설 및 화물처리시설
 다. 항행안전시설
 라. 관제소, 송수신소, 통신소 등의 통신시설
 마. 기상관측시설
 바. 공항 이용객을 위한 주차시설 및 경비 · 보안시설
 사. 공항 이용객에 대한 홍보시설 및 안내시설
2. 다음 각 목에서 정하는 지원시설
 가. 항공기 및 지상조업장비의 점검 · 정비 등을 위한 시설
 나. 운항관리시설, 의료시설, 교육훈련시설, 소방시설 및 기내식 제조 · 공급 등을 위한 시설
 다. 공항의 운영 및 유지 · 보수를 위한 공항 운영 · 관리 시설
 라. 공항 이용객 편의시설 및 공항근무자 후생복지시설
 마. 공항 이용객을 위한 업무 · 숙박 · 판매 · 위락 · 운동 · 전시 및 관람집회 시설
 바. 공항교통시설 및 조경시설, 방음벽, 공해배출 방지시설 등 환경보호시설
 사. 공항과 관련된 상하수도 시설 및 전력 · 통신 · 냉난방 시설
 아. 항공기 급유시설 및 유류의 저장 · 관리 시설
 자. 항공화물을 보관하기 위한 창고시설
 차. 공항의 운영 · 관리와 항공운송사업 및 이와 관련된 사업에 필요한 건축물에 부속되는 시설
 카. 공항과 관련된 「신에너지 및 재생에너지 개발 · 이용 · 보급 촉진법」 제2조 제3호에 따른 신에너지 및 재생에너지 설비

21 공항구역 안과 공항구역 밖에 있는 공항시설 중 지원시설에 해당하는 것은?

① 항행안전시설
② 공항 이용객을 위한 주차시설 및 경비 · 보안시설
③ 공항 이용객에 대한 홍보시설 및 안내시설
④ 항공화물을 보관하기 위한 창고시설

해설 **공항시설법 시행령 제3조(공항시설의 구분)**
법 제2조 제7호 각 목 외의 부분에서 "대통령령으로 정하는 시설"이란 다음 각 호의 시설을 말한다.
2. 다음 각 목에서 정하는 지원시설
 가. 항공기 및 지상조업장비의 점검 · 정비 등을 위한 시설
 나. 운항관리시설, 의료시설, 교육훈련시설, 소방시설 및 기내식 제조 · 공급 등을 위한 시설
 다. 공항의 운영 및 유지 · 보수를 위한 공항 운영 · 관리 시설
 라. 공항 이용객 편의시설 및 공항근무자 후생복지시설
 마. 공항 이용객을 위한 업무 · 숙박 · 판매 · 위락 · 운동 · 전시 및 관람집회 시설
 바. 공항교통시설 및 조경시설, 방음벽, 공해배출 방지시설 등 환경보호시설
 사. 공항과 관련된 상하수도 시설 및 전력 · 통신 · 냉난방 시설
 아. 항공기 급유시설 및 유류의 저장 · 관리 시설
 자. 항공화물을 보관하기 위한 창고시설
 차. 공항의 운영 · 관리와 항공운송사업 및 이와 관련된 사업에 필요한 건축물에 부속되는 시설
 카. 공항과 관련된 「신에너지 및 재생에너지 개발 · 이용 · 보급 촉진법」 제2조 제3호에 따른 신에너지 및 재생에너지 설비

22 비계기접근에 사용되는 활주로가 설치되는 비행장에 적용되는 장애물 제한표면의 종류에 해당하지 않는 것은?

① 원추표면
② 수평표면
③ 진입표면
④ 착륙복행표면(着陸復行表面)

해설 **공항시설법 시행규칙 제4조(장애물 제한표면의 기준)**
「공항시설법 시행령」 제5조 제2항에 따른 장애물 제한표면의 기준은 [별표 2]와 같다.
[별표 2] 장애물 제한표면의 기준(제4조 관련)
1. 비행방식에 따른 장애물 제한표면의 종류
 가. 계기비행방식에 의한 접근(이하 "계기접근"이라 한다) 중 계기착륙시설 또는 정밀접근레이더를 이용한 접근(이하 "정밀접근"이라 한다)에 사용되는 활주로(수상비행장 및 수상헬기장에서는 착륙대를 말한다. 이하 같다)가 설치되는 비행장(수상비행장은 제외한다)
  1) 원추표면
  2) 수평표면
  3) 진입표면 및 내부진입표면
  4) 전이표면 및 내부전이표면
  5) 착륙복행표면(着陸復行表面)
 나. 계기접근이 아닌 접근(이하 "비계기접근"이라 한다)

정답 21. ④ 22. ④

및 정밀접근이 아닌 계기접근(이하 "비정밀접근"이라 한다)에 사용되는 활주로가 설치되는 비행장. 다만, 항공기의 직진입(直進入) 이착륙 절차만 수립되어 있는 수상비행장의 경우에는 원추표면 및 수평표면에 대하여 적용하지 않는다.

1) 원추표면
2) 수평표면
3) 진입표면
4) 전이표면

23 장애물 제한표면 중 수평표면의 원주로부터 외측 상방으로 경사도를 갖는 표면을 설명한 것은?

① 원추표면 ② 수평표면
③ 진입표면 ④ 전이표면

해설 **공항시설법 시행규칙 제4조(장애물 제한표면의 기준)**
[별표 2] 장애물 제한표면의 기준(제4조 관련)
2. 장애물 제한표면 종류별 설정기준
가. 원추표면: 수평표면의 원주로부터 외측 상방으로 경사도를 갖는 표면을 말한다.
나. 수평표면: 비행장 및 그 주변의 상방(上方)에 수평한 평면을 말한다.
다. 진입표면: 활주로 시단 또는 착륙대 끝의 앞에 있는 경사도를 갖는 표면을 말한다.
라. 내부진입표면: 활주로 시단 바로 앞에 있는 진입표면의 직사각형 부분을 말한다.
마. 전이표면: 착륙대의 측변 및 진입표면 측변의 일부에서 수평표면에 연결되는 외측 상방으로 경사도를 갖는 복합된 표면을 말한다.
바. 착륙복행표면: 내부전이표면 사이의 시단 이후로 규정된 거리에서 연장되는 경사진 표면을 말한다.

24 장애물 제한표면 중 활주로 시단 또는 착륙대 끝의 앞에 있는 경사도를 갖는 표면을 설명한 것은?

① 수평표면 ② 원추표면
③ 진입표면 ④ 전이표면

해설 **공항시설법 시행규칙 제4조(장애물 제한표면의 기준)**
[별표 2] 장애물 제한표면의 기준(제4조 관련)
2. 장애물 제한표면 종류별 설정기준
가. 원추표면: 수평표면의 원주로부터 외측 상방으로 경사도를 갖는 표면을 말한다.
나. 수평표면: 비행장 및 그 주변의 상방(上方)에 수평한 평면을 말한다.
다. 진입표면: 활주로 시단 또는 착륙대 끝의 앞에 있는 경사도를 갖는 표면을 말한다.
라. 내부진입표면: 활주로 시단 바로 앞에 있는 진입표면의 직사각형 부분을 말한다.
마. 전이표면: 착륙대의 측변 및 진입표면 측변의 일부에서 수평표면에 연결되는 외측 상방으로 경사도를 갖는 복합된 표면을 말한다.
바. 착륙복행표면: 내부전이표면 사이의 시단 이후로 규정된 거리에서 연장되는 경사진 표면을 말한다.

25 장애물 제한표면 중 착륙대의 측변 및 진입표면 측변의 일부에서 수평표면에 연결되는 외측 상방으로 경사도를 갖는 복합된 표면을 설명한 것은?

① 수평표면 ② 원추표면
③ 진입표면 ④ 전이표면

해설 **공항시설법 시행규칙 제4조(장애물 제한표면의 기준)**
[별표 2] 장애물 제한표면의 기준(제4조 관련)
2. 장애물 제한표면 종류별 설정기준
가. 원추표면: 수평표면의 원주로부터 외측 상방으로 경사도를 갖는 표면을 말한다.
나. 수평표면: 비행장 및 그 주변의 상방(上方)에 수평한 평면을 말한다.
다. 진입표면: 활주로 시단 또는 착륙대 끝의 앞에 있는 경사도를 갖는 표면을 말한다.
라. 내부진입표면: 활주로 시단 바로 앞에 있는 진입표면의 직사각형 부분을 말한다.
마. 전이표면: 착륙대의 측변 및 진입표면 측변의 일부에서 수평표면에 연결되는 외측 상방으로 경사도를 갖는 복합된 표면을 말한다.
바. 착륙복행표면: 내부전이표면 사이의 시단 이후로 규정된 거리에서 연장되는 경사진 표면을 말한다.

26 장애물 제한표면에서 수직으로 지상까지 투영한 구역에서 높이가 지표 또는 수면으로부터 몇 미터 이상인 물체 및 구조물에는 표시등 및 표지를 설치해야 하는가?

① 30미터 ② 60미터
③ 90미터 ④ 120미터

정답 23. ① 24. ③ 25. ④ 26. ②

해설 공항시설법 제36조(항공장애 표시등의 설치 등)

① 국토교통부장관 또는 사업시행자등은 장애물 제한표면에서 수직으로 지상까지 투영한 구역에 있는 구조물로서 국토교통부령으로 정하는 구조물에는 국토교통부령으로 정하는 항공장애 표시등(이하 "표시등"이라 한다) 및 항공장애 주간(晝間)표지(이하 "표지"라 한다)의 설치 위치 및 방법 등에 따라 표시등 및 표지를 설치하여야 한다. 다만, 제4조 제5항에 따른 기본계획의 고시 또는 변경 고시, 제7조 제6항에 따른 실시계획의 고시 또는 변경 고시를 한 후에 설치되는 구조물의 경우에는 그 구조물의 소유자가 표시등 및 표지를 설치하여야 한다. 〈개정 2017. 8. 9.〉

공항시설법 시행규칙 [별표 9] 표시등 및 표지 설치대상 구조물(제28조 제1항 관련)

7. 장애물 제한표면에서 수직으로 지상까지 투영한 구역에서 높이가 지표 또는 수면으로부터 60미터 이상인 물체 및 구조물에는 표시등 및 표지를 설치해야 한다. 다만, 국토교통부장관이 정하여 고시하는 물체 및 구조물의 경우에는 그렇지 않다.

27 항행안전무선시설의 설치기준에 따라 항공기에 자북(磁北)을 기준으로 한 방위각 정보를 제공해야 하는 시설은?

① 무지향성표지시설(NDB)
② 전방향표지시설(VOR)
③ 거리측정시설(DME)
④ 레이더시설(ASR/ARSR/SSR/ARTS/ASDE/PAR)

해설 공항시설법 시행규칙 제7조(항행안전무선시설)

법 제2조 제17호에서 "국토교통부령으로 정하는 시설"이란 다음 각 호의 시설을 말한다.

1. 거리측정시설(DME)
2. 계기착륙시설(ILS/MLS/TLS)
3. 다변측정감시시설(MLAT)
4. 레이더시설(ASR/ARSR/SSR/ARTS/ASDE/PAR)
5. 무지향표지시설(NDB)
6. 범용접속데이터통신시설(UAT)
7. 위성항법감시시설(GNSS Monitoring System)
8. 위성항법시설(GNSS/SBAS/GRAS/GBAS)
9. 자동종속감시시설(ADS, ADS-B, ADS-C)
10. 전방향표지시설(VOR)
11. 전술항행표지시설(TACAN)

[별표 15] 항행안전무선시설의 설치기준(제36조 제2항 제2호 관련)

2. 세부 기술기준

가. 무지향표지시설(NDB): 항공기에 무지향표지시설의 위치를 나타낼 수 있도록 방향정보를 무지향성으로 제공해야 한다.

나. 전방향표지시설(VOR): 항공기에 자북(磁北)을 기준으로 한 방위각 정보를 제공해야 한다.

다. 거리측정시설(DME): 지상의 기준점으로부터 항공기까지의 경사거리정보를 항공기에 제공해야 한다.

라. 레이더시설(ASR/ARSR/SSR/ARTS/ASDE/PAR)

가) 일차감시레이더(ASR/ARSR), 이차감시레이더(SSR) 및 레이더 자료 자동처리장치(RDP/FDP/ARTS): 항공기 관제를 안전하고 효율적으로 하기 위하여 항공기 탐지를 위한 항공기 위치, 속도, 고도, 비행계획 자료 및 운영자가 따로 요구하는 사항을 현시장치(display)에 표시할 수 있어야 한다.

나) 공항지상감시레이더(ASDE): 항공교통관제를 효율적·경제적으로 수행하기 위하여 지상에서 이동하는 항공기 등의 이동물체를 탐지하여 현시장치에 표시함으로써 이동물체의 위치 등을 쉽게 파악할 수 있어야 한다.

다) 정밀접근레이더(PAR): 관제사가 레이더 화면을 이용하여 착륙하는 항공기에 착륙지점에서 15km 이상의 범위에 대하여 방위각 및 활공각 정보를 제공할 수 있어야 한다.

28 계기착륙시설(ILS)의 구성장비에 포함되지 않는 것은?

① 방위각제공시설(LLZ)
② 활공각제공시설(GP)
③ 마커장비
④ 마이크로파착륙시설

해설 공항시설법 시행규칙 제36조(항행안전시설 설치허가의 신청 등)

① 법 제43조 제2항에 따른 항행안전시설 설치허가를 받으려는 자는 별지 제27호서식의 신청서에 제9조 제1항 각 호의 서류를 첨부하여 지방항공청장(항공로용으로 사용되는 항공정보통신시설 및 항행안전무선시설의 경우에는 항공교통본부장을 말한다)에게 제출하여야 한다. 이 경우 담당 공무원은 「전자정부법」 제36조 제1항에 따른 행정정보의 공동이용을 통하여 법인등기사항증명서(신청인이 법인인 경우만 해당한다)를 확인하여야 한다.

② 법 제43조 제4항에 따른 항행안전시설의 설치기준은 다음 각 호와 같다.

정답 27. ② 28. ④

1. 항공등화의 설치기준: [별표 14]
2. 항행안전무선시설의 설치기준: [별표 15]
3. 항공정보통신시설의 설치기준: [별표 16]

[별표 15] 〈개정 2018. 2. 9.〉 항행안전무선시설의 설치기준 (제36조 제2항 제2호 관련)

항행안전무선시설의 설치기준(제36조 제2항 제2호 관련)

(2) 계기착륙시설의 구성장비는 다음과 같다. 다만, 지형적 여건 또는 운영여건에 따라서 일부 장비의 설치를 하지 않거나 또는 유사한 기능을 가진 장비로 대체할 수 있다.
(가) 감시장치 · 원격제어 및 지시장치를 갖춘 방위각 제공시설(LLZ)
(나) 감시장치 · 원격제어 및 지시장치를 갖춘 활공각 제공시설(GP)
(다) 감시장치 · 원격제어 및 지시장치를 갖춘 마커(marker) 장비. 다만, 지형적 또는 운영 여건에 따라 거리측정시설로 대체할 수 있다.

마이크로파착륙시설: 위치정보와 다양한 지대공 데이터를 제공하는 정밀접근 및 착륙유도시설로서, 위치정보는 넓은 통달범위의 구역에 제공되고 방위각도 측정, 고도각도 측정 및 거리측정에 의하여 결정된다.

29 항행안전무선시설의 설치기준에 따라 설치해야 하는 시설로서 아래 그림이 설명하고 있는 것은?

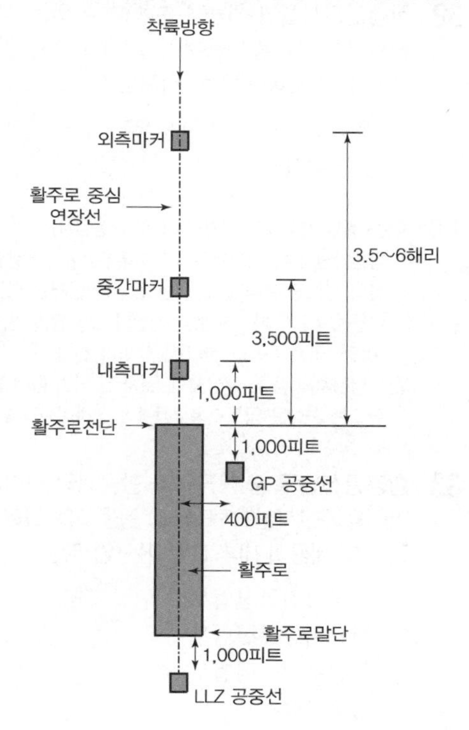

① 무지향성표지시설(NDB)
② 전방향표지시설(VOR)
③ 거리측정시설(DME)
④ 계기착륙시설(ILS)

해설 공항시설법 시행규칙 제36조(항행안전시설 설치허가의 신청 등)
① 법 제43조 제2항에 따른 항행안전시설 설치허가를 받으려는 자는 별지 제27호서식의 신청서에 제9조 제1항 각 호의 서류를 첨부하여 지방항공청장(항공로용으로 사용되는 항공정보통신시설 및 항행안전무선시설의 경우에는 항공교통본부장을 말한다)에게 제출하여야 한다. 이 경우 담당 공무원은 「전자정부법」 제36조 제1항에 따른 행정정보의 공동이용을 통하여 법인등기사항증명서(신청인이 법인인 경우만 해당한다)를 확인하여야 한다.
② 법 제43조 제4항에 따른 항행안전시설의 설치기준은 다음 각 호와 같다.
1. 항공등화의 설치기준: [별표 14]
2. 항행안전무선시설의 설치기준: [별표 15]
3. 항공정보통신시설의 설치기준: [별표 16]

[별표 15] 〈개정 2018. 2. 9.〉 항행안전무선시설의 설치기준 (제36조 제2항 제2호 관련)
2. 세부 기술기준
라. 계기착륙시설(ILS) · 마이크로파착륙시설(MLS) 또는 트랜스폰더착륙시설(TLS)

30 항행안전무선시설의 설치기준에 따라 자북을 기준으로 한 방위각 정보와 지상의 기준점으로부터 항공기까지의 경사거리정보를 항공기에 제공하는 기능을 갖는 시설은?

① 무지향표지시설(NDB)
② 전술항행표지시설(TACAN)
③ 위성항법시설(GNSS/SBAS/GRAS/GBAS)
④ 자동종속감시시설(ADS, ADS-B)

해설 공항시설법 시행규칙 제36조(항행안전시설 설치허가의 신청 등)
① 법 제43조 제2항에 따른 항행안전시설 설치허가를 받으려는 자는 별지 제27호서식의 신청서에 제9조 제1항 각 호의 서류를 첨부하여 지방항공청장(항공로용으로 사용되는 항공정보통신시설 및 항행안전무선시설의 경우에는 항공교통본부장을 말한다)에게 제출하여야 한다. 이 경우 담당 공무원은 「전자정부법」 제36조 제1항에 따른 행정정보의 공동이용을 통하여 법인등기사항증명서(신청인이 법인인 경우만 해당한다)를 확인하여야 한다.
② 법 제43조 제4항에 따른 항행안전시설의 설치기준은 다음 각 호와 같다.

정답 29. ④ 30. ②

1. 항공등화의 설치기준: [별표 14]
2. 항행안전무선시설의 설치기준: [별표 15]
3. 항공정보통신시설의 설치기준: [별표 16]

[별표 15] 〈개정 2018. 2. 9.〉 항행안전무선시설의 설치기준 (제36조 제2항 제2호 관련)

2. 세부 기술기준

가. 무지향표지시설(NDB): 항공기에 무지향표지시설의 위치를 나타낼 수 있도록 방향정보를 무지향성으로 제공해야 한다.

바. 전술항행표지시설(TACAN): 전술항행표지시설은 자북을 기준으로 한 방위각 정보와 지상의 기준점으로부터 항공기까지의 경사거리정보를 항공기에 제공하는 기능을 갖는다.

사. 위성항법시설(GNSS/SBAS/GRAS/GBAS): 위성항법시설은 위치정보제공위성 등을 활용하여 위치정보 이용자에게 항행에 필요한 정보를 제공하는 기능을 갖는다.

아. 자동종속감시시설(ADS, ADS-B)

1) 기능: 자동종속감시시설은 다음의 기능을 갖는다.

가) ADS는 항공기에서 전송하는 위치, 속도 및 호출부호 등의 정보를 관제용 현시장치에 실시간으로 표시하는 기능을 갖는다.

나) ADS-B는 항공기에서 전송하는 정보를 분석하여 항공기의 위치 및 이동 상황, 항공기상정보 등을 관제용 현시장치에 실시간으로 표시하거나 불특정 다수의 항공기에 방송할 수 있는 기능을 갖는다.

31 항공정보통신시설의 설치기준에 따라 HF 대역의 주파수를 이용하여 지상 운영자와 항공기 조종사에게 장거리 이동통신 기능을 제공하는 시설은?

① 단거리이동통신시설(VHF/UHF Radio)
② 단파이동통신시설(HF Radio)
③ 초단파디지털이동통신시설(VDL)
④ 항공이동위성통신시설[AMS(R)S]

해설 공항시설법 시행규칙 제36조(항행안전시설 설치허가의 신청 등)

① 법 제43조 제2항에 따른 항행안전시설 설치허가를 받으려는 자는 별지 제27호서식의 신청서에 제9조 제1항 각 호의 서류를 첨부하여 지방항공청장(항공로용으로 사용되는 항공정보통신시설 및 항행안전무선시설의 경우에는 항공교통본부장을 말한다)에게 제출하여야 한다. 이 경우 담당 공무원은 「전자정부법」 제36조 제1항에 따른 행정정보의 공동이용을 통하여 법인등기사항증명서(신청인이 법인인 경우만 해당한다)를 확인하여야 한다.

② 법 제43조 제4항에 따른 항행안전시설의 설치기준은 다음 각 호와 같다.

1. 항공등화의 설치기준: [별표 14]
2. 항행안전무선시설의 설치기준: [별표 15]
3. 항공정보통신시설의 설치기준: [별표 16]

[별표 16] 〈개정 2018. 2. 9.〉 항공정보통신시설의 설치기준 (제36조 제2항 제3호 관련)

2. 세부 기술기준

항공정보통신시설의 설치기준(제36조 제2항 제3호 관련)

가. 단거리이동통신시설(VHF/UHF Radio): VHF/UHF 대역의 주파수를 이용하여 항공교통관제사와 항공기 조종사 간 항공기 관제 및 운항을 위한 통신기능을 제공한다.

나. 단파이동통신시설(HF Radio): HF 대역의 주파수를 이용하여 지상 운영자와 항공기 조종사에게 장거리 이동통신 기능을 제공한다.

다. 초단파디지털이동통신시설(VDL): VHF 대역의 주파수를 이용하여 지상의 사용자와 항공기 간에 음성 또는 데이터에 의한 이동통신 기능을 제공한다.

바. 항공이동위성통신시설[AMS(R)S]: 공항지역과 항공로에서 각종 항공정보를 패킷 데이터서비스 또는 음성 서비스나 두 개의 서비스를 지원한다.

32 항행안전시설의 성능을 분석할 수 있는 장비를 탑재한 항공기를 이용하여 실시하는 항행안전시설의 성능 등에 관련한 검사는?

① 운용전검사 ② 준공검사
③ 완성검사 ④ 비행검사

해설 공항시설법 제48조(항행안전시설의 비행검사)

① 항행안전시설설치자등은 국토교통부장관이 항행안전시설의 성능을 분석할 수 있는 장비를 탑재한 항공기를 이용하여 실시하는 항행안전시설의 성능 등에 관한 검사(이하 "비행검사"라 한다)를 받아야 한다.

② 비행검사의 종류, 대상시설, 절차 및 방법 등에 관하여 필요한 사항은 국토교통부장관이 정하여 고시한다.

33 항공통신업무 중 항공국과 항공기국 사이에 단파이동통신시설(HF Radio) 등을 이용하여 항공정보를 제공하거나 교환하는 업무는?

① 항공고정통신업무
② 항공이동통신업무
③ 항공무선항행업무
④ 항공방송업무

정답 31. ② 32. ④ 33. ②

해설 공항시설법 시행규칙 제44조(항공통신업무의 종류 등)

① 법 제53조 제1항에 따라 지방항공청장(항공로용으로 사용되는 항공정보통신시설 및 항행안전무선시설의 경우에는 항공교통본부장을 말한다)이 수행하는 항공통신업무의 종류와 내용은 다음 각 호와 같다.

1. 항공고정통신업무: 특정 지점 사이에 항공고정통신시스템(AFTN/MHS) 또는 항공정보처리시스템(AMHS) 등을 이용하여 항공정보를 제공하거나 교환하는 업무
2. 항공이동통신업무: 항공국과 항공기국 사이에 단파이동통신시설(HF Radio) 등을 이용하여 항공정보를 제공하거나 교환하는 업무
3. 항공무선항행업무: 항행안전무선시설을 이용하여 항공항행에 관한 정보를 제공하는 업무
4. 항공방송업무: 단거리이동통신시설(VHF/UHF Radio) 등을 이용하여 항공항행에 관한 정보를 제공하는 업무

② 제1항에 따른 항공통신업무의 종류별 세부 업무내용과 운영절차 등에 관하여 필요한 사항은 국토교통부장관이 정하여 고시한다.

34 국토교통부장관, 사업시행자등 또는 항행안전시설설치자등의 허가 없이 출입이 금지된 출입금지 지역에 해당하지 않는 것은?

① 착륙대
② 유도로(誘導路)
③ 공항청사
④ 항행안전시설이 설치된 지역

해설 공항시설법 제56조(금지행위)

① 누구든지 국토교통부장관, 사업시행자등 또는 항행안전시설설치자등의 허가 없이 착륙대, 유도로(誘導路), 계류장(繫留場), 격납고(格納庫) 또는 항행안전시설이 설치된 지역에 출입해서는 아니 된다.

② 누구든지 활주로, 유도로 등 그 밖에 국토교통부령으로 정하는 공항시설 · 비행장시설 또는 항행안전시설을 파손하거나 이들의 기능을 해칠 우려가 있는 행위를 해서는 아니 된다.

③ 누구든지 항공기, 경량항공기 또는 초경량비행장치를 향하여 물건을 던지거나 그 밖에 항행에 위험을 일으킬 우려가 있는 행위를 해서는 아니 된다.

④ 누구든지 항행안전시설과 유사한 기능을 가진 시설을 항공기 항행을 지원할 목적으로 설치 · 운영해서는 아니 된다.

⑤ 항공기와 조류의 충돌을 예방하기 위하여 누구든지 항공기가 이륙 · 착륙하는 방향의 공항 또는 비행장 주변지역 등 국토교통부령으로 정하는 범위에서 공항 주변에 새들을 유인할 가능성이 있는 오물처리장 등 국토교통부령으로 정하는 환경을 만들거나 시설을 설치해서는 아니 된다.

⑥ 누구든지 국토교통부장관, 사업시행자등, 항행안전시설설치자등 또는 이착륙장을 설치 · 관리하는 자의 승인 없이 해당 시설에서 다음 각 호의 어느 하나에 해당하는 행위를 해서는 아니 된다.

1. 영업행위
2. 시설을 무단으로 점유하는 행위
3. 상품 및 서비스의 구매를 강요하거나 영업을 목적으로 손님을 부르는 행위
4. 그 밖에 제1호부터 제3호까지의 행위에 준하는 행위로서 해당 시설의 이용이나 운영에 현저하게 지장을 주는 대통령령으로 정하는 행위

⑦ 국토교통부장관, 사업시행자등, 항행안전시설설치자등, 이착륙장을 설치 · 관리하는 자, 국가경찰공무원(의무경찰을 포함한다) 또는 자치경찰공무원은 제6항을 위반하는 자의 행위를 제지(制止)하거나 퇴거(退去)를 명할 수 있다. 〈개정 2017. 12. 26.〉

35 레이저광선의 방사로부터 항공기 항행의 안전을 확보하기 위하여 설정된 보호공역에 포함되지 않는 것은?

① 레이저광선 제한공역
② 레이저광선 위험공역
③ 레이저광선 통제공역
④ 레이저광선 민감공역

해설 공항시설법 시행규칙 제47조(금지행위 등)

① 법 제56조 제2항에서 "국토교통부령으로 정하는 공항시설 · 비행장시설 또는 항행안전시설"이라 함은 다음 각 호의 시설을 말한다.

1. 착륙대, 계류장 및 격납고
2. 항공기 급유시설 및 항공유 저장시설

② 법 제56조 제3항에 따른 항행에 위험을 일으킬 우려가 있는 행위는 다음 각 호와 같다. 〈개정 2018. 2. 9.〉

1. 착륙대, 유도로 또는 계류장에 금속편 · 직물 또는 그 밖의 물건을 방치하는 행위
2. 착륙대 · 유도로 · 계류장 · 격납고 및 사업시행자등이 화기 사용 또는 흡연을 금지한 장소에서 화기를 사용하거나 흡연을 하는 행위
3. 운항 중인 항공기에 장애가 되는 방식으로 항공기나 차량 등을 운행하는 행위
4. 지방항공청장의 승인 없이 레이저광선을 방사하는 행위

정답 34. ③ 35. ③

5. 지방항공청장의 승인 없이 「항공안전법」 제78조 제1항 제1호에 따른 관제권에서 불꽃 또는 그 밖의 물건(「총포 · 도검 · 화약류 등의 안전관리에 관한 법률 시행규칙」 제4조에 따른 장난감용 꽃불류는 제외한다)을 발사하거나 풍등(風燈)을 날리는 행위
6. 그 밖에 항행의 위험을 일으킬 우려가 있는 행위

③ 국토교통부장관은 제2항 제4호에 따른 레이저광선의 방사로부터 항공기 항행의 안전을 확보하기 위하여 다음 각 호의 보호공역을 비행장 주위에 설정하여야 한다.
1. 레이저광선 제한공역
2. 레이저광선 위험공역
3. 레이저광선 민감공역

④ 제3항에 따른 보호공역의 설정기준 및 레이저광선의 허용 출력한계는 [별표 18]과 같다.

⑤ 제2항 제4호 및 제5호에 따른 승인을 받으려는 자는 다음 각 호의 구분에 따른 신청서와 첨부서류를 지방항공청장에게 제출하여야 한다. 이 경우 담당 공무원은 「전자정부법」 제36조 제1항에 따른 행정정보의 공동이용을 통하여 법인등기사항증명서(신청인이 법인인 경우만 해당한다)를 확인하여야 한다.
1. 제2항 제4호의 경우: 별지 제38호서식의 신청서와 레이저장치 구성 수량 서류(각 장치마다 레이저 장치 구성 설명서를 작성한다)
2. 제2항 제5호의 경우: 별지 제39호서식의 신청서

⑥ 법 제56조 제5항에 따라 다음 각 호의 구분에 따른 지역에서는 해당 호에 따른 환경이나 시설을 만들거나 설치하여서는 아니 된다.
1. 공항 표점에서 3킬로미터 이내의 범위의 지역: 양돈장 및 과수원 등 국토교통부장관이 정하여 고시하는 환경이나 시설
2. 공항 표점에서 8킬로미터 이내의 범위의 지역: 조류보호구역, 사냥금지구역 및 음식물 쓰레기 처리장 등 국토교통부장관이 정하여 고시하는 환경이나 시설

⑦ 영 제50조 제5호에서 "국토교통부령으로 정하는 행위"란 [별표 19]의 행위를 말한다.

36 금지행위 등의 대상이 되는 국토교통부령으로 정하는 공항시설 · 비행장시설 또는 항행안전시설에 포함되지 않는 것은?

① 착륙대
② 계류장 및 격납고
③ 항공기정비 지원 시설
④ 항공기 급유시설 및 항공유 저장시설

해설 공항시설법 시행규칙 제47조(금지행위 등)

① 법 제56조 제2항에서 "국토교통부령으로 정하는 공항시설 · 비행장시설 또는 항행안전시설"이라 함은 다음 각 호의 시설을 말한다.
1. 착륙대, 계류장 및 격납고
2. 항공기 급유시설 및 항공유 저장시설

37 항공기와 조류의 충돌을 예방하기 위하여 공항 표점에서 3킬로미터 이내의 범위의 지역에서 환경이나 시설을 만들거나 설치하여서는 아니 되는 것은?

① 조류보호구역
② 사냥금지구역
③ 과수원
④ 음식물 쓰레기 처리장

해설 공항시설법 시행규칙 제47조(금지행위 등)

⑥ 법 제56조 제5항에 따라 다음 각 호의 구분에 따른 지역에서는 해당 호에 따른 환경이나 시설을 만들거나 설치하여서는 아니 된다.
1. 공항 표점에서 3킬로미터 이내의 범위의 지역: 양돈장 및 과수원 등 국토교통부장관이 정하여 고시하는 환경이나 시설
2. 공항 표점에서 8킬로미터 이내의 범위의 지역: 조류보호구역, 사냥금지구역 및 음식물 쓰레기 처리장 등 국토교통부장관이 정하여 고시하는 환경이나 시설

38 공항시설법에서 정의하고 있는 비행장의 정의로 맞는 것은?

① 항공기 · 경량항공기 · 초경량비행장치의 이륙과 착륙을 위하여 사용되는 육지 또는 수면(水面)의 일정한 구역으로서 대통령령으로 정하는 것
② 공항시설을 갖춘 공공용 비행장으로서 국토교통부장관이 그 명칭 · 위치 및 구역을 지정 · 고시한 것
③ 공항으로 사용되고 있는 지역과 공항 · 비행장개발예정지역 중 도시 · 군계획시설로 결정되어 국토교통부장관이 고시한 지역
④ 비행장으로 사용되고 있는 지역과 공항 · 비행장개발예정지역 중 「국토의 계획 및 이용에 관한 법률」 제30조 및 제43조에 따라 도시 · 군계획시설로 결정되어 국토교통부장관이 고시한 지역

정답 36. ③ 37. ③ 38. ①

해설 공항시설법 제2조(정의)

2. "비행장"이란 항공기 · 경량항공기 · 초경량비행장치의 이륙[이수(離水)를 포함한다. 이하 같다]과 착륙[착수(着水)를 포함한다. 이하 같다]을 위하여 사용되는 육지 또는 수면(水面)의 일정한 구역으로서 대통령령으로 정하는 것을 말한다.

39 항공기 · 경량항공기 · 초경량비행장치의 이륙과 착륙을 위하여 사용되는 육지 또는 수면(水面)의 일정한 구역으로서 대통령령으로 정하는 것은 무엇인가?

① 비행장 ② 공항
③ 활주로 ④ 착륙대(着陸帶)

해설 공항시설법 제2조(정의)

2. "비행장"이란 항공기 · 경량항공기 · 초경량비행장치의 이륙[이수(離水)를 포함한다. 이하 같다]과 착륙[착수(着水)를 포함한다. 이하 같다]을 위하여 사용되는 육지 또는 수면(水面)의 일정한 구역으로서 대통령령으로 정하는 것을 말한다.

40 공항은 공항시설을 갖춘 공공용 비행장으로서 그 명칭 · 위치 및 구역은 누가 지정 · 고시할 수 있는가?

① 공항개발기술심의위원회
② 국토교통부장관
③ 지방항공청장
④ 공항운영자

해설 공항시설법 제2조(정의)

3. "공항"이란 공항시설을 갖춘 공공용 비행장으로서 국토교통부장관이 그 명칭 · 위치 및 구역을 지정 · 고시한 것을 말한다.

41 공항시설의 구분 중 대통령령으로 정하는 기본시설에 해당하지 않는 것은?

① 활주로, 유도로, 계류장, 착륙대 등 항공기의 이착륙시설
② 여객터미널, 화물터미널 등 여객시설 및 화물처리시설
③ 공항 이용객에 대한 홍보시설 및 안내시설
④ 공항과 관련된 상하수도 시설 및 전력 · 통신 · 냉난방 시설

해설 공항시설법 시행령 제3조(공항시설의 구분)

법 제2조 제7호 각 목 외의 부분에서 "대통령령으로 정하는 시설"이란 다음 각 호의 시설을 말한다.

1. 다음 각 목에서 정하는 기본시설
   가. 활주로, 유도로, 계류장, 착륙대 등 항공기의 이착륙시설
   나. 여객터미널, 화물터미널 등 여객시설 및 화물처리시설
   다. 항행안전시설
   라. 관제소, 송수신소, 통신소 등의 통신시설
   마. 기상관측시설
   바. 공항 이용객을 위한 주차시설 및 경비 · 보안시설
   사. 공항 이용객에 대한 홍보시설 및 안내시설

42 공항시설의 구분 중 대통령령으로 정하는 기본시설에 해당하지 않는 것은?

① 활주로, 유도로, 계류장, 착륙대
② 여객터미널, 화물터미널
③ 공항근무자 후생복지시설
④ 공항 이용객을 위한 주차시설

해설 공항시설법 시행령 제3조(공항시설의 구분)

법 제2조 제7호 각 목 외의 부분에서 "대통령령으로 정하는 시설"이란 다음 각 호의 시설을 말한다.

1. 다음 각 목에서 정하는 기본시설
   가. 활주로, 유도로, 계류장, 착륙대 등 항공기의 이착륙시설
   나. 여객터미널, 화물터미널 등 여객시설 및 화물처리시설
   다. 항행안전시설
   라. 관제소, 송수신소, 통신소 등의 통신시설
   마. 기상관측시설
   바. 공항 이용객을 위한 주차시설 및 경비 · 보안시설
   사. 공항 이용객에 대한 홍보시설 및 안내시설

43 공항시설의 구분 중 대통령령으로 정하는 지원시설에 해당하는 것은?

① 항행안전시설
② 관제소, 송수신소, 통신소 등의 통신시설
③ 항공기 급유시설 및 유류의 저장 · 관리 시설
④ 공항 이용객을 위한 주차시설 및 경비 · 보안시설

정답 39. ① 40. ② 41. ④ 42. ③ 43. ③

해설 **공항시설법 시행령 제3조(공항시설의 구분)**

법 제2조 제7호 각 목 외의 부분에서 "대통령령으로 정하는 시설"이란 다음 각 호의 시설을 말한다.

2. 다음 각 목에서 정하는 지원시설
   가. 항공기 및 지상조업장비의 점검 · 정비 등을 위한 시설
   나. 운항관리시설, 의료시설, 교육훈련시설, 소방시설 및 기내식 제조 · 공급 등을 위한 시설
   다. 공항의 운영 및 유지 · 보수를 위한 공항 운영 · 관리 시설
   라. 공항 이용객 편의시설 및 공항근무자 후생복지시설
   마. 공항 이용객을 위한 업무 · 숙박 · 판매 · 위락 · 운동 · 전시 및 관람집회 시설
   바. 공항교통시설 및 조경시설, 방음벽, 공해배출 방지시설 등 환경보호시설
   사. 공항과 관련된 상하수도 시설 및 전력 · 통신 · 냉난방 시설
   아. 항공기 급유시설 및 유류의 저장 · 관리 시설
   자. 항공화물을 보관하기 위한 창고시설
   차. 공항의 운영 · 관리와 항공운송사업 및 이와 관련된 사업에 필요한 건축물에 부속되는 시설
   카. 공항과 관련된 「신에너지 및 재생에너지 개발 · 이용 · 보급 촉진법」 제2조 제3호에 따른 신에너지 및 재생에너지 설비

44 공항시설의 구분 중 대통령령으로 정하는 지원시설에 해당하지 않는 것은?

① 항공기 및 지상조업장비의 점검 · 정비 등을 위한 시설
② 공항 이용객을 위한 업무 · 숙박 · 판매 · 위락 · 운동 · 전시 및 관람집회 시설
③ 공항 이용객을 위한 주차시설 및 경비 · 보안시설
④ 공항과 관련된 상하수도 시설 및 전력 · 통신 · 냉난방 시설

해설 **공항시설법 시행령 제3조(공항시설의 구분)**

법 제2조 제7호 각 목 외의 부분에서 "대통령령으로 정하는 시설"이란 다음 각 호의 시설을 말한다.

2. 다음 각 목에서 정하는 지원시설
   가. 항공기 및 지상조업장비의 점검 · 정비 등을 위한 시설
   나. 운항관리시설, 의료시설, 교육훈련시설, 소방시설 및 기내식 제조 · 공급 등을 위한 시설
   다. 공항의 운영 및 유지 · 보수를 위한 공항 운영 · 관리 시설
   라. 공항 이용객 편의시설 및 공항근무자 후생복지시설
   마. 공항 이용객을 위한 업무 · 숙박 · 판매 · 위락 · 운동 · 전시 및 관람집회 시설
   바. 공항교통시설 및 조경시설, 방음벽, 공해배출 방지시설 등 환경보호시설
   사. 공항과 관련된 상하수도 시설 및 전력 · 통신 · 냉난방 시설
   아. 항공기 급유시설 및 유류의 저장 · 관리 시설
   자. 항공화물을 보관하기 위한 창고시설
   차. 공항의 운영 · 관리와 항공운송사업 및 이와 관련된 사업에 필요한 건축물에 부속되는 시설
   카. 공항과 관련된 「신에너지 및 재생에너지 개발 · 이용 · 보급 촉진법」 제2조 제3호에 따른 신에너지 및 재생에너지 설비

45 공항시설법에서 정의하고 있는 착륙대의 정의로 맞는 것은?

① 활주로와 항공기가 활주로를 이탈하는 경우 항공기와 탑승자의 피해를 줄이기 위하여 활주로 주변에 설치하는 안전지대로서 국토교통부령으로 정하는 크기로 이루어지는 활주로 중심선에 중심을 두는 직사각형의 지표면 또는 수면
② 비행장 외에 경량항공기 또는 초경량비행장치의 이륙 또는 착륙을 위하여 사용되는 육지 또는 수면의 일정한 구역으로서 대통령령으로 정하는 것
③ 항공기 착륙과 이륙을 위하여 국토교통부령으로 정하는 크기로 이루어지는 공항 또는 비행장에 설정된 구역
④ 비행장에 설치된 항공기의 이륙 · 착륙을 위한 시설과 그 부대시설로서 국토교통부장관이 지정한 시설

해설 **공항시설법 제2조(정의)**

13. "착륙대"(着陸帶)란 활주로와 항공기가 활주로를 이탈하는 경우 항공기와 탑승자의 피해를 줄이기 위하여 활주로 주변에 설치하는 안전지대로서 국토교통부령으로 정하는 크기로 이루어지는 활주로 중심선에 중심을 두는 직사각형의 지표면 또는 수면을 말한다.

정답 44. ③ 45. ①

46 비행방식에 따른 장애물 제한표면의 종류 중 계기비행방식에 의한 접근 중 계기착륙시설 또는 정밀접근레이더를 이용한 접근에 사용되는 활주로가 설치되는 비행장의 장애물 제한표면에 해당하지 않는 것은?

① 원추표면
② 수직표면
③ 전이(轉移)표면 및 내부전이표면
④ 착륙복행표면(着陸復行表面)

해설 **공항시설법 제2조(정의)**

14. "장애물 제한표면"이란 항공기의 안전운항을 위하여 공항 또는 비행장 주변에 장애물(항공기의 안전운항을 방해하는 지형 · 지물 등을 말한다)의 설치 등이 제한되는 표면으로서 대통령령으로 정하는 구역을 말한다.

공항시설법 시행령 제5조(장애물 제한표면의 구분)

① 법 제2조 제14호에서 "대통령령으로 정하는 구역"이란 다음 각 호의 것을 말한다.
1. 수평표면
2. 원추표면
3. 진입표면 및 내부진입표면
4. 전이(轉移)표면 및 내부전이표면
5. 착륙복행(着陸復行)표면

② 장애물 제한표면의 기준 등에 관하여 필요한 사항은 국토교통부령으로 정한다.

공항시설법 시행규칙 제4조(장애물 제한표면의 기준)

「공항시설법 시행령」 (이하 "영"이라 한다) 제5조 제2항에 따른 장애물 제한표면의 기준은 [별표 2]와 같다.

[별표 2] 장애물 제한표면의 기준(제4조 관련)

1. 비행방식에 따른 장애물 제한표면의 종류
   가. 계기비행방식에 의한 접근(이하 "계기접근"이라 한다) 중 계기착륙시설 또는 정밀접근레이더를 이용한 접근(이하 "정밀접근"이라 한다)에 사용되는 활주로(수상비행장 및 수상헬기장에서는 착륙대를 말한다. 이하 같다)가 설치되는 비행장(수상비행장은 제외한다)
      1) 원추표면
      2) 수평표면
      3) 진입표면 및 내부진입표면
      4) 전이표면 및 내부전이표면
      5) 착륙복행표면(着陸復行表面)
   나. 계기접근이 아닌 접근(이하 "비계기접근"이라 한다) 및 정밀접근이 아닌 계기접근(이하 "비정밀접근"이라 한다)에 사용되는 활주로가 설치되는 비행장. 다만, 항공기의 직진입(直進入) 이착륙 절차만 수립되어 있는 수상비행장의 경우에는 원추표면 및 수평표면에 대하여 적용하지 않는다.
      1) 원추표면
      2) 수평표면
      3) 진입표면
      4) 전이표면

47 비행방식에 따른 장애물 제한표면의 종류 중 계기접근이 아닌 접근 및 정밀접근이 아닌 계기접근에 사용되는 활주로가 설치되는 비행장의 장애물 제한표면에 해당하지 않는 것은?

① 원추표면
② 착륙복행표면(着陸復行表面)
③ 진입표면
④ 전이표면

해설 **공항시설법 시행규칙 제4조(장애물 제한표면의 기준)**

「공항시설법 시행령」 (이하 "영"이라 한다) 제5조 제2항에 따른 장애물 제한표면의 기준은 [별표 2]와 같다.

[별표 2] 장애물 제한표면의 기준(제4조 관련)

나. 계기접근이 아닌 접근(이하 "비계기접근"이라 한다) 및 정밀접근이 아닌 계기접근(이하 "비정밀접근"이라 한다)에 사용되는 활주로가 설치되는 비행장. 다만, 항공기의 직진입(直進入) 이착륙 절차만 수립되어 있는 수상비행장의 경우에는 원추표면 및 수평표면에 대하여 적용하지 않는다.
   1) 원추표면
   2) 수평표면
   3) 진입표면
   4) 전이표면

48 항공기의 안전운항을 위하여 공항 또는 비행장 주변에 장애물의 설치등이 제한된 표면으로, 활주로 시단 또는 착륙대 끝의 앞에 있는 경사도를 갖는 표면은 무엇인가?

① 원추표면
② 수평표면
③ 진입표면
④ 전이표면

해설 **공항시설법 시행규칙 제4조(장애물 제한표면의 기준)**

「공항시설법 시행령」 (이하 "영"이라 한다) 제5조 제2항에 따른 장애물 제한표면의 기준은 [별표 2]와 같다.

정답 46. ② 47. ② 48. ③

[별표 2] 장애물 제한표면의 기준(제4조 관련)
2. 장애물 제한표면 종류별 설정기준
가. 원추표면: 수평표면의 원주로부터 외측 상방으로 경사도를 갖는 표면을 말한다.
나. 수평표면: 비행장 및 그 주변의 상방(上方)에 수평한 평면을 말한다.
다. 진입표면: 활주로 시단 또는 착륙대 끝의 앞에 있는 경사도를 갖는 표면을 말한다.
라. 내부진입표면: 활주로 시단 바로 앞에 있는 진입표면의 직사각형 부분을 말한다.
마. 전이표면: 착륙대의 측변 및 진입표면 측변의 일부에서 수평표면에 연결되는 외측 상방으로 경사도를 갖는 복합된 표면을 말한다.
바. 내부전이표면: 활주로에 더욱 가깝고 전이표면과 닮은 표면을 말한다.
사. 착륙복행표면: 내부전이표면 사이의 시단 이후로 규정된 거리에서 연장되는 경사진 표면을 말한다.

49 항공기의 항행을 돕기 위한 항행안전시설에 대한 설명으로 틀린 것은?

① 유선통신, 무선통신, 인공위성, 불빛, 색채 또는 전파(電波)를 이용하여 항공기의 항행을 돕기 위한 시설
② 항공등화, 항행안전무선시설 및 항공정보통신시설은 항행안전시설에 포함
③ 항행안전무선시설이란 전기통신을 이용하여 항공교통업무에 필요한 정보를 제공·교환하기 위한 시설
④ 항공등화란 불빛, 색채 또는 형상(形象)을 이용하여 항공기의 항행을 돕기 위한 항행안전시설

해설 **공항시설법 제2조(정의)**
15. "항행안전시설"이란 유선통신, 무선통신, 인공위성, 불빛, 색채 또는 전파(電波)를 이용하여 항공기의 항행을 돕기 위한 시설로서 국토교통부령으로 정하는 시설을 말한다.
17. "항행안전우선시설"이란 전파를 이용하여 항공기의 항행을 돕기 위한 시설로서 국토교통부령으로 정하는 시설을 말한다.
공항시설법 시행규칙 제5조(항행안전시설)
법 제2조 제15호에서 "국토교통부령으로 정하는 시설"이란 다음 항공등화, 항행안전무선시설 및 항공정보통신시설을 말한다.

50 항공안전과 관련하여 시계비행 및 계기비행절차 등에 대한 위험을 확인하고 수용할 수 있는 안전수준을 유지하면서도 그 위험을 제거하거나 줄이는 방법을 찾기 위하여 계획된 검토 및 평가를 무엇이라 정의하는가?

① 공항개발 종합계획의 수립
② 공항개발 기본계획의 수립
③ 항행안전시설 설치 실시계획의 수립·승인
④ 항공학적 검토

해설 **공항시설법 제2조(정의)**
20. "항공학적 검토"란 항공안전과 관련하여 시계비행 및 계기비행절차 등에 대한 위험을 확인하고 수용할 수 있는 안전수준을 유지하면서도 그 위험을 제거하거나 줄이는 방법을 찾기 위하여 계획된 검토 및 평가를 말한다.

51 항공기의 항행을 돕기 위한 항행안전시설에 해당하지 않는 것은?

① 항공교통관제시설
② 항공등화
③ 항행안전무선시설
④ 항공정보통신시설

해설 **공항시설법 제2조(정의)**
15. "항행안전시설"이란 유선통신, 무선통신, 인공위성, 불빛, 색채 또는 전파(電波)를 이용하여 항공기의 항행을 돕기 위한 시설로서 국토교통부령으로 정하는 시설을 말한다.
공항시설법 시행규칙 제5조(항행안전시설)
법 제2조 제15호에서 "국토교통부령으로 정하는 시설"이란 다음 항공등화, 항행안전무선시설 및 항공정보통신시설을 말한다.

52 항공기의 항행을 돕기 위한 항행안전시설 중 항행안전무선시설에 해당하지 않는 것은?

① 무지향표지시설(NDB)
② 전방향표지시설(VOR)
③ 거리측정시설(DME)
④ 항공이동위성통신시설[AMS(R)S]

해설 **공항시설법 시행규칙 제7조(항행안전무선시설)**
법 제2조 제17호에서 "국토교통부령으로 정하는 시설"이란

정답 49. ③ 50. ④ 51. ① 52. ④

다음 각 호의 시설을 말한다.
1. 거리측정시설(DME)
2. 계기착륙시설(ILS/MLS/TLS)
3. 다변측정감시시설(MLAT)
4. 레이더시설(ASR/ARSR/SSR/ARTS/ASDE/PAR)
5. 무지향표지시설(NDB)
6. 범용접속데이터통신시설(UAT)
7. 위성항법감시시설(GNSS Monitoring System)
8. 위성항법시설(GNSS/SBAS/GRAS/GBAS)
9. 자동종속감시시설(ADS, ADS-B, ADS-C)
10. 전방향표지시설(VOR)
11. 전술항행표지시설(TACAN)

53 격납고 내에 있는 항공기의 무선시설을 조작할 수 있는 조건으로 맞는 것은?

① 지방항공청장의 승인을 얻은 경우
② 국토교통부장관의 승인을 얻은 경우
③ 항공운송사업자의 승인을 얻은 경우
④ 확인정비사의 승인을 얻은 경우

해설 **공항시설법 시행규칙 제19조(시설의 관리기준 등)**

① 법 제31조 제1항에서 "시설의 보안관리 및 기능유지에 필요한 사항 등 국토교통부령으로 정하는 시설의 관리 · 운영 및 사용 등에 관한 기준"이란 [별표 4]의 기준을 말한다.

[별표 4] 공항시설 · 비행장시설 관리기준(제19조 제1항 관련)
13. 격납고 내에 있는 항공기의 무선시설을 조작하지 말 것. 다만, 지방항공청장의 승인을 얻은 경우에는 그렇지 않다.

54 공항구역 내 차량 또는 장비의 사용 및 취급에 대한 관리자는 누구인가?

① 국토교통부장관
② 지방항공청장
③ 관할지 경찰청장
④ 공항운영자

해설 **공항시설법 시행규칙 제19조(시설의 관리기준 등)**

① 법 제31조 제1항에서 "시설의 보안관리 및 기능유지에 필요한 사항 등 국토교통부령으로 정하는 시설의 관리 · 운영 및 사용 등에 관한 기준"이란 [별표 4]의 기준을 말한다.

공항시설법 [별표 4]
공항시설 · 비행장시설 관리기준(제19조 제1항 관련)

17. 공항구역에서 차량 또는 장비의 사용 및 취급에 대하여는 다음 각 호에 따를 것. 다만, 긴급한 경우에는 예외로 한다.
  가. 보호구역에서는 공항운영자가 승인한 자(「항공보안법」 제13조에 따라 차량 등의 출입허가를 받은 자를 포함한다) 이외의 자는 차량 등을 운전하지 아니할 것
  나. 격납고 내에 있어서는 배기에 대한 방화장치가 있는 트랙터를 제외하고는 차량 등을 운전하지 아니할 것
  다. 공항에서 차량 등을 주차하는 경우에는 공항운영자가 정한 주차구역 안에서 공항운영자가 정한 규칙에 따라 이를 주차하지 아니할 것
  라. 차량 등의 수선 및 청소는 공항운영자가 정하는 장소 이외의 장소에서 행하지 아니할 것
  마. 공항구역에 정기로 출입하는 버스 및 택시 등은 공항운영자가 승인한 장소 이외의 장소에서 승객을 승강시키지 아니할 것

55 항공기의 항행을 돕기 위한 항행안전시설 중 항공등화에 해당하지 않는 것은?

① 비행장등대(aerodrome beacon)
② 진입각지시등(precision approach path indicator)
③ 유도로등(taxiway edge lights)
④ 마커비콘(marker beacon)

해설 **공항시설법 제2조(정의)**

15. "항행안전시설"이란 유선통신, 무선통신, 인공위성, 불빛, 색채 또는 전파(電波)를 이용하여 항공기의 항행을 돕기 위한 시설로서 국토교통부령으로 정하는 시설을 말한다.

공항시설법 시행규칙 제5조(항행안전시설)

법 제2조 제15호에서 "국토교통부령으로 정하는 시설"이란 다음 항공등화, 항행안전무선시설 및 항공정보통신시설을 말한다.

공항시설법 시행규칙 [별표 3] 항공등화의 종류(제6조 관련)
1. 비행장등대(aerodrome beacon): 항행 중인 항공기에 공항·비행장의 위치를 알려주기 위해 공항·비행장 또는 그 주변에 설치하는 등화
4. 진입각지시등(precision approach path indicator): 착륙하려는 항공기에 착륙 시 진입각의 적정 여부를 알려주기 위해 활주로의 외측에 설치하는 등화
14. 유도로등(taxiway edge lights): 지상주행 중인 항공기에 유도로·대기지역 또는 계류장 등의 가장자리를 알려주기 위해 설치하는 등화

정답 53. ① 54. ④ 55. ④

56 항행 중인 항공기에 공항 · 비행장의 위치를 알려주기 위해 공항 · 비행장 또는 그 주변에 설치하는 등화는?

① 비행장등대(aerodrome beacon)
② 비행장식별등대(aerodrome identification beacon)
③ 접지구역등(touchdown zone lights)
④ 착륙구역등(touchdown & lift-off area lighting system)

해설 **공항시설법 제2조(정의)**

15. "항행안전시설"이란 유선통신, 무선통신, 인공위성, 불빛, 색채 또는 전파(電波)를 이용하여 항공기의 항행을 돕기 위한 시설로서 국토교통부령으로 정하는 시설을 말한다.

공항시설법 시행규칙 제5조(항행안전시설)

법 제2조 제15호에서 "국토교통부령으로 정하는 시설"이란 다음 항공등화, 항행안전무선시설 및 항공정보통신시설을 말한다.

공항시설법 시행규칙 [별표 3] 항공등화의 종류(제6조 관련)

1. 비행장등대(aerodrome beacon): 항행 중인 항공기에 공항·비행장의 위치를 알려주기 위해 공항·비행장 또는 그 주변에 설치하는 등화

57 항공교통의 안전을 위해 항공기 등에 필요한 신호를 보내기 위해 사용하는 등화는?

① 비행장식별등대(aerodrome identification beacon)
② 지향신호등(signalling lamp, light gun)
③ 시각주기유도시스템(visual docking guidance system)
④ 착륙방향지시등(landing direction indicator)

해설 **공항시설법 제2조(정의)**

15. "항행안전시설"이란 유선통신, 무선통신, 인공위성, 불빛, 색채 또는 전파(電波)를 이용하여 항공기의 항행을 돕기 위한 시설로서 국토교통부령으로 정하는 시설을 말한다.

공항시설법 시행규칙 제5조(항행안전시설)

법 제2조 제15호에서 "국토교통부령으로 정하는 시설"이란 다음 항공등화, 항행안전무선시설 및 항공정보통신시설을 말한다.

공항시설법 시행규칙 [별표 3] 항공등화의 종류(제6조 관련)

2. 비행장식별등대(aerodrome identification beacon): 항행 중인 항공기에 공항·비행장의 위치를 알려주기 위해 모르스부호에 따라 명멸(明滅)하는 등화
21. 지향신호등(signalling lamp, light gun): 항공교통의 안전을 위해 항공기 등에 필요한 신호를 보내기 위해 사용하는 등화
22. 착륙방향지시등(landing direction indicator): 착륙하려는 항공기에 착륙의 방향을 알려주기 위해 T자형 또는 4면체형의 물건에 설치하는 등화
30. 시각주기유도시스템(visual docking guidance system): 항공기에 정확한 주기위치를 안내하기 위해 주기장에 설치하는 등화

58 금지행위 중 급유 또는 배유작업 중의 항공기로부터 담배피우는 행위가 금지된 거리는 얼마인가?

① 항공기로부터 10미터 이내
② 항공기로부터 15미터 이내
③ 항공기로부터 30미터 이내
④ 항공기로부터 45미터 이내

해설 **공항시설법 시행규칙 제47조(금지행위 등)**

① 법 제56조 제2항에서 "국토교통부령으로 정하는 공항시설 · 비행장시설 또는 항행안전시설"이라 함은 다음 각 호의 시설을 말한다.
1. 착륙대, 계류장 및 격납고
2. 항공기 급유시설 및 항공유 저장시설

[별표 19] 항공안전 확보 등을 위하여 금지되는 행위(제47조 제7항 관련)

1. 표찰, 표시, 화단, 그 밖에 공항의 시설 또는 주차장의 차량을 훼손 또는 오손하는 행위
2. 지정한 장소 이외의 장소에 쓰레기, 그 밖에 물건을 버리는 행위
3. 공항관리 · 운영기관의 승인을 얻지 아니하고 무기, 폭발물 또는 위험이 따를 가연물을 휴대 또는 운반하는 행위(공용자, 시설이용자 또는 영업자가 그 업무 또는 영업을 위하여 하는 경우를 제외한다)
4. 공항관리 · 운영기관의 승인을 얻지 아니하고 불을 피우는 행위
5. 항공기, 발동기, 프로펠라, 그 밖에 기기를 청소하는 경우에는 야외 또는 소화설비가 있는 내화성작업소 이외의 장소에서 가연성 또는 휘발성액체를 사용하는 행위
6. 공항관리 · 운영기관이 특별히 정한 구역 이외의 장소에

정답 56. ① 57. ② 58. ③

가연성의 액체가스, 그 밖에 이와 유사한 물건을 보관하거나 저장하는 행위(공항관리 · 운영기관이 승인할 경우에 일정한 용기에 넣어 항공기내에 보관하는 경우를 제외한다)
7. 흡연이 금지된 장소에서 담배피우는 행위
8. 급유 또는 배유작업 중의 항공기로부터 30미터 이내의 장소에서 담배피우는 행위
9. 급유 또는 배유작업, 정비 또는 시운전중의 항공기로부터 30미터 이내의 장소에 들어가는 행위(그 작업에 종사하는 자는 제외한다)
10. 공항관리 · 운영기관이 정하는 조건을 구비한 건물 내에 내화 및 통풍설비가 있는 실 이외의 장소에서 도프도료의 도포작업을 행하는 행위
11. 격납고, 그 밖에 건물의 마루를 청소하는 경우에 휘발성 가연물을 사용하는 행위
12. 기름이 묻은 걸레 그 밖에 이에 유사한 것을 해당 폐기물에 의하여 부식되거나 파손되지 아니하는 재질로 된 보관시설 또는 보관용기 이외에 버리는 행위
13. 제1호부터 제12호까지 이외에 질서를 문란하게 하거나 타인에게 폐가 미칠 행위를 하는 행위

59 항공기의 항행을 돕기 위한 항행안전시설 중 항행안전무선시설에 해당하지 않는 것은?

① 무지향표지시설(NDB)
② 레이더시설(ASR/ARSR/SSR/ARTS/ASDE/PAR)
③ 계기착륙시설(ILS)
④ 항공종합통신시스템(ATN)

해설 **공항시설법 제2조(정의)**

15. "항행안전시설"이란 유선통신, 무선통신, 인공위성, 불빛, 색채 또는 전파(電波)를 이용하여 항공기의 항행을 돕기 위한 시설로서 국토교통부령으로 정하는 시설을 말한다.

공항시설법 시행규칙 제5조(항행안전시설)

법 제2조 제15호에서 "국토교통부령으로 정하는 시설"이란 다음 항공등화, 항행안전무선시설 및 항공정보통신시설을 말한다.

[별표 15] 〈개정 2018. 2. 9.〉 항행안전무선시설의 설치기준(제36조 제2항 제2호 관련)

60 격납고 내에 있는 항공기의 무선시설을 조작하지 말 것을 강제하고 있으나 누구의 승인을 받으면 사용 가능한가?

① 국토교통부장관
② 지방항공청장
③ 항공교통관제소장
④ 공항운영자

해설 **공항시설법 시행규칙 제19조(시설의 관리기준 등)**

① 법 제31조 제1항에서 "시설의 보안관리 및 기능유지에 필요한 사항 등 국토교통부령으로 정하는 시설의 관리 · 운영 및 사용 등에 관한 기준"이란 [별표 4]의 기준을 말한다.
② 공항운영자는 시설의 적절한 관리 및 공항이용자의 편의를 확보하기 위하여 필요한 경우에는 시설이용자나 영업자에 대하여 시설의 운영실태, 영업자의 서비스실태 등에 대하여 보고하게 하거나 그 소속직원으로 하여금 시설의 운영실태, 영업자의 서비스실태 등을 확인하게 할 수 있다.
③ 공항운영자는 공항 관리상 특히 필요가 있을 경우에는 시설이용자 또는 영업자에 대하여 당해시설의 사용의 정지 또는 수리 · 개조 · 이전 · 제거나 그밖에 필요한 조치를 명할 수 있다.

[별표 4] 공항시설 · 비행장시설 관리기준(제19조 제1항 관련)
13. 격납고내에 있는 항공기의 무선시설을 조작하지 말 것. 다만, 지방항공청장의 승인을 얻은 경우에는 그렇지 않다.
17. 공항구역에서 차량 또는 장비의 사용 및 취급에 대하여는 다음 각 호에 따를 것. 다만, 긴급한 경우에는 예외로 한다.
   가. 보호구역에서는 공항운영자가 승인한 자(「항공보안법」 제13조에 따라 차량 등의 출입허가를 받은 자를 포함한다) 이외의 자는 차량 등을 운전하지 아니할 것
   나. 격납고내에 있어서는 배기에 대한 방화 장치가 있는 트랙터를 제외하고는 차량 등을 운전하지 아니할 것
   다. 공항에서 차량 등을 주차하는 경우에는 공항운영자가 정한 주차구역 안에서 공항운영자가 정한 규칙에 따라 이를 주차하지 아니할 것
   라. 차량 등의 수선 및 청소는 공항운영자가 정하는 장소 이외의 장소에서 행하지 아니할 것
   마. 공항구역에 정기로 출입하는 버스 및 택시 등은 공항운영자가 승인한 장소 이외의 장소에서 승객을 승강시키지 아니할 것

(교재 p. 395, [별표 4] 참조)

정답 59. ④ 60. ②

61 공항시설 · 비행장시설 관리기준에 따라 항공기의 급유 또는 배유를 하지 말아야 하는 상황에 해당하지 않는 것은?

① 발동기가 운전 중이거나 또는 가열상태에 있을 경우
② 항공기가 격납고 기타 폐쇄된 장소 내에 있을 경우
③ 항공기가 탑승교 외의 spot에 주기되어 있을 경우
④ 필요한 위험예방조치가 강구되었을 경우를 제외하고 여객이 항공기 내에 있을 경우

해설 **공항시설법 시행규칙 제19조(시설의 관리기준 등)**

① 법 제31조 제1항에서 "시설의 보안관리 및 기능유지에 필요한 사항 등 국토교통부령으로 정하는 시설의 관리 · 운영 및 사용 등에 관한 기준"이란 [별표 4]의 기준을 말한다.

[별표 4] 공항시설 · 비행장시설 관리기준(제19조 제1항 관련)

14. 항공기의 급유 또는 배유를 하는 경우에는 다음 각 호에 따라 시행할 것
  가. 다음의 경우에는 항공기의 급유 또는 배유를 하지 말 것
    1) 발동기가 운전 중이거나 또는 가열상태에 있을 경우
    2) 항공기가 격납고 기타 폐쇄된 장소 내에 있을 경우
    3) 항공기가 격납고 기타의 건물의 외측 15미터 이내에 있을 경우
    4) 필요한 위험예방조치가 강구되었을 경우를 제외하고 여객이 항공기 내에 있을 경우
  나. 급유 또는 배유중의 항공기의 무선설비, 전기설비를 조작하거나 기타 정전, 화학방전을 일으킬 우려가 있을 물건을 사용하지 말 것
  다. 급유 또는 배유장치를 항상 안전하고 확실히 유지할 것
  라. 급유 시에는 항공기와 급유장치 간에 전위차(電位差)를 없애기 위하여 전도체로 연결(bonding)을 할 것. 다만, 항공기와 지면과의 전기저항 측정치 차이가 1메가옴 이상인 경우에는 추가로 항공기 또는 급유장치를 접지(grounding)시킬 것

정답 61. ③

CHAPTER 10 적중 예상문제

01 국가기관등항공기에 대한 항공사고조사에 있어서 항공 · 철도 사고조사에 관한 법률을 적용해야 하는 경우에 포함되지 않는 경우는?

① 사람이 사망 또는 행방불명된 경우
② 국가기관등항공기의 수리 · 개조가 불가능하게 파손된 경우
③ 국가기관등항공기의 위치를 확인할 수 없거나 국가기관등항공기에 접근이 불가능한 경우
④ 국가기관등항공기가 정비결함으로 비행금지명령을 받은 경우

해설 항공 · 철도 사고조사에 관한 법률 제3조(적용 범위 등)
② 제1항에도 불구하고 「항공안전법」 제2조 제4호에 따른 국가기관등항공기에 대한 항공사고조사는 다음 각 호의 어느 하나에 해당하는 경우 외에는 이 법을 적용하지 아니한다. 〈개정 2009. 6. 9., 2016. 3. 29., 2020. 6. 9.〉
1. 사람이 사망 또는 행방불명된 경우
2. 국가기관등항공기의 수리 · 개조가 불가능하게 파손된 경우
3. 국가기관등항공기의 위치를 확인할 수 없거나 국가기관등항공기에 접근이 불가능한 경우

02 항공 · 철도 사고조사에 관한 법률의 목적으로 바른 것은?

① 항공 · 철도 사고조사를 위한 위임된 사항과 그 시행에 필요한 사항을 규정
② 항공사고 및 철도사고 등의 예방과 안전 확보
③ 항공 · 철도 사고조사를 위해 법 시행령에서 위임된 사항과 그 시행에 필요한 사항을 규정함
④ 항공기, 경량항공기 또는 초경량비행장치가 안전하게 항행하기 위한 방법을 정하기 위함

해설 항공 · 철도 사고조사에 관한 법률 제1조(목적)
이 법은 항공 · 철도사고조사위원회를 설치하여 항공사고 및 철도사고 등에 대한 독립적이고 공정한 조사를 통하여 사고 원인을 정확하게 규명함으로써 항공사고 및 철도사고 등의 예방과 안전 확보에 이바지함을 목적으로 한다.

03 항공 · 철도 사고등에 관하여 보고를 하지 아니하거나 허위로 보고를 한 자 또는 정당한 사유 없이 자료의 제출을 거부 또는 방해한 자에 대한 처벌로 맞는 것은?

① 3년 이하의 징역이나 2천만원 이하의 벌금
② 3년 이하의 징역이나 3천만원 이하의 벌금
③ 5년 이하의 징역이나 2천만원 이하의 벌금
④ 5년 이하의 징역이나 5천만원 이하의 벌금

해설 항공 · 철도 사고조사에 관한 법률 제35조(사고조사방해의 죄)
다음 각 호의 어느 하나에 해당하는 자는 3년 이하의 징역 또는 3천만원 이하의 벌금에 처한다.
1. 제19조 제1항 제1호 및 제2호의 규정을 위반하여 항공 · 철도 사고등에 관하여 보고를 하지 아니하거나 허위로 보고를 한 자 또는 정당한 사유 없이 자료의 제출을 거부 또는 방해한 자
2. 제19조 제1항 제3호의 규정을 위반하여 사고현장 및 그 밖에 필요하다고 인정되는 장소의 출입 또는 관계 물건의 검사를 거부 또는 방해한 자
3. 제19조 제1항 제5호의 규정을 위반하여 관계 물건의 보존 · 제출 및 유치를 거부 또는 방해한 자
4. 제19조 제2항의 규정을 위반하여 관계 물건을 정당한 사유 없이 보존하지 아니하거나 이를 이동 · 변경 또는 훼손시킨 자

정답 01. ④ 02. ② 03. ②

04 항공 · 철도 사고등이 발생한 것을 알고도 정당한 사유 없이 통보를 하지 아니하거나 거짓으로 통보한 항공 · 철도종사자등에게 부과하는 벌금은?

① 100만원 이하
② 500만원 이하
③ 1000만원 이하
④ 1500만원 이하

해설 **항공 · 철도 사고조사에 관한 법률 제36조의 2(사고발생 통보 위반의 죄)**
제17조 제1항 본문을 위반하여 항공 · 철도 사고등이 발생한 것을 알고도 정당한 사유 없이 통보를 하지 아니하거나 거짓으로 통보한 항공 · 철도종사자등은 500만원 이하의 벌금에 처한다. [본조신설 2009. 6. 9.]

정답 04. ②

부록 Ⅱ | 실전 모의고사

제1회 | 실전 모의고사
제2회 | 실전 모의고사
제3회 | 실전 모의고사
제4회 | 실전 모의고사
제5회 | 실전 모의고사
제6회 | 실전 모의고사
제7회 | 실전 모의고사
제8회 | 실전 모의고사

AVIATION LAW

제 1 회

실전 모의고사

[정답 및 해설 ⇨ 667쪽]

01 항공안전법의 목적으로 올바른 것은?

① 공항시설, 항행안전시설 및 항공기 내에서의 불법 행위를 방지하고 민간항공의 보안을 확보하기 위한 기준·절차 및 의무사항 등을 규정함을 목적으로 한다.
② 항공정책의 수립 및 항공사업에 관하여 필요한 사항을 정하여 대한민국 항공사업의 체계적인 성장과 경쟁력 강화 기반을 마련함을 목적으로 한다.
③ 항공기, 경량항공기 또는 초경량비행장치가 안전하게 항행하기 위한 방법을 정함으로써 생명과 재산을 보호하고, 항공기술 발전에 이바지함을 목적으로 한다.
④ 공항을 효율적으로 건설·관리·운영하고, 항공산업의 육성·지원에 관한 사업을 수행하도록 함으로써 항공수송을 원활하게 하고, 나아가 국가경제 발전과 국민복지 증진에 이바지함을 목적으로 한다.

02 비행기와 활공기에 표시하는 경우, 등록부호의 높이가 올바르게 정의된 것은?

① 주 날개에 표시하는 경우 30cm 이상, 수직 꼬리 날개 또는 동체에 표시하는 경우 15cm 이상
② 주 날개에 표시하는 경우 50cm 이상, 수직 꼬리 날개 또는 동체에 표시하는 경우 30cm 이상
③ 주 날개에 표시하는 경우 30cm 이상, 수직 꼬리 날개 또는 동체에 표시한 경우 50cm 이상
④ 주 날개에 표시하는 경우 15cm 이상, 수직 꼬리 날개 또는 동체에 표시하는 경우 30cm 이상

03 시카고협약 부속서 중 항공기 사고조사의 기준을 정하고 있는 것은?

① 부속서 1　② 부속서 8
③ 부속서 12　④ 부속서 13

04 국토교통부령으로 정하는 항공기준사고의 범위에 포함되지 않는 것은?

① 비행 중 운항승무원이 신체, 심리, 정신 등의 영향으로 조종업무를 정상적으로 수행할 수 없는 경우(pilot incapacitation)
② 조종사가 연료량 또는 연료배분 이상으로 비상선언을 한 경우
③ 비행 중 비상상황이 발생하여 산소마스크를 사용한 경우
④ 항공기의 파손 또는 구조적 손상이 발생한 경우

05 국토교통부령으로 정하는 바에 따라 감항증명 검사의 일부를 생략할 수 있는 경우가 아닌 것은?

① 항공기가 감항증명 당시의 항공기기술기준에 적합하지 아니하게 된 항공기
② 형식증명, 제한형식증명 또는 형식증명승인을 받은 항공기
③ 제작증명을 받은 자가 제작한 항공기
④ 항공기를 수출하는 외국정부로부터 감항성이 있다는 승인을 받아 수입하는 항공기

06 항공운송사업에 사용되는 항공기 외의 항공기가 계기비행방식 외의 방식에 의한 비행을 할 경우 장착해야 하는 계기는?

① 초단파(VHF) 또는 극초단파(UHF)무선전화 송수신기 각 2대
② 거리측정시설(DME) 수신기 1대
③ 자동방향탐지기(ADF) 1대
④ 전방향표지시설(VOR) 수신기 1대

07 터빈발동기 장착 항공기가 계기비행 방식으로 교체비행장 도착 시 해당 비행장 상공에서 몇 분간 더 비행할 수 있는 연료를 추가 탑재하여야 하는가?

① 교체비행장에 도착 시 예상되는 비행기의 중량 상태에서 표준대기 상태에서의 체공속도로 교체비행장의 450미터(1,500피트)의 상공에서 15분간 더 비행할 수 있는 연료의 양
② 교체비행장에 도착 시 예상되는 비행기의 중량 상태에서 표준대기 상태에서의 체공속도로 교체비행장의 450미터(1,500피트)의 상공에서 30분간 더 비행할 수 있는 연료의 양
③ 교체비행장에 도착 시 예상되는 비행기의 중량 상태에서 표준대기 상태에서의 체공속도로 교체비행장의 450미터(1,500피트)의 상공에서 45분간 더 비행할 수 있는 연료의 양
④ 교체비행장에 도착 시 예상되는 비행기의 중량 상태에서 표준대기 상태에서의 체공속도로 교체비행장의 450미터(1,500피트)의 상공에서 60분간 더 비행할 수 있는 연료의 양

08 형식증명 신청서를 국토교통부장관에게 제출할 때 첨부해야 할 서류에 해당하지 않는 것은?

① 인증계획서(Certification Plan)
② 비행교범
③ 항공기 3면도
④ 발동기의 설계 · 운용 특성 및 운용한계에 관한 자료

09 계기접근절차에 의한 CAT – Ⅲ A(category – Ⅲ)의 기준으로 맞는 것은?

① 결심고도가 30m 이상 75m 미만이고, 활주로 가시범위 800m 이상 550m 미만의 기상조건하에서 실시하는 계기접근방식
② 결심고도가 30m 이상 60m 미만이고, 활주로 가시범위가 300m 이상 550m 미만의 기상조건하에서 실시하는 계기접근방식
③ 결심고도가 30m 미만 또는 적용하지 않고, 활주로 가시범위 300m 미만 또는 적용하지 아니하는 방식(No RVR)의 기상조건하에서 실시하는 계기접근방식
④ 결심고도를 적용하지 않고, 활주로 가시범위도 적용하지 않는 기상조건하에서 실시하는 계기접근방식

10 국토교통부장관이 부가형식증명승인을 위한 검사를 실시하는 경우 그 검사의 범위에 해당하는 것은?

① 해당 형식의 설계에 대한 검사
② 해당 형식의 설계에 따라 제작되는 항공기등의 제작과정에 대한 검사
③ 변경되는 설계에 대한 검사
④ 항공기등의 완성 후의 상태 및 비행성능 등에 대한 검사

11 국토교통부령에 의해 예외적으로 감항증명을 받을 수 있는 항공기에 해당하지 않는 것은?

① 항공안전법 제101조(외국항공기의 국내 사용) 단서에 따라 허가를 받은 항공기
② 국내에서 수리 · 개조 또는 제작한 후 수출할 항공기
③ 국내에서 제작되거나 외국으로부터 수입하는 항공기로서 대한민국의 국적을 취득하기 전에 감항증명을 신청한 항공기
④ 조종사 양성을 위하여 조종연습에 사용하는 항공기

12 부가형식증명을 받으려는 자가 국토교통부장관에게 제출해야 하는 서류에 포함되지 않는 것은?

① 항공기기술기준에 대한 적합성 입증계획서
② 설계도면 및 설계도면 목록
③ 외국정부의 형식증명서
④ 부품표 및 사양서

13 소유자등은 등록된 항공기가 사유가 있는 날부터 며칠 안에 말소등록을 신청하여야 하는가?

① 15일
② 30일
③ 45일
④ 60일

14 항공운송사업자가 객실승무원이 비행피로로 인하여 항공기 안전운항에 지장을 초래하지 아니하도록 운항규정에 정하여야 하는 연간 승무시간 기준은?

① 1천 시간 초과 금지
② 1천 100시간 초과 금지
③ 1천 200시간 초과 금지
④ 1천 300시간 초과 금지

15 항공기사고 등의 예방 및 비행안전의 확보를 위한 항공안전관리시스템을 마련해야 하는 대상이 아닌 것은?

① 형식증명, 부가형식증명, 제작증명, 기술표준품형식승인 또는 부품등제작자증명을 받은 자
② 항공종사자, 항공정비사 양성을 위한 지정된 전문교육기관
③ 항공운송사업자, 항공기사용사업자 및 국외운항항공기 소유자등
④ 항공기정비업자로서 제97조 제1항에 따른 정비조직인증을 받은 자

16 운항 중에 전자기기의 사용을 제한할 수 있는 항공기에 해당하는 것은?

① 항공운송사업용으로 비행 중인 항공기
② 항공기사용사업용으로 비행 중인 항공기
③ 초경량비행장치사용사업용으로 비행 중인 항공기
④ 시계비행 방식으로 비행 중인 항공기

17 신고를 필요로 하지 아니하는 초경량비행장치의 범위에 해당하지 않는 것은?

① 사람이 탑승하는 계류식(繫留式) 기구류
② 계류식 무인비행장치
③ 낙하산류
④ 무인동력비행장치 중에서 연료의 무게를 제외한 자체무게(배터리 무게를 포함한다)가 12킬로그램 이하인 것

18 경량항공기의 기준에 해당하는 최대이륙중량으로 맞는 것은?

① 최대이륙중량이 600킬로그램(수상비행에 사용하는 경우에는 650킬로그램) 이상일 것
② 최대이륙중량이 600킬로그램(수상비행에 사용하는 경우에는 600킬로그램) 이상일 것
③ 최대이륙중량이 600킬로그램(수상비행에 사용하는 경우에는 650킬로그램) 이하일 것
④ 최대이륙중량이 600킬로그램(수상비행에 사용하는 경우에는 600킬로그램) 이하일 것

19 공항시설의 구분 중 대통령령으로 정하는 지원시설에 해당하는 것은?

① 항행안전시설
② 관제소, 송수신소, 통신소 등의 통신시설
③ 항공기 급유시설 및 유류의 저장 · 관리 시설
④ 공항 이용객을 위한 주차시설 및 경비 · 보안시설

20 국외 정비확인자 인정서의 발급 시 유효기간은 얼마인가?

① 1년
② 2년
③ 3년
④ 6년

21 수리 또는 개조의 승인 신청 시 수리계획서에 첨부하여야 할 서류에 해당하지 않는 것은?

① 수리 · 개조 신청사유 및 작업 일정
② 작업을 수행하려는 인증된 정비조직의 업무범위
③ 부품등의 품질관리규정
④ 수리 · 개조에 필요한 인력, 장비, 시설 및 자재 목록

22 항공기 감항성개선지시서(AD)를 발행할 수 있는 경우에 해당하지 않는 것은?

① 감항성에 중대한 영향을 미치는 설계제작상의 결함사항이 있는 것으로 확인된 경우
② 항공기기술기준에 간단한 변경이 있는 경우
③ 항공기 사고조사 또는 항공안전감독활동의 결과로 항공기 감항성에 중대한 영향을 미치는 고장 또는 결함사항이 있는 것으로 확인된 경우
④ 동일 고장이 반복적으로 발생되어 부품의 교환수리개조 등을 통한 근본적인 수정조치가 요구되거나 반복적인 점검 등이 필요한 경우

23 항공사업법에 포함된 항공기정비업의 업무 범위에 대한 설명으로 맞지 않는 것은?

① 항공기를 정비 · 수리 또는 개조하는 업무
② 발동기를 정비 · 수리 또는 개조하는 업무
③ 항공기를 지원하고 지상 장비품을 정비 · 수리 또는 개조하는 업무
④ 항공기 정비 · 수리 또는 개조하는 업무에 대한 기술관리 및 품질관리 등을 지원하는 업무

24 타인의 수요에 맞추어 항공기를 사용하여 유상으로 여객이나 화물을 운송하는 국내 부정기편 운항을 하는 사업은 어느 것인가?

① 항공기사용사업
② 소형항공운송사업
③ 국내항공운송사업
④ 국제항공운송사업

25 우리나라 국적기호 로마자의 대문자 표시로 적당한 것은?

① N ② F
③ HL ④ JA

제 2 회

실전 모의고사

[정답 및 해설 ⇨ 670쪽]

01 항공기에 탑재하는 서류에 해당하지 않는 것은?

① 항공기등록증명서
② 운용한계지정서
③ 정비규정
④ 무선국 허가증명서

02 항공기사고, 항공기준사고 또는 항공안전장애가 발생하였을 때에, 기장은 누구에게 보고해야 하는가?

① 한국교통안전공단 이사장
② 국토교통부장관
③ 항공기승무원
④ 항공기정비사

03 국토교통부령으로 정하는 경량항공기에 속하지 않는 것은?

① 비행기
② 자이로플레인
③ 패러글라이더
④ 헬리콥터

04 항공기등의 설계에 관하여 외국정부로부터 형식증명을 받은 자가 해당 항공기등에 대하여 항공기기술기준에 적합함을 입증 받기 위한 증명은?

① 감항증명
② 형식증명승인
③ 제한형식증명
④ 부가형식증명

05 항공기의 안전운항을 위한 운항기술기준에 포함되는 내용이 아닌 것은?

① 자격증명
② 항공훈련기관
③ 항공기 등록 및 등록부호 표시
④ 정비기술교범

06 감항증명을 받으려는 자가 감항증명 신청 시 첨부해야 할 서류가 아닌 것은?

① 비행교범
② 정비교범
③ 제작증명
④ 감항증명과 관련하여 국토교통부장관이 필요하다고 인정하여 고시하는 서류

07 항공기 등록기호표의 부착에 관한 설명으로 옳지 않은 것은?

① 강철 등 내화금속(耐火金屬)으로 된 등록기호표 사용
② 항공기에 출입구가 있는 경우: 항공기 주(主)출입구 윗부분의 안쪽
③ 주 날개에 표시하는 경우: 오른쪽 날개 윗면과 왼쪽 날개 아랫면
④ 국적기호 및 등록기호와 소유자등의 명칭 기록

08 항공종사자 자격증명 응시기준 중 나이 기준이 바르지 않은 것은?

① 운항관리사－18세
② 항공기관사－18세
③ 항공교통관제사－18세
④ 항공정비사－18세

09 정비등을 한 항공기등, 장비품 또는 부품에 대하여 감항성을 확인받지 아니하고 운항 또는 항공기등에 사용한 자에 대한 처벌로 맞는 것은?

① 3년 이하의 징역 또는 5천만원 이하의 벌금
② 3년 이하의 징역 또는 3천만원 이하의 벌금
③ 1년 이상 10년 이하의 징역
④ 3년 이상 15년 이하의 징역

10 항공기의 비행 중 금지행위에 해당하지 않는 것은?

① 국토교통부령으로 정하는 최저비행고도(最低飛行高度) 아래에서의 비행
② 물건의 투하(投下) 또는 살포
③ 무인항공기의 비행
④ 위험물 운송

11 정비조직인증을 취소하거나 6개월 이내의 기간을 정하여 그 효력의 정지를 명할 수 있는 경우에 해당하지 않는 것은?

① 거짓이나 그 밖의 부정한 방법으로 정비조직인증을 받은 경우
② 정당한 사유 없이 정비조직인증기준을 위반한 경우
③ 승인을 받고 국토교통부령으로 정하는 중요사항을 변경한 경우
④ 정비조직인증을 받은 자가 효력정지기간에 업무를 한 경우

12 형식증명을 받으려는 자가 형식증명 신청서를 국토교통부장관에게 제출할 때 필요한 첨부서류가 아닌 것은?

① 인증계획서(Certification Plan)
② 항공기 3면도
③ 항공기기술기준에 대한 적합성 입증계획서
④ 발동기의 설계 · 운용 특성 및 운용한계에 관한 자료(발동기에 대하여 형식증명을 신청하는 경우에만 해당한다)

13 감항증명을 하는 경우 국토교통부령으로 정하는 바에 따라 검사의 일부를 생략할 수 없는 항공기는?

① 형식증명, 제한형식증명 또는 형식증명승인을 받은 항공기
② 제작증명을 받은 자가 제작한 항공기
③ 운용한계(運用限界)를 지정한 항공기
④ 항공기를 수출하는 외국정부로부터 감항성이 있다는 승인을 받아 수입하는 항공기

14 항공기를 운항하기 위해 항공기 국적 등을 표시할 때 준수사항에 포함되지 않는 것은?

① 국적 등의 표시는 국적기호, 등록기호 순으로 표시한다.
② 등록기호의 첫 글자가 문자인 경우 국적기호와 등록기호 사이에 붙임표(－)를 삽입하여야 한다.
③ 장식체를 사용해야 하고, 국적기호는 로마자의 소문자 "hl"로 표시하여야 한다.
④ 항공기에 표시하는 등록부호는 지워지지 아니하고 배경과 선명하게 대조되는 색으로 표시하여야 한다.

15 항공기의 수리 · 개조승인을 위한 항공기등 및 장비품 검사관으로 임명 또는 위촉할 수 있는 사람은?

① 국가기관등에서 항공기의 설계, 제작, 정비 업무에 1년 이상 종사한 경력이 있는 사람
② 항공정비사 자격증명을 받은 사람
③ 항공기술 관련 학사 이상의 학위를 취득한 후 항공업무에 2년 이상 경력이 있는 사람
④ 국가기관등항공기의 설계, 제작, 정비 또는 품질보증 업무에 4년 이상 경력이 있는 사람

16 항공기 유도원(誘導員) 수신호의 의미는?

① 출입문의 확인
② 우회전(조종사 기준)
③ 좌회전(조종사 기준)
④ 항공기 안내(wingwalker)

17 국토교통부령으로 정하는 공항시설 · 비행장시설 또는 항행안전시설에 해당하지 않는 것은?

① 착륙대
② 공항 소방시설
③ 계류장 및 격납고
④ 항공기 급유시설

18 항공기를 등록한 경우에 항공기 등록원부(登錄原簿)에 기록해야 하는 사항이 아닌 것은?

① 항공기의 종류
② 항공기의 제작자
③ 항공기의 정치장(定置場)
④ 소유자 또는 임차인 · 임대인의 성명 또는 명칭과 주소 및 국적

19 항공기 등에 발생한 고장, 결함 또는 기능장애 보고는 고장등이 발생한 것을 알게 된 때부터 몇 시간 이내에 보고해야 하는가?

① 36시간 ② 48시간
③ 72시간 ④ 96시간

20 두 항공기가 충돌할 위험이 있을 정도로 정면 또는 이와 유사하게 접근하는 경우 대처 방법은?

① 다른 항공기에 진로를 양보하는 항공기는 그 다른 항공기의 상하로 통과
② 다른 항공기에 진로를 양보하는 항공기는 그 다른 항공기의 전방을 통과
③ 서로 기수(機首)를 오른쪽으로 돌려 운행
④ 추월하려는 항공기는 추월당하는 항공기의 왼쪽을 통과

21 항공기준사고의 범위에 해당하지 않는 것은?

① 항공기의 위치, 속도 및 거리가 다른 항공기와 충돌위험이 있었던 것으로 판단되는 근접비행이 발생한 경우
② 항공기, 차량, 사람 등이 허가 없이 또는 잘못된 허가로 항공기 이륙 · 착륙을 위해 지정된 보호구역에 진입하여 다른 항공기와 충돌할 뻔 한 경우
③ 활주로 또는 착륙표면에 항공기 동체 꼬리, 날개 끝, 엔진 덮개 등이 비정상적으로 접촉된 경우
④ 항공기가 이륙 또는 초기 상승 중 규정된 성능에 도달하지 못한 경우

22 시카고협약 부속서 중 안전관리(Safety Management)의 기준을 정하고 있는 것은?

① Annex 6
② Annex 8
③ Annex 13
④ Annex 19

23 터빈 엔진에 사용하는 각 오일탱크의 팽창공간의 기준에 맞는 것은?

① 탱크용량의 0.5% 이상
② 탱크용량의 1% 이상
③ 탱크용량의 10% 이상
④ 탱크용량의 15% 이상

24 공항구역 안과 공항구역 밖에 있는 공항시설 중 기본시설에 해당하는 것은?

① 여객터미널, 화물터미널 등 여객시설 및 화물처리시설
② 항공기 및 지상조업장비의 점검 · 정비 등을 위한 시설
③ 공항의 운영 및 유지 · 보수를 위한 공항 운영 · 관리시설
④ 항공기 급유시설 및 유류의 저장 · 관리 시설

25 항공기의 항행을 돕기 위한 항행안전시설 중 항행안전무선시설에 해당하지 않는 것은?

① 무지향표지시설(NDB)
② 전방향표지시설(VOR)
③ 거리측정시설(DME)
④ 항공이동위성통신시설[AMS(R)S]

제 3 회

실전 모의고사

[정답 및 해설 ⇨ 673쪽]

01 국가기관등항공기에 해당하지 않는 것은?

① 산불의 진화 및 예방 활동 중인 항공기
② 재난 · 재해 등으로 인한 수색(搜索) · 구조 활동 중인 항공기
③ 공역에서 작전 중인 군용 항공기
④ 응급환자의 후송 등 구조 · 구급 활동 중인 항공기

02 항공기의 정치장(定置場), 소유자 또는 임차인 · 임대인의 성명 또는 명칭과 주소 및 국적 등 등록사항의 변경이 원인이 된 등록은 어느 것인가?

① 신규등록 ② 변경등록
③ 이전등록 ④ 말소등록

03 항공기가 야간에 공중 · 지상 또는 수상을 항행하는 경우와 비행장의 이동지역 안에서 이동하거나 엔진이 작동 중인 경우 켜야 하는 등불에 해당하지 않는 것은?

① 우현등 ② 좌현등
③ 전조등 ④ 충돌방지등

04 통행의 우선순위를 잘못 설명한 것은?

① 비행기 · 헬리콥터는 비행선, 활공기 및 기구류에 진로를 양보할 것
② 비행기 · 헬리콥터 · 비행선은 항공기 또는 그 밖의 물건을 예항(曳航)하는 다른 항공기에 진로를 양보할 것
③ 비행선은 활공기 및 기구류에 진로를 양보할 것
④ 기구류는 활공기에 진로를 양보할 것

05 감항증명을 받지 아니한 항공기 사용 등의 죄에 대한 처벌은?

① 500만원 이하의 벌금
② 1천만원 이하의 벌금
③ 2년 이하의 징역 또는 2천만원 이하의 벌금
④ 3년 이하의 징역 또는 5천만원 이하의 벌금

06 국토교통부령으로 정하는 기준을 충족하는 초경량비행장치에 해당하는 것은?

① 헬리콥터
② 자이로플레인
③ 동력패러슈트
④ 무인비행장치

07 감항증명의 신청 시 첨부하는 비행교범에 포함되어야 할 사항으로 맞는 것은?

① 항공기의 종류 · 등급 · 형식 및 제원(諸元)에 관한 사항
② 감항성 한계범위, 주기적 검사 방법 또는 요건, 장비품 · 부품 등의 사용한계 등에 관한 사항
③ 항공기 계통별 설명, 분해, 세척, 검사, 수리 및 조립절차, 성능점검 등에 관한 사항
④ 지상에서의 항공기 취급, 연료 · 오일 등의 보충, 세척 및 윤활 등에 관한 사항

08 특별감항증명 대상 중 항공기의 제작 · 정비 · 수리 · 개조 및 수입 · 수출 등과 관련한 경우에 해당하지 않는 것은?

① 제작 · 정비 · 수리 또는 개조 후 시험비행을 하는 경우
② 정비 · 수리 또는 개조(이하 "정비등"이라 한다)를 위한 장소까지 승객 · 화물을 싣지 아니하고 비행하는 경우
③ 항공기 제작자, 연구기관 등에서 연구 및 개발 중인 경우
④ 수입하거나 수출하기 위하여 승객 · 화물을 싣지 아니하고 비행하는 경우

09 감항증명을 받은 항공기를 수리 또는 개조하고자 할 때 누구에게 승인을 받는가?

① 정비조직인증을 받은 자
② 항공정비사
③ 국토교통부장관
④ 지방항공청장

10 항공기정비업자 또는 외국의 항공기정비업자가 그 업무를 시작하기 전까지 국토교통부장관으로부터 받아야 하는 것은?

① 항공안전법 제20조(형식증명)
② 항공안전법 제22조(제작증명)
③ 항공안전법 제24조(감항승인)
④ 항공안전법 제97조(정비조직인증 등)

11 외국인국제항공운송사업자가 운항하려는 항공기에 탑재해야 할 서류에 해당하지 않는 것은?

① 항공기 등록증명서
② 정비규정
③ 소음기준적합증명서
④ 각 승무원의 유효한 자격증명(조종사 비행기록부를 포함한다)

12 항공운송사업자가 운항을 시작하기 전까지 국토교통부장관으로부터 받아야 하는 것은?

① 감항증명
② 운항증명
③ 제작증명
④ 형식증명

13 항공기의 소유자등이 201명의 승객 좌석 수를 갖는 여객기에 갖추어야 할 메가폰의 수량은?

① 1개　　② 3개
③ 5개　　④ 7개

14 항공운송사업용 및 항공기사용사업용 헬리콥터가 시계비행을 할 경우, 추가로 실어야 하는 연료의 양은?

① 최대항속속도로 20분간 더 비행할 수 있는 양 + 운항기술기준에서 정한 연료의 양
② 최대항속속도로 40분간 더 비행할 수 있는 양 + 운항기술기준에서 정한 연료의 양
③ 최대항속속도로 60분간 더 비행할 수 있는 양 + 운항기술기준에서 정한 연료의 양
④ 최대항속속도로 120분간 더 비행할 수 있는 양 + 운항기술기준에서 정한 연료의 양

15 항공기에 설치 · 운용하여야 하는 무선설비의 설치 기준으로 바르지 않은 것은?

① 초단파(VHF) 또는 극초단파(UHF)무선전화 송수신기 각 1대
② 계기착륙시설(ILS) 수신기 1대
③ 전방향표지시설(VOR) 수신기 1대
④ 거리측정시설(DME) 수신기 1대

16 국토교통부장관이 항공기, 경량항공기 또는 초경량비행장치의 항행에 적합하다고 지정한 지구의 표면상에 표시한 공간의 길로 정의한 것은?

① 관제권(管制圈)
② 관제구(管制區)
③ 항공로(航空路)
④ 착륙대(着陸帶)

17 군용항공기 등의 적용 특례 대상에게 예외적으로 적용되는 항공안전법령에 해당하지 않는 것은?

① 제51조(무선설비의 설치 · 운용 의무)
② 제67조(항공기의 비행규칙)
③ 제68조(항공기의 비행 중 금지행위 등) 3. 낙하산 강하(降下)
④ 제79조(항공기의 비행제한 등)

18 수리개조승인을 받아야 하는 대상 중 수리개조승인을 받은 것으로 보는 경우에 해당하지 않는 것은?

① 기술표준품형식승인을 받은 자가 제작한 기술표준품을 그가 수리 · 개조하는 경우
② 부품등제작자증명을 받은 자가 제작한 장비품 또는 부품을 그가 수리 · 개조하는 경우
③ 형식증명승인을 받은 자가 제작한 항공기를 그가 수리 · 개조하는 경우
④ 제97조 제1항에 따른 정비조직인증을 받은 자가 항공기등, 장비품 또는 부품을 수리 · 개조하는 경우

19 승객정원이 44인을 넘는 비행기의 탈출을 위한 시간 기준으로 맞는 것은?

① 30초 이내 ② 60초 이내
③ 90초 이내 ④ 120초 이내

20 항공기를 운항하기 위해서 필요한 최소 비행 및 항법계기(Minimum Flight and Navigational Instruments)에 포함되지 않는 것은?

① 승강계(vertical speed indicator)
② 비행 중 어떤 기압으로도 조정할 수 있도록 헥토파스칼/밀리바 단위의 보조눈금이 있고 피트 단위의 정밀고도계
③ 시, 분, 초를 나타내는 정확한 시계
④ 나침반

21 항공기취급업을 등록하려는 자가 갖추어야 할 요건에 해당하지 않는 것은?

① 자본금 또는 자산평가액이 3억원 이상으로서 대통령령으로 정하는 금액 이상일 것
② 항공기 급유, 하역, 지상조업을 위한 장비 등이 대통령령으로 정하는 기준에 적합할 것
③ 항공기취급업 등록의 취소처분을 받은 후 3년이 지나지 아니한 자
④ 법인으로서 임원 중에 대한민국 국민이 아닌 사람이 없을 것

22 항공안전 의무보고서 또는 국토교통부장관이 정하여 고시하는 전자적인 보고방법에 따라 국토교통부장관 또는 지방항공청장에게 보고해야 하는 시기로 맞는 것은?

① 항공기사고: 즉시
② 항공기준사고: 48시간 이내
③ 항공안전장애: 48시간 이내
④ 항공안전위해요인: 96시간 이내

23 공항구역에 있는 시설과 공항구역 밖에 있는 시설 중 대통령령으로 정하는 기본시설에 해당하지 않는 것은?

① 항공기의 이착륙시설
② 여객시설 및 화물처리시설
③ 항행안전시설
④ 항공기 점검 · 정비 등을 위한 시설

24 계기착륙시설(ILS)의 구성장비에 포함되지 않는 것은?

① 방위각제공시설(LLZ)
② 활공각제공시설(GP)
③ 마커장비
④ 마이크로파착륙시설

25 항공기의 항행을 돕기 위한 항행안전시설 중 항공등화에 해당하지 않는 것은?

① 비행장등대(aerodrome beacon)
② 진입각지시등(precision approach path indicator)
③ 유도로등(taxiway edge lights)
④ 마커비콘(marker beacon)

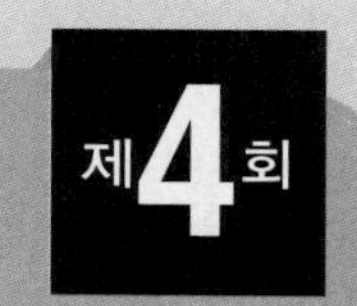

실전 모의고사

[정답 및 해설 ⇨ 676쪽]

01 항공안전장애의 범위에 해당하지 않는 것은?

① 공중충돌경고장치 회피기동(ACAS RA)이 발생한 경우
② 항공기가 주기(駐機) 중 다른 항공기나 장애물, 차량, 장비 또는 동물 등과 접촉 · 충돌한 경우
③ 항공기가 정상적인 비행 중 지표, 수면 또는 그 밖의 장애물과의 충돌(Controlled Flight into Terrain)을 가까스로 회피한 경우
④ 운항 중 항공기 구성품 또는 부품의 고장으로 인하여 조종실 또는 객실에 연기 · 증기 또는 중독성 유해가스가 축적되거나 퍼지는 현상이 발생한 경우

02 항공정비사 응시자격을 설명한 것으로 올바른 것은?

① 연령제한: 19세 이상
② 항공기술요원 양성과정: 6개월 이상의 항공기 정비실무경력+항공기술요원을 양성하는 교육기관에서 필요한 교육을 이수할 것
③ 외국정부가 발급한 항공기 형식 한정자격 증명을 받은 사람
④ 정비경력 보유: 2년 이상의 항공기 정비업무경력이 있는 사람

03 항공기 등에 발생한 고장, 결함 또는 기능장애(항공안전장애)로 96시간 이내에 의무 보고해야 하는 경우가 아닌 것은?

① 제작사가 제공하는 기술자료에 따른 최대 허용범위를 초과한 항공기 구조의 균열
② 영구적인 변형이나 부식이 발생한 경우
③ 대수리가 요구되는 항공기 구조 손상이 발생한 경우
④ 항공안전을 해치거나 해칠 우려가 있는 사건 · 상황 · 상태 등을 발생시킨 경우

04 회항시간 연장운항(EDTO)의 승인과 관련된 국토교통부령으로 정하는 시간으로 바르지 않은 것은?

① 2개의 발동기를 가진 비행기: 1시간
② 2개의 발동기를 가진 비행기: 2시간
③ 「항공사업법 시행규칙」 제3조 제3호에 따른 전세운송에 사용되는 비행기의 경우에는 3시간
④ 3개 이상의 발동기를 가진 비행기: 3시간

05 수직분리축소공역(RVSM) 등에서의 비행을 위해 항공기 운항 승인을 받아야 하는 항공기는?

① 항공기가 수직분리고도를 축소하여 운영하는 공역을 운항하려는 경우
② 우리나라에 신규로 도입하는 항공기를 운항하는 경우
③ 항공기의 사고 · 재난이나 그 밖의 사고로 인하여 사람 등의 수색 · 구조 등을 위하여 긴급하게 항공기를 운항하는 경우
④ 수직분리축소공역에서의 운항승인을 받은 항공기에 고장 등이 발생하여 그 항공기를 정비 등을 위한 장소까지 운항하는 경우

06 소음기준적합증명의 기준에 적합하지 아니한 항공기의 운항허가를 받을 수 있는 대상에 해당되지 않는 것은?

① 항공기의 생산업체, 연구기관 또는 제작자 등이 항공기 또는 그 장비품 등의 시험·조사·연구·개발을 위하여 시험비행을 하는 경우
② 항공기의 제작 또는 정비등을 한 후 시험비행을 하는 경우
③ 터빈발동기를 장착한 항공기
④ 항공기의 정비등을 위한 장소까지 승객·화물을 싣지 아니하고 비행하는 경우

07 항공안전장애를 발생시켰거나 항공안전장애가 발생한 것을 알게 된 항공종사자 등 항공안전 의무보고 관계인에 해당하지 않는 것은?

① 항공기 기장(항공기의 소유자등)
② 항공정비사(소속된 기관·법인 등의 대표자)
③ 항공교통관제사(항공교통관제기관의 장)
④ 전문교육기관시설을 설치·관리하는 자(전문교육기관의 장)

08 비행기 및 헬리콥터가 지표면에 근접하여 잠재적인 위험상태에 있을 경우 적시에 명확한 경고를 운항승무원에게 자동으로 제공하고 전방의 지형지물을 회피할 수 있는 사고예방장치는?

① 공중충돌경고장치(Airborne Collision Avoidance System, ACAS Ⅱ)
② 지상접근경고장치(Ground Proximity Warning System)
③ 조종실음성기록장치(Cockpit Voice Recorders)
④ 비행이미지기록장치(Airborne Image Recorder, AIR)

09 항공운송사업자의 운항증명을 취소하거나 6개월 이내의 기간을 정하여 항공기 운항의 정지를 명할 수 있는 경우에 해당하지 않는 것은?

① 신고한 운항규정 또는 정비규정을 해당 종사자에게 제공한 경우
② 감항성개선 또는 그 밖에 검사·정비등의 명령을 이행하지 아니하고 이를 운항 또는 항공기등에 사용한 경우
③ 수리·개조승인을 받지 아니한 항공기등을 운항하거나 장비품·부품을 항공기등에 사용한 경우
④ 국토교통부령으로 정하는 양의 연료를 싣지 아니하고 운항한 경우

10 항공기가 제한형식증명을 받은 경우로서 항공기 제작자 또는 소유자등이 제시한 운용범위를 검토하여 안전하게 운항할 수 있다고 판단되는 경우에 발급하는 증명은?

① 형식증명 ② 형식증명승인
③ 표준감항증명 ④ 특별감항증명

11 항공공역 중 항공교통의 안전을 위하여 항공기의 비행을 금지하거나 제한할 필요가 있는 공역은?

① 관제공역 ② 비관제공역
③ 통제공역 ④ 주의공역

12 항공기 유도원(誘導員) 수신호의 의미는?

① 출입문의 확인 ② 직진
③ 정지 ④ 서행

13 고정익항공기를 위한 운항기술기준의 용어 정의 중 안전을 증진하는 목적으로 하는 활동 및 이를 위한 종합된 법규는 어느 것인가?

① 안전관리시스템(Safety Management System)
② 운항규정(Operations Manual)
③ 안전프로그램(Safety Programme)
④ 정비규정(Maintenance Control Manual)

14 운항기술기준을 정하여 고시할 때 포함시켜야 할 내용이 아닌 것은?

① 자격증명
② 항공기 감항성
③ 항공기등, 장비품 또는 부품의 인증절차
④ 항공기 계기 및 장비

15 공역의 사용목적에 따른 관제공역에 해당하지 않는 것은?

① 관제권
② 관제구
③ 비행장교통구역
④ 정보구역

16 항공안전법 시행규칙의 목적을 설명한 것으로 바른 것은?

① 「국제민간항공협약」 및 같은 협약의 부속서에서 채택된 표준과 권고되는 방식에 따른다.
② 항공기를 대상으로 안전하게 항행하기 위한 방법을 정한다.
③ 「항공안전법」 및 같은 법 시행령에서 위임된 사항과 그 시행에 필요한 사항을 규정한다.
④ 항공기술 발전에 이바지한다.

17 항공기를 소유하거나 임차하여 사용할 수 있는 권리가 있는 자가 등록기호표에 기록해야 할 사항이 아닌 것은?

① 국적기호
② 등록기호
③ 소유자 명칭
④ 항공기의 정치장(定置場)

18 정비조직인증 신청서 제출 시 첨부하는 정비조직절차교범의 기재 사항에 포함되지 않는 것은?

① 수행하려는 업무의 범위
② 항공기등 · 부품등에 대한 정비방법 및 그 절차
③ 항공기등 · 부품등의 정비에 관한 기술관리 및 품질관리의 방법과 절차
④ 운항에 필요한 항공종사자의 확보상태 및 능력

19 항공운송사업자는 운항을 시작하기 전에 국토교통부장관으로 부터 인가 받아야 하는 정비규정에 포함되어야 할 사항이 아닌 것은?

① 항공기를 정비하는 자의 직무와 정비조직
② 항공기의 감항성을 유지하기 위한 정비프로그램
③ 최소장비목록(MEL)과 외형변경목록(CDL)
④ 항공기 검사프로그램

20 국토교통부장관이 항공기의 종류 및 그 업무분야로 자격증명에 대해 한정한 항공종사자는 어느 것인가?

① 운송용 조종사
② 부조종사
③ 항공기관사
④ 항공정비사

21 항공기등의 정비등을 확인하는 사람의 최근 정비경험 기준으로 맞는 것은?

① 동일한 항공기 종류, 동일한 정비분야에 대해 최근 12개월 이내에 1개월 이상의 정비경험
② 동일한 항공기 종류, 동일한 정비분야에 대해 최근 12개월 이내에 3개월 이상의 정비경험
③ 동일한 항공기 종류, 동일한 정비분야에 대해 최근 24개월 이내에 3개월 이상의 정비경험
④ 동일한 항공기 종류, 동일한 정비분야에 대해 최근 24개월 이내에 6개월 이상의 정비경험

22 국토교통부장관이 항공기 소유자 또는 운영자가 보고한 고장, 기능불량 및 결함 내용을 검토하여 감항성개선지시서를 발행할 수 있는 경우에 포함되지 않는 것은?

① 항공기등의 감항성에 중대한 영향을 미치는 설계 · 제작상의 결함사항이 있는 것으로 확인된 경우
② 동일 고장이 반복적으로 발생되어 부품의 교환, 수리 · 개조 등을 통한 근본적인 수정조치가 요구되거나 반복적인 점검 등이 필요한 경우
③ 국토교통부장관이 인정하는 방법, 기술, 및 절차를 사용하여 분해, 세척, 허용된 검사, 수리 및 재조립한 경우
④ 외국의 항공기 설계국가 또는 설계기관 등으로부터 필수지속감항정보를 통보받아 검토한 결과 필요하다고 판단한 경우

23 항공기취급업에 해당하지 않는 것은?

① 항공기급유업
② 항공레저스포츠사업
③ 항공기하역업
④ 지상조업사업

24 공항시설법에서 정한 공항에 대한 정의를 맞게 설명한 것은?

① 항공기 · 경량항공기 · 초경량비행장치의 이륙과 착륙을 위하여 사용되는 육지 또는 수면(水面)의 일정한 구역
② 공항시설을 갖춘 공공용 비행장으로서 국토교통부장관이 그 명칭 · 위치 및 구역을 지정 · 고시한 것
③ 공항으로 사용되고 있는 지역과 공항 · 비행장개발예정지역 중 도시 · 군계획시설로 결정되어 국토교통부장관이 고시한 지역
④ 비행장으로 사용되고 있는 지역과 공항 · 비행장개발예정지역 중 도시 · 군계획시설로 결정되어 국토교통부장관이 고시한 지역

25 공항시설법에서 정의하고 있는 비행장의 정의로 맞는 것은?

① 항공기 · 경량항공기 · 초경량비행장치의 이륙과 착륙을 위하여 사용되는 육지 또는 수면(水面)의 일정한 구역으로서 대통령령으로 정하는 것
② 공항시설을 갖춘 공공용 비행장으로서 국토교통부장관이 그 명칭 · 위치 및 구역을 지정 · 고시한 것
③ 공항으로 사용되고 있는 지역과 공항 · 비행장개발예정지역 중 도시 · 군계획시설로 결정되어 국토교통부장관이 고시한 지역
④ 비행장으로 사용되고 있는 지역과 공항 · 비행장개발예정지역 중 「국토의 계획 및 이용에 관한 법률」 제30조 및 제43조에 따라 도시 · 군계획시설로 결정되어 국토교통부장관이 고시한 지역

제5회

실전 모의고사

[정답 및 해설 ⇨ 679쪽]

01 다음 시카고협약 부속서 중 안전관리(Safety Management)의 기준을 정하고 있는 것은?

① Annex 6
② Annex 8
③ Annex 13
④ Annex 19

02 비행기와 활공기에 표시하는 경우, 등록부호의 높이가 올바르게 정의된 것은?

① 주 날개에 표시하는 경우 30cm 이상, 수직 꼬리 날개 또는 동체에 표시하는 경우 15cm 이상
② 주 날개에 표시하는 경우 50cm 이상, 수직 꼬리 날개 또는 동체에 표시하는 경우 30cm 이상
③ 주 날개에 표시하는 경우 30cm 이상, 수직 꼬리 날개 또는 동체에 표시한 경우 50cm 이상
④ 주 날개에 표시하는 경우 15cm 이상, 수직 꼬리 날개 또는 동체에 표시하는 경우 30cm 이상

03 국토교통부령으로 정하는 바에 따라 감항증명 검사의 일부를 생략할 수 있는 경우가 아닌 것은?

① 항공기가 감항증명 당시의 항공기기술기준에 적합하지 아니하게 된 항공기
② 형식증명, 제한형식증명 또는 형식증명승인을 받은 항공기
③ 제작증명을 받은 자가 제작한 항공기
④ 항공기를 수출하는 외국정부로부터 감항성이 있다는 승인을 받아 수입하는 항공기

04 국토교통부령으로 정하는 바에 따라 그 항공기가 제19조(항공기기술기준) 제2호의 소음기준에 적합한지에 대하여 국토교통부장관의 증명을 받아야 하는 대상은?

① 형식증명을 받는 경우
② 형식증명승인을 받는 경우
③ 제작증명을 받는 경우
④ 감항증명을 받는 경우

05 "항공기의 연구, 개발 등 국토교통부령으로 정하는 경우"인 특별감항증명의 대상에 포함되지 않는 것은?

① 항공기 및 관련 기기의 개발과 관련된 조종사 양성을 위하여 조종연습에 사용하는 경우
② 정비 · 수리 또는 개조를 위한 장소까지 승객 · 화물을 싣지 아니하고 비행하는 경우
③ 「항공사업법」 제54조 및 제55조에 따른 허가를 받은 자가 사용하는 외국 국적의 항공기
④ 무인항공기를 운항하는 경우

06 수리 · 개조승인을 받은 것으로 볼 수 있는 경우에 해당하지 않는 것은?

① 기술표준품형식승인을 받은 자가 제작한 기술표준품을 그가 수리 · 개조하는 경우
② 부품등제작자증명을 받은 자가 제작한 장비품 또는 부품을 그가 수리 · 개조하는 경우
③ 정비조직인증을 받은 자가 항공기등, 장비품 또는 부품을 수리 · 개조하는 경우
④ 형식증명, 제한형식증명 또는 형식증명승인을 받은 항공기

07 항공안전관리시스템을 마련하고 국토교통부장관의 승인을 받아 운용하여야 하는 대상이 아닌 것은?

① 형식증명, 부가형식증명, 제작증명, 기술표준품형식승인 또는 부품등제작자증명을 받은 자
② 항공종사자 양성을 위하여 지정된 항공정비사 지정 전문교육기관
③ 항공교통업무증명을 받은 자
④ 항공기정비업자로서 제97조 제1항에 따른 정비조직인증을 받은 자

08 비행기 및 헬리콥터가 지표면에 근접하여 잠재적인 위험상태에 있을 경우 적시에 명확한 경고를 운항승무원에게 자동으로 제공하고 전방의 지형지물을 회피할 수 있는 사고예방장치는?

① 공중충돌경고장치(Airborne Collision Avoid-ance System, ACAS Ⅱ)
② 지상접근경고장치(Ground Proximity Warn-ing System)
③ 조종실음성기록장치(Cockpit Voice Record-ers)
④ 비행이미지기록장치(Airborne Image Recorder, AIR)

09 국토교통부장관은 항공안전위해요인을 발생시킨 사람이 며칠 이내에 항공안전 자율보고를 할 경우, 처분을 하지 아니할 수 있는가?

① 5일 이내 ② 10일 이내
③ 15일 이내 ④ 20일 이내

10 예외적으로 감항증명을 받을 수 있는 항공기에 해당하지 않는 것은?

① 법 제101조 단서에 따라 허가를 받은 항공기
② 국내에서 수리 · 개조 또는 제작한 후 수출할 항공기
③ 항공기 제작자, 연구기관 등에서 연구 및 개발 중인 항공기
④ 국내에서 제작되거나 외국으로부터 수입하는 항공기로서 대한민국의 국적을 취득하기 전에 감항증명을 신청한 항공기

11 감항증명 시 국토교통부령으로 정하는 바에 따라 검사의 일부를 생략할 수 있는 경우에 해당되지 않는 것은?

① 형식증명, 제한형식증명 또는 형식증명승인을 받은 항공기
② 제작증명을 받은 자가 제작한 항공기
③ 부가형식증명을 받은 항공기
④ 항공기를 수출하는 외국정부로부터 감항성이 있다는 승인을 받아 수입하는 항공기

12 정비조직인증의 취소 등의 사유에 해당하는 경우 처벌로 적당하지 않은 것은?

① 정당한 사유 없이 정비조직인증기준을 위반한 경우 그 정비조직인증을 취소하여야 한다.
② 정비조직인증을 취소하거나 6개월 이내의 기간을 정하여 그 효력의 정지를 명할 수 있다.
③ 효력정지처분을 갈음하여 5억 원 이하의 과징금을 부과할 수 있다.
④ 납부기한까지 과징금을 내지 아니하면 국세 체납처분의 예에 따라 징수한다.

13 항공종사자가 자격증명서 및 항공신체검사증명서 또는 국토교통부령으로 정하는 자격증명서를 지니지 아니하고 항공업무를 수행한 경우 처벌로 맞는 것은?

① 1차 위반: 효력 정지 10일
② 1차 위반: 효력 정지 15일
③ 1차 위반: 효력 정지 30일
④ 1차 위반: 효력 정지 60일

14 등록을 필요로 하지 아니하는 항공기의 범위에 해당하지 않는 것은?

① 군, 경찰 또는 세관업무에 사용하는 항공기
② 외국에 임대할 목적으로 도입한 항공기로서 외국 국적을 취득할 항공기
③ 대한민국의 국민 또는 법인이 임차하여 사용할 수 있는 권리가 있는 항공기
④ 국내에서 제작한 항공기로서 제작자 외의 소유자가 결정되지 아니한 항공기

15 감항검사를 받을 때 검사의 일부를 생략할 수 있는 경우에 해당하지 않는 것은?

① 형식증명, 제한형식증명 또는 형식증명승인을 받은 항공기
② 제작증명을 받은 자가 제작한 항공기
③ 항공기를 수출하는 외국정부로부터 감항성이 있다는 승인을 받아 수입하는 항공기
④ 국내에서 제작하여 대한민국의 국적을 취득한 후에 감항증명을 위한 검사를 신청한 항공기

16 예외적으로 감항증명을 받을 수 있는 항공기로 맞는 것은?

① 국내에서 수리 · 개조 또는 제작한 후 수출할 항공기
② 형식증명, 제한형식증명 또는 형식증명승인을 받은 항공기
③ 제작증명을 받은 자가 제작한 항공기
④ 항공기를 수출하는 외국정부로부터 감항성이 있다는 승인을 받아 수입하는 항공기

17 국토교통부장관이 지방항공청장에게 위임한 권한은 어느 것인가?

① 표준감항증명
② 형식증명을 받은 항공기에 대한 최초의 표준감항증명
③ 제작증명을 받아 제작한 항공기에 대한 최초의 표준감항증명
④ 기술표준품형식승인을 받은 기술표준품에 대한 최초의 감항승인

18 감항증명을 받으려는 자는 항공기 표준감항증명 신청서 또는 항공기 특별감항증명 신청서를 누구에게 제출해야 하는가?

① 대통령
② 국토교통부장관 또는 지방항공청장
③ 공항운영자
④ 항공운송사업자

19 수리 · 개조승인을 받아야 하는 대상 중 수리 · 개조 승인을 받은 것으로 보는 경우에 해당하지 않는 것은?

① 기술표준품형식승인을 받은 자가 제작한 기술표준품을 그가 수리 · 개조하는 경우
② 부품등제작자증명을 받은 자가 제작한 장비품 또는 부품을 그가 수리 · 개조하는 경우
③ 형식증명승인을 받은 자가 제작한 항공기를 그가 수리 · 개조하는 경우
④ 제97조 제1항에 따른 정비조직인증을 받은 자가 항공기등, 장비품 또는 부품을 수리 · 개조하는 경우

20 프로펠러 장착 항공기의 착륙장치가 정적으로 수축된 상태에서의 수평 이륙 자세와 주행 자세 중에서 가장 작은 지면과의 여유 간격은?

① 전륜: 5in, 후륜: 8in
② 전륜: 6in, 후륜: 8in
③ 전륜: 7in, 후륜: 9in
④ 전륜: 8in, 후륜: 9in

21 각 연료탱크에는 비행기가 정상적인 자세로 지상에 있을 때 탱크 용적의 몇 퍼센트에 해당하는 고이개(sump)를 가져야 하는가?

① 탱크 용적의 0.1%
② 탱크 용적의 0.5%
③ 탱크 용적의 1.0%
④ 탱크 용적의 5.0%

22 항공기와 경량항공기 외에 공기의 반작용으로 뜰 수 있는 초경량비행장치에 해당하지 않는 것은?

① 동력비행장치
② 헬리콥터
③ 패러글라이더
④ 무인비행장치

23 항공운송사업용 및 항공기사용사업용 비행기가 시계비행을 할 경우 최초 착륙예정비행장까지 비행에 필요한 연료의 양에 추가해야 할 연료의 양은?

① 순항고도로 계획된 비행시간의 15퍼센트의 시간을 더 비행할 수 있는 양
② 순항고도로 30분간 더 비행할 수 있는 양
③ 순항속도로 45분간 더 비행할 수 있는 양
④ 최대항속속도로 20분간 더 비행할 수 있는 양

24 특별감항증명의 대상 4. 제20조 제2항 각호의 업무에 해당하지 않는 것은?

① 항공기를 수리 · 개조 또는 제작한 후 수출하는 경우
② 재난 · 재해 등으로 인한 수색 · 구조에 사용되는 경우
③ 씨앗 파종, 농약 살포 또는 어군(魚群)의 탐지 등 농 · 수산업에 사용되는 경우
④ 기상관측, 기상조절 실험 등에 사용되는 경우

25 항공운송사업에 사용되는 모든 비행기의 사고예방 및 사고조사를 위하여 항공기에 갖추어야 할 장치는 어느 것인가?

① 공중충돌경고장치(Airborne Collision–Avoidance System, ACAS Ⅱ)
② 지상접근경고장치(Ground Proximity–Warning System)
③ 비행자료 및 조종실 내 음성을 디지털 방식으로 기록할 수 있는 비행기록장치
④ 전방돌풍경고장치

제6회

실전 모의고사

[정답 및 해설 ⇨ 684쪽]

01 국제민간항공의 질서와 발전에 있어서 가장 기본이 되는 국제조약으로 ICAO 설립의 근거가 되는 것은?

① 파리협약 ② 마드리드협약
③ 하바나협약 ④ 시카고협약

02 대통령령으로 정하는 공공기관이 소유하거나 임차(賃借)한 항공기 등에 해당하는 국가기관등항공기가 아닌 것은?

① 재난 · 재해 등으로 인한 수색(搜索) · 구조
② 산불의 진화 및 예방
③ 공공의 질서유지를 위한 세관항공기
④ 응급환자의 후송 등 구조 · 구급활동

03 국가기관등항공기에 해당하지 않는 것은?

① 산불의 진화 및 예방 활동 중인 항공기
② 재난 · 재해 등으로 인한 수색(搜索) · 구조 활동 중인 항공기
③ 공역에서 작전 중인 군용 항공기
④ 응급환자의 후송 등 구조 · 구급 활동 중인 항공기

04 공중 충돌 등 항공기사고의 예방을 위하여 세관업무 또는 경찰업무에 사용하는 항공기와 이에 관련된 항공업무에 종사하는 사람에게도 적용해야 하는 법령이 아닌 것은?

① 제51조(무선설비의 설치 · 운용 의무)
② 제61조(항공안전 자율보고)
③ 제68조(항공기의 비행 중 금지행위 등, 무인항공기의 비행)
④ 제79조(항공기의 비행제한 등)

05 국가기관등항공기와 이에 관련된 항공업무에 종사하는 사람에 대해서는 항공안전법을 적용하여야 한다. 이때 예외 조항으로 알맞지 않은 것은?

① 제66조(항공기 이륙 · 착륙의 장소)
② 제69조(긴급항공기의 지정 등)
③ 제74조(회항시간 연장운항의 승인)
④ 제132조(항공안전 활동)

06 항공기의 정치장(定置場), 소유자 또는 임차인 · 임대인의 성명 또는 명칭과 주소 및 국적 등 등록사항의 변경이 원인이 된 등록은 어느 것인가?

① 신규등록
② 변경등록
③ 이전등록
④ 말소등록

07 비행기와 활공기에 표시하는 경우, 등록부호의 높이가 올바르게 정의된 것은?

① 주 날개에 표시하는 경우 30cm 이상, 수직 꼬리 날개 또는 동체에 표시하는 경우 15cm 이상
② 주 날개에 표시하는 경우 50cm 이상, 수직 꼬리 날개 또는 동체에 표시하는 경우 30cm 이상
③ 주 날개에 표시하는 경우 30cm 이상, 수직 꼬리 날개 또는 동체에 표시하는 경우 50cm 이상
④ 주 날개에 표시하는 경우 15cm 이상, 수직 꼬리 날개 또는 동체에 표시하는 경우 30cm 이상

08 다음 중 소유 및 임차한 항공기를 등록할 수 있는 자는?

① 외국정부
② 외국의 법인
③ 외국인이 법인 등기사항증명서상의 대표자
④ 외국인이 법인 등기사항증명서상의 임원 수의 3분의 1을 차지하는 법인

09 항공기등의 설계에 관하여 외국정부로부터 형식증명을 받은 자가 해당 항공기등에 대하여 항공기기술기준에 적합함을 입증 받기 위한 증명은?

① 감항증명
② 형식증명승인
③ 제한형식증명
④ 부가형식증명

10 국토교통부령으로 정하는 바에 따라 그 항공기가 제19조(항공기기술기준) 제2호의 소음기준에 적합한지에 대하여 국토교통부장관의 증명을 받아야 하는 대상은?

① 형식증명을 받는 경우
② 형식증명승인을 받는 경우
③ 제작증명을 받는 경우
④ 감항증명을 받는 경우

11 "항공기의 연구, 개발 등 국토교통부령으로 정하는 경우"인 특별감항증명의 대상에 포함되지 않는 것은?

① 항공기 및 관련 기기의 개발과 관련된 조종사양성을 위하여 조종연습에 사용하는 경우
② 정비 · 수리 또는 개조를 위한 장소까지 승객 · 화물을 싣지 아니하고 비행하는 경우
③ 「항공사업법」 제54조 및 제55조에 따른 허가를 받은 자가 사용하는 외국 국적의 항공기
④ 무인항공기를 운항하는 경우

12 항공안전관리시스템을 마련하고 국토교통부장관의 승인을 받아 운용하여야 하는 대상이 아닌 것은?

① 형식증명, 부가형식증명, 제작증명, 기술표준품형식승인 또는 부품등제작자증명을 받은 자
② 항공종사자 양성을 위하여 지정된 항공정비사 지정 전문교육기관
③ 항공교통업무증명을 받은 자
④ 항공기정비업자로서 제97조 제1항에 따른 정비조직인증을 받은 자

13 감항증명을 받지 아니한 항공기 사용 등의 죄에 해당하지 않는 것은?

① 소음기준적합증명이 취소 또는 정지된 항공기를 운항한 자
② 기술표준품형식승인을 받지 아니한 기술표준품을 제작 · 판매하거나 항공기등에 사용한 자
③ 정비조직인증을 받지 아니하고 항공기등, 장비품 또는 부품에 대한 정비등을 한 항공기정비업자
④ 수리 · 개조승인을 받지 아니한 항공기등, 장비품 또는 부품을 운항 또는 항공기등에 사용한 자

14 예외적으로 감항증명을 받을 수 있는 항공기에 해당하지 않는 것은?

① 법 제101조 단서에 따라 허가를 받은 항공기
② 국내에서 수리 · 개조 또는 제작한 후 수출할 항공기
③ 항공기 제작자, 연구기관 등에서 연구 및 개발 중인 항공기
④ 국내에서 제작되거나 외국으로부터 수입하는 항공기로서 대한민국의 국적을 취득하기 전에 감항증명을 신청한 항공기

15 항공기와 경량항공기 외에 공기의 반작용으로 뜰 수 있는 초경량 비행장치에 해당하지 않는 것은?

① 동력비행장치 ② 헬리콥터
③ 패러글라이더 ④ 무인비행장치

16 감항증명 시 국토교통부령으로 정하는 바에 따라 검사의 일부를 생략할 수 있는 경우에 해당되지 않는 것은?

① 형식증명, 제한형식증명 또는 형식증명승인을 받은 항공기
② 제작증명을 받은 자가 제작한 항공기
③ 부가형식증명을 받은 항공기
④ 항공기를 수출하는 외국정부로부터 감항성이 있다는 승인을 받아 수입하는 항공기

17 정비조직인증의 취소 등의 사유에 해당하는 경우 처벌로 적당하지 않은 것은?

① 정당한 사유 없이 정비조직인증기준을 위반한 경우 그 정비조직인증을 취소하여야 한다.
② 정비조직인증을 취소하거나 6개월 이내의 기간을 정하여 그 효력의 정지를 명할 수 있다.
③ 효력정지처분을 갈음하여 5억원 이하의 과징금을 부과할 수 있다.
④ 납부기한까지 과징금을 내지 아니하면 국세 체납처분의 예에 따라 징수한다.

18 특별감항증명의 대상 4. 제20조 제2항 각호의 업무에 해당하지 않는 것은?

① 항공기를 수리 · 개조 또는 제작한 후 수출하는 경우
② 재난 · 재해 등으로 인한 수색 · 구조에 사용되는 경우
③ 씨앗 파종, 농약 살포 또는 어군(魚群)의 탐지 등 농 · 수산업에 사용되는 경우
④ 기상관측, 기상조절 실험 등에 사용되는 경우

19 등록을 필요로 하지 아니하는 항공기의 범위에 해당하지 않는 것은?

① 군, 경찰 또는 세관업무에 사용하는 항공기
② 외국에 임대할 목적으로 도입한 항공기로서 외국 국적을 취득할 항공기
③ 대한민국의 국민 또는 법인이 임차하여 사용할 수 있는 권리가 있는 항공기
④ 국내에서 제작한 항공기로서 제작자 외의 소유자가 결정되지 아니한 항공기

20 감항검사를 받을 때 검사의 일부를 생략할 수 있는 경우에 해당하지 않는 것은?

① 형식증명, 제한형식증명 또는 형식증명승인을 받은 항공기
② 제작증명을 받은 자가 제작한 항공기
③ 항공기를 수출하는 외국정부로부터 감항성이 있다는 승인을 받아 수입하는 항공기
④ 국내에서 제작하여 대한민국의 국적을 취득한 후에 감항증명을 위한 검사를 신청한 항공기

21 국토교통부장관이 지방항공청장에게 위임한 권한은 어느 것인가?

① 표준감항증명
② 형식증명을 받은 항공기에 대한 최초의 표준감항증명
③ 제작증명을 받아 제작한 항공기에 대한 최초의 표준감항증명
④ 기술표준품형식승인을 받은 기술표준품에 대한 최초의 감항승인

22 공역의 사용목적에 따른 구분 중 주의공역에 해당하지 않는 것은?

① 훈련구역
② 군작전구역
③ 위험구역
④ 비행제한구역

23 항공기 말소등록을 신청하여야 하는 경우에 해당하지 않는 것은?

① 항공기의 존재 여부를 1개월(항공기사고인 경우에는 2개월) 이상 확인할 수 없는 경우
② 외국 법인에 항공기를 양도하거나 임대(외국국적을 취득하는 경우만 해당한다)한 경우
③ 정비 등을 위해 항공기를 해체한 경우
④ 임차기간의 만료 등으로 항공기를 사용할 수 있는 권리가 상실된 경우

24 비행기 제작 시 적용하여야 하는 연료탱크의 팽창공간 기준으로 적당한 것은?

① 탱크 용량의 2% 이상의 팽창공간
② 탱크 용량의 10% 이상의 팽창공간
③ 탱크 용량의 12% 이상의 팽창공간
④ 탱크 용량의 20% 이상의 팽창공간

25 항공기를 운항하기 위해서 필요한 최소 비행 및 항법계기(Minimum Flight and Navigational Instruments)에 포함되지 않는 것은?

① 승강계(vertical speed indicator)
② 비행 중 어떤 기압으로도 조정할 수 있도록 헥토파스칼/밀리바 단위의 보조눈금이 있고, 피트 단위의 정밀고도계
③ 시, 분, 초를 나타내는 정확한 시계
④ 나침반

제 7 회

실전 모의고사

[정답 및 해설 ⇨ 689쪽]

01 소유하거나 임차한 항공기 등록을 위한 제한사항에 해당하지 않는 것은?

① 대한민국 국민이 아닌 사람
② 외국정부 또는 외국의 공공단체
③ 내국인이 법인 등기사항증명서상의 대표자이거나 내국인이 법인 등기사항증명서상의 임원 수의 2분의 1 이상을 차지하는 법인
④ 대한민국 국민이 아닌 사람이 주식이나 지분의 2분의 1 이상을 소유하거나 그 사업을 사실상 지배하는 법인

02 감항증명을 위한 검사의 일부 생략 조건에 대한 설명으로 알맞지 않은 것은?

① 형식증명 또는 제한형식증명을 받은 항공기: 설계에 대한 검사
② 수입 항공기[신규로 생산되어 수입하는 완제기(完製機)만 해당한다]: 제작과정에 대한 검사
③ 형식증명승인을 받은 항공기: 설계에 대한 검사와 제작과정에 대한 검사
④ 제작증명을 받은 자가 제작한 항공기: 제작과정에 대한 검사

03 감항증명을 받지 아니한 항공기 사용 등의 죄에 대한 처벌은?

① 2년 이하의 징역 또는 1천만원 이하의 벌금
② 2년 이하의 징역 또는 2천만원 이하의 벌금
③ 3년 이하의 징역 또는 3천만원 이하의 벌금
④ 3년 이하의 징역 또는 5천만원 이하의 벌금

04 항공종사자 자격증명 응시기준 중 나이 기준이 바르지 않은 것은?

① 운항관리사 – 18세
② 항공기관사 – 18세
③ 항공교통관제사 – 18세
④ 항공정비사 – 18세

05 항공운송사업자의 운항증명을 취소하거나 6개월 이내의 기간을 정하여 항공기 운항의 정지를 명할 수 있는 경우에 해당하지 않는 것은?

① 신고한 운항규정 또는 정비규정을 해당 종사자에게 제공한 경우
② 감항성개선 또는 그 밖에 검사 · 정비등의 명령을 이행하지 아니하고 이를 운항 또는 항공기등에 사용한 경우
③ 수리 · 개조승인을 받지 아니한 항공기등을 운항하거나 장비품 · 부품을 항공기등에 사용한 경우
④ 국토교통부령으로 정하는 양의 연료를 싣지 아니하고 운항한 경우

06 항공기의 객실에는 지정된 수량의 소화기를 갖추어야 한다. 그 기준으로 알맞은 것은?

① 승객 좌석 수 6석부터 30석까지, 소화기 수량 1
② 승객 좌석 수 31석부터 200석까지, 소화기 수량 3
③ 승객 좌석 수 201석부터 400석까지, 소화기 수량 5
④ 승객 좌석 수 401석부터 600석까지, 소화기 수량 7

07 항공기가 야간에 비행장의 이동지역 안에서 이동하거나 엔진이 작동 중인 경우 항공기의 위치를 나타내기 위해 사용하는 항행등에 해당하지 않는 것은?

① 우현등
② 좌현등
③ 미등
④ 비상등

08 제작증명을 받으려는 자가 신청서에 첨부하여야 할 서류에 포함되지 않는 것은?

① 품질관리규정
② 비행교범
③ 제작하려는 항공기등의 제작방법 및 기술 등을 설명하는 자료
④ 제작하려는 항공기등의 감항성 유지 및 관리체계를 설명하는 자료

09 항공기의 정비작업 중 경미한 정비의 범위에 해당하지 않는 것은?

① 간단한 보수를 하는 예방작업으로서 리깅(rigging)
② 간극의 조정작업 등 복잡한 결합작용을 필요로 하지 아니하는 규격장비품 또는 부품의 교환작업
③ 그 작업의 완료 상태를 확인하는 데에 동력장치의 작동 점검과 같은 복잡한 점검을 필요로 하지 아니하는 작업
④ 항공제품을 감항성 요구조건에서 정의된 감항조건으로 복구하는 작업

10 항공기 등에 발생한 고장, 결함 또는 기능장애보고는 고장등이 발생한 것을 알게 된 때부터 몇 시간 이내에 보고해야 하는가?

① 36시간
② 48시간
③ 72시간
④ 96시간

11 항공기 사고의 범위에 해당하지 않는 것은?

① 사람의 사망, 중상 또는 행방불명
② 항공기의 파손 또는 구조적 손상
③ 항공기의 위치를 확인할 수 없거나 항공기에 접근이 불가능한 경우
④ 항공기의 운항 등과 관련하여 항공안전에 영향을 미치거나 미칠 우려가 있었던 것

12 항공기 말소등록을 신청하여야 하는 경우에 해당하지 않는 것은?

① 항공기의 존재 여부를 1개월(항공기사고인 경우에는 2개월) 이상 확인할 수 없는 경우
② 외국 법인에 항공기를 양도하거나 임대(외국국적을 취득하는 경우만 해당한다)한 경우
③ 정비등을 위해 항공기를 해체한 경우
④ 임차기간의 만료 등으로 항공기를 사용할 수 있는 권리가 상실된 경우

13 항공기와 경량항공기 외에 공기의 반작용으로 뜰 수 있는 초경량비행장치에 해당하지 않는 것은?

① 동력비행장치
② 헬리콥터
③ 패러글라이더
④ 무인비행장치

14 항공운송사업용 및 항공기사용사업용 헬리콥터가 시계비행을 할 경우, 추가로 실어야 하는 연료의 양은?

① 최대항속속도로 20분간 더 비행할 수 있는 양+운항기술기준에서 정한 연료의 양
② 최대항속속도로 40분간 더 비행할 수 있는 양+운항기술기준에서 정한 연료의 양
③ 최대항속속도로 60분간 더 비행할 수 있는 양+운항기술기준에서 정한 연료의 양
④ 최대항속속도로 120분간 더 비행할 수 있는 양+운항기술기준에서 정한 연료의 양

15 항공기가 제한형식증명을 받은 경우로서 항공기 제작자 또는 소유자등이 제시한 운용범위를 검토하여 안전하게 운항할 수 있다고 판단되는 경우에 발급하는 증명은?

① 형식증명　② 형식증명승인
③ 표준감항증명　④ 특별감항증명

16 항공기를 운항하기 위해 항공기 국적 등을 표시할 때 준수사항에 포함되지 않는 것은?

① 국적 등의 표시는 국적기호, 등록기호순으로 표시한다.
② 등록기호의 첫 글자가 문자인 경우 국적기호와 등록기호 사이에 붙임표(−)를 삽입하여야 한다.
③ 장식체를 사용해야 하고, 국적기호는 로마자의 소문자 "hl"로 표시하여야 한다.
④ 항공기에 표시하는 등록부호는 지워지지 아니하고 배경과 선명하게 대조되는 색으로 표시하여야 한다.

17 소음기준적합증명을 받아야 하는 대상 항공기 중 "국토교통부령으로 정하는 항공기"에 해당하는 것은?

① 터빈발동기를 장착한 항공기
② 왕복발동기를 장착한 항공기
③ 국내선을 운항하는 항공기
④ 왕복발동기를 장착하고 국내선을 운항하는 항공기

18 항공기 유도원(誘導員) 수신호의 의미는?

① 출입문의 확인
② 우회전(조종사 기준)
③ 좌회전(조종사 기준)
④ 항공기 안내(wingwalker)

19 인증 받은 정비조직이 인가 받은 한정품목에 대하여 비행안전에 중대한 영향을 미칠 수 있는 고장, 기능불량 및 결함 등을 발견한 경우 보고시한은?

① 발생즉시　② 24시간
③ 72시간　④ 96시간

20 항공운송사업자의 사업정지처분을 갈음하여 부과할 수 있는 과징금은?

① 50억원 이하
② 20억원 이하
③ 10억원 이하
④ 3억원 이하

21 항공사업법에 사용되는 용어 중 항공기취급업에 대한 정의로 맞는 것은?

① 타인의 수요에 맞추어 국토교통부령으로 정하는 초경량비행장치를 사용하여 유상으로 농약살포, 사진촬영 등 국토교통부령으로 정하는 업무를 하는 사업
② 타인의 수요에 맞추어 항공기, 발동기, 프로펠러, 장비품 또는 부품을 정비 · 수리 또는 개조하는 업무를 하는 사업
③ 타인의 수요에 맞추어 항공기에 대한 급유, 항공화물 또는 수하물의 하역과 그 밖에 국토교통부령으로 정하는 지상조업(地上操業)을 하는 사업
④ 항공운송사업 외의 사업으로서 타인의 수요에 맞추어 항공기를 사용하여 유상으로 농약살포, 건설자재 등의 운반 등 국토교통부령으로 정하는 업무를 하는 사업

22 항행안전시설 중 국토교통부령으로 정하는 시설에 포함되지 않는 것은?

① 항공등화
② 항행안전무선시설
③ 항공정보통신시설
④ 항공유선 · 무선통신

23 부정기편 운항의 구분에 의한 국내 및 국제 부정기편 운항에 대한 설명으로 알맞지 않은 것은?

① 한 지점과 다른 지점 사이에 노선을 정하여 운항하는 것
② 관광을 목적으로 한 지점을 이륙하여 중간에 착륙하지 아니하고 정해진 노선을 따라 출발지점에 착륙하기 위하여 운항하는 것
③ 노선을 정하지 아니하고 사업자와 항공기를 독점하여 이용하려는 이용자 간의 1개의 항공운송계약에 따라 운항하는 것
④ 부정기적인 농약살포, 건설자재 등의 운반 또는 사진촬영 등 국토교통부령으로 정하는 범위 내의 운항을 하는 것

24 공항시설의 구분 중 대통령령으로 정하는 기본시설에 해당하지 않는 것은?

① 활주로, 유도로, 계류장, 착륙대
② 여객터미널, 화물터미널
③ 공항근무자 후생복지시설
④ 공항 이용객을 위한 주차시설

25 금지행위 중 급유 또는 배유작업 중의 항공기로부터 담배피우는 행위가 금지된 거리는 얼마인가?

① 항공기로부터 10미터 이내
② 항공기로부터 15미터 이내
③ 항공기로부터 30미터 이내
④ 항공기로부터 45미터 이내

제8회

실전 모의고사

[정답 및 해설 ⇨ 693쪽]

01 시카고협약 부속서 중 항공기 사고조사의 기준을 정하고 있는 곳은?

① 부속서 1
② 부속서 8
③ 부속서 12
④ 부속서 13

02 항공안전법의 목적으로 올바른 것은?

① 공항시설, 항행안전시설 및 항공기 내에서의 불법 행위를 방지하고 민간항공의 보안을 확보하기 위한 기준 · 절차 및 의무사항 등을 규정함을 목적으로 한다.
② 항공정책의 수립 및 항공사업에 관하여 필요한 사항을 정하여 대한민국 항공사업의 체계적인 성장과 경쟁력 강화 기반을 마련함을 목적으로 한다.
③ 항공기, 경량항공기 또는 초경량비행장치가 안전하게 항행하기 위한 방법을 정함으로써 생명과 재산을 보호하고, 항공기술 발전에 이바지함을 목적으로 한다.
④ 공항을 효율적으로 건설 · 관리 · 운영하고, 항공산업의 육성 · 지원에 관한 사업을 수행하도록 함으로써 항공수송을 원활하게 하고, 나아가 국가경제 발전과 국민복지 증진에 이바지함을 목적으로 한다.

03 등록을 필요로 하지 아니하는 항공기의 범위에 포함되지 않는 것은?

① 경찰 항공기
② 군용 항공기
③ 소방 항공기
④ 세관 항공기

04 대통령령으로 정하는 공공기관이 소유하거나 임차(賃借)한 항공기 등에 해당하는 국가기관 등 항공기가 아닌 것은?

① 재난 · 재해 등으로 인한 수색(搜索) · 구조
② 산불의 진화 및 예방
③ 공공의 질서유지를 위한 세관항공기
④ 응급환자의 후송 등 구조 · 구급활동

05 항공안전법상의 용어로 대한민국의 영토와 영해 및 접속수역법에 따른 내수 및 영해의 상공을 정의한 것은?

① 공역
② 비행정보구역
③ 영공
④ 항공로

06 항공정비사 면허시험에 응시할 수 없는 사람은?

① 정비업무경력을 보유하여 3년 이상 실무경력을 보유한 자
② 국토교통부장관이 지정한 전문교육기관에서 항공기 정비에 필요한 과정을 이수한 사람
③ 대학 · 전문대학 또는 「학점인정 등에 관한 법률」에 따라 학습하는 곳에서 [별표 5] 제1호에 따른 항공정비사 학과시험의 범위를 포함하는 각 과목을 이수하고, 교육과정 이수 후의 정비실무경력이 6개월 이상이거나 교육과정 이수 전의 정비실무경력이 1년 이상인 사람
④ 외국정부가 발급한 항공기 종류 한정자격 증명을 받은 사람

07 소유 및 임차한 항공기를 등록할 수 있는 자는?

① 외국정부
② 외국의 법인
③ 외국인이 법인 등기사항증명서상의 대표자인 법인
④ 외국인이 법인 등기사항증명서상의 임원 수의 3분의 1을 차지하는 법인

08 항공기등의 설계에 관하여 외국정부로부터 형식증명을 받은 자가 해당 항공기등에 대하여 항공기기술기준에 적합함을 입증 받기 위한 증명은?

① 감항증명
② 형식증명승인
③ 제한형식증명
④ 부가형식증명

09 항공안전장애에 해당하지 않는 것은?

① 항공기가 주기(駐機) 중 다른 항공기나 장애물, 차량, 장비 또는 동물 등과 접촉 · 충돌한 경우
② 운항 중 발동기에서 화재가 발생하거나 조종실, 객실이나 화물칸에서 화재 · 연기가 발생한 경우(소화기를 사용하여 진화한 경우를 포함한다)
③ 화재경보시스템이 작동한 경우. 다만, 탑승자의 일시적 흡연, 스프레이 분사, 수증기 등의 요인으로 화재경보시스템이 작동된 것으로 확인된 경우는 제외
④ 운항 중 항공기가 조류와 충돌 · 접촉한 경우

10 항공기의 운항과 관련하여 발생한 '항공기사고'에 해당하지 않는 것은?

① 사람의 사망, 중상 또는 행방불명
② 항공기의 파손 또는 구조적 손상
③ 항공기의 위치를 확인할 수 없거나 항공기에 접근이 불가능한 경우
④ 항공기가 장애물과의 충돌을 가까스로 회피한 경우

11 항공안전법 제2조 정의 중 최대이륙중량, 좌석 수 등 국토교통부령으로 정하는 '경량항공기'의 기준에 해당하지 않는 것은?

① 최대이륙중량이 600킬로그램 이하
② 접을 수 있는 착륙장치를 장착
③ 조종사 좌석을 포함한 탑승 좌석이 2개 이하
④ 조종석은 여압(與壓)이 되지 아니할 것

12 통행의 우선순위를 잘못 설명한 것은?

① 비행기 · 헬리콥터는 비행선, 활공기 및 기구류에 진로를 양보할 것
② 비행기 · 헬리콥터 · 비행선은 항공기 또는 그 밖의 물건을 예항(曳航)하는 다른 항공기에 진로를 양보할 것
③ 비행선은 활공기 및 기구류에 진로를 양보할 것
④ 기구류는 활공기에 진로를 양보할 것

13 항공기에 설치 · 운용하여야 하는 무선설비의 설치 기준으로 바르지 않은 것은?

① 초단파(VHF) 또는 극초단파(UHF) 무선전화 송수신기 각 1대
② 계기착륙시설(ILS) 수신기 1대
③ 전방향표지시설(VOR) 수신기 1대
④ 거리측정시설(DME) 수신기 1대

14 항공기에는 다음 각 호의 서류를 탑재하여야 한다. 해당되지 않는 것은?

① 항공기등록증명서 ② 감항증명서
③ 탑재용 항공일지 ④ 정비규정

15 공역의 사용목적에 따른 구분 중 통제공역에 해당하지 않는 것은?

① 비행금지구역
② 비행제한구역
③ 군작전구역
④ 초경량비행장치 비행제한구역

16 항공기가 제한형식증명을 받은 경우로서 항공기 제작자 또는 소유자등이 제시한 운용범위를 검토하여 안전하게 운항할 수 있다고 판단되는 경우에 발급하는 증명은?

① 형식증명 ② 형식증명승인
③ 표준감항증명 ④ 특별감항증명

17 감항증명을 하는 경우 국토교통부령으로 정하는 바에 따라 검사의 일부를 생략할 수 없는 항공기는?

① 형식증명, 제한형식증명 또는 형식증명승인을 받은 항공기
② 제작증명을 받은 자가 제작한 항공기
③ 운용한계(運用限界)를 지정한 항공기
④ 항공기를 수출하는 외국정부로부터 감항성이 있다는 승인을 받아 수입하는 항공기

18 제작증명을 받으려는 자가 국토교통부장관에게 제작증명 신청서를 제출할 때 첨부해야 할 서류가 아닌 것은?

① 제작하려는 항공기등의 감항성 유지 및 관리체계(이하 "제작관리체계"라 한다)를 설명하는 자료
② 품질관리 및 품질검사의 체계(이하 "품질관리체계"라 한다)를 설명하는 자료
③ 제작하려는 항공기등의 제작 방법 및 기술 등을 설명하는 자료
④ 비행교범 또는 운용방식을 적은 서류

19 등록부호의 표시 방법에 대한 기준으로 옳지 않은 것은?

① 국적기호는 로마자 대문자 "HL"로 표시하여야 한다.
② 장식체를 사용해서는 아니 된다.
③ 등록기호의 첫 글자가 문자인 경우 국적기호와 등록기호 사이에 붙임표(/)를 삽입하여야 한다.
④ 배경과 선명하게 대조되는 색으로 표시하여야 한다.

20 항공기의 범위 중 사람이 탑승하는 경우의 "비행기" 조건으로 맞지 않는 것은?

① 최대이륙중량이 600킬로그램(수상비행에 사용하는 경우에는 650킬로그램)을 초과할 것
② 조종사 좌석을 포함한 탑승좌석 수가 1개 이상일 것
③ 동력을 일으키는 기계장치(이하 "발동기"라 한다)가 1개 이상일 것
④ 연료의 중량을 제외한 자체중량이 150킬로그램을 초과할 것

21 항공기 말소등록을 신청하여야 하는 경우에 해당하지 않는 것은?

① 항공기의 존재 여부를 1개월(항공기사고인 경우에는 2개월) 이상 확인할 수 없는 경우
② 외국 법인에 항공기를 양도하거나 임대(외국국적을 취득하는 경우만 해당한다)한 경우
③ 정비등을 위해 항공기를 해체한 경우
④ 임차기간의 만료 등으로 항공기를 사용할 수 있는 권리가 상실된 경우

22 항공기를 소유하거나 임차하여 사용할 수 있는 권리가 있는 자가 등록기호표에 기록해야 할 사항이 아닌 것은?

① 국적기호
② 등록기호
③ 소유자 명칭
④ 항공기의 정치장(定置場)

23 정비조직인증을 받은 업무 범위를 초과하여 항공기등 또는 부품등을 수리 · 개조하는 경우에 취해야 하는 행정절차는?

① 국토교통부장관에게 신고한다.
② 국토교통부장관의 검사를 받는다.
③ 국토교통부장관의 승인을 받는다.
④ 검사관의 확인을 받는다.

24 야간과 주간에 비행하려는 항공기에 갖추어야 할 조명설비는?

① 착륙등
② 우현등, 좌현등 및 미등
③ 객실조명설비
④ 운항승무원 및 객실승무원이 각 근무위치에서 사용할 수 있는 손전등(flashlight)

25 항공기 또는 항공제품을 인가된 기준에 따라 사용 가능한 상태로 회복시키는 것은?

① 비행전점검(pre-flight inspection)
② 수리(repair)
③ 정비(maintenance)
④ 감항성 유지(continuing airworthiness)

| 실전 모의고사 |

정답 및 해설

1	2	3	4	5
③	②	④	④	①
6	7	8	9	10
①	②	②	③	③
11	12	13	14	15
④	③	①	③	②
16	17	18	19	20
①	①	③	③	①
21	22	23	24	25
③	②	③	③	③

01 항공안전법은 항공기, 경량항공기 또는 초경량비행장치가 안전하게 항행하기 위한 방법을 정함으로써 생명과 재산을 보호하고, 항공기술 발전에 이바지함을 목적으로 한다.

02 비행기와 활공기에 표시하는 경우
1. 주 날개에 표시하는 경우에는 50센티미터 이상
2. 수직 꼬리 날개 또는 동체에 표시하는 경우에는 30센티미터 이상

03 부속서 1 : 항공종사자 자격증명
부속서 8 : 항공기 감항성
부속서 12 : 수색 및 구조
부속서 13 : 항공기 사고조사
부속서 17 : 항공 보안
부속서 19 : 안전관리
(교재 p. 32, [표 3-2] 시카고협약 부속서 참조)

04 보기 ④ 항공기의 파손 또는 구조적 손상이 발생한 경우는 "항공기사고"에 포함된다.

05 **감항증명 검사의 일부를 생략할 수 있는 항공기**
1. 형식증명, 제한형식증명 또는 형식증명승인을 받은 항공기
2. 제작증명을 받은 자가 제작한 항공기
3. 항공기를 수출하는 외국정부로부터 감항성이 있다는 승인을 받아 수입하는 항공기

06 항공운송사업에 사용되는 항공기 외의 항공기가 계기비행방식 외의 방식(이하 "시계비행방식"이라 한다)에 의한 비행을 하는 경우에는 제3호부터 제6호까지의 무선설비를 설치·운용하지 아니할 수 있다.
1. 비행 중 항공교통관제기관과 교신할 수 있는 초단파(VHF) 또는 극초단파(UHF)무선전화 송수신기 각 2대

07 교체비행장에 도착 시 예상되는 비행기의 중량 상태에서 표준대기 상태에서의 체공속도로 교체비행장의 450미터(1,500피트)의 상공에서 30분간 더 비행할 수 있는 연료의 양

08 **형식증명 신청서에 첨부해야 할 서류**
1. 인증계획서(Certification Plan)
2. 항공기 3면도
3. 발동기의 설계·운용 특성 및 운용한계에 관한 자료(발동기에 대하여 형식증명을 신청하는 경우에만 해당한다)
4. 그 밖에 국토교통부장관이 정하여 고시하는 서류

09

종류		결심고도 (Decision Height/DH)	시정 또는 활주로 가시범위 (Visibility or Runway Visual Range/RVR)
B형 (Type B)	3종 (Category Ⅲ)	30미터(100피트) 미만 또는 적용하지 아니함(No DH)	RVR 300미터 미만 또는 적용하지 아니함(No RVR)

10 **부가형식증명승인을 위한 검사 범위**
1. 변경되는 설계에 대한 검사
2. 변경되는 설계에 따라 제작되는 항공기등의 제작과정에 대한 검사

11 **예외적으로 감항증명을 받을 수 있는 항공기**
1. 항공안전법 제101조(외국항공기의 국내 사용) 단서에 따라 허가를 받은 항공기
2. 국내에서 수리 · 개조 또는 제작한 후 수출할 항공기
3. 국내에서 제작되거나 외국으로부터 수입하는 항공기로서 대한민국의 국적을 취득하기 전에 감항증명을 신청한 항공기

12 **부가형식증명 신청서에 첨부해야 할 서류**
1. 법 제19조에 따른 항공기기술기준(이하 "항공기기술기준"이라 한다)에 대한 적합성 입증계획서
2. 설계도면 및 설계도면 목록
3. 부품표 및 사양서
4. 그 밖에 참고사항을 적은 서류

13 그 사유가 있는 날부터 15일 이내에 대통령령으로 정하는 바에 따라 국토교통부장관에게 말소등록을 신청하여야 한다.

14 연간 승무시간은 1천 200시간을 초과해서는 아니 된다.

15
1. 형식증명, 부가형식증명, 제작증명, 기술표준품형식승인 또는 부품등제작자증명을 받은 자
2. 제35조 제1호부터 제4호까지의 항공종사자 양성을 위하여 제48조 제1항 단서에 따라 지정된 전문교육기관
3. 항공교통업무증명을 받은 자
4. 항공운송사업자, 항공기사용사업자 및 국외운항항공기 소유자등
5. 항공기정비업자로서 제97조 제1항에 따른 정비조직인증을 받은 자
6. 「공항시설법」 제38조 제1항에 따라 공항운영증명을 받은 자
7. 「공항시설법」 제43조 제2항에 따라 항행안전시설을 설치한 자

16 **운항 중에 전자기기의 사용을 제한할 수 있는 항공기**
1. 항공운송사업용으로 비행 중인 항공기
2. 계기비행방식으로 비행 중인 항공기

17 계류식(繫留式) 기구류(사람이 탑승하는 것은 제외한다)

18 최대이륙중량이 600킬로그램(수상비행에 사용하는 경우에는 650킬로그램) 이하일 것

19 **공항시설의 구분(지원시설)**
1. 항공기 및 지상조업장비의 점검 · 정비 등을 위한 시설
2. 운항관리시설, 의료시설, 교육훈련시설, 소방시설 및 기내식 제조 · 공급 등을 위한 시설
3. 공항의 운영 및 유지 · 보수를 위한 공항 운영 · 관리시설
4. 공항 이용객 편의시설 및 공항근무자 후생복지시설
5. 공항 이용객을 위한 업무 · 숙박 · 판매 · 위락 · 운동 · 전시 및 관람집회 시설
6. 공항교통시설 및 조경시설, 방음벽, 공해배출 방지시설 등 환경보호시설
7. 공항과 관련된 상하수도 시설 및 전력 · 통신 · 냉난방 시설
8. 항공기 급유시설 및 유류의 저장 · 관리 시설
9. 항공화물을 보관하기 위한 창고시설
10. 공항의 운영 · 관리와 항공운송사업 및 이와 관련된 사업에 필요한 건축물에 부속되는 시설
11. 공항과 관련된 「신에너지 및 재생에너지 개발 · 이용 · 보급 촉진법」 제2조 제3호에 따른 신에너지 및 재생에너지 설비

20 국외 정비확인자 인정서의 발급 시 유효기간은 1년으로 한다.

21 **수리 또는 개조의 승인 신청 시 수리계획서에 첨부해야 할 서류**
1. 수리 · 개조 신청사유 및 작업 일정
2. 작업을 수행하려는 인증된 정비조직의 업무범위
3. 수리 · 개조에 필요한 인력, 장비, 시설 및 자재 목록
4. 해당 항공기등 또는 부품등의 도면과 도면 목록
5. 수리 · 개조 작업지시서

22 **감항성개선지시서를 발행할 수 있는 경우**
1. 감항성에 중대한 영향을 미치는 설계제작상의 결함사항이 있는 것으로 확인된 경우
2. 항공기 사고조사 또는 항공안전감독활동의 결과로 항공기 감항성에 중대한 영향을 미치는 고장 또는 결함사항이 있는 것으로 확인된 경우
3. 동일 고장이 반복적으로 발생되어 부품의 교환수리개조 등을 통한 근본적인 수정조치가 요구되거나 반복적인 점검 등이 필요한 경우
4. 항공기 기술기준에 중요한 변경이 있는 경우
5. 외국의 항공기 설계국가 또는 설계기관 등으로부터 필수지속감항정보를 통보 받아 검토한 결과 필요하다고 판단한 경우
6. 항공기 안전운항을 위하여 운용한계(operating limitation) 또는 운용절차(operation procedures)를 개정할 필요가 있다고 판단한 경우

23 항공기정비업의 업무 범위

가. 항공기, 발동기, 프로펠러, 장비품 또는 부품을 정비 · 수리 또는 개조하는 업무

나. 가목의 업무에 대한 기술관리 및 품질관리 등을 지원하는 업무

24 "국내항공운송사업"이란 타인의 수요에 맞추어 항공기를 사용하여 유상으로 여객이나 화물을 운송하는 사업으로서 국토교통부령으로 정하는 일정 규모 이상의 항공기를 이용하여 다음 각 목의 어느 하나에 해당하는 운항을 하는 사업을 말한다.

가. 국내 정기편 운항: 국내공항과 국내공항 사이에 일정한 노선을 정하고 정기적인 운항계획에 따라 운항하는 항공기 운항

나. 국내 부정기편 운항: 국내에서 이루어지는 가목 외의 항공기 운항

25 국적 등의 표시는 국적기호, 등록기호 순으로 표시하고, 장식체를 사용해서는 아니 되며, 국적기호는 로마자의 대문자 "HL"로 표시하여야 한다.

제 2 회

| 실전 모의고사 |

정답 및 해설

1	2	3	4	5
③	②	③	②	④
6	7	8	9	10
③	③	①	①	④
11	12	13	14	15
③	③	③	③	②
16	17	18	19	20
④	②	①	④	③
21	22	23	24	25
③	④	③	①	④

01 **항공기에 탑재하는 서류**

1. 항공기등록증명서
2. 감항증명서
3. 탑재용항공일지
4. 운용한계지정서 및 비행교범
5. 운항규정
6. 항공운송사업의 운항증명서 사본
7. 소음기준적합증명서
8. 각 운항 승무원의 유효한 자격증명서 및 조종사의 비행기록에 관한 자료
9. 무선국 허가증명서(Radio Station Licence)
10. 탑승한 여객의 성명, 탑승지 및 목적지가 표시된 명부
11. 화물의 목록 및 세부 화물신고서류
12. 해당 국가의 항공 당국 간에 체결한 항공기 등의 감독의무에 관한 이전 협정서 사본
13. 비행 전 및 각 비행단계에서 운항승무원이 사용해야 할 점검표

02 기장은 항공기사고, 항공기준사고 또는 항공안전장애가 발생하였을 때에는 국토교통부령으로 정하는 바에 따라 국토교통부장관에게 그 사실을 보고하여야 한다. 다만, 기장이 보고할 수 없는 경우에는 그 항공기의 소유자등이 보고를 하여야 한다.

03 "경량항공기"란 항공기 외에 공기의 반작용으로 뜰 수 있는 기기로서 최대이륙중량, 좌석 수 등 국토교통부령으로 정하는 기준에 해당하는 비행기, 헬리콥터, 자이로플레인(gyroplane) 및 동력패러슈트(powered parachute) 등을 말한다.

04 항공기등의 설계에 관하여 외국정부로부터 형식증명을 받은 자가 해당 항공기등에 대하여 항공기기술기준에 적합함을 승인(이하 "형식증명승인"이라 한다)받으려는 경우 국토교통부령으로 정하는 바에 따라 항공기등의 형식별로 국토교통부장관에게 형식증명승인을 신청하여야 한다.

05 **항공기의 안전운항을 위한 운항기술기준**

1. 자격증명
2. 항공훈련기관
3. 항공기 등록 및 등록부호 표시
4. 항공기 감항성
5. 정비조직인증기준
6. 항공기 계기 및 장비
7. 항공기 운항
8. 항공운송사업의 운항증명 및 관리
9. 그 밖에 안전운항을 위하여 필요한 사항으로서 국토교통부령으로 정하는 사항

06 **감항증명 신청 시 첨부해야 할 서류**

1. 비행교범
2. 정비교범
3. 그 밖에 감항증명과 관련하여 국토교통부장관이 필요하다고 인정하여 고시하는 서류

07 **등록기호표의 부착**

1. 항공기를 소유하거나 임차하여 사용할 수 있는 권리가 있는 자(이하 "소유자등"이라 한다)가 항공기를 등록한 경우에는 법 제17조 제1항에 따라 강철 등 내화금속(耐火金屬)으로 된 등록기호표(가로 7센티미터 세로 5센티미터의 직사각형)를 다음 각 호의 구분에 따라 보기 쉬운 곳에 붙여야 한다.

• 항공기에 출입구가 있는 경우: 항공기 주(主)출입구 윗부분의 안쪽
• 항공기에 출입구가 없는 경우: 항공기 동체의 외부표면
2. 제1항의 등록기호표에는 국적기호 및 등록기호와 소유자 등의 명칭을 적어야 한다.

08 1. 자가용 조종사 자격: 17세(제37조에 따라 자가용 조종사의 자격증명을 활공기에 한정하는 경우에는 16세)
2. 사업용 조종사, 부조종사, 항공사, 항공기관사, 항공교통관제사 및 항공정비사 자격: 18세
3. 운송용 조종사 및 운항관리사 자격: 21세

09 3년 이하의 징역 또는 5천만원 이하의 벌금에 처한다.

10 **항공기의 비행 중 금지행위**
1. 국토교통부령으로 정하는 최저비행고도(最低飛行高度) 아래에서의 비행
2. 물건의 투하(投下) 또는 살포
3. 낙하산 강하(降下)
4. 국토교통부령으로 정하는 구역에서 뒤집어서 비행하거나 옆으로 세워서 비행하는 등의 곡예비행
5. 무인항공기의 비행
6. 그 밖에 생명과 재산에 위해를 끼치거나 위해를 끼칠 우려가 있는 비행 또는 행위로서 국토교통부령으로 정하는 비행 또는 행위

11 **정비조직인증의 취소**
국토교통부장관은 정비조직인증을 받은 자가 다음 각 호의 어느 하나에 해당하는 경우에는 정비조직인증을 취소하거나 6개월 이내의 기간을 정하여 그 효력의 정지를 명할 수 있다. 다만, 제1호 또는 제5호에 해당하는 경우에는 그 정비조직인증을 취소하여야 한다.
1. 거짓이나 그 밖의 부정한 방법으로 정비조직인증을 받은 경우
2. 제58조 제2항을 위반하여 다음 각 목의 어느 하나에 해당하는 경우
• 업무를 시작하기 전까지 항공안전관리시스템을 마련하지 아니한 경우
• 승인을 받지 아니하고 항공안전관리시스템을 운용한 경우
• 항공안전관리시스템을 승인받은 내용과 다르게 운용한 경우
• 승인을 받지 아니하고 국토교통부령으로 정하는 중요사항을 변경한 경우
3. 정당한 사유 없이 정비조직인증기준을 위반한 경우
4. 고의 또는 중대한 과실에 의하거나 항공종사자에 대한 관리 · 감독에 관하여 상당한 주의의무를 게을리함으로써 항공기사고가 발생한 경우
5. 이 조에 따른 효력정지기간에 업무를 한 경우

12 **형식증명 신청서에 첨부해야 할 서류**
1. 인증계획서(Certification Plan)
2. 항공기 3면도
3. 발동기의 설계 · 운용 특성 및 운용한계에 관한 자료(발동기에 대하여 형식증명을 신청하는 경우에만 해당한다)
4. 그 밖에 국토교통부장관이 정하여 고시하는 서류

13 **감항증명 검사의 일부를 생략할 수 있는 항공기**
1. 형식증명, 제한형식증명 또는 형식증명승인을 받은 항공기
2. 제작증명을 받은 자가 제작한 항공기
3. 항공기를 수출하는 외국정부로부터 감항성이 있다는 승인을 받아 수입하는 항공기

14 1. 법 제18조 제2항에 따른 국적 등의 표시는 국적기호, 등록기호 순으로 표시하고, 장식체를 사용해서는 아니 되며, 국적기호는 로마자의 대문자 "HL"로 표시하여야 한다.
2. 등록기호의 첫 글자가 문자인 경우 국적기호와 등록기호 사이에 붙임표(-)를 삽입하여야 한다.
3. 항공기에 표시하는 등록부호는 지워지지 아니하고 배경과 선명하게 대조되는 색으로 표시하여야 한다.

15 1. 제35조 제8호의 항공정비사 자격증명을 받은 사람
2. 「국가기술자격법」에 따른 항공분야의 기사 이상의 자격을 취득한 사람
3. 항공기술 관련 분야에서 학사 이상의 학위를 취득한 후 3년 이상 항공기의 설계, 제작, 정비 또는 품질보증 업무에 종사한 경력이 있는 사람
4. 국가기관등항공기의 설계, 제작, 정비 또는 품질보증 업무에 5년 이상 종사한 경력이 있는 사람

16 항공기 안내(wingwalker): 오른손의 유도봉을 위쪽을 향하게 한 채 머리 위로 들어 올리고, 왼손의 유도봉을 아래로 향하게 하면서 몸쪽으로 붙인다.

17 "국토교통부령으로 정하는 공항시설 · 비행장시설 또는 항행안전시설"이라 함은 다음 각 호의 시설을 말한다.
1. 착륙대, 계류장 및 격납고
2. 항공기 급유시설 및 항공유 저장시설

18 항공기 등록원부에 기록해야 할 사항

1. 항공기의 형식
2. 항공기의 제작자
3. 항공기의 제작번호
4. 항공기의 정치장(定置場)
5. 소유자 또는 임차인 · 임대인의 성명 또는 명칭과 주소 및 국적
6. 등록 연월일
7. 등록기호

19 제74조(항공기 등에 발생한 고장, 결함 또는 기능장애 보고)

① 법 제33조 제1항 및 제2항에서 "국토교통부령으로 정하는 고장, 결함 또는 기능장애"란 [별표 20의 2] 제5호에 따른 의무보고 대상 항공안전장애(이하 "고장등"이라 한다)를 말한다. 〈개정 2020. 2. 28.〉

② 법 제33조 제1항 및 제2항에 따라 고장등이 발생한 사실을 보고할 때에는 별지 제34호서식의 고장 · 결함 · 기능장애 보고서 또는 국토교통부장관이 정하는 전자적인 보고방법에 따라야 한다.

③ 제2항에 따른 보고는 고장등이 발생한 것을 알게 된 때([별표 20의 2] 제5호 마목 및 바목의 의무보고 대상 항공안전장애인 경우에는 보고 대상으로 확인된 때를 말한다)부터 96시간 이내(해당 기간에 포함된 토요일 및 법정공휴일에 해당하는 시간은 제외한다)에 해야 한다. 〈개정 2019. 9. 23., 2020. 2. 28.〉

20 두 항공기가 충돌할 위험이 있을 정도로 정면 또는 이와 유사하게 접근하는 경우에는 서로 기수(機首)를 오른쪽으로 돌려야 한다.

21 "항공기준사고"(航空機準事故)란 항공안전에 중대한 위해를 끼쳐 항공기사고로 이어질 수 있었던 것으로서 국토교통부령으로 정하는 것을 말한다.

1. 항공기의 위치, 속도 및 거리가 다른 항공기와 충돌위험이 있었던 것으로 판단되는 근접비행이 발생한 경우(다른 항공기와의 거리가 500피트 미만으로 근접하였던 경우를 말한다) 또는 경미한 충돌이 있었으나 안전하게 착륙한 경우
2. 항공기, 차량, 사람 등이 허가 없이 또는 잘못된 허가로 항공기 이륙 · 착륙을 위해 지정된 보호구역에 진입하여 다른 항공기와 충돌할 뻔한 경우
3. 항공기가 이륙 또는 초기 상승 중 규정된 성능에 도달하지 못한 경우

22 Annex 6: Operation of Aircraft(항공기운항)
Annex 8: Airworthiness of Aircraft(항공기 감항성)
Annex 13: Aircraft Accident and Incident Investigation (항공기 사고조사)
Annex 19: Safety Management(안전관리)

23 피스톤엔진에 사용하는 각 오일탱크는 탱크용량의 10% 또는 1.9L(0.5gal) 중 큰 값 이상인 팽창공간이 있어야 하며, 터빈 엔진에 사용하는 각 오일탱크는 탱크용량의 10% 이상인 팽창공간이 있어야 한다.

24 공항시설의 구분(기본 시설)

1. 활주로, 유도로, 계류장, 착륙대 등 항공기의 이착륙시설
2. 여객터미널, 화물터미널 등 여객시설 및 화물처리시설
3. 항행안전시설
4. 관제소, 송수신소, 통신소 등의 통신시설
5. 기상관측시설
6. 공항 이용객을 위한 주차시설 및 경비 · 보안시설
7. 공항 이용객에 대한 홍보시설 및 안내시설

25 항행안전무선시설

1. 거리측정시설(DME)
2. 계기착륙시설(ILS/MLS/TLS)
3. 다변측정감시시설(MLAT)
4. 레이더시설(ASR/ARSR/SSR/ARTS/ASDE/PAR)
5. 무지향표지시설(NDB)
6. 범용접속데이터통신시설(UAT)
7. 위성항법감시시설(GNSS Monitoring System)
8. 위성항법시설(GNSS/SBAS/GRAS/GBAS)
9. 자동종속감시시설(ADS, ADS-B, ADS-C)
10. 전방향표지시설(VOR)
11. 전술항행표지시설(TACAN)

제3회 실전 모의고사 정답 및 해설

1	2	3	4	5
③	②	③	④	④
6	7	8	9	10
④	①	③	③	④
11	12	13	14	15
②	②	②	①	①
16	17	18	19	20
③	③	③	③	①
21	22	23	24	25
③	①	④	④	④

01 "국가기관등항공기"란 국가, 지방자치단체, 그 밖에 「공공기관의 운영에 관한 법률」에 따른 공공기관으로서 대통령령으로 정하는 공공기관(이하 "국가기관등"이라 한다)이 소유하거나 임차(賃借)한 항공기로서 다음 각 목의 어느 하나에 해당하는 업무를 수행하기 위하여 사용되는 항공기를 말한다. 다만, 군용 · 경찰용 · 세관용 항공기는 제외한다.

가. 재난 · 재해 등으로 인한 수색(搜索) · 구조
나. 산불의 진화 및 예방
다. 응급환자의 후송 등 구조 · 구급활동
라. 그 밖에 공공의 안녕과 질서유지를 위하여 필요한 업무

02 항공기 변경등록
소유자등은 제11조 제1항 제4호 또는 제5호의 등록사항이 변경되었을 때에는 그 변경된 날부터 15일 이내에 대통령령으로 정하는 바에 따라 국토교통부장관에게 변경등록을 신청하여야 한다.

03 항공기가 야간에 공중 · 지상 또는 수상을 항행하는 경우와 비행장의 이동지역 안에서 이동하거나 엔진이 작동 중인 경우에는 우현등, 좌현등 및 미등(이하 "항행등"이라 한다)과 충돌방지등에 의하여 그 항공기의 위치를 나타내야 한다.

04 활공기는 기구류에 진로를 양보할 것

05 3년 이하의 징역 또는 5천만원 이하의 벌금에 처한다.

06 법 제2조 제3호에서 "자체중량, 좌석 수 등 국토교통부령으로 정하는 기준에 해당하는 동력비행장치, 행글라이더, 패러글라이더, 기구류 및 무인비행장치 등"이란 다음 각 호의 기준을 충족하는 동력비행장치, 행글라이더, 패러글라이더, 기구류, 무인비행장치, 회전익비행장치, 동력패러글라이더 및 낙하산류 등을 말한다.

07 비행교범에 포함되어야 할 사항
1. 항공기의 종류 · 등급 · 형식 및 제원(諸元)에 관한 사항
2. 항공기 성능 및 운용한계에 관한 사항
3. 항공기 조작방법 등 그 밖에 국토교통부장관이 정하여 고시하는 사항

08 항공기의 제작 · 정비 · 수리 · 개조 및 수입 · 수출 등과 관련한 경우
1. 제작 · 정비 · 수리 또는 개조 후 시험비행을 하는 경우
2. 정비 · 수리 또는 개조(이하 "정비등"이라 한다)를 위한 장소까지 승객 · 화물을 싣지 아니하고 비행하는 경우
3. 수입하거나 수출하기 위하여 승객 · 화물을 싣지 아니하고 비행하는 경우
4. 설계에 관한 형식증명을 변경하기 위하여 운용한계를 초과하는 시험비행을 하는 경우

09 감항증명을 받은 항공기의 소유자등은 해당 항공기등, 장비품 또는 부품을 국토교통부령으로 정하는 범위에서 수리하거나 개조하려면 국토교통부령으로 정하는 바에 따라 그 수리 · 개조가 항공기기술기준에 적합한지에 대하여 국토교통부장관의 승인을 받아야 한다.

10 대한민국 국적을 취득한 항공기와 이에 사용되는 발동기, 프로펠러, 장비품 또는 부품의 정비등의 업무 등 국토교통부령으로 정하는 업무를 하려는 항공기정비업자 또는 외국의 항공기정비업자는 그 업무를 시작하기 전까지 국토교통부장관이 정하여 고시하는 인력, 설비 및 검사체계 등에 관한 기준(이하 "정비조직인증기준"이라 한다)에 적합한 인력, 설비 등을 갖추어 국토교통부장관의 인증(이하 "정비조직인증"이라 한다)을 받아야 한다.

11 외국인국제항공운송사업자의 항공기에 탑재하는 서류
1. 항공기 등록증명서
2. 감항증명서
3. 탑재용 항공일지
4. 운용한계 지정서 및 비행교범
5. 운항규정(항공기 등록국가가 발행한 경우만 해당한다)
6. 소음기준적합증명서
7. 각 승무원의 유효한 자격증명(조종사 비행기록부를 포함한다)
8. 무선국 허가증명서(radio station license)
9. 탑승한 여객의 성명, 탑승지 및 목적지가 표시된 명부(passenger manifest)
10. 해당 항공운송사업자가 발행하는 수송화물의 목록(cargo manifest)과 화물 운송장에 명시되어 있는 세부 화물신고서류(detailed declarations of the cargo)
11. 해당 국가의 항공당국 간에 체결한 항공기 등의 감독 의무에 관한 이전협정서 사본(법 제5조에 따른 임대차 항공기의 경우만 해당한다)

12 항공운송사업자는 운항을 시작하기 전까지 국토교통부령으로 정하는 기준에 따라 인력, 장비, 시설, 운항관리지원 및 정비관리지원 등 안전운항체계에 대하여 국토교통부장관의 검사를 받은 후 운항증명을 받아야 한다.

13

승객 좌석 수	메가폰의 수
61석부터 99석까지	1
100석부터 199석까지	2
200석 이상	3

14

항공운송사업용 및 항공기사용사업용 헬리콥터	시계비행을 할 경우	다음 각 호의 양을 더한 양 1. 최초 착륙예정 비행장까지 비행에 필요한 양 2. 최대항속속도로 20분간 더 비행할 수 있는 양 3. 이상사태 발생 시 연료소모가 증가할 것에 대비하기 위한 것으로서 운항기술기준에서 정한 연료의 양

15 비행 중 항공교통관제기관과 교신할 수 있는 초단파(VHF) 또는 극초단파(UHF)무선전화 송수신기 각 2대

16 "항공로"(航空路)란 국토교통부장관이 항공기, 경량항공기 또는 초경량비행장치의 항행에 적합하다고 지정한 지구의 표면상에 표시한 공간의 길을 말한다.

17 세관업무 또는 경찰업무에 사용하는 항공기와 이에 관련된 항공업무에 종사하는 사람에 대하여는 이 법을 적용하지 아니한다. 다만, 공중 충돌 등 항공기사고의 예방을 위하여 제51조, 제67조, 제68조 제5호(무인항공기의 비행), 제79조 및 제84조 제1항을 적용한다.

18
1. 기술표준품형식승인을 받은 자가 제작한 기술표준품을 그가 수리 · 개조하는 경우
2. 부품등제작자증명을 받은 자가 제작한 장비품 또는 부품을 그가 수리 · 개조하는 경우
3. 제97조 제1항에 따른 정비조직인증을 받은 자가 항공기 등, 장비품 또는 부품을 수리 · 개조하는 경우

19 승객정원이 44인을 넘는 비행기는, 모의 비상 상황으로 운용 규칙에서 요구하는 승무원 수를 포함하는 최대 탑승객이 90초 이내에 비행기에서 지상으로 탈출할 수 있다는 것을 입증하여야 한다.

20 최소 비행 및 항법계기(Minimum Flight and Navigational Instruments)
1. 노트(knots)로 나타내는 교정된 속도계
2. 비행 중 어떤 기압으로도 조정할 수 있도록 헥토파스칼/밀리바 단위의 보조눈금이 있고 피트 단위의 정밀고도계
3. 시, 분, 초를 나타내는 정확한 시계(개인 소유물은 승인이 불필요함)
4. 나침반

21 항공기취급업을 등록하려는 자는 다음 각 호의 요건을 갖추어야 한다.
1. 자본금 또는 자산평가액이 3억원 이상으로서 대통령령으로 정하는 금액 이상일 것
2. 항공기 급유, 하역, 지상조업을 위한 장비 등이 대통령령으로 정하는 기준에 적합할 것
3. 그 밖에 사업 수행에 필요한 요건으로서 국토교통부령으로 정하는 요건을 갖출 것

다음 각 호의 어느 하나에 해당하는 자는 항공기취급업의 등록을 할 수 없다.
1. 제9조 제2호부터 제6호(법인으로서 임원 중에 대한민국 국민이 아닌 사람이 있는 경우는 제외한다)까지의 어느 하나에 해당하는 자
2. 항공기취급업 등록의 취소처분을 받은 후 2년이 지나지 아니한 자. 다만, 제9조 제2호에 해당하여 제45조 제7항에 따라 항공기취급업 등록이 취소된 경우는 제외한다.

22 항공안전법 시행규칙 제134조(항공안전 의무보고의 절차 등)

④ 제2항에 따른 보고서의 제출 시기는 다음 각 호와 같다. 〈개정 2020. 2. 28.〉

1. 항공기사고 및 항공기준사고: 즉시
2. 항공안전장애
   가. [별표 20의 2] 제1호부터 제4호까지, 제6호 및 제7호에 해당하는 의무보고 대상 항공안전장애의 경우 다음의 구분에 따른 때부터 72시간 이내(해당 기간에 포함된 토요일 및 법정공휴일에 해당하는 시간은 제외한다). 다만, 제6호 가목, 나목 및 마목에 해당하는 사항은 즉시 보고해야 한다.
      1) 의무보고 대상 항공안전장애를 발생시킨 자: 해당 의무보고 대상 항공안전장애가 발생한 때
      2) 의무보고 대상 항공안전장애가 발생한 것을 알게 된 자: 해당 의무보고 대상 항공안전장애가 발생한 사실을 안 때
   나. [별표 20의 2] 제5호에 해당하는 의무보고 대상 항공안전장애의 경우 다음의 구분에 따른 때부터 96시간 이내. 다만, 해당 기간에 포함된 토요일 및 법정공휴일에 해당하는 시간은 제외한다.
      1) 의무보고 대상 항공안전장애를 발생시킨 자: 해당 의무보고 대상 항공안전장애가 발생한 때
      2) 의무보고 대상 항공안전장애가 발생한 것을 알게 된 자: 해당 의무보고 대상 항공안전장애가 발생한 사실을 안 때
   다. 가목 및 나목에도 불구하고, 의무보고 대상 항공안전장애를 발생시켰거나 의무보고 대상 항공안전장애가 발생한 것을 알게 된 자가 부상, 통신 불능, 그 밖의 부득이한 사유로 기한 내 보고를 할 수 없는 경우에는 그 사유가 해소된 시점부터 72시간 이내

23 공항시설의 구분(기본 시설)

1. 활주로, 유도로, 계류장, 착륙대 등 항공기의 이착륙시설
2. 여객터미널, 화물터미널 등 여객시설 및 화물처리시설
3. 항행안전시설
4. 관제소, 송수신소, 통신소 등의 통신시설
5. 기상관측시설
6. 공항 이용객을 위한 주차시설 및 경비 · 보안시설
7. 공항 이용객에 대한 홍보시설 및 안내시설

24 계기착륙시설의 구성장비는 다음과 같다. 다만, 지형적 여건 또는 운영여건에 따라서 일부 장비의 설치를 하지 않거나 또는 유사한 기능을 가진 장비로 대체할 수 있다.

1. 감시장치 · 원격제어 및 지시장치를 갖춘 방위각 제공시설(LLZ)
2. 감시장치 · 원격제어 및 지시장치를 갖춘 활공각 제공시설(GP)
3. 감시장치 · 원격제어 및 지시장치를 갖춘 마커(marker) 장비. 다만, 지형적 또는 운영 여건에 따라 거리측정시설로 대체할 수 있다.

25 항공등화의 종류

1. 비행장등대(aerodrome beacon): 항행 중인 항공기에 공항·비행장의 위치를 알려주기 위해 공항·비행장 또는 그 주변에 설치하는 등화
2. 진입각지시등(precision approach path indicator): 착륙하려는 항공기에 착륙 시 진입각의 적정 여부를 알려주기 위해 활주로의 외측에 설치하는 등화
3. 유도로등(taxiway edge lights): 지상주행 중인 항공기에 유도로·대기지역 또는 계류장 등의 가장자리를 알려주기 위해 설치하는 등화

| 실전 모의고사 |

정답 및 해설

1	2	3	4	5
③	②	④	②	①
6	7	8	9	10
③	④	②	①	④
11	12	13	14	15
③	①	③	③	④
16	17	18	19	20
③	④	④	③	④
21	22	23	24	25
④	③	②	②	①

01

항공안전장애의 범위(제10조 관련)

구분	항공안전장애 내용
1. 비행 중	1) 공중충돌경고장치 회피기동(ACAS RA)이 발생한 경우
3. 지상 운항	나. 항공기가 주기(駐機) 중 다른 항공기나 장애물, 차량, 장비 또는 동물 등과 접촉 · 충돌한 경우. 다만, 항공기의 손상이 없거나 운항허용범위 이내의 손상인 경우는 제외한다.
5. 항공기 화재 및 고장	1) 운항 중 항공기 구성품 또는 부품의 고장으로 인하여 조종실 또는 객실에 연기 · 증기 또는 중독성 유해가스가 축적되거나 퍼지는 현상이 발생한 경우

02

1. 4년 이상의 항공기 정비(자격증명을 받으려는 항공기가 활공기인 경우에는 활공기의 정비와 개조) 업무경력(자격증명을 받으려는 항공기와 동급 이상의 것에 대한 6개월 이상의 경력이 포함되어야 한다)이 있는 사람
2. 「고등교육법」에 따른 대학 · 전문대학(다른 법령에서 이와 동등한 수준 이상의 학력이 있다고 인정되는 교육기관을 포함한다) 또는 「학점인정 등에 관한 법률」에 따라 학습하는 곳에서 [별표 5] 제1호에 따른 항공정비사 학과시험의 범위를 포함하는 각 과목을 이수하고, 자격증명을 받으려는 항공기와 동등한 수준 이상의 것에 대하여 교육과정 이수 후의 정비실무경력이 6개월 이상이거나 교육과정 이수 전의 정비실무(실습)경력이 1년 이상인 사람
3. 「고등교육법」에 따른 대학 · 전문대학(다른 법령에서 이와 동등한 수준 이상의 학력이 있다고 인정되는 교육기관을 포함한다)을 졸업한 사람 또는 「학점인정 등에 관한 법률」에 따른 학위를 취득한 사람으로서 다음의 요건을 모두 충족하는 사람
   - 6개월 이상의 항공기 정비실무경력이 있을 것
   - 항공기술요원을 양성하는 교육기관에서 필요한 교육을 이수할 것
4. 국토교통부장관이 지정한 전문교육기관에서 항공기 정비에 필요한 과정을 이수한 사람(외국의 전문교육기관으로서 그 외국정부가 인정한 전문교육기관에서 항공기 정비에 필요한 과정을 이수한 사람을 포함한다)
5. 외국정부가 발급한 항공기 종류 한정 자격증명을 받은 사람

03

1. 제작사가 제공하는 기술자료에 따른 최대허용범위(제작사가 기술자료를 제공하지 않는 경우에는 국토교통부장관이 법 제19조에 따라 고시하는 항공기기술기준에 따른 최대 허용범위를 말한다)를 초과한 항공기 구조의 균열, 영구적인 변형이나 부식이 발생한 경우
2. 대수리가 요구되는 항공기 구조 손상이 발생한 경우

04

1. 2개의 발동기를 가진 비행기: 1시간. 다만, 최대인가승객 좌석 수가 20석 미만이며 최대이륙중량이 4만 5천 360킬로그램 미만인 비행기로서 「항공사업법 시행규칙」 제3조 제3호에 따른 전세운송에 사용되는 비행기의 경우에는 3시간으로 한다.
2. 3개 이상의 발동기를 가진 비행기: 3시간

05

수직분리축소공역 등에서의 항공기 운항 승인

1. 수직분리고도를 축소하여 운영하는 공역(이하 "수직분리축소공역"이라 한다)
2. 특정한 항행성능을 갖춘 항공기만 운항이 허용되는 공역(이하 "성능기반항행요구공역"이라 한다)
3. 그 밖에 공역을 효율적으로 운영하기 위하여 국토교통부령으로 정하는 공역

06 **소음기준적합증명의 기준에 적합하지 아니한 항공기의 운항허가**

1. 항공기의 생산업체, 연구기관 또는 제작자 등이 항공기 또는 그 장비품 등의 시험 · 조사 · 연구 · 개발을 위하여 시험비행을 하는 경우
2. 항공기의 제작 또는 정비등을 한 후 시험비행을 하는 경우
3. 항공기의 정비등을 위한 장소까지 승객 · 화물을 싣지 아니하고 비행하는 경우
4. 항공기의 설계에 관한 형식증명을 변경하기 위하여 운용한계를 초과하는 시험비행을 하는 경우

07 항공안전법 제59조 제1항에 따른 항공종사자 등 관계인의 범위는 다음 각 호와 같다.

1. 항공기 기장(항공기 기장이 보고할 수 없는 경우에는 그 항공기의 소유자등을 말한다)
2. 항공정비사(항공정비사가 보고할 수 없는 경우에는 그 항공정비사가 소속된 기관 · 법인 등의 대표자를 말한다)
3. 항공교통관제사(항공교통관제사가 보고할 수 없는 경우 그 관제사가 소속된 항공교통관제기관의 장을 말한다)
4. 「공항시설법」에 따라 공항시설을 관리 · 유지하는 자
5. 「공항시설법」에 따라 항행안전시설을 설치 · 관리하는 자
6. 법 제70조 제3항에 따른 위험물취급자

08 다음 각 목의 어느 하나에 해당하는 비행기 및 헬리콥터에는 그 비행기 및 헬리콥터가 지표면에 근접하여 잠재적인 위험상태에 있을 경우 적시에 명확한 경고를 운항승무원에게 자동으로 제공하고 전방의 지형지물을 회피할 수 있는 기능을 가진 지상접근경고장치(Ground Proximity Warning System) 1기 이상을 갖추어야 한다.

09 국토교통부장관은 항공운송사업자가 신고한 운항규정 또는 정비규정을 해당 종사자에게 제공하지 아니한 경우 운항증명을 취소하거나 6개월 이내의 기간을 정하여 항공기 운항의 정지를 명할 수 있다.

10 특별감항증명: 해당 항공기가 제한형식증명을 받았거나 항공기의 연구, 개발 등 국토교통부령으로 정하는 경우로서 항공기 제작자 또는 소유자등이 제시한 운용범위를 검토하여 안전하게 운항할 수 있다고 판단되는 경우에 발급하는 증명

11 통제공역: 항공교통의 안전을 위하여 항공기의 비행을 금지하거나 제한할 필요가 있는 공역

12 출입문의 확인: 양손의 유도봉을 위로 향하게 한 채 양팔을 쭉 펴서 머리 위로 올린다.

13

1. "안전관리시스템(Safety Management System)"이라 함은 정책과 절차, 책임 및 필요한 조직구성을 포함한 안전관리를 위한 하나의 체계적인 접근방법을 말한다.
2. "안전프로그램(Safety Programme)"이라 함은 안전을 증진하는 목적으로 하는 활동 및 이를 위한 종합된 법규를 말한다.
3. "운항규정(Operations Manual)"이라 함은 운항업무 관련 종사자들이 임무수행을 위해서 사용하는 절차, 지시, 지침을 포함하고 있는 운영자의 규정을 말한다.
4. "정비규정(Maintenance Control Manual)"이라 함은 항공기에 대한 모든 계획 및 비계획 정비가 만족할 만한 방법으로 정시에 수행되고 관리되어짐을 보증하는 데 필요한 항공기 운영자의 절차를 기재한 규정 등을 말한다.

14 **항공기의 안전운항을 위한 운항기술기준**

1. 자격증명
2. 항공훈련기관
3. 항공기 등록 및 등록부호 표시
4. 항공기 감항성
5. 정비조직인증기준
6. 항공기 계기 및 장비
7. 항공기 운항
8. 항공운송사업의 운항증명 및 관리
9. 그 밖에 안전운항을 위하여 필요한 사항으로서 국토교통부령으로 정하는 사항

15

관제공역	관제권	「항공안전법」 제2조 제25호에 따른 공역으로서 비행정보구역 내의 B, C 또는 D등급 공역 중에서 시계 및 계기비행을 하는 항공기에 대하여 항공교통관제업무를 제공하는 공역
	관제구	「항공안전법」 제2조 제26호에 따른 공역(항공로 및 접근관제구역을 포함한다)으로서 비행정보구역 내의 A, B, C, D 및 E등급 공역에서 시계 및 계기비행을 하는 항공기에 대하여 항공교통관제업무를 제공하는 공역
	비행장 교통구역	「항공안전법」 제2조 제25호에 따른 공역 외의 공역으로서 비행정보구역 내의 D등급에서 시계비행을 하는 항공기 간에 교통정보를 제공하는 공역

16 항공안전법 시행규칙은 「항공안전법」 및 같은 법 시행령에서 위임된 사항과 그 시행에 필요한 사항을 규정함을 목적으로 한다.

17 등록기호표에는 국적기호 및 등록기호(이하 "등록부호"라 한다)와 소유자등의 명칭을 적어야 한다.

18 정비조직절차교범의 기재 사항
1. 수행하려는 업무의 범위
2. 항공기등 · 부품등에 대한 정비방법 및 그 절차
3. 항공기등 · 부품등의 정비에 관한 기술관리 및 품질관리의 방법과 절차
4. 그 밖에 시설 · 장비 등 국토교통부장관이 정하여 고시하는 사항

19 정비규정에 포함되어야 할 사항
1. 일반사항
2. 항공기를 정비하는 자의 직무와 정비조직
3. 정비에 종사하는 사람의 훈련방법
4. 정비시설에 관한 사항
5. 항공기의 감항성을 유지하기 위한 정비프로그램
6. 항공기 검사프로그램
7. 항공기 등의 품질관리 절차
8. 항공기 등의 기술관리 절차
9. 항공기등, 장비품 및 부품의 정비방법 및 절차
10. 정비 매뉴얼, 기술문서 및 정비기록물의 관리방법
11. 자재, 장비 및 공구관리에 관한 사항
12. 안전 및 보안에 관한 사항
13. 그 밖에 항공운송사업자 또는 항공기사용사업자가 필요하다고 판단하는 사항

20 항공정비사 자격의 경우: 항공기의 종류 한정 및 정비분야 한정

21 항공운송사업자 또는 항공기사용사업자에 소속된 사람: 국토교통부장관 또는 지방항공청장이 법 제93조(법 제96조 제2항에서 준용하는 경우를 포함한다)에 따라 인가한 정비규정에서 정한 자격을 갖춘 사람으로서 제81조 제2항에 따른 동일한 항공기 종류 또는 제81조 제6항에 따른 동일한 정비분야에 대해 최근 24개월 이내에 6개월 이상의 정비경험이 있는 사람

22 국토교통부장관은 5.9.4에 따라 항공기 소유자 또는 운영자가 보고한 고장, 기능불량 및 결함 내용을 검토하여 다음 각 호의 어느 하나에 해당되는 경우 감항성개선지시서를 발행할 수 있다.
1. 항공기등의 감항성에 중대한 영향을 미치는 설계 · 제작상의 결함사항이 있는 것으로 확인된 경우
2. 「항공 · 철도 사고조사에 관한 법률」에 따라 항공기 사고조사 또는 항공안전감독활동의 결과로 항공기 감항성에 중대한 영향을 미치는 고장 또는 결함사항이 있는 것으로 확인된 경우
3. 동일 고장이 반복적으로 발생되어 부품의 교환, 수리 · 개조 등을 통한 근본적인 수정조치가 요구되거나 반복적인 점검 등이 필요한 경우
4. 항공기기술기준에 중요한 변경이 있는 경우
5. 국제민간항공협약 부속서 8에 따라 외국의 항공기 설계국가 또는 설계기관 등으로부터 필수지속감항정보를 통보받아 검토한 결과 필요하다고 판단한 경우
6. 항공기 안전운항을 위하여 운용한계(operating limitations) 또는 운용절차(operation procedures)를 개정할 필요가 있다고 판단한 경우
7. 그 밖에 국토교통부장관이 항공기 안전 확보를 위해 필요하다고 인정한 경우

23 항공기취급업의 구분
1. 항공기급유업: 항공기에 연료 및 윤활유를 주유하는 사업
2. 항공기하역업: 화물이나 수하물(手荷物)을 항공기에 싣거나 항공기에서 내려서 정리하는 사업
3. 지상조업사업: 항공기 입항 · 출항에 필요한 유도, 항공기 탑재 관리 및 동력 지원, 항공기 운항정보 지원, 승객 및 승무원의 탑승 또는 출입국 관련 업무, 장비 대여 또는 항공기의 청소 등을 하는 사업

24 "공항"이란 공항시설을 갖춘 공공용 비행장으로서 국토교통부장관이 그 명칭 · 위치 및 구역을 지정 · 고시한 것을 말한다.

25 "비행장"이란 항공기 · 경량항공기 · 초경량비행장치의 이륙[이수(離水)를 포함한다. 이하 같다]과 착륙[착수(着水)를 포함한다. 이하 같다]을 위하여 사용되는 육지 또는 수면(水面)의 일정한 구역으로서 대통령령으로 정하는 것을 말한다.

제5회

| 실전 모의고사 |

정답 및 해설

1	2	3	4	5
④	②	①	④	③
6	7	8	9	10
④	②	②	②	③
11	12	13	14	15
③	①	①	③	④
16	17	18	19	20
①	①	②	③	③
21	22	23	24	25
①	②	③	①	①

01

Annex 6: Operation of Aircraft(항공기운항)
Annex 8: Airworthiness of Aircraft(항공기 감항성)
Annex 13: Aircraft Accident and Incident Investigation (항공기 사고조사)
Annex 19: Safety Management(안전관리)

02 **항공안전법 시행규칙 제15조(등록부호의 높이)**

등록부호에 사용하는 각 문자와 숫자의 높이는 같아야 하고, 항공기의 종류와 위치에 따른 높이는 다음 각 호의 구분에 따른다.

1. 비행기와 활공기에 표시하는 경우
   가. 주 날개에 표시하는 경우에는 50센티미터 이상
   나. 수직 꼬리 날개 또는 동체에 표시하는 경우에는 30센티미터 이상
2. 헬리콥터에 표시하는 경우
   가. 동체 아랫면에 표시하는 경우에는 50센티미터 이상
   나. 동체 옆면에 표시하는 경우에는 30센티미터 이상
3. 비행선에 표시하는 경우
   가. 선체에 표시하는 경우에는 50센티미터 이상
   나. 수평안정판과 수직안정판에 표시하는 경우에는 15센티미터 이상

03 **항공안전법 제23조(감항증명 및 감항성 유지)**

④ 국토교통부장관은 제3항 각 호의 어느 하나에 해당하는 감항증명을 하는 경우 국토교통부령으로 정하는 바에 따라 해당 항공기의 설계, 제작과정, 완성 후의 상태와 비행성능에 대하여 검사하고 해당 항공기의 운용한계(運用限界)를 지정하여야 한다. 다만, 다음 각 호의 어느 하나에 해당하는 항공기의 경우에는 국토교통부령으로 정하는 바에 따라 검사의 일부를 생략할 수 있다. 〈신설 2017. 12. 26.〉

1. 형식증명, 제한형식증명 또는 형식증명승인을 받은 항공기
2. 제작증명을 받은 자가 제작한 항공기
3. 항공기를 수출하는 외국정부로부터 감항성이 있다는 승인을 받아 수입하는 항공기

04 **항공안전법 제25조(소음기준적합증명)**

국토교통부령으로 정하는 항공기의 소유자등은 감항증명을 받는 경우와 수리 · 개조 등으로 항공기의 소음치(騷音値)가 변동된 경우에는 국토교통부령으로 정하는 바에 따라 그 항공기가 제19조 제2호의 소음기준에 적합한지에 대하여 국토교통부장관의 증명(이하 "소음기준적합증명"이라 한다)을 받아야 한다.

05 항공안전법 제23조(감항증명 및 감항성 유지) 제3항의 2

특별감항증명: 해당 항공기가 제한형식증명을 받았거나 항공기의 연구, 개발 등 국토교통부령으로 정하는 경우로서 항공기 제작자 또는 소유자등이 제시한 운용범위를 검토하여 안전하게 운항할 수 있다고 판단되는 경우에 발급하는 증명

항공안전법 시행규칙 제37조(특별감항증명의 대상)

법 제23조 제3항 제2호에서 "항공기의 연구, 개발 등 국토교통부령으로 정하는 경우"란 다음 각 호의 어느 하나에 해당하는 경우를 말한다. 〈개정 2018. 3. 23., 2020. 12. 10., 2022. 6. 8.〉

1. 항공기 및 관련 기기의 개발과 관련된 다음 각 목의 어느 하나에 해당하는 경우
   가. 항공기 제작자 및 항공기 관련 연구기관 등이 연구 · 개발 중인 경우
   나. 판매 · 홍보 · 전시 · 시장조사 등에 활용하는 경우
   다. 조종사 양성을 위하여 조종연습에 사용하는 경우
2. 항공기의 제작 · 정비 · 수리 · 개조 및 수입 · 수출 등과 관련한 다음 각 목의 어느 하나에 해당하는 경우
   가. 제작 · 정비 · 수리 또는 개조 후 시험비행을 하는 경우

나. 정비 · 수리 또는 개조(이하 "정비등"이라 한다)를 위한 장소까지 승객 · 화물을 싣지 아니하고 비행하는 경우
다. 수입하거나 수출하기 위하여 승객 · 화물을 싣지 아니하고 비행하는 경우
라. 설계에 관한 형식증명을 변경하기 위하여 운용한계를 초과하는 시험비행을 하는 경우
마. 삭제 〈2018. 3. 23.〉
3. 무인항공기를 운항하는 경우
4. 제20조 제2항 각 호의 업무를 수행하기 위하여 사용되는 경우
가. 삭제 〈2022. 6. 8.〉
나. 삭제 〈2022. 6. 8.〉
다. 삭제 〈2022. 6. 8.〉
라. 삭제 〈2022. 6. 8.〉
마. 삭제 〈2022. 6. 8.〉
바. 삭제 〈2022. 6. 8.〉
사. 삭제 〈2022. 6. 8.〉
아. 삭제 〈2022. 6. 8.〉
5. 제1호부터 제4호까지 외에 공공의 안녕과 질서유지를 위한 업무를 수행하는 경우로서 국토교통부장관이 인정하는 경우

06 항공안전법 제30조(수리 · 개조승인)

③ 제1항에도 불구하고 다음 각 호의 어느 하나에 해당하는 경우로서 항공기기술기준에 적합한 경우에는 수리 · 개조승인을 받은 것으로 본다.
1. 기술표준품형식승인을 받은 자가 제작한 기술표준품을 그가 수리 · 개조하는 경우
2. 부품등제작자증명을 받은 자가 제작한 장비품 또는 부품을 그가 수리 · 개조하는 경우
3. 제97조 제1항에 따른 정비조직인증을 받은 자가 항공기등, 장비품 또는 부품을 수리 · 개조하는 경우

07 항공안전법 제58조(항공안전프로그램 등)

② 다음 각 호의 어느 하나에 해당하는 자는 제작, 교육, 운항 또는 사업 등을 시작하기 전까지 제1항에 따른 항공안전프로그램에 따라 항공기사고 등의 예방 및 비행안전의 확보를 위한 항공안전관리시스템을 마련하고, 국토교통부장관의 승인을 받아 운용하여야 한다. 승인받은 사항 중 국토교통부령으로 정하는 중요사항을 변경할 때에도 또한 같다. 〈개정 2017. 10. 24.〉
1. 형식증명, 부가형식증명, 제작증명, 기술표준품형식승인 또는 부품등제작자증명을 받은 자
2. 제35조 제1호부터 제4호까지의 항공종사자 양성을 위하여 제48조 제1항 단서에 따라 지정된 전문교육기관
3. 항공교통업무증명을 받은 자
4. 항공운송사업자, 항공기사용사업자 및 국외운항항공기 소유자등
5. 항공기정비업자로서 제97조 제1항에 따른 정비조직인증을 받은 자
6. 「공항시설법」 제38조 제1항에 따라 공항운영증명을 받은 자
7. 「공항시설법」 제43조 제2항에 따라 항행안전시설을 설치한 자

08 항공안전법 시행규칙 제109조(사고예방장치 등)

① 법 제52조 제2항에 따라 사고예방 및 사고조사를 위하여 항공기에 갖추어야 할 장치는 다음 각 호와 같다. 다만, 국제항공노선을 운항하지 않는 헬리콥터의 경우에는 제2호 및 제3호의 장치를 갖추지 않을 수 있다. 〈개정 2021. 8. 27.〉
2. 다음 각 목의 어느 하나에 해당하는 비행기 및 헬리콥터에는 그 비행기 및 헬리콥터가 지표면에 근접하여 잠재적인 위험상태에 있을 경우 적시에 명확한 경고를 운항승무원에게 자동으로 제공하고 전방의 지형 지물을 회피할 수 있는 기능을 가진 지상접근경고장치(Ground Proximity Warning System) 1기 이상
가. 최대이륙중량이 5,700킬로그램을 초과하거나 승객 9명을 초과하여 수송할 수 있는 터빈발동기를 장착한 비행기
나. 최대이륙중량이 5,700킬로그램 이하이고 승객 5명 초과 9명 이하를 수송할 수 있는 터빈발동기를 장착한 비행기
다. 최대이륙중량이 5,700킬로그램을 초과하거나 승객 9명을 초과하여 수송할 수 있는 왕복발동기를 장착한 모든 비행기
라. 최대이륙중량이 3,175킬로그램을 초과하거나 승객 9명을 초과하여 수송할 수 있는 헬리콥터로서 계기비행방식에 따라 운항하는 헬리콥터

09 항공안전법 제61조(항공안전 자율보고)

④ 국토교통부장관은 자율보고대상 항공안전장애 또는 항공안전위해요인을 발생시킨 사람이 그 발생일부터 10일 이내에 항공안전 자율보고를 한 경우에는 고의 또는 중대한 과실로 발생시킨 경우에 해당하지 아니하면 이 법 및 「공항시설법」에 따른 처분을 하여서는 아니 된다. 〈개정 2019. 8. 27., 2020. 6. 9.〉

10 항공안전법 시행규칙 제36조(예외적으로 감항증명을 받을수 있는 항공기)

법 제23조 제2항 단서에서 "국토교통부령으로 정하는 항공기"란 다음 각 호의 어느 하나에 해당하는 항공기를 말한다.

1. 법 제101조 단서에 따라 허가를 받은 항공기
2. 국내에서 수리 · 개조 또는 제작한 후 수출할 항공기
3. 국내에서 제작되거나 외국으로부터 수입하는 항공기로서 대한민국의 국적을 취득하기 전에 감항증명을 신청한 항공기

11 항공안전법 제23조(감항증명 및 감항성 유지)

국토교통부장관은 제3항 각 호의 어느 하나에 해당하는 감항증명을 하는 경우 국토교통부령으로 정하는 바에 따라 해당 항공기의 설계, 제작과정, 완성 후의 상태와 비행성능에 대하여 검사하고 해당 항공기의 운용한계(運用限界)를 지정하여야 한다. 다만, 다음 각 호의 어느 하나에 해당하는 항공기의 경우에는 국토교통부령으로 정하는 바에 따라 검사의 일부를 생략할 수 있다. 〈신설 2017. 12. 26.〉

1. 형식증명, 제한형식증명 또는 형식증명승인을 받은 항공기
2. 제작증명을 받은 자가 제작한 항공기
3. 항공기를 수출하는 외국정부로부터 감항성이 있다는 승인을 받아 수입하는 항공기

12 항공안전법 제98조(정비조직인증의 취소 등)

국토교통부장관은 정비조직인증을 받은 자가 다음 각 호의 어느 하나에 해당하는 경우에는 정비조직인증을 취소하거나 6개월 이내의 기간을 정하여 그 효력의 정지를 명할 수 있다. 다만, 제1호 또는 제5호에 해당하는 경우에는 그 정비조직인증을 취소하여야 한다.

1. 거짓이나 그 밖의 부정한 방법으로 정비조직인증을 받은 경우
2. 제58조 제2항을 위반하여 다음 각 목의 어느 하나에 해당하는 경우
   가. 업무를 시작하기 전까지 항공안전관리시스템을 마련하지 아니한 경우
   나. 승인을 받지 아니하고 항공안전관리시스템을 운용한 경우
   다. 항공안전관리시스템을 승인받은 내용과 다르게 운용한 경우
   라. 승인을 받지 아니하고 국토교통부령으로 정하는 중요 사항을 변경한 경우
3. 정당한 사유 없이 정비조직인증기준을 위반한 경우
4. 고의 또는 중대한 과실에 의하거나 항공종사자에 대한 관리 · 감독에 관하여 상당한 주의의무를 게을리 함으로써 항공기사고가 발생한 경우
5. 이 조에 따른 효력정지기간에 업무를 한 경우

13 항공안전법 시행규칙 제97조(자격증명 · 항공신체검사증명의 취소 등)

법 제43조(법 제44조 제4항, 제46조 제4항 및 제47조 제4항에서 준용하는 경우를 포함한다)에 따른 행정처분기준은 [별표 10]과 같다.

[별표 10] 항공종사자 등에 대한 행정처분기준(제97조 제1항 관련)

30. 법 제76조 제2항을 위반하여 항공종사자가 자격증명서 및 항공신체검사증명서 또는 국토교통부령으로 정하는 자격증명서를 지니지 아니하고 항공업무를 수행한 경우
   - 1차 위반: 효력 정지 10일
   - 2차 위반: 효력 정지 30일
   - 3차 위반: 효력 정지 90일

14 항공안전법 시행령 제4조(등록을 필요로 하지 않는 항공기의 범위)

법 제7조 제1항 단서에서 "대통령령으로 정하는 항공기"란 다음 각 호의 항공기를 말한다. 〈개정 2021. 11. 16.〉

1. 군 또는 세관에서 사용하거나 경찰업무에 사용하는 항공기
2. 외국에 임대할 목적으로 도입한 항공기로서 외국 국적을 취득할 항공기
3. 국내에서 제작한 항공기로서 제작자 외의 소유자가 결정되지 아니한 항공기
4. 외국에 등록된 항공기를 임차하여 법 제5조에 따라 운영하는 경우 그 항공기
5. 항공기 제작자나 항공기 관련 연구기관이 연구 · 개발 중인 항공기
   [제목개정 2021. 11. 16.]

15 항공안전법 제23조(감항증명 및 감항성 유지)

④ 국토교통부장관은 제3항 각 호의 어느 하나에 해당하는 감항증명을 하는 경우 국토교통부령으로 정하는 바에 따라 해당 항공기의 설계, 제작과정, 완성 후의 상태와 비행성능 에 대하여 검사하고 해당 항공기의 운용한계(運用限界)를 지정하여야 한다. 다만, 다음 각 호의 어느 하나에 해당하 는 항공기의 경우에는 국토교통부령으로 정하는 바에 따라 검사의 일부를 생략할 수 있다. 〈신설 2017. 12. 26.〉

1. 형식증명, 제한형식증명 또는 형식증명승인을 받은 항공기
2. 제작증명을 받은 자가 제작한 항공기
3. 항공기를 수출하는 외국정부로부터 감항성이 있다는 승인을 받아 수입하는 항공기

16 항공안전법 시행규칙 제36조(예외적으로 감항증명을 받을 수 있는 항공기)

법 제23조 제2항 단서에서 "국토교통부령으로 정하는 항공기"란 다음 각 호의 어느 하나에 해당하는 항공기를 말한다. 〈개정 2022. 6. 8.〉

1. 법 제5조에 따른 임대차 항공기의 운영에 대한 권한 및 의무이양의 적용 특례를 적용받는 항공기
2. 국내에서 수리 · 개조 또는 제작한 후 수출할 항공기
3. 국내에서 제작되거나 외국으로부터 수입하는 항공기로서 대한민국의 국적을 취득하기 전에 감항증명을 신청한 항공기

17 **항공안전법 시행령 제26조(권한의 위임 · 위탁)**

① 국토교통부장관은 법 제135조 제1항에 따라 다음 각 호의 권한을 지방항공청장에게 위임한다.

1. 법 제23조 제3항 제1호에 따른 표준감항증명. 다만, 다음 각 목의 표준감항증명은 제외한다.
   가. 법 제20조에 따른 형식증명을 받은 항공기에 대한 최초의 표준감항증명
   나. 법 제22조에 따른 제작증명을 받아 제작한 항공기에 대한 최초의 표준감항증명

18 **항공안전법 시행규칙 제35조(감항증명의 신청)**

법 제23조 제1항에 따라 감항증명을 받으려는 자는 별지 제13호 서식의 항공기 표준감항증명 신청서 또는 별지 제14호 서식의 항공기 특별감항증명 신청서에 다음 각 호의 서류를 첨부하여 국토교통부장관 또는 지방항공청장에게 제출하여야 한다. 〈개정 2020. 12. 10.〉

1. 비행교범(연구 · 개발을 위한 특별감항증명의 경우에는 제외한다)
2. 정비교범(연구 · 개발을 위한 특별감항증명의 경우에는 제외한다)
3. 그 밖에 감항증명과 관련하여 국토교통부장관이 필요하다고 인정하여 고시하는 서류

19 **항공안전법 제30조(수리 · 개조승인)**

③ 제1항에도 불구하고 다음 각 호의 어느 하나에 해당하는 경우로서 항공기기술기준에 적합한 경우에는 수리 · 개조승인을 받은 것으로 본다.

1. 기술표준품형식승인을 받은 자가 제작한 기술표준품을 그가 수리 · 개조하는 경우
2. 부품등제작자증명을 받은 자가 제작한 장비품 또는 부품을 그가 수리 · 개조하는 경우
3. 제97조 제1항에 따른 정비조직인증을 받은 자가 항공기등, 장비품 또는 부품을 수리 · 개조하는 경우

20 **항공기기술기준 Part 25 감항분류가 수송(T)류인 비행기에 대한 기술기준**

Subpart E. 동력장치(일반)

25.925 프로펠러 여유간격

보다 작은 간격으로도 안전하다고 입증되지 않는 한, 프로펠러의 여유간격들은 비행기의 중량이 최대이고 중량중심의 위치와 프로펠러피치의 위치가 가장 불리한 상태일 때 다음 값들보다 작지 않아야 한다.

(a) 지면과의 여유간격: 착륙장치가 정적으로 수축된 상태에서의 수평 이륙 자세와 주행 자세 중에서 가장 작은 지면과의 여유 간격은 전륜식 비행기는 17.78cm(7in), 후륜식 비행기는 22.86cm(9in) 이상이어야 한다. 또한, 수평이륙 자세에서 임계 타이어가 완전히 파열되고 착륙장치 스트러트가 지면에 닿은 경우에도 프로펠러와 지면 사이에 충분한 간격이 유지되어야 한다.

21 **항공기기술기준 Part 25 감항분류가 수송(T)류인 비행기에 대한 기술기준**

Subpart E. 동력장치(연료계통)

25.971 연료탱크 고이개(sump)

(a) 각 연료탱크에는 비행기가 정상적인 자세로 지상에 있을 때 탱크 용적의 0.1% 또는 0.24L(1/16gal) 이상의 용량을 가진 고이개가 있어야 한다. 단, 운용 중에 축적되는 수분의 양이 고이개의 용량을 초과하지 않음을 보장하는 운용한계가 설정된 경우는 예외로 한다.

22 **항공안전법 제2조(정의)**

3. "초경량비행장치"란 항공기와 경량항공기 외에 공기의 반작용으로 뜰 수 있는 장치로서 자체중량, 좌석 수 등 국토교통부령으로 정하는 기준에 해당하는 동력비행장치, 행글라이더, 패러글라이더, 기구류 및 무인비행장치 등을 말한다.

23 **항공안전법 시행규칙 제119조(항공기의 연료와 오일)**

법 제53조에 따라 항공기에 실어야 하는 연료와 오일의 양은 [별표 17]과 같다.

[별표 17] 항공기에 실어야 할 연료와 오일의 양(제119조 관련)
(일부 생략)

<table>
<tr><th colspan="2" rowspan="2">구분</th><th colspan="2">연료 및 오일의 양</th></tr>
<tr><th>왕복발동기 장착 항공기</th><th>터빈발동기 장착 항공기</th></tr>
<tr><td>항공운송사업용 및 항공기사용사업용 비행기</td><td>시계비행을 할 경우</td><td colspan="2">다음 각 호의 양을 더한 양
1. 최초 착륙예정 비행장까지 비행에 필요한 양
2. 순항속도로 45분간 더 비행할 수 있는 양</td></tr>
</table>

24 **항공안전법 시행규칙 제37조(특별감항증명의 대상)**

법 제23조 제3항 제2호에서 "항공기의 연구, 개발 등 국토교통부령으로 정하는 경우"란 다음 각 호의 어느 하나에 해당하는 경우를 말한다.
〈개정 2018 .3. 23., 2020. 12. 10., 2022. 6. 8.〉

1. 항공기 및 관련 기기의 개발과 관련된 다음 각 목의 어느 하나에 해당하는 경우
   가. 항공기 제작자 및 항공기 관련 연구기관 등이 연구 · 개발 중인 경우
   나. 판매 · 홍보 · 전시 · 시장조사 등에 활용하는 경우
   다. 조종사 양성을 위하여 조종연습에 사용하는 경우
2. 항공기의 제작 · 정비 · 수리 · 개조 및 수입 · 수출 등과 관련한 다음 각 목의 어느 하나에 해당하는 경우
   가. 제작 · 정비 · 수리 또는 개조 후 시험비행을 하는 경우
   나. 정비 · 수리 또는 개조(이하 "정비등"이라 한다)를 위한 장소까지 승객 · 화물을 싣지 아니하고 비행하는 경우
   다. 수입하거나 수출하기 위하여 승객 · 화물을 싣지 아니하고 비행하는 경우
   라. 설계에 관한 형식증명을 변경하기 위하여 운용한계를 초과하는 시험비행을 하는 경우
   마. 삭제 〈2018. 3. 23.〉
3. 무인항공기를 운항하는 경우
4. 제20조 제2항 각 호의 업무를 수행하기 위하여 사용되는 경우
   가. 삭제 〈2022. 6. 8.〉
   나. 삭제 〈2022. 6. 8.〉
   다. 삭제 〈2022. 6. 8.〉
   라. 삭제 〈2022. 6. 8.〉
   마. 삭제 〈2022. 6. 8.〉
   바. 삭제 〈2022. 6. 8.〉
   사. 삭제 〈2022. 6. 8.〉
   아. 삭제 〈2022. 6. 8.〉
5. 제1호부터 제4호까지 외에 공공의 안녕과 질서유지를 위한 업무를 수행하는 경우로서 국토교통부장관이 인정하는 경우

25 항공안전법 시행규칙 제109조(사고예방장치 등)

① 법 제52조 제2항에 따라 사고예방 및 사고조사를 위하여 항공기에 갖추어야 할 장치는 다음 각 호와 같다. 다만, 국제항공노선을 운항하지 않는 헬리콥터의 경우에는 제2호 및 제3호의 장치를 갖추지 않을 수 있다. 〈개정 2021. 8. 27.〉

1. 다음 각 목의 어느 하나에 해당하는 비행기에는 「국제민간항공협약」 부속서 10에서 정한 바에 따라 운용되는 공중충돌경고장치(Airborne Collision Avoidance System, ACAS II) 1기 이상
   가. 항공운송사업에 사용되는 모든 비행기. 다만, 소형항공운송사업에 사용되는 최대이륙중량이 5,700킬로그램 이하인 비행기로서 그 비행기에 적합한 공중충돌경고장치가 개발되지 아니하거나 공중충돌경고장치를 장착하기 위하여 필요한 비행기 개조 등의 기술이 그 비행기의 제작자 등에 의하여 개발되지 아니한 경우에는 공중충돌경고장치를 갖추지 아니 할 수 있다.
   나. 2007년 1월 1일 이후에 최초로 감항증명을 받는 비행기로서 최대이륙중량이 15,000킬로그램을 초과하거나 승객 30명을 초과하여 수송할 수 있는 터빈발동기를 장착한 항공운송사업 외의 용도로 사용되는 모든 비행기
   다. 2008년 1월 1일 이후에 최초로 감항증명을 받는 비행기로서 최대이륙중량이 5,700킬로그램을 초과하거나 승객 19명을 초과하여 수송할 수 있는 터빈발동기를 장착한 항공운송사업 외의 용도로 사용되는 모든 비행기
5. 최대이륙중량 27,000킬로그램을 초과하고 승객 19명을 초과하여 수송할 수 있는 항공운송사업에 사용되는 비행기로서 15분 이상 해당 항공교통관제기관의 감시가 곤란한 지역을 비행하는 경우 위치추적 장치 1기 이상

[시행일: 2018. 11. 8.] 제109조 제1항 제5호

| 실전 모의고사 |

정답 및 해설

1	2	3	4	5
④	③	③	②	③
6	7	8	9	10
②	②	④	②	④
11	12	13	14	15
③	②	③	③	②
16	17	18	19	20
③	①	①	③	④
21	22	23	24	25
①	④	③	①	①

01 시카고협약은 국제민간항공의 질서와 발전에 있어서 가장 기본이 되는 국제조약으로, 협약에 의해 설립된 ICAO는 항공안전기준과 관련하여 부속서를 채택하고 있으며, 각 체약국은 시카고협약 및 같은 협약 부속서에서 정한 SARPs(Standards and Recommended practices)에 따라 항공법규를 제정하여 운영하고 있다.

02 항공안전법 제2조(정의)

4. "국가기관등 항공기"란 국가, 지방자치단체, 그 밖에 「공공기관의 운영에 관한 법률」에 따른 공공기관으로서 대통령령으로 정하는 공공기관(이하 "국가기관등"이라 한다)이 소유하거나 임차(賃借)한 항공기로서 다음 각 목의 어느 하나에 해당하는 업무를 수행하기 위하여 사용되는 항공기를 말한다. 다만, 군용 · 경찰용 · 세관용 항공기는 제외한다.
   가. 재난 · 재해 등으로 인한 수색(搜索) · 구조
   나. 산불의 진화 및 예방
   다. 응급환자의 후송 등 구조 · 구급활동
   라. 그 밖에 공공의 안녕과 질서유지를 위하여 필요한 업무

03 항공안전법 제2조(정의)

4. "국가기관등 항공기"란 국가, 지방자치단체, 그 밖에 「공공기관의 운영에 관한 법률」에 따른 공공기관으로서 대통령령으로 정하는 공공기관(이하 "국가기관등"이라 한다)이 소유하거나 임차(賃借)한 항공기로서 다음 각 목의 어느 하나에 해당하는 업무를 수행하기 위하여 사용되는 항공기를 말한다. 다만, 군용 · 경찰용 · 세관용 항공기는 제외한다.
   가. 재난 · 재해 등으로 인한 수색(搜索) · 구조
   나. 산불의 진화 및 예방
   다. 응급환자의 후송 등 구조 · 구급활동
   라. 그 밖에 공공의 안녕과 질서유지를 위하여 필요한 업무

04 항공안전법 제3조(군용항공기 등의 적용 특례)

① 군용항공기와 이에 관련된 항공업무에 종사하는 사람에 대해서는 이 법을 적용하지 아니한다.
② 세관업무 또는 경찰업무에 사용하는 항공기와 이에 관련된 항공업무에 종사하는 사람에 대하여는 이 법을 적용하지 아니한다. 다만, 공중 충돌 등 항공기사고의 예방을 위하여 제51조, 제67조, 제68조 제5호, 제79조 및 제84조 제1항을 적용한다.
③ 「대한민국과 아메리카합중국 간의 상호방위조약」 제4조에 따라 아메리카합중국이 사용하는 항공기와 이에 관련된 항공업무에 종사하는 사람에 대하여는 제2항을 준용한다.

05 항공안전법 제4조(국가기관등 항공기의 적용 특례)

① 국가기관등 항공기와 이에 관련된 항공업무에 종사하는 사람에 대해서는 이 법(제66조, 제69조부터 제73조까지 및 제132조는 제외한다)을 적용한다.
② 제1항에도 불구하고 국가기관등 항공기를 재해 · 재난 등으로 인한 수색 · 구조, 화재의 진화, 응급환자 후송, 그 밖에 국토교통부령으로 정하는 공공목적으로 긴급히 운항(훈련을 포함한다)하는 경우에는 제53조, 제67조, 제68조 제1호부터 제3호까지, 제77조 제1항 제7호, 제79조 및 제84조 제1항을 적용하지 아니한다.
③ 제59조, 제61조, 제62조 제5항 및 제6항을 국가기관등 항공기에 적용할 때에는 "국토교통부장관"은 "소관 행정기관의 장"으로 본다. 이 경우 소관 행정기관의 장은 제59조, 제61조, 제62조 제5항 및 제6항에 따라 보고받은 사실을 국토교통부장관에게 알려야 한다.

06 **항공안전법 제13조(항공기 변경등록)**

소유자등은 제11조 제1항 제4호 또는 제5호의 등록사항이 변경되었을 때에는 그 변경된 날부터 15일 이내에 대통령령으로 정하는 바에 따라 국토교통부장관에게 변경등록을 신청하여야 한다.

07 **항공안전법 시행규칙 제15조(등록부호의 높이)**

등록부호에 사용하는 각 문자와 숫자의 높이는 같아야 하고, 항공기의 종류와 위치에 따른 높이는 다음 각 호의 구분에 따른다.

1. 비행기와 활공기에 표시하는 경우
   가. 주 날개에 표시하는 경우에는 50센티미터 이상
   나. 수직 꼬리 날개 또는 동체에 표시하는 경우에는 30센티미터 이상

08 **항공안전법 제10조(항공기 등록의 제한)**

① 다음 각 호의 어느 하나에 해당하는 자가 소유하거나 임차한 항공기는 등록할 수 없다. 다만, 대한민국의 국민 또는 법인이 임차하여 사용할 수 있는 권리가 있는 항공기는 그러하지 아니하다.
1. 대한민국 국민이 아닌 사람
2. 외국정부 또는 외국의 공공단체
3. 외국의 법인 또는 단체
4. 제1호부터 제3호까지의 어느 하나에 해당하는 자가 주식이나 지분의 2분의 1 이상을 소유하거나 그 사업을 사실상 지배하는 법인
5. 외국인이 법인 등기사항증명서상의 대표자이거나 외국인이 법인 등기사항증명서상의 임원 수의 2분의 1 이상을 차지하는 법인

② 제1항 단서에도 불구하고 외국 국적을 가진 항공기는 등록할 수 없다.

09 **항공안전법 제21조(형식증명승인)**

① 항공기등의 설계에 관하여 외국정부로부터 형식증명을 받은 자가 해당 항공기등에 대하여 항공기기술기준에 적합함을 승인(이하 "형식증명승인"이라 한다)받으려는 경우 국토교통부령으로 정하는 바에 따라 항공기등의 형식별로 국토교통부장관에게 형식증명승인을 신청하여야 한다. 다만, 다음 각 호의 어느 하나에 해당하는 항공기의 경우에는 장착된 발동기와 프로펠러를 포함하여 신청할 수 있다. 〈개정 2017. 12. 26.〉
1. 최대이륙중량 5,700킬로그램 이하의 비행기
2. 최대이륙중량 3,175킬로그램 이하의 헬리콥터

10 **항공안전법 제25조(소음기준적합증명)**

① 국토교통부령으로 정하는 항공기의 소유자등은 감항증명을 받는 경우와 수리 · 개조 등으로 항공기의 소음치(騷音値)가 변동된 경우에는 국토교통부령으로 정하는 바에 따라 그 항공기가 제19조 제2호의 소음기준에 적합한지에 대하여 국토교통부장관의 증명(이하 "소음기준적합증명"이라 한다)을 받아야 한다.

11 **항공안전법 시행규칙 제37조(특별감항증명의 대상)**

법 제23조 제3항 제2호에서 "항공기의 연구, 개발 등 국토교통부령으로 정하는 경우"란 다음 각 호의 어느 하나에 해당하는 경우를 말한다. 〈개정 2018. 3. 23., 2020. 12. 10.〉

1. 항공기 및 관련 기기의 개발과 관련된 다음 각 목의 어느 하나에 해당하는 경우
   가. 항공기 제작자 및 항공기 관련 연구기관 등이 연구 · 개발 중인 경우
   나. 판매 · 홍보 · 전시 · 시장조사 등에 활용하는 경우
   다. 조종사 양성을 위하여 조종연습에 사용하는 경우
2. 항공기의 제작 · 정비 · 수리 · 개조 및 수입 · 수출 등과 관련한 다음 각 목의 어느 하나에 해당하는 경우
   가. 제작 · 정비 · 수리 또는 개조 후 시험비행을 하는 경우
   나. 정비 · 수리 또는 개조(이하 "정비등"이라 한다)를 위한 장소까지 승객 · 화물을 싣지 아니하고 비행하는 경우
   다. 수입하거나 수출하기 위하여 승객 · 화물을 싣지 아니하고 비행하는 경우
   라. 설계에 관한 형식증명을 변경하기 위하여 운용한계를 초과하는 시험비행을 하는 경우
   마. 삭제 〈2018. 3. 23.〉
3. 무인항공기를 운항하는 경우
4. 제20조 제2항 각 호의 업무를 수행하기 위하여 사용되는 경우
   가. 삭제 〈2022. 6. 8.〉
   나. 삭제 〈2022. 6. 8.〉
   다. 삭제 〈2022. 6. 8.〉
   라. 삭제 〈2022. 6. 8.〉
   마. 삭제 〈2022. 6. 8.〉
   바. 삭제 〈2022. 6. 8.〉
   사. 삭제 〈2022. 6. 8.〉
   아. 삭제 〈2022. 6. 8.〉
5. 제1호부터 제4호까지 외에 공공의 안녕과 질서 유지를 위한 업무를 수행하는 경우로서 국토교통부장관이 인정하는 경우

12 항공안전법 제58조(항공안전프로그램 등)

② 다음 각 호의 어느 하나에 해당하는 자는 제작, 교육, 운항 또는 사업 등을 시작하기 전까지 제1항에 따른 항공안전프로그램에 따라 항공기사고 등의 예방 및 비행안전의 확보를 위한 항공안전관리시스템을 마련하고, 국토교통부장관의 승인을 받아 운용하여야 한다. 승인받은 사항 중 국토교통부령으로 정하는 중요사항을 변경할 때에도 또한 같다. 〈개정 2017. 10. 24.〉

1. 형식증명, 부가형식증명, 제작증명, 기술표준품형식승인 또는 부품등제작자증명을 받은 자
2. 제35조 제1호부터 제4호까지의 항공종사자 양성을 위하여 제48조 제1항 단서에 따라 지정된 전문교육기관
3. 항공교통업무증명을 받은 자
4. 항공운송사업자, 항공기사용사업자 및 국외운항항공기 소유자등
5. 항공기정비업자로서 제97조 제1항에 따른 정비조직인증을 받은 자
6. 「공항시설법」 제38조 제1항에 따라 공항운영증명을 받은 자
7. 「공항시설법」 제43조 제2항에 따라 항행안전시설을 설치한 자

13 항공안전법 제144조(감항증명을 받지 아니한 항공기 사용 등의 죄)

다음 각 호의 어느 하나에 해당하는 자는 3년 이하의 징역 또는 5천만원 이하의 벌금에 처한다.

1. 제23조 또는 제25조를 위반하여 감항증명 또는 소음기준적합증명을 받지 아니하거나 감항증명 또는 소음기준적합증명이 취소 또는 정지된 항공기를 운항한 자
2. 제27조 제3항을 위반하여 기술표준품형식승인을 받지 아니한 기술표준품을 제작·판매하거나 항공기등에 사용한 자
3. 제28조 제3항을 위반하여 부품등제작자증명을 받지 아니한 장비품 또는 부품을 제작·판매하거나 항공기등 또는 장비품에 사용한 자
4. 제30조를 위반하여 수리·개조승인을 받지 아니한 항공기등, 장비품 또는 부품을 운항 또는 항공기등에 사용한 자
5. 제32조 제1항을 위반하여 정비등을 한 항공기등, 장비품 또는 부품에 대하여 감항성을 확인받지 아니하고 운항 또는 항공기등에 사용한 자

14 항공안전법 시행규칙 제36조(예외적으로 감항증명을 받을 수 있는 항공기)

법 제23조 제2항 단서에서 "국토교통부령으로 정하는 항공기"란 다음 각 호의 어느 하나에 해당하는 항공기를 말한다. 〈개정 2022. 6. 8.〉

1. 법 제5조에 따른 임대차 항공기의 운영에 대한 권한 및 의무이양의 적용 특례를 적용받는 항공기
2. 국내에서 수리·개조 또는 제작한 후 수출할 항공기
3. 국내에서 제작되거나 외국으로부터 수입하는 항공기로서 대한민국의 국적을 취득하기 전에 감항증명을 신청한 항공기

15 항공안전법 제2조(정의)

3. "초경량비행장치"란 항공기와 경량항공기 외에 공기의 반작용으로 뜰 수 있는 장치로서 자체중량, 좌석 수 등 국토교통부령으로 정하는 기준에 해당하는 동력비행장치, 행글라이더, 패러글라이더, 기구류 및 무인비행장치 등을 말한다.

16 항공안전법 제23조(감항증명 및 감항성 유지)

⑤ 국토교통부장관은 제3항 각 호의 어느 하나에 해당하는 감항증명을 하는 경우 국토교통부령으로 정하는 바에 따라 해당 항공기의 설계, 제작과정, 완성 후의 상태와 비행성능에 대하여 검사하고 해당 항공기의 운용한계(運用限界)를 지정하여야 한다. 다만, 다음 각 호의 어느 하나에 해당하 는 항공기의 경우에는 국토교통부령으로 정하는 바에 따라 검사의 일부를 생략할 수 있다. 〈신설 2017. 12. 26.〉

1. 형식증명, 제한형식증명 또는 형식증명승인을 받은 항공기
2. 제작증명을 받은 자가 제작한 항공기
3. 항공기를 수출하는 외국정부로부터 감항성이 있다는 승인을 받아 수입하는 항공기

17 항공안전법 제98조(정비조직인증의 취소 등)

① 국토교통부장관은 정비조직인증을 받은 자가 다음 각 호의 어느 하나에 해당하는 경우에는 정비조직인증을 취소하거나 6개월 이내의 기간을 정하여 그 효력의 정지를 명할 수 있다. 다만, 제1호 또는 제5호에 해당하는 경우에는 그 정비조직인증을 취소하여야 한다.

1. 거짓이나 그 밖의 부정한 방법으로 정비조직인증을 받은 경우
2. 제58조 제2항을 위반하여 다음 각 목의 어느 하나에 해당하는 경우
   가. 업무를 시작하기 전까지 항공안전관리시스템을 마련하지 아니한 경우
   나. 승인을 받지 아니하고 항공안전관리시스템을 운용한 경우
   다. 항공안전관리시스템을 승인받은 내용과 다르게 운용한 경우
   라. 승인을 받지 아니하고 국토교통부령으로 정하는 중요 사항을 변경한 경우
3. 정당한 사유 없이 정비조직인증기준을 위반한 경우
4. 고의 또는 중대한 과실에 의하거나 항공종사자에 대한 관리·감독에 관하여 상당한 주의의무를 게을리 함으로써 항공기사고가 발생한 경우
5. 이 조에 따른 효력정지기간에 업무를 한 경우

18 **항공안전법 시행규칙 제37조(특별감항증명의 대상)**

법 제23조 제3항 제2호에서 "항공기의 연구, 개발 등 국토교통부령으로 정하는 경우"란 다음 각 호의 어느 하나에 해당하는 경우를 말한다. 〈개정 2018. 3. 23., 2020. 12. 10., 2022. 6. 8.〉

1. 항공기 및 관련 기기의 개발과 관련된 다음 각 목의 어느 하나에 해당하는 경우
   가. 항공기 제작자 및 항공기 관련 연구기관 등이 연구 · 개발 중인 경우
   나. 판매 · 홍보 · 전시 · 시장조사 등에 활용하는 경우
   다. 조종사 양성을 위하여 조종연습에 사용하는 경우
2. 항공기의 제작 · 정비 · 수리 · 개조 및 수입 · 수출 등과 관련한 다음 각 목의 어느 하나에 해당하는 경우
   가. 제작 · 정비 · 수리 또는 개조 후 시험비행을 하는 경우
   나. 정비 · 수리 또는 개조(이하 "정비등"이라 한다)를 위한 장소까지 승객 · 화물을 싣지 아니하고 비행하는 경우
   다. 수입하거나 수출하기 위하여 승객 · 화물을 싣지 아니하고 비행하는 경우
   라. 설계에 관한 형식증명을 변경하기 위하여 운용한계를 초과하는 시험비행을 하는 경우
   마. 삭제 〈2018. 3. 23.〉
3. 무인항공기를 운항하는 경우
4. 제20조 제2항 각 호의 업무를 수행하기 위하여 사용되는 경우
   가. 삭제 〈2022. 6. 8.〉
   나. 삭제 〈2022. 6. 8.〉
   다. 삭제 〈2022. 6. 8.〉
   라. 삭제 〈2022. 6. 8.〉
   마. 삭제 〈2022. 6. 8.〉
   바. 삭제 〈2022. 6. 8.〉
   사. 삭제 〈2022. 6. 8.〉
   아. 삭제 〈2022. 6. 8.〉
5. 제1호부터 제4호까지 외에 공공의 안녕과 질서유지를 위한 업무를 수행하는 경우로서 국토교통부장관이 인정하는 경우

19 **항공안전법 시행령 제4조(등록을 필요로 하지 않는 항공기의 범위)**

법 제7조 제1항 단서에서 "대통령령으로 정하는 항공기"란 다음 각 호의 항공기를 말한다. 〈개정 2021. 11. 16.〉

1. 군 또는 세관에서 사용하거나 경찰업무에 사용하는 항공기
2. 외국에 임대할 목적으로 도입한 항공기로서 외국 국적을 취득할 항공기
3. 국내에서 제작한 항공기로서 제작자 외의 소유자가 결정되지 아니한 항공기
4. 외국에 등록된 항공기를 임차하여 법 제5조에 따라 운영하는 경우 그 항공기
5. 항공기 제작자나 항공기 관련 연구기관이 연구 · 개발 중인 항공기

20 **항공안전법 제23조(감항증명 및 감항성 유지)**

① 국토교통부장관은 제3항 각 호의 어느 하나에 해당하는 감항증명을 하는 경우 국토교통부령으로 정하는 바에 따라 해당 항공기의 설계, 제작과정, 완성 후의 상태와 비행성능에 대하여 검사하고 해당 항공기의 운용한계(運用限界)를 지정하여야 한다. 다만, 다음 각 호의 어느 하나에 해당하는 항공기의 경우에는 국토교통부령으로 정하는 바에 따라 검사의 일부를 생략할 수 있다. 〈신설 2017. 12. 26.〉

1. 형식증명, 제한형식증명 또는 형식증명승인을 받은 항공기
2. 제작증명을 받은 자가 제작한 항공기
3. 항공기를 수출하는 외국정부로부터 감항성이 있다는 승인을 받아 수입하는 항공기

21 **항공안전법 시행령 제26조(권한의 위임 · 위탁)**

① 국토교통부장관은 법 제135조 제1항에 따라 다음 각 호의 권한을 지방항공청장에게 위임한다.

1. 법 제23조 제3항 제1호에 따른 표준감항증명. 다만, 다음 각 목의 표준감항증명은 제외한다.
   가. 법 제20조에 따른 형식증명을 받은 항공기에 대한 최초의 표준감항증명
   나. 법 제22조에 따른 제작증명을 받아 제작한 항공기에 대한 최초의 표준감항증명

22 **항공안전법 시행규칙 제221조(공역의 구분 · 관리 등)**

① 법 제78조 제2항에 따라 국토교통부장관이 세분하여 지정 · 공고하는 공역의 구분은 [별표 23]과 같다.

[별표 23] 공역의 구분(제221조 제1항 관련)

주의공역	훈련구역	민간항공기의 훈련공역으로서 계기비행항공기로부터 분리를 유지할 필요가 있는 공역
	군작전구역	군사작전을 위하여 설정된 공역으로서 계기비행항공기로부터 분리를 유지할 필요가 있는 공역
	위험구역	항공기의 비행 시 항공기 또는 지상시설물에 대한 위험이 예상되는 공역
	경계구역	대규모 조종사의 훈련이나 비정상 형태의 항공활동이 수행되는 공역

23 **항공안전법 제15조(항공기 말소등록)**

① 소유자등은 등록된 항공기가 다음 각 호의 어느 하나에 해당하는 경우에는 그 사유가 있는 날부터 15일 이내에 대통령령으로 정하는 바에 따라 국토교통부장관에게 말소등록을 신청하여야 한다.

1. 항공기가 멸실(滅失)되었거나 항공기를 해체(정비등, 수송 또는 보관하기 위한 해체는 제외한다)한 경우
2. 항공기의 존재 여부를 1개월(항공기사고인 경우에는 2개월) 이상 확인할 수 없는 경우
3. 제10조 제1항 각 호의 어느 하나에 해당하는 자에게 항공기를 양도하거나 임대(외국 국적을 취득하는 경우만 해당한다)한 경우
4. 임차기간의 만료 등으로 항공기를 사용할 수 있는 권리가 상실된 경우

24 **항공기기술기준 Part 25 감항분류가 수송(T)류인 비행기에 대한 기술기준**

Subpart E. 동력장치(연료계통)

25.969 연료탱크 팽창 공간

모든 연료탱크에는 탱크 용량의 2% 이상의 팽창공간을 두어야 한다. 비행기가 정상적인 지상 자세에 있는 경우에는 부주의한 경우에도 연료탱크의 팽창공간에는 연료가 공급되지 않아야 한다. 가압식 연료공급 시스템의 경우, 25.979(b)항에 대한 적합성을 입증한 방법으로 이 항목에 대한 적합성을 입증할 수 있다.

25 **고정익항공기를 위한 운항기술기준 제7장 항공기 계기 및 장비**

7.1.6 최소 비행 및 항법계기(Minimum Flight and Navigational Instruments)

어느 누구도 다음 각 호의 계기를 장착하지 않고는 항공기를 운항하여서는 아니 된다.

1) 노트(knots)로 나타내는 교정된 속도계
2) 비행 중 어떤 기압으로도 조정할 수 있도록 헥토파스칼/밀리바 단위의 보조눈금이 있고 피트 단위의 정밀고도계
3) 시, 분, 초를 나타내는 정확한 시계(개인 소유물은 승인이 불필요함)
4) 나침반

제 7 회

| 실전 모의고사 |

정답 및 해설

1	2	3	4	5
③	②	④	①	①
6	7	8	9	10
①	④	②	④	④
11	12	13	14	15
④	③	②	①	④
16	17	18	19	20
③	①	④	④	①
21	22	23	24	25
③	④	④	③	③

01 항공안전법 제10조(항공기 등록의 제한)

① 다음 각 호의 어느 하나에 해당하는 자가 소유하거나 임차한 항공기는 등록할 수 없다. 다만, 대한민국의 국민 또는 법인이 임차하여 사용할 수 있는 권리가 있는 항공기는 그러하지 아니하다.

1. 대한민국 국민이 아닌 사람
2. 외국정부 또는 외국의 공공단체
3. 외국의 법인 또는 단체
4. 제1호부터 제3호까지의 어느 하나에 해당하는 자가 주식이나 지분의 2분의 1 이상을 소유하거나 그 사업을 사실상 지배하는 법인
5. 외국인이 법인 등기사항증명서상의 대표자이거나 외국인이 법인 등기사항증명서상의 임원 수의 2분의 1 이상을 차지하는 법인

② 제1항 단서에도 불구하고 외국 국적을 가진 항공기는 등록할 수 없다.

02 항공안전법 시행규칙 제40조(감항증명을 위한 검사의 일부 생략)

법 제23조 제4항 단서에 따라 감항증명을 할 때 생략할 수 있는 검사는 다음 각 호의 구분에 따른다.
〈개정 2018. 6. 27.〉

1. 법 제20조 제2항에 따른 형식증명 또는 제한형식증명을 받은 항공기: 설계에 대한 검사
2. 법 제21조 제1항에 따른 형식증명승인을 받은 항공기: 설계에 대한 검사와 제작과정에 대한 검사
3. 법 제22조 제1항에 따른 제작증명을 받은 자가 제작한 항공기: 제작과정에 대한 검사
4. 법 제23조 제4항 제3호에 따른 수입 항공기(신규로 생산되어 수입하는 완제기(完製機)만 해당한다): 비행성능에 대한 검사

03 항공안전법 제144조(감항증명을 받지 아니한 항공기 사용 등의 죄)

다음 각 호의 어느 하나에 해당하는 자는 3년 이하의 징역 또는 5천만원 이하의 벌금에 처한다.

1. 제23조 또는 제25조를 위반하여 감항증명 또는 소음기준적합증명을 받지 아니하거나 감항증명 또는 소음기준적합증명이 취소 또는 정지된 항공기를 운항한 자
2. 제27조 제3항을 위반하여 기술표준품형식승인을 받지 아니한 기술표준품을 제작 · 판매하거나 항공기등에 사용한 자
3. 제28조 제3항을 위반하여 부품등제작자증명을 받지 아니한 장비품 또는 부품을 제작 · 판매하거나 항공기등 또 는 장비품에 사용한 자
4. 제30조를 위반하여 수리 · 개조승인을 받지 아니한 항공기등, 장비품 또는 부품을 운항 또는 항공기등에 사용한 자
5. 제32조 제1항을 위반하여 정비등을 한 항공기등, 장비품 또는 부품에 대하여 감항성을 확인받지 아니하고 운항 또는 항공기등에 사용한 자

04 항공안전법 제34조(항공종사자 자격증명 등)

② 다음 각 호의 어느 하나에 해당하는 사람은 자격증명을 받을 수 없다.

1. 다음 각 목의 구분에 따른 나이 미만인 사람
   가. 자가용 조종사 자격: 17세(제37조에 따라 자가용 조종사의 자격증명을 활공기에 한정하는 경우에는 16세)
   나. 사업용 조종사, 부조종사, 항공사, 항공기관사, 항공교통관제사 및 항공정비사 자격: 18세
   다. 운송용 조종사 및 운항관리사 자격: 21세

05 항공안전법 제91조(항공운송사업자의 운항증명 취소 등)

① 국토교통부장관은 운항증명을 받은 항공운송사업자가 다음 각 호의 어느 하나에 해당하는 경우에는 운항증명을 취소하거나 6개월 이내의 기간을 정하여 항공기 운항의 정지를 명할 수 있다. 다만, 제1호, 제39호 또는 제49호의 어느 하나에 해당하는 경우에는 운항증명을 취소하여야 한다. 〈개정 2017. 12. 26., 2019. 8. 27., 2020. 6. 9., 2020. 12. 8.〉

42. 제93조 제7항 전단을 위반하여 같은 조 제1항 본문 또는 제2항 단서에 따라 인가를 받거나 같은 조 제2항 본문에 따라 신고한 운항규정 또는 정비규정을 해당 종사자에게 제공하지 아니한 경우

06 항공안전법 시행규칙 [별표 15] 항공기에 장비하여야 할 구급용구 등

2. 소화기

가. 항공기에는 적어도 조종실 및 조종실과 분리되어 있는 객실에 각각 한 개 이상의 이동이 간편한 소화기를 갖춰 두어야 한다. 다만, 소화기는 소화액을 방사 시 항공기 내의 공기를 해롭게 오염시키거나 항공기의 안전운항에 지장을 주는 것이어서는 안 된다.

나. 항공기의 객실에는 다음 표의 소화기를 갖춰 두어야 한다.

승객 좌석 수	소화기의 수량
• 6석부터 30석까지	1
• 31석부터 60석까지	2
• 61석부터 200석까지	3
• 201석부터 300석까지	4
• 301석부터 400석까지	5
• 401석부터 500석까지	6
• 501석부터 600석까지	7
• 601석 이상	8

07 항공안전법 시행규칙 제120조(항공기의 등불)

① 법 제54조에 따라 항공기가 야간에 공중 · 지상 또는 수상을 항행하는 경우와 비행장의 이동지역 안에서 이동하거나 엔진이 작동 중인 경우에는 우현등, 좌현등 및 미등(이하 "항행등"이라 한다)과 충돌방지등에 의하여 그 항공기의 위치를 나타내야 한다.

08 항공안전법 시행규칙 제32조(제작증명의 신청)

② 제1항에 따른 신청서에는 다음 각 호의 서류를 첨부하여야 한다.

1. 품질관리규정
2. 제작하려는 항공기등의 제작 방법 및 기술 등을 설명하는 자료
3. 제작 설비 및 인력 현황
4. 품질관리 및 품질검사의 체계(이하 "품질관리체계"라 한다)를 설명하는 자료
5. 제작하려는 항공기등의 감항성 유지 및 관리체계(이하 "제작관리"라 한다)를 설명하는 자료

09 항공안전법 시행규칙 제68조(경미한 정비의 범위)

법 제32조 제1항 본문에서 "국토교통부령으로 정하는 경미한 정비"란 다음 각 호의 어느 하나에 해당하는 작업을 말한다. 〈개정 2021. 8. 27.〉

1. 간단한 보수를 하는 예방작업으로서 리깅(rigging: 항공기 정비를 위한 조절작업을 말한다) 또는 간극의 조정작업 등 복잡한 결합작용을 필요로 하지 않는 규격장비품 또는 부품의 교환작업
2. 감항성에 미치는 영향이 경미한 범위의 수리작업으로서 그 작업의 완료 상태를 확인하는 데에 동력장치의 작동 점검과 같은 복잡한 점검을 필요로 하지 아니하는 작업
3. 그 밖에 윤활유 보충 등 비행 전후에 실시하는 단순하고 간단한 점검작업

10 항공안전법 시행규칙 제74조(항공기 등에 발생한 고장, 결함 또는 기능장애 보고)

① 제2항에 따른 보고는 고장등이 발생한 것을 알게 된 때([별표 3] 제5호 마목 및 바목의 항공안전장애인 경우에는 보고 대상으로 확인된 때를 말한다)부터 96시간 이내에 하여야 한다.

11 항공안전법 제2조(정의)

6. "항공기사고"란 사람이 비행을 목적으로 항공기에 탑승하였을 때부터 탑승한 모든 사람이 항공기에서 내릴 때까지[사람이 탑승하지 아니하고 원격조종 등의 방법으로 비행하는 항공기(이하 "무인항공기"라 한다)의 경우에는 비행을 목적으로 움직이는 순간부터 비행이 종료되어 발동기가 정지되는 순간까지를 말한다] 항공기의 운항과 관련하여 발생한 다음 각 목의 어느 하나에 해당하는 것으로서 국토교통부령으로 정하는 것을 말한다.

가. 사람의 사망, 중상 또는 행방불명

나. 항공기의 파손 또는 구조적 손상

다. 항공기의 위치를 확인할 수 없거나 항공기에 접근이 불가능한 경우

12 항공안전법 제15조(항공기 말소등록)

① 소유자등은 등록된 항공기가 다음 각 호의 어느 하나에 해당하는 경우에는 그 사유가 있는 날부터 15일 이내에 대통령령으로 정하는 바에 따라 국토교통부장관에게 말소등록을 신청하여야 한다.

1. 항공기가 멸실(滅失)되었거나 항공기를 해체(정비등, 수송 또는 보관하기 위한 해체는 제외한다)한 경우

2. 항공기의 존재 여부를 1개월(항공기사고인 경우에는 2개월) 이상 확인할 수 없는 경우
3. 제10조 제1항 각 호의 어느 하나에 해당하는 자에게 항공기를 양도하거나 임대(외국 국적을 취득하는 경우만 해당한다)한 경우
4. 임차기간의 만료 등으로 항공기를 사용할 수 있는 권리가 상실된 경우

13 항공안전법 제2조(정의)

3. "초경량비행장치"란 항공기와 경량항공기 외에 공기의 반작용으로 뜰 수 있는 장치로서 자체중량, 좌석 수 등 국토교통부령으로 정하는 기준에 해당하는 동력비행장치, 행글라이더, 패러글라이더, 기구류 및 무인비행장치 등을 말한다.

14 항공안전법 시행규칙 제119조(항공기의 연료와 오일)

법 제53조에 따라 항공기에 실어야 하는 연료와 오일의 양은 [별표 17]과 같다.

[별표 17] 항공기에 실어야 할 연료와 오일의 양(제119조 관련)
(일부 생략)

항공운송사업용 및 항공기사용사업용 헬리콥터	시계비행을 할 경우	다음 각 호의 양을 더한 양 1. 최초 착륙예정 비행장까지 비행에 필요한 양 2. 최대항속속도로 20분간 더 비행할 수 있는 양 3. 이상사태 발생 시 연료소모가 증가할 것에 대비하기 위한 것으로서 운항기술기준에서 정한 연료의 양

15 항공안전법 제23조(감항증명 및 감항성 유지)

① 항공기가 감항성이 있다는 증명(이하 "감항증명"이라 한다)을 받으려는 자는 국토교통부령으로 정하는 바에 따라 국토교통부장관에게 감항증명을 신청하여야 한다.
② 감항증명은 대한민국 국적을 가진 항공기가 아니면 받을 수 없다. 다만, 국토교통부령으로 정하는 항공기의 경우에는 그러하지 아니하다.
③ 누구든지 다음 각 호의 어느 하나에 해당하는 감항증명을 받지 아니한 항공기를 운항하여서는 아니 된다. 〈개정 2017. 12. 26.〉
1. 표준감항증명: 해당 항공기가 형식증명 또는 형식증명승인에 따라 인가된 설계에 일치하게 제작되고 안전하게 운항할 수 있다고 판단되는 경우에 발급하는 증명
2. 특별감항증명: 해당 항공기가 제한형식증명을 받았거나 항공기의 연구, 개발 등 국토교통부령으로 정하는 경우로서 항공기 제작자 또는 소유자등이 제시한 운용범위를 검토하여 안전하게 운항할 수 있다고 판단되는 경우에 발급하는 증명

16 항공안전법 제18조(항공기 국적 등의 표시)

① 누구든지 국적, 등록기호 및 소유자등의 성명 또는 명칭을 표시하지 아니한 항공기를 운항해서는 아니 된다. 다만, 신규로 제작한 항공기 등 국토교통부령으로 정하는 항공기의 경우에는 그러하지 아니하다.
② 제1항에 따른 국적 등의 표시에 관한 사항과 등록기호의 구성 등에 필요한 사항은 국토교통부령으로 정한다.

항공안전법 시행규칙 제13조(국적 등의 표시)

① 법 제18조 제1항 단서에서 "신규로 제작한 항공기 등 국토교통부령으로 정하는 항공기"란 다음 각 호의 어느 하나에 해당하는 항공기를 말한다.
1. 제36조 제2호 또는 제3호에 해당하는 항공기
2. 제37조 제1호 가목에 해당하는 항공기
② 법 제18조 제2항에 따른 국적 등의 표시는 국적기호, 등록기호 순으로 표시하고, 장식체를 사용해서는 아니 되며, 국적기호는 로마자의 대문자 "HL"로 표시하여야 한다.
③ 등록기호의 첫 글자가 문자인 경우 국적기호와 등록기호 사이에 붙임표(-)를 삽입하여야 한다.
④ 항공기에 표시하는 등록부호는 지워지지 아니하고 배경과 선명하게 대조되는 색으로 표시하여야 한다.
⑤ 등록기호의 구성 등에 필요한 세부사항은 국토교통부장관이 정하여 고시한다.

17 항공안전법 시행규칙 제49조(소음기준적합증명 대상 항공기)

법 제25조 제1항에서 "국토교통부령으로 정하는 항공기"란 다음 각 호의 어느 하나에 해당하는 항공기로서 국토교통부장관이 정하여 고시하는 항공기를 말한다. 〈개정 2021. 8. 27.〉
1. 터빈(높은 압력의 액체·기체를 날개바퀴의 날개에 부딪히게 함으로써 회전하는 힘을 얻는 기계를 말한다)발동기를 장착한 항공기
2. 국제선을 운항하는 항공기

18 항공안전법 시행규칙 제194조(신호)

① 법 제67조에 따라 비행하는 항공기는 [별표 26]에서 정하는 신호를 인지하거나 수신할 경우에는 그 신호에 따라 요구되는 조치를 하여야 한다.
② 누구든지 제1항에 따른 신호로 오인될 수 있는 신호를 사용하여서는 아니 된다.
③ 항공기 유도원(誘導員)은 [별표 26] 제6호에 따른 유도신호를 명확하게 하여야 한다.
1. 항공기 안내(wingwalker): 오른손의 유도봉을 위쪽을 향하게 한 채 머리 위로 들어 올리고, 왼손의 유도봉을 아래로 향하게 하면서 몸쪽으로 붙인다.

19 고정익항공기를 위한 운항기술기준 제6장 정비조직의 인증

6.5.11 고장 등의 보고(Service Difficulty Reports)

인증 받은 정비조직은 인가 받은 한정품목에 대하여 비행안전에 중대한 영향을 미칠 수 있는 고장, 기능불량 및 결함 등을 발견한 경우에는 96시간 이내 다음 각 항의 내용을 포함하여 국토교통부장관 및 항공기 운영자에게 보고 또는 통보하여야 한다.

20 항공사업법 제29조(과징금 부과)

국토교통부장관은 항공운송사업자가 제28조 제1항 제3호 또는 제5호부터 제19호까지의 어느 하나에 해당하여 사업의 정지를 명하여야 하는 경우로서 그 사업을 정지하면 그 사업의 이용자 등에게 심한 불편을 주거나 공익을 해칠 우려가 있는 경우에는 사업정지처분을 갈음하여 50억원 이하의 과징금을 부과할 수 있다. 다만, 소형항공운송사업자의 경우에는 20억원 이하의 과징금을 부과할 수 있다.

21 항공사업법 제2조(정의)

19. "항공기취급업"이란 타인의 수요에 맞추어 항공기에 대한 급유, 항공화물 또는 수하물의 하역과 그 밖에 국토교통부령으로 정하는 지상조업(地上操業)을 하는 사업을 말한다.

22 공항시설법 제2조(정의)

15. "항행안전시설"이란 유선통신, 무선통신, 인공위성, 불빛, 색채 또는 전파(電波)를 이용하여 항공기의 항행을 돕기 위한 시설로서 국토교통부령으로 정하는 시설을 말한다.

공항시설법 시행규칙 제5조(항행안전시설)

법 제2조 제15호에서 "국토교통부령으로 정하는 시설"이란 다음 항공등화, 항행안전무선시설 및 항공정보통신시설을 말한다.

23 항공사업법 시행규칙 제3조(부정기편 운항의 구분)

법 제2조 제9호 나목, 제11호 나목 및 제13호에 따른 국내 및 국제 부정기편 운항은 다음 각 호와 같이 구분한다.

1. 지점 간 운항: 한 지점과 다른 지점 사이에 노선을 정하여 운항하는 것
2. 관광비행: 관광을 목적으로 한 지점을 이륙하여 중간에 착륙하지 아니하고 정해진 노선을 따라 출발지점에 착륙하기 위하여 운항하는 것
3. 전세운송: 노선을 정하지 아니하고 사업자와 항공기를 독점하여 이용하려는 이용자 간의 1개의 항공운송계약에 따라 운항하는 것

24 공항시설법 시행령 제3조(공항시설의 구분)

법 제2조 제7호 각 목 외의 부분에서 "대통령령으로 정하는 시설"이란 다음 각 호의 시설을 말한다.

1. 다음 각 목에서 정하는 기본시설
   가. 활주로, 유도로, 계류장, 착륙대 등 항공기의 이착륙시설
   나. 여객터미널, 화물터미널 등 여객시설 및 화물처리시설
   다. 항행안전시설
   라. 관제소, 송수신소, 통신소 등의 통신시설
   마. 기상관측시설
   바. 공항 이용객을 위한 주차시설 및 경비 · 보안시설
   사. 공항 이용객에 대한 홍보시설 및 안내시설

25 공항시설법 시행규칙 제47조(금지행위 등)

법 제56조 제2항에서 "국토교통부령으로 정하는 공항시설 · 비행장시설 또는 항행안전시설"이라 함은 다음 각 호의 시설을 말한다.

1. 착륙대, 계류장 및 격납고
2. 항공기 급유시설 및 항공유 저장시설

[별표 19] 항공안전 확보 등을 위하여 금지되는 행위(제47조 제7항 관련)

1. 표찰, 표시, 화단, 그 밖에 공항의 시설 또는 주차장의 차량을 훼손 또는 오손하는 행위
2. 지정한 장소 이외의 장소에 쓰레기, 그 밖에 물건을 버리는 행위
3. 공항관리 · 운영기관의 승인을 얻지 아니하고 무기, 폭발물 또는 위험이 따를 가연물을 휴대 또는 운반하는 행위(공용자, 시설이용자 또는 영업자가 그 업무 또는 영업을 위하여 하는 경우를 제외한다)
4. 공항관리 · 운영기관의 승인을 얻지 아니하고 불을 피우는 행위
5. 항공기, 발동기, 프로펠라, 그 밖에 기기를 청소하는 경우에는 야외 또는 소화설비가 있는 내화성작업소 이외의 장소에서 가연성 또는 휘발성액체를 사용하는 행위
6. 공항관리 · 운영기관이 특별히 정한 구역 이외의 장소에 가연성의 액체가스, 그 밖에 이와 유사한 물건을 보관하거나 저장하는 행위(공항관리 · 운영기관이 승인할 경우에 일정한 용기에 넣어 항공기내에 보관하는 경우를 제외한다)
7. 흡연이 금지된 장소에서 담배피우는 행위
8. 급유 또는 배유작업 중의 항공기로부터 30미터 이내의 장소에서 담배 피우는 행위

| 실전 모의고사 |

정답 및 해설

1	2	3	4	5
④	③	③	③	③
6	7	8	9	10
①	④	②	②	④
11	12	13	14	15
②	④	①	④	③
16	17	18	19	20
④	③	④	③	④
21	22	23	24	25
③	④	③	①	②

01 부속서 1 : 항공종사자 자격증명
부속서 8 : 항공기 감항성
부속서 12 : 수색 및 구조
부속서 13 : 항공기 사고조사
부속서 17 : 항공 보안
부속서 19 : 안전관리
(교재 p. 32, [표 3-2] 시카고협약 부속서 참조)

02 **항공안전법 제1장(총칙) 제1조(목적)**
이 법은 국제민간항공협약 및 같은 협약의 부속서에서 채택된 표준과 권고되는 방식에 따라 항공기, 경량항공기 또는 초경량비행장치가 안전하게 항행하기 위한 방법을 정함으로써 생명과 재산을 보호하고, 항공기술 발전에 이바지함을 목적으로 한다.

03 **항공안전법 시행령 제4조(등록을 필요로 하지 않는 항공기의 범위)**
법 제7조 제1항 단서에서 "대통령령으로 정하는 항공기"란 다음 각 호의 항공기를 말한다. 〈개정 2021. 11. 16.〉
1. 군 또는 세관에서 사용하거나 경찰업무에 사용하는 항공기
2. 외국에 임대할 목적으로 도입한 항공기로서 외국 국적을 취득할 항공기
3. 국내에서 제작한 항공기로서 제작자 외의 소유자가 결정되지 아니한 항공기
4. 외국에 등록된 항공기를 임차하여 법 제5조에 따라 운영하는 경우 그 항공기
5. 항공기 제작자나 항공기 관련 연구기관이 연구 · 개발 중인 항공기

[제목개정 2021. 11. 16.]

04 **항공안전법 제2조(정의)**
4. "국가기관등 항공기"란 국가, 지방자치단체, 그 밖에 「공공기관의 운영에 관한 법률」에 따른 공공기관으로서 대통령령으로 정하는 공공기관(이하 "국가기관등"이라 한다)이 소유하거나 임차(賃借)한 항공기로서 다음 각 목의 어느 하나에 해당하는 업무를 수행하기 위하여 사용되는 항공기를 말한다. 다만, 군용 · 경찰용 · 세관용 항공기는 제외한다.
   가. 재난 · 재해 등으로 인한 수색(搜索) · 구조
   나. 산불의 진화 및 예방
   다. 응급환자의 후송 등 구조 · 구급활동
   라. 그 밖에 공공의 안녕과 질서유지를 위하여 필요한 업무

05 **항공안전법 제2조(정의)**
12. "영공"(領空)이란 대한민국의 영토와 「영해 및 접속수역법」에 따른 내수 및 영해의 상공을 말한다.

06 **항공안전법 시행규칙 [별표 4] 항공종사자 · 경량항공기조종사 자격증명 응시경력(제75조, 제91조 제3항 및 제286조 관련)**
1) 항공기 종류 한정이 필요한 항공정비사 자격증명을 신청하는 경우에는 다음의 어느 하나에 해당하는 사람
   가) 4년 이상의 항공기 정비(자격증명을 받으려는 항공기가 활공기인 경우에는 활공기의 정비와 개조) 업무경력(자격증명을 받으려는 항공기와 동급 이상의 것에 대한 6개월 이상의 경력이 포함되어야 한다)이 있는 사람
   나) 「고등교육법」에 따른 대학 · 전문대학(다른 법령에서 이와 동등한 수준 이상의 학력이 있다고 인정되는 교육기관을 포함한다) 또는 「학점인정 등에 관한 법률」에 따라 학습하는 곳에서 별표 5 제1호에 따른 항공정비사 학과시험의 범위를 포함하는 각 과목을 모두 이수하고, 자격증명을 받으려는 항공기와 동등한 수준 이상의 것에 대하여 교육 과정 이수 후의

정비실무경력이 6개월 이상이거나 교육과정 이수 전의 정비실무경력이 1년 이상인 사람

다) 국토교통부장관이 지정한 전문교육기관에서 항공기 정비에 필요한 과정을 이수한 사람(외국의 전문교육기관으로서 그 외국정부가 인정한 전문교육기관에서 항공기 정비에 필요한 과정을 이수한 사람을 포함한다)

라) 외국정부가 발급한 항공기 종류 한정자격증명을 받은 사람

07 항공안전법 제10조(항공기 등록의 제한)

① 다음 각 호의 어느 하나에 해당하는 자가 소유하거나 임차한 항공기는 등록할 수 없다. 다만, 대한민국의 국민 또는 법인이 임차하여 사용할 수 있는 권리가 있는 항공기는 그러하지 아니하다.

1. 대한민국 국민이 아닌 사람
2. 외국정부 또는 외국의 공공단체
3. 외국의 법인 또는 단체
4. 제1호부터 제3호까지의 어느 하나에 해당하는 자가 주식이나 지분의 2분의 1 이상을 소유하거나 그 사업을 사실상 지배하는 법인
5. 외국인이 법인 등기사항증명서상의 대표자이거나 외국인이 법인 등기사항 증명서상의 임원 수의 2분의 1 이상을 차지하는 법인

② 단서에도 불구하고 외국 국적을 가진 항공기는 등록할 수 없다.

08 항공안전법 제21조(형식증명승인)

① 항공기등의 설계에 관하여 외국정부로부터 형식증명을 받은 자가 해당 항공기등에 대하여 항공기기술기준에 적합함을 승인(이하 "형식증명승인"이라 한다)받으려는 경우 국토교통부령으로 정하는 바에 따라 항공기등의 형식별로 국토교통부장관에게 형식증명승인을 신청하여야 한다. 다만, 다음 각 호의 어느 하나에 해당하는 항공기의 경우에는 장착된 발동기와 프로펠러를 포함하여 신청할 수 있다. 〈개정 2017. 12. 26.〉

1. 최대이륙중량 5,700킬로그램 이하의 비행기
2. 최대이륙중량 3,175킬로그램 이하의 헬리콥터

09 항공안전법 제2조(정의)

10. "항공안전장애"란 항공기사고 및 항공기준사고 외에 항공기의 운항 등과 관련하여 항공안전에 영향을 미치거나 미칠 우려가 있었던 것으로서 국토교통부령으로 정하는 것을 말한다.

항공안전법 시행규칙 제134조(항공안전 의무보고의 절차 등)

① 법 제59조 제1항 본문에서 "항공안전장애 중 국토교통부령으로 정하는 사항"이란 [별표 20의 2]에 따른 사항을 말한다. 〈신설 2020. 2. 28.〉

항공안전법 시행규칙 [별표 20의 2] 〈개정 2020. 2. 28.〉
의무보고 대상 항공안전장애의 범위(제134조 관련)

(교재 p. 48, [별표 20의 2] 의무보고 대상 항공안전장애의 범위(제134조 관련) 참조)

10 항공안전법 제2조(정의)

6. "항공기사고"란 사람이 비행을 목적으로 항공기에 탑승하였을 때부터 탑승한 모든 사람이 항공기에서 내릴 때까지[사람이 탑승하지 아니하고 원격조종 등의 방법으로 비행하는 항공기(이하 "무인항공기"라 한다)의 경우에는 비행을 목적으로 움직이는 순간부터 비행이 종료되어 발동기가 정지되는 순간까지를 말한다] 항공기의 운항과 관련하여 발생한 다음 각 목의 어느 하나에 해당하는 것으로서 국토교통부령으로 정하는 것을 말한다.
   가. 사람의 사망, 중상 또는 행방불명
   나. 항공기의 파손 또는 구조적 손상
   다. 항공기의 위치를 확인할 수 없거나 항공기에 접근이 불가능한 경우

11 항공안전법 시행규칙 제4조(경량항공기의 기준)

법 제2조 제2호에서 "최대이륙중량, 좌석 수 등 국토교통부령으로 정하는 기준에 해당하는 비행기, 헬리콥터, 자이로플레인(gyroplane) 및 동력패러슈트(powered parachute) 등"이란 법 제2조 제3호에 따른 초경량비행장치에 해당하지 않는 것으로서 다음 각 호의 기준을 모두 충족하는 비행기, 헬리콥터, 자이로플레인 및 동력패러슈트를 말한다. 〈개정 2021. 8. 27., 2022. 12. 9.〉

1. 최대이륙중량이 600킬로그램(수상비행에 사용하는 경우에는 650킬로그램) 이하일 것
2. 최대 실속속도[실속(失速: 비행기를 띄우는 양력이 급격히 떨어지는 현상을 말한다. 이하 같다)이 발생할 수 있는 속도를 말한다] 또는 최소 정상비행속도가 45노트 이하일 것
3. 조종사 좌석을 포함한 탑승 좌석이 2개 이하일 것
4. 단발(單發) 왕복발동기 또는 전기모터(전기 공급원으로부터 충전받은 전기에너지 또는 수소를 사용하여 발생시킨 전기에너지를 동력원으로 사용하는 것을 말한다)를 장착할 것
5. 조종석은 여압(기내 공기 압력을 지상과 가깝게 조절·유지하는 것을 말한다)이 되지 아니할 것
6. 비행 중에 프로펠러의 각도를 조정할 수 없을 것
7. 고정된 착륙장치가 있을 것. 다만, 수상비행에 사용하는 경우에는 고정된 착륙장치 외에 접을 수 있는 착륙장치를 장착할 수 있다.

12 항공안전법 시행규칙 제166조(통행의 우선순위)

① 법 제67조에 따라 교차하거나 그와 유사하게 접근하는 고도의 항공기 상호간에는 다음 각 호에 따라 진로를 양보해야 한다. 〈개정 2021. 8. 27.〉

1. 비행기 · 헬리콥터는 비행선, 활공기 및 기구류에 진로를 양보할 것
2. 비행기 · 헬리콥터 · 비행선은 항공기 또는 그 밖의 물건을 예항(끌고 비행하는 것을 말한다)하는 다른 항공기에 진로를 양보할 것
3. 비행선은 활공기 및 기구류에 진로를 양보할 것
4. 활공기는 기구류에 진로를 양보할 것
5. 제1호부터 제4호까지의 경우를 제외하고는 다른 항공기를 우측으로 보는 항공기가 진로를 양보할 것

② 비행 중이거나 지상 또는 수상에서 운항 중인 항공기는 착륙 중이거나 착륙하기 위하여 최종접근 중인 항공기에 진로를 양보하여야 한다.

③ 착륙을 위하여 비행장에 접근하는 항공기 상호간에는 높은 고도에 있는 항공기가 낮은 고도에 있는 항공기에 진로를 양보해야 한다. 이 경우 낮은 고도에 있는 항공기는 최종 접근단계에 있는 다른 항공기의 전방에 끼어들거나 그 항공기를 앞지르기해서는 안 된다. 〈개정 2021. 8. 27.〉

④ 제3항에도 불구하고 비행기, 헬리콥터 또는 비행선은 활공기에 진로를 양보하여야 한다.

13 항공안전법 시행규칙 제107조(무선설비)

① 법 제51조에 따라 항공기에 설치 · 운용해야 하는 무선설비는 다음 각 호와 같다. 다만, 항공운송사업에 사용되는 항공기 외의 항공기가 계기비행방식 외의 방식(이하 "시계비행방식"이라 한다)에 의한 비행을 하는 경우에는 제3호부터 제6호까지의 무선설비를 설치 · 운용하지 않을 수 있다. 〈개정 2019. 2. 26., 2021. 8. 27.〉

1. 비행 중 항공교통관제기관과 교신할 수 있는 초단파(VHF) 또는 극초단파(UHF)무선전화 송수신기 각 2대. 이 경우 비행기[국토교통부장관이 정하여 고시하는 기압고도계의 수정을 위한 고도(이하 "전이고도"라 한다) 미만의 고도에서 교신하려는 경우만 해당한다]와 헬리콥터의 운항승무원은 붐(Boom) 마이크로폰 또는 스롯(Throat) 마이크로폰을 사용하여 교신하여야 한다.

14 항공안전법 시행규칙 제113조(항공기에 탑재하는 서류)

법 제52조 제2항에 따라 항공기(활공기 및 법 제23조 제3항 제2호에 따른 특별감항증명을 받은 항공기는 제외한다)에는 다음 각 호의 서류를 탑재하여야 한다. 〈개정 2020. 11. 2., 2021. 6. 9.〉

1. 항공기등록증명서
2. 감항증명서
3. 탑재용 항공일지
4. 운용한계 지정서 및 비행교범
5. 운항규정([별표 32]에 따른 교범 중 훈련교범 · 위험물교범 · 사고절차교범 · 보안업무교범 · 항공기 탑재 및 처리 교범은 제외한다)
6. 항공운송사업의 운항증명서 사본(항공당국의 확인을 받은 것을 말한다) 및 운영기준 사본(국제운송사업에 사용되는 항공기의 경우에는 영문으로 된 것을 포함한다)
7. 소음기준적합증명서
8. 각 운항승무원의 유효한 자격증명서(법 제34조에 따라 자격증명을 받은 사람이 국내에서 항공업무를 수행하는 경우에는 전자문서로 된 자격증명서를 포함한다. 이하 제219조 각 호에서 같다) 및 조종사의 비행기록에 관한 자료
9. 무선국 허가증명서(Radio Station License)
10. 탑승한 여객의 성명, 탑승지 및 목적지가 표시된 명부(passenger manifest)(항공운송사업용 항공기만 해당한다)
11. 해당 항공운송사업자가 발행하는 수송화물의 화물목록(cargo manifest)과 화물 운송장에 명시되어 있는 세부화물신고서류(detailed declarations of the cargo)(항공운송사업용 항공기만 해당한다)
12. 해당 국가의 항공당국 간에 체결한 항공기 등의 감독의무에 관한 이전협정서요약서 사본(법 제5조에 따른 임대차 항공기의 경우만 해당한다)
13. 비행 전 및 각 비행단계에서 운항승무원이 사용해야 할 점검표
14. 그 밖에 국토교통부장관이 정하여 고시하는 서류

15 항공안전법 시행규칙 [별표 23] 공역의 구분(제221조 제1항 관련)

통제공역	비행금지구역	안전, 국방상, 그 밖의 이유로 항공기의 비행을 금지하는 공역
	비행제한구역	항공사격 · 대공사격 등으로 인한 위험으로부터 항공기의 안전을 보호하거나 그 밖의 이유로 비행허가를 받지 않은 항공기의 비행을 제한하는 공역
	초경량비행장치비행제한구역	초경량비행장치의 비행안전을 확보하기 위하여 초경량비행장치의 비행활동에 대한 제한이 필요한 공역

16 항공안전법 제23조(감항증명 및 감항성 유지)

① 항공기가 감항성이 있다는 증명(이하 "감항증명"이라 한다)을 받으려는 자는 국토교통부령으로 정하는 바에 따라 국토교통부장관에게 감항증명을 신청하여야 한다.

② 감항증명은 대한민국 국적을 가진 항공기가 아니면 받을 수 없다. 다만, 국토교통부령으로 정하는 항공기의 경우에는 그러하지 아니하다.

③ 누구든지 다음 각 호의 어느 하나에 해당하는 감항증명을 받지 아니한 항공기를 운항하여서는 아니 된다. 〈개정 2017. 12. 26.〉

1. 표준감항증명: 해당 항공기가 형식증명 또는 형식증명승인에 따라 인가된 설계에 일치하게 제작되고 안전하게 운항할 수 있다고 판단되는 경우에 발급하는 증명

2. 특별감항증명: 해당 항공기가 제한형식증명을 받았거나 항공기의 연구, 개발 등 국토교통부령으로 정하는 경우로서 항공기 제작자 또는 소유자등이 제시한 운용범위를 검토하여 안전하게 운항할 수 있다고 판단되는 경우에 발급하는 증명

17 항공안전법 제23조(감항증명 및 감항성 유지)

① 국토교통부장관은 제3항 각 호의 어느 하나에 해당하는 감항증명을 하는 경우 국토교통부령으로 정하는 바에 따라 해당 항공기의 설계, 제작과정, 완성 후의 상태와 비행성능에 대하여 검사하고 해당 항공기의 운용한계(運用限界)를 지정하여야 한다. 다만, 다음 각 호의 어느 하나에 해당하는 항공기의 경우에는 국토교통부령으로 정하는 바에 따라 검사의 일부를 생략할 수 있다. 〈신설 2017. 12. 26.〉

1. 형식증명, 제한형식증명 또는 형식증명승인을 받은 항공기
2. 제작증명을 받은 자가 제작한 항공기
3. 항공기를 수출하는 외국정부로부터 감항성이 있다는 승인을 받아 수입하는 항공기

18 항공안전법 시행규칙 제32조(제작증명의 신청)

① 법 제22조 제1항에 따라 제작증명을 받으려는 자는 별지 제11호서식의 제작증명 신청서를 국토교통부장관에게 제출하여야 한다.

② 제1항에 따른 신청서에는 다음 각 호의 서류를 첨부하여야 한다.

1. 품질관리규정
2. 제작하려는 항공기등의 제작 방법 및 기술 등을 설명하는 자료
3. 제작 설비 및 인력 현황
4. 품질관리 및 품질검사의 체계(이하 "품질관리체계"라 한다)를 설명하는 자료
5. 제작하려는 항공기등의 감항성 유지 및 관리체계(이하 "제작관리체계"라 한다)를 설명하는 자료

19 항공안전법 시행규칙 제13조(국적 등의 표시)

① 법 제18조 제1항 단서에서 "신규로 제작한 항공기 등 국토교통부령으로 정하는 항공기"란 다음 각 호의 어느 하나에 해당하는 항공기를 말한다.

1. 제36조 제2호 또는 제3호에 해당하는 항공기
2. 제37조 제1호 가목에 해당하는 항공기

② 법 제18조 제2항에 따른 국적 등의 표시는 국적기호, 등록기호 순으로 표시하고, 장식체를 사용해서는 아니 되며, 국적기호는 로마자의 대문자 "HL"로 표시하여야 한다.

③ 등록기호의 첫 글자가 문자인 경우 국적기호와 등록기호 사이에 붙임표(-)를 삽입하여야 한다.

④ 항공기에 표시하는 등록부호는 지워지지 아니하고 배경과 선명하게 대조되는 색으로 표시하여야 한다.

⑤ 등록기호의 구성 등에 필요한 세부사항은 국토교통부장관이 정하여 고시한다.

20 항공안전법 시행규칙 제2조(항공기의 기준)

「항공안전법」(이하 "법"이라 한다) 제2조 제1호 각 목 외의 부분에서 "최대이륙중량, 좌석 수 등 국토교통부령으로 정하는 기준"이란 다음 각 호의 기준을 말한다.

1. 비행기 또는 헬리콥터
   가. 사람이 탑승하는 경우: 다음의 기준을 모두 충족할 것
      1) 최대이륙중량이 600킬로그램(수상비행에 사용하는 경우에는 650킬로그램)을 초과할 것
      2) 조종사 좌석을 포함한 탑승좌석 수가 1개 이상일 것
      3) 동력을 일으키는 기계장치(이하 "발동기"라 한다)가 1개 이상일 것

21 항공안전법 제15조(항공기 말소등록)

① 소유자등은 등록된 항공기가 다음 각 호의 어느 하나에 해당하는 경우에는 그 사유가 있는 날부터 15일 이내에 대통령령으로 정하는 바에 따라 국토교통부장관에게 말소등록을 신청하여야 한다.

1. 항공기가 멸실(滅失)되었거나 항공기를 해체(정비등, 수송 또는 보관하기 위한 해체는 제외한다)한 경우
2. 항공기의 존재 여부를 1개월(항공기사고인 경우에는 2개월) 이상 확인할 수 없는 경우
3. 제10조 제1항 각 호의 어느 하나에 해당하는 자에게 항공기를 양도하거나 임대(외국 국적을 취득하는 경우만 해당한다)한 경우
4. 임차기간의 만료 등으로 항공기를 사용할 수 있는 권리가 상실된 경우

22 항공안전법 시행규칙 제12조(등록기호표의 부착)

① 항공기를 소유하거나 임차하여 사용할 수 있는 권리가 있는 자(이하 "소유자등"이라 한다)가 항공기를 등록한 경우에는 법 제17조 제1항에 따라 강철 등 내화금속(耐火金屬)으로 된 등록기호표(가로 7센티미터 세로 센티미터의 직사각형)를 다음 각 호의 구분에 따라 보기 쉬운 곳에 붙여야 한다.

1. 항공기에 출입구가 있는 경우: 항공기 주(主)출입구 윗부분의 안쪽
2. 항공기에 출입구가 없는 경우: 항공기 동체의 외부 표면

② 제1항의 등록기호표에는 국적기호 및 등록기호(이하 "등록부호"라 한다)와 소유자등의 명칭을 적어야 한다.

23 항공안전법 제30조(수리 · 개조승인)

① 감항증명을 받은 항공기의 소유자등은 해당 항공기등, 장비품 또는 부품을 국토교통부령으로 정하는 범위에서 수리하거나 개조하려면 국토교통부령으로 정하는 바에 따라 그 수리 · 개조가 항공기기술기준에 적합한지에 대하여 국토교통부장관의 승인(이하 "수리 · 개조승인"이라 한다)을 받아야 한다.

24 항공안전법 시행규칙 제117조(항공계기장치 등)

② 야간에 비행을 하려는 항공기에는 [별표 16]에 따라 계기비행방식으로 비행할 때 갖추어야 하는 항공계기 등 외에 추가로 다음 각 호의 조명설비를 갖추어야 한다. 다만, 제1호 및 제2호의 조명설비는 주간에 비행을 하려는 항공기에도 갖추어야 한다.

1. 항공운송사업에 사용되는 항공기에는 2기 이상, 그밖의 항공기에는 1기 이상의 착륙등. 다만, 헬리콥터의 경우 최소한 1기의 착륙등은 수직면으로 방향전환이 가능한 것이어야 한다.
2. 충돌방지등 1기
3. 항공기의 위치를 나타내는 우현등, 좌현등 및 미등
4. 운항승무원이 항공기의 안전운항을 위하여 사용하는 필수적인 항공계기 및 장치를 쉽게 식별할 수 있도록 해주는 조명설비
5. 객실조명설비
6. 운항승무원 및 객실승무원이 각 근무위치에서 사용할 수 있는 손전등(flashlight)

25 고정익항공기를 위한 운항기술기준

1.1.1.4 용어의 정의(Definitions)

30) "비행전점검(pre-flight inspection)"이라 함은 항공기가 의도하는 비행에 적합함을 확인하기 위하여 비행 전에 수행하는 점검이다.

33) "수리(repair)"라 함은 항공기 또는 항공제품을 인가된 기준에 따라 사용 가능한 상태로 회복시키는 것을 말한다.

60) "정비(maintenance)"라 함은 항공기 또는 항공제품의 지속적인 감항성을 보증하는데 필요한 작업으로서, 오버홀(overhaul), 수리, 검사, 교환, 개조 및 결함수정 중 하나 또는 이들의 조합으로 이루어진 작업을 말한다.

105) "감항성 유지(continuing airworthiness)"란 항공기, 엔진, 프로펠러 또는 부품이 적용되는 감항성 요구조건에 합치하고, 운용기간 동안 안전하게 운용할 수 있게 하는 일련의 과정을 말한다.

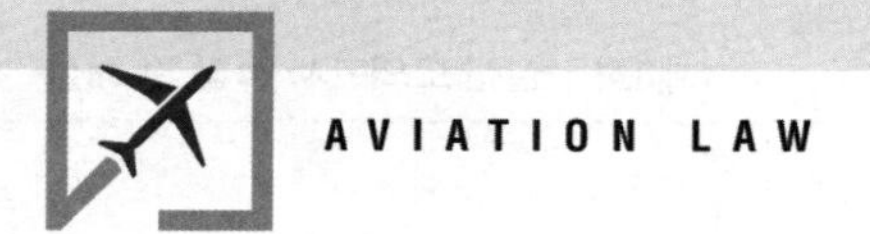
AVIATION LAW

항공법규

2018. 8. 31. 초 판 1쇄 발행
2021. 2. 25. 개정증보 1판 1쇄 발행
2024. 2. 21. 개정증보 3판 1쇄 발행

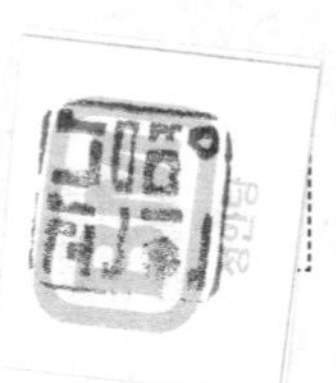

지은이 | 남명관
펴낸이 | 이종춘
펴낸곳 | BM (주)도서출판 성안당
주소 | 04032 서울시 마포구 양화로 127 첨단빌딩 3층(출판기획 R&D 센터)
10881 경기도 파주시 문발로 112 파주 출판 문화도시(제작 및 물류)
전화 | 02) 3142-0036
031) 950-6300
팩스 | 031) 955-0510
등록 | 1973. 2. 1. 제406-2005-000046호
출판사 홈페이지 | www.cyber.co.kr
ISBN | 978-89-315-1141-3 (13550)
정가 | 30,000원

이 책을 만든 사람들
책임 | 최옥현
진행 | 이희영
교정 · 교열 | 이희영
전산편집 | 이다은, 김우진
표지 디자인 | 박현정
홍보 | 김계향, 유미나, 정단비, 김주승
국제부 | 이선민, 조혜란
마케팅 | 구본철, 차정욱, 오영일, 나진호, 강호묵
마케팅 지원 | 장상범
제작 | 김유석